LES
OISEAUX DE LA CHINE

PAR

M. L'ABBÉ ARMAND DAVID, M. C.

ANCIEN MISSIONNAIRE EN CHINE,
CORRESPONDANT DE L'INSTITUT, DU MUSÉUM D'HISTOIRE NATURELLE, ETC.

ET

M. E. OUSTALET

DOCTEUR ÈS SCIENCES, AIDE-NATURALISTE AU MUSÉUM,
MEMBRE CORRESPONDANT DE LA SOCIÉTÉ ZOOLOGIQUE DE LONDRES

Avec un Atlas de 124 Planches, dessinées et lithographiées
par M. ARNOUL et coloriées au pinceau

PARIS

G. MASSON, ÉDITEUR

LIBRAIRE DE L'ACADÉMIE DE MÉDECINE

BOULEVARD SAINT-GERMAIN, EN FACE DE L'ÉCOLE DE MÉDECINE

M DCCC LXXVII

LES

OISEAUX DE LA CHINE

SCEAUX. — IMP. M. ET P.-E. CHARAIRE.

LES
OISEAUX DE LA CHINE

PAR

M. L'ABBÉ ARMAND DAVID, M. C.

ANCIEN MISSIONNAIRE EN CHINE,
CORRESPONDANT DE L'INSTITUT, DU MUSÉUM D'HISTOIRE NATURELLE, ETC.

ET

M. E. OUSTALET

DOCTEUR ÈS SCIENCES, AIDE-NATURALISTE AU MUSÉUM,
MEMBRE CORRESPONDANT DE LA SOCIÉTÉ ZOOLOGIQUE DE LONDRES

———

Avec un Atlas de 124 Planches, dessinées et lithographiées
par M. ARNOUL et coloriées au pinceau

———

PARIS

G. MASSON, ÉDITEUR

LIBRAIRE DE L'ACADÉMIE DE MÉDECINE

BOULEVARD SAINT-GERMAIN, EN FACE DE L'ÉCOLE DE MÉDECINE

—

M DCCC LXXVII

©

PRÉFACE

L'ouvrage que nous offrons au public n'est pas une Ornithologie complète de la Chine ; c'est plutôt un Catalogue des oiseaux qui ont été signalés jusqu'à ce jour dans le Céleste-Empire. Le cadre que nous nous sommes tracé est donc fort modeste et nous croirons l'avoir rempli si nous pouvons fournir aux naturalistes de nouveaux documents sur la faune chinoise, aux chasseurs et aux amateurs les moyens de reconnaître les espèces qu'ils auront sous les yeux. Dans ce but, nous ne nous sommes pas bornés à une nomenclature aride, et nous avons donné de la plupart des espèces une description détaillée, accompagnée de renseignements sur les mœurs et la distribution géographique et d'une synonymie assez étendue : pour les types bien connus, toutefois, nous nous sommes contentés de quelques indications succinctes qui permettront au lecteur de recourir aux ouvrages spéciaux où ces oiseaux sont décrits et figurés avec toute la précision désirable. Dans un travail de ce genre, la tâche se trouvait tout naturellement partagée, car l'un de nous était seul à même de faire connaître les animaux qu'il avait pu étudier à l'état de nature et dont la descrip-

tion constitue la partie essentielle de cet ouvrage, son collabora-
teur s'étant occupé des recherches bibliographiques, de l'examen
de quelques types conservés dans les galeries du Musée de Paris
et de leur comparaison avec les oiseaux de l'Inde et de la Cochinchine. Il est presque inutile d'ajouter que l'ensemble de ce catalogue ayant été revu en commun, nous acceptons solidairement
la responsabilité des erreurs qui doivent s'y être introduites. Les
planches, au nombre de 124, ont été dessinées et lithographiées
par M. Arnoul et représentent non-seulement la plupart des
espèces récemment découvertes, mais encore quelques types
caractéristiques de la faune chinoise.

Avant les recherches si fructueuses de M. R. Swinhoe, les
connaissances des naturalistes européens relatives aux animaux
de la Chine se réduisaient à bien peu de chose. Les observations faites par l'un de nous, depuis 1862 jusqu'en 1874, dans
une grande partie de la Chine occidentale et centrale, servent,
pour ainsi dire, de complément à celles que l'ornithologiste anglais
a poursuivies depuis 1858 jusqu'en 1873 dans les îles de Haïnan
et de Formose et sur les côtes orientales de l'Empire. Enfin les
explorations du lieutenant-colonel russe Przewalski sur les frontières occidentales de la Chine sont venues ajouter un appoint
important à nos connaissances sur la zoologie de l'extrême
Orient. Aussi connaît-on maintenant 807 espèces qui habitent le
Céleste-Empire ou qui le visitent d'une manière plus ou moins
régulière. Il est probable même que ce nombre s'accroîtra encore
quand on aura mieux exploré les provinces du Sud-Ouest, qui
n'ont guère été visitées jusqu'ici par les naturalistes, bien que
MM. Anderson et Godwin-Austen s'en soient approchés par la
Birmanie.

Le chiffre total des oiseaux de l'Europe s'élève à 658, en
comprenant dans ce nombre environ 180 espèces dont l'appari-

tion dans nos contrées est ou exceptionnelle ou même contestable. De ces 658 espèces, 158 se retrouvent dans l'empire chinois, et, comme on pouvait s'y attendre, ce sont les groupes des oiseaux de proie diurnes et des oiseaux aquatiques qui offrent le plus de formes communes aux deux extrémités, orientale et occidentale, de l'Ancien-Monde ; tandis que les Gallinacés et les Insectivores sont précisément dans le cas contraire [1]. L'Amérique ne fournit à la faune chinoise que quelques espèces voyageuses qui s'égarent aussi pour la plupart jusque dans l'Europe occidentale ; mais l'Océanie, l'Indo-Malaisie, l'Inde proprement dite et l'Asie paléarctique lui donnent un contingent considérable d'oiseaux de passage. Déduction faite de ces formes étrangères, la faune indigène, autochtone, de la Chine se compose encore de 249 espèces, sur lesquelles 58 (c'est-à-dire le quart environ) sont cantonnées dans le Kan-sou, le Kokonoor, la principauté de Moupin, en un mot dans ce qu'on peut appeler la Chine tibétaine. A cette catégorie d'espèces tibéto-chinoises appartiennent quelques-uns des types les plus caractéristiques que nous ayons eu l'occasion d'étudier, tels que : *Syrnium Davidi*, *Siphia Hodgsoni*, *Yuhina diademata*, *Babax lanceolatus*, *Cinclosoma lunulatum*, *C. maximum*, *C. Arthemisiæ*, *Cholornis paradoxa*, *Suthora conspicillata*, *Moupinia pœcilotis*, *Fulvetta striaticollis*, *Spelæornis troglodytoïdes*, *Oreopneuste acanthizoïdes*; *O. affinis*, *Machlolophus rex*, *Proparus Swinhoei*, *Ithaginis Geoffroyi*, *Lophophorus Lhuysii*, *Tetraophasis obscurus*, *Crossoptilon tibetanum*, etc., etc.

Le tableau ci-joint permettra du reste d'embrasser d'un coup d'œil la distribution géographique des familles d'oiseaux comprises dans notre Catalogue :

1. Ce résultat avait déjà été constaté, avec quelques détails à l'appui, par M. A. David à la fin de son *Troisième Voyage en Chine*, vol. II, p. 336.

	Nombre des espèces observées en CHINE afférent à chaque famille.	Nombre des espèces signalées en CHINE qui se retrouvent			Nombre des espèces propres à la CHINE		
		en EUROPE.	dans l'ASIE		à la CHINE		
			paléarctique	méridionale.	septentrionale.	tibétaine.	méridionale.
1. Psittacidés	6	»	»	5	»	»	1
2. Rapaces diurnes	46	19	9	15	1	»	2
3. Rapaces nocturnes	20	3	6	8	»	1	2
4. Picidés	18	4	»	2	4	2	6
5. Capitonidés	3	»	»	»	»	»	3
6. Cuculidés	16	1	1	14	»	»	»
7. Caprimulgidés	4	»	»	2	»	1	1
8. Cypsélidés	7	»	»	6	1	»	»
9. Méropidés	2	»	»	2	»	»	»
10. Coraciadés	1	»	»	1	»	»	»
11. Alcédinidés	6	1	1	4	»	»	»
12. Upupidés	2	1	»	1	»	»	»
13. Nectarinidés	6	»	»	3	»	»	3
14. Méliphagidés	3	»	1	»	1	»	1
15. Certhiidés	3	2	»	1	»	»	»
16. Anabatidés	3	»	1	»	2	»	»
17. Laniidés	14	»	3	8	»	»	2
18. Artamidés	1	»	»	1	»	»	»
19. Campéphagidés	3	»	»	1	»	»	2
20. Péricrocotidés	7	»	1	4	»	»	2
21. Dicruridés	6	»	»	2	1	»	3
22. Muscicapidés	21	»	7	12	»	1	1
23. Hirundinidés	9	3	2	4	»	»	»
24. Ampélidés	2	1	1	»	»	»	»
25. Oriolidés	3	»	»	1	»	»	2
26. Phyllornithidés	12	»	1	4	»	2	5
27. Pycnonotidés	8	»	»	2	»	1	5
28. Pittidés	2	»	1	»	»	»	1
29. Hydrobatidés	3	»	2	»	1	»	»
30. Mérulidés	18	6	5	1	»	3	3
31. Saxicolidés	28	3	4	18	1	2	»
32. Accentoridés	7	»	4	2	»	1	»
33. Garrulacidés	37	»	»	2	2	5	18
34. Paradoxornithidés	14	»	»	3	1	4	6
35. Leiothricidés	14	»	»	3	»	3	8
36. Troglodytidés	5	»	1	2	»	1	1
37. Sylvidés	67	3	20	14	8	6	16
38. Paridés	25	2	3	7	2	5	6
39. Motacillidés	25	5	5	9	1	»	5
40. Alaudidés	14	5	3	»	1	2	3
41. Embérizidés	20	5	11	1	1	1	1
42. Fringillidés	49	8	11	14	5	8	3
43. Sturnidés	8	»	2	3	1	»	2
44. Corvidés	22	6	6	3	1	2	4
A reporter	590	78	112	185	35	51	98

	Nombre des espèces obser- vées en CHINE afférent à chaque famille.	Nombre des espèces signalées en CHINE qui se retrouvent			Nombre des espèces propres à la CHINE		
		en EUROPE.	dans l'ASIE		septen- trionale.	tibé- taine.	méri- dionale.
			palé- arctique	méri- dionale.			
Report.	590	78	112	185	35	51	98
45. Columbidés	15	»	4	5	»	»	6
46. Tétraonidés	18	2	3	6	»	1	6
47. Phasianidés..	24	»	1	3	3	6	11
48. Otidés.	1	1	»	»	»	»	»
49. Charadridés	13	4	1	7	»	»	1
50. Glaréolidés.	1	»	»	1	»	»	»
51. Hæmatopodidés. . .	2	1	1	»	»	»	»
52. Gruidés.	6	2	4	»	»	»	»
53. Ardéidés	17	6	1	7	»	»	3
54. Ciconidés.	3	1	1	1	»	»	»
55. Tantalidés	6	1	2	2	»	»	1
56. Scolopacidés.	36	19	5	12	»	»	»
57. Phalaropodidés . . .	2	2	»	»	»	»	»
58. Gallinulidés	11	3	1	5	»	»	2
59. Anatidés	36	25	6	1	3	»	»
60. Colymbidés.	1	1	»	»	»	»	»
61. Podicipidés.	4	3	»	1	»	»	»
62. Procellaridés.	5	1	2	»	»	»	1
63. Laridés.	20	6	4	8	1	»	»
64. Pélécanidés	6	2	»	4	»	»	»
TOTAL.	807	158	148	248	42	58	149
			ENSEMBLE 396		ENSEMBLE. . . 249		

Les espèces particulières à la Chine, jointes à celles qui se retrouvent également soit en Europe, soit dans l'Asie et l'Océanie, s'élèvent donc au chiffre de 803 ; en ajoutant à ce nombre quatre espèces originaires soit d'Afrique (_Lanius pallidirostris?_) soit d'Amérique (_Fulix mariloïdes, Larus occidentalis_ et _Diomedea nigripes_), on obtient le total des 807 espèces qui figurent dans notre Catalogue.

Nous n'avons pas à faire ici l'énumération de tous les ouvrages auxquels nous avons eu recours, ces ouvrages se trouvant

pour la plupart indiqués dans la synonymie des différentes
espèces : nous mentionnerons seulement parmi les auteurs que
nous avons consultés avec fruit : MM. R. Swinhoe [1], J. Verreaux [2], Przewalski [3], Taczanowski [4], Severtzoff [5], Jerdon [6],
Blyth [7], Hume [8], Gould [9], Sharpe [10], Shelley [11], Blanford [12],
Anderson [13], D. G. Elliot [14], Dresser [15], Prince Ch. Bonaparte [16],
Elliott Coues [17], etc., etc.

Enfin nous rappellerons que généralement nos mesures et
nos signalements ont été pris, par l'un de nous, sur place et sur
des sujets frais. La longueur du bec est comptée en ligne droite,
depuis le front jusqu'à l'extrémité, et celle de l'aile fermée
depuis l'angle jusqu'au bout des rémiges.

Nous bornerons là ces observations préliminaires, destinées
à faire connaître la méthode que nous avons adoptée et les

---

1. Notes et catalogues publiés dans l'*Ibis* et dans les *Proceedings of the Zoological Society*, de 1859 à 1877.

2. Descriptions insérées dans les *Nouvelles Archives du Muséum*.

3. Voyage dans la Mongolie, partie ornithologique (*The Birds of Mongolia, The Tangut country*, etc.), publiée dans les *Ornithological Miscellany* de G. Dawson-Rowley, en 1877.

4. Catalogue des oiseaux de la Sibérie orientale (*Bulletins de la Société zoologique de France*, 1876 et 1877.)

5. *Vertikalnoe e Geronzontalnoe Raspredalenie Turkestanskie Jevotnie*, 1873, ouvrage analysé dans l'*Ibis* (1875 et 1876), par M. H.-E. Dresser.

6. *The Birds of India* (1862-64).

7. *Catalogue of the Birds in the Museum of Asiatic Society* (1849), et *Commentary of Jerdon's Birds of India* (*Ibis*, 1865 et 1867).

8. *Stray Feathers* et *Lahore to Yarkand* (en collaboration avec M. Henderson).

9. *Birds of Australia, Birds of Asia, Century of Himalayan Birds, Birds of Europa*, etc.

10. *Catalogue of Birds*, part. I, II et III.

11. *On the Sternidæ, in the Proced. of the Zool. Society* (1876).

12. *Monograph of Saxicolidæ* (*P. Z. S.*, 1874, en collaboration avec M. Dresser).

13. *Birds from Western Yunan* (*P. Z. S.*, 1871).

14. *Monograph of Pittidæ* (*Ibis*, 1870); *Monograph of Phasianidæ*; *Monograph of Tetraonidæ*, etc.

15. *Birds of Europa* (1832).

16. *Conspectus avium* (1850-57) et *Comptes rendus de l'Académie des sciences* (1850-56).

17. *Birds of the N. W. America* (1874).

résultats principaux de nos recherches ; mais, avant d'aborder dans les pages suivantes la description des espèces qui composent la faune ornithologique de la Chine, nous tenons à exprimer toute notre gratitude à M. H. Milne-Edwards, membre de l'Institut, doyen de la Faculté des sciences, et à M. A. Milne-Edwards, professeur-administrateur au Muséum, pour les encouragements qu'ils ont bien voulu accorder à notre travail.

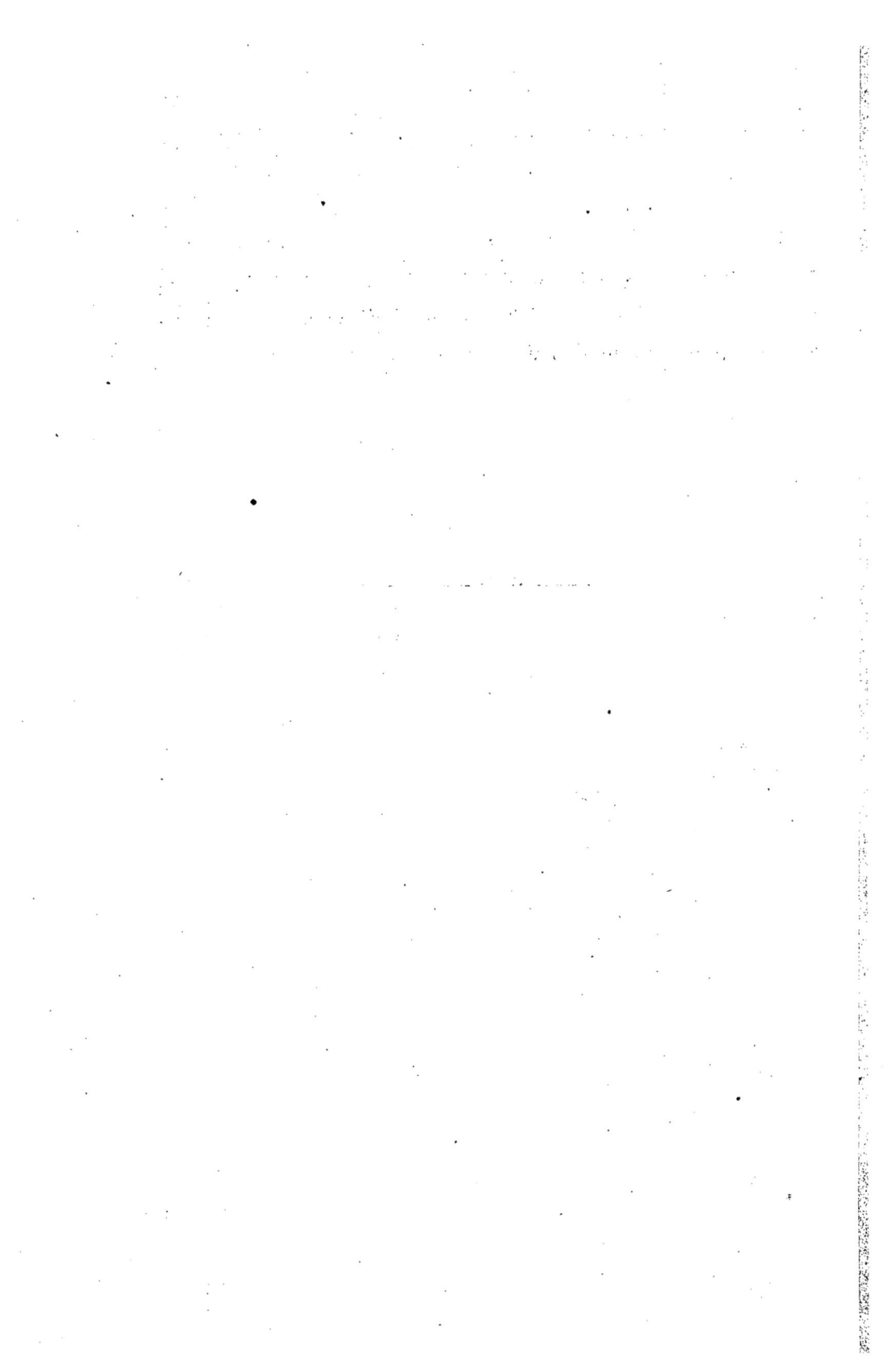

LES
OISEAUX DE LA CHINE

PSITTACIDÉS

Le nombre des espèces de perroquets indiquées par les auteurs dépasse 430. Ces oiseaux sont, comme chacun sait, propres aux régions tropicales et ne s'en éloignent que peu ; ils s'étendent davantage vers le pôle dans l'hémisphère austral que dans l'hémisphère boréal, et, dans celui-ci, le *Palæornis derbyanus* paraît être l'espèce la plus septentrionale.

1. — PALÆORNIS DERBYANUS (Pl. 1)

P. MELANORHYNCHUS, Wagl. (1832), *Mon.* 511, n° 4. — Finsch (1868), *Papag.*, II, 70. — PALÆORNIS DERBYANUS, L. Fraser (1850), *P. Z. S.*, 245, pl. 25. — Gould (1858), *B. of As.*, livr. X, pl.

Dimensions. Long. totale, 0^m,46 ; la queue seule, 0^m,25, les deux rectrices médianes dépassant les latérales de 0^m,12 ; l'aile fermée, 0^m,25.

Couleurs. Iris jaune grisâtre ; pattes d'un gris vert, avec les ongles bruns ; bec noir dans la femelle et le jeune mâle, avec la mandibule supérieure rouge dans le vieux. — Tête d'un violet bleu lavé de vert, avec une étroite raie noire allant d'un œil à l'autre en passant par le front, et une large moustache de la même couleur ; dessous du cou, poitrine et partie supérieure de l'abdomen d'un beau violet pourpre ; le reste du plumage vert, jaunissant sur les ailes, avec le dessus de la queue prenant une teinte bleue.

Cette grande et belle perruche, qui est assez commune dans le Népaul et l'Arracan, vient passer l'été dans les vallées boisées du Yangtzé supérieur, où elle s'avance jusqu'au delà du 30° lat. Les Chinois la prennent au moyen de lacets en crin tendus sur les noyers, dont elle aime à manger le fruit ; et, à la fin de

1

l'automne, ils la portent en grand nombre à vendre à Tchéntou et dans d'autres villes de la Chine occidentale.

2. — PALÆORNIS LATHAMI

PSITTACUS ERYTHROCEPHALUS VAR. γ BORNEUS, Gm. (1788), *S. N.*, 325. — PAL. JAVANICUS, Jerdon (1862), *B. of Ind.*, I, 262. — Swinh. (1870), *Ibis*, 93. — PALÆORNIS LATHAMI, Finsch (1868), *Papag.*, II, 66. — Swinh. (1871), *P. Z. S.*, 390.

Dimensions. Long. totale, 0^m,31 ; aile, 0^m,17 ; queue, 0^m,18, les deux rectrices médianes dépassant de 0^m,11 les deux externes.

Couleurs. Iris blanc ; pattes verdâtres ; bec rouge en haut et noir en bas dans le mâle ; brunâtre en entier dans la femelle. — Tête et joues bleu de lavande, avec une étroite raie noire bordée de vert pâle allant par le front d'un œil à l'autre ; dessus du corps vert-pré, émeraude sur le cou, et jaune sur les petites et moyennes couvertures des ailes ; dessous du corps rose, lavé de bleu sur le cou ; bas-ventre vert ; rectrices médianes bleues au centre et jaunes à l'extrémité.

Cette perruche est propre à l'Inde orientale, à la Cochinchine et au sud de la Chine : M. Swinhoe l'a prise dans l'île de Haïnan. Je ne l'ai vue qu'entre les mains de Chinois, et je n'ai pu savoir si les oiseaux offerts par les marchands avaient été pris dans le pays ou importés de l'étranger.

3. — PALÆORNIS LUCIANI

P. MODESTUS, Fras., *Zool. typ.*, pl. (av. juv.) et (1845), *P. Z. S.*, 16. — PAL. LUCIANI, J. Verr. (1850), *Mag. de zool.*, 598, pl. 13. — PAL. ERYTHROGENYS, Fraser, (1850), *P. Z. S.*, 245, pl. 26.

Dimensions. Long. totale, 0^m,27 ; aile, 0^m,18 ; queue, 0^m,16, les deux rectrices médianes dépassant les suivantes de 2 centimètres et demi.

Couleurs. Iris blanc ; bec rouge en haut. — Sommet de la tête vert-cendré ; une raie noire étroite s'étendant d'un œil à l'autre en suivant le bas du front ; un autre trait noir allant en s'amincissant de la base de la mandibule inférieure aux côtés du cou ; joues roses ; cette teinte passant au rougeâtre cendré derrière le cou ; haut du dos et de la poitrine et côtés du cou d'un vert terne ; reste du dos, scapulaires, ailes et queue verts, avec le bout de celle-ci bordé de bleu en dessus ; parties inférieures du corps d'un vert-pré.

La Perruche de Lucien a été décrite par feu M. J. Verreaux d'après un sujet de provenance inconnue. Le Muséum possède deux exemplaires de la même espèce, envoyés de la Chine par M. de Montigny. J'ai vu le même oiseau en captivité au Setchuan et je pense que c'est le sud-ouest de l'Empire Céleste qui est sa véritable patrie.

4. — PALAEORNIS CYANOCEPHALUS

PSITTACUS CYANOCEPHALUS, L. (1766), *S. N.*, 141. — PSITTACUS ROSA, Bodd. (1783), *Tabl. des Pl. Enlum.*, 53. — PSITTACUS BENGALENSIS, Bourj. (1837), *Perr.*, III, pl. 1. — PALÆORNIS CYANOCEPHALUS, Finsch (1868), *Papag.*, II, 40.

Dimensions. Long. totale, 0^m,25 ; aile, 0^m,14 ; queue, 0^m,16, les rectrices médianes dépassant les latérales de 10 centimètres.

Couleurs. Iris jaunâtre ; pattes verdâtres, bec orangé sur la mandibule supérieure et brun sur la mandibule inférieure. — Front et côtés de la tête roses ; nuque lilas ; au cou un collier étroit de couleur noire s'étendant par la gorge jusqu'aux côtés de la mandibule inférieure ; le reste du plumage vert avec une tache pourpre sur l'aile et une teinte plus jaune sur les parties inférieures du corps. — La femelle a toute la tête d'un bleu de lavande, tournant au gris sur les joues ; elle manque de collier noir et a tout le tour du cou marqué de jaune vert. — Les jeunes oiseaux n'offrent pas de miroir rouge vineux sur l'aile et ont le dessus de la tête vert.

La Perruche à tête rose, qui est abondamment répandue dans l'Inde, la Birmanie et la Cochinchine, visite aussi les parties méridionales du Céleste-Empire. Des chasseurs européens ont tué des oiseaux de cette espèce dans les environs de Canton ; cependant il est reconnu que le plus grand nombre des sujets que l'on vend dans cette ville et à Hongkong viennent de l'étranger.

5. — PALÆORNIS LONGICAUDA

PSITTACUS LONGICAUDUS, Bodd. (1783), *Tabl. des Pl. Enlum.*, 53. — LA PERRUCHE A NUQUE ET JOUES ROUGES, Levaill. (1801), *Perroq.*, pl. 72. — PALÆORNIS VIRIDIMYSTAX, Blyth (1856), *Journ. As. Soc.*, 446. — PALÆORNIS MALACCENSIS ET AFFINIS, Gould (1858), *B. of. As.*, part. X, pl. — Swinh. (1871), *P. Z. S.*, 391.

Dimensions. Long. totale, 0^m,36 ; aile, 0^m,14 ; queue, 0^m,18, les deux pennes médianes dépassant les suivantes de 10 centimètres.

Couleurs. Iris blanc ; mandibule supérieure rouge, l'inférieure brune. — Vertex et front vert foncé ; une large bande lilas-rose allant du bec à la région postérieure du cou, et encadrant complètement la calotte verte ; une large moustache noire sous la mandibule inférieure ; dessus du corps vert, avec du vert olive sur les ailes, et une teinte bleue au milieu du dos. — Dans le jeune oiseau, la moustache est verte (*Pal. viridimystax*), et la couleur rose des côtés de la tête n'arrive pas jusqu'à la nuque.

Cette jolie perruche qui a le corps bien plus petit et la queue plus longue que les espèces précédentes est abondante dans l'Indo-Malaisie. On la voit communément chez les marchands d'oiseaux du midi de la Chine, qui prétendent recevoir leurs oiseaux de la province du Kouangsi. Elle habite la presqu'île de Malacca et les îles de la Sonde, à l'exception de Java, et se rencontre aussi, d'après Mottley et Dillwyn (*Nat. Hist. of Labuan*, 1855), dans l'île de Labuan et à Banjermassing sur la côte N.-O. et sur la côte S. de Bornéo. Elle se nourrit de fruits, particulièrement de ceux des Myrtacées.

6. — CORYLLIS VERNALIS

Psittacus vernalis, Sparrm. (1787), *Mus. Carls.*, pl. 29. — Psittacus vernalis, Lath. (1790), *Ind., orn.*, 130. — Psittacus indicus, Kuhl (1820), *Consp.*, 65 (fœm, nec mas). — Coryllis vernalis, Finsch (1868), *Papag.*, II, 721.

Dimensions. Long. totale, 0^m,13 ; aile, 0^m,09 ; queue, 0^m,04.

Couleurs. Iris jaune pâle ; bec d'un rouge de corail sur la mandibule supérieure, d'un rouge terne sur la mandibule inférieure ; pattes d'un brun clair. — Plumage d'un vert brillant, plus clair sur la tête et sur les parties inférieures, tirant à l'orangé sur le manteau et la poitrine. Gorge et face inférieure des ailes et de la queue d'un beau bleu, croupion et couvertures supérieures de la queue d'un rouge cerise ; rectrices et rémiges d'un vert sombre, avec une bande bleuâtre peu visible vers l'extrémité et une teinte bleue plus foncée sur les barbes internes. — Dans les jeunes, la teinte générale du plumage tire davantage au jaune, surtout dans les parties supérieures, et la tache orangée du dos est peu visible ; toute la tête est verte, et sur la gorge la tache bleue est à peine indiquée.

La plupart des auteurs, et entre autres M. Swinhoe, admettent que le petit Lori qui se trouve, quoique assez rarement, dans la Chine méridionale est le *Loriculus puniculus sinensis* de Bonaparte (*Revue et Magasin de zoologie*, 1854, *p.* 155), espèce synonyme de *Psittacus indicus* de Kuhl, (*Consp.*, 1820, mas nec fœm.) et de *Psittacula philippensis* (fœm.) de Bourjot (*Perroquets*, *pl.* 89, *fig. sup.*); mais d'après M. Finsch (*Papag.*, II, 714), le véritable *Loriculus indicus* ne se rencontrerait qu'à Ceylan, où il a été observé par Blyth, Layard, Kelaart, Diard, etc., et les spécimens du Musée britannique rapportés par Fortune et cités par M. Swinhoe, de même que les sujets indiqués par Bonaparte et par Souancé comme originaires de Chine, viendraient en réalité de Ceylan. L'espèce qui est commune sur le continent Indien, de la baie du Bengale à l'ouest jusqu'aux provinces de Tenasserin à l'est et à la région himalayenne au nord, et qui habite également l'Assam et la Birmanie, est pour cet auteur le *Psittacus vernalis* de Sparrmann (*Coryllis vernalis*). C'est donc très-probablement cette espèce et non le *C. indicus* qui s'avance jusque dans la Chine méridionale et que les habitants de cette région désignent par un nom signifiant *petit perroquet qui se suspend*. Du reste le *C. vernalis* ne diffère du *C. indicus* que par la forme de son bec qui est plus long, plus grêle, avec la pointe amincie et allongée, et par l'absence d'une tache rouge sur le sommet de la tête.

RAPACES DIURNES

Des 380 espèces environ d'oiseaux de proie diurnes admises par les ornithologistes, 46 ont été jusqu'aujourd'hui signalées dans l'empire chinois.

7. — VULTUR MONACHUS

VULTUR MONACHUS, Linn. (1766), *S. N.*, 122. — LE VAUTOUR, Buffon (1783), *Pl. Enl.* 425. — VULTUR CINEREUS, Gm. (1788), *S. N.*, I, 247. — Severtz. (1873), *Turkestan Jevotn.*, 62. — V. ARRIANUS, Daud. (1800), *Traité*, II, 18. — V. MONACHUS, Dress. (1875), *Ibis*, 98.

Dimensions. Long. totale, 1^m,30 (femelle tuée à Pékin); la queue (qui est arrondie) mesure 0^m,38; l'aile fermée, 0^m,58; le tarse (emplumé dans sa première moitié), 0^m,12; le bec, de la commissure au bord antérieur, 0^m,097; hauteur du bec, 0^m,05.

Couleurs. Iris brun; bec noir avec la base bleuâtre; pattes couleur de chair; cire et peau du cou livides. — Plumage entièrement brun, devenant grisâtre sur le front et les couvertures auriculaires.

Le Vautour moine ou Arrian, à la tête grosse et au cou complètement dénudé dans la plus grande partie de sa longueur, habite l'Europe méridionale et le nord de l'Afrique, et, à travers l'Asie centrale, se répand jusque dans l'extrême Orient. Il est très-rare dans la Chine; moins dans la Mongolie, d'où il vient visiter les montagnes qui forment la limite nord-ouest de l'empire. Il a été tué une fois dans le Tchékiang.

Les Pékinois distinguent ce vautour sous le nom de *Ta-hoy-tiao* (*grand-noir-aigle*), et ils en utilisent les grandes plumes pour leurs flèches ; ils emploient aussi la tête et le bec de cette espèce, comme ceux de tous les grands oiseaux de proie, dans leur pharmacie où figurent presque toutes les substances de la nature.

8. — GYPS HIMALAYENSIS

GYPS HIMALAYENSIS, Hume (1869), *Rough notes*, I, 14. — G. NIVICOLA, Severtzoff (1873), *Turkestan Jevotn.*, III, pl. VII. — Dress. (1875), *Ibis*, 98.

Dimensions. Taille un peu plus forte que celle de notre Griffon, dont il a les formes générales et les proportions.

Couleurs. Plumage généralement d'un café au lait blanchâtre, avec le bas du dos blanc, ainsi que les couvertures inférieures des ailes ; parties inférieures du corps d'une teinte isabelle très-claire. — Dans le jeune âge, tout le plumage est brun, avec du fauve au centre des plumes.

Le Griffon himalayen ou des neiges forme l'une des races les plus marquées du genre. Il habite le nord de l'Himalaya, ainsi que le Turkestan et le Tien-Chan où il a été trouvé en abondance par le célèbre zoologiste russe, M. Severtzoff. Nous l'avons également rencontré plusieurs fois en Mongolie et même une fois dans l'intérieur de la Chine. Cet oiseau se reconnaît à sa forte taille et surtout à ses couleurs très-pâles qui, de loin, le font paraître tout blanc.

Nota. — La famille des Vulturidés compte 27 espèces connues, dont 18 sont propres à l'Ancien-Monde : les espèces américaines ont cela de particulier que leurs narines sont perforées et dépourvues de *septum* osseux. — En Chine on ne rencontre que deux Vautours, et encore d'une manière accidentelle. Il paraît étonnant que cette vaste région soit si pauvre en oiseaux de ce genre, tandis que les diverses parties de l'Inde sont fréquentées par 8 ou 9 espèces différentes de ce groupe, mais ce fait doit sans doute trouver sa cause en ce que : 1° les Chinois n'élèvent que fort peu de bétail, et 2° qu'ils prennent soin d'ensevelir leurs morts. Au contraire, dans l'Inde et la Mongolie, les animaux domestiques et sauvages sont abondants, et,

d'un autre côté, les cadavres humains y sont le plus souvent
abandonnés en pâture aux bêtes du ciel et de la terre.

9. — GYPAETUS BARBATUS

Vultur barbatus, Linn. (1766), *S. N.*, I, 123. — Gypaetus grandis, Storr (1780),
Prod. Meth. — G. hemachalanus, Hutton, *J. A. S.*, III, 523. — Gypaetus barbatus,
Tem. et Laug,, *Pl. Col.* 431. — Severtz. (1873), *Turkest. Jevoln.*, 63. — Dress. (1875),
Ibis, 99.

Dimensions. Long. ordinaire, 1ᵐ,50 (un sujet d'âge moyen tué à Pékin
mesurait 1ᵐ,40 avec 2ᵐ,70 d'envergure); la queue, ample et très-étagée, dépassant de 13 centimètres le bout des ailes fermées; de longs poils raides diri-
gés en avant garnissant la base du bec; tarse court, emplumé jusqu'à l'origine des doigts qui sont faibles.

Couleurs. Dans un oiseau examiné en Chine, l'iris était multicolore et
offrait, à partir du centre qui était rouge, un cercle jaune, un cercle orange,
et enfin, tout à fait à l'extérieur, un cercle rouge de sang. Bec brun de
corne; pattes bleuâtres. — Plumage des parties supérieures du corps noir
lavé de gris, avec la tige des plumes blanche; tête, cou et tout le dessous
blanc, plus ou moins teint de roux orangé, avec un demi-collier noir sur la
poitrine, une moustache et une forte raie sourcilière de la même couleur. —
L'oiseau jeune a la tête, le cou et presque tout le corps d'un brun sale et
mêlé de roux.

Le Gypaète barbu, dit aussi Vautour des agneaux, est répandu
en petit nombre dans toute la partie centrale de l'Ancien-Monde,
où il vit de chasse et habite les régions montagneuses les plus
élevées. Il est très-rare en Chine mais se rencontre assez souvent
sur les frontières de la Mongolie. Les Pékinois le nomment *Soa-
kou-tiao* (*avale-os-aigle*), et fabriquent avec sa queue des éventails
très-estimés. La race orientale du Gypaète a les couleurs plus
pâles que celle des Pyrénées. La seconde espèce de Gypaète
admise par les auteurs est propre au sud de l'Afrique, et se
distingue par ses tarses moins emplumés et par l'absence de la
raie mystacale noire.

10. — AQUILA CHRYSAETUS

Falco chrysaetus, Linn. (1766), *S. N.*, I, 125. — Le Grand Aigle, Buff. (1770),
Pl. Enl. 410. — Aquila nobilis, Pall. (1811), *Zoogr.*, I, 338. — A. chrysaetus, Radde
(1862), *Reis. in Ost. Sib.*, II, 83. — A. chrysaetos et A. nobilis, Tacz. (1876), *Bull.
Soc. zool. de France*, I, 117 et 118.

Dimensions. Long. totale, 1^m,15 (femelle adulte tuée à Pékin), et 0^m,84 (mâle adulte de la même contrée); queue légèrement arrondie, 0^m,35.

Couleurs. Iris brun-châtain ; bec d'un corné bleuâtre, plus foncé au bout; cire et doigts jaunes. — Plumage en dessus d'un brun noirâtre avec l'extrémité des plumes interscapulaires et des couvertures alaires plus claires ; plumes acuminées de la nuque roux vif, grisâtres dans les jeunes ; gorge et tout le dessous du corps brun foncé ; base de la queue marbrée et rayée de grisâtre dans les oiseaux qui ont dépassé l'âge de trois ans ; blanche dans les autres, qui ont aussi les tarses variés de blanc ; plumes axillaires brunes.

L'Aigle royal ou Grand Aigle habite l'Europe, l'Asie et l'Amérique du Nord, et se trouve communément dans toute la région montagneuse de la Sibérie orientale ; il est aussi abondamment répandu et sédentaire sur les grandes montagnes de l'empire chinois ; les Pékinois le connaissent sous le nom de *Hoy-tiao* (*noir-aigle*). En Chine, comme ailleurs, cette espèce varie beaucoup pour la taille et pour les couleurs ; et j'ai vu dans ce pays des individus ayant des plumes blanches aux épaules.

Les Chinois, qui emploient la tête et les pattes des aigles dans leur pharmacie, et leurs grandes pennes pour la confection de leurs éventails et de leurs flèches, prennent ces oiseaux au moyen d'un petit filet tombant, tendu verticalement, auprès duquel ils placent un morceau de viande, un faisan ou un lièvre : un aigle privé sert d'appelant. Cette chasse se pratique surtout au commencement de l'hiver.

Les chasseurs chinois et mongols, qui aiment beaucoup la chasse au faucon, ne dressent que rarement des aigles pour cette fin, et ne s'en servent que pour la gazelle (*Antilope gutturosa*), le lièvre et l'outarde.

Rappelons en passant que sur une quinzaine de vrais aigles connus, un seul se retrouve en Amérique, et qu'il n'y en a pas en Australie.

11. — AQUILA MOGILNIK

FALCO MOGILNIK, Sam. Gmelin (1770), *Nov. Comm. Ac. Sc. Petrop.*, XV. — FALCO IMPERIALIS, Bechst. (1802), *Tasch.* III, 553. — AQUILA HÆLIACA, Sav. (1809), *Ois. d'Ég.*, 82. — Temm. et Laug., *Pl. Col.* 151. — A. MOGILNIK, Tacz. (1876), *Bull. Soc. zool. de France*, I, 118.

Dimensions. (Un mâle non adulte tué au Chensi.) Long. totale, 0^m,78 ; queue, à peu près carrée, 0^m,32 ; aile ouverte, 0^m,85 ; fermée, 0^m,62. Les vieux sujets mesurent jusqu'à 1 mètre de longueur totale.

Couleurs. Iris brun jaune ; bec bleuâtre avec le bout foncé ; cire et doigts jaune pâle. — Plumage du dessus et du dessous du corps brun noir, avec les plumes acuminées de la nuque blanchâtres ou rousses, et ordinairement quelques-unes des scapulaires blanches ; queue traversée de bandes irrégulières grises ; sous-caudales roux pâle. — Le jeune oiseau (*Aquila bifasciata*, Gray) a ses parties supérieures d'un brun clair, avec les bouts des plumes d'un gris terreux ; les plumes du thorax et des flancs sont grises et bordées de brun ; la gorge, les jambes et les sous-caudales d'une teinte isabelle, la queue et les sus-caudales terminées de blanc roux ; les bouts des grandes et des petites couvertures des ailes largement marqués de blanchâtre.

L'Aigle impérial, dont certains auteurs distinguent trois races et dont l'histoire est des plus embrouillées, habite l'Europe méridionale, le nord de l'Afrique, et toute l'Asie centrale et méridionale jusqu'en Chine. Je l'ai rencontré assez souvent dans cet empire, surtout dans les provinces centrales, de même qu'en Mongolie ; mais ce n'est que trois fois que j'y ai vu des sujets adultes revêtus de leur livrée foncée et portant une plaque blanche aux épaules. Je crois avoir constaté que l'Aigle impérial niche parfois avant de s'être dépouillé de sa livrée du jeune âge.

12. — AQUILA CLANGA

AQUILA CLANGA, Pall. (1811-1831), *Zoogr.*, I, 351. — FALCO NÆVIOÏDES, G. Cuv., *Règne an.* (1829), I, 326. — F. RAPAX, Temm. (1828), *Pl. Col.*, I, 455. — AQUILA AMURENSIS, Swinh. (1871), *P. Z. S.*, 383. — AQUILA CLANGA, Severtz. (1873), *Turkest. Jevotn.*, 63. — Dress. (1875), *Ibis*, 101. — Tacz. (1876), *Bull. Soc. zool. Fr.*, I, 117.

Dimensions. (Un mâle tué à Pékin.) Long. totale, 0^m,75 ; queue, 0^m,26 ; aile fermée, 0^m,58, atteignant le bout de la queue. Formes massives, plumage grossier à tous les âges ; bouche très-fendue ; narines en ellipse allongée ; bec bien moins robuste que dans l'Aigle impérial, mais beaucoup plus que dans l'Aigle tacheté (le jeune *A. clanga* en duvet a le bec une fois plus gros que le jeune *A. nævia* en duvet) ; tarses épais.

Couleurs. Iris noisette marbré de brun ; cire et doigts jaunes ; bec noir avec la base bleuâtre. — Plumage d'un brun uniforme tirant au chocolat, les jeunes avec du blanchâtre ou du rouge à la nuque ; queue barrée obscurément de huit ou neuf rangées de taches grises ; rémiges noires, plus ou moins marbrées de gris dans les jeunes qui ont aussi du gris roux aux tectrices supérieures et inférieures de la queue, ainsi qu'à l'extrémité des rectrices, des rémiges secondaires et des grandes et moyennes couvertures des ailes.

Comme ces aigles ne muent que tous les quatre ou cinq ans, il arrive que le mélange graduel des plumes neuves avec les vieilles plumes usées ou décolorées occasionne chez eux des différences de couleurs ; mais jamais le plumage de cette espèce n'est marqué de taches oblongues blanchâtres ou rousses, comme cela a lieu chez beaucoup d'individus de l'*Aquila nævia*.

D'après les observations et les riches matériaux fournis par M. Am. Alléon, qui a tué des centaines d'aigles à Constantinople, M. Vian a prouvé, dans une série d'intéressants articles publiés dans la *Revue zoologique* en 1867, 1869, 1870 et 1872, que 1° l'*Aquila clanga* de Pallas, contrairement à l'opinion de l'auteur lui-même, n'est pas identique à l'*Aq. nævia* (aigle tacheté des auteurs français) ; 2° cet aigle aux formes massives, qui chaque printemps fait à Constantinople un passage extrêmement abondant, ne diffère pas spécifiquement du *Falco nævioïdes*, Cuv. (*Aquila rapax*, Temm.) de l'Afrique. Or, de notre côté, nous pensons que le plus commun des aigles de Mongolie, qui visite aussi fréquemment le nord-ouest de la Chine, ne forme qu'une seule et même espèce avec l'Aigle ravisseur ou criard des auteurs français (*A. clanga*, Pall.); malgré notre bonne volonté, nous ne pouvons trouver aucune différence de formes ou de couleurs entre les oiseaux de l'extrême Orient et ceux de la Turquie ; quant à la taille plus forte, sur laquelle M. Swinhoe s'est fondé pour établir son *Aq. amurensis*, nous trouvons qu'elle n'est pas constante ; car la collection de M. Alléon renferme une femelle d'*Aq. clanga* mesurant 0^m,80, taille que ne dépassent pas les aigles tués par nous dans la Mongolie ni ceux du bassin du fleuve Amour.

L'Aigle criard est connu des Chinois sous le nom de *Hoang-chou-tiao* (*aigle-des-rats-jaunes*), parce qu'il se nourrit surtout de ces petits mammifères (*Gerbillus*), ainsi que de *Spermolegus*, *Dipus*, *Lagomys* et *Cricetus*, qui abondent sur les hauts plateaux de la Mongolie. Ces oiseaux aiment les steppes et les montagnes découvertes ; et, bien que quelques-uns d'entre eux habitent la Mongolie et le nord de la Chine d'une manière permanente, ce n'est qu'au printemps qu'ils commencent à y être abondants : ils passent alors en grand nombre et se dirigent vers le Nord.

13. — AQUILA NÆVIA

AQUILA NÆVIA, Brisson (1760), *Orn.*, I, 423. — Gould (1837), *B. of Eur.*, pl. 8. — AQ. HASTATA, Less. (1834). *Voy. Bélang.*, 217. — Sharpe (1874), *Catal. of Accip.*, I, 248. — AQ. MACULATA, Dresser (1874), *Ann. N. H.*, XIII, 373.

Dimensions. Long. totale (femelle tuée à Pékin), 0^m,70 ; le bout de l'aile fermée arrive à celui de la queue. Formes délicates ; bec, tarses et doigts relativement minces ; plumes du cou très-acuminées ; narines arrondies.

Couleurs. Iris jaunâtre ; cire et doigts jaunes ; bec brun. — Plumage d'un brun lustré, à reflets pourpre avec des taches jaunâtres à la nuque, aux tectrices alaires, à la poitrine et aux jambes, ainsi qu'au bout de la queue qui est traversée de bandes grisâtres ; sus-caudales terminées de blanchâtre. Telle est la livrée dont sont revêtus deux sujets tués à Pékin et deux autres envoyés de Cochinchine par M. Germain. Ceux-ci ne nous paraissent différer en rien du petit aigle que l'on prend dans l'Europe méridionale et qui est bien connu en France sous le nom d'Aigle tacheté.

Le plumage de cet aigle varie beaucoup, certains individus conservant toujours leurs taches, tandis que d'autres n'en ont jamais eu. D'ordinaire le plumage devient grossier en vieillissant et revêt une teinte fauve ou grisâtre, et par la disparition totale des taches prend beaucoup de ressemblance avec celui de l'*Aq. clanga ;* mais la gracilité du bec et des pattes et surtout la forme arrondie (et non elliptique) des narines, le distinguent facilement de cette dernière espèce.

A cause de ses petites taches sur l'aile, l'Aigle tacheté porte à Pékin le nom de *Djeuma-tiao* (*aigle à grains de sésame*) : c'est le plus rare des aigles de la Chine, où je n'en ai vu que trois sujets, tandis qu'il paraît être assez commun dans la Cochinchine.

14. — SPIZAETUS NIPALENSIS

NISAETUS NIPALENSIS, Hodgs. (1836), *J. A. S. B.*, 229, pl. 7. — SPIZAETUS ORIENTALIS, T. et Schl. (1850), *F. J.*, pl. 3.

Dimensions. Long. totale, 0^m,70 ; queue simple et carrée, 0^m,27 ; aile, 0^m,45 ; tarse, 0^m,12, emplumé jusqu'aux doigts qui sont fort grands. L'oiseau adulte porte à l'occiput une touffe de plumes de 8 centimètres de long.

Couleurs. Iris jaune verdâtre ; cire blanchâtre, bec noir, doigts jaunâtres. — Plumage brun en dessus, plus foncé sur la tête et sur la huppe dont l'extrémité est tachée de blanc ; gorge blanche avec une large raie médiane noirâtre ; le reste des parties inférieures d'un blanc tacheté de brun, avec des barres transversales sur les flancs et les jambes ; queue grisâtre, avec cinq barres brunes.

Le Spizaète du Népaul ou Aigle huppé oriental est répandu dans l'Inde depuis Ceylan jusqu'à l'Himalaya, et visite aussi, bien que rarement, l'empire chinois et même le Japon. M. Swinhoe l'a observé à Formose ; et je l'ai rencontré moi-même dans la Chine centrale et dans la Mongolie. J'ai vu un très-bel exemplaire de cette espèce entre les mains du P. Heude, qui l'avait pris aux environs de Nankin. C'est un terrible destructeur de faisans et d'écureuils.

15. — HALIAETUS ALBICILLA

Aquila albicilla, Briss. (1760), *Ornith*, I, 427. — Grand Aigle de mer, Orfraie. Buff. (1770), *Pl. Enl.* 112, 415. — Vultur albicilla, Linn. (1766), *S. N.*, I, 123. — Haliaetus nisus, Sav. (1809), *Ois. d'Ég.*, 86. — Haliaetus albicilla, Swinh. (1871), *P. Z. S.*, 339. — Severtz. (1873), *Turkest. Jevotn.*, 63. — Dress. (1875), *Ibis*, 99.

Dimensions. Long. totale, 0ᵐ,95 ; queue cunéiforme, 0ᵐ,30 ; aile fermée, 0ᵐ,65.

Couleurs. Iris jaune ; bec et cire d'un jaune pâle ; tarses jaunes et nus, ongles noirs. Plumage des parties supérieures et inférieures d'un brun terreux, avec la tête et le cou d'un gris blanc et la queue et les suscaudales d'un blanc parfait. — Dans les jeunes oiseaux, tout le corps est brun, y compris la tête, le cou et la queue ; mais le brun roussâtre de cette dernière partie se mêle de blanchâtre avec l'âge.

Le Pygargue vulgaire, dit aussi Orfraie ou Grand Aigle de mer, habite l'Amérique du Nord, et toute la partie septentrionale de l'Ancien-Monde, où il vit de gibier et de poisson. Il est très-commun dans l'extrême Orient ; et je l'ai rencontré fréquemment tant en Chine qu'en Mongolie, près des lacs et des fleuves, ainsi que sur les bords de la mer. Je l'ai trouvé nichant sur un grand arbre et couvant ses œufs dès le mois de décembre, dans le Kiangsi, sous le 28° lat. Néanmoins le plus grand nombre de ces Pygargues quittent la Chine après l'hiver, et leur passage du printemps et de l'automne est assez abondant : ils voyagent deux à deux.

Les pygargues ou aigles de mer ne diffèrent des vrais aigles que par leur tarse nu, leurs doigts entièrement libres et leurs mœurs plus aquatiques. Sur les sept espèces connues, deux se rencontrent aussi en Amérique.

16. — HALIAETUS LEUCOCEPHALUS

AQUILA LEUCOCEPHALOS, Briss. (1760), *Orn.*, I, 422. — L'AIGLE A TÊTE BLANCHE, Buff. (1770), *Pl. Enl.* 411. — FALCO LEUCOCEPHALUS, Linn. (1766), *S. N.*, I., 124, Gould, *B. Eur.* (1837), I, pl. 11. — HALIAETUS WASHINGTONII, Jard. et Wils. (1832), *Am. orn.*, II, 92. — Aud. (1839), *B. Am.*, I, 53, pl. 13.

Dimensions. Long. totale, $0^m,85$; queue, $0^m,27$; aile, $0^m,60$.

Couleurs. Iris jaune pâle, de même que la cire, le bec et les pattes. — Plumage brun foncé, avec la tête, le cou, les sus-caudales et la queue d'un blanc pur. Les jeunes oiseaux sont bruns en entier, avec les plumes occipitales arrondies. Cette espèce a huit écailles sur la dernière phalange du doigt médian, tandis que le pygargue vulgaire n'en a que six.

Le Pygargue à tête blanche se rencontre surtout dans l'Amérique septentrionale, où il porte le nom d'*Aigle de Washington*. C'est avec doute que les ornithologistes l'admettent dans la faune européenne : mais tous les voyageurs, depuis Pallas, le citent dans le N.-O. de l'Asie. Les Chinois connaissent cette espèce sous le nom de *Paé-thoou-tiao* (*blanche-tête-aigle*) ; et nous-même nous avons cru l'apercevoir une fois dans le pays des Ordos, en Mongolie.

17. — HALIAETUS PELAGICUS

AQUILA PELAGICA, Pall. (1811), *Zoogr.*, I, 343, pl. 18. — FALCO LEUCOPTERUS, Temm. (1824), *Pl. Col.* 489. — HALIAETOS PELAGICUS, Swinh. (1871), *P. Z. S.*, 339. — Tacz. (1876), *Bull. Soc. zool. Fr.*, I, 120.

Dimensions. Long. totale, $1^m,10$; queue, $0^m,38$; aile, $0^m,65$. Bec gros et très-robuste, ayant 5 centimètres et demi de hauteur.

Couleurs. Iris jaune clair ; cire, bec et pattes jaunes. — Plumage brun avec une partie du dessus des ailes blanche, ainsi que la queue et les couvertures supérieures et inférieures de la queue ; front blanchâtre ; centre des plumes de la tête et du cou grisâtre.

Ce géant des pygargues a pour patrie les îles du N.-E. de l'Asie où il vit d'animaux marins. Il a été observé également sur le continent, dans la Sibérie orientale et dans la Mongolie, et même, croit-on, dans l'Himalaya. Middendorf l'a trouvé nichant en grand nombre sur les côtes méridionales de la mer d'Okhotsk et Kittlitz l'a observé jusqu'au Kamtschatka. Je l'ai rencontré à la fin d'un hiver rigoureux et même tiré de près, mais en vain, dans la province de Pékin en 1865. Je pense que les apparitions dans l'empire chinois de cet oiseau si remarquable sont tout à fait exceptionnelles.

18. — HALIAETUS FULVIVENTER

AQUILA LEUCORYPHA, Pall. (1771), *Reis.*, *Russ.*, *Reich.*, I, 454. — FALCO FULVI-VENTER, Vieill. (1819), *N. Dict.*, XXVIII, 283. — F. MACEI, Temm. (1824), *Pl. Col.* 223. — HALIAETUS LEUCORYPHUS, Severtz. (1873), *Turkest. Jevotn.*, 63. — HALIAETOS LEUCORYPHA, Tacz. (1876), *Bull. Soc. zool. Fr.*, I, 121.

Dimensions. Long. totale, 0^m,75 ; queue, 0^m,28 ; l'aile, 0^m,61.

Couleurs. Iris jaune pâle ; cire et bec verdâtres; pattes grises. — Plumage brun en dessus, avec la tête et la nuque d'un fauve pâle; poitrine et haut de l'abdomen d'un brun roux; queue noirâtre avec une large bande centrale blanche. — Chez les jeunes sujets, la queue est uniformément noirâtre.

Le Pygargue à ventre fauve, qui est un oiseau commun dans l'Inde, est considéré par plusieurs ornithologistes comme identique avec l'*Aquila leucorypha* (Pall.), qui visite la mer Caspienne, et qui ne montrerait qu'exceptionnellement sur le vertex la tache blanche à laquelle il doit son nom. Cet oiseau pénètre probablement jusqu'en Chine ; et j'ai aperçu plusieurs fois entre les mains des Chinois des éventails faits avec des queues de cette espèce de pygargue.

19. — PANDION HALIAETUS

FALCO HALIAETUS, Linn. (1766), *S. N.*, I, 129. — PANDION FLUVIALIS, Savig. (1809), *Ois. d'Ég.*, 96. — PANDION HALIAETUS, Less. (1828), *Man. d'orn.*, I, 289. — PANDION CAROLINENSIS, Aud. (1841-59), *B. N. Am.*, pl. 81. — PANDION HALIAETUS, Swinh. (1871), *P. Z. S.*, 340. — Tacz. (1876), *Bull. Soc. zool. Fr.*, I, 355.

Dimensions. Long. totale, 0^m,60; queue (carrée), 0^m,20 ; aile 0^m,50; plumes tibiales très-courtes ; ongles et bec très-puissants.

Couleurs. Iris jaune ; bec noir ; cire bleuâtre, ainsi que les pattes. — Plumage brun en dessus, blanc en dessous, avec du brun aux côtés de la poitrine et une large raie blanche de chaque côté de la nuque.

Le Balbuzard vulgaire d'Europe est également répandu dans toute l'Asie, en Afrique, dans l'Amérique septentrionale, aux Antilles et dans le nord de l'Amérique méridionale. Il fréquente les lacs, les fleuves et le bord de la mer, faisant une guerre terrible aux poissons et aux oiseaux aquatiques qu'il dispute parfois, non sans succès, aux pygargues ou aigles de mer. On le trouve communément en Chine ; et les individus de cette contrée sont identiques à ceux de l'Europe.

Les formes spéciales de ce genre, son plumage compact et surtout la particularité qu'offrent ses serres dont le doigt externe est réversible, en font un type distinct de tous les autres accipitres diurnes.

20. — HALIASTUR INDUS

Falco indus, Bodd. (1783), *Tabl. des Pl. Enl. de Daub.*, 25. — L'Aigle des Grandes Indes, Buff. (1770-86), *Pl. Enl.* 415. — F. pondicerianus, Gm. (1788), *S. N.* I, 265. — Haliastur indus, Gr. (1845), *Gen. B.*, I, 18.

Dimensions. Long. totale d'un mâle adulte tué au Kiangsi, 0ᵐ,50 ; queue, 0ᵐ,22, légèrement arrondie ; aile, 0ᵐ,42. Plumes tibiales grandes ; tarses courts ; doigts petits.

Couleurs. Iris brun châtain ; cire bleuâtre ; bec d'un vert bleuâtre ; pattes jaune pâle. — Plumage tout entier d'un marron roussâtre, avec la tête, le cou et la poitrine d'un blanc pur et plus ou moins marqués d'étroites raies brunes. Dans les jeunes sujets, le plumage est brun, chaque plume étant rayée de noir au centre et tachée de gris à l'extrémité, particulièrement sur la tête et les parties intérieures. C'est par les sous-caudales que la teinte rousse commence à se montrer ; avec l'âge, elle s'étend sur les cuisses, les ailes, le dos, la tête et la poitrine, et gagne enfin la région abdominale quand les dernières parties revêtent une couleur blanchâtre.

Par ses mœurs, par son vol et une partie de ses formes, l'*Haliastur* se rapproche beaucoup des milans. Cet oiseau, que l'on voit communément dans tous les ports de mer de l'Inde, planant au-dessus des navires en compagnie du *Govinda*, n'avait point été encore observé en Chine. Je l'ai rencontré et pris au Tchékiang et au Kiangsi, où il niche sur les grands arbres ; il se nourrit de grenouilles, ainsi que de gros coléoptères qu'il saisit au vol à la cime des arbres. Il disparaît de ces provinces pendant l'hiver et se retire dans la Cochinchine. Le Muséum d'histoire naturelle de Paris a reçu de cette dernière contrée de nombreux exemplaires de cette espèce, d'âges et de plumages différents.

21. — MILVUS MELANOTIS

MILVUS MELANOTIS, T. et Schl. (1835), *F. J.*, 14, pl. 5. — M. MAJOR, Hume (1870), *R. Not.*, II, 326. — M. GOVINDA, Swinh. (1871), *P. Z. S.*, 341. — MILVUS MELANOTIS, Tacz. (1876), *Bull. Soc. zool. Fr.*, I, 121.

Dimensions. Long. totale, $0^m,65$; queue, $0^m,30$, médiocrement four-chue ; aile, $0^m,53$; tarse, $0^m,55$, emplumé sur la moitié de sa longueur.

Couleurs. Iris brun noisette ; bec noirâtre, cire verdâtre ; pattes jaune-vert. Plumage brun à reflets pourprés, plus clair sur la tête et sur le cou où chaque plume est marquée au centre d'un trait noir ; couvertures des oreilles d'un brun foncé ; queue brun clair légèrement barrée de brun ; ré-miges primaires largement marquées de blanc vers leur base. — Les jeunes oiseaux ont une livrée plus claire, les plumes d'un grisâtre sale au centre et d'une teinte plus foncée sur les bords et les couvertures sous-alaires, la queue blanchâtre à l'extrémité. (Dans les jeunes du *Milvus ater*, c'est le cen-tre des plumes qui est foncé et le bord clair.)

Le Milan à oreilles noires, décrit d'abord du Japon, est très-abondamment répandu dans toute la Chine, d'où il passe dans la Sibérie (Dybowski), dans l'Inde et jusque dans l'Europe orientale (M. Alléon). A Pékin même on le voit en grand nombre pendant toute l'année, vivant du rebut des boucheries et poussant parfois l'audace jusqu'à enlever des quartiers de viande non-seulement de l'étalage mais encore des mains du marchand. Dans cette ville il niche souvent sur les tours et les grands arbres, quand les Corbeaux (*Corvus sinensis*) veulent bien le lui permettre. Les sujets qui séjournent et qui nichent dans les hautes montagnes m'ont paru avoir des dimensions plus fortes et des habitudes plus courageuses que ceux qui vivent dans la plaine.

22. — MILVUS GOVINDA

MILVUS GOVINDA, Sykes (1832), *P. Z. S.*, 81. — M. ATER (Blyth), Gould, *B. of As.*, livr. IV, pl. — Swinh. (1871), *P. Z. S.*, 341.

Description. Semblable au précédent, mais ayant : 1° une taille plus faible ($0^m,52$, au lieu de $0^m,65$) ; 2° moins de blanc à la base des grandes rémiges ; 3° moins de brun foncé aux oreilles ; 4° la face moins blanchâtre que l'autre ; 5° les couleurs plus rousses, surtout à la tête et au cou, avec la raie centrale noirâtre des plumes plus large.

N. B. Le *Milvus affinis* (Gould) d'Australie, que M. Sharpe donne comme ayant été pris à Tchousan, diffère du *Govinda* en ce qu'il manque de taches blanches à la base des rémiges et qu'il a des teintes un peu plus rousses sur les parties inférieures du corps.

Le Milan Govinda, qui est très-abondamment répandu dans toute l'Inde, est aussi fort commun dans la Malaisie et la Cochinchine ; de là il arrive assez fréquemment jusque dans la Chine méridionale, où je l'ai rencontré plusieurs fois. Mais cette espèce est rare sur la côte chinoise et en est toujours chassée par la concurrence victorieuse du grand milan indigène.

Il est assez important de noter que, des six espèces connues de milans, aucune ne se retrouve en Amérique.

23. — ELANUS COERULEUS

FALCO COERULEUS, Desfont. (1787), *Mém. A. R. des Sc.*, 503, pl. 15. — ELANUS MELANOPTERUS, Auct. — EL. COERULEUS, Sharpe (1874), *Cat. of. Acc.*, 336.

Dimensions. Long. totale, 0m,34 ; queue, 0m,13, un peu échancrée ; aile, 0m,29, dépassant le bout de la queue ; tarse, 0m,03, emplumé sur ses deux tiers.

Couleurs. Iris orangé ; bec noir ; cire et pattes jaunes. — Plumage gris cendré en dessus, blanc en dessous, avec les flancs légèrement lavés de cendré ; front et côtés du vertex blancs, avec un étroit sourcil noir ; une tache noire au lorum et au bout des couvertures inférieures des ailes ; petites et moyennes couvertures supérieures noires ; queue blanche, avec les deux rectrices centrales cendrées. L'oiseau, dans son jeune âge, a le dessus du corps d'un cendré brun mêlé de roux et la poitrine rayée de brun et salie par du roux.

L'Élanion Blac, qui vit en Afrique et dans l'Inde et visite accidentellement l'Europe, est commun en Cochinchine pendant l'hiver, et passe de là dans la Chine méridionale. Je l'ai trouvé en avril 1872, nichant sur les montagnes boisées du Tchékiang occidental : c'est un oiseau nouveau pour la faune ornithologique de cet empire. Quatre sujets de cette espèce tués dans l'extrême Orient que nous avons comparés avec d'autres pris dans l'Inde, l'Abyssinie et l'Algérie, ne nous ont offert aucune différence caractéristique ; au contraire, les spécimens des Philippines constituent une espèce distincte (*Elanus hypoleucus*).

On ne compte que cinq vrais Élanions, dont un est propre

à l'Amérique. Un bel oiseau à queue très-fourchue (*Nauclerus Riocouri*), voisin de ce genre, vit dans l'Afrique occidentale.

24. — PERNIS APIVORUS

BUTEO APIVORUS, Briss. (1760), *Orn.*, I, 410. — FALCO APIVORUS, Linn. (1766), *S. N.*, I., 130.—LA BONDRÉE, Buff. (1770), *Pl. Enl.* I., 420.—Cuv. (1817), *Règne animal*, I, 322. — PERNIS APIVORUS, Severtz. (1873), *Turk. Jevotn.*, 63 et 112.—Dress. (1875), *Ibis*, 102.

La Buse bondrée ou apivore, qui se distingue facilement de tous les autres oiseaux de proie par ses lores couverts de petites plumes et non de soies raides, se trouve non-seulement en Europe, mais encore en Afrique et en Asie; elle s'avance même, bien que rarement, jusqu'en Chine, et j'ai eu l'occasion de la prendre dans la partie septentrionale de cet empire. Malgré son nom d'apivore, la bondrée ne paraît pas rechercher particulièrement les abeilles et les guêpes; elle vit aussi de sauterelles, de coléoptères, de lézards et de petits mammifères, et même de fruits et de graines. Les trois espèces de *Pernis* admises par les auteurs sont propres à l'ancien monde; l'une d'elles, *Pernis ptylorhynchus* (Tem.), de l'Inde et de la Malaisie, est ornée d'une huppe occipitale, dans l'âge adulte.

25. — BUTASTUR INDICUS

FALCO INDICUS, Gm. (1788), *S. N.*, I., 264. — FALCO POLIOGENYS, Tem. (1825), *Pl. Col.* I, 325. — BUTASTUR INDICUS, Sharpe (1874), *Cat., of. Acc.*, I, 297.

Dimensions. Long. totale, 0^m,45; queue, 0^m,19; aile, 0^m,33, les troisième et quatrième rémiges étant les plus longues et égales entre elles; tarse, 0^m,5, emplumé dans son premier tiers.

Couleurs. Iris jaune (brun gris dans deux sujets jeunes tués à Pékin); bec plombé avec la base jaunâtre; cire et pattes jaunes. — Plumage brun en dessus avec le bout des sus-caudales blanc; du cendré sur la tête et le dos et surtout aux joues; une moustache brune peu marquée; gorge blanche avec une raie médiane noirâtre; poitrine brunâtre; ventre barré de blanc et de roux; sous-caudales blanches; queue traversée de quatre barres dont la dernière est la plus large. Dans le jeune âge, le dessus est mêlé de brun et de roux, et la face et le dessous sont blanchâtres avec des raies rousses.

La Buse aux joues cendrées a pour patrie les contrées les plus orientales de l'Ancien-Monde; mais elle voyage des Célèbes jusqu'en Mantchourie à travers les Philippines, le Japon et l'empire chinois. Quoiqu'il vienne nicher régulièrement dans les montagnes de Pékin, cet oiseau ne paraît point être abondant dans l'empire chinois. Son vol léger et rapide diffère complétement de celui des buses véritables ; son cri, composé de deux notes seulement, est aussi tout à fait caractéristique.

Les quatre espèces connues de buses-autours ont pour centre d'habitat la Malaisie ; une espèce cependant vit dans l'Afrique orientale.

26. — BUTEO JAPONICUS

Falco buteo japonicus et Buteo vulgaris japonicus (1850), *F. J.*, p. 16, pl. 6 et 6 B. — Buteo asiaticus, Swinh. (1871), *P. Z. S.*, 339. — Buteo plumipes, Hodgs. in Sharpe (1874), *Cat. of. Acc.*, I, 180, pl. 7. — Buteo japonicus, Tacz. (1876), *Bull. Soc. zool. Fr.*, I, 124.

Description. Semblable à la buse vulgaire d'Europe, mais ayant les tarses un peu plus emplumés et la taille un peu moindre.

D'après M. Sharpe (*Acc.*, I, 180), le *Buteo plumipes* de Hogdson ne serait autre chose que le *B. japonicus* en plumage parfait, et sous cette livrée l'oiseau serait entièrement brun.

La Buse japonaise, l'espèce commune du Japon, a été trouvée par Middendorf et par Dybowski dans la Sibérie orientale, et se montre aussi pendant l'hiver dans les provinces du S.-E. de la Chine, mais ne paraît pénétrer que rarement dans l'intérieur de l'empire. Je n'ai pu me la procurer qu'une seule fois aux environs de Pékin.

Les dix-sept espèces de buses reconnues par les ornithologistes sont dispersées sur toute la surface du globe, à l'exclusion de l'Australie. Les buses ont de grands rapports avec les aigles, mais en diffèrent par leurs formes massives, les plumes arrondies de leur cou, leur vol peu soutenu et leurs habitudes sédentaires.

27. — BUTEO HEMILASIUS

Buteo hemilasius, T. et Schl. (1850), *F. Jap. Av.*, 18, pl. 7. — Sharpe (1874), *Acc.*, I, 176, pl. 8.

Dimensions. Long. totale d'une femelle tuée au Chensi, 0m,70 ; queue, 0m,29 ; aile, 0m,52, la quatrième rémige étant la plus longue et dépassant de 1 centimètre la troisième et la cinquième qui sont à peu près égales entre elles; tarse, 0^m,09, emplumé sur les deux premiers tiers de sa longueur.

Couleurs. Iris blanc jaune ; cire et pattes jaunes ; bec brun avec la base bleuâtre. — Tête et cou blancs avec une raie brune au centre des plumes ; tout le dessus du corps d'un brun terreux, les plumes ayant leur rachis noirâtre et les bords grisâtres et roussâtres ; croupion brun sans taches, sus-caudales frangées de blanc à l'extrémité et de roux sur les côtés. Gorge, poitrine et ventre blancs, avec des lignes brunes sur le devant du cou, de larges mèches sur la poitrine et le bas-ventre ; plumes des flancs et des jambes brunes, bordées d'une teinte grisâtre. Queue blanchâtre avec des marbrures grises et de nombreuses barres brunes, et le bout d'un blanc sale. Grandes rémiges blanches, avec l'extrémité brune et les barbes externes grisâtres ; la partie blanche des autres pennes marquée de trois ou quatre taches transversales brunes ; grandes et moyennes tectrices terminées de blanchâtre, les petites de roux ; région carpale blanche. (Cette description est prise sur trois sujets tués dans le N.-O. de la Chine.)

La Grande Buse de la Chine habite les montagnes occidentales de cet empire ainsi que la Sibérie orientale et le Japon ; l'espèce y est abondante et tous les sujets que j'ai pris offrent une taille aussi forte que celle de notre Aigle criard.

28. — ARCHIBUTEO STROPHIATUS (Pl. 7)

HEMIAETOS STROPHIATUS, Hodgs. (1844), in Gray's *Z. Misc.*, 81. — BUTAQUILA ASIATICA, Gray (1869), *H. L.*, I., 10. — ARCHIBUTEO AQUILINA, Hodgs. in Swinhoe. (1871), *P. Z. S.*, 339. — ARCHIBUTEO STROPHIATUS, Sharpe (1874), *Accip.*, I, 199, pl. 7, fig. 2.

Dimensions. Long. totale d'une femelle tuée à Pékin, 0^m,65 ; queue, 0^m,25 ; aile, 0^m,50, la troisième rémige étant la plus longue et excédant la deuxième de 3 centimètres et demi et la quatrième de 1 centimètre et demi : tarse, 0^m,87, emplumé sur le devant presque jusqu'à la racine des doigts.

Couleurs. Iris gris ; cire et pattes jaunes ; bec noir avec la base bleuâtre ; ongles noirs. — Plumage généralement brun en dessus, avec quelques plumes presque entièrement blanches sur l'occiput ; celles de la face, du cou, du haut du dos et les sus-caudales largement bordées de blanc roux ; croupion brun, scapulaires et couvertures alaires bordées de grisâtre. Parties inférieures blanchâtres, avec des raies étroites brunes sur la gorge, des mèches plus larges sur les côtés de la poitrine, et des bandes transversales incomplètes sur les flancs et le bas-ventre ; point de taches au milieu de l'abdomen et aux sous-caudales ; plumes tibiales et tarsales brunes lisérées de roux. Queue presque blanche en dessous, marbrée de brun et de gris en dessus, avec des restes de barres brunes et une teinte rousse vers l'extrémité. Rémiges brunes vers le bout, lavées de cendré sur les barbes externes et blanches à leur base et sur les barbes internes, dans la plus grande partie de leur étendue. (Cette description est prise sur un mâle supposé adulte et tué en avril.) — Les jeunes sujets ont une proportion plus forte de roux et de gris dans les teintes de leur plumage.

La Buse pattue d'Orient paraît être répandue depuis l'Himalaya jusqu'à la Mantchourie. Je l'ai rencontrée communément en Chine, surtout au nord et à l'ouest, et je l'ai vue nicher parfois sur les rochers escarpés, à la manière des aigles, parmi les montagnes de Pékin et de la Mongolie. — Des quatre espèces connues de buses pattues, deux appartiennent à l'Amérique.

29. — CIRCAETUS GALLICUS

Le Jean-le-Blanc, Buff. (1770), *Pl. Enl.* I, 413. — Falco gallicus, Gmel. (1788), *S. N.*, I, 295. — F. brachydactylus, Tem. (1815), *Man.*, p. 15. — Circaetus gallicus, Gould (1837), *B. of. Eur.*, I, pl. 13. — Circaetus brachydactylus, Severtz. (1873), *Turk. Jevotn.*, 63. — Circaetus gallicus, Dress. (1875), *Ibis*, 102.

Dimensions. Long. totale, 0m,68 ; queue, 0m,28, ample et ne dépassant pas les ailes ; aile, 0m,54 ; tarse, 0m,09, nu et réticulé ; doigts courts.
Couleurs. Iris jaune ; cire et pattes grisâtres ; bec brun corné.—Plumage en dessus d'un brun terreux, avec des mèches brunes à la tête ; en dessous, blanc, avec de nombreuses taches brunes oblongues sur la gorge et la poitrine, transversales sur les flancs et l'abdomen ; tibiales et sous-caudales blanches ; queue blanchâtre en dessous, traversée de trois bandes brun pâle.

Ce Circaète est connu en France sous le nom de Jean-le-Blanc. Je ne l'ai vu en Chine et en Mongolie qu'en 1866 et 1867, parcourant de préférence les grandes plaines découvertes et chassant aux reptiles et aux petits rongeurs. Il a le vol assez léger, et s'arrête dans les airs à la manière des éperviers, pour guetter sa proie sur laquelle il se précipite avec autant de rapidité que les faucons.

Nota. — Le genre *Circaetus* renferme cinq ou six espèces presque toutes spéciales à l'Afrique ; une seule d'entre elles, le *C. gallicus*, s'éloigne de cette contrée pour visiter l'Europe, l'Asie et les îles Océaniennes.

30. — SPILORNIS CHEELA

Falco cheela, Lath. (1790), *Ind. Orn.*, I, 14. — Spilornis hoya, *postea* cheela, Swinhoe (1871), *P. Z. S.*, 340. — Spilornis cheela, Sharpe (1874), *Cat. of. Acc.*, 287.

Dimensions. Long. totale, 0ᵐ,70 ; aile, 0ᵐ,50, n'arrivant qu'au milieu de la queue qui a 0ᵐ,28 ; tarse, 0ᵐ,10, nu et réticulé ; plumes de la tête allongées en touffe.

Couleurs. Iris jaune ; bec bleuâtre foncé ; cire et peau du lorum jaunes ; pattes jaunâtres. — Plumage brun en dessus, tacheté de blanc sur les épaules et les petites couvertures des ailes, avec les plumes de la huppe blanches à la base et noires dans le reste de leur étendue ; gorge et poitrine d'un brun sale, avec de nombreuses barres transversales d'un ton plus clair ; ventre, sous-caudales et tibiales d'un brun pâle marqué de taches blanches arrondies ; queue brune avec une large bande gris marbré ; rémiges noires, barrées de gris marbré.—Les jeunes oiseaux offrent des différences de couleur très-grandes ; mais le blanchâtre domine sur leur plumage, le dessous du corps étant à peine flamméché de brun, de même que la tête et le dos ; la huppe très-fournie existe à tous les âges.

Le *Spilornis* ou Buse huppée cheela, qui est répandu dans l'Inde entière, se retrouve dans la partie méridionale de la Chine jusqu'à Formose, et se nourrit de serpents, de lézards et de grenouilles ; son vol, ses mœurs et ses allures sont ceux de la Buse commune. — Les sept ou huit espèces connues de *Spilornis* sont toutes propres à l'Indo-Malaisie.

31. — SPILORNIS RUTHERFORDI

SPILORNIS RUTHERFORDI, Swinhoe (1870), *Ibis*, 85. — (1871), *P. Z. S.*, 340. — SPILORNIS MELANOTIS, Jerd. (1844), *Mad. Journ.*, XIII, 165. — Sharpe (1874), *Cat. of Accip.*, I, 289.

Description. Cet oiseau, d'après M. Swinhoe, ressemble au *Spil. cheela* pour l'ensemble des couleurs, mais a la taille plus faible avec des tarses relativement plus robustes. M. Sharpe le considère comme identique avec la petite race du sud de l'Inde qu'il n'admet que comme une sous-espèce du cheela et qui a été décrite par Jerdon sous les noms de *Circaetus undulatus* et de *Buteo melanotis*, en 1839 et 1844.

C'est seulement dans l'île de Haïnan, en Chine, qu'ont été pris les cinq sujets sur lesquels M. Swinhoe fonde le *Spilornis Rutherfordi*.

32. — LOPHOSPIZA TRIVIRGATA

FALCO TRIVIRGATUS, Tem. (1824), *Pl. Col.* 303. — LOPHOSPIZA TRIVIRGATA, Kaup. (1850), *Cont. Orn.*, 65. — ASTUR TRIVIRGATUS, Sharpe (1874), *Acc.*, p. 105.

Dimensions. Long. totale, 0ᵐ,36 ; queue, 0ᵐ,16 ; aile, 0ᵐ,20 ; tarse, 0ᵐ,045, la partie nue mesurant 0ᵐ,026. Tête ornée à tous les âges d'une grande huppe occipitale.

Couleurs. Iris et pattes jaunes; peau nue des yeux orangée. — Plumage en dessus brun cendré, avec les sus-caudales terminées de blanc, et la tête et la huppe d'un gris ardoisé; gorge blanche, avec trois raies longitudinales noires; tout le dessous du corps blanc rayé transversalement de roux et de brun, avec une teinte rousse à la poitrine; queue brun clair avec quatre bandes noires dans les adultes et cinq dans les jeunes. Dans ceux-ci, les plumes pectorales sont blanches avec le centre brun roux.

L'Autour huppé est un oiseau commun dans l'Inde et la Malaisie, ainsi que dans l'Indo-Chine et les Philippines. En Chine, il n'a été rencontré jusqu'à présent que dans l'île de Formose.

Cet oiseau ne diffère que par sa huppe des vrais autours, dont on connaît actuellement plus de trente espèces répandues dans le monde entier. Les autours se distinguent par leur bec court et très-arqué, leur longue queue dépassant de moitié le bout des ailes, leur tarse garni d'écailles en avant et en arrière, plus court et plus épais que celui des éperviers. Ils vivent de chasse dans les bois et les montagnes et montrent un caractère insociable; leur férocité s'exerce même contre les individus de leur espèce.

33. — ASTUR PALUMBARIUS

FALCO PALUMBARIUS, Linn. (1766), S. N., I, 130. — ACCIPITER ASTUR, Pall. (1811), Zoogr., I, 367. — ASTUR PALUMBARIUS, Cuvier (1817), R. A., I, 320. — Gould (1837), B. of. Europ., I, pl. 17. — Swinh. (1871), P. Z. S., 341. — Severtz. (1873), Turk. Jevotn., 63. — Dress. (1875), Ibis, 104. — Tacz. (1876), Bull. Soc. zool. Fr., I, 127.

Dimensions. Un mâle tué à Pékin mesurait 0m,59; un autre mâle, très-adulte et à iris rouge, seulement 0m,50; queue, 0m,23; aile, 0m,32; tarse, 0m,075.

Couleurs. Iris, cire et pattes jaunes; bec noirâtre. — Plumage d'un brun ardoisé en dessus, avec une raie sourcilière et deux taches à la nuque blanches; dessous blanc, barré transversalement de brun roux; queue avec quatre bandes foncées.—Dans les jeunes oiseaux, le dessus est brun roux, et le dessous blanc sale avec de nombreuses mèches longitudinales.

L'Autour vulgaire d'Europe se reproduit en grand nombre dans les forêts du Turkestan, de la Sibérie orientale et de la Mantchourie, et est également commun en Chine, surtout pendant l'hiver. C'est l'oiseau que les Pékinois élèvent le plus ordinairement pour la chasse au lièvre et au faisan; ils choisissent de préférence, pour les dresser, les jeunes à cause de leur docilité et les femelles à cause de leur plus grande force. Ils donnent à cette espèce le même nom qu'au Sacre, *Hoang-yng* (*faucon jaune*).

34. — ASTUR BADIUS *subps. B.* POLIOPSIS.

Falco badius, Gm. (1788), *S. N.*, I, 280. — Micronisus badius, Swinhoe (1870), *Ibis*, 84. — Accipiter poliopsis, Hume (1874), *Stray Feathers*. — Astur badius *subsp.* poliopsis, Sharpe (1874), *Acc.*, I, 110.

Dimensions. Long. totale d'un mâle tué en Cochinchine, 0m,36; queue, 0m,154; aile, 0m,19; tarse, 0m,05. — Plumage en dessus d'un gris ardoisé; région auriculaire brune; gorge blanche avec une étroite raie médiane, peu sensible dans l'oiseau vieux; poitrine et abdomen d'un roux pâle, barré de blanc; queue avec cinq larges raies sur les pennes médianes et huit raies étroites sur les pennes latérales. — Dans l'oiseau jeune, le dessus est brun sale nuancé de gris roux sur le cou, le dessous est marqué de grandes taches brunes, allongées sur la poitrine, arrondies sur le ventre, se détachant sur un fond blanc.

L'Autour brun forme, d'après M. Sharpe, cinq sous-espèces distinctes : 1° l'*Astur badius* proprement dit, qui habite l'Inde ; 2° l'*A. poliopsis*, propre à l'Indo-Chine ; 3° l'*A. brevipes*, qui se rencontre dans toute l'Asie occidentale jusqu'à Constantinople ; 4° l'*A. sphenurus*, confiné dans le N.-O de l'Afrique ; et 5° l'*A. polyzonoïdes*, spécial au sud de ce même continent. En Chine, l'*Astur poliopsis* n'a encore été pris qu'à Haïnan, mais il est commun dans la Cochinchine, et la race de cette région ne diffère du type indien que par des couleurs plus pâles et une taille un peu moindre.

35. — ASTUR CUCULOIDES

Falco cuculoides, Tem. (1823), *Pl. Col.* I, 110 et 129. — Nisus cuculoides, Less. (1828), *Man.*, I, 97. — Astur cuculoides, Sharpe (1874), *Cat. of. Acc.*, I, 115, pl. 4.

Dimensions. Long. totale, 0m,29 (mâle adulte) ; queue, 0m,123; aile, 0m,19; tarse, 0m,04.

Couleurs. Iris brun, paupière noire, cire et pattes jaunes. — Parties supérieures du corps bleu-ardoisé, de même que les côtés de la tête; toutes les parties inférieures d'un roux vineux mêlé de gris, plus clair sur la gorge qui est marquée de quelques stries brunes; flancs et cuisses fortement lavés de cendré ; sous-caudales et sous-alaires d'un blanc légèrement jaunâtre ; queue bleuâtre en dessus, grise en dessous, avec quatre ou cinq bandes incomplètes, les rectrices latérales étant dépourvues de bandes ou les ayant peu marquées et au nombre de six. Cette description est prise sur quatre sujets adultes tués au Kiangsi. — Dans un jeune mâle de la même localité, le dessus du corps est brun avec les plumes bordées de roux, la tête noirâtre, la gorge d'un blanc jaunâtre, avec une raie médiane brune, la région parotique mêlée de brun, de gris et de roux ; la teinte rousse s'étend en arrière, d'un côté du cou à l'autre ; la poitrine est blanche avec de larges mèches brun roux ; ces taches s'élargissent sur le ventre et sur les flancs et se changent en larges bandes transversales ; les cuisses sont blanchâtres rayées de brun, les sous-caudales blanches, les sous-alaires d'un blanc jaunâtre ; la queue d'un brun cendré est traversée de quatre bandes brunes ; enfin l'iris est jaune. — L'oiseau adulte venant de Java, qui est conservé dans les collections du Muséum d'histoire naturelle de Paris, et qui a servi de type à la description de l'*Accipiter soloensis* de Lesson, ne diffère de ceux qui ont été pris en Chine que par les parties supérieures de son corps qui sont d'un ardoisé brun, au lieu d'être d'un ardoisé bleu, comme dans les sujets originaires de la Chine. Un autre oiseau de Sumatra, qui porte au Muséum le nom de *Falco cuculoïdes*, et que Lesson considère comme une variété de son *Acc. soloensis*, est certainement la femelle de l'*Acc. Stevensonii*. Les exemplaires de ce type rencontrés par nous et ceux envoyés précédemment au Muséum par M. de Montigny, qui les avait tués près de Changhay, possèdent tous les caractères indiqués par M. Sharpe pour l'*Astur cuculoïdes*.

Cet autour, qui a la taille d'un épervier, avec le tarse plus court et les doigts plus gros, a pour patrie la Malaisie, d'où il remonte en Chine jusqu'à Pékin et au delà. Je l'ai trouvé nichant sur les grands arbres au Tchékiang et au Kiangsi, où j'ai pu me procurer des sujets de tout âge.

30. — ASTUR SOLOENSIS

Falco soloensis, Horsf. (1820), *Tr. L. S.*, XIII, 137. — Micronisus soloensis, Swinhoe (1871), *P. Z. S.*, 342. — Astur soloensis, Sharpe (1874), *Cat. of. Acc.*, I, 114, pl. 4.

Description. Semblable à l'*Astur cuculoïdes*, mais de taille un peu plus faible ; parties inférieures du corps d'un roux vineux, avec les plumes axillaires et sous-alaires blanches nuancées de fauve ; iris jaune ou rouge (et non brun) dans l'oiseau adulte.

M. Sharpe regarde cet oiseau comme distinct du précédent, et M. Swinhoe l'indique comme se trouvant en Chine depuis Amoy jusqu'à Pékin ; cependant je ne l'ai jamais rencontré dans cette région. J'ai d'ailleurs quelque doute sur la séparation spécifique de ces deux formes ; parce que dans les genres *Astur* et *Accipiter* j'ai constaté de fréquentes différences individuelles dans les nuances du plumage et de l'iris. J'ai déjà cité un *Astur palumbarius* à iris rouge de feu, et j'ai eu à Pékin des *Accipiter Stevensonii* ayant les uns l'iris rouge, les autres l'iris jaune, d'autres l'iris brun. Je possède des mâles adultes de cette dernière espèce, dont les couleurs sont exactement les mêmes que celles de l'*Astur soloensis* figuré dans Sharpe (*Cat. of. Acc.*, pl. 4, fig. 1), mais dont l'aile est différente.

37. — ACCIPITER VIRGATUS

FALCO VIRGATUS, Tem. (1823), *Pl. Col.* I, pl. 109. — ASTUR GULARIS, T. et Schl. (1850), *F. J.*, 5, pl. 2. — ACCIPITER STEVENSONII, Gurney, *Ibis* (1863), 447, pl. XI. — ACCIPITER VIRGATUS, Sharpe (1874), *Cat. of. Acc.*, 150. — Tacz. (1876), *Bull. Soc. zool. Fr.*, I, 126.

Dimensions. Long. totale, 0m,27 (dans trois mâles adultes de Pékin) : queue, 0m,11 ; aile, 0m,17 ; tarse, 0m,045. Une femelle adulte de Pékin mesure 0m,30 ; queue, 0m,135 ; aile, 0m,20 ; tarse, 0m,053.

Couleurs. Iris rouge dans le vieux mâle, jaune dans la vieille femelle et le jeune mâle ; cire et pattes jaunes. — Parties supérieures chez le mâle d'une teinte ardoisée foncée qui s'étend sur les plumes auriculaires et qui est légèrement marquée de blanc sur la nuque ; gorge blanche avec une raie médiane brune très-étroite ; poitrine, flancs et cuisses d'un roux vineux ; couvertures sous-alaires blanchâtres tachées de brun ; plumes axillaires barrées de brun ; queue traversée de quatre barres noirâtres.—Chez quelques mâles adultes, le roux des parties inférieures est très-pâle et à peine nuancé de rose et de cendré. Dans la femelle adulte, le dessus du corps est moins bleuâtre et tout le dessous est blanc rayé transversalement de brun. Dans le jeune mâle, le dessus est brun mêlé de roux, avec les plumes auriculaires brunes ; la gorge blanche, avec la raie médiane noirâtre ; la poitrine blanche, marquée de longues taches brunes qui se changent en bandes transversales sur le ventre et les cuisses.

Une jeune femelle prise à Moupin mesure 0m,37, et un jeune mâle de la localité 0m,35 ; leur plumage est à peu près le même que celui des jeunes oiseaux provenant de Pékin ; mais les différences considérables qu'ils présentent sous le rapport de la taille nous feraient croire qu'il peut y avoir, comme l'a soupçonné M. Sharpe, une différence spécifique entre l'*Accipiter Stevensonii*, de Gurney, qui se prend communément à Pékin, et l'*Acc. virgatus* de beaucoup d'auteurs.

Cette jolie espèce d'épervier paraît être abondamment répandue dans tout l'extrême Orient, où elle se rencontre depuis la Malaisie jusqu'en Sibérie et en Mantchourie. Au printemps, elle arrive en grand nombre à Pékin et niche souvent dans les montagnes de la province. Les Pékinois dressent cet épervier pour la chasse des petits oiseaux, comme l'épervier ordinaire, et lui donnent le même nom, *Yao*.

38. — ACCIPITER NISUS

FALCO NISUS, Linn. (1766), *S. N.*, I, 130. — L'ÉPERVIER, Buff. (1770), *Pl. Enl.* I, 412. — ACCIPITER NISUS, Swinh. (1871), *P. Z. S.*, 341. — Sharpe (1874), *Acc.*, I, 132.— Severtz. (1873), *Turk. Jevotn.*, 63. — Dress. (1875), *Ibis*, 104. — Tacz. (1876), *Bull. Soc. zool. Fr.*, I, 127.

L'Épervier vulgaire d'Europe, que les chasseurs distingueront à tous les âges de l'*Accipiter virgatus* ou *Stevensonii* par ses plumes auriculaires qui ne sont jamais brunes et sa gorge qui ne présente point de strie médiane noirâtre, est très-commun dans la Sibérie orientale et dans toute l'étendue de la Chine. Là, comme en France, ce rapace aime à se tenir dans les bois et les taillis où il fait une guerre acharnée à tous les petits oiseaux. Les Chinois le dressent à la chasse et s'en servent pour prendre les grives et les cailles.

J'ai vu à Pékin, en mai, un épervier vulgaire adulte dont l'iris était cerclé de jaune et de rouge vif. Le nombre des espèces d'éperviers proprement dits admises par l'auteur du *Catalogue des Accipitres du Musée britannique* s'élève à vingt-trois : aucune d'elles n'habite l'Océanie.

39. — CIRCUS CYANEUS

FALCO CYANEUS, Linn. (1766), *S. N.*, I, 126. — OISEAU SAINT-MARTIN, Buff. (1770), *Pl. Enl.* I, 459. — CIRCUS CYANEUS, Swinh. (171), *P. Z. S.*, 342. — Severtz. (1873), *Turk. Jevotn.*, 63. — Sharpe (1874), *Acc.*, I, 52. — Dress. (1875), *Ibis*, 109. — STRIGICEPS CYANEUS, Tacz. (1876), *Bull. Soc. zool. Fr.*, I, 129.

Dimensions. Long. totale d'un mâle adulte tué à Pékin, 0m,465 ; queue, 0m,22 ; aile, 0m,34 ; tarse, 0m,065.

Le Busard cendré d'Europe, nommé aussi vulgairement *Soubuse* et *Oiseau Saint-Martin*, est répandu communément dans toute la Chine ; et c'est l'espèce du genre que j'ai rencontrée le plus souvent dans mes voyages à travers les diverses provinces de cet empire. Il n'est pas rare de voir cet oiseau passer au-dessus des maisons de Pékin où il est connu sous le nom de *Paé-yng* (*blanc-faucon*). Un sujet adulte, tué au printemps, m'a offert une particularité curieuse : son jabot contenait, outre un lézard (*Lacerta argus*), une quantité de samares mûres de l'ormeau chinois (*Microptelea*); ceci nous montre qu'à l'occasion les oiseaux de proie eux-mêmes se nourrissent de substances végétales.

40. — CIRCUS MACRURUS

FALCO MACRURUS, Gm. (1788), *S. N.*, I, 269. — CIRCUS SWAINSONII, Smith (1830). *S. Afr. J.*, I, 384. — C. PALLIDUS, Sykes (1832), *P. Z. S.*, 80. — Gould (1837), *B. Eur.*, pl. 34. — Swinh. (1873), *P. Z. S.*, 342.

Le Busard pâle diffère du Busard Saint-Martin par la couleur bleuâtre de ses parties supérieures, qui est plus claire et qui ne s'étend jamais sur la gorge et la poitrine où domine un gris nacré presque blanc. Il se rencontre dans une grande partie de l'Europe et de l'Afrique et se montre très-communément dans l'Inde pendant l'hiver; mais dans la Chine ses apparitions sont beaucoup plus rares. Je l'ai pris une fois à Pékin, et M. Swinhoe cite une autre capture faite sur le fleuve Bleu. La femelle et le jeune mâle sont dans cette espèce, comme dans le busard Saint-Martin, d'un brun roux, brun en dessus et d'un jaunâtre clair en dessous, avec de longues taches brunes; mais on les reconnaît toujours aux proportions de leurs grandes rémiges, dont la troisième dépasse toutes les autres, tandis que dans le *C. cyaneus* la troisième et la quatrième rémige sont égales entre elles.

41. — CIRCUS PYGARGUS

FALCO PYGARGUS, Linn. (1766), *S. N.*, I, 148. — FALCO CINERARIUS, Montagu (1808), *Tr. L. S.*, 9, 188. — CIRCUS MONTAGUI, Vieill. (1819), *N. Dict.*, XXXI, 411. — CIRCUS CINERACEUS, Tem. (1820), *Man.*, I, 76. — Gould (1837), *B. of. Europ.*, I, pl. 35. Severtz. (1873), *Turk. Jevotn.*, 63. — CIRCUS CINERARIUS, Dress. (1875), *Ibis*, 110.

Description. Le Busard pygargue ou Montagu est de taille moins forte que les espèces précédentes; les parties supérieures de son corps ainsi que son cou et sa poitrine sont d'un bleuâtre foncé; et le ventre, les jambes et les sous-caudales d'un blanc flammêché de roux vif; les ailes sont traversées d'une bande noire.—La femelle, d'un brun terreux en dessus, a la région des yeux et le dessous du corps d'une teinte blanchâtre, avec des taches longitudinales plus larges et plus rousses que dans les deux autres oiseaux.

Ce busard est propre aux régions tempérées de l'Europe, à l'Afrique et à la moitié méridionale de l'Asie. Il est commun dans toute l'Inde, et de là pousse ses pérégrinations jusqu'en Chine ; il a été pris, quoique rarement, soit dans le centre, soit dans la partie septentrionale de l'empire.

42. — CIRCUS MELANOLEUCUS (Pl. 9)

FALCO MELANOLEUCOS, Forster (1781), *Ind. zool.*, 12, pl. 2. — CIRCUS MELANOLEUCUS, Swinh. (1871), *P. Z. S.*, 342. — Sharpe (1874), *Cat. of Acc.*, I, 61. — STRIGICEPS MELANOLEUCUS, Tacz. (1876), *Bull. Soc. zool. Fr.*, I, 129.

Dimensions. Long. totale, 0ᵐ,43 ; queue 0ᵐ,21 ; aile, 0ᵐ,36 ; tarse, 0ᵐ,065.

Couleurs. Iris, cire et pattes jaunes. — Plumage d'un noir profond sur la tête, le cou, la poitrine, le dos, la partie supérieure des scapulaires, les tectrices moyennes et les grandes rémiges ; rémiges secondaires et grandes tectrices d'un blanc gris ; une partie de l'épaule blanche ; dessous du corps d'un blanc pur. — La femelle adulte a le plumage du mâle, mais les teintes de son dos sont mêlées de cendré. Dans une femelle en mue, tuée en février, le dessus du corps, d'un brun sale, offre quelques plumes noires sur la région dorsale, et le dessous, d'un roux jaune, présente des plumes blanches sur les sous-caudales et des plumes noires sur la poitrine, ce qui prouve que dans l'âge adulte la femelle porte la même livrée que le mâle.

Le Busard-pie, qui est un oiseau abondant dans l'Inde et dans la Cochinchine, arrive au printemps en Chine et en Mongolie, et s'avance pour nicher jusque dans le bassin du fleuve Amour. J'ai rencontré assez souvent et pris cette espèce aux environs de Pékin ; mais elle paraît beaucoup plus rare dans le midi de l'empire.

43. — CIRCUS SPILONOTUS

CIRCUS SPILONOTUS, Kaup. (1850), *Jard. Contr. Orn.*, 59. — Swinhoe (1863), *Ibis*, 17, pl. 5. — (1871), *P. Z. S.*, 342. — Sharpe (1874), *Cat. of Acc.*, I, 58.

Dimensions. Long. totale, 0ᵐ,55 ; queue, 0ᵐ,24 ; aile, 0ᵐ,43 ; tarse, 0ᵐ,10.

Couleurs. Iris jaune, cire et pattes jaune sale. — Plumage noirâtre en dessus avec des raies blanches sur la nuque et le cou, les scapulaires et les couvertures alaires marquées de blanc cendré, et le bord de l'aile blanc rayé de noir ; croupion barré et tacheté de blanc ; sus-caudales blanches barrées de brun ; dessous du corps blanc, avec des raies noires sur la poitrine ; joues noirâtres. — La femelle a le dessus du corps mêlé de brun, de gris et de roux, et le dessous roussâtre rayé de brun.

Ce busard, reconnaissable toujours à sa grande taille, voyage depuis la Malaisie jusqu'au fleuve Amour et au lac Baïkal, à travers les Philippines et tout l'empire chinois. Je l'ai rencontré fréquemment à son double passage, soit en Chine, soit en Mongolie ; et M. Swinhoe l'a vu plusieurs fois sur les côtes du Fokien, ainsi que dans les deux grandes îles chinoises, Haïnan et Formose.

44. — CIRCUS ÆRUGINOSUS

Falco æruginosus, Linn. (1766), S. N., I, 130. — La Harpaye, Buff. (1770), Pl. Enl. 460. — Falco rufus, Gm. (1788), S. N., I, 266. — Circus rufus, Severtz. (1873). Turk. Jevotn., 63. — Circus æruginosus, Swinh. (1871), P. Z. S., 342. — Sharpe (1874), Cat., of. Acc., I, 69. — Circus æruginosus, Dress. (1875), Ibis, 109.

Description. Long. totale variant de 0m,50 à 0m,55. La couleur générale du plumage est brun marron, avec la tête et la gorge jaune ocreux dans un âge plus avancé.

Le Busard des marais ou Harpaye d'Europe se rencontre aussi dans le nord de l'Afrique et dans toute l'Asie. Bien qu'il soit très-abondamment répandu dans l'Inde, il ne se trouve qu'en petit nombre en Chine et est toujours moins rare dans le sud et le centre de l'empire que dans le nord. Je ne l'ai rencontré qu'une fois en Mongolie, où j'ai eu fréquemment l'occasion d'observer trois autres espèces du même genre.

Les espèces connues du genre Busard ou *Circus* sont au nombre d'une quinzaine, et sont réparties dans les cinq parties du monde. Par leur face entourée d'un disque de plumes allongées et leur plumage mou, leurs yeux et leurs oreilles fort développés, ces oiseaux semblent former un trait d'union entre les Rapaces diurnes et les Rapaces nocturnes.

45. — MICROHIERAX CHINENSIS (Pl. 8)

Microhierax chinensis, A. David (1875), l'Institut, p. 114 et Bull. de la Soc. philomathique, séance du 27 février 1875.

Dimensions. Long. totale, 0^m,19; queue, 0^m,09, égale; aile, 0^m,11, la deuxième rémige étant la plus longue, mais dépassant de peu la première et surtout la troisième ; toutes les trois échancrées vers le bout; tarse, 0^m,024, emplumé sur les trois cinquièmes de sa longueur.

Couleurs. Iris brun-châtain ; bec noir avec la base bleuâtre ; tarse, doigts et ongles noirs. — Plumage noir à reflets verts sur toutes les parties supérieures, les joues et les flancs, avec une tache blanche au haut du dos; toutes les parties inférieures d'un blanc soyeux satiné, ainsi que les côtés du cou, la région sourcilière, le front et tout le tour du bec, avec parfois une teinte jaune sur le bas-ventre; un cercle noir étroit autour des yeux; queue paraissant toute noire en dessus, quand elle est fermée, avec une légère tache blanche à l'extrémité, sauf sur les deux pennes centrales, mais offrant en dessus sept rangées de taches transversales sur les barbes internes et des taches arrondies sur les barbes externes des rectrices; rémiges noires en dessus, brunes en dessous, traversées de neuf barres blanches sur les barbes internes.

Ce joli petit faucon paraît propre au centre de la Chine méridionale, et ne doit pas y être commun, puisque les habitants du pays ne le connaissent pas. J'ai pris moi-même, au mois de décembre 1873, trois sujets adultes de cette espèce dans le Kiangsi, et le P. Heude en avait obtenu précédemment un autre spécimen aux environs de Nankin. Tous ces oiseaux se ressemblaient exactement par le plumage. Ils ont le vol rapide des grands faucons, se nourrissent d'insectes, surtout d'orthoptères, qu'ils saisissent dans les airs, comme j'ai eu occasion de l'observer; ils se tiennent longtemps immobiles en observation sur une branche et y reviennent volontiers lorsqu'ils ont saisi leur proie.

Le *Microhierax sericeus* (Kittl.), *M. erythrogenys* (Vig.) des Philippines, ne présente pas de tache blanche sur la partie supérieure du dos. Les cinq espèces connues de *Microhierax* appartiennent à l'Indo-Malaisie.

46. — FALCO SAKER

Falco sacer, Gm. (1788), *S. N.*, I, 273. — Falco lanarius, Pall. (1811), *Zoogr.*, I, 330. — Temm. (1820), *Man. d'Orn.*, I, 20. — Le Sacre hagard, Schl. et Verst. (1853), *Tr. de Fauc.*, pl. 9. — Falco sacer, Severtz. (1873), *Turk. Jevotn.*, 63. — Hierofalco saker, Sharpe (ex Brisson), (1874), *Cat. of Acc.*, I, 417. — Falco sacer, Dress. (1875), *Ibis*, 106.

Dimensions. Long. totale, 0^m,50 (mâle), 0^m,60 (femelle); queue, 0^m,23; aile, 0^m,40; tarse, 0^m,05.

Couleurs. Iris brun ; le bec corné ; cire, orbites et pattes jaunes. — Plumage en dessus d'un brun terreux mêlé de roux, avec la tête d'un roux blanchâtre finement strié de noir ; gorge et côtés de la tête blancs, avec une mince moustache brune et quelques lignes pâles sur les plumes auriculaires ; parties inférieures blanchâtres avec de larges taches longitudinales sur la poitrine et les flancs ; queue d'un brun pâle, barrée de blanchâtre sur les barbes internes et marquée de taches ovales sur les externes. Ces couleurs varient un peu suivant l'âge de l'oiseau.

Le Faucon sacre a pour patrie toute l'Asie centrale, d'où il se répand d'un côté jusqu'en Europe et dans le nord de l'Afrique, et de l'autre jusqu'en Chine. Cette espèce, qui a la queue plus longue et le tarse plus court que le Faucon pèlerin, remplace ce dernier dans le nord-ouest de l'Empire céleste. Je l'ai rencontré fréquemment en Mongolie, ainsi qu'à Pékin, au Chensi et dans le Setchuan. C'est le faucon de chasse par excellence que les Pékinois nomment le *Hoang-yng* (*jaune-faucon*). Il est recherché pour la chasse du lièvre et du faisan, mais comme il est difficile à prendre on le remplace communément par l'autour, dont les jeunes portent aussi à Pékin le nom de *Hoang-yng*.

Le sacre est rangé par M. Sharpe parmi les Gerfauts : ce genre (*Hierofalco*) comprendrait ainsi les six plus grandes espèces des faucons *nobles*, qui toutes, à l'exception du Sacre et d'une espèce mexicaine, habitent les régions polaires.

47. — FALCO COMMUNIS

Le Faucon, Buff. (1770), *Pl. Enl.* 421. — Falco communis, Gm. (1788), *S. N.*, I, 270. — F. peregrinus, Gm. (ex Brisson), et passim Auct. — Swinh. (1871), *P. Z. S.*, 340. — Severtz. (1873), *Turk. Jevotn.*, 63. — Falco communis, Sharpe (1874), *Cat. of Acc.*, I, 376. — Falco peregrinus, Dress. (1875), *Ibis*, 107. — Tacz. (1876), *Bull. Soc. zool. Fr.*, I, 125.

Dimensions. Long. totale de 0ᵐ,40 à 0ᵐ,46, selon le sexe ; les ailes fermées arrivant au bout de la queue qui est un peu arrondie ; doigts robustes et allongés.

Couleurs. Iris brun, bec bleuâtre ; cire et pattes jaunes. — Plumage ardoisé en dessus avec des bandes transversales et des taches plus foncées sur chaque plume ; tête, joues et une large moustache noires ; gorge ainsi que les parties inférieures blanches avec quelques stries noires sur la poitrine, des taches cordiformes sur le ventre, et des taches transversales sur les flancs, les jambes et les sous-caudales ; queue brune, barrée de blanchâtre.

— La femelle a moins de bleuâtre dans les parties supérieures et plus de roussâtre dans les parties inférieures. Dans les jeunes sujets, tout le dessous est roussâtre et varié de taches longitudinales brunes.

Le Faucon pèlerin ou commun est un oiseau cosmopolite. En Chine, il est rare dans les provinces septentrionales, d'où il est chassé par le Sacre ; mais il se rencontre assez souvent dans les provinces du Centre, établi d'ordinaire sur de grands rochers situés dans le voisinage de l'eau. D'après M. Swinhoe, il se montre également sur les côtes ; cependant je n'ai jamais vu les Pékinois, qui dressent un assez grand nombre d'oiseaux de proie, se servir dans leurs chasses de cette belle espèce de faucon.

M. Sharpe rapporte au genre *Falco* proprement dit vingt-sept espèces, parmi lesquelles il comprend les Hobereaux et les Émérillons. Les vingt-deux espèces connues de Cresserelles sont réunies dans une autre coupe générique, sous le nom de *Cerchneis*. Tous ces oiseaux de proie, distribués dans le monde entier et connus des anciens fauconniers sous le nom de Faucons nobles, se distinguent par leur iris noirâtre, leurs formes musculeuses, leurs serres robustes, leur bec court, leurs ailes longues et aiguës.

48. — FALCO SUBBUTEO

Falco subbuteo, Linn. (1766), *S. N.*, I, 127. — Hypotriorchis subbuteo, Boie (1826), *Isis*, 976. — Falco subbuteo, Gould (1837), *B. of. Eur.*, pl. 22. — Hypotriorchis subbuteo, Swinh. (1871), *P. Z. S.*, 340. — Falco subbuteo, Severtz. (1873), *Turk. Jevotn.*, 63. — Dress. (1875), *Ibis*, 108. — Tacz. (1876), *Bull. Soc. zool. Fr.*, I, 126.

Dimensions. Une femelle tuée à Pékin mesure 0^m,34 ; queue, 0^m,14 ; aile ouverte, 0^m,31 (fermée, elle dépasse le bout de la queue).

Couleurs. Iris brun ; bec bleuâtre, jaune à la base ; pattes jaunes. — Parties supérieures du corps d'une teinte ardoisée brunâtre, avec deux taches rousses à la nuque, une raie frontale et des sourcils blancs ; gorge et joues blanches, avec une moustache noire ; parties inférieures roussâtres avec des raies longitudinales noires sur la poitrine et le ventre. — Chez la femelle, la teinte brune des parties supérieures du corps est plus accentuée et toutes les plumes du dessus sont bordées de roussâtre.

Le Hobereau vulgaire est répandu en Europe, en Afrique et dans toute l'Asie. Je l'ai rencontré dans toutes les parties de la

Chine que j'ai visitées, surtout pendant l'hiver et aux deux époques du passage. Les Pékinois ne dressent que rarement cette espèce pour la chasse aux petits oiseaux : ils lui préfèrent les éperviers, qui sont plus avivores et moins insectivores.

49. — FALCO REGULUS

LE ROCHIER et L'ÉMERILLON, Buff. (1770), *Pl. Enl.* I, 447 et 448. — FALCO REGULUS, Pall. (1771), *Reis.* VIII, 27. — F. LITHOFALCO et ÆSALON, Gm. (1788), *S. N.*, I, 278 et 284. — HYPOTRIORCHIS ÆSALON, Swinh. (1871), *P. Z. S.*, 340.

L'Émérillon ou Faucon rochier vulgaire d'Europe, reconnaissable à sa petite taille (0ᵐ,26), à sa queue dépassant d'un tiers le bout des ailes, ainsi qu'à sa moustache peu marquée et à la teinte cendrée bleuâtre de ses parties supérieures, où chaque plume de la tête et du dos est marquée de brun au centre, a pour patrie l'Europe et l'Asie. En Chine, il est bien plus rare que l'espèce précédente, et ne se rencontre guère qu'en hiver.

50. — FALCO AMURENSIS

FALCO VESPERTINUS, var. amurensis, Radde (1863), *Reis. Sib.* II, 102, pl. I, fig. 1-3. — F. RADDEI, F. et H. (1870). *Vög. Ostafr.* — ERYTHROPUS AMURENSIS, Gurney (1868), *Ibis*, 41, pl. 2. — Swinh. (1871), *P. Z. S.*, 340. — CERCHNEIS AMURENSIS, Sharpe (1874), *Cat. of. Acc.*, I, 445. — ERYTHROPUS RADDEI, Tacz. (1876), *Bull. Soc. zool. Fr.*, I, 126.

Dimensions. Long. totale d'un mâle tué à Pékin, 0ᵐ,24 ; queue, 0ᵐ,13 ; aile, 0ᵐ,23.

Couleurs. Iris brun ; cire, tour des yeux et pattes rouge orangé ; ongles blanchâtres. — Plumage chez le mâle d'un bleu plombé sans taches ni barres, avec le ventre, les cuisses et les sous-caudales d'un rouge tirant au roux ; couvertures inférieures des ailes blanches (et non pas noires comme dans le Kobez d'Europe). — La femelle adulte a le dessus bleuâtre rayé transversalement de brun, avec le vertex noirâtre ainsi que le tour des yeux et une moustache peu marquée ; gorge et poitrine blanchâtres, sans taches ; ventre de même couleur, mais avec des taches brunes et allongées qui s'élargissent sur les flancs ; cuisses et sous-caudales d'un roux pâle ; plumes sous-alaires blanches tachetées de noir ; queue barrée. Dans les jeunes oiseaux, le dessus du corps est brunâtre mêlé de fauve ; le bas du dos et les rémiges secondaires sont barrés de noirâtre et la queue est grise avec des bandes noires.

Le Kobez de l'Amour, qui n'est qu'une race du *Faucon à pattes rouges* de l'Europe, habite en grand nombre toute l'Asie orientale jusqu'à l'Amourland, et va passer l'hiver dans l'Inde et sur les côtes orientales de l'Afrique. C'est en avril qu'il arrive dans les plaines de la Chine.et de la Mongolie ; il vole en bandes désunies, et d'ordinaire les mâles et les femelles voyagent en troupes séparées. En Chine, le Kobez s'établit volontiers sur les grands arbres qu'il trouve à sa disposition dans le voisinage et même au milieu des habitations; il choisit souvent pour résidence les nids abandonnés des pies ou des corbeaux. C'est un oiseau gracieux et aimable, dont les mœurs sont douces et très-sociables : aussi les Chinois se gardent-ils de l'inquiéter, d'autant plus qu'il fait son unique nourriture d'insectes et de petits reptiles (*Phrynocephalus caudivolvulus* et *Lacerta argus*). En été, on le voit, du matin au soir, autour de tous les villages de la plaine de Pékin, tournoyant légèrement, planant ou fendant les airs avec grâce. Il aime les pays découverts et ne va jamais s'établir dans les montagnes ni au milieu des rochers. En automne, ces oiseaux se réunissent de nouveau en grandes troupes et se dirigent vers le sud-ouest ; les troupes composées de jeunes individus sont les dernières à quitter le pays. Je n'ai jamais rencontré ce faucon dans la Chine méridionale.

51. — FALCO PEKINENSIS

FALCO CENCHRIS, var. *pekinensis*, Swinh. (1870), *P. Z. S.*, 442, 448. — TICHORNIS PEKINENSIS, Swinh. (1871), *P. Z. S.*, 341. — CERCHNEIS PEKINENSIS, Sharpe (1874), *Cat. of Acc.*, 437.

Dimensions. Long. totale, 0m,30 ; queue, 0m,14 ; aile, 0m,24, atteignant le bout de la queue.

Couleurs. Iris brun, pattes, cire et paupières jaunes ; ongles blancs. — Plumage d'un gris cendré sur la tête, le cou et les couvertures des ailes, d'un roux vineux sans taches sur la région dorsale, d'un roux clair avec quelques petites raies étroites sur les parties inférieures ; queue bleuâtre avec une large bande subterminale noire. — La femelle et le jeune de cette espèce ressemblent à ceux de la Cresserelle, avec les flammèches du dessous plus larges et la bande caudale plus étroite ; la couleur blanchâtre des ongles constitue la différence la plus saillante.

La Cresserellette de Pékin ne diffère de l'espèce occidentale que par ses couleurs plus vives et par le bleu cendré de ses couvertures alaires. Cette race avait été déjà observée dans l'Inde; mais c'est M. Swinhoe qui en a signalé le premier les véritables caractères différentiels, après avoir étudié les oiseaux qu'il avait pris à Pékin en 1868. Cette cresserellette niche dans les montagnes du Petchely et se rassemble en septembre en troupes nombreuses, pour effectuer son voyage de migration vers l'Inde. Je doute de la régularité de ses visites dans la Chine septentrionale.

52. — FALCO TINNUNCULUS

FALCO TINNUNCULUS, Linn. (1766), *S. N.*, I, 127. — LA CRESSERELLE, Buff. (1770), *Pl. Enl.* I, 401, 471.— F. ALAUDARIUS. Gm. (1788), *S. N.*, I, 279. — CERCHNEIS TINNUNCULUS, Severtz. (1873), *Turk. Jevotn*, 63. — CERCHNEIS TINNUNCULA, Sharpe (1874), *Cat. of Acc.*, I, 425. — TINNUNCULUS ALAUDARIUS, Dress. (1875), *Ibis*, 108. — Tacz. (1876), *Bull. Soc. zool. Fr.*, I, 127.

La Cresserelle vulgaire d'Europe, qui est le faucon le plus commun de nos pays, se retrouve dans le Turkestan, la Sibérie orientale et la Chine avec des mœurs identiques, mais y est probablement plus rare que dans nos pays. La race de l'extrême Orient se fait remarquer par des couleurs plus foncées et par une taille un peu plus forte, et est désignée souvent sous le nom de *Tinnunculus japonicus*.

RAPACES NOCTURNES

Le Catalogue récent publié par M. Sharpe mentionne 190 espèces de Rapaces nocturnes qui sont distribuées sur toute la surface du globe.

53. — NINOX JAPONICA

STRIX HIRSUTA, var. JAPONICA, T. et Schl. (1850), *F. J. Aves*, 29, pl. 96. — *Ninox japonica*, Swinh. (1858), *Zool.*, 6228, et (1871), *P. Z. S.*, 343.

Dimensions. Long. totale, 0ᵐ,29 ; queue, 0ᵐ,115 ; aile, 0ᵐ,22.

Couleurs. Iris jaune ; bec brun avec la base et la cire vertes ; ongles grisâtres ; doigts jaunes, à peine garnis de quelques poils. — Tête et dessus du corps bruns ; dessous blanc avec le centre des plumes brun (les taches sont ovalaires sur le ventre et aux flancs) ; sous-caudales blanches ; plumes dorsales mêlées de roux et de gris ; queue brunâtre traversée de quatre ou cinq bandes foncées et terminée de gris, les raies étant plus nombreuses sur les rectrices latérales ; rémiges brunes avec quelques barres incomplètes fauves.

Le Ninox du Japon, par sa tête relativement petite et dépourvue de disque, par son plumage ferme et par ses mœurs, est la chouette de Chine qui se rapproche le plus des oiseaux de proie diurnes. Elle vit dans toute la Chine orientale, depuis le sud jusqu'à Tientsin. Cette espèce aime les bois situés dans le voisinage des habitations ; elle chasse à l'entrée de la nuit et souvent avant ce moment.

Dans son Catalogue des Rapaces nocturnes du Musée britannique, M. Sharpe considère la Chouette hirsute du Japon et de la Chine comme identique à la *Strix scutulata* de Raffles (*Trans. Linn. Soc.*, 1822, p. 280), à l'*Athene malaccensis* d'Eyton (*Ann. N. H.*, XVI, 288) et à la *Ninox borneensis* de Bonaparte (*Rev. et Mag. de zool.*, 1854, p. 543). En réunissant toutes ces espèces en une seule, *Ninox scutulata,* il est conduit à assigner à celle-ci une aire d'habitat très-étendue , comprenant toute l'Inde, Ceylan, la Cochinchine, la Chine, le Japon et les îles de la région malaise.

54. — ATHENE PLUMIPES

ATHENE PLUMIPES, Swinh. (1870), *P. Z. S.*, 448. — (1871), *ibid.*, 342. — ATH. NOCTUA, GLAUX ET PERSICA, Swinh. (antea). — CARINE PLUMIPES, Sharpe (1875), *Ibis*, 258, et *Cat. of. Strig.*, 137. — ATHENE PLUMIPES, Tacz. (1876), *Bull. Soc. zool. Fr.*, I, 131.

Dimensions. Long. totale (mâle adulte), 0^m,25; queue, 0^m,08; aile, 0^m,16.
Couleurs. Iris jaune ; bec verdâtre ; ongles bruns ; tarse et doigts couverts d'un duvet abondant. — Dessus du corps brun testacé plus ou moins pâle, avec des taches blanchâtres en larmes sur la tête et d'autres plus grandes formant un V qui encadre le dos ; gorge blanche avec une bande inférieure brune suivie d'une seconde bande blanche ; dessous du corps d'un blanc roussâtre marqué à la poitrine et aux flancs de larges flammèches brunâtres.

La Chouette à pieds emplumés n'est qu'une race peu différente de la Chevêche commune de France, dont elle a été séparée spécifiquement parce qu'elle a les doigts un peu plus garnis de plumes ; elle en a du reste la taille, les habitudes et la voix. Cette espèce, assez rare en Daourie, est au contraire assez commune en Chine et en Mongolie, et je l'ai rencontrée souvent en automne et en hiver, depuis Pékin jusqu'au Chensi méridional; plus au sud, elle est remplacée par l'*Athene Whitelyi*, mais c'est probablement la chouette que M. Severtzoff a rencontrée dans le Turkestan et qu'il nomme *Athene noctua orientalis* (*Turkest. Jevot.*, 63). Le ton de ses couleurs varie d'une manière sensible, suivant les individus.

55. — ATHENE WHITELYI (Pl. 4)

ATHENE WHITELYI, Blyth (1867), *Ibis*, 313. — Swinh. (1871), *P. Z. S.*, 343.

Dimensions. Long. totale, $0^m,26$ (chez la femelle $0^m,28$); queue, $0^m,10$; aile, $0^m,175$.

Couleurs. Iris jaune; bec verdâtre, ongles jaunâtres avec le bout brun; doigts d'un jaune verdâtre n'offrant que quelques soies roides. — Dessus du corps brun rayé transversalement de blanchâtre, de même que la poitrine et les côtés du cou et des flancs; ventre et sous-caudales blancs flamméchés de brun; plumes tibiales et tarsales ferrugineuses en dehors, grises en dedans, obscurément barrées de brun.

La Chouette de Whitely, qui est une race très-voisine de l'*Athene cuculoïdes* de l'Inde, et qui n'en diffère que parce qu'elle a moins de barres transversales sur la queue et les ailes, est assez communément répandue pendant l'été dans toute la moitié méridionale de la Chine. Elle séjourne parmi les bosquets peu éloignés des maisons; et les Chinois, loin de redouter son voisinage comme celui d'un oiseau sinistre, se plaisent à entendre le ricanement si curieux et si doux qu'elle fait entendre pendant toute la journée et souvent même pendant une partie de la nuit. Dans les échantillons de cette espèce que j'ai eus au Setchuan et à Moupin : 1° les bandes transversales de la queue sont plus écartées que dans les oiseaux de la Chine orientale; 2° la queue et les ailes sont plus longues; 3° il y a plus de blanc devant le cou, au milieu et au bas du ventre, ainsi qu'autour des yeux. D'après cela, la race du Setchuan s'éloignerait plus de l'*Ath. cuculoïdes* que celle du Tchékiang.

56. — ATHENE BRODIEI (Pl. 5)

NOCTUA BRODIEI, Burt. (1835), *P. Z. S.*, 152.— GLAUCIDIUM BRODIEI, Jerd. (1862), *B. of Ind.*, I, 146. — ATHENE BRODIEI, Gould (1870), *B. of Asia*, livr. XXII, pl. — ATHENE BRODIAEI, Swinh. (1871), *P. Z. S.*, 343.

Dimensions. Long. totale d'une femelle adulte, 0ᵐ,17 ; aile, 0ᵐ,10 ; queue, 0ᵐ,06 ; tarse, 0ᵐ,028 ; doigts offrant quelques poils roides.

Couleurs. Iris jaune ; bec et doigts verdâtres ; ongles gris. — Dessus du corps brunâtre rayé et barré de blanc sur le dos, avec un demi-collier blanc derrière le cou, suivi d'une tache d'un noir profond ; côtés de la poitrine bruns barrés de blanc ; ventre blanc flammèché de brun ; plumes tarsales brun et blanc, queue brune avec cinq raies blanches transversales assez fines ; rémiges brunes barrées de blanc.

La Chevêchette de Brodie, connue originairement de l'Himalaya, vit en petit nombre dans les montagnes boisées de la Chine méridionale. Je l'ai obtenue à Moupin, et elle a été prise au Fokien ; j'ai vu également un sujet tué aux environs de Nankin. Les individus figurés par Gould dans ses *Oiseaux d'Asie* sont d'une teinte beaucoup plus rousse que les sujets pris à Moupin.

57. — ATHENE PARDALOTA

ATHENE PARDALOTA, Swinh. (1863), *Ibis*, 216, et (1871), *P. Z. S.*, 343. — GLAUCIDIUM PARDALOTUM, Sharpe (1875), *Cat. of. Strig.*, 214.

Dimensions. Long. totale du mâle, 0ᵐ,13 ; de la femelle, 0ᵐ,15 (d'après M. Swinhoe).

Couleurs. Comme dans l'espèce précédente, mais avec de larges taches noires sur les plumes du manteau ; le milieu du ventre tacheté aussi de noir.

Cette race de l'*Athene Brodiei* est propre à l'île de Formose, où elle fréquente les grandes montagnes boisées de l'intérieur.

Ces deux Chevêchettes diffèrent des autres *Athene* par leur très-petite taille, par leur voix, et par leur queue proportionnellement plus longue et leurs ailes plus courtes.

58. — BUBO MAXIMUS

STRIX BUBO, Linn. (1766), *S. N.*, I, 131. — LE GRAND-DUC, Buff. (1770), *Pl. Enl.* I, 435. — BUBO MAXIMUS, Flemm. (1828), *Brit. an.*, 57. — BUBO MAXIMUS, var. B. TURCOMANUS, Severtz. (1873), *Turk. Jevotn.*, 63. — BUBO IGNAVUS, Sharpe (1875), *Cat. of. Strig.*, 14. — Dress. (1875), *Ibis*, III. — BUBO SIBIRICUS, Tacz. (1876), *Bull. Soc. zool. Fr.*, I, 131.

Le Grand-Duc vulgaire d'Europe, le plus gros des Rapaces nocturnes, est un oiseau commun dans le Turkestan, la Sibérie

orientale et la Chine entière, surtout au commencement de
l'hiver. Je l'ai trouvé abondant et nichant dans l'Ourato en
Mongolie, ainsi qu'au Chensi et à Moupin ; il est plus rare dans
le midi. Cette espèce est absolument la même dans l'extrême
Orient qu'en Europe, bien que ses couleurs soient parfois un
peu plus pâles.

59. — URRUA COROMANDA

Strix coromanda, Lath. (1790), *Ind. Orn.*, I, 53. — Bubo coromanda, Gray.
(1844), *Gen. of B.*, I, 37, et (1830), *Ill., Ind. zool.*, pl. 20. — Urrua coromanda,
Jerd. (1862), *B. of Ind.*, I, 130. — Bubo sinensis, Heude (1874), *Ann. des sc. nat.*,
5ᵉ série, XX, art. 2. — Sharpe (1875), *Ibis*, 265. — Bubo coromandus, Sharpe (1875),
Cat. of Strig., 35.

Dimensions. Long. totale, $0^m,50$; queue, $0^m,18$; ailes, $0^m,40$; tarse,
$0^m,005$; doigt médian (sans l'ongle), $0^m,045$. Les doigts sont grêles, nus, et
seulement revêtus de quelques plumes sur le dessus. Cornes ou aigrettes
de 5 centimètres.

Couleurs. Iris jaune ; bec et ongles cornés. — Plumage offrant en
dessus un mélange de gris et de brun terreux, avec une étroite raie brune
sur la tige de chaque plume et d'innombrables zigzags en travers ; en
dessous, des teintes plus grisâtres, avec le même genre de taches et de raies
transversales ; queue brune terminée de fauve, avec quatre bandes de cette
couleur. (Un sujet jeune.)

Le seul fait qui témoigne de la présence dans l'empire chinois de cette espèce commune dans les provinces N. O. de l'Inde
et dans la Birmanie, c'est la capture faite aux environs de
Changhay par le P. Heude d'un jeune oiseau dont ce naturaliste a fait don au Muséum d'histoire naturelle. L'état d'imper-
fection du plumage de cet exemplaire, que le P. Heude avait
primitivement considéré comme représentant une espèce nouvelle, en rend l'identification assez incertaine ; mais il est facile
de voir que ce n'est point là un *Bubo maximus* ni un *Ketupa
ceylonensis*.

60. — KETUPA CEYLONENSIS

Strix zeylonensis, Gm. (1788), *S. N.*, I, 287. — Strix Hardwickii, J. E. Gr.
(1830), *Ill., Ind. zool.*, II, pl. 3. — Ketupa ceylonensis, Jerd. (1862), *B. of Ind.*, I,
133. — Swinh. (1871), *P. Z. S.*, 343.

Dimensions. Long. totale, $0^m,60$; queue, $0^m,20$; aile, $0^m,42$; tarse,
$0^m,09$, emplumé ; doigts nus, réticulés, l'interne avec l'ongle aussi long

que le doigt lui-même. Plante du pied épineuse. Aigrettes composées de plumes étroites de 6 centimètres de long.

Couleurs. Iris orangé; bec corné; doigts jaunâtres. — Parties supérieures du corps d'un fauve testacé, avec des raies brunes sur la tête et le cou; dos et couvertures alaires tachés de brun et de fauve clair; parties inférieures d'un gris roux, chaque plume étant rayée de brun sur la tige et traversée de nombreuses barres très-fines d'un brun pâle; gorge et poitrine blanches en partie rayées de brun; trois ou quatre bandes blanchâtres à la queue qui est brune.

Le Ketupa, facile à reconnaître aux formes et dimensions de ses ongles, est un oiseau de l'Inde méridionale, d'où il s'égare d'un côté jusqu'en Palestine et s'avance de l'autre jusqu'en Birmanie, en Cochinchine et en Chine; il a été pris à Hong-kong. Ce Rapace nocturne, de taille aussi forte que le Grand-Duc, se nourrit principalement d'animaux aquatiques, de crustacés, de poissons, etc.

61. — OTUS VULGARIS

Strix otus, Linn. (1766), *S. N.*, I, 132. — Le Moyen-Duc, Buff. (1770), *Pl. Enl.* I, 29. — Otus vulgaris, Flem. (1828), *Br. An.*, 60. — Swinh. (1863), *Ibis*, 89, et (1871), *P. Z. S.*, 344. — Tacz. (1876), *Bull. Soc. zool. Fr.*, I, 132.

Dimensions. Long. totale d'une femelle tuée à Pékin, 0ᵐ,39; aile, 0ᵐ,30; queue, 0ᵐ,135; tarse, 0ᵐ,45; aigrettes, 0ᵐ,04.

Le Moyen-Duc ou Hibou vulgaire d'Europe est répandu dans le nord de l'Afrique et dans presque toute l'Asie. Je l'ai rencontré assez souvent en Mongolie, dans le nord de la Chine, au Chensi et au Setchuan jusqu'à Moupin.

62. — OTUS BRACHYOTUS

Strix brachyotus, Gm. (1788), *S. N.*, I, 289. — La Chouette ou Grande Chevêche, Buff. (1770), *Pl. Enl.* 438. — Otus brachyotus, Boie (1822), *Isis*, 549. — Swinh. (1861), *Ibis*, 26 et 327. — (1871), *P. Z. S.*, 344. — Brachyotus palustris, Tacz. (1876), *Bull. Soc. zool. Fr.*, I, 132.

Dimensions. Long. totale d'un mâle tué à Pékin, 0ᵐ,37; aile, 0ᵐ,32; queue, 0ᵐ,14; tarse, 0ᵐ,045. Deux courtes aigrettes placées près du front.

Le Hibou brachyote d'Europe a été rencontré dans toute la Sibérie orientale, dans la Chine entière depuis Pékin jusqu'à Canton; mais il est rare partout. C'est un oiseau de mœurs sociables, qui voyage par petites troupes, qui aime à rester posé sur le sol et dont le cri rappelle, en l'exagérant, celui de la Huppe vulgaire. Les chasseurs distingueront cette espèce de la précédente par sa tête et ses aigrettes beaucoup plus petites et par les teintes plus jaunâtres de son plumage qui n'offre que des taches longitudinales, tant en dessus qu'en dessous du corps.

63. — SCOPS STICTONOTUS

Scops bakkamoena, Swinh. (1860), *Ibis*, 47. — Scops japonicus, Swinh. (1863), *Ibis*, 89. — David (1871), *N. Arch. Mus., Bull.* VII, *Cat. Ois.*, n° 38. — Scops sunia, Swinh. (1871), *P. Z. S.*, 343, et (1874), *Ibis*, 433. — Scops stictonotus, Sharpe (1875), *Cat. of Strig.*, 54, pl. 3, fig. 2.

Dimensions. Long. totale 0^m,20; queue 0^m,06; aile 0^m,16. Tarse emplumé, doigts nus. Aigrettes bien développées sur les deux côtés de la tête.

Couleurs. Iris jaune pâle, bec verdâtre, pattes grises. — Plumage semblable à celui du Petit-Duc d'Europe, le fond des couleurs étant tantôt le gris, tantôt le roux fauve. Tous les sujets tués à Pékin ont des teintes grises.

Le Scops à dos tacheté se trouve dans le Népaul, dans le Cambodge (Mouhot) et en Chine (Swinhoe). D'après M. Sharpe, le *Scops sunia* de Hodgson, identique au *Scops pennatus* de Gould, et le *Scops (Otus) japonicus* de T. et Schl., sont deux espèces distinctes de celle-ci.

64. — LEMPIJIUS ELEGANS (Pl. 6)

Ephialtes elegans, Cass. (1852), *Proced. Ac. Phil.*, 185. — Ephialtes glabripes, Swinh. (1870), *Ann. et M. Nat. H.*, 4e série, VI, p. 152. — Lempijius glabripes, Swinh. (1871), *P. Z. S.*, 343. — Scops elegans, Sharpe (1875), *Cat. of Strig.*, 87.

Dimensions. Long. totale, 0^m,26 ; aile, 0^m,20 ; queue, 0^m,10. Doigts entièrement nus.

Couleurs. Iris brun (yeux très-gros), bec verdâtre, doigts couleur de chair ; ongles cornés gris. — Plumage en dessus d'une teinte brunâtre sale, mélangée de gris, de noir et de brun ; parties supérieures de la tête et du cou plus foncées ; un demi-collier blanchâtre sur le haut du dos, et une large tache blanche sur le devant du cou ; panaches en forme de cornes, brunâtres en dehors et grisâtres en dedans ; plumes du disque facial grises, pointillées et rayées de brun, terminées de noir sur les joues et de jaunâtre sous le bec. Dessous du corps gris, avec des points et des raies transversales fines et ondulées et des taches longitudinales brunes, occupant le centre des plumes ; milieu du bas-ventre blanc ; sous-caudales blanches rayées d'étroites bandes brunes transversales ; plumes tibiales fauves, avec des raies transversales peu distinctes, plumes tarsales grises avec de nombreuses petites taches brunes. Quêue brune en dessus et d'un brun grisâtre en dessous, marquetée et traversée de sept raies blanchâtres; rémiges brunâtres, traversées de quatre ou cinq bandes claires.

Le Petit-Duc à doigts nus habite toute la moitié méridionale de la Chine ; mais il est plus commun dans les provinces orientales, quoiqu'on le rencontre aussi sur les frontières occidentales du Setchuan.

L'individu sur lequel M. Cassin a fondé son *Ephialtes elegans* a été pris en mer, sur les côtes du Japon, lat. 29° 47′ N., long. 126° 13′ 20″ E. M. Cassin le rapproche de l'*Ephialtes* (*Lempijius*) *semitorques*, mais fait observer qu'il a les doigts nus.

65. — LEMPIJIUS SEMITORQUES

OTUS SEMITORQUES, T. et Schl. (1850), *F. J.*, 25, pl. 8. — SCOPS SEMITORQUES, Bp. (1850), *Consp. av.*, I, 46. — LEMPIJIUS SEMITORQUES, Swinh. (1871), *P. Z. S.*, 343. — SCOPS SEMITORQUES, Sharpe (1875), *Cat. of Strig.*, 83.

Description. Taille, proportions et couleurs du *Lemp. glabripes*, mais avec les doigts toujours revêtus de plumes sur leur face supérieure.

Le Petit-Duc à demi-collier, ainsi nommé à cause d'un demi-cercle de plumes aplaties jaunâtres que l'on voit sur sa gorge, a été décrit d'abord comme une espèce du Japon. On l'a rencontré plus tard dans l'Himalaya ; et, de mon côté, je l'ai tué dans les montagnes boisées de Moupin. L'un de ces oiseaux avait, lorsqu'il était en vie, l'iris orangé, et non pas brun, comme cela a lieu dans les autres individus.

66. — LEMPIJIUS UMBRATILIS

EPHIALTES UMBRATILIS, Swinh. (1870), *Ibis*, 342. — EPH. LETTIA (Hodgs.), Swinh. (1870), *Ibis*, 88. — LEMPIJIUS UMBRATILIS, Swinh. (1871), *P. Z. S.*, 344.

Cet oiseau, que M. Swinhoe avait considéré d'abord comme identique au *Scops lettia* de l'Inde, et qu'il en a distingué par la suite, ressemble beaucoup aux espèces précédentes, mais n'offre pas de teinte blanche autour de la face, et a l'aile plus courte. Il a été pris dans l'île de Haïnan, et quelques oiseaux envoyés de la Cochinchine au Muséum paraissent se rapporter à cette race.

67. — LEMPIJIUS HAMBROECKI

Scops japonicus, Swinh. (1865), *Ibis*, 348, et (1866), 307.—Ephialtes hambroecki, Swinh. (1870), *Ann. and Mag. N. H.*, 4ᵉ série, VI, 153. — Swinh. (1871), *P. Z. S.*, 344.

D'après M. Swinhoe, qui l'a eu de Formose, ce Petit-Duc a les formes des *Lempijius*, avec des couleurs roussâtres et la taille du *Scops sunia*. Ne serait-ce pas le *Lemp. megalotis* de Manille décrit et figuré par lord Walden dans son Catalogue des Oiseaux des Philippines (*Trans. Zool. Soc.*, 1875, vol. IX, part. 2, p. 145, pl. 25 f., 2)?

68. — SYRNIUM NIVICOLA

Mesomorpha nivicola, Hodgs. (1844), Gray, *Zool. Misc.*, 82. — Syrnium nivicolum, Blyth (1845), *J. A. S., Beng.*, XI, 185. — Swinh. (1870), *P. Z. S.*, 438 et 443, et (1871), *ibid.*, 344.

Dimensions. Long. totale d'une femelle tuée en Chine, 0ᵐ,42 ; aile, 0ᵐ,32 ; queue, 0ᵐ,18 ; tarse, 0ᵐ,05, très-emplumé ainsi que les doigts.

Couleurs. Iris noirâtre ; paupières rousses ; bec verdâtre.

Le Chat-Huant des neiges diffère très-peu de la Hulotte vulgaire d'Europe ; c'est une race un peu plus grande et à couleurs plus foncées, qui offre là aussi des teintes tantôt plus brunes, tantôt plus rousses. En Chine, à cause du manque de bois, cette espèce sans cornes est fort rare : je ne l'ai trouvée qu'une fois à Pékin et une fois à Moupin. M. Swinhoe l'a également tuée dans la Chine septentrionale. Elle est plus fréquente dans l'Himalaya, à l'est de Murrie, et a été rencontrée dans le Népaul par Hodgson.

69. — SYRNIUM DAVIDI (Pl. 3)

Ptynx fuscescens, A. David (1871), *N. Arch du Mus.*, VII, *Bull. Cat.* n° 4. — Ptynx fulvescens, Swinh. (1871), *P. Z. S.*, 344. — Syrnium Davidi, Sharpe (1875), *Ibis*, 256.

Dimensions. Long. totale d'un mâle, 0ᵐ,52 ; aile, 0ᵐ,37, la cinquième rémige étant la plus longue ; queue, 0ᵐ,25, arrondie, les rectrices centrales dépassant les latérales de 5 centimètres ; tarse, 0ᵐ,054, très-emplumé ainsi que les doigts. Point d'aigrettes en forme de cornes.

Couleurs. Iris noirâtre ; bec jaune ; ongles gris. — Plumage brun en dessus avec des taches allongées foncées, grisâtres, plus nombreuses et plus longues sur le cou, et deux raies d'un blanc soyeux en forme de sourcils sur les côtés du vertex; disque facial brun mêlé de gris. Dessous du corps grisâtre avec le centre des plumes orné d'une flammèche brune ; sous-caudales blanchâtres, avec de larges taches brunes en forme de flèches ; plumes des tarses et des doigts grises, obscurément rayées et mouchetées de brun. Queue d'un brun sale, presque dépourvue de mouchetures en dessus et marquée de cinq ou six barres transversales formées par des taches grises arrondies dont le centre est brun ; rémiges brunes, avec des taches grisâtres de même forme que celles des rectrices et formant des barres analogues.

C'est dans les forêts de l'intérieur de Moupin que j'ai obtenu cette grande espèce de chat-huant ; elle paraît fort rare dans cette région. Elle se distingue facilement du *Syrnium nivicolum* par sa taille bien plus forte, par sa queue longue et très-cunéiforme, et par ses couleurs sombres.

70. — PTYNX FUSCESCENS (Pl. 2)

PTYNX RUFESCENS, T. et Schl. (1850), *F. J. Aves*, 30, et STRIX FUSCESCENS, *ibid.*, pl. 10. — PTYNX FULVESCENS ET RUFESCENS, Gray (1871), *H. List.*, I, 48. — Swinh. (1871), *P. Z. S.*, 344. — SYRNIUM FUSCESCENS, Sharpe (1875), *Cat. of Strig.*, 256.

Dimensions. Long. totale d'un sujet mâle tué près de Pékin, 0m,44 ; aile, 0m,30 ; queue, 0m,17, un peu arrondie et dépassant l'aile de 4 centimètres ; tarse, 0m,05, emplumé ainsi que les doigts. Pas d'aigrettes.

Couleurs. Iris noirâtre, bord de la paupière rouge ; bec verdâtre, rouge sur l'arête et jaune au bout; ongles gris avec l'extrémité brune. — Plumage offrant en dessus un mélange de brun et de gris, avec les scapulaires largement marquées de blanc latéralement; disque facial gris entouré d'un cercle brun peu distinct et d'une bordure mélangée de brun et de gris soyeux. Dessous du corps blanchâtre, avec toutes les plumes marquées de brun au centre et rayées irrégulièrement; plumes des tarses et des doigts grisâtres mouchetées de brun; sous-caudales blanches, avec des taches en forme de flèches ; queue brunâtre, terminée de blanc et traversée de sept raies blanchâtres; couvertures alaires brunes ; rémiges barrées de gris et de roussâtre.

Cette espèce, voisine du *Ptynx uralensis*, en diffère par sa taille moindre et par ses couleurs plus foncées. Elle a été d'abord rencontrée au Japon; mais elle vit aussi dans la Mantchourie, d'où elle descend en hiver dans la Chine septentrionale. Je ne l'ai vue que deux fois aux environs de Pékin, et cela au moment où le froid sévissait dans toute sa rigueur.

71. — BULACA NEWARENSIS

BULACA NEWARENSIS, Hodgs. (1837), *As. Research.*, XIX, 168. — SYRNIUM NEWA-
RENSE, Jerd. (1862), *B. of. Ind.*, I, 122. — BUBO CALIGATUS, Swinh. (1863), *Ibis*, 218,
et (1864), *ibid.*, 429. — BULACA NEWARENSIS, Swinh. (1871), *P. Z. S.*, 344.

Dimensions. Long. totale, 0^m,45 ; aile, 0^m,36 ; queue, 0^m,10, dépassant
l'aile de 7 centimètres. Doigts emplumés jusqu'aux ongles.

Couleurs. Iris noirâtre ; bec vert corné. — Plumage brun foncé en dessus, avec les pennes des ailes et de la queue barrées de brun clair. Dessous du
corps d'une teinte rouillée pâle ou blanchâtre, avec de nombreuses bandes
étroites brunes (de même qu'aux scapulaires) ; partie supérieure de la poitrine blanche; disque entourant les yeux formé d'un double cercle, l'intérieur noir et l'extérieur blanchâtre ou roussâtre, avec les soies antérieures
grises et noires; sous-caudales blanches avec de nombreuses barres brunes.

Cette espèce indienne, dont la taille paraît très-variable, a
été rencontrée dans l'île de Formose par M. Swinhoe. Elle n'a
point été prise encore sur le continent chinois, bien que je croie
l'avoir reconnue dans le Tchékiang et qu'on la dise très-abondante sur les pentes boisées de l'Himalaya.

72. — STRIX CANDIDA

STRIX CANDIDA, Tick. (1833), *J. A. S.*, 572.—Jerdon. (1844), *Ill., Ind. Orn.*, pl. 30.
— STRIX PITHECOPS, Swinh. (1866), *Ibis*, 396, et (1871), *P. Z. S.*, 344.

Dimensions. Long. totale, 0^m,36; queue, 0^m,11; aile, 0^m,31; tarse, 0^m,70,
garni de poils épars; doigts presque nus.

Couleurs. Iris noirâtre; bec corné; pattes livides. — Plumage en
dessus jaune roux mêlé de gris de perle et vermiculé de brun, chaque plume
étant terminée d'une tache brune avec un point blanc au milieu; dessous
blanc-jaune, avec de petites taches brunes et des mouchetures peu marquées;
disque facial blanc lavé de fauve, avec du brun à l'angle de l'œil.

L'Effraie blanche, qui est, paraît-il, un oiseau commun dans
l'Inde et l'Indo-Chine et qui se trouverait même aux Philippines et dans l'Australie septentrionale (d'après Sharpe), n'a été
rencontrée jusqu'ici en Chine qu'au S.-O. de l'île de Formose.
Cette espèce vit habituellement dans les grandes herbes et fuit
également les bois et les habitations humaines ; elle diffère en
cela de l'Effraie javanaise, autre espèce indienne, qui a les
mêmes habitudes que notre Effraie d'Europe.

PICIDÉS

La famille des Pics comprend environ 350 espèces, qui sont répandues dans le monde entier, à l'exception de l'Océanie.

73. — PICUS MANDARINUS

PICUS MANDARINUS, Malh. (1856-57), *Bull. Soc. d'hist. nat. Mos.*, et (1862), *Mon. des Pics*, I, 61, pl. 17, fig. 8 et 9. — P. GOULDI, P. CABANISI, P. LUCIANI, Malh. (1854), *Journal f. Orn.*, 172, et (1862) *Mon. des Pics*, I, 60, 62, 63, pl. 17, f. 1 à 7. — Swinh. (1871), *P. Z. S.*, 391. — (1875), *Ibis*, 123.

Dimensions. Long. totale, 0m,24 ; aile, 0m,13 ; queue, 0m,085.
Couleurs. Iris rouge ; bec gris de plomb ; pattes verdâtres. — Plumage en dessus d'un noir bleu avec les grandes couvertures internes des ailes blanches et le front et la région des yeux blanchâtres ; plumes auriculaires gris fuligineux ; côtés du cou blancs ; une plaque rouge à l'occiput chez le mâle ; dessous du corps d'un blanchâtre plus ou moins lavé de brun ou de roux, avec une teinte rouge au milieu de la poitrine ; bas-ventre et sous-caudales rouges.

Le Pic mandarin remplace en Chine notre Épeiche (*Picus major*) et possède la taille, l'ensemble des couleurs, la voix et les mœurs de cette espèce qui est répandue également en Asie, jusqu'à la Sibérie orientale ; il est commun dans toute l'étendue de l'empire, et on le voit toute l'année sur les grands arbres de Pékin.

Suivant l'âge et la localité, cet oiseau varie sensiblement dans la teinte de ses parties inférieures et dans la proportion des taches et des raies blanches de la queue et des ailes, et c'est à tort que quatre noms différents ont été proposés par Malherbe pour autant de variétés qui sont loin d'être constantes et localisées. Dans le Chensi méridional, cette espèce se fait remarquer par les couleurs très-brunâtres de ses parties inférieures ; plusieurs sujets tués en hiver dans le N.-O. de la Chine avaient toutes les plumes du dos terminées de roux vif. Quant à la nuance rouge de la poitrine, elle se développe également partout dans les sujets adultes.

74. — PICUS DESMURSI

PICUS DESMURSI, J. Verr. (1870), *N. Arch. Mus.*, VI, *Bull.* 32, no 1, et (1871), *id.*, VII, 25, pl. 1.

Dimensions. Long. totale, 0^m,25 ; aile, 0^m,13 ; queue, 0^m,09.

Couleurs. Iris rouge roux ; bec brunâtre, avec la base inférieure jaune ; tarses verdâtres, doigts bruns, ongles noirâtres. — Plumage en dessus d'un noir bleu, avec une partie des couvertures alaires blanches et toutes les rémiges tachées de blanc en forme de raie transversale ; occiput rouge dans le mâle ; front et régions oculaire et auriculaire gris brun ; côtés du cou d'un gris fortement lavé d'orangé ; bas-ventre et sous-caudales rouges ; gorge gris brun ; milieu du ventre jaunâtre roux ; poitrine flamméchée de noir, ces taches s'arrondissant sur le bas des flancs.

Le Pic de Desmurs est propre aux grandes montagnes du Setchuan occidental, où il demeure dans les forêts de conifères, entre 2,000 et 3,000 mètres d'altitude. L'espèce paraît y être peu abondante ; et pendant un séjour d'un an et demi dans cette région je n'ai pu obtenir que les quatre sujets qui ont servi de types à la description de M. Verreaux. Cette nouvelle espèce est très-voisine du *P. majoroïdes* de l'Himalaya, dont elle diffère par la teinte rouge plus développée de l'occiput, par la teinte orangée lavée de rouge des côtés de son cou, par la forme de ses taches inférieures, et par une bien plus grande extension de la plaque blanche du dessus de ses ailes.

75. — PICUS PERNYI

Picus Pernyi, J. Verr. (1867), *Rev. et Mag. de zool.*, 271, pl. 16. — Swinh. (1871), *P. Z. S.*, 392.

Dimensions. Long. totale, 0^m,19 ; aile, 0^m,11 ; queue, 0^m,07.

Couleurs. Iris rouge ; bec grisâtre avec la base inférieure jaune ; pattes verdâtres ; ongles bruns. — Plumage en dessus d'un noir bleu, avec une partie des couvertures alaires blanches et le front d'un gris roux ; tour des yeux, joues et côtés du cou blanc ; plumes auriculaires mêlées de noir et de gris ; une raie noire part du bec et après s'être avancée jusqu'au delà de la région parotique tourne brusquement vers le bas du cou, en descendant sur le ventre, et encadre toute la poitrine, dont le milieu est rouge ; plus bas et sur les flancs (dont le fond est d'un gris fuligineux), elle se résout en un certain nombre de taches longitudinales ; bas-ventre et sous-caudales rouges ; occiput rouge dans le mâle.

Le Pic Perny est propre aux régions subalpines du sud-ouest de la Chine. Je l'ai rencontré au Setchuan et à Moupin, où l'espèce est stationnaire et n'est pas très-rare. Cet oiseau a la voix de notre Épeiche et m'a paru présenter les mêmes mœurs.

76. — PICUS INSULARIS

Picus insularis, Gould (1862), *P. Z. S.*, 283. — Swinh. (1863), *Ibis*, 100. — Gould (1864), *B. of As.*, livr. XVI, pl. — Swinh. (1871), *P. Z. S.*, 392.

Dimensions. Long. totale, $0^m,23$; aile, $0^m,14$; queue, $0^m,085$.

Couleurs. Iris rouge ; bec corné ; pattes plombées. — Plumage noir en dessus, avec le croupion blanc un peu barré de noir, le front blanchâtre, des flammèches noires sur les côtés de la poitrine et sur les flancs, et les sous-caudales rouges.

Le Pic insulaire est une forme voisine du *Picus leuconotus* d'Europe et de Sibérie, qui vit aussi en Mantchourie et au Japon ; mais il diffère de cette espèce par une taille moindre et par des détails de coloration ; il n'a été rencontré jusqu'à présent que dans les forêts de l'intérieur de l'île de Formose.

77. — PICOIDES FUNEBRIS

Picoïdes funebris, J. Verr. (1870), *N. Arch. Mus.*, VI, *Bulletin* 33, n° 2. — (1871), *ibid.*, VII, 27, et (1872), VIII, pl. I.

Dimensions. Long. totale, $0^m,23$; aile, $0^m,13$; queue, $0^m,074$.

Couleurs. Iris brun ; bec brunâtre ; tarses noirâtres. — Plumage en dessus d'un noir fuligineux, avec la partie supérieure de la tête jaune pâle et le front tacheté de blanc ; une raie médiane dorsale blanche allant de la nuque, qui est noire, au croupion ; gorge blanc sale ; dessous du corps noir brun, tacheté de blanc sur les flancs et les sous-caudales ; milieu du ventre noir.

Cette nouvelle espèce de pic tient le milieu entre le *Picoïdes tridactylus* et le *Pic. crissoleucus* de Brandt ; mais son plumage est plus sombre et plus fuligineux dans toutes ses parties. Elle habite les montagnes boisées les plus froides et les régions les plus élevées de la Chine occidentale, où elle n'est jamais abondamment répandue.

78. — DRYOPICUS MARTIUS

Picus martius, Linn. (1766), *S. N.*, I, 173. — Pic noir, Buff. (1770), *Pl. Enl.* 596. — Malh. (1862), *Mon. Pic.*, I, 52, pl. 10. — Dryopicus martius, Swinh. (1871), *P. Z. S.*, 392.

Dimensions. Long. totale, $0^m,44$; aile, $0^m,23$; queue, $0^m,17$.

Couleurs. Iris blanc gris ; bec brunâtre ; pattes noires. — Plumage entièrement noir, avec tout le dessus de la tête chez le mâle, et l'occiput seulement chez la femelle, d'un beau rouge.

Le Pic noir, répandu dans les grandes forêts montagneuses du nord et du centre de l'Europe, s'avance, au travers de l'Asie, jusqu'à la Mantchourie et la Chine septentrionale. Il a été pris aux environs de Pékin; mais il doit être considéré comme une espèce extrêmement rare dans l'intérieur de la Grande Muraille, tandis qu'il se rencontre constamment dans les bois de Jéhol.

79. — YUNGIPICUS SCINTILLICEPS (Pl. 99)

Picus scintilliceps, Swinh. (1863), *Ibis*, 96. — Picus canifrons, Sund. (1866), *Consp. Av. Pic.*, 26. — Yungipicus scintilliceps, Swinh. (1871), *P. Z. S.*, 392.

Dimensions. Long. totale, $0^m,17$; aile, $0^m,10$; queue, $0^m,06$.

Couleurs. Iris rouge; bec corné bleuâtre; pattes bleuâtres. — Plumage noir en dessus, avec le bas du dos blanc traversé de sept raies noires, et la partie antérieure du vertex d'une teinte grisâtre; deux petites touffes de plumes rouges sur les côtés de la tête chez le mâle; une raie blanche allant de l'œil aux côtés du cou; plumes des oreilles d'un brun soyeux, terminées de noirâtre; gorge d'un gris soyeux, bordée par deux moustaches interrompues; tout le reste des parties inférieures gris marqué de raies longitudinales brunes; rémiges noires, barrées et terminées de blanc; grandes et moyennes couvertures marquées de grandes taches blanches; les quatre rectrices médianes noires, les autres blanchâtres avec des traces de barres brunes.

Ce petit pic est sédentaire dans la Chine septentrionale, partout où il y a des arbres, jusque dans l'intérieur des villes. A Pékin, il est plus abondant en hiver qu'en été; je l'ai aussi rencontré communément dans le Chensi pendant la saison froide, et tous les individus que j'ai observés dans cette région avaient les couleurs plus obscures que ceux du Nord, absolument comme cela a lieu pour le *Picus mandarinus*.

80. — YUNGIPICUS KALEENSIS

Picus kaleensis, Swinh. (1863), *Ibis*, 390. — Dendrotypes nesiotis, *Cab.* (1850), *Mus. Hein.*, II, 49. — Yungipicus kaleensis, Swinh. (1871), *P. Z. S.*, 392.

Cet oiseau a les mêmes dimensions, formes et couleurs que le précédent. M. Swinhoe, qui l'en distingue spécifiquement, lui attribue un iris roux (au lieu de rouge), des barres transversales à la queue plus nombreuses, et des taches longitudinales plus larges sur les parties inférieures du corps. Cette race, décrite d'abord de Formose, vit dans toute la Chine méridionale, et les oiseaux tués au Kiangsi nous paraissent tellement semblables à ceux de Pékin que nous ne parvenons pas à saisir la distinction spécifique du *Picus kaleensis* d'avec le *Picus scintilliceps*. Nous trouvons parmi les oiseaux tués au nord de la Chine des individus aussi foncés que ceux du Midi, et nous constatons que ce sont les sujets très-vieux qui ont la plaque blanche du croupion complétement dépourvue de bandes transversales.

81. — HYPOPICUS POLIOPSIS

Picus hyperythrus, var. poliopsis, Sw. (1863). — Xylurgus subrufinus, Cab. et Hein. (1850-63), *Mus. Hein.*, V, 50. — Hypopicus poliopsis, Swinh. (1871), *P. Z. S.*, 392, et (1875), *Ibis*, 124.

Dimensions. Long. totale, $0^m,22$; queue, $0^m,086$; aile, $0^m,125$.

Couleurs. Iris noisette; bec brunâtre; pattes brun vert. — Parties supérieures du plumage noires barrées de blanc, avec le dessus de la tête rouge dans le mâle, et noir pointillé de blanc dans la femelle ; côtés de la tête et du cou d'un roux marron ; parties supérieures d'un roux tirant sur le brun, avec les sous-caudales rouges.

Ce pic ressemble beaucoup à l'*Hypopicus hyperythrus* de l'Inde, dont M. Swinhoe l'a séparé spécifiquement à cause 1° de sa taille plus forte ; 2° de la teinte plus brune de ses parties inférieures ; 3° du plus grand développement des bandes blanches du dos et des scapulaires. Quant à nous, après avoir comparé des oiseaux tués en Chine avec ceux de l'Inde, nous éprouvons quelque répugnance à les distinguer spécifiquement.

Jusqu'ici, ce n'est qu'aux environs de Pékin qu'a été pris l'*Hypopicus poliopsis;* on le voit toute l'année, surtout en automne, sur les grands arbres de cette capitale et des environs, mais toujours en petit nombre.

82. — GECINUS CANUS

Picus canus, Gm. (1788), *S. N.*, I, 434.—Picus chlorio, Pall. (1811), *Zoogr.*, 408. — Gecinus canus, Boie (1831), *Isis*, 542. — Picus canus, Gould (1832), *B. of Eur.*, pl. 227. — Mall. (1862), *Mon. Pic.*, II, 124, et pl. 81, fig. 1 à 3. — Gecinus canus, Swinh. (1871), *P. Z. S.*, 392, et (1875), *Ibis*, 124.

Dimensions. Long. totale, $0^m,30$; queue, $0^m,11$; aile, $0^m,155$.

Couleurs. Iris rose ; bec brun corné, avec la base de la mandibule inférieure verte ; pattes brun verdâtre. — Plumage vert sur le dos, jaune sur le croupion, cendré sur la tête et sur le cou (avec une plaque rouge vers le front dans le mâle) ; grandes couvertures alaires traversées par des raies brunes peu distinctes ; ailes marquées de taches blanchâtres en forme de bandes, queue brune, avec les deux rectrices médianes barrées de jaunâtre ; lores et étroites moustaches noirs ; gorge blanchâtre ; reste des parties inférieures d'un gris vert.

Le Pic cendré du nord de l'Europe séjourne toute l'année dans la Chine septentrionale, où il est très-commun ; on le voit continuellement, partout où il y a des arbres, à Pékin même et dans les environs. Cet oiseau, que personne n'inquiète, ne fuit pas l'homme et niche familièrement dans les jardins. Il a la voix forte et fait entendre, surtout au printemps, un cri consistant en trois ou quatre notes détachées, un peu traînantes, et émises en descendant de ton.

83. — GECINUS GUERINI

CHLOROPICUS GUERINI, Malh. (1849), *Rev. zool.*, 539, sp. 12, et (1862), *Mon. Picid.*, 127, pl. 80, fig. 4, 5 et 6.— GECINUS GUERINI, Swinh. (1863), *P. Z. S.*, 268, et (1871), *P. Z. S.*, 392.

Dimensions. Long. totale, 0^m,82 ; aile, 0^m,16; queue, 0^m,115.

Couleurs. Iris rose pâle ; bec plombé avec l'extrémité brune et la base inférieure verdâtre; pattes d'un vert sale ; ongles gris. — Plumage vert sur le dos, avec le croupion et les sus-caudales jaunes et le dessous des ailes vert olive; tête et cou cendrés, avec le milieu du vertex rouge chez le mâle, des raies étroites noires à l'occiput et une tache de la même couleur à la nuque. Gorge grise ornée sur le côté d'une étroite moustache ; un trait noir entre le bec et l'œil ; devant du cou, poitrine et tout le dessous du corps d'un vert pâle assez uniforme, avec quelques bandes brunes transversales sur les plumes crurales et les sous-caudales. Front et sourcils cendrés, avec les plumes sus-nasales terminées de noir. Rémiges brunes, avec des taches blanchâtres formant des barres transversales; les trois paires médianes de rectrices brunes rayées et tachées de vert, avec l'extrémité noire ; les deux paires latérales avec moins de brun et plus de verdâtre.

Le Pic de Guérin est propre à la partie centrale de la Chine. Je l'ai trouvé fort abondant au Chensi méridional et le long du fleuve Bleu. Cet oiseau forme une race intermédiaire entre le *Picus canus* de Pékin et le *P. tancolo* de Formose. Il diffère du Pic cendré par les teintes plus vertes de sa poitrine, par sa moustache noire plus marquée, par la plaque noire de sa nuque, par l'étendue plus considérable de la teinte rouge sur sa tête et par une taille un peu plus forte.

84. — GEGINUS TANCOLO

GEGINUS TANCOLO, Gould (1862), *P. Z. S.*, 283. — Swinh.(1863), *Ibis*, 389. — Gould (1864), *B. of As.*, livr. XVI, pl. — GEGINUS TANCOLA, Swinh. (1871), *P. Z. S.*, 392.

Dimensions. Long. totale, 0m,33 ; aile, 0m,16 ; queue, 0m,12.

Couleurs. Iris rose pâle ; pattes verdâtres ; bec brun, marqué de bleuâtre au milieu et de jaune vers le bas. — Plumage d'un vert foncé sur le dos, jaune sur le croupion, vert roux sur l'aile, noir profond depuis l'occiput jusqu'au bas du cou ; vertex rouge, bordé de noir dans le mâle ; lores et narines noirs ; joues et côtés du cou cendrés ; moustache noire ; gorge d'un gris vert passant peu à peu au vert sur le devant du cou ; poitrine et tout le dessous du corps vert ; pennes de la queue et des ailes comme dans l'espèce précédente.

Le Pic tancolo a été décrit sur des sujets pris à Formose. Plus tard, le même oiseau a été capturé sur le continent : je l'ai rencontré depuis le Fokien jusqu'au Setchuan, et il est probable qu'il habite tout le midi de la Chine.

Cette race diffère du *Geginus Guerini* par des couleurs plus vertes, par la plaque noire de la nuque plus étendue et commençant à la calotte rouge, et par sa moustache noire plus marquée. Ainsi la Chine nourrit trois formes très-voisines de *Geginus* : 1° le *G. cinereus* de Pékin, identique avec l'espèce d'Europe ; 2° le *G. Guerini*, plus marqué de vert et de noir, avec plus de rouge sur la tête du mâle ; 3° le *G. tancolo*, ayant toutes ses teintes plus foncées encore, et la plaque noire de l'occiput complète, tandis que le *G. canus* n'a dans cette partie que quelques stries noires et que le *G. Guerini* offre des raies plus fortes se terminant en plaque noire. Chose curieuse ! le Japon possède un *Geginus* différent de ceux-ci (*G. awokera*), remarquable par ses moustaches toujours rouges. C'est une preuve à ajouter à tant d'autres qui établissent l'ancienneté de la séparation de cette terre d'avec le continent voisin.

85. — MICROPTERNUS FOKIENSIS

Micropternus fokiensis, Swinh. (1863), *P. Z. S.*, 267. — Brachypternus badius et fokiensis, Swinh. (antea). — Micropternus fokiensis, Swinh. (1871), *P. Z. S.*, 393.

Dimensions. Long. totale, 0m,23 ; aile, 0m,13 ; queue, 0m,093.

Couleurs. Iris roussâtre ou blanchâtre ; bec plombé ; pattes verdâtres. — Plumage marron, avec des barres transversales brunes ; plumes de la tête allongées, jaunâtres dans le mâle, marron clair dans la femelle, plus foncées au centre ; une tache rouge sur les joues du mâle ; pennes des ailes et de la queue barrées de noirâtre.

Ce pic, qui diffère de ses trois congénères de l'Inde et de la Malaisie par les teintes plus brunes de son plumage, ainsi que par les longues plumes de sa tête dont le centre est foncé, a été découvert par M. Swinhoe dans le Fokien. C'est également et uniquement dans cette province que je l'ai rencontré ; mais il est fort probable qu'il habite aussi tout le reste de la Chine méridionale, là où abondent les bois de conifères. Cet oiseau possède une voix très-forte ; son cri, tout particulier, ressemble à un ricanement. D'ordinaire, le contour de son bec est sali par la résine des arbres sur lesquels il se tient de préférence.

86. — MICROPTERNUS HOLROYDI

Micropternus Holroydi, Swinh. (1870), *Ibis*, 95, et (1871), *P. Z. S.*, 393.

Description. Semblable au précédent, mais avec le bec et les ailes toujours plus courts. De plus, les longues plumes du haut de la tête et de la nuque sont brunes frangées de jaunâtre, au lieu d'être claires avec le centre noirâtre, et les taches foncées de la poitrine manquent totalement ou en partie.

Cette race de pic marron habite l'île de Haïnan, où elle paraît assez abondante dans les forêts de l'intérieur.

87. — VIVIA INNOMINATA

Picumnus innominatus, Burt. (1835), *P. Z. S.*, 154. — Vivia rufifrons et nipalensis, Hodgs. (1837), *J. A. S.*, VI, 107. — Vivia innominata, Malh. (1862), *Mon. Pic.*, 279, pl. 117, f. 5 et 6.

Dimensions. Long. totale, 0m,095 ; aile, 0m,06 ; queue, 0m,035, formée de douze pennes presque égales à bouts arrondis.

Couleurs. Iris brun rosé ; bec plombé ; pattes et ongles bleuâtres. — Plumage vert sur le dos ; dessus de la tête d'un brun marron (dans le mâle), avec quelques plumes sur le front bordées de noirâtre et d'une teinte dorée luisante. Dessous du corps jaune pâle, avec toutes les plumes marquées au centre d'une tache noire arrondie, excepté sur le milieu du ventre qui est couleur de soufre, ces taches formant des bandes transversales sur les flancs et des raies longitudinales sur la poitrine ; gorge cendrée ; un trait jaune pâle naît tout près des narines, passe sous l'œil et vient se terminer sous l'oreille ; un autre trait blanc commence au-dessus de l'oreille et se prolonge jusque derrière le cou ; une raie marron-brun part de l'œil et, se dirigeant en arrière, se réunit à une autre bande de la même teinte, qui est la prolongation de la moustache. Rémiges brunes liserées de vert ; les deux rectrices médianes noires, avec leurs barbes internes blanches sur toute leur longueur ; la paire suivante toute noire ; les autres de plus en plus marquées de blanc obliquement.

Ce pygmée de nos pics est propre à l'Himalaya et à la région montueuse du midi de la Chine. Je l'ai trouvé au Fokien, au Setchuan, et jusque sur les frontières du Kokonoor, où il est sédentaire. Il séjourne de préférence dans les bambouseraies ; mais souvent aussi on le voit dans les bois touffus et parmi les broussailles. Il fait son nid dans des trous de bambous ; et pendant la mauvaise saison il aime à s'unir aux bandes de petits oiseaux insectivores et à parcourir rapidement avec eux les fourrés et les taillis. Sous ce rapport aussi, cet oiseau mignon diffère notablement des autres Picidés du pays.

88. — YUNX TORQUILLA

Yunx torquilla, Linn. (1766), *S. N.*, I, 172. — Le Torcol, Buffon (1770), *Pl. Enl.* 698. — ? Yunx japonica, Bp. (1850), *Consp. av.*, I, 112. — Swinh. (1871), *P. Z. S.*, 393, et (1875), *Ibis*, 124. — Severtz. (1873), *Turk. Jevotn.*, 68. — Dress. (1876), *Ibis*, 320.

Dimensions. Long. totale d'un mâle adulte tué à Pékin, 0ᵐ,17 ; aile, 0ᵐ,09 ; queue, 0ᵐ,07 ; tarse, 0ᵐ,017.

Le Torcol que j'ai rencontré sur plusieurs points de la Chine, ainsi qu'en Mongolie, me paraît ne différer en rien de celui de France ; il a la même taille, les mêmes proportions et les mêmes couleurs. Nous doutons beaucoup de la valeur du *Yunx japonicus* Bp., prétendue race locale à laquelle on attribue une taille plus petite et des couleurs plus foncés. Les spécimens trouvés dans le Turkestan par M. Severtzoff ont été identifiés par ce naturaliste et par M. Dresser avec l'espèce européenne.

On sait que le Torcol, malgré ses pattes de pic, ne grimpe point et ne fait que s'accrocher aux arbres pour y chercher des insectes. C'est un oiseau de mœurs solitaires, et qui semble partout assez rare. Les quatre ou cinq espèces admises dans ce genre n'offrent entre elles que de faibles différences et sont propres à l'Ancien-Monde.

CAPITONIDÉS

Cette famille comprend deux grandes subdivisions : les Capitoninés qui sont tous américains et les Mégalaiminés (avec les Pogonorhynchinés) qui sont répandus en Asie et en Afrique. Ces derniers, les seuls dont nous ayons à nous occuper, comptent environ 70 espèces, sur lesquelles trois seulement se trouvent dans l'empire chinois.

89. — MEGALÆMA VIRENS

Le Grand-Barbu de la Chine, Buff. (1770), *Pl. Enl.* 871. — Bucco virens, Bodd. (1783), *Tabl. des Pl. Enl.* 871. — Bucco grandis, Gm. (1788), *S. N.*, I, 408. — Megalæma virens, G. H. et G. F. Marshall (1870-71), *Mon. of. Capit.*, 33, pl. 16. — Swinh. (1871), *P. Z. S.*, 391.

Dimensions. Long. totale, 0m,33; aile, 0m,15; queue, 0m,105; tarse, 0m,03; bec, 0m,045.

Couleurs. Iris brun; bec jaunâtre et brun; pattes verdâtres. — Partie supérieure du dos d'un vert bronzé; partie inférieure du dos et croupion d'un vert pré; tête brune lavée de bleu ainsi que la gorge; derrière du cou d'un jaune verdâtre; grandes couvertures des ailes vert bronzé; rémiges primaires bleues à l'extérieur, les autres vertes; queue verte; poitrine brune; abdomen vert bleu avec les flancs tirant au jaune; sous-caudales rouges.

Le Grand-Barbu, reconnaissable à son bec renflé à la base et garni de soies plus courtes et moins nombreuses que dans ses congénères, se trouve, mais en petit nombre, dans tout le midi de la Chine. D'après M. Swinhoe, cet oiseau diffère de l'espèce himalayenne avec laquelle il a été longtemps confondu, et qui doit porter le nom de *Megalæma Marshallorum*. Notre Barbu vit dans les montagnes boisées; et son régime consiste en toute sorte de fruits, en insectes et même en petits oiseaux.

90. — MEGALÆMA NUCHALIS

MEGALÆMA NUCHALIS, Gould (1862), *P. Z. S.*, 283, et (1864), *B. of. As.*, livr. X, pl.—
G. H. et G. F. Marshall, *Monogr. of. Capit.* (1870-71), 57, pl. 26. — Swinh. (1871),
P. Z. S., 391.

Dimensions. Long. totale, $0^m,19$; aile, $0^m,105$; queue, $0^m,07$, formée
de dix pennes faiblement graduées; tarse, $0^m,025$; bec, $0^m,032$.

Couleurs. Iris châtain; bec bleuâtre; pattes plombées. — Plumage vert
en dessus, avec une tache rouge en avant de l'œil; gorge jaune; bas de la
gorge bleu ainsi que la région parotique et le derrière du cou; une tache
rouge sur la partie supérieure de la poitrine qui est d'un vert jaunâtre ainsi
que toutes les parties inférieures.

Ce barbu est propre à l'île de Formose, où il paraît être
assez commun dans les forêts des grandes montagnes. Comme
ses congénères, il vit de fruits et d'insectes, et se tient immobile
pendant des heures entières à la cime des arbres, d'où il fait
entendre un cri strident et désagréable. D'après M. Swinhoe,
les habitants lui donnent le nom de *Koë-Kwa-cheow*.

91. — MEGALÆMA FABER

MEGALÆMA FABER, Swinh. (1870), *Ibis*, 96, pl. 4, fig. 1. — G. H. et G. F. Marshall
(1870-71), *Monog. of Capit.*, 59, pl. 25. — Swinh. (1871), *P. Z. S.*, 391.

Description. Dimensions et couleurs générales de l'espèce précédente.
La bande bleue de la gorge est interrompue au milieu par une teinte pourpre,
la plaque rouge du dos manque et le haut de la tête est noir, et l'occiput est
taché de rouge.

Le Barbu forgeron, ainsi nommé de son nom chinois (*Kiung-
Shan-Heen-che*), par allusion à sa voix métallique, habite l'île
de Haïnan où il est le seul représentant de son genre. C'est
un oiseau lourd et stupide qui se tient d'ordinaire au milieu des
branches les plus touffues, et qui est d'autant plus difficile à
apercevoir que par sa coloration il se confond avec les feuilles
environnantes.

CUCULIDÉS

On connaît aujourd'hui près de 225 espèces de Coucous, réparties sur toute la surface du globe, mais principalement dans les régions tropicales.

92. — ZANCLOSTOMUS TRISTIS

MELIAS TRISTIS, Lesson (1831), *Tr. d'orn.*, 49. — ZANCLOSTOMUS TRISTIS, Jerdon (1862), *B. of. Ind.*, I, 345. — Swinh. (1870), *Ibis*, 234, et (1871), *P. Z. S.*, 393.

Dimensions. Long. totale, 0^m,58; queue, 0^m,41, étagée; aile, 0^m,16, courte et ronde; tarse, 0^m,036.

Couleurs. Iris brun, avec un grand espace nu et rouge autour de l'œil; bec vert; pattes verdâtres. — Plumage en dessus d'un vert bronzé, tirant au cendré sur la tête qui est rayée de fines stries noires; lorum noir; un étroit sourcil noir et blanc; gorge et devant du cou d'un gris bronzé, avec d'étroites raies noires; reste des parties inférieures du corps d'un cendré sale, brunissant sur le ventre et les sous-caudales; une grande tache blanche au bout des rectrices.

Cette espèce, au cri triste et lugubre, habite l'Inde et l'Himalaya, et se trouve aussi dans la Cochinchine d'où le Muséum d'histoire naturelle en a reçu des spécimens à diverses reprises. En Chine elle n'a encore été observée que dans l'île de Haïnan. Les coucous de ce genre sont tous confinés dans l'Indo-Malaisie à l'exception d'une espèce qui vit en Afrique et se font remarquer par la peau papilleuse qui entoure leurs yeux; ils vivent solitaires ou par couples sur les arbres, et ne fuient guère la présence de l'homme; leur chant, qui se compose d'une ou deux notes mélancoliques, justifie bien le nom qui a été imposé à cette espèce.

93. — CENTROPUS SINENSIS

POLOPHILUS SINENSIS, Steph. (1815), *Gen. Zool. Aves*, IX, 44.—CENTROPUS SINENSIS, Swinh. (1861), *Ibis*, 49, et (1871), *P. Z. S.*, 393. — C. RUFIPENNIS, (Illig.), Swinh. (1863), *P. Z. S.*, 266, et (1870), *Ibis*, 234. — CENTROPUS SINENSIS, Swinh. (1871), *P. Z. S.*, 393.

Dimensions. Long. totale, 0^m,50; aile, 0^m,21; queue, 0^m,31, large et graduée; tarse, 0^m,05; ongle du pouce, 0^m,02, droit et mince; bec fort et courbe, épais à la base, noir.

Couleurs. Iris rouge; pattes noires, grandes et ambulatoires. — Plumage d'un noir bleu métallique, avec le dos et le dessus des ailes d'un roux vif et des reflets verts sur la queue. Les plumes de la tête et du cou sont rigides et peu barbues. — La livrée du jeune âge, fort variable, est généralement noirâtre, tachée et rayée de roux sur la tête, le dos et les ailes; le dessous du corps est noirâtre et barré obscurément de blanc; la queue et les ailes sont aussi variées de barres transversales.

Ce grand coucou, ou Coucal, est commun dans toute l'Indo-Malaisie. Il manque à Formose, mais se retrouve à Haïnan et dans les provinces méridionales de la Chine jusqu'au Tchékiang où je l'ai rencontré en mai. Il est sédentaire dans le sud de l'Empire; cependant c'est au printemps seulement qu'on le voit aux environs de Ningpo. Cet oiseau fréquente les bois situés dans le voisinage des terrains cultivés, et cherche à terre sa nourriture qui consiste en insectes, en chenilles et en petits reptiles; il marche et court avec facilité, mais son vol est lourd; son cri, sonore et profond, consiste en un long *hou hou hou*. De même que l'espèce suivante, celle-ci construit elle-même son nid, avec des herbes vertes, et y dépose trois ou quatre œufs tout blancs.

94. — CENTROPUS BENGALENSIS

CUCULUS BENGALENSIS, Gm. (1788), *S. N.*, 412. — Brown, *Ill. Zool.*, pl. 13. — CENTROCOCCYX DIMIDIATUS, Blyth. (1842), *J. A. S. B.*, 945. — CENTROPUS BENGALENSIS, Swinh. (1871), *P. Z. S.*, 393.

Dimensions. Long. totale, $0^m,38$; aile, $0^m,16$; queue, $0^m,20$; tarse, $0^m,036$; ongle du pouce, $0^m,024$, droit et mince.

Couleurs. Iris rouge; bec noir; pattes plombées. — Plumage d'un noir vert métallique, avec le dessus du dos et des ailes roux et le bout des pennes noirâtre. — L'oiseau en premier plumage a le dessous du corps roux clair avec des barres noirâtres, la tête et la nuque étant rayées longitudinalement; les parties inférieures jaunâtres, avec quelques raies obscures et le bec jaunâtre. — Les sujets en second plumage sont remarquables par l'extrême développement des sus-caudales qui couvrent presque entièrement la queue; leur couleur générale, très-variable, est le roux clair, sali de brun en dessus, et le jaunâtre sale en dessous, avec le rachis des plumes de la tête, du cou et des couvertures alaires blanchâtre; le dos, les scapulaires et les longues sus-caudales étant barrés de noirâtre. — Plus tard le plumage est noir, avec des stries jaunâtres sur le haut du corps; et enfin, quand la livrée définitive noire et rousse s'est fixée, les sus-caudales ne sont pas plus longues que pendant le premier âge.

Cet oiseau de l'Inde, de la Malaisie et de l'Indo-Chine, est assez commun et sédentaire dans les deux grandes îles chinoises,

Formose et Haïnan. Il se rencontre aussi dans la partie la plus méridionale du continent, mais plus rarement que son congénère de grande taille dont il a du reste les mœurs et la voix.

95. — EUDYNAMIS MACULATA

CUCULUS MACULATUS, Gm. (1788), S. N., I, 145 (descr. ex fœm.).—EUD. CHINENSIS, Cab. et H. (1862-3), Mus. Hein., IV, 52, note. — EUDYNAMIS MACULATA, Swinh. (1871), P. Z. S., 394.

Dimensions. Long. totale, 0^m,40; aile, 0^m,20; queue, 0^m,20, arrondie; tarse, 0^m,026.

Couleurs. Iris rouge; pattes bleuâtres; bec vert avec la commissure rouge, fort et courbé à l'extrémité. — Plumage en entier d'un noir métallique à reflets verts. — La femelle est d'un bronzé verdâtre, tachetée de blanc en dessus avec des raies transversales blanches sur la queue et les ailes; elle a le dessous du corps blanc, avec des taches noires allongées sur la gorge, anguleuses sur la poitrine et transversales sur le ventre, les cuisses et les sous-caudales. — Le jeune mâle ressemble d'ordinaire à la femelle; mais parfois il est bronzé ou noir avec des taches blanches. — La jeune femelle a d'ordinaire les taches blanches salies par du roux; quelquefois elle présente aussi un plumage mélanoïde.

Ce coucou que les résidants européens appellent le *Koël*, de son nom indien, est très-répandu dans l'Indo-Malaisie; il est également abondant en Cochinchine d'où M. Germain en a envoyé des spécimens au Muséum d'histoire naturelle. En été, le Koël arrive dans le midi de la Chine et se répand le long des côtes jusqu'aux limites du Fokien. C'est un oiseau paisible, au vol lourd, qui vit de fruits et fréquente les pays cultivés et les bosquets qui avoisinent les habitations. Il dépose ses œufs dans des nids de corbeau et d'étourneau.

M. Swinhoe qui a fort bien étudié les *Eudynamis* de la Chine pensait d'abord qu'ils appartenaient tous à une seule et même espèce répandue depuis l'Inde jusqu'aux Philippines. Plus tard, il a admis que la race de Canton, à laquelle se rapporte le nom de *Cuculus maculatus*, de Gmelin, diffère par son bec plus petit de la race de Haïnan qu'il identifie avec l'*Eudynamis malayana* de Java. Si l'on admet les six espèces d'*Eudynamis* reconnues par différents auteurs et entre autres par lord Walden en 1875 dans son *Catalogue des Oiseaux des Philippines*, comme on ne saura

plus à laquelle d'entre elles il convient d'appliquer le nom
primitif d'*Eudynamis orientalis*, il faudra sans doute rejeter
cette ancienne dénomination.

96. — EUDYNAMIS MALAYANA

EUDYNAMIS MALAYANA, Cab. et Hein. (1862-3), *Mus. Hein.*, IV, 52.—Wald. (1869),
Ibis, 339. — Swinh. (1870), *Ibis*, 231, et (1871), *P. Z. S.*, 394.

Description. Mêmes caractères que ceux de l'espèce précédente, avec
une taille plus forte et un bec plus robuste.

Ce coucou, commun dans l'île de Haïnan, a le bec aussi
gros, paraît-il, que les oiseaux de la Malaisie, mais, du reste,
ne diffère point par sa voix et ses mœurs du Koël du continent
chinois.

97. — COCCYSTES COROMANDUS

CUCULUS COROMANDUS, Linn. (1766), *S. N.*, I, 171. — COCCYSTES COROMANDUS,
Jerd. (1862), *B. of. Ind.*, I, 341. — Swinh. (1871), *P. Z. S.*, 394.

Dimensions. Long. totale, 0m,37; aile, 0m,17; queue, 0m,17, étagée.
Tête huppée; pas de bandes transversales sur le plumage.

Couleurs. Iris roux; pattes plombées; bec noir, avec la commissure
rouge. — Plumage d'un noir vert métallique avec un demi-collier blanc sur
le cou. Devant du cou et poitrine fauves, flancs et abdomen blanc roux avec
les sous-caudales d'un noir verdâtre; rectrices noirâtres terminées de blanc,
à l'exception des deux centrales; ailes rousses avec le bout des rémiges primaires et secondaires brun, les tertiaires d'un bronzé-noir.

Ce coucou, du même genre que le *Coucougeai* qui visite
l'Europe, est répandu dans l'Inde et l'Indo-Chine, et a été pris
également dans la Chine méridionale.

98. — SURNICULUS DICRUROIDES

PSEUDORNIS DICRUROÏDES, Hodgs. (1839), *J. A. S. Beng.*, VIII, 136. — SURNICULUS
DICRUROÏDES, Jerd. (1862), *B. of. Ind.*, I, 336. — Swinh. (1871), *P. Z. S.*, 394.

Dimensions. Long. totale, 0m,25; aile, 0m,14; queue, 0m,14; les rectrices
latérales très-courtes, les autres égales entre elles, avec le bout tourné un peu
en dehors, ce qui donne à la queue une apparence fourchue. Une petite
huppe à la nuque.

Couleurs. Iris roux; bec noir; pattes roussâtres. — Plumage des parties
supérieures du corps noir métallique à reflets verts et bleus; dessous du corps
d'un noir mat. Quelques plumes blanches à la huppe occipitale; plumes des

jambes blanches aussi en partie; couvertures des ailes et de la queue marquées parfois de taches blanches; milieu des rémiges blanc; rectrices latérales barrées obliquement de blanc. — Dans l'oiseau jeune, il existe de petites taches blanches sur la tête, les ailes et le croupion, et sur les parties inférieures du corps, et les raies blanches de la queue sont plus nombreuses.

Ce singulier petit coucou, qui a les formes et la couleur des Drongos, habite l'Inde depuis Ceylan jusqu'à l'Himalaya ; et i[l] se retrouve aussi dans la Cochinchine, d'où il s'avance en été jusqu'au centre de la Chine. Je l'ai rencontré deux fois au Setchuan, et M. Swinhoe l'a tué également près de Tchongkin.

99. — CACOMANTIS TENUIROSTRIS

CUCULUS TENUIROSTRIS, J. E. Gray (1833), Hardw. *Ind. zool.*, II, 34, f. 1. — POLY-PHASIA TENUIROSTRIS, Jerdon (1862), *B. of. Ind.*, I, 335. — CACOMANTIS TENUIROSTRIS, Swinh. (1871), *P. Z. S.*, 394.

Dimensions. Long. totale, $0^m,22$; aile, $0^m,105$; queue, $0^m,105$.

Couleurs. Iris rouge; bec brun, avec la base de la mandibule inférieure rouge; pattes orangées, avec les plumes des tarses courtes. — Plumage en dessus d'un gris cendré à reflets verts; gorge et haut de la poitrine d'un gris cendré clair; reste des parties inférieures roussâtre sans barres transversales; sous-caudales d'un roux plus foncé ; rémiges brunes marquées d'une grande tache blanche; rectrices noirâtres terminées de blanc, avec des taches blanches sur les barbes intérieures, excepté dans les rectrices centrales. — Dans le jeune oiseau, le dessus du corps est brun barré de roux, et le dessous d'un gris roux barré de brunâtre, surtout à la gorge et à la poitrine; les rectrices sont rayées des deux côtés. (Comme les autres coucous, celui-ci est sujet à avoir le plumage roux ou hépatique.)

Ce petit coucou, à la voix plaintive, est propre à la partie orientale de l'Inde, l'Indoustan étant fréquenté par le *Cacomantis niger;* il s'avance également en été dans les provinces méridionales de l'empire chinois, depuis le Setchuan jusqu'au Fokien, et y fait un séjour de quelque durée.

100. — CHRYSOCOCCYX HODGSONI

CHRYSOCOCCYX HODGSONI, Moore (1856), *C. of. B. E. I. C.*, II, 705. — Jerdon (1862), *B. of. Ind.*, I, 338. — LAMPROMORPHA PLAGOSUS, Bp. (1854), *Consp. Volucr. Zyg.*, 7. — Verr. (1867), *Rev. et Mag. de zool.*, 170. — CHRYSOCOCCYX HODGSONI, Swinh. (1871), *P. Z. S.*, 394.

Dimensions. Long. totale, $0^m,17$; aile, $0^m,105$; queue, $0^m,075$; tarse, $0^m,013$, très-emplumé.

Couleurs. Iris roux; bec jaune avec l'extrémité brune; pattes rousses.
— Dessus du corps d'un beau vert métallique à reflets dorés; dessous blanc,
barré de vert bronzé; rectrices latérales barrées de blanc extérieurement. —
Dans le jeune âge, le dessus est d'une teinte bronzée sale, et offre souvent
des barres rousses, surtout sur la queue; le dessous est blanc barré de verdâtre. Le plumage roux ou hépatique est assez fréquent dans cette espèce.

Ce joli coucou, le plus petit de son groupe, au moins en Asie,
se trouve surtout dans les régions montagneuses de l'Inde, de
l'Arracan et du Tenasserim, d'où il passe quelquefois, mais rarement, dans l'empire chinois. Un sujet tué au Setchuan fait partie
des collections du Muséum d'histoire naturelle.

101. — CUCULUS SPARVEROIDES

CUCULUS SPARVEROÏDES, Vig. (1831), *P. Z. S.*, 173.—Gould, *Cent. of. H. B.*, pl. 53.
— HIEROCOCCYX SPARVEROÏDES, Jerdon (1862), *B. of. I.*, J, 331. — V. Schrenck. (1860),
Vög. d. Am. Land., I, 24, pl. 10. — Swinh. (1871), *P. Z. S.*, 394.

Dimensions. Long. totale, 0^m,40; aile ouverte, 0^m,29; queue, 0^{m}19.
Couleurs. Iris orangé; bec brun, avec la base verdâtre; pattes et ongles
jaunes; peau nue du tour de l'œil verdâtre. — Plumage des parties supérieures du corps brun à reflets métalliques, avec le haut de la tête et du
cou, les joues et la gorge d'un cendré foncé; partie inférieure de la gorge
blanche; haut de la poitrine teint de roux marron, avec le centre des plumes
marqué de noir et de roux; abdomen blanc, avec des taches transversales
noires et rousses; bas-ventre et sous-caudales blancs; queue brunâtre, avec
cinq barres noirâtres dont la dernière est la plus large. — Un mâle en première plume, tué au Setchuan, a ses parties supérieures brunes mêlées de
noir, avec des raies rousses transversales, quelques plumes de la tête et du
cou entièrement blanches, la gorge noire, le reste du dessous du corps d'un
blanc jaunâtre avec des taches longitudinales noires et des barres sur les
flancs, la queue grise et rousse traversée de quatre bandes brunes, les sous-
caudales rousses, sans taches.

Ce grand coucou, qui a été rencontré dans les montagnes de
l'Inde et de l'Himalaya, se répand en Chine, en été, et passe de
là jusque dans l'Amourland. Je l'ai trouvé communément au
Setchuan, mais jamais au Kiangsi ni dans les autres provinces
orientales. Il s'établit de préférence dans les collines moyennes,
mais ne s'avance point dans les grandes forêts montueuses.
C'est un oiseau rusé et qui se laisse approcher difficilement. Les
Chinois le désignent sous le nom de *Kouy-Kouy-Yang* (par ono-

matopée). Son chant composé de trois notes est extrêmement sonore et se fait entendre souvent, même pendant la nuit; il est répété cinq ou six fois, et chaque fois sur un ton plus élevé.

Des sujets que j'ai eus en Chine ont une taille encore plus forte que celle qui est indiquée pour l'oiseau des Philippines, décrit par Gould sous le nom de *Cuculus strenuus;* je pense par conséquent qu'il n'y a aux Philippines et en Chine qu'une seule et même espèce. C'était du reste déjà l'opinion de Gray et de lord Walden. (*Trans. Zool. Soc.*, 1875, IX, 2,161.)

102. — CUCULUS HYPERYTHRUS

CUCULUS HYPERYTHRUS, Gould (1856), *P. Z. S.*, 96. — *B. of As.*, livr. VIII, pl.

Dimensions. Long. totale, $0^m,28$; queue, $0^m,16$; aile, $0^m,20$.

Couleurs. Iris, bec et pattes comme dans le Coucou vulgaire. — Plumage en dessus d'une teinte ardoisée foncée; lores, plumes des oreilles, moustaches et une tache au menton noirs; gorge blanche, chaque plume étant rayée de noir; parties inférieures d'un roux tirant au rouge; queue grise, avec deux barres noires étroites et une troisième plus large vers le bout qui est roussâtre (d'après Gould).

Cette espèce douteuse a été indiquée par M. Gould comme provenant de Chine. Un oiseau des Philippines, apparemment semblable, a été décrit par M. Cabanis sous le nom d'*Hierococcyx pectoralis*, lequel, d'après lord Walden, ne serait point le *Cuculus flaviventris* de Scopoli (ex Sonn.) dont le type est de provenance incertaine, et probablement originaire d'Afrique.

103. — CUCULUS MICROPTERUS

CUCULUS MICROPTERUS, Gould (1837), *P. Z. S.*, 137. — Swinh. (1871), *P. Z. S.*, 395.

Dimensions. Long. totale, $0^m,30$; aile, $0^m,19$; queue, $0^m,15$; bec, de la pointe au front, $0^m,025$.

Couleurs. Iris jaune sale; pattes jaunes; bec noir, marqué de jaune à la base. — Plumage en dessus d'un cendré brunâtre, avec la tête plus claire; gorge et poitrine d'un cendré pâle; ventre blanc, avec des bandes brunes assez larges et distantes l'une de l'autre; dessus de la queue brunâtre, avec une large bande noire vers le bout qui est liséré de blanc.

Ce coucou, facile à reconnaître à son grand bec, à la teinte brune du dessus de ses ailes et de sa queue et surtout à la bande subterminale noire de ses pennes caudales, est répandu abondamment dans l'Inde et l'Indo-Chine, et visite régulièrement les deux tiers méridionaux de l'empire chinois. Son chant sonore se compose de quatre notes (*la-sol-sol-mi*) et ne se fait entendre que pendant le jour. Il est d'un naturel craintif, et ne se laisse point approcher; il se tient dans la plaine et sur les collines boisées, et je ne l'ai point rencontré dans les grandes montagnes de Moupin.

104. — CUCULUS CANORUS

CUCULUS CANORUS, Linn. (1766), S. N., I, 168. — LE COUCOU, Buff. (1770), *Pl. Enl.* 811. — Swinh. (1860), *Ibis*, 62. — (1871), *P. Z. S.*, 395. — (1875), *Ibis*, 125. — Severtz. (1873), *Turk. Jevotn.*, 63. — Dress. (1876), *Ibis*, 320.

Dimensions. Long. totale d'un mâle tué en Chine, 0^m,30 ; queue, 0^m,17 ; aile, 0^m,21.

Le Coucou vulgaire d'Europe, qui vit aussi en Afrique et dans toute l'Asie, visite en été l'empire chinois en assez grand nombre. Je l'ai rencontré au Kiangsi, au Setchuan, à Pékin et en Mongolie, en plaine comme en montagne. Les Pékinois le nomment *Keu-Kou*.

105. — CUCULUS STRIATUS

CUCULUS STRIATUS, Drap. (1848), *Dict. class. d'H. N.*, IV, 570. — CUCULUS HIMALAYANUS (Vig.), in Jerdon (1862), *B. of Ind.*, I, 323. — CUCULUS STRIATUS, Swinh. (1871), *P. Z. S.*, 395.

Dimensions. Long. totale, 0^m,29 ; queue, 0^m,135 ; aile, 0^m,175.
Couleurs. Iris jaune ; bec brun, avec la base jaunâtre ; pattes jaunes. — Plumage en dessus d'un cendré foncé uniforme, avec des reflets verts sur le dos ; gorge et poitrine d'un cendré pâle ; reste des parties inférieures blanc, avec des bandes noirâtres assez étroites et rapprochées.

Le Coucou strié, voisin du *Cuculus canorus*, est de taille plus faible et pourvu d'un bec proportionnellement plus fort, bien que variable dans ses dimensions. Il est propre à la région himalayenne et se répand en été dans la Chine entière. C'est surtout à son passage de retour qu'on le voit à Pékin; il pénètre alors jusque dans les jardins de la ville. Cette espèce fait entendre un cri sonore particulier qui la distingue des autres coucous de Chine, et qui consiste en trois ou quatre notes, *hou-hou-hou-hou*.

106. — CUCULUS POLIOCEPHALUS

CUCULUS POLIOCEPHALUS, Lath. (1790), *H. of B.*, III, 181. — CUCULUS HIMALAYANUS, Gould, *Cent. of H. B.*, pl. 54 (Hép.). — CUCULUS POLIOCEPHALUS, Swinh. (1871), *P. Z. S.*, 395.

Dimensions. Long. totale, 0^m,26 ; queue, 0^m,14 ; aile, 0^m,15.

Couleurs. Iris jaunâtre sale ; pattes jaunes ; bec brun, avec la base verdâtre. — Plumage en dessus d'un cendré brunâtre, avec des reflets verts sur le dos et les sus-caudales ; devant du cou d'un cendré pâle, avec une teinte rousse vers la poitrine ; reste des parties inférieures blanc, avec des barres noires étroites et distantes l'une de l'autre ; queue d'un brun foncé, avec des taches blanches au milieu des pennes, s'étendant obliquement sur les barbes internes ou restant isolées sur les bords de celles-ci ; sous-caudales blanches ; rémiges brunes, avec de nombreuses taches blanches. — L'oiseau, dans son premier âge, a le dessus brun noir, chaque plume étant lisérée de blanc, le dessous du corps zoné de blanc ; l'iris est brun. — Les quatre ou cinq femelles adultes que j'ai eues à Moupin étaient toutes en plumage hépatique, c'est-à-dire roux barré de brun en dessus, et blanc en dessous avec des bandes brunes ; queue rousse, avec des taches blanches et des barres angulaires noires.

Ce coucou qui passe l'hiver dans l'Inde se montre en assez grand nombre pendant l'été dans la Chine méridionale. C'est à la fin de mai que j'ai commencé à l'entendre dans le Setchuan occidental, et il a continué pendant deux mois à prodiguer son chant fort curieux et complétement différent de celui du Coucou vulgaire. Il chante aussi bien pendant la nuit que pendant le jour, surtout quand le temps est orageux. Aussi les habitants de Moupin, par imitation des six notes de son chant, le désignent-ils sous le nom de *Tien-téng-tchao-tchao-ké-tsao* : ce qui veut dire : *Allume ta lampe et cherche tes puces*. Cet oiseau n'a pas le naturel sauvage et ne fuit pas à l'approche de l'homme ; il continue même à chanter tranquillement quand quelqu'un vient à passer près de l'arbre sur lequel il est perché et dont il occupe de préférence les branches inférieures.

CAPRIMULGIDÉS

Les auteurs systématiques comptent environ 130 espèces d'oiseaux appartenant à la famille des Engoulevents ; trois d'entre elles ont été observées en Chine.

107. — CAPRIMULGUS JOTAKA

CAPRIMULGUS JOTAKA, T. et Schl. (1850), *F. J.*, 37, pl. 12. — CAPRIMULGUS DYTISCI-
VORUS, Swinh. (1860), *Ibis*, 130. — CAPRIMULGUS JOTACA, V. Schrenck (1860), *Vög. d.
Am. L.*, 2, 253. — Swinh. (1871), *P. Z. S.*, 344. — Tacz. (1876), *Bull. Soc. zool. Fr.*,
I, 132.

Dimensions. Long. totale, $0^m,27$; queue, $0^m,13$; aile, $0^m,215$, la première rémige étant plus courte de $0^m,015$ que la deuxième et la troisième
qui sont égales entre elles.

Couleurs. Iris brun ; bec et ongles noirâtres ; pattes roussâtres ; tarse
emplumé. — Dessus du corps mélangé de brun, de gris et de roux, avec de
fines raies transversales ondulées et de larges taches longitudinales noires
sur la tête et le dos ; une large bande grise autour de la tête ; grandes couvertures des ailes grisâtres, marquées de taches rondes blanchâtres ou
rousses ; une tache blanche sous la gorge ; une étroite raie blanchâtre allant
du bec jusqu'à la région postérieure du cou, dont la face antérieure est rayée
transversalement de noir et de roux ; poitrine brune rayée de gris, cette dernière teinte dominant vers le ventre ; sous-caudales d'un gris roussâtre avec
des bandes noires ; queue marquée d'une grande tache blanche vers l'extrémité, sauf sur les rectrices centrales, et traversée de neuf ou dix bandes
brunes peu sensibles.

L'Engoulevent Jotaka, décrit d'abord du Japon, habite aussi
la Birmanie, l'Assam et la Chine dans toute son étendue, et,
d'après M. Taczanowski, est assez commun dans la Daourie et le
bassin de l'Amour. Pendant mon voyage en Mongolie, j'ai trouvé
cet oiseau singulièrement abondant dans les montagnes désertes
d'Ourato ; en juin et juillet, il n'y avait pas un vallon qui n'eût ses
engoulevents établis pour nicher, et souvent, sous la tente de
voyage, notre sommeil était interrompu par leur cri aussi triste
que monotone, qui se mêlait au hurlement sauvage du Grand-Duc
et au rauque aboiement du Chevreuil tartare.

108. — CAPRIMULGUS MONTICOLA

CAPRIMULGUS MONTICOLUS, Frankl. (1831), *P. Z. S.*, 116. — Swinh. (1871),
P. Z. S., 345.

Dimensions. Long. totale, $0^m,25$; queue, $0^m,11$; aile, $0^m,20$.

Couleurs. Iris, bec et pattes bruns. Tarse nu. — Plumage du dessus
du corps d'une teinte brunâtre pâle, variée de roux et de brun foncé ; abdomen barré de brun roussâtre ; les deux paires externes des rectrices entièrement blanches (dans le mâle avec le bout brun), les trois paires internes
ondulées de brun. — Les couleurs de la femelle sont plus pâles, la tache

des quatre premières rémiges est rousse et non blanche, et les rectrices latérales ne sont pas blanches.

L'Engoulevent monticole est commun dans l'Inde et les contrées voisines, particulièrement dans la Cochinchine, région d'où proviennent de nombreux spécimens envoyés au Muséum d'histoire naturelle de Paris. On le rencontre en été dans les parties méridionales et centrales de l'empire chinois. Cette espèce se reconnaît facilement aux teintes générales de son plumage qui sont plus uniformes que dans les autres engoulevents.

109. — CAPRIMULGUS STICTOMUS

CAPRIMULGUS STICTOMUS, Swinh. (1863), *Ibis*, 250, et (1871), *P. Z. S.*, 345.

Description. Semblable au *Caprimulgus monticola*, par ses tarses nus et par ses rectrices externes blanches, ainsi que par l'ensemble des couleurs ; mais toujours plus petit et ayant le doigt médian plus long que dans cet oiseau, et le plumage d'une teinte généralement plus pâle.

Cette espèce habite Formose, et c'est, d'après M. Swinhoe, la seule espèce d'engoulevent qu'on trouve dans cette île.

CYPSÉLIDÉS

Cette famille contient 65 espèces connues. Les Martinets, longtemps réunis dans un même groupe avec les Hirondelles, diffèrent beaucoup de ces dernières : 1º par la forme de leur bec et de leur pattes ; 2º par la présence de dix pennes à leur queue, et 3º par la conformation de leur sternum et le reste de leur structure anatomique qui les rapproche des Engoulevents et les éloigne des Hirondelles encore plus que des Colibris.

110. — CYPSELUS PEKINENSIS

CYPSELUS PEKINENSIS, Swinh. (1870), *P. Z. S.*, 435.

Dimensions. Long. totale d'un mâle adulte tué à Pékin, 0ᵐ,18 ; aile, 0ᵐ,18 ; queue, 0ᵐ,075 ; profondeur de la fourche caudale, 0ᵐ,03.

Couleurs. Iris brun ; bec et ongles noirs ; doigts d'un brun roux. — Plumage d'un noir fuligineux, avec les plumes lisérées de gris sur la tête, sur le croupion, sur les sous-caudales, et çà et là sur l'abdomen ; front teinté de gris ; gorge blanche sur une longueur de 0ᵐ,02.

Le Martinet de Pékin, séparé par M. Swinhoe de l'espèce commune de France, a les mêmes mœurs et la même voix que notre oiseau dont il n'est, d'après nous, qu'une race à peine distincte. Il arrive à Pékin au mois d'avril et niche en grand nombre sous les toits des édifices et dans les trous des remparts de la ville ; vers la fin de juillet, il disparaît de cette capitale. J'ai rencontré cet oiseau en Mongolie, sur tous les points que j'ai visités, mais jamais dans l'est et le midi de la Chine.

111. — CYPSELUS PACIFICUS

HIRUNDO PACIFICA, Lath. (1790), *Ind. Orn. Suppl.*, 58. — CYPSELUS VITTATUS, Jard., *Ill. Orn.*, sér. 2, pl. 39. — CYPSELUS PACIFICUS, Swinh. (1870), *Ibis*, 89, et (1871), *P. Z. S.*, 345. — Tacz. (1876), *Bull. Soc. zool. Fr.*, I, 133.

Dimensions. Long. totale, 0m,19 ; aile, 0m,19 ; queue, 0m,08, la fourche ayant 0m,025 de profondeur.
Couleurs. Dessus du corps noir, avec une teinte fuligineuse sur la tête et une tache blanche sur le croupion ; dessous d'un noir brunâtre, avec toutes les plumes frangées de blanc ; milieu de la gorge blanc ; côtés gris, avec de fines raies noires au centre des plumes.

Ce martinet, qui se rencontre également en Australie et en Malaisie, visite la Chine pendant la saison chaude, et se répand le long des côtes, depuis Canton jusqu'à la Corée. Je l'ai trouvé nichant en grand nombre dans les rochers élevés des montagnes à l'ouest de Pékin, ainsi que sur les îlots du cap Chantong ; je l'ai vu également à Moupin, mais en petit nombre. Cette espèce a été observée par les voyageurs russes et entre autres par M. Dybowski dans la Sibérie orientale et paraît remplacer dans l'extrême Orient le *Cypselus melba* d'Europe, dont elle a toutes les habitudes. Elle est plus silencieuse que le Martinet vulgaire et ne fait entendre que rarement son cri, qui consiste en un sifflement (*tsi*) court et faible.

112. — CYPSELUS SUBFURCATUS

CYPSELUS SUBFURCATUS, Blyth., *J. A. S. B.*, XVIII, 807. — CYPSELUS LEUCOPYGIALIS, Cass. (1851), *Pr. Ac. Phil.*, V, 580, et (1852), VI, pl. 13, f. 1.— CYPSELUS SUBFURCATUS, Swinh. (1871), *P. Z. S.*, 345.

Dimensions. Long. totale, 0m,13 ; aile, 0m,14 ; queue, 0m,05, à peine fourchue, les rectrices latérales ne dépassant les rectrices centrales que de 0m,006. Tarse emplumé.

Couleurs. Iris et bec noirâtres ; pattes roussâtres ; ongles cornés. — Plumage noir, avec la gorge et le croupion blancs et le front grisâtre.

Ce petit martinet, que l'on croyait propre à la Malaisie et qui a été retrouvé récemment dans l'Assam par M. le major Godwin-Austen, habite aussi les côtes de la Chine méridionale et de Formose sans dépasser la ligne tropicale. D'après les observations de M. Swinhoe, cet oiseau niche sous les toits des maisons à la manière de l'Hirondelle de cheminée : c'est une espèce très-voisine du *Cypselus affinis* de l'Inde, dont elle diffère surtout par des teintes plus noires et par une queue un peu plus allongée.

113. — CYPSELUS INFUMATUS

CYPSELUS INFUMATUS, Sclater (1865), *P. Z. S.*, 602. — CYPSELUS TINUS, Swinh. (1870), *Ibis*, 90. — CYPSELUS INFUMATUS, Swinh. (1871), *P. Z. S.*, 345.

Dimensions. Long. totale, $0^m,12$; aile, $0^m,13$, la première rémige étant amincie au bout et plus courte que la deuxième de $0^m,01$; queue, $0^m,06$; profondeur de l'enfourchure, $0^m,025$. Tarse emplumé sur la face antérieure.
Couleurs. Iris brun ; bec noirâtre ; pattes d'un brun roux. — Plumage d'un brun noir à reflets verts, plus clair au croupion et en dessous.

Ce martinet a été rencontré en grand nombre au milieu des palmiers de l'île Haïnan ; il se trouve également dans l'île de Bornéo et se rapproche beaucoup du *Cypselus batassiensis* de l'Inde, mais il offre des couleurs plus foncées que la race indienne et une queue moins fourchue. Il niche sur les palmiers et se rapproche du genre *Collocalia* par la nature de son nid qu'il compose presque exclusivement avec le mucus durci de ses glandes salivaires.

114. — CHÆTURA CAUDACUTA

HIRUNDO CAUDACUTA, Lath. (1790), *Ind. Orn. Suppl.*, 57. — HIRUNDO CIRIS, Pall. (1831), *Zoogr.*, I, 541, n° 160. — ACANTHYLIS CAUDACUTA, V. Schrenck (1860), *Vög. d. Am. Land.*, I, 250. — Jerdon (1862), *B. of Ind.*, I, 171. — CHÆTURA CAUDACUTA, Swinh. (1871), *P. Z. S.*, 345. — Tacz. (1876), *Bull. Soc. zool. Fr.*, I, 133.

Dimensions. Long. totale, $0^m,20$; aile, $0^m,22$; queue, $0^m,05$, égale, avec chaque penne terminée par une pointe épineuse. Tarse nu.
Couleurs. Plumage brun fuligineux, avec du blanc à la gorge, au bas-ventre et aux sous-caudales, ainsi que sur une partie des rémiges tertiaires.

Ce grand martinet a été rencontré non-seulement en Tasmanie et en Australie, mais dans les plus hautes régions des monts Himalaya, dans le bassin du fleuve Amour et au Kamstchatka. M. Swinhoe le cite parmi les oiseaux qui fréquentent le sud de la Chine; de mon côté, pendant mon séjour à Moupin, je l'ai vu parfois en grand nombre tournoyant dans les airs à une grande hauteur; j'ai eu quelquefois aussi l'occasion de l'observer dans les montagnes du nord de la Chine. Cette espèce séjourne volontiers dans le voisinage des neiges perpétuelles et ne reste presque jamais deux jours de suite à la même place. C'est peut-être l'oiseau du monde dont le vol est le plus puissant et le plus rapide.

115. — CHÆTURA GIGANTEA

Cypselus giganteus, van Hasselt, in Temminck (1828), *Pl. Col.*, 364. — Acanthylis gigantea, Jerd. (1862), *B. of Ind.*, I, 172. — Chætura gigantea, Sclat. (1865), *P. Z. S.*, 608. — Swinh. (1871), *P. Z. S.*, 345.

M. Swinhoe cite (*P. Z. S.*, 1871, 345) le Martinet géant comme nichant dans les îlots du sud de Haïnan. Cette espèce est plus grande encore que la précédente, et les épines qui garnissent l'extrémité de sa queue sont plus longues et plus fortes; elle est répandue dans l'Indo-Malaisie, toutefois ce n'est pas à cette forme qu'appartiennent les spécimens recueillis en Cochinchine par M. R. Germain.

116. — DENDROCHELIDON CORONATUS

Hirundo coronata, Tickell. (1848), *J. A. S.*, II, 580. — Dendrochelidon schistricolor, Bp. (1850), *Consp.*, I, 66, sp. 3.—D. coronatus, Gould (1859), *B. of As.*, XI, pl. — Jerd. (1862), *B. of Ind.*, I, 185.

Dimensions. Long. totale, $0^m,25$; aile, $0^m,16$; queue, $0^m,13$, les pennes centrales n'ayant que $0^m,04$. Tête huppée; tarse nu.

Couleurs. Parties supérieures d'une teinte cendrée bleuâtre, plus foncées sur la tête et les ailes, plus pâles sur le croupion; parties inférieures d'un cendré clair devenant blanchâtre sur le bas-ventre; région des oreilles rousse chez le mâle, noire chez la femelle.

Ce martinet, si remarquable par ses couleurs et par ses longues rectrices latérales, est propre à l'Inde orientale, tandis que plusieurs de ses congénères vivent dans la Malaisie. Pendant

mon premier voyage en Chine, une bande de *Dendrochelidon*
accompagna notre navire pendant plusieurs jours : je fus fort
étonné de revoir les mêmes oiseaux volant au-dessus de nos têtes
dans le détroit de Formose, et même quand nous fûmes arrivés
en vue des côtes du Chantong, au mois de juin. Je ne les ai jamais
revus depuis, et je ne sais si l'apparition de *Dendrochelidon* dans
les eaux de la Chine est un fait accidentel ou normal. Je ne puis
dire non plus si l'espèce que j'ai aperçue était le vrai *Dendrochelidon coronatus*, ou une autre espèce du même genre. Mais
l'excessive longueur et la forme fourchue de la queue chez ces
oiseaux, que j'ai pu observer à loisir, ne m'a pas permis de douter
un seul instant que j'aie eu devant moi des *Dendrochelidon*,
genre que je me crois autorisé, par conséquent, à introduire dans
la faune chinoise et dont peut-être quelque représentant existe à
Formose et à Haïnan d'une manière permanente.

MÉROPIDÉS

Les Méropidés ou Guêpiers forment une petite famille de beaux
oiseaux qui sont revêtus d'une livrée éclatante où le vert domine, et
qui habitent les parties les plus chaudes de l'Ancien-Monde d'où ils
émigrent en été vers les régions tempérées. Sur trente et quelques
espèces connues de ce groupe, deux seulement ont été observées en
Chine.

117. — MEROPS PHILIPPINUS

MEROPS PHILIPPINUS, Linn. (1766), *S. N.*, I, 183 (ex Briss.). — LE GRAND GUÊPIER
DES PHILIPPINES, Buff. (1770), *Pl. Enl.* 57. — M. DAUDINI, Cuv. (1829), *R. A.*, 442. —
M. PHILIPPINUS, Walden (1875), *Tr. of Z. S.*, vol. IX, 2º part., 149.

Dimensions. Long. totale, 0^m,30 ; aile, 0^m,13 ; queue, 0^m,15, les deux
rectrices médianes dépassant les latérales de 0^m,07.

Couleurs. Iris rouge ; bec noir ; pattes plombées. — Plumage des parties supérieures vert, avec le croupion et le dessus de la queue bleus, un trait
noir bordé de bleu allant du bec à l'oreille ; gorge jaune, passant au roux
foncé vers le bas ; poitrine d'un vert bronzé ; abdomen vert ; sous-caudales
d'un bleu pâle ; rémiges primaires et pennes secondaires vertes en dessus,
avec l'extrémité noire ; les dernières pennes tertiaires bleues. — Les jeunes
oiseaux ont des couleurs beaucoup plus ternes et le haut de la gorge blanchâtre.

Le Guêpier des Philippines est répandu non-seulement dans ces îles, mais dans la Malaisie, dans toute l'Inde, et dans la Cochinchine, contrée où il est fort abondant et d'où proviennent les nombreux spécimens reçus dans ces derniers temps par le Muséum d'histoire naturelle. En été, il visite la Chine méridionale. D'après les observations du vicomte Walden, la race de l'extrême Orient ne diffère en rien de celle qui vit à Ceylan.

118. — MEROPS BICOLOR

MEROPS BICOLOR, Bodd. (1783), *Tabl. des Pl. Enl. de Daub.*, 15, n° 252. — MEROPS BADIUS, Gm. (1788), *S. N.*, I, 462. — MEROPS BICOLOR, Walden, (1875), *Trans. Zool. Soc.*, IX, 2e part., 150, pl. 16, f. 1.

Dimensions. Long. totale, 0ᵐ,28 ; aile, 0ᵐ,11 ; queue, 0ᵐ,14, les deux pennes centrales dépassant les autres de 0ᵐ,06.

Couleurs. Haut de la tête, du cou et du dos marron, un trait noir allant du bec à la région parotique ; gorge et croupion bleus, ainsi que le dessus de la queue ; face supérieure des ailes vert foncé. Parties inférieures d'un vert clair devenant bleu pâle sur les sous-caudales.

Le Guêpier bicolore, qui ressemble beaucoup à la race qui vit dans les grandes îles de Sumatra et de Bornéo, et à laquelle est réservé le nom de *Merops sumatranus*, Raffles (*M. cyanopygius*, Less.), est propre aux îles Philippines, et pendant l'été visite la Chine, mais toujours en petit nombre. Le Muséum de Paris possède un oiseau de cette espèce qui a été pris au Kiangsi par le P. Heude.

CORACIADÉS.

Cette famille comprend près d'une vingtaine d'espèces, qui sont propres à l'Ancien-Monde et dont une seule parcourt la Chine.

119. — EURYSTOMUS ORIENTALIS

CORACIAS ORIENTALIS, Linn. ex Briss. (1766), *S. N.*, I, 154. — Temm. (1828), *Pl. Col.* 619. — EURYSTOMUS ORIENTALIS, Swinh. (1860), *Ibis*, 48, et (1871), *P. Z. S.*, 347. — Tacz. (1876), *Bull. Soc. zool. Fr.*, I, 135.

Dimensions. Long. totale, 0ᵐ,28 ; aile, 0ᵐ,20 ; queue, 0ᵐ,095, carrée.

Couleurs. Iris brun ; bec rouge, taché de noir au bout ; pattes orangées ; ongles noirs. — Sommet de la tête et face bruns ; cou, dos et croupion d'un vert bleu sale ; couvertures des ailes et dessous du corps d'un vert bleu pur, avec une tache d'un bleu brillant sur le devant du cou ; queue noire lavée de bleu en dessus, avec la base verte ; pennes primaires et secondaires noires et bleues, tachées sur leur portion moyenne de vert et de blanc. — Chez le jeune oiseau, la tache bleue de la gorge manque, et sa tête et son dos sont plus mélangés de brun.

L'Eurystome ou Rolle vit dans l'Inde et l'Indo-Chine et vient passer l'été en Chine d'où il s'avance jusqu'au fleuve Amour. Il est rare à Pékin, mais on le trouve assez communément dans les provinces centrales, établi partout où il y a des bouquets de grands arbres. Il disparaît de ces régions quand les chaleurs sont devenues très-fortes et quand les insectes dont il se nourrit sont moins abondants. Il construit son nid à l'insertion des branches les plus élevées et lui donne à peu près la forme de celui de notre Geai commun. J'ai remarqué que lorsque le soleil darde ses rayons, les petits quittent volontiers le nid et vont se percher à son ombre sur les branches situées immédiatement au-dessous. Cet oiseau a le vol élevé, droit, soutenu et assez rapide ; et lorsqu'il passe dans les airs, les brillantes couleurs de ses ailes font le plus bel effet en se détachant sur l'azur du ciel. Son cri, que l'on peut traduire par la syllabe *ka* plusieurs fois répétée, est grave, guttural, très-caractéristique ; il le fait entendre surtout quand quelque ennemi s'approche de l'arbre où sont ses petits. Il est courageux et sait tenir en respect les milans et les corbeaux. En captivité, l'Eurystome accepte indifféremment toute espèce de nourriture ; mais il se montre d'un caractère sauvage et mord fortement, en criant comme un geai. Il grimpe souvent sur les meubles en s'aidant de son bec à la manière des perroquets.

ALCÉDINIDÉS

La famille des Alcédinidés ou Martins-Pêcheurs renferme actuellement 130 espèces environ qui sont réparties sur toute la surface du globe et dont six ont été observées dans l'empire chinois.

120. — ALCEDO BENGALENSIS

Ispida bengalensis, Briss. (1760), *Orn.*, IV, 475. — Alcedo bengalensis, Gm. (1788), *S. N.*, I, 450. — Swinh. (1860), *Ibis*, 49. — Sharpe (1868-71), *Mon. of Alc.*, pl. 68. — Swinh. (1871), *P. Z. S.*, 347. — Alcedo ispida, β, bengalensis, Severtz. (1873), *Turk. Jevotn.*, 68. — Alcedo bengalensis, Dress. (1876), *Ibis*, 320. — Ispida bengalensis, Tacz. (1876), *Bull. Soc. zool. Fr.*, I, 135.

Dimensions. Long. totale, 0ᵐ,175 ; aile ouverte, 0ᵐ,115 ; fermée, 0ᵐ,07 ; queue 0ᵐ,032. (Femelle adulte tuée en Chine.)

Le Martin-Pêcheur bengalais n'est qu'une race un peu plus petite de l'espèce commune de notre pays. Il est abondamment répandu dans tout l'extrême Orient, dans toutes les provinces où l'on trouve une eau poissonneuse. Les Chinois lui font une chasse active pour se procurer les plumes brillantes de son dos, avec lesquelles ils fabriquent des ornements fort recherchés par les dames du Céleste-Empire. Ils le prennent en tendant sur l'eau de petits filets et en imitant son cri, mais ils se gardent bien de le tuer, et après lui avoir enlevé ses belles plumes, ils lui rendent toujours la liberté. Cette opération doit être sinon très-douloureuse, au moins fort désagréable pour les Martins-Pêcheurs ; et cependant ces oiseaux qui chez nous sont toujours si farouches ne fuient nullement en Chine la présence de l'homme, et montrent même une familiarité qui m'a souvent étonné dans le cours de mes voyages.

121. — ENTOMOBIA PILEATA

ALCEDO PILEATUS, Bodd. (1783), *Tabl. Pl. Enl. de Daub.*, 41. — HALCYON PILEATUS, Sharpe (1865-71), *Mon. Alc.*, 169, pl. 62. — ENTOMOBIA PILEATA, Cab. et Heine (1860), *Mus. Hein.*, III, 155. — HALCYON PILEATUS, Swinh. (1871), *P. Z. S.*, 347.

Dimensions. Long. totale, 0ᵐ,30 ; aile, 0ᵐ,135 ; queue, 0ᵐ,08 ; bec, 0ᵐ,063, fort et un peu courbé.

Couleurs. Iris brun ; bec rouge ; pattes rouges ; ongles bruns.—Toute la tête d'un noir profond, de même que les couvertures des ailes, le bout des rémiges et le dessous des rectrices ; tout le dos jusqu'à la queue inclusivement d'un beau bleu luisant ; les ailes sont également bleues sur le milieu de leur face supérieure, et sont ornées d'un miroir bleu lilas sur les grandes rémiges ; celles-ci sont blanches en dessous dans leur première moitié. Gorge et totalité du cou tout d'une teinte blanche qui descend davantage sur le milieu de la poitrine que sur les côtés où il est un peu lavé de roux ; tout le reste des parties inférieures roux, ainsi que les couvertures inférieures des ailes.

Ce magnifique oiseau, décrit par Buffon sous le nom de Martin-Pêcheur à coiffe noire de la Chine, vit dans l'Inde, l'Indo-Chine, la Malaisie, les îles Philippines, et se rencontre en petit nombre dans toute la Chine jusqu'aux frontières septentrionales. Je l'ai trouvé nichant sur un grand arbre des montagnes de Pékin.

Je ne l'ai jamais vu donner la chasse aux poissons, mais je l'ai trouvé souvent poursuivant les insectes et particulièrement les Cantharides et les Mylabres qui pullulent en Chine, pendant l'été, dans les champs de haricots et d'autres légumineuses. Cet oiseau d'un naturel très-sauvage reste donc loin des eaux et vit solitaire sur les collines et dans les bois; son cri est fort, court et désagréable. Il disparaît du pays à la fin de l'été et se retire en Cochinchine, région d'où proviennent plusieurs spécimens reçus dernièrement par le Muséum d'histoire naturelle.

122. — ENTOMOBIA SMYRNENSIS

Alcedo smyrnensis, Linn. (1766), S. N., I., 181. — Martin-Pêcheur de la côte de Malabar, Buff. (1770), Pl. Enl. 894. — Halcyon fuscus, Bodd. (1783), Tabl. des Pl. Enl. 51. — Bp. Consp., I, 155. — Jerdon (1862), B. of Ind., I, 224. — Entomobia smyrnensis, Cab. et Heine (1860), Mus. Hein., II, 155, note. — Halcyon smyrnensis, Sharpe (1868-70), 161, pl. 59. — Swinh. (1871), P. Z. S., 347.

Dimensions. Longueur totale, $0^m,27$; aile, $0^m,12$; queue, $0^m,065$; bec, $0^m,055$.

Couleurs. Iris brun; bec et pattes rouges.—Tête, face, côtés de la poitrine et du corps bleu brillant, avec les scapulaires et les rémiges tertiaires d'un bleu vert ; petites couvertures des ailes marron, les moyennes noires et les grandes bleu foncé ; rémiges bleues terminées de noir avec une bande oblique blanche sur les barbes internes ; gorge et milieu de la poitrine et de l'abdomen blancs ; queue bleue lavée de vert au milieu.

Le Martin-Pêcheur à poitrine blanche vit dans l'Asie-Mineure et est abondamment répandu dans toute l'Inde. Pour certains auteurs, la race orientale différerait spécifiquement de celle de l'ouest de l'Asie. En Chine, cet oiseau se rencontre depuis Canton jusqu'à Changhay, ainsi qu'à Haïnan; et il est commun dans toute la Cochinchine. Comme l'espèce précédente, celle-ci vit d'insectes et de petits reptiles, et se tient sur les collines boisées; elle est également chassée par les Chinois qui sont fort amateurs de ses belles plumes bleues.

123. — CALLIALCYON COROMANDA

Martin-Pêcheur violet des Indes, Sonn. (1782), Voy. Ind., II, 212, pl. 118. — Alcedo coromanda, Lath. (1790), Ind. Orn., I, 252. — Halcyon Schlegeli, Bp. (1850), Consp., I, 156. — Callialcyon coromanda, Reich. (1851), Hand. Alced., 15, pl. 405, f. 3092. — Halcyon coromanda, Sharpe (1868-71), 155, pl. 57. — H. coromandeliana, Swinh. (1871), P. Z. S., 347.

Dimensions. Long. totale, 0^m,24; aile, 0^m,125; queue, 0^m,27; bec, 0^m,05.

Couleurs. Iris brun; bec et pattes rouges. — Plumage des parties supérieures roux à reflets lilas, avec une tache d'un blanc bleuâtre sur le croupion; parties inférieures d'un roux ferrugineux, avec la gorge et le milieu du ventre blancs.

En dépit de son nom spécifique, cet oiseau fait défaut sur la côte de Coromandel; en revanche, il se trouve dans l'Indo-Malaisie, en Cochinchine, aux Philippines et au Japon. M. Swinhoe l'a même tué dans l'intérieur de l'île de Formose où l'espèce paraît être sédentaire; mais jusqu'à présent on ne l'a point observé sur d'autres points de la Chine.

124. — CERYLE RUDIS

ALCEDO RUDIS, Linn. (1766), S. N., I., 181. — MARTIN-PÊCHEUR noir et blanc du Sénégal et MARTIN-PÊCHEUR noir et blanc du Cap, Buff. (1770), Pl. Enl. 62 et 716.— CERYLE RUDIS (1828), Boie, Isis, 316.— Swinh. (1860), Ibis, 49, et (1871), P. Z. S., 347.

Dimensions. Long. totale, 0^m,28; aile, 0^m,15; queue, 0^m,08; bec, 0^m,065, robuste. Nuque garnie de plumes allongées.

Couleurs. Iris brun; bec noir; pattes brunes. — Toutes les plumes des parties supérieures blanches dans leur moitié basilaire et noires au milieu, avec une bordure blanche dans leur moitié terminale; sommet de la tête noir avec les plumes lisérées de blanc; un large trait noir derrière l'œil; une raie sourcilière blanche allant des narines jusqu'à la partie postérieure de la tête; parties inférieures d'un blanc satiné, avec deux bandes noires sur la poitrine, la première assez large et interrompue, la deuxième située un peu bas, plus complète, mais plus étroite (dans le mâle); queue blanche à la base et à l'extrémité, traversée d'une large bande noire souvent tachetée; sur les ailes, des taches et deux bandes transversales blanches, formées par la base d'une partie des rémiges qui sont toutes marquées de blanc à leur extrémité.

Le Martin-Pêcheur rude ou Céryle-Pie, qui a été pris dans l'Europe méridionale, réside habituellement dans le nord de l'Afrique et dans toute l'Asie méridionale; d'après Jerdon, il est très-abondant sur les rivières de l'Inde. En Chine, cette espèce se rencontre assez communément dans les provinces du Midi jusqu'au Yangtzékiang; je l'ai trouvé souvent sur ce grand fleuve et sur les canaux qui l'avoisinent dans la plaine; mais sur les cours d'eau qui coulent au milieu des grandes montagnes et sur les affluents du Hoangho, il paraît remplacé par une autre espèce, le gigantesque *Ceryle lugubris*. Le *Ceryle rudis* semble avoir les même habitudes que le Martin-Pêcheur vulgaire, et comme lui est exclusivement ichtyophage. Comme pêcheur, il est d'une adresse consommée et jamais il ne manque son coup. En rasant la surface de l'eau d'un vol rapide, il fait entendre fréquemment quelques notes argentines émises toutes sur le même ton.

125. — CERYLE LUGUBRIS (Pl. 10)

ALCEDO LUGUBRIS, Temm. (1834), *Pl. Col.* 348. — ALCEDO (CERYLE) LUGUBRIS, Tem. et Schl. (1850), *F. Jap. Aves*, 77, pl. 386.— CERYLE LUGUBRIS, *Bp.* (1850), *Consp.*, I. 160. — Swinh. (1871), *P. Z. S.*, 348.

Dimensions. Long. totale, $0^m,41$; aile, $0^m,195$; queue, $0^m,11$; bec, $0^m,065$; touffe des plumes nuchales, $0^m,06$.

Couleurs. Iris châtain ; bec brun, avec la pointe et la base de la mandibule inférieure blanchâtres; pattes d'un gris verdâtre; ongles bruns.—Front, sommet et côtés de la tête noirs pointillés de blanc ; plumes de la nuque minces et allongées, les unes entièrement blanches, les autres noires ; quelques taches arrondies de chaque côté de la tête. Dos, face supérieure des ailes et croupion d'un cendré brunâtre, avec des taches blanches formant des bandes transversales et la tige de chaque plume noire. Gorge et côtés du cou d'un blanc pur, avec une étroite moustache noire ; tout le haut de la poitrine noir mêlé de blanc (dans le mâle, quelques plumes rousses se détachent sur les côtés de cette bande et au milieu de la moustache) ; un croissant blanc sur la partie inférieure de la poitrine ; milieu du ventre d'un blanc soyeux; flancs et sous-caudales blancs, rayés transversalement de noir. Queue noire en dessus, avec six rangées de taches arrondies et l'extrémité des rectrices de couleur blanche. Rémiges de même couleur que les rectrices et ornées des mêmes taches blanches arrondies dont l'ensemble dessine à la surface cinq ou six bandes transversales ; plumes axillaires blanches barrées de noir ; couvertures inférieures de l'aile avec quelques bandes légèrement arquées.

Ce grand martin-pêcheur, signalé d'abord au Japon, est sédentaire dans les provinces centrales de la Chine, le long des rivières qui coulent au milieu des montagnes. Je ne l'ai point observé dans le Setchuan, mais je l'ai rencontré dans le Chensi, jusqu'au nord des monts Tsinling. Je l'ai pris également dans le Kiangsi et le Tchékiang ; mais il m'a semblé partout assez rare. C'est un oiseau très-farouche, qu'il est très-difficile d'approcher; car d'aussi loin qu'il vous aperçoit il prend la fuite en poussant rapidement et sur le même ton une série de petits cris secs. Il se nourrit de poissons, et quand il est repu, il va se reposer dans les bois et se perche sur les grands arbres en se cachant dans le feuillage.

UPUPIDÉS

La petite famille des Huppes proprement dites ne comprend que cinq ou six espèces qui habitent toutes l'ancien continent et dont deux se trouvent en Chine.

126. — UPUPA EPOPS

Upupa epops, Linn. (1766), *Syst. Nat.*, I, 183. — La Huppe, Buff. (1770), *Pl. Enl.* 52. — Swinh. (1858), *Zool.*, 6229, et (1871), *P. Z. S.* — Severtz. (1873), *Turk. Jevotn.*, 68. — Dress. (1876), *Ibis*, 319. — Tacz. (1876), *Bull. de la Soc. zool. Fr.*, I, 135.

Dimensions. Long. totale (d'un sujet tué à Pékin), $0^m,30$; aile, $0^m,15$; queue, $0^m,15$; tarse, $0^m,024$; bec, $0^m,053$; hauteur de la huppe, $0^m,06$.

La Huppe vulgaire habite l'Afrique septentrionale, l'Europe et toute l'Asie. Elle est très-commune en Chine et en Mongolie, où l'abondance des fumiers de toute sorte lui permet de trouver facilement les larves d'insectes dont elle fait sa nourriture ordinaire. Un grand nombre de ces oiseaux nichent dans Pékin même, et chaque année j'en ai vu quelque couple établir son nid dans des trous d'arbres de notre jardin. Même par les temps les plus froids de l'hiver, quelques-uns de ces oiseaux se montrent dans l'intérieur de la capitale; cependant la plupart d'entre eux s'enfuient vers le Midi à l'approche de la mauvaise saison. D'après M. Swinhoe, les habitants des environs de Chefou nomment la Huppe *Poo-kut-neao* (oiseau distributeur de grain).

127. — UPUPA CEYLONENSIS

Upupa ceylonensis, Reichenb. (1853), *Syn. Av. scans.*, 320, n° 753, et pl. DXCV, fig. 4036. — Swinh. (1871), *P. Z. S.*, 349. — Upupa longirostris, Jerd. (1862), *B. of Ind.*, I, 393.

Description. La Huppe de Ceylan diffère de l'espèce précédente : 1° par une taille moindre; 2° par son bec plus allongé; 3° par des teintes plus rousses; 4° par l'absence de blanc vers l'extrémité des plumes de la huppe; 5° par la couleur des plumes de la gorge et des cuisses qui sont rousses et non pas blanchâtres.

Cette espèce ou plutôt cette race de Huppe habite principalement l'Inde méridionale et occidentale et est très-commune à Ceylan, surtout en hiver; mais on la trouve aussi en Cochinchine, à Java et dans l'île de Haïnan, où elle remplace l'espèce commune. Dans l'Inde, elle niche en avril et pond de trois à six œufs d'un vert olivâtre clair.

NECTARINIDÉS

Les oiseaux de cette famille, connus vulgairement sous le nom de *Sucriers* et de *Soui-Mangas*, sont propres aux parties les plus chaudes de l'Afrique, de l'Asie et de l'Australie, où ils représentent les Oiseaux-Mouches du Nouveau-Monde. On en connaît environ 170 espèces, dont six seulement se trouvent en Chine.

128. — ÆTHOPYGA DABRYI (Pl. 11)

CINNYRIS DABRYI, J. Verr. (1867), *Rev. et Mag. de zool.*, 173, pl. 15. — ÆTHOPYGA ABRII, Swinh. (1871), *P. Z. S.*, 349.

Dimensions. Long. totale, $0^m,15$; aile ouverte, $0^m,075$; queue, $0^m,075$, les deux rectrices centrales dépassant les latérales de $0^m,05$; bec, $0^m,02$; tarse, $0^m,012$.

Couleurs. Iris brun; bec noir, avec la base grisâtre; pattes brunes. — Sommet de la tête d'un bleu brillant à reflets verts métalliques, de même que la gorge; une tache sur la région parotique, et une autre de chaque côté vers la base du cou; reste de la tête, cou, dos, y compris les scapulaires, d'un rouge pourpre; poitrine d'un rouge feu; ventre, croupion et région lombaire et tectrices sous-alaires jaunes; ailes d'un vert olive en dessus, grisâtres en dessous; couvertures supérieures de la queue et rectrices médianes d'un bleu d'acier très-brillant; rectrices latérales de la même teinte sur une partie sèulement de leur étendue, le reste étant d'un gris brunâtre; une bande noire peu distincte entre le bleu des tectrices supérieures de la queue et le jaune vif de la région lombaîre.

Les œufs, d'un rose foncé et au nombre de quatre, ont les deux bouts de même grosseur et mesurent 17 millimètres sur 12.

Le Sucrier Dabry qui, d'après lord Walden, a été rencontré récemment en Birmanie, ne se trouve en Chine que dans les provinces méridionales et occidentales, et c'est par erreur qu'il a été indiqué par J. Verreaux, dans la description originale, comme provenant du nord du Céleste-Empire. Le spécimen que Verreaux avait eu sous les yeux avait été recueilli sur les collines situées au-dessus de Tu-tsien-leou , à la limite orientale du Setchuan, par Mgr Chauveau, et remis par ce dernier à M. Dabry, consul de France à Hankeou. Depuis lors cette belle espèce a été prise par le docteur Anderson dans le Yunan, et je l'ai observée fréquemment dans les bois montueux de la province de Moupin, où elle vient s'établir en avril et séjourne pendant tout l'été. J'ai pu me procurer six de ces oiseaux, mais tous mâles et semblables entre eux, et malgré tous mes efforts il ne m'a pas été possible de m'emparer de la femelle, bien que je l'aie vue de fort près : elle porte une livrée modeste, verdâtre en-dessus et jaunâtre en-dessous.

Comme tous ses congénères, ce Sucrier a les mouvements très-vifs ; son chant, fort singulier, consiste en un trille sans fin qui commence sur une note très-élevée et descend achromatiquement, et on se sent vraiment essoufflé quand on suit cette roulade interminable pendant laquelle le petit chanteur ne semble pas reprendre haleine une seule fois. Cet oiseau est d'un naturel sauvage et se tient profondément caché dans les buissons quand il sent quelqu'un dans son voisinage ; il cherche principalement sa nourriture dans les fleurs des arbres, et particulièrement dans celles des Rhododendrons, arbres tellement abondants dans la Chine occidentale, que, dans une seule vallée, j'en ai reconnu dix-huit espèces différentes.

129. — ÆTHOPYGA CHRISTINÆ

Æthopyga Christinæ, Swinh. (1869), *Ann. and Mag. of Nat. Hist.*, 4e série, IV, 436. — Lord Walden (1870), *Ibis*, 36, pl. I, f. 1.

Dimensions. Long. totale, 0^m,11 ; aile fermée, 0^m,05 ; queue, 0,05 (y compris les rectrices médianes qui dépassent les autres de près de 0^m,02) ; bec, courbé, mesurant 0^m,015 à partir du front.

Couleurs. Iris brun foncé, avec la mandibule inférieure plus pâle ; bec et pattes grisâtres ; ongles noirs. — Sommet de la tête et région postérieure du cou d'un noir pourpré à reflets verts et bronzés ; côtés de la tête et du cou sans reflets ; dos et couvertures supérieures des ailes d'un brun olive ; croupion jaune serin ; sus-caudales et face supérieure de la queue d'un vert métallique foncé ; rectrices médianes noires en dessous ; les autres terminées de blanc ; gorge d'un rouge marron, bordée de chaque côté d'une étroite raie bleu d'acier partant de la mandibule inférieure ; poitrine d'un brun

6

marron, limité en dessous par une teinte vert olive qui passe elle-même au jaunâtre clair ; rémiges brunes, bordées d'olive en dehors et de blanchâtre en dedans. — On ne connaît pas encore le plumage de la femelle.

Cet oiseau, découvert par M. Swinhoe dans les parties montagneuses de l'île de Haïnan, en 1868, n'a été rencontré jusqu'ici que dans cette seule région, où il ne semble d'ailleurs pas très-abondant. Contrairement aux autres Sucriers, celui-ci, d'après M. Swinhoe, possède un chant fort agréable.

130. — ARACHNECHTHRA RHIZOPHORÆ

ARACHNECHTHRA RHIZOPHORÆ, Swinh. (1870), *Ann. and Mag. of Nat. Hist.*, 4e série, IV, 436. — *Ibis* (1870), 237. — Lord Walden (1870), *Ibis*, 25.

Dimensions. Long. totale, 0m,11 ; queue, 0m,05, à peine graduée.

Couleurs. Iris brun ; bec noir ; pattes d'un gris plombé foncé. — Vertex, région oculaire, gorge et poitrine garnis de plumes arrondies d'un noir métallique à reflets pourpres, bleus et verts ; partie inférieure de la poitrine traversée de deux bandes, la première d'un brun marron vif, la deuxième d'une teinte olivâtre foncée, avec deux flammes d'un jaune ardent sur les côtés, près des aisselles ; ventre jaune soufre ; dessus des ailes brun olive, ainsi que le reste des parties supérieures, avec le croupion lavé de vert olive ; queue noirâtre, avec les trois paires de rectrices latérales terminées de blanc. — La femelle a la queue plus courte que le mâle et n'offre pas les couleurs noires que l'on remarque chez ce dernier ; elle a le front de la même teinte olive que le dos, la gorge et la poitrine d'un jaune ocracé, le ventre jaune. Le jeune mâle est semblable à la femelle, mais possède déjà quelques traces de noir métallique sur le milieu de la poitrine.

Cette espèce ressemble beaucoup à l'*Arachnechthra flamma-xillaris* du Tenasserim, oiseau qui d'après quelques auteurs se trouverait également en Chine ; mais elle paraît avoir des reflets métalliques bleus pourprés et verts plus prononcés sur le front et le sommet de la tête, et la région abdominale d'un jaune beaucoup moins vif que la race indienne.

L'*Arachnechthra rhizophoræ*, comme l'*Æthopyga Christinæ*, est originaire de l'île de Haïnan, où il paraît très-répandu, dans les bosquets des parties montagneuses aussi bien que dans les jungles des parties marécageuses voisines de la côte. Son cri d'appel ressemble à celui du *Reguloïdes superciliosus*.

131. — DICOEUM CRUENTATUM

CERTHIA CRUENTATA, Linn. (1766), *Syst. Nat.*, ed. 12, 187. — LE GRIMPEREAU à dos rouge de la Chine, Sonn. (1782), *Voy. Ind.*, II, 209, pl. 117, f. 1. — CERTHIA COCCINEA, Scop. (1786), *Del. Flor et Faun. Insub.*, 91. — CERTHIA ERYTHRONOTOS, Lath. (1790), *Ind. Orn.*, I, 290. — LE SOUI-MANGA à dos rouge, Aud. et Vieill. (1802), *Ois. dor.*, 70 et pl. 35. — DICOEUM RUBRICAPILLUM, Less. (1831), *Trait. d'orn.*, 303. — — DICOEUM CRUENTATUM, Gould (1854), *B. of Aust.*, VI, pl.

Dimensions. Long. totale, 0ᵐ,09 ; aile, 0ᵐ,05 ; queue, 0ᵐ,025, égale.
Couleurs. Iris brun ; bec noirâtre ; pattes et ongles plombés. — Parties supérieures d'un rouge écarlate ; parties inférieures d'un fauve pâle, tournant à l'olivâtre sur les flancs ; côtés de la tête et du cou, épaules, côtés de la poitrine et face supérieure de la queue d'un noir intense, à reflets violets. — La femelle a le dessus du corps d'un vert olive nuancé de cendré, avec un peu de rouge sur les couvertures supérieures de la queue, et le dessous du corps d'une nuance fauve plus pâle que chez le mâle.

Ce joli soui-manga n'est pas rare dans le Bengale, et plus commun encore dans l'Assam, le Tenasserim et la Birmanie. Il est très-répandu dans l'île de Formose, et, dans la Chine continentale, il a été rencontré depuis le Yunan jusqu'au Fokien. D'après M. Swinhoe, il se montrerait fréquemment dans toute la partie montagneuse de cette dernière province ; je l'ai en effet rencontré jusque sur les hautes montagnes de Koaten. C'est du reste de la Chine même que provenait, paraît-il, l'oiseau décrit primitivement par Sonnerat et Scopoli.

Le mâle du Dicée à dos rouge semble prendre un certain plaisir à montrer sa livrée éclatante ; il se place en évidence sur les branches extérieures des arbres, tandis que la femelle se tient d'ordinaire cachée au milieu des buissons touffus. Le Soui-Manga Dabry a précisément les mêmes habitudes.

132. — DICOEUM MINULLUM

DICOEUM MINULLUM, Swinh. (1870), *Ibis*, 240. — *P. Z. S.* (1871), 349.

Dimensions. Long. totale, 0ᵐ,07 ; aile fermée, 0ᵐ,04 ; queue, 0ᵐ,024.
Couleurs. Iris brun ; bec noirâtre ; pattes et ongles plombés. — Parties supérieures du corps d'un vert olive, passant au brunâtre sur la tête, le dos et les scapulaires, et au jaunâtre sur le croupion ; plumes du vertex marquées au centre d'une raie brune foncée ; parties inférieures d'un jaune sale, passant au jaune soufre sur les sous-caudales et à l'olivâtre sur les

flancs; plusieurs axillaires blanches, nuancées de jaune; rectrices brunes, avec une bande terminale blanchâtre ; rémiges brunes, bordées de vert olive.

Cette espèce rappelle par sa coloration la femelle du *Dicœum cruentatum*, mais n'a jamais comme celle-ci de tache rouge sur le croupion. Elle a été découverte par M. Swinhoe dans l'île de Haïnan, et jusqu'à présent elle n'a pas été signalée, comme le *Dicœum cruentatum*, sur le continent asiatique. Par les teintes de son plumage, ce Dicée appartient à une section de Souï-Mangas à couleurs pâles qui sont particulièrement répandus dans l'Inde proprement dite, et c'est assurément le plus petit de tous les oiseaux de l'extrême Orient.

133. — MYZANTHE IGNIPECTUS

MYZANTHE IGNIPECTUS (Hodgs.), Blyth. (1843), *J. A. S.*, XII, 963. — Gould (1854), *B. of Aust.*, liv. VI, pl. — Swinh. (1871), *P. Z. S.*, 349.

Dimensions. Long. totale, 0^m,09 ; aile fermée, 0^m,047 ; queue, 0^m,03 ; tarse, 0^m,01 ; bec, en dessus, 0^m,012. — Bec conformé à peu près comme celui des Dicées, mais plus court ; pattes courtes ; ailes longues, atteignant le bout de la queue, avec les quatre premières rémiges à peu près égales entre elles.

Couleurs. Iris brun ; bec noirâtre ; pattes brunes. — Dessus du corps d'un vert foncé à reflets pourprés ; dessous chamois, avec une tache rouge sur la poitrine ; pennes des ailes et de la queue noires. — La femelle a les parties supérieures d'un vert olive sans reflets, la tête brunâtre et les parties inférieures jaunâtres.

Signalé primitivement sur le versant méridional de l'Himalaya, cet oiseau a été retrouvé depuis dans le sud de la Chine, jusqu'au Fokien inclusivement. Il se nourrit d'insectes et de boutons de fleurs, et suspend aux branches des arbres un nid de forme très-élégante.

MÉLIPHAGIDÉS

Cette famille comprend près de 250 espèces appartenant pour la plupart à l'Océanie. Quelques Zosterops cependant habitent le continent africain et l'Inde proprement dite, et trois de ces oiseaux font partie de la faune chinoise.

134. — ZOSTEROPS SIMPLEX

Zosterops simplex, Swinh. (1861), *Ibis*, 35, et (1871), *P. Z. S.*, 349. — Gould (1871), *B. of Aust.*, liv. XXIII, pl.

Dimensions. Long. totale, 0ᵐ,115 ; queue, 0ᵐ,04 ; aile ouverte, 0ᵐ,08 ; fermé, 0ᵐ,055.

Couleurs. Iris brun noisette clair ; bec brun, noir en dessus et gris bleuâtre en dessous (devenant presque entièrement noir par la dessiccation) ; tarses et doigts bleuâtres ; ongles d'un gris ardoise. — Un cercle de plumes blanches autour de l'œil et une tache noire le long de la paupière inférieure et sur le *lorum*, entre l'œil et la narine ; parties supérieures du corps d'un vert passant au jaunâtre sur le front ; gorge et sous-caudales jaunes ; poitrine et flancs gris ; milieu du ventre d'un blanc presque pur ; pennes des ailes et de la queue brunes, bordées de vert en dehors et de blanchâtre en dedans.

Cet oiseau qui a la taille de notre Bec-fin pouillot, et que les habitants de Canton désignent sous le nom de *Sheong-shee*, se rapproche beaucoup du *Zosterops palpebrosus* de l'Inde ; il est propre à la Chine méridionale, et s'avance, en été, jusque dans les montagnes de Tsinling. Je l'ai trouvé fort répandu à Moupin en avril et en mai, de même qu'au Tchékiang et au Kiangsi pendant l'automne. Comme tous leurs congénères, les Zosterops de cette espèce ont un vol rapide et viennent en petites troupes explorer les branches des arbres pour y découvrir les petits insectes et particulièrement les pucerons dont ils font leur nourriture. Dans la saison des fleurs, on les voit fréquemment visiter les corolles en se tenant cramponnés et suspendus à la manière de nos mésanges. Je ne leur ai jamais entendu émettre qu'un petit cri de rappel, consistant en une note claire, assez prolongée. M. Swinhoe qui a vu de ces oiseaux en cage, dans la Chine méridionale, a cru remarquer qu'ils avaient l'habitude de faire une sieste au milieu du jour.

135. — ZOSTEROPS ERYTHROPLEURUS (Pl. 12)

Zosterops erythropleurus, Swinh. (1863), *Ibis*, 136. — Zosterops erythropleura, Swinh. (1863), *P. Z. S.*, 204, et (1871), *P. Z. S.*, 350. — Zosterops chloronotus (Gould), L. v. Schrenck (1860), *Reis. and Forsch. im Amur-Lande*, II, 365. — Zosterops erythropleurus, Gould (1871), *B. of As.*, livr. XXIII, pl. — Zosterops erythropleura, Tacz. (1876), *Bull. Soc. zool. Fr.*, I, 135.

Dimensions. Long. totale, 0ᵐ,115 ; queue, 0ᵐ,04 ; aile fermée, 0ᵐ,06.

Couleurs. Iris noisette ; pattes gris bleuâtre ; bec brun en dessus et bleuâtre en dessous (ne devenant pas noir par la dessiccation comme dans l'espèce précédente). — Parties supérieures d'un vert passant au jaunâtre sur le croupion et sur la tête ; front vert jaunâtre et non pas jaune pur comme dans beaucoup d'espèces ; gorge et sous-caudales jaunes ; un cercle de plumes blanches autour de l'œil et un trait noir sur les *lori*, entre l'œil et les narines ; milieu de la poitrine et du ventre blanc ; côtés de la poitrine cendrés, flancs châtain foncé ; pennes des ailes et de la queue brunes, lisérées de vert sur le bord externe et de blanc sur le bord interne. — Dans la femelle, la teinte marron des côtés du ventre est beaucoup moins prononcée.

Les espèces actuellement connues du genre *Zosterops*, au nombre de cent cinquante environ, sont répandues dans l'Indo-Malaisie, en Australie, à la Nouvelle-Zélande et jusqu'à l'île Campbell. Tandis que le *Zosterops japonicus*, facile à distinguer par les teintes marron des parties inférieures de son corps, est, comme son nom l'indique, confiné dans les îles du Japon, et que le *Zosterops simplex* paraît être une espèce orientale, le *Zosterops erythropleurus*, dont nous parlons maintenant, vient probablement du sud-ouest de la Chine, ou même de l'Indo-Chine. Il s'avance au nord jusqu'à l'Amourland et se montre deux fois par an à Pékin, en grand nombre, particulièrement à l'époque du retour. Je l'ai trouvé également fort répandu à Moupin, en même temps que l'espèce précédente, dont il a la voix et toutes les allures.

136. — ZOSTEROPS SUBROSEUS

Zosterops subroseus, Swinh. (1870), *P. Z. S.*, 132, et (1871), *ibid.*, 350.

Cette espèce a été établie par M. Swinhoe sur un seul spécimen qui provient de Hankeou (Chine centrale) et qui a les formes la taille et les couleurs du *Zosterops simplex*, avec le bec un peu moins fort, les flancs d'une teinte grise plus foncée et le ventre lavé de rose. Ne serait-ce pas une simple variété individuelle ?

CERTHIIDÉS

Cette famille comprend une quinzaine d'espèces, qui sont répandues dans toutes les parties du monde, et dont trois habitent le Céleste-Empire.

137. — CERTHIA FAMILIARIS

CERTHIA FAMILIARIS, Linn. (1766), *Syst. Nat.*, I, 184. — LE GRIMPEREAU, Buff. (1783), *Pl. Enl.* 681, f. 1. — CERTHIA COSTÆ, Bailly (1847), *Observations sur les mœurs et les habitudes des oiseaux de la Savoie.* — CERTHIA NATTERERI, Bonap. (1850), *Rev. crit.*, 110, et (1850), *Consp. av.*, I, 224, nº 2. — CERTHIA FASCIATA, A. Dav., *Cat. Pék.* — CERTHIA FAMILIARIS, Swinh. (1871), *P. Z. S.*, 350. — Severtz. (1873), *Turk. Jevotn.*, 66. — Dress. (1876), *Ibis*, 176. — Tacz. (1876), *Bull. Soc. zool. Fr.*, I, 136.

Dimensions. Long. totale d'un mâle tué à Pékin, 0ᵐ,14 ; d'une femelle, 0ᵐ,135 ; queue, 0ᵐ,064 ; aile fermée, 0ᵐ,065 ; bec, 0ᵐ,016 à partir de la commissure ; tarse, 0ᵐ,013 ; ongle postérieur, 0ᵐ,011, plus long que le doigt qui n'a que 0ᵐ,006. Bec aussi long que la tête, grêle, un peu arqué ; ailes médiocres, avec la deuxième rémige de la longueur de la huitième ; queue à pennes raides et pointues.

Couleurs. Iris noir ; bec d'un brun de corne en dessus, blanchâtre sur les côtés et en dessous ; pattes grises. — Parties supérieures du corps d'une teinte olive, avec de larges taches blanches sur chaque plume, moins apparentes sur le croupion que sur le dos ; sus-caudales marquées de roux et terminées de gris. Parties inférieures d'un blanc soyeux, tournant au gris sur les flancs et au jaunâtre (chez le mâle), ou au grisâtre vers les sous-caudales qui offrent également du blanc à leur extrémité. Une raie d'un blanc soyeux passant au-dessus de l'œil et, sur les oreilles, des plumes brunâtres à la base et blanchâtres à l'extrémité. Pennes caudales à peine étagées et très-acuminées, d'une teinte olive nuancée de brun, avec de nombreuses bandes transversales qui ne sont bien apparentes que sur la face supérieure et sous un certain jour ; rémiges d'un brun cendré, avec une bande transversale d'un blanc jaunâtre bordée de noirâtre de chaque côté.

Ce grimpereau, que j'avais cru devoir distinguer de l'espèce commune d'Europe et qui portait dans mes notes le nom de *Certhia fasciata*, niche dans le Turkestan et se trouve dans toute la Sibérie orientale ; mais il est loin d'être commun dans l'empire chinois ; je ne l'ai rencontré qu'au nord de Pékin, sur les vieux arbres de Che-san-lin. Dans les trois sujets que j'ai capturés à l'entrée de l'hiver, l'estomac, qui était très-volumineux et dont les parois étaient très-épaisses, était rempli de graines de *Biota* et de *Pinus*, les unes entières, les autres brisées et écrasées par le bec de l'oiseau. Les Chinois connaissent cette espèce sous le nom de *Chou-haodze* (souris d'arbre) et disent qu'elles n'arrivent chez eux qu'au commencement de la saison froide ; sa véritable patrie serait donc plus au nord, en Mantchourie et en Sibérie. D'après M. Swinhoe, une race pâle et la *Certhia familiaris* se retrouveraient en effet à la fois dans l'Amourland et dans le nord du Japon.

138. — CERTHIA HIMALAYANA (Pl. 14)

CERTHIA HIMALAYANA, Vig. (1831), *P. Z. S.*, 174. — CERTHIA ASIATICA, Sw., *Anim. Menag. cent.*, 353. — CERTHIA HIMALAYANA, Gould (1850), *B. of As.*, liv. II, pl. — Swinh. (1871), *P. Z. S.*, 350. — CERTHIA TÆNIURA, Severtz. (1873), *Turk. Jevotn.*, 66 et 128. — CERTHIA HIMALAYANA, Dress. (1876), *Ibis*, 176.

Dimensions. Long. totale, 0m,153 chez le mâle et 0m,150 chez la femelle ; queue, 0m,07 ; aile ouverte, 0m,10 ; fermée, 0m,075 ; bec, 0m,026 ; tarse, 0m,017 ; doigt postérieur, 0m,018 ; ongle de ce doigt, 0m,08. Bec et queue plus longs que dans le Grimpereau vulgaire.

Couleurs. Iris brun châtain ; bec brun gris en dessus et blanchâtre en dessous ; pattes grises ; ongles brunâtres. — Dessus du corps brunâtre, avec le centre des plumes largement marqué de gris et une teinte rousse sur le croupion ; dessous d'un gris sale, passant au blanc sur la gorge ; raie sourcilière d'un gris jaune chez le mâle, d'un gris pur chez la femelle ; queue d'une nuance olivâtre, avec de nombreuses raies transversales brunes, beaucoup plus apparentes sur la face supérieure que sur la face inférieure ; ailes brunâtres, ornées d'une bande transversale rousse et de raies blanchâtres sur les pennes tertiaires.

Ce grimpereau qui paraît répandu dans toute la région nord-ouest de l'Himalaya, depuis le Sikkim jusque dans les vallées de Cachemire, et qui niche dans le nord-est du Turkestan, n'est pas rare non plus dans le Setchuan occidental et dans la province de Moupin, au milieu des bois, sur les montagnes de moyenne altitude. A l'approche de l'hiver, il descend vers les plaines et y demeure pendant toute la saison des froids.

139. — TICHODROMA MURALIS

CERTHIA MURALIS, Briss. (1760), *Ornith.*, III, 607, pl. 30, f. 1. — CERTHIA MURARIA, L. (1766), *Syst. Nat.*, I, 184. — LE GRIMPEREAU DE MURAILLE, Buff. (1770), *Pl. Enl.* 372, fig. 1 et 2. — TICHODROMA PHOENICOPTERA, Tem. (1820), *Man. d'orn.*, I, 412, III, 290, et IV, 647. — TICHODROMA NIPALENSIS, Hodgs. (1845), *J. A. S. Beng.*, XIV, 581. — TICHODROMA MURARIA, Swinh. (1863), *P. Z. S.*, 270, et (1871), *ibid.*, 350. — TICHODROMA PHOENICOPTERA, Severtz. (1873), *Turk. Jevotn.*, 66. — TICHODROMA MURARIA, Dress. (1876), *Ibis*, 176.

Dimensions. Long. totale, 0ᵐ,18; queue, 0ᵐ,53; aile fermée, 0ᵐ,105; bec, 0ᵐ,037; pouce, 0ᵐ,027; ongle du pouce, 0ᵐ,014. Bec grêle, long et arqué; ailes amples; queue carrée, à pennes souples.

Couleurs. Iris noir; bec noir; pieds et ongles noirâtres. — Parties supérieures du corps (en hiver) d'une teinte cendrée, passant au noirâtre sur la tête et au brunâtre sur les ailes et les sus-caudales; couvertures des ailes d'un rouge vif; rémiges noires, bordées en partie d'un liséré rouge sur les barbes externes; deux taches blanches arrondies sur les quatre premières pennes et, chez la femelle, une tache jaune sur chacune des pennes suivantes. Rectrices noires, ornées à l'extrémité d'une tache blanche, plus prononcée sur les pennes externes que sur les pennes médianes. Gorge et joues d'un gris cendré; poitrine mouchetée et quelques taches noires occupant l'extrémité des plumes; le reste des parties inférieures d'un noir cendré, avec les sous-caudales terminées de blanc. — Dans le plumage d'été, tout le devant du cou est d'un noir profond chez le mâle, d'un noir un peu moins intense chez la femelle.

L'Échelette aux ailes rouges habite l'Europe, l'Afrique septentrionale et tout le continent asiatique; mais elle n'est nulle part très-abondante. En Chine, comme partout ailleurs, elle ne se montre qu'à l'approche de l'hiver, ayant l'habitude de passer la belle saison dans les endroits rocailleux, sur les hautes montagnes, où elle se livre à la chasse des araignées qui constituent sa principale nourriture. C'est un oiseau de mœurs solitaires, qui se tient dans les lieux écartés, et dont la beauté ne peut d'ordinaire être appréciée autant qu'elle le mérite; mais lorsqu'elle déploie ses ailes bordées de feu, marquées de taches blanches élégamment disposées, soit en volant, soit en grimpant avec agilité le long des murailles, l'Échelette égale certainement nos plus beaux papillons européens. J'ai trouvé cette espèce au Chensi, à Moupin, au Kiangsi et au Fokien.

ANABATIDÉS

Les espèces très-nombreuses (330 environ) qui composent cette famille sont pour la plupart originaires du continent américain; cependant les Sittelles, qui constituent un petit groupe secondaire d'une trentaine d'espèces, ont des représentants dans les cinq parties du monde, et offrent en Chine trois formes différentes, dont deux sont très-voisines des espèces européennes, tandis que la troisième a des analogies avec un type canadien.

140. — SITTA SINENSIS

Sitta sinensis, J. Verr. (1870), *N. Arch. du Mus. Bull.*, VI, 34; (1871), VII, 28, et (1873), IX, pl. 4.

Dimensions. Long. totale, $0^m,13$; queue, $0^m,04$; aile fermée, $0^m,075$; ouverte, $0^m,10$; bec, $0^m,02$ à partir de la commissure. Taille de notre *Sitta cæsia* d'Europe; deuxième, troisième et quatrième rémiges plus longues que les autres et égales entre elles; cinquième rémige plus longue que la première.

Couleurs. Iris d'un brun roux; bec brun en dessus, bleuâtre en dessous; pattes d'un bleu verdâtre. — Plumage en dessus d'un cendré bleuâtre, en dessous d'un roux plus ou moins grisâtre, avec l'extrémité des plumes des flancs et toutes les plumes crurales d'un brun marron foncé. Quelques taches blanchâtres à la gorge et au-dessous de l'œil; un trait de même couleur partant de la base des narines et se prolongeant en arrière de l'œil jusqu'à la naissance du cou; sous-caudales marron, largement terminées de blanc; rémiges brunes, lisérées de cendré sur le bord externe; les deux rectrices médianes cendrées; la paire suivante noire, légèrement marquée de blanc à l'extrémité; les autres de la même couleur, avec la tache apicale de plus en plus prononcée, s'étendant sur une partie des barbes externes, et un liséré noir sur le bout de la penne.

Cette espèce, très-voisine de notre Torche-Pot, a été décrite par feu J. Verreaux sur des sujets que j'avais tués à Pékin, au Kiangsi et à Moupin, et que j'avais envoyés au Muséum d'histoire naturelle. Plus récemment j'ai pu observer encore cette sittelle, à plusieurs reprises, dans le Chensi et au Tchékiang, et j'ai remarqué que partout elle offrait sensiblement le même plumage et les mêmes dimensions. Elle m'a paru assez abondante dans les provinces centrales de la Chine et fort rare au contraire dans les provinces septentrionales; je n'ai pu en effet m'en procurer que deux spécimens aux environs de Pékin.

141. — SITTA AMURENSIS

Sitta amurensis, Swinh. (1871), *P. Z. S.*, 350. — Tacz. (1876), *Bull. Soc. zool. Fr.*, I, 136.

Dimensions et Couleurs. Taille et plumage de la *Sitta sinensis*, avec le devant du cou et la poitrine de couleur blanche, le ventre et les flancs d'une teinte fauve, les sous-caudales d'un roux cannelle, avec le bout blanc. Bec et tarses plus courts que dans la *Sitta cæsia*, et pattes plus grêles.

M. Swinhoe, qui a établi cette espèce sur des oiseaux qui lui ont été envoyés de l'Amourland, affirme qu'elle descend à travers la Mantchourie jusqu'aux environs de Pékin ; mais je dois déclarer que je ne l'ai jamais rencontrée dans cette dernière localité. Du reste, à nos yeux, ces diverses sittelles offrent tant de ressemblances dans leurs formes, leurs dimensions et les couleurs de leur plumage, que nous sommes portés à considérer comme de simples variétés locales de notre *Sitta europæa* non-seulement cette *Sitta amurensis*, mais la *Sitta sinensis* décrite ci-dessus, la *Sitta roseilia* du Japon, la *Sitta sericea* de la Sibérie et la *Sitta cæsia* du S.-O. de l'Europe.

142. — SITTA VILLOSA (Pl. 13)

SITTA VILLOSA. J. Verr. (1865), *N. Arch. du Mus.*, I, 78, pl. 5, f. 1. — SITTA PEKINENSIS, A. Dav., *Ms.* et *Mus. Pék.*

Dimensions. Long. totale, 0^m,105 ; aile fermée, 0^m,07 ; queue, 0^m,053 ; bec, 0^m,015 ; tarse, 0^m,017.

Couleurs. Iris brun ; bec plombé, avec l'extrémité brune ; pattes plombées. — Parties supérieures du corps d'un cendré bleuâtre, passant au noir sur la tête ; parties inférieures d'un grisâtre sale lavé d'une teinte d'ocre sur les flancs ; front et sourcils blancs, de même que la gorge et le bas des joues ; un trait noir sur les *lori*, se prolongeant en arrière en une teinte foncée qui revêt la région auriculaire. Rémiges brunes lisérées de gris sur le bord externe ; rectrices latérales noires, bordées de blanchâtre à l'extrémité ; rectrices médianes cendrées sans taches ; plumes sous-caudales d'une teinte grise uniforme. Chez la femelle, le sommet de la tête n'est pas noir, mais d'un cendré noirâtre, et le trait noir qui traverse la région oculaire est peu marqué ; les proportions du corps sont aussi un peu plus faibles.

Cette petite sittelle, qui a surtout des affinités avec la *Sitta canadensis* de l'Amérique septentrionale, a été décrite sur des sujets que j'avais envoyés de Pékin dès 1862. Elle est assez répandue autour de la capitale du Céleste-Empire, sur tous les points où croissent de grands arbres, et particulièrement des Conifères ; mais on la trouve plus communément encore sur les collines boisées de Jéhol, sur les confins de la Mantchourie. C'est un oiseau sédentaire et d'un caractère triste comme tous ses congénères ; je ne lui connais d'autre chant qu'un cri plaintif, qu'il fait entendre à chaque instant et toujours sur le même ton.

LANIIDÉS

Les différents groupes qui composent cette famille renferment environ 230 espèces qui vivent dans l'Ancien-Monde et en Australie, et dont 13 se retrouvent dans l'empire chinois.

143. — LANIUS SPHENOCERCUS (Pl. 76)

LANIUS SPHENOCERCUS, Caban. (1873), *Journ. f. ornith.*, 76. — LANIUS MAJOR, Dav., *Cat. Pék.* — Swinh. (1871), *P. Z. S.*, 375. — LANIUS SPHENOCERCUS, Tacz. (1876), *Bull. Soc. zool. Fr.*, I, 165.

Dimensions. Long. totale, $0^m,31$; queue, $0^m,14$, étagée ; aile ouverte, $0^m,17$; fermée, $0^m,13$; tarse, $0^m,03$; bec, $0^m,02$, à partir du front. Hauteur du bec (max.), $0^m,01$.

Couleurs. Iris brun ; bec noir, avec la base de la mandibule inférieure bleuâtre ; pattes et ongles d'un brun noir. — Parties supérieures du corps d'une teinte cendrée pure, avec le front et les sourcils blancs, de même que les plumes scapulaires latérales ; lores, tour des yeux et région auriculaire d'un noir pur. Parties inférieures d'un blanc légèrement nuancé de rose (principalement sur la poitrine) ou de rose grisâtre chez les femelles et chez les mâles qui ne sont pas encore complétement adultes. Petites couvertures des ailes cendrées ; moyennes et grandes couvertures noires ; plumes de l'aileron noires terminées de blanc ; rémiges blanches dans leur moitié basilaire, et noires lisérées de blanc sur le reste de leur étendue ; pennes secondaires blanches à l'extrémité ; pennes tertiaires largement bordées et terminées de la même couleur. Rectrices médianes noires, avec une petite tache blanche à l'extrémité ; rectrices des deux paires suivantes ornées de taches semblables, mais beaucoup plus apparentes, au bout et à la base ; rectrices externes entièrement blanches, sauf sur le milieu du rachis, qui est noir.

Cette description, prise sur quatre sujets tués aux environs de Pékin, s'applique de tous points à un autre spécimen envoyé cette année même au Muséum d'histoire naturelle par le P. Heude et provenant des terrains marécageux du bassin de la Hoai, non loin de la ville de Nanking. Le P. Heude, croyant avoir affaire à une espèce nouvelle pour la science, se proposait de la nommer *Lanius albicilla*. D'un autre côté, les spécimens recueillis par M. David avaient été considérés primitivement comme se rapportant au *Lanius major* de Pallas (*Zoogr.*, I., 401) ou au *Lanius mollis* d'Eversmann (*Bull. Soc. imp. des nat. de Moscou*, 1853, IV, 487, et *Ann. and Mag. Nat. Hist.*, sér. 2, t. XVII.

p. 78); c'est ce qui explique la présence d'un *Lanius major* dans la liste d'oiseaux de Chine publiée dernièrement par M. Swinhoe. Mais en y regardant de près on voit que la description du *Lanius major* (Pall.) identifié, avec quelque doute, par MM. Sharpe et Dresser au *L. borealis* (V.) ne convient pas à ces pies-grièches. Au contraire, ces oiseaux ne nous paraissent pas différer du *Lanius sphenocercus* décrit en 1873 par le Dr Cabanis d'après un spécimen qui avait été acheté à Canton et dont on ne connaissait pas d'une manière précise le lieu de provenance; en cela d'ailleurs nous croyons pouvoir nous appuyer sur l'opinion de M. Severt-zoff, qui a eu sous les yeux un des spécimens rapportés par M. David. D'après la note de M. Heude, cette pie-grièche planerait comme un épervier et ferait la chasse aux mulots qu'elle embrocherait aux épines des jujubiers. M. David a constaté en effet que le *Lanius sphenocercus* a les mêmes mœurs que notre Pie-Grièche grise, dont il ne diffère guère que par une taille plus forte et certaines particularités de coloration. Chaque année quelques-uns de ces oiseaux viennent passer l'hiver dans les grandes plaines et sur les collines déboisées de la Chine septentrionale, et s'en retournent au printemps en Mongolie et dans les contrées boréales. Ils ont un chant fort agréable, aussi doux que varié; cependant les habitants de Pékin qui élèvent beaucoup d'autres Laniens soit pour la beauté de leur chant, soit pour leur habileté à chasser les petits oiseaux, ne conservent que rarement cette espèce en captivité. Le *Lanius sphenocercus* a été retrouvé par Przewalski, en 1868, dans la baie de Possiet et dans la Mongolie méridionale, et par Dybowski aux environs de Wladiwostock (Sibérie orientale).

144. — LANIUS LAHTORA

Collurio lahtora, Sykes (1832), *P. Z. S.*, 86. — Lanius lahtora, Gr. et Hardw. (1830-34), *Ill. Ind. zool.*, II, pl. 32 et 33. — Sharpe et Dresser (1870), *P. Z. S.*, 595. — Swinh. (1871), *P. Z. S.*, 375.

Dimensions. Long. totale, 0^m,25; queue, 0^m,125, étagée; aile, 0^m,113.
Couleurs. Iris et pattes noirâtres; bec noir, avec la base de la mandi-bule inférieure bleuâtre. — Plumage d'un gris cendré en dessus, avec le front, les lores et la région des yeux et des oreilles noirs, d'un blanc pur en

dessous et sur les scapulaires externes. Rectrices de la paire médiane noires, celles des trois paires suivantes terminées de blanc, celles des deux paires externes entièrement blanches ; ailes noires, avec les deux tiers des pennes primaires, l'extrémité et le bord externe des pennes secondaires d'un blanc pur.

Cette pie-grièche, qui ne diffère du *Lanius excubitor* d'Europe que par son front noir et la tache blanche de ses pennes secondaires, est commune dans l'Inde et s'avance en été jusque dans le centre de l'Asie ; d'un autre côté elle se trouve également dans l'Afrique orientale, puisque la plupart des naturalistes admettent aujourd'hui qu'elle doit être confondue spécifiquement avec le *Lanius pallens* de Cassin et le *Lanius dealbatus* de Filippi. Deux fois par an elle est de passage à Pékin, et quoiqu'elle s'y montre toujours en petit nombre, elle y est moins rare toutefois que le *Lanius sphenocercus ;* même pendant l'hiver on prend de temps en temps quelques individus appartenant à cette espèce.

145. — LANIUS TEPHRONOTUS

COLLURIO TEPHRONOTUS, Vig. (1831), *P. Z. S.*, 43. — LANIUS NIPALENSIS ET OBSCURIOR, Hodgs. (1837), *Ind. Rev.*, 445. — LANIUS TEPHRONOTUS, Swinh. (1871), *P. Z. S.*, 375.

Dimensions. Long. totale, $0^m,245$; queue, $0^m,115$, étagée ; aile, $0^m,10$; tarse, $0^m,028$; bec, $0^m,017$; hauteur du bec, $0^m,009$.

Couleurs. Iris brun ; pattes noirâtres ; bec noir. — Dessus de la tête et du cou, dos et scapulaires d'un cendré brunâtre, avec la base du front, les lores, le tour des yeux et la région auriculaire noirs, et quelques taches blanches sur les sourcils ; gorge, poitrine et milieu du ventre blancs ; plumes des flancs et sous-caudales rousses ; sus-caudales de la même couleur, mais d'une nuance plus foncée ; queue brune, passant à l'olivâtre sur les bords ; ailes noires, avec les pennes tertiaires et les grandes couvertures lisérées de gris roussâtre sur leur bords externes.

Le *Lanius tephronotus* habite l'Inde septentrionale et particulièrement les monts Khasi et le Cachar nord, où M. le major Godwin-Austen a pu l'observer récemment ; mais on le trouve aussi à Changhaï et, en assez grand nombre, dans les montagnes du Setchuan occidental et de la province de Moupin, où il niche chaque été ; c'est de là que proviennent les spécimens envoyés au Muséum d'histoire naturelle. Par ses mœurs, cette espèce ressemble tout à fait au *Lanius schah.*

146. — LANIUS NIGRICEPS

COLLURIO NIGRICEPS, Frankl. (1831), *P. Z. S.*, 117. — LANIUS NIGRICEPS (Jerdon), Gr. et Hardw. (1830-34), *Ill. Ind. ornith.*, pl. 17, f. 1. — Jerdon (1862), *B. of Ind.*, I, 404, et (1872), *Ibis*, 115.

Je n'ai vu qu'une seule fois à Pékin une grande Pie-Grièche que d'après l'ensemble de ses couleurs je rapporte au *Lanius nigriceps;* le Chinois entre les mains de qui elle se trouvait refusa de me la céder à aucun prix. Cette pie-grièche avait le sommet de la tête et le dessus du cou, les ailes et la queue noirs, le dos gris roussâtre, les scapulaires, le croupion et les côtés du ventre roux, de même que les sus-caudales et les sous-caudales; la gorge, la poitrine et le milieu du ventre blancs. Elle ne paraissait pas mesurer plus de 25 centimètres, taille que l'on attribue au *Lanius nigriceps* de l'Inde. Celui-ci, que M. Godwin-Austen a trouvé dans les monts Khasi, paraît s'étendre beaucoup plus au sud, et peut-être jusqu'aux Philippines; toutefois lord Walden n'ose pas affirmer encore que les oiseaux de cette dernière région soient exactement les mêmes que ceux du Cachar septentrional : jusqu'à plus ample information, il est prudent d'observer la même réserve pour le spécimen auquel je viens de faire allusion.

147. — LANIUS SCHAH (Pl. 75)

LANIUS A-SCACK, Osbeck (1757), *Ostind. Resa.*, 227. — LANIUS SCHAH, J.-G. Georgi, (1765), Osbeck, *Reise Ostind. Chin.* (trad. all.), 96.—Lin. (1766), *S. N.*, I, 136, n° 14. — LANIUS CHINENSIS, Gr. (1841), *Zool. Misc.*, 1. — LANIUS MACROURUS (Cuv.), Puch. (1854-55), *Arch. Mus. d'hist. nat.*, VII, 324. — LANIUS SCHAH, Cass. (1856), *Narrat. of the exped. of an Americ. Squadr.; Birds collect. in China*, II, 238. — Severtz. (1873), *Turk. Jevotn.*, 67. — Wald. (1875), *Trans. Zool. Soc.*, IX, 2, 170. — Dress. (1875), *Ibis*, 184.

Dimensions. Long. totale, 0m,28 ; queue, 0m,135, étagée; aile, 0m,12 ; tarse, 0m,032; bec, 0m,018 à partir du front; hauteur du bec, 0m,01.

Couleurs. Iris châtain ; pattes et ongles noirâtres, bec noir avec la base de la mandibule inférieure bleuâtre. — Front noir jusqu'à la hauteur des yeux, de même que les lores, la région oculaire et les plumes des oreilles ; dessus de la tête et du cou d'un cendré clair ; partie supérieure du dos d'un gris mélangé de roux ; partie inférieure du dos, croupion et sus-caudales d'un roux vif; gorge, poitrine et ventre d'un blanc plus ou moins lavé de roux ; flancs et sous-caudales roux; queue brune, marquée de gris roussâtre à l'extrémité et ornée de lisérés de la même couleur sur les six pennes latérales ; ailes noires avec un très-petit miroir blanchâtre à la base de quelques-unes des rémiges ; pennes tertiaires frangées de gris ou de roux.

Cette grande espèce de pie-grièche, caractéristique de la faune chinoise, se trouve répandue abondamment dans toutes les provinces méridionales de l'Empire, où elle est sédentaire. Le point le plus septentrional où je l'ai rencontrée est la vallée de Hantchongfou, dans le Chensi ; jamais elle n'arrive jusqu'à Pékin et elle ne paraît pas non plus s'avancer d'autre part jusqu'à Moupin. D'après M. Severtzoff, elle niche dans le Turkestan, mais c'est sans doute par erreur que le prince Ch. Bonaparte l'indique comme habitant aussi les Philippines, car lord Walden n'a jamais vu de spécimens provenant de cette localité ; et tous les exemplaires que nous avons eus sous les yeux avaient été recueillis dans la Chine proprement dite. Le Muséum d'histoire naturelle de Paris possède de cette espèce, outre un oiseau rapporté par Sonnerat, divers individus tués soit au Setchuan, soit à Macao. Sur ce dernier point, elle semble particulièrement commune et les naturalistes de l'expédition américaine commandée par le commodore Perry ont pu l'observer sur les rochers voisins de la ville, se livrant au crépuscule à la chasse des insectes. Le *Lanius schah* se tient du reste toujours dans les plaines ou sur les collines et ne s'aventure jamais sur les grandes montagnes.

148. — LANIUS FUSCATUS

LANIUS FUSCATUS, Less. (1831), *Traité d'ornith.*, 273. — Bonap. (1853), *Rev. et Mag. de zool.*, 434. — Pucher. (1854-55), *Archiv. du Mus.*, VII, 368. — Walden (1868), *Ibis*, 69. — Swinh. (1870), *ibid.*, 241. — LANIUS MELANTHES, Swinh. (1867), *Ibis*, 405. — LANIUS FUSCATUS, Swinh. (1871), *P. Z. S.*, 375.

Dimensions. Long. totale, 0^m,23 environ ; queue (usée à l'extrémité), 0^m,095 ; aile, 0^m,105 ; bec, 0^m,02, à partir du front ; tarse, 0^m,032 ; hauteur du bec, 0^m,01.

Couleurs. Iris brun foncé ; bec, pattes et ongles noirs. — Plumage d'un brun fuligineux, avec le front, la face, le tour des yeux, les oreilles, les ailes et la queue plus foncés, la gorge tachetée confusément de brun et de grisâtre, le ventre lavé de gris roux, la face inférieure des ailes nuancée de brun clair et de gris jaunâtre.

Le spécimen du Musée de Paris, sur lequel a été pris cette description, et qui était désigné dans les collections sous le nom de *Pie-grièche enfumée* de la Chine, sans indication précise de localité, est l'oiseau même qui a été cité par Lesson et par Bonaparte sous le nom de *Lanius fuscatus* et que M. Pucheran a décrit succinctement dans son Mémoire sur les *Types de Dentirostres du Muséum d'histoire naturelle*, en se demandant si c'était une variété mélanienne ou un individu réellement enfumé. La validité de cette espèce n'est plus contestable depuis que M. Swinhoe a découvert des spécimens tout à fait analogues, et nous savons désormais que le *Lanius fuscatus* habite la partie méridionale du continent chinois, jusqu'à Amoy, et se trouve aussi dans l'île de Haïnan.

149. — LANIUS MAGNIROSTRIS

LANIUS MAGNIROSTRIS, Less. (1834). *Voy. Bélanger* et *Compl. Buff.*, II, 415. — LANIUS CRASSIROSTRIS (Kuhl), Bp. (1850), *Consp. Av.*, I, 362. — LANIUS MAGNIROSTRIS, Wald. (1867), *Ibis*, 220, pl. 6, fig. 1 et 2. — Swinh. (1871), *P. Z. S.*, 375, et (1875), *Ibis*, 115. — LANIUS INCERTUS, Swinh. (1871), *P. Z. S.*, 376. — OTOMELA MAGNIROSTRIS, Tacz. (1876), *Bull. Soc. zool. Fr.*, I, 167.

Dimensions. Long. totale, 0m,185; queue, 0m,07, légèrement étagée; aile, 0m,09; tarse, 0m,022; bec, 0m,016 à partir du front; hauteur du bec, 0m,01.

Couleurs. Iris noir; bec noir, avec la base de la mandibule inférieure bleuâtre; pattes plombées; ongles brun de corne. — Dessus de la tête et du cou d'un gris cendré pur, avec la base du front, les lores, la région des yeux et des oreilles noirs, et un demi-sourcil blanc; dos, scapulaires et croupion roux, avec de nombreuses taches noires en forme de lunules; toutes les parties inférieures d'un blanc pur, avec les flancs roux, marqués transversalement de croissants noirâtres; queue rousse, avec une petite tache noire transversale vers le bout de chaque penne; rémiges brunes; dessus des ailes roux, avec une raie transversale noire sur les couvertures moyennes. — La femelle adulte ne diffère du mâle que par des teintes moins pures. Quant au jeune, que M. Swinhoe avait décrit primitivement comme une espèce distincte, sous le nom de *Lanius incertus*, il a le ventre entièrement cendré, du bec à l'occiput, sans aucune raie sourcilière, et le reste des parties supérieures d'un brun roux, plus clair au croupion que sur le dos.

La Pie-Grièche à gros bec n'arrive à Pékin qu'en été, et toujours en petit nombre, mais elle n'est pas rare dans les

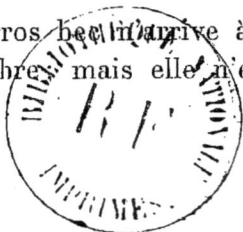

provinces centrales et particulièrement au Kiangsi, où elle niche et où je l'ai trouvée communément dans les bois de pins qui couvrent cette province. Par ses allures, cet oiseau rappelle beaucoup notre *Collurio*, et comme lui se nourrit d'insectes, coléoptères et orthoptères, dont il fait une grande consommation pendant l'été. Le *Lanius magnirostris* a été retrouvé récemment par M. Dybowski dans la Sibérie orientale.

150. — LANIUS BUCEPHALUS

Lanius bucephalus, Tem. et Schl. (1850), *Faun. Jap. Aves*, pl. 14. — Swinh. (1860), *Ibis*, 60 et 132. — (1871), *P. Z. S.*, 375 ; (1875), *Ibis*, 115 et 450. — Phoneus bucephalus, Tacz. (1876), *Bull. Soc. zool. Fr.*, I, 167.

Dimensions. Long. totale, 0ᵐ,22 ; queue, 0ᵐ,10 ; aile, 0ᵐ,09 ; bec, 0ᵐ,015 à partir du front ; hauteur du bec, 0ᵐ,008.

Couleurs. Dessus de la tête et du cou d'une teinte de rouille claire passant au gris cendré sale sur le dos et au noirâtre sur la queue ; un bandeau blanc à peine visible sur le front, se prolongeant de chaque côté en une raie sourcilière de même couleur ; lores et région des oreilles noirs. Gorge blanche ; poitrine roussâtre, avec quelques raies brunes ; flancs lavés de roux. Ailes d'un brun noirâtre passant au grisâtre sur les petites couvertures et les grandes couvertures postérieures ; pennes secondaires bordées de roux ; rémiges ornées sur les barbes internes de taches blanches, peu visibles quand l'aile est repliée et ne formant qu'un petit miroir ; face inférieure des ailes d'une teinte blanchâtre passant au gris noirâtre vers l'extrémité des pennes et tachetée de noir sur les petites couvertures ; rectrices médianes noirâtres sans taches ; rectrices latérales ornées d'un liséré blanc à l'extrémité. — Dans la femelle, la teinte rouillée des parties supérieures est plus foncée, sans mélange de gris sur le dos et de noir sur la queue ; le front est à peine plus clair que le reste de la tête, la raie sourcilière est peu apparente, les lores et la région des oreille sont bruns, les ailes sont d'une nuance pâle, la gorge est d'une teinte roussâtre claire et les plumes de la poitrine et du ventre ont des lisérés foncés dessinant des raies transversales. Ces raies sont également très-marquées chez le jeune mâle qui a la tête, la nuque et le dos d'un brun rougeâtre et les parties inférieures d'un roux plus ou moins vif.

Cette pie-grièche n'est pas spéciale au Japon, comme on le croyait primitivement ; elle se trouve aussi sur le continent : elle a été observée en Chine, mais plutôt aux environs de Pékin que dans le sud de l'Empire, et dans la Sibérie orientale elle a été rencontrée successivement par Pallas et par M. Dybowski.

151. — **LANIUS LUCIONENSIS**

La Pie-Grièche de Luçon, Briss. (1760), *Ornith.*,ʃII, 169, nº 11, pl. XVIII, fig. 1. —
Lanius lucionensis, Lin. (1766), *Syst. Nat.*, I, 135, nº 10. — Walden (1867), *Ibis*, 215,
et (1875), *Trans. Zool. Soc.*, IX, part. 2, p. 171, et pl. 29, f. 1. — Swinh. (1871).
P. Z. S., 376, et (1875), *Ibis*, 116.

Dimensions. Long. totale, 0^m,20 ; queue, 0^m,085, étagée ; aile, 0^m,09 ;
tarse, 0^m,024 ; bec, 0^m,012 à partir du front ; hauteur du bec, 0^m,008.

Couleurs. Iris brun ; bec noirâtre, avec la base de la mandibule inférieure bleuâtre ; pattes bleuâtres ; ongles bruns. — Parties supérieures d'une
teinte roussâtre, plus vive sur le croupion et l'occiput, et passant au cendré
sur les côtés du cou ; front d'un cendré blanchâtre ; sourcils marqués par
une raie blanche d'abord fort étroite, puis s'élargissant en arrière de l'œil et
se fondant dans la teinte grise des côtés du cou ; une bande noire allant des
narines au bord postérieur des plumes auriculaires ; gorge et milieu du ventre blancs ; poitrine, flancs et sous-caudales lavés de roussâtre ; ailes brunes,
avec les grandes et moyennes couvertures et les pennes tertiaires bordées
de roux ; un petit miroir blanc, caché par l'aileron, à la base des quatrième,
cinquième et sixième rémiges ; bord inférieur de l'aile blanc ; queué d'un
roux pâle, avec une bordure grise à l'extrémité et sur les barbes externes des
rectrices latérales. — La femelle vieille se distingue à peine du mâle : elle a
seulement la raie noire qui traverse l'œil moins accusée. Les jeunes de l'année
ont les parties supérieures du corps, la poitrine, les côtés du cou et les flancs
marqués de lunules noirâtres : ils ressemblent beaucoup aux jeunes du
Lanius magnirostris, mais ont toujours une bande oculaire noire, et des
stries transversales sur toute la largeur de la poitrine.

Pendant la belle saison, on trouve communément cette pie-
grièche dans toute la Chine orientale, et on la prend fréquemment à Pékin au printemps et en automne, lorsqu'elle va des
Philippines en Mantchourie ou *vice-versa.* C'est principalement
cette espèce que les Pékinois élèvent sur des bûchettes et qu'ils
emploient pour la chasse aux petits oiseaux ; ils l'apprécient
beaucoup aussi pour son chant doux et mélodieux. Ils la désignent sous le nom de *Ou-pa-la,* que les chasseurs appliquent
également à toutes les autres espèces de pies-grièches à queue
rousse qui voyagent à travers la Chine et qui ont été si bien
étudiées par M. Swinhoe et par lord Walden.

152. — **LANIUS CRISTATUS.**

Lanius cristatus, Linn. (1766), *Syst. Nat.*, I, 134, nº 3. — Lanius phoenicurus, Pall.
(1776), *It.*, III, 693, nº 6, et (1793). *Voy.* éd. franc., IV, 322. app. 665, nº 6. — Lanius

MELANOTIS Cuv. M.-P., part. — Pucheran (1854-55), *Archives du Mus.*, VII, 424. — LANIUS CRISTATUS, Wald. (1867), *Ibis*, 212, et (1875), *Trans. Zool. Soc.*, IX, part. 2, p. 172. — Swinh. (1871), *P. Z. S.*, 375.

Dimensions. Taille et proportions du *Lanius lucionensis*.

Couleurs. Iris brun foncé; bec noirâtre; pattes d'un gris sombre. — Plumage en dessus d'un brun rougeâtre uniforme, même sur le front, avec une raie sourcilière jaunâtre peu marquée, en dessous d'un blanc lavé de roussâtre, cette dernière teinte s'étendant d'ordinaire jusque sur la gorge; un miroir blanc à la base des rémiges; bord de l'aile grisâtre et non pas blanc comme dans le *Lanius lucionensis*.

Cette espèce qui, en dépit du nom qu'elle porte, est complétement dépourvue de huppe, se trouve communément dans l'Inde et à Ceylan : de là elle se répand d'une part jusque sur les bords du lac Baïkal et dans la Sibérie orientale, de l'autre, mais plus rarement, dans la Chine méridionale. Un mâle adulte, obtenu par M. Swinhoe aux environs d'Amoy, lui a paru semblable à tous égards aux individus provenant de l'Inde ou de Ceylan.

153. — LANIUS SUPERCILIOSUS

LANIUS SUPERCILIOSUS, Lath. (1801), *Ind. Orn. Suppl.*, 20, n° 14, et (1822), *Gen. Hist.*, II, 36, n° 34. — LE ROUSSEAU, Levaill. (1796-1808), *Ois. d'Afr.*, II, 60, pl. 66, f. 2. — LANIUS PHOENICURUS, Schrenck (1860) [nec Pall.], *Reis. Amurl. Vög.*, I, 384. — Walden (1867), *Ibis*, 218, pl. 5, f. 2. — LANIUS SUPERCILIOSUS, Swinh. (1871), *P. Z. S.*, 375.

Dimensions. Taille et proportions du *Lanius lucionensis*.

Couleurs. Parties supérieures d'un roux clair, *uniforme*, avec le front largement marqué de blanc et une raie sourcilière bien définie, blanche également; gorge et bord supérieur de l'aile d'un blanc pur; un miroir blanc à la base des rémiges.

La Pie-Grièche à sourcils blancs habite l'Indo-Malaisie et s'avance en été jusqu'au Japon et à l'Amourland; son passage en Chine s'effectue principalement par les provinces de l'intérieur; quelquefois cependant elle s'égare jusque sur les bords de la mer Orientale. Il semble résulter des observations de M. Swinhoe que les trois espèces de pies-grièches à queue rousse suivent, dans leurs migrations, trois routes différentes, le *Lanius lucionensis* passant à l'Orient, des Philippines à la Mantchourie, le *Lanius superciliosus* traversant l'intérieur de la Chine, de la Malaisie à l'Amourland, enfin le *Lanius cristatus* restant à l'Occident, et franchissant l'Asie centrale, de l'Inde au Baïkal. Le savant ornithologiste, lord Walden, appuie de son autorité l'opinion émise par M. Swinhoe.

154. — TEPHRODORNIS PELVICA

TENTHACA PELVICA, Hodgs. (1837), *Ind. Rev.*, I, 447. — TEPHRODORNIS PELVICA, Jerd. (1862), *B. of Ind.*, I, 409, n° 263. — Swinh. (1870), *Ibis*, 241, et (1871), *P. Z. S.*, 377.

Dimensions. Long. totale, $0^m,22$; queue, $0^m,08$, carrée ; aile, $0^m,0114$.

Couleurs. Iris jaunâtre ; bec noirâtre, avec la base de la mandibule inférieure un peu plus claire ; pattes d'un brun bleuâtre. — Plumage en dessus d'un brun terreux, tirant au cendré sur la tête et au blanc sur le croupion ; en dessous d'un blanc sale, lavé de brun sur la poitrine et sur les flancs ; ailes, queue et sus-caudales d'un brun foncé ; régions oculaire et frontale noires. — Dans la femelle, la tête est brune comme le dos, et la barre oculaire est peu marquée.

Cet oiseau, qui a les allures des pies-grièches, se tient d'ordinaire au sommet des arbres, d'où il s'élance brusquement à la poursuite d'un insecte, pour regagner bientôt après son observatoire. On le rencontre non-seulement dans la région sous-himalayenne, sur les monts Khasi et dans le Cachar septentrional où il a été récemment observé par M. le major Godwin-Austen, mais dans le Laos cambodgien (pays des Kouys), d'où M. le Dr Harmand en a envoyé plusieurs spécimens au Muséum d'histoire naturelle, et enfin dans l'île de Haïnan, seul point de la Chine où cette espèce ait encore été signalée.

ARTAMIDÉS

Sur une vingtaine d'espèces qui composent cette petite famille, il n'y en a qu'une seule qui habite la Chine.

155. — ARTAMUS FUSCUS

ARTAMUS FUSCUS, Vieill. (1817), *Nouv. Dict. d'Hist. nat.*, XVII, 297. — (1823), *Encycl. méth.*, 758, n° 2. — OCYPTERUS RUFIVENTER, Val. (1820), *Mém. du Mus.*, VI, pl. 7, f. 1. — ARTAMUS FUSCUS, Cass. (1856), *Narrat. of the exped. under the comm. of Commod. Perry, Birds collect. in China*, II, 238. — Swinhoe (1862), *Ibis*, 306, et (1871), *P. Z. S.*, 377.

Dimensions. Long. totale, $0^m,18$; queue, $0^m,055$, carrée ; aile fermée, $0^m,13$.

Couleurs. Iris brun roux ; bec bleuâtre avec le bout foncé ; pattes bleuâtres. — Parties supérieures d'un gris cendré, fortement lavé de brun roux sur le dos et les scapulaires, avec les lores noirs et les sus-caudales les unes d'un brun uniforme, les autres terminées de blanc ; parties inférieure d'un gris cendré, foncé sur la gorge, plus clair et teinté de roux sur le ventre et les sous-caudales ; ailes et queue d'un cendré noirâtre.

Le Langrayen brun est abondamment répandu dans l'Inde, à Ceylan et en Cochinchine ; il a été rencontré également par les naturalistes attachés à l'expédition du commodore Perry à Macao dans la Chine méridionale, et par M. Swinhoe dans l'île de Haïnan. D'après M. Cassin, ces oiseaux vivraient solitaires sur les pentes rocheuses les moins explorées ; d'après M. Jerdon au contraire, ils se percheraient fréquemment sur la même branche, et s'élanceraient tout à coup dans les airs, à la manière des hirondelles, pour faire la chasse aux insectes qui constituent leur principale nourriture.

CAMPÉPHAGIDÉS

Cette famille comprend environ 80 espèces qui pour la plupart vivent en Océanie, et dont trois seulement ont été rencontrées jusqu'ici dans l'empire chinois.

156. — GRAUCALUS REX-PINETI

GRAUCALUS REX-PINETI, Swinh. (1863), *Ibis*, 265, et (1871), *P. Z. S.*, 378.

Dimensions. Long. totale, $0^m,28$; queue, $0^m,13$, un peu arrondie ; aile, $0^m,19$.

Couleurs. Iris rouge laque ; bec et pattes noirâtres. — Plumage en général d'un gris bleuâtre foncé, nuancé d'olivâtre, avec la région oculaire, les lores, les joues et le menton noirs, le front et la gorge noirâtres et le milieu du ventre blanc ; queue noirâtre, avec les deux pennes centrales grises sur la plus grande partie de leur étendue et les autres pennes ornées à l'extrémité d'une bordure blanche plus ou moins large. — La femelle diffère peu du mâle ; chez elle seulement le noir de la face est moins étendu et le blanc domine sur les parties inférieures.

Ce *Graucalus* n'est en réalité qu'une race de petite taille, à bec moins fort, à face moins noire, du *Gr. Macei* décrit par

Lesson dans son *Traité d'ornithologie*; il a été rencontré par M. Swinhoe dans les deux grandes îles de Formose et de Haïnan, où il habite en toute saison les forêts de l'intérieur. Ses mœurs sont celles des gobe-mouches, et sa voix est fort désagréable.

157. — VOLVOCIVORA MELASCHISTA

Lanius silens, Tick. (1832), *J. A. S. Beng*, II, 573. — Volvocivora melaschistos, Hodgs. (1837), *Ind. Rev.*, I, 328. — Volvocivora melaschistos, Jerd. (1862), *B. of Ind.*, I, 415. — Volvocivora melaschista, Swinh. (1863), *P. Z. S.*, 282, et (1871), 378.

Dimensions. Long. totale, $0^m,23$; queue, $0^m,11$, arrondie; aile ouverte, $0^m,16$; fermée, $0^m,13$; tarse, $0^m,027$; bec, $0^m,014$ à partir du front.

Couleurs. Iris châtain; bec, pattes et ongles noirs. — Plumage d'un gris cendré, plus clair sur le croupion que sur le dos, lavé de jaunâtre sur les flancs et passant au blanc sale sur les sous-caudales; lores d'un gris noirâtre; ailes et queue d'un noir à reflets bronzés, les rectrices ornées à l'extrémité d'une tache blanche, assez large sur les pennes latérales, à peine marquée sur les pennes médianes. — Dans le jeune, les plumes grises de la tête, du dos, du croupion, de la gorge, de la poitrine et du ventre sont bordées de blanc jaunâtre et rayées transversalement de noirâtre; quelques-unes des couvertures alaires sont également terminées de jaune pâle, et les pennes primaires et secondaires offrent des liserés gris très-étroits, ce qui donne au plumage un aspect tigré fort caractéristique.

Cet oiseau, répandu dans toutes les parties boisées de l'Inde, vient nicher en assez grand nombre dans la Chine méridionale. Il se nourrit d'insectes, principalement de chenilles, et, contrairement à ce qu'assurent certains auteurs, il fait entendre, en avril, un chant assez court, mais sonore et fort harmonieux.

158. — VOLVOCIVORA SATURATA

Volvocivora saturata, Swinh. (1870), *Ibis*, 242, et (1871), *P. Z. S.*, 378.

Dimensions. Long. totale, $0^m,20$; queue, $0^m,11$; aile, $0^m,115$.

Couleurs. Iris brun; bec et pattes noirs. — Plumage d'un gris cendré foncé, mélangé de brun sur les parties inférieures; ailes d'un noir bronzé, avec les grandes et moyennes couvertures, l'aileron et les rémiges bordés de gris; pennes de la queue d'un noir bronzé, marquées à l'extrémité d'une tache blanche, plus large sur les deux rectrices latérales que sur les médianes; sous-caudales d'un blanc jaunâtre, les plus longues terminées de blanc.

Cette espèce ne diffère de la précédente que par une taille plus faible, des ailes plus courtes et des couleurs plus foncées; elle n'a été trouvée jusqu'ici que dans l'île de Haïnan, où, d'après M. Swinhoe, elle est assez commune en toute saison.

PÉRICROCOTIDÉS

Parmi les 20 espèces qui composent cette famille et qui sont répandues dans toute l'Indo-Malaisie, il y en a sept qui visitent diverses parties de la Chine.

159. — PERICROCOTUS BREVIROSTRIS (Pl. 78)

MUSCIPETA BREVIROSTRIS, Vig. (1831), *P. Z. S.*, 43. — PHENICORNIS BREVIROSTRIS, Gould (1832), *Cent. Him. Birds.*, pl. 8. — PERICROCOTUS BREVIROSTRIS, Jerd. (1862), *B. of Ind.*, I, 421. — Swinh. (1871), *P. Z. S.*, 379.

Dimensions. Long. totale, 0m,20 ; queue, 0m,10 ; aile, 0m,20 ; tarse, 0m,015 ; bec, 0m,008 à partir du front ; largeur du bec, 0m,006 ; hauteur, 0m,005.

Couleurs. Iris brun ; bec et pattes noirs. — Tête, gorge, dessus du cou, dos, face supérieure des ailes et de la queue d'un noir bleuâtre, à reflets métalliques ; croupion, devant du cou, poitrine et parties inférieures du corps d'un rouge vermillon, avec le milieu du ventre blanc ; une raie rouge s'étendant, sur l'aile fermée, du milieu des grandes couvertures aux deux tiers des grandes rémiges, mais respectant les deux dernières pennes ; rectrices centrales presque égales, noires à la base et au milieu, avec un liséré rouge fort étroit ; rectrices des trois paires latérales acuminées, étagées et ornées d'une bordure rouge beaucoup plus large. — Dans la femelle et dans le jeune mâle, le dessus de la tête et du cou, ainsi que le dos, sont d'un vert olivâtre, le front et le tour des yeux jaunâtres, le croupion d'un jaune sale, la gorge jaunâtre, la poitrine et le ventre jaunes, la queue et les ailes d'un brun foncé, avec des taches jaunes disposées de la même façon que les taches rouges du vieux mâle.

Ce bel oiseau, qui se trouve dans une grande partie de l'Hindoustan, et qui a été rencontré récemment par M. le major Godwin-Austen dans les monts Khasi et dans le Cachar septentrional, se montre assez communément à Pékin au printemps et en automne jusqu'à la fin d'octobre ; quelques couples nichent dans les montagnes boisées de cette province, mais la plupart vont passer l'été en Mantchourie. Comme toutes les autres espèces du même genre, les *Pericrocotus brevirostris* voyagent en petites bandes, en explorant le sommet des grands arbres pour y découvrir les larves d'insectes qui composent leur principale nourriture ; ils font entendre fréquemment un cri de ralliement, *ti-ti-ti*, sur un ton argentin et fort agréable à entendre. Les Chinois de Pékin, si habiles pourtant à élever les oiseaux, ne parviennent à garder ceux-ci en captivité que pendant un petit nombre de jours.

160. — PERICROCOTUS IGNEUS

PERICROCOTUS IGNEUS, Blyth (1846), *J. A. S. Beng.*, XV, 309. — J. Verr. (1867), *Rev. et Mag. de zool.*, 169. — Swinh. (1871), *P. Z. S.*, 379.

Description. Les oiseaux de cette espèce que le Muséum d'histoire naturelle a reçus de la Chine occidentale et ceux que j'ai pris moi-même à Moupin diffèrent des *Pericrocotus brevirostris* : 1° par leur bec un peu plus fort ; 2° par les teintes rouges encore plus vives de leur plumage ; 3° par les bordures rouges qui ornent du côté externe et jusqu'à l'extrémité deux ou trois de leurs pennes tertiaires. Les femelles présentent à peu près le même plumage que dans l'espèce précédente.

Un grand nombre de ces oiseaux viennent passer l'été dans les montagnes boisées de la Chine occidentale et de Moupin ; ils y nichent et y séjournent jusqu'aux premiers froids, passant rapidement d'une montagne à l'autre en petites bandes serrées, explorant les arbres pour y découvrir des insectes et faisant entendre continuellement le même cri argentin que l'espèce précédente.

161. — PERICROCOTUS GRISEIGULARIS

PERICROCOTUS GRISEIGULARIS, Gould (1862), *P. Z. S.*, 282, et (1864), *B. of As.*, livr. XVI, pl. — Swinh. (1863), *Ibis*, 263, et (1871), *P. Z. S.*, 379.

Dimensions. Long. totale, 0m,18 ; queue, 0m, 095 ; aile, 0m,09.
Couleurs. Iris, bec et pattes noirs. — Dessus de la tête et du cou, dos, épaules et rectrices de la paire centrale d'un noir de suie, à reflets métalliques ; ailes noires, traversées vers la base des pennes primaires et des secondaires d'une bande oblique d'un rouge écarlate ; gorge et couvertures des oreilles grises ; parties inférieures du corps rouges ; rectrices latérales noires à la base et rouges dans le reste de leur étendue. — Dans la femelle, la gorge est également grise, mais les parties supérieures sont d'un cendré foncé, avec le croupion d'un vert jaunâtre, et les parties inférieures sont jaunes, de même que les taches qui ornent les ailes et la queue, et qui sont, du reste, disposées de la même façon que les taches rouges du mâle.

Cette espèce, voisine du *Pericrocotus solaris*, du S.-E. de l'Himalaya, est commune en toute saison dans l'île de Formose, mais n'a été signalée jusqu'ici que sur ce seul point de la Chine.

Je dois noter cependant que, parmi les *Pericrocotus brevirostris*
pris à Pékin, il y en a souvent qui ont la gorge colorée en gris
fuligineux et qui commencent à peine à revêtir les teintes d'un
noir métallique si prononcées sur le cou des vieux mâles.

162. — PERICROCOTUS SPECIOSUS

Turdus speciosus, Lath. (1790), *Ind. Orn.*, I, 363, sp. 135. — Muscipeta princeps,
Vig. (1831), *P. Z. S.*, I, 22. — Phenicornis princeps, Gould (1832), *Cent. of Him.
Birds*, pl. 7. — Mac-Clell. (1839), *P. Z. S.*, 156. — Pericrocotus speciosus (Strickl.),
Gr. and Mitch. (1844), *Gen. of B.*, I, 282. — Jerd. (1862), *B. of Ind.*, I, 419. — Swinh.
(1871), *P. Z. S.*, 379.

Dimensions. Long. totale, 0ᵐ,23 ; queue, 0ᵐ,11; aile, 0ᵐ,11.

Couleurs. Iris brun ; bec et pattes noirs. — Tête, cou, gorge et dessus
du corps d'un noir bleuâtre, à reflets métalliques ; gorge et parties inférieures
d'un rouge vermillon, de même que le croupion ; une large tache sur les
ailes, une partie des rectrices latérales et quelquefois même le bord
externe des rectrices centrales. — Dans la femelle et le jeune mâle, les parties
supérieures du corps sont d'un gris verdâtre, avec le front et le croupion d'un
vert jaunâtre, et les parties inférieures sont jaunes, de même qu'une longue
tache sur l'aile, et une partie des rectrices des quatre paires externes.

Ce magnifique oiseau, qui habite le versant méridional de
l'Himalaya et la péninsule malaise, ne paraît s'avancer que rarement dans l'empire chinois ; cependant M. Swinhoe l'a pris à
Foutcheou, et moi-même je l'ai rencontré une fois dans les montagnes boisées du Fokien, vers la fin de l'automne. Il diffère des
autres espèces du même genre qui visitent la Chine par sa taille
plus forte, son bec plus développé et les teintes encore plus flam-
boyantes de son plumage.

163. — PERICROCOTUS FRATERCULUS

Pericrocotus fraterculus, Swinh. (1870), *Ibis*, 244, et (1871), *P. Z. S.*, 379.

Description. Taille plus faible que dans l'espèce précédente ; bec plus
petit et moins bombé ; couleurs absolument identiques, au moins chez les
mâles, les femelles offrant toujours des teintes plus claires que celles du
Pericrocotus speciosus et ayant le front d'un jaune clair.

D'après M. Swinhoe, cette espèce ou cette race de *Pericrocotus*
est sédentaire et fort répandue dans toutes les parties de l'île de
Haïnan.

164. — PERICROCOTUS CINEREUS

PERICROCOTUS CINEREUS, Lafresn. (1845), *Rev. zool.*, VIII, 94. — PERICROCOTUS MODESTUS, Strickl. (1846), *P. Z. S.*, XIV, 102, et *Ann. and Mag. of N. H.*, XIX, 131.— PERICROCOTUS CINEREUS, Schrenck (1860), *Vög. d. Am. L.*, 381. — Radde (1862), *Reis. in S. O. Sib.*, II, 273.—PERICROCOTUS CINEREUS, Gould (1869), *Birds of As.*, livr. IX, pl. — Swinh. (1871), *P. Z. S.*, 378, et (1875), *Ibis*, 116. — Dyb. (1875), *J. O.*, 249. — Tacz. (1876), *Bull. Soc. zool. Fr.*, I, 165.

Dimensions. Long. totale, $0^m,20$; queue, $0^m,10$; aile, $0^m,10$; tarse, $0^m,015$; bec, $0^m,009$ à partir du front.

Couleurs. Iris brun ; bec et tarses noirs ; intérieur de la bouche couleur de chair. — Plumage d'un cendré brunâtre en dessus, avec le front blanc, les lores et la région nasale noirs et la partie postérieure de la tête d'une teinte foncée ; d'un blanc sale en dessous, les flancs, la poitrine et les côtés du cou étant lavés de gris cendré. Rémiges et rectrices noirâtres, avec des taches blanches disposées absolument de la même façon que les taches rouges du *Pericrocotus brevirostris.* — La femelle offre à peu près les mêmes teintes que le mâle.

Cet oiseau, signalé d'abord comme spécial aux Philippines, visite régulièrement la Chine orientale et s'avance en été jusque dans la Mantchourie et l'Amourland ; en hiver, il disparaît de ces contrées, comme tous ses congénères. Toutes les années on prend à Pékin quelques individus de cette espèce qui passe pour rare en ce point de la Chine. La voix et les allures du *Pericrocotus cinereus* sont les mêmes que celles des autres *Minivets.*

165. — PERICROCOTUS CANTONENSIS

PERICROCOTUS CANTONENSIS, Swinh. (1861), *Ibis*, 42. — PERICROCOTUS SORDIDUS, Swinh. (1863), *P. Z. S.*, 284. — PERICROCOTUS CANTONENSIS, Swinh. (1863), *P. Z. S.*, 378. — (1871), *ibid.*, 378.

Dimensions. Long. totale, $0^m,20$; queue, $0^m,095$; aile, $0^m,095$.

Couleurs. Iris brun foncé ; bec et pattes noirs. — Parties supérieures d'un gris fuligineux, très-foncé sur le derrière de la tête et sur la nuque, plus clair et passant au jaunâtre sur le croupion et les sous-caudales ; front, gorge, milieu du ventre et sous-caudales d'un blanc plus ou moins pur ; flancs fortement lavés de gris jaunâtre ; ailes d'un brun noirâtre, avec un liséré clair au bord externe des rémiges et une petite tache d'un brun fauve à l'origine des pennes secondaires ; pennes caudales d'un brun presque uniforme, avec la tige blanche ; rectrices latérales largement bordées et terminées de blanc jaunâtre. — Dans la femelle, les parties supérieures sont d'un gris plus clair, le front est d'un gris blanchâtre, et la tache du milieu de l'aile est d'un jaune citron assez vif.

Cette espèce qui porte, comme la précédente, une livrée fort modeste, est très-abondante dans la Chine méridionale et dans l'île de Haïnan, mais ne s'avance pas au nord au delà du Yangtzé. Je l'ai trouvée communément au printemps dans l'intérieur du Tchékiang et du Kiangsi, où elle niche en assez grand nombre. En automne, elle quitte la Chine centrale pour se retirer dans l'Indo-Chine.

DICRURIDÉS

Les 62 espèces de cette famille, connues jusqu'à ce jour, sont dispersées dans l'Océanie, l'Asie et l'Afrique, et six d'entre elles habitent l'empire chinois.

166. — DICRURUS CATHOECUS

DICRURUS CATHOECUS, Swinh. (1871), *P. Z. S.*, 377. — DICRURUS MACROCERCUS, Swinh., antea.

Dimensions. Long. totale, $0^m,31$; queue, $0^m,155$, très-fourchue ; aile, $0^m,15$.

Couleurs. Iris roux ; bec et pattes noirs. — Plumage entièrement d'un noir bronzé. Dans l'oiseau jeune, il n'y a pas de reflets métalliques et les plumes axillaires, de même que celles des parties inférieures du corps, sont tachetées de blanc.

Cette espèce, que M. Swinhoe a distinguée du *Dicrurus macrocercus* de l'Inde, remplace ce dernier dans toute l'étendue de l'empire chinois et s'avance même jusque dans l'Amourland. Elle diffère de l'espèce indienne par une taille plus forte, un bec plus développé et des reflets bronzés plus prononcés, s'étendant jusque sur les ailes et sur la queue. On la trouve dans toutes les grandes plaines de la Chine, où elle niche sur les arbres, dans le voisinage immédiat des habitations. Les Chinois respectent ces oiseaux qui, doués d'un naturel courageux, écartent de leurs demeures les corbeaux et les milans.

167. — BUCHANGA LEUCOGENIS (Pl. 77)

BUCHANGA LEUCOGENIS, Wald. (1870), *Ann. and Mag. of Nat. Hist.*, 4ᵉ série, V, 219. — DICRURUS LEUCOPHÆUS, Swinh. (1863), *P. Z. S.*, 267. — BUCHANGA LEUCOGENYS Swinh. (1871), *ibid.*, 378.

Dimensions. Long. totale, 0ᵐ,29 ; queue, 0ᵐ,14 ; aile ouverte, 0ᵐ,20 ; fermée, 0ᵐ,135.

Couleurs. Iris rouge ; bec, pattes et ongles noirs. — Plumage d'un gris d'ardoise clair, avec le front, les plumes nasales et l'extrémité des rémiges noirs ; une tache blanche de forme ovale de chaque côté de la tête, entourant les yeux et s'étendant en arrière jusqu'au delà des joues.

Ce Drongo cendré, qui a été décrit pour la première fois d'après un spécimen provenant de Nagasaki, n'habite pas seulement le Japon, mais se rencontre en certaines saisons dans les provinces centrales de la Chine, dans le Cambodge et dans la presqu'île de Malacca. Il passe deux fois par an à Pékin, en petit nombre, il est vrai, et ne séjourne pas dans la grande plaine de la Chine. Quelques individus cependant pénètrent jusque dans l'intérieur de la Mantchourie et s'y établissent pour nicher, mais la plupart font leurs nids de préférence dans les collines de la Chine proprement dite. Ces oiseaux, doués d'une voix fort désagréable, sont d'un naturel sauvage et se nourrissent d'insectes, principalement de Coléoptères ; au Kiangsi, ils font une grande consommation d'Élatérides et de Lamellicornes.

168. — BUCHANGA MOUHOTI

BUCHANGA MOUHOTI, Wald. (1870), *Ann. and Mag. of Nat. Hist.*, 4ᵉ série, V, 220. — Swinh. (1870), *Ibis*, 245, et (1871), *P. Z. S.*, 378.

Description. Plumage d'un gris cendré ou plombé en dessus, d'un cendré clair en dessous, mais toujours d'une teinte un peu plus foncée que dans le *Buchanga leucophæa* de Java ; face supérieure des rectrices médianes d'une teinte cendrée, comme chez ce dernier. Taille un peu plus forte que celle du *Buchanga leucogenis* ; queue plus longue et plus fourchue ; coloration générale plus sombre, avec le dessus des ailes d'un noir verdâtre.

Cette espèce de drongo, dont le type a été découvert par Mouhot dans le Cambodge, n'est pas rare en Cochinchine, et le Muséum d'histoire naturelle en a reçu, à diverses reprises, des spécimens recueillis dans cette région. Tout récemment M. Swinhoe l'a rencontrée dans le nord-ouest et dans le centre de l'île de Haïnan, où elle est, paraît-il, assez commune. C'est un oiseau de mœurs peu sociables, et qui se tient d'habitude perché sur les arbres élevés.

169. — BUCHANGA INNEXA

BUCHANGA INNEXA, Swinh. (1870), *Ibis*, 246, et (1871), *P. Z. S.*, 378.

M. Swinhoe cite, comme une troisième espèce chinoise, ce
buchanga qu'il a découvert dans l'île de Haïnan, et qui, d'après
lui, est intermédiaire, pour la taille et les couleurs, entre le
Buchanga leucogenis et le *Buchanga Mouhoti*. Suivant la description qui en a été donnée, dans le *Buchanga intermedia*, la fourche
formée par les rectrices aurait 3 centimètres 2/3 de profondeur,
au lieu de 1 centimètre comme dans le *Buchanga leucogenis*, et
de 5 centimètres comme chez le *Buchanga Mouhoti;* l'iris serait
d'un rouge jaunâtre au lieu d'être rouge cerise comme dans le
Buchanga leucogenis, ou rouge noirâtre comme dans le *B. Mouhoti ;* enfin les plumes de la tête seraient petites et arrondies
comme dans cette dernière espèce, tandis que les ailes et la queue
rappelleraient par leurs teintes les mêmes parties du *B. leucogenis*, tout en restant un peu plus foncées.

170. — CHIBIA BREVIROSTRIS

CHIBIA BREVIROSTRIS, Cab. et H. (1850), *Mus. Hein.*, I, 112. — CHIBIA HOTTENTOTA,
Swinh. (1861), *Ibis*, 411. — (1863), *ibid.*, 96. — (1862), *P. Z. S.*, 319. — (1871), *ibid.*, 378.

Dimensions. Long. totale, $0^m,32$; queue, $0^m,15$, fourchue, avec les
pennes latérales gaufrées ; aile ouverte, $0^m,22$; fermée, $0^m,16$.

Couleurs. Iris châtain ; bec et pattes noirs. — Plumage d'un noir profond, à reflets pourpres et bleuâtres sur le cou et sur la poitrine, bronzés sur
les ailes et la queue ; couvertures inférieures des ailes terminées par un
liséré blanc.

Le *Chibia brevirostris*, qui avait été longtemps confondu avec
le *Chibia hottentota* de l'Inde, en a été séparé par le Dr Cabanis
à cause de son bec plus court, de ses pennes caudales plus larges,
et des taches bronzées de forme plus arrondie qui ornent sa poitrine. Pendant la belle saison, il se répand dans la Chine entière ;
alors il n'est point de village, dans la plaine du Tchély, qui ne
possède quelques paires de ces beaux oiseaux établies sur les
arbres autour des maisons. Le nid, assez mal construit avec des
bûchettes et de la laine, est placé de préférence sur les branches

les plus grêles, pour que les chats ne puissent l'atteindre. Cette espèce est également remarquable par le courage vraiment extraordinaire avec lequel elle s'attaque aux corbeaux et aux milans ; elle parvient à éloigner des habitations ces visiteurs désagréables ; aussi les villageois l'aiment-ils et la respectent-ils, d'autant plus qu'elle possède une voix argentine, d'un timbre fort agréable : son chant varié se fait entendre souvent au milieu du silence de la nuit.

171. — CHAPTIA BRAUNIANA

CHAPTIA BRAUNIANA, Swinh. (1863), *Ibis*, 269, et (1866), 399 ; et (1871), *P. Z. S.*, 378.

Dimensions. Long. totale, $0^m,23$; queue, $0^m,124$, fourchue ; aile, $0^m,13$.
Couleurs. Iris noirâtre ; bec et pattes noirs. — Plumage d'un noir métallique à reflets verts et bleuâtres, avec le ventre d'un noir fuligineux et les plumes axillaires tachetées de blanc. — La femelle porte la même livrée que le mâle.

Le *Chaptia brauniana* habite les forêts qui couvrent les montagnes du centre de l'île de Formose ; il ne semble différer que fort peu du *Ch. ænea* de l'Inde, dont M. Swinhoe a voulu le distinguer à cause : 1° de son bec plus court, plus large et recouvert à la base par des plumes plus allongées ; 2° des reflets de son plumage qui sont plutôt pourprés et bleuâtres que cuivrés ou verdâtres ; 3° de la coloration de la face inférieure de ses ailes qui est noire et non pas brune ; 4° et de la forme des plumes de sa tête et de son dos qui sont courtes et arrondies. Mais ces différences sont bien légères, et, d'après M. Swinhoe lui-même, le *Chaptia brauniana* de Formose a exactement les mêmes mœurs que le *Ch. ænea* de l'Hindoustan et le *Ch. malayensis* de Malacca ; comme eux, il se tient perché sur les arbres élevés pour guetter les insectes dont il fait sa nourriture, et comme eux il possède un chant fort agréable.

MUSCICAPIDÉS

Cette famille, qui n'a point de représentants en Amérique, compte environ 250 espèces, parmi lesquelles il y en a 21 qui appartiennent à la faune de la Chine.

172. — TCHITREA INCEI (Pl. 82)

Muscipeta Incei, Gould (1852), *B. of As.*, livr. IV, pl. — Tchitrea principalis, Swinh. (1861), *Ibis*, 340, et (1866), *ibid.*, 297. — Tchitrea affinis (Hay.), A. Dav., in litt. — Tchitrea Incei, Swinh. (1863), *Ibis*, 92, et (1862), *P. Z. S.*, 317.— (1871), *ibid.*, 381.

Dimensions. Long. totale, $0^m,45$; queue, $0^m,32$, cunéiforme, avec les deux rectrices médianes dépassant les autres de $0^m,23$; aile, $0^m,095$; tarse, $0^m,015$; bec, $0^m,014$, à partir du front ; largeur du bec, $0^m,008$.

Couleurs. Iris brun ; bec et paupières bleu de cobalt ; angle de la bouche vert ; pattes verdâtres. — Plumes du dessus de la tête allongées en une touffe de $0^m,015$, d'un noir métallique à reflets verts, de même que les plumes du cou ; plumes du reste du corps blanches, celles des parties supérieures ayant le rachis noir ; pennes caudales avec la tige noire et un liséré noir sur le bord ; grandes pennes alaires ornées d'une tache noire à l'extrémité. Ce plumage est celui du mâle en livrée d'amour. — Dans la femelle, le dos, le croupion, la queue et le dessus des ailes sont d'un roux vif, les flancs et la poitrine cendrés, l'abdomen et les sous-caudales d'un blanc pur, et les rectrices médianes ne sont pas allongées comme chez le mâle, au moins ordinairement ; en effet, sur un grand nombre de sujets femelles tués en mai et en juin, je n'en ai observé qu'un ou deux qui eussent les rectrices médianes plus développées que les autres. En revanche, j'ai remarqué que, lors de leur passage d'automne à Pékin, tous les oiseaux mâles et femelles de cette espèce ont des teintes rousses, tandis qu'au printemps il y a autant de mâles à livrée blanche que de mâles à livrée rousse, ceux-ci ayant alors, comme les autres, deux longues pennes médianes à la queue.

Cette magnifique espèce est commune en été dans la Chine et la Mantchourie ; elle fréquente les plaines et les petites collines, mais ne s'avance point jusque dans les montagnes. A Pékin, ces oiseaux passent en assez grand nombre, et se répandent dans les jardins pour faire la chasse aux insectes et principalement aux papillons. Ils sont désignés par les Chinois de la capitale sous les noms de *Paê-lién* (blanc-ruban) et *Hong-lién* (rouge-ruban). Ils restent généralement silencieux, et pour tout chant ils ne peuvent faire entendre qu'un petit cri rauque et désagréable.

D'après les observations que j'ai faites, je suis porté à croire que la plupart des mâles conservent le plumage roux des femelles, et que quelques-uns d'entre eux seulement revêtent la livrée blanche. A ce propos, je puis même raconter un fait assez singulier dont j'ai été témoin au Kiangsi : un couple d'oiseaux roux s'étant établi dans un vallon solitaire, un mâle en plumage blanc survint et engagea avec l'autre mâle un combat qui dura plusieurs jours ; au bout de ce temps, le mâle à la livrée rousse fut obligé d'abandonner le terrain et de céder sa compagne à son heureux rival.

173. — TCHITREA PRINCEPS

MUSCIPETA PRINCEPS, Tem. (1838), *Pl. Col.* 584, fig. 1 et 2. — MUSCIPETA PRIN-CIPALIS, Tem. et Schl. (1850), *Faun. Jap. Aves*, 47, et pl. 17 E.— TCHITREA PRINCIPALIS, Swinh. (1860), *Ibis*, 57, et (1863), *P. Z. S.*, 289. — TCHITREA PRINCEPS, Swinh. (1871), *P. Z. S.*, 381.

Dimensions. Long. totale, 0^m,55 ; queue, 0^m,33 , avec les rectrices médianes dépassant les autres de 0^m,22 ; aile, 0^m,098 ; tarse, 0^m,015 ; bec, 0^m,02 à partir du front.

Couleurs. Plumage d'un noir de velours à reflets bleuâtres, passant au noir violet sur le dos et sur les ailes ; ventre blanchâtre, avec la base des plumes noirâtre. — Dans la femelle, qui est un peu plus petite que le mâle et qui n'a pas les rectrices médianes allongées comme ce dernier, le dos et les ailes sont d'un brun marron terne passant au noirâtre sur les rémiges, la tête et le cou sont d'un noir bleuâtre, la gorge d'un noir grisâtre passant au blanchâtre vers la poitrine, le ventre et les sous-caudales d'un blanc plus ou moins pur.

D'après M. Swinhoe, cette espèce, qui hiverne au Japon, passe régulièrement sur les côtes méridionales de la Chine.

174. — CULICICAPA CINEREOCAPILLA

MUSCICAPA CINEREOCAPILLA, Vieill., Mss. — CRYPTOLOPHA POIOCEPHALA, Swains. (1838), *Nat. Libr.* X, *Flyc.*, 200, pl. 23, et *Ill. Zool. New. Ser.*, pl. 13. — CRYP-TOLOPHA CINEREOCAPILLA, Hutton (1848), *Journ. As. Soc. Beng.*, XVII, 689. — Jerd. (1862), *B. of Ind.*, I, 455. — CULICICAPA CINEREOCAPILLA, Swinh. (1871), *P. Z. S.*, 381.

Dimensions. Long. totale, 0^m,13 ; queue, 0^m,054 ; aile, 0^m,065.

Couleurs. Iris noirâtre ; bec noirâtre sur la mandibule supérieure et roussâtre sur la mandibule inférieure ; pattes d'un gris roussâtre. — Dessus de la tête et du cou et plumes auriculaires d'un gris cendré foncé ; dos, ailes et queue d'un vert jaunâtre ; croupion et sus-caudales jaunes ; gorge et poitrine d'un gris cendré pâle ; ventre et sous-caudales jaunâtres ; flancs verdâtres.

Cette espèce de l'Inde et de l'Himalaya a été prise par M. Swinhoe dans le Setchuan occidental ; je l'ai trouvée également

8

sur les rives escarpées du Yangtzé, dans les gorges d'Itchang, un peu au-dessus de la ville.

175. — MYIAGRA AZUREA

Le Gobe-Mouches bleu des Philippines, Buff. (1770-86), *Pl. Enl.* 666, f. 1.— Musci-capa azurea, Bodd. (1783), *Tabl. des Pl. Enl. de Daub.*, 41. — Muscicapa cœrulea, Gm. (1788), *S. N.*, 943, n° 64. — Muscicapa occipitalis, Vig. (1831), *P. Z. S.*, 97.— Muscicapa coeruleocephala, Sykes (1832), *P. Z. S.*, 85. — Myiagra azurea, Jerd. (1862), *B. of Ind.*, I, 450. — Swinh. (1861), *Ibis*, 263, et (1871), *P. Z. S.*, 381.

Dimensions. Long. totale, 0ᵐ,163 ; queue, 0ᵐ,075 ; aile, 0ᵐ,075.

Couleurs. Iris brun ; bec bleu de cobalt ; pattes d'un bleu violet. — Parties supérieures du corps et poitrine d'un bleu d'azur, avec une tache noire sur les plumes érectiles de l'occiput et un demi-collier noir sur la gorge ; abdomen et sous-caudales d'un blanc bleuâtre ; queue et ailes noirâtres. La femelle est brune en dessus et blanchâtre en dessous, avec la tête, la gorge, la poitrine, les flancs et le dessus de la queue lavés de bleuâtre.

Ce joli gobe-mouches est abondamment répandu dans l'Inde, à Ceylan, dans l'Indo-Chine et aux Philippines, et se trouve aussi communément en toutes saisons dans les bosquets de bambous des grandes îles de Formose et de Haïnan ; mais il n'a été rencontré qu'exceptionnellement sur le continent chinois. Il a les allures et les mœurs des autres gobe-mouches et comme eux il ne souffre pas d'autres oiseaux dans son voisinage ; son cri est aussi désagréable que celui des *Tchitrea*.

176. — DIGENIA SUPERCILIARIS

Dimorpha superciliaris, Blyth (1842), *J. A. S. Beng.*, XI, 190. — Muscicapa rubecula, Blyth (1843), *J. A. S. Beng.*, XII, 940. — Dimorpha rubrocyanea, Hodgs. (1845), *P. Z. S.*, 26. — Siphia superciliaris, Jerd. (1862), *B. of Ind.*, I, 480, et (1872), *Ibis*, 128. — Siphia innexa, Swinh. (1866), *Ibis*, 394, et Digenia superciliaris, Swinh. (1871), *P. Z. S.*, 381.

Dimensions. Long. totale, 0ᵐ,12 ; queue, 0ᵐ,045 ; aile, 0ᵐ,05.

Couleurs. Iris brun ; bec noir ; pattes d'un gris plombé. — Tête, côtés du cou, dos et en général toutes les parties supérieures d'un bleu terne et sombre, avec une raie sourcilière blanche très-courte au-dessus des lores ; gorge et poitrine d'un roux qui va en s'éclaircissant sur le bas-ventre et les sous-caudales ; base des pennes primaires et secondaires d'un brun roux.

Jusqu'en 1864, cet oiseau n'avait été signalé que dans le S.-E. de l'Himalaya, mais à cette époque il fut retrouvé par

M. Swinhoe dans l'île de Formose, et il est probable qu'il visite aussi les provinces de la Chine méridionale.

177. — SIPHIA STROPHIATA

Siphia strophiata, Hodgs. (1837), *Ind. Rev.*, I, 651, et (1845), *P. Z. S.*, 26. — Swinh. (1871), *P. Z. S.*, 381.

Dimensions. Long. totale, 0ᵐ,135 ; queue, 0ᵐ,055, carrée ; aile fermée, 0ᵐ,075, atteignant aux deux tiers de la queue ; tarse, 0ᵐ,016 ; bec, 0ᵐ,009 à partir du front.

Couleurs. Iris brun ; bec noir ; pattes d'un gris brunâtre. — Parties supérieures d'un brun olive, avec une bande blanche allant d'un œil à l'autre à travers le front ; lores, gorge et joues noirs ; une tache orangée en forme de croissant à la partie supérieure de la poitrine qui est d'une teinte cendrée ; milieu du ventre et sous-caudales d'un blanc pur ; flancs et sus-caudales teintés de noir ; queue noirâtre, marquée à la base d'une tache blanche triangulaire, mais seulement sur les rectrices latérales, les rectrices médianes étant d'une teinte noire uniforme ; rémiges brunes lisérées d'olive sur leur bord externe. La femelle a la gorge et le devant du cou d'un gris assez clair, la tache pectorale d'une nuance orangée terne et en général tout le plumage de teintes plus claires que le mâle.

Cet oiseau qui, paraît-il, est fort commun dans le N.-O. de l'Himalaya, dans le Cachar septentrional (**M. Godwin-Austen**) et sur les rives de l'Indus, vient en grand nombre passer l'été dans le S.-O. de la Chine. Je l'ai trouvé communément à Moupin, sur les montagnes boisées, entre deux et trois mille mètres d'altitude, et j'ai reconnu chez lui les mœurs, les allures et même le système de coloration des *Erythrosterna*, auxquels on devra sans doute le réunir génériquement.

178. — SIPHIA HODGSONI

Siphia Hodgsoni, J. Verr. (1870), *Nouv. Arch. du Mus.*, VI, 34 ; (1871), VII, 29, et (1873), IX, pl. 4.

Dimensions. Long. totale, 0ᵐ,13 ; queue, 0ᵐ,056 ; aile, 0ᵐ,07.

Couleurs. Iris noir ; bec noirâtre ; pattes d'un brun grisâtre. — Parties supérieures d'un bleu ardoisé, très-foncé et presque noir sur les lores, les côtés de la tête et du cou ; parties inférieures d'un jaune orangé, s'éclaircissant sur la région ventrale ; ailes et queue noires, avec la base des rectrices latérales blanche (mâle adulte).

J'ai trouvé cette espèce nouvelle au mois d'octobre, dans
la vallée de Moupin, où elle paraît fort rare, car le spécimen
qui a servi de type à la description de feu J. Verreaux est le
seul que j'aie eu l'occasion d'observer. L'oiseau avait tout à
fait les allures des *Erythrosterna*, et, comme ceux-ci, se livrait
à la chasse des insectes.

179. — STOPAROLA MELANOPS

Muscicapa melanops, Vig. (1830-31), *P. Z. S.*, 171. — Muscipeta lapis, Less.
(1839), *Rev. zool.*, 104.— Eumyias melanops, Jerd. (1862), *B. of Ind.*, I, 463. — Swinh.
(1863), *P. Z. S.*, 289.— Stoparola melanops, Gould (1832), *Cent. Him. Birds*, pl. 6.
— Swinh. (1871), *P. Z. S.*, 381.

Dimensions. Long. totale, $0^m,165$; queue, $0^m,065$, carrée ; aile, $0^m,08$;
tarse, $0^m,015$; bec, $0^m,009$ à partir du front ; largeur du bec, $0^m,007$.
Couleurs. Iris brun ; bec et pattes noirs. — Plumage d'un bleu vert
clair et brillant, avec les lores, le dessous de la queue et des ailes noirs, et
les sous-caudales frangées de blanc. La femelle porte la même livrée que le
mâle.

Ce gobe-mouches bleu qui est fort commun, paraît-il, dans
l'Inde et dans l'Indo-Chine, vient passer l'été dans la Chine
méridionale. Il s'établit en assez grand nombre sur les montagnes boisées, et dans les vallées étroites où bondissent des
torrents écumeux. Dès le mois d'août, j'ai pu voir à Moupin
de jeunes oiseaux revêtus déjà de la livrée éclatante des adultes,

180. — CYANOPTILA CYANOMELÆNA (Pl. 81)

Muscicapa cyanomelæna, Tem. (1838), *Pl. Col.* 470. — Tem. et Schl. (1850),
Faun. Jap., 47, et pl. 17 D. — Muscicapa gularis, Tem. et Schl., *ibid.*, 43, et pl. 16.—
Hypothymis cyanomelæna, Cass. (1856), *Narrat. of the exped. of an Am. Squad.
under the comm. of the commod. Perry. Birds collect. in China*, II, 239. — Niltava
cyanomelæna, Swinh. (1860), *Ibis*, 58, et (1861), 41. — Hypothymis cyanomelæna,
Swinh. (1862), *Ibis*, 306. — Cyanoptila cyanomelæna, Swinh. (1871), *P. Z. S.*, 380.

Dimensions. Long. totale, $0^m,175$; queue, $0^m,07$, carrée ; aile, $0^m,103$;
tarse, $0^m,017$; bec, $0^m,01$ à partir du front ; largeur du bec, $0^m,006$.
Couleurs. Iris et bec noirs ; pattes brunes. — Plumage d'un bleu clair,
très-brillant sur le dessus de la tête, avec la région nasale, les joues, les lores
et la gorge noirs, le ventre, les sous-caudales et la base de la queue d'un
blanc pur ; rectrices médianes entièrement bleues en dessus ; rectrices latérales noires dans leur portion terminale ; rémiges noires avec un liséré bleu le
long du bord externe. — La femelle, qui a été décrite comme une espèce distincte dans la *Fauna japonica*, sous le nom de *Muscicapa gularis*, est d'un

brun de cannelle, plus vif sur les côtés de la tête et les bords des plumes de l'aile que sur les autres parties, tirant au contraire au jaunâtre sur le dessus de la queue et au rougeâtre sur les rémiges ; gorge, milieu de la poitrine et du ventre blanchâtres.

Le Gobe-Mouches noir et bleu a été signalé d'abord au Japon, mais dans ces derniers temps il a été rencontré également sur divers points de l'empire chinois : chaque année il passe en assez grand nombre à Canton et les naturalistes attachés à l'expédition du commodore Perry l'ont trouvé communément dans les buissons et dans les jardins autour de Macao ; en été, il pénètre dans la Mantchourie et jusque dans l'Amourland. A Pékin, on prend quelques-uns de ces oiseaux au printemps et plus rarement en automne ; mais je n'en ai point vu au Setchuan ni à Moupin.

181. — CYORNIS VIVIDA

Cyornis vivida, Swinh. (1864), *Ibis*, 363, et (1866), 393, pl. XI.—(1871), *P. Z. S.*, 380.

Dimensions. Long. totale, $0^m,15$; queue, $0^m,095$; aile, 0,08.
Couleurs. Iris brun ; bec et pattes noirs. — Plumage d'un bleu éclatant, à reflets légèrement pourprés, avec la région carpale et le croupion d'une nuance plus claire, les narines, les joues et le menton noirs, de même que la face interne des ailes et de la queue ; face externe des ailes et de la queue d'un bleu vif, sauf sur le rachis ; parties inférieures d'un brun châtain, avec certaines plumes des flancs nuancées de blanc sur les barbes internes.

Cette espèce représente dans l'île de Formose le *Cyornis rubeculoïdes* de l'Himalaya dont elle diffère par une taille plus forte et par des teintes plus vives, particulièrement sur le croupion ; en outre, chez elle la nuance fauve brunâtre s'étend sur toutes les parties inférieures au lieu de couvrir seulement la poitrine comme chez le *C. rubeculoïdes*.

182. — NILTAVA SUNDARA

Niltava sundara, Hodgs. (1837), *Ind. Rev.*, 650. — Gould, (1850), *B. of As.*, livr. II, pl. — Verr. (1867), *Rev. et Mag. de Zool.*, 172, n° 39.

Dimensions. Long. totale, $0^m,18$; queue, $0^m,07$; aile, $0^m,08$.
Couleurs. Iris noirâtre ; bec noir ; pattes bleuâtres ; ongles bruns. — Parties supérieures d'un noir de velours à reflets bleus, avec le sommet de la tête (dans le mâle), les épaules, une marque étroite de chaque côté du cou,

le croupion, les sus-caudales et le bord des rectrices d'un beau bleu d'outre-mer, la gorge noire, la poitrine et le ventre orangés. — Dans la femelle, le dessus du corps est d'un brun olivâtre, avec le front et les lores roussâtres, et le dessous est d'un gris brunâtre avec la gorge roussâtre, un croissant gris blanchâtre sur le devant de la poitrine, et une tache bleuâtre de chaque côté du cou ; la queue est d'un brun roux au lieu d'être noire lisérée de bleu comme chez le mâle.

Le *Niltava sundara* habite l'Himalaya et a été rencontré récemment par M. le major Godwin-Austen dans les monts Khasi et dans le Cachar septentrional, mais il s'avance encore plus à l'est et au sud et se trouve en Chine dans le Setchuan et le Fokien. Il se tient de préférence sur les montagnes boisées, et se cache d'ordinaire dans les taillis, de sorte qu'il est fort difficile de l'apercevoir. L'espèce semble du reste assez rare dans l'empire chinois.

183. — XANTHOPYGIA TRICOLOR (Pl. 80)

Muscicapa xanthopygia, Hay. (1844), *Madr. Journ.*, 162.— Muscicapa tricolor, Hartl. (1845), *Rev. Zool.*, 406. — Xanthopygia leucophrys, Blyth (1847), XVI, 123.— Swinh. (1861), *Ibis*, 410, et (1862), *P. Z. S.*, 317. — Xanthopygia tricolor, Swinh. (1871), *P. Z. S.*, 380.

Dimensions. Long. totale, $0^m,12$; queue, $0^m,045$; aile fermée, $0^m,075$; tarse, $0^m,015$; bec, $0^m,01$ à partir du front ; largeur du bec, $0^m,005$.

Couleurs. Iris et bec noirs; pattes bleuâtres. — Parties supérieures du corps d'un noir profond, avec le bas du dos et le croupion d'un jaune citron vif et une large raie sourcilière blanche ; lores et joues noirs ; parties inférieures du même jaune que le croupion, avec les sous-caudales blanches; dernières sus-caudales, rectrices et rémiges noires ; pennes tertiaires et une partie des couvertures moyennes blanches. La femelle est d'un vert olive en dessus, avec le croupion jaune, et d'un blanc jaunâtre en dessous, avec quelques macules olivâtres sur la poitrine ; elle a les sous-caudales blanches, les sus-caudales brunes à la base et olivâtres à l'extrémité, la queue et les ailes d'un brun sale, et les petites et moyennes couvertures terminées par un liséré blanc.

Ce joli oiseau se montre en Chine pendant la belle saison, mais sa véritable patrie paraît être la Malaisie. J'ai reçu de cette dernière région un spécimen entièrement semblable à ceux qui passent chaque année, en petit nombre, à Pékin, et qui nichent sur les montagnes voisines. Quelques-uns de ces gobe-mouches s'aventurent même dans l'intérieur de la ville, mais la plupart

restent cachés dans les bois fourrés : ils ont le genre de vie des
Erythrosterna, mais sont toujours d'un naturel plus sauvage.
La même espèce a été observée récemment par M. Swinhoe aux
environs de Ningpo.

184. — XANTHOPYGIA NARCISSINA

Muscicapa narcissina, Tem. (1838), *Pl. Col.* 577, fig. 1. — Tem. et Schl.
(1850), *F. J.*, 46, et pl. 17 C. — Xanthopygia narcissina, Swinh. (1860), *Ibis*, 38, et
(1871), *P. Z. S.*, 380.

Dimensions. Long. totale, 0^m,125 ; queue, 0^m,05 ; aile, 0^m,95.

Couleurs. Semblable au *X. tricolor*, mais ayant la raie sourcilière jaune
(chez le mâle) et non pas blanche, et toutes les teintes du plumage un peu
plus vives.

Le Gobe-Mouches narcisse, qui habite au Japon, passe deux
fois par an et en très-grand nombre sur les côtes méridionales
et orientales de la Chine; mais il ne s'y arrête que très-peu de
temps. En revanche, je ne l'ai jamais rencontré à Pékin, ni dans
l'intérieur de la Chine, tandis que j'ai pris son congénère en
Mongolie, sur les frontières de la Mantchourie, à Moupin et au
Tchékiang.

185. — XANTHOPYGIA HYLOCHARIS

Muscicapa hylocharis, Tem. et Schl. (1850), *Faun. Jap.*, 44, et pl. 17.

Dimensions. Long. totale, 0^m,13 ; queue, 0^m,05 ; aile fermée, 0^m,07 ;
tarse, 0^m,016 ; bec, 0^m,009 ; largeur du bec, 0^m,004.

Couleurs. Bec et tarses plombés. — Plumage semblable à celui du
X. tricolor femelle, avec le croupion d'un vert olive (et non d'un jaune vif),
la gorge d'un gris jaunâtre (et non pas blanche), et les parties supérieures
d'une teinte plus uniforme.

La description ci-dessus est faite d'après un mâle adulte
que j'ai tué à Pékin, au mois de mai 1867, et que je possède
encore. C'est le seul individu que j'aie vu de cette espèce, qui
nous paraît fort légitime, quoi qu'en dise M. Swinhoe. Ce dernier
considère en effet le *X. hylocharis* comme la femelle du *X. tricolor*;
mais en joignant aux caractères de plumage indiqués plus haut
ceux tirés de la forme du bec, un peu moins large et moins
fort dans le *X. hylocharis* que dans le *X. tricolor*, il nous semble

assez facile de distinguer les deux espèces. C'est sans doute faute d'avoir suffisamment remarqué ces différences qu'on n'a pas obtenu un plus grand nombre de spécimens du *X. hylocharis.*

186. — MUSCICAPULA SAPPHIRA

Muscicapula sapphira, Tickell, Mss. — Blyth. (1842), *J. A. S.*, XI, 939, et (1847), XVI, 473. — Muscicapula sapphira (Jerd.), Gr. et Hard. (1830-34), *Ill. Ind. Orn.*, pl. 32. — Swinh. (1871), 380.

Dimensions. Long. totale, 0m,13 ; queue, 0m,047 ; aile, 0,063.

Couleurs. Iris et pattes bruns ; bec noir. — Parties supérieures du corps d'un bleu foncé, avec le front et le ventre d'un bleu d'azur, le croupion et les sus-caudales d'un bleu de cobalt ; gorge et poitrine d'un bleu pourpré, avec une raie médiane rousse ; flancs grisâtres ; ventre, axillaires et une partie du dessous des ailes blancs ; rémiges et rectrices noires bordées de bleu sur la face supérieure. Dans la femelle, le dessus du corps est d'un brun olive avec le front et le tour des yeux roux, le croupion, la face supérieure des ailes et de la queue bruns, la gorge et la poitrine d'un roux clair, le ventre d'un blanc bleuâtre.

Ce charmant oiseau qui habite principalement le Népaul et le Sikkim et qui vit dans les forêts, à une altitude de 6,500 pieds, n'a été rencontré jusqu'à présent en Chine que dans les provinces du Sud-Ouest. Le Muséum d'histoire naturelle en possède un spécimen tué dans le Setchuan.

187. — ERYTHROSTERNA ALBICILLA (Pl. 79)

Muscicapa albicilla, Pall. (1811), *Zoogr.*, I, 462. — Muscicapa parva, Schr. (1860), *Vög. d. Am. L.*, 374. — Erythrosterna niveiventris, Swinh. (1860), *Ibis*, 54. — Erythrosterna mugimaki, Swinh. (1861), *Ibis*, 330. — Erythrosterna leucura, Swinh. (1860), *Ibis*, 357, et (1863), *P. Z. S.*, 92.—Muscicapa parva, Radde (1862), *Reis. in S. O. Sib.*, II, 267. — Erythrosterna albicilla, Swinh. (1871), *P. Z. S.*, 380. — Erythrosterna leucura, Dyb. (1872), *J. f. O.*, 448. — Tacz. (1876), *Bull. Soc. zool. Fr.*, I, 169.

Dimensions. Long. totale, 0m,12 ; queue, 0m,05 ; aile fermée, 0,07 ; tarse, 0m,017 ; bec, 0m,009, à partir du front.

Couleurs. Iris, bec et pattes bruns. — Parties supérieures d'un cendré brunâtre ou olivâtre, avec le tour des yeux blanchâtre ; sur la gorge une tache rousse de 2 centimètres de longueur environ, limitée sur les côtés et inférieurement par une teinte grise ; ventre et sous-caudales d'un blanc pur ; sus-caudales noires ; queue noire avec la base des huit rectrices latérales blanche. En automne et en hiver, la couleur rousse de la gorge est remplacée par du blanc, et dans cet état le mâle ne diffère pas de la femelle.

L'*Erythrosterna albicilla* représente dans l'extrême Orient l'*Erythrosterna parva* des frontières de l'Europe et de l'Asie ; il est très-commun en Chine et pendant l'été s'avance jusqu'en Sibérie orientale ; pendant l'hiver, au contraire, il se retire dans l'Inde, la Birmanie et à Ceylan. Il passe en très-grand nombre à Pékin au printemps et en automne, et se montre très-familier, fréquentant les jardins et les bosquets pour chercher les insectes qu'il prend plutôt sur le sol qu'au vol, comme les autres gobe-mouches. Il ressemble du reste beaucoup à ces derniers par ses allures, et fait entendre de temps en temps un petit cri rauque, en relevant et abaissant la queue.

188. — ERYTHROSTERNA LUTEOLA

MUSCICAPA LUTEOLA, Pall. (1811), *Zoogr.*, I, 470.—MUSCICAPA MUGIMAKI, Tem.(1837), *Pl. Col.* 577, f. 2.— Tem. et Schl. (1850), *F. Jap.*, 46, pl. 17 B. — MUSCICAPA LUTEOLA, Midd. (1853), *Sib. Reis.*, II, 186, pl. XVII, f. 13. — Swinh. (1860), *Ibis*, 357. — Schrenck (1860), *Vög. d. Am. L.*, 375. — Radde (1862), *Reis. in S. O. Sib.*, II, 269. — MUSCICAPA HYLOCHARIS, Swinh. (1862), *Ibis*, 305. — ERYTHROSTERNA LUTEOLA, Swinh. (1871), *P. Z. S.*, 380. — Dyb. (1872), *J. f. O.*, 449.—Tacz. (1876), *Bull. Soc. zool. Fr.*, I, 169.

Dimensions. Long. totale, 0^m,13 ; queue, 0^m,53 ; aile, 0^m,075 ; tarse, 0^m,016.

Couleurs. Iris et bec noirâtres ; pattes brunes. — Parties supérieures du corps d'un noir lavé de cendré, avec le croupion presque entièrement de cette dernière teinte, et une petite tache blanche derrière l'œil ; couvertures moyennes des ailes blanches, de mêmes que les bords externes des pennes tertiaires ; reste de l'aile d'un brun noir ; gorge, devant du cou, poitrine et partie supérieure du ventre du même roux que dans notre *Rouge-gorge;* bas-ventre et sous-caudales d'un blanc pur ; sus-caudales noires ; queue noire à l'extrémité et blanche à la base.

Cette espèce, qui est assez commune au Japon, en Daourie, sur les bords du Baïkal et dans l'Amourland, voyage dans toute la Chine orientale, mais ne se montre jamais en grand nombre, autant que j'ai pu l'observer. A peu près chaque année, on en voit quelques individus isolés à Pékin, où j'ai pu me procurer trois mâles, tous en plumage d'été, mais malheureusement point de femelle.

189. — BUTALIS FERRUGINEA

HEMICHELIDON FERRUGINEA, Hodgs. (1845), *P. Z. S.*, 32. — BUTALIS RUFESCENS, Jerd. (1847), *J. A. S.*, XVI, 120. — HEMICHELIDON RUFILATA, Swinh. (1860), *Ibis*, 57: —

HEMICHELIDON FERRUGINEA (Hodgs.), Swinh. (1861), *Ibis*, 40. — ALSEONAX FERRUGINEUS, Jerd. (1862), *B. of Ind.*, I, 460. — BUTALIS FERRUGINEA, Swinh. (1863), *P. Z. S.*, 288, et (1871), *ibid.*, 379.

Dimensions. Long. totale, 0ᵐ,13 ; queue, 0ᵐ,054 ; aile, 0ᵐ,062 ; tarse, 0ᵐ,017 ; bec, 0ᵐ,007 à partir du front ; largeur du bec, 0ᵐ,004.

Couleurs. Iris brun ; bec noir, avec la base de la mandibule inférieure blanchâtre ; pattes d'un gris blond, avec le dessous des doigts jaunâtre et les ongles gris. — Parties supérieures du corps d'un brun olive, avec les sus-caudales et la queue d'un roux vif; gorge et milieu du ventre blanchâtres, avec les sous-caudales, les flancs et la poitrine fortement lavés de roux ; tour des yeux blanchâtre ; rémiges brunes lisérées de roux olive en dehors. — Plumage de la femelle semblable à celui du mâle.

Ce petit gobe-mouches qui habite l'Himalaya et qui, en hiver, descend jusqu'à Ceylan, se répand en été dans la Chine méridionale. Je l'ai vu s'établir en assez grand nombre à Moupin, au mois de mai. Il se tient sur les arbres, dans les grands bois, et donne la chasse aux insectes qui volent sous le feuillage.

190. — BUTALIS SIBIRICA

MUSCICAPA SIBIRICA, Gm. (1788), *S. N.*, I, 936. — MUSCICAPA FUSCEDULA, Pall. (1811-1831), *Zoogr.*, I, 462. — HEMICHELIDON FULIGINOSA, Hodgs. (1845), *P. Z. S.*, 32. — MUSCICAPA SIBIRICA. Schr. (1860), *Vög. d. Am. L.*, 379. — Radde (1862), *Reis. in S. O. Sib.*, II, 273. — BUTALIS SIBIRICA, Swinh. (1863), *P. Z. S.*, 288 ; (1871), *ibid.*, 379, et (1875), *Ibis*, 115. — Tacz. (1876), *Bull. Soc. zool. Fr.*, I, 168.

Dimensions. Long. totale, 0ᵐ,12 ; queue, 0ᵐ,045 ; aile, 0ᵐ,071.

Couleurs. Iris, bec et pattes bruns. — Plumage d'un brun fuligineux en dessus, d'un brun pâle en dessous, avec la poitrine, le ventre et les sous-caudales blanchâtres, les plumes axillaires et sous-alaires et les bords des grandes couvertures de l'aile fortement teintés de roux.

Le *Butalis sibirica*, dont le facies rappelle beaucoup celui des hirondelles, est fort commun dans la Sibérie orientale et dans l'Himalaya, mais ne visite la Chine que fort rarement. On a pris cependant quelques individus de cette espèce, soit au sud, soit au nord de l'Empire et même en Sibérie.

191. — BUTALIS GRISEOSTICTA

HEMICHELIDON FULIGINOSA, Swinh. (1860), *Ibis*, 57. — HEMICHELIDON GRISEISTICTA, Swinh. (1861), *Ibis*, 330, et (1863), *P. Z. S.*, 262. — BUTALIS HYPOGRAMMICA, Wall. (1862), *Ibis*, 250. — BUTALIS GRISEOSTICTA, Swinh. (1866), *Ibis*, 131, et (1871), *P. Z. S.*, 379. — Wald. (1872), *Trans. Zool. Soc.*, VIII, part. 2, p. 66.

Dimensions. Long. totale, 0^m,14; queue, 0^m,05; aile fermée, 0^m,085 ; tarse, 0^m,013; bec, 0^m,008 à partir du front; largeur du front, 0^m,006.

Couleurs. Iris brun; bec brun, avec un peu de jaune à la base de la mandibule inférieure; pattes brunes. — Parties supérieures d'un brun cendré, plus foncé sur les plumes des ailes et de la queue et sur le milieu des plumes de la tête; un cercle blanc autour de l'œil; côtés du cou, gorge, ventre et sous-caudales d'un blanc pur, avec des flammèches brunes sur les côtés du cou et de la poitrine et sur les flancs; axillaires brunes; grandes plumes sous-caudales marquées de brun; grandes couvertures des ailes et pennes tertiaires frangées de blanchâtre. — Plumage de la femelle semblable à celui du mâle.

Ce gobe-mouches qui a été trouvé par Wallace à Morty et à Ceram, et qui visite peut-être en hiver l'île de Célèbes, est très-abondant en été dans toute la Chine et passe en grand nombre à Pékin deux fois par an, en mai et juin, et en août et septembre. Pour la voix et les allures, il ressemble complétement à notre Gobe-Mouches gris de France.

Le *Butalis manillensis*, Bp. (*Compt. rend. Ac. sc.*, XXVIII, 652), dont le type, rapporté de Manille par Dussumier en 1820, fait partie des collections du Muséum d'histoire naturelle, n'est pas comme le soupçonnait lord Walden (*Trans. Zool. Soc.*, 1875, IX, part, 2, p. 183) tout à fait identique au *B. griseosticta*, mais s'en rapproche extrêmement; il a seulement les flancs couverts de stries plus distinctes, les ailes un peu plus longues et le bord interne des rémiges, sur la face inférieure de l'aile, d'une teinte un peu plus claire. En revanche, il diffère complétement du *Butalis latirostris*.

192. — BUTALIS LATIROSTRIS

Muscicapa griseola (L.), var. 3, Pall. (1811), *Zoogr. Ross. as.*, I, 461. — Alseonax latirostris, Raffles (1821), *Trans. L. Soc.*, XIII, part. 2, p. 312. — Muscicapa cinereoalba, Tem. et Schl. (1850), *Faun. Jap. Aves*, 42, pl. 15. — Muscicapa pondiceriana, Midd. (1853), *Sib. Reis.*, II, 188. — Muscicapa cinereo-alba, Schr. (1860), *Vög. d. Am. L.*, 379. — Radde (1862), *Reis. in S. O. Sib.*, 273. — Alseonax latirostris, Jerd. (1862), *B. of Ind.*, I, 459. — Butalis latirostris, Swinh. (1871), *P. Z. S.*, 379. — Dyb. (1872), *J. f. O.*, 447. — Tacz. (1876), *Bull. Soc. zool. Fr.*, I, 168.

Dimensions. Long. totale, 0^m,13; queue, 0^m,045; aile fermée, 0^m,07; tarse, 0^m,013; bec, 0^m,011 à partir du front; largeur du bec, 0^m,008.

Couleurs. Iris noirâtre; bec noir, avec une grande partie de la mandibule inférieure blanchâtre; pattes et ongles bruns. — Parties supérieures du corps d'un brun cendré passant au noirâtre sur la queue et sur les ailes dont les plumes tertiaires et les grandes couvertures sont bordées de blanchâtre; parties inférieures blanches, avec la poitrine et les flancs lavés de brun, mais n'offrant point de flammèches distinctes comme dans d'autres espèces; tour des yeux blanc; plumes axillaires d'un gris blanchâtre.

Le *Butalis latirostris,* que l'on confondrait de prime abord avec l'espèce précédente, en diffère par une taille plus faible, par un bec à la fois plus long et plus large, par des soies plus développées à la base du bec, et par l'absence de flammèches distinctes sur la poitrine et sur les flancs. Il se trouve dans l'Inde, aux îles Andaman, au Japon, et jusqu'en Sibérie, et se répand en été dans toute la Chine. On le voit apparaître à Pékin au printemps et en automne presque aussi abondamment que le *Butalis griseosticta,* dont il a toutes les allures.

HIRUNDINIDÉS

Les ornithologistes comptent actuellement plus de 100 espèces différentes d'Hirondelles, distribuées dans toutes les parties du monde.

193. — HIRUNDO GUTTURALIS

L'HIRONDELLE D'ANTIGUE, Sonn. (1776), *Voy. Nouv. Guin.*, 118, pl. 78. — HIRUNDO GUTTURALIS, Scop. (1786), *Del. Fl.* et *Faun. Insubr.*, II, 96, n° 115. — HIRUNDO PANAYANA, Gm. (1788), *S. N.*, 1018. — Lath. (1821-24), *Hist.*, VII, 301. — HIRUNDO JENAN, Sykes (1832), *P. Z. S.*, 83. — HIRUNDO GUTTURALIS, Swinh. (1871), *P. Z. S.*, 346. — Tacz. (1876), *Bull. Soc. zool. Fr.*, I, 133. — Przewalski (1877), *Ornith. Misc.*, VI, 160, *B. of Mong.*, sp. 30.

Dimensions. Long. totale, 0ᵐ,16 à 0ᵐ,17; queue, 0ᵐ,08; rectrices médianes, 0ᵐ,04; aile fermée, 0ᵐ,01; tarse, 0ᵐ,01.

Couleurs. Iris et bec noirs; pattes brunes. — Parties supérieures du corps d'un noir bleuâtre, à reflets métalliques; lores noirs; front et gorge roux; poitrine ornée d'une bande transversale noire interrompue au milieu par une ligne prolongeant la teinte de la gorge; ventre d'un blanc sale; sous-caudales rousses, plumes axillaires et couvertures sous-alaires d'un gris roussâtre; queue marquée d'une raie transversale en forme de croissant.

L'Hirondelle commune de Chine et de Mongolie ne diffère guère de notre Hirondelle de cheminée que par sa taille plus faible et son bec plus large; elle a du reste exactement les mêmes mœurs, la même voix, et la même coloration générale. Elle arrive à Pékin au commencement d'avril et niche en grand nombre dans les maisons. Les Chinois laissent en effet très-volontiers ces oiseaux à la fois si utiles et si aimables pénétrer dans leurs appartements et dans leurs magasins; souvent même ils fixent aux plafonds des planches pour que les hirondelles puissent attacher leurs nids plus solidement. J'ai cru remarquer que les hirondelles de la Chine avaient les parties inférieures d'un blanc pur, tandis que celles qui passaient dans la Haute-Mongolie avaient le dessous du corps d'un jaune roussâtre assez foncé. Y aurait-il deux espèces distinctes?

L'*Hirundo gutturalis* niche aussi dans le Sikkim et dans d'autres parties de la région himalayenne à 4 ou 5,000 pieds d'altitude; elle se trouve également aux îles Andaman, à Célèbes, à Java, à Malacca, au Japon, et est très-commune, d'après M. Taczanowski, dans toute la Sibérie orientale.

194. — CECROPIS DAURICA

HIRUNDO DAURICA, L. (1771), *Mantiss. Plant.*, 528. — HIRUNDO ALPESTRIS, Pall. (1776), *Reis.*, II, app. 709, nº 19.—(1811), *Zoogr. Ross. As.*, I, 534, pl. 30 f.—HIRUNDO DAURICA de Sélys-Longchamps, *Bull. Acad. Roy. de Belg.*, XX, nº 8. — CECROPIS DAURICA, Boie (1844), *Isis*, 174. — Gould (1868), *B. of As.*, XX, pl. — CECROPIS ARC-TIVITTA, Swinh. (1871), *P. Z. S.*, 346. — CECROPIS ALPESTRIS, Tacz. (1876), *Bull. Soc. zool. Fr.*, I, 133. — Prz. (1877), *Ornith. Misc.*, VI, 161, *B. of Mong.*, sp. 31.

Dimensions. Long. totale, 0ᵐ,18; queue, 0ᵐ,095; aile fermée, 0ᵐ,12; tarse, 0ᵐ,015.

Couleurs. Iris noirâtre; bec et pattes bruns. — Tête et dos d'un noir bleuâtre; dessus des ailes brun; face supérieure de la queue noire avec quelques reflets métalliques; croupion roux sur une longueur de 2 centimètres, avec quelques stries peu apparentes au centre des plumes; sus-caudales noires, à reflets bleus; côtés de la tête, en arrière de l'œil, roux, striés de noir; nuque de la même couleur, avec des stries beaucoup plus nombreuses, et couvrant presque la teinte du fond; plumes auriculaires bordées de gris; gorge grise, marquée de stries longitudinales noires assez larges; poitrine et ventre d'un gris jaunâtre, ornés de stries analogues, mais plus étroites, occupant le centre des plumes; sous-caudales noires dans leur moitié terminale; rectrices et rémiges sans taches apparentes. — Dans les oiseaux encore jeunes, la teinte jaunâtre des parties inférieures est moins prononcée, les raies de la poitrine sont plus larges, le roux du croupion et des côtés de la tête est plus pâle et couvert de stries beaucoup plus apparentes. — Suivant quelques auteurs, l'*Hirundo nipalensis* Hodgs. différerait de celle-ci par un grand collier roux sur la région postérieure du cou.

La *Cecropis daurica* paraît abondamment répandue dans toute la Chine, la Mongolie, le Kan-sou et l'Ala-chân ; elle arrive à Pékin avant l'Hirondelle vulgaire et en part quelques jours plus tard. Elle niche d'ordinaire plutôt dans les villages et dans les maisons écartées que dans les villes, et choisit de préférence les habitations situées sur des plateaux élevés. Son nid, construit sur les toits ou dans les appartements, est de forme extrêmement allongée, avec une entrée tubulaire. Son chant diffère beaucoup de celui de l'Hirondelle ordinaire, et, sans être remarquable, ne laisse pas d'être mélodieux.

M. Swinhoe affirme que l'*Hirundo daurica* L. et l'*Hirundo alpestris* Pall. ne sont autre chose que l'*Hirundo rufula* Tem. ou Hirondelle rousseline, et il propose pour désigner les hirondelles de Pékin, et sans doute aussi celles de Daourie, le nom nouveau d'*arctivitta*, pour faire allusion à la bande rousse du croupion, très-étroite, dit-il, chez tous les spécimens de cette région qu'il a eus sous les yeux. D'un autre côté, il rattache les hirondelles des provinces méridionales à l'espèce ou à la race *C. striolata* qui s'étend jusqu'à Java, et il rapporte les spécimens originaires de Formose à la *C. japonica* (T. et S.) qui habite également le Japon. Il y aurait donc en Chine trois formes de *Cecropis*, dont aucune ne devrait porter le nom de *daurica;* cependant nous avons quelque peine à admettre que Linné et plusieurs auteurs après lui aient appliqué ce nom à une espèce originaire d'une autre région que la Daourie, et nous devons déclarer que tous les spécimens que nous possédons de Mongolie et du Tibet ressemblent complétement aux oiseaux rapportés précédemment du Bengale par Duvaucel, et présentent sur le croupion une bande rousse aussi large que ces derniers ; ils ne méritent donc point l'épithète d'*arctivitta*. Nous pouvons d'ailleurs nous appuyer sur l'autorité de M. de Sélys-Longchamps qui dans une notice consacrée à l'Hirondelle rousseline et aux autres espèces du sous-genre *Cecropis* (*Bull. Acad. roy. de Belgique*, XXII, n° 8) a séparé l'*Hirundo daurica* L. ou *H. alpestris* Pall. de l'*Hirundo rufula* Tem., celle-ci ayant les stries brunes du dessous du corps excessivement fines, le collier roux plus large, la bande rousse du croupion passant au roux postérieurement, et présentant quelques différences dans les proportions de l'aile, de la queue et des pattes. L'*Hirundo daurica* habiterait les Alpes et la Sibérie, le Tibet, la Mongolie et même l'Inde septentrionale (var. *nipalensis*), tandis que l'*H. rufula* se trouverait plus à l'ouest, sur les confins de l'Europe. C'est en effet cette dernière forme qui a été rencontrée dans le Turkestan par M. Severtzoff. (Voy. Dresser, *Ibis*, 1876, p. 188.) Il est certain du reste que toutes ces prétendues espèces, *daurica*, *rufula*, *japonica*, *striolata*, ne sont que des races d'un seul et même type.

195. — CECROPIS JAPONICA

HIRUNDO ALPESTRIS JAPONICA, Tem. et Schl. (1850), *Faun. Jap.*, 33, pl. 11. — HIRUNDO DAURICA, Swinh. (1860), *Ibis*, 48, et (1863), *P. Z. S.*, 18. — CECROPIS JAPONICA, Swinh. (1871), *P. Z. S.*, 346.

Description. Plumage ne différant absolument de celui du *Cecropis arctivitta* que par les proportions de la bande rousse qui orne son croupion et qui est presque deux fois aussi large que dans l'oiseau de Chine.

M. Swinhoe rapporte à cette race les hirondelles qu'il a prises à Amoy et à Tchefou et qui ne sauraient être confondues avec les *Cecropis erythropygia* de l'Inde, celles-ci ayant la bande du croupion d'un roux vif uniforme, sans stries.

196. — CECROPIS STRIOLATA

HIRUNDO STRIOLATA, Tem. et Schl. (1850), *Faun. Jap.*, 33. — HIRUNDO DAURICA, Swinh. (1860), *Ibis*, 48, et (1863), *P. Z. S.*, 255. — CECROPIS STRIOLATA, Swinh. (1871), *P. Z. S.*, 346.

Description. Semblable au *Cecropis arctivitta*, mais de taille un peu plus forte, avec des ailes plus longues; teinte rousse du cou peu prononcée, et d'ordinaire point de tache blanche sur les rectrices latérales.

Cette hirondelle, qui est sédentaire et assez répandue dans l'île de Formose, appartiendrait, d'après lord Walden, à la même race que celle qui vit aux Philippines et dans quelques îles de la Malaisie, jusqu'à Flores. Suivant M. R. W. Ramsay, la même forme se trouverait encore en Birmanie.

197. — COTYLE RIPARIA

HIRUNDO RIPARIA, Lin. (1766), *Syst. nat.*, I, 344. — L'HIRONDELLE DE RIVAGE, Buff. (1770), *Pl. Enl.* 543, fig. 2. — HIRUNDO CINEREA, Vieill. (1817), *Nouv. Dict.*, XIV, 526. — COTYLE RIPARIA, Boie (1822), *Isis*, 550. — Swinh. (1861), *Ibis*, 328, et *P. Z. S.*, (1871), 346. — Severtz. (1873), *Turk. Jevotn.*, 67. — Dress. (1876), *Ibis*, 189. — Tacz. (1876), *Bull. Soc. zool. Fr.*, I, 134. — Przew. (1877), *Ornith. Misc.*, VI, 162, *B. of Mong.*, sp. 32.

Dimensions. Long. totale, 0ᵐ,14 ; queue, 0ᵐ,055, à peine fourchue ; aile fermée, 0ᵐ,105, atteignant le bout de la queue.

Couleurs. Iris noirâtre ; bec brun ; pattes et ongles d'un brun corné. — Plumage d'un brun sale en dessus, de même que sur les joues, la poitrine et les flancs, d'un blanc assez pur sur la gorge, le ventre et les sous-caudales.

L'Hirondelle de rivage est répandue sur une grande partie de l'Europe, de l'Afrique et de l'Asie ; elle est très-commune dans la moitié septentrionale de la Chine, où on la trouve pendant la plus grande partie de l'année, et où, comme chez nous, elle niche en colonie dans des trous creusés dans les berges des rivières. Je l'ai rencontrée également en Mongolie, mais en petit nombre ; de son côté M. Przewalski a constaté qu'elle était assez rare dans l'Ala-chan et qu'elle manquait absolument dans le Kan-sou.

198. — COTYLE SINENSIS

HIRUNDO SINENSIS, Gr. et Hardw. (1830), *Ill. Ind. orn.*, 35, f. 3. — HIRUNDO BREVI-CAUDATA, Mc. Clell. et Horsf. (1839), *P. Z. S.*, 156. — HIRUNDO MINUTA (Hodgs.), Gr. (1844). *Zool. Misc.*, 82. — COTYLE SINENSIS, Gr. (1848), *List. of the Spec.*, II, 30. — Swinh. (1863), *Ibis*, 257, et (1871), *P. Z. S.*, 347.

Dimensions. Long. totale, 0ᵐ,12 ; queue, 0ᵐ,043, presque carrée ; aile fermée, 0ᵐ,09.

Couleurs. Parties supérieures d'un gris cendré passant au noirâtre sur la tête et au blanchâtre sur les sus-caudales ; aile et queue d'un brun cendré ; poitrine d'un gris pâle ; ventre blanc.

Cette espèce d'hirondelle de rivage est répandue depuis l'Inde jusqu'à la moitié méridionale de la Chine. Je l'ai rencontrée dans le sud du Chensi immédiatement après la fonte des neiges, et je suppose qu'elle doit hiverner dans les parties chaudes du Céleste-Empire. Elle a les mêmes mœurs que l'espèce précédente, dont elle est le représentant méridional, et dont elle se distingue facilement par les teintes plus claires et plus cendrées de son plumage.

199. — PTYOPROCNE RUPESTRIS

HIRUNDO RUPESTRIS, Scop. (1768), *Ann. hist. nat.*, I, 167. — HIRUNDO MONTANA, Gm. (1788), *S. N. I.*, 1019. — COTYLE RUPESTRIS, Boie (1826), *Isis*, 971. — HIRUNDO RUPESTRIS, Gould (1832), *B. of Eur.*, pl. 56. — HIRUNDO RUPICOLA Hodgs. (1836), *J. A. S. Beng.* V, 781. — BIBLIS RUPESTRIS, Less. (1837), *Compl. à Buff.*, VIII, 495. — HIRUNDO INORNATA, Jerd. (1844), *Madr. Journ. Litt. et Sc.*, XII, 201, et XIII, 173. — PTYOPROCNE RUPESTRIS, (Cab.), in Bp. (1856), *Cat. Parzud.*, 8. — Swinh. (1871), *P. Z. S.*, 347. — COTYLE RUPESTRIS, Severtz. (1873), *Turk. Jevotn.*, 67. — Dress. (1876), *Ibis*, 189. — PIZEW. (1877), *Ornith. Misc.*, VI, 162, *B. of Mong.*, sp. 33.

Dimensions. Long. totale, 0^m,14 à 0^m,15; queue, 0^m,063, carrée; aile fermée, 0^m,15, dépassant le bout de la queue de 0^m,025.

Couleurs. Iris brun; bec noir; pattes d'un brun roux. — Parties supérieures d'un cendré plus foncé sur les ailes et sur la queue; gorge et poitrine d'un roux blanchâtre, avec quelques taches brunes; ventre d'un roux fuligineux; sous-caudales d'un brun cendré; rectrices marquées, sauf sur la paire médiane et la paire externe, d'une large tache blanche sur les barbes internes.

L'Hirondelle de roche que l'on trouve en Chine appartient à l'espèce qui habite l'Europe et le nord de l'Afrique et qui paraît également répandue dans toute l'Asie centrale. Je l'ai rencontrée sur tous les points de la Chine occidentale et de la Mongolie que j'ai parcourus, partout où il y avait de grands rochers calcaires offrant des anfractuosités dans leurs escarpements. Malgré la longueur de leurs ailes, ces oiseaux ont le vol plus lent et plus lourd que les autres hirondelles, et, au dire des Chinois, ils passent souvent l'hiver engourdis en grand nombre au fond des cavernes. Le fait est que, comme beaucoup d'autres voyageurs, j'ai été fort étonné de voir des hirondelles de roche voltiger en plein hiver autour de leurs retraites, aussitôt qu'il se produisait dans la température un adoucissement capable de les tirer de leur sommeil léthargique. Du reste, les montagnards indigènes m'ont affirmé qu'ils avaient, à diverses reprises, trouvé des monceaux de ces hirondelles engourdies.

200. — CHELIDON LAGOPODA

Hirundo lagopoda, Pall. (1811), *Zoogr. Ross. Asiat.*, 1, 532. — Chelidon Whitelyi, Swinh. (1862), *P. Z. S.*, 320, et (1874), *Ibis*, pl. VII, f. 2. — Chelidon lagopoda, Swinh. (1863), *Ibis*, 91, et (1874), *ibid.*, 152; (1863), *P. Z. S.*, 287, et (1871), *ibid.*, 347. — Hirundo lagopoda, Severtz. (1873), *Turk. Jevotn.*, 67. — Chelidon lagopoda, Dress. (1876), *Ibis*, 188. — Tacz. (1876), *Bull. Soc. zool. Fr.*, I, 134.

Dimensions. Taille et proportions un peu plus faibles que dans notre Hirondelle de fenêtre, avec la queue plus fourchue et les tarses emplumés.

Couleurs. Parties supérieures d'un noir bleuâtre, avec les sus-caudales d'un blanc pur, sans mélange de noir d'acier comme dans l'Hirondelle de fenêtre; parties inférieures d'un blanc pur, sans trace de la bande brune incomplète qui orne la poitrine de ce dernier oiseau; plumes axillaires d'un brun foncé.

L'Hirondelle lagopode, qui a été considérée longtemps par les naturalistes comme étant identique à l'espèce européenne, a été rencontrée pour la première fois par Pallas dans la Sibérie orientale; elle est fort commune, paraît-il, dans toute cette région, et s'avance jusqu'au Kamtschatka; d'autre part, M. Severtzoff l'a observée dans le Turkestan, où elle passe régulièrement chaque année, et où elle niche peut-être dans certains districts: enfin je l'ai retrouvée moi-même en Chine, nichant dans les rochers élevés des montagnes situées à l'ouest de Pékin, ainsi qu'à Moupin et dans les provinces centrales; mais sur tous ces points ces oiseaux m'ont semblé être peu abondants, et jamais je ne les ai vus dans les villes ou dans le voisinage immédiat des habitations. Cette différence de mœurs suffirait à motiver une distinction spécifique entre l'hirondelle de Chine et son congénère européen. Deux autres espèces du même groupe se rencontrent l'une au Japon et l'autre dans l'ouest de l'Himalaya.

AMPÉLIDÉS

La petite famille des Ampélidés ou *Jaseurs* ne comprend que 18 espèces, dont deux sont spéciales à l'ancien continent.

201. — AMPELIS GARRULUS

Bombycilla bohemica, Briss. (1760), *Ornith.*, II, 333. — Ampelis garrulus, L. (1766), *S. N.*, I, 297. — Le Jaseur, Buff. (1770), *Pl. Enl.* 261. — Parus bombycilla, Pall. (1811-1831), *Zoogr.*, 1, 548. — Bombycivora garrula, Tem. (1815), *Man.*, 77.

— Ampelis garrula, Swinh. (1871), *P. Z. S.*, 374. — Bombycilla garrula, Severtz. (1873), *Turk. Jevotn.*, 67. — Dress. (1876), *Ibis*, 188.

Dimensions. Long. totale, 0ᵐ,215 ; queue, 0ᵐ,063 ; aile fermée, 0ᵐ,115 ; ouverte, 0ᵐ,155 ; tarse, 0ᵐ,02 ; doigt postérieur, 0ᵐ,015 ; ongle de ce doigt, 0ᵐ,007 ; huppe du sommet de la tête, 0ᵐ,04 (chez le mâle).

Couleurs. Iris brun ; bec noir, avec la base rougeâtre. — Plumage d'un gris cendré nuancé de rose ou de lie de vin et plus vif sur la tête, le cou et la poitrine que sur le reste du corps ; front couleur de rouille, de même que deux petites taches situées l'une sur le côté de la nuque et l'autre vers la base de la mandibule inférieure ; narines, lores, région postoculaire et gorge d'un noir profond ; parties inférieures des joues, vers la base de la mandibule inférieure, tournant au blanchâtre ; milieu de l'abdomen jaunâtre ; sous-caudales d'un brun marron ; sus-caudales et croupion d'un gris cendré pur ; rectrices grises également dans leur portion basilaire, noires dans leur portion subterminale, et ornées d'une large tache jaune à l'extrémité ; rémiges brunes avec un liséré gris sur leur bord interne et une large tache jaune et blanche en forme de V à l'extrémité ; pennes secondaires marquées d'une longue tache blanche et terminées par une palette cornée de forme allongée et de couleur rouge ; pennes tertiaires cendrées ; couvertures alaires de la même teinte, à l'exception des grandes qui sont noires avec la pointe blanche. — La femelle adulte offre exactement le même plumage que le mâle ; les jeunes ont des teintes moins pures, la huppe et les palettes alaires moins développées ; chez eux, la tache terminale des rémiges, au lieu d'affecter la forme d'un V, est simple et n'existe que sur les barbes externes.

Le Jaseur de Bohême, qui passe à des époques irrégulières dans diverses parties de l'Europe, est beaucoup plus répandu dans l'Asie septentrionale, mais manifeste dans cette région les mêmes habitudes nomades que dans nos pays. Si chaque année quelques-uns de ces oiseaux se montrent dans le nord de la Chine, ce n'est qu'irrégulièrement qu'ils y apparaissent en nombre considérable. Les Pékinois les nomment *Tai-ping-tsiao* (oiseaux de la paix) à cause de leur naturel confiant, tranquille et sociable, et les élèvent souvent soit en cage, soit au bâtonnet. Les jaseurs sont si peu farouches que j'en ai vu prendre en leur présentant une baguette engluée au bout de laquelle était fixée une boulette de patate douce. Ils se nourrissent de baies, de bourgeons et d'insectes.

La même espèce a été rencontrée aussi à Changhaï et à Hakodadi (Japon).

202. — AMPELIS PHOENICOPTERA (Pl. 74)

BOMBYCIVORA PHOENICOPTERA, Tem. et Schl. (1850), *Faun. Jap. Aves*, 84 et pl. 44.
— AMPELIS PHOENICOPTERA, Swinh. (1862), *Ibis*, 365. — BOMBYCILLA PHOENICOPTERA,
Radde (1862), *Reis. in S. O., Sib.*, II, 201, pl. 6, f. 1. — AMPELIS PHOENICOPTERA,
Swinh. (1871), *P. Z. S.*, 374. — BOMBYCILLA PHOENICOPTERA, Dyb. (1875), *J. f. O.*, 245.
— Tacz. (1876), *Bull. Soc. zool. Fr.*, I, 164.

Dimensions. Long. totale, $0^m,18$; queue, $0^m,05$; aile fermée, $0^m,11$;
tarse, $0^m,018$; doigt postérieur, $0^m,014$; ongle de ce doigt, $0^m,006$; huppe
du sommet de la tête, $0^m,03$.

Couleurs. Iris rouge ; bec noirâtre ; pattes et ongles noirs. — Plumage
semblable en général à celui de l'espèce précédente, avec la raie noire des
yeux s'étendant jusqu'à la nuque et embrassant quelques-unes des plumes
de la nuque, les couvertures moyennes des ailes terminées par une bordure
d'un rouge pourpre, les grandes couvertures des ailes dépourvues de bordure blanche, les rémiges noires, lisérées de gris cendré, et ornées d'une
tache blanche à l'extrémité, les pennes secondaires de la même teinte, avec
une tache rouge à la pointe, mais n'offrant pas de palettes cornées comme
dans l'espèce précédente, la queue terminée par une bande rouge, et les
sous-caudales d'un rouge assez vif, et non d'une teinte marron comme dans
le Jaseur de nos pays. — Dans les jeunes individus, il n'y a point de tache
rouge à l'extrémité des rémiges, la bordure écarlate des rectrices est à
peine indiquée, et les sous-caudales sont d'un rouge beaucoup plus pâle.

Ces jaseurs qui ont été signalés pour la première fois au
Japon, et qui ont les mêmes mœurs que notre Jaseur de Bohême,
visitent la Sibérie orientale, le nord de la Chine et l'île de Formose, mais toujours en petit nombre ; et sur dix années que j'ai
passées dans le pays, il n'y en a que deux où j'ai réussi à me
procurer à Pékin quelques-uns de ces oiseaux.

ORIOLIDÉS

Les ornithologistes rangent dans cette famille une cinquantaine
d'espèces répandues dans l'Ancien-Monde et en Australie.

203. — ORIOLUS COCHINCHINENSIS

ORIOLUS COCHINSINENSIS, Briss. (1760), *Orn.*, II, 326, n° 59, pl. 33, f. 1. — LE COU-
LIAVAN DE LA COCHINCHINE, Buff. (1770), *Pl. Enl.* 570. — ORIOLUS CHINENSIS, Bodd.
(1783), *Tabl. des Pl. Enl. de Daub.*, 34. — ORIOLUS CHINENSIS, Gm. (1788), *S. N.*, 380.
— ORIOLUS INDICUS, Gr. et Hardw. (1830-34), *Ill. Orn.*, pl. 15. — Jerd. (1863), *B. of
Ind.*, II, 109. — ORIOLUS COCHINCHINENSIS, var. *Indica*, Schr. (1860), *Vög. d. Am. L.*,
346. — Radde (1862), *Reis. in S. O. Sib.*, 230. — ORIOLUS CHINENSIS, Swinh. (1860),
Ibis, 57, et (1871), *P. Z. S.*, 374. — Tacz. (1876), *Bull. Soc. zool. Fr.*, I. 164.

Dimensions. Long. totale, 0ᵐ,25 ; queue, 0ᵐ,10 ; aile fermée, 0ᵐ,16 ;
tarse, 0ᵐ,03 ; bec, 0ᵐ,033 à partir du front.

Couleurs. Iris rouge ; bec rose ; pattes bleuâtres. — Plumage jaune,
avec un trait noir allant à travers les yeux, de la base du bec à la nuque,
la queue noire, ornée de taches terminales jaunes beaucoup plus développées sur les rectrices externes que sur les rectrices médianes, les
rémiges noires marquées de jaune à la pointe, les pennes secondaires
lisérées de jaune pâle, les pennes tertiaires d'un jaune tirant au verdâtre
sur les barbes externes et une partie des barbes internes, les grandes
couvertures largement tachées de jaune à l'extrémité. — La femelle adulte,
toujours de taille un peu plus forte que le mâle, ressemble beaucoup à
ce dernier par les teintes de son plumage, mais a le dos teint de verdâtre ; enfin les jeunes sont revêtus d'une livrée verdâtre en dessus, et
blanchâtre, rayée de noir, en dessous, et n'offrent point sur les côtés de
la tête et sur la nuque la tache noire en croissant que l'on remarque chez
les adultes.

Ce magnifique loriot se trouve en été dans la Sibérie orientale et dans toutes les parties de la Chine, sauf sur les hautes
montagnes. Il niche communément dans la grande plaine de
Pékin, sur les arbres élevés, au milieu des villages ou dans le
voisinage des sépultures. Par ses mœurs et par son chant, il
rappelle beaucoup notre loriot d'Europe. A Pékin, son arrivée
coïncide avec la maturité des mûres ; on le voit alors s'aventurer
jusque dans l'intérieur de la capitale. Dans les premiers jours
de septembre, il émigre vers le sud de la Chine, la Cochinchine
et l'Inde orientale. M. R.-W. Ramsay l'a rencontrée en Birmanie et MM. Holdsworth et Layard le citent comme un des
oiseaux communs de l'île de Ceylan.

204. — PSAROPHOLUS ARDENS

Psaropholus ardens, Swinh. (1862), *Ibis*, 363, pl. 13, et (1871), *P. Z. S.*, 374. —
Gould (1871), *B. of. As.*, livr. XXIII, pl.

Dimensions. Long. totale, 0ᵐ,25 ; queue, 0ᵐ,16 ; aile, 0ᵐ,11 ; tarse,
0ᵐ,033 ; bec à partir du front, 0ᵐ,022.

Couleurs. Iris roux ; bec et pattes bleuâtres. — Plumage d'un
rouge cramoisi, avec la tête, le cou et les ailes noirs. — Les femelles et
les jeunes ont le dessus du corps d'un rouge brunâtre et le dessous
blanchâtre, rayé de noir, avec le croupion et la face inférieure de la queue
rougeâtres.

Cette espèce n'a été rencontrée jusqu'ici que dans l'île de Formose ; elle se tient de préférence dans les vallées, au milieu des buissons de *Laurus camphora*.

205. — PSAROPHOLUS NIGELLICAUDA

PSAROPHOLUS NIGELLICAUDA, Swinh. (1870), *Ibis*, 342, et (1871), *P. Z. S.*, 374.

D'après M. Swinhoe, cette espèce ou cette race de *Psaropholus* qui habite l'île de Haïnan ne diffère du *Ps. ardens* de Formose que par des ailes plus courtes et une queue plus allongée, presque entièrement noire et non pas rouge sur toute son étendue, comme dans l'espèce précédente.

PHYLLORNITIDÉS

Cette famille, telle qu'elle est acceptée par beaucoup d'auteurs, renferme plusieurs genres d'oiseaux fort disparates et répandus les uns en Afrique, les autres dans l'Inde et la Malaisie. Les espèces actuellement connues s'élèvent à plus de 100.

206. — PHYLLORNIS LAZULINA

PHYLLORNIS LAZULINA, Swinh. (1870), *Ibis*, 255, et (1871), *P. Z. S.*, 371.

Dimensions. Long. totale, 0^m,18 ; queue, 0^m,075, égale ; aile, 0^m,093.
Couleurs. Iris brun ; bec noirâtre ; pattes d'un gris plombé. — Parties supérieures du corps d'un vert tirant au jaune sur le cou, avec les lores, les joues et la gorge d'un noir pourpré, le dessus des ailes et de la queue violet, les épaules et une raie formant moustache d'un beau bleu de cobalt ; parties inférieures d'un jaune orangé, nuancé de vert sur les flancs. — Chez la femelle, il n'y a pas de noir à la gorge et le vert domine dans les teintes du plumage ; cette couleur tourne au grisâtre sur la tête et au jaune sur les parties inférieures.

C'est encore dans l'île de Haïnan que vit cette espèce, très-voisine du reste d'une espèce de l'Inde orientale, le *Phyllornis Hardwicki*. Comme cette dernière, elle se nourrit de fruits et d'insectes qu'elle va chercher au milieu du feuillage. Sa voix est forte et agréable à entendre.

207. — HYPSIPETES AMAUROTIS

Turdus amaurotis, Less. (1831), *Trait. d'Orn.*, 410. — Tem. (1838), *Pl. Col.* 497. — Orpheus amaurotis, Tem. et Schl. (1850), *Faun. Jap. Aves*, 68, pl. 31 B. — Swinh. (1874), *Ibis*, 158.

Dimensions. Long. totale, $0^m,30$; queue, $0^m,11$; aile, $0^m,14$.

Couleurs. Iris brun clair ; bec brun foncé ; pattes brunes. — Plumage soyeux, d'un brun glacé de bleu verdâtre, principalement sur la tête, le dos, les couvertures supérieures de la queue et le bord des rémiges ; plumes du vertex bariolées, avec les bords et l'extrême pointe d'un gris clair très-brillant ; gorge grise, avec la tige des plumes brune ; région auriculaire d'un brun marron ; poitrine nuancée de gris fauve et de brunâtre, avec les plumes largement terminées de gris clair ; milieu du ventre presque blanc ; flancs et tectrices inférieures des ailes d'un roux olivâtre ; rémiges et rectrices d'un brun soyeux ; couvertures inférieures de la queue brunes, largement tachées de blanc à l'extrémité.

Le Muséum d'histoire naturelle de Paris possède plusieurs spécimens de cette espèce : deux d'entre eux, acquis de Temminck en 1842 et provenant du Japon, sont complétement identiques à deux autres spécimens envoyés de Chine en 1854 par M. de Montigny, consul de France à Changhaï, et à un autre individu, pris dans la même région en 1864 par M. l'abbé Furet et donné par M. G. de Lorière. De son côté, M. Swinhoe n'a pas trouvé de différences appréciables entre des oiseaux tués les uns à Nagasaki et à Hakodadi (Japon) et les autres à Ningpo dans le Tchékiang. Comme ces derniers ont été pris en hiver, il est probable que l'espèce séjourne constamment dans les montagnes de la Chine orientale.

208. — HYPSIPETES MACCLELLANDI

Hypsipetes Macclellandi, Horsf. (1839), *P. Z. S.*, 159. — Hypsipetes Holti, Swinh. (1861), *Ibis*, 266 et 409, et (1863), *P. Z. S.*, 277. — Hypsipetes Macclellandi, Swinh. (1871), *P. Z. S.*, 369.

Dimensions. Long. totale, $0^m,23$; queue, $0^m,105$, égale ; aile, $0^m,10$; tarse, $0^m,016$; bec, $0^m,021$ à partir du front ; hauteur du bec, $0^m,006$.

Couleurs. Iris brun jaune ; bec noirâtre ; pattes d'un brun jaunâtre. — Sommet de la tête brun, avec une tache claire de forme allongée occupant l'extrémité des plumes qui sont acuminées ; partie supérieure du cou d'un brun roussâtre ; côtés d'un roux plus clair ; dos, scapulaires et crou-

pion d'un vert olive ; queue et dessus des ailes verdâtres; plumes acuminées de la gorge blanches, bordées de gris ; poitrine et flancs roux; milieu
du ventre blanchâtre ; sous-caudales jaunâtres.

Par la gracilité de son bec, les teintes vertes de son plumage
et la coloration de ses pattes, qui n'offrent jamais une teinte
noire, cet oiseau appartient à une autre section d'*Hypsipetes*
que les espèces suivantes, section qui compte un représentant
aux Philippines (*H. philippensis*) et un autre au Japon (*H. amaurotis*). On rencontre en toutes saisons, dans les montagnes
boisées de la Chine méridionale, cette espèce dont j'ai réussi
à me procurer plusieurs spécimens au milieu même de l'hiver,
dans le Fokien occidental, et qui a été signalée récemment par
M. Godwin-Austen dans les monts Khasi et dans le Cachar
septentrional.

209. — HYPSIPETES LEUCOCEPHALUS (Pl. 44)

Turdus leucocephalus, Gm. (1788), *S. N.*, I, 826. — Turdus melanoleucus, Gr.
(1844), *Zool. Misc.*, I. — Hypsipetes niveiceps, Swinh. (1864), *Ibis*, 424. — Hypsipetes
leucocephalus, Gr. (1871), *A Fasciculus of Birds of China*, pl. 2. — Swinh. (1871),
P. Z. S., 369.

Dimensions. Long. totale, $0^m,25$; queue, $0^m,10$, légèrement fourchue ;
aile, $0^m,125$; tarse, $0^m,017$; bec, $0^m,021$ à partir du front ; hauteur du
bec, $0^m,007$.

Couleurs. Iris noisette, bec et pattes rouge de corail. — Toute la tête et
le cou blancs, cette couleur descendant en avant jusque sur la poitrine ; le
reste du corps noir, nuancé de brun sur les ailes et sur la queue, avec une
petite tache blanche à la base de l'aileron. — Dans la femelle, la teinte blanche
de la tête est moins étendue, et la teinte noire des parties inférieures beaucoup moins pure.

Cette jolie espèce vient passer l'été dans la Chine méridionale, et particulièrement dans le Setchuan et dans le Tchékiang, où j'ai tué la plupart des spécimens envoyés au Muséum
d'histoire naturelle. On la trouve d'ordinaire dans les lieux
boisés, à une certaine distance des habitations, et particulièrement sur les figuiers sauvages. Elle se nourrit de fruits et
d'insectes, et, sauf dans la saison des nids, voyage en petites
bandes, à la manière des étourneaux. Par son vol soutenu, elle

rappelle ces derniers oiseaux, et fait entendre de temps en temps un cri d'appel court et désagréable.

210. — HYPSIPETES NIGERRIMUS

HYPSIPETES NIGERRIMA, Gould (1862), *P. Z. S.*, 282, et (1864), *B. of As.*, livr. XVI, pl. — HYPSIPETES NIGERRIMUS, Swinh. (1863), *P. Z. S.*, 287, et (1871), *ibid.*; 369.

Dimensions. Taille et proportions de l'*Hypsipetes leucocephalus*.

Couleurs. Iris, bec et pattes comme dans l'espèce précédente; plumage entièrement noir, excepté sur les ailes, où les pennes sont lisérées de cendré sur le bord externe; plumes de la tête et du cou plus étroites encore et plus acuminées que dans l'*H. leucocephalus*.

L'*Hypsipetes nigerrimus* se trouve communément et en toutes saisons dans les montagnes boisées de l'intérieur de l'île de Formose, où il se nourrit d'insectes et de figues sauvages; ses allures et sa voix sont à peu près les mêmes que celles de l'*H. leucocephalus*, tandis que les teintes sombres de son plumage témoignent de ses affinités avec l'*H. psaroïdes* du Népaul et l'*H. ganeesa* de l'Assam.

211. — HYPSIPETES PERNIGER

HYPSIPETES PERNIGER, Swinh. (1870), *Ibis*, 251, et pl. 9, f. 2, et (1871), *P. Z. S.*, 369.

Dimensions. Taille et proportions des deux espèces précédentes.

Couleurs. Iris noisette; bec et pattes rouge de corail. — Plumage d'un noir foncé, à reflets verdâtres, sauf sur les pennes de la queue et des ailes qui ne sont point lisérées de gris cendré comme dans l'*H. nigerrimus*.

Cette espèce est fort abondante dans les parties boisées des régions méridionales et centrales de l'île de Haïnan; elle voyage en troupes nombreuses, et fait entendre, d'après M. Swinhoe, un cri différent de celui de l'*Hypsipetes* de Formose auquel l'épithète de *nigerrimus* ne convient guère depuis la découverte à Haïnan d'un oiseau d'un plumage encore plus foncé.

212. — HYPSIPETES YUNANENSIS

HYPSIPÈTES YUNANENSIS, Anders. (1871), *P. Z. S.*, 213, et Swinh., *ibid.*, 369.

Dimensions. Long. totale, 0^m,26; queue, 0^m,115; aile, 0^m,125; tarse, 0^m,02; bec, 0^m,023 à partir du front.

Couleurs. Iris d'un brun roux ; bec et pattes rouge de corail. — Plumage sombre ; tête, cou et région interscapulaire d'un noir métallique ; dos et croupion d'un cendré noirâtre ; parties inférieures d'un gris cendré foncé, marqué de noirâtre ; ailes et queue noirâtres, avec les rémiges lisérées de gris cendré et les sous-caudales grises bordées de blanc.

Par sa taille et les teintes de son plumage, cet oiseau se distingue assez facilement des autres espèces de la Chine et de l'Inde ; il a été rencontré par M. Anderson dans la partie occidentale du Yunan, à plus de 1,000 mètres d'altitude, et doit se trouver aussi dans d'autres provinces du sud-ouest de l'Empire.

213. — CRINIGER PALLIDUS

Criniger pallidus, Swinh. (1870), *Ibis*, 252, et (1871), *P. Z. S.*, 370.

Dimensions. Long. totale, 0m,215 ; queue, 0m,104, presque égale ; aile, 0m, 105.

Couleurs. Iris brun ; bec noirâtre ; pattes d'un brun jaunâtre. — Plumes minces et allongées du sommet de la tête d'un brun olive ; région parotique d'une nuance plus foncée ; reste des parties supérieures d'une teinte olivâtre, passant au roux sur les ailes et le croupion, et au blanchâtre sur la gorge ; poitrine, flancs et sous-caudales d'un brun olive foncé ; milieu du ventre jaune.

Le *Criniger pallidus*, très-voisin du *Criniger flaveolus* de l'Himalaya, n'a été signalé jusqu'ici que dans les forêts du centre et du midi de l'île de Haïnan, où il vit en troupes, à la manière des *Ixus*.

214. — YUHINA DIADEMATA (Pl. 69)

Yuhina diademata, J. Verr. (1869), *Nouv. Arch. du Mus.*, *Bull.* V, 35 ; (1871), VII, 53, et (1872), VIII, pl. 3. — Gould (1872), *B. of Aust.*, XXIV, pl.

Dimensions. Long. totale, 0m,17 ; queue, 0m,077, un peu fourchue ; aile, 0m,033 ; tarse, 0m,021 ; bec, 0m,011 à partir du front ; plumes de la tête acuminées et prolongées en une huppe, 0m,025.

Couleurs. Iris châtain clair ; bec et pattes jaunes. — Plumage d'un brun terreux, plus pâle sur les parties inférieures que sur le dos, avec le milieu du ventre et les sous-caudales blanches, de même que la région occipitale d'un œil à l'autre et le rachis des rectrices et des pennes tertiaires. Rémiges noires en grande partie ; couvertures des oreilles frangées de gris soyeux. — Les deux sexes portent la même livrée.

Je n'ai rencontré cette nouvelle espèce que dans le Tibet oriental, le Setchuan occidental et le S.-O. du Chensi ; dans toutes ces régions, où elle m'a paru sédentaire, elle vit en petites troupes qui se mêlent volontiers à celles des Ixos et qui se nourrissent de baies et d'insectes. Ces oiseaux ont un naturel fort doux et rappellent les jaseurs par leurs allures tranquilles ; ils restent souvent des heures entières perchés à la cime des arbres et des bambous, d'où ils s'élancent parfois pour saisir dans les airs, à la manière des Gobe-Mouches, les insectes qui leur plaisent. Pendant l'été, ils font une grande consommation de baies des différentes espèces de lauriers qui abondent dans ces régions subtropicales.

215. — YUHINA GULARIS

Yuhina gularis, Hodgs. (1836), *As. Res.*, XIX, 166. — (1837), *Journ. As. Soc. Beng.*, VI, 231. — Jerd. (1863), *B. of Ind.*, II, 264.

Dimensions. Long. totale, $0^m,16$; queue, $0^m,063$; aile, $0^m,075$; tarse, $0^m,022$; bec à partir du front, $0^m,014$.

Couleurs. Iris brun ; bec brunâtre, avec la base de la mandibule inférieure roussâtre ; pattes d'un jaune orange foncé ; ongles gris. — Parties supérieures d'un brun olive, avec le sommet de la tête d'un brun foncé uniforme, les oreilles brunâtres, le menton, la gorge et la poitrine d'un roux sombre tacheté de noirâtre et bordé latéralement par une ligne brune très-foncée, le ventre d'un roux brûlé ; pennes primaires et secondaires noires, passant au blanchâtre à la base sur leur bord interne et ornées en dehors, les premières d'un liséré blanc très-étroit, les autres d'une large bordure orange ; face inférieure de la queue d'un brun noirâtre.

Cette espèce paraît être fort commune dans les montagnes de l'Himalaya, surtout dans les régions centrales et orientales, mais je ne l'ai rencontrée qu'une seule fois à Moupin, en automne. Le mâle que j'ai tué et envoyé au Muséum d'histoire naturelle faisait partie d'une petite troupe qui se nourrissait de fruits sauvages.

216. — YUHINA NIGRIMENTUM (Pl. 70)

Yuhina nigrimentum (Hodgs.), Blyth (1845), *J. A. S.*, XIV, 962. — Polyodon (Yuhina) nigrimentum, Gray (1844), *Zool. Misc.*, 82. — Yuhina nigrimentum, Swinh. (1871), *P. Z. S.*, 373.

Dimensions. Long. totale, 0^m,12 ; queue, 0^m,045 ; aile, 0^m,055 ; tarse, 0^m,018 ; bec, 0^m,015 à partir du front.

Couleurs. Iris brun ; bec brun roux, avec la base de la mandibule inférieure rouge ; pattes rousses ; ongles gris. — Plumage d'un brun olive en dessus, d'un jaune roussâtre en dessous, avec les joues et la gorge blanches, le menton et les lores noirs, la huppe d'un gris ardoise.

Comme la précédente, cette espèce habite l'Himalaya, où elle ne semble pas fort répandue ; M. Godwin-Austen l'a signalée récemment dans les monts Naga, et je l'ai rencontré sur les collines boisées des frontières du Setchuan et de Moupin. Ces oiseaux se trouvaient là en bandes nombreuses, voletant d'un arbre à l'autre, et cherchant de petits insectes sur les feuilles et sur les branches. Je pense que, comme la *Yuhina gularis*, la *Y. nigrimentum* niche dans les montagnes de la Chine occidentale et se retire dans le midi pendant l'hiver, tandis que la *Y. diademata* n'émigre pas.

PYCNONOTIDÉS

Cette famille comprend actuellement une cinquantaine d'espèces qui, pour la plupart, habitent l'Indo-Malaisie, et dont huit vivent dans la Chine méridionale.

217. — IXUS SINENSIS.

LE GOBE-MOUCHES VERDATRE DE LA CHINE, Sonn. (1782), *Voy. Ind.*, II, 197. — MUSCICAPA SINENSIS, Gm. (1788), *S. N.*, I, 942. — Ixos OCCIPITALIS (Tem.), Less. (1831), *Trait. d'Orn.*, 410. — TURDUS OCCIPITALIS, Eyd. et Gerv. (1836), *Mag. de zool.*, 10. — Guér., *ibid*, 66. — *Voy. Fav., Ois.*, pl. 14. — Ixos PALMARUM (Tem.), Bp. (1850), *Consp.*, I, 366. — Ixus SINENSIS, Cass. (1856), *Narrat. of the Exped. und. the comm. of the comm. Perry*, II, 256. — Swinh. (1863), *Ibis*, 289, (1863), *P. Z. S.*, 278, et (1871), *ibid.*, 369. — Gould (1874), *B. of. As.*, livr. XXVI, pl.

Dimensions. Long. totale, 0^m,20 ; queue, 0^m,083, carrée ; aile, 0^m,094 ; bec, 0^m,09 à partir du front ; tarse, 0^m,021 ; hauteur du bec, 0^m,007.

Couleurs. Tête noire, avec une large bande blanche à la nuque s'étendant d'un œil à l'autre, et les plumes auriculaires tachetées de brun et terminées de blanc ; dos et croupion d'un gris cendré mélangé de vert ; face supérieure des ailes et de la queue teintée plus fortement de vert ; gorge blanche ; poitrine et flancs d'un brun cendré nuancé de vert ; plumes du ventre et sous-caudales blanches bordées de jaune. — Plumage de la femelle semblable à celui du mâle.

L'*Ixus sinensis*, connu dans le pays sous le nom de *Paé-thô-Kong*, est abondamment répandu dans toute la Chine méridionale jusqu'à la limite septentrionale du bassin du Yangtzé. C'est un oiseau très-doux et très-familier, que l'on voit toute l'année dans les jardins de Changhaï, mais que je n'ai jamais rencontré dans les forêts et sur les montagnes. Il ne s'éloigne guère en effet des pays cultivés, où les baies et les insectes lui fournissent une nourriture abondante. Perché au sommet d'une touffe de bambous ou à la cime d'un arbre, il fait entendre un chant sonore, assez agréable à l'oreille, mais peu varié.

218. — IXUS HAINANUS

Ixus HAÏNANUS, Swinh. (1870), *Ibis*, 253, et (1871), *P. Z. S.*, 369.

Description. Taille, voix, mœurs et couleurs de l'espèce précédente, mais sans tache blanche à la partie postérieure de la tête.

M. Swinhoe, dans l'*Ibis* de 1870, cherche à établir l'origine de cette espèce ou de cette race qui est abondamment répandue dans l'île de Haïnan où elle remplace l'espèce à nuque blanche ; de là quelques individus passent sur le continent voisin.

219. — IXUS XANTHORRHOUS (Pl. 45)

PYCNONOTUS XANTHORRHOUS, Anders. (1869), *P. A. S. B.*, 265. — (1871) *P. Z. S.*, 214. — IXUS ANDERSONI, Swinh. (1870), *Ann. and Mag. of Nat. Hist.*, 4e série, V, 175. — IXUS XANTHORRHOUS, Swinh. (1871), *P. Z. S.*, 369.

Dimensions. Long. totale, $0^m,22$; queue, $0^m,19$, carrée ; aile, $0^m,10$; tarse, $0^m,021$; bec, $0^m,014$ à partir du front ; hauteur du bec, $0^m,005$.

Couleurs. Iris brun ; bec noir ; pattes noirâtres. — Sommet de la tête et région sous-maxillaire noirs, avec une petite tache d'un rouge cramoisi sur les plumes contiguës à la mandibule inférieure ; parties supérieures du corps et côtés du cou d'un brun terreux ; plumes auriculaires d'un gris soyeux ; gorge et partie antérieure du cou d'un blanc pur ; poitrine ornée d'une bande brune ; ventre blanchâtre, avec les flancs lavés de brun terreux ; plumes sous-caudales d'un jaune foncé ; rectrices et rémiges brunes, lisérées d'olive sur les barbes externes. — Plumage de la femelle semblable à celui du mâle.

L'*Ixus xanthorrhous*, qui est de taille un peu plus forte que l'*I. sinensis*, mais qui a le bec plus grêle, est également fort commun dans la Chine centrale, et se rencontre parfois mêlé à l'espèce commune à laquelle il ressemble beaucoup par sa voix et ses mœurs. Je l'ai pris au Setchuan, au Chensi, au Kiangsi et au Fokien ; mais j'ai cru remarquer qu'il se tenait de préférence dans les régions montagneuses et qu'il ne s'avançait point dans les grandes plaines comme son congénère.

220. — IXUS CHRYSORRHOIDES (Pl. 46)

Hæmatornis chrysorrhoïdes, Lafr. (1845), *Rev. zool.*, 367. — Pycnonotus hæmorrhous, Swinh. (1860), *Ibis*, 57. — Muscicapa atricapilla (V.), Swinh., *ibid.*, 358. — Ixus hæmorrhous, Swinh. (1862), *Ibis*, 307. — Ixus chrysorrhoïdes, Swinh. (1863), *P. Z. S.*, 278, et (1871), *ibid.*, 370.

Dimensions. Long. totale, 0^m,20 ; queue, 0^m,09 ; aile, 0^m,09.
Couleurs. Iris brun ; bec noir ; pattes d'un gris verdâtre. — Sommet de la tête noir ; lores, région sous-oculaire et gorge noirâtres ; partie supérieure du cou et dos d'un brun terreux, avec le croupion cendré et les sus-caudales blanches ; poitrine et ventre bruns ; bas-ventre et sous-caudales rouges ; queue brune, avec une bordure blanche à l'extrémité.

Cette espèce de la Chine méridionale s'avance jusqu'aux frontières du Fokien. On la voit souvent à Hongkong en bandes plus ou moins nombreuses.

221. — IXUS JOCOSUS

Lanius jocosus, Linn. (1759), *Amœn. Acad.*, IV, 238. — Merula sinensis cristata minor, Briss. (1760), *Ornith.*, II, 255, pl. 21, f. 2. — Sitta (chinensis) palpebra inferior purpurea, Osbeck (1771), *A Voyage to China*, II, 12. — Petit Merle huppé des Indes, Sonn. (1782), *Voy. Ind.*, II, 189, pl. 107. — Gracula cristata, Scop. (1786), *Del. Faun. et Flor. Insub.*, II, 88. — Lanius jocosus, Gm. (1788), *S. N.*, I., 310, n° 24. — Otocompsa jocosa, Cab. et Hein. (1851), *Mus. Hein.*, 109. — Pycnonotus jocosus, Swinh. (1861), *Ibis*, 39. — Ixus jocosus, Swinh. (1863), *P. Z. S.*, 277, et (1871), *ibid.*, 370.

Dimensions. Long. totale, 0^m,21 ; queue, 0^m,10 ; aile, 0^m,09.
Couleurs. Iris brun ; bec noir ; pattes grises. — Tête et huppe noires ; couvertures des oreilles blanches, avec une longue touffe de plumes rouges au centre et une raie noire étroite en bas ; dos, croupion et face supérieure de la queue d'un brun uniforme ; parties inférieures blanches, avec une bande brune interrompue sur la poitrine.

Cet oiseau de l'Inde et de la Péninsule malaise est commun en toutes saisons dans la partie la plus méridionale de la Chine, particulièrement sur les arbres des allées de Hongkong. Il a les mœurs des autres ixos, et, comme ses congénères, un vol élevé et soutenu, quoique peu rapide. Sa voix est sonore, et son chant, qu'il varie fréquemment, est plutôt étrange qu'agréable.

222. — HEMIXUS CASTANONOTUS

HEMIXUS CASTANONOTUS, Swinh. (1870), *Ibis*, 251, pl. 9, f. 1, et (1871), *P. Z. S.*, 369.

Dimensions. Long. totale, 0m,21 ; queue, 0m,10, égale ; aile, 0m,105.
Couleurs. Iris roux ; bec noir ; pattes brunes. — Plumes acuminées du sommet de la tête noires, nuancées de roux, surtout vers le front ; reste des parties supérieures, petites couvertures et région parotique d'un roux châtain ; pennes de la queue et des ailes brunes, lisérées de verdâtre en dehors ; parties inférieures blanches, lavées de gris sur la poitrine et sur les flancs.

Cette espèce qui a des affinités avec l'*Hemixus flavus* du Népaul et du Bootan, mais qui s'en distingue facilement par sa coloration, ne se trouve que dans l'île de Haïnan, où elle se rencontre en petites troupes, vivant de fruits et d'insectes. Par ses formes générales, sa voix et son chant, elle tient à la fois des *Ixus* et des *Hypsipetes*.

223. — SPIZIXUS SEMITORQUES (Pl. 47)

SPIZIXUS SEMITORQUES, Swinh. (1861), *Ibis*, 266. — Gould (1866), *B. of As.*, livr. XVIII, pl. — Swinh. (1871), *P. Z. S.*, 370.

Dimensions. Long. totale, 0m,22 ; queue, 0m,093, carrée ; aile fermée, 0m,095 ; tarse, 0m,02 ; bec, 0m,013 à partir du front ; hauteur du bec, 0m,01 : largeur, '0m,09.
Couleurs. Iris châtain ; bec d'un blanc jaunâtre ; pattes d'un gris brun. — Sommet de la tête, tour des yeux et gorge noirs ; nuque et dessus du cou d'un gris cendré mêlé de noir ; reste des parties supérieures vert, tirant au jaune sur les pennes alaires et sur la queue, qui est terminée par une bande noire ; poitrine et flancs verts ; milieu du ventre et sous-caudales jaunes ; un demi-collier blanc sur la partie antérieure du cou ; moustaches formées de plumes noires bordées de blanc ; une tache blanche à la base des narines.

Ce bel oiseau se trouve communément en toutes saisons dans les montagnes boisées de Moupin, du Setchuan, du Kiangsi, du Fokien et du Tchékiang ; je l'ai pris également dans la partie méridionale du Chensi. Par ses mœurs, son régime et sa voix, il se rapproche des Ixos, et comme ceux-ci il vit en petites bandes, qui recherchent le voisinage des habitations. Son vol est lourd, et son chant, sans être remarquable, ne manque pas de charme ni de gaieté. Quand les baies sauvages viennent à lui manquer, cet oiseau s'attaque aux bourgeons et aux jeunes pousses des pois et des *Viscia*.

224. — SPIZIXUS CINEREICAPILLUS

SPIZIXUS SEMITORQUES, Swinh. (1863), *Ibis*, 290. — SPIZIXUS CINEREICAPILLUS, Swinh. (1871), *P. Z. S.*, 370.

Le *Spizixus cinereicapillus*, confiné dans la partie centrale de l'île de Formose, n'est qu'une race de l'espèce chinoise *Sp. semitorques;* il n'en diffère que par la coloration de la tête, où les teintes noires sont remplacées par du gris.

PITTIDÉS

On connaît aujourd'hui une quarantaine d'espèces de Brèves ou Pittidés, qui proviennent toutes, à l'exception de la *Pitta angolensis*, des contrées baignées par l'océan Indien, depuis Madagascar et l'Australie jusqu'au Japon.

225. — PITTA MOLUCCENSIS

TURDUS MOLUCCENSIS, Müll. (1766), *Natursyst. An.*, 144. — PITTA CYANOPTERA, Tem. (1828), *Pl. Col.* 218. — PITTA NYMPHA, Tem. et Schleg. (1850), *F. J.*, 153 et suppl., pl. A. — PITTA MOLUCCENSIS, Schleg. (1866), *Vög. Ned. Ind.*, pl. 4, f. 1. — PITTA MOLUCCENSIS, Swinh. (1871), *P. Z. S.*, 375; (1873), *ibid.*, 730, et (1874), *Ibis*, 446.

Dimensions. Long. totale, $0^m,23$; queue, $0^m,045$; aile, $0^m,135$; tarse, $0^m,04$; bec, $0^m,03$ à partir du front; hauteur du bec, $0^m,011$.

Couleurs. Iris brun foncé; bec d'un brun noirâtre ; pattes d'un rose jaunâtre. — Sommet de la tête d'un brun roux, avec une raie noirâtre sur la ligne médiane rejoignant en arrière une large bande noire qui s'étend depuis les narines et le menton à travers l'œil jusque sur la nuque ; dos et une partie des couvertures alaires d'un vert bronzé; plumes scapulaires et une partie des couvertures alaires d'un vert terne relevé par de larges taches d'un bleu d'outre-mer éclatant ; rémiges d'un brun foncé, avec de larges taches blanches à la base, sur les taches internes ; pennes secondaires de la même teinte, avec du bleu sur les barbes externes ; croupion et sus-caudales d'un bleu d'outre-mer éclatant; rectrices noirâtres, bordées de bleu verdâtre à l'extrémité ; gorge blanche, passant au roux sur les côtés ; poitrine et flancs d'un roux orangé vif ; milieu du ventre et sous-caudales d'un rouge de carmin ; plumes axillaires noires.

Cette espèce qui, en dépit de son nom, ne paraît pas se trouver aux Moluques, habite l'Aracan, le Tenasserim, la presqu'île de Malacca, et s'égare jusqu'au Japon (Corée) ; elle a été rencontrée deux ou trois fois dans les provinces méridionales de la Chine, et j'ai eu l'occasion de voir au musée de Changhaï un spécimen capturé près de l'embouchure du Yangtzé. De son côté M. Swinhoe a eu sous les yeux un spécimen pris à Amoy en juin 1861, et plus récemment, en 1873, il a pu acquérir à Tchefou un autre de ces oiseaux provenant, lui dit-on, de Sen-tchoou-fou. Cette brève, qui avait été apportée vivante dans une cage, mourut malheureusement au bout de quelques jours ; elle ressemblait de tous points à l'individu figuré par MM. Temminck et Schlegel, mais elle avait le front blanc, comme la bande pectorale en forme de croissant. Il paraît du reste bien établi, comme le dit M. Swinhoe, que la teinte noire de la région frontale, dans le dessin japonais qui a servi de modèle à la planche de la *Fauna japonica*, n'est qu'une fantaisie de l'artiste.

La *Pitta moluccensis* appartient, suivant M. Wallace, à un groupe de brèves caractérisé par un plumage à couleurs simples (vert, bleu, rouge et chamois) dont les différentes espèces habitent l'Afrique occidentale, l'Australie, l'Inde proprement dite, la Chine, le Japon, la péninsule malaise et les îles de la Sonde, mais qui ne compte point de représentants à Célèbes, aux Philippines ni à la Nouvelle-Guinée.

226. — PITTA OREAS

PITTEA OREAS, Swinh. (1864), *Ibis*, 428. — D.-G. Elliot (1870), *ibid.*, 408, pl. XIII, f. 1. — Swinh. (1871), *P. Z. S.*, 375.

Dimensions. Long. totale, 0m,20 ; aile, 0m,126 ; queue, 0m,045 ; tarse, 0m,04 ; bec, 0m,03 à partir du front.

Couleurs. Iris brun ; bec noir ; pattes et ongles couleur de chair. — Sommet de la tête brun foncé ; raie sourcilière bien marquée et d'un jaune d'ocre ; une bande noire partant du bec et s'étendant à travers l'œil et l'oreille jusque sur la région postérieure du cou. Dos et couvertures alaires d'un vert émeraude, avec les petites plumes scapulaires et les sus-caudales d'un bleu vif ; rémiges noires, avec une tache blanche sur les sept premières et une marque bleue sur la dixième, près de l'extrémité ; rectri-ces noires, largement bordées de bleu verdâtre au bout, sur les barbes externes.Gorge blanche lavée de jaunâtre ; poitrine et côtés du ventre d'un jaune d'ocre pâle, nuancé de verdâtre sur les flancs ; milieu du ventre et sous-caudales d'un rouge de carmin vif ; plumes axillaires noires.

Cette belle espèce, découverte à Formose par M. Swinhoe, se rapproche à la fois de la *P. cyanoptera* et de la *P. moluccensis;* elle se distingue toutefois de la première par la teinte brune du vertex et la nuance plus claire des parties inférieures, et de la seconde par son menton blanc, sa gorge d'un blanc moins pur, son abdomen plus foncé sur les côtés et d'un rouge moins vif sur la ligne médiane, son dos et ses couvertures alaires d'un vert plus franc, son bec et ses tarses un peu plus courts. Elle a également des affinités avec la *P. coronata* de l'Inde.

HYDROBATIDÉS

Cette famille comprend une douzaine d'espèces, dont la majorité habite l'ancien continent, cinq seulement se trouvant en Amérique.

227. — HYDROBATA PALLASII

CINCLUS PALLASII, Tem. (1820), *Man. d'orn.*, 2e éd., I, 176, et III, 107. — Gould (1860), *B. of As.*, livr. XII, pl. — CINCLUS PALLASI, Swinh. (1871), *P. Z. S.*, 368.

Dimensions. Long. totale, $0^m,23$; queue, $0^m,06$, un peu arrondie ; aile, $0^m,0123$; tarse, $0^m,034$; bec, $0^m,022$; hauteur du bec, $0^m,0065$.

Couleurs. Iris d'un gris châtain ; bec brun verdâtre ; pattes d'un gris plombé ; ongles gris. — Plumage d'un brun légèrement roussâtre, plus foncé sur le ventre, les pennes de la queue et des ailes que sur le reste du corps ; un petit cercle blanc autour de l'œil, bien marqué chez le mâle, un peu moins chez la femelle qui ne se distingue d'ailleurs que par les teintes moins pures des parties supérieures.

Ce cincle ou merle plongeur se rencontre en Chine dans le voisinage de tous les cours d'eau limpides ; assez rare au nord de Pékin, où les rivières gèlent chaque hiver, il est au contraire fort commun dans les montagnes de la Chine centrale :

il vit solitaire ou par couples, et se nourrit de larves aquatiques et d'œufs de poisson. Pour chercher sa proie, il plonge et reste sous l'eau avec autant de facilité qu'une poule d'eau. Son chant, doux et harmonieux, se fait entendre souvent même au cœur de l'hiver.

Les cincles bruns que j'ai rapportés de Moupin ont le bec plus grêle et d'une forme un peu différente ; ils devraient être rattachés à l'*Hydrobata asiatica* Sw. (Jerd. 1862., *B. of. Ind.* I, 506. — *Cinclus Pallasii*, Gould, *Cent. Him. Birds*, pl. 24. — *Cinclus tenuirostris* Bp., *Consp. av.*, I, 252), si la validité de cette espèce était bien établie. La forme *H. asiatica* a été signalée récemment par M. Godwin-Austen dans les monts Khasi et dans le Cachar septentrional, tandis que M. Swinhoe n'a pas hésité à considérer des cincles tués à Hakodadi (Japon) comme appartenant à la même espèce que ceux de la Chine méridionale, c'est-à-dire à l'*H. Pallasii*. Quelques spécimens du musée de Paris, provenant du Japon et obtenus par échange de M. Temminck, nous ont paru en effet identiques comme plumage à ceux du Chensi, mais de taille un peu plus faible.

228. — HYDROBATA CASHMERIENSIS

CINCLUS CASHMERIENSIS, Gould (1859), *P. Z. S.*, 494. — (1860), *B. of As.*, livr. XII, pl. — HYDROBATA CASHMIRIENSIS, Jerd. (1862), *B. of Ind.*, I, 507. — PRZEW. (1877), *Ornith. Misc.*, VI, 201, *B. of Mong.*, sp. 114.

Dimensions. Long. totale, 0m,195 ; queue, 0m,05, égale ; aile, 0m,10 ; tarse, 0m,026 ; bec, 0m,016 à partir du front ; hauteur du bec, 0m,005.

Couleurs. Iris châtain ; bec brun grisâtre ; pattes bleuâtres ; ongles jaunâtres. — Sommet et côtés de la tête et du cou bruns ; dos, scapulaires et croupion d'un gris cendré, avec les plumes bordées de noir et marquées au centre de la même couleur; gorge et devant du cou blancs; poitrine et reste des parties inférieures d'un brun foncé, parfois d'un brun roux; queue brune, lavée de gris cendré en dessus ; ailes de la même couleur, avec les rémiges et les pennes secondaires et tertiaires lisérées de blanc.

Cette description est prise sur quatre sujets, les uns mâles, les autres femelles, que j'ai tués au printemps, en automne et en hiver au Setchuan, et qui m'ont paru se rapporter à l'*Hydrobata cashmeriensis*. Je n'ai rencontré cette espèce, beaucoup plus rare que le Cincle brun, que dans la province de Setchuan ; mais M. Przewalski l'a trouvée nichant dans le Kan-sou.

MÉRULIDÉS

Cette famille, qui compte des représentants dans toutes les parties du globe, se compose de 130 espèces environ, parmi lesquelles il y en a 17 qui habitent l'empire chinois.

229. — MERULA SINENSIS

MERULA SINENSIS (Cuv.), Less. (1831), *Trait. d'orn.*, 408 (*sine descript.*). — TURDUS MANDARINUS, Swinh. (1860), *Ibis*, 56.— MERULA SINENSIS, Gr. (1871), *Handlist.*, I, 255, n° 3,703. — Swinh. (1871), *P. Z. S.*, 367.

Dimensions. Long. totale, 0m,30 ; queue, 0m,11 ; aile, 0m,15 ; tarse, 0m,037 ; bec, 0m,024 ; hauteur du bec, 0m,008.

Couleurs. Iris brun ; bec jaune ; pattes brunes. — Parties supérieures du corps noires ; parties inférieures d'un brun noirâtre, avec les plumes de la gorge et de la poitrine bordées de roux. — Le plumage de la femelle est presque aussi foncé que celui du mâle, et son bec est également jaune, avec l'extrémité brunâtre.

Ce merle est sédentaire dans les provinces méridionales de la Chine ; mais je ne l'ai jamais rencontré dans le bassin du Hoangho. Il se tient de préférence au milieu des bambous cultivés dans le voisinage des habitations, dans les bosquets parsemés soit au milieu de la plaine, soit sur les collines, et ne s'aventure jamais sur les hautes montagnes. Il possède un chant plus beau et plus varié que le Merle d'Europe, dont il a les mœurs, mais dont il diffère d'ailleurs par une taille plus forte et par les teintes du plumage des deux sexes.

230. — MERULA GOULDI (Pl. 39)

MERULA GOULDI, J. Verr. (1870), *Nouv. Arch. du Mus.*, VI, *Bull.* 34, (1871), VII, 32, et (1873), IX, pl. 5. — MERULA GOULDII, Pnzew. (1877), *Ornith. Misc.*, VI, 198. *B. of Mong.*, sp. 110.

Dimensions. Long. totale, 0m,29 ; queue, 0m,11 ; aile, 0m,15 ; tarse, 0m,036 ; bec, 0m,022 ; hauteur du bec, 0m,08.

Couleurs. Iris brun ; bec et paupières d'un jaune pâle ; pattes d'un gris jaunâtre. — Tête et cou d'un noir terreux ; gorge d'un noir plus pâle ; ailes et queue noires ; sous-caudales noires, avec le centre blanc ; tout le reste du corps d'un beau roux vif. — La femelle a des teintes plus pâles, le milieu de la gorge gris tacheté de noir, le dessus des ailes et de la queue nuancé de brun et les sous-caudales d'un brun roussâtre taché de blanc, et son bec est brunâtre à la base et à l'extrémité.

J'ai découvert cette belle espèce de merle dans le Setchuan occidental et à Moupin ; elle paraît assez abondante dans toute cette région, et se tient d'ordinaire dans les forêts montueuses : mais en hiver elle descend dans le fond des vallées et s'approche des habitations pour chercher le long des haies et dans les clairières des fruits et de petits vers, qu'elle ramasse sur le sol à la manière de notre merle commun. Elle ressemble également à cet oiseau par sa voix, dont le timbre est cependant un peu plus grêle et moins argentin. Le merle de Gould a été retrouvé récemment par M. Przewalski sur les montagnes boisées du Kan-sou.

231. — TURDUS SIBIRICUS

Turdus sibiricus, Pall. (1776), *Reis.*, III, 694, n° 10. — Turdus leucocillus, Gm. (1788), *S. N.*, I, 815, n° 46. — Turdus leucocillus et auroreus, Pall. (1811-31), *Zoogr.*, I, 448 et 450. — Turdus sibiricus, Gould (1832-33), *B. of Eur.*, pl. 82. — Turdus mutabilis, Tem. et Schl. (1850), *Faun. Jap.*, 66, pl. 31, juv. — Turdus sibiricus, Swinh. (1861), *Ibis*, 410; (1871), *P. Z. S.*, 367, et (1874), *Ibis*, 443. — Tacz. (1876), *Bull. Soc. zool. Fr.*, I, 149.

Dimensions. Long. totale, 0m,24 ; queue, 0m,085 ; aile, 0m,123 ; tarse, 0m,03 ; bec, 0m,02 à partir du front.

Couleurs. Iris brun châtain ; bec noir; pattes jaune d'ocre. — Plumage d'un noir bleuâtre, avec une large raie sourcilière, le milieu de l'abdomen, le bout des sous-caudales et l'extrémité des trois paires latérales de rectrices d'un blanc pur, et un demi-collier d'une teinte dorée olivâtre sur le haut de la poitrine ; face inférieure des ailes marquée d'une bande oblique blanche comme dans les *Oreocincla*; plumes axillaires blanches terminées de noir ; couvertures inférieures de l'aile noires terminées de blanc. — La femelle est d'un brun olivâtre clair, avec les sourcils jaunâtres, les plumes de la poitrine marquées au centre de taches blanches et les plumes du ventre et des flancs variées de blanc.

La Grive de Sibérie, que l'on prend quelquefois en Europe, a pour patrie l'extrême Orient, et voyage dans le Japon et dans toute la Chine. Dans cette dernière contrée cependant elle est loin d'être commune. Malgré la différence de plumage, elle paraît

se rapprocher beaucoup par ses mœurs des *Oreocincla*, et, comme
ceux-ci, vit retirée dans les forêts qui couvrent les montagnes.
M. Swinhoe l'a trouvée à la fin de mai sur les collines voisines
de Tchefou.

232. — TURDUS ALBICEPS

·Turdus albiceps, Swinh. (1864), *Ibis*, 363, et (1866), *ibid.*, 135 et 315, pl. 5;
(1871), *P. Z. S.*, 367.

Dimensions. Long. totale, 0ᵐ,225 ; queue, 0ᵐ,08 ; aile, 0ᵐ,125 ; tarse,
0ᵐ,03.

Couleurs. Iris brun ; bec d'un jaune orangé vif ; pattes d'un jaune
plus terne. — Tête et cou d'un blanc pur ; dessus du corps, poitrine et
plumes axillaires d'un brun olive très-foncé, tournant au noirâtre ; parties
inférieures marron ; flancs olivâtres ; sous-caudales blanches tachetées de
brun noirâtre et de marron.

Le Muséum d'histoire naturelle possède un spécimen, acquis
à feu J. Verreaux, de cette petite grive, aux couleurs si étranges,
qui est confinée dans l'île de Formose.

233. — TURDUS CARDIS

Turdus cardis, Tem. (1838), *Pl. Col.* 518. — Tem. et Schl. (1850), *Faun. Jap.
Aves,* 65, pl. 29. — Swinh. (1860), *Ibis*, 132, et (1871), *P. Z. S.*, 367.

Dimensions. Long. totale, 0ᵐ,22 ; queue, 0ᵐ,073 ; aile, 0ᵐ,11 ; tarse,
0ᵐ,027 ; bec, 0ᵐ,015 à partir du front.

Couleurs. Iris brun ; bec jaunâtre ; pattes d'un jaune d'ocre. Parties
supérieures du corps, cou et poitrine noirs ; parties inférieures blanches
avec des taches transversales sur l'abdomen. — La femelle est d'un gris
olivâtre, avec une petite raie sourcilière et le tour des yeux blanchâtres, la
gorge d'un blanc roussâtre, bordé d'une raie brune qui descend de la mandibule inférieure, la poitrine d'un brun cendré, avec des taches d'un brun
foncé ; les flancs d'un roux ferrugineux.

Cette grive, signalée d'abord au Japon, se trouve également
en Chine, où chaque hiver elle arrive en bandes dans les provinces méridionales. En été, elle s'avance jusque dans l'Amourland ; mais, chose étrange, elle n'a jamais été observée à Pékin,
où passent tant d'autres grives.

234. — TURDUS HORTULORUM

Turdus hortulorum, Sclat. (1863), *Ibis*, 196. — Swinh. (1863), *P. Z. S.*, 280, et (1871), *ibid.*, 367.

Dimensions. Long. totale, $0^m,215$; queue, $0^m,075$; aile, $0^m,115$.

Couleurs. Iris d'un brun noisette foncé ; bec jaune dans le mâle et brunâtre dans la femelle ; pattes jaunes. — Parties supérieures d'un gris cendré obscur ; parties inférieures blanches, avec les côtés de la gorge tachetés de noirs, une large bande plombée sur la poitrine et les flancs, de même que les couvertures inférieures de l'aile, d'un roux cannelle assez clair ; rémiges grisâtres, bordées de fauve sur les barbes externes. — La femelle est brunâtre en dessus et n'a pas de bande pectorale, mais seulement des taches noires occupant les côtés de la poitrine et de la gorge.

Cette espèce ne se rencontre que dans la partie la plus méridionale de la Chine où elle est sédentaire. Elle ressemble un peu au jeune *Turdus cardis*, mais n'a pas comme ce dernier, sur les flancs, des taches noires plus ou moins accusées.

235. — TURDUS PELIOS

Turdus pelios, Bp. (1850), *Consp. Av.*, I, 273. — Cab. (1870), *J. f. Orn.*, 238. — Dyb. (1872), *ibid.*, 441. — Turdus chrysopleurus, Swinh. (1874), *Ibis*, 444, pl. 14. — Turdus pelios, Swinh. (1875), *Ibis*, 519, et (1876), *ibid.*, 508. — Tacz. (1876), *Bull. Soc. zool. Fr.*, I, 149.

Dimensions. Long. totale, $0^m,23$; queue, $0^m,09$; aile, $0^m,12$.

Couleurs. Iris brun ; bec et pattes d'un jaune orangé. — Sommet de la tête, dos, ailes et queue d'un gris de fer, légèrement nuancé d'olivâtre ; poitrine d'une teinte un peu plus claire ; gorge et milieu du ventre blancs ; flancs d'un fauve doré.

La description ci-dessus est celle que M. Swinhoe a donnée d'un oiseau qu'il avait obtenu à Tchefou et qu'il avait proposé de nommer *T. chrysopleurus*. Depuis lors ce naturaliste a reconnu l'identité de son spécimen avec les *Turdus pelios* qui ont été rapportés du pays de l'Oussouri par M. Dybowski.

236. — TURDUS PALLIDUS

Turdus pallidus, Gm. (1788), *S. N.*, 815, n° 45. — Turdus daulias, Tem. (1838). *Pl. Col.* 515. — Tem. et Schl. (1850), *F. Jap. Aves*, 62, pl. 26. — Swinh. (1860), *Ibis*, 56. — Turdus advena, Swinh. (1860), *ibid.*, 56 et 358. — Turdus pallidus, Swinh. (1871), *P. Z. S.*, 366. — Tacz. (1876), *Bull. Soc. zool. Fr.*, I, 149.

Dimensions. Long. totale, 0ᵐ,24 ; queue, 0ᵐ,085 ; aile, 0ᵐ,13 ; tarse, 0ᵐ,037 ; bec, 0ᵐ,019 à partir du front.

Couleurs. Iris brun ; bec brun foncé, avec les bords de la mandibule inférieure jaunâtres ; pattes d'un jaune brunâtre. — Sommet de la tête et dos d'un brun olivâtre ; couvertures des ailes et pennes secondaires en grande partie de la même teinte ; rémiges et rectrices d'un brun grisâtre, ces dernières marquées de blanc sur les barbes externes ; menton blanc, côtés et partie antérieure du cou grisâtres ; côtés de la poitrine et flancs d'un gris olivâtre ; milieu de la poitrine et du ventre blanchâtres ; grandes couvertures inférieures de la queue grisâtres.

Cette grive, qui se distingue par l'absence de toute raie sourcilière et par la présence de taches blanches à l'extrémité des trois paires de rectrices latérales, vient passer l'été au Japon et dans l'Amourland. En hiver, elle se trouve communément dans le sud de la Chine et à Formose.

237. — TURDUS CHRYSOLAUS

Turdus chrysolaus, Tem. (1838), *Pl. Col.* 537. — Tem. et Schl. (1850), *Faun. Jap. Aves*, 64, pl. 28. — Swinh. (1860), *Ibis*, 56, et (1871), *P. Z. S.*, 367.

Dimensions. Long. totale, 0ᵐ,22 ; queue, 0ᵐ,085 ; aile, 0ᵐ,135 ; tarse, 0ᵐ,032 ; bec, 0ᵐ,017 à partir du front.

Couleurs. Iris brun ; bec et pieds d'un brun jaunâtre. — Parties supérieures d'un brun jaunâtre, tirant parfois à l'olivâtre ou au roussâtre sur le front ; lores, gorge et devant du cou d'un brun foncé ; poitrine et flancs d'un brun orangé plus ou moins vif ; milieu de l'abdomen blanc ; couvertures inférieures de la queue de la même teinte avec quelques taches brunes ; rémiges et rectrices brunes, les premières lisérées de grisâtre sur le bord externe ; couvertures inférieures de l'aile nuancées de jaune et de brun pâle. — Dans les jeunes, la gorge est rayée de brun sur les côtés, et les teintes du plumage sont en général un peu plus claires.

Cette grive, qui diffère de la précédente par la couleur cendrée de son cou et par le ton jaunâtre beaucoup plus vif de ses flancs et de sa poitrine, niche au Japon et s'avance en été jusque dans le bassin de l'Amour. En hiver, elle est fort abondante dans le midi de la Chine et dans les deux îles de Haïnan et de Formose. D'après M. Swinhoe, ce serait même la seule espèce du genre que l'on trouverait à Formose en livrée d'adulte, à la fin de l'hiver. Le *Turdus chrysolaus* a été rencontré également ment aux Philippines.

238. — TURDUS OBSCURUS

Turdus obscurus, Gm. (1788), S. N., 816, n° 48. — Turdus pallens, Pall. (1811-31), Zoogr., I, 457. — Turdus iliacus var. pallidus, Naum. (1854), Vög. Deutsch., pl. 357. — Planesticus obscurus, Bp. (1856), Cat. Parz., 5. — Turdus pallens, Swinh. (1860), Ibis, 56. — Turdus davidianus, Milne-Edwards (1865), N. Arch. du Mus., I, Bull. 26. — Turdus fuscatus, (part.) Degl. et Gerb. (1867), Ornith. Eur., I, 403. — Turdus obscurus, Swinh. (1871), P. Z. S., 367, et (1874), Ibis, 443. — Tacz. (1876), Bull. Soc. zool. Fr., I, 148. — Turdus pallens, Przew. (1877), Ornith. Misc., VI, 198, B. of Mong., sp. 109.

Dimensions. Long. totale, 0m,23 ; queue, 0m,08 ; aile, 0m,125 ; tarse, 0m,029 ; bec, 0m,016 à partir du front.

Couleurs. Iris d'un brun châtain ; bec noirâtre, avec la base de la mandibule inférieure jaune ; pattes jaunâtres. — Tête, gorge, côtés et partie supérieure du cou d'un gris cendré foncé, avec le vertex fortement nuancé d'olive ; une raie sourcilière blanche et des taches de la même couleur au dessous de l'œil, à la base de la mandibule inférieure et sous le menton ; lores noirs ; dos, croupion, face supérieure des ailes et de la queue d'une teinte olive uniforme ; poitrine et flancs d'un jaune roux ; milieu du ventre blanc ; sous-caudales blanches, tachetées de brun au centre ; rectrices latérales marquées de blanc à l'extrémité, sur les barbes internes. — La femelle a la tête et le cou d'une teinte olive et non d'un gris cendré comme le mâle ; sa gorge est blanche, avec quelques taches brunes sur la ligne médiane. Les jeunes individus ont, en automne, les couvertures alaires terminées de blanc.

La Grive pâle est très-abondamment répandue dans toute la Chine et en Mongolie, à l'époque du passage : elle se trouve également au Japon et s'avance en été jusque dans l'Amourland. En hiver, elle se retire aux Philippines et en Malaisie. MM. Finsch et Hartlaub la signalent même aux îles Pelew. J'ai reçu de Pinang quelques individus de cette espèce qui ne diffèrent nullement de ceux que j'ai tués à Pékin.

Le *Turdus obscurus* a les mêmes mœurs et, à très-peu près, la même voix que notre Grive commune ; il niche sur les montagnes, dans les bois, et ne descend pas volontiers dans la plaine.

239. — TURDUS NAUMANNI

Turdus Naumanni, Tem. (1820), Man. d'orn., I, 170 ; (1835), ibid., III, 96. — Turdus dubius, Naum. (1854), Vög. Deutsch., pl. 358. — Turdus fuscatus, Radde (1863), Reis. in S. von Ost Sib. II, pl. 7 et 8, f. a. — Turdus Naumanni, Swinh. (1863), Ibis, 277, et (1871), P. Z. S., 336. — Tacz. (1876), Bull. Soc. zool. Fr., I, 147. — Przew. (1787), Ornith. Misc., VI, 195, B. of Mong., sp. 105.

Dimensions. Long. totale, 0m,25 ; queue, 0m,009 ; aile, 0m,134 ; tarse, 0m,031 ; bec, 0m,016 à partir du front.

Couleurs. Iris brun ; bec noirâtre, avec la base jaunâtre, presque entièrement jaune dans quelques sujets très-vieux ; tarses grisâtres ; doigts plus foncés ; ongles bruns. — Dessus de la tête et du cou bruns, avec le bord des plumes cendré ; plumes auriculaires et lores bruns ; une large raie sourcilière d'un roux pâle ; reste des parties supérieures d'un roux cannelle ; joues et gorge d'un roux clair, avec des taches noires formant moustaches sur les côtés ; poitrine d'un roux très-vif, avec le centre des plumes noir ; milieu de l'abdomen blanc ; flancs et région sous-caudale d'un roux intense, avec le bord des plumes blanc ; queue rousse, plus ou moins teintée de brun en dessus ; rémiges brunes, avec une bordure rousse plus marquée chez les vieux mâles que chez les jeunes individus. Ceux-ci d'ailleurs n'offrent pas une teinte rousse aussi accusée sur le dos et les parties supérieures, et ont en revanche des taches noires plus nombreuses sur le cou et sur la poitrine. En automne, les mâles ont le dessus du corps d'une teinte olive uniforme et ne diffèrent guère de la femelle qui a la raie sourcilière presque blanche, les moustaches bien dessinées et les plumes de la poitrine et des flancs rousses, bordées de blanc, mais presque entièrement dépourvues de taches noires.

La Grive Naumann, qui varie beaucoup dans les couleurs de son plumage, visite assez fréquemment l'Europe, mais est surtout répandue dans l'Asie orientale. C'est l'espèce que j'ai rencontrée le plus communément en Chine, particulièrement au nord et à l'ouest. Dans toute cette région, en plaine comme en montagne, elle se montre en bandes considérables. A Pékin, depuis l'automne jusqu'à la fin du printemps, on peut l'observer dans les jardins, autour des pagodes et des sépultures ; elle s'y nourrit de fruits de genévrier et de sophora, ainsi que de vers et d'insectes. En été, elle quitte la Chine et s'en va nicher en Mantchourie et en Sibérie. M. Przewalski l'a rencontrée dans la vallée du Hoangho, au Kokonoor et dans le pays de l'Oussouri ; mais il a constaté, chose curieuse, qu'elle ne se reproduit pas en Mongolie, pas même sur les montagnes boisées de l'Alachan. J'ai pu remarquer que chez les mâles la prédominance des teintes rousses, qui s'étendent même sur le dos, résultait simplement de l'usure des plumes.

240. — TURDUS FUSCATUS

Turdus fuscatus, Pall. (1811-31), *Zoogr.*, I, 451, pl. XII. — Turdus eunomus, Tem. (1838), *Pl. Col.* 514. — Turdus Naumanni, Tem. et Schl. (1850), *F. Jap.*, 61. — Turdus fuscatus, Gould (1852), *B. of As.*, livr. IV, pl. — Radd. (1863), *Reis. in S. v. O. Sib.*, II, pl. 7, fig. b. d. — Swinh. (1862), *P. Z. S.*, 317, et (1871), *ibid.*, 366.— Tacz. (1876), *Bull. Soc. zool. Fr.*, I, 147. — Przew. (1877), *Ornith. Misc.*, VI, 196, *B. of Mong.*, sp. 106.

Dimensions. Long. totale, 0m,23 à 0m,24 ; queue, 0m,09 ; aile, 0m,13 ; tarse, 0m,03 ; bec, 0m,016 à partir du front.

Couleurs. Iris brun ; bec noirâtre, avec la base de la mandibule inférieure plus claire ; pattes d'un brun clair. — Dessus de la tête et du cou et région auriculaire d'un brun noir ; dos et croupion bruns, avec les plumes frangées de roux ; face supérieure des ailes rousse ; queue rousse à la base et brune dans le reste de son étendue ; une grande raie sourcilière d'un blanc roussâtre ; joues, côtés du cou et gorge de la même teinte, avec quelques taches brunes éparses simulant des moustaches ; poitrine, ventre et flancs bruns, avec les plumes garnies d'une bordure blanche plus ou moins large, ce qui forme sur la partie inférieure du cou un collier noir suivi d'un demi-collier blanc ; bas-ventre d'un blanc pur (chez le vieux mâle en plumage d'été) ; sous-caudales d'un brun roux, frangées de blanc. — Dans le jeune mâle, la teinte rousse du dos et des ailes est peu marquée, mais il y a toujours sur la poitrine un collier noirâtre, collier qui n'existe point chez la femelle. Tous deux se distinguent d'ailleurs du *T. Naumanni* par la queue brune (et non pas rousse), par les taches brunes de la poitrine et des flancs, et par la couleur des sous-caudales qui sont noirâtres (et non d'un rouge ferrugineux) dans leur portion centrale.

Cette grive qui a été prise en Europe, en Silésie et aux environs de Vienne, est fort commun en Chine, pendant une moitié de l'année, et se trouve aussi en Mongolie, en Daourie, au Japon et jusqu'au Kamtschatka. Elle voyage en bandes, comme le *T. Naumanni* et se mêle souvent à cette dernière espèce. En comparant de nombreux spécimens de *T. fuscatus* et de *T. Naumanni*, j'ai pu remarquer des transitions presque insensibles, entre ces deux espèces ou ces deux races qui vivent côte à côte, dans les mêmes conditions, qui ont les mêmes mœurs et le même cri de rappel, et qui doivent se croiser avec une très-grande facilité. Je crois pourtant pouvoir établir que, dans la plupart des cas, le *T. fuscatus* diffère du *T. Naumanni* : 1° par une taille un peu plus faible ; 2° par la couleur de la queue qui est noirâtre dans la plus grande partie de son étendue ; 3° par les taches de ses parties inférieures qui sont brunes et non pas rousses.

241. — TURDUS RUFICOLLIS

TURDUS RUFICOLLIS, Pall. (1776-78), *Reis.*, III, 694, n° 9, et *Voy.* éd. franç., in-8, VIII, app. 67. — (1811-31), *Zoogr.*, I, 452, pl. 23. — Gm. (1788), *S. N.*, 815, n° 47. — Gould (1862), *B. of As.*, livr. IV, pl. — Radde (1863), *Reis. in S. O. Sib.*, II, pl. 8, f. b. d. — Swinh. (1863), *P. Z. S.*, 281, et (1871), *ibid.*, 366. — Severtz. (1873), *Turkest. Jevotn.*, 65 et 119. — Dresser (1875), *Ibis*, 334. — Tacz. (1876), *Bull. Soc. zool. Fr.*, I, 147. — Przew. (1877), *Ornith. Misc.*, VI, 197, *B. of Mong.*, sp. 108.

Dimensions. Long. totale, 0m,26 ; queue, 0m,095 ; aile, 0m,134 ; tarse, 0m,032 ; bec, 0m,018 à partir du front.

Couleurs. Bec brun, avec la base de la mandibule inférieure jaune ; tarses gris ; doigts bruns. — Parties supérieures d'une teinte olive cendrée uniforme ; raie sourcilière d'un roux ferrugineux ; plumes auriculaires d'un brun olive nuancé de cendré ; lores noirâtres ; gorge, devant et côtés du cou et partie supérieure de la poitrine couleur de rouille, avec quelques taches noires simulant des moustaches ; reste des parties inférieures blanc, lavé de cendré olivâtre sur les flancs et marqué de taches en forme de flammèches ; sous-caudales blanches, avec la base rousse ; queue rousse, avec les rectrices médianes entièrement ou en grande partie brunes et les rectrices latérales offrant de dedans en dehors des marques brunes de moins en moins étendues. — Une femelle adulte que j'ai tuée au mois de janvier ne diffère en rien du vieux mâle. Dans les jeunes femelles au contraire la gorge est blanchâtre, maculée de roux et de brun, la poitrine d'un brun cendré est tachetée de brun plus foncé et la raie sourcilière est d'un blanc roussâtre.

La Grive à col roux qui se distingue de la Grive Naumann par la teinte cendrée de ses parties supérieures et qui n'a pas comme cette dernière les flancs lavés d'une teinte rousse, passe en grand nombre dans l'empire chinois, en suivant la région montueuse. Elle vient rarement à Pékin, mais elle abonde en automne au Sichan, en Mongolie, au Chensi, à Moupin et dans les autres provinces du centre. M. Swinhoe ne l'a jamais rencontrée ni dans le sud de la Chine, ni dans les grandes îles de Formose et de Haïnan. M. Przewalski au contraire l'a observée maintes et maintes fois dans le Kan-sou et au Kokonoor ; M. Severtzoff l'a trouvée dans l'est du Turkestan, et d'après Pallas elle est très-commune dans les bois de mélèzes des régions alpestres de la Daourie. Suivant quelques auteurs, elle se montrerait même, en Europe, d'une manière accidentelle.

Je possède un mâle adulte de cette espèce dans lequel, par un phénomène de mélanisme analogue à ceux que l'on observe également dans le *T. Naumanni*, les teintes rousses du cou et de la poitrine sont remplacées par du noir, la queue et le dessous des ailes conservant la même couleur rousse que dans l'oiseau normal.

242. — TURDUS AURITUS

TURDUS AURITUS, J. Verr. (1870), *N. Arch. du Mus.*, VI, 34. — (1871), *ibid.*, VII, 31, et (1873), IX, pl. 15. — TURDUS MUSICUS, Swinh. (1871), *P. Z. S.*, 366. — TURDUS AURITUS, Przew. (1877), *Ornith. Misc.*, VI, 196, *B. of Mong.*, sp. 107.

Dimensions. Long. totale, $0^m,25$; queue, $0^m,093$; aile, $0^m,125$; tarse, $0^m,036$; bec, $0^m,017$ à partir du front.

Couleurs. Iris brun; bec brunâtre, avec la base de la mandibule inférieure blanche; pattes grises ou couleur de chair. — Parties supérieures du corps d'une teinte olive uniforme, avec une tache d'un blanc jaunâtre au bout des moyennes et des grandes couvertures des ailes; parties inférieures d'un blanc lavé de jaunâtre, excepté sur le milieu du ventre, et marquées de *grandes* taches noires, arrondies sur l'abdomen et la poitrine, triangulaires sur le cou; une *tache noire semi-circulaire* unissant la raie noire des moustaches à la plaque de même couleur qui marque l'extrémité des couvertures auriculaires.

J'ai tué à Moupin, dans le Setchuan occidental, et à Pékin quatre ou cinq individus de cette espèce que M. Swinhoe réunit au *Turdus musicus* d'Europe, mais qui nous paraît s'en distinguer facilement par les taches bien plus grandes de ses parties inférieures et par la marque en forme de croissant qui orne la région parotique. Tous ces spécimens offraient les mêmes caractères distinctifs, et étaient de taille un peu plus forte que notre grive vulgaire; aussi considérons-nous comme parfaitement légitime cette espèce nouvelle qui ne semble pas très-répandue dans l'empire chinois, mais que M. Przewalski a rencontrée assez communnément dans les parties boisées du Kan-sou.

243. — TURDUS MUSICUS

TURDUS MUSICUS, L. (1766), *S. N.*, I, 292. — LA GRIVE, Buff. (1770), *Pl. Enl.* 406. — Swinh. (1871), *P. Z. S.*, 366. — Tacz. (1876), *Bull. Soc. zool. Fr.*, I, 148.

M. Swinhoe cite la Grive vulgaire comme ayant été prise en Chine. Pour moi, je n'ai jamais rencontré dans mes voyages que des oiseaux appartenant à l'espèce précédente, qui me paraît bien distincte de l'oiseau européen. D'après Radde, Dybowski et Middendorf, le *T. musicus* est commun dans la Sibérie orientale.

<h3 style="text-align:center">244. — OREOCINCLA VARIA</h3>

Turdus varius, Pall. (1811-31), *Zoogr.*, I, 449, sp. 48. — Turdus aureus, Holl. (1825 et 1836), *Faun. de la Moselle*, 60. — Turdus Whitei, Gould (1832), *B. of Eur.*, pl. 81. — Oreocincla parvirostris, Gould (1837), *P. Z. S.*, 136. — Oreocincla aurea, Bp. (1842), *Ucc. Eur.*, 136, et (1850), *Consp. Av.*, I, 269. — Oreocincla varia, Swinh. (1871), *P. Z. S.*, 367. — Tacz. (1876), *Bull. Soc. zool. Fr.*, I, 146. — Przew. (1877), *Ornith. Misc.*, VI, 200, *B. of Mong.* sp. 112.

Dimensions. Long. totale, 0m,30; queue, 0m,15; aile, 0m,17; tarse, 0m,035; bec, 0m,025 à partir du front.

Couleurs. Iris brun; bec brunâtre, avec la base de la mandibule inférieure blanchâtre; pattes d'un gris jaunâtre. — Parties supérieures d'une teinte olive dorée, avec une tache noire semi-lunaire à l'extrémité de chaque plume; gorge d'un blanc lavé de jaune et légèrement tacheté de noir; côtés du cou, poitrine et ventre d'un ton jaunâtre, avec une grande tache noire en croissant au bout de chaque plume; sous-caudales d'une teinte plus pâle, avec des taches noires moins prononcées; milieu de l'abdomen d'un blanc pur; rectrices médianes olive; rectrices latérales plus ou moins marquées de noir, avec l'extrémité jaune ou blanchâtre, et un liséré d'un gris olivâtre sur la plus grande partie des barbes externes; couvertures alaires supérieures noires, avec le bout jaune d'ocre; plumes externes de l'aileron noirâtres à la base, jaunâtres au milieu et noires à l'extrémité; rémiges d'un brun foncé en dessus, avec un liséré jaunâtre sur les barbes externes, d'une teinte grise en dessous, avec une bande blanche oblique commençant à la deuxième penne; couvertures alaires inférieures noires et blanches; plumes axillaires blanches et noires.

Cette grande et belle espèce de grive, qui se montre parfois en Europe, a pour patrie l'Asie septentrionale et visite aussi la partie orientale de la Chine : M. Przewalski l'a observée dans l'Oussouri, M. Swinhoe l'a rencontrée à Formose, et je l'ai trouvée cantonnée en hiver dans les montagnes du Fokien. J'ai pris également quelques-uns de ces oiseaux à Pékin, où ils passent régulièrement chaque année, mais toujours en petit nombre. En temps ordinaire, ils se tiennent cachés dans les taillis sur les plus hautes montagnes, où ils se nourrissent de fruits et d'insectes ; ils vivent solitaires ou en petites bandes et se montrent d'un naturel farouche.

245. — OREOCINCLA MOLLISSIMA (Pl. 40)

Turdus mollissimus, Blyth (1842), *J. A. S.*, XI, 185. — Naum. (1822-60), *Vög.*, pl. 353. — Oreocincla mollissima, Jerd. (1862), *B. of Ind.*, I, 533. — Swinh. (1871), *P. Z. S.*, 368. — Jerd. (1872), *Ibis*, 139.

Dimensions. Long. totale, 0^m,29 ; queue, 0^m,115 ; aile, 0^m,145 ; tarse, 0^m,038 ; bec, 0^m,019 à partir du front.

Couleurs. Iris d'un brun châtain ; bec d'un brun verdâtre, avec la base de la mandibule inférieure jaune ; pattes et ongles gris. — Parties supérieures d'un brun olive ; parties inférieures lavées d'une teinte ocracée, qui s'éclaircit sur le milieu de l'abdomen, et ornées de nombreuses taches noires, petites et triangulaires sur le cou et sur la poitrine, plus grandes et en forme de croissant sur le ventre ; queue brune, avec les quatre rectrices médianes d'une nuance foncée, et les rectrices latérales d'un ton de plus en plus clair, chacune de ces pennes étant terminée par un liséré blanchâtre, qui va en diminuant de la périphérie au centre ; petites couvertures des ailes et pennes tertiaires ornées d'une bordure claire ; grandes couvertures marquées de noir à l'extrémité.

Cette grive de montagne, qui paraît assez commune dans les forêts de l'Himalaya, se trouve aussi dans la Chine occidentale : je l'ai rencontrée à 3,000 mètres d'altitude dans de grands bois qu'elle ne quitte que lorsqu'elle est chassée par les neiges. Elle m'a semblé peu répandue dans cette région.

SAXICOLIDÉS

Cent cinquante espèces environ composent actuellement cette famille qui compte des représentants en Europe, en Asie, en Afrique et en Malaisie.

246. — MONTICOLA ERYTHROGASTRA

Turdus erythrogaster, Vig. (1831), *P. Z. S.*, 171. — Petrocincla erythrogastra, Gould (1832), *Cent. Him. B.*, pl. 16. — Petrocincla rufiventris, Jard. et Selb. (1837), *Ill. Orn.*, 1re série, pl. 129. — Petrocossyphus ferrugineoventer, Less. (1840), *Rev. zool.*, 166. — Orocetes erythrogastra, Jerd. (1862), *B. of Ind.*, I, 514.

Dimensions. Long. totale, 0^m,25 ; queue, 0^m,10 ; aile, 0^m,125 ; tarse, 0^m,030 ; bec, 0^m,02 à partir du front.

Couleurs. Iris brun ; bec et pattes brunâtres. — Tête, croupion et épaules d'un bleu clair ; dos et face supérieure des ailes et de la queue d'un bleu foncé ; lores et région parotique noirs ; gorge bleue, nuancée de gris, et quelquefois marquée de blanc au centre ; poitrine, abdomen et sous-caudales d'un roux foncé. — La femelle a les parties supérieures d'un brun nuancé de gris et d'olive, avec des taches semi-circulaires noirâtres sur le dos et le croupion, les côtés du cou et les joues variés de brun et de jaunâtre, le milieu de la gorge d'un blanc jaunâtre, sans taches, le reste des parties inférieures avec de nombreuses lunules alternativement brunes et jaunâtres, les pennes des ailes et de la queue d'un brun terne, avec un liséré grisâtre.

Cet oiseau n'est pas, comme on le croyait jusqu'à ces derniers temps, confiné sur les hautes montagnes de l'Himalaya, et son aire d'habitat s'étend à l'est jusque dans la Chine. Je l'ai pris en effet, en plein hiver, sur les frontières occidentales du Setchuan, où il vit dans les bois, perché d'ordinaire sur les arbres, et ne descendant sur le sol que pour chercher des insectes. Il diffère en cela des autres merles bleus qui ne se reposent guère que sur les rochers.

247. — MONTICOLA SAXATILIS

MERULA SAXATILIS, Briss. (1760), *Orn.*, II, 238 et 240. — TURDUS SAXATILIS, L. (1766), *S. N.*, I, 294. — LE MERLE DE ROCHE, Buff. (1770), *Pl. Enl.* 562. — Pall. (1811-31), *Zoogr.*, I, 446. — MONTICOLA SAXATILIS, Swinh. (1871), *P. Z. S.*, 368. — PETROCICHLA SAXATILIS, Severtz. (1873), *Turkest. Jevotn.*, 65. — MONTICOLA SAXATILIS, Dress. (1875), *Ibis*, 335. — Tacz. (1876), *Bull. Soc. zool. Fr.*, I, 146.— Przew. (1877), *Ornith. Misc.*, VI, 201, *B. of Mong.*, sp. 113.

Dimensions. Long. totale, 0m,205 ; queue, 0,06 ; aile, 0m,12 ; tarse, 0m,026 ; bec, 0m,018 à partir du front.

Couleurs. Iris brun clair ; bec noirâtre ; pattes gris brun. — Tête, cou et partie supérieure du dos bleus ; scapulaires noires ; parties inférieures du dos et croupion blancs ; sus-caudales les unes mêlées de noir et de gris, les autres rousses ; poitrine et en général toutes les parties inférieures rousses ; queue rousse, avec les pennes médianes lavées de brun ; ailes d'un brun noir. — La femelle a le dessus du corps d'un brun terreux mêlé de gris et de noirâtre, la queue rousse, la gorge et le milieu du bas-ventre blanchâtres, le reste des parties inférieures d'un roux clair tacheté et rayé de noir, et les sous-caudales d'un roux pâle. Le jeune mâle ressemble beaucoup à la femelle.

Le Merle de roche commun d'Europe se trouve également en Chine et dans le S.-E. de la Mongolie. Je l'ai pris dans les montagnes de Pékin et dans celles de l'Ourato, où il est peu abondant, mais où il niche cependant chaque année sur les rochers les plus élevés. D'après M. Severtzoff, il niche aussi dans le Turkestan, sur les monts Thian-shan, à une altitude moyenne de 6,000 pieds.

248. — MONTICOLA GULARIS (Pl. 42)

OROCETES GULARIS, Swinh. (1862), *P. Z. S.*, 318. — (1863), *Ibis*, 93, et pl. 3. — (1871), *P. Z. S.*, 368. — Tacz. (1876), *Bull. Soc. zool. Fr.*, I, 146.

Dimensions. Long. totale, 0 ,185 ; queue, 0^m,06 ; aile, 0^m,10 ; tarse, 0^m,024 ; bec, 0^m,016 à partir du front.

Couleurs. Iris brun ; bec noir ; pattes et ongles gris. — Parties supérieures de la tête et du cou et petites couvertures alaires d'un bleu lustré ; région parotique, dos et face supérieure des ailes noirs, avec un miroir blanc sur les pennes tertiaires ; rémiges et rectrices brunes, lavées de bleuâtre sur les bords en dessus ; toutes les parties inférieures rousses, avec une tache blanche sur la gorge ; lores roux, avec quelques plumes noirâtres. — La femelle a le dessus du corps d'un brun grisâtre, avec de nombreuses taches semi-circulaires alternativement brunes et jaunâtres sur le dos et sur le croupion, les côtés du cou variés de brun et de jaunâtre, le milieu de la gorge et de l'abdomen blanc, la poitrine et les flancs ornés de nombreuses lunules noirâtres, les ailes et la queue d'un brun terne.

Cette jolie espèce de la Chine septentrionale, qui a été retrouvé récemment dans le Laos cambodgien par M. le Dr Harmand, passe à Pékin vers la fin du printemps et va nicher en Mantchourie ; quelques paires seulement s'arrêtent dans les montagnes du Pétchely. Elle visite également la Sibérie orientale, où M. Dybowski l'a observée à l'embouchure de l'Oussouri et sur les bords de la baie Abrek. De même que le *Monticola erythrogastra*, le *M. gularis* se tient plutôt sur les arbres que sur les rochers. Le chant qu'il fait entendre en été est sonore et mélodieux, aussi les Chinois de Pékin élèvent-ils avec soin tous les mâles de cette espèce qu'ils peuvent se procurer.

249. — MONTICOLA SOLITARIA (Pl. 41)

MERULA SOLITARIA PHILIPPENSIS, Briss. (1760), *Ornith.*, II, 272, n° 32. — TURDUS SOLITARIUS et TURDUS PHILIPPENSIS, P.-L.-S. Müll. (1776), *S. N., Suppl.*, 142, n° 46, et 145, n° 59. — LE MERLE SOLITAIRE DE MANILLE et LE MERLE SOLITAIRE DES PHILIPPINES, Buff. (1770-73), *Pl. Enl.* 636, 564, f. 2 et 339. — TURDUS MANILLA et TURDUS PHILIPPENSIS, Bodd. (1783), *Tabl. des Pl. Enl.*, 39 et 21. — TURDUS MANILLA ET TURDUS EREMITA,

Gm. (1788), *S. N.*, I, 833, nᵒˢ 31 et 32. — Turdus manillensis, T. et Schl. (1850), *F. Jap. Aves*, 67. — Petrocincla manilla, Swinh. (1870), *Ibis*, 248, et (1871), *P. Z. S.*, 368. — Monticola solitaria et Monticola solitarius, Wald. (1872), *Tr. Z. S.*, VIII, 2, 63, et (1875), IX, 2, 192. — Swinh. (1875), *Ibis*, 157 et 445. — Petrocincla manilla, Tacz. (1876), *Bull. Soc. zool. Fr.*, I, 146.

Dimensions. Long. totale, 0ᵐ,25 ; queue, 0ᵐ,08, un peu arrondie ; aile, 0ᵐ,12 environ ; tarse, 0ᵐ,027 ; bec, 0ᵐ,019 à partir du front.

Couleurs. Iris brun ; bec et pattes noirâtres. — Tête, cou, dos, croupion, sus-caudales, scapulaires, gorge, dernières plumes des flancs et plumes du talon d'un bleu terne ; partie inférieure de la poitrine, abdomen, sous-caudales, plumes axillaires et couvertures inférieures des ailes d'un roux foncé ; pennes de la queue et des ailes noires, lavées de bleu en dessous, principalement sur le bord externe ; une tache blanche au bout des plumes de l'aileron, des grandes couvertures et des pennes tertiaires. — La femelle a les parties supérieures du corps d'une teinte brune, lavée de bleu et de gris, qui s'éclaircit vers le croupion et les scapulaires et qui est marquée de quelques taches noirâtres en forme de lunules, les parties inférieures d'un jaune grisâtre, avec des taches noirâtres semi-circulaires. — Les jeunes mâles ressemblent beaucoup aux femelles par le plumage.

Ce beau merle de roche habite les Philippines, Célèbes et le Japon, mais se trouve aussi dans les provinces orientales de la Chine et s'avance même en été fort loin dans la Mantchourie et jusque sur les bords de la baie Abrek dans la Sibérie orientale (Dybowski). Chaque printemps, on capture aux environs de Pékin un certain nombre de ces oiseaux qui nichent sur les montagnes rocheuses de la province, et qui sont fort appréciés des Chinois à cause de la douceur de leur chant. Par la voix et par les mœurs, ce merle de roche ressemble beaucoup à notre merle bleu.

250. — MONTICOLA AFFINIS

Petrocossyphus affinis, Blyth (1843), *J. A. S.*, XII, 177. — Petrocincla affinis, Swinh. (1871), *P. Z. S.*, 368.

Dimensions et Couleurs. Taille intermédiaire entre celles du *M. solitaria* et du *M. cyaneus* ; plumage bleu, comme chez ce dernier, avec la teinte rousse de l'abdomen plus ou moins étendue, mais toujours moins développée que dans l'espèce des Philippines.

Cette prétendue espèce, qui semble n'être qu'un produit du croisement entre le Merle bleu et le Merle solitaire, vit sur les rochers du S.-E. de la Chine et paraît y être sédentaire. Tous

les merles bleus que j'ai vus à Pékin appartenaient à l'espèce
du Japon et des Philippines, et tous ceux que j'ai rencontrés
dans l'ouest de l'Empire n'offraient aucun mélange de roux
dans les teintes de leur plumage.

251. — MONTICOLA CYANEA

TURDUS CYANEUS, L. (1766), *S. N.*, I, 296. — Le MERLE BLEU, Buff. (1770), *Pl. Enl.*
250. — PETROCOSSYPHUS CYANEUS, Jerd. (1862), *B. of Ind.*, I, 511. — *Ill. Orn.*; pl. 20.
— PETROCINCLA CYANEA, Swinh. (1871), *P. Z. S.*, 378. — PETROCICHLA CYANE, Severtz.
(1873), *Turk. Jevotn.*, 65. — PETROCOSSYPHUS CYANEUS, Dress. (1875), *Ibis*, 335.

Dimensions. Long. totale, $0^m,23$; queue, $0^m,85$; aile, $0^m,114$; tarse,
$0^m,026$; bec, $0^m,018$ à partir du front.

Couleurs. Iris brun ; bec et pattes noirs. — Plumage bleu (au moins
dans les mâles adultes, au printemps), avec les pennes de la queue et des
ailes noires, lavées de bleu en dessous, le long du bord externe. — Les mâles
adultes en automne et les jeunes mâles dans la première année ont le bout
de chaque plume sali plus ou moins par une teinte grise ou noirâtre. Les
femelles sont d'un brun bleuâtre, avec les plumes des parties supérieures
bordées de gris, des raies transversales brunes sur le ventre, et des taches
roussâtres sur le cou et sur la poitrine.

Les Merles bleus de la Chine sont identiques à ceux de
l'Europe et se trouvent répandus dans toutes les provinces
centrales. J'en ai rencontré un grand nombre dans les gorges
où coule le Yangtzé, dans le Setchuan septentrional et dans le
Chensi méridional ; mais je n'en ai jamais vu dans le nord de
la Chine ni en Mongolie. D'après M. Swinhoe ces oiseaux sont
rares sur les côtes du Fokien et du Quangtong, et paraissant
remplacés dans cette région par la race *Monticola affinis*.

252. — SAXICOLA OPISTHOLEUCA

SAXICOLA OPISTHOLEUCA, Strickl. (1849), *in Jard. Contr. orn.*, 60, n° 10. — SAXI-
COLA LEUCUROÏDES, Jerd. (1863), *B. of Ind.*, II, 130. — DROMOLÆA OPISTHOLEUCA,
Gould (1865), *B. of As.*, liv. XVIII, (♂ seul). — SAXICOLA OPISTHOLEUCA, Blanf. et
Dress. (1874), *P. Z. S.*, 229.

Dimensions. Long. totale, $0^m,17$; queue, $0^m,55$; aile, $0^m,093$.

Couleurs. Iris, bec et pattes noirs. — Plumage en majeure partie de
couleur noire, avec la base des rectrices, les sus-caudales, les sous-caudales
et le bas-ventre blancs ; queue ornée à l'extrémité d'une bande noire.

Ce traquet ne diffère du *Saxicola leucura* d'Europe que par une taille un peu plus faible et quelques particularités dans la distribution des teintes blanches et noires sur les pennes de la queue ; mais tandis que le Traquet noir d'Europe ne se trouve jamais que dans les endroits écartés et sauvages, au milieu des rochers et sur les montagnes dénudées, celui-ci se tient dans les buissons, et cherche sa nourriture sur les chemins battus ou dans les plaines cultivées, sans s'effrayer de la présence de l'homme. Le *Saxicola opistholeuca* est assez commun dans l'Inde, surtout en hiver, et comme je l'ai rencontré pendant la même saison dans le centre du Setchuan, j'en conclus qu'il est sédentaire dans cette partie de la Chine, seule région du reste où j'ai eu l'occasion de l'observer.

253. — SAXICOLA ISABELLINA

Motacilla stapazina, Pall. (1811), *Zool. Ross. As.*, I, 474. — Saxicola isabellina, Rüpp. (1826), *Atl.*, pl. 34, pl. 2. — Saxicola saltator, Mén. (1832), *Cat. Rais.*, 30. — Dromolæa oenanthe, Jerd. (1863), *B. of Ind.*, II, 132. — Dromolæa opistholeuca, Gould (1865), *B. of As.*, livr. XVII, pl. (♀ seulement). — Saxicola isabellina, Swinh. (1871), *P. Z. S.*, 360. — Saxicola squalida et Saxicola saltator, Severtz. (1873), *Turk. Jevotn.*, 65. — Saxicola isabellina, Blanf. et Dress. (1874), *P. Z. S.*, 229. — Dress. (1875), *Ibis*, 335. — Tacz. (1876), *Bull. Soc. zool. Fr.*, I, 145. — Przew. (1877), *Ornith. Misc.*, VI, 184. *B. of Mong.* sp. 77.

Dimensions. Long. totale, $0^m,17$; queue, $0^m,05$; aile fermée, $0^m,10$; tarse, $0^m,033$; bec, $0^m,014$ à partir du front.

Couleurs. Iris et bec noirs ; pattes noirâtres. — Parties supérieures du corps d'une teinte isabelle uniforme ; parties inférieures d'un blanc roussâtre, passant au jaune d'ocre sur la poitrine ; côtés du cou et région auriculaire jaune d'ocre avec quelques plumes brunâtres vers le haut ; lores dessinés par une tache noire qui s'amincit vers les narines ; couvertures supérieures et inférieures de la queue blanches ; rectrices blanches également à la base, et noires à l'extrémité, la bande noire mesurant 34 millimètres de large sur les pennes médianes, et 21 seulement sur les pennes latérales ; ailes brunâtres, avec un liséré grisâtre à l'extrémité et sur les barbes externes des pennes et un liséré blanchâtre sur les barbes internes occupant les trois quarts de la longueur de la plume ; couverture des ailes d'un gris terreux.

Cette description est prise sur le mâle en plumage de noces. La femelle en diffère très-peu ; elle est seulement de taille plus faible.

Le *Saxicola isabellina* se distingue du *S. œnanthe* par des formes plus robustes, un liséré blanchâtre sur les barbes internes des pennes et par la teinte isabelle de ses couvertures alaires et de son dos, qui n'est jamais d'un gris cendré. Il est abondamment répandu pendant l'été en Daourie, sur les plateaux élevés et sablonneux de la Mongolie, et dans certaines localités du N.-O de la Chine, et fait son nid tantôt sous les pierres, tantôt dans les trous abandonnés par les sousliks, à peu de distance des habitations mongoles. C'est l'un des plus admirables chanteurs que l'on puisse entendre : son chant, qu'il lance avec feu en s'élevant à une faible hauteur dans les airs, rivalise avantageusement avec celui du rossignol sous le rapport de la variété, de l'originalité et de la suavité des sons.

254. — SAXICOLA OENANTHE

MOTACILLA OENANTHE, Lin. (1766), *S. N.*, I, 332, nº 15. — LE MOTTEUX DU SÉNÉGAL, Buff. (1770), *Pl. Enl.* 583. — MOTACILLA LEUCORHOA, Gm. (1788), *S. N.*, I, 966. — MOTACILLA VITIFLORA, Pall. (1811-31), *Zoogr. Ross. As.*, I, 472. — OENANTHE CINEREA, V. (1818), *N. Dict.*, XXI, 418. — SAXICOLA OENANTHE, Swinh. (1871), *P. Z. S.*, 360. — Blanf. et Dress. (1874), *P. Z. S.*, 218. — Severtz. (1873), *Turk. Jevotn.*, 65. — Dress. (1875), *Ibis*, 335. — Tacz. (1876), *Bull. Soc. zool. Fr.*, I, 145.

Dimensions. Long. totale, 0ᵐ,16 et 0ᵐ,17 ; queue, 0ᵐ,054 ; aile, 0ᵐ,10 ; tarse, 0ᵐ,026 ; bec, 0ᵐ,013 à partir du front.

Couleurs. Iris et bec noirs ; pattes noirâtres. — Parties supérieures du corps d'un gris cendré, passant au roussâtre sur le croupion, avec le front et les sourcils largement marqués de blanc, et une raie noire s'étendant de la base des narines à travers l'œil jusque sur les couvertures des oreilles ; parties inférieures d'un blanc soyeux, légèrement nuancé de roux sur la poitrine et les côtés du cou ; sus-caudales et sous-caudales blanches ; queue de la même teinte dans sa portion basilaire et noire à l'extrémité, la bande noire étant large de 33 millimètres sur les rectrices latérales; ailes noires sans *liséré blanc sur les barbes internes des pennes* ; couvertures alaires noires. — La femelle, en été, n'offre pas des teintes cendrées aussi prononcées sur les parties supérieures de son corps, et a le tour des yeux et la région des oreilles plutôt bruns que noirs ; en automne, elle a le dessus du corps d'un roux terreux, comme le mâle à cette même saison.

Le Traquet motteux est assez rare en Chine, mais en Mongolie il m'a paru fort abondant sur les rochers des parties dénudées des monts Ourato, où il niche chaque année; en revanche, M. Przewalski ne l'a point rencontré dans le Kan-sou et ne l'a observé qu'accidentellement dans l'Ala-chan. Dans le Turkestan, d'après M. Severtzoff, cet oiseau niche sur les monts Thian-shan, à une altitude de 8,500 à 14,000 pieds; et dans la Sibérie orientale, où il est fort commun, il remonte, d'après Middendorf, jusqu'au 75° degré de latitude N.

255. — SAXICOLA MORIO

SAXICOLA MORIO, Ehr. (1829), *Symb. Phys.*, fol. *aa.* — SAXICOLA LEUCOMELA, Jerd. (1863), *B. of Ind.*, II, 131. — Gould (1865), *B. of As.*, liv. XVIII, pl. — A. Dav., *Cat. Pék.* — Swinh. (1871), *P. Z. S.*, 360. — Severtz. (1873), *Turk. Jevotn.*, 65. — SAXICOLA MORIO, Blanf. et Dress. (1874), *P. Z. S.*, 225. — Dress. (1875), *Ibis*, 336. — Tacz. (1877), *Soc. zool. Fr.*, I, 144. — Przew. (1877), *Ornith. Misc.*, VI, 183. *B. of Mong.*, sp. 75.

Dimensions. Long. totale, $0^m,15$; queue, $0^m,06$; aile fermée, $0^m,10$; tarse, $0^m,22$; bec, $0^m,011$ à partir du front.

Couleurs. Iris, bec et pattes noirs. — Dessus de la tête et du cou d'un blanc sale et légèrement brunâtre ; croupion d'un blanc plus pur ; dos, face supérieure des ailes, région des yeux et des oreilles, gorge, côtés du cou, plumes axillaires et couvertures inférieures des ailes d'un noir de jais ; parties inférieures du corps d'un blanc nuancé de roux sur la poitrine et de brun fuligineux sur les flancs ; sus-caudales et sous-caudales blanches ; queue de la même teinte dans sa portion basilaire et noire dans sa portion terminale, la bande noire occupant une longueur de 4 centimètres environ sur les rectrices médianes, de 3 centimètres sur les rectrices suivantes et de 2 centimètres et demi sur les bords externes des rectrices latérales. Couvertures des ailes noires ; rémiges de la même teinte en dessus, et d'un gris brunâtre en dessous, avec les barbes internes noires. — Chez le mâle, en automne, la teinte blanchâtre de la tête est souillée de taches brunes, et la couleur noire du dos et de la gorge est mélangée de gris. Enfin chez la femelle, au printemps, la tête et le cou sont d'un brun grisâtre sale.

Ce traquet arrive au printemps en Chine et en Mongolie, et niche régulièrement, mais en petit nombre, sur les montagnes de Pékin. Il est plus arboricole que ses congénères, et rappelle un peu les rouges-queues par ses allures et par sa voix. Son chant, quoique faible, est assez agréable. M. Severtzoff a rencontré la même espèce dans le Turkestan, où elle niche sur le Karatau et sur les monts Thian-shan, jusqu'à une altitude de 6,000 pieds environ. Pallas et plus tard Dybowski l'ont observée en Daourie, et Radde a signalé sur les bords du lac Baïkal de jeunes oiseaux qu'il nomme *Saxicola leucura*, mais qui, d'après M. Taczanowski, doivent être rapportés au véritable *S. morio*.

256. — PRATINCOLA INDICA

PRATINCOLA INDICA, Blyth. (1847), *J. A. S. B.*, XVI, 129. — Swinh. (1860), *Ibis*, 54. — Jerd. (1863), *B. of Ind.*, II, 124. — Gould (1863), *B. of As.*, livr. XV, pl. — Swinh. (1871), *P. Z. S.*, 360, et (1875), *Ibis*, 155. — Tacz. (1876), *Bull. Soc. zool. Fr.*, I, 145. — Przew. (1877), *Ornith. Misc.*, VI, 185, *B. of Mong.*, sp. 78.

Dimensions. Long. totale, $0^m,11$; queue, $0^m,05$; aile fermée, $0^m,07$; tarse, $0^m,02$.

Couleurs. Iris brun; bec et pattes noirs. — Tête, gorge et parties supérieures d'un noir plus ou moins pur, un grand nombre de plumes étant lisérées de roux sur la tête et le dos et de blanc sur le croupion; sus-caudales blanches, avec la pointe rousse; une grande tache blanche sur l'aile et une autre sur les côtés du cou et de la poitrine qui est d'un roux vif; ventre et sous-caudales d'un blanc légèrement roussâtre. — Le mâle en hiver a le dessus du corps d'un brun mêlé de roux. La femelle offre une teinte brunâtre, nuancée de gris et de roussâtre, sur les parties supérieures, et une teinte rousse claire sur le croupion; elle a les sourcils, les côtés du cou, la gorge, le ventre d'un blanc sale, la poitrine d'un jaune d'ocre, et les grandes tectrices inférieures de l'aile blanches.

Cette espèce est voisine du *Pratincola rubicola* d'Europe, mais s'en distingue : 1° par son collier noir plus étendu; 2° par la teinte noire de sa gorge qui descend beaucoup plus bas; 3° par la teinte rousse moins prononcée de son abdomen; 4° par la couleur noire de ses plumes axillaires; 5° par la couleur blanche de la gorge et de la poitrine chez la femelle, ces mêmes parties étant d'un brun pâle chez la femelle du *Pratincola rubetra*.

Le *Pratincola indica*, qui remplace notre traquet tarier dans l'Inde et dans l'extrême Orient, a les mêmes mœurs que l'espèce européenne; il est fort commun dans la région de l'Himalaya, et se trouve en été dans tout l'empire chinois, surtout dans la partie septentrionale; de là il s'avance jusque dans le Japon, l'Amourland et toute la Sibérie orientale. En Mongolie, il niche dans la région alpine de Kan-sou, et surtout dans les steppes voisins du lac Hanka.

257. — PRATINCOLA FERREA

PRATINCOLA FERREA, Hodgs. (1847), *J. A. S. B.*, 129. — Swinh. (1862), *P. Z. S.*, 258. — Jerd. (1863), *B. of Ind.*, II, 127. — Swinh. (1871), *P. Z. S.*, 360.

Dimensions. Long. totale, $0^m,155$; queue, $0^m,055$; aile fermée, $0^m,073$; tarse, $0^m,022$.

Couleurs. Iris brun ; bec noir ; pattes et ongles bruns. — Parties supé-rieures d'un gris cendré, avec le centre des plumes marqué de noir ; parties inférieures d'un blanc lavé de gris, excepté sur la gorge, les sous-caudales et le milieu du bas-ventre qui sont blancs ; lores et région oculaire noirs ; sourcils blancs ; queue noire avec les barbes externes des rectrices bordées de gris ; ailes noires également, avec des lisérés semblables à ceux des rec-trices sur les rémiges et les pennes secondaires. — En hiver, le mâle offre une teinte roussâtre sur les parties supérieures du corps, sur la poitrine et sur les flancs. La femelle a la queue et les sus-caudales rousses, les parties supérieures d'un brun olive, la raie sourcilière grise et le dessous du corps d'un roux blanchâtre. — Les œufs, qui mesurent 18 millimètres sur 13, sont verts sans taches.

Le *Pratincola ferrea*, qui est répandu dans toute la région himalayenne, vient en assez grand nombre passer l'été dans les parties montagneuses de la Chine méridionale, et je l'ai trouvé à diverses reprises au Setchuan et au Fokien. Il se perche d'or-dinaire au sommet d'un buisson, et fait entendre au printemps un chant fort agréable. Dans ses allures et dans sa manière de chasser les insectes, il rappelle à la fois les Tariers et les Pies-Grièches.

258. — RUTICILLA FRONTALIS

PHŒNICURA FRONTALIS, Vig. (1831), *P. Z. S.*, 172. — Gould (1832), *Cent. Him. B.*, pl. 26, f. 2. — RUTICILLA MELANURA, Less. (1840), *Rev. zool.*, 265. — RUTICILLA FRONTALIS, Jerd. (1863), *B. of Ind.*, II, 141. — Swinh. (1871), *P. Z. S.*, 358. — Przew. (1877), *Ornith. Misc.*, VI, 174, *B. of Mong.*, sp. 60.

Dimensions. Long. totale, $0^m,16$; queue, $0^m,07$; aile, $0^m,085$; tarse, $0^m,021$; bec, $0^m,01$ à partir du front.

Couleurs. Iris, bec et pattes noirâtres. — Front et sourcils d'un bleu vif et brillant ; sommet de la tête, cou et dos d'un bleu terne et plus ou moins nuancé de roux ; gorge et devant du cou d'un bleu pur ; reste des parties inférieures et croupion d'un roux orangé, avec un peu de blanc sur le bas-ventre ; queue d'un roux orangé, avec une large bande terminale et une grande partie des pennes centrales noires ; rémiges noires ; pennes tertiaires bordées de roux en dehors ; couvertures alaires bleues, les plus grandes ornées d'un liséré roux. — La femelle a la tête et le dos d'un brun terreux, le ventre d'un roux jaunâtre, la poitrine et les flancs brunâtres, la gorge grisâtre, les sous-caudales et le croupion roux, la queue de la même teinte, avec du noir vers les rectrices, comme chez le mâle.

Je n'ai rencontré ce joli rouge-queue qu'à Moupin et dans le Setchuan occidental. Dans ces deux provinces, il est assez commun en toutes saisons sur les montagnes boisées et ressemble aux autres *Ruticilla* par ses allures et par ses mœurs. Il a été signalé récemment dans le Kan-sou par M. Przewalski, et dans le Cachar septentrional par M. Godwin-Austen, et il se trouve également, suivant Jerdon, au Darjeeling, dans les clairières et les endroits découverts, à une altitude qui varie entre 4,000 et 8,000 pieds. D'après M. Przewalski, le *Ruticilla frontalis*, au moins dans la région alpine du Kan-sou, fait son nid avec de la mousse et des herbes qu'il tapisse intérieurement avec des plumes de *Crossoptilon auritum;* ses œufs, au nombre de quatre, sont d'un blanc sale et parsemé de taches rougeâtres.

259. — RUTICILLA RUFIVENTRIS

SYLVIA ATRATA, Lath. (1821-28), *Gen. Hist.*, VII, 26. — PHOENICURA ATRATA, Jard. et Selb. (1829-43), *Ill. Orn.*, pl. 86, f. 3. — PHOENICURA NIPALENSIS, var. ATRATA, Gr. (1844), *Zool. Misc.*, 83. — RUTICILLA NIPALENSIS, Moore (1854), *P. Z. S.*, 26. — RUTICILLA RUFIVENTRIS, Jerd. (1863), *B. of Ind.*, II, 137. — Przew. (1877), *Ornith., Misc.*, VI, 174. *B. of Mong.*, sp. 59.

Dimensions. Long. totale, 0^m,16 ; queue, 0^m,063 ; aile fermée, 0^m,09 ; tarse, 0^m,024 ; bec, 0^m,01 à partir du front.

Couleurs. Iris et bec noirs ; pattes et ongles bruns. — Tête, cou, dos et poitrine noirs, avec le front et la région oculaire nuancés de gris ; ventre, sous-caudales et croupion roux ; queue de la même teinte, avec un peu de brun sur les barbes internes des deux pennes centrales ; pennes des ailes d'un brun sale, bordées extérieurement de gris roussâtre ; grandes couvertures du même brun que les pennes ; petites couvertures noires. — La femelle a le plumage d'un brun sale, mélangé de gris roussâtre sur la gorge et la partie inférieure de l'abdomen, avec les sous-caudales d'un blanc roussâtre, les sus-caudales et la queue de la même couleur que chez le mâle.

Ces oiseaux, qui sont répandus dans l'Inde entière pendant l'hiver et que les Anglais désignent sous le nom de Rouges-Queues indiens, viennent en petit nombre passer l'été dans la

Chine et la Mongolie. J'en ai pris quelques individus aux
environs de Pékin, sur les monts Ourato et dans le Chensi
méridional ; mais je n'en ai point rencontré dans la partie orientale de l'empire chinois. Le Rouge-Queue à ventre roux semble
éviter les forêts et s'établit de préférence sur les montagnes,
dans les endroits pierreux ou dans le voisinage des vieux murs ;
il se nourrit d'insectes et a les mêmes mœurs que notre rossignol
de murailles.

260. — RUTICILLA AUROREA (Pl. 26)

Motacilla aurorea, Gm. (1788), *S. N.*, I, 976, n° 123. — Pall. (1811-31), *Z. R. A.*, I,
477. — Phœnicurus Reevesii, Gr. (1832), *Zool. Misc.*, 1. — Phœnicura Reevesii, Mac-
Clell. (1839), *P. Z. S.*, 161. — Ruticilla leucoptera, Blyth. (1843), *J. A. S. B.*, XII,
962, et (1847), XVI, 134. — Lusciola aurorea, Tem. et Schl. (1850), *Faun. Jap.
Aves*, 56, pl. 21 *d*. — Ruticilla aurorea, Jerd. (1863), *B. of Ind.*, II, 139. —
Swinh. (1871), *P. Z. S.*, 358. — Tacz. (1876), *Bull. Soc. zool. Fr.*, I, 143. — Przew.
(1877), *Ornith. Misc.*, VI, 173, *B. of Mong.*, sp. 58.

Dimensions. Long. totale, 0^m,15 ; queue, 0^m,06 ; aile fermée, 0^m,08 ;
tarse, 0^m,023 ; bec, 0^m,01 à partir du front.

Couleurs. Iris et bec noirs ; pattes et ongles bruns. — Front, côtés de
la tête, tour des yeux, région auriculaire, devant du cou et dos d'un noir
profond ; face supérieure des ailes de la même couleur, avec un grand miroir
blanc sur les pennes secondaires et tertiaires ; sommet de la tête et face
postérieure du cou d'un gris cendré plus ou moins clair ; parties inférieures
du corps, croupion et queue d'un roux vif, avec les deux rectrices médianes
presque entièrement brunes. — En hiver, les couleurs du mâle sont moins
pures et nuancées de brunâtre ou de grisâtre. La femelle est d'un brun olive
en dessus, et d'un gris lavé de roux en dessous, avec la queue de la même
couleur que le mâle, et les ailes ornées d'un miroir plus petit.

Ce charmant rouge-queue, l'un des oiseaux les plus caractéristiques de la faune de l'extrême Orient, est abondamment
répandu au Japon et dans tout le Céleste-Empire, jusqu'en
Mongolie et en Mantchourie. De là il gagne la Sibérie, où,
d'après les observations de M. Dybowski, il arrive à la fin
d'avril, et où il niche au mois de mai, sur le flanc des rochers.
Il pond quatre ou cinq œufs, de la même couleur que ceux de
la *Muscicapa parva*. En hiver, il émigre vers le midi et descend
jusque dans l'Inde. Ses mœurs et son chant sont à peu près les
mêmes que ceux de notre *Ruticilla phœnicura*.

261. — RUTICILLA HODGSONI

Phoenicura ruticilla (Hodgs.), Gr. (1844), *Zool. Misc.*, 82. — Phoenicura Reevesii, Blyth. (nec J. E. Gr.), (1843), *J. A. S.*, XII, 963. — Ruticilla Hodgsoni, Moore (1854), *P. Z. S.*, 26 et pl. VIII. — Swinh. (1871), *P. Z. S.*, 358. — Przew. (1877), *Ornith. Misc.*, VI, 175, sp. 62.

Dimensions. Long. totale, $0^m,165$; queue, $0^m,07$; aile fermée, $0^m,09$; tarse, $0^m,025$; bec, à partir du front, $0^m,011$.

Couleurs. Iris noir; bec et pattes noirs. — Dessus de la tête et du cou et dos d'un gris cendré; front et sourcils blanchâtres; tour du bec, joues, gorge, devant et côtés du cou noirs; parties inférieures du corps d'un roux aurore, passant au blanc sous le bas-ventre et les sous-caudales; croupion et sus-caudales d'une teinte rousse; queue rousse, avec un peu de brun sur les deux rectrices médianes; ailes brunes, avec un miroir blanc sur les pennes secondaires et tertiaires, moins étendu que dans le *R. aurorea*. — La femelle et le jeune mâle ont le dessus du corps d'un brun terreux, le dessous d'un gris brun passant au blanchâtre sur le milieu du ventre, et la queue de la même couleur que chez le mâle adulte, mais ils n'offrent pas trace de miroir blanc sur les ailes.

Ce grand rouge-queue, qui habite le Népaul et quelques autres provinces de l'Inde pendant l'hiver, arrive au printemps dans le Kan-sou et dans le sud-ouest de la Chine, où je l'ai pris sur les bords du fleuve Jaune, mais ne se rencontre jamais au nord ou à l'est. Il fréquente beaucoup plus que les autres espèces le bord des torrents, et, d'après mes observations, offre encore ceci de particulier que le mâle ne revêt la livrée d'adulte que dans la deuxième année, et garde jusque-là un plumage entièrement semblable à celui de la femelle.

262. — RHYACORNIS FULIGINOSA (Pl. 25)

Ruticilla fuliginosa, Vig. (1830), *P. Z. S.*, 35. —. Phoenicura plumbea, Gould (1835), *P. Z. S.*, 185. — Ruticilla simplex, Less. (1840), *Rev. zool.*, 265. — Phoenicurus rubricauda, (Hodgs.) et lineoventris (♀), Gr. (1844), *Zool. Misc.*, 42. — Ruticilla fuliginosa, Swinh. (1861), *Ibis*, 409. — Jerd. (1863), *B. of. Ind.*, II, 142. — Swinh. (1871), *P. Z. S.*, 358. — Rhyacornis fuliginosa, Blanf. (1872), *J. A. S.*, 30 à 73. — Ruticilla fuliginosa, Przew. (1877), *Ornith. Misc.*, VI, 177, sp. 64.

Dimensions. Long. totale, $0^m,14$; queue, $0^m,05$, un peu arrondie, avec les pennes centrales dépassant les latérales de $0^m,007$; aile fermée, $0^m,075$; ouverte, $0^m,10$, avec la quatrième rémige dépassant toutes les autres et la troisième égale à la cinquième; tarse, $0^m,022$; doigt postérieur, $0^m,012$

(ongle compris); ongle de ce doigt, 0^m,005; bec, 0^m,008 à partir du front; hauteur du bec, 0^m,0035.

Couleurs. Iris brun; bec noir; pattes et ongles bruns. — Tète et corps d'un bleu cendré foncé, avec les sus-caudales, les sous-caudales et le bas-ventre d'une teinte roussâtre; queue rousse; ailes brunes, avec les pennes lisérées de cendré sur les barbes externes et les moyennes couvertures terminées de blanc. — La femelle diffère beaucoup du mâle; elle a le dessus du corps d'un brun olivâtre sale, le dessous blanc avec des marques semi-circulaires brunes sur chaque plume, le bas-ventre, les sus-caudales et les sous-caudales d'un blanc plus pur, la queue blanche avec une bande terminale brune, assez large sur les pennes centrales, presque nulle sur les pennes externes; rémiges brunes, lisérées en dehors de gris sale; petites et moyennes couvertures des ailes brunes, terminées de blanc. — Les jeunes mâles portent à peu près la même livrée que les femelles, et offrent sur les parties supérieures de leur corps un mélange de bleuâtre et de jaunâtre. Une seule fois j'ai pu observer une femelle dont le plumage était entièrement bleu comme chez le mâle, mais qui avait la queue blanche, comme d'ordinaire.

Cette jolie espèce, qui est commune dans l'Himalaya, se rencontre aussi fréquemment dans les parties montagneuses de la Chine, auprès des torrents et des cascades. Elle est abondamment répandue en toutes saisons dans les provinces centrales, depuis Moupin et le Kokonoor jusqu'au Fokien; mais en été elle paraît s'avancer beaucoup plus loin vers le nord, car je l'ai trouvée et prise dans les montagnes de Pékin et même dans celles de Mongolie. Comme le *Chæmarrornis leucocephala*, le *Rhyacornis fuliginosa* se tient isolé ou par couples sur les pierres baignées par les eaux torrentielles, et donne la chasse aux insectes ailés ou à leurs larves aquatiques. Il est d'un naturel très-belliqueux et ne souffre le voisinage d'aucun compétiteur; quand deux mâles se rencontrent, ils se provoquent comme deux anciens preux de la voix et du geste, et exécutent avant d'en venir aux prises une série de courbettes fort singulières. Outre un cri de rappel doux et pénétrant, ces oiseaux font entendre presque en toute saison, comme le *Cinclus Pallasii*, un chant fort remarquable. Par ses mœurs, par ses formes générales et par son système de coloration, le *Rhyacornis fuliginosa* s'éloigne des *Ruticilla*, et présente tout au plus quelques affinités avec le *Chæmarrornis leucocephala*; aussi croyons-nous que tous les naturalistes qui ont eu l'occasion d'observer cet oiseau sur le vivant n'hésiteront pas à accepter le genre créé récemment en sa faveur par M. Blanford, dans son *Voyage aux frontières E. et O. du Sikkim indépendant. (J. A. S. B.,* 1872, pp. 30-73.)

263. — CHÆMARRORNIS LEUCOCEPHALA (Pl. 24)

PHOENICURA LEUCOCEPHALA, Vig. (1830), *P. Z. S.*, 35. — Gould (1832), *Cent. Him. B.*, pl. 26, f. 1. — RUTICILLA LEUCOCEPHALA, Less. (1840), *Rev. zool.*, 265. — CHAIMARRORNIS LEUCOCEPHALUS (Hodgs.), Gr. (1844), *Zool. Misc.*, 82. — CHÆMARRORNIS LEUCOCEPHALA, Jerd. (1863), *B. of Ind.*, II, 143. — Swinh. (1871), *P. Z. S.*, 358. — Przew. (1877), *Ornith. Misc.*, VI, *B. of Mong.*, sp. 66.

Dimensions. Long. totale, 0m,20 ; queue, 0m,08, un peu arrondie, avec les rectrices centrales dépassant de 0m,01 les rectrices latérales ; aile, 0m,11, avec la quatrième et la cinquième rémige à peu près égales ; tarse, 0m,031 ; doigt postérieur, 0m,02, l'ongle seul mesurant 0m,009 ; bec, 0m,014 à partir du front.

Couleurs. Iris brun ; bec, pattes et ongles noirs. — Sommet de la tête d'un blanc pur et soyeux ; front, tour des yeux, côtés de la tête, gorge, cou, poitrine et dos d'un noir de velours ; reste des parties inférieures, croupion et sus-caudales d'une belle teinte rousse pourprée ; queue de la même couleur, avec une large bande terminale noire, qui, sur les rectrices latérales, empiète sur les barbes externes et occupe la moitié de la longueur de la penne ; rémiges et couvertures alaires noires, ainsi que les plumes tibiales. — Les deux sexes offrent le même plumage.

Ce magnifique oiseau, répandu dans toute l'étendue de la région himalayenne, se trouve aussi dans le Kan-sou et est fort commun dans les montagnes du sud-ouest de la Chine, jusqu'au Tsinling inclusivement ; mais je ne l'ai jamais rencontré au Kiangsi, ni au Fokien, ni dans la moitié orientale de la Chine, à l'est d'Itchang. Il vit isolé ou par couples au bord des rivières et des torrents et se tient d'ordinaire sur des rochers baignés par l'eau ; de là il s'élance fréquemment sur les insectes, diptères ou névroptères, qui volent autour de lui. En hiver, quand les insectes et les larves aquatiques lui font défaut, il va becqueter les baies de divers arbrisseaux, *Ligustrum*, *Laurus*, etc. Son cri habituel consiste en un sifflement allongé qui domine le bruit des cascades, et jamais je ne lui ai entendu émettre de véritable chant, tandis que son compagnon le *Rhya-*

cornis à manteau bleu possède un ramage fort agréable. Comme ce dernier, du reste, le *Chæmarrornis leucocephala* est d'un naturel querelleur et ne supporte aucun oiseau de son espèce dans son voisinage. On le voit souvent agiter gracieusement sa queue en l'élevant et l'abaissant alternativement, mais sans lui imprimer, comme les Rouges-Queues, un mouvement de trépidation. C'est avec raison, d'après nous, que cette espèce a été, comme la précédente, séparée du genre *Ruticilla* dont elle n'a ni les mœurs ni la coloration.

264. — COPSYCHUS SAULARIS

LANIUS BENGALENSIS NIGER, Briss. (1760), *Ornith.*, II, 184 et Suppl. 41, n° 19. — GRACULA SAULARIS, L. (1766), *S. N.*, I, 165. — DAHILA DOCILIS, Hodgs., *As. Res.*, XIX. 189. — COPSYCHUS SAULARIS, Bp. (1850), *Consp. Av.*, I, 267. — Jerd. (1863), *B. of Ind.*, II, 114. — Swinh. (1871), *P. Z. S.*, 359.

Dimensions. Long. totale, 0m,23 ; queue, 0m,10, arrondie; aile, 0m,11 : tarse, 0m,03 ; bec, 0m,017 à partir du front ; hauteur du bec, 0m,006.

Couleurs. Iris brun ; bec noir ; pattes brunes. — Tête et corps d'un noir métallique à reflets bleus, avec les couvertures des ailes, le bord externe des rémiges tertiaires, les plumes du milieu du ventre et les quatre rectrices externes de chaque côté d'un blanc pur, les plumes des flancs et les sous-caudales d'un gris fuligineux. — Chez la femelle, le dessus de la tête et le dos sont d'un gris ardoisé foncé, la gorge et la poitrine d'un gris cendré.

Le *Copsychus saularis*, qui est abondamment répandu dans l'Inde méridionale et occidentale, se trouve aussi communément dans le sud de la Chine, jusqu'au bassin du Yangtzé inclusivement. J'ai pris plusieurs oiseaux de cette espèce à Kioukiang, et j'en ai rencontré fréquemment dans le Setchuan. Ils vivent dans le voisinage des habitations et se nourrissent principalement des larves de diptères qui se développent dans le fumier; leur familiarité est si grande qu'ils pénètrent parfois dans l'intérieur des maisons. Ils se posent plutôt sur le faîte d'un toit ou à l'extrémité d'une perche que sur les branches des arbres, et font entendre, dès le point du jour, un chant assez agréable, composé de quelques notes sifflantes. De temps en temps ils font mouvoir verticalement leur queue, l'abaissant par une série de saccades en l'élargissant graduellement, puis la relevant brusquement d'un seul coup pour recommencer bientôt après le même manége. C'est surtout en présence d'un rival ou devant leur femelle que les mâles exécutent ces mouvements singuliers. Ils sont du reste d'un naturel fort querelleur; aussi les Chinois les élèvent-ils fréquemment comme oiseaux de combat.

Le genre *Copsychus* est représenté aux Philippines par une espèce (*Copsychus mindanensis*) qui ne diffère de celle-ci que par la coloration des couvertures inférieures de ses ailes, ses plumes étant noires au lieu d'être blanches comme dans le *Copsychus saularis*.

265. — KITTACINCLA MACRURA

GOBE-MOUCHES A LONGUE QUEUE DE GINGI, Sonn. (1776), *Voy. aux Indes et en Chine*, II, 196. — TURDUS MACROURUS, Gm. (1788), *S. N.*, I, 820, n° 67. — Lev. (1796-1806), *Ois. d'Afr.*, pl. 114. — KITTACINCLA MACROUBA, Gould (1836), *P. Z. S.*, 7. — Blyth, (1849), *Cat. B. Mus. As. Soc. of Beng.*, 165, n° 968. — Jerd. (1863), *B. of Ind.*, II, 116. — KITTACINCLA MACRURA, var. MINOR, Swinh. (1870), *Ibis*, 344, et (1871), *P. Z. S.*, 350.

Dimensions. Long. totale, 0^m,30 ; queue, 0^m,20, très-étagée ; aile, 0^m,09 ; tarse, 0^m,025 ; bec, 0^m,017 à partir du front.

Couleurs. Iris brun ; bec noir ; pattes grises. — Tête, cou et dos d'un noir métallique ; croupion blanc ; rémiges d'un noir mat ; poitrine, ventre et sous-caudales roux ; rectrices latérales ornées d'une grande tache blanche à l'extrémité. — La femelle a des couleurs moins vives que le mâle.

Cette espèce, si remarquable par le développement de sa queue, est répandue dans toute l'Inde, à Ceylan, dans la presqu'île de Malacca, dans la Birmanie et la Cochinchine, à Java, à Sumatra, partout où il y a des bois et des jungles, et se trouve aussi dans l'île de Haïnan : sur ce dernier point, d'après M. Swinhoe, elle serait représentée par une race de plus petite taille ; mais comme les différences de dimensions constatées sur les individus de Haïnan portent principalement sur les pennes de la queue, il nous semble probable qu'elles sont produites simplement par des influences de saison, et qu'elles ne doivent pas motiver l'établissement d'une variété locale. Le *Kittacincla macrura*, qui est un chanteur fort remarquable, imite avec la plus grande facilité la voix de tous les oiseaux qu'il entend ; il se nourrit d'insectes et principalement de sauterelles.

266. — GRANDALA COELICOLOR (Pl. 31)

GRANDALA COELICÓLOR, Hodgs. (1843), *J. A. S.*, XII, 447. — Gould (1862), *B. of As.*, livr. XIV. — Swinh. (1871), *P. Z. S.*, 360. — Przew. (1877), *Ornith. Misc.*, VI, 182, *B. of Mong.*, sp. 73.

Dimensions. Long. totale, $0^m,175$; queue, $0^m,09$, un peu fourchue, les rectrices latérales dépassant de $0^m,01$ les rectrices centrales; aile fermée, $0^m,155$, avec la première rémige très-courte et la deuxième plus longue que toutes les autres; tarse, $0^m,026$, peu robuste, de même que les doigts; doigt postérieur, $0^m,016$, l'ongle seul mesurant $0^m,009$; bec, $0^m,014$ (du front à l'extrémité), grêle comme celui des Sylvains, avec la base un peu dilatée latéralement.

Couleurs. Iris noirâtre; bec, pattes et ongles noirs. — Tout le corps du bleu d'outre-mer le plus riche, avec les lores, les ailes et la queue noirs. — La femelle est d'un gris ardoisé sale, mélangé de brun, avec une bande blanche à travers l'aile, des raies jaunâtres au centre des plumes des parties inférieures; les ailes et la queue noirâtres.

Ce magnifique oiseau, signalé d'abord dans l'Himalaya, se trouve aussi à Moupin dans le Kan-sou et pendant l'été. Il se tient sur les montagnes les plus élevées, à 4 ou 5,000 mètres d'altitude, et cherche dans les prairies découvertes, au-dessous de la région des forêts, les insectes dont il fait sa nourriture. Son vol, léger et puissant, ressemble un peu à celui de l'hirondelle. Au mois de mai et de juin, cette espèce était abondante sur le Hong-chan-tin, mais elle en avait totalement disparu à la fin de juillet.

267. — MYIOPHONEUS CÆRULEUS (Pl. 43)

LE MERLE BLEU DE LA CHINE, Sonn. (1782), *Voy. Ind.*, II, 188, pl. 108.— GRACULA CÆRULEA, Scop. (1786), *Del. Faun. et Fl. Insub.*, II, 88. — TURDUS VIOLACEUS, Gm. (1788), *S. N.*, I, 829. — TURDUS NITIDUS, Gr. (1844), *Zool. Misc.*, 1. — MYIOPHONEUS CÆRULEUS, Swinh. (1864), *Ibis*, 36, et (1871), *P. Z. S.*, 368.

Dimensions. Long. totale, $0^m,33$; queue, $0^m,12$, un peu arrondie; aile, $0^m,189$; tarse, $0^m,052$; bec, $0^m,025$ à partir du front; haut. du bec, $0^m,009$.

Couleurs. Iris châtain; bec noir; pattes noires; ongles bruns. — Tête et tronc d'un bleu indigo foncé, avec des taches terminales d'un bleu brillant sur toutes les plumes, excepté sur celles des lores et du bas-ventre et sur les sous-caudales qui tournent au bleu noirâtre; ailes et queue d'un bleu plus vif que le reste du corps.

Le *Myiophoneus cæruleus* se rencontre dans toute la Chine, mais il est très-rare à Pékin ; on le trouve au contraire assez communément en toutes saisons dans le centre et le sud de l'Empire. Cet oiseau au riche plumage vit solitaire au bord des torrents et des rivières et se nourrit principalement de larves et d'insectes aquatiques ; pour atteindre sa proie, il s'avance sur les pierres baignées par le courant, mais il ne plonge jamais. Je ne l'ai vu que très-rarement parcourir les bosquets et se percher sur les arbres. Sa voix est douce et étendue et son chant fort agréable rappelle un peu celui du Passereau solitaire.

268. — MYIOPHONEUS INSULARIS

MYIOPHONEUS INSULARIS, Gould (1862), *P. Z. S.*, 280, et (1864), *B. of As.*, livr. XVI, pl. — MYIOPHONEUS INSULARIS, Swinh. (1863), *Ibis*, 577, et (1871), *P. Z. S.*, 368.

Dimensions. Long. totale, $0^m,34$; queue, $0^m,13$; aile, $0^m,165$.
Couleurs. Iris brun ; bec et pattes noirs. — Front d'un bleu foncé, mais brillant ; ventre, dessus du cou et dos d'un bleu noirâtre ; épaules d'un bleu métallique ; gorge d'un bleu foncé ; poitrine et partie supérieure de l'abdomen d'un noir tacheté de bleu luisant ; partie inférieure de l'abdomen et sous-caudales noires.

Cette espèce se distingue facilement de la précédente par sa taille un peu plus forte et par l'absence de taches d'un bleu brillant sur les parties supérieures du corps ; elle est propre à l'île de Formose, où elle vit à une altitude de 700 mètres environ, sur les montagnes boisées, au bord des torrents, comme son congénère.

ACCENTORIDÉS

Les Accenteurs forment une petite famille bien délimitée renfermant une dizaine d'espèces répandues dans le nord de l'ancien continent.

269. — ACCENTOR NIPALENSIS

ACCENTOR NIPALENSIS, Hodgs. (1843), *J. A. S.*, XIII, 34, et (1845), *P. Z. S.*, 34. — ACCENTOR CACHARENSIS, Hodgs., *ibid.* — ACCENTOR NIPALENSIS, Gould (1855), *B. of As.*, livr. VII, pl. — Jerd. (1863), *B. of Ind.*, II, 286. — Swinh. (1871), *P. Z. S.*, 360. — Przew. (1877), *Ornith. Misc.*, VI, 185 ; *B. of Mong.*, sp. 79.

Dimensions. Long. totale, 0^m,195 ; queue, 0^m,07 ; aile fermée, 0^m,105 ; tarse, 0^m,026 ; doigt postérieur, 0^m,016, l'ongle seul mesurant 0^m,007 ; bec, 0^m,011 à partir du front.

Couleurs. Iris roux ; bec noir, avec les côtés jaunes ; tarses roux ; doigts plus foncés ; ongles bruns. — Dessus de la tête et du cou d'un brun sale et légèrement roussâtre ; plumes du dos d'un brun noir frangé de gris ; plumes du croupion d'une teinte moins brune et plus largement frangées de cendré terreux ; sus-caudales brunes, avec les bords roussâtres et la pointe marquée de noir et de blanc ; sur la gorge, un rabat gris varié de blanc et de noir ; côtés de la tête et du cou, poitrine et milieu de l'abdomen d'un brun terreux, les plumes de cette dernière région étant frangées de gris et de noir ; flancs d'un roux vif, avec un peu de gris à l'extrémité des plumes et quelques flammèches brunes du côté des cuisses ; sous-caudales marquées de brun, de roux et de blanc ; queue brune, tachée de blanc à l'extrémité ; rémiges brunes lisérées de grisâtre ; plumes de l'aileron et couvertures des ailes noires, avec un peu de blanc à la pointe ; plumes scapulaires rousses sur le bord externe ; quelques points blancs au-dessous de l'œil. — Le plumage de la femelle est semblable à celui du mâle.

Ce grand accenteur, signalé d'abord dans l'Himalaya, où il remplace notre Accenteur des Alpes, se trouve aussi dans le Kan-sou et sur les plus hautes montagnes de la Chine occiden-tale. Je l'ai rencontré et pris à Moupin, en juillet et en août, à une altitude comprise entre 4 et 5,000 mètres : il était alors assez commun sur les pentes rocailleuses où il établit son nid et qui paraissent être son séjour de prédilection. Il ne se laissait approcher que difficilement et paraissait avoir un naturel sau-vage.

270. — ACCENTOR ERYTHROPYGIUS

ACCENTOR ALPINUS, Midd. (1851-53), *Sib. Reis.* II, 173. — Schrenck (1860), *Die Vög. des Amurl.*, 355. — ACCENTOR ERYTHROPYGIUS, Swinh. (1870), *P. Z. S.*, 124, et 447, pl. 9. — Cab. (1870), *J. f. Ornith.*, 456. — Gould (1871), *B. of As.*, liv. XXIII, pl. — Swinh. (1871), *P. Z. S.*, 360. — Tacz. (1876), *Bull. Soc. zool. Fr.*, I, 144.

Dimensions. Long. totale, 0^m,19 ; queue, 0^m,075 ; aile fermée, 0^m,105 ; tarse, 0^m,022.

Couleurs. Iris roux ; bec brun, avec une teinte jaunâtre sur les côtés de la mandibule inférieure ; tarses et doigts roux ; ongles d'un brun clair. — Tête, cou et poitrine d'un gris fuligineux, avec les lores et la région située immédiatement au-dessous de l'œil marquetés de blanc ; gorge blanche, avec d'étroites bandes noires ; petites et grandes couvertures et plumes de l'aileron noires, avec une grande tache blanche à l'extrémité de chacune d'elles ; dos d'un brun clair, avec le centre des plumes noirâtre ; scapulaires

d'une teinte marron, avec le centre noir et la pointe blanche; partie inférieure du dos rousse; sus-caudales d'un roux encore plus vif, les plus
grandes tachées de noir au centre. Parties inférieures d'un brun jaunâtre,
passant au brun marron foncé sur les flancs dont les plumes sont lisérées de blanc; plumes du ventre également lisérées de blanc et marquées
d'une tache en forme de V; sous-caudales d'un brun marron bordé de
blanc; queue brunâtre, avec une teinte rousse au bord des barbes externes
et des taches blanches à l'extrémité des rectrices sur les barbes internes;
rémiges brunes, avec le bord externe jaunâtre et l'extrémité blanchâtre;
pennes secondaires noires, terminées de blanc et de brun marron; pennes
tertiaires de la même couleur, avec une bordure rousse et une tache terminale blanche un peu plus marquée.

L'*Accentor erythropygius* que MM. de Middendorf et de
Schrenck ont trouvé nichant dans la Sibérie orientale et dans
l'Amourland, et qu'ils ont pris à tort pour l'*Accentor alpinus*, se
rencontre aussi, à l'approche de l'hiver, dans les montagnes
situées au nord et à l'ouest de Pékin. Dès les premières années
de mon séjour dans la capitale, j'avais eu cet oiseau entre les
mains, mais l'exemplaire étant complétement mutilé, il ne
m'avait pas été possible de reconnaître les caractères spécifiques
que le savant ornithologiste anglais M. Swinhoe a constatés
plus tard sur des individus en meilleur état. Quant à l'*Accentor
rubidus* du Japon, je ne l'ai jamais observé dans l'empire
chinois.

271. — ACCENTOR MULTISTRIATUS

ACCENTOR MULTISTRIATUS, A. Dav. (1871), *Ann. and Mag. Nat. Hist.*, série 4, VII,
256. — Swinh. (1871), *P. Z. S.*, 360. — Przew. (1877), *Ornith. Misc.*, 187; *B. of
Mong.*, sp. 82.

Dimensions. Long. totale, 0m,15; queue, 0m,055; aile fermée, 0m,065,
arrivant aux deux cinquièmes de la longueur de la queue et ayant les
troisième, quatrième et cinquième rémiges égales entre elles et plus grandes
que toutes les autres; tarse, 0m,02; doigt postérieur, 0m,015, l'ongle seul
mesurant 0m,007; bec, 0m,007 à partir du front; hauteur du bec à la base,
0m,005; largeur, 0m,005.

Couleurs. Iris châtain; bec brun de corne, avec les côtés et la base
jaunâtres; pattes d'un gris roussâtre; ongles gris. — Dessus de la tête et du
cou et dos d'un gris olivâtre, avec le centre des plumes rayé de brun, ces
raies disparaissant en grande partie sur le croupion et les sus-caudales;
côtés du cou d'un gris plus pur; gorge blanche, avec quelques taches sur
le milieu et des raies brunes sur les côtés; poitrine fauve; ventre blan-

châtre, rayé de brun du côté de la poitrine et sur les flancs qui sont lavés de roussâtre; sous-caudales blanchâtres, avec des taches brunes plus ou moins développées; lores et région parotique d'un brun passant au fauve en arrière; quelques petites plumes blanches au-dessous et en arrière de l'œil; une large raie sourcilière rousse s'étendant jusqu'à la partie postérieure de la tête; une seconde raie plus étroite surmontant la première et partant des narines; une troisième raie noire longeant les côtés du vertex et formant avec les deux autres un sourcil tricolore. Rectrices d'un brun olive; rémiges brunes, avec le bord externe d'une teinte olive et l'extrémité grise; grandes et moyennes couvertures des ailes marquées d'une tache blanche à l'extrémité. — La femelle ne diffère du mâle que par la teinte rousse plus pâle de sa poitrine et les teintes noires moins prononcées des bords de son vertex.

L'*Accentor multistriatus* se rapproche beaucoup de l'*A. strophiatus* de l'Himalaya. Je l'ai trouvé communément, en hiver, dans le Setchuan occidental, à Moupin, au Kokonoor, et plus rarement sur les montagnes de Tsinling, où se rencontre aussi, d'une manière tout à fait accidentelle, à la même époque, l'*Accentor montanellus*. Par la voix et les mœurs, il ressemble à cette dernière espèce, et se tient silencieux dans les broussailles et les herbes sèches, cherchant à terre les petites graines qui constituent sa nourriture pendant la mauvaise saison. En été, cet accenteur, comme tous ses congénères, gagne les régions les plus élevées dont il égaie la solitude par la douceur de son chant. D'après M. Przewalski, cet oiseau niche également dans les parties boisées du Kan-sou.

272. — ACCENTOR MONTANELLUS (Pl. 33)

MOTACILLA MONTANELLA, Pall. (1776-78), *Reis.*, III, 695, n° 12, et (1811), *Zoogr. R. A.*, 1, 471, pl.—ACCENTOR MONTANELLUS, Tem. (1820), *Man. d'Orn.*, I, 251, et (1835), III, 174. *Atl.* pl. — ACCENTOR TEMMINCKII (Brandt), Bp. (1850), *Consp. Av.*, 1, 306. — ACCENTOR MONTANELLUS, Midd. (1851-53), *Sib. Reis.*, II, 172.—Swinh. (1871), *P. Z. S.*, 361. — Gould (1871), *B. of As.*, livr. XXIII, pl. — Severtz. (1873), *Turk. Jevotn.*, 66. — Dress. (1876), *Ibis*, 92. — Tacz. (1876), *Bull. Soc. zool. Fr.*, I, 144. — Przew. (1877), *Ornith. Misc.*, VI, 186; *B. of Mong.*, sp. 80.

Dimensions. Long. totale, 0ᵐ,15 à 0ᵐ,16; queue, 0ᵐ,065; aile fermée, 0ᵐ,07; tarse, 0ᵐ,021; doigt postérieur, 0ᵐ,015, l'ongle seul mesurant 0ᵐ,007.

Couleurs. Iris châtain clair; bec brun, avec les bords jaunâtres; pattes d'un roux clair; ongles bruns. — Dessus de la tête d'un gris brun plus ou moins foncé, suivant l'âge et le sexe, et bordé latéralement de noir; plumes de la partie supérieure du cou et du dos rousses, lisérées de gris;

croupion et sus-caudales d'une teinte terreuse ; gorge, devant du cou et poitrine d'un gris lavé de jaune d'ocre ; milieu du ventre et sous-caudales blanchâtres, avec des taches brunes au centre de ces dernières ; flancs grisâtres avec des flammèches brunes ; une large raie sourcilière jaunâtre partant des côtés du front et s'étendant jusqu'à la partie postérieure du cou ; lores, dessous des yeux et région parotique bruns, avec une tache jaunâtre au bout des couvertures des oreilles ; côtés du cou d'un gris cendré ; queue d'un gris terreux ; pennes des ailes brunâtres, frangées de roux olive au bord externe et de gris à l'extrémité ; petites et moyennes couvertures des ailes d'un roux olive, avec des taches blanches à l'extrémité. Au printemps le dessus de la tête est d'une teinte plus foncée, presque noire, la couleur cendrée du cou est plus pure et descend plus bas vers la poitrine. — La femelle ne diffère du mâle que par des teintes moins pures et par les stries brunes qui rayent le dessus de sa tête, qui est d'un gris cendré.

Cette espèce qui, d'après M. Severtzoff, niche dans le N.-E. du Turkestan, à une altitude de 5 à 10,000 pieds, et qui s'égare parfois en Europe, est commune dans la Sibérie orientale et sur les bords du Baïkal, et, pendant l'hiver, dans la moitié septentrionale de la Chine, où je l'ai capturée jusque dans les monts Tsinling. Elle arrive à Pékin dès les premiers froids et y séjourne jusqu'au printemps. Elle s'établit dans les jardins et dans les endroits couverts de buissons et de hautes herbes desséchées et se nourrit de petites graines, principalement de celles d'*Amaranthus*. Dans la mauvaise saison, cet oiseau ne fait entendre qu'un petit sifflement aigu, mais en été il chante d'une manière assez agréable ; aussi les Pékinois le gardent-ils en cage en le nourrissant de millet.

273. — ACCENTOR IMMACULATUS (Pl. 32)

ACCENTOR IMMACULATUS, Hodgs. (1845), *P. Z. S.*, 34. — ACCENTOR MOLLIS, Blyth (1845), *J. A. S. B.*, XIV, 581. — ACCENTOR IMMACULATUS, Gould (1850), *B. of As.*, livr. VII, pl. — Jerd. (1863), *B. of Ind.*, II, 286. — A. Dav. (1871), *N. Arch. du Mus.*, *Bull.* VII, Cat. nº 226.

Dimensions. Long. totale, 0m,145 ; queue, 0m,053 ; aile fermée, 0m,08 ; tarse, 0m,018 ; doigt postérieur, 0m,015, l'ongle seul mesurant 0m,007.

Couleurs. Iris jaune cerclé de rouge ; bec noirâtre ; pattes d'un gris roux ; ongles gris. — Tête, cou, gorge, poitrine et partie supérieure de l'abdomen d'un gris cendré ; dos et croupion marron ; bas-ventre et souscaudales d'un roux ferrugineux ; quelques petites taches blanches au bout des plumes frontales ; queue d'un brun olive ; pennes des ailes brunes, les primaires étant bordées de gris cendré sur les barbes externes, et les tertiaires de roux vif, comme les plumes scapulaires; couvertures des ailes d'un gris cendré; aileron d'un brun noir. — Plumage de la femelle semblable à celui du mâle, avec des couleurs moins vives.

L'*Accentor immaculatus*, qui se distingue de ses congénères par son plumage aux teintes uniformes et dépourvues de stries, n'est pas rare pendant l'été à Moupin et sur les hautes montagnes du Setchuan occidental. Dès la fin de l'automne, il descend dans les vallées et y demeure jusqu'au printemps. Il est probable que cette espèce se trouve aussi dans le Tibet septentrional et dans toute la région himalayenne, quoiqu'elle n'ait été signalée encore que dans le Népaul.

GARRULACIDÉS

Cette famille, qui est répandue principalement dans l'Indo-Malaisie et en Océanie, et qui ne compte aucun représentant sur le continent américain, ne comprend pas moins de 125 espèces sur lesquelles 27 vivent dans l'empire chinois.

274. — SIBIA AURICULARIS

KITTACINCLA AURICULARIS, Swinh. (1864), *Ibis*, 361. — SIBIA AURICULARIS, Sclat. (1864), *Ibis*, 109, 110 et pl. 4. — Swinh., *ibid*, 401, et (1871), *P. Z. S.*, 370.

Dimensions. Long. totale, $0^m,22$; queue, $0^m,10$, très-étagée; aile, $0^m,103$; tarse, $0^m,03$; bec, $0^m,018$ à partir du front; plumes auriculaires, $0^m,03$; hauteur du bec, $0^m,006$.

Couleurs. Iris brun; bec noir; pattes jaunâtres. — Dessus de la tête, des ailes et de la queue noir; dos et scapulaires d'un gris fuligineux, de même que le devant et les côtés du cou et la poitrine; lores et plumes auriculaires d'un blanc pur; ventre, sous-caudales et croupion roux; rémiges lisérées de gris cendré sur les barbes externes; rectrices blanchâtres à l'extrémité.

Cette espèce, dont les congénères habitent le Tenasserim, le Népaul, le Sikkim et les monts Khasi, est très-commune dans l'île de Formose et se tient sur les arbres élevés.

275. — POMATORHINUS ERYTHROCNEMIS

POMATORHINUS ERYTHROCNEMIS, Gould (1862), *P. Z. S.*, 281, et (1864), *B. of As.*, livr. XVI, pl. — Swinh. (1863), *Ibis*, 286, et (1871), *P. Z. S.*, 370.

Dimensions. Long. totale, 0ᵐ,215; queue, 0ᵐ,10; aile, 0ᵐ,09; tarse, 0ᵐ,04; bec, 0ᵐ,035, fortement recourbé.

Couleurs. Iris brun châtain; bec noir; pattes d'un gris plombé. — Parties supérieures du corps d'un roux vif, passant au brun grisâtre sur la tête dont les plumes sont marquées de brun et qui porte en outre une plaque rougeâtre; lores blancs; plumes auriculaires d'un gris brunâtre; moustaches noires, surmontées de petites taches blanches; gorge, poitrine et milieu de l'abdomen d'un blanc lavé de roux, la poitrine marquée de nombreuses taches noires, régulièrement disposées et tendant sur les côtés à rejoindre les moustaches; flancs d'un roux clair; sous-caudales et plumes tibiales d'une teinte rouge ferrugineuse; rectrices et rémiges brunes, bordées de roux sur les barbes externes.

Cette grande espèce de *Pomatorhinus* vit dans les parties montagneuses de l'île de Formose, au milieu des forêts, à une altitude de 2,000 pieds au moins; comme tous ses congénères, elle se nourrit exclusivement d'insectes et de petits mollusques terrestres.

276. — POMATORHINUS GRAVIVOX (Pl. 49)

Pomatorhinus gravivox, A. Dav. (1873), *Ann. des Sc. nat.*, XVIII, art. 5.

Dimensions. Long. totale, 0ᵐ,24; queue, 0ᵐ,10, arrondie; aile, 0ᵐ,09; tarse, 0ᵐ,036; bec, 0ᵐ,032 à partir du front.

Couleurs. Iris d'un blanc grisâtre, bec brun, avec la pointe de la mandibule supérieure et la mandibule inférieure jaunâtres; pattes et ongles blanchâtres. — Parties supérieures du corps d'une teinte olive uniforme, avec le front, les sourcils, le tour de l'œil et la région auriculaire d'un roux amadou, les lores et la partie inférieure de la joue d'un blanc maculé de noir; gorge blanche, avec quelques poils noirs qui disparaissent vers le bas, et, sur les côtés, de fortes moustaches noires bien dessinées et continues; poitrine blanche, marquée de nombreuses taches noires, de forme triangulaire; milieu de l'abdomen blanc; sous-caudales et plumes tibiales d'un roux amadou; plumes des côtés de la poitrine et des flancs de la même teinte, ces dernières passant au brun olive à l'extrémité. — Sur une demi-douzaine de spécimens pris en hiver, je n'ai pu constater aucune différence de plumage entre les deux sexes.

Cette espèce nouvelle habite les montagnes du Chensi méridional et du Setchuan septentrional, ainsi que la chaîne qui sépare ces deux provinces du Houpé et du Honan; mais elle n'est nulle part très-abondante. Elle vit par couples en petites bandes dans les bois les plus sombres et les plus retirés, et se nourrit

d'insectes, de vers et de petits mollusques qu'elle ramasse à
la surface du sol. C'est un oiseau très-rusé et très-difficile à
découvrir, séjournant fort longtemps dans les cantons qu'il a
choisis, et montrant, dans ses habitudes, une régularité singulière. Il prend toujours à la même heure son bain quotidien et
fait entendre, à la tombée de la nuit, son chant sonore et peu
varié, mais remarquable par son étrangeté. Les habitants du
Chensi le nomment *Chao-hô-lô* (éteignez le feu), soit par onoma-
topée, soit parce que le moment où il commence à chanter
coïncide avec l'heure du couvre-feu. D'après ce que m'ont
affirmé les Chinois, il paraît que dans certains districts on garde
cet oiseau dans les maisons où il détruit les insectes parasites,
et particulièrement les punaises.

277. — POMATORHINUS SWINHOEI (Pl. 48)

Pomatorhinus Swinhoei, A. Dav. (1874), *Ann. Sc. nat.*, XIX, art. 9. — (1875),
l'Institut, n° du 10 mars, p. 114.

Dimensions. Long. totale, 0^m,25 ; queue, 0^m,125, arrondie ; aile, 0^m,10 ;
tarse, 0^m,036 ; bec recourbé, 0^m,33 à partir du front.
Couleurs. Iris jaune pâle ; bec brun noir, avec la base grisâtre ; tarses
et doigts bruns ; ongles gris avec la pointe brune. — Dessus de la tête d'un
brun olive, avec le centre des plumes d'un brun foncé ; partie supérieure du
cou et croupion d'un roux olivâtre ; dos et dessus des ailes d'un roux marron
très-vif ; queue d'un roux légèrement nuancé d'olive ; front, sourcils et plumes
auriculaires d'un roux vif ; lores et joues maculés de noir ; région oculaire
blanche en arrière et noire en avant ; gorge blanche, avec quelques poils noirs
au milieu et sur les côtés des taches noires ne formant pas de moustaches bien
définies ; partie supérieure de la poitrine blanche ou blanchâtre, avec de
grandes taches triangulaires noires s'arrêtant plus haut que dans l'espèce précédente ; partie inférieure de la poitrine et abdomen d'un gris cendré, avec les
plumes des flancs nuancées de roux olive à l'extrémité ; sous-caudales d'un
roux marron foncé ; plumes tibiales grisâtres, nuancées de brun et de roux.
— Cette description, prise sur quatre individus tués en hiver, peut s'appliquer
à la femelle aussi bien qu'au mâle.

Le *Pomatorhinus Swinhoei* vit sur les montagnes boisées qui
séparent le Kiangsi du Fokien ; il a été pris en hiver, comme
l'espèce précédente, dont il diffère : 1° par son bec et ses pattes
plus robustes et de couleur noirâtre, ces mêmes parties étant

blanches dans le *P. gravivox ;* 2° par l'absence de moustaches nettement dessinées ; 3° par la teinte du dos qui est d'un roux foncé au lieu d'être d'un brun olive ; 4° par la couleur de ses flancs qui sont d'un gris cendré au lieu d'être roux ; 5° par les taches noires de sa poitrine, plus grandes et moins nombreuses ; 6° par la nuance particulière qu'offrent les parties de son corps qui sont colorées en roux comme dans le *P. gravivox.* Il est un fait curieux à noter, c'est qu'en réunissant un certain nombre de caractères empruntés au *P. gravivox* et au *P. Swinhoei,* on pourrait obtenir une description complète de l'espèce de Formose, *P. erythrocnemis,* quoique celle-ci ne puisse être confondue avec aucune des deux espèces de la Chine continentale, considérées isolément.

278. — POMATORHINUS MUSICUS

POMATORHINUS MUSICUS, Swinh. (1859), *North. China As. S. J.*, n° de mai. — (1860), *Ibis,* 187 et 360. — (1861), *ibid.*, 284 et pl. VI. — (1871), *P. Z. S.*, 370.

Dimensions. Long. totale, $0^m,21$; queue, $0^m,85$; aile, $0^m,08$; tarse, $0^m,03$.
Couleurs. Iris jaunâtre ; bec brun, avec la pointe et la mandibule inférieure blanches ; pattes plombées. — Parties supérieures d'un brun olive à reflets dorés, passant au brun olive terne sur le sommet de la tête et interrompu sur la nuque par un collier d'un roux ferrugineux vif qui s'étend sur les côtés du cou et de la poitrine et rejoint la teinte rousse des flancs ; sourcils blancs très-marqués, se prolongeant fort loin en arrière de l'œil ; lores noirs ; plumes auriculaires d'un brun foncé ; gorge et poitrine blanches, cette dernière marquée de taches longiditunales d'un brun noirâtre ; milieu du ventre blanc ; flancs et sous-caudales d'un roux ferrugineux passant au roux olive en arrière ; rémiges et rectrices brunes, bordées de roux olive sur les barbes externes.

Cette espèce, propre à l'île de Formose, se trouve communément dans tous les endroits couverts d'arbustes ou de bambous ; elle se nourrit d'insectes ou de larves et a les mêmes mœurs que les *Pomatorhinus* de la Chine continentale, dont elle se distingue au premier coup d'œil par sa taille plus forte et la tache noire qui marque sa poitrine. D'après M. Swinhoe, le chant de cet oiseau est d'une douceur remarquable et les cris qu'il pousse à chaque instant sont aussi variés que bizarres.

279. — POMATORHINUS NIGROSTELLATUS

POMATORHINUS NIGROSTELLATUS, Swinh. (1870), *Ibis*, 250, et (1871), *P. Z. S.*, 371.

Cette espèce, découverte par M. Swinhoe dans l'île de Haïnan, a de grandes affinités avec le *P. stridulus*, mais s'en distingue par sa taille plus forte, égalant presque celle du *P. musicus*, par son bec et ses pattes plus robustes, par la couleur de la tache qui orne sa poitrine et qui est noire au lieu d'être rousse ou olivâtre.

280. — POMATORHINUS RUFICOLLIS

POMATORHINUS RUFICOLLIS, Hodgs. (1836), *As. Res.*, XIX, 192. — Jerd. (1863), *B. of Ind.*, II, 29. — POMATORHINUS STRIDULUS, Swinh. (1861), *Ibis*, 265, et (1871) *P. Z. S.*, 371.

Dimensions. Long. totale; $0^m,17$ à $0^m,20$; queue, $0^m,085$, arrondie; aile, $0^m,085$; tarse, $0^m,029$; bec, recourbé, $0^m,017$ à partir du front.

Couleurs. Iris roux; bec noirâtre, avec le bout de la mandibule inférieure blanchâtre; pattes d'un gris verdâtre; ongles gris. — Sommet de la tête d'un brun olive; partie postérieure et côtés du cou d'un roux très-vif; dos, croupion et dessus des ailes d'un roux marron; une grande raie sourcilière blanche partant du front et se prolongeant jusque sur les côtés du cou; lores, région des yeux et des oreilles noirs; gorge blanche; plumes de la poitrine d'une teinte rousse ou olivâtre, plus ou moins largement frangées de blanc; flancs, bas-ventre et sous-caudales d'un gris olivâtre; pennes de la queue et des ailes d'un brun olivâtre. — Plumage de la femelle semblable à celui du mâle.

Les couleurs et la taille de cette espèce sont sujettes à d'assez grandes variations : plusieurs individus tués au Setchuan ont la poitrine et la partie supérieure de l'abdomen blanches avec çà et là quelques taches olive; tandis que d'autres oiseaux pris dans le Fokien occidental ont toute la poitrine et les flancs d'un roux vif, avec quelques plumes bordées de blanc; bien plus, dans la même localité et dans la même saison il se trouve parfois des individus à teintes pâles, et d'autres à teintes vives et comme dorées. Ces différences que l'on remarque entre des individus provenant d'un même point de la Chine, et appartenant évidemment à un seul type spécifique, sont certainement aussi importantes que celles que l'on constate en comparant ces mêmes individus à des oiseaux des monts Khasi, désignés sous le nom de *P. ruficollis;* nous ne pouvons donc nous résoudre à admettre avec M. Swinhoe l'existence en Chine d'une espèce *P. stridulus,* distincte de celle de l'Himalaya.

Le *Pomatorhinus ruficollis* habite le S.-E. de l'Himalaya et les monts Khasi, où il a été retrouvé récemment par M. Godwin-Austen; de là il s'avance sur les montagnes boisées de la Chine méridionale jusqu'au Hoangho. Il vit sédentaire ou par couples au milieu des bambous et dans les taillis et cherche sur le sol les insectes et les graines dont il fait sa nourriture et qu'il saisit avec son bec en s'aidant de ses pattes robustes. En hiver, il dévore également des œufs d'insectes et des chrysalides qu'il découvre sur le tronc des arbres, car il grimpe presque aussi facilement que nos *Certhia*. C'est un oiseau d'un naturel très-familier, qui se laisse approcher facilement quand il est occupé à gratter la terre et les feuilles mortes et qu'il n'a pas été préalablement inquiété par quelque poursuite. Sa voix est forte et mélodieuse, mais il ne possède pas de véritable chant, et ne mérite nullement, à notre avis, le nom de *stridulus* qui lui avait été donné par M. Swinhoe.

281. — PTERORHINUS DAVIDI (Pl. 50)

PTERORHINUS DAVIDI, Swinh. (1868), *Ibis*, 61. — (1871) *P. Z. S.*, 371. — Gould (1871), *B. of As.*, livr. XXIII, pl. — Przew. (1877), *Loc. cit.*, 202, sp. 116.

Dimensions. Long. totale, 0^m,27; queue, 0^m,12, arrondie; aile, 0^m,09; tarse, 0^m,03; bec, recourbé et couvert jusqu'à la moitié de sa longueur par les plumes des narines, 0^m,022, à partir du front.

Couleurs. Iris d'un brun clair; bec jaune; pattes et ongles brunâtres. — Tête et corps d'un brun terreux qui va en s'éclaircissant sur le cou, la poitrine, les joues et les sourcils; lores grisâtres; plumes frontales acuminées et légèrement nuancées de gris cendré; menton brun; pennes alaires lisérées de cendré sur les barbes externes; pennes caudales élargies, marquées de barres transversales foncées et terminées par un liséré d'un noir brunâtre. — Plumage de la femelle semblable à celui du mâle.

C'est dans les montagnes de Pékin que j'ai découvert cet oiseau remarquable, pour lequel M. Swinhoe a cru devoir créer

un genre nouveau ; depuis lors, j'ai rencontré la même espèce
près de la Mantchourie, dans l'Ourato et dans le Chensi méridional ; mais nulle part elle ne m'a paru si abondante que dans
la province de Pékin ; là en effet, dans le Sichan, partout où il y
a des taillis ou des buissons, on est sûr de trouver le *Chan-hoamy*
(Hoamy de montagne) ; en toute saison on entend ses cris singuliers et son chant sonore, qui finit par fatiguer l'oreille. Le *Pterorhinus Davidi* est sédentaire dans les montagnes du nord de
l'Empire, qu'il parcourt en petites bandes de six ou sept individus, se nourrissant d'insectes, de fruits, de millet et de toute
sorte de graines. Il niche dans les buissons et fait sans doute
plusieurs pontes par année, puisque je l'ai trouvé couvant encore
au mois de septembre. Le nid, composé de brins d'herbe, comme
celui de nos fauvettes, renferme cinq œufs d'un joli bleu turquoise, sans taches. Au milieu des bois, cet oiseau ne se montre
point méfiant, et s'approche du voyageur pour l'examiner avec
curiosité. Les Chinois de Pékin le gardent souvent en cage.

BABAX (n. g.)

Ce genre nouveau se distingue du genre *Pterorhinus* : 1° par ses
couleurs complétement différentes ; 2° par ses narines nues ; 3° par
son bec arqué, plus robuste et plus comprimé ; 4° par ses tarses plus
longs et ses doigts plus épais.

282. — BABAX LANCEOLATUS (Pl. 51)

PTERORHINUS LANCEOLATUS, J. Verr. (1870), *N. Arch. du Mus.*, VI, 36, et (1871),
ibid., VII, 40, pl. 2.

Dimensions. Long. totale, $0^m,25$; queue, $0^m,115$, étagée, les rectrices
centrales dépassant les autres de $0^m,04$; aile, $0^m,095$; tarse, $0^m,036$; bec,
$0^m,031$ à partir du front.

Couleurs. Iris jaune pâle ; bec brun ; pattes et ongles gris. — Plumes
du vertex d'un brun roux ; plumes de la partie supérieure du cou et du dos
d'un brun frangé de gris cendré ; lores, tour des yeux et plumes auriculaires
d'un blanc soyeux ou jaunâtre, mélangé de brun roux ; une large moustache
d'un brun roussâtre partant de la base de la mandibule inférieure et se prolongeant sur les côtés du cou sous la forme de taches éparses ; gorge, poitrine et milieu du ventre d'un blanc roussâtre ; flancs marqués de longues

taches brunes et rousses en forme de fer de lance ; sous-caudales et plumes tibiales d'un gris terreux lavé de brunâtre ; queue d'une teinte olive ; dessus des ailes d'un brun olive nuancé de gris cendré, avec une raie longitudinale foncée vers le milieu. — Les couleurs du plumage ne varient pas sensiblement suivant l'âge ou le sexe.

Cette espèce se trouve exclusivement sur les plus hautes montagnes boisées de Moupin, du Setchuan occidental et du Chensi méridional ; dans cette dernière province elle est assez rare, tandis qu'elle est fort commune à Moupin. Elle se tient sur la lisière des bois, en troupes plus ou moins nombreuses, et cherche sa nourriture plutôt sur le sol que sur les arbres. En toutes saisons, cet oiseau se montre très-loquace et fait entendre à tous propos ses notes étranges, qui tantôt sont très-douces et tantôt semblent exprimer la colère. Le nouveau nom générique que nous proposons pour cette espèce, *Babax*, synonyme de *Garrulax*, fait allusion à ce babil intarissable.

Le *Babax lanceolatus* n'émigre pas. Son nid, construit avec des herbes, est placé au milieu des broussailles et a la forme de celui du Merle ; les œufs, au nombre de cinq ou six, sont d'un bleu verdâtre.

Comme l'a fait observer avec raison feu J. Verreaux, en décrivant les premiers spécimens que j'avais envoyés au Muséum d'histoire naturelle, cette espèce paraît tenir à la fois des *Pterorhinus* et des *Ianthocincla*, mais en réalité elle mérite de constituer un genre particulier à aussi juste titre que les *Trochalopteron*, les *Cinclosoma* et autres types séparés des *Garrulax*.

283. — LEUCODOPTRON HOAMY (Pl. 56)

TURDUS SINENSIS, Briss. (1760), *Orn.*, II, 221, pl. 23, f. 1. — TURDUS CHINENSIS, Osbeck (1771), *A Voyage to China*, II, 121. — L'HOAMI DE LA CHINE, Buff. (1770-83), *Hist. nat. Ois.*, III, 316. — TURDUS SINENSIS, Gm. (1788), *S. N.*, I, 829. — GARRULAX CANORUS, Swinh. (1860), *Ibis*, 358. — LEUCODIOPTRUM SINENSE, Swinh. (1863), *P. Z. S.*, 278, et (1871), *ibid.*, 371.

Dimensions. Long. totale, 0ᵐ,24 ; queue, 0ᵐ,10, arrondie ; aile, 0ᵐ,104 ; tarse, 0ᵐ,038 ; bec 0ᵐ,02, presque droit ; hauteur du bec, 0ᵐ,008.

Couleurs. Iris jaune ; bec brun, avec la base de la mandibule inférieure jaunâtre, devenant presque entièrement jaune chez les vieux oiseaux ; pattes et ongles jaunâtres. — Dessus de la tête, partie supérieure et côtés du cou d'un roux olive, avec le centre des plumes marqué de noir, ce qui forme cinq ou six raies continues sur ces parties ; dos et croupion d'une teinte olive sombre assez uniforme, les taches centrales des plumes ayant presque complétement disparu ; tour des yeux blanc, cette couleur s'étendant en arrière sous la forme d'une raie ; dessous du corps d'un roux jaunâtre vif, avec le milieu du ventre d'un gris cendré pur et de nombreuses stries noires sur la gorge et le devant du cou ; queue d'un brun olive foncé, avec des barres noirâtres ; ailes d'un brun olive ; lores et couvertures des oreilles d'un brun roux uniforme. — Plumage de la femelle semblable à celui du mâle.

Cette espèce, caractéristique de la faune chinoise, est abondamment répandue sur les montagnes des provinces méridionales ; je l'ai rencontrée jusqu'au Tsinling, dans le Chensi méridional, mais elle ne dépasse point cette chaîne qui marque d'une manière absolue la limite septentrionale de son aire d'habitation, et tous les individus que l'on voit en cage à Pékin viennent certainemement du sud de l'Empire. Les Chinois qui donnent à cet oiseau le nom de *Hoa-méy* (fleuri-sourcil) le gardent très-fréquemment en captivité, et l'estiment non-seulement à cause de son caractère batailleur qui permet de l'employer comme oiseau de combat, mais encore et surtout à cause de son chant qui, suivant eux, surpasse celui de tous les autres oiseaux du pays. Le Hoamy possède en effet une voix sonore et variée, mais ses notes éclatantes ne tarderaient pas à fatiguer nos oreilles européennes. En domesticité, il montre une intelligence surprenante et se trouve bientôt avec son maître sur le pied d'une intime familiarité ; mais à l'état sauvage il est extrêmement rusé, et se laisse surprendre difficilement. Comme les autres Garrulacidés, il vit en petites bandes, sur les coteaux boisés. — Il nous a paru nécessaire de lui restituer le nom chinois d'*Hoamy* pour éviter les confusions que l'on fait trop souvent entre cet oiseau et le *Garrulax chinensis*.

284. — LEUCODIOPTRON TAIVANUM

GARRULAX TÆVANUS, Swinh. (1859), *N. Ch. As. S. J.*, 228. — (1860), *Ibis*, 187 et 360. — MALACOCERCUS TAIVANUS, Swinh. (1865), *Ibis*, 546. — LEUCODIOPTRUM TAIVANUM, Swinh. (1871), *P. Z. S.*, 371.

Dimensions et Couleurs. Taille, proportions, forme de la queue et des ailes identiques à celles du *L. hoamy*. Pas de blanc autour de l'œil, comme chez' ce dernier, ni de teintes rousses dans le plumage, dont le ton général est un brun olivâtre sale; tête et cou d'une nuance plus claire, avec des raies noires plus larges que dans l'espèce précédente; gorge, poitrine et jambes passant à un jaune d'ocre pâle.

Le *Leucodioptron taïvanum*, qui a la même voix et les mêmes mœurs que le *L. hoamy*, habite exclusivement l'île de Formose, où il est abondamment répandu, en plaine comme en montagne.

285. — GARRULAX CHINENSIS

Le Petit·Geai de la Chine, Sonn. (1782), *Voy. Ind.*, II, 188, et pl. 107. — Lanius chinensis, Scop. (1786), *Del. Fl. et Faun. Insub.*, II, 86. — Turdus Shanhu, Gm. (1788), *S. N.*, I, 814, n° 41. — Corvus auritus, Lath. (1790), *Ind. orn.*, I, 160, n° 25. — Daud. (1800), *Trait. d'Orn.*, II, 250. — Le Geai a joues blanches, Levaill. (1806-16), *Hist. nat. des Ois. de Parad.*, I, 125, pl. 43. — Garrulax chinensis, Swinh. (1864), *Ibis*, 423, et (1871), *P. Z. S.*, 371. — Gould (1873), *B. of As.*, livr. XXV, pl.

Dimensions. Long. totale, $0^m,27$; queue, $0^m,105$; aile, $0^m,125$; tarse, $0^m,04$; bec, $0^m,018$ à partir du front.

Couleurs. Tête d'un gris de fer très-foncé, avec quelques plumes blanchâtres dans le voisinage du front; plumes nasales, lores, tour des yeux, menton et milieu de la gorge noirs; plumes auriculaires en grande partie blanches, quelques-unes seulement, en arrière de l'œil, étant d'un brun foncé; joues blanches; nuque d'un brun légèrement vineux; dos d'un brun olive; queue de la même teinte, avec une bande terminale peu distincte, d'un brun foncé; rémiges brunes, avec un liséré d'un gris argenté sur les barbes externes; côtés du cou, poitrine et ventre d'un gris roux, nuancé de brun vineux, passant au brun olive sur les flancs et les sous-caudales.

Les oiseaux de cette espèce que l'on voit communément chez les marchands de Hongkong viennent du sud-ouest ou même de la partie la plus méridionale de la Chine; je n'en ai point rencontré au Kiangsi ni au Fokien, et M. Swinhoe n'en a point trouvé dans l'île de Haïnan. Le *Garrulax chinensis* paraît donc être confiné sur les frontières du Tonkin et de la Chine, et c'est de là qu'on l'apporte à vendre à Canton et à Hongkong; les Chinois le recherchent à cause de la sonorité de son chant qui n'a d'ailleurs rien de bien remarquable.

286. — GARRULAX PERSPICILLATUS (Pl. 52)

Le Merle de la Chine, Buff. (1770), *Pl. enl.* 604. — Turdus perspicillatus, Gm. (1788), *S. N.*, I, 830. — Garrulax rugillatus, Swinh. (1860), *Ibis*, 57 et 358. — Garrulax perspicillatus, Swinh. (1861), *Ibis*, 38, et (1871), *P. Z. S.*, 375.

Dimensions. Long. totale, 0^m,34 ; queue, 0^m,16, arrondie ; aile, 0^m,135 ; tarse, 0^m,042 ; bec, 0^m,022, conique.

Couleurs. Iris d'un brun roux ; bec brun, avec la pointe d'une teinte cornée ; pattes grisâtres. — Front, lores, tour des yeux et région auriculaire noirs ; tête, cou et gorge d'un cendré olivâtre, les plumes ayant un aspect écailleux ; dos, croupion, sus-caudales et dessus des ailes d'un brun olive ; poitrine et ventre d'une teinte grise ocracée, passant au roussâtre sur le milieu de l'abdomen et sur les plumes tibiales ; sous-caudales d'un roux jaunâtre ; rectrices centrales d'une teinte olive, les suivantes ornées à l'extrémité d'une tache noirâtre de plus en plus marquée. — Plumage de la femelle semblable à celui du mâle.

Cette grande espèce de *Garrulax* est propre à la Chine méridionale et se tient dans le voisinage des habitations et des sépultures, au milieu des terres cultivées, dans les plaines parsemées de bouquets d'arbres, de buissons et de bambous. Je l'ai trouvée communément dans le Chensi méridional, sur les deux rives du Hoangho, où elle réside toute l'année, mais je ne l'ai jamais rencontrée sur les hautes montagnes, ni dans les forêts. Ces oiseaux vivent en petites bandes, près des lieux qui les ont vus naître, et cherchent sur le sol, le long des haies, au bord des champs ou sous les bambous, les insectes qui constituent leur principale nourriture. A l'occasion, ils s'accommodent de toute sorte de fruits et de graines, et s'attaquent même aux oiseaux plus faibles qu'eux. Leur voix criarde et désagréable se fait entendre à chaque instant. Les Chinois d'ordinaire ne chassent point cette espèce qui, comme la suivante, vit familièrement auprès d'eux ; toutefois, dans le voisinage des colonies européennes où ils tuent indifféremment toute sorte de gibier, ils n'ont plus pour elle le même respect.

287. — GARRULAX SANNIO

GARRULAX SANNIO, Swinh. (1867), *Ibis*, 403, et (1871), *P. Z. S.*, 371.

Dimensions. Long. totale, 0^m,26 ; queue, 0^m,105, étagée ; aile, 0^m,10 ; tarse, 0^m,037 ; bec, droit, 0^m,02.

Couleurs. Iris châtain roux ; bec d'un brun corné ; pattes grises. — Sommet de la tête d'un brun marron foncé ; lores, raie sourcilière d'un blanc pur ; joues blanches, passant au brun sur la partie postérieure des plumes auriculaires, qui sont roides et étroites ; dos, croupion et dessus des ailes d'un brun olive; cou, principalement sur les côtés, d'une teinte violacée, avec quelques stries plus foncées; gorge d'un brun chocolat; sous-caudales, plumes tibiales et bas-ventre d'une teinte jaune d'ocre; reste des parties inférieures d'un gris terreux qui s'éclaircit sur le milieu du ventre et tourne au brun olivâtre sur les flancs; queue d'un roux brun, avec des bandes transversales plus foncées, mais peu marquées, et des lisérés bruns sur les barbes internes des rectrices.

Cette espèce qui a les mêmes mœurs, les mêmes allures et la voix presque aussi désagréable que le *Garrulax perspicillatus*, est abondamment répandue dans le sud de la Chine, depuis le Chensi méridional jusqu'au Yunan et au Kouangsi; mais je ne l'ai jamais observée au Kiangsi, ni à Changhaï, ni au Tchékiang, ni au Fokien; je crois donc qu'elle ne se trouve dans aucune des provinces orientales et que le versant méridional du Tsinling marque au nord la limite de son aire d'habitation. Le *Garrulax sannio* s'élève beaucoup plus que l'espèce précédente sur les montagnes, en suivant les vallées habitées, mais ne pénètre pas davantage au milieu des forêts.

288. — GARRULAX MONACHUS

GARRULAX MONACHUS, Swinh. (1870), *Ibis*, 248, et (1871), *P. Z. S.*, 372.

Dimensions. Long. totale, 0m,26; queue, 0m,112; aile, 0m,105.
Couleurs. Iris d'un brun châtain; bec noirâtre; pattes brunes. — Front, tour des yeux et région auriculaire, gorge et partie supérieure de la poitrine de couleur noire; sommet de la tête et du cou d'un gris bleuâtre; reste du plumage d'un brun olive, nuancé de roux sur le cou et les parties inférieures; queue d'un brun olive, avec l'extrémité noirâtre.

Le *Garrulax monachus* ne se trouve que dans l'intérieur de l'île de Haïnan; c'est une espèce sédentaire; il est doué d'une voix sonore qu'il sait moduler de façon à produire un petit chant assez agréable.

289. — GARRULAX ALBOGULARIS

IANTHOCINCLA ALBIGULARIS, Gould (1845), *P. Z. S.*, 187. — CINCLOSOMA ALBIGULA, Hodgs. (1836), *As. Res.*, XIX, 146. — GARRULAX ALBOGULARIS, Swinh. (1871), *P. Z. S.*, 371, et (1872), *Ibis*, 303.

Dimensions. Long. totale, 0m,30; queue, 0m,145, étagée; aile, 0m,15; tarse, 0m,042; bec, droit, 0m,021.

Couleurs. Iris d'un jaune pâle ou verdâtre; bec noir; pattes d'un gris plombé uniforme. — Parties supérieures du corps d'une teinte olive foncée et uniforme, avec un peu de roux dans le voisinage du bec; lores et menton noirs; gorge d'un blanc pur; poitrine olivâtre; ventre, flancs et sous-caudales d'un roux ocracé; queue de la même couleur que le dos, avec une tache blanche à peine distincte au bout des deux rectrices centrales et des taches de plus en plus distinctes sur les pennes suivantes. — Plumage de la femelle semblable à celui du mâle.

C'est sur les montagnes boisées qui séparent le Setchuan du Tibet et du Kokonoor que j'ai rencontré cette espèce himalayenne, à l'entrée de l'hiver. Elle volait de coteau en coteau, de bosquet en bosquet, en troupes nombreuses et fort bruyantes; sa voix m'a paru plus grêle que celle des autres *Garrulax*. Comme ses congénères, le Garrulax à gorge blanche cherche le plus souvent sa nourriture sur le sol.

290. — GARRULAX RUFICEPS

GARRULAX RUFICEPS, Gould (1862), *P. Z. S.*, 281, et (1864), *B. of. As.*, livr. XV, pl. — Swinh. (1863), *Ibis*, 282, et (1871), *P. Z. S.*, 371.

Dimensions et Couleurs. Taille identique à celle de l'espèce précédente; plumage à peu près semblable, avec le vertex roux et le milieu du ventre blanchâtre.

Le *Garrulax ruficeps*, qui n'est qu'une race locale du *G. albigularis*, habite les parties montueuses et boisées de l'île de Formose, et a les mêmes mœurs que l'espèce du continent.

291. — GARRULAX PICTICOLLIS

GARRULAX PICTICOLLIS, Swinh. (1872), *P. Z. S.*, 554. — Gould (1874), *B. of As.*, livr. XXVI, pl.

Dimensions. Long. totale, $0^m,33$; queue, $0^m,14$, étagée; aile, $0^m,14$; tarse, $0^m,044$; bec, droit, $0^m,027$.
Couleurs. Iris châtain; bec brun, avec la base de la mandibule inférieure blanchâtre; pattes d'un bleu plombé; ongles blanchâtres. — Parties supérieures d'une teinte olive ocracée, passant au roux vif sur le cou et au jaunâtre sur le croupion et les sous-caudales; lores et raie sourcilière d'un blanc pur; région parotique d'un blanc soyeux, piqueté de noir; une étroite moustache noire partant de la commissure du bec, contournant les plumes auriculaires et se réunissant à une autre raie venant de l'œil; côtés du cou d'un

gris cendré, se mêlant de noirâtre vers la poitrine, dont le milieu est d'un
blanc lavé de roux ; milieu du ventre et gorge d'un blanc pur ; flancs d'un
roux aurore ; sous-caudales et plumes tibiales d'un roux très-pâle ; rectrices
centrales d'un brun ocracé, avec le bout jaunâtre, cette tache terminale de
plus en plus marquée sur les rectrices suivantes, dont le milieu est noir et
dont la base offre la même teinte que les pennes médianes ; rémiges noirâtres,
bordées en dehors d'une teinte analogue à celle du dos. — Plumage de la
femelle semblable à celui du mâle. Suivant les individus, la teinte cendrée des
demi-colliers latéraux et la couleur blanche des couvertures auriculaires sont
plus ou moins mélangées de noir.

Cette espèce voisine du *Garrulax pectoralis* et du *G. moni-
liger*, de l'Himalaya, a été découverte par M. Swinhoe dans le
Tchékiang ; je l'ai trouvée également sur les montagnes boisées
du Fokien, où elle vit en troupes nombreuses et bruyantes, volant
et courant rapidement d'une montagne à l'autre, à la manière
du *G. albospecularis* et se nourrissant de petits fruits et d'insectes. Ces oiseaux n'émigrent pas, et ne font que changer de
localité, suivant la température, sans quitter la région.

292. — CINCLOSOMA LUNULATUM (Pl. 53)

IANTHOCINCLA LUNULATA, J. Verr. (1870), *N. Arch. du Mus.*, 36, pl. 3, et (1871),
VII, *ibid.*, 41. — IANTHOCINCLA LUNULATA, Gould (1873), *B. of As.*, livr. XXV, pl.

Dimensions. Long. totale, 0^m,30 ; queue, 0^m,13, arrondie ; aile, 0^m,105 ;
tarse, 0^m,04 ; bec, droit, 0^m,033 à partir du front.

Couleurs. Iris d'un blanc jaunâtre, souvent d'un blanc pur ; bec d'un
brun grisâtre, avec la mandibule inférieure plus claire ; pattes et ongles grisâtres. — Sommet de la tête brun ; reste des parties supérieures d'une teinte
olive, chaque plume présentant à l'extrémité une large barre noire suivie d'une
bande jaunâtre ; tour des yeux et lores blancs ; gorge et joues d'un brun fuligineux, relevé sur les côtés du cou et sur la poitrine par des franges blanches
occupant le bord des plumes ; milieu du ventre blanc ; flancs et sous-caudales
d'un jaune olivâtre, barré de brun et de jaunâtre ; rémiges noires, lisérées de
cendré bleuâtre sur les barbes externes et terminées par une tache blanche ;
pennes secondaires et tertiaires frangées de brun olive ; rectrices centrales
d'une teinte olive, ornées à l'extrémité d'une bande noire suivie d'une tache
blanche, cette tache et cette bande étant de plus en plus marquées sur les
pennes suivantes, dont la base est d'un cendré bleuâtre. — Plumage de la
femelle et des jeunes semblable à celui du mâle.

Les premiers spécimens de cette espèce nouvelle, ceux qui
ont servi à la description publiée par feu J. Verreaux, ont été

trouvés par moi dans le Setchuan occidental ; mais depuis lors j'ai rencontré fréquemment, en toutes saisons, le même oiseau dans les forêts de Moupin et du Kokonoor occidental, et même dans le Chensi méridional et au Tsinling. Par sa voix et ses mœurs, le *Cinclosoma lunulatum* ressemble beaucoup aux *Cinclosoma maximum* et *Arthemisiæ ;* mais il ne reste pas, autant que ces derniers, confiné pendant l'hiver au centre [des forêts. C'est une espèce sédentaire qui se nourrit de baies et plutôt encore d'insectes qu'elle découvre en grattant la terre et en écartant les feuilles sèches avec ses pattes, à la manière des poules. Quoiqu'il soit à l'état sauvage d'un naturel craintif et défiant, le *C. lunulatum* s'apprivoise et s'élève facilement en cage ; mais son chant est trop court et trop monotone pour être apprécié des amateurs.

293. — CINCLOSOMA MAXIMUM (Pl. 55)

IANTHOCINCLA MAXIMA, J. Verr. (1870), *N. A. du Mus.*, VI, 36, pl. 3, et (1871), VII, 38.

Dimensions. Long. totale, $0^m,385$; queue, $0^m,19$, arrondie ; aile, $0^m,15$; tarse, $0^m,046$; bec, $0^m,03$, assez arqué dans tous les âges et garni à la base de longues vibrisses couvrant les narines.

Couleurs. Iris d'un jaune clair ; bec d'un brun corné, avec la mandibule inférieure un peu plus claire ; pattes blanchâtres. — Sommet de la tête brun ; dessus du cou et dos d'une teinte olive passant au roux pourpre sur le croupion, chaque plume étant marquée d'une large tache noire et d'une tache arrondie jaunâtre sur le cou et blanche sur le dos, le croupion et les sous-caudales ; lores et sourcils d'un roux lavé de noir ; joues et gorge d'un roux foncé, avec une trace noire au centre et une frange claire au bord de chaque plume, surtout à la partie inférieure du cou ; poitrine d'une teinte analogue, avec des taches noires plus marquées ; abdomen et sous-caudales d'un roux jaunâtre ; rémiges noirâtres, lisérées de cendré sur les barbes externes et terminées chacune par une tache blanche ; pennes tertiaires d'un roux pourpre ; rectrices centrales d'une teinte marron, bordées de cendré, et ornées à l'extrémité d'une tache noire, suivie d'une tache blanche ; rectrices latérales d'un gris cendré à la base, avec des taches terminales noires et blanches de plus en plus marquées.

Ce n'est que dans les plus hautes forêts de Moupin et de Yaotchy, entre 3 et 4,000 mètres d'altitude, que j'ai rencontré cette grande et nouvelle espèce de *Cinclosoma*. Elle est séden-

taire dans toute cette région, mais fort peu répandue ; elle vit
en couples ou en petites bandes dans les bois les plus sombres.
De même que l'espèce suivante, celle-ci passe ses journées à
gratter le sol et les feuilles mortes pour chercher sa nourriture ;
elle est douée d'une assez belle voix, mais ne la prodigue pas,
et fait seulement entendre, à d'assez rares intervalles, quelques
notes sonores, auxquelles on ne peut guère donner le nom de
chant.

Dans son ensemble, le *Cinclosoma maximum* offre d'assez
grandes ressemblances avec le *C. ocellatum* de l'Himalaya, mais
s'en distingue sûrement par son bec plus arqué, par ses narines
cachées sous des vibrisses, par sa taille plus forte, et par la coloration particulière de ses parties inférieures.

294. — CINCLOSOMA ARTHEMISIÆ (Pl. 54)

CINCLOSOMA ARTEMISIÆ, A. Dav. (1871), *Ann. and Mag. Nat. Hist.*, ser. 4, VII,
256. — YANTHOCINCLA ARTHEMISIÆ, A. Dav. (1871), *N. Arch. du Mus.*, VII, 6 et 14. —
CINCLOSOMA ARTHEMISIÆ, Swinh. (1871), *P. Z. S.*, 372.—IANTHOCINCLA ARTHEMISIÆ, Gould
(1873), *B. of As.*, livr. XXV, pl.

Dimensions. Long. totale, $0^m,36$; queue, $0^m,16$, arrondie ; aile, $0^m,135$;
tarse, $0^m,048$; bec, $0^m,025$, droit dans tous les âges.

Couleurs. Iris jaune ; bec d'un brun noir, avec la base de la mandibule
inférieure d'un gris verdâtre ; pattes d'un roux blanchâtre. — Sommet de la
tête, nuque, couvertures des oreilles, milieu des joues, devant du cou et un
cercle étroit autour des yeux d'un noir profond ; région oculaire, lores,
plumes recouvrant la base du bec sur les côtés, et menton d'un roux mêlé
de gris ; un sourcil de la même teinte prolongé en arrière par une raie grisâtre ; un demi-croissant d'un blanc jaunâtre derrière l'oreille ; côtés du
cou nuancés de roux ferrugineux ; partie supérieure du cou et dos d'une
teinte olive, avec une barre noire et une tache terminale jaunâtre sur chaque plume ; reste des parties supérieures d'une teinte olive nuancée de
marron, passant au roux en arrière, chaque plume étant marquée d'une
large bande noire suivie d'une tache en losange d'un blanc jaunâtre. Parties inférieures d'un gris lavé de jaune d'ocre, avec des barres noires bien
marquées sur la poitrine et sur les côtés du cou, moins nettes sur les flancs ;
rectrices des deux paires centrales d'une belle teinte olive marron, avec une
tache subterminale noire et l'extrémité blanche ; rectrices latérales ornées de
taches noires et blanches de plus en plus grandes, les taches noires étant
séparées de la teinte olive du reste de la plume par une petite bande cendrée ; rémiges noires, lisérées de cendré bleuâtre sur la moitié de la longueur
de leurs barbes externes ; pennes secondaires et tertiaires d'un roux marron

en dessus, offrant, comme les rémiges et les couvertures des ailes, une double tache, noire et blanche à l'extrémité.

Je n'ai rencontré et pris cette espèce que dans le Setchuan septentrional et sur les frontières de cette province et du Koko-noor ; elle est sédentaire, mais peu répandue dans cette région, et vit, comme ses congénères, dans les forêts les plus touffues. Elle a les mêmes habitudes, le même régime et presque la même voix que l'espèce précédente.

Par ses caractères généraux et les teintes de son plumage, le *Cinclosoma Arthemisiæ* ressemble beaucoup moins au *C. maximum* qu'au *C. ocellatum ;* il est toutefois bien distinct de cette dernière espèce, ainsi que nous avons pu nous en assurer en comparant à nos *C. Arthemisiæ* des spécimens de *C. ocellatum* recueillis jadis dans l'Himalaya par le major Hodgson et faisant partie de la collection du Muséum d'histoire naturelle. Dans les *C. Arthemisiæ* en effet, le bec est toujours noir, et non pas corné, les taches terminales des plumes du dos sont jaunâtres, et non pas blanches comme dans les *C. lunulatum* et *C. maximum*, la teinte noire de la tête qui descend sur la gorge, à travers les joues, est à la fois plus marquée et plus étendue, etc.

295. — IANTHOCINCLA POECILORHYNCHA

GARRULAX POECILORHYNCHA, Gould (1862), *P. Z. S.*, 281, et (1864), *B. of As.*, livr. XXI, pl. — GARRULAX POECILORHYNCHUS, Swinh. (1863), *Ibis*, 283. — IANTHOCINCLA POECILORHYNCHA, Swinh. (1871), *P. Z. S.*, 372.

Dimensions. Long. totale, $0^m,28$; queue, $0^m,125$, arrondie ; aile, $0^m,116$; tarse, $0^m,046$; bec, $0^m,025$ à partir du front.

Couleurs. Iris noirâtre ; bec noir, avec le bout jaune ; pattes d'un gris verdâtre. — Plumage d'un brun olive à reflets dorés, passant au brun rougeâtre sur la tête, la queue et les ailes, et au gris verdâtre ou fuligineux sur le ventre et les plumes tibiales ; la plupart des plumes du vertex lisérées de noir ; lores noirs, ainsi qu'une faible partie des plumes auriculaires ; un espace nu, d'un gris cendré, en arrière de l'œil ; rémiges brunes, avec un liséré d'un roux doré ou d'un gris jaunâtre sur les taches externes ; rectrices latérales d'une teinte plus terne que les rectrices centrales, et ornées à l'extrémité d'une tache d'un jaune blanchâtre, plus visible sur la face inférieure.

Cette belle espèce a été découverte par M. Swinhoe dans l'île de Formose.

296. — IANTHOCINCLA BERTHEMYI (Pl. 60)

Ianthocincla Berthemyi, Dav. et. Oust. (1876), *Soc. phil.*, séance du 8 juillet.
— *L'Institut*, nouvelle sér., 4ᵉ année, nº 183, p. 229.

Dimensions. Long. totale, 0ᵐ,265 ; queue, 0ᵐ,120 ; aile, 0ᵐ,115 ; tarse, 0ᵐ,42 ; bec, 0ᵐ,23 à partir du front.

Couleurs. Iris noirâtre ; bec noir, avec la pointe tachée de jaune ; pattes vertes. — Plumage semblable en général à celui du *Ianthocincla pœcilorhyncha*, mais offrant des nuances plus claires et distribuées d'une manière un peu différente. Tête, cou, menton et partie supérieure de la poitrine d'une nuance moins foncée et beaucoup plus dorée que dans l'espèce de Formose ; teinte grise de l'abdomen commençant beaucoup plus haut et étant plus pure, à peine nuancée de verdâtre ; pennes caudales, à l'exception des quatre médianes, ornées à l'extrémité d'une tache distincte, blanche et non pas fauve comme dans le *Ianthocincla pœcilorhyncha*, et présentant en outre sur leur face externe une teinte grisâtre ; partie inférieure du front et région comprise entre l'œil et la base du bec d'un noir profond, et non d'un noir pourpré, cette tache noire dessinant une sorte de masque et se prolongeant un peu au-dessous et en arrière de l'œil.

En comparant notre spécimen tué sur les montagnes boisées du Fokien occidental avec deux individus de M. Swinhoe tués à Formose et acquis de M. Verreaux, nous nous sommes convaincus que nous avions affaire à une espèce distincte, différant du *Ianthocincla pœciloryncha* par quelques détails de coloration aussi bien que par les proportions des diverses parties du corps ; et nous avons proposé de nommer cette espèce nouvelle *Ianthocincla Berthemyi*, en l'honneur de M. Berthemy, jadis ministre plénipotentiaire de France à Pékin, amateur d'ornithologie.

Le *Ianthocincla Berthemyi* ne paraît pas fort répandu dans le Fokien ; il vit en petites bandes dans les taillis et les buissons, et cherche d'ordinaire sur le sol sa nourriture qui consiste principalement en insectes. Sa voix est assez désagréable et, comme la plupart des Garrulacidés, il pousse, à la vue d'un ennemi, des cris discordants et interminables.

297. — TROCHALOPTERON FORMOSUM (Pl. 59)

Trochalopteron formosum, J. Verr. (1869), *N. Arch. du Mus., Bull.* V, 35. — (1871), *Ibid.*, VII, 43, pl. 2. — Swinh. (1871), *P. Z. S.*, 372. — Gould (1872), *B. of As.*, livr. XXIV, pl.

Dimensions. Long. totale, 0^m,28 ; queue, 0^m,115, arrondie ; aile, 0^m,10 ; tarse, 0^m,039 ; bec, droit, 0^m,019.

Couleurs. Iris d'un brun grisâtre ; bec noir ; pattes d'un brun roux. — Plumes acuminées de la partie antérieure du vertex noires, bordées de gris cendré ; nuque et dos d'un brun roux ; croupion et sus-caudales d'un brun olive ; plumes de la région parotique à barbes déliées, d'un gris soyeux, avec le centre noir ; lores, raie sourcilière, gorge et côtés du cou noirs ; reste des parties inférieures d'une teinte olive foncée, passant au roux sur la poitrine dont la partie supérieure offre des lunules noires peu distinctes ; face supérieure de la queue d'un rouge cramoisi ; face inférieure brune ; dessus des ailes d'un rouge cramoisi, brillant et lustré, avec les dernières pennes brunes. — Plumage de la femelle presque semblable à celui du mâle.

C'est sur les montagnes boisées du Setchuan occidental que j'ai découvert cette nouvelle espèce de *Trochalopteron*, aux couleurs éclatantes ; les individus que j'ai envoyés au Muséum d'histoire naturelle, et qui ont servi de types à la description de feu J. Verreaux, ont été pris en hiver sur des *Chamærops excelsa* dont ils mangeaient les fruits revêtus d'une enveloppe mince et légèrement sucrée. Le *Trochalopteron formosum* se trouve en toutes saisons dans le Setchuan occidental, mais est loin d'être répandu ; il se tient dans les forêts les plus élevées et n'en descend que lorsque les neiges le forcent à aller chercher sa nourriture dans les vallées. Comme les trois autres espèces du même genre qui habitent la Chine, ce trochalopteron ne fait pas entendre de véritable chant et se contente de pousser quelques sifflements doux et faibles.

298. — TROCHALOPTERON MILNI (Pl. 58)

TROCHALOPTERON MILNI, A. Dav. (1874). *Ann. des Sc. nat.*, 5e sér., t. XIX, art. 9.

Dimensions. Long. totale, 0^m,28 ; queue, 0^m,12, arrondie ; aile, 0^m,11 ; tarse, 0^m,039 ; bec, droit, 0^m,019.

Couleurs. Iris brun ; bec et pattes noirs. — Vertex et partie supérieure du cou d'un roux fauve ; région parotique d'un blanc pur ; gorge et lores noirs ; dos olive, avec les larges plumes garnies d'un liséré plus foncé ; croupion et sus-caudales d'une teinte olive dorée ; parties inférieures d'une teinte olive cendrée, passant au verdâtre sur le cou, la poitrine, les flancs, les sous-caudales et les plumes tibiales ; face supérieure de la queue d'un rouge vif ; face inférieure noirâtre ; dessus des ailes d'un rouge brillant et lustré, avec les barbes internes des dernières pennes tertiaires blanches. — Le plumage de la femelle est semblable à celui du mâle ; les jeunes n'ont pas de calotte rousse sur la tête, et n'offrent pas de blanc sur la région parotique et sur les dernières pennes tertiaires.

Cette nouvelle espèce, que j'ai découverte sur les sommets boisés du Fokien occidental, ressemble à la précédente par les tons rouges de sa queue et de ses ailes, mais s'en distingue par la couleur blanche de ses joues, la teinte rousse de son vertex, les nuances différentes des autres parties de son corps ; elle a d'ailleurs la queue plus longue et plus étagée. On la trouve en toutes saisons, mais en petit nombre, dans les bois de Koaten ; sa voix et ses mœurs sont à peu près les mêmes que celles des autres espèces déjà décrites. Je me suis fait un devoir et un plaisir de dédier ce bel oiseau à notre savant zoologiste, M. Milne-Edwards, pour le remercier des encouragements qu'il n'a cessé de prodiguer à mes recherches pendant mon séjour en Chine.

299. — TROCHALOPTERON BLYTHII

TROCHALOPTERON BLYTHII, J. Verr. (1870), *N. A. du Mus.*, VI, *Bull.* 37, et (1871), VII, 45. — Gould (1874), *B. of As.*, livr. XXVI, pl.

Dimensions. Long. totale, $0^m,28$; queue, $0^m,125$, arrondie ; aile, $0^m,10$; tarse, $0^m,04$; bec, droit, $0^m,016$ à partir du front.

Couleurs. Iris brun châtain ; bec noir ; pattes d'un roux clair. — Lores, région des yeux et des oreilles et menton noirs ; tête de la même couleur, avec une teinte brune sur le milieu du vertex ; partie supérieure du cou et du dos marron ; partie inférieure du dos et croupion olive, avec toutes les plumes, qui sont fort larges, marquées à l'extrémité d'un demi-cercle cendré peu sensible ; gorge et côtés du cou d'une teinte brune qui se fond en avant dans le noir du menton et qui passe en arrière, sur la poitrine, au roux brunâtre pâle, les plumes de cette région étant frangées de gris cendré et offrant, comme sur le dessus du corps, une apparence écailleuse ; flancs et sous-caudales d'un brun marron, de même que les sus-caudales ; face supérieure de la queue d'un vert jaunâtre, avec l'extrémité d'un bleu cendré ; dessus des ailes d'un vert jaunâtre, avec les bords externes des grandes rémiges d'un gris cendré, l'extrémité de ces mêmes pennes d'un gris d'acier et l'aileron en grande partie noir. — Plumage de la femelle semblable à celui du mâle.

D'après M. J. Verreaux, qui a décrit cette espèce d'après les oiseaux que j'avais pris sur les frontières occidentales du Setchuan, le *Trochalopteron Blythii* est voisin du *Tr. affinis* de l'Himalaya, mais s'en distingue par sa taille plus forte, par sa tête plus noire et par quelques autres détails de coloration. J'ai trouvé ce *Trochalopteron* en toutes saisons, et assez communément, à Moupin et dans le Kokonoor oriental ; il m'a paru rechercher les forêts élevées, plus encore que l'espèce précédente, dont il a du reste, à peu de chose près, les mœurs et les habitudes. Sa voix est aussi plus grêle et plus douce, et son cri plaintif pénètre l'âme quand on l'entend pour la première fois.

300. — TROCHALOPTERON ELLIOTI (Pl. 57)

TROCHALOPTERON ELLIOTI, J. Verr. (1870), *N. Arch. du Mus.*, VI, *Bull.* 36, et (1871), VII, 44. — Gould (1873), *B. of As.*, livr. XXV, pl. — Przew. (1877), *Ornith. Misc.*, VI, *B. of Mong.*, sp. 117.

Dimensions. Long. totale, 0^m,27 ; queue, 0^m,13, arrondie ; aile, 0^m,095 ; tarse, 0^m,038 ; bec, droit, 0^m,015.

Couleurs. Iris d'un jaune clair ; bec noir ; pattes rousses. — Teintes générales du plumage d'un brun olive, passant au cendré sur la tête et au verdâtre sur le croupion et les sus-caudales ; lores noirâtres ; toutes les plumes des parties supérieures, excepté celles du croupion et les sous-caudales, marquées à l'extrémité, qui est un peu plus foncée, d'une très-petite tache d'un gris nacré ; plumes des côtés de la tête, de la gorge et de la poitrine d'un cendré brunâtre, et lisérées de gris nacré ; flancs olivâtres ; milieu de l'abdomen, bas-ventre, sous-caudales et plumes tibiales d'un roux nuancé de lie-de-vin ; face supérieure de la queue d'un jaune mordoré, avec l'extrémité blanche ; face inférieure noire ; pennes alaires noires, marquées au centre, sur les barbes externes, d'une grande tache d'un jaune mordoré ; les primaires ornées en outre, sur le bord externe, d'un liséré d'un gris bleuâtre, argenté ; les tertiaires de plus en plus ternes, et passant au bleu d'acier à l'extrémité.

Je me suis procuré pour la première fois cette nouvelle et charmante espèce sur les montagnes boisées du Setchuan occidental ; depuis lors je l'ai retrouvée, très-abondamment répandue, à Moupin, dans le Setchuan septentrional et au Chensi, jusqu'au Hoangho. Dans ces régions montueuses, le *Trochalopteron Ellioti* est commun à peu près partout, et en toutes saisons ; en revanche, il ne se rencontre jamais en plaine : il se tient plutôt à la lisière des bois que dans l'intérieur des grandes forêts, et se montre fréquemment au bord des chemins, dans le voisinage des habitations. Sa familiarité est telle que je l'ai vu souvent pénétrer en hiver dans l'intérieur des maisons pour becqueter les grains ou la farine de maïs. Les Chinois lui pardonnent volontiers ces petits larcins en faveur de l'agrément qu'il leur procure par ses allures vives et élégantes et son babil incessant, d'une grande douceur et même un peu mélancolique. Comme la plupart des oiseaux de cette famille, qui ont les ailes fort courtes, les *Trochalopteron Ellioti* n'ont pas un vol soutenu, et passent d'un arbuste à l'autre, en troupes bruyantes. Ils font dans les buissons un nid en forme de coupe, construit avec des herbes et renfermant cinq ou six œufs bleuâtres. Tout récemment la même espèce a été rencontrée dans le Kan-sou par le lieutenant-colonel Przewalski.

PARODOXORNITHIDÉS

Tous ceux qui dans la nature ont eu l'occasion d'observer les oiseaux appartenant aux cinq genres mentionnés ci-après seront d'accord pour les réunir en une seule et même famille, à cause de la ressemblance qu'ils offrent non-seulement dans leurs couleurs et leurs formes générales, mais encore dans leurs voix, leurs allures, leur régime et leurs mœurs. Outre les dix espèces connues depuis longtemps et habitant les montagnes de l'Inde, cette famille en comprend une dizaine d'autres découvertes plus récemment dans l'empire chinois.

301. — PARADOXORNIS GUTTATICOLLIS (Pl. 64)

Paradoxornis guttaticollis, A. Dav. (1871), *N. Arch. du Mus.*, VII, *Bull.* 14. — Paradoxornis Austeni, Gould (1874), *B. of As.*, livr. XXVI, pl. — Godwin-Austen (1874), *Journ. As. Soc. Beng.*, XLIII, part. 2, 159.

Dimensions. Long. totale, 0^m,20; queue, 0^m,103, fortement étagée; aile, 0^m,095; tarse, 0^m,03; bec, comprimé latéralement et fortement sinueux, 0^m,015 à partir du front; hauteur du bec, 0^m,15.

Couleurs. Iris d'un châtain roux; bec jaune; pattes verdâtres; ongles d'un gris verdâtre. — Dessus de la tête et de cou d'un roux vif, tournant au fauve; dos et dessus des ailes et de la queue d'un brun olive nuancé de roux; une grande tache noire sur la région parotique; espace situé au-dessous de l'œil, dans le voisinage du bec et de la gorge, d'une teinte blanchâtre piquetée de noir; partie supérieure du menton presque noire; reste des parties inférieures d'un blanc lavé de roux, principalement sur la poitrine où l'on remarque quelques taches noires formant une sorte de bande pectorale. La description ci-dessus est prise sur plusieurs sujets tués dans les quatre saisons de l'année. — Le plumage de la femelle est semblable à celui du mâle.

Cette espèce nouvelle que j'ai découverte dans le Setchuan occidental se rapproche du singulier *P. flavirostris* de l'Himalaya, avec lequel elle a été primitivement confondue ; mais elle en diffère par la teinte plutôt blanchâtre que rousse de ses parties inférieures, et par les taches de sa poitrine qui sont distinctes en toutes saisons, et ne forment jamais une bande continue comme dans l'espèce himalayenne. Tout récemment le même oiseau a été retrouvé par M. le major H.-H. Godwin-Austen d'abord à Kuchai, sur les monts Naga, à une altitude de 6,000 pieds, puis à Shillong, sur les monts Khasi, et figuré par M. Gould, dans ses *Oiseaux d'Asie*, sous le nom de *Paradoxornis Austeni*.

Le *Paradoxornis guttaticollis*, que les Chinois nomment *Laochanze*, vit en couples ou en petites bandes dans les bois montueux, à une altitude généralement plus faible que les espèces des genres voisins. Il se nourrit d'insectes arboricoles, de bourgeons et de petites graines, qu'il va chercher dans le fourré, se suspendant et se cramponnant aux branches à la manière de nos mésanges. Il ne fait entendre qu'un petit cri de rappel, grêle et strident.

De même que les *Conostoma* et les *Heteromorpha*, les *Paradoxornis* sont d'un naturel éminemment sociable et montrent le plus grand attachement les uns pour les autres : quand un des leurs est blessé, ils s'efforcent de le secourir et de le protéger et ne se décident à l'abandonner qu'à la dernière extrémité.

Par leur système de coloration, leurs formes, les proportions de leur corps, leurs mœurs et leur voix, tous ces genres d'insectivores à gros bec se rattachent intimement aux *Suthora* et forment certainement avec ceux-ci une famille naturelle.

302. — PARADOXORNIS HEUDEI (Pl. 63)

Paradoxornis Heudei, A. Dav. (1872), *Compt. Rend. Ac. Sc.*, LXXIV, 1,449, et *Rev. zool.*, 359.

Dimensions. Long. totale, 0^m,18 ; queue, 0^m,095, très-étagée ; aile, courte et arrondie, 0^m,057 ; tarse, 0^m,024 ; bec fortement comprimé, 0^m,024 ; hauteur du bec, 0^m,010.

Couleurs. Bec jaune ; pattes d'un gris jaunâtre ; ongles gris. — Milieu du vertex gris ; deux larges raies noires au-dessus des yeux, en forme de sourcils ; cou gris ; région parotique d'un gris rosé ; dos gris rosé, avec quelques taches clair-semées brunes et de forme allongée ; croupion d'un jaune roux ; gorge blanche ; poitrine d'un rosé vineux ; flancs roussâtres ; milieu du ventre blanchâtre, de même que les sous-caudales.

Le Muséum d'histoire naturelle de Paris possède deux spécimens de cette espèce remarquable, découverte par le P. Heude dans le district de Nanking. Le *Paradoxornis Heudei* habite d'ordinaire au milieu des roseaux, au bord des marais, mais je l'ai rencontré également dans les bambouseraies, et il me paraît probable qu'il remonte parfois sur les montagnes boisées.

303. — CHOLORNIS PARADOXA (Pl. 62)

CHOLORNIS PARADOXA, J. Verr. (1870), *N. A. du Mus.*, *Bull.* VI, 35, et (1871), *ibid.*, VII, 34 et pl. 1, f. 1.

Dimensions. Long. totale, 0^m,20 ; queue, 0^m,10, très-étagée ; aile, 0^m,09 ; tarse, 0^m,33 ; doigt externe, réduit à un moignon, 0^m,05 ; bec, 0^m,011, aussi haut que long et plus large que dans l'espèce précédente.

Couleurs. Iris blanchâtre ; bec jaune ; pattes d'un gris verdâtre. — Dos et croupion olivâtres ; face supérieure de la queue et des ailes fortement lavée de cendré ; sommet de la tête d'un brun terreux, avec une teinte grise sur le front et une raie sourcilière brune allant du lorum à la nuque ; un cercle blanc autour de l'œil ; partie supérieure de la gorge couverte par un rabat de couleur brune ; plumes des joues brunes, lisérées de gris ; reste des parties inférieures d'un brun terreux, légèrement nuancé de violet sur la poitrine. — Plumage de la femelle semblable à celui du mâle.

Cet oiseau singulier, qui se distingue facilement de l'*Hetero-morpha unicolor* par la forme de son doigt externe, réduit à un simple moignon, habite aussi en petites bandes les forêts les plus élevées et les endroits couverts de bambous sauvages. Il est assez rare à Moupin, et c'est par une véritable bonne fortune que je suis parvenu à m'en procurer un jour trois individus, en surprenant une petite troupe et en l'arrêtant par l'imitation de son cri de rappel, qui ressemble à celui des *Suthora*. Le *Cholornis paradoxa* se rapproche beaucoup du reste de ces derniers oiseaux par ses habitudes et son régime qui sont absolument les mêmes que ceux des *Paradoxornis* et des *Heteromorpha*.

304. — HETEROMORPHA UNICOLOR

HETEROMORPHA UNICOLOR, Hodgs. (1843), *J. A. S. Beng.*, XII, 448. — Gould (1854), *B. of As.*, livr. VI, pl. — Jerd. (1863), *B. of. Ind.*, II, 7. — Swinh. (1871), *P. Z. S.*, 372. — Jerd. (1872), *Ibis*, 297.

Dimensions. Long. totale, 0^m,20 ; queue, 0^m,105, très-étagée ; aile, 0^m,085 ; tarse, 0^m,031 ; bec, court et comprimé, 0^m,012 à partir du front ; hauteur du bec, 0^m,012.

Couleurs. Iris d'un jaunâtre pâle marbré de brun ; bec d'un jaune pâle ; pattes d'un gris verdâtre. — Dos, croupion, face supérieure des ailes et de la queue d'un brun olive ; dessous du corps de la même couleur, avec le milieu du ventre et de la poitrine d'une teinte un peu plus pâle ; tête et cou d'une nuance violacée, grisâtre, avec une raie noirâtre allant de l'œil à la nuque, les lores noirâtres et un cercle blanchâtre autour de l'œil.

L'*Heteromorpha unicolor* qui dans l'Inde se trouve principalement sur les frontières du Darjeeling, à une altitude de 10,000 pieds, vit en Chine dans les mêmes localités que le *Conostoma æmodium*, et a les mêmes habitudes. Il se tient également en toutes saisons dans les forêts les plus élevées, mais est partout assez rare.

305. — HETEROMORPHA GULARIS (Pl. 64)

PARADOXORNIS GULARIS, Horsf. mss. — Gr. (1844), *Gen. of. B.*, pl. 94, f. 2. — HETEROMORPHA (PARADOXORNIS ?) CANICEPS, Blyth (1849), *J. A. S. Beng.*, XVIII, et *Cat.*, 528. — PARADOXORNIS GULARIS, Gould (1854), *B. of As.*, livr. VI, pl. — Jerd. (1863), *B. of Ind.*, II, 5. — HETEROMORPHA FOKIENSIS, A. Dav. (1874), *Ann. des Sc. nat.*, 5e sér., XIX, art. n° 9.

Dimensions. Long. totale, 0^m,20 ; queue, 0^m,09, étagée, les pennes centrales dépassant les autres de 0^m,02 ; ailes, 0^m,10 ; tarse, 0^m,027 ; bec, 0^m,015 ; hauteur du bec, 0^m,011.

Couleurs. Iris noisette ; bec d'un jaune orangé, pattes vertes, avec les ongles d'un gris verdâtre. — Front noir, ainsi qu'une large raie sourcilière et un rabat sur la gorge ; dessus de la tête et région parotique d'un gris cendré pur ; lores et moustaches d'un blanc pur ; partie supérieure du cou, dos, croupion et sus-caudales d'un brun marron uniforme ; parties inférieures du corps blanches, nuancées de jaunâtre sur la poitrine. Après la mue, le blanc de la moustache et des parties inférieures (à l'exception des sous-caudales) est remplacé par une teinte jaune pâle. — Plumage de la femelle semblable à celui du mâle.

Cet oiseau que la forme de son bec, à peine sinueux, doit faire ranger dans le même genre que l'*Heteromorpha unicolor*, est, paraît-il, assez rare dans le Bootan, le Darjeeling et le Cachar septentrional, où il se tient à une altitude de 3 à 6,000 pieds. En Chine, au contraire, je l'ai rencontré assez communément sur les grandes montagnes boisées du Fokien occidental, où il vit en bandes au milieu des buissons et des bouquets de bambous. Ses mœurs et son régime sont les mêmes que ceux de l'*Hetero-morpha unicolor*, et son cri de rappel, *tsi-tsi-tsi*, qu'il fait entendre continuellement, ressemble beaucoup à celui de l'espèce de Moupin.

306. — CONOSTOMA ÆMODIUM

CONOSTOMA ÆMODIUM, Hodgs. (1841), *J. A. S. Beng.*, X, 857. — Gould (1853), *B. of As.*, livr. V, pl. — Jerd. (1863), *B. of Ind.*, II, 10. — Swinh. (1871), *P. Z. S.*, 372.

Dimensions. Long. totale, $0^m,295$; queue, $0^m,125$, un peu étagée ; aile, $0^m,14$; tarse ; $0^m,037$; bec, robuste, $0^m,021$; hauteur du bec, $0^m,013$.

Couleurs. Iris d'un châtain jaunâtre ; peau nue derrière l'œil violette ; bec jaune, avec la pointe blanche ; pattes d'un gris verdâtre. — Parties supérieures d'un brun olive, passant au verdâtre sur les ailes et sur la queue et au gris sur le front ; parties inférieures d'un brun cendré ; lores brunâtres ; tiges des rectrices jaunâtres ; rémiges lisérées de gris sur le bord externe. — Plumage de la femelle semblable à celui du mâle.

Cette espèce, si remarquable par la force de son bec, a été trouvée pour la première fois dans le Népaul et le Sikkim ; mais elle habite aussi en toutes saisons les forêts les plus élevées des frontières de la Chine et du Tibet ; elle se nourrit d'insectes et de bourgeons, particulièrement de ceux des bambous, et se tient d'ordinaire dans les endroits les plus touffus. On la voit en petites bandes parcourir activement les buissons en poussant un petit cri sibilant, et se suspendre avec adresse aux branches des arbres. Cette habitude lui a même valu de la part des montagnards de Moupin le nom significatif d'*oiseau-singe*. L'estomac de tous les oiseaux de cette espèce que j'ai pris en hiver ne contenait absolument que des bourgeons.

307. — SUTHORA BULOMACHUS

Suthora bulomachus, Swinh. (1866), *Ibis*, 299 à 303, pl. 9. —(1871), *P. Z. S.*,372.

Dimensions. Long. totale, 0^m,135 ; queue, 0^m,060 ; aile, 0^m,52.

Couleurs. Iris d'un brun vif; bec d'un brun livide, avec les bords et la pointe d'une teinte légèrement pourprée ; pattes d'un gris rougeâtre ; ongles d'un brun corné. — Parties supérieures d'un brun olive, passant au roux vif sur le ventre, sur les couvertures des ailes et sur les bords des rémiges, qui sont brunes dans le reste de leur étendue; parties inférieures blanchâtres, passant au rose sur le menton et la gorge, qui sont striés de brun, et aux roux olivâtre sur les flancs, les plumes tibiales et les sous-caudales ; queue brune ; plumes axillaires blanches.

Le *Suthora bulomachus* habite l'île de Formose, et a été décrit pour la première fois par M. Swinhoe. Son nom spécifique, tiré du grec, lui a été donné pour faire allusion à ses instincts querelleurs, que les Chinois n'ont pas manqué d'utiliser. Ils élèvent en effet cette espèce comme le *Suthora webbiana*, pour en faire un oiseau de combat.

308. — SUTHORA SUFFUSA

Suthora suffusa, Swinh. (1871), *P. Z. S.*, 372.

Dimensions. Long. totale, 0^m,130 ; queue, 0^m,065 ; aile, 0^m,052 ; tarse, 0^m,02 ; bec, 0^m,005 à partir du front ; hauteur du bec, 0^m,005.

Couleurs. Iris brun ; bec d'un brun jaunâtre ; pattes grisâtres. — Plumage presque semblable à celui du *S. bulomachus*, avec la teinte rousse de la tête et de la nuque encore plus intense, et plus nettement séparée de la teinte olive du dos.

Cette espèce qui diffère de la précédente par quelques détails de coloration, une taille un peu plus faible, un bec plus petit et des pattes plus courtes, a été découverte par M. Swinhoe dans les gorges du Yangtzé-Kiang supérieur.

309. — SUTHORA WEBBIANA

Suthora webbiana, Gr. (1852), *P. Z. S.*, 70. — Gould (1852), *B. of As.*, livr. IV, pl. — Swinh. (1863), *P. Z. S.*, 271, et (1871), *ibid.*, 372. — Przew. (1877), *Ornith. Misc.*, VI, 191, *B. of Mong.*, sp. 90.

Dimensions. Long. totale, 0ᵐ,07 ; queue, étagée, 0ᵐ,07 ; aile, 0ᵐ,055, arrondie, avec la cinquième et la sixième rémige égales entre elles et dépassant toutes les autres ; tarse, allongé, 0ᵐ,022 : doigt postérieur, 0ᵐ,012 ; ongle de ce doigt, 0ᵐ,005 ; bec, 0ᵐ,006, très-court et très-fort, aussi haut que long, à bords courbés, avec les narines couvertes de plumes.

Couleurs. Iris variant du brun roux au jaune clair ; bec brun à la base et jaune à l'extrémité ; pattes et ongles d'un brun grisâtre. — Dessus de la tête et du cou d'un roux vif ; dos, croupion et face supérieure de la queue d'un brun olive ; gorge, poitrine et côtés du cou d'un roux légèrement rosé, avec une strie plus foncée au centre de chaque plume ; flancs, sous-caudales et ventre d'une teinte olive très-claire, passant au blanchâtre sur le milieu de l'abdomen ; petites couvertures des ailes d'un brun olive ; les autres rousses, frangées de gris terreux ; rémiges brunes, lisérées de roux vif sur le bord externe. — Plumages de la femelle et du jeune semblables à celui du mâle. — Dans les oiseaux de Pékin et de la Mongolie, les couleurs sont un peu plus pâles, la teinte de la tête et du cou plus rosée, la taille un peu plus forte que dans les individus provenant d'autres points de la Chine.

Le *Suthora webbiana* paraît être répandu dans tout l'empire chinois, sauf peut-être dans la partie la plus méridionale ; je l'ai trouvé en effet communément depuis le Fokien et le Tchékiang jusqu'au Setchuan, de même qu'à Pékin et en Mongolie. On le voit par petites bandes de douze ou quinze individus dans les broussailles et les hautes herbes, où il cherche sa nourriture, consistant en toutes sortes de petites graines et, dans le Nord, particulièrement en amandes de *Corylopsis*. Il fait entendre à chaque instant un petit cri de rappel, *tsi-tsi*, rappelant un peu celui de certaines mésanges, et quand il est égaré ou séparé de ses compagnons il pousse des cris perçants, avec une énergie qu'on serait loin d'attendre d'un oiseau de si petite taille. Il se tient de préférence dans les montagnes ; parfois cependant on le voit descendre dans la plaine, principalement en hiver.

Ces *Suthora* sont employés par les Chinois comme oiseaux de combat, et soumis à un système particulier d'éducation qui développe leurs instincts guerriers. Quand ils sont bien dressés, un léger sifflement suffit pour les animer à un degré extraordinaire ; j'ai vu une fois une de ces mignonnes créatures, ainsi provoquée par son maître, entrer dans une fureur telle, que la porte de sa cage ayant été ouverte, au lieu d'en profiter pour s'enfuir sur les arbres voisins, elle piqua droit à la figure de

14

son provocateur et s'accrocha aux sourcils de l'imprudent au moyen de son bec et de ses pattes et avec une telle énergie que nous eûmes toutes les peines du monde à lui faire lâcher prise. Ce sont les mâles seuls que l'on dresse pour le combat, en les tenant dans des cages contiguës, presque entièrement à l'abri de la lumière, et en les nourrissant de millet et de farine de maïs. Ces cages sont placées tout près les unes des autres, et quand le moment de la bataille est arrivé on les met en contact par un de leurs côtés, préalablement découvert. Le grillage est assez large pour que les combattants puissent y passer la tête ; aussi est-ce sur cette partie du corps que portent les coups, qui sont souvent mortels. Les paris engagés par les spectateurs ou par les possesseurs des deux champions s'élèvent parfois à de très-fortes sommes, et la valeur d'un oiseau s'accroît en raison directe du nombre de ses victoires. On m'a cité un de ces combattants qui s'était couvert d'une telle illustration qu'on ne l'estimait pas à moins de mille taëls (8,000 fr.)! Pour les Chinois du Centre et de l'Ouest, le *Suthora webbiana* est le roi des oiseaux de combat; mais, à son défaut, ils font combattre la Caille, le *Hoamy* et le *Copsychus*.

En liberté, les *Suthora* se montrent très-sociables ; ils s'aiment et se défendent les uns les autres ; quand une bande s'arrête dans un buisson pour se reposer ou dormir, tous les individus qui la composent se perchent sur la même branche en se serrant l'un contre l'autre, en gazouillant de plaisir et en se donnant toutes sortes de témoignages d'affection. Au repos, le *Suthora webbiana* paraît à peine aussi gros qu'un troglodyte, et se gonfle en boule, à la manière de certaines mésanges.

310. — SUTHORA ALPHONSIANA

SUTHORA ALPHONSIANA, J. Verr. (1870), *N. Arch. du Mus.*, *Bull.* VI, 35.—(1871), *ibid.*, VII, 35. — (1872), *ibid.*, VIII, pl. 3.

Dimensions. Long. totale, 0ᵐ,114 ; queue, 0ᵐ,05 ; aile fermée, 0ᵐ,05 ; tarse, 0ᵐ,021 ; doigt postérieur, 0ᵐ,006 ; ongle de ce doigt, 0ᵐ,005 ; bec, 0ᵐ,006 à partir du front ; hauteur du bec, 0ᵐ,006.

Couleurs. Iris jaune ; bec jaunâtre ; pattes et ongles d'un brun clair. — Dessus de la tête, nuque et bord externe des rémiges d'un roux cannelle, plus foncé sur ces dernières ; reste des parties supérieures d'un brun olivâtre, légèrement glacé de roux cannelle, excepté sur la queue ; lores, côtés de la tête, du cou et du thorax d'un gris légèrement rosé, avec la région parotique d'une teinte un peu plus foncée ; reste des parties inférieures d'un roux olivâtre, passant au blanchâtre sur le milieu de l'abdomen ; tectrices sous-alaires et une partie des barbes internes des rémiges d'un blanc lavé de rose.

Ce *Suthora*, facile à reconnaître aux teintes vives de son vertex et de ses rémiges, est propre au sud-ouest de la Chine, et, de même que le précédent, est fort recherché comme oiseau de combat. Les quelques individus que l'on voit en cage proviennent du Yunan ; cependant il est certain que l'espèce se trouve aussi, quoique en petit nombre, dans le Setchuan, puisque c'est de cette province que vient l'unique spécimen que j'ai envoyé au Muséum ; peut-être même se rencontre-t-elle aussi dans le Kouy-tchéou.

341. — SUTHORA CONSPICILLATA (Pl. 65)

SUTHORA CONSPICILLATA, A. Dav. (1871), *N. Arch. du Mus., Bull.* VII, 14.

Dimensions. Long. totale, 0^m,14 ; queue, 0^m,08 ; aile fermée, 0^m,06, avec les cinquième, sixième et septième rémiges égales entre elles et dépassant toutes les autres ; tarse, 0^m,023 ; doigt postérieur, 0^m,011 ; ongle de ce doigt, 0^m,006 ; bec, 0^m,004 à partir du front ; hauteur du bec, 0^m,004.

Couleurs. Iris brun ; bec jaune ; pattes brunes ; ongles grisâtres. — Dessus de la tête et du cou brun châtain, et non pas fauve ou rougeâtre comme dans la plupart des autres espèces ; un cercle de plumes blanches autour de l'œil ; dos, couvertures des ailes et croupion olive ; gorge, côtés du cou et poitrine d'un brun vineux très-clair, avec quelques taches longitudinales brunes sur les plumes de la gorge ; reste des parties inférieures d'un brun olive, un peu plus clair que la teinte du dos ; queue d'un gris brunâtre ; rémiges brunes, lisérées d'olive, et non pas de roux cannelle comme dans l'espèce précédente. — Plumage de la femelle semblable à celui du mâle.

Le *Suthora conspicillata* est facile à reconnaître au premier coup d'œil, grâce à la teinte brune de sa tête, à la bordure olive de ses rémiges, et surtout au cercle blanc qui entoure ses yeux, comme dans les *Zosterops*. Je n'ai rencontré cette jolie espèce que deux ou trois fois sur les frontières du Kokonoor et dans le Tsinling méridional. Elle a les mêmes allures et à peu près la même voix que l'espèce précédente, mais elle affectionne davantage les régions montagneuses ; d'après ce que m'ont dit les chasseurs chinois, elle ne serait pas aussi estimée que ses congénères, comme oiseau de combat.

312. — SUTHORA BRUNNEA

Suthora brunnea, Anders. (1871), *P. Z. S.*, 241. — Swinh.(1871), *ibid.*, 373.— Gould (1876), *B. of As.*, livr. XXVIII, pl.

Dimensions. Long. totale, 0^m,135 ; queue, 0^m,07 ; aile fermée, 0^m,053 ; tarse, 0^m,02.

Couleurs. Parties supérieures d'une teinte olive brunâtre, passant au roux fuligineux sur le vertex et sur la nuque ; gorge et poitrine lavées de rose et légèrement striées de brun ; milieu du ventre fauve ; flancs et sous-caudales d'un brun olive ; ailes et queue brunes, les rectrices et les rémiges offrant d'étroits lisérés d'un jaune olivâtre.

Cette espèce, voisine du *Suthora bulomachus*, s'en distingue : 1° par la teinte rousse plus foncée de sa tête et de sa nuque ; 2° par la nuance fauve du milieu de son abdomen ; 3° par l'absence de lisérés roux sur les rémiges. Ce dernier caractère la sépare également des *Suthora webbiana* et *conspicillata;* quant au *S. conspicillata*, il n'offre avec celui-ci que des affinités éloignées. M. Anderson qui a rencontré cet oiseau sur les frontières occidentales du Yunan, à une altitude de 4,500 pieds, ne donne aucun détail sur ses mœurs et sur son genre de vie.

313. — SUTHORA GULARIS

Suthora gularis, J. Verr. (1870), *N. Arch. du Mus.*, Bull. VI, 35. — (1871), *ibid.*, VII, 36. — (1872), *ibid.*, VIII, pl. 3.

Dimensions. Long. totale, 0^m,10 ; queue, 0^m,055 ; aile fermée, 0^m,05 ; tarse, 0^m,018 ; doigt postérieur, 0^m,009 ; ongle de ce doigt, 0^m,005 ; bec, 0^m,004 à partir du front ; hauteur du bec, 0^m,004.

Couleurs. Iris châtain foncé ; bec gris ; tarses gris ; ongles cendrés. — Parties supérieures d'un jaune d'ocre, plus vif sur le vertex, les côtés du cou, le croupion et les sus-caudales ; menton et milieu de la gorge d'un noir profond ; une petite raie sourcilière au-dessus de l'œil ; partie inférieure des joues, poitrine, milieu de l'abdomen et sous-caudales d'un blanc pur ; flancs fortement lavés de roux ; rectrices brunes à l'extrémité et sur les barbes internes, bordées de roux cannelle sur les barbes externes ; rémiges et pennes secondaires brunes et lisérées, les premières de blanc et de gris, les autres de jaune d'ocre très-vif.

Ce charmant petit oiseau vit sur les hautes montagnes du Setchuan occidental et de Moupin et ne descend dans les vallées que lorsqu'il est chassé par le froid. Comme ses congénères, il voyage en petites bandes, en passant d'un buisson à l'autre, et se nourrit de toutes sortes de petites graines et de bourgeons. Il se tient de préférence au milieu des bambous sauvages, où il est très-difficile de l'apercevoir et surtout de le capturer. Cependant, outre le spécimen qui a servi de type à la description de M. Verreaux, j'ai réussi à procurer plusieurs individus au Muséum d'histoire naturelle et j'ai pu me convaincre que dans cette espèce, comme dans les autres *Suthora*, le plumage n'offre aucune variation suivant l'âge ou le sexe.

314. — SUTHORA CYANOPHRYS n. sp. (Pl. 66)

Suthora cyanophrys, A. Dav. (*in litteris*).

Dimensions. Long. totale, 0m,105 ; queue, 0m,06 ; aile ouverte, 0m,06 ; fermée, 0m,052 ; tarse, 0m,018 ; doigt postérieur, sans l'ongle, 0m,005 ; bec, 0m,005 à partir du front ; hauteur du bec, 0m,004.

Couleurs. Iris châtain, bec brun sur la mandibule supérieure, et couleur de chair sur les bords et sur la mandibule inférieure ; pattes et doigts d'un bleu plombé ; ongles bruns. — Dessus de la tête, tour des yeux et gorge d'un jaune d'ocre clair, passant au blanchâtre sur le front ; une large raie sourcilière d'un gris bleuâtre se prolongeant en arrière jusqu'à la nuque. Dos d'un jaune nuancé d'olivâtre ; croupion et barbes externes des pennes secondaires et tertiaires d'un jaune d'ocre très-vif ; poitrine d'un jaune clair, avec une bande transversale blanche irrégulière, occupant la base de la gorge ; sous-caudales et plumes tibiales d'une teinte jaunâtre ; rémiges brunes, lisérées de blanc ; rectrices de la même teinte, avec une large bordure d'un jaune d'ocre vif.

J'ai pris ce nouveau *Suthora* dans le S.-O. du Chensi, à 1,800 mètres d'altitude, sur des montagnes boisées qui étaient encore couvertes de neige (10 mars). Il n'y avait ensemble que deux oiseaux, parfaitement semblables entre eux, et l'espèce doit être très-rare dans cette région, puisque les chasseurs ne la connaissaient point. De même que le *Suthora gularis*, qui lui ressemble un peu par ses teintes générales, le *Suthora cyanophrys* est confiné dans les forêts et ne s'en éloigne pas, comme le font souvent les *Suthora* au plumage roux.

LÉIOTHRICIDÉS

120 espèces d'oiseaux, fort différentes les unes des autres, sont rangées dans cette famille qui est répandue principalement dans l'Indo-Malaisie et n'a point de représentants en Amérique.

315. — COCHOA VIRIDIS

COCHOA VIRIDIS, Hodgs. (1836), *J. A. S. Beng.*, V, 359. — Gould (1850), *B. of As.*, livr. I, pl. — Jerd. (1863), *B. of Ind.*, II, 243. — Swinh. (1868), *Ibis*, 354, et (1871), *P. Z. S.*, 374.

Dimensions. Long. totale, 0^m,285 ; queue, arrondie, 0^m,12 ; aile, 0^m,15.

Couleurs. Iris noisette ; bec noir ; pattes roussâtres. — Dessus de la tête et du cou bleu ; dos, croupion, sus-caudales et poitrine d'un vert éclatant ; ventre et gorge d'un vert bleuâtre ; une raie noire partant du bec et s'étendant au-dessus et en arrière de l'œil ; plumes de l'aileron noires ; petites et moyennes couvertures des ailes vertes avec des lunules noires ; grandes couvertures vertes sur les barbes internes, d'un bleu pâle sur les barbes externes, avec la pointe noire ; rémiges et pennes secondaires noires, avec une bande bleu pâle à la base ; rectrices d'un bleu de cobalt foncé, terminées par une large bordure noire.

Ce magnifique oiseau se trouve non-seulement dans l'Himalaya oriental, mais en Cochinchine et même en Chine, où il a été pris, une seule fois il est vrai, dans le Fokien. Il vit solitaire dans les forêts, sur les hautes montagnes, et se nourrit d'insectes et de petits fruits.

316. — LEIOTHRIX LUTEUS (Pl. 67)

LA MÉSANGE DE NANKIN, Sonn. (1782), *Voy. Ind.*, II, 114, f. 2. — SYLVIA LUTEA, Scop. (1786), *Del. Fl. et Faun. Insubr.*, II, 96. — TANAGRA SINENSIS, Gm. (1788), *S. N.*, I, 897. — PARUS FURCATUS, Temm. (1822-38), *Pl. Col.* 287, f. 1. — BAHILA CALIPYGA, Hodgs. (1838), *Ind. Rev.*, 88. — CALIPYGA FURCATA, Hodgs. (1841), *J. A. S. Beng.*, X, part. 1, 29. — LEIOTHRIX LUTEUS, Gould (1851), *B. of As.*, livr. III, pl. — Jerd. (1863), *B. of Ind.*, II, 250. — LIOTHRIX LUTEA, Swinh. (1863), *P. Z. S.*, 298, et LEIOTHRIX LUTEA, Swinh. (1871), *ibid.*, 373.

Dimensions. Long. totale, 0^m,16 ; queue, 0^m,06, fourchue, les rectrices latérales dépassant les médianes de 0^m,01 ; aile fermée, 0^m,075, arrivant au tiers de la queue et ayant les cinquième et sixième rémiges plus longues que toutes les autres ; tarse, 0ᵐ,026 ; doigt postérieur, 0ᵐ,016 ; l'ongle seul, 0ᵐ,08 ; bec, garni de soies roides à la base, 0ᵐ,008 à partir du menton ; hauteur du bec, 0ᵐ,005.

Couleurs. Iris d'un brun roux ; bec rouge, avec la base noirâtre ; pattes et ongles jaunes. — Parties supérieures du corps d'un beau vert olive, nuancé de jaune sur la tête ; gorge jaune ; poitrine orangée ; milieu du ventre et sous-caudales d'un blanc pur ; flancs d'un brun verdâtre ; lores, tour des yeux et région parotique d'un gris soyeux ; une raie d'un vert brunâtre formant moustache de chaque côté ; sus-caudales très-longues, frangées de blanc à l'extrémité ; rectrices vertes en dessus et jaunâtres en dessous, avec une bande terminale noire sur les deux faces ; couvertures alaires et dernières pennes tertiaires vertes ; pennes secondaires noires, avec la base jaune ; rémiges noirâtres, ornées sur le bord externe de lisérés d'un jaune vif à la base et d'un rouge sanguin à l'extrémité, ce qui forme sur l'aile un miroir de deux couleurs. — La femelle et le jeune mâle ressemblent beaucoup au mâle par le plumage, mais offrent des teintes moins vives et ont le bec moins rouge.

Cette charmante espèce qui est très-commune dans toute la chaîne de l'Himalaya, et particulièrement sur les monts Khasi, à une altitude de 5 à 8,000 pieds, se trouve aussi fréquemment dans les parties montagneuses de la Chine méridionale. J'ai vu et pris un grand nombre de ces oiseaux au Setchuan et à Moupin, ainsi qu'au Fokien et au Tchékiang. Ils ont des allures vives et un naturel méfiant, et se tiennent d'ordinaire cachés dans les bois ou parmi les bambous : leur nourriture habituelle consiste en petits fruits, en bourgeons et en insectes qu'ils viennent parfois ramasser sur le sol. Au printemps, ils font entendre un chant composé d'une phrase courte, mais sonore et d'un timbre agréable, qui m'a rappelé le chant de notre *Sylvia orphea*, de l'Europe méridionale. Leur nid, construit avec des herbes et des feuilles, renferme quatre œufs bleuâtres, marqués de quelques taches rougeâtres. Les Chinois gardent parfois ces oiseaux en cage, à cause de la beauté de leurs couleurs et de la vivacité de leurs mouvements. On en porte même de temps en temps à Pékin ; mais l'espèce ne s'avance pas au nord au delà du bassin du Yangtzé-Kiang.

317. — ALLOTRIUS PALLIDUS

ALLOTRIUS XANTHOCHLORIS (Hodgs.), var. PALLIDUS, A. DAV. (1871), *N. Arch. du Mus.*, *Bull.* VII, 14. — ALLOTRIUS SOPHIÆ, J. VERR. (1872), *ibid.*, VIII, 64.

Dimensions. Long. totale, 0m,125 ; queue, 0m,047 ; aile ouverte, 0m,08 ; fermée, 0m,065, avec la quatrième rémige dépassant toutes les autres ; tarse, 0m,021 ; doigt postérieur, 0m,014 ; l'ongle seul, fortement arqué, 0m,006 ; bec, bombé et très-légèrement échancré vers le bout, 0m,006 à partir du menton ; hauteur du bec, 0m,004.

Couleurs. OEil grand, avec l'iris noirâtre ; bec brun sur la mandibule supérieure, verdâtre sur la mandibule inférieure et blanchâtre à l'extrémité ; pattes et ongles gris. — Tête et nuque d'un gris cendré ; tour des yeux de la même teinte, avec un cercle blanc autour de l'œil, comme chez les *Zosterops* ; dos et croupion verts ; gorge et milieu du ventre gris ; poitrine fortement lavée de gris cendré ; flancs d'un vert jaunâtre ; rectrices médianes verdâtres ; les suivantes brunes lisérées de cendré sur les barbes externes et marquées de blanc à l'extrémité ; les deux latérales d'une teinte analogue, avec les barbes externes entièrement blanches ; ailes brunes, avec les rémiges fortement teintées de blanc jaunâtre, les autres pennes étant lisérées de bleu cendré en dehors, de jaune en dedans, et offrant à l'extrémité une tache blanche ; couvertures des rémiges noires, les autres cendrées ; angle de l'aile blanc ; plumes axillaires jaunes ; sous-caudales d'un gris jaunâtre.

Cette description est prise sur deux oiseaux absolument semblables, que j'ai tués en janvier et dont il ne m'a pas été possible de constater le sexe. Elle offre avec la figure et la description de l'*Allotrius xanthochloris* Hodgs. des différences qui nous paraissent suffisantes pour motiver la création d'une espèce nouvelle.

L'*Allotrius pallidus* doit être fort rare dans le Setchuan occidental ; car je ne l'ai rencontré qu'une seule fois, par un temps de neige, sur les frontières du Kokonoor. Quelques-uns de ces oiseaux butinaient en compagnie de mésanges et d'autres insectivores et passaient avec rapidité d'arbre en arbre, de buisson en buisson. L'espèce paraît donc sédentaire sur les montagnes boisées de cette contrée sauvage.

318. — HERPORNIS TYRANNULUS

HERPORNIS TYRANNULUS, Swinh. (1870), *Ibis*, 347, pl. 10, et (1871), *P. Z. S.*, 373.

Dimensions. Long. totale, 0m,115 ; queue, 0m,045 ; aile fermée, 0m,014 ; tarse, 0m,014 ; bec, robuste, 0m,007 à partir du front.

Couleurs. Iris châtain ; bec brunâtre, avec le rictus jaune ; pattes d'un gris roussâtre. — Parties supérieures d'un vert jaunâtre, plus clair sur le dos et le croupion que sur le vertex, dont les plumes allongées et érectiles ont le rachis marqué de noir ; côtés de la tête et du cou et tout le dessous du corps d'un gris clair, légèrement brunâtre, passant au blanchâtre sur le milieu de l'abdomen ; ailes et queue brunes, avec des lisérés verdâtres au bord des pennes.

Ce petit oiseau n'a été rencontré jusqu'ici que dans l'intérieur de Formose et de Haïnan. Il a des allures de mésange, et visite les arbres en petites bandes, s'accrochant aux feuilles et aux branches pour y chercher les insectes qui font sa nourriture. Il fait entendre fréquemment un petit cri plaintif, et redresse les plumes de sa tête en une sorte de huppe.

319. — ALCIPPE BRUNNEA

ALCIPPE BRUNNEA, Gould (1862), *P. Z. S.*, 280, et (1864), *B. of As.*, livr. XVI, pl. — Swinh. (1871), *Ibis*, 297, et (1863). *P. Z. S.*, 374.— IXULUS SUPERCILIARIS, A. Dav., (1874), *Ann. des Sc. nat.*, 5ᵉ série, XIX, art. n° 9.

Dimensions. Long. totale, 0ᵐ,155 ; queue, 0ᵐ,06, arrondie, les pennes centrales dépassant les latérales de 0ᵐ,013 ; aile fermée, 0ᵐ,065, avec les sixième et septième rémiges dépassant toutes les autres ; tarse, 0ᵐ,023 ; doigt postérieur, 0ᵐ,016, l'ongle seul mesurant 0ᵐ,007 ; bec, cannelé dans le sens de sa longueur, et légèrement échancré vers le bout de la mandibule supérieure, 0ᵐ,008 à partir du menton ; hauteur du bec, 0ᵐ,0045.

Couleurs. Iris châtain ; bec noir ; pattes d'un gris jaunâtre ; ongles blanchâtres. — Dessus de la tête et du cou, dos et croupion d'un roux olive ; gorge, milieu de la poitrine et du ventre blanchâtres, avec de très-légères stries noires sur la gorge ; côtés du cou, flancs et sous-caudales d'une teinte olive cendrée ; un cercle de plumes jaunâtres autour de l'œil ; deux raies sourcilières superposées, l'une cendrée, partant des lores et se prolongeant jusque sur la nuque, l'autre noire, commençant au niveau des yeux et se terminant près du dos ; plumes des joues d'une nuance jaunâtre, avec le bout taché de noir ; des taches analogues sur le front et au-dessous de l'œil où elles forment une moustache mal définie ; queue roussâtre en dessus et d'un brun olive en dessous ; pennes des ailes brunes, avec une bordure olive sur les barbes externes et un liséré gris rosé sur les barbes internes. La femelle porte le même plumage que le mâle, et le jeune n'en diffère que par des nuances rousses plus accusées et par son bec dépourvu de strie longitudinale.

L'*Alcippe brunnea* a été signalée pour la première fois à Formose. Plus récemment, je l'ai prise au Kiangsi et au Fokien, où elle se trouve en toutes saisons, mais en petit nombre. C'est un oiseau très-difficile à surprendre, qui se tient toujours caché et qui fuit la présence de l'homme.

320. — ALCIPPE NIPALENSIS

SIVA NIPALENSIS, Hodgs. (1838), *Ind. Rev.*, 89. — ALCIPPE NIPALENSIS, Blyth (1849), *Cat.*, 148, n° 848. — Jerd. (1863), *B. of Ind.*, II, 18.— Godw.-Aust. (1870), *J. As. Soc. Beng.*, XXXIX, 103. — ALCIPPE CINEREA, A. Dav. (1871), *N. Arch. du Mus., Bull.* VII, 14. — ALCIPPE NIPALENSIS, Jerd. (1872), *Ibis*, 298. — ALCIPPE HUETI, A. Dav. (1874), *Ann. Sc. nat.*, 5e sér., XIX, art. n° 9.

Dimensions. Long. totale, 0^m,14 à 0^m,15 ; queue, 0^m,05, à peu près carrée, avec le bout des plumes anguleux ; aile fermée, 0^m,065, avec la cinquième rémige dépassant toutes les autres ; tarse, 0^m,019 ; doigt postérieur, 0^m,013, l'ongle seul mesurant 0^m,006 ; bec, garni de longues soies à la base de la mandibule supérieure, 0^m,010 à partir du front.

Couleurs. Iris marron ; bec gris brun, avec la pointe plus claire ; pattes d'un gris brun nuancé de verdâtre. — Sommet de la tête, région parotique et nuque d'un gris cendré, avec un cercle de plumes blanchâtres autour des yeux et une raie sourcilière brunâtre, à peine marquée, se prolongeant sur les côtés de la nuque ; dos olive, cette teinte passant au roux verdâtre sur les sus-caudales ; gorge d'un cendré pâle ; milieu du ventre blanchâtre ; poitrine d'un gris terreux ou ocracé ; flancs et sous-caudales olivâtres ; queue d'une teinte olive roussâtre en dessus, avec le rachis des pennes brun sur la face supérieure, et blanc sur la face inférieure ; rémiges brunes, bordées de roux olive en dehors et de gris en dedans.

J'ai trouvé communément cette espèce sur les montagnes boisées du Setchuan occidental, de Moupin, du Kiangsi et du Fokien. J'avais cru d'abord que les oiseaux de cette province différaient de ceux de Moupin et que les uns et les autres étaient distincts de l'*Alcippe nipalensis* de l'Himalaya, mais une étude plus approfondie des descriptions publiées par les naturalistes anglais et un examen minutieux de quelques oiseaux provenant du Darjeeling et du Népaul m'ont convaincu que mes spécimens constituaient une seule et même espèce et ne pouvaient être séparés de l'*A. nipalensis*. Je dois dire cependant que dans les quatre sujets que j'ai rapportés du Fokien occidental, et pour lesquels j'avais proposé le nom de *A. Hueti*, le bec est relativement plus fort, et les teintes des parties inférieures un peu plus claires que dans les spécimens provenant des frontières du Tibet. D'un autre côté, la gorge, qui est blanche dans les oiseaux de l'Himalaya, est fortement nuancée de gris cendré dans les oiseaux de la Chine.

L'*Alcippe nipalensis* est une espèce sédentaire, qui vit en petites bandes, sur la lisière des bois, et qui cherche tantôt sur le sol, tantôt sur les arbres et les buissons (principalement sur les bambous) sa nourriture, consistant en insectes et en petites graines. Elle ne paraît pas avoir de véritable chant, et son cri de rappel est tout à fait insignifiant.

321. — ALCIPPE MORRISONIA

Alcippe morrisonia, Swinh. (1863), *Ibis*, 296, et (1871), *P. Z. S.*, 374.

Dimensions. Taille plus faible que celle de l'*A. nipalensis*; tarses plus courts; bec un peu plus grêle.

Couleurs. Plumage semblable en général à celui de l'espèce précédente, avec la gorge un peu plus blanche et la raie sourcilière assez apparente, comme dans les oiseaux du Fokien, et beaucoup mieux marquée que dans les spécimens du Setchuan.

Cette espèce ou plutôt cette race *d'Alcippe* a été découverte par M. Swinhoe dans l'île de Formose.

MOUPINIA nov. gen.

Bec court, robuste, un peu comprimé latéralement, avec le culmen tranchant et courbé; narines oblongues, operculées, mais non recouvertes par des plumes; ailes courtes, arrondies, avec la cinquième et la sixième rémige égales entre elles et dépassant toutes les autres; queue longue, fortement étagée et formée de douze pennes; tarses et doigts plus longs que dans le genre *Alcippe*.

322. — MOUPINIA POECILOTIS

Alcippe poecilotis, J. Verr. (1870), *N. Arch. du Mus.*, *Bull.* VI, 35.—(1871), *ibid.*, VII, 37. — (1872), *ibid.*, VIII, pl. 2, f. 4.

Dimensions. Long. totale, $0^m,145$; queue, $0^m,075$, très-étagée, les rectrices médianes dépassant les rectrices externes de $0^m,04$; aile fermée, $0^m,05$, avec la cinquième et la sixième rémige égales entre elles et dépassant toutes les autres; tarse, $0^m,022$; doigt postérieur, $0^m,012$, l'ongle seul mesurant $0^m,006$; bec, $0^m,011$ à partir du rictus; hauteur du bec, $0^m,004$.

Couleurs. Iris rouge; bec brun sur la mandibule supérieure et blanchâtre sur la mandibule inférieure; pattes et ongles gris. — Vertex, nuque et partie supérieure du dos d'un brun châtain; partie inférieure du dos et croupion roussâtre; gorge, milieu de la poitrine et du ventre d'un blanc pur:

côtés de la poitrine d'un roux très-clair ; flancs et sous-caudales d'un roux plus foncé ; une raie sourcilière formée de plumes d'un gris soyeux, terminées de noir, partant des lores et se prolongeant au delà des yeux ; de chaque côté de la tête une moustache dessinée par des plumes analogues, grises et noires ; région parotique d'un gris brunâtre soyeux, tacheté de jaunâtre et de blanchâtre ; quelques soies noires peu développées sur les côtés du bec ; queue d'un roux châtain ; pennes des ailes brunes en dessus et rosées en dessous, avec un liséré d'un roux châtain sur les barbes externes et une bordure saumon sur les barbes internes. — La femelle ressemble au mâle par ses proportions et les teintes de son plumage.

Je n'ai rencontré cette espèce qu'à Moupin où elle est assez commune en été et se tient dans les endroits découverts, à 3,000 mètres d'altitude. Elle aime à butiner dans les hautes herbes et les broussailles, et fait entendre des cris assez variés, ressemblant souvent au cri de rappel de la *Sylvia sarda ;* elle niche et séjourne pendant une partie de l'année dans les prairies humides qui s'étendent sur les montagnes élevées du Tibet, mais en disparaît complétement à l'approche de l'hiver.

C'est à tort que cet oiseau a été décrit comme un *Alcippe*, car il s'éloigne des diverses espèces de ce genre par sa voix et ses mœurs aussi bien que par ses formes générales. Nous proposons donc d'en faire le type d'un genre nouveau, auquel nous donnerons le nom de *Moupinia*, tiré de celui de la principauté tibétaine dans laquelle l'espèce a été capturée.

FULVETTA nov. gen.

Bec court, robuste, avec la mandibule supérieure légèrement arquée ; tarse de dimensions moyennes ; ongle postérieur beaucoup plus long et plus fort que celui des autres doigts ; queue faiblement étagée ; ailes courtes, avec les quatrième, cinquième et sixième pennes égales entre elles. Allures générales des mésanges.

323. — FULVETTA CINEREICEPS (Pl. 73)

SIVA CINEREICEPS, J. Verr. (1870), *N. Arch. du Mus., Bull.* VI, 37. — PROPARUS CINEREICEPS, J. Verr. (1871), *ibid.*, VII, 48. — ALCIPPE CINEREICEPS, J. Verr. (1872), *ibid.*, VIII, pl. 5, f. 3. — FULVETTA CINEREICEPS, A. Dav., *in litt.*

Dimensions. Long. totale, 0^m,13 ; queue, 0^m,055, un peu étagée, les rectrices médianes dépassant les latérales de 0^m,015 ; aile fermée, 0^m,055, avec les quatrième, cinquième et sixième rémiges égales entre elles ; tarse, 0^m,022 ; doigt postérieur, 0^m,014, l'ongle seul mesurant 0^m,008 ; bec, 0^m,006 à partir du menton ; hauteur du bec, 0^m,0035.

Couleurs. Iris d'un jaune clair ; bec noir ; bouche jaune ; pattes d'un roux cendré ; ongles gris. — Vertex et nuque d'un gris cendré, à reflets soyeux ; dos roux ; croupion et sus-caudales d'un jaune olivâtre ; gorge d'un gris blanchâtre, avec quelques raies longitudinales brunes à peine distinctes ; poitrine et milieu de l'abdomen gris ; flancs et sous-caudales d'une teinte ocreuse ; région parotique d'un gris soyeux ; pennes caudales brunes, lisérées d'olive sur les barbes externes ; pennes alaires brunes également, avec des lisérés cendrés sur les primaires, noirâtres sur les secondaires et roux ou olivâtres sur les tertiaires. — Plumage de la femelle semblable à celui du mâle.

Cette espèce est assez commune, en toutes saisons, dans les régions boisées du Setchuan occidental et du Chensi méridional. Les spécimens qui ont servi de types à la description publiée par M. J. Verreaux avaient été pris à Moupin ; ceux que je me suis procuré plus tard au Tsinling ne diffèrent des premiers que par les teintes un peu plus pâles du dos, des flancs et de la face supérieure de la queue.

Le *Fulvetta cinereiceps* vit en petites bandes dans les bois sur les montagnes, et passe en voletant d'un arbre à l'autre pour chercher de petits insectes ; ses mouvements sont tellement vifs ; qu'il est très-difficile de le tirer. Il ne fait entendre qu'un petit cri de rappel, tout différent de celui des mésanges.

M. J. Verreaux avait rangé cette espèce, ainsi que les deux suivantes, d'abord dans le genre *Siva*, puis dans le genre *Proparus ;* mais il nous a paru nécessaire d'en former un groupe distinct, dont le nom fait allusion aux teintes fauves dominant dans le plumage de ces oiseaux.

324. — FULVETTA RUFICAPILLA (Pl. 72)

Siva ruficapilla, J. Verr. (1870), *N. Arch. du Mus., Bull.* VI, 37, et (1872), *ibid.,* VIII, pl. 5, f. 2. — Proparus ruficapilla, J. Verr. (1871), *ibid.,* VII, 49. — Fulvetta ruficapilla, A. Dav., *in litt.*

Dimensions. Long. totale, 0^m,115 ; queue, 0^m,05 ; aile fermée, 0^m,055 ; tarse, 0^m,02 ; doigt postérieur, 0^m,013, l'ongle seul mesurant 0^m,007 ; bec, 0^m,007 à partir du front.

Couleurs. Iris noisette ; bec d'un brun clair, avec la base jaunâtre ;

pattes et ongles d'un gris obscur. — Vertex et nuque d'une teinte rousse bordée de chaque côté par du noir ; dos olive ; croupion et sus-caudales d'un roux olive vif ; milieu de la poitrine et du ventre blanchâtre ; gorge de la même teinte, avec quelques stries brunes peu distinctes ; côtés de la poitrine d'une teinte violacée ; flancs et sous-caudales d'un roux olivâtre ; front, tour des yeux et côtés du cou d'un gris cendré, avec deux taches blanches, l'une au-dessus et l'autre au-dessous de l'œil ; plumes auriculaires d'un violet soyeux ; un large sourcil cendré, bordé de noir, s'étendant à partir de l'œil jusque sur la nuque ; queue brunâtre nuancée de roux doré sur la face supérieure ; pennes alaires brunes et lisérées en dehors, les premières de gris cendré, les suivantes de noir et les tertiaires de roux olivâtre.

La *Fulvetta ruficapilla* habite les mêmes régions que la *F. cinereiceps*, mais s'éloigne davantage des grands bois et des montagnes ; elle se trouve souvent dans les haies basses et dans les touffes de bambous sauvages qui croissent au bord des cours d'eau. C'est aussi un oiseau aux mouvements vifs, au naturel craintif et rusé, et qui, par conséquent, est très-difficile à capturer. Je ne lui ai jamais entendu émettre d'autres sons qu'un petit cri de rappel, fort insignifiant. Elle n'est pas très-répandue, et ne paraît pas dépasser vers le nord la partie méridionale du Tsinling, tandis que son congénère à tête grise s'avance jusqu'aux vallées septentrionales de cette grande chaîne.

325. — FULVETTA STRIATICOLLIS (Pl. 71)

Siva striaticollis, J. Verr. (1870), *N. Arch. du Mus.*, *Bull.* VI, 38. — Proparus striaticollis, J. Verr. (1871), *ibid.*, VII, 50. — Fulvetta striaticollis, A. Dav., *in litt.*

Dimensions. Long. totale, 0^m,115 ; queue, 0^m,05 ; aile fermée, 0^m,055 ; tarse, 0^m,023 ; bec, 0^m,007 à partir du front.

Couleurs. Iris d'un blanc jaunâtre ; bec gris brun sur la mandibule supérieure et blanchâtre sur la mandibule inférieure ; pattes et ongles gris. — Parties supérieures du corps d'un brun olivâtre passant au grisâtre sur le cou et marqué de stries noirâtres sur la tête et la nuque ; parties inférieures d'un gris soyeux, strié de noirâtre sur la gorge et nuancé d'olivâtre sur les flancs ; lores noirs ; queue grisâtre, légèrement arrondie ; ailes brunes, lisérées de gris cendré sur les rémiges, de noir sur les pennes secondaires et d'olive sur les pennes tertiaires.

Cette espèce est extrêmement rare, et je n'ai pu m'en procurer qu'un seul individu, à Moupin, à une altitude de 4,000 mètres, au milieu des saules et des rhododendrons rabougris qui constituent la limite supérieure de la végétation ligneuse. Quand je tirai cet oiseau, je crus abattre une sorte de mésange; il avait en effet les allures des Paridés et explorait silencieusement les branches et les feuilles avec quelques individus de son espèce.

326. — STAPHIDA TORQUEOLA

Siva torqueola, Swinh. (1870), *Ann. and Mag. of N. H.*, 4e sér., V, 174. — Staphida torqueola, Swinh. (1871), *P. Z. S.*, 373. — Gould (1871), *B. of As.*, livr. XXIII, pl. — Staphida tephrocephala, A. Dav., *in litt.*

Dimensions. Long. totale, 0m,15; queue, 0m,063, étagée, et composée de dix pennes, dont les centrales dépassent les latérales de 0m,02; aile ouverte, 0m,09; fermée, 0m,07, avec la quatrième rémige dépassant toutes les autres; tarse, 0m,015; doigt postérieur, 0m,013, l'ongle seul mesurant 0m,006; bec robuste, muni d'une petite dent, 0m,010 à partir du front.

Couleurs. Vertex cendré; région parotique et nuque d'un rouge brique, strié de blanc; dos d'un brun olivâtre, marqué de stries blanchâtres étroites occupant le centre des plumes; gorge, poitrine, milieu et partie inférieure du ventre d'un blanc pur; sous-caudales blanches, marquées de brun; côtés de la poitrine et flancs d'un gris roussâtre; plumes tibiales d'un brun cendré; rectrices brunes, offrant toutes à leur extrémité, sauf les deux centrales, une tache blanche qui augmente de dimensions des pennes médianes aux pennes latérales; ailes brunes, avec des lisérés bruns roussâtres sur le bord externe et des lisérés gris sur le bord interne des pennes; rachis des rémiges et des pennes secondaires noir; celui des pennes tertiaires blanchâtre. — Plumage de la femelle semblable à celui du mâle.

Je n'ai rencontré ce petit oiseau que sur les montagnes boisées du Fokien occidental. C'est aussi de cette région que M. Swinhoe l'avait obtenu. Je pense que les *St. torqueola* émigrent vers le Sud à l'approche des grands froids, car je n'ai plus eu l'occasion d'en observer, passé le mois d'octobre. Avant cette époque, je les ai vus s'abattre en troupes serrées sur le sommet des arbres pour y chercher des vers et de petites baies. Leur vol est long, rapide et soutenu, et leurs allures diffèrent de celles de tous les autres oiseaux de la Chine; c'est donc avec raison, croyons-nous, que M. Swinhoe a proposé d'établir en leur faveur une nouvelle coupe générique.

327. — MINLA JERDONI (Pl. 68)

MINLA JERDONI, J. Verr. (1870), *N. Arch. du Mus., Bull.* VI, 38. — (1871), *ibid.*, VII, 52, et (1872), VIII, pl. 2, f. 1.

Dimensions. Long. totale, 0^m,14; queue, 0^m,046, carrée, avec les deux pennes latérales un peu plus courtes que les autres; aile ouverte, 0^m,083; fermée, 0^m,07, avec la quatrième et la cinquième rémige égales entre elles et dépassant toutes les autres; tarse, 0^m,021; doigt postérieur, 0^m,015, l'ongle seul mesurant 0^m,006; bec, 0^m,011 à partir du front.

Couleurs. Iris jaune clair; bec noirâtre, teinté de bleu sur la base de la mandibule inférieure; pattes et ongles d'un vert jaunâtre. — Vertex et nuque noirs; une large raie sourcilière blanche s'étendant jusqu'au dos; une bande noire allant des lores à la région postérieure du cou; dos et croupion olive; sus-caudales noires; gorge blanchâtre; poitrine et reste des parties inférieures d'un blanc jaunâtre, offrant sur les côtés du cou et de la poitrine, ainsi que sur les flancs, des flammèches obscures, de couleur olive; sous-caudales jaunâtres; rectrices noires, terminées par une bande d'un blanc rougeâtre, et lisérées de rouge sur les barbes externes; couvertures supérieures de l'aile noires, bordées de blanc; pennes alaires noires, les premières ornées extérieurement d'un liséré mi-parti rouge et jaune, les dernières marquées à la pointe d'une tache blanche de plus en plus large.

Ce charmant oiseau, l'une des espèces les plus remarquables que j'ai découvertes, vient passer l'été dans le Setchuan occidental et probablement aussi dans d'autres provinces de la Chine méridionale. Le spécimen unique qui a servi de type à la description de M. J. Verreaux a été pris à Tchentou. Les Chinois recherchent cette espèce, asséz rare dans leur pays, comme oiseau de volière, à cause de la beauté de son plumage, et la nourrissent avec la pâtée qu'ils donnent d'ordinaire aux autres becs-fins.

328. — STACHYRIS PRÆCOGNITUS

STACHYRIS PRÆCOGNITUS, Swinh. (1866), *Ibis*, 310, et (1871), *P. Z. S.*, 373.

Dimensions. Long. totale, 0^m,11; queue, 0^m,05; aile fermée, 0^m,055; tarse, 0^m,017; doigt postérieur, 0^m,013, l'ongle seul mesurant 0^m,006; bec, 0^m,01 à partir du front.

Couleurs. Iris rouge, quelquefois nuancé de roux; bec couleur de corne, teinté de bleuâtre, avec la mandibule inférieure blanchâtre; tarses d'un gris blond; doigts et ongles blanchâtres. — Vertex d'un roux vif; front jaune; côtés de la tête et tout le dessus du corps d'une teinte olive verdâtre; gorge, poitrine et milieu de l'abdomen jaunâtres, avec quelques petites stries noires sous le bec ; flancs et sous-caudales olive ; queue et ailes brunes, avec des lisérés verdâtres sur le bord externe des pennes. — Le plumage ne varie pas sensiblement suivant l'âge ou le sexe.

Le *Stachyris præcognitus*, signalé d'abord à Formose, se trouve aussi communément au Setchuan et au Kiangsi. Il ne se tient ni dans les bois ni sur les montagnes, mais dans les plantations de bambous, dans les haies et les broussailles qui bordent les chemins et les canaux. Sa nourriture habituelle consiste en petits insectes qu'il saisit en se tenant suspendu aux branches et aux feuilles, à la manière des roitelets et des mésanges. Il vit solitaire ou en petites bandes, et fait entendre, à de rares intervalles, un petit cri de rappel ressemblant à celui de notre pinson, mais plus faible. Il est probable qu'il n'émigre pas, car je l'ai rencontré en plein hiver au Kiangsi.

TROGLODYTIDÉS

La famille des Troglodytidés renferme environ 125 espèces, dont quelques-unes seulement habitent l'Ancien-Continent. La Chine à elle seule fournit cinq espèces.

329. — TROGLODYTES FUMIGATUS

Troglodytes fumigatus, Tem. (1835), *Man. d'orn.*, III, 161. — Troglodytes alascensis, Baird (1869), *Trans. Chic. Acad.*, I, 315, pl. 30, f. 1. — Troglodytes fumigatus, Swinh. (1871), *P. Z. S.*, 351.—(1874), *Ibis*, 153.—(1875), *ibid.*, 143 et 144. — Tacz. (1876), *Bull. Soc. zool. Fr.*, I, 137. — Przew. (1877), *Ornith. Misc.*, VI, 167. *B. of Mongol.*, sp. 41.

Dimensions. Long. totale, 0m,09 ; queue, 0m,024 ; aile fermée, 0m,045 ; tarse, 0m,016 ; doigt postérieur, 0m,013, l'ongle seul mesurant 0m,006 ; bec, 0m,015.

Couleurs. Iris brun ; bec brun, avec la mandibule inférieure jaunâtre ; pieds roux ; ongles jaunâtres. — Parties supérieures d'un brun châtain, uniforme sur la tête et le dos, coupé de nombreuses barres transversales noirâtres de plus en plus marquées sur le croupion, les ailes et la queue, qui sont fortement lavés de roux ; parties inférieures de la même couleur que le dessus du corps, mais d'une teinte plus claire, particulièrement sur la gorge, et passant au grisâtre sur le bas-ventre, avec des taches claires occupant le centre des plumes sur les côtés de la tête et du cou, et des bandes brunes de plus en plus marquées, depuis le bas de la poitrine jusqu'aux sous-caudales ; ces dernières plumes terminées de blanc ; une raie sourcilière jaunàtre, et quelques taches blanches sur les petites couvertures alaires ; rémiges rayées, sur les bords externes, de blanchàtre et de noiràtre.

Le Troglodyte enfumé du Japon a été longtemps confondu avec l'espèce européenne, avec laquelle il a de très-grands rapports, et doit être probablement réuni, d'autre part, d'après MM. P.-L. Sclater, Swinhoe et Schlegel, à la forme que Baird a décrite sous le nom de *Troglodytes alascensis*, et qui n'est elle-même, pour plusieurs auteurs américains, qu'une race de notre Troglodyte mignon. Des îles Aléoutiennes, où il niche chaque année, le *Troglodytes alascensis* a pu facilement se répandre au Japon, comme le fait remarquer avec raison M. Sclater, et de là passer dans le nord de la Chine et même en Daourie. Néanmoins, dans le S.-E. de la Mongolie et dans la Chine septentrionale, le Troglodyte enfumé est loin d'être commun ; je ne l'ai vu qu'une fois dans la ville même de Pékin, et je n'en ai pu capturer que quatre individus dans mes courses à travers les provinces septentrionales. Quant aux troglodytes que j'ai rencontrés fréquemment sur les montagnes du Chensi méridional, je leur trouve plus de ressemblance avec ceux que j'ai rapportés de Moupin qu'avec les oiseaux de Pékin ; ils forment cependant une sorte de trait d'union entre ces deux variétés. Si celles-ci correspondent, malgré certaines différences dans les descriptions, au *T. fumigatus* Tem. et au *T. nipalensis* Hodgs., nous nous demandons en vérité sur quels caractères les auteurs ont pu s'appuyer pour établir ces deux espèces.

330. — TROGLODYTES NIPALENSIS

TROGLODYTES NIPALENSIS, Hodgs. (1845), *Journ. As. Soc. Beng.*, 589.— TROGLODYTES SUBHIMALAYANUS (Hodgs.), Gr.(1844), *Zool. Misc.*, 82.— TROGLODYTES NIPALENSIS, Gould (1852), *B. of As.*, livr. IV, pl. — Jerd. (1872), *Ibis*, 131.

Dimensions. Long. totale, 0^m,11 (♂) et 0^m,10 (♀) ; queue, 0^m,03 ; aile fermée, 0^m,05 ; ouverte, 0^m,065 ; tarse, 0^m,017 ; doigt postérieur, 0^m,014, l'ongle seul mesurant 0^m,007 ; bec, 0^m,015.

Couleurs. Iris brun ; bec brun roussàtre, parfois presque entièrement noir ; pattes roussàtres ; ongles d'un brun corné, avec la pointe plus foncée. — Parties supérieures brunes, tirant au roux sur le croupion et sur la queue ; gorge d'un brun cendré ; parties inférieures d'un brun roussàtre ; des barres

transversales noirâtres sur le dessus et le dessous du corps, comme dans le
T. fumigatus, mais en général plus marquées et commençant plus haut sur
la poitrine que dans cette dernière race ; raie sourcilière peu apparente.

Comme nous l'avons dit plus haut, il y a au Tsinling une
variété intermédiaire entre la variété de Pékin et celle de Moupin ;
les nombreux spécimens que j'ai rapportés de cette région se
distinguent en effet des *T. nipalensis* de Moupin par des teintes
plus rousses, par des taches plus nombreuses sur les parties inférieures, et par la nuance de la gorge qui est plutôt d'un gris
fauve que d'un gris brun.

Le Troglodyte du Népaul a été signalé dans toute la région
himalayenne et se répand jusqu'en Chine, à travers le Tibet. Je
l'ai rencontré assez fréquemment pendant la saison froide sur les
frontières occidentales du Setchuan et à Moupin. Par la voix et
les allures, il ressemble complétement, non-seulement aux oiseaux
du Tsinling et de Pékin, mais encore à nos gentils troglodytes
européens, dont le chant sonore vient égayer les tristes journées
d'hiver.

331. — PNOEPYGA SQUAMATA

TESIA ALBIVENTER et TESIA RUFIVENTER, Hodgs. (1837), *J. A. S. Beng.*, VI, 102.
— MICROURA SQUAMATA, Gould (1837), *Icon. Av.*, pl. 5. — PNOEPYGA ALBIVENTER,
P. RUFIVENTER et P. UNICOLOR, Hodgs. (1845), *P. Z. S.*, 24 et 25. — PNOEPYGA SQUA-
MATA, Jerd. (1862), *B. of Ind.*, I, 488. — Swinh. (1871), *P. Z. S.*, 350. — Jerd.
(1872), *Ibis*, 130.

Dimensions. Long. totale, $0^m,11$; queue, $0^m,02$; aile ouverte, $0^m,09$;
fermée, $0^m,072$; tarse, $0^m,023$; bec, à partir du front, $0^m,009$.
Couleurs. Iris brun ; bec brun ; pattes et ongles d'un brun grisâtre. —
Parties supérieures d'un brun foncé, avec la plupart des plumes marquées
près de l'extrémité d'une tache fauve qui s'étend parfois le long du rachis et
qui est bordée elle-même d'un liséré noirâtre peu distinct ; lores et région
parotique d'un brun plus clair, tiqueté de jaunâtre et de gris clair ; parties
inférieures rousses, les plumes de la gorge et de la poitrine et surtout les
plumes de l'abdomen et des flancs étant ornées d'une tache centrale noirâtre et d'un liséré de même couleur, qui leur donne un aspect écailleux ; rectrices brunes, très-réduites ; rémiges de la même couleur, avec le bord un
peu plus clair.

Le *Pnoëpyga squamata*, qui est assez commun dans le N.-O.
de l'Himalaya, semble au contraire fort rare dans la Chine occi-

dentale; je n'ai jamais rencontré que deux individus de cette espèce, que j'ai remis au Muséum d'histoire naturelle. Par ses mœurs, ce petit oiseau se rapproche des troglodytes, mais il sort moins souvent que ces derniers des endroits sombres, pour lesquels il semble avoir une sorte de prédilection, et il ne vole presque jamais. Il cherche les insectes qui constituent sa nourriture sur le sol, entre les racines, sous les pierres ou sous les troncs d'arbres pourris. Je ne lui ai jamais *vu* émettre le moindre son; peut-être cependant était-ce lui qui au printemps, à Moupin, poussait sans relâche ces cris monotones qui nous agaçaient les nerfs et qui ressemblaient au bruit d'une lime rongeant les dents d'une scie.

SPELÆORNIS nov. gen.

Hodgson, en créant le genre *Pnoëpyga*, lui a assigné, entre autres caractères essentiels, «une queue rudimentaire, composée de *six* pennes seulement » ; or les deux espèces suivantes ont une queue bien développée, et composée de *dix* pennes ; de plus, elles diffèrent des *Pnoëpyga* précédemment connus par un bec plus gros et plus court et par des tarses relativement moins allongés ; il nous paraît donc nécessaire de former pour elles un genre nouveau, dont le nom tiré du grec (σπήλαιον, *antre*, et ὄρνις, *oiseau*) rappellera le genre de vie de ces petits oiseaux.

332. — SPELÆORNIS TROGLODYTOIDES (Pl. 16)

Pnoepyga troglodytoïdes, J. Verr. (1870), *N. Arch. du Mus.*, *Bull.* VI, 34.—(1871), *ibid.*, VII, 30. — (1873), *ibid.*, IX, pl. 4.

Dimensions. Long. totale, 0^m,11 et 0^m,125 (♀); queue, 0^m,06, étagée, les pennes médianes dépassant les latérales de 0^m,02 ; aile ouverte, 0^m,06 ; fermée, 0^m,045 ; tarse, 0^m,02 ; doigt postérieur, 0^m,015, l'ongle seul mesurant 0^m,007 ; bec, 0^m,007 depuis le rictus.

Couleurs. Iris brun roussâtre ; bec brunâtre sur la mandibule supérieure et à la pointe, blanchâtre sur la base de la mandibule inférieure ; pattes et ongles d'un gris jaunâtre. — Dessus de la tête et du cou d'un brun cendré, rayé transversalement de noir et de blanc ; dos et croupion d'un roux olivâtre, avec des taches jaunes et noires à l'extrémité de toutes les plumes ; lores noirâtres ; région parotique et parties inférieures d'une teinte fauve, passant au jaune clair sur la gorge et au brunâtre sur les flancs, chaque plume, à partir du thorax, étant marquée à l'extrémité d'une petite tache noire précédée d'une autre tache blanchâtre, de forme allongée ; queue grisâtre, avec de nombreuses raies transversales noires ; rémiges brunes, rayées de blanchâtre sur les barbes externes ; pennes tertiaires ornées dans leur portion centrale de lignes grisâtres interrompues ; plumes tibiales brunes, barrées de noir. Le plumage offre les mêmes teintes dans des sujets appartenant aux deux sexes et tués en hiver, au printemps et en automne.

Le *Spelæornis troglodytoïdes* se trouve particulièrement dans la partie occidentale du Setchuan et à Moupin, et c'est de là que proviennent les deux premiers exemplaires que j'ai envoyés au Muséum et qui ont servi de types à la description de J. Verreaux : plus récemment cependant j'ai cru reconnaître la voix de cet oiseau singulier sur les montagnes boisées du Fokien. En tous cas, l'espèce est peu répandue et très-difficile à obtenir, car elle se tient presque toujours cachée dans des fourrés impénétrables, et ne se montre à la lisière des bois qu'à la tombée de la nuit. Comme les autres espèces voisines des Troglodytes, celle-ci possède une voix très-puissante, relativement à sa taille, et c'est même en imitant son cri sonore et plaintif que je suis parvenu à attirer quelques individus et à m'en emparer. Les allures de ce *Spelæornis* sont tout à fait celles des Troglodytes ; comme ces derniers, il se cache dans des trous obscurs et cherche sa nourriture sur le sol, sous les feuilles et la mousse. Il vit d'ordinaire dans les bois les plus sombres, au milieu des broussailles les plus touffues, sur les hautes montagnes ; mais lorsque le froid se fait trop vivement sentir, et que la neige est abondante, il descend parfois dans les vallées, et choisit alors pour demeure les bambouseraies : quelquefois même, dans ces circonstances, il vient jusque sous les pieds du chasseur, si celui-ci se garde de faire le moindre bruit.

333. — SPELÆORNIS HALSUETI (Pl. 15)

Pnoepyga Halsueti, A. Dav. (1875), *l'Institut*, 3ᵉ année, nᵒ 114, et *Bulletin de la Société philomatique*, séance du 10 mars 1875.

Dimensions. Long. totale, 0ᵐ,125 (♂); queue, 0ᵐ,05 ; aile ouverte, 0ᵐ,065 ; fermée, 0ᵐ,05 ; tarse, 0ᵐ,02 ; doigt postérieur, 0ᵐ,015, l'ongle seul mesurant 0ᵐ,008; bec, 0ᵐ,0065 à partir du menton ; hauteur du bec, 0ᵐ,0035.

Couleurs. Iris rouge ; bec brunâtre sur la mandibule supérieure et couleur de chair sur la mandibule inférieure ; pattes et ongles blanchâtres. — Tête et dos d'un brun olive, avec toutes les plumes terminées de blanc et de noir ; parties inférieures de la même teinte, mais plus larges que celles du dos et offrant à la fois plus de blanc et moins de noir à leur extrémité, ces taches, par leur réunion, formant des barres transversales, alternativement blanches et noires ; gorge blanche, légèrement teintée de jaune fauve sur les côtés ; espace compris entre le bec et l'œil d'une teinte grisâtre ; région parotique olivâtre ; une raie sourcilière blanchâtre peu marquée ; queue d'un roux olivâtre sur la face supérieure, d'une nuance plus claire sur la face inférieure, marquée, surtout en dessus, de nombreuses raies noires onduleuses. Pennes alaires d'un roux olivâtre, avec des barres étroites de couleur brune, et une tache blanche au bout des secondaires et des tertiaires ; grandes couvertures de l'aile marquées également d'une tache blanche à l'extrémité.

C'est dans une vallée profonde et solitaire du Tsinling que j'ai pris ce joli petit oiseau, en plein hiver. L'époque où la capture a été faite permet de supposer que l'espèce est sédentaire dans cette région, mais elle y est certainement très-rare, puisqu'en six mois de recherches je n'ai pu découvrir qu'un seul individu. Le *Spelæornis Halsueti* a les mêmes allures et presque la même voix que le *Sp. troglodytoïdes* de Moupin ; comme lui, il se tient dans les cavernes, dans les interstices des pierres, ou au milieu des fourrés les plus inextricables.

SYLVIDÉS

La famille des Sylvidés, dans laquelle nous rangeons la plupart des Luscinidés de Gray, renferme plus de 500 espèces d'oiseaux à bec fin, habitant tous l'Ancien-Continent ou l'Océanie. En Chine, cette famille compte 63 représentants, parmi lesquels nous ne trouvons que deux de nos fauvettes européennes.

334. — ERYTHACUS AKAHIGE

Lusciola akahige, Tem. et Schl. (1850), *Faun. Jap. Av.*, 55, et pl. 21 B. — Erythacus akahige, Swinh. (1871), *P. Z. S.*, 359.

Dimensions. Long. totale, $0^m,14$ (♂ du Fokien) et $0^m,15$ (♂ de Pékin) ; queue, $0^m,05$; aile ouverte, $0^m,115$; fermée, $0^m,074$, atteignant le bout de la queue ; tarse, $0^m,028$ (♂ du Fokien) et $0^m,03$ (♂ de Pékin) ; doigt postérieur, $0^m,016$, l'ongle seul mesurant $0^m,007$; bec, $0^m,013$ à partir du front.

Couleurs. Iris et paupières noirâtres ; bec brun ; bouche couleur de chair, avec les bords livides ; pattes d'un gris roussâtre ; ongles gris. — Face, front, région parotique, devant et côtés du cou d'un roux orangé (roux de *rouge-gorge*), avec une petite raie noire au-dessous du bec ; sommet de la tête, nuque et sus-caudales d'un brun roux ; rectrices rousses, bordées de brunâtre sur les barbes externes ; rémiges brunes, ornées en dehors d'un liséré roux olivâtre ; sous-caudales et ventre d'un gris blanchâtre soyeux, passant au gris brun sur les flancs et sur les côtés de la poitrine, qui est traversée par un demi-collier noir étroit, limitant inférieurement la couleur rousse de la gorge.

Cette belle espèce qui paraît remplacer notre Rouge-gorge dans l'extrême Orient, n'est pas, comme on le croyait d'abord, exclusivement propre au Japon; elle se trouve aussi en Chine, car je l'ai prise à Pékin même et au Fokien; elle doit même résider constamment dans cette contrée, puisque les deux individus que j'ai rapportés ont été tués l'un en avril et l'autre en novembre; toutefois elle est probablement peu répandue, car les indigènes ne la connaissaient point.

335. — IANTHIA CYANURA (Pl. 28)

MOTACILLA CYANURA, Pall. (1776), *Reis.*, II, app. 709. — (1811-31), *Zoogr. Ross. As.*, I, 490. — NEMURA CYANURA, Hodgs. (1845), *P. Z. S.*, 27. — LUSCIOLA CYANURA, Tem. et Schl. (1850), *Faun. Jap. Av.*, pl. 21. — NEMURA CYANURA, Schrenck (1860), *Vög. des Am. L.*, 361. — IANTHIA CYANURA, Swinh. (1861), *Ibis*, 329. — Jerd. (1863), *B. of Ind.*, II, 146. — Swinh. (1871), *P. Z. S.*, 559, et (1874), *Ibis*, 441. — Tacz. (1876), *Bull. Soc. zool. Fr.*, I, 142. — NEMURA CYANURA, Przew. (1877), *Ornith. Misc.*, VI, 179, *B. of Mong.*, sp. 68.

Dimensions. Long. totale, 0m,145 ; queue, 0m,06 ; aile fermée, 0m,08 ; tarse, 0m,022 ; bec, 0m,008 à partir du front.

Couleurs. Iris brun ; bec noir ; pattes d'un brun rouge. — Parties supérieures du corps bleues, cette couleur devenant très-vive et présentant un aspect lustré sur les épaules, le croupion, la queue, le front et les côtés du vertex; côtés du front, gorge, poitrine, ventre et sous-caudales d'un blanc pur; flancs d'une belle teinte rousse orangée. — Chez la femelle et le jeune mâle, la couleur bleue des parties supérieures est remplacée par du roux olivâtre, excepté sur la queue, qui offre la même teinte que chez le mâle adulte, et la poitrine est d'un blanc olivâtre, les flancs présentant toujours des tons orangés.

Ce charmant oiseau, qui voyage dans tout l'extrême Orient, depuis l'Inde jusque dans la Sibérie orientale, est très-commun dans la Mongolie et l'empire chinois. Il se tient de préférence dans les forêts et les taillis; quelquefois cependant il pénètre dans les villes, et au moment de son passage il n'est pas rare dans l'intérieur de Pékin. D'ordinaire il se perche sur les buissons et les branches inférieures des arbres, et descend fréquemment à terre pour saisir de petits insectes. L'homme ne lui inspire pas plus de frayeur qu'à notre Rouge-gorge européen, dont il se rapproche par ses allures aussi bien que par son cri de rappel, assez bref, et composé de deux notes graves, *toc-toc*. En revanche, il ne paraît avoir aucune affinité avec les Gobe-Mouches.

336. — IANTHIA INDICA

Le Rossignol de muraille des Indes, Sonn. (1776), *Voy. Ind.*, II, 208. — Sylvia indica, Vieill. (1817), *Nouv. Dict. d'H. N.*, XI, 267. — Less. (1831), *Trait. d'Orn.*, 416. — Tarsiger superciliaris (Hodgs)., Jard. (1849), *Contr. orn.*. 29. — Moore (1854), *P. Z. S.*, 76. — Nemura flavolivacea, Hodgs. (1845), *P. Z. S.*, 27. — Ianthia flavoliliacea (1847), *J. A. S. Beng.*, XVI, 433 et 474 (♀) — Ianthia superciliaris, Jerd. (1863), *B. of Ind.*, II, 148. — Swinh. (1871), *P. Z. S.*, 350.

Dimensions. Long. totale, 0^m,15 ; queue, 0^m,055 ; aile, 0^m,075 ; tarse, 0^m,028 ; bec, 0^m,01 à partir du front.

Couleurs. Iris brun ; bec brunâtre ; tarses d'un gris rougeâtre ; ongles gris. — Parties supérieures d'un bleu indigo, avec une raie sourcilière blanche allant du front à la nuque ; front, joues et lores noirs ; parties inférieures d'un roux vif, avec le milieu du ventre et les sous-caudales d'un blanc plus ou moins pur ; rémiges brunes et lisérées sur le bord externe, les premières de gris roussâtre, les suivantes de gris bleuâtre ; rectrices d'un brun assez foncé, fortement glacé de gris bleuâtre, principalement sur les barbes externes. — La femelle offre un plumage tout différent, les parties supérieures étant d'un vert olive, avec un léger sourcil blanc, la gorge, la poitrine et les flancs d'une teinte olive jaunâtre, le milieu du ventre blanc, les rémiges et les rectrices brunes, lisérées d'olive.

Les collections du Muséum d'histoire naturelle renferment, à côté d'un mâle adulte provenant de Chine et se rapportant de tous points à la description du *Ianthia superciliaris* donnée par Jerdon, un autre spécimen rapporté par Sonnerat et qui est le type du Rossignol de muraille des Indes de ce voyageur, ainsi que de la *Sylvia indica* de Vieillot et de Lesson. En comparant entre eux ces deux oiseaux, il nous a été impossible de découvrir la moindre différence ; nous avons donc cru devoir substituer au nom relativement récent de *Ianthia superciliaris* le nom beaucoup plus ancien de *Sylvia* (*Ianthia*) *indica*. Cette espèce, assez rare dans le S.-E. de l'Himalaya, se rencontre aussi sur les montagnes boisées du Setchuan occidental, et doit y séjourner toute l'année, puisque c'est en hiver que j'ai capturé le spécimen (♀) que j'ai envoyé au Muséum. Comme tous ses congénères, le *Ianthia indica* vit dans les bois et se perche de préférence sur les buissons peu élevés, afin d'apercevoir plus facilement sur le sol les petits vers dont il fait sa nourriture.

337. — TARSIGER CHRYSÆUS (Pl. 29)

TARSIGER CHRYSÆUS (Hodgs.), Gr. (1844), *Zool. Misc.*, 83. — Hodgs. (1845), *P. Z. S.*, 28. — Jard. (1850), *Contr. orn.*, pl. 61. — Jerd. (1863), *B. of Ind.*, II, 149. — Swinh. (1871), *P. Z. S.*, 139.

Dimensions. Long. totale, $0^m,15$ (♂) et $0^m,13$ (♀); queue arrondie, à pennes élargies, $0^m,055$; aile ouverte, $0^m,085$; fermée, $0^m,067$; tarse, $0^m,028$; doigt postérieur, $0^m,015$, l'ongle seul mesurant $0^m,007$; bec, $0^m,001$ à partir du front.

Couleurs. Iris brun; bec brun sur la mandibule supérieure et jaune sur la mandibule inférieure; pattes d'un gris jaunâtre; ongles gris. — Parties supérieures d'un vert olive, avec les sourcils et le croupion jaunes; un trait noir partant des narines et se prolongeant jusque sur les côtés du cou; plumes scapulaires et couvertures inférieures des ailes jaunes; parties inférieures d'un jaune vif, avec des lisérés bruns au bord des plumes de la poitrine; queue jaune, avec une bande terminale noire, plus large sur les pennes médianes, et s'étendant un peu sur les barbes externes des pennes latérales; rémiges noirâtres, bordées de verdâtre en dehors; dernières pennes tertiaires lisérées extérieurement de jaune. — Chez la femelle, le dessus du corps est d'un vert olive, et le dessous d'une teinte jaunâtre passant au blanchâtre sur le bas-ventre; les sourcils sont à peine indiqués, et la face supérieure des ailes et de la queue est d'un brun olivâtre.

Cette belle espèce, que le major Hodgson a découverte dans le centre de l'Himalaya, à une altitude de 3 à 4,000 pieds, habite aussi les montagnes boisées de la principauté de Moupin; mais je ne suis parvenu à en capturer que trois exemplaires, deux mâles et une femelle adulte; ces oiseaux en effet sont toujours fort rares et se tiennent cachés au milieu des touffes de bambous sauvages, où ils cherchent leur nourriture sur le sol, en poussant de temps en temps un cri plaintif.

338. — HODGSONIUS PHOENICUROIDES (Pl. 30)

BRADYPTERUS PHOENICUROÏDES, Hodgs. (1847), *J. A. S. Beng.*, XVI, 136. — HODGSONIUS PHOENICUROÏDES, Bp. (1850), *Consp. av.*, I, 300, n° 638. — CALLENE ZONURA, J. Verr. (1869), *Nouv. Arch. du Mus.*, *Bull.* V, 35. — HODGSONIUS PHOENICUROÏDES, Swinh. (1871), *P. Z. S.*, 359. — Henders. et Hume, *Lahore to Yarkand*, pl. VI. — Przew. (1877), *Ornith. Misc.*, VI, 179. *B. of Mong.*, sp. 69.

Dimensions. Long. totale, 0^m,18 et 0^m,17; queue, 0^m,08; aile ouverte, 0^m,095 et 0^m,10; fermée, 0^m,075; tarse, 0^m,027; doigt postérieur, 0^m,016, l'ongle seul mesurant 0^m,075; queue arrondie, avec les pennes médianes dépassant les latérales de 0^m,03; bec, 0^m,006 à partir du front.

Couleurs. Iris noirâtre; bec noir; bouche jaune; pattes d'un brun cendré; ongles d'un gris brunâtre. — Parties supérieures, gorge, poitrine et côtés de l'abdomen bleus, avec les dernières plumes des flancs passant au brun bleuâtre; milieu du ventre blanc; sous-caudales mi-parties rousses et blanches; rectrices d'un noir bleuâtre, et offrant toutes, à l'exception des deux médianes, du roux dans leur moitié basilaire; rémiges brunes, avec un liséré bleu sur les barbes externes; deux taches blanches au bout de l'aileron. — La femelle a le dessus du corps, la poitrine, les flancs et les sous-caudales d'un brun olive, la gorge et le milieu du ventre blanchâtres.

L'*Hodgsonius phœnicuroïdes* vient passer l'été et nicher à Moupin, où il habite au milieu des bambous sauvages, à une altitude de 3 à 4,000 mètres. C'est une espèce qui paraît fort rare et qui est très-difficile à obtenir, parce qu'elle se tient cachée dans les fourrés les plus impénétrables; aussi en neuf mois de recherches je n'ai pu m'en procurer que trois spécimens, et M. Przewalski de son côté n'a pu tuer qu'un seul de ces oiseaux dans les monts Kan-sou. Comme le *Tarsiger chrysæus*, l'*Hodgsonius phœnicuroïdes* se nourrit de petits insectes qu'il ramasse sur le sol.

339. — CYANECULA CÆRULECULA

MOTACILLA CÆRULECULA, Pall. (1811-31), *Zoogr.*, I, 480. — CYANECULA CÆRULECULA, Bp. (1859), *Rev. crit.*, 155. — CYANECULA SUECICA, Swinh. (1861), *Ibis*, 329. — CYANECULA CÆRULECULA, Swinh. (1863), *Ibis*, 91, et (1871), *P. Z. S.*, 359. — Tacz. (1876), *Bull. Soc. zool. Fr.*, I, 143. — Przew. (1877), *Ornith. Misc.*, VI, 180. *B. of Mong.*, sp. 70.

Dimensions. Long. totale, 0^m,15; queue, 0^m,053; aile fermée, 0^m,075; tarse, 0^m,028; bec, 0^m,011 à partir du front.

Couleurs. Iris et pattes bruns; bec noir. — Parties supérieures d'un brun sale, avec des stries plus foncées sur la tête, une raie blanchâtre sur le front et sur les yeux et des taches rousses sur quelques-unes des sous-caudales ; plumes auriculaires nuancées de fauve roussâtre ; gorge d'un bleu lustré, avec une grande tache rousse au milieu ; poitrine traversée par une bande noire, une bande blanche étroite et une bande rousse ; ventre blanchâtre ; flancs olivâtres, sous-caudales blanches lavées de roux ; queue rousse, avec une bande terminale noire plus développée sur les pennes centrales ; rémiges d'un brun clair ; rectrices d'un brun plus foncé, offrant toutes, à l'exception des deux médianes, une tache basilaire d'un roux très-vif. — Chez la femelle, la gorge est blanchâtre au milieu et noire sur les côtés, et la poitrine est traversée par une bande blanche et rousse ; chez les jeunes mâles, après la première mue, la gorge est blanche, avec une moustache noire, lavée de bleu, et la partie inférieure du cou ainsi que la poitrine sont colorées en roux, en bleu et en noir ; les belles teintes du plumage de l'adulte n'apparaissent que graduellement, dans la deuxième année.

Cette espèce est abondamment répandue dans la Sibérie orientale, jusqu'à la région polaire, et dans toute la Chine ; chaque année, au printemps et à l'automne, on prend aux environs de Pékin et dans la ville même un grand nombre de ces oiseaux qui se tiennent d'ordinaire dans les buissons, dans les hautes herbes ou au milieu des roseaux. Les Pékinois les élèvent en cage, de même que les *Calliope*, à cause de la beauté de leur plumage et de la douceur de leur chant, qui se compose de notes sonores et assez variées.

340. — CALLIOPE CAMTSCHATKENSIS

TURDUS CAMTSCHATKENSIS, Gm. (1788), *S. N.*, I, 817. — MOTACILLA CALLIOPE, Gm. (1788), *ibid.*, 977. — Pall. (1811-31), *Zoogr. Ross. As.*, I, 483. — ACCENTOR CALLIOPE, Tem. (1835), *Man. d'orn.*, III, 172. — CALLIOPE LATHAMI, Gould (1836), *B. of Eur.*, pl. 114. — CALLIOPE KAMTSCHATKENSIS, Midd. (1853), *Sib. Reis.*, II, 174. — Schrenck (1860), *Vög. des Am. L.*, 359. — CALLIOPE CAMSCHATKENSIS, Swinh. (1861), *Ibis*, 329 et 410. — CALLIOPE KAMSCHATKENSIS, Jerd. (1863), *B. of Ind.*, II, 151. — CALLIOPE CAMSCHATKENSIS, Swinh. (1871), *P. Z. S.*, 359, et (1874), *Ibis*, 441. — CALLIOPE KAMTSCHATKENSIS, Tacz. (1876), *Bull. Soc. zool. Fr.*, I, 143. — Przew. (1877), *Ornith. Misc.*, VI, 180. *B. of Mong.*, sp. 71.

Dimensions. Long. totale, 0^m,18 ; queue, 0^m,06 ; aile fermée, 0^m,08, avec les troisième et quatrième rémiges dépassant toutes les autres ; tarse, 0^m,03 ; doigt postérieur, 0^m,016, l'ongle seul mesurant 0^m,007 ; bec, 0^m,12 à partir du front.

Couleurs. Iris châtain ; bec brun ; pattes et ongles grisâtres. — Parties supérieures d'un brun roux, avec la tête d'un brun chocolat ; gorge d'un rouge de feu, encadré de noir ; poitrine cendrée, lavée de noir et d'olivâtre ; milieu du ventre blanc jusqu'aux sous-caudales ; flancs d'une teinte olive légèrement roussâtre ; rectrices et rémiges d'un brun olive nuancé de marron ; une raie sourcilière étroite, de couleur blanche ; une moustache blanche, large et courte, de chaque côté de la tête ; lores et dessous de l'œil noirs. —Chez la femelle, la couleur rouge de la gorge est remplacée par du blanc ; il n'y a pas de moustaches blanches, et les teintes noires font complétement défaut sur les joues et sur la poitrine.

Cette belle espèce, qui s'égare jusqu'en Europe, a pour patrie l'Asie orientale jusqu'au Kamtschatka, et s'avance au sud jusque dans le Bengale, où elle n'est pas rare pendant l'hiver. Elle est très-commune en Chine et passe régulièrement à Pékin an printemps et en automne. Comme ces oiseaux sont aussi remarquables par la vivacité et la grâce de leurs mouvements que par la beauté de leur chant, les Pékinois les gardent souvent en cage, en les nourrissant de pâtée et de viande. Aux époques du passage, en mai et en septembre, on voit en vente un grand nombre de ces becs-fins sur les marchés de la capitale : comme ils se tiennent presque toujours dans les roseaux et les buissons qui croissent au bord des cours d'eau, c'est là que les chasseurs vont les prendre au moyen de petits filets tombants amorcés avec un ver de bois. M. Przewalski a trouvé au mois de mai les *Calliope camtschatkensis* nichant en assez grand nombre dans les parties boisées du Kan-sou.

341. — CALLIOPE PECTORALIS

CALLIOPE PECTORALIS, Gould (1837), *Icon. av.*, livr. I. — Jerd. (1863), *B. of Ind.*, II, 150. — CALLIOPE PECTARDENS, A. Dav. (1871), *N. Arch. Mus., Bull.* VII, *Cat.* no 167. — CALLIOPE BAILLONII, Severtz. (1873), *Turk. Jevotn.*, 65 et 122. — CALLIOPE PECTORALIS, Dress. (1876), *Ibis*, 78.

Dimensions. Long. totale, 0m,15 (♂) ; queue, 0m,065 ; aile fermée, 0m,075 ; tarse, 0m,027 ; bec, 0m,012 à partir du front.

Couleurs. Iris noirâtre ; bec noir ; pattes brunâtres. — Parties supérieures d'un brun cendré ; région des yeux et des oreilles et côtés de la poitrine d'un noir profond ; quelques plumes blanches sur les côtés du cou ; gorge et milieu de la poitrine d'un rouge de feu brillant ; ventre d'un blanc sale ; ailes et queue noirâtres, avec des taches blanches sur les rectrices.

Cette description succincte a été prise sur un oiseau que j'ai tué à Moupin, au mois de juin, et qui malheureusement était trop mutilé par le coup de fusil pour qu'il fût possible de le conserver; elle ne semble pas coïncider absolument avec la description donnée par Jerdon et avec la figure publiée par Gould. L'oiseau que j'ai eu entre les mains m'a paru avoir la teinte rouge de la gorge plus étendue, et se prolongeant jusqu'au ventre sous la forme d'une bande assez étroite, bordée de noir de chaque côté; peut-être appartenait-il à une espèce distincte que l'on pourrait nommer *C. pectardens;* cependant il m'est difficile de rien affirmer à cet égard, ce spécimen étant le seul que j'aie pu me procurer, bien que j'aie vu depuis lors d'autres oiseaux analogues.

Cette espèce passe l'été au milieu des broussailles et des bambous, sur les montagnes de la principauté de Moupin; elle n'est pas très-rare, mais elle est fort difficile à découvrir, quoiqu'on l'entende fréquemment siffler dans les buissons.

342. — CALLIOPE TSCHEBAIEWI

CALLIOPE TSCHEBAIEWI, Przew. (1877), *Ornith. Misc.*, VI, 180, *B. of Mong.*, sp. 72. Pl. I, fig. 1.

Dimensions. Long. totale, $0^m,165$; queue, $0^m,066$; aile, $0^m,08$; tarse, $0^m,055$; bec, $0^m,015$ à partir de la commissure.

Couleurs (d'après M. Przewalski). Iris brun foncé; bec noir en dessus; tarses noirs sur la face antérieure et noirâtres sur la face postérieure; doigts noirâtres; ongles noirs. — Parties supérieures d'un brun olive foncé, avec les petites et les moyennes couvertures des ailes et les sus-caudales d'un gris sombre; des moustaches et des sourcils blancs; menton et milieu de la gorge d'un rouge brillant, encadré par une bordure noire; poitrine et milieu de l'abdomen d'un blanc pur; flancs lavés de gris olivâtre; rémiges et grandes couvertures des ailes brunâtres, largement bordées d'olive; couvertures inférieures grises; rectrices de la paire médiane d'un brun noirâtre, celles des paires latérales noires, avec une tache blanche à la base et un liséré blanc au sommet. — La femelle est d'un brun olive en dessus, et d'un blanc sale en dessous, avec les flancs d'un gris olivâtre.

Cette espèce qui, d'après M. Przewalski, se distingue du *Calliope pectoralis* par son plastron rouge plus étendu et ses moustaches blanches, paraît habiter exclusivement les montagnes du Kan-sou; elle est beaucoup plus rare que le *C. camtschatkensis* et se tient sans doute dans la région alpine, au bord des ruisseaux.

343. — NOTODELA MONTIUM

Myiomela montium, Swinh. (1864), *Ibis*, 362. — Notodela montium, Swinh. (1871), *P. Z. S.*, 357.

Dimensions. Long. totale, $0^m,19$; queue, presque carrée, $0^m,085$; aile, $0^m,097$; tarse, $0^m,03$; bec, assez grêle, $0^m,014$ à partir du front.

Couleurs. Iris noirâtre ; bec noir ; pattes brunes. — Tête et corps d'un bleu indigo foncé, passant au bleu vif sur le front, la région oculaire et les épaules ; une petite tache blanche de chaque côté du cou ; rémiges noires ; rectrices de la même couleur, celles des trois paires latérales offrant en outre une tache blanche à la base. La femelle est d'un brun roussâtre, plus clair sur le dessous du corps que sur les parties supérieures, et a, comme le mâle, les rectrices externes marquées de blanc.

D'après M. Swinhoe, cette espèce se distingue du *Notodela leucura* de l'Himalaya parce qu'elle a les parties inférieures du corps non pas noires, mais de la même teinte que le dos. Elle habite les forêts élevées du centre de l'île de Formose.

344. — LARVIVORA CYANE (Pl. 27)

Motacilla cyane, Pall. (1811-31), *Zoogr. Ross. As.*, I, 492. — Larvivora gracilis, Swinh. (1861), *Ibis*, 262 et 409. — Lusciola cyane, Radde (1863), *Reis. in S. O. Sibir.*, II, 250, pl. X, f. 1 à 4. — Larvivora cyane, Swinh. (1866), *Ibis*, 315, et (1871), *P. Z. S.*, 358. — Tacz. (1876), *Bull. Soc. zool. Fr.*, I, 142. — Larvivora cyanea, Przew. (1877), *Ornith. Misc.*, VI, 178, *B. of Mong.*, sp. 67.

Dimensions. Long. totale, $0^m,13$; queue, un peu arrondie, $0^m,045$; aile fermée, $0^m,075$; tarse, $0^m,026$; bec, $0^m,012$ à partir du front.

Couleurs. Iris et bec bruns ; pattes et ongles d'un gris jaunâtre. — Parties supérieures d'un bleu lustré ; parties inférieures d'un blanc soyeux, lavé de bleuâtre sur les flancs ; une teinte noire sur les lores et sur les côtés du cou et de la poitrine, à la limite des teintes blanche et bleue ; rémiges et rectrices brunes, lisérées de bleu sur le bord externe. — Chez la femelle et le jeune mâle, le dessus du corps est d'une teinte olive, et le dessous d'un blanc sale, lavé d'olivâtre, principalement sur les flancs ; l'œil est entouré d'un cercle de plumes blanchâtres, les côtés du cou et la poitrine sont marquetés de taches olivâtres dessinant des sortes d'écailles, enfin la face supérieure des ailes et la queue sont d'une teinte roussâtre.

Cette jolie espèce, que Pallas a observée le premier entre l'Onon et l'Argun, à l'époque du passage, niche dans les régions méridionales du lac Baïkal et est très-commune en Daourie et dans le bassin du fleuve Amour. Elle est également répandue

dans toute la Chine et passe à Pékin au mois de mai, se dirigeant
vers le nord ; un grand nombre d'individus cependant s'arrêtent
pour nicher dans les provinces centrales. Le chant du *Larvivora
cyane* est agréable et varié, et se compose de petits couplets
détachés. Sa nourriture consiste en vers et en insectes qu'il
cherche au milieu des herbes et sous les buissons, en courant
de côté et d'autre avec grâce et agilité. Par ses mœurs, cet oiseau
se rapproche beaucoup des *Calliope*.

345. — LARVIVORA SIBILANS

LARVIVORA SIBILANS, Swinh. (1863), *P. Z. S.*, 292, et (1871), *ibid.*, 358.

Couleurs. Bec brun plombé, avec les bords pâles et l'intérieur de la
bouche d'un jaune rosé ; doigts et ongles couleur de chair. — Plumage d'un
brun olivâtre, avec la queue rouge.

M. Swinhoe n'a pu se procurer de cette espèce qu'un seul
individu, en assez mauvais état, qu'il considère comme une
femelle adulte ; mais il en a observé d'autres en assez grand
nombre, complétement semblables, dans les buissons, aux
environs de Macao. Ces oiseaux étaient très-farouches et ne
se laissaient point approcher.

346. — TRIBURA LUTEIVENTRIS (Pl. 21)

TRIBURA LUTEOVENTRIS, Hodgs. (1845), *P. Z. S.*, 30. — CALAMODYTA AFFINIS, Gr.
et Mitch. (1844), *Gen. of B.*, pl. 49. — TRIBURA LUTEOVENTRIS, Jerd. (1863), *B. of Ind.*,
II, 161. — TRIBURA LUTEIVENTRIS, Swinh. (1871), *P. Z. S.*, 355.

Dimensions. Long. totale, 0^m,135 ; queue, arrondie, 0^m,045 ; aile ouverte,
0^m,075 ; fermée, 0^m,06 ; tarse, 0^m,015 ; doigt postérieur, 0^m,014, l'ongle seul
mesurant 0^m,006 ; bec, grêle, 0^m,01 à partir du front.
Couleurs. Iris brun ; bec brun, avec les côtés et la base de la mandibule inférieure jaunâtres ; pieds et ongles jaunâtres. — Parties supérieures
d'un brun olive uniforme ; parties inférieures d'un blanc jaunâtre, passant
au brun olivâtre sur les côtés du cou et de la poitrine et sur les flancs ; une
raie sourcilière bleuâtre très-peu apparente ; sous-caudales terminées de
gris ; rectrices et rémiges brunes, lisérées d'olive sur les barbes externes.
— Plumage de la femelle semblable à celui du mâle.

Cette espèce himalayenne vient passer l'été à Moupin ; je
l'y ai trouvée dans les bois, sur les plus hautes montagnes,
mais toujours en petit nombre.

347. — HORORNIS SQUAMEICEPS

TRIBURA SQUAMEICEPS, Swinh. (1863), *P. Z. S.*, 292. — (1866), *Ibis*, 397. — (1871), *P. Z. S.*, 355. — (1874), *Ibis*, 155. — HORORNIS SQUAMEICEPS, Swinh. (1875), *Ibis*, 146. — Tacz. (1876), *Bull. Soc. zool. Fr.*, I, 137.

Dimensions. Queue, 0^m,025, avec les rectrices centrales dépassant les latérales de 0^m,005 ; aile, arrondie, 0^m,053, avec la troisième et la cinquième rémige presque égales entre elles et la quatrième dépassant toutes les autres ; tarse, 0^m,022 ; bec, 0^m,013 à partir du front, et 0^m,015 à partir du rictus.

Couleurs. Bec d'un brun noirâtre, avec le rictus d'un jaune verdâtre ; pattes et ongles d'une teinte très-pâle. — Parties supérieures d'un brun riche, nuancé d'olive et de marron, cette dernière teinte dominant sur la tête dont toutes les plumes ont un liséré foncé et présentent un aspect écailleux ; un sourcil bien marqué d'un blanc jaunâtre ; parties inférieures blanches, lavées de fauve, avec les flancs et les plumes axillaires d'un brun olivâtre ; ailes et queue d'un brun olive nuancé de rougeâtre.

M. Swinhoe a eu de cette espèce, qu'il considère comme nouvelle, trois spécimens pris successivement à Canton, à Formose et à Hakodadi (Japon) ; il en conclut que cet oiseau émigre chaque été vers le nord ; en effet, tout récemment, M. Dybowski l'a trouvé à l'embouchure de l'Oussouri et à Wladiwostock (Sibérie orientale).

348. — SYLVIA CURRUCA

SYLVIA CURRUCA, L. (1746), *Faun. suec.*, 247. — CURRUCA GARRULA, Briss. (1760), *Orn.*, III, 384, 7. — LA BABILLARDE, Buff. (1770), *Pl. Enl.* 580, f. 3. — SYLVIA CURRUCA, Gm. (1788), *S. N.*, I, 954. — Radde (1863), *Reis. in S. O. Sib.*, II, 259. — CURRUCA GARRULA, Dyb. (1863), *J. f. O.*, 334. — SYLVIA CURRUCA, Swinh. (1871), *P. Z. S.*, 355. — Severtz. (1873), *Turk. Jevotn.*, 65. — Dress. (1876), *Ibis*, 79. — CURRUCA GARRULA, Tacz. (1876), *Bull. Soc. zool. Fr.*, I, 142. — SYLVIA CURRUCA, Przew. (1877), *Ornith. Misc.*, VI, 170, *B. of Mong.*, sp. 47.

Dimensions. Long. totale, 0^m,13 ; queue, carrée, 0^m,055 ; aile, 0^m,07 ; tarse, 0^m,21 ; bec, 0^m,009 à partir du front.

Couleurs. Iris châtain ; bec brun ; pattes bleuâtres. — Parties supérieures du cendré roussâtre passant au gris sur le dessus de la tête et au brun noir sur les couvertures des oreilles ; gorge, abdomen et sous-caudales d'un blanc pur ; poitrine, flancs et côtés du bas-ventre lavés de rose ; pennes tertiaires et rémiges frangées de grisâtre ; rectrices brunes, avec des taches terminales blanchâtres sur les trois paires latérales, et un liséré blanc sur le bord externe des deux pennes externes (mâle adulte tué aux environs de Pékin, au mois de juillet).

Cette fauvette, qui me paraît différer un peu de la Fauvette babillarde d'Europe par la coloration *noirâtre* (et non grise) de sa région parotique, vient nicher en petit nombre sur les montagnes du N.-O. de la Chine; je l'ai rencontrée plus fréquemment en Mongolie, dans la chaîne de l'Ourato. C'est sans doute la même espèce qui niche dans le Turkestan, sur les rives méridionales du lac Baïkal et en Daourie, et qui a été identifiée par MM. Severtzoff, Dresser, Taczanowski et Przewalski à la *Sylvia curruca* de nos contrées.

349. — SYLVIA ARALENSIS

SYLVIA ARALENSIS (Eversm.), Przew. (1877), *Ornith. Misc.*, VI, 178. *B. of Mong.*, sp. 48.

Nous ne possédons malheureusement aucun exemplaire de cette espèce, que M. Przewalski cite sans description dans son *Catalogue des oiseaux de Mongolie*. Elle se trouve, dit-il, isolément ou par paires dans les plaines couvertes de buissons de l'Ala-chan, mais elle est partout assez rare. Elle ne paraît pas dépasser au nord la limite méridionale du désert de Gobi, et à l'est la ligne suivant laquelle ce même désert se termine dans le pays des Ordos. Le nid de cette fauvette, construit avec art dans le creux d'un rocher, renfermait, à la fin de mai, trois œufs d'un bleu clair, marqués de petites taches rouges, disposées en couronne autour du gros bout.

Dans sa *Liste générale des oiseaux* (*Handlist*, III, table p. 183), Gray réunit la *Sylvia aralensis* (n° 2,935) à la *Sylvia delicatula* Hartl. (n° 3,008) du N.-E. de l'Afrique, qui paraît d'ailleurs identique à la *Sylvia nana* Hemp. et Ehr. de la même contrée; de son côté, M. H.-E. Dresser (*Ibis*, 1875, p. 80) désigne sous le nom de *Sylvia nana* Ehr. la fauvette que M. Severtzoff a trouvée dans le Turkestan et nommée *Atraphornis aralensis*. Il est donc probable que l'espèce citée par M. Przewalski doit aussi être confondue avec cette *Sylvia nana* Ehr. (*Symb. phys. Aves*, fol. cc) qui a été plus tard décrite et figurée par M. Loche sous le nom de *Stoparola deserti* (*Rev. zool.*, 1858, p. 374 et pl. XI) et par M. Hartlaub sous le nom de *Sylvia delicatula*

16

(*Ibis*, 1859, p. 340, pl. IX, f. 1). Le Muséum d'histoire naturelle de Paris ne possède aucun spécimen du *Stoparola deserti* signalé par M. Loche en Algérie.

350. — PHILACANTHA NISORIA

Sylvia nisoria, Bechst. (1803), *Nat. Deutsch.*, III, 547. — Nisoria undata, Gould (1832-33), *B. of Eur.*, pl. 128. — Bp. (1838), *B. of Eur.*, 15. — Curruca nisoria, Degl. et Gerbe (1867), *Ornith. eur.*, 2ᵉ éd., I, 485. — Philacanta nisoria, Swinh. (1871), *P. Z. S.*, 355. — Sylvia nisoria, Severtz. (1873), *Turk. Jevotn.*, 63. — Dress. (1876), *Ibis*, 79.

Cette belle fauvette, de la taille de notre Fauvette orphée (0ᵐ,17 à 0ᵐ,18), se reconnaît facilement à son plumage d'un cendré brunâtre en dessus, marqueté chez les jeunes de taches en formes d'écailles, et d'un blanc plus ou moins pur en dessous, avec les flancs marqués de lignes onduleuses brunâtres. Elle habite la partie orientale et septentrionale de l'Europe, l'Asie centrale et probablement aussi l'ouest de la Sibérie; elle niche même dans le Turkestan à une altitude de 3 à 4,000 pieds; mais la capture d'un jeune oiseau de cette espèce faite aux environs de Pékin doit être considérée comme tout à fait accidentelle. Cet individu unique a été perdu malheureusement, et jamais il ne m'a été possible d'en voir d'autres pendant mes longs voyages en Chine et en Mongolie.

351. — HOMOCHLAMYS CANTANS

Salicaria cantans, Tem. et Schleg. (1850), *Faun. Jap. Aves*, 51 et pl. 19. — Swinh. (1866), *Ibis*, 397. — Herbivox cantans, Swinh. (1871), *P. Z. S.*, 353. — Homoclamys cantans, Salvad. (1873), *Ibis*, 180. — Herbivox cantans, Tacz. (1876), *Bull. Soc. zool. Fr.*, I, 138.

Dimensions. Long. totale, 0ᵐ,14; queue, 0ᵐ,065; aile, 0ᵐ,072, avec la quatrième et la cinquième rémige dépassant toutes les autres.

Couleurs. Iris brun; bec d'un ton noirâtre, avec le rictus orangé et la base des mandibules d'un brun clair; pattes d'un brun foncé, avec les doigts et les ongles noirâtres. — Parties supérieures d'un brun légèrement olivâtre, plus clair et plus ardent sur le croupion; une raie sourcilière grisâtre, et un trait brunâtre à travers l'œil; parties inférieures d'un gris verdâtre, passant à l'olivâtre sur les flancs et au roussâtre sur le milieu du ventre et les sous-caudales; queue d'un brun rougeâtre pâle en dessus et d'un brun grisâtre en dessous, avec toutes les rectrices bordées de brun olivâtre; rémiges brunes, bordées de brun olive clair.

Cette espèce japonaise a été rencontrée par M. Swinhoe dans l'île de Formose, et, plus récemment, par M. Dybowski à Wladiwostock, dans la Sibérie orientale : elle niche, paraît-il, dans cette dernière région, et pond des œufs qui, d'après M. Taczanowski, ressemblent un peu à ceux de la *Cettia sericea*.

352. — HOMOCHLAMYS CANTURIENS

Arundinax canturiens, Swinh. (1860), *Ibis*, 52, 131, 357. — Lusciniopsis canturiens, Swinh. (1861), *Ibis*, 32, 328. — Calamoherpe canturiens, Swinh. (1863), *Ibis*, 306. — Homochlamys luscinia, Salvad. (1870). *Att. Acc. Sc. di. Tor.*, V, 511. — Herbivox canturiens, Swinh. (1871), *P. Z. S.*, 353. — Homochlamys canturiens, Salvad. (1873), *Ibis*, 180. — Arundinax canturiens, Swinh. (1874), *Ibis*, 438.

Dimensions. Long. totale, 0^m,16 ; queue, étagée, 0^m,07 ; aile, 0^m,07 ; tarse, 0^m,027 ; bec, 0^m,012 à partir du front.

Couleurs. Iris d'un châtain roussâtre ; bec brun, avec les bords et la mandibule inférieure grisâtres ; pattes d'un gris rougeâtre. — Parties supérieures d'un brun olive, passant au roussâtre sur la tête et sur la queue ; un sourcil d'un blanc jaunâtre s'étendant en arrière de l'œil ; lores et région parotique d'un brun roussâtre ; gorge blanche ; poitrine, ventre et souscaudales d'une teinte fauve, passant au brunâtre sur les côtés du thorax et au blanc sur le milieu de l'abdomen ; rémiges et pennes secondaires brunes, les premières bordées en dehors de fauve clair, surtout dans leur portion basilaire, les suivantes fortement nuancées de roux sur leurs barbes externes, et bordées en dedans, de même que les premières, d'un liséré saumon, visible particulièrement sur la face inférieure de l'aile ; plumes de l'aileron blanches.

Dans son *Catalogue des oiseaux de la Chine*, publié en 1871, M. R. Swinhoe avait proposé de créer pour cette espèce, ainsi que pour la *Salicaria cantans* et l'*Arundinax minutus*, un genre nouveau, qu'il nommait *Herbivox*, et auquel il assignait pour caractères : 1° un bec médiocre, pourvu d'une ouverture allongée et luniforme pour la narine ; 2° des pattes robustes, à doigts et ongles puissants ; 3° des ailes arrondies, avec les quatre premières rémiges graduées, la quatrième dépassant toutes les autres ; 4° une queue légèrement étagée. Tout à côté, sous le nom d'*Herbivocula*, il plaçait les espèces qui ont la queue carrée. Mais l'année précédente, en 1870, dans un mémoire inséré dans les *Actes de l'Académie des sciences de Turin*, M. Salvadori avait décrit, sous le nom d'*Homochlamys luscinia*, un oiseau qui n'est, paraît-il, autre chose que l'*Arundinax* ou *Herbivox*

canturiens de M. Swinhoe. Comme le fait remarquer M. Salvadori, si le nom d'espèce *luscinia* doit être remplacé par celui
de *canturiens* qui est antérieur, le nom générique d'*Homochlamys*
doit être en revanche, pour les mêmes raisons, substitué à celui
d'*Herbivox*. Quoique ce dernier nom nous ait paru assez conve-
nable, puisqu'il fait allusion aux mœurs de ces fauvettes, nous
avons dû nous incliner devant la loi de priorité et faire droit
à la réclamation légitime de M. Salvadori, non-seulement pour
cette espèce, mais pour la précédente et les deux suivantes.

L'*Homoclamys canturiens* est répandu en toutes saisons dans
la moitié méridionale de la Chine et dans les deux grandes îles
voisines. Au printemps, on l'entend fréquemment chanter dans
les buissons et les hautes herbes, dans tous les pays de collines
et même aux environs de Changhaï. Son chant, doux et sonore,
rappelle celui du Rossignol, mais consiste en un seul couplet,
qui ne varie jamais. Je n'ai point observé cette espèce dans le
centre et l'ouest de la Chine, où elle paraît remplacée par l'*Homochlamys brevipennis ;* M. Swinhoe cependant en a vu un spécimen
à Tchéfou.

353. — HOMOCHLAMYS MINUTUS

ARUNDINAX MINUTUS, Swinh. (1860), *Ibis*, 52. — ARUNDINAX MINIATUS, Swinh.
(1860), *Ibis*, 357. — CALAMOHERPE MINUTA, Swinh. (1863), *Ibis*, 306, et (1870), *ibid.*,
345. — HERBIVOX MINUTA, Swinh. (1871), *P. Z. S.*, 353. — HOMOCHLAMYS MINUTUS,
Salvad. (1873), *Ibis*, 180.

Dimensions. Long. totale, $0^m,146$; queue, $0^m,054$, un peu étagée, les
rectrices centrales dépassant les latérales de $0^m,01$; aile, $0^m,063$; tarse,
$0^m,024$; bec, $0^m,011$ à partir du front.

Couleurs. Parties supérieures d'un brun olive, plus vif sur le front,
et tournant au roussâtre sur les sus-caudales ; parties inférieures d'un jaune
ocracé passant au blanc sur la gorge et le milieu de l'abdomen ; un sourcil
d'un blanc jaunâtre et un trait brunâtre partant du bec et se prolongeant
au delà de l'œil ; rectrices brunes, offrant sous un certain jour de nombreuses raies transversales brunes, et lisérées en dehors de roux olive ;
rémiges brunes, avec un liséré plus clair sur les barbes externes.

Cet oiseau est une miniature du précédent, mais possède
une voix et des allures toutes différentes ; il a été trouvé par
M. Swinhoe à Amoy, à Haïnan et à Formose.

354. — HOMOCHLAMYS BREVIPENNIS

Lusciniopsis brevipennis, J. Verr. (1871), *N. Arch. du Mus.*, *Bull.* VII, 65.

Dimensions. Long. totale, 0ᵐ,155; queue, 0ᵐ,06, très-étagée; aile, 0ᵐ,06; tarse, 0ᵐ,019; doigt postérieur, 0ᵐ,013, l'ongle seul mesurant 0ᵐ,006; bec, conique, 0ᵐ,05.

Couleurs. Iris noisette; bec brun, avec la mandibule inférieure blanchâtre; bouche jaune; pattes d'un gris blanchâtre. — Parties supérieures d'un brun marron (rappelant les teintes de notre rossignol) avec une raie sourcilière courte, d'une nuance plus claire; gorge et milieu de l'abdomen blancs; côtés du cou, poitrine, flancs et sous-caudales fortement teintés de brun marron.

C'est à Moupin que j'ai eu le premier spécimen de cette espèce nouvelle, que M. J. Verreaux a rangée à tort dans le genre *Lusciniopsis*. L'*Homochlamys brevipennis*, que j'ai rencontré depuis lors dans la Chine centrale et orientale, vit en montagne et en plaine sur les buissons, et non dans les marais; quoiqu'il émigre généralement chaque hiver, quelques individus passent la mauvaise saison dans les endroits bas et abrités; et, à cette époque tardive, on est tout étonné d'entendre sortir des buissons les plus touffus le chant énergique de ces oiseaux, rappelant beaucoup celui de l'*Homochlamys canturiens* de Changhaï. Le nid de cette espèce, composé d'herbes et de poils entrelacés, a la forme d'une coupe profonde et est placé au milieu des broussailles; il renferme des œufs d'un vert-bleu, mesurant 22 millimètres de long sur 15 de large.

355. — HERBIVOCULA FLEMINGI

Salicaria cantillans, Swinh. nec Tem. (1862), *P. Z. S.*, 316, et (1863), *ibid.*, 294. — Arundinax Flemingi, Swinh. (1870), *P. Z. S.*, 440. — Herbivocula Flemingi, Swinh. (1871), *P. Z. S.*, 354.

Dimensions. Long. totale, 0ᵐ,115; queue, un peu étagée, 0ᵐ,050, les rectrices centrales dépassant de 0ᵐ,01 les rectrices latérales; aile, 0ᵐ,056; tarse, 0ᵐ,021; bec, robuste, 0ᵐ,008; hauteur du bec, 0ᵐ,004.

Couleurs. Iris brun; bec brun, avec la mandibule inférieure jaunâtre; pattes d'un gris roussâtre. — Parties supérieures d'un brun olive, passant au verdâtre sur le croupion; une raie sourcilière d'un blanc jaunâtre et un trait d'un brun foncé en avant et en arrière de l'œil; parties inférieures d'un jaune clair et soyeux, passant au blanc sur la gorge et à l'olivâtre sur les flancs; queue marquée de quelques barres peu distinctes et offrant des taches blanches à l'extrémité des six rectrices externes.

Cette description est prise sur un mâle adulte, tué au mois de juin à Pékin, où chaque année l'espèce passe en petit nombre. Parmi les spécimens que j'ai capturés dans cette localité, tant printemps qu'en automne, j'ai constaté de grandes variations de taille et de couleur, à tel point que j'hésite à considérer ces oiseaux comme appartenant tous à une seule et même espèce. L'*Herbivocula Flemingi* se tient de préférence dans les buissons et les herbes, et sur les branches inférieures des arbres; il a un petit cri de rappel, d'un ton assez grave, et ressemblant un peu à celui du *Phyllopneuste fuscata*.

356. — HERBIVOCULA INCERTA n. sp.

Dimensions. Long. totale, 0^m,14; queue, un peu étagée, 0^m,057; aile, 0^m,068; tarse, 0^m,023; bec, court et robuste, 0^m,009; hauteur du bec, 0^m,0035.

Couleurs. Tête et cou d'un brun olivâtre, passant au roux olive sur le dos, les ailes et la queue, et au roussâtre sur les sus-caudales; une raie sourcilière d'un jaune sale, et un trait brun s'étendant en avant et en arrière de l'œil; gorge et milieu de l'abdomen d'un blanc sale; poitrine fortement nuancée de brun olive; flancs et sous-caudales d'un jaune ocracé; rémiges lisérées de blanchâtre en dehors; rectrices latérales offrant une légère tache blanchâtre à l'extrémité.

Cet oiseau passe à Pékin comme le précédent, dont il a les allures et la voix, mais dont il diffère : 1° par une taille plus forte; 2° par l'absence de teintes jaunes sur l'abdomen et d'éclat lustré sur les parties inférieures en général; 3° par la coloration brunâtre de sa poitrine et des côtés de son cou, ces mêmes parties étant jaunes dans l'autre espèce; 4° par la nuance plutôt rousse que verte de ses parties supérieures. Il est moins commun d'ailleurs que l'*Herbivocula Flemingi*.

357. — CALAMODUS SORGHOPHILUS

CALOMODYTA SORGHOPHILA, Swinh. (1863), *P. Z. S.*, 92, 293. — CALAMODUS SORGHOPHILUS, Swinh. (1871), *ibid.*, 354.

Dimensions. Long. totale, 0^m,12; queue, très-étagée, 0^m,045; aile, 0^m,055; tarse, 0^m,02; bec, 0^m,017 à partir du front.

Couleurs. Iris brun jaunâtre ; bec brun, avec les bords et la mandibule inférieure jaunes ; pattes plombées. — Parties supérieures d'une teinte olive jaunâtre, avec des raies brunes peu distinctes ; sourcils et joues d'un jaune ocreux ; lores de la même couleur, mais d'un ton plus foncé ; une raie noire au-dessus de la raie sourcilière jaune ; parties inférieures d'un jaune sale, plus clair sur la gorge et le milieu de l'abdomen que sur les flancs ; ailes et queue brunes, avec toutes les grandes pennes lisérées de roux olivâtre.

Cette espèce, voisine du *Calamodyta phragmitis* d'Europe, en diffère par la forme de ses ailes, dont la troisième et la quatrième rémige dépassent toutes les autres, et par la nuance beaucoup plus uniforme de ses parties supérieures. Elle n'a été prise jusqu'ici que sur la côte S.-E. de la Chine.

358. — DUMETICOLA AFFINIS

SALICARIA AFFINIS (Hodgs.), Gr. (1844), *Zool. Misc.*, 82. — (1846), *Cat. of M. Hodgs. Coll.* 62 et app. 151. — *Gen. of B.*, pl. 49. — DUMETICOLA THORACICA, Blyth (1845), *Journ. As. Soc. Beng.*, XIV, 584, et (1849), *Cat.*, n° 1087. — DUMETICOLA AFFINIS, Swinh. (1871), *P. Z. S.*, 354. — Dyb. (1872), *Journ. f. Orn.*. 384. — Tacz. (1876), *Bull. Soc. zool. Fr.*, I, 140. — Przew. (1877), *Ornith. Misc.*, VI, *B. of Mong.*, sp. 45.

Dimensions. Long. totale, 0ᵐ,14 ; queue, arrondie, 0ᵐ,055, avec les rectrices centrales dépassant de 0ᵐ,025 les rectrices latérales qui sont cachées par les sous-caudales ; aile, 0ᵐ,06 ; tarse, 0ᵐ,022 ; bec, 0ᵐ,01 à partir du front.

Couleurs. Iris d'un châtain clair ; bec noir, avec la base de la mandibule inférieure bleuâtre ; pattes d'un gris jaunâtre. — Dessus du corps d'un brun marron uniforme ; lorum et raie sourcilière d'un gris cendré ; côtés de la tête d'une couleur analogue, mélangée de brun ; partie supérieure de la gorge et milieu de l'abdomen blancs ; devant du cou et partie supérieure de la poitrine d'un *gris cendré, marqué de quelques taches d'un gris brunâtre et de forme allongée* ; flancs et sous-caudales d'un roux olivâtre, ces dernières marquées de blanc à l'extrémité. — Plumage de la femelle semblable à celui du mâle.

J'ai rencontré cet oiseau dans les plus hautes prairies de Moupin, où il se tient sous les buissons et dans les hautes herbes. En été, il est assez commun, mais il disparaît complétement à l'approche de la saison froide. Un oiseau tout à fait analogue se rencontre également en été dans les endroits herbeux et humides aux environs de Pékin, mais se distingue constamment de celui-ci : 1° par sa taille plus faible de 0ᵐ,02 ; 2° par la teinte de ses joues et de sa poitrine qui sont à peine lavées de gris cendré ; 3° par les taches plus nombreuses et plus arrondies du devant de son cou ; 4° par sa raie sourcilière à peine marquée.

Quelques spécimens, pris sur les bords du lac Baïkal, sont d'aussi petite taille que les oiseaux de Pékin, mais ont les parties inférieures du corps d'un brun plus franc, moins nuancé de roux.

M. Dybowski a rencontré assez communément le *Dumeticola affinis* à Kultuk, dans la Sibérie orientale, et M. Przewalski l'a observé dans le Kan-sou, où cét oiseau niche sur les plateaux herbeux de la région alpine.

359. — LOCUSTELLA MACROPUS

Locustella macropus, Swinh. (1863), *P. Z. S.*, 93. — Locustella Hendersonii, Swinh., *ibid.*, 293, et (1871), *P. Z. S.*, 354. — (1874), *Ibis*, 440.

Dimensions. Long. totale, 0^m,13 ; queue, 0^m,05 ; aile, 0^m,055, avec la troisième rémige dépassant les autres ; tarse, 0^m,02 ; bec, 0^m,011 à partir du front.

Couleurs. Bec d'un brun noirâtre, avec les bords et la plus grande partie de la mandibule inférieure couleur de chair ; rictus et intérieur de la bouche d'un jaune pâle ; pattes d'une couleur de chair jaunâtre. — Plumage, d'après M. Swinhoe, semblable en général à celui de la *Locustella rayi* d'Europe, et offrant quelques taches peu nombreuses et peu marquées sur la poitrine, mais point sur les flancs ni sur les sous-caudales.

Cette espèce, qui arrive à Amoy au printemps, présente des dimensions un peu plus fortes que notre *Locustella minor* de Pékin.

360. — LOCUSTELLA CERTHIOLA

Motacilla certhiola, Pall. (1811-31), *Zoogr.*, I, 509. — Locustella rubescens, Blyth (1845), *J. A. S. Beng.*, XIV, 582, et (1849), *Cat.*, n° 1084. — Locustella ochotensis, Midd. (1853), *Sib. Reis*, II, 185. — Sylvia (Locustella) certhiola, Schrenck (1860), *Vög. d. A. L.*, 372. — Radde (1863), *Reis. in S. O. Sib.*, II, 285. — Locustella ochotensis, Swinh. (1863), *P. Z. S.*, 293, et *Ibis*, 91. — Locustella certhiola et Locustella rubescens, Jerd. (1863), *B. of Ind.*, II, 159 et 160. — Locustella rubescens, Swinh. (1871), *P. Z. S.*, 354. — Calamodyta certhiola et Calamodyta rubescens, Dyb. (1872), *J. f. O.*, 356 et 357. — Calamodyta certhiola, Tacz. (1876), *Bull. Soc. zool. Fr.*, I, 139. — Przew. (1877), *Ornith. Misc.*, VI, 170, *B. of Mong.*, sp. 46.

Dimensions. Long. totale, 0^m,145 ; queue, 0^m,06 ; aile, 0^m,07 ; tarse, 0^m,021 ; bec, 0^m,013 à partir du front.

Couleurs. Iris brun ; bec brun, avec la mandibule inférieure plus claire ; pattes d'un gris roussâtre. — Parties supérieures d'une teinte olive sombre, légèrement roussâtre, avec quelques raies noires sur le dos, et des raies plus nombreuses et plus fines sur la tête ; parties inférieures d'un jaune d'ocre, passant à l'olivâtre sur la poitrine, les flancs et les sous-caudales, qui sont d'une teinte uniforme, sans taches ; quelques mèches brunes sur la partie supérieure de la poitrine ; une raie sourcilière jaunâtre, à peine sensible ; rectrices brunes, bordées d'olive et marquées à l'extrémité d'une tache un peu plus pâle, mais n'offrant pas à leur surface des raies transversales aussi prononcées que dans les espèces précédentes. — En hiver, la couleur jaune des parties inférieures est remplacée par du blanc.

M. Blyth en décrivant la *Locustella rubescens* avait déjà soupçonné que cette espèce pourrait bien être identique à la *Locustella (Motacilla) certhiola* de Pallas ; toutefois, dans ses *Oiseaux de l'Inde*, M. Jerdon a cru devoir séparer ces deux formes. Depuis lors, M. Swinhoe a cité dans son *Catalogue des oiseaux de la Chine* l'espèce de Blyth en lui donnant pour synonyme la *Locustella ochotensis* de Middendorf ; mais M. Taczanowski dans son travail récent sur les *Oiseaux de la Sibérie orientale* déclare que toutes les fauvettes de cette dernière région déterminées par Verreaux comme *Locustella rubescens* ne sont que des *Locustella certhiola* foncées, en plumage d'automne frais, et que la *Locustella ochotensis* de Middendorf n'est elle-même autre chose que la *L. certhiola* jeune, à parties inférieures du corps plus ou moins foncées. Il nous paraît donc logique d'admettre que c'est une seule espèce qui voyage depuis l'Inde jusque dans la Sibérie orientale et s'avance parfois jusque dans l'empire chinois. M. Swinhoe a pris à Amoy cette *Locustella rubescens* (ou *L. certhiola*), M. Przewalski l'a rencontrée en Mantchourie et en Mongolie, et je l'ai trouvée moi-même dans la Chine centrale, mais pas aux environs de Pékin.

361. — LOCUSTELLA SUBCERTHIOLA

Locustella subcerthiola, Swinh. (1874), *Ibis*, 153.

Dimensions. Long. totale, 0^m,15 ; queue, 0^m,055, arrondie, les rectrices centrales dépassant les latérales de 0^m,02 ; aile, 0^m,067 ; tarse 0^m,024 ; bec, 0^m,015 à partir du front.

Couleurs. Iris noir ; bec brun, avec la base de la mandibule inférieure jaunâtre ; bouche orangée ; pattes d'un roux clair. — Vertex, nuque et dos d'une teinte olive, avec le centre des plumes d'un brun noirâtre ; croupion et sous-caudales d'une teinte olive uniforme ; une raie sourcilière jaunâtre, peu marquée ; joues lavées de jaune d'ocre ; gorge et milieu de l'abdomen blanchâtres ; poitrine et flancs fortement teintés de brun olive ; sous-caudales d'un blanc roussâtre ; rectrices brunes, rayées de noir et terminées de blanc ; rémiges et couvertures des ailes brunes, offrant toutes un liséré olive sur le bord externe, à l'exception de la première penne qui est bordée de blanc.

Cette espèce se rencontre pendant l'été dans la Chine septentrionale, le long des ruisseaux, au milieu des roseaux, et dans les champs de céréales. Je l'ai prise plusieurs fois aux environs de Pékin et près de Jéhol, et M. Swinhoe a reçu de M. le D^r von Schrenck des spécimens provenant du Kamtschatka et qui appartenaient, paraît-il, à la même espèce, quoiqu'ils fussent étiquetés *L. certhiola*.

A Pékin, j'ai pris deux oiseaux qui diffèrent des *L. subcerthiola* de la même localité par une taille plus faible et par d'autres caractères et que nous croyons devoir ranger ci-après, comme une espèce nouvelle, sous le nom de *Locustella minor*.

362. — LOCUSTELLA MINOR n. sp.

Dimensions. Long. totale, 0^m,12 ; queue, 0^m,045 ; aile, 0^m,06 ; tarse, 0^m,02 ; bec, 0^m,012 à partir du front.

Couleurs. Iris noirâtre ; bec brun bleuâtre, avec la mandibule inférieure jaunâtre ; bouche blanchâtre ; pattes d'un roux clair. — Parties supérieures du corps d'une teinte olive claire, avec le centre des plumes de la tête, du cou et du dos marqué de noir ; croupion d'une nuance olive jaunâtre, de même que les sus-caudales qui présentent, vers le bout, une tache noire, de forme ovale ; gorge et milieu de l'abdomen blancs ; poitrine un peu enfumée ; flancs d'une teinte analogue, mais plus foncée ; côtés de la poitrine marqués de quelques petites taches brunes ; une longue raie sourcilière blanchâtre ; queue et ailes de la même teinte que dans l'espèce précédente, les couvertures alaires et les pennes tertiaires étant toutefois bordées d'un liséré olivâtre très-clair.

D'après cette description, prise sur deux mâles tués en été, il est facile de voir que cette espèce nouvelle diffère de la précédente : 1° par ses proportions notablement plus faibles ; 2° par la nuance beaucoup plus pâle, tirant au blanchâtre, de ses parties inférieures ; 3° par les taches de la poitrine ; 4° par la teinte générale plus claire et plus rousse de ses parties supérieures, spécialement du croupion, et par les taches noires plus marquées occupant le centre des plumes de la tête et du dos. J'ai pris les deux mâles décrits ci-dessus à la même époque et dans la même localité que les spécimens de la *L. subcerthiola*.

363. — LOCUSTELLA LANCEOLATA

MOTACILLA LOCUSTELLA, Pall. (1811-31), *Zoogr.*, I, 508. — SYLVIA LANCEOLATA, Tem. (1835), *Man. d'Orn.*, IV, 614. — SYLVIA (LOCUSTELLA) LOCUSTELLA, Midd. (1853), *Sib. Reis.*, II, 186. — LOCUSTELLA HENDERSONI, Cass. (1858), *P. Ac. Sc. Philad.*, 194. — SALICARIA (LOCUSTELLA) LOCUSTELLA, Schr. (1860), *Vög. d. A. L.*, 373. — Radde (1863), *Reis. in S. O. Sib.*, II, 266. — LOCUSTELLA MINUTA, Swinh. (1863), *P. Z. S.*, 93 et 293. — LOCUSTELLA LANCEOLATA, Swinh. (1871), *P. Z. S.*, 354. — Dyb. (1872), *J. f. O.*, 356. — ACRIDIORNIS LANCEOLATA? (A. STRAMINEA, n. sp.), Severtz. (1873), *Turk. Jevotn.*, 66. — LOCUSTELLA LANCEOLATA, Dress. (1876), *Ibis*, 90. — Tacz. (1876), *Bull. Soc. zool. Fr.*, I, 139.

Dimensions. Long. totale, 0^m,11 ; queue, 0^m,043, arrondie, les rectrices centrales dépassant les latérales de 0^m,015 ; aile, 0^m,055 ; tarse, 0^m,017 ; bec, 0^m,01 à partir du front.

Couleurs. Iris brun ; bec brun, avec les bords et la mandibule inférieure plus clairs ; pattes grises. — Parties supérieures d'un gris olivâtre, avec des mèches noirâtres depuis la tête jusqu'aux sus-caudales inclusivement ; parties inférieures d'un blanc jaunâtre, fortement lavées de roux sur les flancs et les sous-caudales et couvertes de nombreuses taches noirâtres de forme lancéolée, excepté sur le milieu du ventre et sur les dernières sous-caudales.

Ce petit oiseau, qui parfois a été pris en Europe, passe régulièrement dans le Turkestan et est assez commun, d'après M. Dybowski, sur les côtes de la baie Abrek, en Daourie, et sur les rives du Baïkal, où il niche chaque année ; on l'a rencontré également sur divers points de la Chine, depuis Canton jusqu'à Pékin.

364. — CALAMOHERPE CONCINNENS

CALAMOHERPE CONCINNENS, Swinh. (1870), *P. Z. S.*, 432, et (1871), *ibid.*, 354.

Dimensions. Long. totale, 0^m,13 à 0^m,14 ; queue, 0^m,056, très-arrondie, les rectrices centrales dépassant les latérales de 0^m,015 ; aile, 0^m,057 ; tarse, 0^m,022 ; bec, élargi à la base, 0^m,011 à partir du front.

Couleurs. Iris d'un brun noisette ; bec brun, avec la mandibule inférieure jaunâtre ; bouche jaune ; pattes d'un roux corné. — Parties supérieures d'un brun olive ; gorge et milieu du ventre d'un blanc presque pur ; côtés du cou, de la poitrine et de l'abdomen lavés de jaune olivâtre ; sous-caudales jaunâtres ; lores et une raie sourcilière courte de la même couleur.

Le *Calamoherpe concinnens*, dont quelques spécimens, pris

à Pékin, avaient été désignés primitivement dans ma collection
et au Muséum d'histoire naturelle sous le nom de *Calamoherpe
arundinacea*, a été séparé de cette dernière espèce, en 1870,
par M. R. Swinhoe. D'après ce naturaliste, les oiseaux de Pékin
se distinguent de nos Rousserolles effarvates par un bec plus
robuste, par une queue plus étagée, et par la coloration blanchâtre des lores. Ils diffèrent également des *C. dumetorum* par
les teintes blanches de leur gorge et de leur abdomen. Cette
espèce, qui a les mœurs et la voix de notre Effarvate, vient nicher
en grand nombre dans tous les endroits humides de la grande
plaine chinoise.

365. — CALAMODYTA ORIENTALIS

SALICARIA TURDINA ORIENTALIS, Tem. et Schl. (1850), *Faun. Jap. Aves*, 50, pl. 20.
— CALAMOHERPE ORIENTALIS, Bp. (1850), *Consp. Av.*, I, 285, n° 598, 4°. — ACROCE-
PHALUS MAGNIROSTRIS, Swinh. (1860), 51. — CALAMOHERPE ORIENTALIS, Swinh. (1863),
Ibis, 305. — CALAMODYTA ORIENTALIS, Swinh. (1871), *P. Z. S.*, 352. — CALAMOHERPE
ORIENTALIS, Dyb. (1874), *J. f. Orn.*, 319 et 334. — Wald. (1874), *Trans. Z. S.*, VIII,
64. — ACROCEPHALUS ORIENTALIS, Wald. (1875), *Trans. Z. S.*, IX, part. 2, 195. —
CALAMOHERPE ORIENTALIS, Tacz. (1876), *Bull. Soc. zool. Fr.*, I, 138. — Przew. (1877),
Ornith. Misc., VI, 169, *B. of Mong.*, sp. 43.

Dimensions. Long. totale, 0ᵐ,198 ; queue, 0ᵐ,065, un peu arrondie ;
aile, 0ᵐ,09 ; tarse, 0ᵐ,03 ; bec, 0ᵐ,019 à partir du front ; hauteur du bec,
0ᵐ,006.
Couleurs. Iris brun noisette ; bec brun, avec la mandibule inférieure
blanchâtre ; bouche rouge ; pattes grises, avec les doigts teintés de bleuâtre.
— Parties supérieures d'une teinte olive nuancée de roux, principalement
en arrière ; parties inférieures d'un blanc jaunâtre, lavé de brun sur les
côtés de la poitrine et d'olivâtre sur les flancs, et marqué de quelques raies
brunes sur la partie supérieure de la poitrine et les côtés du cou ; une raie
sourcilière jaunâtre peu marquée ; rectrices terminées par un liséré blanchâtre.

Le *Calamoherpe orientalis*, qui n'est qu'une race à peine
distincte du *C. turdoïdes* d'Europe, habite Batchian, Morty,
Lombock, Célèbes, les Philippines, le Japon, la Sibérie orientale, où elle est très-commune d'après M. Dybowski, particulièrement à l'embouchure de l'Oussouri et aux environs de Wladiwostock, la Mongolie, où M. le lieutenant-colonel Przewalski
l'a rencontrée récemment, dans la vallée du Hoangho et dans
l'Ala-chan méridional, etc. Dans toute la Chine proprement

dite, elle est abondamment répandue pendant l'été. Dès le mois de mai, elle arrive en grand nombre aux environs de Pékin, pour nicher dans les roseaux des marécages, et repart au mois de septembre. Dans cet intervalle de temps, tous les étangs, tous les cours d'eau au bord desquels croissent des *Phragmites* et des *Typha* sont animés par le chant aussi étrange que varié de cette espèce que les Pékinois désignent sous le nom de *Wéi-djà*.

366. — CALAMODYTA FASCIOLATA

ACROCEPHALUS FASCIOLATUS, Gr. (1860), *P. Z. S.*, 349. — CALAMOHERPE SUBFLA-VESCENS, Elliot (1870), *P. Z. S.*, 243. — CALAMODYTA FASCIOLATUS, Swinh. (1871), *P. Z. S.*, 352. — CALAMOHERPE FASCIOLATUS, Dyb. (1872), *J. f. O.*, 355. — Tacz. (1876), *Bull. Soc. zool. Fr.*, I, 138.

Dimensions. Long. totale, $0^m,18$; queue, $0^m,076$; aile, $0^m,077$; tarse, $0^m,025$; bec, $0^m,015$ à partir du front.

Couleurs. Bec brun, avec la mandibule inférieure jaunâtre; pattes couleur de chair. — Parties supérieures d'un brun olive, avec une raie sourcilière jaune; parties inférieures jaunes, lavées de brun sur les flancs; ailes et queue d'un brun olive foncé.

Telle est la description que M. G. Elliot donne d'un oiseau de la Daourie qui, depuis lors, a été identifié par lord Walden et par M. Swinhoe avec l'*Acrocephalus fasciolatus* Gr., de Batchian. Ce *Calamodyta* diffère du *C. 'insularis*, comme le fait remarquer M. Elliot : 1° par la teinte d'un brun olive (et non d'un brun marron) de ses parties supérieures; 2° par son sourcil jaune (et non pas blanc); 3° par la teinte jaune (et non pas blanche) de ses parties inférieures.

M. Swinhoe suppose que dans son voyage des Moluques en Daourie cette espèce doit toucher à la Chine; c'est pourquoi il l'a comprise dans sa liste des oiseaux de cette région; cependant il ne l'a point rencontrée à Tchéfou.

367. — CALAMODYTA INSULARIS

ACROCEPHALUS INSULARIS, Wall. (1862), *Ibis*, 350. — CALAMOHERPE FUMIGATA, Swinh. (1863), *P. Z. S.*, 91 et 293. — (1871), *ibid.*, 352. — (1874), *Ibis*, 437, et (1876), *ibid.*, 332.

Dimensions. Long. totale, $0^m,19$; queue, $0^m,07$, étagée, avec les cinq paires de rectrices latérales pointues; tarse, $0^m,023$; bec, $0^m,017$ à partir du front.

Couleurs. Iris noisette ; bec brun, avec la mandibule inférieure d'une teinte ocracée ; pattes d'un gris légèrement rosé. — Parties supérieures d'une teinte marron olivâtre, passant au roussâtre sur le dos, le dessus des ailes et de la queue ; une raie sourcilière blanchâtre ; gorge et milieu du ventre blancs ; côtés de la poitrine, flancs et bas-ventre nuancés de brunâtre ; côtés de la tête et du cou d'un gris fuligineux.

Cette espèce, originaire des Moluques, arrive en grand nombre, au mois de mai, sur les côtes méridionales de la Chine et se disperse dans le reste de la Chine pour y nicher. Elle s'avance de là jusque dans la Corée et au Japon.

368. — CALAMODYTA MAACKII

CALAMOHERPE MAACKII, Schrenck (1860), *Vög. d. Am. Land.*, 370, pl. XII, f. 4-6. — ACROCEPHALUS BISTRIGICEPS, Swinh. (1860), *Ibis*, 51. — CALAMODYTA BISTRIGICEPS, Swinh. (1863), *P. Z. S.*, 293, et (1871), *ibid.*, 353. — CALAMOHERPE MAACKII, Tacz. (1876), *Bull. Soc. zool. Fr.*, I, 138.

Dimensions. Long. totale, 0ᵐ,12 et 0ᵐ,13 ; queue, arrondie, 0ᵐ,05 ; aile, 0ᵐ,055, arrivant à peine au tiers de la queue ; tarse, 0ᵐ,02 ; bec, 0ᵐ,01 à partir du front.

Couleurs. Iris brun jaunâtre ; bec brun, avec les bords et la base inférieure jaunâtres ; pattes jaunâtres. — Une forte raie sourcilière jaunâtre, doublée d'une large bande noirâtre de chaque côté de la tête ; restes des parties supérieures d'un brun olive, passant au roussâtre sur le croupion ; parties inférieures blanchâtres, teintées d'olive jaunâtre sur les côtés du cou, les flancs et les sous-caudales ; rectrices des trois paires latérales présentant d'ordinaire un petit liséré blanchâtre à l'extrémité.

Cette petite rousserolle, facile à reconnaître à son double sourcil, vient passer en Chine la saison chaude en compagnie des deux espèces précédentes et fait aussi son nid au milieu des roseaux. En été, elle est fort commune au bord des cours d'eau et des canaux, dans les environs de Pékin.

369. — ARUNDINAX AEDON

MUSCICAPA AEDON, Pall. (1776), *Reis. Russ. Reichs*, III, 695, nº 11, et TURDUS AEDON, Pall. (1811-31), *Zoogr. Ross. Asiat.*, I, 459. — SALICARIA (CALAMHERPE) AEDON, Schr. (1860), *Vög. d. Am. L.*, 267, pl. XII, f. 1-3. — ARUNDINAX OLIVACEUS, Blyth (1862), *P. Z. S.*, 316. — Jerd. (1863), *Birds of Ind.*, II, 157. — CALAMOHERPE AEDON, Swinh. (1865), *P. Z. S.*, 294. — ARUNDINAX AEDON, Swinh. (1871), *P. Z. S.*, 353. — Dyb. (1872), *J. f. O.*, 353. — Wald. (1873), *Ibis*, 307. — Tacz. (1876), *Bull. Soc. zool. Fr.*, I, 137. — Przew. (1877), *Ornith. Misc.*, VI, 169, *B. of Mong.*, sp. 44.

Dimensions. Long. totale, 0ᵐ,19 et 0ᵐ,20 ; queue, 0ᵐ,085, étagée, les pennes centrales dépassant les latérales de 0ᵐ,025 ; aile, 0ᵐ,08 ; tarse, 0ᵐ,03 ; bec, 0ᵐ,014 à partir du front ; hauteur du bec, 0ᵐ,006.

Couleurs. Iris noisette ; bec brun, avec la mandibule inférieure plus claire ; bouche jaune ; pattes d'un gris brunâtre. — Parties supérieures d'une teinte olivâtre, passant au roux jaunâtre sur le croupion et sur la queue, et s'éclaircissant sur les côtés du cou ; parties inférieures blanchâtres, lavées de jaune ocracé sur la poitrine et les sous-caudales et d'olive sur les flancs.

L'*Arundinax aëdon*, découvert par Pallas en Daourie, a été retrouvé récemment par M. Dybowski dans cette même région et dans la Sibérie orientale ; il est également assez commun dans l'Inde, aux environs de Calcutta, dans le Népaul, dans le Tenasserim, et aux îles Andaman. En Chine, cette espèce arrive en même temps que la Rousserolle d'Orient, et repart à la même époque ; elle a des mœurs presque identiques, mais se tient davantage sur les grands arbres, sur lesquels elle niche même, au dire des Chinois. Son bec plus gros et beaucoup plus court, ses ongles postérieurs moins développés, sa queue fortement étagée, avec les rectrices latérales bien moins longues que les autres, permettent toujours du reste de la distinguer de la Rousserolle orientale. Les Pékinois lui donnent le nom de *Chou-djà*.

370. — ARUNDINAX DAVIDIANUS (Pl. 20)

ARUNDINAX DAVIDIANA, J. Verr. (1870), *N. Arch. du Mus.*, *Bull.* VI, 37, et (1871), *ibid.*, VII, 46. — Swinh. (1874), *Ibis*, 438.

Dimensions. Long. totale, 0ᵐ,125 ; queue, 0ᵐ,055, étagée, les rectrices centrales dépassant les latérales de 0ᵐ,012 ; aile, 0ᵐ,053 ; tarse, 0,024 ; bec, 0ᵐ,008 à partir du front.

Couleurs. Iris brun noisette ; bec brun, avec la base de la mandibule inférieure jaunâtre ; pattes d'un gris blanchâtre. — Parties supérieures d'un brun roussâtre, avec les ailes d'une nuance un peu plus claire ; une longue raie sourcilière peu marquée, d'un blanc roussâtre ; gorge, devant du cou et du thorax également d'un blanc roussâtre ; milieu de l'abdomen blanc ; flancs et sous-caudales d'une teinte roux olivâtre assez vive.

C'est bien à Moupin, comme M. J. Verreaux l'a indiqué dans sa description, et non à Pékin, comme ce naturaliste par un *lapsus linguæ* a pu le dire à M. Swinhoe (voy. *Ibis*, 1874, p. 438), qu'a été pris l'unique spécimen sur lequel est fondée cette nouvelle espèce. Dans cette région, l'*Arundinax davidianus* ne semble pas très-répandu, et vit dans les hautes herbes, au bord des ruisseaux ; son cri ordinaire rappelle celui du *Phyllopneuste fuscata*, mais est à la fois plus fort et plus aigu.

371. — CISTICOLA SCHOENICOLA

Sylvia cisticola, Tem. (1820), *Man. d'Orn.*, I, 228. — Tem. et Laugier (1822-1838), *Pl. Col.* 6, fig. 3. — Prinia cursitans, Frankl. (1831), *P. Z. S.*, 118. — Cisticola schoenicola, Bp. (1838), *B. of Eur.*, 12. — Cisticola et Calamanthella tintinnabulans, Swinh. (1860), *Ibis*, 51, 131, 186 et 360. — Cisticola cursitans, Swinh. (1861), *Ibis*, 329. — Cisticola schoenicola, Jerd. (1863), 174, et *Ill. Ind. Orn.*, pl. 6. — Swinh. (1863), *Ibis*, 303, *P. Z. S.*, 295. — Degl. et Gerbe (1867), *Ornith. europ.*, 2e éd., 537. — Cisticola cursitans, Heugl. (1869-75), *Ornith. N.-O. Afr.*, 266. — Cisticola schoenicola, Swinh. (1871), *P. Z. S.*, 352. — Godw.-Aust. (1874), *J. A. S. Beng.*, XLIII, part. 2, pl. X, f. 2.

Dimensions. Long. totale, 0^m,11 ; queue, arrondie, 0^m,044 ; aile, 0^m,053.

Couleurs. Iris d'un jaune grisâtre ; bec brun, avec la base noirâtre et le bout blanchâtre ; bouche noire ; pattes d'un gris roussâtre. — Parties supérieures brunâtres, avec les plumes de la tête et du dos bordées de roux et de grisâtre, et celles du croupion nuancées de roux ; gorge et ventre blanchâtres ; flancs et poitrine lavés de roux ; rectrices d'un brun noirâtre, terminées toutes, à l'exception des médianes, par un liséré blanchâtre et une tache noirâtre.

Le Cisticole qui est répandu sur tout le pourtour du bassin méditerranéen, en Provence, en Italie, en Corse, en Sardaigne, en Algérie, en Égypte, et même sur les bords de la mer Rouge, se trouve également dans l'Inde, où il a été signalé primitivement sous le nom de *Prinia cursitans*, et dans une grande partie de la Chine orientale, depuis Haïnan jusqu'à Tientsin. Je l'ai rencontré communément à Changhaï et, un peu moins fréquemment, au Kiangsi ; mais je ne l'ai jamais vu dans les provinces occidentales. En été, cet oiseau s'élève souvent dans les airs, et tout en volant fait entendre une note argentine, ayant le timbre d'une clochette.

372. — CISTICOLA VOLITANS

Cisticola volitans, Swinh. (1859), *Journ. N. Chin. Asiat. Soc.* — (1860), *Ibis*, 186 et 360. — (1863), *Ibis*, 304. — (1871), *P. Z. S.*, 352.

Dimensions. Taille sensiblement inférieure à celle de l'espèce précédente ; queue encore plus courte.

Couleurs. Iris grisâtre ; bec brun ; pattes jaunâtres. — Plumes du dos et du dessus des ailes brunes, frangées de gris ; plumes du vertex et des parties inférieures d'un jaune paille ; plumes tibiales et axillaires roussâtres ; plumes du croupion nuancées de brun jaunâtre ; rectrices brunes, terminées de jaunâtre.

Cette espèce est confinée dans la partie septentrionale de l'île de Formose, où elle se trouve parfois dans les mêmes lieux que le *Cisticola schœnicola*, quoique, en général, elle semble préférer les régions montagneuses.

373. — CISTICOLA MELANOCEPHALA

CISTICOLA MELANOCEPHALA, Anders. (1871), *P. Z. S.*, 212. — CISTICOLA RUFICOLLIS, Wald. (1871), *Ann. and Mag. Nat. Hist.*, sér. 4, VII, 241 et 242. — CISTICOLA MELANOCEPHALA, Swinh. (1871), *P. Z. S.*, 352. — Godw.-Aust. (1874), *J. A. S. Beng.*, XLIII, part. 2, 165, et pl. X, fig. 1.

Dimensions. Long. totale, 0m,11 ; queue, 0m,05 ; aile, 0m,043 ; tarse, 0m,017 ; bec, 0m,013 à partir du front.

Couleurs. Plumes de la tête noires, à peine variées de roux sur les bords ; lores et sourcils roussâtres ; plumes du dos et du croupion noires, bordées de gris roussâtre ; rectrices brunes sur leur face supérieure, marquées de barres transversales peu distinctes, et terminées par une tache noire suivie d'un liséré roux très-pâle ; parties inférieures d'un blanc roussâtre, passant au roux ferrugineux sur les flancs et les sous-caudales.

Cette espèce, découverte dans le Yunan occidental par le Dr Anderson, a été retrouvée depuis lors dans l'Assam, puis sur les monts Munipur par M. Godwin-Austen ; elle vit dans les jungles, à une certaine altitude, et peut toujours, grâce à la coloration noire de son vertex, être distinguée du *Cisticola schœnicola*.

374. — DRYMOEPUS EXTENSICAUDA

DRYMOECA EXTENSICAUDA, Swinh. (1860), *Ibis*, 50, et (1863), *P. Z. S.*, 294. — DRYMOEPUS FLAVIROSTRIS, Swinh. (1863), *Ibis*, 300. — DRYMOEPUS EXTENSICAUDA, Swinh. (1871), 351.

Dimensions. Long. totale, 0m,14 (♀) et 0m,155 (♂) ; queue, 0m,08 à 0m,09, composée de dix pennes dont les médianes dépassent les latérales de 0m,05 ; aile fermée, 0m,047 ; ouverte, 0m,06 ; tarse, 0m,017 ; doigt postérieur, 0m,013, l'ongle seul mesurant 0m,006 ; bec, 0m,009, muni à la base de deux gros poils raides, recourbés vers le bas.

Couleurs. Iris noisette ; bec jaunâtre, avec l'arête supérieure brunâtre ; pattes et ongles blanchâtres. — Parties supérieures d'un vert olivâtre, avec

17

des raies brunâtres peu distinctes sur la tête et une raie sourcilière jaunâtre ;
parties inférieures d'un jaune olivâtre, avec le milieu du ventre d'une teinte
plus claire ; rectrices olivâtres, les médianes offrant des barres plus distinctes,
les latérales lisérées de gris à l'extrémité et offrant chacune une tache subterminale noirâtre ; rémiges brunes, frangées d'olive roussâtre en dehors.
— Au printemps, l'oiseau a le bec noir, la queue moins développée, le plumage moins fortement nuancé de roux et de jaunâtre. ·Les jeunes ne
diffèrent des adultes que par leur queue plus courte et les teintes plus blanches de leur gorge et de leur abdomen.

Cette petite espèce, dont plusieurs congénères vivent dans
l'Inde, est propre à la Chine méridionale ; je l'ai trouvée communément dans le Setchuan et le Kiangsi, mais toujours dans les
plaines ou sur les collines peu élevées, et jamais sur les montagnes ; elle ne pénètre point dans les forêts, et se tient en petites
bandes dans les endroits cultivés, dans les herbes ou les champs
de céréales ; sa nourriture ordinaire consiste en menus insectes
de toute sorte. C'est un oiseau peu farouche, qui vient volontiers
butiner dans les jardins, et qui ne fuit nullement le voisinage
de l'homme et des animaux domestiques ; il ne fait entendre
qu'un petit cri monotone et constamment répété. D'après
M. Swinhoe, son nid, élégamment construit avec des herbes
vertes et du chanvre, est en forme de coupe et contient cinq ou
six jolis œufs d'un bleu verdâtre, parsemés de taches d'un brun
chocolat.

375. — SUYA STRIATA (Pl. 18)

Prinia striata, Swinh. (mai 1859), *Journ. N. Ch. As. Soc.* — (1860), *Ibis*, 186
et 360. — Suya striata, Swinh. (1862), *Ibis*, 304 ; (1863), 301, et (1871), *P. Z. S.*, 351.

Dimensions. Long. totale, 0^m,19 (♀ Longan), 0^m,17 (♂ Kiukang), 0^m,15
(♀ id.), 0^m,155 (♀ Chensi) ; queue, 0^m,10, étagée, les rectrices médianes
dépassant les latérales de 0^m,07 ; tarse, 0^m,02 ; doigt postérieur, 0^m,013,
l'ongle seul mesurant 0^m,006 ; bec, 0^m,009, robuste et muni à la base de
deux soies recourbées vers le bas.

Couleurs. Iris d'un jaune nuancé de brun noisette ; bec brunâtre, avec
la mandibule inférieure blanchâtre ; pattes et ongles blanchâtres. — Plumes
des parties supérieures brunes au centre et grisâtres sur les bords, ce qui
donne au dessus du corps un aspect strié ; gorge grise ; poitrine d'une teinte
ocracée ; milieu de l'abdomen blanc, fréquemment nuancé de jaune d'ocre ;
côtés de la tête, du cou et de la poitrine marquetés de raies noirâtres ; flancs
d'un gris roussâtre, à peine rayés ; sous-caudales d'un gris roux ; queue
d'un roux olivâtre, avec l'extrémité des pennes marquée de noir et de gris ;

rémiges brunes, avec le rachis noir, et lisérées de roux fauve en dehors. — Les oiseaux jeunes encore ont les taches des côtés du cou, de la tête et de la poitrine de forme triangulaire et plus élargies que les adultes.

M. Swinhoe n'avait signalé d'abord cette espèce que dans l'île de Formose; mais depuis lors je l'ai rencontrée au Kiangsi, au Setchuan, et dans le Chensi, au nord du Tsinling; toutefois elle m'a semblé partout assez rare. Elle vit sur les collines, dans les endroits secs, au milieu des broussailles et des herbes grossières, et cherche sur le sol les petits insectes qui constituent sa nourriture. Au temps des nids, le mâle se perche d'ordinaire au sommet d'un buisson et pousse à chaque instant un petit cri désagréable et monotone, rappelant assez bien le cri de la cigale. M. Swinhoe prétend cependant que cet oiseau ferait quelquefois entendre un chant beaucoup plus agréable, ressemblant à celui du *Prinia sonitans*.

376. — SUYA PARUMSTRIATA n. sp.

Dimensions. Long. totale, 0ᵐ,15; queue, 0ᵐ,08; aile ouverte, 0ᵐ,065; fermée, 0ᵐ,046, avec la cinquième et la sixième rémige égales entre elles et dépassant toutes les autres; tarse, 0ᵐ,019; doigt postérieur, 0ᵐ,011, l'ongle seul mesurant 0ᵐ,006; bec, 0ᵐ,009, muni à la base de deux raies roides, recourbées vers le bas et de couleur noire.

Couleurs. Iris noisette; bec brun, avec la mandibule inférieure blanchâtre; pattes couleur de chair. — Plumes des parties supérieures d'un brun châtain, celles de la tête et du dos marquées au centre d'une tache foncée, celles du croupion, ainsi que les sus-caudales, d'une teinte uniforme; gorge et milieu de la poitrine d'un gris clair; milieu de l'abdomen blanc; côtés de la poitrine d'un gris cendré nuancé d'olivâtre; flancs et sous-caudales roux; une demi-raie sourcilière jaunâtre allant du lorum jusqu'au-dessus de l'œil; plumes des joues olivâtres, avec le bout légèrement taché de brun; queue d'un brun olivâtre, ressemblant par sa coloration et sa disposition à celle du *Suya striata*, mais un peu plus courte; rémiges brunes, lisérées d'olive en dehors et de saumon sur le bord interne.

Cet oiseau, tué au Fokien en octobre, diffère de l'espèce précédente par les teintes de son plumage, par sa tête relativement plus grosse et par son bec plus robuste. Je l'ai capturé au milieu des broussailles, sur une montagne déboisée.

377. — SUYA SUPERCILIARIS

SUYA SUPERCILIARIS, Anders. (1871), *P. Z. S.*, 212. — Swinh. (1871), *ibid.*, 331.

Dimensions. Long. totale, 0^m,18 ; queue, 0^m,10 ; aile fermée, 0^m,046 ; tarse, 0^m,021.

Couleurs. Iris roux ; bec d'un brun corné ; pattes et ongles gris. — Parties supérieures d'un brun olive, faiblement teinté de noir sur la tête et le cou ; sourcils blancs ; lores noirs ; gorge d'un blanc roussâtre ; poitrine de la même teinte, mais tachetée de noir ; abdomen et sous-caudales d'un brun roussâtre ; rémiges et couvertures des ailes brunes lisérées de roux ; rectrices brunes, avec le rachis noir.

Cette espèce, qui se distingue par ses sourcils blanchâtres et les taches noires de sa poitrine, n'a été prise par M. Anderson que dans le S.-O. du Yunan, dans une région située à 1,600 mètres d'altitude. Je ne l'ai point rencontrée au Setchuan.

378. — RHOPOPHILUS PEKINENSIS (Pl. 19.)

DRYMOECA PEKINENSIS, Swinh. (1868), *Ibis*, 62. — AMYTIS PEKINENSIS, J. Verr. (1868), *Ibis*, 499. — RHOPOPHILUS PEKINENSIS, Giglioli et Salvadori (1870), *Atti Ac. Torino*, 273-276. — Swinh. (1870), *P. Z. S.*, 436 et 443, et (1871), *ibid.*, 352. — Gould (1873), *B. of As.*, livr. XXV, pl. — Przew. (1877), *Ornith. Misc.*, VI, 168 ; *B. of Mongol.*, sp. 42.

Dimensions. Long. totale, 0^m,19 (♂) ; queue, 0^m,085 à 0^m,09, avec les rectrices médianes dépassant les latérales de 0^m,02 ; aile ouverte, 0^m,08 ; fermée, 0^m,06, avec la cinquième rémige dépassant toutes les autres ; tarse, 0^m,02 ; doigt postérieur, 0^m,015, l'ongle seul mesurant 0^m,007 ; bec, 0^m,011, muni de quelques soies roides à la base.

Couleurs. Iris d'un jaune clair, presque blanc ; bec brun, avec la mandibule inférieure jaunâtre ; pattes rousses ; ongles d'un brun grisâtre. — Parties supérieures d'un gris terreux, avec de longues taches noires occupant le centre des plumes ; gorge blanche, avec les plumes terminées par des soies noires ; poitrine et milieu du ventre blancs ; flancs marqués de longues taches d'un roux ferrugineux ; sous-caudales nuancées de gris, de roux et de brun ; sourcils d'un gris violacé soyeux ; plumes des oreilles et des lores d'un gris brun, à reflets soyeux ; plumes des côtés du cou cendrées et marquées de roux au centre ; une moustache noire longue et étroite ; queue brune, avec les deux rectrices médianes teintées de gris noirâtre le long du rachis, et les trois rectrices latérales de chaque côté terminées par un liséré d'un gris blanchâtre ; rémiges d'un brun clair, lisérées de grisâtre sur le bord externe.

C'est sur les montagnes voisines de Pékin que j'ai rencontré pour la première fois cette jolie espèce, dont M. Swinhoe a publié la description d'après un spécimen que je lui avais envoyé, sous le nom de *Drymœca pekinensis*. Depuis lors je l'ai retrouvée sur le versant septentrional du Tsinling, dans le Chensi ; elle est sédentaire, mais peu répandue dans cette région, et vit en petites troupes dans les plaines, dans les forêts, ou parmi les buissons rabougris qui croissent sur les montagnes les plus sauvages. Ces oiseaux sont extrêmement farouches, et à l'approche de l'homme l'un d'eux ne manque jamais de pousser un cri d'alarme qui met en fuite toute la bande. Leur vol étant bas et peu soutenu, ils ne font que passer d'un buisson à l'autre, ou courent sur le sol avec agilité ; leur chant, sonore et varié, est fort original et très-agréable à entendre. Ils se nourrissent d'insectes et de petites graines, et font leur nid dans les broussailles, à la manière des fauvettes : ils y déposent de cinq à six œufs, d'une teinte bleuâtre, ornés au gros bout de taches roussâtres, disposées en couronne. Les Pékinois nomment cette espèce aux couleurs tendres *Tseu-hoa-mey* (violet-fleur-sourcil) ; M. Verreaux a proposé de l'appeler *Amytis pekinensis*, et plus tard les savants naturalistes italiens Giglioli et comte Salvadori ont créé pour elle le genre *Rhopophilus*, qui a été universellement adopté et dont le nom, fort heureusement choisi, signifie *oiseau ami des buissons*. D'après M. Przewalski, le *Rhopophilus pekinensis* est sédentaire sur toutes les montagnes de la Mongolie où croissent des arbres et des buissons ; il se rencontre également dans l'Ala-chan, mais il est remplacé dans le Tsaidam par une race de taille plus forte.

379. — ORTHOTOMUS LONGICAUDA

Le Petit Figuier a longue queue de la Chine, Sonn. (1776), *Voy. Ind.*, II, 206. — Motacilla longicauda et Motacilla sutoria, Gm. (1788), *S. N.*, I, 954, n° 60, et 997, n° 170. — Sylvia longicauda, Sylvia sutoria et Sylvia guzurata, Lath. (1790), *Ind. Orn.*, II, 545, 551 et 554. — Sylvia sutoria, Penn. (1790), *Ind. zool.*, 44, pl. X. — Vieill. (1820), *Encycl. méth.*, 456. — Orthotomus Bennetii et Orthotomus lingoo, Sykes (1832), *P. Z. S.*, 90. — Lafresn. (1836), *Mag. de zool.*, pl. 52 et 53. — Orthotomus ruficapilla, Hutt. (1833), *J. A. S. Beng.*, II, 504. — Orthotomus sphenurus, Sw. (1838), 2 1/4 *Cent.*, 343. — Orthotomus longicauda, Blyth (1844), *J. A. S. Beng.*, XIII, 377. — Bp. (1850), *Consp. Av.*, I, 281, n° 595. — Suthora agilis, Nichols. (1851), *P. Z. S.*, 194. — Orthotomus longicauda, Moore (1854),

P. Z. S., 81. — Orthotomus phyllórhaphus, Swinh. (1860), *Ibis*, 49. — Orthotomus longicauda, Jerd. (1863), *B. of Ind.*, II, 165. — Swinh. (1871), *P. Z. S.*, 351.

Dimensions. Long. totale, 0ᵐ,15; queue, 0ᵐ,07, graduée, les deux rectrices centrales étant fort étroites et dépassant les autres de 0ᵐ,03; aile fermée, 0ᵐ,05, avec les quatrième, cinquième et sixième rémiges égales entre elles et dépassant toutes les autres; tarse, 0ᵐ,019; doigt postérieur, 0ᵐ,012; ongle, 0ᵐ,005; bec, 0ᵐ,011 à partir du front.

Couleurs. Front et partie antérieure du vertex d'un roux assez vif; lores blanchâtres; nuque d'un gris olivâtre; dos et croupion roux; parties inférieures d'un blanc jaunâtre; rémiges brunes, lisérées de verdâtre en dehors; queue d'une teinte olive brunâtre ou roussâtre en dessus, avec un liséré blanc à l'extrémité des pennes latérales.

La Fauvette couturière, qui est très-abondamment répandue dans l'Inde, principalement dans le Népaul et dans l'Assam, à Ceylan et dans toute la Birmanie, se rencontre aussi dans les provinces les plus méridionales de la Chine; elle ne pénètre pas dans les forêts et se tient d'ordinaire dans les herbes et dans les buissons, où elle donne la chasse aux petits insectes. Son nid qui a été maintes fois décrit et figuré par les auteurs est suspendu entre deux feuilles cousues l'une à l'autre, et renferme deux, trois ou quatre œufs d'un blanc bleuâtre, ornés, principalement au gros bout, de taches lie-de-vin.

380. — PRINIA SONITANS

Prinia sonitans, Swinh. (1858), *Zoolog.*, 6,229. — (1860), *Ibis*, 51. — (1861), *ibid.*, 32. — (1863), *ibid.*, 302. — (1870), *ibid.*, 345. — (1863), *P. Z. S.*, 294, et (1871), *ibid.*, 351.

Dimensions. Long. totale, 0ᵐ,135; queue, 0ᵐ,075; aile, 0ᵐ,045; tarse, 0ᵐ,020; bec, 0ᵐ,012 à partir du front et 0ᵐ,013 à partir du rictus.

Couleurs. Iris d'un jaune orangé; bec et intérieur de la bouche noirs; pattes d'un jaune chamois, avec les doigts plus foncés. — Front et joues d'un blanc pur; nuque et dos d'un gris olivâtre, passant d'une part au blanc du front par une teinte grisâtre, et de l'autre à la teinte terre de Sienne du croupion par une teinte roussâtre; rectrices d'un brun pâle, lisérées de jaune olivâtre; poitrine d'un fauve pâle, nuancé de jaune *primevère*, passant au chamois foncé sur le ventre et surtout sur les plumes tibiales. — Chez la femelle, les teintes grises bleuâtres de la tête sont moins prononcées.

Cette espèce est commune, d'après M. Swinhoe, dans le sud de la Chine et dans les îles de Formose et de Haïnan. Elle se rapproche de la *Prinia flaviventris* (Deless.) du Tenasserim et de Singapore, mais s'en distingue, suivant le même auteur, par une queue plus allongée, par la teinte jaune bien moins vive des parties inférieures, et par la nuance des lores et des couvertures des oreilles. Le nid de la *Prinia sonitans* est de forme ovale et renferme sept œufs de couleur rougeâtre.

381. — HOREITES BRUNNEIFRONS (Pl. 17)

Horeites brunnifrons, Hodgs. (1845), *J. A. S. Beng.*, XIV, 505. — Nivicola schistilata, Hodgs. (1845), *J. A. S.*, XIV, 586. — Horeites schistilatus, Hodgs. (1845), *P. Z. S.*, 80. — Horeites brunneifrons, Jerd. (1863), *B. of Ind.*, II, 163. — Swinh. (1871), *P. Z. S.*, 351.

Dimensions. Long. totale, 0m,12 (♂); queue, 0m,04, arrondie, les pennes centrales dépassant de 0m,016 les rectrices latérales ; aile ouverte, 0m,05 ; fermée, 0m,045, avec les troisième, quatrième et cinquième rémiges à peu près égales entre elles ; tarse, 0m,02 ; doigt postérieur, 0m,01, l'ongle seul mesurant 0m,0055 ; bec, 0m,007 à partir du front.

Couleurs. Iris brun ; bec brun, avec la base de la mandibule inférieure jaunâtre ; pattes et ongles gris. — Sommet de la tête d'un brun marron ; reste des parties supérieures d'un brun olive, passant au roussâtre sur les ailes et sur la queue ; gorge et milieu du ventre blancs ; poitrine et haut des flancs d'un gris cendré ; bas-ventre et sous-caudales olivâtres ; une raie sourcilière blanchâtre partant du front et se prolongeant au delà de l'œil ; lores ainsi qu'une petite raie en arrière de l'œil, partie inférieure des joues d'une teinte cendrée. — Plumage de la femelle semblable à celui du mâle.

L'*Horeites brunneifrons* a été découvert par Hodgson dans les hautes régions de l'Himalaya. Dans mes voyages, je n'ai rencontré cet oiseau qu'à Moupin, à 4,000 mètres d'altitude environ ; pendant l'été, il m'a paru assez commun à la limite supérieure de la région des forêts, où il s'était établi pour nicher. Les individus que j'ai pu observer se tenaient dans les broussailles ou dans les hautes herbes des prairies et étaient occupés à chercher sur le sol les insectes dont ils font leur nourriture.

382. — HOREITES MAJOR

Horeites major (Hodgs.), Moore (1854), *P. Z. S.*, 105. — Jerd. (1863), *B. of Ind.*, II, 164.

Dimensions. Long. totale, 0m,13 ; queue, 0m,055 ; aile fermée, 0m,065 ; tarse, 0m,024 ; bec, 0m,01 à partir du front et 0m,015 à partir du rictus.

Couleurs. Iris brun ; bec d'une teinte cornée brunâtre, avec la mandibule inférieure jaunâtre ; pattes jaunâtres. — Parties supérieures d'un brun olive, passant au roux sur la tête et au roussâtre sur les ailes ; gorge, côtés du cou, milieu de la poitrine et de l'abdomen d'un brun grisâtre ; flancs et côtés de la poitrine d'un brun olivâtre ; une raie sourcilière jaunâtre s'étendant du front aux plumes auriculaires.

Cette description est faite d'après un oiseau que j'ai tué à Moupin, près de la limite supérieure de la région des plantes ligneuses, et non loin de l'endroit où je capturai l'*Horeites brunneifrons*. Cet oiseau se rapporte exactement à la description donnée par Moore de l'*Horeites major* des monts Khasi, espèce qui diffère de l'*Horeites brunneifrons* par sa taille plus forte, ses ailes plus développées, son bec et ses pieds plus allongés, etc. A Moupin, ces oiseaux paraissaient assez abondants au milieu des buissons, sous le couvert des bois, mais ils étaient beaucoup plus difficiles à prendre que les *Horeites* à front brun, ne venant pas, comme ceux-ci, chasser aux insectes dans les prairies. Leur cri, sorte de sifflement agréable à l'oreille, m'a rappelé celui de la *Calliope camtschatkensis*.

383. — HOREITES ROBUSTIPES

HOREITES ROBUSTIPES, Swinh. (1866), *Ibis*, 398. — (1871), *P. Z. S.*, 351.

Dimensions. Long. totale, 0^m,12 ; queue, composée de dix pennes étagées, 0^m,050 ; aile fermée, 0^m,047 ; bec un peu plus long et plus courbé que dans l'espèce précédente.

Couleurs. — Bec brun, avec les bords jaunâtres ; pattes d'un jaune brunâtre. — Parties supérieures d'un brun olive passant au roussâtre sur le dos et sur les ailes, et au vert jaunâtre sur le croupion ; une raie sourcilière d'une teinte café au lait ; parties inférieures de la même couleur, tournant au jaune ocracé sur l'abdomen et à l'olivâtre sur la poitrine, les flancs et les plumes tibiales ; rémiges brunes ; rectrices d'un brun clair, avec un liséré roux olivâtre à l'extrémité.

D'après M. Swinhoe, qui a découvert cette espèce à Formose, l'*Horeites robustipes* se rapproche de l'*H. assimilis* du Népaul, mais s'en distingue par ses ailes et sa queue plus courtes, par l'ongle de son doigt postérieur plus long et plus robuste, et par quelques détails de coloration.

384. — OREOPNEUSTE ARMANDI (Pl. 22)

Abrornis Armandi, Milne-Edwards (1864), *N. Arch. du Mus.; Bull.* I, 22, pl. 2, f. 1. — Oreopneuste Davidii, Swinh. (1871), *P. Z. S.*, 355. — Oreopneuste Schwarzii, Swinh. (1874), *Ibis*, 353. — Phylloscopus fuscatus, H. Seebohm (1877), *Ibis*, 85 (*partim*). — Abrornis Armandii, Przew. (1877), *Ornith. Misc.*, VI, 172; *B. of Mong.*, sp. 53.

Dimensions. Long. totale, 0^m,11 ; queue, à peine étagée, 0^m,05 ; aile, 0^m,058, avec la deuxième rémige dépassant la première de 0^m,018, la troisième dépassant la deuxième de 0^m,006, égalant la cinquième et étant à peine plus courte que la quatrième ; tarse, 0^m,02 ; bec, 0^m,009 à partir du front ; hauteur du bec, 0^m,0025.

Couleurs. Iris brun ; bec brun, avec la mandibule inférieure jaunâtre ; pattes d'un jaune verdâtre. — Parties supérieures d'un brun olivâtre, tirant au vert sur le croupion, le bord des rectrices et des rémiges, et passant au roux sur le front ; une raie sourcilière jaunâtre allant des narines à la nuque ; un demi-cercle de même couleur sous la paupière inférieure ; une tache brune en avant et en arrière de l'œil ; gorge et devant du cou blanchâtres ; poitrine, abdomen et sous-caudales d'un jaune sale, lavé d'olivâtre sur les flancs (♂ adulte en été). — Le plumage de la femelle est semblable à celui du mâle.

Cet oiseau vient nicher en été sur les plus hautes montagnes du nord de la Chine et de la Mongolie, dans les parties boisées ; il se tient de préférence dans les buissons et sur les branches inférieures des arbres, et fait entendre un chant sonore et agréable, composé d'une suite de petits couplets variés. Dans ses allures, il offre beaucoup de rapports avec le *Phyllopneuste fuscata*, dont il diffère d'ailleurs par les proportions de son bec et les teintes de son plumage. Il montre également de grandes analogies avec l'espèce décrite et figurée par Radde (*Reis. in S. O. Sibir.* (1863), p. 260 et pl. IX, f. 1 *a, b, c*) sous le nom de *Phyllopneuste Schwarzii;* mais, malgré l'opinion récemment émise par M. Swinhoe, nous ne pouvons nous décider à l'identifier à ce dernier oiseau. A en juger non-seulement par la figure, mais encore par la description publiée par Radde, le *Phyllopneuste* de la Sibérie orientale, tout en ayant le bec et les tarses un peu plus courts, présente des dimensions en général un peu plus fortes que l'*Oreopneuste Armandi;* c'est ce que montre le tableau ci-dessous :

PH. SCHWARZII.   O. ARMANDI.

Longueur totale . . .	$0^m,12$	$0^m,11$
Queue	$0^m,055$	$0^m,050$
Aile	$0^m,063$	$0^m,058$
Tarse	$0^m,019$	$0^m,020$
Bec	$0^m,0088$	$0^m,09$
Doigt médian (sans l'ongle)	$0^m,0176$	$0^m,0170$
Doigt postérieur (sans l'ongle)	$0^m,007$	$0^m,006$

Dans les deux oiseaux, la coloration générale est à peu près la même, seulement celui de Sibérie ne paraît pas avoir de tache brunâtre distincte *en avant* de l'œil, sur les lores ; il a les sourcils moins prononcés, moins étendus, les teintes des parties supérieures plus olivâtres et moins brunes, la gorge d'un blanc plus pur, etc. Nous sommes également convaincus que M. H. Seebohm est dans l'erreur en identifiant l'*Oreopneuste Armandi* avec le *Phylloscopus fuscatus* Blyth. Du reste, dans son Catalogue récent des oiseaux de la Mongolie, M. Przewalski cite les deux espèces comme distinctes. L'*Abrornis Armandi*, dit-il, se trouve quoique assez rarement dans le Muni-ul, mais ne se rencontre ni dans le Kan-sou ni dans l'Ala-chan.

385. — OREOPNEUSTE ACANTHIZOÏDES

ABRORNIS ACANTHIZOÏDES, J. Verr. (1870), *N. Arch. du Mus., Bull.* VI, 37, et (1871), *ibid.*, VII, 47.

Dimensions. Long. totale, $0^m,10$; queue, $0^m,04$; aile, $0^m,045$; tarse, $0^m,018$; bec, $0^m,009$ à partir du front.

Couleurs. Iris brun ; bec d'un brun clair, avec la base de la mandibule inférieure blanchâtre ; pattes d'un gris jaunâtre. — Parties supérieures d'une teinte olivâtre, nuancée de roux, principalement sur les ailes ; un large sourcil blanc s'étendant de la base du bec jusqu'à la nuque ; lorum et région parotique d'un gris mélangé de brun olivâtre ; gorge d'un gris olivâtre clair, passant graduellement au jaune pâle qui couvre le reste des parties inférieures ; plumes des flancs longues et soyeuses, comme dans les *Acanthiza*, et blanchâtres à l'extrémité.

C'est sur les montagnes boisées du Setchuan occidental, et pendant l'hiver, que j'ai pris l'oiseau pour lequel M. J. Verreaux a créé cette espèce nouvelle, en le rangeant à tort, suivant nous, dans le genre *Abrornis*.

386. — OREOPNEUSTE AFFINIS n. sp.

Dimensions. Long. totale, 0ᵐ,12; queue, 0ᵐ,045; aile, 0ᵐ,06; tarse, 0ᵐ,018; bec, 0ᵐ,009.

Couleurs. Iris brun; bec brunâtre, avec la base de la mandibule inférieure jaunâtre; tarses d'un gris jaunâtre; doigts d'une teinte plus foncée. — Parties supérieures d'un brun verdâtre, avec une raie sourcilière jaune; gorge et milieu de l'abdomen d'une teinte analogue; poitrine, sous-caudales et côtés de l'abdomen d'un jaune roussâtre foncé, passant sur les flancs au brun olivâtre; rémiges et rectrices brunes, lisérées de verdâtre sur leurs barbes externes; plumes axillaires d'un jaune sale (♂ adulte tué au mois de mai). — Plumage de la femelle semblable à celui du mâle.

Cette petite espèce, qui a tout à fait les allures de l'*Oreopneuste Armandi* du nord de la Chine, n'est pas rare, pendant la saison chaude, sur les grandes montagnes boisées de Moupin et du Setchuan occidental; elle se tient plutôt sur les buissons peu élevés qui croissent dans les clairières que sur les branches des arbres.

387. — PHYLLOPNEUSTE FUSCATA

PHYLLOSCOPUS FUSCATUS, Blyth (1842), *J. A. S. Beng.*, XI, 113, et (1843), XII, 145. — PHYLLOPNEUSTE SIBIRICA, Midd. (1853), *Sib. Reis.*, 180, pl. XVI, fig. 4-6. — Schrenck (1860), *Vög. d. Am. L.*, 362. — Radde (1862-63), *Reis. in S. O. Sib.*, II, 260. — PHYLLOSCOPUS FUSCATUS, Swinh. (1861), *Ibis*, 32 et 330, et (1863), *ibid.*, 93. — Jerd. (1863), *B. of Ind.*, II, 191.—PHYLLOPNEUSTE FUSCATA, Swinh. (1863), *P. Z. S.*, 295, et (1871), *ibid.*, 356. — Tacz. (1876), *Bull. Soc. zool. Fr.*, I, 140. — Przew. (1877), *Ornith. Misc.*, VI, 171; *B. of Mong.*, sp. 52. — PHYLLOSCOPUS FUSCATUS, H. Seebohm (1877), *Ibis*, 85 (*partim*).

Dimensions. Long. totale, 0ᵐ,135; queue, 0ᵐ,058; aile, 0ᵐ,06; tarse, 0ᵐ,022; bec, 0ᵐ,009.

Couleurs. Iris brun; bec brun, avec la base de la mandibule inférieure blanchâtre; pattes d'un brun verdâtre. — Parties supérieures brunes, avec un sourcil allongé d'un roux grisâtre; gorge et abdomen blancs; poitrine et côtés du cou lavés de brun rosé très-clair; sous-caudales blanches, nuancées de brun; flancs d'un brun très-clair.

Cette description s'applique aux oiseaux adultes, pris au mois de mai; en automne, les jeunes de l'année offrent sur les parties inférieures une teinte jaune olivâtre, au lieu d'une teinte brun clair, et ont la raie sourcilière d'une nuance jaunâtre.

Le *Phyllopneuste fuscata*, qui passe l'hiver dans l'Inde et l'été dans la Sibérie orientale, est très-commun au moment de son passage à Pékin et dans toute la Chine. Ses allures et sa voix diffèrent de celles des autres pouillots, et son cri de rappel est grave et bref. Il se tient dans les hautes herbes, sur les buissons et les branches inférieures des arbres, et vit isolé ou par couples ; jamais il ne se réunit en bandes à la manière des autres *Phyllopneuste*.

388. — PHYLLOPNEUSTE XANTHODRYAS

PHYLLOPNEUSTE XANTHODRYAS, Swinh. (1863), *P. Z. S.*, 296, et (1871), *ibid.*, 356. — PHYLLOPNEUSTE TRINOTARIA, A. Dav. (1871), *N. Arch. du Mus., Bull.* VII, *Cat. Ois. Ch.*, n° 189. — PHYLLOPNEUSTE XANTHODRYAS, Przew. (1877), *Ornith. Misc.*, VI, 171, *B. of Mong.*, sp. 50. — PHYLLOSCOPUS XANTHODRYAS, H. Seebohm (1877), *Ibis*, 71.

Dimensions. Long. totale, 0^m,14 ; queue, 0^m,055 ; aile, 0^m,074 ; bec et pattes robustes.

Couleurs. Iris brun ; bec d'un brun jaunâtre, avec les bords et la mandibule inférieure d'une teinte plus claire ; pattes d'un gris jaunâtre ; ongles blanchâtres. — Plumage semblable en général à celui du *Phyllopneuste coronata*, mais n'offrant pas de raie médiane de couleur jaune sur le sommet de la tête, et présentant en revanche une coloration jaune beaucoup plus intense sur les parties inférieures.

Ce pouillot, le plus grand de tous ceux qui habitent la Chine, n'a été pris par M. Swinhoe que deux fois et dans la même localité, à Amoy ; mais il a été rencontré assez communément dans le Kan-sou par M. Przewalski. Dans sa *Révision des Phylloscopi*, M. H. Seebohm cite également deux spécimens de *Ph. xanthodryas* provenant l'un de Hakodadi (Japon), l'autre de Labuan (N.-O. de Bornéo) ; enfin je serais disposé à rapporter à la même espèce un oiseau que j'avais tué à Moupin et qui malheureusement a été égaré, de sorte que je ne puis en donner une description précise. D'après mes notes, ce *Phyllopneuste*, que j'avais nommé *trinotaria*, vient nicher à Moupin au mois de mai ; il est d'un naturel défiant et sauvage, et se tient toujours caché dans les fourrés ; son chant, fort singulier, consiste en trois notes claires (*mi-ré-do*), articulées lentement ; c'est même à cause de cette particularité que j'avais proposé de désigner cet oiseau sous le nom spécifique de *trinotaria*. Dans la saison des amours, les mâles se livrent des combats furieux, tout en répétant leur chant caractéristique. J'ai vu deux de ces mâles se battre ainsi pendant une demi-heure et ne cesser la lutte que lorsqu'un des rivaux eut été mis hors de combat.

389. — PHYLLOPNEUSTE CORONATA

FICEDULA CORONATA, Tem., et Schleg. (1850), *F. Jap. Aves*, 48, pl. 18. — PHYLLOPNEUSTE CORONATA, Bp. (1850), *Consp. Av.*, I, 290, n° 9. — PHYLLOSCOPUS CORONATUS, Swinh. (1860), *Ibis*, 54. — PHYLLOPNEUSTE CORONATA, Swinh. (1863), *P. Z. S.*, 297, et *Ibis*, 307. — (1871), *P. Z. S.*, 356. — Dyb. (1875), *J. f. O.*, 245, et (1876), *ibid.*, 191. — Tacz. (1876), *Bull. Soc. zool. Fr.*, I, 141. — PHYLLOSCOPUS CORONATUS, H. Seebohm (1877), *Ibis*, 79.

Dimensions. Long. totale, 0^m,13 ; queue, 0^m,05 ; aile, 0^m,065 ; tarse, 0^m,017 ; bec, 0^m,01.

Couleurs. Iris brun ; bec brun, avec la mandibule inférieure jaune ; pattes d'un gris verdâtre. — Dessus de la tête d'un brun verdâtre, avec une raie médiane jaune s'étendant jusqu'à la nuque, et un large sourcil jaune se prolongeant fort loin en arrière, en s'éclaircissant légèrement ; reste des parties supérieures d'un vert jaunâtre, nuancé de brun sur le dos ; sous-caudales et axillaires d'un jaune pâle ; reste des parties inférieures d'un blanc nuancé de jaune sur certains points et passant au grisâtre sur les côtés du cou, de la poitrine et de l'abdomen ; grandes couvertures alaires marquées de jaune à l'extrémité.

Cette jolie espèce de pouillot, qui se reconnaît facilement à la largeur de son bec et à la raie médiane qui orne le sommet de sa tête, n'est pas, comme on le croyait d'abord, particulière au Japon ; elle est abondamment répandue dans la Chine entière, et se trouve communément à Pékin aux mois de mai et de septembre ; quelques paires de ces oiseaux nichent même dans les provinces centrales. Tout récemment, M. Dybowski a rencontré également le *Phyllopneuste coronata* sur les bords de la baie d'Abrek et à l'embouchure de l'Oussouri, dans la Sibérie orientale ; enfin, d'après M. H. Seebohm, la collection de lord Tweeddale renferme des individus de la même espèce tués en hiver à Malacca.

390. — PHYLLOPNEUSTE TENELLIPES

PHYLLOSCOPUS TENELLIPES, Swinh. (1860), *Ibis*, 53. — PHYLLOPNEUSTE TENELLIPES,

Swinh. (1863), *P. Z. S.*, 295, et (1871), *ibid.*, 356. — Phylloscopus tenellipes, H. Seebohm (1877), *Ibis*, 75.

Dimensions. Long. totale, 0^m,115 ; queue, 0^m,045 ; aile, 0^m,064 ; tarse, 0^m,018 ; bec, fort et conique, 0^m,009.

Couleurs. Iris noirâtre ; bec brun, avec les bords et la mandibule inférieure blanchâtres ; tarses, doigts et ongles d'un blanc grisâtre, nuancé de rose. — Sommet de la tête d'un brun olive, marqué de trois raies longitudinales, d'une nuance plus claire ; reste des parties supérieures d'un roux verdâtre ; une longue raie sourcilière jaunâtre ; parties inférieures blanches, avec les sous-caudales et les axillaires d'un jaune très-pâle, la poitrine et les flancs teintés de brun olivâtre.

Ce pouillot, qui se distingue de tous ses congénères par la couleur de ses pattes, habite principalement le centre de la Chine ; M. Swinhoe l'a rencontré au Fokien ; je l'ai trouvé plusieurs fois au Kiangsi, mais je n'en ai pris qu'un seul individu à Pékin. Il se tient de préférence dans les taillis, sur les montagnes et dans les vallons les plus retirés. M. H. Seebohm cite une femelle de ce *Phylloscopus* provenant du Japon et faisant partie de la collection de lord Tweeddale.

391. — PHYLLOPNEUSTE PLUMBEITARSA

Sylvia (Phyllopneuste) coronata, Midd. (1853), *Sib. Reis.*, II, 176 (nec Temminck). — Phylloscopus plumbeitarsus, Swinh. (1861), *Ibis*, 330. — Phyllopneuste plumbeitarsus, Swinh. (1863), *P. Z. S.*, 296. — *Ibis* (1870), 345. — *P. Z. S.* (1871), 356. — Phyllopneuste plumbeitarsa, Przew. (1877), *Ornith. Misc.*, VI, 171 ; *B. of Mong.*, sp. 49. — Phylloscopus plumbeitarsus, H. Seebohm (1877), *Ibis*, 76.

Dimensions. Long. totale, 0^m,115 ; queue, 0^m,045 ; aile, 0^m,062 ; tarse, 0^m,018 ; doigt postérieur, 0^m,011, l'ongle seul mesurant, 0^m,004 ; doigt médian, 0^m,013 ; bec, robuste et de forme conique, 0^m,008.

Couleurs. Iris noirâtre ; tarses d'un brun bleuâtre ; doigts verdâtres ; ongles d'un gris jaunâtre ; bec brun, avec les bords et la plus grande partie de la mandibule inférieure jaunâtres ; bouche jaune. — Parties supérieures d'un vert olive, avec un large sourcil jaune et cinq raies longitudinales de nuance claire sur le sommet de la tête, l'extrémité des grandes et des petites couvertures alaires marquée de jaune, et de nombreuses barres foncées sur la queue ; parties inférieures d'un blanc lavé de jaune, principalement sur l'abdomen, et passant au cendré olivâtre sur les côtés de la poitrine. — Dans le plumage d'automne, les teintes vertes et jaunes sont plus intenses.

Cette espèce diffère en général du *Phyllopneuste borealis* : 1° par sa taille plus faible ; 2° par la double bande jaune qui orne ses ailes ; 3° par la couleur plombée du tarse (dans l'oiseau vivant ou récemment tué). Elle est très-commune, d'après M. Przewalski, dans les monts Kan-sou, et passe en grand nombre à Pékin, en même temps que l'espèce suivante, avec laquelle il est d'autant plus facile de la confondre que les caractères différentiels indiqués ci-dessus ne sont point parfaitement constants, et que l'on observe une foule de transitions entre ces deux formes voisines.

392. — PHYLLOPNEUSTE BOREALIS

PHYLLOPNEUSTE JAVANICA, Bp. nec Horsf. (1850), *Consp. av.*, I, 290. — PHYLLOPNEUSTE EVERSMANNI, Midd. nec Bp. (1853), *Sib. Reis.*, II, 173, pl. XV, f. 1-2, excl. syn. — PHYLLOPNEUSTE BOREALIS, Blasius (1858), *Naumannia*, 313. — PHYLLOSCOPUS SYLVICULTRIX, Swinh. (1860), *Ibis*, 53. — PHYLLOPNEUSTE EVERSMANNI, Radde (1863), *Reis. in S. O. Sib.*, II, 263. — PHYLLOSCOPUS SYLVICULTRIX, Swinh. (1866), *Ibis*, 135, 295, 394. — PHYLLOPNEUSTE EVERSMANNI, Dyb. (1868), *J. f. O.*, 334. — FICEDULA BOREALIS, Przew. (1867-69), *Voy. dans le pays Ussuri*, 53. — PHYLLOPNEUSTE KENNICOTTI, Baird (1869), *Trans. Chic. Acad. Sc.*, I, 313, pl. 30, f. 2. — PHYLLOPNEUSTE BOREALIS, Swinh. (1871), *P. Z. S.*, 356. — Dyb. (1872), *J. f. O.*, 358. — (1874), *ibid.*, 335.— (1875), *ibid.*, 245. — PHYLLOSCOPUS BOREALIS, J. Cordeaux (1875), *Ibis*, 179. — H. Seebohm et J.-A. Harvie Brown (1876), *ibid.*, 216. — PHYLLOPNEUSTE BOREALIS, Tacz. (1876), *Bull. Soc. zool. Fr.*, I, 141. — Przew. (1877), *Ornith. Misc.*, VI, 171 ; *B. of Mong.*, sp. 51. — PHYLLOSCOPUS BOREALIS, H. Seebohm (1877), *Ibis*, 69.

Dimensions. Long. totale, 0^m,135 ; queue, 0^m,047 ; aile, 0^m,065 ; tarse, 0^m,011 ; doigt postérieur, 0^m,11, l'ongle seul mesurant 0^m,005 ; bec, robuste et conique, 0^m,01.

Couleurs. Iris brun ; bec brun, avec la plus grande partie de la mandibule inférieure jaunâtre. — Parties supérieures d'un vert olive, avec une longue raie sourcilière jaune, quelques raies obscures sur la tête, des barres peu distinctes sur la queue, et l'extrémité des grandes couvertures alaires marquée de jaune ; parties inférieures d'un blanc nuancé de jaune et passant au cendré olive sur les côtés de la poitrine. En automne, les teintes vertes des parties supérieures et les teintes jaunes des parties inférieures sont plus prononcées.

Ce pouillot qui en hiver descend jusque dans l'Indo-Chine, la presqu'île de Malacca et les grandes îles malaises, remonte en été jusque dans la Sibérie, et s'égare même d'une part jusque dans le nord de la Russie, de l'autre jusque dans le nord-est de l'Amérique ; M. Swinhoe a reconnu en effet l'identité de quelques spécimens pris les uns aux îles Kouriles, les autres à Java, les autres dans l'Alaska (*Ph. Kennicotti*). Dans le sud-est de la Mongolie, les *Phyllopneuste borealis* se montrent surtout au printemps, tandis que dans la Chine proprement dite ils sont communs aux deux époques des passages, et même pendant l'été, un grand nombre d'entre eux s'arrêtant dans cette contrée pour nicher. A Pékin, ces oiseaux se montrent fréquemment en mai, en juin, et surtout en août et en septembre ; ils se tiennent sur les grands arbres, furetant sans cesse sous les feuilles et faisant entendre, à de rares intervalles, un petit cri d'appel sec et bref.

393. — CRYPTOLOPHA TEPHROCEPHALA

CULICEPETA TEPHROCEPHALUS, Anders. (1871), *P. Z. S.*, 212. — CULICIPETA BURKII (Burt.), A. Dav. (1871), *N. Arch. du Mus., Bull.* VII, *Cat. Ois. Chin.*, n° 106. — CRYPTOLOPHA TEPHROCEPHALA, Swinh. (1871), *P. Z. S.*, 358.

Dimensions. Long. totale, $0^m,112$; queue, $0^m,045$; aile, $0^m,055$; tarse, $0^m,018$; bec large, avec les soies rictales bien développées, $0^m,009$.

Couleurs. Iris d'un brun roux ; bec noir sur la mandibule supérieure et jaune sur toute l'étendue de la mandibule inférieure ; pattes et ongles d'un gris jaunâtre. — Front, tour des yeux et région des oreilles verts ; sommet de la tête et nuque cendrés, avec deux larges raies longitudinales noires ; reste des parties supérieures de couleur verte ; tout le dessous du corps d'un jaune vif, nuancé de vert sur les flancs ; pennes des ailes et de la queue brunes, lisérées de vert en dehors ; rectrices latérales blanches sur leurs barbes internes ; celles de la paire suivante marquées d'une tache blanche au milieu de leur moitié terminale.

Cette espèce, découverte à Bhamo en Birmanie par le Dr J. Anderson, ne diffère du *Sylvia Burkii* de Burton que par des teintes cendrées remplaçant les teintes vertes sur le sommet de la tête ; elle se rapproche à la fois des *Muscicapa* par son bec élargi, et des *Phyllopneuste* par ses allures et par ses mœurs. Chaque année, elle vient en assez grand nombre nicher sur les montagnes boisées de la Chine occidentale et de Moupin ; c'est dans cette région que j'ai pris, en 1869, les spécimens que j'ai envoyés au Muséum, et qui ont été rapportés primitivement au *Culicipeta Burkii*. Le cri de rappel de cet oiseau m'a paru plus grave que celui des autres pouillots.

394. — ABRORNIS FULVIFACIES (Pl. 23)

ABRORNIS FULVIFACIES, Swinh. (1870), *P. Z. S.*, 132, et (1871), *ibid.*, 357.

Dimensions. Long. totale, $0^m,09$; queue, composée de dix pennes, $0^m,035$; aile, $0^m,046$; tarse, $0^m,017$; bec, élargi à la base et muni de soies rictales très-longues, $0^m,006$.

Couleurs. Iris brun châtain; bec brunâtre, avec la pointe et la mandibule inférieure plus claires; pattes d'un gris verdâtre; ongles gris. — Front, lores, tour des yeux et plumes des oreilles d'un jaune clair ou d'un roux d'amadou; milieu du vertex d'une teinte olive jaunâtre, limitée de chaque côté par une raie noire; nuque et dos verts; croupion jaune; parties inférieures du corps blanches, avec quatre ou cinq raies noires sur la gorge, une bande jaune étroite, et interrompue au milieu, sur la poitrine, et les plumes tibiales, ainsi que les sous-caudales, d'un jaune plus ou moins vif.

Cette charmante espèce, la plus petite de toute la faune chinoise, est sédentaire dans les provinces méridionales de l'Empire. Je l'ai rencontrée communément, depuis le Houpé occidental jusqu'à Moupin, et je l'ai prise même au Fokien, où cependant elle paraît être moins répandue. Comme les vrais pouillots, l'*Abrornis fulvifacies* vit au milieu des bambous et dans les bois, sur les collines et les montagnes de moyenne altitude. C'est un oiseau peu farouche, qui se laisse facilement approcher; son cri de rappel, *tui*, est doux et sonore.

395. — ABRORNIS AFFINIS

Abrornis affinis (Hodgs.), Moore (1854), *P. Z. S.*, 106. — Jerd. (1863), *B. of Ind.*, II, 204. — Blyth (1867), *Ibis*, 28. — Phylloscopus affinis, H. Seebohm (1877), *Ibis*, 100 (part.) — Abrornis affinis, Przew. (1877), *Ornith. Misc.*, VI, *B. of Mong.*, sp. 54.

D'après M. Przewalski, cette espèce du Népaul se retrouve également dans le Kan-sou, mais ne s'avance pas plus au nord. Elle se tient dans les buissons, non loin des cours d'eau.

396. — REGULOÏDES SUPERCILIOSUS

Motacilla superciliosa, Gm. (1788), *S. N.*, I, 975. — Reguloïdes proregulus, Swinh. (1860), *Ibis*, 54; (1861), *ibid.*, 32, 330, et (1862), *ibid.*, 257 et 258. — Phyllopneuste superciliosa, Schr. (1860), *Vög. des Am. L.*, 363 (part.). — Radde (1863), *Reis. in S. O. Sib.*, II, 264 (part.). — Reguloïdes superciliosus, Swinh. (1863), *Ibis*, 307; (1866), *ibid.*, 135; (1867), *ibid.*, 408; (1870), *ibid.*, 345, et (1871), *P. Z. S.*, 357. — Phyllopneuste superciliosa, Dyb. (1872), *J. f. O.*, 356. — Reguloïdes superciliosus, Swinh. (1874), *Ibis*, 441. — Phyllopneuste superciliosa, Dyb. (1875), *J. f. O.*, 245, et (1876), *ibid.*, 194. — Tacz. (1876), *Bull. Soc. zool. Fr.*, I, 141. — Phylloscopus superciliosus, H. Seebohm (1877), *Ibis*, 102. — Reguloïdes superciliosus, Przew. (1877), *Ornith. Misc.*, VI, 172, *B. of Mong.*, sp. 56.

Dimensions. Long. totale, $0^m,10$ à $0^m,11$; queue, $0^m,04$; aile $0^m,06$; tarse, $0^m,018$; doigt postérieur, $0^m,01$, l'ongle seul mesurant $0^m,004$; bec, $0^m,07$.

Couleurs. Iris noir; bec brun, avec la base de la mandibule inférieure jaunâtre; pattes d'un brun verdâtre. — Sommet de la tête, nuque et partie supérieure du dos d'une teinte olive, passant au vert du côté du croupion; une grande raie sourcilière jaunâtre se prolongeant jusqu'à la nuque, et une bande de même couleur, mais peu marquée, occupant le milieu de la tête; grandes et moyennes couvertures des ailes largement marquées de jaune à l'extrémité; parties inférieures du corps d'un blanc à peine teinté de jaune sur le milieu du ventre et les sous-caudales, mais passant au jaune olivâtre sur les côtés de la poitrine et de l'abdomen; rémiges et rectrices brunes, lisérées de vert; dernières pennes des ailes bordées de gris jaunâtre, les autres marquées d'une tache grise à l'extrémité. — En automne, les teintes vertes du dessus du corps et les teintes jaunes des parties inférieures et des sourcils sont plus accusées.

Le *Reguloïdes superciliosus,* qui a été pris accidentellement en Europe, est très-répandu dans tout l'extrême Orient, depuis l'Inde jusqu'à la Sibérie orientale, où il paraît avoir été confondu par Middendorf, par Schrenck et par Radde avec l'espèce suivante, *Reguloïdes proregulus.* Comme ce dernier, il niche dans les montagnes du Cachemire, et pond, d'après M. W.-E. Brooks, quatre œufs d'un blanc pur, parsemés de points rouges, principalement au gros bout. En Chine, les Roitelets *à grands sourcils* passent en grand nombre deux fois par an; quelques-uns même s'arrêtent pour nicher sur les montagnes boisées. Au printemps et à l'automne, ils se montrent en troupes considérables aux environs et dans la ville même de Pékin; leur cri de rappel, *tui,* ressemble à celui de nos pouillots; pendant l'été, ils font entendre en outre un petit chant assez agréable.

397. — REGULOÏDES PROREGULUS

Motacilla proregulus, Pall. (1811-31), *Zoogr. Ross. Asiat.*, I, 499. — Reguloïdes proregulus, Bp. (1850), *Consp. Av.*, I, 291, n° 612. — Phyllopneuste proregulus, Midd. (1853), *Sib. Reis.*, II, 183. — Phyllopneuste superciliosa, Schr. (1860), *Vög. des Am. L.*, 363 (part.). — Reguloïdes chloronotus, Swinh. (1860), *Ibis*, 54, et (1861), *ibid.*, 33 et 330. — Phyllopneuste superciliosa, Radde (1863), *Reis. in S. O. Sib.*, II, 264 (part.). — Reguloïdes proregulus, Jerd. (1863), *B. of Ind.*, II, 197. — Swinh. (1863), *P. Z. S.*, 297. — Dyb. (1868), *J. f. O.*, 334. — Swinh. (1870), *Ibis*, 345, et (1871), *P. Z. S.*, 357. — Dyb. (1872), *J. f. O.*, 360, et (1874), *ibid.*, 335. — Tacz. (1876), *Bull. Soc. zool. Fr.*, I, 141. — Phylloscopus proregulus, H. Seebohm

(1877), *Ibis*, 104. — Reguloïdes superciliosus, Przew. (1877), *Ornith. Misc.*, VI, 172, *B. of Mong.*, sp. 55.

Dimensions. Long, totale, 0ᵐ,09 à 0ᵐ,10 ; queue, 0ᵐ,04 ; aile, 0ᵐ,055 ; tarse, 0ᵐ,016 ; bec, 0ᵐ,007.

Couleurs. Iris noir ; bec noirâtre, avec la base de la mandibule inférieure jaunâtre ; pattes brunes, avec les doigts nuancés de vert. — Parties supérieures d'un vert olive, avec le croupion jaune (à tous les âges), une raie jaune bien marquée occupant le milieu de la tête et se mélangeant en arrière de quelques plumes noires, et de larges sourcils jaunes se prolongeant jusqu'à la nuque ; grandes et moyennes couvertures des ailes terminées par une large bordure jaune ; dernières pennes tertiaires lisérées de jaune, les autres à peine marquées de gris à l'extrémité ; parties inférieures du corps d'un blanc légèrement teinté de jaune, et nuancé d'olive sur les flancs. — En automne, les teintes vertes et jaunes du plumage sont beaucoup plus vives.

Ce joli petit oiseau, que plusieurs naturalistes ont confondu avec le précédent, fréquente les mêmes régions, et est aussi commun en Chine, à certaines époques de l'année ; il niche en grand nombre dans les bois qui couvrent les montagnes, et passe souvent l'hiver dans les provinces centrales et méridionales. D'après M. W.-E. Brooks, ses œufs sont à peu près de même forme et de même couleur que ceux du *Reguloïdes superciliosus*. Les deux espèces ont du reste les mêmes allures et à peu près les mêmes mœurs, mais elles vont en bandes séparées, parcourant les branches des arbres à la manière des vrais pouillots ; leur cri de rappel n'est pas non plus tout à fait le même : celui du *Reguloïdes proregulus, tsii*, est plus prolongé et plus sibilant que celui du *Reguloïdes superciliosus ;* le chant de la première espèce, qui se fait entendre fréquemment, même en automne, est aussi plus sonore, plus varié, et consiste en une série de petits couplets. Le *Reguloïdes proregulus* est également fort répandu dans la Sibérie orientale.

398. — REGULOÏDES VIRIDIPENNIS

Phylloscopus viridipennis, Blyth (1855), *J. A. S. Beng.*, XXIV, 278, et (1861), *P. Z. S.*, 200. — Reguloïdes viridipennis, Jerd. (1863), *B. of Ind.*, II, 198. — Godw.-Aust. (1870), *J. A. S. Beng.*, XXXIX, part. 2, p. 107. — Phylloscopus viridipennis, H. Seebohm (1877), *Ibis*, 82.

Dimensions et **Couleurs.** Taille égale à celle du *Reguloïdes proregulus*, mais inférieure à celle du *Reguloïdes superciliosus ;* teintes vertes et jaunes du plumage plus vives que dans cette dernière espèce; coloration générale, analogue à celle du *R. proregulus*, avec la raie du milieu de la tête moins marquée, et le croupion, non pas jaune, mais de la même teinte que le dos.

Le *Reguloïdes viridipennis*, signalé d'abord dans le Tenasserim, a été retrouvé depuis lors par le Dr Jerdon dans le Darjeeling, par M. Brooks dans le pays de Cachemire et plus récemment par le major Godwin-Austen dans le Kachar septentrional et sur les monts Garo. Si c'est une bonne espèce, c'est à cette forme qu'il convient de rapporter un oiseau que j'ai tué à Pékin et qui présente tous les caractères différentiels indiqués par le Dr Jerdon.

399. — REGULUS JAPONICUS

REGULUS CRISTATUS, Tem. et Schl. (1850), *F. Jap. Av.*, 70. — REGULUS JAPONICUS, Bp. (1856), *Compt. Rend. Ac. Sc.*, XLI, séance du 28 décembre (*sine descr.*). — Swinh. (1863), *P. Z. S.*, 336. — (1870), *ibid.*, 451 et 602. — (1871), *ibid.*, 358.

Dimensions et Couleurs. Ce roitelet, que les auteurs de la *Fauna japonica* n'ont pas distingué du *R. cristatus*, ne diffère de cette dernière espèce, suivant M. Swinhoe, que par la teinte blanche plus étendue sur les lores et autour des yeux, et par la nuance grise, fortement accusée, de la partie supérieure de son cou.

Le *Regulus japonicus* se trouve au Japon et en Mantchourie et s'avance quelquefois jusque dans la Chine septentrionale; dans la Sibérie orientale, il est remplacé par le *Regulus cristatus.*

400. — REGULUS HIMALAYENSIS

REGULUS CRISTATUS HIMALAYENSIS, Blyth (*mss. ?*). — REGULUS HIMALAYENSIS, Jerd. (1863), *B. of Ind.*, II, 206. — REGULUS CRISTATUS, V. Pelz. (1868), *Ibis*, 308. — REGULUS HIMALAYENSIS, Gould (1869), *B. of Ind.*, II, 206. — Swinh. (1871), *P. Z. S.*, 358. — REGULUS HIMALAYANUS, A. Dav. (1871), *N. Arch. du Mus.*, *Bull.* VII, *Cat. Ois. Ch.*, sp. 196. — REGULUS HIMALAYENSIS?, Przew. (1877), *Ornith. Misc.*, VI, *Birds of Mong.*, sp. 57.

Dimensions. Long. totale, 0^m,10; queue, 0^m,03; aile, 0^m,06; tarse, 0^m,019; doigt postérieur, 0^m,007; ongle de ce doigt, 0^m,005; bec, 0^m,008 à partir du front.

Couleurs. Iris brun; bec brun, avec la base de la mandibule inférieure grisâtre; tarses d'un brun roux; doigts verdâtres; ongles gris. — Plumage semblable en général à celui du *Regulus cristatus* d'Europe, avec la tache rouge, située au milieu de la bande jaune du vertex, plus développée que dans cette dernière espèce.

Ce roitelet, de taille un peu plus forte que ceux de nos contrées, se trouve dans le N.-O. de l'Himalaya où il est, paraît-il, assez rare, et dans la Chine occidentale où on le rencontre même au plus fort de l'hiver. Je l'ai pris sur les montagnes boisées qui sont au nord de Tchentou, ainsi que dans la principauté de Moupin où l'espèce est loin d'être commune. M. Przewalski rapporte avec un point de doute au *R. himalayensis* un mâle qu'il a tué au mois d'août, dans le Kan-sou.

PARIDÉS

Cette famille très-naturelle renferme près de 120 espèces, distribuées sur toute la surface du globe, à l'exception de l'Australie.

401. — SYLVIPARUS MODESTUS

SYLVIPARUS MODESTUS, Burt. (1835), *P. Z. S.*, 154. — PARUS SERICOPHRYS, Hodgs. (1844), *J. A. S. Beng.*, XIII, 942, et (1847), *ibid.*, XVI, 446. — Gr. (1846), *Cat. of Hodgs. Coll.*, 73. — Jerd. (1863), *B. of Ind.*, II, 267. — Swinh. (1871), *P. Z. S.*, 362.

Dimensions. Long. totale, 0m,095 ; queue égale, 0m,035 ; aile ouverte, 0m,075 ; fermée, 0m,06, atteignant le bout de la queue et ayant les deuxième, troisième et quatrième rémiges égales entre elles ; tarse, 0m,016 ; doigt postérieur, robuste, 0m,01, l'ongle seul mesurant 0m,006 ; bec, court et fort comme celui des *Parus*, 0m,006 à partir du front.

Couleurs. Iris brun, cerclé de gris ; bec d'un brun clair, avec les bords et la base de la mandibule inférieure grisâtres ; pattes et ongles bleuâtres. — Parties supérieures d'une teinte olive, passant au verdâtre sur le croupion et sur la queue ; parties inférieures d'un gris olivâtre, nuancé de vert sur les côtés ; plumes de la face et du front obscurément frangées de jaunâtre, ce qui donne à cette région un aspect écailleux ; un petit trait d'un beau jaune au-dessus de l'œil ; rectrices et rémiges d'un brun grisâtre, lisérées de vert sur les barbes externes. — Plumage de la femelle semblable à celui du mâle.

Le *Sylviparus modestus*, malgré son plumage anormal, est une véritable mésange, et a tout à fait les allures et la voix des oiseaux de ce groupe. Il se trouve dans toute la chaîne de l'Himalaya, dans les Ghats, le Darjeeling, et dans la partie orientale des monts Burrail, où M. Godwin-Austen l'a rencontré fréquemment au mois d'avril, sur des buissons de rhododendrons. En Chine, je l'ai observé dans le Setchuan occidental, à Moupin et dans la chaîne du Tsinling, mais rarement, et toujours en petites bandes. Il se tient sur les montagnes, dans les forêts, principalement dans celles de conifères, et, en hiver, se joint, comme tous les insectivores, à d'autres mésanges, à des roitelets, etc. Il vit en bonne harmonie avec tous ces oiseaux et va butiner avec eux en voletant d'arbre en arbre et de branche en branche. Il ne descend dans les vallées que chassé par le froid et la neige.

402. — PARUS MINOR

PARUS MINOR, Tem. et Schl. (1850), *F. Jap. Aves*, 70, pl. 33. — Gould (1858), *B. of As.*, livr. X, pl. — Swinh. (1858), *Zool.*, 6,229. — (1860), *Ibis*, 55 et 131. — (1861), *ibid.*, 332. — (1862), *ibid.*, 257. — (1870), *P. Z. S.*, 437. — (1871), *ibid.*, 361, et (1874), *Ibis*, 361. — Dyb. (1875), *J. f. O.*, 249. — Tacz. (1876), *Bull. Soc. zool. Fr.*, I, 162. — Przew. (1877), *Ornith. Misc.*, VI, *B. of Mong.*, sp. 84.

Dimensions. Long. totale, $0^m,14$; queue, $0^m,07$; aile ouverte, $0^m,09$; fermée, $0^m,065$; tarse, $0^m,016$; doigt postérieur, $0^m,014$, l'ongle seul mesurant $0^m,007$; bec, $0^m,007$.

Couleurs. Iris noir; bec noir; pattes d'un gris plombé. — Sommet de la tête, côtés et partie antérieure du cou d'un noir à reflets bleus; milieu de la poitrine et de l'abdomen d'un noir mat et profond; région parotique blanche, de même qu'une tache sur le côté de la nuque; côtés de la poitrine et du ventre d'un blanc grisâtre; partie supérieure du dos d'une teinte verdâtre, passant au jaunâtre dans le voisinage de la tache nuchale; partie inférieure du dos, croupion et sus-caudales d'un cendré bleuâtre; sous-caudales d'une teinte blanche, interrompue au milieu par le prolongement de la raie ventrale noire; queue noirâtre, nuancée de cendré en dessus, avec les rectrices latérales blanches sur toute leur étendue, sauf sur le bord interne, et les rectrices des deux paires suivantes marquées de blanc à l'extrémité; rémiges brunes, lisérées de gris cendré et de blanchâtre en dehors; grandes couvertures alaires terminées de blanc, les autres de cendré bleuâtre.

Le *Parus minor*, signalé d'abord au Japon, est aussi très-abondamment répandu dans l'empire chinois, partout où il y a des arbres. Je ne l'ai vu apparaître dans les plaines qu'au commencement de l'hiver, tandis que je l'ai rencontré communément sur les montagnes de Pékin, de la Mongolie, du Chensi, du Setchuan, du Kiangsi, du Tchékiang, etc.; mais sur les hautes montagnes de Moupin je l'ai trouvé remplacé par le *Parus monticola*. Il peut être considéré comme représentant, dans tout l'extrême Orient, notre Mésange charbonnière (*Parus major*), dont il a la voix et les mœurs, et dont il offre à peu près les dimensions, ayant seulement la queue un peu plus longue ; son aire d'habitat s'étend, en dehors de la région des grandes montagnes, depuis la Mantchourie jusqu'au midi de la Chine et comprend également la Sibérie orientale et le Kan-sou ; plus au sud et du côté de l'Inde, il cède la place à des races à teintes encore plus pâles.

403. — PARUS CINEREUS

La Mésange grise a joues blanches, Levaill. (1796-1808), III, 117, f. 2 (in text.), et pl. 139, f. 1. — Parus cinereus, Vieill., *Encycl. méth.*, II, 506, et (1824), *Nouv. Dict. d'Hist. Nat.*, XXX, 196. — Parus atriceps, Horsf. (1821), *Trans. L. S.*, XIII, 160. — Tem. et Laug. (1822), *Pl. Col.* 287, fig. 2. — Less. (1828), *Man. d'orn.*, I, 320. — Parus car., Hodgs. (1838), *Ind. Rev.*, 31. — Parus cinereus, Gould (1858), *B. of As.*, livr. X, pl. — Jerd. (1863), *B. of Ind.*, II, 278. — Swinh. (1863), *P. Z. S.*, 270. — Wall. (1863), *P. Z. S.*, 485. — Swinh. (1870), *Ibis*, 348. — Parus caesius (Tick.), Swinh. (1871), *P. Z. S.*, 361.

Dimensions et **Couleurs**. Taille et proportions du *Parus minor;* plumage à peu près analogue, le dos étant seulement d'une teinte bleuâtre cendrée, au lieu d'être vert comme dans l'espèce précédente.

D'après M. Swinhoe, cette espèce, ou plutôt cette race qui est répandue dans toutes les régions montagneuses de l'Inde, dans les Nilgherries, dans l'Himalaya et à Ceylan, se retrouve, sans modifications sensibles, dans l'île de Haïnan ; mais, suivant le même auteur, il convient de désigner tous ces oiseaux, provenant soit de l'Inde, soit de Haïnan, sous le nom de *Parus cæsius*, proposé par Tickell et non pas, comme on l'a fait jusqu'ici, sous celui de *Parus cinereus*. Le *Parus cinereus* de Vieillot, comme le *Parus atriceps* de Horsfield, ont été décrits en effet d'après des spécimens venant de Java; or les oiseaux de cette dernière région, d'après M. Swinhoe, ne peuvent être rangés dans la même espèce que ceux de l'Inde et s'en distinguent toujours par une bande noire séparant nettement la tache blanche des joues de la teinte grise de la région dorsale. Mais ce caractère que nous avons constaté en effet sur quelques spécimens est-il bien suffisant pour séparer des oiseaux que jusqu'ici la plupart des naturalistes avaient réunis? Nous ne le pensons pas, et nous sommes portés à croire qu'une même espèce, avec quelques modifications de couleur et de taille, déjà constatées par M. Gould, est répandue dans l'Inde, à Java, à Lombock, à Flores et dans l'île de Haïnan.

404. — PARUS COMMIXTUS

PARUS MINOR, Swinh. (1861), *Ibis*, 34. — (1863), *P. Z. S.*, 270. — PARUS COM-MIXTUS, Swinh. (1868), *Ibis*, 63, et (1871), *P. Z. S.*, 361.

Dimensions et Couleurs. Taille et proportions du *Parus minor* : plumage analogue, offrant également un peu de vert sur la région dorsale, mais ayant le reste des parties supérieures coloré comme dans le *Parus cinereus*.

M. Swinhoe a distingué spécifiquement les oiseaux du groupe du *P. minor* qui habitent le tiers méridional de la Chine, et les a considérés comme formant un type intermédiaire entre l'espèce indienne et l'espèce japonaise ; cependant tous les spécimens de cette catégorie que j'ai tués au Kiangsi, au Tchékiang, dans le Fokien occidental et au Setchuan ne m'ont paru différer que peu ou point de ceux que j'ai pris à Pékin et qui sont certainement identiques à l'espèce japonaise.

405. — PARUS MONTICOLA

PARUS MONTICOLUS, Vigors (1830), *P. Z. S.*, 23. — Gould (1832), *Cent. of Him. Birds*, pl. 29, f. 2. — PARUS MONTICOLA, Gr. and Mitch. (1844-49), *Gen. of B.*, I, 197. — PARUS MONTICOLUS, Blyth (1849), *Cat. B. Mus. As. Soc.*, 103, n° 536. — Bp. (1850), *Consp. Av.*, I, 229, sp. 10. — Gould (1858), *B. of As.*, livr. X, pl. — Jerd. (1863), *B. of Ind.*, II, 277. — PARUS MONTICOLA, A. Dav. (1871), *N. Arch. du Mus., Bull.* VII, *Cat. Ois. Chin.*, n° 206. — Swinh. (1871), *P. Z. S.*, 361.

Dimensions. Long. totale, 0m,145 ; queue, 0m,054 ; aile fermée, 0m,065 ; tarse, 0m,02 ; doigt postérieur, 0m,014, l'ongle seul mesurant 0m,007 ; bec, 0m,008.

Couleurs. Iris noir ; bec noirâtre ; pattes et ongles d'un gris plombé. — Sommet de la tête, côtés et devant du cou d'un noir à reflets bleuâtres ; milieu de la poitrine et de l'abdomen d'un noir profond ; région parotique blanche, de même qu'une tache sur le côté de la nuque ; partie inférieure de cette dernière région, côtés de la poitrine et de l'abdomen jaunes ; bas-ventre blanc ; dos d'un vert jaunâtre ; croupion d'un cendré bleuâtre ; sus-caudales d'un bleu d'acier ; sous-caudales blanches, à l'exception des médianes qui sont tachées de noir ; queue noirâtre, avec les rectrices teintées de bleu cendré en dessus et en dehors et marquées à l'extrémité d'une tache blanche qui sur les pennes latérales s'étend sur la plus grande partie du bord externe ; rémiges noirâtres, lisérées de blanc sur le bord externe ; pennes secondaires noirâtres, lisérées de bleu ; pennes tertiaires marquées de blanc au sommet ; petites couvertures alaires bordées de cendré ; moyennes et grandes couvertures bordées de blanc. — Plumage de la femelle semblable à celui du mâle.

Cette jolie mésange est commune dans l'Himalaya, à partir d'une altitude de 5,000 pieds, sur les montagnes de l'Assam, sur les monts Khasi et sur les monts Naga où elle a été signalée récemment par le major Godwin-Austen ; en Chine, je l'ai rencontrée fréquemment sur les montagnes boisées de Moupin et du Setchuan, et une seule fois sur la chaîne du Tsinling, dans le Chensi. Elle se tient toujours dans les hautes régions, et ressemble complétement à notre Grande Charbonnière par la voix et les mœurs.

406. — PARUS INSPERATUS

Parus insperatus, Swinh. (1866), *Ibis*, 308. — (1871), *P. Z. S.*, 361.

Dimensions et **Couleurs**. Taille un peu inférieure à celle du *Parus monticola;* plumage analogue à celui de cette dernière espèce, mais offrant une teinte cendrée sur le croupion, et ne présentant de liséré blanc qu'*à l'extrémité* des pennes tertiaires, et *non sur le bord externe.*

M. Swinhoe a distingué spécifiquement les oiseaux de la forme *P. monticola* qu'il a rencontrés dans l'île de Formose ; mais je crois que les caractères sur lesquels il se fonde sont bien insuffisants, car, dans le grand nombre de *Parus monticola* que j'ai rapportés de la Chine occidentale, il y en a qui diffèrent précisément des autres par une taille plus faible et par la disposition du liséré blanc ou bleuâtre des pennes tertiaires.

407. — PARUS VENUSTULUS

Parus venustulus, Swinh. (1870), *P. Z. S.*, 133. — (1871), *ibid.*, 361. — Gould (1871), *B. of As.*, livr. XXIII, pl.

Dimensions. Long. totale, 0m,10 à 0m,11 ; queue, 0m,04, un peu fourchue ; aile, 0m,065, avec la troisième et la quatrième rémige égales entre elles et dépassant toutes les autres ; tarse, 0m,022 ; bec relativement robuste.
Couleurs. Iris brun ; bec d'un bleu indigo, tirant sur le noir ; pattes et ongles d'un gris plombé. — Tête, gorge, poitrine et dos d'un noir à reflets bleuâtres ; région parotique blanche, de même que l'extrémité des plumes nuchales qui sont nuancées d'un peu de jaune ; partie inférieure du dos, croupion et scapulaires d'un gris bleuâtre, lavé de vert jaunâtre ; sus-cauda-

les noires, avec le bout vert; couvertures alaires et pennes tertiaires noires, les petites couvertures marquées à l'extrémité d'une large tache blanche, les grandes et les moyennes terminées de vert jaunâtre; rectrices noires dans leur portion basilaire, jaunâtres dans leur portion terminale, avec une tache blanche à l'extrémité, tache qui occupe la majeure partie des pennes latérales; rémiges brunes, lisérées de verdâtre en dehors.

Cette jolie petite mésange, qui se reconnaît facilement parce qu'elle manque de raie noire sur le milieu du ventre, possède d'ailleurs, suivant M. Swinhoe, un cri sibilant tout à fait distinct de celui des autres espèces. Elle n'a été rencontrée jusqu'ici que dans les gorges que traverse le fleuve Bleu pour passer du Setchuan dans le Houpé.

408. — PARUS CASTANEIVENTRIS

PARUS CASTANEOVENTRIS, Gould (1862), *P. Z. S.*, 280. — (1864), *B. of As.*, livr. XVI, pl. — PARUS CASTANEIVENTRIS, Swinh. (1863), *Ibis*, 295. — (1871), *P. Z. S.*, 361.

Dimensions. Long. totale, 0^m,083; queue, 0^m,037; aile fermée, 0^m,058, avec la quatrième rémige dépassant toutes les autres; tarse, 0^m,017; bec assez robuste, comme celui des autres *Parus*.

Couleurs. Iris noir; bec noir; pattes et ongles d'un gris plombé. — Tête et partie supérieure du cou noirs, avec une longue tache blanche à la nuque; gorge noire; front et joues blancs; parties supérieures d'un gris cendré, passant au roux dans le voisinage de la nuque; parties inférieures d'un roux cannelle; rectrices brunes, lavées de gris cendré et marquées de blanc à l'extrémité; pennes alaires d'un brun nuancé de gris cendré.

La Mésange à ventre marron a beaucoup d'analogies avec la Mésange variée (*Parus varius*) du Japon, mais en diffère par une taille plus faible et l'absence de teinte rousse sur la région dorsale. D'après M. Swinhoe, c'est la seule espèce de ce genre qui vive dans la grande île de Formose; on ne la trouve que dans les montagnes du Centre, et jamais dans la plaine, pas même dans les parties boisées.

En traversant, à la fin d'août 1869, le col boisé des hautes montagnes (3,300^m d'altitude) qui sépare Moupin du Setchuan, je me suis trouvé au milieu d'une bande de petites mésanges à ventre roux qui ne m'ont point paru différer du *Parus castaneiventris* de Gould et de Swinhoe. Ces oiseaux s'approchèrent dans le taillis à moins de 1 mètre de distance, de sorte que je pus les examiner à loisir ; je remarquai parfaitement qu'ils n'avaient point le dos roux, comme l'espèce japonaise, ni de huppe, comme certaines espèces indiennes dont le plumage est également nuancé de roux vineux ou de marron sur les parties inférieures ; je suis donc parfaitement sûr qu'il existe dans cette région une espèce de mésange sinon identique, au moins fort analogue à celle de Formose. Plus tard, m'étant muni d'un fusil, je repassai deux fois par les mêmes bois, mais je ne pus revoir ces oiseaux, malgré les plus actives recherches.

409. — PARUS PEKINENSIS (Pl. 34)

PARUS PEKINENSIS, A. Dav. (1870), *Ibis*, 155. — J. Verr. (1870), *N. Arch. du Mus., Bull.* VI, 38. — (1871), *ibid.*, VII, 54, et (1872), VIII, pl. 5. — Swinh. (1870), *Ibis*, 155, et (1872), VIII, pl. 5. — Swinh. (1870), *Ibis*, 155, et (1871), *P. Z. S.*, 361.

Dimensions. Long. totale, $0^m,11$; queue, $0^m,04$ à $0^m,05$; aile ouverte, $0^m,076$; fermée, $0^m,06$; tarse, $0^m,017$; doigt postérieur, $0^m,013$, l'ongle seul mesurant $0^m,006$; bec, $0^m,007$.

Couleurs. Iris noir ; bec noirâtre ; pattes et ongles-bleuâtres. — Tête et partie supérieure du cou d'un noir à reflets métalliques, avec une huppe de quatre ou cinq plumes minces et allongées ; gorge et haut de la poitrine d'un noir un peu moins pur ; une tache blanche isolée sur la nuque ; région parotique blanche également ; dos d'un cendré bleuâtre ; croupion, poitrine, ventre et sous-caudales d'un gris sale ; rectrices et rémiges brunes, avec un liséré cendré sur les barbes externes ; pennes tertiaires terminées de blanc ; petites couvertures des ailes cendrées ; moyennes et grandes couvertures brunes, avec une large tache blanche à l'extrémité. — La livrée de la femelle est semblable à celle du mâle. Le jeune oiseau, dans son premier plumage, offre déjà sur l'occiput une huppe longue de 1 centimètre et demi ; il a les teintes noires de la tête et de la gorge fortement lavées de verdâtre, le dos d'un brun olive, la région parotique plutôt jaune que blanche, et toutes les parties inférieures nuancées de jaunâtre.

C'est à Pékin même que j'ai aperçu pour la première fois cette petite mésange : en janvier 1864, elle vint jusque dans notre jardin, mais cette visite était tout à fait accidentelle et n'était causée que par une chute de neige extraordinaire. Le *Parus pekinensis* habite en effet les forêts sombres qui couvrent les montagnes ; et plus tard je l'ai retrouvé soit au milieu des conifères qui ornent encore quelques vallées du Tchély, soit dans les bois de Moupin. Cette mésange est d'un naturel plus silencieux et moins turbulent que la plupart de ses congénères ; elle est très-peu farouche, et ne s'enfuit pas même quand on lui tire des coups de fusil. Dans l'extrême Orient, elle remplace notre Petite Charbonnière, dont elle se distingue à tout âge par les plumes effilées qui forment une huppe sur le sommet de sa tête.

410. — LOPHOPHANES DICHROÏDES

Parus dichrous, A. Dav. (1871), N. Arch. du Mus., Bull. VII, Cat. Ois Ch., n° 210. — Lophophanes dichroïdes, Przew. (1877), Ornith. Misc., VI, B. of Mong., sp. 87.

Dimensions. Long. totale, $0^m,11$; queue, $0^m,05$; aile ouverte, $0^m,085$; fermée, $0^m,065$; tarse, $0^m,02$; doigt postérieur, $0^m,014$, l'ongle seul mesurant $0^m,007$; huppe occipitale, $0^m,022$.

Couleurs. Iris rouge ; bec bleuâtre ; pattes et ongles d'un bleu cendré. — Parties supérieures d'un cendré verdâtre, passant au blanchâtre sur le front et sur les joues ; un demi-collier d'un blanc sale de chaque côté du cou ; parties inférieures d'un blanc sale, passant au brun roussâtre en arrière et au jaunâtre ocracé sur les flancs ; rectrices d'un brun grisâtre nuancé d'olive ; rémiges à peu près de la même teinte, avec un liséré d'un cendré bleuâtre sur le bord externe. — Plumage de la femelle semblable à celui du mâle.

Sous le nom de *Lophophanes dichroïdes*, M. Przewalski a fait connaître récemment une espèce de *Parus* qui ressemble beaucoup au *Parus (Lophophanes) dichrous* de Hodgson, mais qui en diffère par la présence d'un demi-collier blanc sur les côtés du cou. C'est probablement à cette forme qu'appartient une mésange aux couleurs ternes que j'ai rencontrée seulement sur les hautes montagnes de la principauté de Moupin, dans des conditions analogues à celles où se trouvait l'unique spécimen obtenu par M. Przewalski dans le Kan-sou. Comme le *Lophophanes dichrous* de l'Himalaya, le *Lophophanes dichroïdes* paraît être une espèce extrêmement peu répandue.

411. — LOPHOPHANES RUBIDIVENTRIS (?)

Parus rubidiventris, Bl. (1847), J. A. S., XVI, 445. — (1849), Cat. 104, n° 543. — Gould (1859), B. of As., livr. XI, pl. — Lophophanes rubidiventris, Jerd. (1863), B. of Ind., II, 274. — Przew. (1877), Ornith. Misc., VI, B. of Mong., sp. 88.

M. Przewalski rapporte avec quelque doute à cette espèce

indienne deux spécimens en mauvais état qu'il a pris dans le Kan-sou, et qui lui ont offert toutefois de légères différences dans la coloration du croupion et dans les dimensions avec les oiseaux du Népaul décrits par Blyth et par Jerdon et figurés par Gould dans les *Oiseaux d'Asie*.

412. — LOPHOPHANES BEAVANI

PARUS BEAVANI, Blyth in *Mus. As. Soc.* — Jerd. (1863), *B. of Ind.*, II, 275. — PARUS MELANOLOPHUS, A. Dav. (1871), *N. Arch. du Mus., Bull.* VII, *Cat. Ois. Ch.*, n° 211.

Dimensions. Long. totale, $0^m,11$; queue, $0^m,05$; aile fermée, $0^m,07$; tarse, $0^m,02$; doigt postérieur, $0^m,013$, l'ongle seul mesurant $0^m,008$; huppe occipitale, $0^m,008$; bec, $0^m,007$ à partir du menton ; hauteur du bec, $0^m,004$.

Couleurs. Iris brun noirâtre ; bec brun, avec les bords et la pointe roussâtres ; pattes d'un bleu plombé ; ongles gris. — Sommet de la tête et nuque d'un noir assez brillant, avec une raie blanche allant de la nuque à la partie supérieure du dos ; gorge et haut de la poitrine d'un noir profond ; région parotique blanche ; dos d'un cendré bleuâtre ; parties inférieures d'un gris bleu, nuancé de jaune d'ocre, principalement sur le milieu de l'abdomen ; sous-caudales et plumes axillaires rousses ; rectrices et rémiges brunes, lisérées de cendré bleuâtre sur le bord externe.

Cette espèce se rapproche beaucoup du *Lophophanes rufonuchalis*, mais s'en distingue par son bec plus court et plus faible, par la teinte noire moins étendue de sa poitrine, par la nuance plus cendrée de sa région dorsale, et par l'absence de teinte rousse à la partie postérieure de son cou. On la trouve nonseulement dans le Sikkim, où elle a été découverte par le lieutenant Beavan, à une altitude de 10,000 pieds, mais encore sur les hautes montagnes boisées de la Chine occidentale. Je l'ai prise sur les frontières du Kokonoor, et plus tard je l'ai observée de nouveau dans le Tsinling central et dans le Chensi méridional ; mais elle n'est nulle part très-abondante, car je ne l'ai jamais rencontrée qu'isolément ou par couples, au milieu des sapins et d'autres conifères.

Le Muséum d'histoire naturelle de Paris possède un *Lophophanes rufonuchalis* qui est indiqué comme provenant de la Chine et qui présente les dimensions suivantes : longueur totale, $0^m,12$; queue, $0^m,055$; aile fermée, $0^m,07$; tarse, $0^m,02$. Cet oiseau a le bec plus long et plus robuste que dans les individus mentionnés ci-dessus, et, tout en portant à peu près la même livrée, il offre une teinte d'un roux jaunâtre dans le voisinage de la nuque ; son dos est d'un vert olive et non d'un gris cendré, et la teinte noire de sa gorge, beaucoup plus développée, se prolonge presque jusque sur l'abdomen.

413. — MACHLOLOPHUS REX (Pl. 36)

Parus rex, A. Dav. (1874), *Ann. des Sc. nat..* 5e série, XIX, art. n°. 9.

Dimensions. Long. totale, $0^m,153$; queue, $0^m,063$, presque carrée ; aile fermée, $0^m,084$, avec la quatrième et la cinquième rémige à peu près égales et dépassant toutes les autres ; tarse, $0^m,018$; doigt postérieur, $0^m,016$, l'ongle seul mesurant $0^m,007$; bec, conique, $0^m,009$ à partir du front ; huppe occipitale, $0^m,025$; hauteur du bec, $0^m,005$.

Couleurs. Iris brun ; bec noir ; tarses, doigts et ongles bleuâtres. — Sommet de la tête et côtés du cou d'un noir à reflets bleuâtres ; front, lores, raie sourcilière, joues, région parotique et nuque d'un jaune pur ; une raie noire étroite s'étendant du bord postérieur de l'œil à la nuque ; partie supérieure du dos d'un noir tacheté de cendré bleuâtre, et de blanc dans le voisinage de la nuque ; côtés et partie inférieure du dos d'un cendré bleuâtre ; sus-caudales d'un gris cendré, frangées de noir ; gorge et milieu de la poitrine et de l'abdomen d'un noir profond ; plumes des flancs, dans le voisinage de cette large bande médiane, d'abord blanches, puis cendrées ; couvertures alaires noires, les petites terminées de gris cendré, les moyennes et les grandes de blanc presque pur ; pennes alaires noires, offrant toutes, à l'exception des rémiges, une tache blanche à l'extrémité ; rémiges blanches à la base, sur les barbes externes, et lisérées de blanc et de bleuâtre dans le reste de leur étendue ; pennes moyennes lisérées de cendré bleuâtre ; sous-caudales blanchâtres, nuancées de gris cendré et de noirâtre. La huppe, toujours dressée, est de forme pyramidale et les plumes de son bord postérieur sont jaunes. — La femelle porte une livrée assez différente de celle du mâle : elle a le dos vert, et non d'un gris bleuâtre ; elle n'offre point de taches blanches dans le voisinage de la nuque ; le devant de son cou et sa poitrine sont d'un vert jaunâtre, avec quelques traces de noir seulement sur la gorge ; le reste des parties inférieures est d'une teinte verdâtre qui passe au cendré sur le milieu du ventre, et le jaune des côtés de la tête et de la nuque est un peu moins pur que chez le mâle.

Cette grande et belle mésange, voisine du *Machlolophus spilonotus* et du *M. xanthogenys* de l'Himalaya, est permanente dans les bois touffus des montagnes occidentales du Fokien, mais l'espèce ne paraît pas y être très-abondante. C'est un oiseau vigoureux et aux mouvements vifs, qui aime à parcourir rapidement et en petites bandes les arbres et les broussailles, à la recherche des insectes et des menus fruits ; il est d'un naturel sauvage et fuit l'homme d'aussi loin qu'il l'aperçoit. Son cri de rappel, sec et fort, diffère notablement de celui des autres mésanges.

414. — PROPARUS SWINHOEI (Pl. 35)

PROPARUS SWINHOII, J. Verr. (1870), *N. Arch. du Mus.*, *Bull.* VI, 38 ; (1871), *ibid.*, VII, 51, et (1872), VIII, pl. 2, f. 2.

Dimensions. Long. totale, 0m,11 ; queue, 0m,05, étagée, les pennes centrales dépassant les latérales de 0m,015 ; aile fermée, 0m,054, avec les quatrième, cinquième et sixième rémiges égales entre elles et dépassant toutes les autres ; tarse, 0m,022 ; doigt postérieur, 0m,013, l'ongle seul mesurant 0m,0065 ; bec, conformé comme celui des *Parus*, 0m,005 à partir des narines ; hauteur du bec, 0m,003.

Couleurs. Iris d'un brun bleuâtre ; bec bleu, avec la pointe plus claire ; narines blanches ; pattes et ongles blanchâtres. — Sommet de la tête noir, avec une raie médiane étroite d'abord blanche, puis passant au jaune en se prolongeant sur la nuque ; gorge d'un noir légèrement cendré ; côtés et partie postérieure du cou d'un noir lavé de vert ou de vert olive ; dos et croupion d'un vert olive ; poitrine, ventre et sous-caudales d'un beau jaune orangé ; plumes auriculaires d'un blanc soyeux ; rectrices brunes, lisérées en dehors d'orangé vif sur le bord du premier tiers de leur longueur ; couvertures des ailes noires ; rémiges noires, les quatre premières lisérées extérieurement de jaune, les quatre suivantes de noir, et toutes les autres d'orangé vif ; pennes secondaires et tertiaires noires, bordées de blanc, les secondaires seulement à l'extrémité, les tertiaires au sommet et le long des barbes internes. — Le plumage de la femelle ne diffère de celui du mâle que par des teintes un peu moins vives.

Cette charmante espèce a la voix, les mœurs et les allures des Paridés, et c'est à tort, suivant nous, que M. J. Verreaux, en la décrivant, l'a placée dans le même groupe que nos *Fulvetta cinereiceps*, *ruficapilla* et *striaticollis*. Ces derniers oiseaux n'ont en effet de commun avec les Mésanges que l'extrême vivacité de leurs mouvements.

Le *Proparus Swinhoei* se trouve en petit nombre dans les forêts qui couvrent les hautes montagnes de Moupin et du Setchuan occidental, jusqu'aux frontières du Kokonoor ; mais je l'ai rencontré une fois aussi dans le Tsinling central, dans la province de Chensi. Comme toutes les mésanges, cet oiseau voyage en petites bandes, et est sans cesse occupé à explorer les branches et les feuilles des arbres pour y chercher de petits insectes, des chrysalides et des œufs de papillons.

415. — POECILE PALUSTRIS

Parus palustris, L. (1766), *S. N.*, I, 341. — Poecile palustris, Kaup (1829), *Nat. Syst.*, 144. — Parus kamtschatkensis, Swinh. nec Bp. (1871), *P. Z. S.*, 361.— Parus kamtschatkensis, A. Dav. nec Bp. (1871), *N. Arch. du Mus.*, *Bull.* VII, *Cat. Ois. Ch.*, n° 207. — Parus palustris, Swinh. (1874), *Ibis*, 156. — G.-C. Danford et J.-A. Harvie Brown (1875), *Ibis*, 303.

Dimensions. Long. totale, 0m,123; queue, 0m,052; aile ouverte, 0m,076; fermée, 0m,065; tarse, 0m,015; doigt postérieur, 0m,011, l'ongle seul mesurant 0m,006.

Couleurs. Iris noir; bec d'un brun plombé; pattes et ongles bleuâtres. — Sommet de la tête et nuque d'un noir profond; sur la gorge, une petite tache noire, piquetée de blanc vers le bas; dos d'un gris terreux très-clair; région parotique blanche; côtés du cou nuancés de roux; milieu de la poitrine et du ventre et sous-caudales blanchâtres; flancs et côtés de la poitrine grisâtres; rectrices et pennes alaires d'un brun grisâtre, avec le bord externe d'une teinte plus claire.

La Nonnette des marais, qui habite les régions froides de l'Europe et qui, d'après MM. Danford et Harvie Brown, est très-commune en Transylvanie, dans les forêts de pins, est également répandue en toutes saisons sur une grande partie de la Chine, et se trouve aussi bien dans les plaines que sur les collines, mais ne paraît pas s'élever sur les hautes montagnes, comme dans nos contrées. Elle séjourne pendant toute l'année à Pékin, dans les endroits plantés d'arbres, tandis que le *Parus minor* n'y vient que très-rarement et que le *Parus pekinensis* ne s'y montre que d'une manière tout à fait accidentelle.

416. — POECILE CINCTA

La Mésange de Sibérie, Buff. (1770), *Pl. Enl.* 708, f. 3. — Parus cinctus, Bodd. (1783), *Tabl. des Pl. Enl.*, 44. — Parus sibiricus, Gm. (1788), *S. N.*, I, 1,013. — Poecile sibirica, Kaup (1829), *Nat. Syst.*, 115. — Poecila sibiricus, Bp. (1850), *Consp. Av.*, I, 493, n° 1. — Poecile sibirica, Degl. et Gerbe (1867), *Ornith. eur.*, éd. 2, I, p. 568. — Parus sibiricus, A. Dav. (1871), *Nouv. Arch. du Mus.*, *Bull.* VII, *Cat. Ois. Chin.*, n° 208. — Parus cinctus, Cab. (1871), *J. f. Orn.*, 237. — Poecile cincta, Swinh. (1871), *P. Z. S.*, 362. — Parus cinctus, H. Seebohm et J.-A. Harvie Brown (1876), *Ibis*, 219.

Dimensions. Long. totale, $0^m,13$; queue, $0^m,063$; aile fermée, $0^m,065$; tarse, $0^m,018$; doigt postérieur, $0^m,012$, l'ongle seul mesurant $0^m,007$.

Couleurs. (♂ adulte.) Iris noirâtre; bec brun; pattes et ongles bleuâtres. — Sommet de la tête et nuque d'un brun fuligineux; sur la gorge, une tache brune s'étendant jusqu'à la partie supérieure et aux côtés de la poitrine dont les plumes sont lisérées de blanc; dos et croupion d'un gris sale et terreux; ventre blanchâtre, nuancé de jaune d'ocre sur les flancs et les sous-caudales; région parotique blanche; rectrices et rémiges brunes, lisérées de gris sur le bord externe.

Je n'ai rencontré cette nonnette, aux teintes enfumées, que sur les montagnes de l'Ourato, où elle niche et paraît sédentaire. Elle se rencontre également en Sibérie et dans la Russie septentrionale, et se trouve mentionnée dans le *Catalogue des oiseaux de la basse Petchora* publié récemment par MM. Seebohm et Harvie Brown. Sa voix diffère sensiblement de celle du *Pœcile palustris*.

417. — POECILE AFFINIS

Parus sibiricus, Radde (1863), *Reis. in S. O. Sib.*, II, 198 (nec Gmel.). — Poecilia sibirica (Gm.)? Tacz. (1876), *Bull. Soc. zool. Fr.*, I, 163. — Poecile affinis, Przew. (1877), *Ornith. Misc.*, VI, 188, *B. of Mong.*, sp. 85.

Cette espèce, dit M. Przewalski, est très-voisine du *Pœcile cincta*, mais en diffère par les caractères suivants : 1° elle a le sommet de la tête non pas brun, mais noir, comme le *P. lugubris;* 2° elle a les flancs et le dos d'une teinte beaucoup plus foncée que le *P. cincta;* 3° chez elle, les larges bordures des pennes tertiaires et des couvertures des ailes et les lisérés des autres pennes alaires sont de la même teinte que le dos, au lieu d'être gris comme dans l'espèce précédente; 4° les côtés du cou et la poitrine sont nuancés de brun et non d'un blanc pur; 5° les couvertures inférieures de l'aile sont d'un brun rougeâtre.

Le *Pœcile affinis* paraît être commun dans les forêts de pins de l'Ala-chan et dans les forêts de bouleaux du Kan-sou. C'est probablement, d'après M. Taczanowski, la même forme qui a été rencontrée par Radde dans la Sibérie orientale et désignée par lui sous le nom de *Parus sibiricus.*

418. — POECILE SUPERCILIOSA

POECILE SUPERCILIOSA, Przew. (1877), *Ornith. Misc.*, VI, 189, *B. of Mong.*, sp. 86.

Dimensions. Long. totale, $0^m,13$; queue, un peu étagée, $0^m,07$; aile, $0^m,065$, avec la quatrième et la cinquième rémige égales entre elles et dépassant toutes les autres; tarse, $0^m,18$; bec, $0^m,012$ à partir de la commissure.

Couleurs. Iris noir; bec noir en dessus; pattes d'un noir légèrement plombé. — Vertex et gorge noirs, la teinte noire de la tête s'étendant sur la nuque sous la forme d'une ligne étroite; front et sourcils blancs; parties supérieures du corps d'un gris souris, passant au gris clair sur les côtés et la partie postérieure du cou; joues, flancs, parties inférieures du corps, couvertures inférieures des ailes et de la queue d'un brun chocolat clair, nuancé de rouge; rémiges, rectrices et couvertures supérieures des ailes d'un brun foncé, avec des lisérés du même gris que le dos, et une bordure blanche sur les barbes externes des deux rectrices latérales.

Nous empruntons cette description à M. le lieutenant-colonel Przewalski qui a trouvé cette espèce nouvelle dans le Kan-sou, volant de buissons en buissons en compagnie du *Leptopœcile Sophiæ*.

419. — LEPTOPOECILE SOPHIÆ

LEPTOPOECILE SOPHIÆ, Severtz. (1873), *Turk. Jevotn.*, 66 et 135, pl. VIII, fig. 8 et 9. — STOLICZANA STOLICZÆ, Hume (1874), *Stray Feathers*, II, 513. — LEPTOPOECILE SOPHIÆ, Dress. (1876), *Ibis*, 171. — Gould (1876), *B. of As.*, livr. XXVIII, pl. — Przew. (1877), *Ornith. Misc.*, VI, 191, *B. of Mong.*, sp. 92.

Dimensions. Long. totale, $0^m,12$; aile, étagée, $0^m,053$; aile, $0^m,05$; bec, $0^m,007$ à partir du front.

Couleurs. Iris brun foncé; bec et pieds noirs. — Dessus de la tête d'un brun châtain, lavé de violet, avec un large sourcil d'un blanc jaunâtre; dos d'un brun grisâtre, nuancé de bleuâtre; croupion d'un bleu violet; joues, côtés du cou, flancs et gorge d'un bleu à reflets violets ou verdâtres; milieu de l'abdomen jaunâtre; sous-caudales courtes, brunâtres, terminées de violet; ailes d'un brun noirâtre, avec les plumes frangées de brun clair; rectrices presque noires, avec des lisérés d'un vert bleuâtre et le bord externe des deux pennes latérales blanc. — Chez la femelle, le bas des flancs et le croupion sont d'un bleu violet, la nuque d'un brun clair, la raie sourcilière plus étroite que chez le mâle, les joues et les épaules d'un brun grisâtre, la gorge, la poitrine et le ventre d'un jaune brunâtre, les flancs d'un brun clair, avec les plumes voisines des sous-caudales terminées de bleu, les ailes d'un brun noirâtre avec les plumes bordées de brun grisâtre; queue noire, lisérée de brun à l'extrémité, avec les deux pennes externes bordées de blanc.

Cette jolie mésange, dont nous donnons la description d'après
M. Severtzoff, qui, le premier, l'a rencontrée dans le Turkestan,
a été retrouvée récemment par M. Przewalski dans la région
alpine du Kan-sou, dans le Kokonoor et dans le Tibet septentrional.

420. — ACREDULA GLAUCOGULARIS

Orites glaucogularis, Gould (1854), *P. Z. S.*, 140. — Parus trivirgatus, Swinh.
(1860), *Ibis*, 131. — Mecistura caudata, Swinh. (1863), *P. Z. S.*, 270. — Mecistura
Swinhoei, v. Pelz. (1865), *Vög. gesam. auf d. Reise d. Novara*, pl. 3. — Orites
glaucogularis, Swinh. (1871), *P. Z. S.*, 362. — Orites caudatus, Przew. (1877),
Ornith. Misc., VI, 190, *B. of Mong.*, sp. 89.

Dimensions. Long. totale, $0^m,13$ à $0^m,14$; queue, $0^m,065$ à $0^m,081$, étagée,
les pennes centrales dépassant les latérales de $0^m,035$; aile ouverte, $0^m,07$;
fermée, $0^m,065$; tarse, $0^m,017$; doigt postérieur, $0^m,011$, l'ongle seul mesurant $0^m,005$.

Couleurs. Iris brun; bec noir; tarses d'un brun clair; doigts et ongles
bruns. — Milieu de la tête et de la nuque d'un gris rosé; côtés de la tête et
haut du cou noirs; front, partie supérieure de la gorge et joues d'un gris
rosé; côtés du cou de la même teinte, avec quelques stries noires; milieu de
la gorge marqué d'une tache d'un gris soyeux passant au blanchâtre sur les
bords; partie supérieure du dos d'un gris cendré; côtés du dos et croupion
d'une teinte vineuse; sus-caudales cendrées, avec quelques taches noires;
parties inférieures du corps d'une teinte vineuse qui s'éclaircit sensiblement
sur le milieu du ventre, et qui, sur la poitrine, est parsemée de quelques
petites taches brunes; plumes scapulaires noires, de même qu'une partie des
couvertures alaires; moyennes couvertures grises sur leurs barbes internes;
rémiges noirâtres; pennes secondaires et tertiaires nuancées de gris clair;
rectrices noires, les médianes lisérées de gris en dehors, les latérales offrant
sur leurs barbes externes une bordure blanche qui devient de plus en plus
large, et qui, sur les deux pennes externes, s'étend jusqu'à la base.

Cette jolie mésange, que Gould a fait connaître le premier
sous le nom d'*Acredula glaucogularis*, remplace en Chine notre
Mésange à longue queue (*A. caudata*); elle est assez généralement répandue sur les montagnes du nord de cet empire et au
centre à partir du Setchuan d'une part et du Tchékiang de l'autre,
et je l'ai rencontrée souvent en Mongolie, dans l'Ourato et sur
les frontières de la Mantchourie; mais au Japon elle est remplacée par une autre espèce, l'*Acredula trivirgata*(Tem.). Ses mœurs,
ses allures et sa voix rappellent tout à fait celles de notre
Mésange à longue queue. C'est peut-être à cette espèce que se

rapportent les mésanges qui ont été observées par M. Przewalski dans le Kan-sou et qu'il a désignées dans son Catalogue sous le nom *'Orites caudatus*.

421. — ACREDULA VINACEA

MECISTURA VINACEA, J. Verr. (1870), *Nouv. Arch. du Mus.*, *Bull.* VI, 39.—(1871), *ibid.*, VII, 57. — (1872), *ibid.*, VIII, pl. 2, f. 3. — ORITES OURATENSIS, A. Dav., ms. — Swinh. (1870), *P. Z. S.*, 436, et (1871), *ibid.*, 362.

Dimensions. Long. totale, 0^m,115 ; queue, 0^m,065 ; aile fermée, 0^m,053 ; tarse, 0^m,018 ; doigt postérieur, 0^m,011, l'ongle, fortement arqué, mesurant à lui seul 0^m,006.

Couleurs. Iris brun ; bec brun ; pattes d'un gris roussâtre. — Milieu du vertex et de la nuque blanchâtre ; partie antérieure et côtés de la tête, côtés du cou et partie supérieure du dos d'un brun fuligineux ; partie inférieure du dos d'une teinte analogue ; milieu de la même région orné d'une sorte de fer-à-cheval renversé, formé par les bordures blanches des plumes dorsales ; autour du bec, une teinte blanchâtre, se prolongeant sur les côtés de la gorge et de la poitrine en forme de longues moustaches ; partie inférieure de l'abdomen également d'une nuance blanchâtre ; gorge et poitrine d'un rouge vineux foncé ; sous-caudales d'un ton un peu moins vif, et terminées de noir ; plumes scapulaires d'un brun fuligineux ; petites couvertures des ailes d'une couleur analogue ; moyennes couvertures noirâtres et blanchâtres ; grandes couvertures d'un gris tirant sur le brun ; rémiges noirâtres ; pennes secondaires et tertiaires grisâtres ; rectrices noires, celles des deux paires latérales avec les barbes externes blanches jusqu'à la base.

La description ci-dessus est prise sur six spécimens que j'ai capturés dans l'Ourato, et dont les uns avaient la queue complétement développée, tandis que d'autres ne l'avaient qu'à moitié poussée. Ces oiseaux faisaient partie de bandes dont tous les individus offraient la même livrée, bien différente, comme on peut le voir, de celle de l'*Orites glaucogularis;* il nous paraît donc bien difficile de les considérer comme des jeunes de l'espèce précédente ; la question néanmoins mérite d'être encore étudiée.

422. — ACREDULA FULIGINOSA

MECISTURA FULIGINOSA, J. Verr. (1869), *N. Arch. du Mus.*, *Bull.* V, 36. — (1870) *ibid.*, VI, 39. — (1871), *ibid.*, VII, 57. — (1872), *ibid.*, VIII, pl. 5, f. 4. — ÆGITHALISCUS FULIGINOSUS, Swinh. (1871), *P. Z. S.*, 362.

Dimensions. Long. totale, 0^m,11 à 0^m,12 ; queue, 0^m,055 à 0^m,06 ; aile ouverte, 0^m,07, fermée, 0^m,055 ; tarse, 0^m,017 ; doigt postérieur, 0^m,012 ; bec, à partir du menton, 0^m,005 ; hauteur du bec, 0^m,0035.

Couleurs. Iris jaune; bec noir; pattes d'un brun grisâtre. — Milieu de la tête et de la nuque et dos d'un brun à reflets soyeux, principalement sur le vertex; plumes du croupion d'un rouge vineux à l'extrémité; sus-caudales d'un brun olive; tour des yeux et un large sourcil d'un beau gris soyeux; gorge gris de souris; devant et côtés du cou blancs; région post-auriculaire, partie supérieure et côtés de la poitrine d'un brun légèrement roussâtre, comme le dos; milieu de l'abdomen blanc; flancs et bas-ventre d'un roux vineux; rectrices d'un brun sale, frangées de gris, celles de la paire centrale sans taches, celles des paires latérales ornées, sur les barbes externes, d'une bordure blanche de plus en plus large; rémiges brunes; le reste de la face supérieure de l'aile d'un brun olive, avec des reflets soyeux sur les grandes couvertures et les pennes tertiaires. — Le plumage ne varie pas sensiblement suivant l'âge ou le sexe.

Je n'ai rencontré cette petite mésange que sur les montagnes, d'altitude moyenne, du Setchuan occidental et du Tsinling méridional; c'est de là que proviennent les spécimens qui ont été envoyés au Muséum et qui ont servi de types aux descriptions de J. Verreaux. Comme ses congénères à longue queue, l'*Acredula fuliginosa* vit en bandes assez nombreuses qui s'abattent sur les arbres, particulièrement sur les chênes, et en explorent avec soin les branches et les feuilles pour y trouver des insectes. Ces oiseaux paraissent être assez communs dans la région que nous avons indiquée, et ressemblent aux *Mecistura* par leur voix et leurs allures, tout en se rapprochant des *Psaltria* et des *Ægithaliscus* par la couleur jaune de leurs yeux et le développement médiocre de leurs pennes caudales.

423. — ACREDULA CONCINNA

PSALTRIA CONCINNA, Gould (1855), *B. of As.*, livr. VII, pl. — ÆGITHALISCUS ANOPHRYS, Swinh. (1868), *Ibis*, 64. — ÆGITHALISCUS CONCINNUS, Swinh. (1871), *P. Z. S.*, 362. — PSALTRIA CONCINNA, A. Dav. (1871), *N. Arch. du Mus.*, Bull. VII, *Cat. Ois. Ch.*, n° 214. — ORITES SOPHIÆ (juv.), A. Dav., *in litt.*

Dimensions. Long. totale, 0m,115; queue, 0m,05, moins longue que dans les *Orites*, étagée, avec les pennes centrales dépassant les latérales de 0m,025; aile fermée, 0m,05, n'arrivant qu'au tiers de la queue; tarse, 0m,015; doigt postérieur, 0m,01, l'ongle seul mesurant 0m,005. — Un spécimen du Setchuan n'avait que 0m,095 de longueur totale.

Couleurs. Iris jaune clair; bec noir; tarses et doigts roux; ongles bruns. — Vertex et nuque d'un roux amadou; dos et dessus des ailes d'un cendré bleuâtre; croupion roussâtre; une large tache noire entourant les yeux et descendant sur les côtés du cou; gorge et moustaches noires; un rabat de couleur noire, entouré de blanc, sur le devant du cou; côtés de la poitrine et du ventre d'un roux tirant sur le rouge; une bande étroite de la même couleur traversant la partie supérieure de la poitrine; milieu de l'abdomen blanc; rectrices d'un brun bleuâtre, celles des quatre paires latérales offrant à l'extrémité et sur les barbes externes une bordure blanche de plus en plus marquée; couvertures alaires brunes; rémiges brunes, lisérées de gris cendré sur le bord externe. — La livrée de la femelle est semblable à celle du mâle. L'oiseau, dans son premier plumage, offre des teintes toutes différentes, qui le rendent méconnaissable : il n'a de roux que sur le devant de la tête, le reste du vertex étant d'un gris cendré; le devant de son cou est blanc, avec quelques taches noires formant une sorte de collier à la partie supérieure de la poitrine; son ventre est blanc, nuancé de roux sur les flancs, et les plumes de ses ailes sont lisérées de roux clair.

L'*Acredula concinna* est abondamment répandu dans les provinces centrales de la Chine, depuis le Tchékiang jusqu'au Setchuan et à Moupin, mais ne dépasse pas au nord le bassin du Yangtzé. Il voyage en bandes assez nombreuses, passant d'un arbre à l'autre, et se posant de préférence sur les chênes. C'est un oiseau peu farouche, qui se laisse facilement approcher et qui a les allures de notre Mésange à longue queue, avec une voix presque identique.

424. — ÆGITHALUS CONSOBRINUS

ÆGITHALUS PENDULINUS, Radde (1863), *Reis. in S. O. Sib.*, II, 195. — ÆGITHALUS CONSOBRINUS, Swinh. (1870), *P. Z. S.*, 133. — (1871), *ibid.*, 362.

Dimensions. Long. totale, $0^m,103$; queue, $0^m,046$; aile fermée, $0^m,057$; tarse, $0^m,014$.

Couleurs. Iris noir; bec grisâtre; pattes bleuâtres. — Sommet de la tête d'un gris clair, avec quelques raies noirâtres et blanchâtres; une raie noire s'étendant sur le front et les lores, et se prolongeant, en arrière de l'œil, jusqu'au delà des couvertures des oreilles; *au-dessus* de la bande frontale noire, une ligne blanche, passant au-dessus de l'œil et formant un sourcil distinct; une seconde raie blanche, naissant *au-dessous* de la bande frontale, à la base de la mandibule inférieure, et allant rejoindre la raie sourcilière, derrière la plaque noire des oreilles; dos et scapulaires roussâtres; sur le cou, une sorte de collier d'un brun marron; croupion roussâtre; sus-caudales grises rayées de brun; couvertures des ailes brunes, les petites frangées de roux, les grandes de fauve clair; parties inférieures du corps d'un gris roussâtre, passant au marron sur les côtés de la poitrine; rectrices brunes, lisérées de gris jaunâtre; rémiges brunes, frangées de brun grisâtre clair; pennes secondaires et tertiaires d'une teinte analogue, avec une bordure de plus en plus large et de moins en moins foncée, tirant au blanchâtre. — Chez la femelle, les teintes du plumage sont moins vives, la tête est d'un gris poudreux, le dos d'un gris foncé, sans collier roux ni taches sur les côtés du cou ; la raie qui traverse les yeux est brune au lieu d'être noire, et n'est pas limitée par une bordure blanche aussi large que chez le mâle.

Cette espèce se distingue de notre Rémiz d'Europe par un bec plus long et plus robuste, par des teintes noires plus développées sur les côtés de la tête, et surtout par la présence de sourcils et de moustaches blanches, dont on ne voit aucune trace dans l'espèce de nos contrées. Jusqu'à présent l'*Ægithalus consobrinus* n'a été rencontré qu'une seule fois en Chine, à Cha-seu, près d'Itchang, dans la partie centrale de l'Empire : il niche probablement au bord des innombrables étangs et des grands lacs qui couvrent cette région. Il se reproduit également sur les rives du fleuve Amour, où il a été trouvé précédemment par Radde qui l'a confondu avec l'espèce européenne.

425. — PANURUS BIARMICUS

PARUS BIARMICUS, L. (1766), *S. N.*, I, 342. — LA MOUSTACHE, Buff. (1770), *Pl. Enl.* 618, f. 1 et 2. — PARUS RUSSICUS, Gm. (1788), *S. N.*, 1, 164. — PANURUS BIARMICUS, Koch (1816), *Baier. zool.*, I, 202. — Degl. et Gerbe (1867), *Ornith. eur.*, 2ᵉ éd., I, 573. — Severtz. (1873), *Turk. Jevotn.*, 66. — Dress. (1876), *Ibis*, 94. — Przew. (1877), *Ornith. Misc.*, VI, 191, *B. of Mong.*, sp. 91.

D'après M. Przewalski, la Panure à moustaches, qui habite une grande partie de l'Europe, se trouve également dans la Mongolie : elle est même extrêmement commune dans la région marécageuse qui s'étend au sud du coude septentrional du Hoangho. Les spécimens provenant de cette contrée ne diffèrent de ceux d'Europe que par leurs moustaches un peu plus étroites.

MOTACILLIDÉS

Cette famille comprend une centaine d'espèces qui sont distribuées sur toute la surface du globe, et dont 24 font partie de la faune chinoise.

426. — HENICURUS LESCHENAULTI (Pl. 37)

TURDUS LESCHENAULTI, Vieill. (1818), *N. Dict. d'H. Nat.*, XX, 269. — *Gal. des Ois.*, pl. 145. — ENICURUS CORONATUS, Temm. et Laug. (1822-38), *Pl. Col.* 113. — MOTACILLA speciosa, Horsf. (1821), *Linn. Trans.*, XIII, et (1824), *Zool. Res. in Java.* — Enicurus Leschenaulti, Gr. (1834), *Gen. of B.*, I, 204. — Henicurus speciosus, Swinh. (1861), *Ibis*, 265, et (1862), *ibid.*, 261 et 264. — Henicurus Leschenaultii, Swinh. (1863), *P. Z. S.*, 276. — Henicurus sinensis, Gould (1865), *P. Z. S.*, 665. — Enicurus chinensis, Gould (1866), *B. of As.*, livr. XV, pl. — Enicurus sinensis, Swinh. (1867), *Ibis*, 404. — (1871), *P. Z. S.*, 365. — Henicurus Leschenaulti, H.-J. Elwes (1872), *Ibis*, 258.

Dimensions. Long. totale, 0ᵐ,30; queue, 0ᵐ,16, très-fourchue, avec les rectrices de la pénultième paire dépassant les latérales de 0ᵐ,045 et les centrales de 0ᵐ,10; aile fermée, 0ᵐ,11; tarse, 0ᵐ,032; bec, 0ᵐ,02 à partir du front; hauteur du bec, 0ᵐ,005.

Couleurs. Iris noir; bec noir; pattes blanches, avec les ongles lavés de brun. — Front et partie antérieure du vertex d'un blanc pur; reste de la tête, cou, poitrine et dos d'un noir de velours; rectrices des deux paires latérales blanches, les autres noires, avec de larges taches blanches à l'extrémité et à la base; ailes noires, avec la base des rémiges, le bout des pennes tertiaires et l'extrémité des couvertures alaires d'un blanc pur, ce qui dessine sur le dos une grande tache blanche en forme de V; abdomen et sous-caudales d'un blanc pur. — Chez la femelle, le plumage est absolument le même que chez le mâle, mais la queue est moins développée.

Après avoir examiné comparativement de nombreux spécimens provenant les uns de Chine, les autres de Java, M. H.-J. Elwes s'est convaincu qu'il était impossible de les séparer spécifiquement; c'était du reste l'opinion qu'avaient émise précédemment M. Swinhoe et M. J. Verreaux. L'*Henicurus Leschenaulti* se rencontre en toute saison, mais en petit nombre, parmi les montagnes de la Chine méridionale, jusqu'au Hoangho. Il vit isolé ou par couples, au bord des ruisseaux clairs, à l'abri de buissons touffus, et fait sa nourriture de larves aquatiques. Pour dormir, il se perche sur les branches qui pendent au-dessus de l'eau; et, durant le jour, il reste généralement silencieux, ne poussant un petit sifflement que lorsqu'il est surpris. Sa démarche est dès plus élégantes, et son vol assez rapide.

427. — HENICURUS SCHISTACEUS

Enicurus schistaceus, Hodgs. (1836), *As. Res.*, XIX, 189. — Gr. (1844), *Zool. Misc.*, 83. — Swinh. (1861), *Ibis*, 409. — (1863), *P. Z. S.*, 276. — Jerd. (1863), *B. of Ind.*, II, 214. — Henicurus leucoschistus, Swinh. (1870), *Ann. and Mag. Nat. Hist.*, VI, 154. — (1871), *P. Z. S.*, 365. — Henicurus schistaceus, H.-J. Elwes (1872), *P. Z. S.*, 253.

Dimensions. Long. totale, 0ᵐ,25 ; queue, très-fourchue, 0ᵐ,13, avec les deux rectrices centrales dépassant les latérales de 0ᵐ,075 ; aile, 0ᵐ,10 ; tarse, 0ᵐ,027 ; bec, 0ᵐ,017 ; hauteur du bec, 0ᵐ,004.

Couleurs. Iris noirâtre ; bec noir ; pattes et ongles blancs. — Sommet de la tête, nuque et dos d'un gris ardoisé ; une raie frontale blanche se prolongeant au-dessus de l'œil sous forme de sourcil ; gorge, joues, plumes des lores et région nasale noires ; croupion et parties inférieures du corps d'un blanc pur, nuancé de gris cendré sur les côtés de la poitrine ; rectrices des deux paires latérales blanches, celles des autres paires noires, avec la base et l'extrémité blanches ; grandes rémiges noires, sans marques blanches à la pointe, offrant un peu de blanc à la base, surtout à partir de la quatrième penne, ce qui dessine une sorte de miroir au-dessus de l'aileron ; pennes secondaires et tertiaires marquées de blanc non-seulement à la base, mais encore au sommet.

L'*Henicurus schistaceus* qui habite principalement le Népaul, le Sikkim, le Boutan et le Tenasserim, se trouve aussi, mais en petit nombre, dans la Chine méridionale. M. Swinhoe l'a reçu du Fokien et je l'ai pris au Setchuan, au bord des ruisseaux qui arrosent les collines de moyenne altitude, mais je ne l'ai jamais rencontré parmi les grandes montagnes, comme ses congénères de la faune chinoise.

428. — HENICURUS SCOULERI

Enicurus Scouleri, Vig. (1831), *P. Z. S.*, 174. — Gould (1832), *Cent. Him. B.*, pl. 28. — Henicurus nigrifrons, Hodgs., ms. — Gr. (1859), *P. Z. S.*, 102. — Jerd. (1803), *B. of Ind.*, II, 215. — Enicurus Scouleri, Jerd. (1863), *B. of Ind.*, II, 214. — Gould (1868), *B. of As.*, livr. XVIII, pl. — Henicurus Scouleri, Stoliczka (1868), *J. A. S. B.*, 47. — Swinh. (1871), *P. Z. S.*, 365. — H.-J. Elwes (1872), *Ibis*, 255.

Dimensions. Long. totale, 0ᵐ,14 ; queue, 0ᵐ,05, à peine fourchue ; aile, 0ᵐ,08 ; tarse, 0ᵐ,024 ; bec, 0ᵐ,009 ; hauteur du bec, 0ᵐ,003.

Couleurs. Iris et bec noirs ; pattes et ongles blancs. — Moitié antérieure du vertex d'un blanc pur ; reste de la tête, cou, gorge, dos, face supérieure des ailes et de la queue noirs ; partie inférieure du dos d'un blanc pur, séparé par une bande noire de la teinte blanche qui règne sur le croupion, les sus-caudales et les deux rectrices latérales, et qui, sur les pennes caudales suivantes, occupe, à la base, un espace de plus en plus restreint ; parties inférieures du corps blanches, avec les flancs nuancés de brun ; une teinte blanche au sommet des grandes couvertures alaires, à la base et le long du bord externe des pennes secondaires et tertiaires.

Cette espèce, qui se distingue des autres par la brièveté de sa queue, est répandue dans le pays de Cachemire, le Népaul, le

Sikkim, les monts Khasi, le Boutan, et en général dans toute la région himalayenne. En Chine, elle se rencontre dans toutes les provinces méridionales, jusqu'au Hoangho ; je l'ai prise au Fokien, au Kiangsi, au Houpé, au Setchuan et au Chensi. De tous les *Henicurus*, c'est assurément le plus commun, et il n'y a, pour ainsi dire, dans toute la région précitée, pas une seule cascade, un seul cours d'eau limpide et peu fréquenté, au bord duquel on ne puisse observer un couple de ces gentils oiseaux, se livrant en silence à la chasse des larves aquatiques, sur les pierres baignées par l'onde écumante.

429. — MOTACILLA ALBOIDES

Motacilla alboïdes, Hodgs. (1836), *Av. Res.*, XIX, 190. — Motacilla leucopsis, Gould (1837), *P. Z. S.*, 78. — Motacila luzoniensis, Swinh. nec Scop. (1860), *Ibis*, 55 et 429. — (1861), *ibid.*, 35. — (1862), *ibid.*, 259. — (1863), *ibid.*, 308. — (1863), *P. Z. S.*, 274. — Jerd. (1863), *B. of Ind.*, II, 218. — Motacilla felix et Motacilla leucopsis, Swinh. (1870), *P. Z. S.*, 121. — Motacilla alboïdes, var. felix et var. sechuenensis, Swinh. (1871), *ibid.*, 363.

Dimensions. Long. totale, 0m,20 ; queue, 0m,09 ; aile ouverte, 0m,135.

Couleurs. Iris, bec et pattes noirs. — Une teinte noire couvrant le sommet de la tête, la nuque et le dos, longeant les côtés du cou, et s'étendant sur la poitrine, parfois même sur toute la gorge jusqu'au menton (v. *sechuenensis*) ; front, face, région des yeux et des oreilles, côtés du cou, ventre et sous-caudales d'un blanc pur ; couvertures alaires et rémiges largement bordées de blanc. — Dans le mâle, en hiver, la teinte noire de la poitrine est moins étendue, et le dos est mélangé de gris, tandis que chez la femelle cette dernière région est alors entièrement grise.

Le *Motacilla alboïdes* présente des variations assez fréquentes de taille et de plumage, mais se reconnaît toujours à sa face blanche, dépourvue de moustaches et de raies oculaires noires, et à son dos d'un noir pur chez le mâle adulte en été. Cette espèce se rencontre dans toute la Chine pendant la belle saison, partout où il y a des cours d'eau, des canaux arrosant des rizières, en plaine comme en montagne. Elle niche fréquemment sur les toits, ou dans le voisinage des maisons, et égaie les habitants par la douceur de son ramage.

430. — MOTACILLA HODGSONI

Motacilla Hodgsoni, G.-R. Gr., ms. — Blyth (1865), *Ibis*, 49. — Motacilla Francisi,

Swinh. (1870), *P. Z. S.*, 123. — (1870), *Ibis*, 345. — Motacilla Hodgsoni, Swinh. (1871), *P. Z. S.*, 363.

Dimensions. Long. totale, 0^m,20; queue, 0^m,095; aile fermée, 0^m,09.

Couleurs. Plumage semblable en général à celui du *Motacilla alboïdes*, avec la teinte blanche de la tête limitée au front, à la région oculaire et à la gorge, les côtés du cou étant noirs comme le devant de la poitrine, et cette teinte noire s'avançant à travers la région auriculaire, en forme de moustache, jusqu'à la commissure du bec. — En hiver, cette espèce a, comme la précédente, le dos plus ou moins tacheté de gris.

En Chine, le *Motacilla Hodgsoni* est moins répandu que le *Motacilla alboïdes;* je l'ai pris au Setchuan et dans le midi du Chensi, dans les rizières inondées. Il se distingue toujours, par la coloration noire de son dos, du *M. personata* (Gould), avec lequel M. Taczanowski paraît l'avoir confondu.

431. — MOTACILLA PARADOXA

Motacilla alba, var. paradoxa, Schrenck (1860), *Vög. d. Amurlands*, 341, pl. XI, f. 2. — Swinh. (1871), *P. Z. S.*, 363. — Motacilla luzoniensis, Przew. (1877), *Ornith. Misc.*, VI, 192, *B. of Mong.*, sp. 93.

Description. Semblable au *Motacilla alboïdes*, mais n'ayant sur la poitrine qu'une tache isolée et presque ronde.

Cette espèce, qui a été décrite et figurée par von Schrenck comme une forme aberrante du *Motacilla alba* et que M. Taczanowski considère, à tort suivant nous, comme une simple variété du *Motacilla japonica*, se rencontre au bord des torrents, au milieu des montagnes de la Chine septentrionale et de la Mongolie, et s'avance jusque dans l'Amourland. Dans les oiseaux en livrée d'amour que j'ai eu fréquemment l'occasion de capturer, la teinte noire était toujours peu étendue sur la poitrine et ne s'avançait pas sur la gorge. La voix de cette espèce m'a paru d'ailleurs différer quelque peu de celle des autres hochequeues à dos noir de la Chine centrale.

432. — MOTACILLA OCULARIS

Motacilla lugubris, Swinh. (1860), *Ibis*, 55. — (1862), *P. Z. S.*, 317. — Motacilla ocularis, Swinh. (1863), *Ibis*, 94 et 309. — (1863), *P. Z. S.*, 275. — (1870), *ibid.*, 130, fig. — (1871), *ibid.*, 364. — Motacilla ocularis, Dyb. (1873), *J. f. O.*, 82, et (1874), *ibid.*, 335. — Tacz. (1876), *Bull. Soc. zool. Fr.*, I, 150. — Przew. (1877), *Ornith. Misc.*, VI, 192, *B. of Mong.*, sp. 95.

Dimensions. Long. totale, $0^m,20$; queue, $0^m,095$; aile ouverte, $0^m,13$; fermée, $0^m,09$.

Couleurs. Iris, bec et pattes noirâtres. — Dos et scapulaires d'un gris cendré; occiput, poitrine et gorge noirs; front, côtés de la tête et du cou blancs, avec une raie noire étroite se prolongeant, à travers l'œil, de la commissure du bec à la nuque; rectrices latérales blanches, avec une large bordure noire sur le bord interne. En hiver, la teinte noire de la poitrine n'arrive pas jusqu'à la gorge.

Cette espèce paraît répandue dans toute la Chine; mais je ne l'ai rencontrée nulle part en abondance : à Pékin, je ne l'ai prise qu'au printemps, tandis qu'au Kiangsi je l'ai capturée en plein hiver. D'après M. Swinhoe, M. Dybowski et M. Prze-walski, elle se montrerait également, à l'époque des passages, sur les bords du Baïkal, en Daourie, près de l'embouchure de l'Oussouri, et plus rarement dans le Kan-sou et la Mongolie orientale. De même que l'espèce suivante, le *Motacilla ocularis* ressemble au *Motacilla lugubris* (Tem.) de Crimée par sa raie oculaire noire, mais ne peut d'ailleurs être confondu avec lui, le *Motacilla lugubris* ayant toujours le front noir, et non pas blanc, et les rectrices latérales entièrement blanches.

433. — MOTACILLA JAPONICA

MOTACILLA ALBA, var. CAMTSCHATICA, Pall. (1811-31), *Zoogr. Ross. as.* — MOTACILLA LUGENS, Tem. et Schl., nec Illig. (1850), *F. Jap. Aves*, 25. — Swinh. (1860), 357. — MOTACILLA LUGUBRIS, Swinh. (1862), *Ibis*, 260, et (1863), *ibid.*, 308. — MOTACILLA JAPO-NICA, Swinh. (1863), *P. Z. S.*, 274. — (1870), *ibid.*, 130. — (1871), *ibid.*, 364. — MOTACILLA PERSONATA γ. MELANOTA, Severtz. (1873), *Turk. Jevotn.*, 67 et 139. — MOTA-CILLA JAPONICA, Dress. (1876), *Ibis*, 177. — ? Dyb. (1876), *J. f. O.*, 194. — ? Tacz. (1876), *Bull. Soc. zool. Fr.*, I, 150.

Description. Taille un peu plus forte que celle du *Motacilla ocularis*; plumage à peu près semblable, le dos cependant étant noir et non pas cendré, en été, et gris mélangé de noir en hiver, avec les épaules noires et les pennes alaires offrant plus de blanc que dans l'espèce précédente.

Cette espèce japonaise s'avance au printemps jusqu'au Kamtschatka, et se montre accidentellement sur le continent chinois : j'en ai pris un spécimen à Kioukiang, et un autre aux environs de Changhaï, et M. Swinhoe l'a trouvée à Formose. D'après M. Severtzoff et M. Dybowski, elle nicherait dans le

Turkestan et dans la Sibérie orientale, sur les bords de la baie d'Abrek.

434. — MOTACILLA BAICALENSIS

Motacilla lugens, Dyb. (1868), *J. f. O.*, 334. — Motacilla dukhunensis (?), Swinh. (1870), *P. Z. S.*, 130. — Motacilla baicalensis, Swinh. (1871), *P. Z. S.*, 363. Motacilla paradoxa, Dyb. (1873), *J. f. O.*, 83, et (1874), *ibid.*, 335. — Motacilla baicalensis, Tacz. (1876), *Bull. Soc. zool. Fr.*, I, 149.

Dimensions. Long. totale, 0m,214; queue, 0m,102; aile ouverte, 0m,13; fermée, 0m,095; tarse, 0m,122; bec, 0m,012 à partir du front.

Couleurs. Iris, bec et pattes noirs. — Dos toujours d'un gris cendré, comme dans le *Motacilla alba*; teinte blanche des ailes plus étendue que dans cette dernière espèce; toute la partie postérieure du cou et la région parotique noires.

Le *Motacilla baicalensis* se rapproche à la fois de notre *Motacilla alba* d'Europe et du *Motacilla dukhunensis* de l'Inde; il est très-commun sur le Baïkal et dans la Daourie occidentale, où il niche chaque année. En Chine, je ne l'ai pris que dans les provinces occidentales de l'Empire, et, entre autres localités, à Hantchongfou, point où cette espèce passait en grand nombre, au mois d'avril. Ne serait-ce pas le même oiseau que M. Przewalski a rencontré au Kokonoor et qu'il nomme *Motacilla dukhunensis* (*Ornith. Misc.*, 1877, VI, 192, *B. of Mong.*, sp. 94)?

435. — MOTACILLA FRONTATA

Motacilla frontata, Swinh. (1870), *P. Z. S.*, 129, et (1871), *ibid.*, 363.

M. Swinhoe a fondé cette espèce sur un spécimen unique, pris à Amoy en plein hiver. D'après cet auteur, le *Motacilla frontata* est une forme de petite taille, voisine par son plumage du *Motacilla ocularis*, mais n'offrant pas, comme ce dernier, de raie oculaire noire, et ayant le front noir, et non pas blanc. En outre, dans cette espèce nouvelle, un grand croissant blanc occupe le milieu de la poitrine et la teinte noire de la nuque s'avance sur la région parotique; le dos est tacheté de noir, et devient sans doute entièrement noir en été; M. Swinhoe croit également que dans la livrée complète toute la face est de couleur noire, les sourcils et la gorge étant d'un blanc pur.

Je ne sais trop que penser de la valeur de cette espèce ; tout ce que je puis dire, c'est que j'ai capturé plusieurs fois en hiver des Hochequeues que j'ai prises pour des *Motacilla alboïdes* et chez lesquelles la teinte blanche du front était parsemée de plumes noires, jusqu'au bec.

436. — CALOBATES MELANOPE

MOTACILLA MELANOPE, Pall. (1776), *Reis.*, III, 696, n° 16. — (1811-31), *Zoogr.*, I, 500, n° 135. — MOTACILLA BISTRIGATA, Raffles (1821), *Trans. Linn. Soc.*, XIII, 312. — MOTACILLA XANTHOSCHISTUS (Hodgs.), Gr. (1844), *Zool. Misc.*, 83. — PALLENURA JAVENSIS, Bp. (1850), *Consp.*, I, 250. — CALOBATES SULPHUREA (Bechst.), Jerd. (1863), *B. of Ind.*, II, 220. — CALOBATES MELANOPE, Swinh. (1871), *P. Z. S.*, 364, n° 202. — MOTACILLA SULPHUREA, Severtz. (1873), *Turk. Jevotn.*, 67. — MOTACILLA MELANOPE, Wald. (1875), *Trans. zool. Soc.*, IX, part. 2, p. 196, n° 115. — Dress. (1876), *Ibis*, 177. — PALLENURA SULPHUREA, Tacz. (1876), *Bull. Soc. zool. Fr.*, I, 150. — CALOBATES MELANOPE, Przew. (1877), *Ornith. Misc.*, VI, 193, *B. of Mong.*, sp. 98.

Dimensions. Long. totale, 0m,195 ; queue, 0m,09 ; aile, 0m,085 ; tarse, 0m,022 ; pouce, 0m,013, l'ongle seul mesurant 0m,008. (Mâle tué au printemps à Pékin.)

Le *Calobates melanope* ressemble exactement à notre *Calobates boarula*, mais a toujours la queue plus courte. Il représente l'espèce européenne dans tout l'extrême Orient, aux Philippines, à Java, dans l'Inde, en Mongolie, en Chine et dans la Sibérie orientale ; il a les mêmes mœurs que la Hochequeue boarule et fréquente comme cette dernière le bord des ruisseaux et des rivières.

437. — BUDYTES FLAVUS

MOTACILLA FLAVA, L. (1766), *S. N.*, I, 331. — LA BERGERONNETTE DE PRINTEMPS, Buff. (1770), *Pl. Enl.* 674., f. 2. — MOTACILLA FLAVEOLA, Pall. (1811-31), *Zoogr.*, I, 501. — BUDYTES FLAVA, Bp. (1838), *B. of Eur.*, 18. — MOTACILLA FLAVA, Midd. (1853), *Sib. Reis.*, II, 168. — Schrenck (1860), *Vög. des Am. L.*, 345. — BUDYTES FLAVUS, Swinh. (1860), *Ibis*, 55. — (1861), *ibid.*, 36, 333, 411. — Radde (1863), *Reis. in S. O. Sib.*, II, 315. — BUDYTES FLAVA, Degl. et Gerbe (1867), *Orn. eur.*, 2e éd., I, 376. — Dyb. (1868), *J. f. O.*, 334. — BUDYTES FLAVUS, Swinh. (1871), *P. Z. S.*, 364. — BUDYTES FLAVA, Severtz. (1873), *Turk. Jevotn.*, 67. — MOTACILLA FLAVA, Dress. (1876), *Ibis*, 178. — BUDYTES FLAVUS, Tacz. (1876), *Bull. Soc. zool. Fr.*, I, 150.

La Bergeronnette printanière est commune en Chine depuis le printemps jusqu'à la fin de l'automne ; je l'ai trouvée particulièrement abondante en été dans la Mongolie, où elle niche dans les herbes. En Orient comme dans notre pays, cette espèce se plaît dans le voisinage du bétail, et, quand vient l'automne, se répand en bandes plus ou moins nombreuses dans les champs fraîchement labourés. Le mâle de cette espèce, en plumage d'été, se distingue du mâle de l'espèce suivante par une longue raie sourcilière ornant le côté de sa tête, qui est d'ailleurs colorée d'une manière différente, et par la teinte jaune de la partie supérieure de sa gorge.

438. — BUDYTES TAIVANUS

Budytes Rayi (?), Swinh. (1862), *Ibis*, 260, et (1863), *ibid.*, 309. — Budytes melanotis, Swinh. (1864), *Ibis*, 422. — Budytes taïvana, Swinh. (1866), *Ibis*, 138. — Budytes taïvanus, Swinh. (1870), *ibid.*, 346. — (1871), *P. Z. S.*, 364. — Tacz. (1876), *Bull. Soc. zool. Fr.*, I, 151.

Description. Dimensions du *Budytes Rayi* de l'Europe occidentale ; plumage un peu plus sombre que dans cette dernière espèce, avec les plumes auriculaires d'un brun olive foncé.

Cet oiseau a été rencontré par M. Swinhoe dans les grandes îles de Haïnan et de Formose et même sur le littoral du Fokien, et par M. Dybowski dans la Sibérie orientale ; il aurait été trouvé également, dit-on, dans la région du Trans-Baïkal et à Singapore, et représenterait dans cette partie de l'Orient la race *Budytes Rayi* qui vit non-seulement à l'autre extrémité de l'Ancien-Continent et dans l'Afrique occidentale, mais encore, suivant M. Dresser, dans le Turkestan.

Le *Budytes taïvanus* se distingue du *Budytes flavus* par sa tête de couleur verte (et non d'un gris cendré clair), ainsi que par ses sourcils et sa gorge jaunes ; il se trouve en toutes saisons à Formose, mais quelques individus de cette espèce paraissent émigrer sur le continent, car, parmi les nombreuses Bergeronnettes printanières que j'ai prises à Pékin, j'en ai vu deux qui offraient précisément les couleurs du *Budytes taïvanus*.

439. — BUDYTES CINEREOCAPILLUS

Motacilla cinereocapilla, Savi (1831), *Ornit. Tosc.*, III, 216. — Budytes cinereocapilla, Bp. (1838), *B. of Eur.*, 19. — *Faun. Ital.*, I, pl. 31, f. 2. — Budytes cinereocapillus, Swinh. (1863), *Ibis*, 94. — (1862), *P. Z. S.*, 317. — Budytes cinereocapilla, Degl. et Gerbe (1867), *Ornith. europ.*, 2ᵉ éd., I, p. 379. — Budytes cinereocapillus, Swinh. (1870), *Ibis*, 346. — (1871), *P. Z. S.*, 364. — Tacz. (1876),

Bull. Soc. zool. Fr., I, 151. — BUDYTES CINEREOCAPILLA, Przew. (1877), *Ornith. Misc.*, VI, 193. *B. of Mong.*, sp. 96.

La Bergeronnette à tête cendrée se montre communément en Chine et en Mongolie aux deux époques des passages, mais n'est jamais aussi abondante que l'espèce précédente, avec laquelle elle ne se mêle pas d'ordinaire, quoiqu'elle ait exactement les mêmes mœurs. Les spécimens tués en Chine offrent souvent une taille un peu plus forte que ceux de l'Europe ou de l'Algérie ; j'en ai pris qui mesuraient jusqu'à 18 centimètres. Ils se distinguent du type *Budytes flavus* proprement dit par la teinte cendrée de leur tête, qui est généralement dépourvue de raie sourcilière distincte, et par la coloration jaune de la partie supérieure de leur gorge.

440. — BUDYTES CITREOLUS

MOTACILLA CITREOLA, Pall. (1776), *Reis.*, III, 696, sp. 14. — MOTACILLA CITRINELLA, Pall. (1811-31), *Zoogr.*, I, 503. — MOTACILLA AUREOCAPILLA, Less. (1831), *Trait. d'Orn.*, 422. — BUDYTES CITREOLA, Bp. (1838), *B. of Eur.*, 19. — MOTACILLA CITREOLA, Midd. (1853), *Sib. Reis.*, II, 168. — Radde (1863), *Reis. in S. O. Sibir.*, II, 228. — BUDYTES CITREOLA, Jerd. (1863). *B. of Ind.*, II, 225. — Dyb. (1868), *J. f. O.*, 334. — BUDYTES CITREOLUS, Swinh. (1871), *P. Z. S.*, 364. — BUDYTES CITREOLA, Severtz. (1873), *Turk. Jevotn.*, 67 et 139. — MOTACILLA CITREOLA, Dress. (1876), *Ibis*, 178. — BUDYTES CITREOLUS, Tacz. (1876), *Bull. Soc. zool. Fr.*, I, 151. — BUDYTES CITREOLA, Przew. (1877), *Ornith. Misc.*, VI, 193, *B. of Mong.*, sp. 97.

Dimensions. Long. totale, 0m,18 ; queue, 0m,08 ; aile fermée, 0m,09 ; tarse, 0m,026 ; pouce, 0m,022, l'ongle seul mesurant 0m,013.

Couleurs. Iris châtain clair ; bec et ongles noirs ; tarse et doigts bruns. — Tête, cou, poitrine et ventre d'un beau jaune, avec une bande noire sur les côtés du cou et la partie supérieure de la poitrine ; flancs lavés de vert olive ; sous-caudales jaunes, terminées de blanc ; rémiges noirâtres ; rectrices de la même teinte, à l'exception des quatre externes qui sont presque entièrement blanches ; dos d'un gris olivâtre (devenant noir dans la livrée d'été) ; grandes et moyennes couvertures des ailes largement terminées de blanc. (Mâle tué à la fin de mai.)

Cette belle espèce passe l'hiver dans l'Inde et se répand en été dans la Chine, la Mongolie et la Sibérie orientale. Vers la fin du printemps, je l'ai trouvée assez communément aux environs de Pékin, dans les lieux humides ; mais je l'ai rencontrée plus fréquemment encore aux Ortous, près du Hoangho, et dans tout le bassin du fleuve Bleu, depuis Changhaï jusqu'à Moupin. Elle ne se mêle que rarement aux autres bergeronnettes.

441. — LIMONIDROMUS INDICUS

La Bergeronnette grise des Indes, Sonn. (1782), *Voy. Ind.*, II, 207. — Motacilla indica, Gm. (1788), *Syst. Nat.*, I, 962. — La Lavandière variée, Lev. (1805), *Ois. d'Afr.*, IV, p. 86, pl. 179. — Motacilla variegata, Vieill. (1817), *N. Dict.*, XIV, 599. — Nemoricola indica, Blyth (1847), *J. A. S. Beng.*, 429. — Bp. (1850), *Consp. Av.*, I, 251, n° 531. — Swinh. (1861), *Ibis*, 333. — Gould (1862), *B. of As.*, XIV, pl. — Jerd. (1863), *B. of Ind.*, II, 226. — Swinh. (1863), *P. Z. S.*, 276. — (1870), *ibid.*, 433. — Limonidromus indicus, Swinh. (1871), *P. Z. S.*, 365. — Wald. (1874), *Ibis*, 140. — Dyb. (1875), *J. f. O.*, 252. — (1876), *ibid.*, 194. — Tacz. (1876), *Bull. Soc. zool. Fr.*, I, 151.

Dimensions. Long. totale, 0ᵐ,16; queue, 0ᵐ,065; aile, 0ᵐ,076; tarse, 0ᵐ,021; bec, 0ᵐ,014 à partir du front.

Couleurs. Iris brun, bec brun, avec la mandibule inférieure blanchâtre; pattes d'un gris roussâtre. — Dessus de la tête, nuque et dos d'un brun olivâtre; parties inférieures du corps blanches, avec les flancs teintés d'olivâtre, et, sur la poitrine, deux colliers noirs rattachés l'un à l'autre par une raie médiane de même couleur; une raie sourcilière d'un blanc jaunâtre; sous-caudales blanches; sus-caudales noires; rectrices médianes d'un brun olive, celles des trois paires suivantes noires, celles des deux paires latérales noires à la base et blanches du côté du sommet; face supérieure des ailes noire, ornée de trois raies transversales blanches; petites couvertures des ailes d'un brun olive. — Plumage de la femelle semblable à celui du mâle.

Le *Limonidromus indicus*, qui paraît constituer un type intermédiaire entre les *Motacilla* et les *Anthus*, est répandu dans la plus grande partie de l'Inde, à Ceylan et aux îles Andaman; il vient aussi, mais en petit nombre, nicher sur les montagnes de la région occidentale de la Chine, et se montre chaque année à Pékin même, au moment du passage. MM. Dybowski et Godlewski l'ont également rencontré près de l'embouchure de l'Oussouri et sur les bords de la mer du Japon, par 43° lat. N. Cet oiseau se tient d'habitude sur les arbres, et, quand il est perché, exécute des mouvements gracieux en faisant mouvoir lentement sa queue dans le sens horizontal; il se nourrit d'insectes qu'il vient chercher jusque dans les jardins et fait entendre un chant assez monotone, composé de deux notes seulement (*sol-mi*) répétées lentement, cinq à six fois de suite, à intervalles égaux.

442. — ANTHUS SPINOLETTA

ALAUDA SPINOLETTA, L. (1766), *S. N.*, I, 288. — L'ALOUETTE PIPI, Buff. (1770), *Pl. Enl.* 661, f. 2. — ANTHUS AQUATICUS, Bechtst. (1807), *Nat. Deutsch.*, III, 745. — ALAUDA TESTACEA, Pall. (1811-31), *Zoogr.*, I, 526. — ANTHUS SPINOLETTA, Bp. (1838), *B. of Eur.*, 18. — ANTHUS BLAKISTONI, Swinh. (1863), *P. Z. S.*, 90 et 273. — (1867), *Ibis*, 389. — (1871), *P. Z. S.*, 365. — ANTHUS AQUATICUS, Severtz. (1873), *Turk. Jevotn.*, 67. — ANTHUS SPINOLETTA, Dress. (1876), *Ibis*, 180. — Przew. (1877), *Ornith. Misc.*, VI, 194, *B. of Mong.*, sp. 99.

Dimensions. Long. totalé, 0^m,18 ; queue, 0^m,067 ; aile fermée, 0^m,09 ; tarse, 0^m,024 ; ongle du pouce, 0^m,011 (plus long que le doigt).

Couleurs. Iris brun ; bec brun ; pattes d'un brun roussâtre. — Parties supérieures d'un brun terreux uniforme, avec le centre des plumes d'un brun un peu plus foncé, et des reflets grisâtres sur la tête ; parties inférieures d'un blanc terne, lavé de roux sur la poitrine et marqué sur les flancs de quelques flammèches peu distinctes ; une large raie sourcilière blanchâtre ; couvertures alaires passant au blanc grisâtre à l'extrémité et sur les bords, ce qui dessine trois raies transversales sur la face supérieure de l'aile ; rémiges brunes, lisérées de gris olivâtre sur le bord externe ; rectrices médianes offrant la même coloration que les rémiges ; rectrices externes blanches sur la plus grande partie de leur bord externe ; rectrices de rang moyen marquées à l'extrémité d'une très-petite tache blanche. — Le plumage de la femelle est semblable à celui du mâle. — En hiver, les côtés du cou, de la poitrine et de l'abdomen sont couverts de flammèches brunes.

Le Pipi spioncelle, qui habite l'Europe entière, se trouve aussi communément en Chine, où je l'ai pris, aux environs de Pékin, en plein hiver. Dans cette saison, il se tient dans les lieux humides, près des rivières qui ne gèlent pas ; en été, au contraire, il se retire sur les hauts plateaux et sur les montagnes dénudées. D'après M. Przewalski, cette espèce est beaucoup moins répandue en Mongolie que dans la Chine proprement dite.

443. — ANTHUS CERVINUS

MOTACILLA CERVINA, Pall. (1811-31), *Zoogr.*, I, 511. — ANTHUS CECILII, Aud. (1828), *Descr. de l'Égypte, Zool.*, XXIII, 360. — ANTHUS RUFOGULARIS, Brehm (1831), *Handb. Vög. Deutschl.*, 320. — ANTHUS CERVINUS, Keys. et Blas. (1840), *Wirbelth.*, 48. — ANTHUS THERMOPHILUS, Swinh. (1860), *Ibis*, 55 et 429. — ANTHUS JAPONICUS, Swinh. (1861), 333. — ANTHUS CERVINUS, Degl. et Gerbe (1867), *Ornith. Eur.*, 2ᵉ éd., I, 369. — Gould (1869), *B. of As.*, livr. XX, pl. — Swinh. (1871), *P. Z. S.*, 365. — J. Vian (1871), *Rev. et Mag. de zool.*, 2ᵉ série, XXIII, 44. — ANTHUS CERVINUS, var. RUFOGULARIS, Severtz. (1873), *Turk. Jevotn.*, 180. — ANTHUS CERVINUS, Wald. (1874), *Ibis*, 141. — Dress. (1876), *Ibis*, 180. — Tacz. (1876), *Bull. Soc. zool. Fr.*, I, 159.

Description. Taille un peu plus faible que celle de l'*Anthus aquaticus;* plumage assez différent, le croupion étant orné de flammèches brunes, les flancs et les sous-caudales les plus longues portant des marques noirâtres et la raie sourcilière étant d'un rouge ferrugineux. — Dans la livrée d'amour, la gorge et la poitrine offrent des teintes rousses, et non pas rosées comme dans l'*Anthus rosaceus.*

Les individus de cette espèce que j'ai pu me procurer en Chine étaient tous en plumage d'hiver; mais, parmi les oiseaux rapportés de Cochinchine par M. Rodolphe Germain, il y a quelques *Anthus cervinus* qui ont été tués au printemps et dont la poitrine offre exactement la même teinte que celle des spéci-mens de nos contrées. La distinction que M. Swinhoe veut établir entre l'*Anthus Cecilii* Aud. (*Anthus rufogularis* Brehm) d'Europe et l'*Anthus cervinus* Pall. de Chine et de Sibérie ne nous semble donc pas très-fondée. L'identité de ces deux espèces a du reste été admise par la plupart des ornithologistes. M. J. Vian a retrouvé les mêmes caractères sur des oiseaux provenant les uns de France, les autres d'Égypte, de Tunis et de Syrie, d'autres enfin de Sarepta, sur le Volga inférieur; M. Walden n'a pas hésité à nommer *Anthus cervinus* des spécimens pro-venant des îles Andaman, et M. Dresser a rattaché à la même espèce les oiseaux recueillis dans le Turkestan par M. Severtzoff. L'*Anthus cervinus* aurait donc un aire d'habi-tat très-étendue, comprenant presque toute l'Asie, une grande partie de l'Europe et le nord de l'Afrique. L'histoire de cette espèce est du reste devenue des plus confuses, car M. H.-B. Tristram (*Ibis,* 1871, p. 233), tout en admettant, comme M. Swinhoe, l'existence de deux races de Pipi à gorge rousse, a transporté, contrairement à l'opinion de M. Swinhoe, le nom d'*Anthus cervinus* à la race occidentale, en réduisant le nom d'*Anthus rufogularis* Brehm à l'état de synonyme, et a donné à la race orientale le nom d'*Anthus japonicus* T. et Schl. Or, d'après M. Swinhoe (*Ibis,* 1875, 449), l'*Anthus japonicus* serait une espèce parfaitement distincte de l'*Anthus cervinus* qu'il a observé en Chine !

444. — ANTHUS ROSACEUS

Anthus rosaceus, Hodgs. (1844), *Gr. Zool. Misc.*, 83. — Blyth. (1867), *Ibis*, 32, note. — Beavan (1868), *Ibis*, 80. — Swinh. (1871), *P. Z. S.*, 366. — Przew. (1877), *Ornith. Misc.*, *Bull.* VI, 194. *B. of Mong.*, sp. 101.

Dimensions. Long. totale, 0^m,17; queue, 0^m,06; aile, 0^m,10; tarse, 0^m,025; pouce, 0^m,019, l'ongle seul mesurant 0^m,01.

Couleurs. Iris brun; bec d'un gris brunâtre; pattes d'un gris roussâtre, avec les doigts plus foncés et les ongles bruns. — Parties supérieures d'un brun foncé, avec toutes les plumes frangées de brun-olive obscur; parties inférieures blanches, avec la poitrine d'un rose vineux qui va en s'éclaircissant sur la gorge, et les flancs ornés de flammèches brunes; une raie sourcilière d'un rose vineux; petites couvertures des ailes verdâtres; pennes secondaires de l'aile bordées de verdâtre à l'extérieur; plumes axillaires jaunâtres. En automne, la teinte rose de la poitrine disparaît. — Chez les jeunes, les petites couvertures alaires ne sont pas colorées en vert comme chez l'adulte, et les sourcils sont blancs, de même que la gorge.

Cette description est prise sur deux mâles, en plumage différent, tués à Moupin, et qui par leurs axillaires jaunes et la teinte rose de leur poitrine nous semblent se rapporter à l'*Anthus rosaceus* de Hodgson, espèce que Jerdon et plusieurs auteurs ont confondue avec l'*Anthus cervinus*. Peut-être faudrait-il plutôt assimiler cet *Anthus rosaceus* à l'*Anthus pratensis* var. *japonicus* de Temminck et Schlegel (*Faun. jap.*, pl. 24). Cependant dans son catalogue (*Ornith. Misc.*, 1877, VI, 194, *B. of Mong.*, sp. 100 et 101) M. Przewalski cite les deux espèces comme distinctes et comme se trouvant communément l'une (*Anthus pratensis japonicus*) dans le pays de l'Oussouri, l'autre (*Anthus rosaceus*) dans le Kan-sou.

445. — PIPASTES AGILIS

Anthus agilis, Sykes (1832), *P. Z. S.*, 91. — Anthus arboreus, Midd. (1853), *Sib. Reis.*, II, 153. — Anthus agilis, A. Leith Adams (1858), *ibid.*, 485. — Anthus arboreus, Schr. (1860), *Vög. d. Am. L.*, 335. — Anthus agilis, Swinh. (1860), *Ibis*, 55. — (1861), *ibid.*, 36 et 333. — (1863), *ibid.*, 310, et *P. Z. S.*, 273. — Jerd. (1863), *B. of Ind.*, II, 228. — Anthus arboreus, Radde (1862-63), *Reis. in S. O. Sib.*, II, 223. — Pipastes agilis, Gould (1865), *B. of As.*, livr. XVII, pl. — Swinh. (1870), *Ibis*, 347. — (1871), *P. Z. S.*, 366. — Dyb. (1873), *J. f. O.*, 84. — Anthus agilis, Swinh. (1874), *Ibis*, 443. — Pipastes agilis, Tacz. (1876), *Bull. Soc. zool. Fr.*, I, 159. — Przew. (1877), *Ornith. Misc.*, VI, 195, *B. of Mong.*, sp. 102.

Dimensions. (Mâle tué à Pékin.) Long. totale, 0ᵐ,16; queue, 0ᵐ,06; aile fermée, 0ᵐ,085; tarse, 0ᵐ,02; bec, 0ᵐ,01 à partir du front; ongle du pouce, 0ᵐ,007, plus court que le doigt et fortement arqué, moins cependant que dans l'*Anthus arboreus*.

Couleurs. Plumage presque semblable à celui de l'*Anthus arboreus*, avec les teintes plus nettes et plus pures et le ton des parties inférieures plus clair.

L'*Anthus agilis* n'est qu'une simple race de notre Pipi des arbres, dont il a les mœurs et la voix; il se trouve dans tout l'extrême Orient depuis l'Inde jusqu'au bassin de l'Amour. En Chine, il se rencontre communément partout, excepté pendant l'hiver, et il passe en grand nombre à Pékin au printemps et en automne. M. Przewalski l'a observé fréquemment en automne dans l'Ala-chan et l'a trouvé nichant en été dans les vallées boisées du Kan-sou.

446. — CORYDALLA GUSTAVI

Anthus Gustavi, Swinh. (1863), *P. Z. S.*, 90 et 273. — Anthus batchianensis, Gr. (1871), *Handlist*, I, 251, n° 3,642. — Corydalla Gustavi, Swinh. (1871), *P. Z. S.*, 366.

Dimensions. Long. totale, 0ᵐ,15; queue, 0ᵐ,057; aile, 0ᵐ,083; tarse, 0ᵐ,024; bec, robuste, 0ᵐ,013 à partir du front.

Couleurs. Iris châtain; bec brunâtre en dessus; pattes d'un brun blanchâtre. — Parties supérieures d'un brun roux, avec le centre des plumes brun; parties inférieures blanches, avec la poitrine et les flancs nuancés de jaune d'ocre et rayés; sourcils d'un jaune d'ocre.

Le *Corydalla Gustavi*, facile à distinguer de ses congénères, se montre en assez grand nombre dans certaines parties de la Chine; je l'ai trouvé, au mois de juin, établi dans le Kiangsi et paraissant se disposer à nicher; mais je ne l'ai jamais rencontré à Pékin ni en Mongolie. D'après M. Swinhoe, c'est la même espèce que M. Wallace a rapportée de Batchian, et que M. Gray a nommée *Anthus batchianensis*.

447. — CORYDALLA RICHARDI

Anthus Richardi, Vieill. (1818), *Nouv. Dict.*, XXVI, 491. — Temm. (1822-38), *Pl. Col.* 101. — Corydalla Richardi, Vig. (1828), *Gen. of B.*, 5. — Anthus Richardi, Swinh. (1860), *Ibis*, 55. — Corydalla sinensis, Swinh. (1861), *Ibis*, 265. — Anthus

CAMPESTRIS, Radde (1862-63), *Reis. in S. O. Sib.*, II, 220.— CORYDALLA RICHARDI, Jerd. (1863), *B. of Ind.*, II, 231. — Degl. et Gerbe (1867), *Ornith. Eur.*, 2ᵉ édit., I, 363.— Swinh. (1871), *P. Z. S.*, 366. — Przew. (1877), *Ornith. Misc.*, VI, 195, *B. of Mong.*, sp. 104.

Dimensions. Long. totale, 0ᵐ,19 ; queue, 0ᵐ,07 ; aile, 0ᵐ,09 ; tarse, 0ᵐ,03 ; doigt postérieur, 0ᵐ,03, l'ongle seul mesurant 0ᵐ,018 ; bec, 0ᵐ,014 à partir du front ; hauteur du bec, 0ᵐ,005.

Couleurs. Iris d'un brun châtain ; bec brun sur la mandibule supérieure, blanchâtre sur la mandibule inférieure ; pattes d'un gris légèrement roussâtre ; ongles des doigts antérieurs d'un brun corné ; celui du doigt postérieur blanc. — Plumes des parties supérieures d'une teinte terreuse olivâtre, marquées de brun dans leur portion centrale ; plumes des parties inférieures blanches, lavées de roussâtre sur certains points, particulièrement à la poitrine et sur les flancs, et ornées sur les côtés de la gorge et sur la poitrine de quelques mèches brunes ; plumes auriculaires d'une teinte grisâtre, mêlée de brun ; sourcils d'un blanc jaunâtre, de même qu'un petit espace situé au-dessous de l'oreille, et une raie dessinant de chaque côté une sorte de moustache ; rectrices latérales blanches dans toute leur étendue, sauf sur le bord interne ; rectrices de la paire suivante en majeure partie blanches (dans le plumage d'été).

Cette espèce, qui se rencontre à la fois en Europe, en Afrique et en Asie, passe à Pékin deux fois par an, en très-grand nombre. Elle fréquente surtout les plaines incultes, situées dans le voisinage des eaux. En Mongolie, dans le pays des Ortous, je l'ai trouvée communément nichant par terre au milieu des herbes. Ses œufs, au nombre de cinq, sont d'un blanc sale, tacheté de brun. Ces oiseaux émettent fréquemment un petit cri prolongé, *tsi*, rappelant celui du Bruant proyer. Ils se perchent quelquefois sur les buissons et les grandes herbes ; et, principalement à l'époque des amours, ils s'élèvent dans les airs à la manière des alouettes en faisant entendre un chant de peu de durée et complétement dépourvu d'originalité. Ils se nourrissent d'insectes, qu'ils saisissent en courant sur le sol avec grâce et rapidité. Dans leurs migrations, ces grands Corydalles voyagent en bandes nombreuses et peu serrées, d'où se détachent à chaque instant quelques individus pour se livrer un combat dans les airs. Cette habitude indique chez ces oiseaux un naturel querelleur et peu sociable ; elle se retrouve chez les bruants.

448. — CORYDALLA SINENSIS

CORYDALLA SINENSIS, Bp. (1850), *Consp. Av.*, I, 247, n° 525. — CORYDALLA CHI-NENSIS, Swinh. (1871), *P. Z. S.*, 366.

Dimensions. (Mâle adulte tué au Kiangsi.) Long. totale, $0^m,183$; queue, $0^m,068$; aile ouverte, $0^m,012$.

Couleurs. Iris brun; pattes jaunâtres, avec les ongles gris; bec brunâtre sur la mandibule supérieure.

Le prince de Canino, en décrivant cette espèce d'après un oiseau du musée de Leyde provenant de la Chine méridionale, dit qu'elle diffère de la précédente par une taille plus faible, des couleurs plus foncées sur les parties supérieures et plus rousses, plus ferrugineuses sur les parties inférieures du corps. Ces diffé-rences existent en effet chez la plupart des nombreux Corydalles qui visitent le sud de l'empire chinois; mais elles ne sont pas constantes, de sorte que nous sommes portés à les considérer comme de simples modifications individuelles de la forme euro-péenne.

449. — CORYDALLA KIANGSINENSIS, nov. sp. (Pl. 37)

Dimensions. Long. totale, $0^m,19$; queue, $0^m,065$; aile, $0^m,09$; tarse, $0^m,024$; pouce, $0^m,019$, l'ongle, très-arqué, mesurant à lui seul $0^m,009$; bec, $0^m,013$ à partir du front; hauteur du bec, $0^m,005$.

Couleurs. Iris brun châtain; bec brunâtre, avec la mandibule infé-rieure plus claire; pattes d'un brun jaunâtre. — Parties supérieures d'un brun foncé, avec toutes les plumes frangées d'olivâtre; parties inférieures d'un blanc sale, presque fuligineux, avec des raies noires étroites sur les plumes du ventre et sur les sous-caudales, des mèches plus larges et plus courtes sur la poitrine et les côtés du cou, et des stries très-fines sur la gorge dont les côtés sont ornés de petites moustaches brunes; une raie sourcilière jaunâtre, tachetée de brun; rectrices très-étroites, les centrales d'un brun olivâtre, avec une raie noire le long de la tige, les suivantes brunes, lisérées de roux sur le bord externe, les latérales de la même teinte, mais avec une bordure plus claire et plus large, occupant presque toute l'étendue des barbes externes et la portion terminale des barbes internes, en respectant la tige; rémiges, pennes secondaires et tertiaires et couver-tures de l'aile brunes, frangées de roussâtre.

L'oiseau qui a servi de type à cette description a été tué au mois de juillet, sur une montagne aride du Kiangsi; il paraît adulte et ne peut être considéré comme un individu mélanisé de *Corydalla Richardi*, car, s'il ressemble à cette espèce par sa taille forte et son bec robuste, il en diffère : 1° par ses tarses sensiblement plus courts; 2° par l'ongle de son pouce moins développé, mais très-fortement arqué; 3° par les teintes de son plumage, dans lequel on ne retrouve pas la coloration rousse ordinaire chez les *Corydalla* et qui est à la fois plus sombre et plus strié que celui de l'espèce européenne.

450. — AGRODROMA GODLEWSKII

AGRODROMA GODLEWSKII, Tacz. (1876), *Bull. Soc. zool. Fr.*, I, 158. — AGRODROMA CAMPESTRIS, Przew. (1877), *Ornith. Misc.*, VI, 195, *B. of Mong.*, sp. 103.

Dimensions. Long. totale, 0^m,181; queue, 0^m,71; aile, 0^m,89; tarse, 0^m,26; ongle postérieur, 0^m,11.

Couleurs. Plumage différant de celui de l'*Agrodroma campestris* : 1° par des stries foncées beaucoup plus nombreuses sur la poitrine; 2° par des taches sombres des parties supérieures du corps bordées d'une nuance plus claire et par conséquent plus distinctes; 3° par des stries plus marquées et plus régulièrement disposées sur le vertex; 4° par une bande sourcilière d'un blanc pur, sans tache foncée sur les lores; 5° par la forme triangulaire de la petite tache blanche qui orne l'extrémité des rectrices de la deuxième paire.

M. Taczanowski, auquel nous empruntons la description ci-dessus, a créé cette nouvelle espèce pour des oiseaux tués en 1873 par M. Dybowski sur les bords de l'Argoun, dans la Daourie méridionale. Il rapporte à la même forme les spécimens que M. Przewalski a trouvés dans l'Ala-chan et qu'il n'a pas distingués, dans son catalogue, de l'espèce européenne, *Agrodroma campestris*.

ALAUDIDÉS

Cette famille ne renferme pas moins de 115 espèces, qui toutes sont propres à l'Ancien-Monde, à l'exception de quatre seulement qui habitent le continent américain. La Chine possède 10 espèces d'alouettes.

451. — ALAUDA ARVENSIS

ALAUDA ARVENSIS, L. (1766), *S. N.*, I, 287. — L'ALOUETTE, Buff. (1770), *Pl. Enl.* 363, fig. 1. — ALAUDA COELIPETA, Pall. (1811), *Zoogr.*, I, 524. — ALAUDA VULGARIS,

Leach (1816), *Syst. cat. M. et B. Brit. Mus.*, 21. — ALAUDA ARVENSIS, Midd. (1853), *Sib. Reis.*, II, 134. — Schr. (1860), *Vög. d. Am. L.*, 273. — ALAUDA JAPONICA, Swinh. (1861), *Ibis*, 333. — ALAUDA ARVENSIS, Radde (1863), *Reis. in S. O. Sib.*, II, 154. — ALAUDA PEKINENSIS, Swinh. (1863), *P. Z. S.*, 89. — ALAUDA ARVENSIS, Swinh. (1863), *P. Z. S.*, 271, et (1871), *ibid.*, 389. — Tacz. (1876), *Bull. Soc. zool. Fr.*, I, 160.

Des Alouettes des champs, entièrement semblables à celles de France, sont répandues sur toute la moitié septentrionale de la Chine, mais ne forment jamais dans cette région des bandes nombreuses comme celles que l'on chasse dans nos contrées pendant l'automne. Elles arrivent à Pékin au commencement de la saison froide et regagnent le Nord en avril; quelques individus cependant séjournent pendant tout l'été dans la grande plaine du Tchély. Dans mes voyages, j'ai pu constater que ces oiseaux si communs aux environs de Pékin et à Suen-hoa-fou, manquaient complétement en Mongolie, et y étaient remplacés par des *Otocorys* et des *Calendrella*. En revanche, ils sont très-répandus dans toute la Sibérie orientale.

452. — ALAUDA CANTARELLA

ALAUDA CANTARELLA, Bp. (1832), *Intr. Faun. Ital.*, 5. — (1838), *B. of Eur.*, I, 524. —.(1850), *Consp. Av.*, I, 245. — ALAUDA INTERMEDIA, Swinh. (1863), *P. Z. S.*, 89. — ALAUDA ARVENSIS, Degl. et Gerbe (1876), *Ornith. Eur.*, I, 339 (part.). — ALAUDA CANTARELLA, Swinh. (1871), *P. Z. S.*, 389. — (1875), *Ibis*, 122. — Dyb. (1875), *J. f. O.*, 252. — Tacz. (1876), *Bull. Soc. zool. Fr.*, I, 160.

Dimensions. (Femelle tuée près de Changhaï, au mois de mars.) Long. totale, 0m,18; queue, 0m,064; aile, 0m,10.

L'*Alauda cantarella*, décrite par le prince Ch. Bonaparte d'après des spécimens provenant de l'Italie centrale, n'a pas été admise comme espèce par les auteurs de l'*Ornithologie européenne*. On peut la considérer comme une simple race de l'*Alauda arvensis*, différant de la forme principale par une taille plus faible, des teintes plus foncées, et, suivant M. Swinhoe, par des ailes plus développées, ayant la première rémige presque égale à la deuxième. Elle se trouve en toutes saisons, mais toujours en petit nombre, dans les provinces centrales de la Chine, et ressemble complétement à notre Alouette par la voix et les mœurs.

453. — ALAUDA COELIVOX

Alauda coelivox, Swinh. (1859), *Zool.*, 6,723. — (1860), *Ibis*, 62, 132, 429. — (1863), *P. Z. S.*, 89 et 272. — (1871), *ibid.*, 389.

Dimensions. Long. totale, 0ᵐ,16 ; queue, 0ᵐ,05 ; aile, 0ᵐ,09 ; tarse, 0ᵐ,21 ; bec plus fort et surtout plus large que celui de l'*Alauda cantarella*.

Couleurs. Parties supérieures, poitrine et flancs fortement lavés de roux; tarses d'une teinte blanchâtre très-pâle (et non roussâtres comme dans les autres alouettes), et n'offrant pas une nuance plus foncée sur les articulations des doigts.

Cette description est prise sur un mâle, tué au Setchuan, et que nous rapportons à l'*Alauda cœlivox*, espèce qui, d'après M. Swinhoe, serait propre aux provinces les plus méridionales de la Chine, et se distinguerait par une taille encore plus faible que celle de l'*Alauda cantarella* et par une huppe plus développée.

454. — ALAUDA SALA

Alauda coelivox (part.), Swinh. (1863), *Ibis*, 377.— Alauda sala, Swinh. (1870), *Ibis*, 354. — (1871), *P. Z. S.*, 389.

L'*Alauda sala* est encore une espèce créée par M. Swinhoe pour des alouettes qu'il a rencontrées dans les îles de Haïnan et de Formose et qui lui ont paru différer de l'*Alauda cœlivox* par une taille plus faible, un bec plus long et plus arqué, par l'ongle du pouce plus développé, par les plumes de la tête plus étroites et par les plumes du dos plus élargies.

455. — ALAUDA WATTERSI

Alauda coelivox (part.), Swinh. (1863), *Ibis*, 377. — Alauda Wattersi, Swinh. (1871), *P. Z. S.*, 389.

Cette quatrième race d'alouette, que M. Swinhoe a séparée spécifiquement de l'*Alauda cœlivox*, se distingue, paraît-il, de cette dernière par un bec plus court et plus conique, par l'ongle du pouce très-allongé et par quelques détails de coloration, le plumage n'offrant jamais de teinte rousse, et la poitrine étant couverte de mèches brunes plus grandes et plus nombreuses

que dans l'*Alauda cœlivox*. Par ses couleurs et par le développement de son ongle postérieur, elle se rapproche de l'*Alauda sala*,
mais en diffère par son bec beaucoup moins long et moins
courbé. On ne l'a trouvée jusqu'ici que dans la partie méridionale de l'île de Formose et dans les petites îles Pescadores.

456. — OTOCORYS ALPESTRIS

ALAUDA ALPESTRIS, L. (1866), *S. N.*, I., 289. — L'ALOUETTE DE SIBÉRIE, Buff. (1770),
Pl. Enl. 630, f. 2. — ALAUDA FLAVA, Gm. (1788), *S. N.*, I, 800. — ALAUDA NIVALIS,
Pall. (1811), *Zoogr.*, I, 519. — OTOCORIS ALPESTRIS, Bp. (1842), *Ucc. Eur.*, 29. —
ALAUDA ALPESTRIS, Midd. (1853), *Sib. Reis.*, II, 133. — Schr. (1860), *Vög. d. Am. L.*,
272. — Radde (1863), *Reis. in S. O. Sib.*, II, 152. — OTOCORIS ALPESTRIS, Degl. et
Gerbe (1867), *Orn. Eur.*, 2e éd., I, 346. — OTOCORYS ALPESTRIS, Swinh. (1871), *P. Z. S.*,
390. — Severtz. (1873), *Turk. Jevotn.*, 67. — Dress. (1876), *Ibis*, 181. — Tacz. (1876),
Bull. Soc. zool. Fr., I, 160.

Dimensions. (Mâle tué en janvier aux environs de Pékin.) Long. totale,
0m,18 ; quèue, 0m,07 ; aile, 0m,12 ; tarse, 0m,022 ; pouce, 0m,019, l'ongle
seul mesurant 0m,011 ; bec, 0m,01 à partir du front ; hauteur du bec, 0m,006.
Un pinceau de plumes noires, de 0m,01 de long, au-dessus de l'œil.

Couleurs. Iris brun ; bec brun sur la mandibule supérieure et jaunâtre
sur la mandibule inférieure ; pattes et ongles noirs. — Front, sourcils,
gorge et côtés du cou jaunes ; un large plastron noir isolé sur le haut de
la poitrine ; sur le vertex, un bandeau noir se prolongeant en arrière de
chaque côté par un pinceau de plumes allongées ; un trait de même couleur
partant des narines, allant de l'œil au méat auditif, puis se recourbant
légèrement sur les côtés du cou ; partie postérieure du vertex, nuque et
premières sous-caudales d'une teinte isabelle ou gris rosé ; dos, scapulaires
et croupion d'un gris terreux, avec le centre des plumes brun ; milieu de
l'abdomen et sous-caudales d'un blanc pur ; flancs lavés de rose isabelle ;
plumes tibiales de la même teinte, avec quelques mèches brunâtres ;
au-dessus du plastron noir de la poitrine, une bande rosée rejoignant de
chaque côté la teinte rose isabelle de la nuque ; rectrices médianes brunes,
lisérées de gris rosé ; rectrices latérales noires, les deux externes bordées
en dehors d'un ourlet d'un blanc pur.

L'Alouette alpestre habite le nord et l'est de l'Europe et de
l'Asie et le nord-est de l'Amérique septentrionale, mais ne
fait en Chine que de rares apparitions et seulement pendant
l'hiver. Quand les Chinois viennent à s'emparer de cet oiseau
ils le mettent en cage et l'élèvent avec soin, à cause des qualités
de son chant ; ils en agissent de même avec l'espèce suivante,
qui est abondante en toutes saisons dans la Mongolie.

457. — OTOCORYS SIBIRICA

ALAUDA ALBIGULA, Brandt nec Bp. — ALAUDA SIBIRICA, Evers. — OTOCORIS PENI-
CILLATA, Swinh. (1862), *P. Z. S.*, 318. — (1863), *Ibis*, 95. — OTOCORIS ALPESTRIS,
Swinh. (1863), *P. Z. S.*, 272. — OTOCORYS SIBIRICA, Swinh. (1871), *P. Z. S.*, 390. —
OTOCORIS ALBIGULA, Dyb. (1868), *J. f. O.*, 334. — A. David (1871), *N. Arch. du Mus.*,
Bull. VII, cat. nº 251. — OTOCORYS BRANDTI, Dress. (1874), *B. of Eur.*, XXXIII, et
(1876), *Ibis*, 181. — ? OTOCORYS PARVEXI, Tacz. (1876), *Bull. Soc. zool. Fr.*, I, 161.

Description. Taille égale à celle de l'espèce précédente, avec les tarses
et le bec un peu plus courts ; plumage semblable en général à celui de
l'*Otocorys alpestris*, mais offrant quelques différences de détail, le front, les
côtés du cou et la gorge étant blancs et non pas jaunes, et la teinte isabelle
des parties supérieures étant plus pure et ne s'étendant pas sur la poitrine
sous forme d'une seconde bande transversale.

Cette race d'*Otocorys*, dont les couleurs ne changent point
au printemps, a toujours le plastron noir complétement isolé du
trait noir des joues ; ce caractère la distingue de l'*Otocorys albigula* (Bp. nec Br.) qui paraît être la même espèce ou plutôt la
même race que l'*Otocorys penicillata* de Gould. Le nom d'*albigula* de Brandt étant manuscrit, et ayant été appliqué par le
prince Ch. Bonaparte à une forme différente, M. Dresser a proposé de désigner l'*Otocorys* de Sibérie sous le nom d'*Otocorys
Brandti*, mais cette dénomination nous paraît faire double
emploi avec celle d'*Otocorys sibirica* proposé antérieurement par
M. Swinhoe dans son *Catalogue des oiseaux de Chine*. C'est probablement aussi la même espèce qui, dans le catalogue des
oiseaux de la Sibérie orientale, publié par M. Taczanowski, se
trouve désignée par le nom nouveau d'*Otocorys Parvexi*.

L'*Otocorys sibirica* se trouve communément en toutes saisons
sur les hauts plateaux de la Mongolie ; de là il descend parfois
en hiver dans la Chine septentrionale. Il se montre souvent
au bord des chemins, et pendant les grands froids se tient même
dans le voisinage des tentes mongoles ; mais au printemps il
se retire pour nicher sur les collines découvertes. Dans cette
saison, on le voit s'élever à une grande hauteur dans les airs, à
la manière de notre Alouette champêtre ; son chant ressemble à
celui de cette dernière espèce ; il est peut-être encore plus pur et
plus mélodieux, quoique un peu moins varié.

458. — GALERIDA CRISTATA

ALAUDA CRISTATA, L. (1766), *S. N.*, I, 288. — LE COCHEVIS, Buff. (1770), *Pl. Enl.*
503, f. 1. — LA COQUILLADE, Buff., *ibid.*, 662. — ALAUDA UNDATA, Gm. (1788), *S. N.*,
I, 797. — ALAUDA GALERITA, Pall. (1811-31), *Zoogr.*, I, 524. — GALERIDA CRISTATA et
UNDATA, Boie (1828), *Isis*, 321. — ALAUDA LEAUTUNGENSIS, Swinh. (1861), *Ibis*, 256.
— (1863), *ibid.*, 87. — GALERIDA LEAUTUNGENSIS, Swinh. (1863), *P. Z. S.*, 272. —
(1870), 433. — GALERIDA CRISTATA, Swinh. (1871), *P. Z. S.*, 390. — ALAUDA CRISTATA,
Severtz. (1873), *Turk. Jevotn.*, 67. — GALERIDA CRISTATA, Swinh. (1875), *Ibis*, 125. —
GALERITA CRISTATA, Dress. (1876), *Ibis*, 182.

Dimensions. (Mâle tué au mois de mars, aux environs de Pékin).
Long. totale, 0ᵐ,19; queue, 0ᵐ,06; aile, 0ᵐ,11; tarse, 0ᵐ,023; doigt postérieur, 0ᵐ,02, l'ongle seul mesurant 0ᵐ,01; bec, 0ᵐ,016 à partir du front.

Le Cochevis, qui est répandu sur une grande partie de
l'Europe et dans l'Afrique septentrionale, se trouve aussi en
Asie, et, d'après M. Severtzoff, niche dans certains districts du
Turkestan. Il est commun en toutes saisons en Mongolie et dans
la Chine occidentale et septentrionale, jusqu'au N. du Setchuan ;
il se tient toujours sur les collines arides et dans les terrains
stériles qui forment la base des montagnes, et semble éviter
aussi bien les hauts sommets que les plaines cultivées.

459. — CALANDRELLA CHELEENSIS

ALAUDA BRACHYDACTYLA, Swinh. (1861), *Ibis*, 255 et 333. — CALANDRELLA
PISPOLETTA, Swinh. (1863), *P. Z. S.*, 271. — ALAUDULA CHELEENLIS, Swinh. (1871),
P. Z. S., 390.

Dimensions. Long. totale, 0ᵐ,16 à 0ᵐ,175; queue, 0ᵐ,065; aile, 0ᵐ,10,
avec l'extrémité des pennes cubitales ne dépassant pas celle de la sixième
rémige; tarse, 0ᵐ,018; pouce, 0ᵐ,018, l'ongle seul mesurant 0ᵐ,011; bec,
0ᵐ,008 à partir du front; hauteur du bec, 0ᵐ,006.
Couleurs. Iris brun; bec jaunâtre, avec la pointe brune; pattes roussès.
— Parties supérieures d'une teinte isabelle, tirant plus ou moins au roux,
avec le centre des plumes brun; parties inférieures blanches, marquées de
mèches brunes et nuancées de roux sur la poitrine et sur les flancs.

D'après M. Swinhoe, les calandrelles de Pékin se distinguent
des *Alauda pispoletta* Pall. de l'Asie occidentale par une taille
plus faible, par un bec plus gros, par des teintes rousses plus
marquées sur le plumage, et par la coloration presque entièrement blanche de leurs rectrices latérales. Le *Calandrella cheleen-*

sis est abondamment répandu dans le nord de la Chine et surtout en Mongolie ; de là, chassé par les grands froids, il descend parfois en hiver, en bandes nombreuses, dans les plaines de Pékin, et s'établit de préférence dans les endroits stériles et sablonneux. Il niche au printemps sur les hauts plateaux, et s'élève alors dans les airs, comme notre Alouette vulgaire, mais à une moindre hauteur que cette dernière, en faisant entendre un chant mélodieux, qui ressemble à celui de l'*Alauda campestris*.

460. — CALANDRELLA BRACHYDACTYLA

DIE KURTZEHIGE LERCHE, Leisl. (1814), *Ann. Wetter. Gesellsch.*, III, 357, pl. 19. — ALAUDA BRACHYDACTYLA, Tem. (1820), *Man. d'orn.*, 2º éd., I, 284. — CALANDRELLA BRACHYDACTYLA, Kaup (1829), *Nat. Syst.*, 39. — Midd. (1853), *Sib. Reis.*, II, 134. — Loche (1858), *Cat. des Ois. d'Algérie*, 82, sp. 157. — Radde (1863), *Reis. in S. O. Sib.*, II, 150. — Jerd. (1863), *B. of Ind.*, II, 476. — Swinh. (1871), *P. Z. S.*, 390. — Severtz. (1873), *Turk. Jevotn.*, 67, 141, 142. — Dress. (1876), *Ibis*, 182. — Tacz. (1876), *Bull. Soc. zool. Fr.*, I, 160.

Dimensions. Long. totale, $0^m,15$; queue, $0^m,055$; aile, $0^m,090$; tarse, $0^m,021$; doigt postérieur, $0^m,016$, l'ongle seul mesurant $0^m,009$; bec, $0^m,011$, robuste et de forme conique ; hauteur du bec, $0^m,0055$.
Couleurs. Iris, bec et pattes comme dans le *Calandrella cheleensis* ; plumage ne différant de celui de cette dernière espèce que par certains détails de coloration, la teinte rousse de la poitrine n'étant pas variée de mèches brunes, les côtés du cou étant ornés d'un quart de collier noir, le blanc des rectrices latérales étant moins étendu, etc.

J'ai rencontré sur les frontières de la Chine et de la Mongolie des bandes nombreuses de cette espèce qui, comme la précédente, se montre au printemps dans les endroits sablonneux du Chensi et de la province de Pékin. Le *Calandrella brachydactyla* est également répandu en Algérie, en Sardaigne, aux Canaries, dans l'Inde entière, jusqu'au pied de l'Himalaya, dans le Turkestan et dans la Sibérie orientale, où il a été pris successivement par Radde, par Middendorf et par Dybowski. Il se distingue du *Calandrella cheleensis* : 1º par sa taille plus faible ; 2º par son bec et son tarse plus allongés ; 3º par ses doigts plus grêles ; 4º par ses pennes cubitales bien plus longues et atteignant l'extrémité de la quatrième rémige ; 5º par les détails de coloration indiqués plus haut.

461. — MELANOCORYPHA MONGOLICA (Pl. 88)

ALAUDA MONGOLICA, Pall. (1811-31), *Zoogr.*, I, 516, pl. 33, f. 1. — MELANOCORYPHA MONGOLICA, Bp. (1850), *Consp. Av.*, I, 243. — Swinh. (1861), *Ibis*, 333. — ALAUDA MONGOLICA, Radde (1863), *Reis. in S. O. Sib.*, II, 146, n° 46, et pl. 3, f. 1. — MELANOCORYPHA MONGOLICA, Swinh. (1863), *P. Z. S.*, 271, et (1871), *ibid.*, 390. — Dyb. (1874), *J. f. O.*, 318. — Tacz. (1876), *Bull. Soc. zool. Fr.*, 160.

Dimensions. Long. totale, 0^m,20 ; queue, 0^m,07 ; aile fermée, 0^m,13 ; tarse, 0^m,023 ; doigt postérieur, 0^m,02, l'ongle seul mesurant 0^m,014 ; bec, 0^m,016 à partir du front ; hauteur du bec, 0^m,01.

Couleurs. Iris brun cendré ; bec d'une teinte cornée claire ; tarse d'un brun roussâtre ; doigts d'un roux jaunâtre ; ongles bruns. — Sommet de la tête d'un roux vif, avec le milieu d'une teinte plus claire ; au-dessus de l'œil, une large bande s'étendant jusque sur l'occiput, en forme de couronne ; lores et joues d'un blanc pur ; un trait fauve au-dessous de l'œil ; partie supérieure du cou et sus-caudales d'un roux vif ; dos, croupion et couvertures alaires d'un roux mêlé de brun, avec une bordure grise à toutes les plumes ; parties inférieures du corps blanches, avec un large collier à demi interrompu sur le devant du cou, et des mèches rousses sur les côtés de la poitrine et sur les flancs ; rectrices médianes rousses ; rectrices latérales noires, les deux externes blanches en dehors ; rémiges brunes, lisérées de blanc ; pennes secondaires blanches ; pennes tertiaires roussâtres. — Plumage de la femelle semblable à celui du mâle.

La Calandre de Mongolie est très-abondamment répandue sur les hauts plateaux de cette vaste région, mais ne se montre dans le N. de la Chine qu'en hiver et toujours en petit nombre ; néanmoins dans toutes les provinces de l'Empire on la voit communément en cage, les Chinois estimant beaucoup son chant varié, qui imite celui de plusieurs autres oiseaux. Quoiqu'il soit généralement sédentaire, le *Calandra mongolica* change parfois de localité quand le temps devient par trop rigoureux ; c'est ainsi que dans mon voyage en Mongolie j'ai pu observer des bandes composées de plusieurs milliers d'individus de cette espèce fuyant devant une bourrasque de neige.

EMBERIZIDÉS

Sur 64 espèces qui composent cette famille, quelques-unes seulement vivent en Amérique ; toutes les autres appartiennent à l'Ancien-Monde, et de ces dernières le tiers environ fait partie de la faune chinoise.

462. — PLECTROPHANES NIVALIS

Hortulanus nivalis, Briss. (1760), *Ornith.*, III, 285. — Emberiza nivalis, L. (1766), *S. N.*, I, 308. — L'Ortolan de neige et l'Ortolan de passage, Buff. (1770), *Pl. Enl.* 497, f. 1, et 511, f. 2. — Emberiza montana et mustelina, Gm. (1788), *S. N.*, I, 867.— Plectrophanes nivalis, Mey. et Wolf (1810), *Tasch.*, I, 187. — Emberiza nivalis, Pall. (1811-31), *Zoogr.*, II, 32. — Plectrophanes nivalis, Midd. (1853), *Sib. Reis.*, II, 134.— Schrenck (1860), *Vög. d. Am. L.*, 275. — Radde (1863), *Reis. in S. O. Sibir.*, 156.— Swinh. (1863), *P. Z. S.*, 301.— Degl. et Gerbe (1867), *Ornith. Eur.*, 2e éd., I, 332.— Swinh. (1871), *P. Z. S.*, 388. — Tacz. (1876), *Bull. Soc. zool. Fr.*, I, 174.

Dimensions. Long. totale, 0m,18 ; ongle du pouce plus long que le doigt et tout droit.

Couleurs. Plumage, en été, généralement blanc, avec le dos noir ; en hiver, varié de roux et de noir sur la tête, le cou et le dos, avec un hausse-col roux ; une grande tache oblongue sur l'aile.

463. — PLECTROPHANES LAPPONICUS

Fringilla calcarata, Pall. (1776), éd. franç., in-8o, VIII, app., 57. — Fringilla lapponica, L. (1766), *S. N.*, I, 317. — Passer calcaratus, Pall. (1811-31), *Zoogr.*, II, 18. — Emberiza calcarata, Tem. (1815), *Man.*, 190. — Plectrophanes lapponicus, Selb., *Trans. Linn. Soc.*, XV, 156, pl. 1. — Emberiza (Plectrophanes) lapponica, Bp. (1825), *Am. Orn.*, I, 53, pl. 13, f. 1. — Sw. et Rich. (1831), *Faun. Bor. Am.*, II, 248, pl. 48. — Gould (1832), *B. of Eur.*, pl. 169. — Emberiza lapponica, Audub. (1838), *Ornith. biogr.*, IV, 473, pl. 365. — Plectrophanes lapponicus, Swinh. (1861), *Ibis*, 334, et (1863), *P. Z. S.*, 301. — Degl. et Gerbe (1867), *Ornith. europ.*, 2e éd., I, 334. — Swinh. (1871), *P. Z. S.*, 389. — Tacz. (1876), *Bull. Soc. zool. Fr.*, I, 174.

Dimensions. Long. totale, 0m,16 ; ongle du pouce long et sensible-ment recourbé.

Couleurs. Plumage, en été, noir en grande partie, avec le ventre blanc èt une tache rousse à la nuque ; en hiver, mêlé de noir, de roux et de gris en dessus, et blanc en dessous, avec des taches noires sur la poitrine et les flancs ; point de tache sur l'aile.

Le Bruant de Laponie et le Bruant de neige sont tous deux remarquables parce que, en été, ils revêtent une livrée noire, complétement différente de leur plumage ordinaire ; par le développement de l'ongle de leur pouce et par certaines particu-larités de leurs mœurs, ils se rapprochent un peu des alouettes. Ils ont pour patrie les régions arctiques des deux continents, mais en hiver ils descendent vers des latitudes plus tempérées, et s'avancent parfois jusque dans nos contrées. Dans le N. de la Sibérie orientale, ils sont tous deux fort communs ; en Chine, au contraire, le *Plectrophanes nivalis* n'apparaît que rarement, tandis que le *Plectrophanes lapponicus* se montre en grandes bandes dans les provinces septentrionales et parcourt les plaines à la manière des alouettes.

464. — SCHOENICOLA PALLASII

EMBERIZA SCHOENICLUS, var. B., Pall. (1811-31), *Zoogr.*, II, 48. — CYNCHRAMUS PALLASII, Cab. et Hein. (1850), *Mus. Hein.*, I, 130. — EMBERIZA SCHOENICLUS, var. B., Midd. (1853), *Sib. Reis.*, II, 144. — EMBERIZA SCHOENICLUS, var. MINOR, Schrenck (1860), *Vög. des Am. L.*, 284. — EMBERIZA CANESCENS, Swinh. (1860), *Ibis*, 62 ; (1861), *ibid.*, 334. — (1863), *P. Z. S.*, 301. — EMBERIZA ALLEONIS, J. Vian (1869), *Rev. et Mag. de zool.*, 97. — CYNCHRAMUS PALLASII, J. Olphe-Galliard (1869), *ibid.*, 180. — SCHOENICOLA PALLASII, Swinh. (1871), *P. Z. S.*, 389. — EMBERIZA SCHOENICLUS, β. MINOR, Severtz. (1873), *Turk. Jevotn.*, 64 et 118. — EMBERIZA PALLASII, Dress. (1875), *Ibis*, 249. — SCHOENICOLA PALLASII, Tacz. (1876), *Bull. Soc. zool. Fr.*, I, 177.

Dimensions. Long. totale, 0^m,14 ; queue, 0^m,064 ; aile, 0^m,072 ; tarse, 0^m,018 ; bec, 0^m,008. (Mâle très-adulte, tué à Pékin.)

Couleurs. Iris brun ; bec d'un brun noirâtre, avec les bords de la mandibule inférieure rougeâtres ; tarses couleur de chair ; doigts brunâtres. — Tête noire, avec une moustache blanche de chaque côté ; nuque et croupion d'un blanc pur ; sus-caudales blanches, avec un trait brunâtre à l'extrémité ; plumes du dos et pennes tertiaires variées de noir, de marron et de gris blanchâtre ; aileron d'un gris cendré ; moyennes et grandes couvertures des ailes noires, avec une large bordure d'un blanc roussâtre ; rémiges bordées d'un liséré de couleur analogue ; rectrices médianes d'un blanc sale, avec le centre noir ; rectrices latérales en partie blanches ; gorge couverte d'un large rabat de couleur noire ; poitrine, ventre et sous-caudales d'un blanc légèrement nuancé de roux sur les flancs, où l'on remarque quelques mèches foncées peu distinctes. — La femelle a la gorge d'un blanc roussâtre, limité de chaque côté par une moustache noire, suivie d'une raie blanche, les flancs ornés de mèches rousses plus distinctes que celles du mâle, la région parotique d'un brun roussâtre, le sommet de la tête et le dessus du corps variés de gris, de roux et de brun, et le croupion d'un blanc roussâtre.

Ce petit bruant, remarquable par son bec grêle et par les teintes blanches de certaines parties de son corps, habite principalement la Daourie, où il a été trouvé successivement par Pallas, par Middendorf, par Schrenck et par M. Dybowski ; mais au printemps et en automne il se montre aussi dans le Turkestan, où M. Severtzoff l'a rencontré en compagnie de l'*Emberiza schœniclus*, et en hiver il apparaît en bandes nombreuses dans la Chine septentrionale. Dans cette dernière région, on le voit s'établir au bord des étangs et des canaux où croissent des roseaux et d'autres plantes aquatiques dont les graines constituent sa nourriture. L'*Emberiza (Schœnicola) pyrrhuloïdes* signalé par M. Przewalski en Mantchourie n'ayant pas été découvert jusqu'à ce jour dans la Chine proprement dite, le *Schœnicola Pallasii* est la seule espèce de Bruant de roseaux que nous ayons à inscrire dans notre catalogue.

465. — EMBERIZA ELEGANS

EMBERIZA ELEGANS, Tem. (1838), *Pl. Col.* 583. — Tem. et Schl. (1850), *Faun. Jap. Aves*, pl. 55. — Bp. (1850), *Consp. Av.*, I, 464. — Radde (1863), *Reis. in S. O. Sib.*, II, 165, pl. 5. — Przew. (1867-69). *Voy. Ussuri*, n° 49. — Swinh. (1871), *P. Z. S.*, 388. — A. Dav. (1871), *N. Arch. du Mus.*, *Bull.* VII, cat. n° 299. — Dyb. (1875), *J. f. O.*, 253. — Tacz. (1876), *Bull. Soc. zool. Fr.*, I, 176.

Dimensions. Long. totale, 0m,155; queue, 0m,075; aile, 0m,08; tarse, 0m,02; bec, 0m,009; plumes de la tête développées en une huppe de 0m,015 de long.

Couleurs. Iris brun; bec entièrement noir dans la livrée de noces, et brun en hiver; pattes couleur de chair. — Sommet de la tête, région des yeux et des oreilles, lores, un trait sous le bec et une grande plaque isolée sur le devant du cou, d'un noir profond; partie postérieure de la tête et partie supérieure de la gorge d'un jaune vif; un petit sourcil blanc au-dessus et au-devant de l'œil; nuque d'un gris noirâtre, avec une tache blanche de chaque côté; dos rayé de noir, de roux et de gris; croupion d'un gris cendré plus ou moins mélangé de roux vers les sus-caudales; partie inférieure de la gorge, poitrine et ventre d'un blanc pur au milieu, nuancé de roux et marqué de longues mèches noires sur les côtés; petites couvertures des ailes grises; moyennes couvertures noires, terminées de blanc; grandes couvertures brunes, bordées de gris roussâtre. Dans le plumage d'hiver, les teintes sont moins pures. — Chez la femelle, la couleur jaune de la région postérieure de la tête et des sourcils est moins accusée, le sommet et les côtés de la tête sont d'un gris mêlé de roux et de brun, la partie supérieure de la gorge est d'un jaune pâle, la partie inférieure étant blanche, comme chez le mâle; et la plaque noire qui existe chez ce dernier sur le haut de la poitrine est remplacée par quelques taches noirâtres éparses sur un fond roux.

Cette jolie espèce, signalée d'abord au Japon, se rencontre aussi dans la Sibérie orientale et l'empire chinois. Elle passe régulièrement à Pékin, où les habitants la désignent sous le nom de *Hoang-méy (jaune-sourcil)*, et la recherchent à cause de la beauté de son chant. Je l'ai trouvée communément dans les montagnes des provinces occidentales jusqu'à Moupin, et j'ai pu remarquer qu'elle faisait, comme les Ortolans, son nid sous les pierres ou sous les broussailles.

466. — EMBERIZA ELEGANTULA

EMBERIZA ELEGANTULA, Swinh. (1870), *P. Z. S.*, 134, et (1871), *ibid.*, 388.

Cette espèce, fort douteuse, a été fondée sur une femelle prise dans le Houpé occidental. D'après M. Swinhoe, elle se distinguerait de l'*Emberiza elegans :* 1° par une taille plus faible ; 2° par un bec plus allongé ; 3° par des taches et des raies plus foncées. Ne serait-ce pas un hybride de l'*Emberiza elegans* e\ de l'*Emberiza chrysophrys ?*

467. — EMBERIZA PUSILLA

EMBERIZA PUSILLA, Pall. (1776). *Voy.* éd. franç., in-8°, VIII, app. 63, et pl. 47, f. 1. — Bp. (1850), *Consp. Av.*, I, 464. — Midd. (1853), *Sib. Reis.*, II, 148. — BUSCARLA PUSILLA, Bp. (1857), *Rev. et Mag. de zool.*, 163. — EMBERIZA PUSILLA, Schrenck (1860), *Vög. des Am. L.*, 289. — Swinh. (1860), *Ibis*, 61, et (1861), *ibid.*, 334. — Radde (1863), *Reis. in S. O. Sibir.*, II, 171. — Swinh. (1863), *P. Z. S.*, 301. — Jerd. (1863), *B. of Ind.*, II, 376. — CYNCHRAMUS PUSILLUS, Degl. et Gerbe (1867), *Ornith. europ.*, 2e éd., I, 327. — EMBERIZA PUSILLA, Dyb. (1868), *J. f. O.*, 335. — Gould (1869), *B. of As.*, livr. XXI, pl. — Swinh. (1871), *P. Z. S.*, 389. — Alston et Harvie Brown (1873), *Ibis*, 63. — Severtz. (1873), *Turk. Jevotn.*, 64. — Wald. (1874), *Ibis*, 143. — Dress. (1875), *ibid.*, 249. — Tacz. (1876), *Bull. Soc. zool. Fr.*, I, 177.

Dimensions. Long. totale, 0m,14 ; queue, 0m,057 ; aile, 0m,07 ; tarse, 0m,018 ; bec, 0m,009. (Mâle très-vieux.)

Couleurs. Iris brun ; bec brun, avec la mandibule inférieure blanchâtre ; pattes d'un gris roussâtre. — Sommet de la tête orné d'une large raie d'un roux amadou, bordé de chaque côté par une raie noire plus large encore ; lores, sourcils, joues et région parotique d'un roux amadou ; une raie noire partant de l'œil et contournant les plumes auriculaires ; une moustache noire de chaque côté de la tête ; partie supérieure de la gorge d'un roux amadou plus clair que celui des joues ; tout le reste des parties inférieures blanc, avec de nombreuses mèches brunes sur la poitrine et sur les flancs ; parties supérieures du corps d'une teinte olivâtre rayée de noir jusqu'aux sus-caudales et nuancée de roux sur le dos et les scapulaires ; rectrices brunes, lisérées de gris olivâtre, les deux extrêmes en partie blanches ; couvertures alaires et pennes tertiaires brunes, bordées de gris et de roux. — Dans la femelle et dans le jeune mâle, les teintes rousses de la tête sont moins accusées. Les différences individuelles sont du reste fort considérables dans cette espèce et portent soit sur les nuances des couleurs fondamentales, soit sur la grandeur des taches brunes à la surface du plumage.

Le Bruant nain, qui visite accidentellement nos contrées, habite d'ordinaire le nord de l'Asie ; il passe dans le Turkestan, et se montre en hiver dans toute la région himalayenne. Dans la Sibérie orientale, il est fort commun, mais ne niche pas dans le sud de ce pays. En Chine, il arrive en automne et se répand aussitôt dans toute l'étendue de l'Empire, où il séjourne pendant toute la mauvaise saison, se tenant plutôt sur les montagnes découvertes que dans le voisinage des eaux. A Pékin, ces oiseaux sont extrêmement abondants aux moments des deux passages, mais on en voit toujours quelques-uns pendant sept mois de l'année. Ils sont d'un naturel peu farouche et font entendre un chant soutenu, varié et des plus agréables.

468. — EMBERIZA RUSTICA

EMBERIZA RUSTICA, Pall. (1776). *Voy.* éd. fr., VIII, app. 64. — EMBERIZA LESBIA, Gm. (1788), *S. N.*, I, 882. — EMBERIZA RUSTICA, Pall. (1811-31), *Zoogr.*, II, 43, pl. 47, f. 2. — EMBERIZA BOREALIS, Zetterst. (1838), *Faun. Lappon.*, I, 107. — EMBERIZA RUSTICA, Tem. et Schl. (1850), *Faun. jap. Av.*, 97, pl. 58. — Bp. (1850), *Consp., Av.*, I, 466. — Midd. (1853), *Sib. Reis.*, II, 139. — Schrenck (1860), *Vög. d. Am. L.*, 278. — Radde (1863), *Reis. in S. O., Sib.*, II, 173. — Swinh. (1863), *P. Z. S.*, 301. — CYNCHRAMUS RUSTICUS, Degl. et Gerbe (1867), *Ornith. europ.*, 2e éd., I, 329. — EMBERIZA RUSTICA, Dyb. (1868), *J. f. O.*, 335. — Gould (1869), *B. of As.*, livr. XXI, pl. — Swinh. (1871), *P. Z. S.*, 388. — Alston et Harvie Brown (1873), *Ibis*, 63. — Tacz. (1876), *Bull. Soc. zool. Fr.*, I, 175.

Dimensions. Long. totale, 0^m,15 ; queue, 0^m,06 ; aile, 0^m,08 ; tarse, 0^m,017 ; bec, 0^m,01 à partir du front.

Couleurs. Iris brun ; bec brun, avec les côtés et la mandibule inférieure d'une teinte plus claire ; pattes couleur de chair. — Plumes du vertex noires, bordées de blanchâtre ; une tache d'un blanc jaunâtre sur la nuque et deux raies sourcilières blanches ; plumes de la partie supérieure du cou et du croupion et sus-caudales d'un rouge tirant au roux, avec le bord gris ; plumes du dos rousses, avec le centre marqué d'une raie noire et le bord gris ; côtés et partie antérieure du cou blancs, avec une moustache noire incomplète ; partie supérieure de la poitrine ornée d'une large bande pectorale d'un rouge tirant sur le roux et mélangé de blanc, interrompue au milieu par une tache brune ; partie inférieure de la poitrine, abdomen et sous-caudales blancs, avec des flammèches d'un rouge ferrugineux sur les flancs ; lores et région parotique d'un noir mélangé de grisâtre ; rectrices noires, lisérées de gris, les deux externes en partie blanches ; rémiges noires, frangées de gris et d'olivâtre ; pennes tertiaires et grandes couvertures alaires bordées de roux et de gris ; moyennes couvertures terminées de blanc ; petites couvertures rousses. — Le plumage de la femelle est à peu près semblable à celui du mâle, mais offre un peu plus de gris sur la tête.

Les Bruants rustiques, qui se montrent accidentellement dans l'Europe septentrionale et méridionale, habitent d'ordinaire la Sibérie orientale et le bassin de l'Amour. Ils nichent dans le nord de l'Asie, mais à l'entrée de l'hiver ils arrivent en assez grand nombre dans l'empire chinois et y demeurent jusqu'aux premiers jours du printemps. Pendant leur séjour en Chine, ils se tiennent dans les endroits cultivés et se mêlent volontiers à d'autres passereaux granivores. Leur chant n'est pas dépourvu d'agrément.

469. — EMBERIZA FUCATA

EMBERIZA FUCATA, Pall. (1776), *Reis.*, III, 698, et *Voy.* éd. franç., in-8°, VIII, app. — (1811-31), *Zoogr.*, II, 41, pl. 46. — Gould (1832-33), *B. of Eur.*, 178. — Tem. et Schl. (1850), *Faun. Jap. Av.*, 96, pl. 57. — EMBERIZA FUCATA, Bp. (1850), *Consp. Av.*, I, 464. — Swinh. (1860), *Ibis*, 61. — (1861), *ibid.*, 45 et 324. — (1863), *ibid.*, 378. — Jerd. (1863), *B. of Ind.*, II, 375. — Gould (1869), *B. of As.*, livr. XXI, pl. — Swinh. (1870), *Ibis*, 354. — (1871), *P. Z. S.*, 388. — (1875), *Ibis*, 121. — Tacz. (1876), *Bull. Soc. zool. Fr.*, I, 175.

Dimensions. Long. totale, $0^m,16$; queue, $0^m,06$; aile fermée, $0^m,08$; tarse, $0^m,021$; bec, $0^m,011$ à partir du front.

Couleurs. Iris brun ; bec brun, avec la base de la mandibule inférieure couleur de chair ; pattes couleur de chair. — Dessus de la tête et du cou d'un gris rayé de noir ; dos d'un gris roussâtre, avec cinq rangées de larges taches noires ; épaules et croupion d'un roux pâle ; sus-caudales grises et olivâtres, avec le centre brun ; plumes auriculaires d'un roux marron foncé ; gorge et devant du cou d'un blanc pur, encadré par deux raies noires qui se réunissent sur le haut de la poitrine ; thorax tacheté de noir et orné d'une ceinture d'un roux fauve ; abdomen blanc, avec les flancs teintés de roux et marqués de flammèches brunes ; rectrices et rémiges noirâtres, lisérées de gris ; une tache blanche allongée sur les deux pennes caudales externes. — La femelle adulte est revêtue de la même livrée que le mâle, avec des teintes un peu moins pures.

Ce bruant qui est assez commun dans l'Inde, sur les collines rocailleuses et couvertes de buissons, se rencontre aussi dans la Chine et au Japon. Vers la fin du printemps, il passe en petit nombre aux environs de Pékin, tandis qu'il abonde dans les parties centrales et orientales de l'Empire.

470. — EMBERIZA CHRYSOPHRYS

EMBERIZA CHRYSOPHRYS, Pall. (1776), *Reis.*, III, 698, et *Voy.* éd. franç., in-8°, VIII, app. — (1811-31), *Zoogr.*, II, 46, et pl. 48, f. 2. — Selys (1842), *Faun. Belg.*, pl. 4.

— Bp. (1850), *Consp. Av.*, I, 464. — Radde (1863), *Reis. in S. O. Sib.*, II, 161, pl. 4, f. 1, *a*, *b*, *c*. — Swinh. (1863), *P. Z. S.*, 301, et (1871), *P. Z. S.*, 388. — Sharpe et Dresser (1871), *B. of Eur.*, part. IX, pl. — Dyb. (1874), *J. f. O.*, 323. — Tacz. (1876), *Bull. Soc. zool. Fr.*, I, 176.

Dimensions. Long. totale, 0m,16 ; queue, 0m,06 ; aile, 0m,085 ; tarse, 0m,019 ; bec, robuste, 0m,011.

Couleurs. Iris brun ; bec noirâtre, avec la base de la mandibule inférieure blanchâtre ; pattes d'un gris roussâtre. — Dessus de la tête noir, avec une longue raie médiane blanche, et un trait jaune au-dessus de l'œil ; régions oculaire et auriculaire noires, avec une raie blanche sur le milieu de l'oreille ; gorge blanche, parsemée de taches noires, et ornée de chaque côté d'une moustache de même couleur ; poitrine lavée de roux et marquée de flammèches noires ; reste des parties inférieures blanc, avec des stries noirâtres sur les sous-caudales, et des raies plus larges sur les flancs qui sont nuancés de gris brunâtre. Parties supérieures variées de gris et de roux, avec des raies noires sur le dos ; petites couvertures des ailes d'un brun olive ; moyennes et grandes couvertures brunes, terminées de gris blanchâtre. — La femelle a des teintes plus pâles que le mâle, les côtés de la tête variés de noir et d'olive et la raie médiane du vertex moins accusée.

Les bruants de cette espèce, qui s'avance parfois jusqu'en Europe, séjournent pendant l'été dans la Sibérie orientale, et sont assez communs en Chine, au moins dans certaines saisons. Ils passent en grand nombre à Pékin, au mois de mai, et en nombre moins considérable en automne, et les Chinois de la capitale s'efforcent de prendre quelques-uns de ces oiseaux qu'ils gardent en cage à cause de leur chant et qu'ils désignent sous le nom de *Ta-hoang-méy* (*grand-jaune-sourcil*).

471. — EMBERIZA TRISTRAMI

Emberiza Stracheyi, Swinh. (1862), *P. Z. S.*, 318. — (1863), *ibid.*, 301. — (1863), *Ibis*, 95. — Emberiza Tristrami, Swinh. (1870), *P. Z. S.*, 441. — (1871), *ibid.*, 388. — (1875), *Ibis*, 122. — Emberiza quinquelineata, A. Dav., *Mus. Pék.* — Dyb. (1874), 323 et 335. — Emberiza Tristrami, Dyb. (1875), *J. f. O.*, 252. — Tacz. (1876), *Bull. Soc. zool. Fr.*, I, 176.

Dimensions. Long. totale, 0m,15 ; queue, 0m,055 ; aile, 0m,07 ; tarse, 0m,019 ; bec, 0m,01.

Couleurs. Iris brun ; bec brun, avec la base de la mandibule inférieure d'une teinte plus claire ; pattes d'un gris roussâtre. (Mâle tué au mois de mai.) — Sommet et côtés de la tête noirs, avec cinq raies blanches étroites ; nuque olive, nuancée de roux ; croupion et sus-caudales d'un roux vif ; dos varié d'olive, de brun marron et de noir ; gorge noire, mélangée de roux vers le bas ; poitrine d'un roux grisâtre, avec de petites raies brunes ; ventre et sous-caudales olivâtres, légèrement rayés de brun ; sous-caudales blanches, parfois rayées de brun marron ; rectrices brunes, les centrales teintées de marron, les deux externes en partie blanches ; rémiges brunes, bordées de marron ; couvertures des ailes noirâtres, largement bordées de brun olive clair. — Chez la femelle, les raies blanches de la tête et des moustaches sont moins nettes ; il n'y a pas de noir sur la gorge ni sur la région oculaire, les lores et les couvertures des oreilles sont d'une couleur grisâtre, mélangée de brun, et toutes les teintes du plumage sont plus pâles.

De tous les bruants qui passent à Pékin, celui-ci est le plus rare ; il ne se montre dans le nord de l'Empire qu'au mois de mai et retourne passer l'hiver dans les provinces méridionales et centrales. M. Dybowski l'a trouvé en été dans la Sibérie orientale.

472. — EMBERIZA CIA

EMBERIZA PRATENSIS, Briss. (1760), *Ornith.*, III, 266. — EMBERIZA CIA, L. (1766), *S. N.*, I, 310. — EMBÈRIZA BARBATA, Scop. (1768), *An. Hist. nat.*, n⁰ 210. — L'ORTOLAN DE LORRAINE et le BRUANT DES PRÉS DE FRANCE, Buff. (1770), *Pl. Enl.* 511, f. 1, et 30, f. 2. — EMBERIZA LOTHARINGICA, Gm. (1788), *S. N.*, I, 882. — EMBERIZA CIA, Gould (1832), *B. of Eur.*, pl. 179. — Bp. (1850), *Consp. Av.*, I, 466. — Jerd. (1863), *B. of Ind.*, II, 371. — Degl. et Gerbe (1867), *Ornith. eur.*, 2⁰ éd., I, 312. — EMBERIZA CASTANEICEPS, Dav. nec Moore (1871), *N. Arch. du Mus.*, *Bull.* VII, cat. n⁰ 295. — Swinh. (1871), *P. Z. S.*, 388. — EMBERIZA CIA, Severtz. (1873), *Turk. Jevotn.*, 64. — Dress. (1875), *Ibis*, 247.

Dimensions. Long. totale, 0ᵐ,17 ; queue, 0ᵐ,075 ; aile, 0ᵐ,08 ; tarse, 0ᵐ,019 ; bec grêle, 0ᵐ,011.

Couleurs. Iris brun ; bec brun, avec la base de la mandibule inférieure gris de fer ; pattes d'une teinte roussâtre claire. — Dessus de la tête et du cou d'une teinte marron, mélangée de brun, avec une raie médiane et deux longues raies sourcilières cendrées ; de chaque côté, une raie d'abord noire, puis marron, s'étendant à travers l'œil et s'unissant en arrière avec une autre raie, également de deux couleurs, qui forme moustache ; gorge, côtés du cou et partie supérieure de la poitrine d'un gris bleuâtre ; partie inférieure de la poitrine, abdomen et sous-caudales d'un roux vif ; croupion d'un brun marron clair ; dos varié de noir, de roux et de grisâtre ; plumes du carpe cendrées ; moyennes couvertures de l'aile noires, terminées de blanchâtre ; grandes couvertures bordées de marron et de gris, de même que les dernières pennes ; rectrices noirâtres, les deux centrales bordées de roux, les deux externes marquées d'une longue tache blanche. — Chez la femelle, les parties supérieures du corps jusqu'au croupion sont variées de roussâtre et de noir, et les parties inférieures sont d'un roux assez clair, avec la gorge blanchâtre, et la poitrine d'un gris foncé, tacheté de brun.

Cette description est prise sur des bruants qui vivent sédentaires dans les montagnes de la plus grande partie de la Chine et de la Mongolie, et qui nous paraissent différer trop peu du Bruant fou d'Europe pour en être séparés spécifiquement. D'après M. Swinhoe comme d'après M. Taczanowski (*Ibis*, 1875, p. 144), les bruants du Japon (*Emberiza cioïdes* T. et Schl., *E. ciopsis*, Bp.) se distingueraient au contraire de ceux-ci par leur taille et la couleur noire de leurs plumes auriculaires.

473. — EMBERIZA CIOÏDES

EMBERIZA CIA, Pall. nec Linn. (1811-31), *Zoogr.*, I, 39. — EMBERIZA CIOÏDES, Brandt nec Tem., *Bull. Ac. Saint-Pét.*, et (1844), Voy. Tchihatchef, *Cat. des Anim. vertébr.*, 24, sp. 68. — EMBERIZA CIA (Pall. nec L.), Bp. (1850), *Consp. Av.*, I, 466. — EMBERIZA CIOÏDES, Midd. (1853), *Sib. Reis.*, II, 140. — EMBERIZA CASTANEICEPS, Moore (ex Gould, ms.), (1855), *P. Z. S.*, 215. — EMBERIZA CIOÏDES, Schrenck (1860), *Vög. d. Am. L.*, 280. — EMBERIZA RUSTICA, Swinh. (1861), *Ibis*, 255. — EMBERIZA CIOÏDES, Swinh. (1861), 409 et 410. — Radde (1863), *Reis. in S. O. Sib.*, II, 176. — Swinh. (1863), *Ibis*, 378. — EMBERIZA CIOPSIS, Swinh. (1863), *P. Z. S.*, 300. — EMBERIZA GIGLIOLII, Swinh. (1867), *Ibis*, 393. — EMBERIZA CIOPSIS, Swinh. (1871), *P. Z. S.*, 388. — EMBERIZA CIOÏDES, J. Vian (1872), *Rev. et Mag. de zool.*, 38. — Dyb. (1873), *J. f. O.*, 87. — Swinh. (1874), *Ibis*, 161. — Tacz. (1876), *Bull. Soc. zool. Fr.*, I, 175.

Dimensions. Long. totale, 0ᵐ,17 ; queue, 0ᵐ,075 ; aile, 0ᵐ,08 ; tarse, 0ᵐ,019 ; bec, court et gros, 0ᵐ,09.

Couleurs. Iris d'un brun châtain ; bec d'un gris plombé, avec la mandibule inférieure blanchâtre ; pattes d'un roux clair. — Tête rousse en dessus, avec l'occiput et le cou nuancés de gris ; une raie sourcilière blanche de chaque côté ; lores noirs ; couvertures des oreilles d'un brun marron foncé, précédé d'une raie blanche et d'une moustache noire ; gorge blanche ; côtés du cou d'un gris cendré ; partie supérieure de la poitrine d'un roux foncé, tirant au rouge ; flancs d'un roux terne ; milieu de l'abdomen et sous-caudales blanchâtres ; croupion et scapulaires d'un roux clair ; dos varié de brun et de gris roussâtre ; rectrices centrales et pennes tertiaires largement bordées de roux ; rectrices externes blanches en partie ; petites couvertures des ailes d'un gris cendré ; moyennes et grandes couvertures marquées de brun et de roux et bordées de gris roussâtre. — Chez la femelle, les bandes blanches de la tête sont remplacées par des bandes grisâtres, la tache noire du lorum manque, et la moustache est à peine indiquée ; les teintes rousses des oreilles sont également peu prononcées, et le sommet de la tête est rayé de noir sur un fond olive ; enfin les flancs présentent quelques mèches brunâtres.

Le Bruant cioïde, que Pallas avait réuni au Bruant fou de nos contrées, est commun sur le Baïkal méridional, en Daourie, dans le bassin de l'Amour, dans le pays de l'Oussouri, dans la Mongolie et dans les montagnes de la plus grande partie de la Chine. Il a été souvent confondu par les auteurs, non-seulement avec l'*Emberiza cia* et l'*Emberiza leucocephala* d'Europe, mais encore avec l'*Emberiza cioïdes* (T. et Schl. nec Brandt) ou *Emberiza ciopsis* du Japon ; c'est évidemment l'espèce que Moore a décrite de nouveau en 1855 d'après des spécimens provenant de Chine sous le nom d'*Emberiza castaneiceps*, nom qui malheureusement a été transporté depuis, par erreur, à l'*Emberiza cia* des environs de Pékin. Dans ses *Causeries ornithologiques*, M. J. Vian a relevé les différentes erreurs commises par les auteurs au sujet de cette espèce qui, d'après lui, pourrait bien appartenir aussi à la faune européenne.

474. — EMBERIZA LEUCOCEPHALA

EMBERIZA SCLAVONICA, Briss. (1760), *Ornith.*, III, 94. — EMBERIZA LEUCOCEPHALA, S. Gm. (1770), *Nov. Comm. Petrop.*, XV, 480, pl. 23, f. 3. — EMBERIZA PITHYORNUS, Pall. (1776), *Reis.*, II, 710, n° 22, et *Voy.* éd. franç., in-8°, VIII, app., p. 60. — EMBERIZA PITHYORNUS, Gm. (1788), *S. N.*, I, 875. — EMBERIZA PITHYORNUS, Pall. (1811-31), *Zoogr.*, II, 37. — EMBERIZA PITHYORNIS, Bp. (1850), *Consp. Av.*, I, 466. — EMBERIZA PITHYORNUS, Schrenck (1860), *Vög. d. Am. L.*, 279. — Radde (1863), *Reis. in S. O. Sib.* II, 177. — Swinh. (1863), *Ibis*, 95, et *P. Z. S.*, 300. — Degl. et Gerbe (1867), *Ornith. europ.*, 2° éd., I, 314. — Dyb. (1868), *J. f. O.*, 335. — EMBERIZA LEUCOCEPHALA, Swinh. (1871), *P. Z. S.*, 388. — Dyb. (1873), *J. f. O.*, 86. — EMBERIZA PITHYORNIS (an. sp.?), Severtz. (1873), *Turk. Jevotn.*, 64. — EMBERIZA LEUCOCEPHALA, Dress. (1875), *Ibis*, 248. — Tacz. (1876), *Bull. Soc. zool. Fr.*, I, 175.

Dimensions. (Oiseaux tués à Pékin.) Long. totale, 0^m,17 et 0^m,18.

Le Bruant à couronne lactée, qui se montre accidentellement en Allemagne, en Dalmatie et dans le midi de la France, est très-commun dans la Sibérie orientale et dans certains districts du Turkestan. Pendant l'hiver, on le rencontre aussi fréquemment dans le nord de la Chine, jusqu'aux frontières méridionales du Chensi. Il arrive à Pékin à la fin de l'automne et en repart dès que les grands froids ont cessé. J'ai eu souvent l'occasion de l'observer en hiver dans les grandes montagnes du Tsinling et j'ai pu remarquer qu'il avait la voix et les allures de notre Bruant jaune.

475. — EMBERIZA SPODOCEPHALA

EMBERIZA SPODOCEPHALA, Pall. (1776), *Reis.*, III, 696, et *Voy.* éd. franç., in-8°, VIII, VIII, app. — (1811-31), *Zoogr.*, II, 51, et pl. 49, f. 2. — Bp. (1850), *Consp. Av.*, I, 465. — Midd. (1853), *Sib. Reis.*, II, 142, pl. XIII, f. 5-8. — Schrenck (1860), *Vög. d. Am. L.*, 282. — EMBERIZA PERSONATA, Swinh. (1861), *Ibis*, 45 et 334. — EMBERIZA SPODOCEPHALA, Radde (1863), *Reis., in S. O. Sib.*, II, 169. — Jerd. (1863), *B. of Ind.*, II,

374. — Swinh. (1863), *Ibis*, 377. — Dyb. (1868), *J. f. O.*, 335. — Swinh. (1870), *Ibis*, 354. — (1871), *P. Z. S.*, 388. — (1874), *Ibis*, 161. — (1875), *ibid.*, 450. — Tacz. (1876), *Bull. Soc. zool. Fr.*, I, 176.

Dimensions. Long. totale, 0ᵐ,155 ; queue, 0ᵐ,065 ; aile, 0ᵐ,075 ; tarse, 0ᵐ,018 ; bec, 0ᵐ,009 à partir du front.

Couleurs. Iris d'un brun châtain ; bec brun, avec la pointe noirâtre et la mandibule inférieure blanchâtre ; pattes couleur de chair. — Tête, cou et partie supérieure de la poitrine d'un cendré verdâtre, avec les lores, les côtés du bec et le menton noirs, et quelques petites taches noires figurant des sortes de moustaches ; dessous du corps d'un jaune pâle, avec les flancs ornés de flammèches brunes ; plumes du dos et couvertures des ailes brunes, bordées de roux et de gris cendré ; croupion d'un gris olivâtre ; pennes des ailes et de la queue brunes, bordées de brun olive ou de roux ; les deux rectrices externes en grande partie blanches. — En hiver, le mâle a le dessus de la tête nuancé de roux. Chez la femelle, le dessus de la tête et la nuque sont d'une teinte olivâtre mélangée de brun marron, le devant du cou est jaune tacheté de brun, et le ventre, d'un jaune moins pur que chez le mâle, offre sur le milieu une teinte blanchâtre ; en outre, une large raie jaunâtre, formant moustache de chaque côté, s'unit à la raie sourcilière en arrière de l'oreille, dont les couvertures sont nuancées d'olive, de brun et de gris.

Ce bruant aux couleurs pâles est très-commun dans les provinces centrales de la Chine pendant l'hiver. Son passage à Pékin a lieu à la fin d'avril et au commencement de mai, époque à laquelle, venant de l'Inde, il regagne la Sibérie orientale, sa véritable patrie. Quelques couples de cette espèce s'arrêtent cependant pour nicher dans les montagnes du Céleste-Empire. M. Swinhoe, qui avait d'abord confondu l'*Emberiza spodocephala* avec l'*Emberiza personata* (T. et Schl.) du Japon, s'est décidé plus tard à considérer ces deux formes comme distinctes ; il existe en effet entre le plumage de ces deux bruants quelques différences qui ont été constatées également par M. Taczanowski.

476. — EMBERIZA SULPHURATA

EMBERIZA SULPHURATA, Tem. et Schleg. (1850), *Faun. Jap. Aves*, 100, pl. 60. — Bp. (1850), *Consp. Av.*, I, 464. — EUSPIZA SULPHURATA, Swinh. (1860), *Ibis*, 359. — (1861), *ibid.*, 46 et 334. — (1863), *P. Z. S.*, 300. — EUSPIZA SULPHURATA, Swinh. (1863), *Ibis*, 378. — (1871), *P. Z. S.*, 388. — (1875), *Ibis*, 451.

Dimensions. Long. totale, 0ᵐ,13 ; queue, 0ᵐ,055 ; aile, 0ᵐ,07 ; tarse, 0ᵐ,02 ; bec, 0ᵐ,009 à partir du front.

Couleurs. Bec brunâtre, avec les bords et la mandibule inférieure grisâtres; pattes d'un brun clair. — Parties supérieures du corps d'une teinte verdâtre, plus prononcée sur le devant de la tête, et interrompue sur le dos par des marques longitudinales brunes, bordées de roussâtre; parties inférieures d'un jaune soufre, lavé de verdâtre sur les côtés de la poitrine et de l'abdomen et orné de quelques flammèches brunes sur les flancs; couvertures des ailes d'un brun foncé, largement bordées de blanc et de roux; pennes primaires et secondaires d'un brun plus clair, bordées de brun roux; rectrices d'une teinte analogue; les quatre externes en partie blanches.

Ce bruant, qui se trouve au Japon pendant l'été, vient passer l'hiver dans le midi de la Chine. Je ne l'ai jamais rencontré ni dans le nord ni dans l'ouest du Céleste-Empire, et les voyageurs russes ne l'ont point signalé dans la Sibérie orientale.

477. — EUSPIZA RUTILA

EMBERIZA RUTILA, Pall. (1776), *Reis.*, III, 698, n° 23. — Gm. (1788), *S. N.*, I, 872. — Pall. (1811-31), *Zoogr.*, II, 53, pl. 51. — Tem. et Schl. (1850), *Faun. Jap.*, pl. 56 B. — EUSPIZA RUTILA, Bp. (1850), *Consp. Av.*, I, 469. — EMBERIZA RUTILA, Midd. (1853), *Sib. Reis.*, II, 141. — Schrenck (1860), *Vög. d. Am. L.*, 280. — Swinh. (1861), *Ibis*, 334 et 410. — (1862), *P. Z. S.*, 318. — Radde (1863), *Reis. in S. O. Sib.*, II, 168. — EUSPIZA RUTILA, Swinh. (1863), *P. Z. S.*, 300. — Dyb. (1868), *J. f. O.*, 335. — Swinh. (1871), *P. Z. S.*, 387. — Dyb., *J. f. O.* (1873), 90, et (1874), 335. — Tacz. (1876), *Bull. Soc. zool. Fr.*, I, 179.

Dimensions. Long. totale, 0ᵐ,145; queue, 0ᵐ,06; aile, 0ᵐ,08; tarse, 0ᵐ,019; bec, 0ᵐ,011 à partir du front.

Couleurs. Iris brun roux; bec brun; pattes grises. — Parties supérieures, gorge et haut de la poitrine d'un roux vif; reste des parties inférieures d'un jaune de primevère, avec les flancs lavés d'olivâtre et marqués de quelques flammèches brunes; rectrices brunes; pennes alaires de la même teinte, les primaires lisérées de gris, les secondaires d'olive et les tertiaires ayant toute leur moitié externe d'un brun marron. — Chez la femelle, le croupion, la nuque et les petites couvertures alaires sont nuancés de roux, le reste des parties supérieures est mélangé de brun marron, une raie d'un gris sale s'étend au-dessus de l'œil, la gorge est grise et encadrée de petites taches brunes et rousses, enfin la poitrine et le ventre sont de couleur jaune, avec les flancs et les sous-caudales marqués de flammèches d'un brun olivâtre.

Le Bruant rouge habite pendant une partie de l'année le Japon et la Sibérie orientale : dans cette dernière contrée, il est cependant beaucoup plus rare que l'espèce suivante, *Euspiza aureola*. Pendant l'hiver, il se retire dans la Chine méridionale, et se tient d'ordinaire dans les taillis et les roseaux. Il passe à Pékin deux fois par an : en automne en petit nombre et au mois de mai en nombre beaucoup plus considérable ; les Chinois de la capitale l'élèvent en cage à cause de son chant qui est soutenu et assez agréable.

478. — EMBERIZA AUREOLA

Emberiza aureola, Pall. (1776), *Reis.*, II, 711, et *Voy.* éd. fr. in-8°, VIII, app., 61. — Gm. (1788), *S. N.*, I, 875. — Pall. (1811-31), *Zoogr.*, II, 52, et pl. 50. — Passerina aureola et collaris, V. (1819), *Nouv. Dict.*, XXV, 6 et 9. — Gould (1832), *B. of Eur.*, pl. 174. — Euspiza aureola, Bp. (1850), *Rev. crit.*, 16, et *Consp. Av.*, I, 468. — Emberiza aureola, Midd. (1853), *Sib. Reis.*, II, 138. — Schrenck (1860), *Vog. d. Am. L.*, 277. — Euspiza aureola, Swinh. (1860), *Ibis*, 62. — (1861) *Ibid.*, 45 et 334. — Emberiza aureola, Radde (1862), *Reis. in S. O. Sib.*, 168. — Swinh. (1863), *Ibis*, 378. — Euspiza aureola, Jerd. (1863), *B. of Ind.*, II, 380. — Passerina aureola, Degl. et Gerbe (1867), *Ornith. europ.*, 2e éd., I, 301. — Euspiza aureola, Swinh. (1871), *P. Z. S.*, 387. — Dyb. (1873), *J. f. O.*, 90. — Severtz. (1873), *Turk. Jevoin.*, 64. — Emberiza aureola, Dress. (1875), *Ibis*, 250. — Euspiza aureola, Tacz. (1876), *Bull. Soc. zool. Fr.*, I, 178.

Dimensions. Long. totale, 0ᵐ,15 ; queue, 0ᵐ,063 ; aile, 0ᵐ,084 ; tarse, 0ᵐ,021 ; bec, 0ᵐ,011 à partir du front.

Couleurs. Iris brun ; bec brun, avec les bords et la mandibule inférieure blanchâtres ; pattes grises. — Front, tour des yeux, joues et menton d'un noir profond ; dessus de la tête et du cou, scapulaires et croupion d'un marron pourpre plus ou moins sali par une teinte grisâtre ; dos rayé de noir et de grisâtre ; sus-caudales brunes, lisérées de gris ; rectrices d'une teinte analogue, les quatre externes marquées d'une tache oblique blanche ; pennes alaires brunes également, les primaires et les secondaires lisérées de gris roussâtre, les tertiaires marquées de roux châtain sur le bord externe ; grandes couvertures alaires terminées de gris roussâtre ; moyennes et petites couvertures en partie blanches ; parties inférieures du corps d'un jaune vif, avec une bande d'un marron pourpré sur le haut de la poitrine et des flammèches brunes sur les flancs ; sous-caudales d'un jaune plus pâle que l'abdomen et tournant au blanchâtre. — Chez la femelle, la tête et le dos sont gris rayés de noir, le croupion offre des teintes roussâtres, l'œil est surmonté d'une large raie jaunâtre et le vertex traversé d'une raie longitudinale grisâtre ; la couleur jaune des parties inférieures est d'ailleurs moins vive que chez le mâle, la bande pectorale est remplacée par quelques taches noirâtres peu distinctes, les côtés de la tête sont ornés de moustaches brunes très-étroites, et les lores, au lieu d'être noirs, sont d'une teinte grisâtre.

Le Bruant auréole, qui visite assez régulièrement le midi de la France, l'Italie et la Crimée, a pour patrie le N.-E. de l'Asie. Il est très-commun dans la Sibérie orientale, et passe en grand nombre à Pékin, deux fois par an, soit au printemps lorsqu'il regagne la Mantchourie, soit en automne lorsqu'il descend vers les provinces méridionales de l'Empire. Il fréquente le bord des rivières et des lacs, où croissent des roseaux. Pendant l'hiver, il est également très-abondant dans l'Assam, la Birmanie et la Cochinchine ; le Muséum d'histoire naturelle en possède plusieurs spécimens recueillis dans cette dernière contrée par M. R. Germain.

479. — MELOPHUS MELANICTERUS

LE MOINEAU DE MACAO, Buff. (1770), *Pl. Enl.* 224, f. 1. — FRINGILLA MELANIC-TERA, Gm. (1788), *S. N.*, I, 910. — EMBERIZA CRISTATA, Vig. (1831), *P. Z. S.*, 35 et 119. — EMBERIZA NIPALENSIS, Hodgs. (1836), *As. Res.*, XIX, 157. — EMBERIZA ERY-THROPTERA, Jard. et Selb. (1837), *Ill. Ornith.*, pl. 132. — EUSPIZA LATHAMI, Gr. (1844), *Zool. Misc.*, 2, et (1846), *Cat. Hodgs. Coll.* 107. — MELOPHUS MELANICTERUS, Bp. (1850), *Consp. Av.*, I, 470. — MELOPHUS LATHAMI, Swinh. (1860), *Ibis*, 62. — MELO-PHUS MELANICTERUS, Swinh. (1863), *P. Z. S.*, 300. — Jerd. (1863), *B. of Ind.*, II, 387. — Swinh. (1871), *P. Z. S.*, 387. — R. W. Ramsay (1875), *Ibis*, 351.

Dimensions. Long. totale, 0ᵐ,18 ; queue, 0ᵐ,07 ; aile, 0ᵐ,085 ; tarse, 0ᵐ,02 ; bec, 0ᵐ,012 à partir du front ; plumes de la huppe, 0ᵐ,02.

Couleurs. Iris brun ; bec brunâtre, avec la mandibule inférieure jaunâ-tre ; pattes d'un gris brunâtre ; ongles bruns. — Plumage noir, avec les ailes et la queue d'un roux cannelle. — La femelle a le corps brun, nuancé d'oli-vâtre en dessus, et jaune ocreux rayé de brunâtre en dessous, avec la queue et les ailes rousses comme le mâle.

Cette forme particulière de bruant, remarquable par les plumes de son front développées en forme de huppe, habite principalement l'Inde et la Birmanie, mais se trouve aussi, quoique plus rarement, dans la Chine méridionale. Je l'ai ren-contrée au Tchékiang, au Kiangsi, au Setchuan, et même à Moupin, sur les collines, dans le voisinage des terres cultivées.

FRINGILLIDÉS

Les Gros-Becs granivores qui rentrent dans cette famille sont extrêmement nombreux et répandus sur toute la surface du globe : sur 500 espèces environ, connues actuellement, il n'y en a que 40 qui aient été observées dans l'empire chinois.

480. — FRINGILLA MONTIFRINGILLA

FRINGILLA MONTIFRINGILLA, L. (1766), *S. N.*, I, 318.— LE PINSON D'ARDENNES, Buff. (1770), *Pl. Enl.* 54, f. 2. — FRINGILLA MONTIFRINGILLA, Gm. (1788), *S. N.*, I, 902. — PASSER MONTIFRINGILLUS, Pall. (1811-31), *Zoogr.*, II, 18. — STRUTHUS MONTIFRINGILLA,

Boie (1828), *Isis*, 323. — Gould (1832), *B. of Eur.*, pl. 188. — Fringilla montifringilla, Bp. (1850), *Consp. Av.*, I, 507. — Midd. (1853), *Sib. Reis.*, II, 179. — Schrenck (1860), *Vög. d. Am. L.*, 299. — Swinh. (1861), *Ibis*, 335. — Radde (1863), *Reis. in S. O. Sib.*, II, 192. — Swinh. (1862), *P. Z. S.*, 318. — (1863), *ibid.*, 298. — Jerd. (1863), *B. of Ind.*, II, 412. — Degl. et Gerbe (1867), *Ornith. Eur.*, 2ᵉ éd., I, 274. — Dyb. (1868), *J. f. O.*, 335. — Swinh. (1871), *P. Z. S.*, 385. — Sharpe et Dresser (1871), *B. of Eur.*, part. VII, pl. — Severtz. (1873), *Turk. Jevotn.*, 64 et 116. — Swinh. (1874), *Ibis*, 160. — Dress. (1875), *Ibis*, 241. — Tacz. (1876), *Bull. Soc. zool. Fr.*, I, 179.

Le Pinson d'Ardennes, qui visite en hiver les régions tempérées de l'Europe et qui apparaît régulièrement chaque année en grandes bandes dans nos départements méridionaux, a pour patrie les contrées septentrionales de l'Ancien-Continent. De là il se répand dans l'Inde, la Sibérie orientale, la Chine et le Japon. Il passe à Pékin au printemps et en automne, et est extrêmement commun pendant la saison froide dans le centre et le midi du Céleste-Empire.

481. — FRINGILLAUDA NEMORICOLA

Fringillauda nemoricola, Hodgs. (1836), *As. Res.*, XIX, 158. — (1844), *J. A. S. B.*, 954. — Montifringilla nemoricola, Gr. (1846), *Cat. Hodgs. Coll.* 107. — Fringalauda nemoricola, Bp. et Schl. (1850), *Mon. Lox.*, pl. 47. — Bp. (1850), *Consp. Av.*, I, 538. — Jerd. (1863), *B. of Ind.*, II, 414. — Fringilla nemoricola, A. Dav. (1871), *N. Arch. du Mus.*, *Bull.* VII, *Cat.* n° 311. — Fringillauda nemoricola, Swinh. (1871), *P. Z. S.*, 385.

Dimensions. Long. totale, 0ᵐ,165 ; queue, échancrée, 0ᵐ,07 ; aile, 0ᵐ,10, avec les trois premières rémiges presque égales entre elles ; tarse, 0ᵐ,02 ; doigt postérieur, 0ᵐ,015, l'ongle, arqué, mesurant seul 0ᵐ,007 ; bec, conique, 0ᵐ,012 ; hauteur du bec, 0ᵐ,008 ; largeur, 0ᵐ,007.

Couleurs. Iris d'un brun noisette clair ; bec brun, avec la base d'une teinte plus pâle et la mandibule inférieure jaunâtre ; pattes et ongles bruns. — Plumage rappelant en général celui du Moineau commun femelle. Parties supérieures d'un brun terreux, lavé de roux, passant au cendré sur le croupion, parsemé de quelques raies brunes et grisâtres sur le dos, la tête et le cou (sauf chez le vieux mâle qui a la tête et les oreilles d'un fauve pâle, sans taches) ; sus-caudales brunes, largement bordées de blanc, de même que les sous-caudales ; parties inférieures du corps d'un gris brunâtre, tournant au blanc sur le milieu de l'abdomen, marqué de quelques flammèches brunes sur les côtés de la poitrine et teinté de roux sur les flancs ; plumes axillaires jaunes ; rectrices et rémiges noirâtres, lisérées de gris ; pennes tertiaires, grandes et moyennes couvertures bordées et terminées de gris clair, ce qui dessine trois bandes blanchâtres à la face supérieure de l'aile ; une raie sourcilière cendrée.

Nota. — Le bec n'a pas les bords dentés en scie, comme l'indique Jerdon.

Cette espèce de l'Himalaya se rencontre aussi dans les grandes montagnes boisées de la Chine occidentale. J'en ai vu, pendant l'hiver, des bandes nombreuses volant d'un champ à l'autre, à la recherche de petites graines, dans la principauté de Moupin et sur les frontières du Kokonoor. D'après ce que j'ai pu observer, ces oiseaux ressemblent par leurs allures, et même par leur cri de rappel, aux pinsons d'Ardennes, avec lesquels on les trouve souvent associés.

482. — LEUCOSTICTE BRUNNEINUCHA (Pl. 89)

LEUCOSTICTE BRUNNEINUCHA, Brandt (1841), *Bull. Ac. Saint-Pétersb.*, 35. — MONTI-FRINGILLA BRUNNEINUCHA, Bp. et Schl. (1850), *Mon. Lox.*, 36, sp. 2, pl. 42. — LEUCOS-TICTE BRUNNEINUCHA, Cab. (1850-51), *Mus. Hein.*, 154. — Bp. (1850), *Consp. Av.*, I, 536. — FRINGILLA BRUNNEINUCHA, A. Dav. (1871), *N. Arch. du Mus.*, *Bull.* VII, *Cat.* n° 312. — LEUCOSTICTE BRUNNEINUCHA, Swinh. (1871), *P. Z. S.*, 385. — Dyb. (1873), *J. f. O.*, 93. — Swinh. (1875), *Ibis*, 450. — Dyb. (1876), *J. f. O.*, 200. — Tacz. (1876), *Bull. Soc. zool. Fr.*, I, 180.

Dimensions. Long. totale, 0m,165 ; queue, un peu fourchue, 0m,073 ; aile, 0m,011 ; tarse, 0m,021 ; bec, conique, 0m,011.

Couleurs. Iris brun ; bec jaune, avec la pointe brune ; pattes et ongles noirs. — Front, lores, joues et toute la portion antérieure du cou, jusqu'à la poitrine, d'un brun noirâtre, avec quelques reflets d'un gris soyeux ; poitrine et abdomen de la même teinte, mais avec toutes les plumes largement ter-minées de rose pourpre ; sous-caudales brunes, frangées de blanc et de rose pâle ; nuque d'un roux blanchâtre, mélangé de brunâtre ; plumes du dos brunes, bordées de gris terreux ; plumes du croupion et sous-caudales noires, terminées de rose ; couvertures des ailes et rémiges noires frangées de rose ; dernières pennes tertiaires lisérées de gris ; rectrices noires bordées de gris. (Vieux mâle tué en hiver.) — Les mâles moins avancés en âge ont plus de gris et moins de rose sur les ailes, et les femelles offrent sur la nuque une teinte rousse moins étendue ; chez elles, la couleur rose ne se montre guère que sur les petites couvertures des ailes, sur les dernières plumes du croupion, et sur quelques plumes des flancs et du bas-ventre.

Ces jolis oiseaux se rencontrent pendant les plus grands froids dans les montagnes de la Chine septentrionale ; ils se tiennent alors sur les rochers les plus élevés, et se nourrissent de petites graines. De temps en temps ils se réunissent en vols serrés pour passer d'une montagne à l'autre, et se laissent très-difficilement approcher. La même espèce a été trouvée récem-ment par M. Dybowski dans la Sibérie orientale, avec une espèce extrêmement voisine, le *Leucosticte Giglioli* qui a été décrit en 1868 par M. Salvadori (*P. Z. S.*, 577 et pl. 44). Cette dernière espèce, ou plutôt cette race, dont les principaux caractères distinctifs consistent dans la coloration rose des plumes frontales et dans la teinte un peu noirâtre des parties inférieures et du croupion, n'a pas été signalée jusqu'à présent dans la Chine proprement dite.

483. — ÆGIOTHUS CANESCENS

Linaria canescens, Gould (1832), *B. of Eur.*, pl. 193. — Fringilla borealis, Tem. nec Vieill. (1835), *Man.*, III, 244, et (1840), *ibid.*, IV, 644. — Linota canescens, Bp. (1838), *B. of Eur.*, 34. — Acanthis canescens, Bp. (1850), *Rev. crit.*, 172, et *Consp. Av.*, I, 541. — Bp. et Schl. (1850), *Mon. Lox.*, 47, pl. 31. — Fringilla linaria, var. canescens, Schrenck (1860), *Vög. d. Am. L.*, 296. — Cannabina canescens, Swinh. (1861), *Ibid*, 386. — Ægiothus canescens, Swinh. (1863), *P. Z. S.*, 299. — Dyb. (1868), *J. f. O.*, 333. — Ægiothus borealis, Swinh. (1871), *P. Z. S.*, 386. — (1874), *Ibis*, 160. — Acanthis canescens, Tacz. (1876), *Bull. Soc. zool. Fr.*, I, 180.

Le Sizerin blanchâtre ou Sizerin boréal de Temminck (et non celui de Vieillot) se reconnaît facilement à sa taille forte, à son croupion blanc et aux teintes pâles de son dos ; il a pour patrie le Groënland, et ne se montre qu'accidentellement dans nos contrées, tandis qu'il visite régulièrement chaque hiver, quoique en petit nombre, les provinces septentrionales de la Chine. Les naturalistes russes l'ont observé également dans la Sibérie orientale, mais, pour la plupart, l'ont confondu avec l'espèce suivante.

484. — ÆGIOTHUS LINARIUS

Linaria rubra minor, Briss. (1760), *Ornith.*, III, 138. — Fringilla linaria, L. (1766), *S. N.*, I, 322. — Gm. (1788), *S. N.*, I, 917. — Passer linaria, Pall. (1811-31), *Zoogr.*, II, 25. — Fringilla borealis, Vieill. (1819), *N. Dict.*, XXXI, 341. — Linaria minor, Sw. et Rich. (1831), *Faun. Bor., Am.*, II, 267. — Fringilla borealis, Vieill. (1834), *Gal. Ois.*, pl. 65. — Acanthis borealis, Keys. et Blas. (1840), *Wirbelth.*, 41. — Linaria minor, Aud. (1841), *B. Am.*, III, 122, pl. 179. — Acanthis linaria, Bp. et Schl. (1850), *Mon. Lox.*, 48, pl. 52. — Bp. (1850), *Rev. crit.* 172, et *Consp. Av.*, I, 541. — Ægiothus linarius, Cab. (1851), *Mus. Hein.*, 161. — Fringilla linaria, Midd. (1853), *Sib. Reis.*, II, 150 (part.). — Ægiothus fuscescens, Coues (1861), *Pr. Philad. Acad.*, 222. — Linaria borealis, Degl. et Gerbe (1867), *Ornith. Eur.*, I, 293. — Acanthis linaria, Severtz. (1873), *Turk. Jevotn.*, 64. — Ægiothus linaria, Swinh. (1874), *Ibis*, 160. — Elliott Coues (1874), *B. of the N. W. Amer.*, 114. — Linaria borealis, Dress. (1875), *Ibis*, 242. — Acanthis linaria, Tacz. (1876), *Bull. Soc. zool. Fr.*, I, 180.

Le Sizerin vulgaire ou boréal (de Vieillot) habite en été les régions arctiques de l'Ancien et du Nouveau-Continent, et visite en hiver l'Allemagne, le nord de la France, la Russie, la Sibérie orientale, la Chine·septentrionale, le Japon et le nord-ouest des États-Unis. Pendant la saison froide, il n'est pas rare aux environs de Pékin, et se trouve assez fréquemment entre les mains des marchands d'oiseaux de la capitale.

485. — CHRYSOMITRIS SPINUS

FRINGILLA SPINUS, L. (1766), *S. N.*, I, 322. — LE TARIN, Buff. (1770), *Pl. Enl.* 485, f. 3. — CHRYSOMITRIS SPINUS, Boie (1828), *Isis*, 322. — Bp. (1850), *Consp. Av.*, I, 515. — FRINGILLA SPINUS, Midd. (1853), *Sib. Reis.*, II, 180. — Swinh. (1861), *Ibis*, 335. — Radde (1863), *Reis. in. S. O. Sib.*, II, 187. — CHRYSOMITRIS SPINUS, Swinh. (1863), *P. Z. S.*, 299. — Degl. et Gerbe (1867), *Ornith. eur.*, 2ᵉ éd., I, 281. — Swinh. (1870), *P. Z. S.*, 433. — (1871), *ibid.*, 385. — (1875), *Ibis*, 120. — ? CHRYSOMITRIS DYBOWSKII, Tacz. (1876), *J. f. O.*, 199, et *Bull. Soc. zool. Fr.*, I, 180.

Le Tarin vulgaire d'Europe se retrouve avec les mêmes caractères, les mêmes couleurs, la même voix et les mêmes allures dans une partie de la Chine ; il passe à Pékin régulièrement, mais en petit nombre, et dans les provinces septentrionales on rencontre pendant tout l'hiver de petites bandes de ces charmants oiseaux, voletant d'arbre en arbre à la recherche des pepins de *Biota,* d'*Abies,* de *Cunninghamia* et d'*Alnus sinensis.* La présence en Chine, à certaines saisons, de tarins absolument semblables à ceux de nos contrées nous inspire quelques doutes sur la différence spécifique des tarins de la Sibérie orientale que M. Taczanowski a distingués récemment de ceux d'Europe sous le nom de *Chrysomitris Dybowskii.*

486. — CHRYSOMITRIS SPINOIDES

CARDUELIS SPINOÏDES, Vig. (1831), *P. Z. S.*, 44. — Gould (1832), *Cent. Him. B.*, pl. 33, f. 2. — CHRYSOMITRIS SPINOÏDES, Blyth (1844), *Journ. As. Soc. Beng.*, 956. — (1849), *Cat. B. Mus. As. Soc.*, 123, nº 673. — Bp. (1850), *Consp. Av.*, I, 514. — Jerd. (1863), *B. of Ind.*, II, 409.

Dimensions. Taille un peu plus forte que celle du *Chrysomitris spinus ;* bec plus robuste.

Couleurs. Parties supérieures d'un vert olive foncé, avec le front, les sourcils, la nuque et les côtés de la queue jaunes, et, sur l'aile, deux bandes jaunâtres formées par les bouts des couvertures ; parties inférieures d'un jaune vif sur la ligne médiane, et lavé d'olive sur les côtés de la poitrine et de l'abdomen.

Je n'ai rencontré qu'une seule fois en Chine le *Chrysomitris spinoïdes* de l'Himalaya. Me trouvant à Tchentou (Setchuan), j'eus l'occasion de voir un de ces tarins que l'on gardait en cage, comme un oiseau très-rare dans le pays ; malheureusement, son propriétaire ne voulut pas me le céder, et je ne pus en prendre les dimensions.

487. — CHLOROSPIZA SINICA

FRINGILLA SINICA, L. (1766), *S. N.* — L'OLIVETTE, Buff. (1770), *Pl. Enl.* 157, f. 3. — FRINGILLA SINICA, Bodd. (1783), *Tabl. des Pl. Enl.* 10. —? LOXIA SINENSIS, Gm. ex Sonn. (1788), *S. N.*, I, 855. — LIGURINUS SINICUS, Blyth (1849), Cat. 124, n° 676. — CHLOROSPIZA KAWARAHIBA MINOR, Tem. et Schl. (1850), *Faun. Jap. Aves*, 88, pl. 49.— Bp. (1850), *Consp. Av.*, I, 514. — LIGURINUS SINICUS, Swinh. (1860), *Ibis*, 61, et (1861), *ibid.*, 45. — FRINGILLA SINICA, Swinh. (1861), *Ibis*, 335. — FRINGILLA KAWARAHIBA, var. MINOR, Radde (1863), *Reis. in S. O. Sib.*, II, 189. — CHLOROSPIZA SINICA, Swinh. (1863), *P. Z. S.*, 299. — (1870), *ibid.*, 433. — (1871), *ibid.*, 385.—(1874), *Ibis*, 160.— Tacz. (1876), *Bull. Soc. zool. Fr.*, I, 181.

Dimensions. Long. totale, 0^m,14 ; queue, 0^m,05 ; aile, 0^m,08 ; tarse, 0^m,014 ; bec, 0^m,01.

Couleurs. Iris d'un brun châtain ; bec blanchâtre, lavé de rose ; pattes d'un gris carminé. — Sommet de la tête et nuque d'un gris verdâtre, avec quelques taches d'un vert assez vif au-dessus des yeux ; dos d'un brun olivâtre, nuancé de verdâtre ; croupion et gorge d'un vert jaunâtre ; poitrine et abdomen d'un vert olive fortement nuancé de roux ; sous-caudales d'un jaune pur ; rectrices et rémiges noires dans leur portion terminale et d'un jaune vif dans leur portion basilaire, les rectrices frangées de gris clair, les rémiges au contraire largement marquées de blanc grisâtre au sommet ; pennes secondaires bordées de gris en dehors et de roux clair à l'extrémité. — Chez la femelle, la tête et le croupion sont d'un gris brunâtre, rayé de brun foncé, comme le dos ; la gorge, le milieu de la poitrine et de l'abdomen d'une nuance isabelle ; les flancs d'un gris roussâtre, et les sous-caudales sont à peine nuancées de jaune ; enfin les lisérés des rectrices et des rémiges sont beaucoup moins larges que chez le mâle.

Le Petit Verdier de la Chine est abondamment répandu dans toutes les provinces de l'Empire, partout où se trouvent des bouquets de pins et d'autres conifères. Son chant est encore moins remarquable que celui de son congénère européen. M. Taczanowski rapporte à la même espèce un oiseau signalé par Radde sous le nom de *Fringilla kawarahiba* var. *minor* et provenant de Tchingham, sur les bords du fleuve Amour (Sibérie orientale).

488. — PYRGILAUDA DAVIDIANA (Pl. 90)

PASSER OURATENSIS, A. Dav., *Mus. Pék.* — PYRGILAUDA DAVIDIANA, J. Verr. (1870), *N. Arch. du Mus., Bull.* VI, 40, n° 32. — (1871), *ibid.*, VII, 62, et pl. 1, fig. 2. — PASSER OURATENSIS, Swinh. (1870), *P. Z. S.* — (1871), *ibid.*, 386.

Dimensions. Long. totale, 0^m,125 ; queue, égale, 0^m,044 ; aile, 0^m,085 ; tarse, 0^m,015 ; doigt postérieur, 0^m,014 ; l'ongle, pointu et faiblement recourbé, mesurant seul 0^m,008 ; bec gros et de forme conique.

Couleurs. Iris d'un rouge tirant au roux ; bec blanc, avec la pointe brune (devenant jaunâtre par la dessiccation) ; tarses d'un gris roussâtre ; doigts d'une nuance plus foncée. — Front et tour du bec noirs, cette couleur s'étendant du menton à la partie supérieure de la poitrine sous la forme d'un rabat étroit ; côtés de la poitrine et flancs d'une teinte isabelle mélangée de brunâtre ; côtés du cou et reste des parties inférieures du corps d'un blanc roussâtre ; rectrices noirâtres, traversées d'une bande subterminale blanche et lisérées de blanc sur leur bord externe ; ailes noirâtres, coupées obliquement par une large bande blanche, avec les rémiges bordées de blanchâtre et les pennes secondaires marquées d'une tache d'un blanc sale à l'extrémité. — La femelle, presque semblable au mâle, offre des teintes encore plus pâles.

C'est sur les plateaux les plus élevés de la Mongolie chinoise que j'ai rencontré cet étrange passereau pour lequel M. J. Verreaux a cru devoir créer un genre nouveau. Le *Pyrgilauda davidiana*, qui est assez rare en Mongolie, est un oiseau d'un naturel farouche ; il se nourrit de petites graines qu'il cherche sur le sol, dans le sable ou parmi les herbes, et fait son nid dans les rochers ou même dans les trous de Sousliks, comme le *Passer petronia*, qui vit dans les mêmes localités, et auquel il ressemble un peu par la voix et les allures.

489. — PYRGITA PETRONIA

PASSER SYLVESTRIS, P. STULTUS, P. BONONIENSIS, Briss. (1760), *Ornith.*, III, 88, n° 6, pl. 5, f. 1 ; 87, n° 5 ; 94, n° 7. — FRINGILLA PETRONIA, L. (1766), *S. N.*, I, 322. — LE MOINEAU DES BOIS ou SOULCIE, Buff. (1770), *Pl. Enl.* 225. — FRINGILLA PETRONIA, F. STULTA, F. BONONIENSIS et F. LEUCURA, Gm. (1788), *S. N.*, I, 919. — PETRONIA RUPESTRIS, Bp. (1838), *B. of. Eur.*, 30. — PYRGITA PETRONIA, Kays. et Bl. (1840), *Wirbelth.* — PETRONIA STULTA, Bp. (1850), *Consp. Av.*, I, 513. — PASSER PETRONIA, Degl. et Gerbe (1867), *Ornith. eur.*, 2° édit., I, 247. — A. Dav. (1871), *N. Arch. du Mus., Bull.* VII, Cat. n° 307. — PYRGITA PETRONIA, Swinh. (1871), *P. Z. S.*, 385. — PASSER PETRONIA, Severtz. (1873), *Turk. Jevotn.*, 64. — Dress. (1875), *Ibis*, 240.

Pour la taille et les couleurs, les Moineaux Soulcies que j'ai pris en Mongolie et à Pékin ressemblent exactement à ceux qui vivent en Europe, les mâles ayant toujours la tache jaune de la gorge un peu plus étendue que les femelles. Pendant l'été, ces oiseaux sont fort nombreux dans les montagnes de l'Ourato, où ils se reproduisent chaque année : ils font leurs nids dans des crevasses de rochers ou par terre dans les galeries abandonnées des *Spermophilus* et des *Gerbillus*. D'après M. Taczanowski, les Moineaux Soulcies de la Sibérie orientale, ayant constamment le bec plus court que ceux d'Europe, méritent de constituer une espèce distincte (*Petronia brevirostris*); ce fait serait d'autant plus curieux que les Moineaux Soulcies de Mongolie ne nous ont offert aucune différence de ce genre, et nous ont paru avoir le bec précisément de la même longueur que des oiseaux provenant de France, d'Italie ou d'Algérie.

490. — PASSER MONTANUS

PASSER MONTANUS, Briss. (1760), *Ornith.*, III, 79, n° 2. — FRINGILLA MONTANA, L. (1766), *S. N.*, I, 324. — LE FRIQUET, Buff. (1770), *Pl. Enl.* 267, f. 1. — FRINGILLA MONTANA, Gm. (1788), *S. N.*, I, 925. — PASSER MONTANINA, Pall. (1811-31), *Zoogr.*, II, 30. — PASSER MONTANUS, Gould (1832), *B. of Eur.*, pl. 184, f. 2. — Bp. (1850), *Consp. Av.*, I, 508. — Midd. (1853), *Sib. Reis.*, II, 141. — Schrenck (1860), *Vög. d. Am. L.*, 277. — Swinh. (1860), *Ibis*, 60. — (1861), *ibid.*, 45 et 255. — Radde (1863), *Reis. in S. O. Sib.*, 157, pl. IV, f. *a-h.* — Jerd. (1863), *B. of Ind.*, II, 366. — Degl. et Gerbe (1867), *Ornith. eur.*, I, 246. — Dyb. (1868), *J. f. O.*, 335. — Swinh. (1871), *P. Z. S.*, 386. — Severtz. (1873), *Turk. Jevotn.*, 64. — Dress. (1875), *Ibis*, 239. — Tacz. (1876), *Bull. Soc. zool. Fr.*, I, 179.

Dimensions. Long. totale, $0^m,155$; queue, $0^m,058$; aile, $0^m,075$; tarse, $0^m,016$; bec, $0^m,04$ à partir du front. (Mâle tué au Kiangsi.)

Le Moineau Friquet, la seule espèce du genre *Passer* dans laquelle les deux sexes offrent le même plumage, est répandu non-seulement en Europe, mais dans l'Inde, la Birmanie, la péninsule malaise, le Turkestan, la Sibérie orientale et la Chine. Dans l'Inde toutefois et dans la Chine, il n'a pas les mêmes habitudes que dans nos contrées, et, au lieu de se tenir dans les forêts et sur les montagnes, il fréquente les villes et les villages. Peut-être faut-il conclure de cette observation que chez nous les Friquets ne demeurent dans les bois que parce qu'ils sont chassés

du voisinage des habitations par les Moineaux francs, naturellement plus forts et plus robustes.

491. — PASSER RUTILANS

PASSER RUTILANS, Temm. (1822-38), *Pl. Col.* 288, f. 2.— PASSER RUSSATUS, Tem. et
Schl. (1850), *F. Jap. Aves,* 90, pl. 50.— PASSER RUTILANS, Bp. (1850), *Consp. Av.*, I, 508.—
Swinh. (1861), *Ibis*, 45. — (1863), *ibid.*, 378. — (1866), *ibid.*, 295. — (1871), *P. Z. S.*,
386. — PASSER CINNAMOMEUS (Gould), Swinh. (1871), *ibid.*, 386. — PASSER RUSSATUS,
A. David (1871), *N. Arch. du Mus.*, *Bull.* VII, Cat. nº 309.

Couleurs. Iris d'un brun châtain ; bec noir en été, brun en hiver ; pattes
d'un gris roussâtre. — Dessus de la tête et du cou, dos et croupion d'un
roux marron vif, avec quelques grandes taches noires et grises sur la région
dorsale ; sus-caudales d'un gris olivâtre ; joues et côtés du cou d'un blanc pur ;
un rabat noir sur la gorge ; lores et un petit trait en arrière de l'œil de couleur noire ; parties inférieures du corps d'un jaune pâle au printemps, et dans
les autres saisons d'un blanc fortement teinté de gris sur la poitrine et sur
les flancs ; rectrices brunes, lisérées de gris cendré ; petites couvertures alaires d'un roux vif ; moyennes couvertures noires, terminées de blanc ; grandes
couvertures frangées d'olive et terminées de blanchâtre ; rémiges brunes,
lisérées d'olive et ornées vers la base d'une grande tache oblique, d'un blanc
jaunâtre, et plus loin d'une tache analogue, mais dirigée en sens inverse ;
pennes secondaires et tertiaires largement bordées de jaune grisâtre. — Chez
la femelle, il n'y a pas de rabat noir sur la gorge, la teinte rousse des parties
supérieures est remplacée par du brun olive, et l'œil est surmonté d'une
large raie sourcilière blanchâtre, dont il n'existe qu'une simple trace chez le
mâle.

Ce moineau, signalé d'abord au Japon, habite aussi l'île de
Formose et les parties montagneuses de la Chine centrale, depuis
le Fokien jusqu'au Setchuan et à Moupin, mais ne s'avance pas
vers le nord jusqu'aux environs de Pékin. Partout il offre la
même taille et la même coloration, et présente, en livrée d'amour,
une teinte jaune très-prononcée sur le cou et les parties inférieures, ainsi que j'ai eu maintes et maintes fois l'occasion de le
constater. Aussi doutons-nous quelque peu de la valeur spécifique du *Passer flaveolus* (Blyth) qui vivrait dans l'Aracan et le
Tenasserim et du *Passer cinnamomeus* (Gould) qui se trouverait
non-seulement dans l'Himalaya, mais encore, d'après M. Swinhoe,
dans certaines provinces de la Chine. Dans les hautes montagnes
de Moupin, le *Passer rutilans* ne séjourne que pendant la belle
saison ; il ne s'écarte guère des habitations et fait son nid sous

les toits ; sa voix et ses allures sont les mêmes que celles de notre Moineau domestique.

492. — MUNIA SINENSIS

The Chinese Sparrow, Edwards (1743), *Nat. Hist. Birds*, I, 43, pl. 43. —Cocco-thraustes sinensis, Briss. (1760), *Ornith.*, III, 235, nᵒ 7. — Loxia malacca, var. β, L. (1766), *S. N.*, I, 302, nᵒ 16. — Le Mungul, Loxia atricapilla, Vieill. (1805), *Ois. chant.*, 84, pl. 53. — Less. (1831), *Trait. d'Ornith.*, 445. — Loxia malacca, Bp. (1850), *Consp. Av.*, I, 452 (part.). — Munia rubronigra (Blyth) Swinh. (1860), *Ibis*, 45. — Munia rubronigra (Hodgs.), Swinh. (1861), *Ibis*, 45. — Munia sinensis, Swinh. (1871), *P. Z. S.*, 385. — Munia atricapilla, Wald. (1875), *Trans. zool. Soc.*, IX, part. 2, p. 208.

Dimensions. Long. totale, 0ᵐ,11 ; queue, 0ᵐ,045 ; aile, 0ᵐ,055 ; tarse, 0ᵐ,015 ; bec, 0ᵐ,01.

Couleurs. Iris brun ; bec plombé ; pattes d'un gris noirâtre. — Tête, cou et partie supérieure de la poitrine d'un noir profond ; reste du plumage d'un roux cannelle très-intense, passant au brun marron sur les sus-caudales, au roux doré sur les rectrices et au brun de sépia sur le bas-ventre et les sous-caudales.

Le *Munia sinensis*, qui, d'après Blyth et Moore, habite Pinang et Sumatra, se trouve également, suivant M. Swinhoe, dans le S.-O. de la Chine. C'est sans doute à la même espèce que se rapportent certains spécimens que M. R. Germain a envoyés de Cochinchine au Muséum d'histoire naturelle ; ces oiseaux toutefois, sans offrir de bande longitudinale noire comme les *Munia rubro-nigra* de l'Inde, ont déjà (les mâles surtout) le milieu de l'abdomen d'une teinte rembrunie.

493. — MUNIA FORMOSANA

Munia formosana, Swinh. (1865), *Ibis*, 356. — (1871), *P. Z. S.*, 385. — Wald. (1871), *Trans. zool. Soc.*, IX, part. 2, p. 207.

Dimensions. Long. totale, 0ᵐ,105 ; queue, 0ᵐ,045 ; aile, 0ᵐ,055 ; tarse, 0ᵐ,015 ; bec, 0ᵐ,01.

Couleurs. Iris brun châtain ; bec bleu, avec le culmen noirâtre ; pattes d'un gris plombé. — Plumage semblable en général à celui de l'espèce précédente, le milieu de l'abdomen offrant seulement une tache noire distincte qui se continue en arrière avec la teinte noire du bas-ventre et des sous-caudales, et la tête et le cou présentant, au lieu d'une coloration noire uniforme, une teinte brune qui va en s'éclaircissant vers la nuque.

Cette espèce que M. Swinhoe a découverte dans l'île de Formose ressemble étonnamment au *Munia jagori* (Cab.) des Philippines : lord Walden fait remarquer toutefois que dans le *Munia jagori* la bande noire du milieu de l'abdomen se prolonge (au moins chez le mâle) depuis la poitrine jusqu'aux sous-caudales sans interruption ; tandis que chez le *Munia formosana* comme chez le *Munia brunneiceps* de Célèbes et le *Munia rubro-nigra* de l'Inde cette bande est toujours interrompue. Ce sont là des différences bien légères, et qui, chez les femelles, sont à peu près nulles.

494. — MUNIA TOPELA

MUNIA MALACCA, Swinh. (1860), *Ibis*, 61. — (1861), *ibid.*, 45. — MUNIA TOPELA, Swinh. (1863), *Ibis*, 380. — (1863), *P. Z. S.*, 299. — (1870), *Ibis*, 354. — (1871), *P. Z. S.*, 385.

Dimensions. Long. totale, 0ᵐ,13 ; queue, 0ᵐ,045 ; aile, 0ᵐ,055 ; tarse, 0ᵐ,016 ; bec, 0ᵐ,011.

Couleurs. Iris brun ; bec d'un noir bleuâtre ; pattes d'un gris bleuâtre foncé. — Parties supérieures du corps d'un brun foncé, avec des raies et des barres analogues à celles du *Munia acuticauda*, mais moins marquées, les plumes du croupion bordées de blanc jaunâtre et les sus-caudales d'un jaune verdâtre ; rectrices lavées de vert jaunâtre ; milieu de l'abdomen blanc ; gorge d'un brun marron uniforme ; poitrine ornée de taches arquées d'un brun marron clair ; flancs marqués de taches analogues, d'un brun noirâtre.

Le *Munia topela* est commun et sédentaire dans le midi de la Chine et dans les deux grandes îles de Haïnan et de Formose, mais assez rare au Kiangsi, où je ne l'ai pris qu'une seule fois. Il est plus farouche que le *Munia acuticauda*, dont il a du reste la voix et les mœurs.

La même espèce a été rencontrée en Cochinchine par M. R. Germain.

495. — MUNIA ACUTICAUDA

MUNIA ACUTICAUDA, Hodgs. (1836), *As. Res.*, XIX, 153. — MUNIA MOLUCCA, Swinh. (1860), *Ibis*, 61. — MUNIA ACUTICAUDA, (1863), *B. of Ind.*, II, 356. — Swinh. (1863), *Ibis*, 379. — (1870), *ibid.*, 354. — (1871), *P. Z. S.*, 385. — (1873), *Ibis*, 371. — Walden (1874), *ibid.*, 144.

Dimensions. Long. totale, 0ᵐ,12 ; queue, 0ᵐ,046, cunéiforme, les deux rectrices centrales dépassant les latérales de 0ᵐ,013 ; aile, 0ᵐ,055 ; tarse, 0ᵐ,014 ; bec, très-fort et convexe, 0ᵐ,011 ; hauteur du bec, 0ᵐ,01 ; largeur, 0ᵐ,008.

Couleurs. Iris d'un roux noisette; bec brun, avec la mandibule inférieure teintée de bleuâtre; pattes d'un gris plombé. — Vertex, nuque et dos
bruns, avec une ligne blanchâtre au centre de chaque plume; croupion blanc,
maculé de gris; sus-caudales et sous-caudales d'un roux brunâtre rayé de
blanchâtre; gorge et tour du bec noirâtres; côtés du cou et poitrine d'un brun
roux, avec toutes les plumes marquées au centre d'une ligne blanchâtre et
bordées d'un liséré clair; abdomen d'un blanc grisâtre, avec des taches concentriques d'un brun très-pâle, à peine distinctes; rectrices noires; rémiges
noirâtres, lisérées de roux à la base. — La femelle porte à peu près le même
plumage que le mâle, et les jeunes ont la teinte noire de la gorge et des côtés
du bec un peu moins étendue.

Le *Munia acuticauda* est répandu dans le Népaul, le Sikkim,
l'Himalaya, l'Assam, la Birmanie, la Cochinchine, la presqu'île
de Malacca, les îles de Haïnan et de Formose et le midi de la
Chine, jusqu'aux frontières du Tibet et au bassin du Yangtzé.
Partout il vit familièrement dans le voisinage des habitations et
fait son nid sur les arbres des jardins. J'ai vu parfois au printemps plusieurs couples travailler ensemble à la construction de
cet édifice qui se fait remarquer par ses énormes dimensions. Le
chant du *Munia acuticauda* n'a pas le moindre mérite; cependant les Japonais élèvent et font reproduire en cage une variété
albine de cette espèce.

496. — PADDA ORYZIVORA

The Cock Padda or Rice Bird, Edw. (1743), *Nat. Hist.*, I, pl. 41. — Loxia ory-
zivora, L. (1759), *Amœn. Acad.*, IV, 243, n° 16. — Le Gros-Bec cendré de la Chine,
Buff. (1770), *Pl. Enl.* 152, n° 1. — Loxia oryzivora, Gm. (1788), *S. N.*, I, 850. —
Vieill. (1805), *Ois. chant.*, pl. 61. — Munia oryzivora, Bp. (1850), *Consp. Av.*, I, 451.
— Oryzornis oryzivora, Swinh. (1860), *Ibis*, 60. — Munia oryzivora, Swinh. (1861),
Ibis, 45. — (1863), *P. Z. S.*, 299. — (1871), *P. Z. S.*, 385. — Wald. (1872), *Trans.
zool. Soc.*, VIII, part. 2, p. 72. — (1875), *ibid.*, IX, part. 2, p. 207.

Dimensions. Long. totale, 0^m,14 à 0^m,15; queue, 0^m,04; aile, 0^m,07;
tarse, 0^m,017; bec, 0^m,012, très-robuste.

Couleurs. Iris brun; bec d'un roux vif, avec les bords plus clairs; pattes
roses. — Vertex, nuque et partie supérieure de la gorge d'un noir profond;
joues d'un blanc pur; dos, couvertures des ailes, côtés du cou et poitrine
d'un gris cendré; flancs plus ou moins nuancés de rose; milieu de l'abdomen
et sous-caudales d'un blanc pur; sus-caudales et rectrices noires; rémiges
d'un brun grisâtre, lisérées de gris clair en dehors.

Ce bel oiseau, que M. Wallace a trouvé en abondance auprès
de la ville de Macassar (Célèbes), habite également Java, Suma-

tra, Malacca, Lombock, Banjermassing, Manille (Philippines) et les provinces méridionales de la Chine, où on l'élève fréquemment en cage. Mais c'est à Singapore que les bateaux de nos Messageries prennent les nombreux oiseaux de cette espèce qu'ils apportent en France à chaque voyage.

497. — MYCEROBAS MELANOXANTHUS

COCCOTHRAUSTES MELANOXANTHUS, Hodgs. (1836), *As. Res.*, XIX, 150. — (1844), *Journ. As. Soc. Beng.*, 950. — Gr. et Mitch. (1844), *Gen. B.*, pl. 88. — Gr. (1846), *Cat. Hodgs.*, 105. — Blyth (1849), *Cat. B. Mus. As. Soc.*, 125, n° 685. — MYCEROBAS MELANOXANTHUS, Bp. (1850), *Consp. Av.*, I, 505, n° 1035. — Gould (1851), *B. of As.*, livr. III, pl. — Jerd. (1863), *B. of Ind.*, II, 386. — COCCOTHRAUSTES MELANOXANTHUS (Cab.), A. Dav. (1871), *N. Arch. du Mus.*, *Bull.* VII, Cat. n° 335. — MYCEROBAS MELANOXANTHUS, Swinh. (1871), *P. Z. S.*, 386.

Dimensions. Long. totale, 0ᵐ,23 ; queue, échancrée, 0ᵐ,076 ; aile, 0ᵐ,013 ; tarse, 0ᵐ,023 ; bec, conique, 0ᵐ,024 ; hauteur du bec, 0ᵐ,021 ; largeur, 0ᵐ,019.

Couleurs. Iris brun ; bec d'un bleu plombé ; pattes d'un gris plombé ; ongles bruns. — Parties supérieures du corps d'un brun noir un peu fuligineux, avec une tache jaunâtre vers l'extrémité des pennes tertiaires et secondaires et une tache blanche vers la base de toutes les rémiges, les trois premières exceptées.; poitrine, abdomen et sous-caudales jaunes. — Chez la femelle, les plumes des parties supérieures sont brunes, légèrement frangées de vert, le front est maculé de vert, et deux raies sourcilières d'un jaune tacheté de brun, s'unissant sur le cou, descendent sous forme de raie impaire sur le milieu du dos ; le dessous du corps est jaune, avec de nombreuses taches ovalaires sur les flancs, sur la poitrine et sur les côtés du cou.

Ces magnifiques gros-becs, qui habitent dans les hautes montagnes de l'Himalaya, viennent en petit nombre passer l'été dans les montagnes boisées du Setchuan occidental, où ils font une grande consommation de fruits, surtout de poires, dont ils aiment beaucoup les pepins. Ils dégagent aussi avec beaucoup d'adresse l'amande des cerises, en séparant les valves du noyau sans les briser.

498. — HESPERIPHONA AFFINIS

HESPERIPHONA AFFINIS, Blyth (1855), *J. A. S. B.*, XXIV, 179. — Jerd. (1863), *B. of Ind.*, II, 385. — Gould (1867), *Ibis*, 43. — Gould (1868), *B. of As.*, livr. XX, pl. — COCCOTHRAUSTES AFFINIS, A. Dav. (1871), *N. Arch. du Mus.*, *Bull.* VII, Cat. n° 334.

Dimensions. Long. totale, 0ᵐ,235 ; queue, 0ᵐ,085 ; aile, 0ᵐ,125 ; tarse, 0ᵐ,028 ; bec, 0ᵐ,022 ; hauteur du bec, 0ᵐ,017 ; largeur, 0ᵐ,016.

Couleurs. Iris rouge; bec vert, avec la base bleuâtre; pattes blanches. — Tête, gorge, ailes et queue d'un noir brillant; sur la partie postérieure du cou, un large collier d'un jaune orangé rejoignant en avant la teinte d'un jaune éclatant qui couvre la poitrine, l'abdomen, les sous-caudales, le croupion et les premières sus-caudales; plumes tibiales d'un jaune légèrement verdâtre.

L'*Hesperiphona affinis* ressemble beaucoup à une autre espèce indienne, l'*Hesperiphona icterioïdes*, mais s'en distingue par une taille plus faible, par la teinte plus foncée de son capuchon et de son manteau qui sur le dos est à peine interrompu par quelques plumes jaunes, et par la coloration jaune de ses plumes tibiales. Il se trouve non-seulement dans le N.-O. de l'Himalaya, mais encore à Moupin, région d'où proviennent les deux sujets que j'ai envoyés au Muséum d'histoire naturelle.

499. — EOPHONA PERSONATA (Pl. 91)

COCCOTHRAUSTES PERSONATUS, Tem. et Schl. (1850), *Faun. Jap.*, 91 pl. 52.— HESPERIPHONA PERSONATA, Bp. (1850), *Consp. Av.*, I, 506. — EOPHONA PERSONATA, Gould (1851), *B. of As.*, livr. III, pl. — EOPHONA PERSONATA, Swinh. (1870), *P. Z. S.*, 448.— (1871), *ibid.*, 386. — (1875), *Ibis*, 121 et 146. — Dyb. (1875), *J. f. O.*, 254. — (1876), *ibid.*, 199. — Tacz. (1876), *Bull. Soc. zool. Fr.*, I, 181.

Dimensions. Long. totale, 0^m,235; queue, fourchue, 0^m,085; aile, 0^m,12; tarse, 0^m,024; bec, 0^m,027; hauteur du bec, 0^m,02; largeur du bec, 0^m,017.

Couleurs. Iris d'un roux tirant au rouge; bec jaune; pattes d'un gris roussâtre. — Tête ornée d'une calotte d'un noir bleu et d'un masque étroit de même couleur autour du bec; dessus et dessous du corps d'un gris cendré, avec les sous-caudales et le bas-ventre blancs; rectrices et dernières sus-caudales d'un noir bleu; ailes noires, traversées par une petite bande blanche aux deux tiers de leur longueur, et fortement glacées de bleu sur les couvertures et sur une partie des pennes tertiaires.

Le Gros-Bec masqué, qui a été longtemps considéré comme une espèce exclusivement japonaise, est assez répandu dans les montagnes boisées de la Chine occidentale. Je l'ai trouvé communément en hiver dans l'ouest du Setchuan, mais je ne l'ai observé que fort rarement aux environs de Pékin. Cet oiseau a le vol soutenu comme l'*Eophona melanura*, et vit d'ordinaire en petites bandes. Il est grand amateur de haricots, et pour s'en emparer il pénètre parfois jusque dans les greniers.

Les Pékinois donnent à cette espèce le nom de *Ou-toung*, et la recherchent non-seulement à cause de son chant, mais surtout à cause de la docilité avec laquelle elle apprend certains exercices, comme d'aller chercher une boulette qu'on jette au loin dans les airs. Le Gros-Bec commun, le Pinson d'Ardennes et même le Jaseur de Bohême peuvent être également dressés à ce manége qui excite l'enthousiasme des Chinois et des Tartares. M. Dybowski a rencontré aussi l'*Eophona personata* près de l'embouchure de l'Oussouri et sur les bords de la baie Abrek (Sibérie orientale).

500. — EOPHONA MELANURA (Pl. 92)

Le Gros-Bec de la Chine, Sonn. (1782), *Voy. Ind.*, II, 199. — Loxia melanura, Gm. (1788), *S. N.*, 853. — Coccothraustes melanurus, Jerd. et Selb. (1837), *Ill. Ornith.*, pl. 63. — Hesperiphona melanura, Bp. (1850), *Consp. Av.*, I, 506. — Eophona melanura, Gould (1851), *B. of As.*, livr. III, pl. — Coccothraustes melanurus, Swinh. (1860), *Ibis*, 61. — (1861), *ibid.*, 45. — (1863), *P. Z. S.*, 390. — (1871), *ibid.*, 386. — (1873), *Ibis*, 372. — (1875), *ibid.*, 121. — Dyb. (1876), *J. f. O.*, 199. — Tacz. (1876), *Bull. Soc. zool. Fr.*, I, 181.

Dimensions. Long. totale, 0ᵐ,21 ; queue, très-fourchue, 0ᵐ,085 ; aile, 0ᵐ,105 ; tarse, 0ᵐ,021 ; bec, 0ᵐ,021 ; hauteur du bec, 0ᵐ,017 ; largeur, 0ᵐ,015.

Couleurs. Iris roux ; bec jaune, avec le bout vert ; pattes blanches. — Tête, joues et gorge noires ; cou, poitrine et croupion cendrés ; dos d'un brun très-clair ; sus-caudales, sous-caudales et bas-ventre d'un blanc pur ; plumes des flancs grises, terminées de roux vif ; rectrices d'un noir métallique ; rémiges et pennes secondaires de la même couleur, marquées au sommet d'une tache blanche longue de 2 centimètres et demi ; premières pennes ter-liaires ornées à l'extrémité d'une tache semblable, mais plus courte ; une autre marque blanche vers le bout de l'aileron. — Chez la femelle, le dessus du corps est également d'un gris cendré, plus ou moins nuancé de brun sur la tête et sur le dos, la queue est noire seulement dans sa portion terminale, les ailes sont ornées à l'extrémité d'un simple liséré blanc, la teinte rousse des flancs est moins étendue, et la face n'offre point de noir comme chez le mâle.

Le Gros-Bec à queue noire est fort commun en toutes saisons dans la Chine méridionale et centrale, et s'avance en été par petites bandes jusque dans les provinces septentrionales : chaque année, on prend aux environs de Pékin quelques-uns de ces oiseaux, que les Chinois de la capitale désignent sous le nom de *Hou-eull*, et M. Dybowski a envoyé au musée de Varsovie un individu de la même espèce pris aux environs de la baie Abrek, dans la Sibérie orientale.

501. — COCCOTHRAUSTES VULGARIS

COCCOTHRAUSTES, Briss. (1760), *Ornith.*, III, 219. — LOXIA COCCOTHRAUSTES, L. (1766), *S. N.*, I, 299. — LE GROS-BEC, Buff. (1770), *Pl. Enl.* 99 et 100. — LOXIA COCCOTHRAUSTES, Gm. (1788), *S. N.*, I, 844. — COCCOTHRAUSTES VULGARIS, Pall. (1811), *Zoogr.*, II, 12. — FRINGILLA COCCOTHRAUSTES, Tem. (1815), *Man.*, 203. — COCCO-THRAUSTES VULGARIS, Vieill. (1817), *Nouv. Dict.*, XIII, 519. — Gould (1832), *B. of Eur.*, pl. 199. — Bp. (1850), *Consp. Av.*, I, 509. — COCCOTHRAUSTES VULGARIS JAPO-NICUS, Tem. et Schl. (1850), *Faun. Jap. Aves*, 90, pl. 51. — Bp. (1850), *Consp. Av.*, I, 507. — COCCOTHRAUSTES VULGARIS, Midd. (1853), *Sib. Reis.*, II, 154. — Schrenck (1860), *Vög. d. Am. L.*, 300. — COCCOTHRAUSTES VULGARIS, var. JAPONICUS, Swinh. (1861), *Ibis*, 336. — COCCOTHRAUSTES VULGARIS, Radde (1863), *Reis. in S. O. Sib.*, II, 193. — Degl. et Gerbe (1867), *Ornith. eur.*, 2e éd., I, 266. — Dyb. (1868), *J. f. O.*, 335. — COCCO-THRAUSTES VULGARIS, var. JAPONICUS, Swinh. (1870), *P. Z. S.*, 448. — (1871), *ibid.*, 386. — COCCOTHRAUSTES VULGARIS, A. Dav. (1871), *N. Arch. du Mus.*, *Bull.* VII, Cat. n° 331. — COCCOTHRAUSTES JAPONICUS, Dyb. (1874), *J. f. O.*, 331 et 336. — Swinh. (1875), *Ibis*, 121. — Tacz. (1876), *Bull. Soc. zool. Fr.*, I, 181.

Dimensions. Long. totale, 0^m,185 ; queue, 0^m,06 ; aile, 0^m,106 ; tarse, 0^m,021 ; bec, 0^m,021 ; hauteur du bec, 0^m,021 ; largeur, 0^m,021. (Spécimen tué en Chine.)

Le Gros-Bec vulgaire de l'extrême Orient ne diffère de celui de l'Europe ni par la taille ni par les couleurs ; et c'est à tort, selon nous, que divers auteurs veulent l'en séparer spécifiquement en lui attribuant des teintes constamment plus pâles. En Chine, cet oiseau est fort commun pendant une grande partie de l'année ; mais il se retire en été dans des contrées plus septentrionales.

502. — PYRRHULA GRISEIVENTRIS

PYRRHULA GRISEIVENTRIS, Lafr. (1841), *Rev. et Mag. de Zool.*, 241. — PYRRHULA ORIENTALIS, Tem. et Schl. (1850), *Faun. Jap. Aves*, 91, pl. 53. — Bp. (1850), *Consp. Av.*, I, 525. — Gould (1853), *B. of As.*, livr. V, pl. — PYRRHULA VULGARIS, Midd. (1853), *Sib. Reis.*, II, 149. — PYRRHULA VULGARIS, var. ORIENTALIS, Schrenck (1860), *Vög. d. Am. L.*, 291. — PYRRHULA GRISEIVENTRIS, Swinh. (1871), *P. Z. S.*, 386. — PYRRHULA ORIENTALIS, Swinh. (1874), *Ibis*, 160 et 463. — Dyb. (1876), *J. f. O.*, 200. — Tacz. (1876), *Bull. Soc. zool. Fr.*, I, 183.

Dimensions et Couleurs. Taille un peu plus faible que celle du *Pyrrhula vulgaris;* plumage presque semblable à celui de l'espèce européenne, avec les parties inférieures grises à peine nuancées de rouge.

Le Bouvreuil à ventre gris se trouve non-seulement au Japon, mais dans la Corée et la Mantchourie, et visite en petit nombre la Sibérie orientale et le nord de la Chine. Pendant toute la durée de mon séjour à Pékin, je n'ai vu que trois ou quatre individus de cette espèce.

503. — PYRRHULA ERYTHACA

PYRRHULA ERYTHACA, Blyth (1863), *J. A. S.*, XXXII, 459, et *Ibis*, 440, pl. X. — Jerd. (1863), *B. of Ind.*, II, 389. — Blyth (1867), *Ibis*, 43. — A. Dav. (1871), *N. Arch. du Mus.*, *Bull.* VII, Cat. n° 328. — PYRRHULA ERYTHROCEPHALA, Swinh. (1871), *P. Z. S.*, 387.

Dimensions. Long. totale, 0^m,164; queue, fourchue, 0^m,07; aile, 0^m,085; tarse, 0^m,016; bec, 0^m,009; hauteur du bec, 0^m,009; largeur, 0^m,01.

Couleurs. Iris d'un brun roux; bec d'un brun noirâtre; pattes d'un gris brunâtre. — Autour du bec, une étroite bande noire suivie d'une bande moins large encore, blanche sur le front et grise lavée de rouge sur les joues et la gorge; poitrine et flancs d'un beau rouge vif; bas-ventre d'un gris cendré clair, avec le milieu et les sous-caudales blanches; dessus de la tête et du cou, dos et scapulaires d'un gris cendré pur; sur le croupion, une bande blanche précédée d'une bande noire; sus-caudales d'un noir bleu, frangées de noir mat; pennes caudales et alaires d'un noir bleu métallique; petites et moyennes couvertures des ailes cendrées; grandes couvertures noires à la base et d'un gris lavé de rouge dans leur portion terminale. — Les mâles encore jeunes offrent sur la poitrine des teintes orangées, et les femelles ont la poitrine, les flancs et la plus grande partie du dos nuancés de brun.

Le *Pyrrhula erythaca*, découvert par le lieutenant Beavan dans le Sikkim, se trouve aussi, assez communément, en toutes saisons, comme j'ai pu le constater, dans les grandes montagnes boisées du Setchuan occidental, où j'ai pu m'en procurer de nombreux échantillons. Les sujets à teintes constamment orangées y sont abondants, les sujets à couleurs rouges relativement rares; appartiennent-ils bien à la même espèce?

504. — ERYTHROSPIZA MONGOLICA (Pl. 97)

CARPODACUS GRISEUS, A. Dav., ms. et *Mus. Pék.*. — CARPODACUS MONGOLICUS, Swinh. (1870), *P. Z. S.*, 447, et (1871), *ibid.*, 387. — CARPODACUS MONGOLICA, A. Dav. (1871), *N. Arch. du Mus.*, *Bull.* VII, Cat. n° 319.

Dimensions. Long. totale, 0^m,14; queue, un peu échancrée, 0^m,055; aile, 0^m,095; tarse, 0^m,017; bec, court, épais et convexe, 0^m,009; hauteur du bec, 0^m,008. — Dessus de la tête et du cou, dos et croupion d'un gris brun ou d'un gris terreux pâle, avec le centre des plumes d'une teinte plus sombre; sus-caudales roses; sourcils lavés de rose; gorge, poitrine et côtés de l'abdomen d'un rose très-pâle; milieu du ventre et sous-caudales d'un blanc grisâtre (légèrement nuancé de roux en été); côtés du cou et de la poitrine d'un roux terreux uniforme ; rectrices brunes, bordées de blanc rosé ; rémiges brunes, lisérées de rose ; pennes tertiaires bordées et terminées de gris ; deux grandes taches en forme de miroirs, l'une sur les grandes couvertures et l'autre au milieu des pennes secondaires. — La femelle adulte ne diffère du mâle que par les teintes moins rosées des diverses parties de son plumage et particulièrement des sus-caudales.

Cette espèce nouvelle, que j'avais envoyée de Pékin dès 1865, avait été identifiée à tort par M. J. Verreaux avec l'*Erythrospiza obsoleta*, qui a le bec toujours beaucoup plus fort ; elle est commune en toutes saisons dans les montagnes dénudées du N.-O. de la Chine, et surtout dans les régions voisines de la Mongolie. Elle vit en bandes nombreuses sur les plateaux sablonneux, sur les coteaux arides et brûlés par le soleil, et se nourrit de toute sorte de petites graines qu'elle recueille sur le sol. Au mois de juin, elle s'apparie et se cantonne sur le haut des rochers, où elle fait son nid dans les broussailles ou même dans des excavations naturelles. Quand la femelle couve ses œufs, le mâle s'élève souvent dans les airs en faisant entendre un chant particulier, une sorte d'arpége (*do-mi-sol-mi*) exécuté lentement, et tout différent de ses notes ordinaires qui sont très-agréables. L'*Erythrospiza mongolica* est un oiseau fort confiant, qui se laisse approcher sans interrompre son chant : c'est l'espèce qu'on voit le plus communément en cage chez les Chinois établis en Mongolie ; les Pékinois lui donnent les noms de *Che-chao* et de *Sseu-cheung*.

D'après nous, les quatre ou cinq espèces de Roselins à couleurs terreuses doivent constituer un petit groupe naturel ; ils se distinguent à la fois des *Carpodacus* et des *Propasser* : 1° par leur bec bombé ; 2° par leur système spécial de coloration ; 3° par leurs habitudes érémophiles, qui le portent à fuir les forêts.

505. — CARPODACUS ERYTHRINUS

LOXIA ERYTHRYNA, Pall. (1770), *Nov. Comm. Ac. Sc. Petrop.*, XIV, 587, pl. 23, f. 1. — Gm. (1788), *S. N.*, I, 864. — PYRRHULA ERYTHRINA, Pall. (1811-31), *Zoogr.*, II, 8. — Tem. (1820), *Man.*, I, 336. — FRINGILLA INCERTA, Risso (1826), *Hist. nat. de l'Eur. mérid.*, III, 52. — CARPODACUS ERYTHRINUS, Gr. (1844), *Gen. of B.*, II, 387, n° 1. — ERYTHROSPIZA INCERTA, Degl. (1849), *Ornith.*, II, 540. — ERYTHROSPIZA ERYTHRINA, Bp. et Schl. (1850), *Mon. Lox.*, pl. 14. — CARPODACUS ERYTHRINUS et CHLORO-

SPIZA INCERTA, Bp. (1850), *Consp. Av.*, I, 513 et 534.—PYRRHULA ERYTHRINA, Midd. (1853), *Sib. Reis.*, II, 150. — Schrenck (1860), *Vög. d. Am. L.*, 294. — Radde (1863), *Reis. in S. O. Sib.*, II, 185. — CARPODACUS ERYTHRINUS, Swinh. (1862), *P. Z. S.*, 318. — Jerd. (1863), *B. of Ind.*, II, 398. — Degl. et Gerbe (1867), *Ornith. eur.*, 2ᵉ éd., I, 254. — Przew. (1867-9), *Voy. Uss.*, nº 55. — Dyb. (1868), *J. f. O.*, 335. — Swinh. (1871) *P. Z. S.*, 387. — Sharpe et Dress. (1871), *B. of Eur.*, part. VI, pl. — H. Seebohm et J.-A. Harvie-Brown (1876), *Ibis*, 115. — Tacz. (1876), *Bull. Soc. zool. Fr.*, I, 181.

Dimensions. Long. totale, 0ᵐ,16; queue, 0ᵐ,06; aile, 0ᵐ,09; tarse, 0ᵐ,019; bec, convexe, 0ᵐ,011; hauteur du bec, 0ᵐ,009.

Couleurs. Iris d'un brun roux; bec d'un brun verdâtre, avec la mandibule inférieure olivâtre; pattes grises; ongles bruns. — Dessus de la tête, gorge et poitrine d'un rouge cramoisi qui va en s'affaiblissant sur le ventre et sur les flancs; bas-ventre et sous-caudales blanchâtres; croupion d'un rouge moins vif que le dessus de la tête; dernières sus-caudales olivâtres; nuque, côtés du cou et dos d'un brun olivâtre, fortement lavé de rouge cramoisi; ailes et queue brunes, avec les pennes lisérées de roux tirant au rose. — Chez la femelle, les parties supérieures sont d'un brun olive qui passe au verdâtre sur le croupion, la queue et les ailes, les grandes et les moyennes couvertures sont bordées de grisâtre, de même que les dernières rémiges, le dessous du corps est d'un blanc sale, avec de nombreuses taches, de forme allongée et de couleur brune, sur la gorge, la poitrine et les flancs. Le même plumage sombre, chose curieuse, se retrouve parfois chez le vieux mâle, non-seulement en cage, mais en liberté, comme j'ai pu le vérifier.

Le Roselin cramoisi, qui sous le nom de *Fringilla incerta* a suscité jadis de vives discussions entre les ornithologistes, visite l'Europe orientale accidentellement et parfois descend jusqu'en Lombardie et en Provence. C'est un oiseau propre à la moitié orientale de l'Asie. En Chine, il passe régulièrement en bandes nombreuses, et s'arrête au printemps pour dévorer les samares des ormeaux, dont il se montre très-friand; quelques couples nichent même dans les buissons, dans les montagnes des environs de Pékin. La voix de ce *Carpodacus* est claire et sonore, mais son chant est peu varié; aussi les habitants de Pékin ne le recherchent-ils guère comme oiseau de volière, d'autant plus qu'il ne tarde pas à perdre en captivité ses belles couleurs cramoisies. C'est le seul roselin qui se répande dans les plaines de la Chine et qui pénètre familièrement dans l'intérieur des villes.

506. — PROCARDUELIS NIPALENSIS

CARDUELIS NIPALENSIS, Hodgs. (1836), *As. Res.*, XIX, 157.—(1843), *J. A. S. Beng.*,

XII, 955. — Procarduelis nipalensis, Blyth (1849), *Cat. B. Mus. As. Soc.*, 121, n° 657. — Jerd. (1863), *B. of Ind.*, II, 405. — A. Dav. (1871), *N. Arch. du Mus.*, *Bull.* VII, Cat. n° 318.

Dimensions. Long. totale, 0ᵐ,15 ; queue, un peu échancrée, 0ᵐ,06 ; aile, 0ᵐ,09 ; tarse, 0ᵐ,019 ; bec, droit et conique, 0ᵐ,01 ; hauteur du bec, 0ᵐ,006 ; largeur, 0ᵐ,006.

Couleurs. Iris d'un brun roux ; bec brunâtre ; pattes d'un gris roussâtre. — Partie antérieure du vertex d'un pourpre lustré ; gorge, partie inférieure des joues et une longue raie sourcilière d'un carmin foncé ; reste des parties supérieures, flancs et poitrine d'un brun lavé de pourpre, le pourpre dominant sur la poitrine ; milieu de l'abdomen d'une teinte carminée ; sous-caudales brunes, terminées de rose ; queue et ailes brunes, ces dernières ornées de lisérés rougeâtres sur les bords des pennes ; couvertures marquées de rougeâtre à la pointe. — La femelle offre en dessus des teintes brunes mélangées d'olive, et en dessous des teintes olives mélangées de brun, avec le milieu du ventre blanchâtre et les sous-caudales brunes, terminées de blanc sale.

Ce bel oiseau, qui par son bec de fringille semble s'éloigner des Roselins, est répandu depuis l'Himalaya jusque dans la partie occidentale de la Chine. A Moupin, j'ai pu me procurer deux couples de cette espèce qui doit être sédentaire dans les grandes montagnes de cette région et qui m'a paru avoir les allures et les mœurs des vrais Roselins.

507. — PROPASSER ROSEUS

Fringilla rosea, Pall. (1776), *Reis.*, III, 699, n° 26, et *Voy.* éd. fr., in-8°, VIII, app. 59. — Gm. (1788), *S. N.*, I, 923, n° 91. — Passer roseus, Pall. (1811), *Zoogr.*, II, 23. — Pyrrhula rosea, Tem. (1820), *Man.*, I, 335. — Carpodacus roseus, Kaup (1829), *Nat. Syst.* — Erythrospiza rosea, Bp. (1838), *B. of Eur.*, 34. — Carpodacus roseus, Bp. et Schl. (1850), *Mon. Lox.*, pl. 19 et 20. — Bp. (1850), *Consp. Av.*, I, 533. — Schr. (1860), *Vög. d. Am. L.*, 299. — Radde (1863), *Reis. in S. O. Sib.*, 186. — Degl. et Gerbe (1867), *Ornith. eur.*, 2ᵉ éd., I, 257. — Przew. (1867-69), *Voy. Uss.*, n° 54. — Dyb. (1868), *J. f. O.*, 335. — Swinh. (1875), *Ibis*, 121. — J. Cordeaux (1875), *ibid.*, 183. — Tacz. (1876), *Bull. Soc. zool. Fr.*, I, 181.

Dimensions. Long. totale, 0ᵐ,165 à 0ᵐ,17 ; queue, 0ᵐ,064 ; aile, 0ᵐ,10 ; tarse, 0ᵐ,02 ; bec, robuste, 0ᵐ,011 ; hauteur du bec, 0ᵐ,009.

Couleurs. Iris châtain ; bec brun, avec la mandibule inférieure grise ; tarses d'un gris roussâtre ; doigts d'un gris brunâtre. — Tête rose, avec le front et la gorge couverts de plumes d'un blanc nacré, simulant des sortes d'écailles ; plumes de la nuque et du dos et scapulaires d'un brun noirâtre, largement bordées de rose, celles de la partie supérieure du cou offrant en outre quelques reflets cendrés ; croupion et sus-caudales d'un rose vif ; poitrine, ventre et sous-caudales de la même teinte, avec quelques raies brunes sur les flancs et le milieu de l'abdomen blanc ; rectrices brunes, frangées de rose ; ailes brunes, avec des lisérés d'un rose tirant au roux sur le bord externe des pennes et deux bandes transversales obliques formées par les bouts rose clair des grandes et des moyennes couvertures. — Chez les femelles et les jeunes mâles, le croupion est d'un rose tirant au rouge, la gorge, la poitrine et les flancs sont d'un rose nuancé de roux et marqué de nombreuses mèches brunes, le milieu du ventre est blanc, les sous-caudales blanches, légèrement rayées de brun, et les plumes du dos, des ailes et de la queue offrent, au lieu de lisérés roses, des lisérés d'un gris brunâtre.

Le Roselin rose, qui se montre accidentellement en Europe, est très-commun dans la Sibérie orientale ; et il passe en grand nombre à la fin de l'automne aux environs de Pékin ; mais au printemps il a totalement disparu de la Chine, ayant regagné, avant la fin de l'hiver, des contrées plus septentrionales. Pendant les grands froids, je l'ai trouvé établi dans le Tsinling, vivant de bourgeons et de petites graines qui constituent sa principale nourriture.

508. — PROPASSER TRIFASCIATUS (Pl. 93)

CARPODACUS TRIFASCIATUS, J. Verr. (1870), *N. Arch. du Mus.*, *Bull.* VI, 30. — (1871), *ibid.*, VII, 61. — (1872), *ibid.*, VIII, pl. IV.

Dimensions. Long. totale, 0m,19 ; queue, 0m,08 ; aile, 0m,085 ; tarse, 0m,023 ; bec, 0m,012.

Couleurs. Iris d'un châtain roussâtre ; bec d'un brun clair, avec les bords et la mandibule inférieure blanchâtres ; tarses d'un gris roux ; doigts gris, avec les ongles brunâtres. — Face d'un blanc rosé et soyeux, avec des plumes écailleuses sur le front et les sourcils, et des plumes lancéolées sur les joues et la gorge ; vertex, nuque et dos d'un rouge carmin foncé, avec les plumes bordées de grisâtre ; croupion gris, teinté de rose ; sus-caudales marquées de rouge carmin, les plus longues tirant au gris noirâtre ; poitrine et flancs d'un rouge carminé plus pâle que le dos ; milieu de l'abdomen blanc ; sous-caudales noirâtres bordées de gris ; queue et ailes noirâtres, ces dernières ornées de trois bandes transversales formées par les bouts roses des couvertures et les lisérés blancs des scapulaires. — Le plumage de la femelle n'est pas encore connu.

C'est en plein hiver, sur les montagnes boisées du Setchuan occidental, que j'ai rencontré ce grand roselin qui rappelle un peu le *Propasser roseus* par l'ensemble de ses couleurs, mais qui se distingue facilement de toutes les espèces précédemment connues. Il doit être très-rare dans la région où je l'ai observé, puisque je n'en ai vu qu'une seule fois une troupe de sept à huit individus, occupés à manger des graines sauvages. Malheureusement, l'un des deux mâles adultes que je tuai se perdit dans la neige qui couvrait le sol de la forêt.

509. — PROPASSER DAVIDIANUS (Pl. 95)

CARPODACUS DAVIDIANUS, Milne-Edw. (1864), *N. Arch. du Mus.*, I, 19, et pl. 2, f. 2. — Swinh. (1871), *P. Z. S.*, 387.

Dimensions. Long. totale, 0ᵐ,165; queue, un peu échancrée, 0ᵐ,07; aile, 0ᵐ,085; tarse, 0ᵐ,018; bec 0ᵐ,01, avec la mandibule supérieure légèrement convexe; hauteur du bec, 0ᵐ,008.

Couleurs. Iris d'un brun roux; bec d'un brun corné, avec la mandibule inférieure grisâtre; pattes d'un gris rosé. — Vertex, nuque et dos d'un gris rosé, rayé de brun; croupion et sus-caudales roses, les plus longues parmi ces dernières nuancées de brunâtre; front, sourcils, joues et gorge d'un rose vineux et lustré, tirant au blanchâtre sur le bas-ventre, et marqué de raies brunes sur les sous-caudales et sur les plumes des flancs qui sont bordées de grisâtre à l'extrémité; rectrices brunes, lisérées de rose tirant au roux; rémiges et pennes secondaires d'une teinte analogue; pennes tertiaires largement bordées de grisâtre; couvertures des ailes largement bordées de rose; plumes axillaires d'un gris rosé. — Chez la femelle, le dessus du corps est d'un gris terreux, rayé de brun, et le dessous d'un gris plus clair, avec de nombreuses flammèches brunes, sauf sur le milieu de l'abdomen.

Ce joli roselin habite les plus hautes montagnes du nord-est de la Chine, jusqu'au Tsinling et au Chensi, et se rencontre également en Mongolie. C'est une espèce sédentaire, mais toujours peu répandue, qui se nourrit de bourgeons et de petites graines et qui se tient plutôt dans les broussailles touffues que sur les arbres élevés. Deux nids que j'ai découverts étaient placés l'un sur un lilas sauvage (*S. Emodi*), l'autre sur un genévrier; ils avaient la forme d'une coupe et étaient constitués par des herbes sèches entrelacées et revêtues intérieurement de plumes et de poils de chevreuil. Les œufs, au nombre de cinq, étaient d'un joli bleu turquin, parsemé de points bruns. Le *Propasser davidianus* est d'un naturel défiant; il fait entendre fréquemment, comme cri de rappel, un petit sifflement plaintif; son chant ordinaire est agréable, mais peu varié.

510. — PROPASSER EDWARDSII (Pl. 94)

CARPODACUS EDWARDSII, J. Verr. (1870), *N. Arch. du Mus.*, *Bull.* VI, 39. — (1871), *ibid.*, VII, 58. — (1872), *ibid.*, VIII, pl. 3. — ? PROPASSER SATURATUS, W.-T. Blanford (1871), *Pr. A. S. B.*, 216. — (1873), *Ibis*, 218.

Dimensions. Long. totale, 0ᵐ,165 à 0ᵐ,17; queue, 0ᵐ,064; aile, 0ᵐ,08; tarse, 0ᵐ,023; bec, 0ᵐ,012; hauteur du bec, 0ᵐ,009; largeur, 0ᵐ,008.

Couleurs. Iris d'un châtain roussâtre; bec brun, avec la mandibule inférieure grise; pattes d'un gris roussâtre. — Plumes du vertex d'un rouge sombre, rayées de brun; plumes du front et des joues, ainsi que les plumes acuminées des sourcils, d'un blanc rosé, brillant et lustré; couvertures des oreilles, plumes dorsales et scapulaires d'un roux tirant au rougeâtre, avec le centre d'un brun foncé; croupion et sus-caudales d'un rouge sombre, nuancé de roux; plumes de la gorge et de la poitrine d'un rose sombre, marquées au centre d'une raie brune; flancs, bas-ventre et sous-caudales d'un roux olive, fortement nuancé de rose; rectrices et rémiges brunes, lisérées de roux tirant au rouge; pennes secondaires et tertiaires d'une teinte analogue, les dernières bordées de rose jaunâtre, de même que l'extrémité des grandes et des moyennes couvertures. — Chez la femelle, le dessus du corps est d'un brun olive tirant au verdâtre, et le dessous d'un olive jaunâtre, avec toutes les plumes marquées au centre d'une raie brune, les rectrices et les rémiges brunes, lisérées d'olive. Dans cette espèce, les mâles reprennent fréquemment la livrée des femelles.

Ce roselin est sans comparaison l'espèce la plus abondante de son groupe dans tout le sud-ouest de la Chine. Je l'ai rencontré en toute saison dans les montagnes boisées de Moupin et du Setchuan septentrional, d'où j'ai envoyé au Muséum les nombreux exemplaires qui ont servi de type à la première description de cet oiseau; mais je ne l'ai point trouvé dans les montagnes du Chensi. Il a le régime, les allures et la voix, à peu près, de l'espèce précédente; mais ses couleurs et sa taille sont beaucoup plus variables. J'ai pris des mâles adultes dont le plumage ne différait en rien de celui des femelles; quant aux dimensions, elles sont tellement diverses dans les sujets que j'ai capturés, que je soupçonne fort que ceux-ci n'appartiennent pas tous à une seule et même espèce.

511. — PROPASSER VERREAUXII

CARPODACUS VERREAUXII, A. Dav. (1871), *N. Arch. du Mus.*, *Bull.* VII, Cat. n° 325 (*sine descr.*).

Dimensions. (Femelle.) Long. totale, 0^m,15; queue, 0^m,07; aile, 0^m,072; tarse, 0^m,022; bec, 0^m,01; hauteur du bec, 0^m,008; largeur, 0^m,007.

Couleurs. Iris noirâtre; bec brunâtre, avec la mandibule inférieure jaunâtre; pattes grises. — Plumes du vertex et de la nuque d'un brun olive, largement marquées au centre de brun foncé; plumes du dos d'une teinte analogue, avec çà et là quelques taches blanches ou roussâtres sur le bord; plumes du croupion semblables à celles de la nuque; une raie sourcilière d'un blanc jaunâtre n'arrivant pas jusqu'au front; parties inférieures d'un blanc jaunâtre, passant au roux sur la poitrine et l'abdomen, avec des raies brunes fort larges sur la gorge et sur les flancs, plus étroites sur le milieu du ventre, et à peu près nulles sur les sous-caudales; rémiges et rectrices brunes; pennes secondaires et tertiaires bordées de blanc jaunâtre.

Un couple de ces oiseaux, ayant tous deux les mêmes couleurs grisâtres, était, le 20 avril, établi pour nicher au fond d'une haute vallée de Moupin; le seul individu que je réussis à tuer, et que je déposai plus tard dans les galeries du Muséum, était malheureusement trop endommagé par le plomb pour qu'il fût possible de reconnaître son sexe; mais en tous cas, que ce soit une femelle ou un mâle ayant repris la livrée de femelle, ce spécimen se distingue nettement de tous les autres roselins de la Chine et même de la femelle du *Prop. davidianus* à laquelle il ressemble quelque peu.

512. — PROPASSER VINACEUS (Pl. 96)

Carpodacus vinaceus, J. Verr. (1870), *N. Arch. du Mus.*, *Bull.* VI, 39. — (1871), *ibid.*, VII, 61. — (1872), *ibid.*, VIII, pl. 4.

Dimensions. Long. totale, 0^m,15; queue, 0^m,056; aile, 0^m,073; tarse, 0^m,019; bec, 0^m,01; hauteur du bec, 0^m,008; largeur, 0^m,008.

Couleurs. Iris d'un châtain roussâtre; bec brun; pattes d'un gris roussâtre. — Plumage en majeure partie d'un rouge lie de vin ou pourpré, plus foncé sur le dos, le cou et la poitrine, plus vif sur la tête, le croupion et les sus-caudales; une large et longue raie sourcilière d'un blanc rosé et lustré partant de chaque côté du front; une strie brune sur chacune des plumes de l'abdomen; queue et ailes brunes, avec une tache rose vers le bout des deux dernières rémiges. — La femelle a le dessus du corps d'un brun olive sombre, et le dessous d'un jaune d'ocre sale, avec une raie brune au centre de chaque plume. Elle ressemble assez à la femelle du *Propasser Edwardsii*, mais s'en distingue toujours: 1° par une taille moindre; 2° par des teintes plus uniformes; 3° par des taches brunes plus petites et plus nombreuses sur la région dorsale.

Ce beau roselin, qui par l'ensemble de son plumage rappelle le *Procarduelis nipalensis,* se trouve en toutes saisons, mais en petit nombre, dans les montagnes boisées du Setchuan occidental. Je n'ai pu me procurer que deux spécimens de cette autre espèce nouvelle qui, comme les deux précédentes, vit plutôt dans les buissons que dans les forêts, se nourrissant de bourgeons et de toute sorte de petits fruits, et qui s'enfuit à l'approche de l'homme en faisant entendre un cri de rappel plaintif et d'un timbre argentin.

513. — PROPASSER THURA

CARPODACUS THURA, Bp. et Schl. (1850), *Mon. Lox.*, pl. 23. — Bp. (1850), *Consp. Av.*, I, 531. — PROPASSER THURA, Moore (1855), *P. Z. S.*, 215. — Jerd. (1863), *B. of Ind.*, II, 400.

Dimensions. Long. totale, 0m,183; queue, 0m,083; aile, 0m,085; tarse, 0m,023; bec, 0m,011; hauteur du bec, 0m,008; largeur, 0m,007.

Couleurs. Iris brun châtain; bec et ongles bruns; tarses gris; doigts brunâtres. — Vertex, nuque et dos d'un brun roux, avec le centre des plumes largement marqué de brun foncé; plumes frontales et sourcilières d'un blanc rosé, soyeux et argenté; lores d'un rouge carmin vif; plumes des yeux d'un rose un peu moins vif; gorge rose, avec quelques plumes d'un blanc argenté; poitrine, flancs, croupion, sus-caudales et sous-caudales d'un rose assez vif, avec une raie brune sur la tige de chaque plume; milieu du ventre blanc, rayé de brun; rémiges et rectrices brunes; pennes secondaires largement bordées de blanc roussâtre. — La femelle a le dessus du corps d'un brun verdâtre, et le dessous d'une teinte olivâtre, passant au jaunâtre sur le milieu de l'abdomen, avec toutes les plumes marquées de brun sur la ligne médiane. Elle diffère de la femelle du *Propasser Edwardsii* : 1º par une taille plus forte; 2º par les teintes grisâtres de sa face et les raies plus foncées de son dos; 3º par l'absence presque complète de raies brunes sur le milieu de son abdomen.

Le *Propasser thura,* signalé d'abord dans le Népaul, se trouve aussi dans les grandes montagnes de la Chine occidentale; mais il y est si rare qu'en quinze mois de séjour je n'ai pu m'en procurer qu'un seul couple, en été et à environ 4,000 mètres d'altitude.

514. — URAGUS SIBIRICUS

LOXIA SIBIRICA, Pall. (1776), *Reis.*, III, app. 711, nº 24, pl. 28. — Gm. (1788), *S. N.*, I, 57. — PYRRHULA CAUDATA, Pall. (1811-31), *Zoogr.*, II, 10, pl. 37. — URAGUS sibiricus, Bp. et Schl. (1850), *Mon. Lox.*, pl. 34 et 35. — Bp. (1850), *Consp. Av.*, I, 529. — Uragus sibiricus, Schr. (1860), *Vög. d. Am. L.*, 290. — Radde (1863), *Reis. in S. O. Sib.*, II, 181.— Dyb. (1868), *J. f. O.*, 335. — A. Dav. (1871), *N. Arch. du Mus.*, *Bull.* VII, Cat. n⁰ 327. — Swinh. (1871), *P. Z. S.*, 387. — Severtz. (1873), *Turk. Jevotn.*, 64. — Dress. (1875), *Ibis*, 245. — Tacz. (1876), *Bull. Soc. zool. Fr.*, I, 182.

Dimensions. Long. totale, $0^m,18$; queue, $0^m,09$; aile, $0^m,08$; tarse, $0^m,016$; bec, bombé, $0^m,008$; hauteur du bec, $0^m,007$; largeur, $0^m,006$.

Couleurs. Iris brun; bec d'un brun clair, avec la mandibule inférieure blanchâtre; pattes d'un gris roussâtre. — Tour du bec d'un rouge carmin; dessus de la tête, joues et gorge ornés de plaques d'un blanc soyeux et lustré sur fond rose; parties inférieures d'une teinte analogue, avec les plumes des flancs terminées de blanc; dos rose, avec les plumes lisérées de blanc grisâtre et marquées de brun sur la ligne médiane; scapulaires roses, marquées également de brun et terminées par un liséré blanchâtre; petites couvertures des ailes les unes roses, les autres noires à la base et blanchâtres dans leur portion terminale; pennes alaires noires, avec des lisérés blancs de plus en plus larges qui sur les tertiaires envahissent une grande partie des barbes; rectrices des trois paires médianes noires, frangées de blanc en dehors; celles des trois paires latérales entièrement blanches, sauf sur le bord interne. — La femelle, un peu plus petite que le mâle, a le dessus du corps d'un gris brunâtre, légèrement nuancé de roux vers le croupion, et marqué de nombreuses raies brunes, le front d'une teinte plus claire, tachetée de noirâtre, une moustache brune peu marquée de chaque côté du cou, la gorge, le milieu de l'abdomen et les sous-caudales d'un gris blanchâtre, les côtés du cou et de la poitrine d'un gris roussâtre, rayé de brun, les flancs d'une teinte rousse plus prononcée et moins striée, les ailes ornées de deux larges bandes blanches dirigées obliquement, avec les dernières pennes tertiaires blanches en grande partie.

Cette espèce aux couleurs douces et aux formes élégantes est commune en toutes saisons dans la Sibérie orientale; de là elle se répand dans la Mantchourie, dans le nord de la Chine, et même dans le Turkestan. Je l'ai vue plusieurs fois en hiver aux environs de Pékin, et j'ai même tué dans cette région une femelle très-adulte, le 11 avril; ce qui tendrait à prouver que tous les individus n'abandonnent pas la province à la fin des grands froids.

515. — URAGUS SANGUINOLENTUS

Pyrrhula sanguinolenta, Tem. et Schl. (1850), *Faun. Jap. Av.*, 92, pl. 54 et 54 B. — Uragus sanguinolentus, Bp. et Schl. (1850), *Mon. Lox.*, pl. 36. — Bp. (1850), *Consp. Av.*, I, 529. — Pyrrhula sibirica, Radde (1863), *Reis. in S. O. Sib.*, 181 (part.). — Przew. (1867-69), *Voy. Uss.*, n⁰ 57. — Dyb. (1873), *J. f. O.*, 95.— Swinh. (1874), *Ibis*, 160. — Tacz. (1876), *Bull. Soc. zool. Fr.*, I, 182.

Dimensions et **Couleurs**. Taille un peu plus faible que celle de l'espèce précédente ; teintes du plumage plus vives et moins striées, le front, la poitrine et surtout le croupion étant fortement nuancés de rose (femelle tuée à Pékin).

Le lieutenant-colonel Przewalski a trouvé cette espèce japonaise résidant en Mantchourie avec l'*Uragus sibiricus*, et une troisième espèce dont nous ne possédons malheureusement pas la description. Il est donc naturel que l'*Uragus sanguinolentus* arrive en Chine en même temps que l'*Uragus sibiricus*, dont il diffère à peine, et auquel Radde a voulu le réunir spécifiquement.

516. — URAGUS LEPIDUS n. sp. (Pl. 98)

Dimensions. Long. totale, 0m,155 ; queue, 0m,073 ; aile, 0m,07 ; tarse, 0m,017 ; bec, 0m,009 ; hauteur du bec, 0m,007 ; largeur, 0m,006.

Couleurs. Iris d'un brun noisette ; bec brunâtre, avec la mandibule inférieure grise ; pattes grisâtres. — Front, sourcils, joues et gorge d'un blanc rosé, soyeux et lustré ; lores, partie postérieure des plumes auriculaires et côtés du cou d'un carmin foncé ; teinte rose soyeuse des joues se prolongeant sur la partie postérieure du cou et s'unissant en arrière à la bande sourcilière ; plumes du vertex et de la nuque d'un carmin foncé, frangé de gris ; plumes du dos brunes au centre et d'un rouge carmin sur le milieu des barbes qui sont frangées de grisâtre ; croupion et poitrine d'un rose foncé ; abdomen de la même teinte, avec le milieu blanc ; rectrices des trois paires médianes noires, celles des trois paires latérales ornées d'une longue tache anguleuse blanche, de plus en plus développée, avec les barbes externes lisérées de blanc ; pennes alaires brunes, lisérées de gris ; les trois dernières tertiaires largement bordées de blanchâtre ; deux larges bandes transversales d'un gris rosé formées par les bouts des grandes et des moyennes couvertures. — La femelle porte une livrée d'un brun olivâtre, avec de grandes raies brunes, plus étroites sur les parties inférieures du corps dont le fond est grisâtre et passe même au blanchâtre sur le milieu de l'abdomen ; elle a les sous-caudales blanchâtres, avec le centre brun, et les deux bandes transversales des ailes moins larges que le mâle.

Cette espèce diffère des deux précédentes : 1° par une taille bien plus faible ; 2° par un bec plus gros ; 3° par un plumage moins uniforme, plus strié ; 4° par l'ensemble des couleurs du mâle et surtout de la femelle. Je l'ai trouvée dans l'intérieur de la chaîne montagneuse du Tsinling, et dans le Chensi méridional, où elle est sédentaire, mais peu répandue. Ne serait-ce pas la troisième espèce d'*Uragus* que le lieutenant-colonel Przewalski signale en Mantchourie?

517. — LOXIA ALBIVENTRIS

Loxia curvirostra, Swinh. (1861), *Ibis*, 336. — (1863), *P. Z. S.*, 299. — Loxia albiventris, Swinh. (1870), *P. Z. S.*, 437. — (1875), *Ibis*, 450.

Dimensions. Long. totale, 0ᵐ,155; queue, 0ᵐ,05; aile, 0ᵐ,09; tarse, 0ᵐ,019; bec, 0ᵐ,021 (mandibule supérieure).

Couleurs. Iris brun; bec et pattes brunâtres. — Ventre blanc; sous-caudales blanches, marquées au centre d'une tache triangulaire brune; reste du plumage comme dans le *Loxia curvirostra*.

Ce bec-croisé, très-voisin de l'espèce européenne, en a été séparé par M. Swinhoe à cause : 1° de sa taille plus faible; 2° de la teinte blanche de la partie inférieure de son abdomen. Il se montre à peu près tous les ans, mais en petit nombre, aux environs de Pékin.

518. — LOXIA HIMALAYANA

Loxia himalayana, Hodgs. (1845), *P. Z. S.*, 35. — Gr. (1846), *Cat. Hodgs.*, III. — Bp. et Schleg. (1850), *Mon. Lox.*, pl. 7. — Bp. (1850), *Consp. Av.*, I, 527. — Gould (1860), *B. of As.*, livr. XII, pl. — Jerd. (1863), *B. of As.*, II, 393. — Swinh. (1871), *P. Z. S.*, 387.

Dimensions. Long. totale, 0ᵐ,15; queue, 0ᵐ,055; aile, 0ᵐ,08; bec, 0ᵐ,012.

Couleurs. Dessus de la tête et du cou d'un rouge sombre, de même que les parties inférieures du corps; reste des parties supérieures d'un brun lavé de rouge. — Chez la femelle, le dessus du corps est brun, avec le croupion jaunâtre, et le dessous d'une nuance plus pâle, avec la poitrine et les flancs teintés d'olive.

Ce petit bec-croisé qui a été découvert par le major Hodgson sur les pics de l'Himalaya oriental, dans le voisinage des neiges éternelles, se trouve aussi dans les forêts de sapins qui couvrent les hautes montagnes de la Chine occidentale. Je l'ai rencontré particulièrement dans la principauté de Moupin.

STURNIDÉS

Cette famille, exclusivement propre à l'Ancien-Monde et à l'Océanie, comprend environ 150 espèces sur lesquelles 8 seulement habitent l'empire chinois.

519. — STURNUS CINERACEUS

STURNUS CINERACEUS, Tem. (1838), *Pl. Col.* 536. — Tem. et Schl. (1850), *Faun.
Jap. Av.*, 85, pl. 45.— Bp. (1850), *Consp. Av.*, I, 421.— Schrenck (1860),*Vög. d.Am.
L.*, 327. — TEMENUCHUS CINERACEUS, Swinh. (1860), *Ibis*, 60. — STURNUS CINERACEUS,
Swinh. (1861), *Ibis*, 257 et 338. — Radde (1863), *Reis. in S. O. Sib.*, II, 214, pl. VI,
f. 2. — Przew. (1867-69), *Voy. Uss.*, n° 82. — Swinh. (1871), *P. Z. S.*, 384. — Dyb.
(1874), *J. f. O.*, 323. — Swinh. (1874), *Ibis*, 159. — Tacz. (1876), *Bull. Soc. zool. Fr.*,
174.

Dimensions. Long. totale, 0^m,23 ; queue, égale, 0^m,07 ; aile, 0^m,13 ; tarse,
0^m,032 ; bec, conique, 0^m,026.

Couleurs. Iris brun, cerclé de blanc ; bec orangé, avec la pointe
cornée, la base de la mandibule et l'angle de la bouche d'un vert brunâtre ;
pattes jaunes. — Tête et cou d'un noir à reflets verdâtres, avec la région
auriculaire et le front d'un blanc pur, et la gorge et les joues souvent parsemées de plumes blanches ; dos et croupion d'un gris brunâtre ; sus-caudales
de la même teinte, avec le bout blanchâtre ; poitrine et flancs d'un gris brû-
nâtre ; ventre et sous-caudales d'un blanc presque pur ; queue noirâtre à
reflets métalliques, tachée de blanc à l'extrémité, sauf sur les pennes centrales ; ailes noirâtres à reflets métalliques avec un liséré blanc très-étroit
sur les rémiges, plus large sur les pennes secondaires. — La femelle adulte
porte la même livrée que le mâle, mais les oiseaux encore jeunes offrent
des teintes plus sales, et ont moins de noir sur le cou et moins de blanc sur
les joues.

Le *Sturnus cineraceus*, qui a été signalé d'abord au Japon, est
certainement l'espèce d'étourneau que l'on rencontre le plus
fréquemment en Chine. En automne et en hiver, il se répand
en troupes innombrables sur toute l'étendue de l'Empire, où
les gousses sucrées du *Sophora japonica* lui fournissent une
nourriture abondante. Une foule de ces oiseaux s'arrêtent même
dans la grande plaine de Pékin et font au printemps leurs nids
dans des trous d'arbres ; mais, l'été venu, ils disparaissent tous
et vont passer le reste de la saison chaude sur les hauts
plateaux de la Mongolie, où ils vivent d'insectes, et principalement de sauterelles. Le gazouillement de ces étourneaux est

fort agréable et se fait entendre même en plein hiver, quand le temps est beau. La même espèce a été rencontrée par Maak dans le bassin du fleuve Amour, et par M. Dybowski dans la Daourie méridionale et sur les bords de la mer du Japon.

520. — STURNUS SERICEUS (Pl. 87)

SILK STARLING, Brown (1776), *Ill. Ornith. Zool.*, pl. 21. — STURNUS SERICEUS, Gm. (1788), *S. N.*, I, 805. — HETERORNIS SERICEUS, Bp. (1850), *Consp. Av.*, I, 418. — TEMENUCHUS SERICEUS, Swinh. (1860), *Ibis*, 60. — (1861), 44. — STURNUS SERICEUS, Swinh. (1861), 257, 338. — (1862), *P. Z. S.*, 319. — (1871), *ibid.*, 384. — Gr. (1871), *A. Fascic. of B. of China*, pl.

Dimensions. Long. totale, 0m,24 ; queue, presque égale, 0m,07 ; aile, 0m,124 ; tarse, 0m,03 ; bec, conique, 0m,023.

Couleurs. Iris noir, cerclé ; bec d'un rouge vif, avec le bout blanc ; pattes orangées ; ongles gris. — Tête et cou blancs, avec une légère teinte grise sur le vertex, et un collier d'un cendré noirâtre à la base du cou ; dos, croupion et sus-caudales d'un gris cendré pur ; flancs de la même teinte ; milieu de l'abdomen blanchâtre ; sous-caudales blanches ; queue noire, à reflets verts métalliques sur la face supérieure ; rémiges noires, avec des reflets bleus métalliques, et une tache blanche à la base ; pennes secondaires et tertiaires et couvertures alaires offrant des reflets verts, bleus ou pourprés encore plus vifs que ceux des rémiges ; aileron blanc, de même que le bord externe des scapulaires. — Chez la femelle la tête et le cou sont d'un blanc moins pur, mélangé de gris, et les teintes cendrées du dos et de la poitrine sont remplacées par du brun roussâtre.

Cette belle espèce habite en toutes saisons la moitié méridionale de la Chine, depuis le Tchékiang jusqu'an Setchuan, et le point le plus septentrional où je l'ai rencontrée est la vallée de Han-tchong-fou dans le Chensi. Elle semble rechercher le voisinage de l'homme et fait son nid sous les toits et dans les trous d'arbres. Ses mœurs et ses allures sont les mêmes que celles de notre étourneau ; son chant est doux et mélodieux. Mais elle est sédentaire, peu abondante, et paraît éviter les grandes plaines.

521. — TEMENUCHUS DAURICUS

STURNUS DAURICUS, Pall. (1778), *Act. Stock.*, III, 197, pl. 7. — STURNUS DAURICUS, Gm. (1788), *S. N.*, I, 806. — STURNUS DAURICUS, Pall. (1811-31), *Zoogr.*, I, 422. — TURDUS STRIGA, Raffl. (1821), *Trans. Linn. Soc.*, XIII, 311. — PASTOR STURNINUS, Wagl. (1827), *Syst. Av., Pastor*, n° 20. — PASTOR MALAYENSIS, Eyt. (1839), *P. Z. S.*, 103. —

Blyth (1846), *J. A. S. Beng.*, 35. — HETERORNIS DAURICUS, Bp. (1850), *Consp. Av.*, I, 418. — PASTOR STURNINUS, Schrenck (1860), *Vög. d. Am. L.*, 329, pl. XI, f. 1. — STURNUS PYRRHOGENYS, Swinh. (1861), 338 (nec Tem. et Schl.). — PASTOR STURNINUS, Radde (1863), *Reis. in S. O. Sib.*, 217. — TEMENUCHUS DAURICUS, Swinh. (1863), *Ibis*, 95. — HETERORNIS DAURICUS, Przew. (1867-69), *Voy. Uss.*, no 83. — TEMENUCHUS DAURICUS, Swinh. (1871), *P. Z. S.*, 384.—STURNIA DAURICA, (1875), *Ibis*, 119.—HETERORNIS DAURICUS, Dyb. (1872), *J. f. O.*, 454. — Tacz. (1876), *Bull. Soc. zool. Fr.*, I, 174.

Dimensions. Long. totale, 0m,18 ; queue, carrée, 0m,05 ; aile, 0m,11 ; tarse, 0m,025 ; bec, fort et conique, 0m,015.

Couleurs. Iris et bec noirs; pattes d'un brun cendré. — Dessus de la tête et du cou d'un gris clair, avec une tache brune sur l'occiput ; dos, petites couvertures des ailes et croupion bruns ; premières sous-caudales, bout des scapulaires et des couvertures moyennes des ailes d'un blanc roussâtre ; queue brune, à reflets bronzés, avec les rectrices bordées extérieurement de roux ; rémiges d'un brun à reflets bronzés ; pennes secondaires et tertiaires lisérées de blanc roussâtre sur une partie de leur longueur ; sous-caudales d'un roux très-clair ; reste des parties inférieures blanchâtre, lavé de gris très-clair sur la poitrine et les flancs (plumage en mai). — La femelle porte la même livrée que le mâle.

Cet étourneau, qui a été découvert par Pallas en Daourie, vient passer l'hiver dans l'Indo-Malaisie, et dans ses migrations traverse la partie occidentale de la Chine et la Mongolie. Chaque année, quelques-uns de ces oiseaux se montrent aux environs de Pékin. Ils ont les mœurs et le vol des étourneaux de nos pays, se nourrissent d'insectes et font leurs nids dans des trous d'arbres. En été, j'ai trouvé le *Temenuchus dauricus* établi pour nicher dans l'Ourato, en Mongolie.

522. — **TEMENUCHUS SINENSIS**

LE KINCK DE LA CHINE, Buff. (1770), *Pl. Enl.* 617. — ORIOLUS SINENSIS, Gm. (1788), *S. N.*, I, 394, no 50. — PASTOR ELEGANS, Less. (1839), *Voy. Bélanger*, pl. 6. — STURNIA CANA, Blyth. (1844), *J. A. S.*, XIII, 365. — (1849), *Cat. B. in Mus. As. Soc.*, 110, no 589. — HETERORNIS ELEGANS, Bp. (1850), *Consp. Av.*, I, 419. — TEMENUCHUS TURDIFORMIS (Wagl.), Swinh. (1860), *Ibis*, 60. — HETERORNIS SINENSIS, Swinh. (1863), *Ibis*, 382. — (1871), *P. Z. S.*, 384.

Dimensions. Long. totale, 0m,18 ; queue, 0m,055, arrondie ; aile, 0m,105 ; tarse, 0m,027 ; bec, droit, 0m,018.

Couleurs. Iris noir ; bec bleu, avec la pointe jaunâtre ; pattes d'un gris roussâtre. Parties supérieures d'un gris cendré très-clair, avec le front, les sus-caudales, les scapulaires, les couvertures des ailes, la gorge, l'abdomen et les sous-caudales d'un blanc plus ou moins lavé de roux (surtout au printemps) ; pennes alaires d'un noir métallique ; pennes caudales de la même teinte, avec une bordure terminale blanche se prolongeant un peu sur les côtés de la plume.

Cette espèce, qui passe l'hiver dans l'Indo-Chine, arrive en été, en troupes nombreuses, dans le sud de la Chine ; elle semble rechercher le voisinage des habitations, et fait son nid dans les trous des toits.

523. — GRACUPICA NIGRICOLLIS

GRACULA NIGRICOLLIS, Payk. (1766), *Act. Holm.*, XXVIII, pl. 9. — PASTOR TEMPORALIS, Wagl. (1827), *Syst. Av.*, *Pastor*, sp. 7. — GRACULA MELANOLEUCA, *M. P.* — GRACUPICA MELANOLEUCA, Less. (1831), *Trait. d'orn.*, 401. — PASTOR BICOLOR, Gr. (1844), *Zool. Misc.*, 1. — ‌STURNUS TEMPORALIS, Blyth (1849), *Cat.*, 109, n° 578. — STURNOPASTOR TEMPORALIS, Bp. (1850), *Consp. Av.*, I, 421. — GRACUPICA NIGRICOLLIS, Swinh. (1860), *Ibis*, 60. — (1863), *P. Z. S.*, 303. — (1871), *P. Z. S.*, 384.

Dimensions. Long. totale, 0ᵐ,25 ; queue, 0ᵐ,10 ; aile, 0ᵐ,173 ; tarse, 0ᵐ,033 ; bec, 0ᵐ,026.

Couleurs. Bec d'un brun rougeâtre ; pattes jaunâtres ; partie dénudée des joues d'un jaune vif. — Tête, cou, menton, croupion, premières sus-caudales, poitrine, abdomen et sous-caudales d'un blanc légèrement jaunâtre, avec quelques taches brunes sur les flancs ; un collier d'un noir fuligineux couvrant la base du cou et s'élargissant en un plastron sur la partie supérieure de la poitrine ; dos, scapulaires, ailes et queue d'un brun légèrement glacé de gris, avec des taches blanches au bout de quelques-unes des couvertures et des pennes secondaires, et une large bordure blanche à l'extrémité des rectrices ; aileron blanc. — Dans le jeune oiseau, la tête, la gorge et la partie supérieure de la poitrine sont d'une teinte brunâtre, avec le bord des plumes blanchâtre ; le ventre est d'un blanc sale et le collier noir n'est pas encore indiqué.

Cette espèce, répandue dans toute l'Indo-Chine, habite aussi la partie la plus méridionale de la Chine, jusqu'au Fokien inclusivement, et paraît être sédentaire dans toute cette région.

524. — ACRIDOTHERES CRISTATELLUS (Pl. 86)

THE CHINESE STARLING OR BLACKBIRD, Edw. (1743), *Nat. Hist.*, I, 19, pl. 19. — MERULA SINENSIS CRISTATA, Briss. (1760), *Ornith.*, II, 253, n° 21. — GRACULA CRISTATELLA, L. (1766), *S. N.*, 165, n° 5. — LE MERLE HUPPÉ DE LA CHINE, Buff. (1770), *Pl. Enl.* 507. — GRACULA CRISTATELLA, Gm. (1788), *S. N.*, I, 397. — MERULA PHILIPPENSIS (Briss. *err.*), Bp. (1850), *Consp.*, I, 420. — ACRIDOTHERES FULIGINOSUS, Blyth (1844), *J. A. S. Beng.*, XIII, 362. — ACRIDOTHERES CRISTATELLUS, Swinh. (1860), *Ibis*, 60 et 429. — ACRIDOTHERES PHILIPPENSIS (Temm. *err.*), Swinh. (1867), *Ibis*, 387. — (1870), *ibid*, 352. — ACRIDOTHERES CRISTATELLUS, Swinh. (1871), *P. Z. S.*, 384. — WALDEN (1875), *Trans. zool. Soc.*, IX, part. 2, p. 202, n° 126.

Dimensions. Long. totale, 0ᵐ,28 ; queue, un peu arrondie, 0ᵐ,085 ; aile, 0ᵐ,15 ; tarse, 0ᵐ,042 ; bec, un peu convexe, 0ᵐ,034, à partir de la commissure ; plumes des narines relevées en une crête de 0ᵐ,02 de long.

Couleurs. Iris d'un jaune orangé ; bec d'un jaune pâle, avec la base rose ; pattes d'un roux orangé. — Plumage presque entièrement noir, avec des reflets verts et pourprés plus prononcés sur les parties supérieures que sur les parties inférieures du corps ; rémiges d'un blanc pur à la base ; rectrices bordées de blanc à l'extrémité ; sous-caudales lisérées de blanc ; plumes du bas-ventre frangées de gris. — Plumage de la femelle semblable à celui du mâle.

L'*Acridotheres cristatellus* qui porte en Chine le nom de *Pako* (huit), parce que, dit-on, il se montre toujours par bandes de huit individus, séjourne dans toutes les villes de la partie méridionale de l'Empire qui sont situées en dehors des montagnes ; le point extrême où je l'ai rencontré vers le Nord, c'est la vallée de Han-tchong, dans le Chensi, et tous les oiseaux de cette espèce que l'on voit en cage à Pékin et ailleurs proviennent certainement du Sud. Ces étourneaux en effet sont fort appréciés des Chinois, à cause de la facilité avec laquelle ils apprennent à parler et de la variété, ainsi que de la sonorité de leur chant naturel. En liberté, ils ne s'éloignent guère des habitations, et font leurs nids dans des trous d'arbres ; leur nourriture consiste en graines et en insectes, et on les voit souvent posés sur le dos des bestiaux, qu'ils débarrassent de leurs parasites. Les Pakos peuvent donc être considérés comme des oiseaux utiles, amis de l'homme, qu'il y aurait intérêt à acclimater en Europe.

525. — EULABES SINENSIS

Eulabes sinensis, Swinh. (1870), *Ibis*, 353. — (1871), *P. Z. S.*, 383.

Dimensions. Taille de l'*Acridotheres cristatellus*.

Couleurs. Iris brun ; bec orangé ; pattes jaunes ; deux appendices charnus, également de couleur jaune, naissant au-dessous des yeux, passant sur les oreilles, se développant en arrière sur les côtés de la tête et remontant sur la nuque en s'amincissant ; de chaque côté, au-dessous de l'œil, un petit espace dénudé, coloré en jaune, comme les caroncules. — Plumage d'un noir métallique, à reflets pourprés sur la tête et le dos, verts sur le croupion et les sous-caudales, moins prononcés sur les parties inférieures du corps ; queue et ailes d'un noir mat, avec un miroir blanc sur les sept premières rémiges.

Le Mainate de Chine se rapproche beaucoup de l'*Eulabes intermedius* (A. Hay) de l'Inde et de l'Indo-Chine, mais s'en distingue par ses proportions un peu plus faibles, ses caroncules plus étroites, et par la forme de l'espace dénudé au-dessous de l'œil, espace qui se termine carrément et mesure environ 2 centimètres de large. On le voit fréquemment chez les marchands d'oiseaux de Canton, qui le tirent, disent-ils, du sud-ouest de l'Empire. Quelquefois cependant cette espèce remonte un peu vers le nord, et une fois, en automne, j'ai pu constater son passage dans la province du Kiangsi. Les Mainates vivent par couples ou en petites bandes dans les bois et se nourrissent exclusivement de fruits. Ils ont une voix admirable et un chant fort remarquable, quoique mêlé parfois de notes criardes; quand ils sont en cage, ils apprennent très-facilement à prononcer quelques mots; aussi se vendent-ils à un prix élevé.

526. — EULABES HAINANUS

EULABES HAÏNANUS, Swinh. (1870), 352. — (1871), *P. Z. S.*, 384.

Description. Taille de l'*Eulabes sinensis*; plumage presque identique à celui de cette dernière espèce, avec l'espace dénudé au-dessous de l'œil plus étroit et terminé en pointe allongée (d'après M. Swinhoe).

Ce Mainate est propre à l'île de Haïnan.

CORVIDÉS

On connaît aujourd'hui près de 200 oiseaux de cette famille, répartie sur toute la surface du globe, et représentée par 27 espèces dans la faune chinoise.

527. — CORVUS CORAX

CORVUS CORAX, L. (1766), *S. N.*, I, 155. — CORVUS MAXIMUS, Scop. (1769), *Ann.*, I, *Hist. Nat.*, 34. — CORVUS CORAX, Pall. (1811-31), *Zoogr.*, I, 380. — Gould (1832), *B. of Eur.*, pl. 220. — Midd. (1853), *Sib. Reis.*, II, 161. — Schr. (1860), *Vög. d. Am. L.*, 326. — Radde (1863), *Reis. in S. O. Sib.*, II, 211. — Jerd. (1862), *B. of. Ind.*, II, 293. — Degl. et Gerbe (1867), *Ornith. eur.*, 2ᵉ éd., I, 196. — Przew. (1867-69), *Voy. Uss.*, nᵒ 79. — CORVUS JAPONENSIS (Bp.), Swinh. (1871), *P. Z. S.*, 382. — CORVUS CORAX, Severtz. (1873), *Turk. Jevotn.*, 63. — Dress. (1875), *Ibis*, 236. — Tacz. (1876), *Bull. Soc. zool. Fr.*, I, 172.

Dimensions. Long. totale, 0^m,72 à 0^m,75 (spécimens provenant des environs de Pékin).

Couleurs. Plumage semblable à celui du grand corbeau d'Europe.

M. Swinhoe identifie le corbeau du nord de la Chine au *Corvus japonensis* (Bp.) du Japon; mais ce dernier d'après les descriptions données par les auteurs, est toujours de taille plus faible et a constamment le bec plus gros que l'espèce européenne, tandis que les corbeaux que j'ai vus dans le Céleste-Empire m'ont offert des dimensions encore plus considérables que le *Corvus corax*. D'après ce caractère quelques ornithologistes se décideront peut-être à séparer les corbeaux européens; mais dans ce cas ils réuniront sans doute les premiers non pas au *Corvus japonensis*, mais au *Corvus tibetanus* (Hodgs.) de l'Himalaya, dont la valeur spécifique sera, par cela même, bien établie. Quoi qu'il en soit, un grand corbeau, que nous désignons jusqu'à nouvel ordre sous le nom de *Corvus corax*, se rencontre en toutes saisons dans la partie de la Mongolie qui confine à la Chine, et s'avance parfois en hiver jusque dans la province de Tchély, où j'ai pu l'observer même aux environs de Takou. Les Pékinois désignent sous le nom de *Ta-dze-Kouan-tsaé* (*cercueil des Mongols*) ces oiseaux qui viennent en compagnie des aigles et des vautours dévorer les cadavres que les Mongols ont l'habitude d'abandonner dans des endroits élevés, en pâture aux animaux sauvages.

Le *Corvus corax* est également sédentaire dans une partie du Turkestan et dans la Sibérie orientale. Dans cette dernière région toutefois et en Laponie il aurait donné naissance, suivant M. Dybowski, à une race particulière qui aurait (?) la même voix que la Corneille (*Corvus sinensis*, Dyb.).

528. — CORVUS SINENSIS

Corvus corone, Pall. (1811), *Zoogr.*, I, 386 (part.). — Midd. (1853), *Sib. Reis.*, II, 160 (part.). — Corvus sinensis (Gould), Horsf. et Moore (1852-53), *Cat. B. Mus. E. I. Comp.*, II, 556. — Corvus corone, Schreuck (1860), *Vög. d. Am. L.*, 325 (part.). — Corvus japonicus, Swinh. (1861), *Ibis*, 337. — Corvus corone, Radde (1863), *Reis. in S. O. Sib.*, II, 209 (part.). — Corvus sinensis, Swinh. (1862), *Ibis*, 260. — (1863), *P. Z. S.*, 305. — Corvus colonorum, Swinh. (1864), *Ibis*, 427. — Corvus corone, Przew. (1867-69), *Voy. Uss.*, n° 78 (part.). — Dyb. (1868), *J. f. O.*, 332. — Corvus sinensis, Swinh. (1870), *Ibis*, 348. — (1871), *P. Z. S.*, 383. — Corvus orientalis (Eversm.), Dyb. (1874), *J. f. O.*, 329. — Tacz. (1876), *Bull. Soc. zool. Fr.*, I, 172.

Dimensions. Long. totale, $0^m,54$; queue, $0^m,019$; aile, $0^m,31$; tarse, $0^m,055$; bec, $0^m,06$; hauteur du bec, $0^m,025$.

Couleurs. Plumage semblable à celui du *Corvus corone*, mais offrant des reflets métalliques verts au lieu de pourprés.

Cette grande espèce de corneille remplace dans la Sibérie orientale et dans la Chine notre Corneille noire, dont elle diffère par sa taille plus forte, son bec beaucoup plus gros et plus convexe en dessus, par les plumes de sa gorge acuminées et par les reflets verts de son plumage. Elle est abondamment répandue sur toute la surface de l'Empire, principalement dans les endroits habités, et se montre partout pleine de ruse et d'audace, ravageant les basses-cours et pillant les nids des autres oiseaux, même ceux des milans. A Pékin, ces corneilles sont extrêmement nombreuses, et rendent de véritables services en contribuant à la destruction des charognes.

529. — CORVUS CORONE

CORVUS CORONE, L. (1766), *S. N.*, I, 155. — LE CORBEAU, Buff. (1770), *Pl. Enl.* 495. — CORVUS CORONE, Jerd. (1863), *B. of Ind.*, II, 293. — Degl. et Gerbe (1867), *Ornith. eur.*, 2e éd., I, 198. — CORVUS CORONE, Swinh. (1870), *Ibis*, 348. — Severtz. (1873), *Turk. Jevotn.*, 63. — Swinh. (1874), *Ibis*, 159. — Dress. (1875), *Ibis*, 237.

La Corneille noire d'Europe, au bec notablement moins fort que celui de la Corneille chinoise, se trouverait, suivant M. Swinhoe, dans les îles Naotchao, au sud de la Chine, mais ne se rencontrerait pas, chose singulière! dans l'île voisine de Haïnan. Dans nos voyages aux frontières occidentales de la Chine, j'ai aperçu également des oiseaux qui m'ont paru appartenir à l'espèce européenne, mais je n'ai pu m'en procurer aucun spécimen. M. Swinhoe cite d'ailleurs le *Corvus corone* parmi les oiseaux tués à Hakodadi (Japon) par M. Whitely.

530. — CORVUS TORQUATUS

CORVUS TORQUATUS, Less. (1831), *Trait. d'Orn.*, 328. — CORVUS PECTORALIS, Gould (1836), *P. Z. S.*, 18. — Bp. (1850), *Consp. Av.*, I, 386. — Swinh. (1860), *Ibis*, 60. — CORVUS TORQUATUS, Swinh. (1863), *P. Z. S.*, 305. — (1871), *ibid.*, 383.

Dimensions. Long. totale, $0^m,50$; queue, $0^m,19$; aile, $0^m,32$; tarse, $0^m,06$; bec, $0^m,052$; hauteur du bec, $0^m,018$.

Couleurs. Iris grisâtre ; bec et pattes noirs. — Plumage noir, à reflets violets, avec la poitrine ornée d'une grande bande transversale blanche qui rejoint en arrière une large plaque blanche couvrant toute la nuque. — Chez les jeunes individus, le collier est d'un gris cendré.

Ce corbeau, que Lesson avait décrit comme originaire de la Nouvelle-Hollande, est un des oiseaux les plus caractéristiques de la faune chinoise. On le trouve dans toutes les parties du Céleste-Empire situées en dehors de la zone montagneuse ; mais il est particulièrement répandu dans les provinces méridionales. Il vit par couples dans les rizières et dans le voisinage des cours d'eau, et ne s'aventure guère dans l'intérieur des villes, comme ses congénères ; souvent néanmoins on le voit faire son nid sur les grands arbres qui entourent les hameaux. Il est d'un naturel plus paisible que la plupart des Corvidés, et n'a pas une voix aussi désagréable que nos corbeaux européens. C'est une espèce sédentaire.

531. — FRUGILEGUS PASTINATOR

CORVUS PASTINATOR, Gould (1845), *P. Z. S.*, 1. — Bp. (1850), *Consp. Av.*, I, 384. — Swinh. (1861), *Ibis*, 336. — (1863), *P. Z. S.*, 305. — Przew. (1867-69), *Voy. Uss.*, n° 81. — FRUGILEGUS PASTINATOR, Swinh. (1871), *P. Z. S.*, 383. — CORVUS PASTINATOR, Dyb. (1873), *J. f. O.*, 114. — Swinh. (1873), *Ibis*, 372. — Tacz. (1876), *Bull. Soc. zool. Fr.*, I, 173.

Dimensions. Long. totale, 0m,49 ; queue, 0m,185 ; aile, 0m,315, tarse, 0m,05 ; bec, 0m,05.

Couleurs. Plumage semblable à celui du Corbeau freux, la tête offrant seulement, au lieu de reflets bleus, des reflets pourprés semblables à ceux du reste du corps, et l'espace dénudé de la base du bec ne se prolongeant pas sur la gorge.

Les Freux de Chine ressemblent complétement à ceux d'Europe pour la voix et les mœurs. Ils nichent en grand nombre à Pékin, où l'on voit fréquemment plusieurs couples bâtir leurs nids côte à côte sur le même arbre. Outre ces individus qui séjournent pendant toute l'année dans les provinces septentrionales, une foule d'autres arrivent en bandes à l'approche de l'hiver et se répandent dans tout l'Empire, en compagnie des Choucas et même des Corbeaux chinois (*Corvus sinensis*). Ces derniers cependant font le plus souvent bande à part. Le *Frugi-*

legus pastinator a été rencontré également dans la Sibérie orientale par MM. Dybowski et Zebrowski.

532. — LYCOS DAURICUS

CORVUS DAVURICUS, Pall. (1776), *Reis.*, III, 694. — CORVUS DAURICUS, Gm. (1788), *S. N.*, I, 367. — CORVUS DAVURICUS, Pall. (1811), *Zoogr.*, I, 387. — CORVUS (MONEDULA) DAURICUS, Tem. et Schl. (1850), *Faun. Jap.*, *Aves*, 80, pl. 41. — LYCOS DAURICUS, Bp. (1850), *Consp. Av.*, I, 384. — CORVUS DAURICUS, Midd. (1853), *Sib. Reis.*, II, 159. — CORVUS MONEDULA, Schr. (1860), *Vog. d. Am. L.*, 324. — CORVUS DAURICUS, Swinh. (1861), *Ibis*, 257 et 337. — CORVUS MONEDULA, var. DAURICA, Radde (1863), *Reis. in S. O. Sib.*, II, 207. — LYCOS DAURICUS, Swinh. (1863), *P. Z. S.*, 304. — Dyb. (1868), *J. f. O.*, 332. — Swinh. (1871), *P. Z. S.*, 383. — Tacz. (1876), *Bull. Soc. zool. Fr.*, I, 171.

Dimensions. Long. totale, 0m,35 ; queue, 0m,127 ; aile, 0m,25 ; tarse, 0m,044 ; bec, 0m,020 à partir du front.

Couleurs. Iris d'un brun grisâtre ; bec et pattes noirs. — Une teinte noire uniforme, à reflets verts et pourprés, s'étendant sur tout le corps, à l'exception de l'abdomen, de la poitrine et d'une partie du cou qui sont blancs dans les oiseaux adultes et d'un gris plus ou moins foncé chez les jeunes individus.

Le Choucas-Pie ou Choucas de Daourie est abondamment répandu dans toute l'Asie orientale ; il niche non-seulement en Sibérie, mais en Mongolie et dans la Chine septentrionale. Par sa voix et ses mœurs, il ne diffère nullement de notre Choucas européen. La livrée bicolore qui caractérise cette espèce se montre déjà chez les jeunes oiseaux qui sont encore dans le nid.

533. — LYCOS NEGLECTUS

CORVUS (MONEDULA) DAURICUS, Tem. et Schl. (1850), *F. Jap.*, *Aves*, 80, pl. 41. — CORVUS NEGLECTUS, Swinh. (1861), *Ibis*, 259 et 387. — LYCOS NEGLECTUS, Swinh. (1863), *P. Z. S.*, 305, et (1871), *ibid.*, 383.

Dimensions. Long. totale, 0m,32 ; queue, 0m,125 ; aile, 0m,023 ; tarse, 0m,04 ; bec, 0m,029.

Couleurs. Iris noirâtre ; bec et pattes noirs.

Cette espèce est très-voisine du Choucas vulgaire, mais s'en distingue : 1° par sa taille plus faible ; 2° par son bec plus grêle et plus court ; 3° par la teinte grise beaucoup moins prononcée des côtés de sa tête et de son cou ; 4° par la structure de la face postérieure de ses tarses, dont les scutelles sont *obliques*. Elle est d'origine plus méridionale que le *Lycos dauricus*, avec lequel pourtant on la voit parfois associée, même pour nicher. Aussi Temminck et Schlegel l'ont-ils confondue avec l'espèce daourienne, dont elle diffère constamment par ses proportions et par les détails de coloration. De nos jours encore, M. Taczanowski n'admet pas même comme une race distincte le *Lycos neglectus*, qui est fondé d'après lui sur de simples variations individuelles. Il est certain d'ailleurs que le *Lycos dauricus* et le *Lycos neglectus* donnent naissance à des hybrides; de même que M. Swinhoe, j'ai vu plusieurs exemples de ce fait.

Le *Lycos neglectus* passe en grand nombre au printemps dans le Setchuan et le Chensi, se dirigeant vers l'Ouest et le Nord-Ouest, c'est-à-dire vers la partie centrale de la Mongolie; quelques couples cependant séjournent en Chine et font leurs nids dans des troncs d'arbres. Le passage de cette espèce est généralement plus tardif que celui de la précédente et bien moins abondant, surtout à Pékin : parmi des milliers de Choucas-Pies qui parcourent bruyamment la plaine autour de la capitale, on ne rencontre des Choucas noirs que par exception, spécialement en hiver. Lors des passages, les deux espèces voyagent tantôt séparément, tantôt ensemble, et s'unissent parfois aussi aux Corbeaux freux.

534. — FREGILUS GRACULUS

CORVUS GRACULUS, L. (1766), *S. N.*, I, 158. — LE CORACIAS DES ALPES, Buff. (1770), *Pl. Enl.* 255. — CORVUS GRACULUS, Pall. (1811), *Zoogr.*, I, 398. — CORACIA ERYTHRORAMPHUS, Vieill. (1817), *N. Dict.*, VIII, 2. — FREGILUS GRACULUS, Cuv. (1817), *R. An.*, I, 406. — PYRRHOCORAX GRACULUS, Tem. (1820), *Man.*, 2e éd., I, 122. — FREGILUS EUROPÆUS, Less., (1831), *Trait. d'Orn.*, 324. — FREGILUS GRACULUS, Swinh. (1862), *P. Z. S.*, 319. — Radde (1863), *Reis. in S. O. Sib.*, II, 212. — CORACIA GRACULA, Degl. et Gerbe (1867), *Ornith. eur.*, 2e éd., I, 205. — FREGILUS GRACULUS, Dyb. (1868), *J. f. O.*, 332. — FREGILUS GRACULUS, var. BRACHYPUS, Swinh. (1871), *P. Z. S.*, 383.—FREGILUS GRACULUS, Severtz. (1873), *Turk. Jevotn.*, 63.—PYRRHOCORAX GRACULUS, Dress. (1875), *Ibis*, 217. — FREGILUS GRACULUS, var. BRACHYPUS, Tacz. (1876), *Bull. Soc. zool. Fr.*, I, 173.

Dimensions. Long. totale, $0^m,44$; queue, $1^m,165$; aile $0^m,32$; tarse, $0^m,052$; doigt postérieur, $0^m,031$, l'ongle seul mesurant $0^m,016$; bec, recourbé, à narines couvertes par des soies denses et tronquées, $0^m,05$.

Couleurs. Iris brun châtain ou rouge (chez un mâle); bec et pattes d'un rouge de corail. — Plumage noir, offrant, principalement sur les parties supérieures, des reflets verts et pourprés.

Des Craves, qui nous paraissent tout à fait semblables à ceux qui vivent dans les montagnes de l'Europe, habitent en grand nombre les hauts plateaux de la Mongolie et les montagnes découvertes du N.-O. de la Chine jusqu'au Tsinling (Chensi) inclusivement. Ils abondent particulièrement dans le bassin du Hoangho, où les dépôts quaternaires, creusés par les eaux, leur offrent de nombreuses retraites. La même espèce se retrouve dans le Turkestan et dans la Sibérie orientale; M. Taczanowski est disposé toutefois à rapporter les oiseaux de cette dernière région à une race distincte (var. *brachypus* de Swinhoe).

535. — NUCIFRAGA CARYOCATACTES

CORVUS CARYOCATACTES, L. (1766), *S. N.*, I, 157. — LE CASSE-NOIX, Buff. (1770), *Pl. Enl.* 50. — CORVUS CARYOCATACTES, Gm. (1788), *S. N.*, I, 370. — Pall. (1811), *Zoogr.*, I, 397. — NUCIFRAGA GUTTATA, Vieill. (1816), *Nouv. Dict.*, V, 354. — NUCIFRAGA CARYOCATACTES, Tem. (1820), *Man.*, 2e éd., I, 117. — NUCIFRAGA CARYOCATACTES, Midd. (1853), *Sib. Reis.*, II, 158. — Schrenck (1860), *Vog. d. Am. L.*, 317. — Radde (1863), *Reis. in S. O. Sib.*, II, 204. — Swinh. (1863), *P. Z. S.*, 306, et (1871), *ibid.*, 382. — Severtz. (1873), *Turk. Jevotn.*, 64. — Dress. (1875), *Ibis*, 238. — Tacz. (1876), *Bull. Soc. zool. Fr.*, I, 173.

Dimensions. Long. totale, 0m,35; queue, 0m,14; aile, 0m,185; tarse, 0m,04; bec, 0m,04.

Couleurs. Iris brun noisette; bec et pattes noirs. Plumage d'un brun de suie, parsemé, sauf sur la tête et le cou, de taches blanches qui sont plus grandes sur les parties inférieures que sur le dos; sous-caudales blanches; ailes et queue d'un noir métallique, avec un liséré blanc à l'extrémité des rectrices.

Le Casse-Noix vulgaire d'Europe habite aussi certains districts du Turkestan et est fort commun, paraît-il, dans la Sibérie orientale. Dans la Chine septentrionale, au contraire, il est fort rare et ne se rencontre que dans les restes de forêts qui existent encore çà et là sur les montagnes les plus inaccessibles. Les Pékinois nomment cet oiseau *Tsong-koa* (Corbeau des sapins).

536. — NUCIFRAGA HEMISPILA

NUCIFRAGA HEMISPILA, Vig. (1830), *P. Z. S.*, 8. — Gould (1832), *Cent. Him. B.*, pl. 36. — Jerd. (1863), *B. of Ind.*, II, 304. — A. Dav. (1871), *N. Arch. du Mus.*, *Bull.* VII, *Cat.* n° 276. — Swinh. (1871), *P. Z. S.*, 382.

Dimensions. Long. totale, 0m,38; queue, 0m,16; aile, 0m,22; tarse, 0m,048; bec, 0m,037.

Couleurs. Iris châtain clair ; bec brun ; pattes et ongles noirs. — Tête d'un noir légèrement bleuâtre ; ailes de la même couleur, avec l'aileron blanc ; sous-caudales blanches ; queue noire, avec toutes les rectrices latérales largement marquées de blanc sur leur portion terminale ; reste du plumage brun, avec la gorge, la poitrine, les côtés du cou et le dos ornés de taches blanches moins larges et moins nombreuses que dans l'espèce européenne.

Ce casse-noix, qui se distingue du *Caryocatactes* par son plumage moins moucheté et par son bec plus court, se trouve, mais toujours en petit nombre, dans la région himalayenne et dans les forêts qui couvrent les montagnes de Moupin, du Kokonoor oriental et du Chensi méridional. C'est un oiseau criard et méfiant, qui a le vol haut et qui se perche sur les sapins les plus élevés. Il se nourrit de graines de conifères dont il fait aussi provision, comme l'espèce précédente, et qu'il cache dans des trous d'arbres : c'est également dans ces cavités qu'il fait son nid, à moins qu'il ne choisisse, pour élever sa progéniture, quelque fissure dans un rocher inaccessible.

537. — PICA CAUDATA

PICA CAUDATA, L. (1748), *S. N.*, 6ᵉ éd., sp. 8. — (1766), *S. N.*, 12ᵉ éd., I, 157. — LA PIE, Buff. (1770), *Pl. Enl.* 488. — PICA MELANOLEUCA, Vieill. (1818), *N. Dict.*, XXVI, 120. — PICA EUROPÆA, Boie (1822), *Ibis*, 551. — PICA ALBIVENTRIS, Vieill. (1828), *Faun. Fr.*, 119. — PICA MEDIA, Blyth (1844), *J. A. S. B.*, XIII, 393. — PICA SERICEA, Gould (1845), *P. Z. S.*, 2. — PICA VARIA JAPONICA, Tem. et Schl. (1850), *Faun. Jap.*, *Aves*, 81.— PICA CAUDATA, PICA JAPONICA et PICA SERICEA, Bp. (1850), *Consp. Av.*, I, 382 et 383. — PICA CAUDATA, Midd. (1853), *Sib. Reis.*, II, 158. — Schr. (1860), *Vög. d. Am. L.*, 322. — PICA SERICEA, Swinh. (1860), *Ibis*, 60 et. 429. — PICA CAUDATA, Radde (1863), *Reis. in S. O. Sib.*, II, 206. — PICA LEUCOPTERA, Gould (1862), *B. of As.*, livr. XIV, pl. — Swinh. (1863), *P. Z. S.*, 303. — PICA MEDIA, Swinh. (1863), *Ibis*, 383. — PICA LEUCOPTERA, Przew. (1867-69), *Voy. Uss.*, nᵒ 76. — Dyb. (1863), *J. f. O.*, 332.— PICA MEDIA, Swinh. (1871), *P. Z. S.*, 382.— PICA CAUDATA, var. BACTRIANA (Gould) et LEUCOPTERA (Gould), Severtz. (1873), *Turk. Jevotn.*, 64. — PICA RUSTICA (Scop.), Dress. (1875), *Ibis*, 238. — PICA LEUCOPTERA et PICA JAPONICA, Tacz. (1876), *Bull. Soc. zool. Fr.*, I, 170.

La Pie vulgaire est abondamment répandue dans tout l'empire chinois ; depuis le midi jusqu'au nord et de la mer Orientale jusqu'au Tibet et à la Mongolie, elle se montre dans le voisinage de toutes les villes, de tous les villages, partout où il y a des terres cultivées. Les oiseaux du Nord paraissent avoir des couleurs plus brillantes que ceux du Midi ; mais comme dans cette espèce on observe certaines différences individuelles portant sur les proportions du bec, de la queue et des ailes, sur l'étendue des taches blanches des rémiges et sur la teinte plus ou moins grise du croupion, nous ne pouvons nous décider à admettre l'existence en Chine de plusieurs races de pies, ni même à séparer les individus de cette contrée de l'espèce européenne. Nous pensons également qu'il faut rapporter à cette dernière les oiseaux du Japon, de la Sibérie orientale, du Turkestan et de la Perse, désignés sous les noms de *P. japonica*, *P. leucoptera*, *P. bactriana*, et peut-être aussi ceux de l'Inde, nommés par Delessert *Pica botannensis*.

538. — CYANOPOLIUS CYANEUS (Pl. 84)

CORVUS CYANUS, Pall. (1776), *Reis.*, III, 694, n° 7, et *Voy.* éd. franç. in-8°, VIII, app. 34. — CORVUS CYANEUS, Gm. (1788), *S. N.*, I, 373.—CORVUS CYANEUS, Pall. (1811), *Zoogr.*, I, 391, et pl. XVI.— GARRULUS CYANUS, Tem. (1835), *Man.*, III, 64. — CYANOPOLYUS COOKI, Bp. (1849), *Brit. Ass. Birm.* — PICA CYANA, Tem. et Schl. (1850), *Faun. Jap.*, *Aves*, 81, et pl. 42. — CYANOPICA CYANEA et C. COOKI, Bp. (1850), *Consp. Av.*, I, 382. — PICA CYANEA, Schr. (1860), *Vög. d. Am. L.*, 318. — CYANOPICA CYANEA, Swinh. (1861), *Ibis*, 336. — PICA CYANEA, Radde (1863), *Reis. in S. O. Sib.*, II, 205. — Degl. et Gerbe (1867), *Ornith. eur.*, 2e éd., I, 213. — Przew. (1867-69), *Voy. Uss.*, n° 75. — CYANOPICA CYANEA, Dyb. (1868), *J. f. O.*, 333. — CYANOPOLIUS CYANEUS, Swinh. (1871), *P. Z. S.*, 382. — (1875), *Ibis*, 117 et 118. — CYANOPICA CYANEA, Tacz. (1876), *Bull. Soc. zool. Fr.*, I, 170.

Dimensions. Long. totale, 0m,40 ; queue, 0m,23, fortement étagée, les rectrices médianes dépassant les latérales de 0m,18 ; aile, 0m,14 ; tarse, 0m,035 ; bec, 0m,025.

Couleurs. Iris, bec et pattes noirs. — Sommet de la tête, nuque, région des yeux et des oreilles d'un noir bleuâtre ; reste du corps d'un gris rosé, plus pâle sur les parties inférieures du corps que sur le dos ; pennes alaires et caudales d'un bleu d'azur, avec un liséré blanc sur la moitié terminale des barbes externes des rémiges et une tache blanche à l'extrémité des deux rectrices médianes (cette dernière tache toutefois n'est pas constante).

Cette espèce, qui est représentée en Espagne et au Maroc par une race différant seulement par la nuance de son dos, est très-commune dans la Sibérie orientale, au Japon et dans les deux tiers septentrionaux de l'empire chinois. Elle vit en bandes qui passent de bosquets en bosquets, à la recherche des insectes et des fruits, et qui non-seulement visitent les jardins, mais encore pénètrent dans l'intérieur des villes. Par ses allures, sa voix et ses mœurs, elle s'éloigne entièrement des pies et se rapproche plutôt des geais de nos pays.

539. — UROCISSA SINENSIS (Pl. 83)

? CUCULUS SINENSIS CÆRULEUS, Briss. (1760), *Ornith.*, IV, 157, n° 27, pl. 14 A, f. 2. — CUCULUS SINENSIS, L. (1766), *S. N.*, I, 171. — LE GEAY DE LA CHINE A BEC ROUGE, Buff. (1770), *Pl. Enl.* 622.—CUCULUS SINENSIS et CORVUS ERYTHRORHYNCHUS, Gm. (1788), *S. N.*, I, 418 et 372. — CALOCITTA SINENSIS, Bp. (1850), *Consp. Av.*, I, 381 (part.). — UROCISSA SINENSIS, Cab. et Hein. (1851), *Mus. Hein.*, 87. — Gould (1861), *B. of As.*, livr. XIII, pl. — Swinh. (1861), *Ibis*, 43, 267 et 409. — (1871), *P. Z. S.*, 382.

Dimensions. Long. totale, 0^m,63 ; queue, 0^m,45, fortement étagée, avec les rectrices centrales dépassant les externes de 0^m,32 ; aile, 0^m,19 à 0^m,20 ; tarse, 0^m,045 ; bec, 0^m,03.

Couleurs. Iris d'un rouge tirant au roux ; bec, pattes et paupières rouge de corail. — Front, région des yeux et des oreilles, gorge, cou et partie supérieure de la poitrine d'un noir profond, plumes allongées de la nuque d'un lilas très-pâle, formant sur le dessus du cou une large et longue plaque qui commence par quelques taches isolées ; dos, scapulaires et croupion d'un gris lavé de violet ; sus-caudales d'un bleu légèrement violacé, avec une large bordure noire à l'extrémité ; dessus des ailes d'un bleu d'outremer, avec les bouts des rémiges blancs ; dessus de la queue du même bleu que les ailes, avec une large tache blanche au bout des deux rectrices médianes, et, sur les autres pennes, des taches semblables, mais précédées d'une tache noire, et même d'une petite bande blanchâtre qui occupe seulement les barbes internes ; poitrine, ventre et sous-caudales d'une teinte blanchâtre légèrement nuancée de gris violet sur les côtés et de roussâtre sur la ligne médiane.

Ce magnifique oiseau se trouve en toutes saisons dans la Chine entière, depuis le Midi jusqu'à la Mantchourie méridionale inclusivement. Les oiseaux du Nord que M. Swinhoe était d'abord porté à considérer comme distincts spécifiquement offrent en effet quelquefois des couleurs un peu moins vives et une taille moins forte que les oiseaux du Midi ; néanmoins il m'a été impossible de constater l'existence de deux espèces, parmi les nombreux individus que j'ai capturés depuis le Léaotong jusqu'au Setchuan et au Fokien. L'*Urocissa sinensis* représente dans l'empire chinois l'*Urocissa occipitalis* (Blyth) de l'Inde et l'*Urocissa magnirostris* (Blyth) de l'Indo-Chine, qui se distinguent par les proportions du bec, la nuance de la plaque nuchale, la couleur du dos et la disposition des taches terminales des rectrices. Il se nourrit de fruits et d'insectes, et se tient dans les endroits boisés, plutôt en montagne qu'en plaine ; souvent il s'approche des habitations, mais ne pénètre pas dans l'intérieur des villes comme la Pie vulgaire. Sa voix est forte et agréable. Près de Jéhol, j'ai trouvé un nid de cette espèce qui était construit à la manière de celui du Geai commun et placé contre le tronc et sur les premières branches d'un grand saule. Quand je m'en approchai, les parents, espérant sans doute que je ne l'avais point aperçu, se mirent, d'un arbre voisin, à crier de toutes leurs forces pour détourner mon attention. Les œufs contenus dans ce nid étaient au nombre de cinq et ressemblaient à ceux de la Pie par la forme et les couleurs, mais étaient un peu plus petits.

540. — UROCISSA CÆRULEA

Urocissa cærulea, Gould (1862), *P. Z. S.*, 282, et (1864), *B. of As.*, livr. XVI.— Swinh. (1863), *Ibis*, 384, et (1871), *P. Z. S.*, 382.

Dimensions. Taille de l'*Urocissa sinensis*, avec le bec plus gros et plus long et les pattes plus grandes que dans cette dernière espèce.

Couleurs. Iris, bec et pattes de la même couleur que dans l'*Urocissa sinensis*. — Plumage bleu, avec la tête, le cou et la partie supérieure de la poitrine d'un noir profond, les pennes des ailes et de la queue marquées de blanc et de noir à l'extrémité, comme dans l'espèce précédente.

Par son bec robuste, cette magnifique espèce se rapproche plutôt de l'*Urocissa magnirostris* de l'Indo-Chine que de l'*Urocissa sinensis*. Chose curieuse, elle semble cantonnée dans les parties boisées de l'intérieur de l'île de Formose.

541. — DENDROCITTA SINENSIS (Pl. 85)

Corvus sinensis, Lath. (1790), *Ind. Orn.*, I, 161. — Dendrocitta sinensis, Gould (1832), *Cent. Him. B.*, pl. 43. — Blyth (1849), *Cat.* 92, n° 464. — Jerd. (1863), *B. of Ind.*, II, 316. — Swinh. (1868), *Ibis*, 62, et (1871), *P. Z. S.*, 382.

Dimensions. Long. totale, 0m,36 ; queue, 0m,18, fortement étagée, les rectrices centrales dépassant les latérales de 0m,10 ; aile, 0m,15 ; tarse, 0m,028 ; bec, robuste et convexe en dessus, 0m,029.

Couleurs. Iris d'un brun roux ; bec noir ; pattes noirâtres. — Front couvert d'une teinte noire qui s'étend d'un œil à l'autre ; dessus de la tête, nuque et partie antérieure du dos d'un gris cendré ; partie postérieure du dos et scapulaires d'un brun olivâtre ; sus-caudales blanches, très-légèrement nuancées de gris ; plumes de la base de la mandibule inférieure, joues et gorge d'un brun foncé qui passe au gris cendré sur la poitrine et au gris roussâtre clair sur l'abdomen ; queue et ailes noires, à reflets bleus métalliques, avec un petit miroir blanc à la base des rémiges. (Mâle adulte, tué au Fokien au mois d'octobre.)

Cette espèce de l'Himalaya se trouve aussi dans le sud et le sud-est de la Chine jusqu'à Ningpo ; mais je ne l'ai point rencontrée au Setchuan. Elle vit sur les montagnes boisées et se nourrit de fruits et de gros insectes, parfois même de graines qu'elle vient ramasser sur le sol. Sa voix est sonore et assez variée, et ses allures ressemblent à celles des geais. Les oiseaux que j'ai pris dans le Fokien occidental diffèrent un peu de ceux de l'Himalaya ; ils ont en effet les sus-caudales d'un blanc pur, sans le moindre mélange de gris, et les rectrices médianes *entièrement* d'un noir métallique, sans teinte bleuâtre à la base.

542. — DENDROCITTA FORMOSÆ

Dendrocitta sinensis, var. Formosæ, Swinh. (1863), *Ibis*, 387. — Dendrocitta Formosæ, Swinh. (1871), *P. Z. S.*, 382.

Description. Semblable au *Dendrocitta sinensis* pour l'ensemble des couleurs, mais ayant le bec moins recourbé, la bande noire du front moins étendue et moins foncée, la gorge d'un brun plus clair et la poitrine nuancée de marron. (D'après M. Swinhoe.)

Le *Dendrocitta Formosæ* n'a été rencontré par M. Swinhoe que dans les montagnes boisées de l'intérieur de Formose.

543. — GARRULUS BISPECULARIS

Garrulus bispecularis, Vig. (1830), *P. Z. S.*, 7. — Gould (1832), *Cent. Him. B.*, pl. 38. — Bp. (1850), *Consp. Av.*, I, 376. — Jerd. (1863), *B. of Ind.*, II, 307. — A. Dav. (1871), *N. Arch. du Mus.*, Bull. VII, Cat. n° 287.

Dimensions. Long. totale, $0^m,35$ (sujet tué à Moupin) et $0^m,38$ (sujet tué au Tsinling) ; queue, $0^m,155$ et $0^m,17$; aile, $0^m,186$ et $0^m,19$; tarse, $0^m,042$; bec, $0^m,028$; plumes de la tête à peine plus développées que les autres.

Couleurs. Iris d'un gris bleuâtre ; bec noir ; pattes grises. — Plumage en grande partie d'un roux vineux, plus foncé sur le dos et les scapulaires qui sont légèrement nuancées de cendré, plus clair sur les parties inférieures; bas-ventre, sous-caudales et sus-caudales d'un blanc presque pur; gorge d'un roux vineux très-pâle, tournant au blanchâtre; une large moustache noire partant de la base du bec, de chaque côté; queue noire, avec quelques barres bleuâtres à la base; ailes noires, avec deux larges miroirs formés par des barres transversales blanches, bleues et noires, et situés l'un sur l'aileron et les grandes couvertures, l'autre sur la plus grande partie des barbes externes des pennes secondaires; rémiges bordées de blanc; tête d'une couleur presque uniforme et n'offrant sur le front que quelques petites taches, à peine visibles.

Cette espèce himalayenne se rencontre en petit nombre dans les provinces occidentales de la Chine. Je l'ai prise à Moupin et dans le Tsinling (Chensi méridional). Les sujets que j'ai obtenus dans ces deux localités ne diffèrent en rien des oiseaux de l'Inde.

544. — GARRULUS SINENSIS

Garrulus ornatus, Swinh. (1861), *Ibis*, 267, et (1862), *ibid.*, 261 et 263. — Garrulus sinensis (Gould), Swinh. (1863), *P. Z. S.*, 381. — (1871), *ibid.*, 381. — (1875), *Ibis*, 119.

Dimensions. Long. totale, $0^m,34$; queue, $0^m,14$; aile, $0^m,18$; tarse, $0^m,036$; bec, $0^m,029$ à partir du front.

Couleurs. Iris et pattes d'un gris brunâtre; bec noir. — Plumage presque semblable à celui de l'espèce précédente, les teintes rousses étant seulement plus accusées, et la gorge étant plutôt rousse que blanchâtre.

Cette race locale, que M. Swinhoe, d'après M. Gould, a séparée spécifiquement des *Garrulus bispecularis*, s'en distingue en effet par une taille moindre, des tarses plus courts, un bec relativement plus fort et des teintes rousses plus prononcées. Elle est commune en toutes saisons dans les parties boisées du S.-E. de la Chine, jusqu'au Yangtzé. Les spécimens que j'ai envoyés au Muséum ont été pris dans le Kiangsi, le Fokien et le Tchékiang.

545. — GARRULUS TAÏVANUS

Garrulus taïvanus, Gould (1862), *P. Z. S.*, 282. — Swinh. (1863), *Ibis*, 386. — Gould (1864), *B. of As.*, livr. XVI. — Swinh. (1871), *P. Z. S.*, 381.

Description. Semblable en général au *Garrulus sinensis*, mais de taille plus petite ($0^m,27$), ayant d'ailleurs le bec relativement plus robuste et offrant sur la partie inférieure du front une bande noire qui s'étend d'une narine à l'autre.

Ce geai n'a été signalé jusqu'ici que dans l'île de Formose.

546. — GARRULUS BRANDTI

CORVUS GLANDARIUS, Pall. (1811), *Zoogr.*, I, 294 (part.). — GARRULUS BRANDTI, Eversm. (1843), *Add. ad. Pall. Zoogr.*, fasc. III, p. 8. — Hartl. (1845), *Rev. Zool.*, 52. — Bp. (1850), *Consp. Av.*, I, 376. — GARRULUS GLANDARIUS, var. BRANDTI, Midd. (1853), *Sib. Reis.*, II, 157. — Schr. (1860), *Vög. d. Am. L.*, 316. — Radde (1863), *Reis. in S. O. Sib.*, II, 204. — GARRULUS BRANTI, Przew. (1867-69), *Voy. Uss.*, 72. — Dyb. (1868), *J. f. O.*, 332. — GARRULUS BRANDTII, Dav. (1871), *N. Arch. du Mus.*, *Bull.* VII, *Cat.* n° 288. — GARRULUS BRANDTI, Swinh. (1871), *P. Z. S.*, 382. — (1875), *Ibis*, 450. — Tacz. (1876), *Bull. Soc. zool. Fr.*, 170.

Dimensions. Long. totale, 0ᵐ,35 ; queue, 0ᵐ,16 ; aile, 0ᵐ,19 ; tarse, 0ᵐ,042 ; bec, 0ᵐ,03.

Couleurs. Iris bleu ; bec noir ; pattes d'un gris roussâtre. — Plumage différant sensiblement de celui des *Garrulus sinensis* et *bispecularis*, le dos et les scapulaires étant fortement nuancés de cendré, les parties inférieures offrant une teinte rousse plus foncée, légèrement mélangée de gris, les plumes allongées du front et de la partie antérieure du vertex étant rayées de noir, la gorge tirant au blanchâtre et le miroir des pennes secondaires étant blanc en totalité ou en grande partie.

Cette espèce, que Pallas n'avait point distinguée du Geai européen, habite la Sibérie orientale, la partie méridionale du Kamtschatka, le nord du Japon, la Mantchourie et la Chine septentrionale. Dans cette dernière région toutefois, elle n'est pas très-nombreuse. Un autre geai, également voisin du *Garrulus glandarius*, mais ayant les moustaches tachées de bleu (*Garrulus japonicus*), se trouve dans les provinces méridionales du Japon.

COLUMBIDÉS

Des 400 espèces qui composent cette famille et qui sont réparties sur toute la surface du globe, 15 seulement appartiennent à la faune de la Chine.

547. — TRERON FORMOSÆ

TRERON FORMOSÆ, Swinh. (1863), *Ibis*, 396. — (1865), *ibid.*, 540. — (1866), *ibid.*, 312. — (1871), *P. Z. S.*, 396.

Dimensions. Long. totale, 0ᵐ,32 ; queue, 0ᵐ,125, composée de 14 rectrices ; aile, 0ᵐ,195, avec la troisième rémige festonnée vers le milieu du bord interne.

Couleurs. Iris bleuâtre, cerclé de noir et de gris ; bec bleu, avec la pointe jaunâtre ; pattes roses ; ongles d'un brun noirâtre. — Plumage en majeure partie d'un vert brillant, légèrement nuancé de gris sur le dos, et passant au jaunâtre sur l'abdomen ; vertex d'un brun jaunâtre ; épaules et petites couvertures des ailes d'un brun marron foncé, cette teinte s'étendant de chaque côté en demi-cercle sur le dos ; axillaires et couvertures de l'aile d'un gris plombé ; plumes tibiales d'un vert foncé, tacheté de jaune ; milieu de l'abdomen d'un jaune vif ; sous-caudales d'un jaune plus ou moins nuancé de roux, avec une tache verte au centre ; rectrices d'un vert olivâtre, avec la tige noirâtre, et offrant toutes, à l'exception des deux médianes, une bordure noirâtre sur leurs barbes internes ; rémiges d'un noir grisâtre, en partie lisérées de vert ; pennes tertiaires les unes d'un noir grisâtre, bordées de jaune, les autres de la même couleur que le dos. — La femelle porte à peu près la même livrée que le mâle.

Ce pigeon, que M. Swinhoe considère cemme bien distinct de toutes les espèces indiennes, n'a été trouvé jusqu'ici que dans le sud de l'île de Formose.

548. — OSMOTRERON DOMVILII

Osmotreron Domvilii, Swinh. (1870), *Ibis*, 354. — (1871), *P. Z. S.*, 396.

Dimensions. Long. totale, 0ᵐ,23 à 0ᵐ,24 ; queue, 0ᵐ,095 à 0ᵐ,10 ; aile, 0ᵐ,15 à 0ᵐ,16.

Couleurs. Iris bleu, cerclé de jaune ; bec bleu, avec la pointe verdâtre. — Plumage analogue à celui de l'*Osmotreron bicincta*, Jerd. (*B. Ind.*, III, 449), avec le front et la gorge verts, les parties inférieures du corps d'un jaune beaucoup plus vif que dans l'espèce indienne et la nuque ornée d'une tache grise arrondie (et non d'un demi-collier). — La femelle, de taille plus forte que le mâle, offre sur la nuque une tache grise encore plus étroite ; elle a les couvertures inférieures de la queue d'un roux pâle et ne présente point sur la gorge de bandes lilas et orange. (D'après M. Swinhoe.)

L'*Osmotreron Domvilii* a été découvert par M. Swinhoe dans l'île de Haïnan.

549. — SPHENOCERCUS SORORIUS

Sphenocercus Formosæ (mas.), Swinh. (1866), *Ibis*, 122. — Treron chærobatis, Swinh. (1866), *ibid.*, 313 et 406. — Sphenocercus sororius, Swinh. (1866), *ibid.*, 311 et 406. — (1871), *P. Z. S.*, 396.

Dimensions. Long. totale, 0ᵐ,35 ; queue, 0ᵐ,145 ; aile, 0ᵐ,184.
Couleurs. Tête et cou d'un beau vert, passant au jaunâtre sur la gorge et la poitrine ; ventre et sous-caudales d'un jaune pâle, avec des stries et des

bandes d'un vert grisâtre sur les flancs et les couvertures inférieures de la queue ; axillaires et couvertures inférieures des ailes grises ; parties supérieures du corps d'un vert sombre, plus ou moins lavé de gris, avec deux grandes taches marron sur les épaules ; rémiges noires, lisérées de vert ; pennes secondaires bordées de vert et de jaune ; rectrices médianes vertes en dessus et noires terminées de gris en dessous ; rectrices latérales de la même teinte, avec des barres noires de plus en plus larges, et envahissant sur les pennes externes la majeure partie de la plume.

Cette espèce qui, d'après M. Swinhoe, diffère du *Treron Sieboldii* (T. et Schl.) du Japon par la teinte plus jaune de sa tête et la nuance plus claire de son dos, de ses ailes et de sa queue, n'a été rencontrée jusqu'à présent que dans la partie méridionale de l'île de Formose.

550. — CARPOPHAGA SYLVATICA

COLUMBA SYLVATICA, Tickell (1833), *J. A. S. B.*, II, 581. — CARPOPHAGA SYLVATICA, Blyth (1845), *J. A. S. B.*, XIV, 856.— (1845), *Beng. Sport Rev.*, pl. 3.— (1849), *Cat.* 231, nº 1,401. — Bp. (1857), *Consp. Av.*, II, 33. — Jerd. (1864), *B. of Ind.*, III, 455. — Swinh. (1871), *P. Z. S.*, 396.

Dimensions. Long. totale, 0^m,46 ; queue, 0^m,15 ; aile, 0^m,23.

Couleurs. Iris rouge ; bec rouge, avec la pointe bleuâtre ; pattes rouges. — Tête et cou gris perle ; parties inférieures du corps d'un gris clair lavé de roux ; dos, croupion, face supérieure des ailes et de la queue d'un vert métallique ; sous-caudales marron ; menton, tour du bec et des yeux d'un blanc pur.

Ce pigeon de grande taille se trouve non-seulement dans l'Inde, mais à Ceylan, dans la péninsule malaise et dans l'île de Haïnan.

551. — DENDROTRERON HODGSONII

COLUMBA HODGSONII, Vig. (1832), *P. Z. S.*, 16. — COLUMBA NIPALENSIS, Hodgs. (1836), *J. A. S. B.*, v. 122. — COLUMBA (ALSOCOMUS) HODGSONII, Blyth (1849), *Cat.* 233, nº 1410. — COLUMBA (DENDROTRERON) HODGSONII, Reich. (1850), *Syst. Av.*, pl. 222, fig. 2,578-79. — DENDROTRERON HODGSONI, Bp. (1857), *Consp. Av.*, II, 43. — *Icon. des Pig.*, pl. 61.— ALSOCOMUS HODGSONII, Jerd. (1864), *B. of Ind.*, II, 463. — DENDROTRERON HODGSONII, A. Dav. (1871), *N. Arch. du Mus.*, Bull. VII, *Cat.* nº 336.— Swinh. (1871), *P. Z. S.*, 463.

Dimensions. Long. totale, 0^m,35 à 0^m,39 ; queue, 0^m,15 ; aile, 0^m,21 ; tarse, 0^m,024 ; bec, 0,018 à partir du front.

Couleurs. Iris blanc ; bec brun à la pointe et violet pourpre à la base et vers les narines ; peau nue autour des yeux verte, avec le bord de la paupière d'un pourpre noirâtre ; pattes verdâtres, avec les ongles bruns. — Tête et gorge d'un gris cendré ; nuque et poitrine d'un rouge vineux foncé, avec un liséré gris au bout de chaque plume ; dos d'un rouge vineux foncé, passant au gris ardoise sombre sur le croupion et sur les grandes et moyennes couvertures des ailes dont le bout est marqué d'une tache blanche ; ventre d'un rouge vineux foncé, tacheté de gris blanchâtre ; bas-ventre et sous-caudales d'un gris ardoise foncé ; queue noirâtre ; rémiges brunes. — Chez la femelle, les teintes vineuses du dos et de l'abdomen sont à peine indiquées, l'aile est moins tachetée, et le gris de la tête et de la gorge est moins pur que chez le mâle.

Le *Dendrotreron Hodgsonii* habite principalement la chaîne de l'Himalaya, mais en été il se montre en assez grand nombre dans les hautes montagnes boisées du Setchuan occidental. Il fait son nid sur les grands arbres et se nourrit de fruits et de graines. C'est un oiseau d'un naturel défiant et qui se laisse difficilement approcher.

552. — PALUMBUS PULCHRICOLLIS

Columba pulchricollis, Hodgs. (1843), *J. A. S. B.*, XIV, 866. — Columba (Palumbus) pulchricollis, Blyth (1849), *Cat.* 233, n° 1,414. — Palumbus pulchricollis, Gould (1854), *B. of As.*, livr. VI, pl. — Bp. (1857), *Consp. Av.*, II, 42. — Jerd. (1864), *B. of Ind.*, III, 465. — Swinh. (1866), *Ibis*, 313 et 396. — (1871), *P. Z. S.*, 397.

Dimensions. Long. totale, 0^m,35 ; queue, 0^m,13 ; aile, 0^m,23.

Couleurs. Iris jaune ; bec jaune, avec la base livide ; pattes d'un rouge foncé, avec les ongles jaunes. — Parties supérieures d'un gris sombre, passant au gris clair sur le vertex, les joues et les oreilles ; sur les côtés du cou, un demi-collier formé de plumes roides qui sont noires à la base, isabelle dans leur portion moyenne et blanches à l'extrémité ; parties inférieures du corps d'un gris nuancé de rouge vineux, avec le milieu du ventre et les sous-caudales d'une teinte plus claire, et des reflets pourprés et verts sur la poitrine et sur la gorge ; queue noirâtre.

Ce pigeon qui, comme le précédent, vit sur les pentes boisées de l'Himalaya, a été retrouvé, il y a quelques années, par M. Swinhoe dans les hautes montagnes de l'intérieur de Formose.

553. — COCCYZURA LEPTOGRAMMICA

Columba leptogrammica, Tem. (1838), *Pl. Col.* 560 (nec 248). — Coccyzura tusalia, Hodgs. (1844), *J. A. S. B.*, XIII, 936. — Macropygia (Coccyzura) tusalia et M. leptogrammica, Bp. (1854), *Consp. Av.*, II, 58. — Macropygia tusalia, Jerd. (1864), *B. of Ind.*, III, 473. — A. Dav. (1871), *N. Arch. du Mus.*, *Bull.* VII, *Cat.* n° 343. — Macropygia leptogrammica, Wald. (1875), *Ibis*, 459.

Dimensions. Long. totale, 0ᵐ,40 ; queue, fortement étagée, 0ᵐ,21 ; aile, 0ᵐ,205.

Couleurs. Iris blanc et rose ; bec noir ; pattes rouges. — Parties supérieures du corps noirâtres, avec de nombreuses barres rousses sur le dos, le croupion et les sus-caudales ; nuque d'un gris vineux, à reflets roses et verts ; front nuancé de rouge ; gorge blanchâtre, lavée de rouge ; poitrine d'un gris vineux à reflets métalliques ; abdomen d'un blanc jaunâtre ; sous-caudales jaunes ; queue ornée de raies transversales obscures et d'une large bande subterminale blanchâtre. — Chez la femelle, la poitrine est fauve, rayée transversalement de gris blanchâtre, de même que la gorge et le sommet de la tête.

Cette espèce de pigeon, à la queue allongée, aux sus-caudales rigides et presque épineuses, n'est pas, comme on le croyait primitivement, cantonnée dans l'Inde proprement dite ; lord Walden a reconnu en effet l'identité absolue de spécimens provenant de Java (*Coccyzura leptogrammica*) et de spécimens tués dans l'Himalaya (*Coccyzura tusalia*), et j'ai pu voir des oiseaux tout à fait analogues, mais en petit nombre, passer l'été dans les montagnes boisées de la Chine occidentale ; malheureusement la maladie qui me retenait au lit ne me permit pas de conserver de représentants de cette belle espèce. Le *Coccyzura leptogrammica* se nourrit principalement de fruits sauvages ; il est bien connu des chasseurs de Moupin, qui tous ont pu entendre au mois de juin son roucoulement retentissant et admirer les couleurs chatoyantes de son plumage.

554. — COCCYZURA MINOR

Macropygia tusalia, var. minor, Swinh. (1870), *Ibis*, 355. — Coccyzura minor, Swinh. (1871), *P. Z. S.*, 397.

Description. Semblable en général au *Coccyzura leptogrammica*, mais de taille beaucoup plus faible (0ᵐ,33), avec des reflets plutôt roses que verts sur la nuque et la base du cou.

Cette race, que M. Swinhoe considère comme spécifiquement distincte de la forme précédente, a été rencontrée dans le centre et le sud de l'île de Haïnan, où elle paraît assez abondante, au milieu des grandes forêts.

555. — CHALCOPHAPS INDICA

Columba indica, L. (1766), *S. N.*, I, 284. — La Tourterelle de Java, Buff. (1770), *Pl. Enl.* 177. — Columba javanensis, L. S. Müller (1776), *Suppl.*, 133. — Le Pigeon vert a tête grise d'Antigue, Sonn. (1776), *Voy. N. Guin.*, 112, pl. 66. — Columba pileata, Scop. (1786), *Del Fl. et Faun. Insubr.*, II, 94. — Columba albicapilla et C. javanica, Gm. (1788), *S. N.*, I, 775 et 781. — Columba griseocapillata, Bonnat. et Vieill. (1823), *Ornith.*, I, 238. — Columba superciliaris, Wagl. (1827), *Syst. Av.*, 256. — Monornis perpulchra (Hodgs.), Gr. (1844), *Zool. Misc.*, 85. — Chalcophaps indica et Ch. javanica, Bp. (1856), *Consp. Av.*, II, 91. — Chalcophaps indicus, Jerd. (1864), *B. of Ind.*, III, 485. — Chalcophaps formosana, Swinh. (1865), *Ibis*, 357 et 540. — Chalcophaps indica, Swinh. (1870), *ibid.*, 356. — Chalcophaps indica et Ch. formosana, Swinh. (1871), *P. Z. S.*, 397. — Chalcophaps indica, Wald. (1875), *Trans. zool. Soc.*, IX, part. 2, p. 221. — G. Dawson Rowley (1877), *Ornith. Misc.*, VI, pl. 51.

Dimensions. Long. totale, 0^m,27 ; queue, arrondie, 0^m,105 ; aile, 0^m,15 ; tarse, 0^m,024.

Couleurs. Iris brun ; bec rouge de corail ; pattes rouge pourpre. — Front et sourcils blancs ; vertex et nuque d'un gris bleuâtre ; dos, scapulaires, couvertures des ailes et pennes tertiaires d'un vert doré très-brillant ; croupion marqué de quatre bandes transversales alternantes, grises et brunâtres ; parties inférieures d'un roux brûlé passant au gris sur les sous-caudales ; queue brune, avec les deux rectrices externes grises et ornées d'une bande subterminale noire ; rémiges brunes, lisérées de roux sur le bord externe ; une bande blanche sur l'épaule (chez le mâle). — La femelle a des teintes moins pures que le mâle, et les sous-caudales rousses.

Le *Chalcophaps indica*, si remarquable par l'élégance de ses formes et l'éclat métallique de son plumage, habite l'Inde, Ceylan, la Birmanie, les îles Andaman, la presqu'île de Malacca, Java, Bornéo, Célèbes, les Philippines et diverses parties de la Chine méridionale. M. Swinhoe l'a trouvé à Haïnan et à Formose, et je l'ai rencontré pendant l'été dans le Yunan et le Setchuan occidental jusqu'à Moupin. Cette jolie espèce vit dans les bois et cherche sa nourriture sur le sol ; sa voix est plaintive et profonde, son vol aisé et rapide.

556. — COLUMBA INTERMEDIA

Columba intermedia, Strickl. (1844), *Ann. and. Mag. Nat. Hist.*, 39. — Columba livia, Blyth (1849), *Cat.* 233, n° 441. — Columba ænas, Reich. (1850), *Syst. Av.*, pl. 221, f. 1,249. — Columba intermedia, Bp. (1857), *Consp. Av.*, II, 48. — Jerd. (1864), *B. of Ind.*, II, 469. — Columba livia, Swinh. (1870), *P. Z. S.*, 444. — (1871), *ibid.*, 396. — A. Dav. (1871), *N. Arch. du Mus.*, *Bull.*, VII, *Cat.* n° 338. — ? Columba fusca, Severtz. (1873), *Turk. Jevotn.*, 68. — ? Columba intermedia, Dress. (1876), *Ibis*, 321.

Description. Semblable en général à la *Columba livia*, mais offrant sur le croupion une teinte brunâtre et sur la nuque des reflets verts et pourprés plus intenses que dans l'espèce européenne.

Cette race, à peine distincte de notre Colombe bizet, vit à l'état sauvage dans l'Inde, dans le Turkestan (?) et dans la moitié septentrionale de la Chine. Je l'ai vue établie en grand nombre dans des cavernes situées à une grande hauteur dans les montagnes du Tsinling. Des oiseaux domestiques se mêlant fréquemment aux oiseaux sauvages, il s'opère des croisements qui donnent naissance à une foule de variétés.

557. — COLUMBA RUPESTRIS

Columba ænas, var. rupestris, Pall. (1811), *Zoogr. Ross. as.*, I, 560 et 562, pl. 35. — Columba rupestris, Bp. (1857), *Consp. Av.*, II, 48. — Columba leucozonura, Swinh. (1861), *Ibis*, 259. — Columba livia, var. rupicola daurica, Radde (1863), *Reis. in S. O. Sib.*, II, 282. — Columba rupestris, Swinh. (1863), *P. Z. S.*, 306. — Jerd. (1864), *B. of Ind.*, II, 470. — Swinh. (1870), *P. Z. S.*, 434. — (1871), *ibid.*, 397. — Severtz. (1873), *Turk. Jevotn.*, 68. — Gould (1874), *B. of As.*, livr. XXVI, pl. — Swinh. (1875), *Ibis*, 125. — Dress. (1876), *Ibis*, 261. — Tacz. (1876), *Bull. Soc. zool. Fr.*, I, 240.

Dimensions. Long. totale, $0^m,34$; queue, $0^m,13$; aile, $0^m,23$; tarse, $0^m,028$.

Couleurs. Iris jaune, cerclé de rouge; bec brun; pattes rouges. — Plumage presque semblable à celui de la *Columba livia*, offrant également une large plaque blanche à la partie inférieure du dos et présentant en outre une large bande transversale blanche sur la queue.

Le Pigeon à queue barrée habite certaines parties de l'Inde, du Turkestan, de la Sibérie orientale, de la Mongolie et de la Chine proprement dite; c'est assurément l'espèce la plus commune dans les montagnes du nord et de l'ouest de la Chine, jusqu'à Moupin. Il ne vit pas comme le Bizet dans le voisinage des habitations : il se tient de préférence sur les rochers élevés, et fait son nid dans des cavernes inaccessibles. Il émigre chaque année et passe le long des montagnes de Pékin à la fin de l'automne et dans les premiers jours du printemps.

558. — TURTUR RUPICOLA

Columba rupicola, Pall. (1811), *Zoogr.*, I, 566. — Columba gelastes, Tem. (1822-38), *Pl. Col.* 550. — Tem. et Knip. (1811-57), *Pig.*, II, pl. 27. — Columba (Turtur) gelastes, Tem. et Schl. (1850), *Faun. Jap. Aves*, 100, pl. 60 B. — Midd. (1853), *Sib. Reis.*, II,

183. — Turtur rupicola, Bp. (1855), *Coup d'œil sur les Pigeons*, 29. — (1857), *Consp. Av.*, II, 60. — Columba turtur, var. gelastes, Schr. (1860), *Vög. d. Am. L.*, 389. — Turtur orientalis, Swinh. (1860), *Ibis*, 63. — Turtur gelastes, Swinh. (1862), *Ibis*, 261. — Columba turtur, var. gelastes, Radde (1863), *Reis. in S. O. Sib.*, II, 283. — Turtur rupicolus, Jerd. (1863), *B. of Ind.*, II, 476. — Turtur rupicola, Swinh. (1863), *Ibis*, 397. — Degl. et Gerbe (1867), *Ornith. eur.*, 2ᵉ éd., II, 15. — Dyb. (1863), *J. f. O.*, 336. — Swinh. (1871), *P. Z. S.*, 397. — Columba gelastes, Severtz. (1873), *Turk. Jevotn.*, 68. — Turtur rupicolus, Dress. (1876), *Ibis*, 321. — Turtur rupicola, Tacz. (1876), *Bull. Soc. zool. Fr.*, I, 241.

Dimensions. Long. totale, 0ᵐ,32 ; queue, un peu étagée, 0ᵐ,13 ; aile, 0ᵐ,19 ; tarse, 0ᵐ,025 ; bec, 0ᵐ,017.

Couleurs. Iris jaune ; bec d'un rouge violacé, de même que la paupière et les pattes ; ongles bruns. — Partie antérieure du vertex d'un gris bleuâtre ; nuque d'un brun terreux ; plumes du dos brunes, lisérées de roussâtre ; scapulaires et couvertures alaires bordées de roux vif ; croupion d'un bleu ardoisé ; sus-caudales de la même teinte, avec un liséré grisâtre à l'extrémité ; gorge et ventre d'un gris clair, nuancé de roux vineux pâle ; poitrine et côtés du cou d'un gris cendré à reflets roux ; sous-caudales et partie terminale des rectrices d'un cendré bleuâtre clair ; base de la queue brune ; rémiges brunes, lisérées de gris roussâtre ; rectrices externes fortement nuancées de cendré bleuâtre, les autres largement bordées de roux vif ; de chaque côté du cou, une tache formée par des plumes noires frangées de bleu clair.

Cette grande tourterelle habite l'Asie centrale, le Turkestan, une partie de l'Inde, toute la Sibérie orientale, le Japon, la Mongolie, la Chine entière, et fait quelques excursions irrégulières dans le nord de l'Europe. On la rencontre fréquemment dans les montagnes de Pékin, où elle niche chaque année, mais beaucoup plus rarement dans la plaine et jamais dans le voisinage des villes. En dépit de son nom, elle se tient plutôt sur les arbres que sur les rochers, et fait retentir les échos des vallées de sa voix gutturale et profonde, qui étonne celui qui l'entend pour la première fois.

559. — TURTUR CHINENSIS

La Tourterelle de la Chine, Sonnerat (1782), *Voy. Ind.*, II, 172, pl. 102. — Columba chinensis, Scop. (1786), *Del. Fl. et Faun. Insubr.*, 94, n° 90. — Turtur chinensis, G.-R. Gr. (1856), *Cat. B. Brit. Mus.*, Columb. 42, n° 5. — Bp. (1857), *Consp. Av.*, II, 63 (part.). — Swinh. (1860), *Ibis*, 62. — (1863), *P. Z. S.*, 306. — (1871), *ibid.*, 306.

Dimensions. Long. totale, 0ᵐ,34 ; queue, étagée, 0ᵐ,15 ; aile, 0ᵐ,17 ; tarse, 0ᵐ,024 ; bec, 0ᵐ,17 à partir du front.

Couleurs. Iris rouge orangé (mâle) ou jaune (femelle); bec brun; pattes roses. — Vertex d'un gris bleuâtre, passant au blanchâtre sur le front et dans le voisinage du bec; tour du cou, poitrine et abdomen d'un rose vineux pâle, tournant au blanc vers le menton et au grisâtre sur le bas-ventre; à la base de la nuque et au-dessus des épaules, un demi-collier formé de plumes noires, terminées de blanc ou de roux clair; parties supérieures du corps d'un gris olivâtre, passant au bleu sur le bord de l'aile; queue brunâtre, avec les rectrices latérales ornées à l'extrémité de larges taches blanches ou cendrées, plus apparentes sur la face inférieure. — Plumage de la femelle semblable à celui du mâle.

Cette jolie tourterelle est répandue depuis l'Indo-Chine jusqu'au Petchely; elle se trouve communément en toutes saisons dans le midi et le centre de la Chine, mais elle est assez rare au nord du Hoang-ho. Les oiseaux de cette dernière région se font remarquer d'ailleurs par la pureté de leurs couleurs. Le *Turtur chinensis* se tient de préférence dans les plaines, au milieu des terrains cultivés et dans le voisinage des habitations : son roucoulement diffère à peine de celui du *Turtur risorius*, espèce avec laquelle je l'ai vu souvent faire société dans le Chensi.

560. — TURTUR RISORIUS

COLUMBA RISORIA, L. (1766), *S. N.*, I, 285. — LA TOURTERELLE A COLLIER, Buff. (1770), *Pl. Enl.* 224. — COLUMBA RISORIA, Gm. (1788), *S. N.*, I, 787. — STREPTOPELIA RISORIA, Bp. (1857), *Consp. Av.*, II, 65. — COLOMBA (PERISTERA) RISORIA, Schr. (1860), *Vög. d. Am. L.*, 392. — TURTUR RISORIA, Jerd. (1864), *B. of Ind.*, II, 481. — TURTUR RISORIUS, Swinh. (1863), *Ibis*, 341. — COLOMBA RISORIA, Alléon (1867), *Rev. zool.*, 5. — TURTUR RISORIUS, Swinh. (1871), *P. Z. S.*, 397.—P.-L. Sclater et E.-C. Taylor (1876), *Ibis*, 63. — TURTUR RISORIA, Tacz. (1876), *Bull. Soc. zool. Fr.*, I, 241.

Dimensions. Long. totale, 0ᵐ,35; queue, étagée, 0ᵐ,145; aile, 0ᵐ,185; tarse, 0ᵐ,021; bec, 0ᵐ,016 à partir du front.

Couleurs. Iris rouge; bec brun; pattes d'un rose foncé; ongles bruns. — Plumage en majeure partie d'une teinte isabelle, interrompue par un demi-collier noir sur la région postérieure du cou, et passant au gris rose tendre sur la tête, la gorge et la poitrine, et au gris lilas pâle sur le bord des ailes, la partie inférieure de l'abdomen et les sous-caudales; rectrices médianes d'une teinte isabelle; rectrices latérales d'un gris de fer à la base et d'un blanc presque pur dans leur moitié terminale.

La Tourterelle rousse, qui est répandue dans les deux tiers de l'Asie et qui s'avance même jusqu'en Turquie, a donné naissance à une variété albine que l'on conserve fréquemment en captivité dans nos contrées. En Chine, l'espèce primitive vit à l'état sauvage dans les provinces du Nord-Ouest et sur les confins de la Mongolie ; elle est encore abondante au sud du Chensi, mais je ne l'ai jamais rencontrée dans le Setchuan. Comme la précédente, elle recherche le voisinage de l'homme, pénètre dans les villages et dans les villes, et fait son nid sur les grands arbres qui entourent les habitations. Jamais au contraire elle ne se retire dans les montagnes, au milieu des forêts, comme beaucoup d'autres pigeons.

561. — TURTUR HUMILIS

COLUMBA HUMILIS, Tem. (1838), *Pl. Col.* 259 (mas.), et 258 (fœm.). — Tem. et Knip. (1811-57), *Pig.*, II, pl. 7 (mas.). — Reich. (1850), *Syst. Av.*, pl. 247, fig. 1,369 et 1,370. — TURTUR, Bp. (1857), *Consp. Av.*, II, 66. — COLUMBA (PERISTERA) HUMILIS, Schr. (1860), *Vög. d. Am. L.*, 284. — TURTUR HUMILIS, Swinh. (1860), *Ibis*, 63. — Jerd. (1864), *B. of Ind.*, II, 482. — Swinh. (1871), *P. Z. S.*, 397, et (1875), *Ibis*, 125. — Wald. (1875), *Trans. zool. Soc.*, IX, part. 2, p. 219. — Tacz. (1876), *Bull. Soc. zool. Fr.*, I, 241.

Dimensions. Long. totale, 0m,25 ; queue, à peine étagée, 0m,09 ; aile, 0m,14 ; tarse, 0m,018 ; bec, 0m,012 à partir du front.

Couleurs. Iris noirâtre ; bec d'un noir plombé ; pattes d'un brun rouge. — Tête et nuque d'un gris légèrement bleuâtre ; un demi-collier noir sur la région postérieure du cou ; dos, couvertures supérieures des ailes, poitrine et milieu de l'abdomen d'un roux vineux ; flancs, bas-ventre, couvertures inférieures et bords antérieurs des ailes et croupion d'un cendré bleuâtre ; sous-caudales blanches ; sus-caudales et dessus des médianes d'un gris olivâtre ; rectrices latérales d'un gris de fer à la base (noires en dessous), avec une tache terminale blanche se prolongeant sur le côté des deux pennes externes. — Chez la femelle, le dessus du corps est d'un gris brunâtre, et le dessous d'un gris plus pâle que chez le mâle.

Cette petite tourterelle, qui est répandue dans l'Inde entière, à Ceylan, dans le nord de la Birmanie, en Cochinchine et aux Philippines, vient passer l'été dans la partie méridionale de la Chine, mais ne dépasse point le bassin du Hoangho ; elle est extrêmement rare dans la Sibérie orientale, où elle n'a été rencontrée qu'une ou deux fois par les voyageurs russes. Son roucoulement profond diffère complétement de celui de nos tourterelles. Beaucoup plus farouche que ses congénères, elle ne s'approche point des habitations, sans quitter cependant les terrains cultivés.

TÉTRAONIDÉS
.

Cette famille, qui est répandue sur toute la surface du globe, compte actuellement plus de 200 espèces, sur lesquelles 18 seulement ont été signalées jusqu'ici dans l'empire chinois.

562. — SYRRHAPTES PARADOXUS

TETRAO PARADOXA, Pall. (1776), *Reis.*, III, 712, n° 25, et *Voy.* éd. franç., in-8°, VIII, app. 54. — TETRAO PARADOXUS, Gm. (1788), *S. N.*, I, 753.—SYRRHAPTES PALLASII, Tem. (1813), *Pig. et Gall.*, III, 382. — HETEROCLITES TARTARICUS, Vieill. (1817), *N. Dict.*, XIV, 453. — SYRRHAPTES PARADOXUS, Licht. (1823), *Verzeichn.*, 66. — Tem. (1822-38), *Pl. Col.* 95. — T.-J. Moore (1860), *Ibis*, 105, pl. IV. — Swinh. (1861), *ibid.*, 341. — Radde (1863), *Reis. in S. O. Sib.*, II, 287, pl. XIV, f. 3.— Reinhardt (1863), *Om. den Kirg. Steppehönes*, etc., *Videnskabelige Meddelelser*, 213-35. — D. Opel (1864), *J. f. O.*, 312. — V. Fatio (1864), *Rev. et Mag. de zool.*, 122. — A. Newton (1864), *Ibis*,185, pl. VI.—Degl. et Gerbe (1867), *Ornith. europ.*, 2° éd., II, 28. — Swinh. (1871), *P. Z. S.*, 398. — H.-B. Tristram (1872), *Ibis*, 334. — Severtz. (1873), *Turk. Jevotn.*, 68. — Dyb. (1874), *J. f. O.*, 325. — Dress. (1876), *Ibis*, 322. — Tacz. (1876), *Bull. Soc. zool. Fr.*, I, 241.

Dimensions. Long. totale, 0^m,38 ; queue, 0^m,16, cunéiforme, avec les deux rectrices médianes étroites et allongées ; aile, 0^m,25, avec la première rémige se terminant en une longue pointe ; tarse, 0^m,018, emplumé de même que les doigts, qui sont au nombre de trois et qui sont réunis en une patte à plante calleuse ; bec petit, mesurant seulement 0^m,009 dans sa partie nue, jusqu'au front.

Couleurs. Iris d'un brun châtain ; bec et ongles cornés. — Tête et gorge d'un roux ferrugineux, passant au roux pâle sur la face, et au gris sur la nuque et les côtés du cou ; parties supérieures du corps d'une teinte isabelle, avec des taches noires en forme de croissants sur le dos et le croupion, anguleuses sur les sous-caudales, et arrondies sur les couvertures alaires ; gorge et poitrine d'un gris cendré, avec un collier de taches noires, étroites et arquées ; haut de l'abdomen d'une nuance isabelle rose ; milieu de l'abdomen traversé par une large bande noire ; bas-ventre blanc ; sous-caudales de la même teinte, avec la base noire ; rectrices cendrées, rayées, sur leurs barbes internes, de brun et de jaunâtre, et terminées de blanc ; face supérieure des ailes variée de gris, de brun, d'isabelle et de roux foncé. — Chez la femelle, les ailes et la queue se terminent en pointes moins effilées ; la gorge est d'un jaune d'ocre, avec du noir au bout des plumes ; la tête et les côtés du cou et de la poitrine sont parsemés de taches noires, mais il n'y a point de véritable collier ; la bande transversale de l'abdomen est d'un noir mélangé de brun marron ; enfin les taches noires du dos sont doubles et plus étroites que chez le mâle.

Le Syrrhapte paradoxal, qui visite irrégulièrement l'Europe et qui dans ses voyages a poussé parfois une pointe jusqu'en

Angleterre, est un véritable *Ganga* par ses mœurs, sa forme et
son mode de coloration. Il niche non-seulement dans le Turkestan, les steppes des Kirghises et la Daourie, mais dans toute la
Mongolie, où je l'ai trouvé communément, et d'où il descend en
hiver, par bandes nombreuses, dans les plaines du Petchely.
Son vol est rapide et puissant, sa démarche sur le sol nullement
embarrassée ; son cri de rappel, fort rauque, ressemble à celui
des Glaréoles. En hiver, entre Tientsin et Takou, on prend au
filet beaucoup de ces oiseaux, qui ne peuvent cependant être
considérés que comme un gibier de qualité inférieure.

563. — TETRAO UROGALLOIDES

TETRAO UROGALLOÏDES, Midd. (1853), *Sib. Reis.*, II, 195, pl. XVIII. — Schrenck
(1860), *Vög. d. Am. L.*, 396.—Radde (1863), *Reis. in S. O. Sib.*, II, 299.—D.-G. Elliot
(1865), *Mon. Tetr.*, II, pl. — Dyb. (1868), *J. f. O.*, 336. — TETRAO TETRIX, Swinh.
(1871), *P. Z. S.*, 400. — TETRAO UROGALLOÏDES, A. Dav. (1871), *N. Arch. du Mus.*,
Bull. VII, *Cat.* n° 345. — Tacz. (1876), *Bull. Soc. zool. Fr.*, I, 243.

Le *Tetrao urogalloïdes*, race de petite taille de notre Coq de
bruyère, habite principalement la Transbaïkalie, l'Amourland et
la Mantchourie, et ne se rencontre qu'accidentellement dans les
montagnes boisées du nord de la Chine : j'ai pu cependant me
procurer une femelle dans cette dernière région, au mois de
décembre 1864.

564. ·· TETRASTES BONASIA

TETRAO BONASIA, L. (1766), *S. N.*, I, 275. — TETRAO NEMESIANUS et T. BETULINUS,
Scop. (1769), *An. Hist. Nat.*, I, 118 et 119. — LA GÉLINOTTE, Buff. (1770), *Pl. Enl.*
474 et 475. — TETRAO BONASIA, Pall. (1811), *Zoogr.*, II, 59.— Keys. et Blas. (1840),
Wirbelth., 64. — BONASIA BETULINA, Bp. (1856), *Cat. Parz.*, 13. — TETRAO BONASIA,
Midd. (1853), *Sib. Reis.*, II, 202, pl. XVII, f. 4. — Schrenck (1860), *Vög. d. Am. L.*,
398. — Radde (1862-63), *Reis. in S. O. Sib.*, II, 301.— Przew. (1867-69), *Voy*,. 139.—
BONASIA SYLVESTRIS, D.-G. Elliot (1864), *Mon. Tetr.*, I, pl. — Degl. et Gerbe (1867),
Ornith. eur., 2° éd., II, 52. — TETRAO BONASIA, A. Dav. (1871), *N. Arch. du Mus.*,
Bull. VII, *Cat.* n° 346. — TETRASTES BONASIA, Swinh. (1871), *P. Z. S.*, 400. — Alston
et Harvie Brown (1873), 66. — BONASIA BETULINA, Tacz. (1876), *Bull. Soc. zool. Fr.*,
I, 242.

Dimensions. Long. totale, 0^m,40. (Mâle tué à Pékin.)

La Gélinotte vulgaire, qui est assez commune dans les montagnes de l'Europe occidentale, est encore plus répandue dans
le nord de la Russie et dans la Sibérie orientale, où elle s'avance,

d'après Middendorf, jusqu'au 69ᵉ degré de lat. N. Elle se trouve aussi dans la Mantchourie et dans la Chine septentrionale et se reproduit même dans la province de Pékin, sur les hautes montagnes boisées du Péythang et du Tonglin. Les Chinois la désignent sous le nom de *Chou-ky* (poule d'arbres), parce qu'elle vit dans les bois et se tient d'ordinaire perchée sur les branches.

M. Przewalskı pense avoir rencontré en Mantchourie la Gélinotte du Canada (*Tetrastes canadensis*), espèce qui se reconnaît à sa poitrine noire. Ne serait-ce pas plutôt le *Tetrao falcipennis* ou *Falcipennis Hartlaubi* (Elliot, *Tetr.*, 1865, II, pl.), qui d'après M. Taczanowski (*Bull. Soc. zool. Fr.*, 1876, I, 242) a été trouvé dans la Sibérie orientale par Radde et par Middendorf et confondu par ces deux voyageurs avec le *Tetrastes canadensis?* Il ne serait pas étonnant que cette espèce s'avançât aussi jusque sur les frontières de la Chine.

565. — TETRAOGALLUS TIBETANUS

TETRAOGALLUS TIBETANUS, Gould (1853), *P. Z. S.*, 47, et *B. of As.*, livr. V, pl. — Walden (1869), *Ibis*, 211 (ex Stoliczka).

Dimensions. Long. totale, 0ᵐ,56; queue, 0ᵐ,18; aile, 0ᵐ,26; tarse, 0ᵐ,065; bec, 0ᵐ,031.

Couleurs. Bec et pattes d'un rouge orangé. — Vertex, joues, région postérieure et côtés du cou d'un gris ardoisé, avec le tour des yeux et les couvertures auriculaires d'un blanc jaunâtre; dessus du corps, couvertures supérieures des ailes et de la queue variés de noir et de gris, avec les plumes du milieu du dos et les sus-alaires largement bordées de jaune pâle, le croupion et les sus-caudales nuancés de roux; gorge et poitrine blanches; sur le thorax, une bande transversale grise, assez étroite, semi-circulaire, tachetée de brun et de jaunâtre; abdomen blanc, avec de longues stries noires sur les côtés et en arrière, stries formées par les bordures des plumes des flancs et du bas-ventre; plumes des cuisses d'un gris jaunâtre, strié de brun; sous-caudales noirâtres, avec une large strie médiane blanche; queue d'un brun foncé, terminée par une bordure noirâtre; rémiges d'un brun grisâtre; pennes secondaires terminées et bordées extérieurement de blanc.

Le Tétraogalle tibétain, l'une des espèces les plus petites de son groupe, se trouve non-seulement dans le Tibet proprement dit, mais encore, quoique en petit nombre, dans les montagnes de la Chine occidentale. Les chasseurs de Moupin connaissent bien cet oiseau, mais ils ne purent malheureusement m'en procurer aucun spécimen, et malgré tous mes efforts je ne réussis point à tuer un seul individu de cette espèce dont les relations restent encore à établir.

566. — LERWA NIVICOLA

PERDIX LERWA, Hodgs. (1833), *P. Z. S.*, 107. — Gr. et Hardw. (1830-34), *Ill. Ind. zool.*, II, pl. 44, f. 1. — LERWA NIVICOLA, Hodgs. (1837), *Madr. Journ.*, 301. — Blyth (1849), *Cat.* 248, n° 1488.—LERVA NIVICOLA, Gould (1855), *B. of As.*, livr., VIII, pl.— Jerdon (1864), *B. of Ind.*, II, 555. — LERWA NIVICOLA, A. Dav. (1871), *N. Arch. du Mus.*, *Bull.* VII, *Cat.* n° 360. — LERWA NIVICOLA, Swinh. (1871), *P. Z. S.*, 400.

Dimensions. Long. totale, 0^m,38 ; queue, arrondie, 0^m,11 ; aile, 0^m,19 ; tarse, 0^m,033, emplumé sur la moitié de sa longueur et armé chez le mâle d'un éperon aigu ; bec, 0^m,020 à partir du front ; hauteur du bec, 0^m,009.

Couleurs. Iris châtain ; bec et pattes rouges ; ongles bruns. — Tête, nuque, queue, et en général toutes les parties supérieures rayées transversalement de noir, de blanc ou de roux ; poitrine d'un brun marron ; flancs et sous-caudales de la même teinte, avec des taches blanches et noires ; plumes du milieu de l'abdomen et plumes des tarses grises, rayées de noir ; rémiges brunes, légèrement pointillées de blanc ; pennes secondaires variées de brun et de blanc et marquées de blanc à l'extrémité. — La femelle porte la même livrée que le mâle, mais a les pattes d'un rouge moins vif.

Cette perdrix, que les Chinois nomment souvent *Sué-ky* (poule des neiges), habite les régions élevées de l'Himalaya et du Tibet, et se trouve aussi dans les montagnes de la Chine occidentale, dans le voisinage des neiges éternelles. Je l'ai rencontrée et capturée à Moupin, à plus de 4,000 mètres d'altitude. Dans cette région, elle vit en petites bandes, sur les rochers escarpés, et se nourrit d'herbes et de racines.

567. — PERDIX BARBATA

TETRAO PERDIX, var. DAURICA, Pall. (1811), *Zoogr.*, II, 78. — PERDIX CINEREA, var. RUPESTRIS DAURICA, Radde (1863), *Reis. in S. O. Sib.*, II, 304, pl. 12. — PERDIX BARBATA, J. Verr. et O. des Murs (1863), *P. Z. S.*, 62, et 371, pl. 9. — Swinh. (1863), *ibid.*, 307. — Dyb. (1868), *J. f. O.*, 337. — A. Dav. (1871), *N. Arch. du Mus.*, *Bull.* VII, *Cat.* n° 362. — Swinh. (1871), *P. Z. S.*, 400. — Gould (1871), *B. of As.*, livr. XXIII, pl.

Description. Voisine de la Perdrix grise d'Europe, mais différant de cette espèce : 1° par sa taille plus faible ; 2° par les plumes longues et acuminées qui garnissent sa gorge ; 3° par la couleur de la grande tache, en forme de fer à cheval, qui orne l'abdomen du mâle, et qui est d'un noir intense au lieu d'être d'un brun marron ; 4° par la présence de deux petites raies noires, situées l'une sur les narines, l'autre au-dessous de l'œil.

La Perdrix barbue, qui avait déjà été rencontrée par Pallas et que MM. Verreaux et des Murs ont décrite d'après des spécimens pris en Daourie, habite non-seulement le sud de la Sibérie orientale, mais la Mongolie et le nord de la Chine, et s'avance même jusque dans le Chensi méridional. Elle se tient dans les endroits montueux et sur les plateaux élevés, au milieu des herbes et des broussailles, et ne descend jamais dans la grande plaine de Pékin. Dans toute cette région, l'espèce doit être fort abondante, à en juger par le grand nombre de ces oiseaux qu'on apporte souvent en hiver au marché de Pékin : j'en ai vu des monceaux de 4 à 500 individus.

568. — OREOPERDIX CRUDIGULARIS

Oreoperdix crudigularis, Swinh. (1864), *Ibis*, 426. — (1865), *ibid.*, 542. — (1866), *ibid.*, 133, 134, 401. — (1871), *P. Z. S.*, 400.

Dimensions. Long. totale, 0^m,28 (mâle) et 0^m,215 (femelle) ; queue, 0^m,06 et 0^m,05 ; aile, 0^m,14 et 0^m,13 ; tarse, 0^m,040 et 0^m,035 ; bec, 0^m,025 et 0^m,022.

Couleurs. Iris brun olive ; peau nue autour de l'œil d'un rose carminé ; bec noir ; pattes roses ; ongles brunâtres. — Autour de l'œil, une ligne noire qui descend en s'élargissant vers la gorge ; partie antérieure du cou présentant seulement quelques plumes noires éparses, qui laissent voir la peau d'un rose plus ou moins vif ; joues et sourcils noirs ; front et poitrine d'un gris enfumé, teinté d'olive ; flancs d'un gris jaunâtre, mouchetés çà et là de noir et striés de brunâtre ; bas-ventre d'une teinte analogue, avec les plumes bordées de blanc jaunâtre ; nuque et dos d'un brun olive, avec des taches semi-circulaires noires ; plumes scapulaires d'un brun rougeâtre, mouchetées de noir ; rectrices de la même teinte que le dos, avec des barres irrégulières noires ; rémiges d'un brun foncé, bordées et mouchetées de brun rougeâtre (d'après M. Swinhoe).

Cette perdrix, qui se fait remarquer, au moins dans la saison des amours, par sa gorge dénudée et d'un rouge vif, n'a été signalée jusqu'à présent que dans l'île de Formose.

569. — BAMBUSICOLA THORACICA

Perdix thoracica, Tem. (1813-18), *Hist. nat. Pig. et Gall.*, III, 335. — Perdix sphenura, Gr. (1844), *Zool. Misc.*, 2. — Perdix thoracica, Blyth (1849), *Cat.* 252, n° 1,507.

— Galloperdix sphenura et Starna thoracica, Bp. (1856), *Compt. rend. Ac. Sc.*, XLII, *Tabl. des Gallin.*, nᵒˢ 174 et 232.—Bambusicola sphenura, Gould (1862), *P. Z. S.*, 285. — Arboricola bambusæ, Swinh. (1862), *Ibis*, 259. — Bambusicola thoracica, Swinh. (1863), *P. Z. S.*, 307. — (1871), *ibid.*, 400.

Dimensions. Long. totale, 0ᵐ,28 ; queue, 0ᵐ,09 ; aile, 0ᵐ,14 ; tarse, 0ᵐ,05 ; bec, 0ᵐ,018.

Couleurs. Iris brun clair ; bec brunâtre ; pattes gris jaune. — Front gris ; sourcils de la même couleur, se prolongeant de chaque côté en une raie qui borde la nuque ; vertex et nuque d'un brun nuancé d'olivâtre ; dos d'un brun olivâtre taché de brun marron et marqué de quelques points blancs ; sus-caudales et face supérieure de la queue brunes, vermiculées de brun roux et de brun noirâtre ; menton et gorge d'un roux ferrugineux, passant au brun marron sur les côtés du cou ; une large bande grise sur la poitrine ; abdomen d'un roux ferrugineux qui tourne au fauve en arrière et qui, sur les flancs, est marqué de grandes taches d'un brun noirâtre ; rémiges brunes, lisérées de roux.

La Perdrix des bambous ordinaire se trouve dans toute la Chine méridionale, depuis le Fokien jusqu'au Setchuan et au Chensi méridional, mais ne dépasse point au nord le bassin du Yangtzé. Elle vit en couples sur les collines couvertes de buissons et de taillis ou dans les bambouseraies, et se tient fréquemment perchée ; son cri consiste en une longue série de notes perçantes et diffère totalement de celui de nos perdrix.

570. — BAMBUSICOLA SONORIVOX

Bambusicola sonorivox, Gould (1862), *P. Z. S.*, 285. — Swinh. (1863), *Ibis*, 399. — Gould (1864), *B. of As.*, livr. XVI, pl. — Swinh. (1871), *P. Z. S.*, 400.

Description. Différant du *Bambusicola thoracica* du continent : 1ᵒ par sa taille plus faible ; 2ᵒ par la teinte rousse qui est moins prononcée sur la poitrine et qui ne s'étend point sur les joues et sur les côtés du cou ; 3ᵒ par les grandes taches des parties inférieures qui sont rousses au lieu d'être noires ; 4ᵒ par les taches du sommet de la tête qui sont d'un brun noirâtre au lieu d'être rousses.

Cette perdrix remplace dans l'île de Formose l'espèce précédente, dont elle a tout à fait la voix et les mœurs.

571. — BAMBUSICOLA FYTCHII

Bambusicola Fytchii, Anders. (1871), *P. Z. S.*, 214 et pl. XI. — Swinh. (1871), *ibid.*, 400.

Description. Taille un peu plus faible que celle du *Bambusicola thoracica*; ergots plus longs et plus aigus; poitrine du mâle d'un gris cendré, tacheté de roux, et non pas noire comme dans l'espèce commune; face et devant du cou jaunâtres; ventre blanc, avec de grandes taches noires; dessus du corps d'un gris brunâtre, vermiculé de noirâtre, avec des taches rousses et noires sur la région dorsale; rectrices et rémiges rousses, comme chez les autres *Bambusicola*; une longue raie, noire chez le mâle, d'un roux cannelle chez la femelle, partant de l'œil et descendant sur le côté du cou.

Le *Bambusicola Fytchii* a été découvert sur les frontières occidentales du Yunan, mais son aire d'habitat doit s'étendre jusqu'au Setchuan, car j'ai vu une fois dans cette province un oiseau de cette espèce qui avait été apporté en cage par des Chinois venus de l'angle méridional du Yangtzé.

572. — CACCABIS CHUKAR

PERDIX CHUKAR, Gr. (1830-34), *Ill. Ind. zool.*, I, pl. 54. — Gould (1832), *Cent. Him. B.*, pl. 71. — (1844), *Gen. of B.*, III, 508. — CHACURA PUGNAX, Hodgs. (1837), *Madr. Journ.*, 305. — CACCABIS CHUKAR, Gr. (1846), *Cat. Hodgs.*, Coll. 127. — PERDIX GRÆCA et PERDIX CHUKAR, Bp. (1856), *Compt. rend. Ac. Sc.*, XLII, *Tabl. des Gall.*, nos 213 et 215. — CACCABIS CHUKAR, Jerd. (1864), *B. of Ind.*, II, 564. — CACCABIS CHUKAR, Swinh. (1865), *Ibis*, 353 et 542. — Degl. et Gerbe (1867), *Orn. eur.*, 2e éd., II, 66. — CACCABIS CHUKAR, var. PUBESCENS (1871), *P. Z. S.*, 400. — PERDIX SAXATILIS, var. CHUKAR, Severtz. (1873), *Turk. Jevotn.*, 68. — CACCABIS CHUKAR, Swinh. (1875), *Ibis*, 126. — Dress. (1876), *ibid.*, 233.

Dimensions. Long. totale, 0m,38; queue, 0m,10. (Mâle adulte tué au Chensi.)

Couleurs. Iris noisette; bec et pattes rouges; ongles bruns. — Parties supérieures d'un gris bleuâtre, plus ou moins nuancé de roux, principalement sur la région dorsale; lores noirs; un trait blanc en arrière de l'œil; un bandeau noir sur le front; plumes auriculaires rousses; joues, gorge et haut de la poitrine d'une teinte fauve ou jaunâtre, limitée par une bande noire en forme de fer à cheval renversé, qui vient se terminer de chaque côté à l'angle postérieur de l'œil; partie inférieure de la poitrine d'un gris cendré, passant au roux sur l'abdomen et sur les couvertures inférieures de la queue; flancs ornés de bandes noires séparées par des espaces d'un blanc jaunâtre; rémiges brunes, lisérées de jaune d'ocre; queue grise en dessus, avec les quatre pennes médianes terminées de roux. — La femelle, de taille plus petite que le mâle, offre des teintes plus pâles et des bandes noires un peu moins larges sur le front et sur les côtés de l'abdomen.

La Perdrix chukar, signalée d'abord dans l'Himalaya, a été retrouvée depuis dans diverses parties de l'Asie et jusque dans l'île de Crète. En Chine, elle est très-abondamment répandue

dans les montagnes de la Mongolie et du N.-O. de la Chine, où
elle vit sur les rochers et dans les terrains pierreux. Par sa gorge
d'un blanc roux et par ses flancs ornés de bandes noires, larges
et espacées, cette espèce se distingue toujours de notre Perdrix
grecque ou Bartavelle.

573. — COTURNIX COMMUNIS

Tetrao coturnix (1766), *S. N.*, I, 278. — La Caille, Buff. (1770), *Pl. Enl.* 96.—
Perdix coturnix, Lath. (1790), *Ind. Orn.*, II, 651.—Coturnix communis, Bonnat.(1791),
Enc. méth., 217. — Tetrao coturnix, Pall. (1811-31), *Zoogr.*, II, 82. — Coturnix
dactylisonans, Mey. (1815), *Vög. Liv. und Esthl.*, 167. — Coturnix vulgaris, var.
japonica, T. et Schl. (1850), *F. Jap. Aves*, 103, pl. 61.—Coturnix communis, Bp. (1856),
Compt. rend. Ac. Sc., LXII, *Tabl. des Gall.*, n° 274. — Coturnix chinensis, Swinh.
(1860), *Ibis*, 63. — Coturnix dactylisonans, Swinh. (1860), *ibid.*, 358. — Coturnix
communis, Swinh. (1863), *Ibis*, 398. — Jerd. (1864), *B. of Ind.*, II, 586. — Degl. et
Gerbe (1867), *Ornith. eur.*, 2° éd., II, 80. — Coturnix muta, Dyb. (1868), *J. f. O.*,
337. — Coturnix communis, Swinh. (1871), *P. Z. S.*, 401. — Coturnix vulgaris,
Severtz. (1871), *Turk. Jevotn.*, 68. — Coturnix japonica, Swinh. (1875), *Ibis*, 126 et
452.— Coturnix communis, Dress. (1876), *Ibis*, 323. — Coturnix japonica, Tacz. (1876),
Bull. Soc. zool. Fr., I, 244.

D'après les observations qu'il a faites à Tchefou en 1874.
M. Swinhoe est disposé à admettre qu'il y a en *Chine deux
espèces de cailles : au sud la Caille d'Europe (*Coturnix communis*),
et au nord la Caille du Japon (*Coturnix japonica*) ; mais nous
ne pouvons nous ranger à son opinion, toutes les cailles originaires des diverses provinces de l'empire chinois nous paraissant se rapporter à l'espèce vulgaire. Nous avons d'ailleurs
beaucoup de peine à admettre la valeur spécifique du *Coturnix
japonica,* qui se trouverait non-seulement au Japon, mais dans
la Chine septentrionale et en Daourie : les différences indiquées
soit par Temminck, soit par M. Taczanowski, nous paraissent en
effet à peine suffisantes pour caractériser une race; elles sont
d'ailleurs peu constantes, et n'existent pas au même degré
chez tous les spécimens du Japon et de la Daourie.

Les Chinois emploient la Caille comme oiseau de combat :
pour l'apprivoiser et pour augmenter ses dispositions· belli-
queuses, ils lui font prendre des bains de thé chaud, puis ils la
font sécher en la tenant dans leur manche. Après un certain
nombre de ces bains, qui sont suivis d'autant de repas, l'oiseau
est suffisamment habitué à la main de l'homme et tout disposé

à entrer en lice contre ses semblables. Ces sortes de combats font les délices des Chinois qui y engagent souvent des sommes considérables.

574. — EXCALFACTORIA CHINENSIS

CHINESE QUAIL, Edwards (1751), *Illustr.*, V, 77, pl. 247. — LA CAILLE DES PHILIPPINES, Briss. (1760), *Ornith.*, I, 254, 17, pl. 25, f. 1. — TETRAO CHINENSIS, L. (1766), *S. N.*, I, 277. — LA PETITE CAILLE DE L'ISLE DE LUÇON, Sonn. (1776), *Voy. Nouv.-Guinée*, 54, pl. 24. — ORIOLUS LINEATUS, Scop. (1786), *Del. Fl. et Faun. Insubr.*, II, 87, n° 34. — TETRAO MANILLENSIS, Gm. (1788), *S. N.*, I, 764. — COTURNIX EXCALFACTORIA, Tem. (1815), *Pig. et Gall.*, III, 516 et 742. — COTURNIX FLAVIPES, Blyth (1842), *J. A. S. B.*, XI, 808. — EXCALFACTORIA CHINENSIS, Bp. (1856), *Compt. rend. Ac. Sc.*, XLII, *Tabl. des Gall.*, n° 288. — COTURNIX CHINENSIS, Swinh. (1861), *Ibis*, 50. — EXCALFACTORIA CHINENSIS, Swinh. (1863), *Ibis*, 398. — Jerd. (1864), *B. of Ind.*, II, 591. — COTURNIX CAINEANA, Swinh. (1865), *Ibis*, 351. — EXCALFACTORIA CHINENSIS, Swinh. (1871), *P. Z. S.*, 401. — Wald. (1875), *Trans. zool. Soc.*, IX, part. 2, p. 224.

Dimensions. Long. totale, 0^m,135; queue, 0^m,023; aile, 0^m,075; tarse, 0^m,02; bec, 0^m,011.

Couleurs. Iris brun foncé; bec noir; pattes jaunes. — Parties supérieures d'un brun plus ou moins glacé de gris et d'olive, marquées et rayées à peu près comme dans la Caille commune; couvertures des ailes en partie brunes, en partie grises, avec une teinte de rouille sur le bord externe de quelques-unes d'entre elles, teinte qui dessine sur l'aile une bande oblique irrégulière; rémiges brunes; front, joues, lores, couvertures des oreilles et poitrine d'un gris soyeux; menton et milieu de la gorge d'un noir profond, limité de chaque côté par une large tache blanche partant de la mandibule inférieure; milieu de l'abdomen et bas-ventre d'un roux marron très-intense; rectrices en grande partie de la même teinte. — Chez la femelle, les parties inférieures du corps sont loin de présenter une coloration aussi brillante que chez le mâle; les sourcils, le front et la gorge sont roux, le menton d'un blanc sale, la poitrine brune, avec des barres foncées, l'abdomen d'un blanc sale, rayé de brun terreux, principalement sur les côtés et en arrière.

Cette charmante espèce a été rencontrée à Ceylan, au Bengale, dans l'Assam, dans la Birmanie, aux Philippines, à Formose et dans les provinces méridionales de la Chine.

575. — TURNIX DUSSUMIERI

HEMIPODIUS DUSSUMIERI, Tem. (1832), *Pl. Col.* 454, f. 2. — Sykes (1832), *P. Z. S.*, 155. — TURNIX SYKESII (Smith), Jerd., (1864), *B. of Ind.*, II, 600. — Blyth (1867), *Ibis*, 161. — TURNIX DUSSUMIERI, Gould (1869), *B. of As.*, livr. XXI, pl. — Swinh. (1871), *P. Z. S.*, 401.

Dimensions. Long. totale, 0^m,125; queue, 0^m,035; aile, 0^m,07.

Couleurs. Iris jaune pâle; bec plombé; pattes d'un jaune rougeâtre pâle ou couleur de chair. — Vertex d'un brun roux, avec une strie médiane et des sourcils jaunâtres peu marqués, et de nombreuses raies transversales noirâtres ; nuque d'un roux ferrugineux ; région dorsale d'un brun rougeâtre, avec des barres et des taches irrégulières fauves et noirâtres plus nombreuses vers le croupion ; scapulaires d'une teinte café au lait, avec quelques taches rougeâtres et noires au bord des plumes ; menton et gorge blanchâtres, avec quelques petites taches brunâtres ; poitrine d'un roux ferrugineux, ornée sur les côtés de quelques taches d'un brun très-foncé ; abdomen d'un fauve pâle, à peine marqué de brun sur les flancs. — Plumage de la femelle analogue à celui du mâle.

Le *Turnix Dussumieri*, petite caille à trois doigts, qui est très-répandue dans l'Inde dans les champs et les prairies, se trouve aussi en grand nombre sur les collines herbeuses de l'île de Formose.

576. — TURNIX MACULATUS

Turnix maculosus, Tem. (1813-18), *Hist. nat. Pig. et Gall.*, III, 631. — Turnix maculatus, Vieill. (1819), *N. Dict. d'H. N.*, XXXV, 47, et (1825), *Gal. des Ois.*, 25, pl. 217. — Turnix maculata, Bp. (1856), *Compt. rend. Ac. Sc.*, XLII, 12, *Tabl. des Gall.*, no 305. — Turnix jondera? Swinh. (1861), *Ibis*, 50 (nec Hodgs.).—Turnix Dussumieri, Swinh. (1861), *Ibis*, 341 (nec Tem.).—Turnix maculosa, Swinh. (1863), *P. Z. S.*, 308 (nec Scop.). — (1866), *Ibis*, 131. — (1870), *P. Z. S.*, 442. — Hemipodius vicarius, Swinh. (1871), *P. Z. S.*, 402.

Dimensions. Long. totale, 0m,15 (♂), 0m,16 (♀) et 0m,17 (♀).
Couleurs. Iris blanc ; bec jaune, avec la pointe brunâtre ; pattes jaunes. — Vertex couvert de plumes brunes, bordées de roux fauve, et n'offrant pas de strie jaunâtre bien distincte sur la ligne médiane ; joues d'un jaune pâle, avec toutes les plumes bordées de brun ; nuque ornée d'une large tache d'un roux ferrugineux ; dos varié de lignes et de bandes irrégulières noires, rougeâtres et fauves ; couvertures des ailes d'une teinte jaunâtre claire, avec de larges taches d'un brun de sépia ; rémiges brunes, glacées de gris rosé ; menton d'un blanc légèrement lavé de roux ; poitrine d'un roux vif, ornée inférieurement sur les côtés de taches arrondies d'un brun très-foncé, presque noir ; milieu de l'abdomen d'un blanc presque pur ; flancs et bas-ventre d'un roux assez clair.

Cette espèce se trouve sur toute l'étendue de l'empire chinois ; elle est commune en été aux environs de Pékin, et se retire pendant l'hiver dans les provinces centrales et méridionales. J'en ai pris vivant un très-beau sujet adulte qui était entré de lui-même dans mon cabinet de travail. En comparant une femelle de ce *Turnix*, prise à Pékin, avec le type du *Turnix maculosus* de Temminck et de Vieillot, type qui fait encore partie des collections du Muséum d'histoire naturelle et qui a été par erreur indiqué comme étant originaire d'Australie, nous n'avons trouvé que des différences insignifiantes ; nous sommes conduits à penser que c'est un individu analogue, mais moins adulte, qui a été décrit par M. Swinhoe sous le nom de *Turnix* (*Hemipodius*) *viciarius*.

577. — AREOTURNIX ROSTRATA

TURNIX OCELLATA, Swinh. (1863), *Ibis*, 398. — TURNIX ROSTRATA, Swinh. (1865), *Ibis*, 543 et 544. — (1866), 131, 297 et 403. — (1867), 200. — (1871), *P. Z. S.*, 400.

Dimensions. Long. totale, 0^m,15 ; aile, 0^m,09 ; tarse, 0^m,025 ; bec, 0^m,018 à partir du front.

Couleurs. Iris d'un jaune très-pâle, presque blanc ; bec jaunâtre, avec l'arête supérieure et la pointe d'un bleu noirâtre ; pattes d'un blanc jaunâtre, nuancé de bleu indigo. — Parties supérieures brunes, mouchetées de noir et parsemées de quelques taches fauves ; une raie jaunâtre mal définie sur le vertex ; scapulaires nuancées de rouge ; couvertures supérieures de l'aile d'un roux pâle, avec des taches allongées d'un brun noirâtre ; joues et gorge presque blanches, mouchetées de quelques points noirs ; milieu de l'abdomen blanchâtre ; flancs et bas-ventre d'un roux vif ; côtés de la poitrine d'un roux un peu plus clair, avec des barres et des taches d'un brun très-foncé ; rémiges d'un brun châtain, avec le bord externe de la première penne d'un blanc jaunâtre ; queue floconneuse, courte, à peine distincte. — Chez la femelle, qui est de taille plus forte que le mâle, la gorge devient noire en été.

M. Swinhoe, auquel nous empruntons la description ci-dessus, a découvert cette nouvelle espèce de *Turnix* dans le sud de l'île de Formose, sur des collines rocailleuses couvertes de broussailles.

578. — AREOTURNIX BLAKISTONI

TURNIX OCELLATA, Swinh. (1863), *P. Z. S.*, 308, et (1866), *Ibis*, 131. — AREOTURNIX BLAKISTONI, Swinh. (1871), *P. Z. S.*, 401.

Cette espèce a été établie par M. Swinhoe sur un oiseau mâle tué près de Canton par le capitaine Blakiston ; elle est très-voisine du *Turnix pugnax*, mais s'en distingue, paraît-il, par une taille plus faible, des doigts plus courts et un bec très-petit. Les parties supérieures de son corps sont fortement nuancées de roux, et sa poitrine offre, au lieu de taches, des raies transversales nombreuses. Le Muséum possède un oiseau qui se rapporte probablement à cette espèce.

579. — FRANCOLINUS CHINENSIS

PERDIX CHINENSIS, Briss. (1760), *Ornith.*, I, 234, pl. 28, A, f. 1. — TETRAO SINENSIS, Osbeck (1771), *A Voyage to China*, I. — LE FRANCOLIN DE L'ISLE DE FRANCE, Sonn. (1782), *Voy. Ind.*, II, 166, pl. 97.—TETRAO PINTADEANUS, Scop. (1786), *Del Fl. et Faun. Insubr.*, II, 93, nᵒ 87. — TETRAO PERLATUS et TETRAO MADAGASCARIENSIS, Gm. (1788), *S. N.*, I, 758 et 756. — FRANCOLINUS PERLATUS, Strickl. (1842), *P. Z. S.*, 167. — FRANCOLINUS MACULATUS, Gr. (1844), *Zool. Misc.*, 2. — FRANCOLINUS PERLATUS et FRANCOLINUS MADAGASCARIENSIS, Bp. (1856), *Compt. rend. Ac. Sc.*, XLII, *Tabl. des Gall.*, nᵒˢ 185 et 186. — FRANCOLINUS PERLATUS, Swinh. (1860), *Ibis*, 63. — FRANCOLINUS MADAGASCARIENSIS, Hartl. (1861), *Ornith. Beitr. z. Faun. Madag.*, 69.— FRANCOLINUS SINENSIS, Swinh. (1863), *P. Z. S.*, et (1871), *ibid.*, 400.— FRANCOLINUS CHINENSIS, Gr. (1871), *A Fascicul. of B. of Chin.*, pl. 7.

Dimensions. Long. totale, $0^m,29$; queue, $0^m,08$; aile, $0^m,155$; tarse, $0^m,042$; bec, $0^m,022$.

Couleurs. Iris brun ; bec noir ; pattes jaunes. — Vertex varié de fauve et de brun foncé, avec deux larges raies sourcilières fauves se rejoignant en avant au-dessus du front et se prolongeant en arrière sur la nuque ; de chaque côté de la tête, une bande blanche sur les joues, séparant deux larges bandes noires dont l'une part des narines et s'étend à travers l'œil, et dont l'autre commence à la base du bec, sous forme de moustaches ; menton et gorge d'un blanc pur ; dos, poitrine et abdomen d'un noir profond, avec de nombreuses taches arrondies, d'un blanc pur en dessus et sur le thorax, d'un jaune ocreux sur les flancs et en arrière ; couvertures des ailes en partie d'un brun marron uniforme, en partie variées de noir et de jaunâtre, les taches jaunes affectant la forme de larmes ; rémiges brunes, ornées de taches blanches ; croupion et sus-caudales rayés transversalement de blanc et de jaune pâle ; rectrices d'un brun noirâtre, rayées de blanc, principalement sur les barbes externes et à la base ; sous-caudales d'un roux cannelle. — Chez la femelle, les bandes du vertex et des côtés de la tête ne sont pas indiquées ; la teinte fondamentale du corps est un brun varié de rougeâtre et marqué de raies irrégulières au lieu de taches arrondies.

Le Francolin perlé habite la Cochinchine, la Birmanie, les régions montagneuses de la Chine méridionale (Koangtong, Kouangsi) et l'île de Haïnan, et a été introduit à l'île de France. Ses mœurs sont les mêmes que celles de l'espèce européenne (*Francolinus vulgaris*).

PHASIANIDÉS

Près de 150 espèces de Gallinacés rentrent dans cette famille, qui est représentée en Amérique et dans l'Ancien-Monde, et qui, en Australie, est remplacée par les Mégapodidés.

580. — ITHAGINIS GEOFFROYI (Pl. 113)

ITHAGINIS GEOFFROYI, J. Verr. (1867), *Bull. Soc. d'Accl.*, 2ᵉ sér., IV, 706. — A. Dav. (1871), *N. Arch. du Mus.*, *Bull.* VII, *Cat.* n° 358. — D.-G. Elliot (1871), *Monogr. of Phasian.*, part. II, pl. — Gould (1872), *B. of As.*, livr. XXIV, pl.

Dimensions. Long. totale, 0ᵐ,48 ; queue, un peu arrondie, 0ᵐ,16 ; aile, 0ᵐ,22 ; tarse, armé de trois éperons aigus, 0ᵐ,068 ; bec, gros et renflé, 0ᵐ,02 ; huppe du sommet de la tête, 0ᵐ,06.

Couleurs. Iris noisette ; bec noir, avec la base rouge, de même que les narines et la peau nue autour des yeux ; pattes et éperons d'un rouge de corail ; ongles bruns. — Face noire ; plumes déliées, formant la huppe, d'un gris ardoisé foncé ; plumes acuminées de la partie supérieure du cou, du dos et du croupion et sus-caudales d'un gris ardoisé, avec le centre noir et une raie médiane blanche ; seconde moitié de la face supérieure des ailes, côtés de la poitrine et de l'abdomen et sous-caudales d'un rouge carmin, avec du gris au bout de chaque plume ; rectrices grises, lisérées de rouge carmin ; gorge et bas-ventre d'un gris ardoisé ; plumes des oreilles allongées (les unes déliées, les autres raides) et d'un gris noirâtre avec une ligne médiane blanche. — Chez la femelle, qui est plus petite que le mâle (0ᵐ,43 de long. totale) et qui est dépourvue d'éperons, le rouge des pattes et des narines est moins vif, le plumage, d'un brun vermiculé de noir et de gris, offre une forte teinte ardoisée et ne présente pas de mouchetures sur la tête ni sur le cou.

Je n'ai rencontré l'Ithagine de Geoffroy que dans les forêts les plus élevées du Setchuan occidental et du pays des Mantzes ; mais cette espèce paraît habiter une grande partie du Tibet oriental. Elle vit en troupes plus ou moins nombreuses près de la limite supérieure de la région des forêts, et se tient de préférence au milieu des bambouseraies sauvages. Sa nourriture ordinaire consiste en bourgeons, en feuilles et en graines ; mais l'estomac de trois individus que j'ai tués en avril, quand la neige couvrait encore tout le pays, ne renfermait absolument que de la mousse. Ces jolis oiseaux se perchent volontiers sur les arbres : leur naturel est très-sociable ; et quand les couvées sont

26

écloses on voit fréquemment plusieurs couples se réunir pour veiller ensemble sur leurs jeunes familles. Les Chinois désignent cette Ithagine sous le nom de *Tsong-ky* (poule des buissons.)

581. — ITHAGINIS SINENSIS (Pl. 114)

ITHAGINIS SINENSIS, A. Dav. (1873), *Ann. Sc. nat.*, 5ᵉ sér., t. XVIII, art. nᵒ 5. — (1874), *ibid.*, XIX, art. nᵒ 9.

Dimensions. Long. totale, 0ᵐ,46 à 0ᵐ,47 ; queue, 0ᵐ,16 ; aile, ouverte, 0ᵐ,14.

Couleurs. Plumage rappelant beaucoup celui de l'*Ithaginis Geoffroyi*, mais différant de ce dernier : 1ᵒ par une grande plaque d'un jaune d'ocre sale sur le devant du cou (qui est d'un gris ardoisé dans l'espèce précédente) ; 2ᵒ par la couleur rousse de la moitié des ailes qui, dans l'*Ithaginis Geoffroyi*, est d'un vert assez brillant ; 3ᵒ par la teinte beaucoup moins noire de la face qui est nuancée de rouge carmin ; 4ᵒ par la coloration des plumes de la tête et du cou qui sont d'un gris cendré plus clair et rayées de blanc ; 5ᵒ par la largeur plus grande des raies blanches qui marquent le centre des plumes dorsales. En outre, sur douze mâles que j'ai examinés, je n'ai jamais constaté la présence que d'un seul éperon sur le tarse. — La femelle de l'*Ithaginis sinensis* se distingue de celle de l'*Ithaginis Geoffroyi* : 1ᵒ par la nuance rousse beaucoup plus prononcée de son plumage, principalement sur les parties inférieures ; 2ᵒ par l'absence presque complète de teinte ardoisée sur la tête et le cou ; 3ᵒ par le manque presque absolu de mouchetures sur la poitrine et sur le ventre, les mouchetures étant d'ailleurs plus fines et moins marquées sur la région dorsale que dans l'espèce précédente ; 4ᵒ par la nuance carminée des bords des pennes caudales.

Cette espèce nouvelle d'Ithagine, la troisième du genre, habite les plus hautes montagnes du Chensi méridional. Je l'ai trouvée dans le centre du Tsinling, en compagnies assez nombreuses, au milieu des bois et des bambouseraies, à une altitude de 3,500 mètres. Ces oiseaux, qui se rencontrent dans toute cette région, jusqu'au Honan, sans être nulle part très-répandus, ont du reste absolument les mêmes mœurs que ceux de l'espèce précédente ; les indigènes les désignent sous les nom de *Hoa-ky* (poule fleurie) et *Song-hoa-ky* (poule fleurie des sapins.)

582. — PAVO MUTICUS

PAVO JAPONENSIS, Aldrov. (1646), *Ornith.*, II, 35, pl. 33 et 34. — Jonst. (1657), *Aves*, pl. 23, f. 3. — Briss. (1760), *Ornith.*, I, 289. — PAVO MUTICUS, L. (1766), *S. N.*, I, 731. — PAVO SPICIFERUS, V. (1834), *Gal. Ois.*, pl. 202. — PAVO ALDROVANDI, Wils.

(1828), *Ill. zool.*, pl. 14 et 15. — Pavo javanicus, Horsf. (1821), *Linn. Trans.*, XIII, 185. — Spiciferus muticus, Bp. (1856), *Compt. rend. Ac. Sc.*, XLII, *Tabl. des Gall.*, n° 71. — Pavo muticus, Sclat. (1863), *P. Z. S.*, 123. — D.-G. Elliot (1871), *Mon. of Phas.*, livr. II, pl. — Swinh. (1871), *P. Z. S.*, 398.

Le Paon spicifère qui remplace le Paon commun dans l'Indo-Chine et dans les grandes îles malaises, se trouverait aussi, d'après les Chinois, dans le sud-ouest de l'Empire ; aussi M. Swinhoe a-t-il cru devoir le comprendre dans sa liste. Quant à moi, je ne l'ai jamais vu à l'état sauvage, ni même à l'état domestique dans les limites de la Chine, et je sais qu'il n'existe pas au Japon. Cette magnifique espèce est du reste facile à reconnaître : sa tête est ornée d'une longue huppe, composée d'une dizaine de plumes barbelées dans toute leur étendue, et son plumage offre des teintes plus vertes et plus dorées et moins de bleu que celui du Paon ordinaire ou Paon de l'Hindoustan.

Nous doutons beaucoup également de la présence en Chine du *Polyplectron bicalcaratum*, que M. Swinhoe indique dans son Catalogue, d'après des spécimens du British Museum rapportés par Reeves.

583. — LOPHOPHORUS LHUYSII (Pl. 110)

Lophophorus Lhuysii, J. Verr. (1867), *Bull. Soc. d'Accl.*, 2e sér., IV, 706. — Sclat. (1868), *P. Z. S.*, 1, pl. 1. — (1870), *Ibis*, 297. — A. Dav. (1871), *N. Arch. du Mus.*, *Bull.* VII, *Cat.* n° 348. — Swinh. (1871), *P. Z. S.*, 399. — Gould (1873), *B. of As.*, livr. XXV, pl.

Dimensions. Long. totale, 0m,85 ; queue, un peu arrondie, 0m,28 ; aile, 0m,36 ; tarse, 0m,077, emplumé jusqu'au niveau de l'ergot qui est robuste ; bec, 0m,052, avec la mandibule supérieure élargie ; huppe, formée de plumes aplaties, 0m,05.

Couleurs. Iris d'un brun châtain ; bec brun, avec les bords et la pointe grisâtres ; pattes d'un brun verdâtre ; ongles noirs ; peau nue des lores d'un bleu assez vif. — Vertex et région parotique d'un vert métallique à reflets violets ; touffe de longues plumes occipitales d'une teinte pourpre à reflets métalliques ; plumes de la nuque et du dos d'un ton de cuivre doré très-brillant ; dessus des ailes à reflets éclatants bleus et verts, avec une plaque d'un vert doré très-vif sur les épaules ; partie inférieure du dos et croupion blancs, avec quelques taches bleues de forme anguleuse du côté des sus-caudales dont les plus longues sont entièrement d'un bleu d'acier ; parties inférieures du corps noires, glacées de vert ; queue noire et verte, avec des taches blanches. — Les mâles ne revêtent cette livrée splendide que dans leur deuxième année ; avant cette époque, ils sont, comme les femelles, d'un brun mélangé de noirâtre et de gris.

Ce magnifique lophophore habite les régions les plus élevées de Moupin, du Kokonoor oriental et des frontières occidentales du Setchuan. Il vit en petites troupes dans les prairies découvertes au-dessus de la région des forêts, et vient se percher sur les arbres pour dormir. Sa nourriture habituelle consiste en substances végétales et surtout en racines succulentes qu'il arrache fort adroitement au moyen de son bec robuste et évasé ; comme il recherche particulièrement celles d'un *Fritillaria* jaune appelé *Paé-mou*, les indigènes lui ont donné le nom de *Paé-mou-ky*. Dans ce pays, on nomme aussi *Ho-than-ky* (poule-charbon-ardent) le mâle adulte, revêtu de sa livrée métallique. C'est un oiseau très-farouche et dont le vol est assez puissant. Son cri, qu'il fait entendre de très-grand matin et lorsque le temps est à la pluie, consiste en trois ou quatre notes perçantes et bien détachées.

D'après quelques informations que j'ai pu recueillir, le *Lophophorus Lhuysii* se trouverait aussi dans le Yunan et le Kouytchéou ; il est certain, en tous cas, qu'il se rencontre dans une grande partie du Tibet oriental, mais il est rare partout et ne tardera pas à disparaître complétement : les Chinois en effet chassent très-activement et prennent au moyen de collets ce superbe gallinacé, dont la chair est fort délicate. Les spécimens que j'ai envoyés au Muséum d'histoire naturelle ont été tués à 4,500 mètres d'altitude.

584. — TETRAOPHASIS OBSCURUS (Pl. 109)

Lophophorus obscurus, J. Verr. (1869), *N. Arch. du Mus.*, *Bull.* V, 33, pl. 6. — Tetraophasis obscurus, D.-G. Elliot (1871), *Mon. of Phas.*, III, pl. — A. Dav. (1871), *N. Arch. du Mus.*, *Bull.* VI, *Cat.* n⁰ 347. — Swinh. (1871), *P. Z. S.*, 399. — Gould (1874), *B. of As.*, livr. XXVI, pl.

Dimensions. Long. totale, 0ᵐ,50 ; queue, arrondie, 0ᵐ,18 ; aile, 0ᵐ,31 ; tarse, emplumé sur les deux cinquièmes de sa longueur et muni d'un éperon aigu, 0ᵐ,05 ; bec, 0ᵐ,03. Une petite huppe peu distincte sur la tête.

Couleurs. Iris châtain ; bec et ongles d'un brun grisâtre ; pattes grises ; peau nue autour des yeux d'un rouge vermillon. — Parties supérieures d'un brun olive, tirant au cendré sur la tête, les joues et le croupion, parsemé de quelques petites taches noires sur le dos et coupé de bandes blanchâtres sur les ailes ; un grand rabat d'un brun marron sur la gorge ; poitrine grise, tachetée de noir ; plumes des flancs d'une teinte olive mêlée de roux, avec la pointe blanchâtre ; sous-caudales d'un brun marron, tachées de noir et terminées de blanc ; face supérieure de la queue grise, avec des vermiculations noires à la base et sur les pennes centrales, une bande noire au milieu et un liséré blanc à l'extrémité. — Chez la femelle, qui est de taille plus petite que le mâle et qui n'a pas d'éperons, les flancs n'offrent point de teinte rousse.

C'est de Moupin que j'ai envoyé au Muséum cette nouvelle espèce de gallinacé que M. Verreaux avait rangée primitivement parmi les Lophophores, mais en faveur de laquelle M. Elliot a créé plus tard, avec raison, un genre particulier. Le *Tetraophasis obscurus* paraît être assez répandu dans les montagnes du Kokonoor oriental ; il vit en petites compagnies dans l'intérieur des forêts et se nourrit, comme les *Crossoptilon* et les Lophophores, de racines succulentes, qu'il arrache avec son bec robuste. Les chasseurs du pays le désignent sous le nom de *Yang-ko-ky* (poule des royaumes d'Occident).

585. — CROSSOPTILON MANTCHURICUM (Pl. 106)

CROSSOPTILON MANTCHURICUM, Swinh. (1862), *P. Z. S.*, 287. — (1863), *ibid.*, 306. — (1865), *Ibis*, 112. — (1871), *P. Z. S.*, 399. — A. Dav. (1871), *N. Arch. du Mus., Bull.* VII, *Cat.* n° 349. — D.-G. Elliot (1871), *Mon. of Phas.*, livr. IV, pl.

Dimensions. Long. totale, 1ᵐ,10 ; queue, recourbée et étagée, avec les barbules des quatre rectrices centrales longues et déliées, 0ᵐ,50 ; aile, 0ᵐ,30 ; tarse, muni d'un ergot, 0ᵐ,085 ; bec, 0ᵐ,041, avec la mandibule supérieure convexe, à bords évasés ; plumes auriculaires, 0ᵐ,05.

Couleurs. Iris d'un jaune orangé ; bec rose ; pattes rouge de corail ; peau papilleuse de la région ophthalmique d'un rouge vif. — Plumage brun, passant au noir vers le cou et sur la tête dont les plumes sont courtes et comme veloutées, au blanc d'argent sur le croupion, les sus-caudales et la base de la queue, dont l'extrémité est d'un noir à reflets métalliques, au gris sur le bas-ventre, et au blanc pur sur la gorge, les joues et les couvertures auriculaires qui sont allongées en pinceau. — La femelle n'a pour ainsi dire point d'ergot et ne diffère guère du mâle par le plumage.

Le *Crossoptilon* brun, qui porte à Pékin le nom de *Hoky*, est sédentaire dans quelques localités boisées sur les montagnes du

Pétchely ; mais depuis quelques années il est devenu fort rare et il ne tardera pas à disparaître complétement, soit par suite de la guerre d'extermination qu'on lui fait, soit par la destruction des forêts qui lui servent de retraite. C'est un oiseau très-doux et très-sociable, qui vit toujours en compagnie et qui se nourrit de toute sorte de graines, de bourgeons, de feuilles, de racines et d'insectes. Il semble créé pour être domestiqué, d'autant plus qu'il se montre peu difficile pour sa nourriture ; mais en captivité il lui faut les ombrages d'un parc et le voisinage d'un ruisseau d'eau claire, c'est-à-dire des conditions analogues à celles qui l'entourent à l'état sauvage.

586. — CROSSOPTILON AURITUM (Pl. 108)

PHASIANUS AURITUS, Pall. (1811), *Zoogr.*, II, 86. — CROSSOPTILON CÆRULESCENS, A. Dav., mss., et Milne-Edw. (1870), *Compt. rend. Ac. Sc.*, t. XX, p. 358. — *Ann. N. Hist.*, sér. 4, V, 308. — CROSSOPTILON AURITUM, Gould (1870), *B. of As.*, livr. XXII, pl. — CROSSOPTILON CÆRULESCENS, C. AURITUM? A. Dav. (1871), *N. Arch. du Mus.*, *Bull.* VII, *Cat.* n° 351. — CROSSOPTILON AURITUM, Swinh. (1871), *P. Z. S.*, 119. — D.-G. Elliot (1871), *Mon. of Phas.*, livr. V, pl.

Description. Taille, proportions et formes du *Crossoptilon mantchuricum* de Pékin ; couleurs des yeux, du bec, des pattes et de la peau nue autour des yeux absolument identiques ; pinceaux auriculaires moins développés que dans le *Crossoptilon* brun, mais plus longs que dans le *Crossoptilon* blanc ; corps d'un bleu ardoisé ; queue d'un noir métallique, avec la base des rectrices centrales et la plus grande partie des rectrices latérales d'un blanc pur. — Aucune différence de plumage entre les deux sexes.

Le *Crossoptilon* bleuâtre, auquel les Chinois donnent le nom de *Maky*, et dont les plumes caudales sont fort recherchées pour l'ornement des chapeaux de mandarins, habite le N.-O. du Setchuan, le Kokonoor oriental et peut-être même le Kan-sou. Il est partout assez rare, et, comme ses deux congénères, se tient sur les montagnes boisées et se nourrit de végétaux et d'insectes. Jusqu'à ces derniers temps, cette belle espèce n'était représentée dans les musées d'Europe que par les quatre individus que j'avais envoyés de Pékin et que j'avais considérés comme appartenant à une espèce nouvelle, avant d'avoir eu sous les yeux la description du *Phasianus auritus* de Pallas.

587. — CROSSOPTILON TIBETANUM (Pl. 107)

CROSSOPTILON TIBETANUM, Hodgs. (1831), *J. A. S. Beng.*, VII, 864. — Gr. (1844),
Zool. Misc., 85, et *Gen. of B.*, pl. — CROSSOPTILON DROUYNII, Miln.-Edw. (1868),
Compt. rend. Ac. Sc., séance du 20 août. — J. Verr. (1868), *N. Arch. du Mus.*, *Bull.*
IV, 85, et pl. 3. — CROSSOPTILON THIBETANUM, D.-G. Elliot (1870), *Mon. of Phas.*, livr. I,
pl. — A. Dav. (1871), *N. Arch. du Mus.*, *Bull.* VII, *Cat.* n° 350. — CROSSOPTILON
DROUYNII, Swinh. (1871), *P. Z. S.*, 399. — D.-G. Elliot (1871), *Mon. of Phas.*,
livr. V, pl.

Dimensions. Long. totale, $0^m,95$; queue, étagée, arquée, à barbules
moins longues et moins déliées que dans l'espèce précédente, $0^m,40$; aile,
$0^m,14$; tarse, $0^m,095$; bec, $0^m,04$, à mandibule supérieure recourbée et
évasée ; plumes auriculaires, $0^m,035$.

Couleurs. Iris d'un jaune orangé ; bec d'un rose pâle ; narines d'un
blanc rosé ; pattes et éperons d'un rouge de corail ; ongles cornés ; peau
papilleuse du tour des yeux d'un rouge vif. — Plumage entièrement blanc,
à l'exception de la calotte qui est d'un noir velouté, des rémiges qui sont
d'un noir bleuâtre ou d'un gris blanchâtre (dans les individus très-vieux), et
de la queue qui offre une teinte d'un noir métallique, avec des reflets verts
et pourprés, et une tache blanche à la base des rectrices latérales. — Les
femelles et les jeunes mâles, avant la première mue, se distinguent des
mâles adultes par les teintes moins pures de leur plumage et leurs éperons
moins développés.

Le Crossoptilon blanc ne se trouve en Chine que dans quelques localités boisées, sur les montagnes élevées du pays des
Mantzes, par exemple à Yaotchy et à Tatsienlou, où son existence est protégée par le respect superstitieux des indigènes.
C'est un oiseau doux et sociable, qui aime à vivre en compagnie
de ses semblables, même à l'époque de l'éducation des jeunes, et
qui ne s'éloigne guère des lieux qui l'ont vu naître. Sa nourriture consiste en feuilles, en racines, en graines et en insectes.
Heureusement pour la conservation de l'espèce, la chair de ce
gallinacé est d'un goût fort médiocre ; aussi les chasseurs
préfèrent-ils comme gibier les faisans, qui sont d'ailleurs beaucoup plus répandus et plus faciles à atteindre.

588. — PUCRASIA XANTHOSPILA (Pl. 104.)

PUCRASIA XANTHOSPILA, Gray (1864), *P. Z. S.*, 259, et pl. 20. — Miln.-Edw. (1865),
N. Arch. du Mus., *Bull.* I, 14, et pl. I, fig. 2. — D. Saurin (1866), *P. Z. S.*, 437. —
A. Dav. (1868), *ibid.*, 210. — Gould (1869), *B. of As.*, livr. XXI, pl. — A. Dav. (1871),
N. Arch. du Mus., *Bull.* VII, *Cat.* n° 357. — Swinh. (1871), *P. Z. S.*, 399.

Dimensions. Long. totale, 0ᵐ,58 ; queue, étagée, 0ᵐ,20 ; aile, 0ᵐ,24 ; tarse, armé d'un éperon très-aigu, 0ᵐ,06 ; bec, 0ᵐ,025 ; huppe occipitale, 0ᵐ,09.

Couleurs. Iris brun ; bec noir ; pattes d'un gris plombé. — Plumes pour la plupart de forme lancéolée ; tête et gorge d'un noir grisâtre, avec une teinte d'ocre sur le vertex et une partie des plumes de la huppe ; sur la joue, une grande tache blanche, suivie d'une tache jaune encore plus large s'étendant sur les côtés et le dessus du cou ; dos, croupion, côtés de la poitrine et de l'abdomen, bas-ventre et cuisses d'un gris cendré, avec de longues taches noires en forme de fer de lance ; sur la partie inférieure de la gorge, une large bande marron qui descend entre les jambes ; sous-caudales d'un brun marron, avec le bout noir et blanc ; rectrices latérales grises, rayées transversalement de noir et terminées de blanc ; rectrices médianes et grandes sus-caudales de trois couleurs, la tige étant noire, le centre et l'extrême bord d'une teinte grise qui limite de chaque côté une large bande marron ; rémiges brunes, bordées de jaune d'ocre en dehors ; scapulaires et couvertures alaires variées de brun, de gris et d'olivâtre. — Chez la femelle, la huppe est plus courte que chez le mâle, les éperons sont moins développés, la tête n'offre point de reflets d'un vert métallique, la gorge et la tache latérale du cou sont d'un blanc jaunâtre, auquel succède vers le bas une teinte rosée ; les parties supérieures du corps sont mouchetées de gris, de noir et de roux, et les parties inférieures, un peu plus claires que le dos, sont dépourvues de bande marron.

PUCRASIA XANTHOSPILA, VAR. RUFICOLLIS (CHENSI). — Côtés du cou d'un roux *très-foncé ;* tache latérale blanche peu développée *et entourée de toutes parts par le noir métallique ;* sous-caudales noires, sans bande marron, avec une tache terminale blanche arrondie et non pas anguleuse ; bande médiane marron moins étendue sur le ventre que dans le *Pucrasia xanthospila* vrai ; teintes noires plus développées sur le dos et les ailes.

Les Eulophes à cou jaune ou *Song-ky* se rencontrent en petit nombre dans les montagnes boisées du N.-O. de la Chine, depuis la Mantchourie jusqu'au Tibet oriental, ainsi que dans la chaîne de l'Ourato. Ils ne quittent guère les taillis et les fourrés où ils vivent solitaires ou par couples, se nourrissant de graines de divers végétaux, et particulièrement de conifères. Leurs allures sont celles des faisans. Ils constituent un excellent gibier, et chaque hiver les Chinois prennent au collet un certain nombre de ces oiseaux qu'ils apportent au marché de Pékin : les résidents européens préfèrent avec raison ces gallinacés aux autres phasianidés du pays.

D'après les caractères indiqués plus haut, il semble que les oiseaux du Chensi forment une variété assez distincte.

589. — PUCRASIA DARWINI (Pl. 105)

PUCRASIA DARWINI, Swinh. (1872), *P. Z. S.*, 552. — D.-G. Elliot (1872), *Monog. of Phas.*, livr. VI, pl.

Dimensions. Long. totale, 0^m,60 ; queue, étagée, 0^m,24 ; aile, 0^m,24 ; tarse, 0^m,05, muni d'un éperon aigu ; bec, cannelé, 0^m,024 ; huppe occipitale, 0^m,08.

Couleurs. Iris brun ; bec noir ; tarses d'un gris plombé ; doigts d'un gris plus foncé. — Plumage rappelant en général celui du *Pucrasia xanthospila*, mais en différant par les caractères suivants : 1° point de taches ocracées sur les côtés du cou ; 2° teintes métalliques de la tête moins vertes et plus bleuâtres ; 3° bande abdominale d'un brun marron moins vif ; 4° côtés de la poitrine et de l'abdomen roux (et non pas gris) ; 5° plumes du dos marquées de *deux* taches concentriques en forme de fer de lance (au lieu d'une seule tache) ; 6° sous-caudales colorées en brun marron sur les bords seulement. — La femelle ressemble beaucoup à celle de l'autre espèce ; chez elle seulement le noir domine davantage dans les teintes du plumage, les mouchetures sont moins nombreuses et le blanc des plumes inférieures de la huppe est remplacé par du roux.

L'Eulophe de Darwin, qui se distingue au premier coup d'œil de l'espèce des environs de Pékin par l'absence de taches jaunes sur les côtés du cou, n'a été rencontré jusqu'ici que dans les montagnes de l'intérieur du Tchékiang et du Fokien. Il est sédentaire et assez commun dans cette dernière région où j'ai obtenu de nombreux spécimens, et vit solitaire dans les endroits boisés et escarpés. Son régime, ses mœurs et ses allures sont les mêmes que ceux du *Pucrasia xanthospila*, et les Chinois le désignent par le même nom que cette dernière espèce, *Song-Ky* (poule des pins).

590. — PHASIANUS TORQUATUS

PHASIANUS COLCHICUS, var. TORQUATUS, Gm. (1788), *S. N.*, I, 742. — PHASIANUS ALBO-TORQUATUS, Bonnat. (1823), *Ornith.*, 184. — PHASIANUS COLCHICUS, var. MONGOLICA, Pall. (1811), *Zoogr.*, II, 84. — PHASIANUS TORQUATUS, Gould (1856), *B. of As.*, livr. VIII, pl. — Schr. (1860), *Vög. d. Am. L.*, 402. — Swinh. (1861), *Ibis*, 49 et 341. — Swinh. (1861), *Ibis*, 94 et 341. — Sclat. (1862), *P. Z. S.*, 116. — Radde (1863), *Reis. in S. O. Sib.*, II, 302. — Dyb. (1868), *J. f. O.*, 337. — D.-G. Elliot (1870), *P. Z. S.*, 408, et (1871), *Mon. of. Phas.*, livr. V, pl. — Swinh. (1871), *P. Z. S.*, 398, et (1875), *Ibis*, 125. — Tacz. (1876), *Bull. Soc. zool. Fr.*, I, 245.

Dimensions. Long. totale, 1^m ; queue, 0^m,60 ; aile, 0^m,25 ; tarse, 0^m,113 ; bec, 0^m,03.

Couleurs. A. Sujets du nord de la Chine : un collier blanc, large et

complet, une forte raie sourcilière blanche, et souvent une petite tache
blanche au-dessous de l'oreille ; sur la tête, une teinte bronzée assez claire
et mélangée de violet ; plumes des flancs d'un jaune d'ocre très-pâle ; reste
du plumage à peu près comme dans le *Ph. colchicus*. — *B*. Sujets du S.-O.
de la Chine : un collier plus étroit et interrompu sur le devant du cou ;
sourcils moins larges et moins marqués. — *C*. Sujets du Chensi méridional
(où vit aussi le *Ph. decollatus*) : un collier blanc très-réduit, incomplet en
avant et en arrière ; point de sourcils blancs ; plumes des flancs d'une teinte
rousse plus intense ; reflets violets du vertex plus prononcés.

Le Faisan à collier, que Gmelin avait signalé comme une
simple variété du faisan de Colchide, en a été séparé spécifiquement par l'abbé Bonnaterre. Il est très-abondamment répandu
dans la plus grande partie de la Chine, et se rencontre aussi en
Mantchourie, dans l'Amourland, dans la Mongolie orientale et
en Corée. Les oiseaux du Nord, ceux du Chensi méridional et
ceux du Fokien et du Kiangsi diffèrent déjà les uns des autres,
comme nous l'indiquons ci-dessus, par la forme et les dimensions
du collier et par quelques détails de coloration ; aussi sommes-
nous portés à croire que le *Phasianus versicolor* du Japon, qui
a tout le dessous du corps d'un vert bronzé, n'est aussi qu'une
forme dérivée ou une simple variété de la même espèce ; nous
en dirons autant du *Phasianus formosanus* de l'île de Formose,
du *Phasianus mongolicus* et *Ph. insignis* de la Mongolie occidentale, des *Phasianus decollatus* et *Ph. Sladeni* du S.-O. de la
Chine. Nous sommes convaincus également qu'il y a des relations
de parenté très-étroites entre les formes occidentales (*Phasianus
colchicus* et *Ph. Shawi*), et les formes de l'Orient ; mais nous pensons que c'est parmi celles-ci qu'il faut chercher le type primitif,
en admettant que ce type soit encore représenté. Peut-être
est-ce du *Phasianus torquatus* que sont dérivées les neuf formes
secondaires que la plupart des ornithologistes considèrent
comme des espèces, et parmi lesquelles il y en a quatre pour-
vues d'un collier et cinq sans collier.

591. — PHASIANUS FORMOSANUS

PHASIANUS TORQUATUS, Swinh. (1863), *Ibis*, 401, et (1866), *ibid*., 404. — PHASIANUS
FORMOSANUS, D.-G. Elliot (1870), *P. Z. S.*, 406, et (1871), *Monogr. of Phas.*, livr. IV,
pl. — Swinh. (1871), *P. Z. S.*, 398.

La race de Faisan à collier qui habite l'île de Formose a été séparée spécifiquement par M. D.-G. Elliot du *Phasianus torquatus* proprement dit. D'après M. Elliot, les oiseaux de Formose auraient toujours les flancs d'un jaune d'ocre beaucoup plus pâle, presque blanchâtre, les barres de la queue plus larges, le collier plus étroit, les sourcils plus marqués, le croupion d'un vert plus vif, l'iris blanc, etc.

592. — PHASIANUS DECOLLATUS (Pl. 100)

PHASIANUS DECOLLATUS, Swinh. (1870), *P. Z. S.*, 135. — D.-G. Elliot (1870), *ibid.*, 408, et (1871), *Mon. of Phas.*, livr. V, pl. — A. Dav. (1871), *N. Arch. du Mus.*, *Bull.* VII, *Cat.* n° 356. — Swinh. (1871), *P. Z. S.*, 398.

Dimensions. Long. totale, $0^m,95$; queue, $0^m,55$; aile, $0^m,25$; tarse, $0^m,115$; bec, $0^m,03$.

Couleurs. Iris jaune ; bec d'un jaune verdâtre ; pattes grisâtres. — Plumage différant de celui du *Phasianus torquatus* : 1° par l'absence complète de collier et de sourcils blancs ; 2° par les reflets d'un violet foncé dessus de la tête ; 3° par la nuance roux doré des flancs ; 4° par les taches vertes occupant l'extrémité des premières plumes dorsales ; 5° par la bordure verte large et bien marquée qui orne les plumes de la poitrine.

Le Faisan sans collier habite le centre et l'ouest de l'empire chinois ; dans la chaîne du Tsinling, dans le Chensi méridional, il est aussi commun que le Faisan à collier, auquel il se mêle assez fréquemment ; mais dans le Kokonoor oriental, à Moupin, dans le Setchuan, dans une partie du Yunan et du Kouytchéou, il remplace complétement le *Phasianus torquatus*, dont il n'est, comme nous l'avons dit plus haut, qu'une simple race locale.

593. — PHASIANUS SLADENI

PHASIANUS SLADENI, Anderson, *mss.* — D.-G. Elliot (1870), *P. Z. S.*, 408. — PHASIANUS ELEGANS, D.-G. Elliot (1870), *Ann. and Mag. of N. H.*, 4ᵉ sér., VI, 312, et (1871), *Monog. of Phas.*, livr. III, pl. — PHASIANUS SLADENI, Anders. (1871), *P. Z. S.*, 215. — Swinh. (1871), *ibid.*, 398.

Dimensions. Long. totale, $0^m,75$ environ ; queue, seule, $0^m,37$.

Couleurs. Iris brun ; peau nue autour de l'œil d'un rouge écarlate, avec une petite tache formée par des plumes vertes en arrière de l'orbite ; bec brunâtre ; pattes couleur de chair. — Tête et cou d'un vert bleuâtre à reflets métalliques ; dos d'une couleur de cuivre rouge, avec toutes les plumes bordées de vert ; scapulaires d'une teinte analogue, avec des taches centrales noires et des bandes transversales blanches ; croupion verdâtre, avec des taches d'un vert d'émeraude à l'extrémité des plumes ; sus-caudales d'un vert grisâtre, décomposées et laissant voir entre leurs barbes la teinte du croupion ; plumes de la poitrine d'un rouge pourpre éclatant, passant au verdâtre sur les barbes internes et sur les côtés de l'abdomen ; flancs et côtés de la poitrine d'un brun marron vif, avec le bout des plumes d'un bleu foncé ; sous-caudales d'un brun noirâtre, terminées de rouge ; queue d'un rouge marron, avec de larges bandes noires (d'après M. Elliot).

•Cette belle espèce vit dans l'ouest du Setchuan et du Yunan, à une altitude de 1,500 mètres environ.

594. — PHASIANUS ELLIOTI (Pl. 101)

PHASIANUS ELLIOTI, Swinh. (1872), *P. Z. S.*, 550. — CALOPHASIS ELLIOTI, D.-G. Elliot (1873), *Monog. of Phas.*, livr. VI, pl. — Gould (1874), *B. of As.*, livr. XXVI, pl.

Dimensions. Long. totale, $0^m,80$; queue, $0^m,46$; aile, $0^m,23$; tarse, $0^m,076$, garni d'un éperon long et acéré ; bec, $0^m,027$ à partir du front.

Couleurs. Iris châtain clair ; bec jaunâtre ; pattes d'un gris bleuâtre ; peau dénudée du tour de l'œil d'un rouge vif. — Sommet de la tête d'un brun olivâtre, moucheté de brun foncé ; une raie blanche au-dessus et un peu en arrière de l'œil ; nuque d'un gris foncé, passant au blanc pur sur les côtés du cou ; plumes des narines, du menton et de la gorge d'un noir foncé, avec des reflets bleus sur le devant du cou ; partie antérieure du dos et poitrine d'un rouge cuivreux à reflets dorés, avec un trait noir vers le bord de chaque plume ; scapulaires et couvertures des ailes d'une teinte analogue, mais plus foncée, avec une large raie blanche limitant l'aile en dessus, et une plaque d'un bleu métallique vers l'épaule, les plus grandes offrant en outre, à l'extrémité, une tache noire précédant une bordure blanche qui dessine une bande oblique sur le milieu de l'aile ; pennes secondaires d'un roux marron, tachées de noir vers l'extrémité et terminées par un liséré d'un blanc sale ; rémiges rousses, variées de brun sur les barbes internes ; dernières plumes dorsales, croupion et sous-caudales noirs, terminés par un liséré blanc, ombré de gris ; abdomen blanc, avec des taches marron et noires sur les plumes des flancs et sur celles des cuisses ; sous-caudales noires, les latérales largement marquées de brun marron ; queue ornée de bandes alternatives d'un brun marron et d'un gris délicatement rayé de blanc. — Chez la femelle, le plumage offre des teintes beaucoup plus ternes : le vertex est brun tacheté de noir, la nuque grisâtre variée de brun, la gorge noire, le dos marron, nuancé de gris, avec une tache blanche au centre et une barre noirâtre vers l'extrémité de chaque plume ; les scapulaires sont d'un brun jaunâtre, mouchetées de noir et terminées par un liséré blanchâtre ; les couvertures alaires d'un brun marron, tachetées de noir et terminées de blanchâtre ; les rémiges marron, mouchetées de brun ; la poitrine d'une teinte fauve rayée de blanc et de noir ; l'abdomen blanc, avec des barres brunâtres irrégulières sur les flancs ; enfin la queue d'une teinte grisâtre, avec des stries brunâtres, n'offre que des bandes transversales peu distinctes, d'un brun foncé.

Le Faisan d'Elliot, qui rappelle un peu le Faisan d'Amherst par la coloration blanche de son abdomen, a été découvert en 1872 par M. Swinhoe dans la province du Tchékiang. L'année suivante, je l'ai rencontré dans le Fokien occidental, où il vit, comme le Faisan argenté, dans les bois montueux. Dans cette région toutefois, le *Phasianus Ellioti* est loin d'être commun, et se transporte souvent d'un canton à l'autre ; quelquefois il reste des années entières avant de revenir à sa première demeure. C'est un oiseau d'un naturel sauvage ; et le jeune mâle que j'ai rapporté vivant au Jardin des Plantes, après l'avoir conservé huit mois en captivité, ne s'est habitué que très-difficilement à prendre sa nourriture de ma main. Je ne doute pas cependant qu'on ne parvienne, à force de soins, à acclimater en Europe, aussi bien que les autres faisans, cette magnifique espèce si remarquable par les teintes cuivrées de son plumage, que les Chinois désignent sous le nom de *Han-ky* (poule des lieux secs).

595. — PHASIANUS REEVESII

PHASIANUS REEVESII, Gr. et Hardw. (1830-31), *Ill. Ind. zool.*, pl. 39. — Gr. (1831), *P. Z. S.*, 77. — SYRMATICUS REEVESII, Wagl. (1832), *Isis*, 1,227. — PHASIANUS VENERATUS, Tem. (1838), *Pl. Col.* 485. — SYRMATICUS REEVESII, Bp. (1856), *Compt. rend. Ac. Sc.*, XLII, *Tabl. des Gallin.*, n° 86. — Ph.-L. Sclat. (1863), *P. Z. S.*, 117. — PHASIANUS REEVESII, Swinh. (1863), *P. Z. S.*, 307. — Gould (1869), *B. of As.*, livr. XXI, pl. — D.-G. Elliot (1871), *Monog. of Phas.*, livr. II, pl. — SYRMATICUS REEVESII, Swinh. (1871), *P. Z. S.*, 398.

Dimensions. Long. totale, 2^m,10 environ ; rectrices médianes, 1^m,60 ; tarse, 0^m,065 ; bec, 0^m,025 à partir du front.

Couleurs. Iris brun clair ; bec d'une teinte verdâtre ; pattes et doigts d'un brun corné ; ongles bruns ; peau nue autour de l'œil d'un rouge vif. — Vertex, une tache au-dessus de l'œil, menton et un large collier d'un blanc pur ; front, face, une tache en forme de V sur la gorge, un large collier à la base du cou, milieu de l'abdomen et sous-caudales d'un noir de jais ; dos et poitrine d'un jaune d'ocre brillant, avec toutes les plumes terminées par une bordure noire en croissant ; milieu de l'aile blanc, avec toutes les plumes largement bordées de noir ; flancs d'un brun marron très-vif, avec des mouchetures noires et blanches ; rémiges d'un brun noirâtre, tache-tées de fauve ; rectrices d'un blanc d'argent, avec un liséré fauve et des barres transversales brunes, noires et rougeâtres. — Chez la femelle, le vertex est brun ; une tache irrégulière de même couleur se prolonge en arrière et en dessous de l'œil ; le reste de la tête est d'un fauve pâle ; le cou et le dos sont variés de taches noires et marron et de marques blanches en forme de fer de lance ; la poitrine et les flancs sont d'un brun marron clair, avec des lisérés gris pâle au bord et des taches irrégulières au centre de chaque plume ; le milieu de l'abdomen et les sous-caudales offrent une teinte chamois ; les ailes sont mouchetées de noir et de brun et striées de fauve ; le croupion est tacheté de brun ; les rectrices latérales sont rayées irrégulièrement de brun, de marron et de noir avec l'extrémité blanche, et les rectrices centrales présentent des taches brunes et noires.

Le Faisan de Reeves ou Faisan vénéré, dont Wagler a fait le type de son genre *Syrmaticus*, se distingue de tous les autres par sa calotte blanche et sa queue d'une longueur démesurée. Il habite dans les montagnes qui sont situées au nord et à l'ouest de Pékin et dans celles qui séparent le Chensi du Honan et le Houpé du Setchuan ; toutefois il ne se rencontre pas dans les parties occidentales de cette dernière province et il n'a pas été signalé jusqu'à présent au sud du Yangtzé. Au Tonglin, près de Pékin, cette magnifique espèce, aux formes robustes et d'un naturel sauvage, se tient sur les montagnes escarpées, au milieu de thuyas et de pins, parmi lesquels il trouve, même en hiver, une nourriture suffisante. Les Chinois de cette région le nom-ment *Djeu-ky* (poule-flèche).

On a souvent assimilé le *Phasianus superbus* de Linné au *Ph. Reevesii ;* mais les caractères indiqués par le grand natura-liste suédois ne s'appliquent pas plutôt à cette dernière espèce qu'à une autre. S'agirait-il de quelque espèce déjà disparue et dont le souvenir aurait été conservé dans le Phénix chinois (*Fong-hoang*) ?

596. — THAUMALEA PICTA

PHASIANUS AUREUS SINENSIS, Briss. (1760), *Ornith.*, I, 271. — PHASIANUS PICTUS, L. (1766), *S. N.*, I, 272. — LE FAISAN DORÉ DE LA CHINE, Buff. (1770), *Pl. Enl.* 217. — PHASIANUS-PICTUS, Gm. (1788), *S. N.*, I, 743. — THAUMALEA PICTA, Wagl. (1832), *Isis*, 1,227. — Bp. (1856), *Compt. rend. Ac. Sc.*, XLII, *Tabl. des Gall.*, n° 79. — Sclat. (1863), *P. Z. S.*, 117. — Swinh. (1863), *ibid.*, 307. — Gould (1866), *B. of As.*, livr. XVIII, pl. — CHRYSOLOPHUS PICTUS, Swinh. (1871), *P. Z. S.*, 398.

Dimensions. Long. totale, 1m,13 (mâle adulte tué au Setchuan en février).

Le Faisan doré, qui a été acclimaté sur plusieurs points de la France, est trop connu pour que nous ayons besoin d'en donner une description. En Chine, il est sédentaire dans les provinces du sud et du sud-est, jusqu'à la chaîne du Tsinling, dans le Chensi méridional, mais il manque complétement dans les provinces septentrionales et orientales de l'Empire, ainsi qu'en Mant-chourie et en Corée. Cet oiseau aux couleurs brillantes et aux formes élégantes vit dans les bois, sur les montagnes d'altitude moyenne ; dans les forêts qui couvrent les sommets de Moupin, il est remplacé par l'espèce suivante, *Thaumalea Amherstiæ*. Je l'ai rencontré assez communément dans le Setchuan occidental et dans le Kokonoor oriental, et beaucoup plus rarement dans le Chensi méridional, mais toujours à l'état sauvage ; sur aucun point de la Chine, je ne l'ai vu domestiqué, pas plus du reste que les autres faisans. Les Chinois donnent à ce beau gallinacé le nom de *Kin-ky* (poule d'or.)

597. — THAUMALEA AMHERSTIÆ (Pl. 103)

PHASIANUS AMHERSTIÆ, Leadb. (1729-30), *Lin. Trans.*, XVI, 129. — THAUMALEA AMHERSTIÆ, Wagl. (1832), *Isis*, 1,227. — Gr. et Mitch. (1844), *Gen. of B.*, pl. 129. — Blyth (1849), *Cat. B. As. Soc. Mus.*, 249, n° 1,476. — Bp. (1856), *Compt. rend. Ac. Sc.*, XLII, *Tabl. des Gall.*, n° 80. — Sclat. (1863), *P. Z. S.*, 117. — Swinh. (1863), *ibid.*, 307, et (1870), *ibid.*, 111. — L.-D. Carreau (1870), *Bull. Soc. Acclim.*, 2e sér., VII, 502. — Sclat. (1870), *P. Z. S.*, 157. — D.-G. Elliot (1870), *Mon. of Phas.*, livr. I, pl. — CHRYSOLOPHUS AMHERSTIÆ, Swinh. (1871), *P. Z. S.*, 398.

Dimensions. Long. totale, 1m,25 ; queue, 0m,90 ; aile, 0m,22 ; tarse, 0m,077 ; bec, 0m,03 ; huppe, 0m,06 ; camail, 0m,13.

Couleurs. Iris d'un jaune pâle ; bec d'un brun corné, avec la base plus foncée ; pattes d'un gris bleuâtre ; peau nue autour des yeux d'un vert pâle. — Dessus de la tête, gorge et cou d'un vert métallique, de même que la partie supérieure de la poitrine, dont les plumes arrondies sont bordées de noir et frangées de vert doré ; plumes de la face supérieure des ailes d'un bleu verdâtre, liséré de noir ; croupion jaune ; sus-caudales médianes rouges, les latérales blanches rayées de vert à la base, et d'un rouge vif à l'extrémité qui retombe élégamment sur le côté de la queue ; sous-caudales noires ; thorax et abdomen blancs ; bas-ventre gris ; cuisses blanches, variées de noir et de roux ; rectrices centrales d'un blanc grisâtre, zoné de vert et marbré de noir ; rectrices latérales marquées de raies plus étroites que les pennes médianes et teintées de brun sur le bord externe ; rémiges brunes, lisérées de blanc. — Chez la femelle, les parties supérieures du corps sont roussâtres et rayées transversalement de brun ; le ventre est d'un gris jaunâtre, avec des barres noirâtres sur les flancs ; le devant du cou, le front et les sourcils sont roux, marqués de brun ; enfin le *camail* est rudimentaire et formé de plumes rousses terminées par du vert métallique. — Le jeune mâle ressemble beaucoup à la femelle. Au bout de la première année, sa queue et son camail prennent une teinte blanche et sa tête devient d'un vert métallique ; mais ce n'est qu'au bout de la deuxième année que l'oiseau a complétement revêtu la somptueuse livrée de l'adulte.

Le Faisan de lady Amherst habite pendant toute l'année les plus hautes montagnes boisées de l'ouest du Setchuan, du Yunan, du Kouycheou, et les hautes montagnes du Tibet oriental. Il affectionne particulièrement les massifs de bambous sauvages qui croissent à une altitude de 2 à 3,000 mètres et dont les bourgeons constituent sa nourriture favorite ; c'est même de là que lui vient son nom chinois de *Séng-ky* (poule des bourgeons). Pris jeune, il s'élève fort bien et se reproduit facilement en captivité, comme on a pu s'en assurer par des expériences faites au collége de Moupin. C'est un oiseau robuste, qui ne redoute ni le froid ni la neige et qui s'accommode de toute espèce de nourriture, comme notre Poule domestique. A l'état sauvage il se montre fort jaloux et ne souffre pas que le Faisan doré, qui seul pourrait rivaliser avec lui, s'approche de l'endroit où il s'est établi : aussi ne rencontre-t-on jamais ces deux faisans aux couleurs éclatantes sur la même montagne ni dans la même vallée.

598. — EUPLOCAMUS NYCTHEMERUS

PHASIANUS ALBUS SINENSIS, Briss. (1760), *Ornith.*, I, 277. — PHASIANUS NYCTHE-MERUS, L. (1766), *S. N.*, I, 272. — LE FAISAN BLANC DE LA CHINE, Buff. (1770), *Pl. Enl.* 123 et 124. — PHASIANUS NYCTHEMERUS, Gm. (1788), *S. N.*, I, 744. — GENNÆUS NYC-THEMERUS, Wagl. (1832), *Isis*, 1,228. — NYCTHEMERUS ARGENTATUS, Sw. (1836), *Class. of B.*, II, 34. — EUPLOCAMUS NYCTHEMERUS, Tem. (1838). — EUPLOCAMUS NYCTHEMERUS, Strickl. (1841), *Aves, Add.* — Blyth (1849), *Cat.* 244, n° 1,466. — GENNÆUS NYCTHE-MERUS, Bp. (1856), *Compt. rend. Ac. Sc.*, XLII, *Tabl. des Gall.*, n° 89. — Gould (1859), *B. of As.*, livr. XI, pl. — EUPLOCAMUS NYCTHEMERUS, Sclat. (1863), *P. Z. S.*, 120. — D.-G. Elliot (1870), *Mon. of Phas.*, livr. I, pl. — Swinh. (1871), *P. Z. S.*, 399.

Dimensions. (Mâle adulte tué au Fokien en décembre.) Long. totale, 1ᵐ,10 ; queue, 0ᵐ,67.

Couleurs. Iris jaune, cerclé de rouge ; bec verdâtre ; pattes rouges.

Le Faisan argenté est devenu fort rare à l'état sauvage et ne se rencontre plus que dans la Chine méridionale jusqu'au nord du Fokien et peut-être jusqu'au Tchékiang. Il n'existe point au Setchuan et est remplacé dans le S.-O. du Yunan par une race de plus petite taille que M. Elliot a désignée sous le nom de *Euplocamus Andersoni* (*Monog. of Phas.*, 1871, livr. V, pl.). Les faisans dorés et argentés que l'on voit en cage à Changhaï proviennent du Japon où ces deux espèces chinoises sont élevées en captivité. En Chine, l'*Euplocamus nycthemerus* porte les noms de *Ing-ky* (poule argentée) et de *Paé-ky* (poule blanche).

599. — EUPLOCAMUS SWINHOII (Pl. 102)

EUPLOCAMUS SWINHOII, Gould (1862), *P. Z. S.*, 284. — Sclat. (1863), *ibid.*, 119. — Swinh. (1863), *Ibis*, 401. — Gould (1864), *B. of As.*, livr. XVI, pl. — Swinh. (1871), *P. Z. S.*, 399. — D.-G. Elliot (1871), *Monogr. of Phas.*, livr. II, pl.

Dimensions. Long. totale, 0m,80 ; queue, 0m,44 ; aile, 0m,30 ; tarse, 0m,08 ; bec, 0m,032.

Couleurs. Iris d'un brun clair ; bec d'un brun verdâtre clair ; pattes rouges ; espace dénudé autour de l'œil et caroncules d'un rouge vif. — Tête et cou d'un noir bleu, avec une touffe de plumes allongées, d'un blanc légèrement mélangé de bleu sur le vertex ; nuque, poitrine et flancs d'un bleu très-foncé, presque noir, à reflets soyeux ; milieu du dos d'un blanc de neige ; scapulaires d'un rouge carmin sombre, à reflets de bronze *florentin* ; région postérieure du dos, croupion et sus-caudales d'un noir soyeux, avec des reflets d'un bleu violet très-brillant au bord de toutes les plumes ; grandes et moyennes couvertures des ailes d'un noir soyeux, glacées de vert bronze sur les bords ; milieu de l'abdomen et sous-caudales d'un noir légèrement bronzé, avec quelques reflets métalliques sur le bord des plumes ; rémiges et rectrices latérales d'un noir bronzé ; rectrices médianes d'un blanc de neige. — Chez la femelle, la peau dénudée qui entoure les yeux ne s'élève pas de chaque côté du vertex en forme de caroncule, et le plumage est en général d'un brun rougeâtre ou orangé, avec des raies et des marques d'un brun foncé.

Cette magnifique espèce ne se trouve que dans les grandes montagnes boisées de l'intérieur de l'île de Formose. Les collections du Muséum d'histoire naturelle renferment un mâle de cette espèce, qui a été donné en 1871 par M. Cornély, et qui a vécu plusieurs années dans la ménagerie du Jardin des Plantes.

600. — CERIORNIS TEMMINCKII (Pl. 112)

Satyra Temminckii, J.-E. Gr. et Hardw. (1830-34), *Illust. Ind. Zool.,* I, pl. 50. — Ceriornis Temminckii, Blyth (1849), *Cat.* 240, n° 1,454. — Satyra Temminckii, Bp. (1856), *Compt. rend. Ac. Sc.,* XLII, n° 115. — Ceriornis Temminckii, Sclat. (1863), *P. Z. S.,* 123. — Swinh. (1863), *ibid.,* 307. — Gould (1869), *B. of As.,* livr. XXI, pl. — Swinh. (1871), *P. Z. S.,* 123. — D.-G. Elliot (1871), *Mon. of Phas.,* livr. II, pl.

Dimensions. Long. totale, $0^m,65$; queue, arrondie, $0^m,21$; aile, $0^m,25$; tarse, muni d'un éperon de longueur médiocre, $0^m,07$; bec, $0^m,02$; cornes (à la fin d'avril), $0^m,07$; rabat charnu (à la même époque), $0^m,17$.

Couleurs. Iris châtain ; bec blanc, avec l'arête supérieure et la base brunâtres ; pattes d'un rose chair tirant au rouge ; cornes d'un vert bleuâtre avec la base d'un bleu indigo ; peau nue autour des yeux d'un bleu indigo, avec les lores et les sourcils verts ; rabat d'un bleu indigo, passant au vert bleu sur les bords qui sont ornés de taches carrés d'un rouge pourpre. — Vertex, sourcils, nuque et région voisine du rabat d'un noir profond ; plumes occipitales et tour du cou d'un rouge brique ; parties supérieures du corps d'un rouge marron, avec de petites taches arrondies d'un gris perle, encadrées de noir ; parties inférieures rouges, avec de grandes taches ovales d'un gris bleuâtre au centre des plumes ; rémiges et rectrices noires, bariolées de roux, sauf à l'extrémité. — La femelle et le jeune mâle de l'année n'ont point de rabat sur la gorge, point d'éperon au tarse, point de huppe ni de cornes sur la tête ; leur plumage est varié de brun, de noir, de roux et de gris, avec les parties inférieures de nuances plus claires et le ventre orné de grandes taches blanchâtres. Dans la deuxième année, le plumage du mâle prend des teintes rouges sur le cou et sur la poitrine, en même temps que des taches d'un gris bleuâtre apparaissent sur les plumes du dos et de l'abdomen ; et dans la troisième année la livrée est complète. C'est au printemps seulement que ses cornes et son rabat acquièrent tout leur développement.

Le Tragopan rouge ou de Temminck habite le S.-O. de la Chine, jusqu'au Chensi méridional inclusivement, mais n'est nulle part très-répandu. Il vit isolé sur les montagnes boisées et ne sort guère des taillis où il fait sa nourriture de graines, de fruits et de feuilles. Son cri, très-sonore, peut être rendu par les syllabes *oua* deux fois répétées ; c'est de là que lui vient son nom chinois de *Oua-oua-ky.* On l'appelle encore *Ko-ky, Kiao-ky* (poule à cornes) et *Sin-tsiou-ky* (poule étoilée). C'est un gibier très-estimé, d'autant plus qu'il est rare et ne peut être capturé qu'au piége ou au collet. Pris vivant, ce magnifique oiseau peut être gardé quelque temps en cage, mais il est de complexion délicate ;

aussi nous doutons fort qu'on puisse jamais l'acclimater en Europe.

601. — CERIORNIS CABOTI (Pl. 111)

' Ceriornis Caboti, Gould (1857), *P. Z. S.*, 161. — (1858), *B. of As.*, livr. X, pl. — Sclat. (1863), *P. Z. S.*, 123. — Swinh. (1863), *ibid.*, 307, et (1865), *Ibis*, 350. — Sclat. (1870), *P. Z. S.*, 164. — Ceriornis Cabotii, Swinh. (1871), *ibid.*, 399. — Ceriornis Caboti, Salvad. (1871), *ibid.*, 695. — D.-G. Elliot (1871), *Monog. of Phas.*, livr. IV, pl. — Ceriornis modestus, A. Dav., *mss.*

Dimensions. Long. totale, $0^m,62$; queue, arrondie, $0^m,20$; aile, $0^m,24$; tarse, $0^m,07$; bec, $0^m,02$.

Couleurs. Iris châtain ; bec brunâtre, avec les bords et la mandibule inférieure blanchâtres ; pattes couleur de chair ; ongles bruns ; peau nue du tour des yeux et du milieu du rabat rouge garance ; pourtour du rabat d'un rose pâle, avec des raies et un liséré d'un bleu pâle ; cornes d'un bleu de cobalt. — Tête ornée de plumes allongées, de couleur noire, recouvrant d'autres plumes d'un roux orangé ; région des oreilles jusqu'à la partie postérieure du cou et région voisine du rabat d'un noir profond ; une tache d'un roux vif, tirant au rouge au-dessous de l'oreille, de chaque côté ; toutes les parties inférieures du corps, depuis le collier jusqu'aux sous-caudales inclusivement, d'un jaune d'ocre uniforme, avec quelques marques rousses et noires sur les plumes des flancs et des cuisses ; toutes les plumes des parties supérieures noires, avec des marques blanches et jaunâtres au centre, une tache grise arrondie près de l'extrémité et deux taches d'un roux tirant au rouge sur les côtés ; taches grises particulièrement développées sur les couvertures alaires et sur les sus-caudales. Rémiges brunes, avec des taches irrégulières sur les barbes externes ; petites couvertures supérieures bordées de roux orangé ; rectrices noires, marbrées de jaunâtre dans les trois premiers quarts de leur longueur. — Chez la femelle, qui est plus petite que le mâle, les pattes sont d'un gris brunâtre et le plumage est tacheté de brun, de noir, de roux et de gris, comme dans l'espèce précédente. — Le jeune mâle revêt la livrée de l'adulte dès la fin de l'automne de la première année.

Le Tragopan à ventre fauve ou de Cabot, connu depuis longtemps par un spécimen de provenance incertaine conservé dans le Musée de Londres, est propre aux montagnes boisées du sud-est de la Chine, où il remplace l'espèce précédente. Je l'ai trouvé en 1873 assez commun dans la chaîne qui sépare le Fokien du Kiangsi ; c'est de là que j'envoyai au Muséum d'histoire naturelle de Paris le signalement de cette espèce aux couleurs relativement peu éclatantes, sous le nom provisoire de *Ceriornis modestus.* Ce gallinacé, que les habitants du pays désignent par les mêmes noms que le précédent, a les mêmes mœurs que le Tragopan de Temminck et n'est pas moins estimé comme gibier. Comme sur les nombreux sujets que j'ai eus entre les mains en *octobre* et *novembre*, dans le hameau de Koatén, je n'ai observé aucun mâle en *plumage de femelle*, j'ai lieu de penser que cette intéressante espèce offre la particularité, unique probablement dans son genre, de prendre sa livrée définitive et complète dès sa première année.

602. — GALLUS FERRUGINEUS

Tetrao ferrugineus, Gm. (1788), *S. N.*, I, 761 (excl. syn.). — Gallus bankiva, Tem. (1813), *Pig. et Gall.*, II, 87. — Gallus ferrugineus, J.-E. Gr. et Hardw. (1830-32), *Ill. Ind. Zool.*, pl. 43, f. 3. — Jard. et Selb. (1837), *Ill. of Ornith.*, pl. 139. — Blyth (1849), *Cat.* 242, n° 1,462. — Gallus tahitensis, Hartl. (1854), *J. f. Orn.*, 169. — Gallus ferrugineus, Bp. (1856), *Compt. rend. Ac. Sc.*, XLII, *Tabl. des Gall.*, n° 90. — Gallus bankiva, var. tahiticus (Peale), Cass. (1858), *Un. St. Exp. Expl.*, 290. — Gallus bankiva, var. Gr. (1859), *B. Trop. Isl.*, 46. — Gallus bankiva, Sclat. (1863), *P. Z. S.*, 122. — Gallus ferrugineus, Jerd. (1864), *B. of Ind.*, II, 536. — Blyth. (1867), *Ibis*, 154. — Finsch et Hartl. (1867), *Beitr. Faun. Centralpolyn.*, 272. — Beavan (1868), *Ibis*, 381. — D.-G. Elliot (1870), *Mon. of Phas.*, livr. I, pl. — Swinh. (1871), *P. Z. S.*, 399. — Gallus bankiva, Wald. (1872), *Trans. zool. Soc.*, VIII, part. 2, 86. — Gallus bankiva domesticus, Severtz. (1873), *Turk. Jevotn.*, 68. — Gallus bankiva, Wald. (1875), *Trans. zool. Soc.*, IX, part. 2, 223. — Gallus ferrugineus, Dress. (1876), *Ibis*, 324.

Dimensions. (Mâle.) Long. totale, $0^m,68$; queue, $0^m,30$; aile, $0^m,21$; tarse, $0^m,065$; bec, 0,015.

Couleurs. Iris orangé ; bec brunâtre ; pattes d'un gris noirâtre ; peau nue du menton et du tour des yeux et caroncules rouges. — Tête et cou revêtus de longues plumes d'un roux brûlé très-vif, passant au roux doré en bas et en arrière, et offrant vers le dos une teinte brune dans leur portion centrale ; dos d'un brun pourpré, avec quelques plumes allongées d'une teinte cuivre rouge sur les côtés et en arrière ; sus-caudales les unes d'une teinte de cuivre rouge, les autres d'un vert métallique, avec le bord rouge ; petites et grandes couvertures des ailes noires, glacées de vert bronze ; moyennes couvertures d'un brun marron à reflets pourprés ; rémiges d'un brun terne, avec le bord un peu plus clair ; pennes secondaires d'un brun verdâtre, très-largement bordées de roux marron ; pennes tertiaires d'un noir brillant ; rectrices noires, avec des reflets verts métalliques, particulièrement sur les deux pennes médianes qui sont allongées et recourbées en faucille ; parties inférieures du corps, de la poitrine aux sous-caudales, d'un brun noirâtre, avec quelques reflets bronzés peu distincts. — Chez la femelle, les plumes de la tête et du cou, beaucoup moins allongées que chez le mâle, sont d'un brun foncé, avec le bord et la tige d'un jaune doré ; les plumes du dos sont brunes, vermiculées de roux, avec la tige jaune et les plumes des parties inférieures du corps d'un roux clair, qui passe au brunàtre en arrière, avec la tige toujours d'une teinte beaucoup plus claire que les barbes ; enfin les rectrices et les rémiges sont d'un noir verdâtre, avec quelques mouchetures rousses sur les bords.

Le Coq bankiva vit à l'état sauvage dans une grande partie de l'Inde et du Turkestan, à Java, à Sumatra, à Malacca, à Célèbes, aux Philippines, en Birmanie, en Cochinchine et dans l'île de Haïnan ; s'il faut en croire les Chinois, il se trouverait aussi dans les parties les plus méridionales du Kouangsi et du Yunan. Enfin à Tahiti, aux îles Tonga, aux îles Viti et à la Nouvelle-Calédonie, les voyageurs anglais, français et américains ont constaté la présence de coqs et de poules sauvages entièrement semblables aux Bankiva de l'Inde et qui ont sans doute été importés d'une autre région.

OTIDÉS

Sur les 25 espèces d'Outardes qui sont admises par les ornithologistes et qui, toutes, habitent l'Ancien-Continent, une seule a été signalée jusqu'ici dans les limites de l'empire chinois.

603. — OTIS TARDA

OTIS TARDA, L. (1766), S. N., I, 264. — L'OUTARDE, Buff. (1770), Pl. Enl. 245. — OTIS TARDA, Gm. (1788), S. N., I, 722. — Pall. (1811), Zoogr., II, 96. — Bp. (1856), Compt. rend. Ac. Sc., XLIII, Tabl. des Éch., n° 1. — Schr. (1860), Vög. d. Am. L., 405. — Radde (1863), Reis. in S. O. Sib., II, 308. — Swinh. (1863), P. Z. S., 308. — Degl. et Gerbe (1867), Ornith. eur., 2e éd., II, 95. — Dyb. (1868), J. f. O., 337. — Swinh. (1871), P. Z. S., 402. — Severtz. (1873), Turk. Jevotn., 69. — Dress. (1876), Ibis, 526. — ? OTIS DYBOWSKII, Tacz. (1876), Bull. Soc. zool. Fr., I, 245.

La Grande Outarde, qui était jadis fort commune dans nos contrées, habite encore la Suède, la Russie, la Hongrie, la Dalmatie, la Sibérie orientale et les hauts plateaux de la Mongolie et de l'Asie centrale. Elle vient régulièrement passer l'hiver dans les plaines du nord et du centre de la Chine, et se montre alors dans les champs découverts, par troupes de quinze à vingt individus, qui ne craignent point le voisinage du bétail, mais qui s'enfuient à l'approche de l'homme. Chaque année on voit sur le marché de Pékin quelques-uns de ces oiseaux, que les Chinois nomment Ti-pou, et dont ils ont la chair en médiocre estime.

Jusqu'à ces derniers temps, tous les ornithologistes avaient été d'accord pour rapporter à l'espèce européenne les outardes qui habitent le nord et le centre de l'Asie; mais, en 1874, M. Taczanowski (*J. f. O.*, 331 et 336) a créé pour celles de la Sibérie orientale une espèce nouvelle, sous le nom d'*Otis Dybowskii*. N'ayant pas sous les yeux de spécimens provenant de cette région, nous ne nous permettrons pas de contester la valeur de cette espèce; mais, *à priori*, nous avons quelque peine à admettre l'existence en Sibérie d'une forme particulière, tandis qu'en Chine et dans le Turkestan l'on ne rencontre d'autre espèce que l'*Otis tarda* des anciens auteurs.

CHARADRIDÉS

On connaît aujourd'hui plus de 80 espèces de Vanneaux et de Pluviers qui sont répandues sur toute la surface du globe; dans ce nombre 13 seulement habitent la Chine proprement dite.

604. — VANELLUS CRISTATUS

TRINGA VANELLUS, L. (1766), *S. N.*, I, 248. — LE VANNEAU, Buff. (1770), *Pl. Enl.* 242. — TRINGA VANELLUS, Gm. (1788), *S. N.*, I, 670. — VANELLUS CRISTATUS, Mey. et Wolf (1810), *Tasch. Deutsch.*, I, 400. — CHARADRIUS VANELLUS, Pall. (1811), *Zoogr.*, II, 138. — Wagl. (1827), *Syst. Av.*, Gen. *Vanellus*, sp. 47. — Gould (1832), *B. of Eur.*, pl. 291. — VANELLUS CRISTATUS, Bp. (1856), *Compt. rend. Ac. Sc.*, XLIII, *Tabl. des Éch.*, no 93. — Schr. (1860), *Vog. d. Am. L.*, 403. — Swinh. (1861), *Ibis*, 342. — Radde (1863), *Reis. in S. O. Sib.*, II, 321. — Jerd. (1864), *B. of Ind.*, II, 643. — Degl. et Gerbe (1867), *Ornith. eur.*, 2e éd., II, 148. — Dyb. (1863), *J. f. O.*, 337. — Swinh. (1871), *P. Z. S.*, 403. — Severtz (1873), *Turk. Jevotn.*, 69. — Tacz. (1876), *Bull. Soc. zool. Fr.*. I, 249. — VANELLUS VULGARIS (Bechst.), Dress. (1876), *Ibis*, 328.

Le Vanneau huppé ou vulgaire se rencontre dans toute la Chine pendant l'hiver; mais il se retire en été dans des contrées plus septentrionales. Dans cette saison, je l'ai trouvé particulièrement répandu en Mongolie, où il niche communément dans les plaines humides.

605. — CHETTUSIA CINEREA

LOBIVANELLUS CINEREUS, Blyth (1842), *J. A. S. Beng.*, XI, 587. — LOBIVANELLUS INORNATUS, T. et Schl. (1850), *Faun. Jap., Aves*, 106, pl. 63. — Swinh. (1860), *Ibis*, 359. — CHETTUSIA INORNATA, Jerd. (1864), *B. of Ind.*, II, 646. — CHÆTUSIA CINEREA, Blyth (1867), *Ibis*, 165. — CHETTUSIA CINEREA, Swinh. (1871), *P. Z. S.*, 403.

Dimensions. Long. totale, 0^m,40 ; queue, 0^m,12 ; aile, 0^m,25 ; tarse, 0^m,083 ; bec, 0^m,038. Un petit lobe charnu de chaque côté du front.

Couleurs. Iris rouge ; bec noir, avec la base jaunâtre ; pattes jaunes, de même que les lobes frontaux et les paupières. — Parties supérieures du corps d'un gris brunâtre pâle, passant au gris cendré sur la tête et sur le cou, cette teinte cendrée s'étendant également sur la gorge et se terminant sur la poitrine par une bande noire qui tranche sur le blanc pur de l'abdomen ; rémiges, grandes couvertures des ailes et plumes de l'aileron noires ; pennes secondaires et moyennes couvertures en grande partie blanches ; pennes tertiaires de la même nuance que le dos ; sus-caudales blanches, légèrement lavées de brunâtre ; rectrices blanches, avec une bande subterminale noire qui disparaît sur les pennes latérales.

Le Grand Pluvier cendré qui habite l'Inde en hiver vient en assez grand nombre passer l'été dans l'Asie orientale, et niche communément dans les plaines humides de la Mongolie. En Chine, on le voit également par paires, pendant la belle saison, le long du Yangtzé et du Hoangho, cherchant sur le sol les insectes dont il fait sa nourriture. Son vol est léger, sa voix rauque et désagréable. Quand on s'approche de l'endroit où il a fait son nid, il se met à pousser des cris, et parfois (comme j'ai eu l'occasion de l'observer) il se précipite avec courage sur le chasseur ; il poursuit aussi avec acharnement les milans et les aigles.

606. — HOPLOPTERUS VENTRALIS

CHARADRIUS VENTRALIS, Cuv., *Mus. Par.* — VANELLUS VENTRALIS, Wagl. (1827), *Syst. Av. Gen. Char.*, sp. 11. — CHARADRIUS DUVAUCELII, Less. (1828), *Man. d'orn.*, II, 333, et (1831), *Trait. d'orn.*, 541. — HOPLOPTERUS VENTRALIS, Gr. et Hardw. (1830-34), *Ill. Ind. Zool.*, pl. 63. — Blyth (1849), *Cat.* 260, nº 1459. — Bp. (1856), *Compt. rend. Ac. Sc.*, XLIII, *Tabl. des Éch.*, sp. 80. — Jerd. (1864), *B. of Ind.*, II, 650. — Swinh. (1870), *Ibis*, 361. — (1871), *P. Z. S.*, 403.

Dimensions. Long. totale, 0^m,32 ; queue, 0^m,10 ; aile, 0^m,20 ; tarse, 0^m,064 ; bec, 0^m,03 à partir du front.

Couleurs. Iris brun ; bec noir ; pattes d'un noir roux. — Vertex, huppe, face et gorge noirs ; cou, dos et milieu de la poitrine d'un gris cendré ; ventre blanc, avec une bande noire interrompue au centre.

Ce vanneau, facile à distinguer par la longue huppe noire qui orne sa tête et par l'éperon robuste dont son aile est armée, se trouve communément le long des cours d'eau de l'Inde et de la Cochinchine ; en Chine, au contraire, il n'a été signalé jusqu'ici que dans l'île de Haïnan.

607. — SQUATAROLA HELVETICA

Tringa squatarola, L. (1758), *S. N.*, éd. 10, gen. 78, sp. 13. — Vanellus griseus, V. varius et V. helveticus, Briss. (1760), *Ornith.*, V, 100, 103 et 106. — Le
Vanneau suisse, le Vanneau gris et le Vanneau varié, Buff. (1770), *Pl. Enl.* 853, 854
et 923. — Tringa helvetica, T. squatarola et T. helvetica, Gm. (1788), *S. N.*, I,
676 et 682. — Charadrius hypomelanus et Ch. pardella, Pall. (1811), *Zoogr.*, II,
137, 142 et pl. 59. — Vanellus melanogaster, Bechst. (1809), *Naturg. Deutsch.*, IV,
356. — Charadrius apricarius, Wils. (1813), *Am. Ornith.*, VII, 41, pl. 57, f. 4. —
Squatarola grisea, Leach (1816), *Syst. Cat. M. and B.*, 29. — Vanellus helveticus,
Vieill. (1819), *N. Dict.*, XXXV, 215. — Squatarola varia, Boie (1822), *Ibis*, 558. —
Charadrius australis (Bp.), Gould (1848), *B. of Aust.*, VI, pl. 12. — Charadrius squa-
tarola, Midd. (1853), *Sib. Reis.*, II, 290. — Charadrius Wilsoni, Licht. (1854), *Nom.
Av.*, 93. — Squatarola helvetica, Bp. (1856), *Compt. rend. Ac. Sc.*, XLIII, *Tabl. des
Échass.*, n° 31. — Schr. (1860), *Vög. d. Am. L.*, 490. — Swinh. (1860), *Ibis*, 63. —
Radde (1863), *Reis. in S. O. Sib.*, II, 320. — Pluvialis varius, Schl. (1865), *Mus.
P. B., Cursores*, 53. — Degl. et Gerbe (1867), *Ornith. eur.*, 2° éd., II, 128. — Squa-
tarola helvetica, Przew. (1867), *Voy.*, n° 151. — Dyb. (1868), *J. f. O.*, 337. —
Swinh. (1871), *P. Z. S.*, 403.— Elliott Coues (1874), *B. of N. W. Am.*, 448. — Wald.
(1875), *Trans. zool. Soc.*, IX, part. 2, 226. — Tacz. (1876), *Bull. Soc. zool. Fr.*,
I, 249.

Le Vanneau suisse, ou Pluvier argenté, ou Pluvier varié, niche
dans les régions arctiques des deux mondes et de là se répand, à
certaines saisons, non-seulement en Europe et dans l'Amérique
septentrionale, mais dans l'Asie centrale et méridionale et
jusqu'en Australie et en Tasmanie. Il passe en assez grand
nombre sur les côtes de la Chine, et séjournerait même, suivant
M. Swinhoe, pendant tout l'hiver, sur les rivages méridionaux
de l'Empire. En automne, il est très-répandu au bord des
rivières et des étangs du Petchely, particulièrement aux environs
de Takou.

608. — CHARADRIUS FULVUS

Charadrius fulvus, Gm. (1788), *S. N.*, I, 687. — Charadrius pluvialis, Pall.
(1811), *Zoogr.*, II, 141. — Charadrius xanthocheilus, Wagl. (1827), *Syst. Av., Char.*,
sp. 36. — Charadrius glaucopus, Forst. ed. Licht. (1844), *Descr. anim.*, 176. —
Charadrius fulvus, Gould (1848), *B. of Aust.*, livr. VI, pl. 13. — Charadrius longipes (Tem.), Bp. (1850), *Rev. crit.*, 180. — Charadrius auratus orientalis, Tem. et
Schl. (1850), *F. Jap.*, 104, pl. 62. — Charadrius pluvialis, Midd. (1853), *Sib. Reis.*,
II, 210. — Pluvialis longipes, Pl. xanthocheilus (part.) et Pl. fulvus, Bp. (1856),
Compt. rend. Ac. Sc., XLIII, *Tabl. des Éch.*, n°s 36 à 39 incl. — Charadrius pluvia-
lis, Schr. (1860), *Vög. d. Am. L.*, 410. — Charadrius virginicus, Sw. (1860), *Ibis*,
358. — Charadrius pluvialis, Swinh. (1862), *Ibis*, 307. — Radde (1863), *Reis. in
S. O. Sib.*, II, 322. — Charadrius longipes, Swinh. (1863), *Ibis*, 484. — Pluvialis
fulvus, Schl. (1865), *Mus. des P. B., Cursores*, 50. — Finsch. et Hartl. (1867), *Orn.
Central Polyn.*, 188.— Charadrius fulvus, Przew. (1867-69), *Voy.*, n° 152. — Swinh.
(1871), *P. Z. S.*, 403. — Salvadori (1874), *Ann. del Mus. civ. di St. Nat. di Genova*,

V, 314. — Elliott Coues (1874), *B. of N. W. Am.*, 449. — Wald. (1875), *Trans. zool. Soc.*, IX, part. 2, 226. — Tacz. (1876), *Bull. Soc. zool. Fr.*, I, 247.

Dimensions. (Mâle tué en mai.) Long. totale, $0^m,245$; queue, $0^m,06$; aile, $0^m,164$; tarse, $0^m,04$; bec $0^m,022$.

Le Pluvier fauve ou Pluvier doré oriental ne diffère du Pluvier doré d'Europe que par sa taille un peu plus faible, ses ailes plus courtes, ses pattes un peu plus longues et plus dénudées, et par le nombre un peu moins considérable des taches jaunes qui parsèment les parties supérieures de son plumage. Il a du reste absolument les mêmes mœurs, les mêmes allures et la même voix que l'espèce européenne, dont il constitue une simple race, au même titre que le *Charadrius virginicus* de l'Amérique septentrionale. Dans ses voyages d'Océanie en Sibérie, et *vice versa*, le *Charadrius fulvus* traverse en vols innombrables la Chine et la Mongolie; souvent même il s'arrête pour nicher dans cette dernière contrée, de même que le Vanneau vulgaire et le Vanneau cendré.

609. — ÆGIALITIS VEREDUS (Pl. 120)

CURSORIUS ISABELLINUS (1820), *Trans. L. Soc.*, XIII, 137 (nec Tem.). — CHARADRIUS VEREDUS, Gould (1848), *P. Z. S.*, 38, et *B. of Aust.*, VI, pl. 14. — CHARADRIUS XANTHOCHEILUS, Bp. (1856), *Compt. rend. Ac. Sc.*, XLIII, *Tabl. des Éch.*, n° 37 (part., nec Wagl.). — Blyth (1865), *Ibis*, 34. — CIRREPIDESMUS ASIATICUS, Gould (1865), *Handb. B. Austr.*, II, 229. — EUDROMIAS VEREDUS, J.-E. Harting (1870), *Ibis*, 209, pl. VI. — ÆGIALITIS VEREDUS, Swinh. (1870), *P. Z. S.*, 141 et 430. — EUDROMIAS VEREDUS, Swinh. (1871), *ibid.*, 403.

Dimensions. Long. totale, $0^m,22$; queue, $0^m,06$; aile, $0^m,17$; tarse, $0^m,46$; doigt médian, $0^m,02$; bec, grêle, $0^m,021$ à partir du front.

Couleurs. Iris brun; bec brun; pattes blanchâtres. — Tête et cou d'un blanc pur, avec une petite tache d'un brun grisâtre sur la nuque; reste des parties supérieures d'un brun terreux clair; poitrine d'un roux fauve limité inférieurement par une bande noire; reste des parties inférieures d'un blanc pur; rémiges brunes; rectrices de la paire centrale d'un brun terreux; rectrices latérales de la même teinte, avec l'extrémité blanche; rectrices externes d'un blanc pur (mâle en été).

Ce pluvier aux pattes allongées, aux doigts courts et aux formes élégantes, émigre de Mongolie en Australie et *vice versa*. Dans ses voyages, il traverse la Chine, mais ne séjourne qu'accidentellement dans cette région. En Mongolie au contraire, où je l'ai trouvé communément, il s'établit pour nicher sur les hauts plateaux, dans les plaines pierreuses, sur les bords des lacs amers et des rares cours d'eau qui arrosent la contrée. Il court sur le sol avec une extrême légèreté et une rapidité étonnante, et se nourrit de petits insectes, principalement de coléoptères des genres *Asida*, *Gonocephalus* et *Tentyria*, qui abondent en été dans ces régions sablonneuses. Son vol est puissant et rappelle singulièrement celui du Martinet.

610. — ÆGIALITIS GEOFFROYI

CHARADRIUS ASIATICUS, Horsf. (1820), *Trans. L. Soc.*, XIII, 187 (nec Pall.). — CHARADRIUS GEOFFROYI, Wagl. (1827), *Syst. Av.*, 64, *Charad.*, n° 19. — CHARADRIUS LESCHENAULTI, Less. (1828), *Man. d'Orn.*, II, 322. — CHARADRIUS GRISEUS, Less. (1831), *Trait. d'Orn.*, II, 544. — CHARADRIUS GEOFFROYI, Kittl. (1833), *Kupf. Vög.*, 26, pl. 34, f. 2. — CHARADRIUS RUFINUS, Blyth (1843), *Ann. and Mag. N. H.*, XII, 169. — Hodgs. in Gr., (1844), *Zool. Misc.*, 86. — HIATICULA GEOFFROYI, Rüpp. (1845), *Syst. Ueb.*, 118. — Blyth. (1849), *Cat.* 262, n° 1,562. — CHARADRIUS FUSCUS (Cuv.), Puch. (1851), *Rev. et Mag. de Zool.*, 282. — CIRREPIDESMUS GEOFFROYI, Bp. (1856), *Compt. rend. Ac. Sc.*, XLIII, *Tabl. des Éch.*, n° 49. — ÆGIALITES GEOFFROYI, Heugl. (1856), *Syst. Ueb. Vög. N. O. Afr.*, 56. — ÆGIALITES GEOFFROYI et ÆG. LESCHENAULTI, Swinh. (1861), *Ibis*, 51 et 342. — ÆGIALITES GEOFFROYI, Jerd. (1864), *B. of Ind.*, II, 638. — CHARADRIUS ASIATICUS, Tristram (1864), *P. Z. S.*, 450, et (1867), *Ibis*, 93 (nec Pall.). — CHARADRIUS LESCHENAULTI, Lay. (1867), *B. S. Afr.*, 299. — ÆGIALITIS GEOFFROYI, J.-E. Harting (1870), *Ibis*, 378 et pl. XI. — ÆGIALITIS GEOFFROYI, Swinh. (1871), *P. Z. S.*, 404. — W. Legge (1875), *Ibis*, 400 et 412. — ÆGIALITIS GEOFFROYI, Wald. (1875), *Trans. zool. Soc.*, IX, part. 2, p. 227.

Dimensions. Long. totale, 0ᵐ,23 ; queue, 0ᵐ,06 ; aile, 0ᵐ,143 ; tarse, 0ᵐ,034 ; bec, robuste, 0ᵐ,025.

Couleurs. Iris brun ; bec noir ; pattes d'un brun plombé. — Plumage ressemblant beaucoup à celui de l'*Ægialitis Geoffroyi*, avec le dos d'un ton plus clair, les plumes de cette région offrant un liséré fauve sur leur bord externe, l'occiput fortement nuancé de roux, la bande pectorale rousse plus pâle, plus étroite et ne s'étendant pas sur les côtés du corps, comme dans l'*Ægialitis veredus*.

Le Pluvier de Geoffroy se distingue de l'espèce précédente par sa forte taille, par son bec robuste et par quelques détails de coloration. Il visite les côtes de l'Asie, les îles de la mer du Japon, les Philippines, Formose, l'Archipel malais, la Nouvelle-Guinée, l'Australie, les côtes de la mer Rouge, l'Afrique occidentale et australe, les Seychelles, Maurice et Madagascar. A l'époque du passage, il est assez commun sur les côtes de la Chine et se trouve en abondance, au mois de mai, sur le marché de Changhaï ; à cette époque, les sujets en livrée d'amour sont déjà aussi nombreux que les sujets en livrée d'hiver.

611. — ÆGIALITIS MONGOLICUS

CHARADRIUS MONGOLUS, Pall. (1776), *Reis.*, III, 700, n° 29. — Lath. (1785), *Syn.*, III, part. 1, p. 207, et (1790), *Ind. Orn.*, II, 760. — Gm. (1788), *S. N.*. 1, 685. — CHARADRIUS MONGOLICUS, Pall. (1811), *Zoogr.*, II, 136. — CHARADRIUS CANTIANUS, Horsf. (1820), *Trans. L. Soc.*, XIII, 187. — CHARADRIUS CIRRHEPIDESMUS et CH. GULARIS, Wagl. (1827), *Syst. Av.*, fol. 4, p. 13, n° 18, et fol. 5, p. 5, n° 40. — CHARADRIUS SANGUINEUS, Less. (1828), *Man. d'orn.*, II, 330, et (1831), *Trait. d'orn.*, 544. — CHARADRIUS PYRRHOTHORAX (Tem.), Gould (1832), *B. of Eur.*, pl. 299. — Tem. (1835), *Man. d'orn.*, 2e éd., IV, 355. — Bp. (1838), *Comp. List B. Eur. and Am.*, 45. — ÆGIALITIS PYRRHOTHORAX, Keys. et Blas. (1840), *Wirbelth. Europ.*, 70. — CHARADRIUS RUFINELLUS, Blyth (1843), *Ann. and Mag. N. H.*, XII, 169. — CHARADRIUS RUFINUS, Hodgs. in Gr. (1844), *Zool. Misc.*, 86. — HIATICULA INORNATA, Gould (1848), *B. of Austr.*, livr. VI, pl. 19. — HIATICULA LESCHENAULTII, Blyth (1849), *Cat.* 263, n° 1,563 (nec Less.). — CHARADRIUS RUFICOLLIS (Cuv. et Tem.), Puch. (1851), *Rev. et Mag. de zool.*, 282. — CHARADRIUS MONGOLICUS, Midd. (1853), *Sib. Reis.*, II, 211, pl. XIX, f. 2 à 3. — HIATICULA INCONSPICUA, Licht. (1854), *Nom. Av.*, 94. — PLUVIORHYNCHUS MONGOLUS et CIRREPIDESMUS PYRRHOTHORAX, Bp. (1856), *Compt. rend. Ac. Sc.*, XLIII, *Tabl. des Éch.*, nos 41 et 50. — CHARADRIUS LESCHENAULTI, Adams (1859), *P. Z. S.*, 188 (nec Less.). — CHARADRIUS CIRRHEPIDESMUS, Heugl. (1859), *Ibis*, 345. — CHARADRIUS MONGOLICUS, Schr. (1860), *Vög. d. Am. L.*, 411. — Radde (1863), *Reis. in S. O. Sib.*, II, 324. — ÆGIALITES MONGOLICUS, Swinh., (1863), *P. Z. S.*, 310. — ÆGIALITIS PYRRHOTHORAX, Jerd. (1864), *B. of Ind.*, II, 639. — OCTHODROMUS INORNATUS, Gould (1865), *Handb. B. Austr.*, II, 237. — CHARADRIUS MONGOLICUS, Schleg. (1865), *Mus. des P. B.*, *Cursores*, 41. — Degl. et Gerbe (1867), *Ornith. eur.*, 2e éd., II, 139. — Blyth (1867), *Ibis*, 164. — Przew. (1867-69), *Voy. Uss.*, n° 153. — ÆGIALITIS MONGOLICUS, J.-E. Harting (1870), *Ibis*, 384. — Swinh. (1870), 360. — ÆGIALITIS MONGOLUS, Swinh. (1870), *P. Z. S.*, 140, et (1871), *ibid.*, 404. — EUDROMIAS MONGOLICUS, Severtz. (1873), *Turk. Jevotn.*, 69. — ÆGIALITIS MONGOLICA, Wald. (1875), *Trans. zool. Soc.*, IX, part. 2, p. 227. — EUDROMIAS MONGOLICUS, Dress. (1876), *Ibis*, 327.

Dimensions. Long. totale, 0m,195 ; queue, 0m,055 ; aile, 0m,14 ; tarse, 0m,031 ; bec, robuste, 0m,017.

Couleurs. Iris brun ; bec noir, avec une tache jaune sur la mandibule inférieure ; pattes d'un gris jaunâtre (en été). — Près de la base de la mandibule supérieure, une teinte noire qui s'étend à travers les yeux sur les couvertures auriculaires et descend sur le cou en encadrant la gorge qui est blanche ; front traversé par un premier bandeau blanc interrompu au milieu par une tache noire, par un deuxième bandeau noir qui va d'un œil à l'autre, et par un troisième bandeau d'un roux fauve qui se prolonge de chaque côté, sous la forme d'une raie sourcilière, jusque sur la région postérieure de la tête ; nuque, dos, croupion et sus-caudales d'un brun olive lustré ; poitrine d'un roux vif ; abdomen blanc, avec les flancs nuancés de roux et brun ; rémiges noirâtres ; queue brune, avec l'extrémité et les pennes latérales blanchâtres (mâle en plumage d'été). — Chez la femelle, en été, la teinte rousse de la poitrine est moins vive, le bandeau noir est à peine indiqué sur le front et sur la région oculaire qui est nuancée de roux, et la teinte fauve des flancs est remplacée par une teinte brunâtre. — En hiver, dans les deux sexes, une teinte brun olive remplace le noir sur le devant de la tête et s'étend également sur le dos et sur la poitrine.

Le pluvier mongol a pour patrie, comme son nom l'indique, la Mongolie et la Daourie méridionale, où il vit dans le voisinage des lacs amers ; de là il se répand à certaines saisons dans le Tibet, le Népaul, l'Inde, le bassin de l'Amour, la Corée, la Chine orientale et méridionale, l'île de Haïnan, les Philippines, le détroit de Torres, l'Australie, la Palestine et le Kordofan ; quelquefois même il s'égare jusque dans la Russie d'Europe. Au printemps, le marché de Changhaï est abondamment pourvu d'oiseaux de cette espèce, en livrée parfaite et en livrée d'hiver.

612. — ÆGIALITIS PLACIDUS

CHARADRIUS PLACIDUS, Gray (1863), *Cat. Hodgs. Coll.*, 2ᵉ éd., 70. — CHARADRIUS LONGIPES, A. Dav. (1867), *N. Arch. du Mus.*, *Bull.* III, 38 (nec Tem.). — ÆGIALITES HARTINGI, Swinh. (1870), *P. Z. S.*, 136, pl. 12, et (1871), *ibid.*, 404. — A. Dav. (1871), *N. Arch. du Mus.*, *Bull.* VII, *Cat.* n° 375. — ÆGIALITIS PLACIDUS, J.-E. Harting (1873), *Ibis*, 325. — ÆGIALITES et ÆGIALITIS PLACIDA, Swinh. (1875), *Ibis*, 129 et 452. — ÆGIALITES PLACIDUS, Swinh. (1874), *Ibis*, 163.

Dimensions. Long. totale, 0ᵐ,23 ; queue, 0ᵐ,073 ; aile, 0ᵐ,15 ; tarse, 0ᵐ,03 ; bec, 0ᵐ,019 à partir du front.

Couleurs. Iris brun ; bec noir, avec un peu de jaune sur la mandibule inférieure ; pattes d'une teinte jaunâtre claire ; ongles noirs. — Front de trois couleurs, la base étant blanche, la région médiane noire sur une largeur de 1 centimètre et demi, et la partie supérieure étant ornée d'une bande blanche étroite qui forme de chaque côté un demi-sourcil au-dessus de l'œil ; gorge et tour du cou blancs, avec un collier noir complet dans leur portion inférieure ; occiput et nuque d'un gris terreux ; couvertures auriculaires de la même teinte, passant au noir vers le bas ; dos, dessus des ailes et côtés de la poitrine d'un gris brunâtre ; abdomen et sous-caudales d'un blanc pur ; queue grisâtre, avec le bout blanc et une bande subterminale s'étendant sur toutes les pennes, à l'exception des deux médianes ; moyennes couvertures des ailes terminées de blanc.

L'*Ægialitis placidus*, signalé d'abord dans le Népaul, se trouve aussi au Japon et dans tout l'empire chinois, quoique en petit nombre. On le rencontre par paires au bord des cours d'eau, dans toutes les saisons ; et je l'ai pris aux environs de Pékin au cœur de l'hiver, tandis que je l'ai trouvé, en avril et mai, fixé pour nicher près des rizières et des fleuves du Tchékiang et du Kiangsi.

613. — ÆGIALITIS HIATICULA

CHARADRIUS HIATICULA, L. (1758), *S. N.*, éd. 10, sp. 3. — CHARADRIUS TORQUATA, Briss. (1760), *Orn.*, V, 60. — LE PLUVIER A COLLIER, Buff. (1770), *Pl. Enl.* 920. — CHARADRIUS HIATICULA, Gm. (1788), *S. N.*, I, 683 (excl. syn.). — Pall. (1811), *Zoogr.*, II, 144. — CHARADRIUS TORQUATUS, Leach (1816), *Syst. Cat. M. and B. Brit. Mus.*, 28. — ÆGIALITES HIATICULA, Boie (1822), *Isis, 558.* — CHARADRIUS HIATICULA, Gould (1832), *B. of Eur.*, pl. 296. — Midd. (1853), *Sib. Reis.*, II, 213. — Bp. (1856), *Compt. rend. Ac. Sc.*, XLIII, *Tabl. des Échass.*, n° 74. — Degl. et Gerbe (1867), *Ornith. europ.*, 2º éd., II, 134. — ÆGIALITES HIATICULA, A. Dav. (1871), *N. Arch. du Mus., Bull.* VII, *Cat.* n° 374. — Severtz. (1873), *Turk. Jevotn.*, 69. — ÆGIALITIS HIATICULA, Dress. (1876), *Ibis*, 327. — Tacz. (1876), *Bull. Soc. zool. Fr.*, I, 248.

Le Pluvier à collier, qui est bien connu des chasseurs, habite principalement l'Europe, le nord de l'Afrique et l'Asie occidentale, mais s'égare parfois jusqu'en Australie et dans l'extrême Orient. J'ai tué à Pékin en hiver un oiseau qui appartenait certainement à cette espèce européenne qui ne paraît visiter qu'accidentellement l'empire chinois.

614. — ÆGIALITIS DUBIUS

LE PETIT PLUVIER A COLLIER DE LUÇON, Sonn. (1776), *Voy. N.-Guinée*, 84, pl. 46. — CHARADRIUS DUBIUS, Scop. (1786), *Del. Fl. et Faun. Insubr.*, II, 93, n° 81. — CHARADRIUS ALEXANDRINUS (Hasselq.), var. P., Gm. (1788), *S. N.*, I, 684. — CHARADRIUS PHILIPPINUS, Lath. (1790), *Ind. Ornith.*, II, 745, n° 11. — CHARADRIUS PHILIPPINUS, Bp., (1856), *Compt. rend. Ac. Sc.*, XLIII, *Tabl. des Échass.*, n° 66. — ÆGIALITES PUSILLUS, Swinh. (1860), *Ibis*, 63. — CHARADRIUS CURONICUS, Schr. (1860), *Vög. d. Am. L.*, 412. — ÆGIALITES PHILIPPINUS, Swinh. (1862), *Ibis*, 255. — CHARADRIUS CURONICUS, Radde (1863), *Reis. in S. O. Sib.*, II, 325. — ÆGIALITIS PHILIPPENSIS (Scop.), Jerd. (1864), *B. of Ind.*, II, 640. — CHARADRIUS PHILIPPINUS (Scop.), Schleg. (1865), *Mus. des P. B., Cursores*, 28. — CHARADRIUS CURONICUS, v. Martens (1866), *J. S. O.*, 26. — ÆGIALITES MINOR, Dyb. (1868), *J. f. O.*, 337. — ÆGIALITES INTERMEDIUS, Swinh. (1870), *Ibis*, 361. — ÆGIALITES DUBIUS, Swinh. (1871), *P. Z. S.*, 404. — Wald. (1872), *Trans. zool. Soc.*, VIII, part. 2, p. 89. — ÆGIALITIS FLUVIATILIS, Dyb. (1873), *J. f. O.*, 102. — ÆGIALITIS DUBIA, Swinh. (1875), *Ibis*, 452. — Wald. (1875), *Trans. zool. Soc.*, IX, part. 2, p. 227. — ÆGIALITES FLUVIATILIS (Bechst.), Tacz. (1876), *Bull. Soc. zool. Fr.*, I, 248.

Dimensions. Long. totale, 0ᵐ,185 ; queue, 0ᵐ,062 ; aile, 0ᵐ,117 ; tarse, 0ᵐ,022 ; bec, 0ᵐ,013 à partir du front.

Couleurs. Iris d'un brun noirâtre ; bec noir, avec la base de la mandibule inférieure jaunâtre ; pattes jaunes ; ongles noirs. — Plumage ressemblant par ses teintes générales à celui de l'*Ægialitis hiaticula* et de l'*Ægialitis placidus* ; bandeau frontal blanc, suivi d'une bande noire étroite qui contourne la base de la mandibule supérieure et se prolonge à travers les lores et la région oculaire jusque sur les couvertures des oreilles, où elle rejoint la zone frontale noire qui passe de chaque côté au-dessus des yeux; collier noir n'offrant aucun mélange de brun sur les côtés et la poitrine ; rectrices latérales blanches, avec une tache noirâtre aux deux tiers de leur longueur.

L'*Ægialitis dubius* se trouve non-seulement aux Philippines, où il a été signalé par Sonnerat et Scopoli, mais à Célèbes, dans l'Inde, dans la Sibérie orientale, dans la Mongolie et dans la Chine entière. Dans cette dernière région, il est extrêmement abondant, sauf en hiver, le long des cours d'eau et dans les rizières. Plusieurs ornithologistes, et entre autres von Schrenck, Radde, le professeur Schlegel, le D^r von Martens, M. Swinhoe et M. Taczanowski, ont proposé de réunir l'*Ægialitis dubius* à l'espèce européenne que Gmelin a nommée d'après Beseke (*Schr. der berl. naturf. Ges.*, VII, 463) *Charadrius curonicus* (*S. N.*, I, 692), que Buffon a figurée sous le nom de Petit Pluvier à collier (*Pl. Enl.* 921) et qui a été appelée plus tard *Charadrius fluviatilis* par Bechstein (*Naturg. Deutschl*, IV, 122) et *Charadrius minor* par Meyer et Wolf (*Tasch. Deutsch.*, II, 324). Cette opinion nous paraît parfaitement fondée, car il nous semble bien difficile, pour ne pas dire impossible, de trouver des différences de quelque valeur entre les Petits Pluviers à collier des Philippines, de la Chine et de la Sibérie orientale et ceux de l'Europe méridionale et du nord de l'Afrique. En revanche, l'*Ægialitis minutus* (Pall. ap. Jerd., *B. of Ind.*, II, 641) ou *Charadrius pusillus* Horsf. (*Trans. L. Soc.*, XIII, 187) constitue probablement sinon une espèce, au moins une race distincte, à pattes plus grêles et à doigts plus courts.

615. — ÆGIALITIS CANTIANUS

CHARADRIUS CANTIANUS, Lath. (1802), *Ind., suppl.*, 66. — CHARADRIUS LITTORALIS, Bechst. (1809), *Naturg. Deutsch.*, IV, 430. — CHARADRIUS ALBIFRONS, Mey. et Wolf (1810), *Tasch. Deutsch.*, 323. — CHARADRIUS ALEXANDRINUS, Pall. (1811), *Zoogr.*, II, 143. — ÆGIALITES CANTIANUS, Boie (1822), *Isis*, 558. — CHARADRIUS CANTIANUS, Gould (1832), *B. of Eur.*, pl. 298. — Bp. (1856), *Compt. rend. Ac. Sc.*, XLIII, *Tabl. des Éch.*, n° 76. — ÆGIALITES CANTIANUS, Swinh. (1860), *Ibis*, 63. — CHARADRIUS CANTIANUS, Jerd. (1864), *B. of Ind.*, II, 640. — Radde (1863), *Reis. in S. O. Sib.*, II, 324. — ÆGIALITES CANTIANUS, Swinh. (1870), *P. Z. S.*, 138, et (1871), *ibid.*, 404. — Severtz (1873), *Turk. Jevotn.*, 69. — ÆGIALITIS CANTIANA, Swinh. (1875), *Ibis*, 452. — Dress. (1876), *Ibis*, 328. — ÆGIALITES CANTIANUS, Tacz. (1876), *Bull. Soc. zool. Fr.*, I, 248.

Le Petit Pluvier à collier interrompu et à calotte rousse qui est très-commun en Hollande, en Angleterre, sur les côtes de l'Allemagne, de la France, de l'Espagne, de l'Égypte et de l'Algérie, se rencontre avec les mêmes caractères dans l'Inde, dans le Turkestan, en Mongolie et dans l'empire chinois; par contre, il est, paraît-il, assez rare dans la Sibérie orientale. Je l'ai trouvé nichant en grand nombre sur les bords du Hoangho.

616. — ÆGIALITIS DEALBATUS

Ægialitis cantianus, Swinh. (1860), *Ibis*, 429, et (1863), *ibid.*, 405. — Ægialites dealbatus, Swinh. (1870), *P. Z. S.*, 138. — (1870), *Ibis*, 361. — (1871), *P. Z. S.*, 404.

Sous ce nom, M. Swinhoe a séparé spécifiquement de l'*Ægialitis cantianus* des Petits Pluviers à collier interrompu qui vivent sur les côtes méridionales de la Chine et dans les îles voisines et qui se distinguent, paraît-il, de l'espèce européenne : 1° par leur plumage aux teintes plus pâles ; 2° par leur bec notablement plus allongé ; 3° par leurs pattes jaunâtres (et non d'un gris plombé); 4° par leur mandibule inférieure marquée d'une tache jaune à la base.

GLARÉOLIDÉS

La Chine ne possède qu'un seul oiseau de ce groupe, dans lequel on reconnaît aujourd'hui une vingtaine d'espèces.

617. — GLAREOLA ORIENTALIS

Glareola orientalis, Leach (1820), *Trans. L. Soc.*, XIII, 132, pl. 13, fig. 1 et 2. — Gould (1848), *B. of Aust.*, livr. VI, pl. 23. — Blyth (1849), *Cat. 259*, n° 1,543. — Swinh. (1861), *Ibis*, 342. — Glareola pratincola, Radde (1863), *Reis. in S. O. Sib.*, II, 301. — Glareola orientalis, Jerd. (1864), *B. of Ind.*, II, 631. — Blyth (1867), *Ibis*, 163. — Swinh. (1871), *P. Z. S.*, 403. — Wald. et Lay. (1872), *Ibis*, 105. — Wald. (1874), *Ibis*, 146, et (1875), *Trans. zool. Soc.*, IX, part. 2, p. 228. — Tacz. (1876), *Bull. Soc. zool. Fr.*, I, 247.

Dimensions. Long. totale, 0m,23 ; queue, 0m,08, avec les rectrices latérales dépassant les centrales de 0m,027 ; aile, 0m,20 ; tarse, 0m,032 ; bec, robuste et légèrement crochu, 0m,013.

Couleurs. Iris brun ; bec noir, avec la base rouge ; pattes d'un brun roux. — Tête, dos et face supérieure des ailes d'un brun à reflets verdâtres ; dessus et côtés du cou teintés de roux ; lores noirs ; sus-caudales blanches ; gorge d'un roux clair, passant au blanc sur le menton, et encadré par une double bande, noire en dedans et blanche en dehors ; abdomen d'une teinte roussâtre, passant au blanc sur le bas-ventre et les sous-caudales ; queue blanche, bordée de noir à l'extrémité ; moyennes couvertures inférieures des ailes et plumes axillaires d'un roux foncé (mâle et femelle au printemps). — Chez les jeunes, toutes les plumes des parties supérieures sont bordées de roux ou de gris, la couleur de la gorge est d'un roux plus intense, marqué de petites taches noires, et n'est point limitée par une bordure continue, mais seulement par quelques mèches noires détachées ; enfin une nuance d'un roux tirant au rose s'étend sur l'abdomen.

La Glaréole orientale, qui se distingue facilement de la Glaréole pratincole de nos contrées par sa queue beaucoup moins fourchue et par les teintes de son plumage, a été signalée à la fois dans l'Inde, à Java, en Australie, aux Philippines, dans la Sibérie orientale et dans l'empire chinois. Je l'ai trouvée nichant en grand nombre dans les plaines incultes du pays des Ortous, en Mongolie, et je l'ai rencontrée aussi fréquemment en août et en septembre dans les environs de Pékin. C'est un oiseau très-confiant, qui court sur le sol avec la grâce et la rapidité d'un pluvier et qui vole avec l'aisance d'une hirondelle, en faisant entendre de temps en temps un petit cri désagréable. Sa nourriture consiste en insectes coléoptères et orthoptères.

HÆMATOPODIDÉS

En Chine, on ne rencontre que deux représentants de la famille des Huîtriers et des Tourne-Pierre, qui comprend 16 espèces, et qui est répandue sur toute la surface du globe.

618. — HÆMATOPUS OSCULANS

HÆMATOPUS OSTRALEGUS, Midd. (1853), *Sib. Reis.*, II, 213. — Schr. (1860), *Vög. d. Am. L.*, 413. — HÆMATOPUS OSCULANS, Swinh. (1860), *Ibis*, 63. — HÆMATOPUS LONGIROSTRIS, Swinh. (1863), *Ibis*, 406. — HÆMATOPUS OSTRALEGUS, Przew. (1867-69), *Voy.*, n° 157. — HÆMATOPUS OSCULANS, Swinh. (1871), *P. Z. S.*, 405, et (1875), *Ibis*, 129 et 453. — Tacz. (1876), *Bull. Soc. zool. Fr.*, I, 249.

Dimensions. Long. totale, 0^m,47 ; queue, 0^m,11 ; tarse, 0^m,055 ; bec, 0^m,010 à partir du front (mâle tué au mois de mars à Changhaï).
Couleurs. Iris rouge sang ; bec rouge orangé, avec la pointe jaunâtre ; pattes rouges ; ongles bruns.

D'après M. Swinhoe et M. Taczanowski, l'Huîtrier qui vit sur les côtes de la Chine et de la Sibérie orientale et du Japon est intermédiaire entre l'*Hæmatopus ostralegus* d'Europe et l'*Hæmatopus longirostris* d'Australie. Il a le bec presque aussi long que ce dernier oiseau ; les plumes sus-caudales sont marquées à l'extrémité de taches noires semblables à celles qui existent chez l'*Hæmatopus longirostris*, mais un peu plus petites ; enfin les tiges de ses trois premières rectrices sont noires, celle de la quatrième offre un peu de blanc et les suivantes davantage, tandis que dans l'*Hæmatopus ostralegus* le blanc commence à se montrer sur la tige de la première penne, et que dans l'*Hæmatopus longirostris* toutes les tiges sont de couleur foncée.

Cet huîtrier est assez répandu sur les côtes de la Chine septentrionale, particulièrement aux environs de Tchéfou.

619. — STREPSILAS INTERPRES

Tringa interpres, L. (1746), *Faun. Suec.*, 63, et (1766), *S. N.*, I, 248. — Arenaria cinerea, Briss. (1760), *Ornith.*, V, 137. — Le Coulon chaud de Cayenne, le Coulon chaud et le Coulon chaud gris de Cayenne, Buff. (1770), *Pl. Enl.* 340, 856 et 857. — Tringa interpres, Gm. (1788), *S. N.*, I, 671. — Charadrius cinclus, Pall. (1811), *Zoogr.*, II, 148. — Strepsilas interpres, Illig. (1811), *Prodr. Mamm. et Av.*, 263. — Strepsilas collaris, Tem. (1815), *Man.*, 349. — Arenaria interpres, Vieill. (1819), *Nouv. Dict.*, XXXV, 345. — Strepsilas interpres, Gould (1848), *B. of Aust.*, VI, pl. 39. — Blyth (1849), *Cat.* 271, n° 1602. — Midd. (1853), *Sib. Reis.*, II, 213. — Swinh. (1860), *Ibis*, 359. — Schleg. (1865), *Mus. des P. B.*, Cursores, 43. — Degl. et Gerbe (1867), *Ornith. europ.*, 2° éd., II, 154. — Finsch et Hartl. (1867), *Faun. Centr. Polyn.*, 197. — Dyb. (1868), *J. f. O.*, 337. — Swinh. (1871), *P. Z. S.*, 400. — Strepsilas collaris, Severtz. (1873), *Turk. Jevotn.*, 69. — Strepsilas interpres, Dress. (1876), *Ibis*, 328. — Swinh. (1876), *Ibis*, 334. — Tacz. (1876), *Bull. Soc. zool. Fr.*, I, 247.

Les Tourne-pierres de Chine ne diffèrent sous aucun rapport de ceux que l'on rencontre en Europe, en Afrique, en Asie, en Australie et sur divers points de l'Océanie. Ils passent en grand nombre sur les côtes du Céleste-Empire, et dans le mois de mai le marché de Changhaï est abondamment pourvu de ces oiseaux en livrée parfaite. Parmi les sujets que j'ai pu me procurer, j'ai constatés des variations de taille allant de $0^m,22$ jusqu'à $0^m,27$.

Si, avec beaucoup d'auteurs, on réunit à la même espèce le *Strepsilas melanocephalus* (Vigors (1829), *Zool. Journ.*, IV, 356. — Wils. (1813), *Am. Ornith.*, 32, pl. 57. — Baird, Cass. et Lawr. (1858), *Expl. for a railroad*, IX, *Birds*, 702), qui habite le continent américain et qui ne constitue probablement pas même une race distincte, le *Strepsilas interpres* devient un oiseau cosmopolite.

GRUIDÉS

Cette petite famille est composée de 16 ou 17 espèces qui sont dispersées dans les cinq parties du monde, et dont 6 visitent l'empire chinois.

620. — GRUS CINEREA

ARDEA GRUS, L. (1766), *S. N.*, I, 254. — LA GRUE, Buff. (1770), *Pl. Enl.* 769. — ARDEA GRUS, Gm. (1788), *S. N.*, I, 620. — GRUS CINEREA, Bechst. (1801-9), *Naturg. Deutsch.*, IV, 103. — GRUS VULGARIS, Pall. (1811), *Zoogr.*, II, 106. — GRUS CINEREA, Tem. (1820), *Man. d'orn.*, II, 537, et (1835), III, 356. — Gould (1832), *B. of Eur.*, pl. 270. — GRUS CINEREA LONGIROSTRIS, Tem. et Schleg. (1850), *Faun. Jap.*, *Aves*, 117 et pl. 72. — GRUS CINEREA et GRUS LONGIROSTRIS, Bp. (1855), *Compt. rend. Ac. Sc.*, XL, *Tabl. des Hérons*, n°s 1 et 2, et (1857), *Consp. Av.*, II, 97 et 98. — GRUS CINEREA, Schr. (1860), *Vög. d. Am. L.*, 406. — Swinh. (1861), *Ibis*, 409, et *Zool.*, 7,507. — Radde (1863), *Reis. in S. O. Sib.*, II, 317. — Jerd. (1864), *B. of Ind.*, II, 664. — Dyb. (1868), *J. f. O.*, 337. — Swinh. (1871), *P. Z. S.*, 402. — Severtz. (1873), *Turk. Jevotn.*, 68. — Tacz. (1876), *Bull. Soc. zool. Fr.*, I, 246. — GRUS COMMUNIS (Bechst.), Dress. (1876), *Ibis*, 324.

La Grue cendrée vulgaire d'Europe passe quelquefois aux mois d'avril et de septembre au-dessus des plaines de Pékin et plus fréquemment le long des montagnes occidentales de la Chine; mais dans cette région, comme dans la Sibérie orientale, le passage de cette espèce est toujours moins abondant que dans nos contrées. Pendant l'hiver, on trouve de petits vols de ces échassiers cantonnés dans les provinces du nord et du midi de l'Empire, mais le plus grand nombre d'entre eux vont passer l'hiver dans les contrées plus méridionales.

621. — GRUS MONACHUS

GRUS MONACHUS, Tem. (1838), *Pl. Col.* 555. — Tem. et Schleg. (1850), *Faun. Jap.*, 119 et pl. 75. — Bp. (1855), *Compt. rend. Ac. Sc.*, XL, *Tabl. des Hérons*, n° 5, et (1857), *Consp. Av.*, II, 98. — Swinh. (1863), *P. Z. S.*, 309. — Radde (1863), *Reis. in S. O. Sib.*, II, 318. — Przew. (1867-69), *Voy.*, n° 149. — Dyb. (1868), *J. f. O.*, 337. — Swinh. (1871), *P. Z. S.*, 402. — GRUS MONACHA, Tacz. (1876), *Bull. Soc. zool. Fr.*, I, 246.

La Grue moine, qui se reconnaît facilement à son plumage d'un brun ardoisé, à sa face blanche et à ses pattes d'un vert brunâtre, se trouve pendant l'été au Japon, en Corée et en Mantchourie et passe régulièrement dans le N.-O. de la Chine et sur les frontières de la Mongolie. Radde l'a rencontrée dans le désert de Gobi et dans les montagnes voisines du fleuve Amour et M. Dybowski l'a observé dans la Daourie et sur les rives méridionales du lac Baïkal. Ces oiseaux voyagent en petites troupes ou par paires, et manifestent l'un pour l'autre un attachement singulier : un jour, au mois d'octobre, le mâle d'un couple qui traversait les airs ayant été abattu d'un coup de fusil, nous vîmes sa compagne descendre auprès de lui, faire des efforts pour le relever avec son bec, et ne s'éloigner du cadavre que lorsque le chasseur se fut approché d'elle. Cette espèce est connue à Pékin sous le nom de *Ma-tseu-lo.*

622. — GRUS VIPIO

GRUS VIPIO, Pall. (1811), *Zoogr*, II, 171. — GRUS LEUCAUCHEN, Tem. (1838), *Pl. Col.*, 449. — GRUS VIPIO, Bp. (1855), *Compt. rend. Ac. Sc.*, XL, *Tabl. des Hérons*, n° 4, et (1857), *Consp. Av.*, II, 98. — GRUS LEUCAUCHEN, Radde (1863), *Reis. in S. O. Sib.*, II, 314. — Przew. (1867-69), *Voy.*, n° 148. — A. Dav. (1871), *N. Arch. du Mus.*, *Bull.* VII, *Cat.* n° 369. — Swinh. (1871), *P. Z. S.*, 402. — Dyb. (1873), *J. f. Orn.*, 100. — Tacz. (1876), *Bull. Soc, zool. Fr.*, I, 246.

Cette grue se distingue des autres par ses pattes rouges, son corps d'un gris ardoisé, sa tête et son cou d'un blanc pur, avec le front et les joues noirs. Elle n'est pas, comme on le croyait d'abord, cantonnée dans les îles du Japon ; elle se rencontre aussi dans le N.-E. de l'empire chinois et dans la Sibérie orientale, le long de l'Amour et de l'Oussouri. Elle passe régulièrement deux fois par an dans le nord de la province du Petchely, mais toujours en petit nombre aux environs de Pékin ; je n'ai pu malheureusement me procurer aucun individu de cette espèce qui est cependant bien connue des chasseurs de la contrée.

623. — GRUS VIRIDIROSTRIS

GRUS VIRIDIROSTRIS, Vieillot (1784-1820), *Encycl. méth.*, III, 1,141, sp. 7, et (1817), *N. Dict.*, XIII, 560. — GRUS MONTIGNESIA, Bp. (1854), *Notes ornith. sur la coll. Dellattre.* — ANTIGONE et LEUCOGERANUS MONTIGNESIA, Bp. (1855), *Compt. rend. Ac. Sc.*, XL, *Tabl. des Hérons*, n° 9, et (1857), *Consp. Av.*, II, 100. — GRUS VIRIDIROSTRIS, Swinh. (1863), *P. Z. S.*, 309. — GRUS MONTIGNESIA, Przew. (1867), *Voy.*, n° 146. — GRUS LEUCOGERANUS, Dyb. (1866), *J. f. O.*, 337 (part.). — GRUS VIRIDIROSTRIS, Swinh. (1871), *ibid.*, 403. — A. Dav. (1871), *N. Arch. du Mus.*, *Bull.* VII, *Cat.* n° 367. — Dyb. (1873), *J. f. Orn.*, 100. — Tacz. (1876), *Bull. Soc. zool. Fr.*, I, 246.

La Grue blanche à bec vert et à pattes noires, dont la gorge et les côtés du cou sont marqués de cendré noirâtre, niche au Japon, en Corée, dans la Mantchourie et dans la Sibérie orientale. Dans la Chine proprement dite, en deçà de la Grande-Muraille, elle ne fait que de très-rares apparitions, et les oiseaux de cette espèce que l'on voit parfois chez les grands personnages du Céleste-Empire proviennent certainement de Mantchourie. Ces grues atteignent un prix tellement élevé qu'on m'a demandé la somme de mille taëls (8,000 fr.) pour un couple vivant qui m'avait été proposé à Pékin. La *Grus viridirostris* est néanmoins l'un des échassiers les plus fréquemment représentés sur les peintures chinoises ; on en trouve des images sur tous les points de l'Empire où on la désigne sous le nom de *Sien-hô.*

624. — GRUS LEUCOGERANUS

GRUS LEUCOGERANUS, Pall. (1776), *Reis.*, II, 438 et 714, et *Voy.*, éd. franç. in-8°, vol. VIII, app. 415, fig. 40. — ARDEA GIGANTEA, Gm. (1788), *Syst. nat.*, I, 622 (ex S.-G. Gmel., *Reis.*, II, 189, pl. 21). — GRUS LEUCOGERANUS, Pall. (1811), *Zoogr.*, II, 103, pl. 54. — GRUS GIGANTEA, Vieill. (1817), *N. Dict.*, XIII, 558. — GRUS LEUCOGE- RANOS, Tem. (1835), *Man. d'orn.*, IV, 365, et (1838), *Pl. Col.* 467. — Tem. et Schl. (1850), *Faun. Jap., Aves,* 118, pl. 73. — ANTIGONE (LEUCOGERANUS) LEUCOGERANOS, Bp. (1855), *Compt. rend. Ac. Sc.*, XL, *Tabl. des Hérons*, n° 8, et (1857), *Consp. Av.*, II, 99. — LEUCOGERANUS GIGANTEUS, Bp. (1856), *Cat. Parzud.*, 9. — GRUS LEUCOGERANUS, Schr. (1860), *Vög. d. Am. L.*, 407. — Radde (1863), *Reis., in S. O. Sib.*, II, 312. — Degl. et Gerbe (1867), *Ornith. eur.*, 2e éd., II, 277. — Swinh. (1871), *P. Z. S.*, 403. — Schleg. (1872), *Jaarb. van het konink. Zool. Gen. Natura artis magistra*, 173 à 175. — Severtz. (1873), *Turk. Jevotn.*, 68. — Dyb. (1873), *J. f. Orn.*, 100. — Dress. (1876), *Ibis*, 324. — Tacz. (1876), *Bull. Soc. zool. Fr.*, I, 247.

Cette grue se distingue facilement de la précédente par ses dimensions moins fortes, par son bec et ses pattes rouges, par sa face dénudée et par les côtés de son cou dépourvus de taches noires : elle voyage de l'Inde en Sibérie et s'avance d'un côté jusque dans la Russie, de l'autre jusqu'au Japon, en traversant la Mantchourie et parfois la Chine septentrionale : dans cette dernière contrée toutefois, ses apparitions sont extrêmement rares.

625. — GRUS (ANTHROPOÏDES) VIRGO

GRUS NUMIDICA, VIRGO NUMIDICA VULGO DICTA, Briss. (1760), *Ornith.*, V, 388. — ARDEA VIRGO, L. (1766), *S. N.*, I, 234. — LA DEMOISELLE DE NUMIDIE, Buff. (1770), *Pl. Enl.* 241. — ARDEA VIRGO, Gm. (1788), *S. N.*, I, 619. — GRUS VIRGO, Pall. (1811), *Zoogr.*, II, 108. — ANTHROPOÏDES VIRGO, Vieill. (1817), *N. Dict.*, II, 163. — Bp. (1855),

. *Compt. rend. Ac. Sc.*. XL, *Tabl. des Hérons,* n° 13, et (1857), *Consp. Av.*, II, 101. — Grus virgo, Radde (1863), *Reis. in S. O. Sib.*, II, 320. — Anthropoïdes virgo, Degl. et Gerbe (1867), *Ornith. eur.*, 2ᵉ éd., II, 279. — Grus virgo, Swinh. (1867), *Ibis*, 413, et (1871), *P. Z. S.*, 403. — A. Dav. (1871), *N. Arch. du Mus.*, *Bull.* VII, *Cat.* n° 370. — Severtz. (1873), *Turk. Jevotn.*, 68. — Anthropoïdes virgo, Dyb. (1873), *J. f. Orn.*, 100. — Tacz. (1876), *Bull. Soc. zool. Fr.*, I, 246. — Grus virgo, Dress. (1876), *Ibis*, 324.

La grue que l'on connaît vulgairement sous le nom de Demoiselle de Numidie se fait particulièrement remarquer par ses formes élégantes, par sa tête ornée de chaque côté, au niveau de la région parotique, d'une touffe de plumes blanches et déliées, et par ses flancs recouverts de plumes effilées qui partent du coude de l'aile et se prolongent au delà de la queue. Elle fréquente non-seulement la Russie méridionale, la Grèce, le nord de l'Afrique et la Turquie d'Europe, mais encore la plus grande partie de l'Asie centrale et orientale. Cette dernière région semble même être sa véritable patrie. Elle niche dans le Turkestan, dans la Daourie et sur les hauts plateaux de la Mongolie, et est fort commune en été sur les frontières occidentales de la Chine, des deux côtés de la Grande-Muraille. Les oiseaux de cette espèce que l'on prend jeunes s'apprivoisent aisément et deviennent fort amusants en captivité par les danses étranges et les courses folâtres qu'ils aiment à exécuter. Dans la grande plaine de Pékin, je n'ai jamais rencontré cette grue qui est si répandue en Mongolie, et j'en conclus que ses voyages doivent s'effectuer diagonalement, du S.-O. au N.-E. et *vice versa*. Les Chinois du Nord la désignent sous le nom de *Tseu-lô*.

ARDÉIDÉS

On connaît aujourd'hui une centaine d'espèces de Hérons qui sont distribuées dans le monde entier, et parmi lesquelles il y en a 17 qui visitent l'empire chinois ou qui y font un séjour de plus ou moins longue durée.

626. — ARDEA CINEREA

Ardea cinerea, L. (1766), *S. N.*, I, 236. — Le Héron, Buff. (1770), *Pl. Enl.* 787. — Ardea cinerea, Gm. (1788), *S. N.*, I, 627. — Pall. (1811), *Zoogr.*, II, 116. — Ardea brag, I. Geoff., *Mus. Par.*, et (1828-32), *Voy. Jacq.*, 85, et *Atl.*, pl. 8. — Ardea cinerea et Ardea brag, Bp. (1855), *Compt. rend. Ac. Sc.*, XL, *Tabl. des Hérons*, n°ˢ 41 et 42, et (1857), *Consp. Av.*, II, 111. — Ardea cinerea, Sw. (1860), *Ibis*, 63. — Schr. (1860), *Vög. d. Am. L.*, 434. — Radde (1863), *Reis. in S. O. Sib.*, II, 343. — Jerd. (1864), *B. of Ind.*, II, 741. — Degl. et Gerbe (1867), *Ornith. eur.*, 2e éd., II, 286. — Przew. (1867-69), *Voy.*, no 181. — Dyb. (1868), *J. f. Orn.*, 337. — Swinh. (1871), *P. Z. S.*, 411. — A. Dav. (1871), *N. Arch. du Mus.*, *Bull.* VII, *Cat.* no 413. — Ardea cinerea, var. brag, Severtz. (1873), *Turk. Jevotn.*, 68. — Ardea brag, Dyb. (1874), *J. f. Orn.*, 336. — Ardea cinerea, Swinh. (1875), *Ibis*, 132. — Dress. (1876), *Ibis*, 325. — Ardea brag, Tacz. (1876), *Bull. Soc. zool. Fr.*, I, 258.

Le Héron cendré d'Europe est aussi très-abondamment répandu dans l'Inde, à Ceylan, dans le Turkestan, la Sibérie orientale, la Chine et la Mongolie, et ne présente point dans l'Asie centrale et orientale de différences assez constantes pour que l'on puisse conserver l'espèce fondée par Isidore Geoffroy Saint-Hilaire sous le nom d'*Ardea brag*. Il arrive au mois de mars aux environs de Pékin et se retire à l'approche de l'hiver dans les provinces méridionales, voyageant par petites bandes de 20 à 30 individus qui volent souvent en lignes régulières, à la manière des grues. En Europe, la guerre acharnée que les chasseurs font à ce gros oiseau l'oblige à ne sortir que la nuit pour chercher sa nourriture; mais en Chine, où personne ne songe à le molester, il établit ses héronnières un peu partout, sur des tours abandonnées, sur de grands arbres et jusque dans l'intérieur de la ville de Pékin. Pendant la journée, il visite les rizières et le bord des cours d'eau et regagne sa retraite à la tombée de la nuit, au moment où le Bihoreau quitte sa demeure pour aller chercher sa pâture. — Les Chinois donnent au Héron cendré les noms de *Tsin-tchouang*, de *Houy-hao* et de *Lou-sse*.

627. — ARDEA PURPUREA

Ardea purpurea, L. (1766), *S. N.*, I, 236. — Ardea variegata, Scop. (1769), *Ann. Hist. Nat.*, I, sp. 120. — Le Héron pourpré huppé, Buff. (1770), *Pl. Enl.* — Ardea caspia, S.-G. Gmel. (1774-84). *Reis.*, II, 193. — Ardea purpurata, Gm. (1788), *S. N.*, I, 641. — Ardea purpurea, Blyth (1849), *Cat.* 268, no 1,637. — Bp. (1855), *Compt. rend. Ac. Sc.*, XL, *Tabl. des Hér.*, no 47, et (1857), *Consp. Av.*, II, 113. — Swinh. (1863), *P. Z. S.*, 319. — Jerd. (1864), *B. of Ind.*, II, 743. — Degl. et Gerbe (1867), *Ornith. eur.*. 2e éd., II, 290. — A. Dav. (1871), *N. Arch. du Mus.*, *Bull.* VII, *Cat.* no 414. — Swinh. (1871), *P. Z. S.*, 411. — Severtz. (1873), *Turk. Jevotn.*, 68. — Wald. (1875), *Trans. zool. Soc.*, IX, part. 2, p. 236. — Dress. (1876), *Ibis*, 325.

Le Héron pourpré, ainsi nommé à cause de la teinte d'un roux vineux qui s'étend sur sa poitrine et sur ses flancs, n'habite pas seulement l'Europe tempérée et méridionale et le nord de l'Afrique ; il se trouve aussi dans le Turkestan, dans l'Inde, à Ceylan et même en Chine. Dans cette dernière région, toutefois, il est loin d'être commun et je ne l'ai vu que deux fois à Pékin : il se montre un peu plus souvent dans les provinces centrales et méridionales et principalement au Setchuan où il passe quelquefois l'hiver. Les Chinois distinguent cette espèce sous le nom de *Hong-hao*.

628. — HERODIAS ALBA

ARDEA ALBA, L. (1766), *S. N.*, I, 239. — ARDEA EGRETTOÏDES, S.-G. Gmel. (1770-84), *Reis.*, II, 193, pl. 25 (nec Tem.). — LE HÉRON BLANC, Buff. (1770), *Pl. Enl.* 886. — ARDEA FLAVIROSTRIS et ARDEA MELANORYNCHA, Wagl. (1827), *Syst. av.. Herod.*, et (1829), *Isis*, 659. — ARDEA ALBA, Gould (1832), *B. of Eur.*, pl. 276. — ARDEA MODESTA, Gr. et Hardw. (1830-34), *Ill. Ind. Zool.*, pl. 49. — EGRETTA ALBA, Bp. (1838), *B. of Eur.*, 47. — HERODIAS FLAVIROSTRIS, Gr. (1843), *Voy. Ereb. and Terr.*, *Birds*, 12. — ARDEA SYRMATOPHORA, Gould (1848), *B. of Aust.*, VI, pl. 56. — ARDEA ALBA, T. et Schl. (1850), *Faun. Jap.*, 114. — EGRETTA ALBA, E. MODESTA, E. MELANORHYNCHA, E. FLAVIROSTRIS et E. SYRMATOPHORA, Bp. (1855), *Compt. rend. Ac. Sc.*, XL, *Tabl. des Hér.*, nos 69, 71, 73, 74 et 77, et (1857), *Consp. Av.*, II, 114, 115, 116 et 117. — HERODIAS FLAVIROSTRIS et H. MELANORHYNCHA, Hartl. (1857), *Syst. Ornith. Westafr.*, 220 et 221, nos 629 et 630. — ARDEA EGRETTA, Swinh. (1860), *Ibis*, 64. — ARDEA ALBA, Schr. (1860), *Vög. d. Am. L.*, 435. — Radde (1863), *Reis. in S. O. Sib.*, II, 334. — HERODIAS ALBA, Swinh. (1863), *Ibis*, 417. — Jerd. (1864), *B. of Ind.*, II, 744. — ARDEA ALBA et ARDEA EGRETTA, (partim), Schl. (1864), *Mus. des P. B.*, *Ardeæ*, 16 et 17. — EGRETTA ALBA, Degl. et Gerbe (1867), *Ornith. eur.*, 2e éd., II, 294. — ARDEA ALBA, Przew. (1867-69), *Voy.*, no 182. — EGRETTA MODESTA, Swinh. (1871), *P. Z. S.*, 412. — ARDEA ALBA, Severtz. (1873), *Turk. Jevotn.*, 68. — ARDEA SYRMATOPHORA, Bull. (1873), *B. of N. Zeal.*, 226. — EGRETTA SYRMATOPHORA, Dyb. (1874), *J. f. Orn.*, 325. — Tacz. (1876), *Bull. Soc. zool. Fr.*, I, 258. — ARDEA ALBA, Dress. (1876), *Ibis*, 325.

La Grande Aigrette de Chine que M. Swinhoe, d'accord avec un certain nombre de naturalistes, sépare de l'*Herodias alba*, parce qu'elle présente parfois une taille un peu plus faible que la race européenne, est très-abondamment répandue dans tout l'empire chinois et y est désignée sous les noms de *Paé-hao* et de *Paé-lou-sse*. Elle se trouve en toutes saisons dans les provinces méridionales, et pendant l'été dans les provinces septentrionales où elle s'établit pour nicher. Les héronnières de cette espèce sont assez nombreuses dans les environs de Pékin, sur les grands arbres qui entourent les pagodes ; et quelques-uns de ces beaux oiseaux se voient même fréquemment dans la capitale, sur les pièces d'eau qui avoisinent le palais impérial. Les spécimens que j'ai eus entre les mains mesuraient en moyenne 1 mètre du bec à l'extrémité de la queue, et ressemblaient complétement sous le rapport du plumage aux individus provenant de l'Europe méridionale, de l'Afrique, de l'Inde, de l'Australie et de la Nouvelle-Zélande.

629. — HERODIAS INTERMEDIA

ARDEA INTERMEDIA, Wagl. (1829), *Isis*, 659. — ARDEA NIGRICOLLIS, Gr. et Hardw. (1830-34), *Ill. Ind. zool.*, pl. 49, f. e. — ARDEA EGRETTOÏDES, Tem. (1840), *Man. d'orn.*, IV, 374. — ARDEA PLUMIFERA, Gould (1848), *B. of. Aust.*, VI, pl. 57. — ARDEA EGRETTOÏDES, Tem. et Schl. (1850), *Faun. Jap., Aves*, 115, pl. 69. — EGRETTA EGRETTOÏDES, E. NIGRICOLLIS, E. INTERMEDIA, E. MELANOPUS et E. PLUMIFERA, Bp. (1855), *Compt. rend.. Ac. Sc.*, XL, *Tabl. des Hérons*, nᵒˢ 70, 72, 75, 76 et 78, et (1857), *Consp. Av.*, II, 115, 116, et 117. — HERODIAS EGRETTOÏDES, Swinh. (1861), *Ibis*, 267. — HERODIAS INTERMEDIA, Swinh. (1861), *ibid.*, 344. — ARDEA ALBA, Schl. (1864), *Mus. d. P. B., Ardeæ*, 19. — HERODIAS ALBA, Jerd. (1864), *B. of Ind.*, 745. — EGRETTA INTERMEDIA, Swinh. (1871), *P. Z. S.*, 412. — HERODIAS INTERMEDIA, Gr. (1871), *Handlist*, III, 28, nᵒ 10,110. — Wald. (1874), *Ibis*, 148.

Cette aigrette, dont la taille (0ᵐ,70) est intermédiaire entre celle de l'*Herodias alba* et de l'*Herodias garzetta*, se distingue également de ces deux espèces par la couleur de son bec qui est jaune en toute saison, avec la pointe marquée de noir, et par la forme allongée et singulièrement déliée des plumes de son dos et de la base de son cou. Elle est répandue dans l'Inde, dans l'Indo-Chine, aux Philippines, à Java, à la Nouvelle-Hollande, au Japon, et se trouve aussi, assez communément, dans la Chine proprement dite. Pendant l'été, elle remonte au nord jusqu'au delà de Pékin, et séjourne pendant toute l'année le long des fleuves du centre et du midi de l'Empire.

630. — HERODIAS GARZETTA

ARDEA GARZETTA, L. (1776), *S. N.*, I, 237. — ARDEA ORIENTALIS, Gr. et Hardw. (1830-34), *Ill. Ind. Zool.*, pl. 63. — ARDEA NIGRIPES, Tem. (1840), *Man. d'orn.*, 2ᵉ éd., IV, 376. — HERODIAS IMMACULATA, Gould (1848), *B. of Aust.*, VI, pl. 58. — GARZETTA EGRETTA, ORIENTALIS, IMMACULATA et NIGRIPES, Bp. (1855), *Compt. rend. Ac. Sc.*, XL, *Tabl. des Hér.*, nᵒˢ 79, 80, 81 et 82, et (1857), *Consp. Av.*, II, 118 et 119. — HERODIAS GARZETTA, Hartl. (1857), *Syst. Ornith. Westafr.*, II, 221, nᵒ 631. — Swinh. (1860), *Ibis*, 64 et 429. — ARDEA GARZETTA, Schl. (1864), *Mus. des P. B., Ardeæ*, 12. — EGRETTA GARZETTA, Degl. et Gerbe (1867), *Ornith. eur.*, 2ᵉ éd., II, 293. — GARZETTA EGRETTA, Swinh. (1871), *P. Z. S.*, 412. — HERODIAS GARZETTA, Wald. (1872), *Ibis*, 148. — HERODIAS NIGRIPES, Wald. (1872), *Trans. zool. Soc.*, VIII, part. 2, p. 99. — HERODIAS GARZETTA, Wald. (1875), *Trans. zool. Soc.*, IX, part. 2, p. 237.

La Garzette, qui habite l'Europe tempérée, l'Afrique, l'Inde, les Moluques, l'Australie, la Nouvelle-Guinée, l'Indo-Chine, la

Chine, l'île Célèbes, les Philippines et le Japon, se reconnaît facilement à sa taille assez faible (0^m,55 à 0^m,60), à sa tête décorée de trois longues plumes formant une huppe occipitale, à son dos orné de panaches dont l'extrémité se relève gracieuse-ment, et à son bec qui est constamment de couleur noire, sauf dans sa portion basilaire. Elle est abondamment répandue dans la Chine entière et ne quitte pas en hiver les régions centrales et méridionales de l'Empire. Dans le Sud, elle est même plus com-mune que la Grande Aigrette, qui domine au contraire aux envi-rons de Pékin. — Les Chinois appellent la Garzette *Siao-paé-hao*.

631. — HERODIAS EULOPHOTES

HERODIAS EULOPHOTES, Swinh. (1860), *Ibis*, 64 et 429. — ARDEA EULOPHOTES, Schleg. (1864), *Mus. des P. B., Ardeæ*, 29. — GARZETTA EULOPHOTES, Swinh. (1871), *P. Z. S.*, 412.

M. Swinhoe sépare spécifiquement de la Garzette vulgaire cette race qui habite l'île de Formose et se rencontre également en petit nombre dans le sud de la Chine ; il lui assigne pour caractères distinctifs : 1° un bec plus robuste, plus court et toujours de couleur jaune, surtout en été ; 2° des pattes moins allongées ; 3° une huppe occipitale consistant non pas en quel-ques plumes déliées, mais en une touffe abondante ; 4° un panache dorsal étroit, qui ne dépasse pas l'extrémité de la queue.

632. — BUBULCUS COROMANDUS

LE CRABIER DE COROMANDEL, Buff. (1770), *Pl. Enl.* 910. — CANCROMA COROMANDA, Bodd. (1783), *Tabl. des Pl. Enl.*, 54. — ARDEA RUFICAPILLA et ARDEA BICOLOR, Vieill. (1817), *N. Dict.*, XIV, 409. — BUBULCUS COROMANDA, Bp. (1855), *Compt. rend. Ac. Sc.*, XL, *Tabl. des Hér.*, n° 87, et (1857), *Consp. Av.*, II, 125. — BUPHUS COROMANDUS, Swinh. (1860), *Ibis*, 64. — Jerd. (1864), *B. of Ind.*, II, 749. — ARDEA COROMANDA, Schleg. (1864), *Mus. des P. B., Ardeæ*, 30. — BUBULCUS COROMANDUS, Swinh. (1871), *P. Z. S.*, 412. — BUBULCUS COROMANDUS, Wald. (1875), *Trans. zool. Soc.*, IX, part. 2, p. 237.

Dimensions. Long. totale, 0^m,40.
Couleurs. Iris, bec et pattes noirâtres.

Le Garde-Bœuf de Coromandel, qui a les plumes de la nuque prolongées en filaments et celles du dos fortement acuminées, et dont le plumage est d'un blanc pur en hiver, d'un blanc lavé de jaune doré sur la tête, le cou et la poitrine en été, diffère à peine du Garde-Bœuf-Ibis de l'Afrique et de l'Europe méridionale : il a cependant le bec et les tarses plus allongés, l'espace dénudé autour de l'œil moins étendu, la tête, le cou, la poitrine et le dos plus fortement nuancés de jaune dans la livrée d'amour. On le trouve abondamment répandu dans l'Inde, dans l'Indo-Chine, et pendant l'été dans l'île de Formose et dans le midi de la Chine jusqu'au Yangtzékiang. Ce héron aime moins l'eau que ses congénères et a l'habitude de suivre le bétail au pâturage : il se pose fréquemment sur le dos des buffles et se nourrit des sauterelles que ces animaux font lever sous leurs pas. Il niche en compagnie sur les arbres élevés et souvent à côté des habitations, car il ne redoute nullement le voisinage de l'homme.

Le *Bubulcus coromandus* se rencontre également dans l'Inde, à Ceylan, en Birmanie, en Cochinchine et à Célèbes ; c'est même de cette dernière région que proviennent quelques spécimens que le Muséum d'histoire naturelle de Paris a reçus dans ces dernières années.

633. — BUTORIDES JAVANICUS

Ardea javanica, Horsf. (1821), *Linn. Trans.*, XIII, 190. — Butorides javanica, Bp. (1855), *Compt. rend. Ac. Sc.*, XL, *Tabl. des Hér.*, n° 97, et (1857), *Consp. Av.*, II, 130. — Herodias asha, Swinh. (1860), *Ibis*, 64. — Ardea javanica, Schl. (1864), *Mus. des P. B.*, *Ardeæ*, 43. — Butorides javanica, Jerd. (1864), *B. of Ind.*, II, 752. — Finsch et Hartl. (1867), *Beitr. Faun. Centr. Polyn.*, 207. — Butorides javanicus, Swinh. (1871), *P. Z. S.*, 413. — Butorides javanica, Wald. et Lay. (1872), *Ibis*, 105. — Wald. (1875), *Trans. zool. Soc.*, IX, part. 2, p. 237.

Dimensions. Long. totale, 0^m,47 (♀) ; queue, 0^m,06 ; aile, 0^m,152 ; tarse, 0^m,045 ; bec, 0^m,065 à partir du front.

Couleurs. Iris jaune ; bec brun, avec la base verdâtre ; pattes d'un brun verdâtre. — Parties supérieures du corps d'un vert brunâtre chatoyant, passant au vert bronzé noirâtre sur le sommet de la tête, avec les couvertures des ailes bordées de fauve ; gorge tachetée de brun et de fauve sur fond blanc ; reste des parties inférieures grisâtre.

Le Petit Héron vert de Java habite non-seulement les îles malaises, les Philippines, Célèbes et les îles Andaman, mais encore l'Inde proprement dite, la Birmanie, la Cochinchine et la Chine méridionale, où il est assez répandu pendant l'été dans les endroits marécageux. Je l'ai rencontré dans le Kiangsi par bandes de cinq à six individus qui se retiraient pendant la journée sur les grands arbres pour dormir et qui chaque soir allaient pêcher dans les rizières. Il paraît même que cette espèce méridionale s'avance jusque dans la Mantchourie, l'Amourland et le Japon. Par ses dimensions, son système de coloration et son genre de cri, le *Butorides javanicus* offre du reste des analogies frappantes avec le *Butorides virescens* et le *B. griseus* d'Amérique, et le *B. atricapillus* d'Afrique, de Mayotte et de Madagascar.

634. — BUTORIDES MACRORHYNCHUS

ARDETTA MACRORHYNCHA, Gould. (1848), *P. Z. S.*, 39, et *B. of Aust.*, VI, pl. 66. — BUTORIDES MACRORHYNCHA, Bp. (1855), *Compt. rend. Ac. Sc.*, XL, *Tabl. des Hér.*, nº 101, et (1857), *Consp. Av.*, II, 131. — BUTORIDES VIRESCENS, var. SCAPULARIS, Schr. (1860), *Vög. d. Am. L.*, 437. — Radde (1863), *Reis. in S. O. Sib.*, II, 344. — BUTORIDES JAVANICUS, Swinh. (1867), *Ibis* 420. — BUTORIDES VIRESCENS, var. SCAPULARIS, Przew. (1867-69), *Voy.*, nº 183. — BUTORIDES MACRORHYNCHUS, Swinh. (1871), *P. Z. S.*, 413. — Dyb. (1875), *J. f. Orn.*, 256. — Tacz (1876), *Bull. Soc. zool. Fr.*, I, 258.

Dimensions et Couleurs. Semblable au précédent pour les formes et les couleurs, mais de taille sensiblement plus forte, avec le bec plus développé.

Cette race du *Butorides javanicus* est commune dans l'île de Formose et s'avance par le Japon jusque dans l'Amourland et le pays de l'Oussouri.

635. — ARDEOLA PRASINOSCELES

ARDEOLA PRASINOSCELES, Swinh. (1860), *Ibis*, 64, et (1871), *P. Z. S.*, 413.

Dimensions. Long. totale, 0m,48 ; queue, 0m,08 ; aile, 0m,23 ; tarse, 0m,062 ; bec, 0m,062 à partir du front.

Couleurs. Iris d'un brun clair ; bec bleu à la base, jaune au milieu et noir à l'extrémité ; pattes jaunes, lavées de rose ; peau nue autour des yeux d'une teinte verdâtre. — Dessus de la tête et du cou et plumes occipitales d'un roux cannelle foncé ; dos d'un gris ardoisé passant au brun verdâtre sur les côtés ; ailes blanches, avec quelques plumes d'un brun verdâtre parmi les petites couvertures ; croupion, sus-caudales et sous-caudales, rectrices, menton, partie inférieure de la poitrine et abdomen d'un blanc pur ; devant du cou varié de brun, de fauve et de blanc, cette dernière teinte remplaçant en grande partie la nuance fauve chez les individus adultes. — Chez les jeunes oiseaux, le sommet de la tête est rayé longitudinalement de jaune et de blanchâtre, et la région antérieure du cou est bigarrée de roux, de jaune et de brun.

Ce crabier, qui se reconnaît à la coloration rouge brunâtre de la partie supérieure de sa tête et de son cou, se trouve pendant toute l'année en Cochinchine et dans la Chine méridionale; il se répand en été dans le bassin du Yangtzé, jusqu'au Setchuan, et se tient de préférence au milieu des rizières où chaque couple fait son nid isolément.

636. — NYCTIARDEA NYCTICORAX

ARDEA GRISEA et A. NYCTICORAX, L. (1766), *S. N.*, I, 237 et 239. — LE BIHOREAU, Buff. (1770), *Pl. Enl.* 758 et 759. — ARDEA GRISEA et A. NYCTICORAX, Gm. (1788), *S. N.*, I, 624 et 625. — ARDEA NYCTICORAX, Vieill. (1817), *N. Dict.*, XIV, 433. — Tem. (1820), *Man. d'orn.*, II, 577. — NYCTICORAX NYCTICORAX, Boie (1822), *Isis*, 560. — NYCTICORAX EUROPÆUS, Gould (1838), *B. of Eur.*, pl. 279. — NYCTICORAX ARDEOLA, Tem. (1840), *Man. d'orn.*, IV, 384. — ARDEA NYCTICORAX, Tem. et Schl. (1850), *Faun. Jap.*, 116. — NYCTICORAX GRISEUS, Bp. (1855), *Comp. rend. Ac. Sc.*, XL, *Tabl. des Hér.*, 130, et (1857), *Consp. Av.*, II, 140. — NYCTICORAX GRISEUS et N. MANILLENSIS? Swinh. (1860), *Ibis*, 358 et 65. — ARDEA NYCTICORAX, Schl. (1864), *Mus. des P. B.*, *Ardeæ*, 58. — ARDEA (NYCTICORAX) NYCTICORAX, Degl. et Gerbe (1867), *Orn. eur.*, 2e éd., II, 311. — NYCTIARDEA NYCTICORAX, Swinh. (1871), *P. Z. S.*, 413. — NYCTICORAX GRISEUS, Wald. (1872), *Trans. zool. Soc.*, VIII, part. 2, p. 100. — SCOTÆUS NYCTICORAX, Severtz. (1873), *Turk. Jevotn.*, 68. — NYCTICORAX GRISEUS, Wald. (1875), *Trans. zool. Soc.*, IX, part. 2, p. 238. — NYCTIARDEA NYCTICORAX, Dress. (1876), *Ibis*, 325.

Le Bihoreau vulgaire, qui habite une grande partie de l'Europe, de l'Asie et de l'Afrique et qui est représenté en Amérique et dans l'Océanie par des races à peine distinctes (*Nycticorax nævius* et *Nycticorax caledonicus*), est fort commun dans l'empire chinois, et établit ses héronnières sur les grands arbres jusque dans l'intérieur de la ville de Pékin. Ces hérons aux gros yeux rouges ont des habitudes essentiellement nocturnes et ne se répandent dans les rizières et les marécages qu'à la nuit tombée, au moment où les hérons cendrés et les hérons blancs regagnent leurs demeures. Le Bihoreau est connu à Pékin sous le nom de *Oua-dze*.

637. — GORSACHIUS MELANOLOPHUS

ARDEA MELANOLOPHA, Raffles (1821), *Trans. Linn. Soc.*, part. 2, p. 326. — NYCTICORAX LIMNOPHYLAX et N. GOISAGI, Tem. (1828), *Pl. Col.* 581 et 582. — ARDEA GOISAGI, T. et Schl. (1850), *Faun. Jap.*, Aves, 116, pl. 70. — TIGRISOMA LIMNICOLA, Reich. (1852), *Syst. Av.*, 11. — ARDEA MELANOLOPHA, Lay. (1854), *Ann. and Mag. N. H.*, 2e sér.,

XIV, 114. — Botaurus limnophylax et Gorsachius typus, Bp. (1855), *Compt. rend. Ac. Sc.*, XL, *Tabl. des Hér.*, nos 116 et 123. — Botaurus limnophylax et Gorsachius goisagi, Bp. (1857), *Consp. Av.*, II, 136 et 138. — Nycticorax melanolophus, Swinh. (1863), *P. Z. S.*, 320. — Ardea goisagi et A. limnophylax, Tem. (1864), *Mus. des P. B.*, *Ardeæ*, 54 et 55. — Ardea goisagi, Swinh. (1865), *Ibis*, 358. — Ardea melanolopha, Blyth (1865), *Ibis*, 38, et (1867), *ibid.*, 173 et 309. — Botaurus limnophilax et Gorsachius melanolophos, Gr. (1871), *Handlist*, III, nos 10,164 et 10,177. — Goisachius melanolophus, Swinh. (1871), *P. Z. S.*, 413. — Holdsw. (1872), *P. Z. S.*, 478. — Gorsachius melanolophus, Wald. (1875), *Trans. zool. Soc.*, IX, part. 2, p. 230.

Dimensions. Long. totale, 0m,50 ; queue, 0m,11 ; aile, 0m,26 ; tarse, 0m,059 ; bec, 0m,042.

Couleurs. Iris jaune ; bec bleuâtre ; pattes verdâtres. — Vertex, nuque et plumes occipitales d'un brun marron foncé ou d'un brun noirâtre foncé, suivant les saisons et les localités ; reste des parties supérieures d'un roux foncé, avec des lignes et des bandes irrégulières d'un brun foncé à reflets verdâtres et d'un roux ferrugineux ; menton blanc ; côtés du cou et de la poitrine variés de brun, de roux et de fauve pâle ; partie inférieure de la poitrine et abdomen marqués longitudinalement de raies brunes et ferrugineuses sur un fond jaunâtre, les raies et les bandes tendant à s'effacer sur les sous-caudales ; rémiges brunes, passant au roux, puis au blanc, vers l'extrémité ; rectrices brunes, avec la pointe un peu plus claire. — Chez les jeunes, les teintes des parties supérieures sont encore moins uniformes, et les plumes de la huppe offrent en général des taches blanches arrondies.

Jusqu'à ces derniers temps, la plupart des ornithologistes séparaient l'*Ardea melanolopha* ou *limnophylax* des Moluques, des Philippines, de l'Aracan, de Ceylan et de la Cochinchine de l'*Ardea goisagi* du Japon ; le prince Ch. Bonaparte rangeait même ces deux hérons dans deux genres différents, et le professeur Schlegel, sans aller aussi loin, considérait l'espèce japonaise comme bien distincte de l'espèce indienne, en se fondant sur des caractères tirés des dimensions, du développement de la huppe, et de la coloration du vertex et des plumes occipitales. Mais plus récemment M. Swinhoe, qui a eu l'occasion de comparer des spécimens qu'il avait obtenus à Formose avec d'autres individus provenant du Japon et des Philippines, n'a pas hésité à réunir l'*Ardea goisagi* à l'*A. melanolopha*, et M. Blyth s'est décidé à accepter cette manière de voir. C'est ce que nous faisons également, après avoir examiné comparativement les types du *Goisakius typus* (Puch.) qui font partie du Musée de Paris et qui proviennent l'un du Japon, l'autre de l'Inde ; mais nous devons constater qu'aux yeux de lord Walden, qui est assurément l'un des juges les plus compétents en pareille matière, l'identité spécifique des oiseaux du Japon, de l'Inde et des Philippines n'est pas encore parfaitement établie.

638. — BOTAURUS STELLARIS

ARDEA STELLARIS, L. (1766), *S. N.*, I, 239. — LE BUTOR, Buff. (1770), *Pl. Enl.* 783. — ARDEA BOTAURUS, Gm. (1788), *S. N.*, I, 636. — ARDEA STELLARIS, Pall. (1811), *Zoogr.*, II, 124. — BOTAURUS STELLARIS, Less. (1831), *Trait. d'orn.*, 572. — Bp. (1855), *Compt. rend. Ac. Sc.*, XL, *Tabl. des Hér.*, n° 114, et (1857), *Consp. Av.*, II, 135. — ARDEA STELLARIS, Schr. (1860), *Vög. d. Am. L.*, 410. — BOTAURUS STELLARIS, Swinh. (1861), *Ibis*, 410. — ARDEA STELLARIS, Radde (1863), *Reis. in S. O. Sib.*, II, 345. — Schl. (1864), *Mus. des P. B.*, *Ardeæ*, 47. — BOTAURUS STELLARIS, Jerd. (1864), *B. of Ind.*, II, 757. — Degl. et Gerbe (1867), *Orn. eur.*, 2e éd., II, 308. — ARDEA STELLARIS, Przew. (1867-69), *Voy.*, n° 185. — BOTAURUS STELLARIS, Swinh. (1871), *P. Z. S.*, 413. — Severtz. (1873), *Turk. Jevotn.*, 68. — Dress. (1876), *Ibis*, 325. — Tacz. (1876), *Bull. Soc. zool. Fr.*, I, 259.

Le Butor étoilé ou vulgaire de nos contrées se retrouve dans l'Inde, dans le Turkestan, dans la Sibérie orientale, au Japon et dans la Chine proprement dite. J'ai pu me procurer plusieurs individus de cette espèce qui n'est pas rare aux environs de Pékin et qui fait son nid dans les marais, au milieu des roseaux.

639. — ARDETTA FLAVICOLLIS

ARDEA FLAVICOLLIS, Lath. (1790), *Ind. Orn.*, II, 701, n° 87. — ARDEA NIGRA, Vieill. (1817), *N. Dict. d'H. N.*, XIV, 417. — ARDEA FLAVICOLLIS, Horsf. (1821), *Trans. L. Soc.*, XIII, 189. — ARDEA PICTA, Raffles (1821), *Trans. L. Soc.*, XIII, 326. — ARDEA FLAVICOLLIS, Wagl. (1827), *Syst. Av.*, 180, n° 10. — Gr. et Hardw. (1830-34), *Ill. Ind. Zool.*, I, pl. 66, f. 2. — ARDEA AUSTRALIS (Cuv.) et ARDEA BILINEATA (Cuv.), Less. (1831), *Trait. d'Orn.*, 572 et 574. — ARDETTA FLAVICOLLIS, Blyth (1849), *Cat.* 282, n° 1,651. — ARDEA BILINEATA, ou A. AUSTRALIS, ou A. FLAVICOLLIS, Puch. (1851), *Rev. et Mag. de zool.*, 374 et 375. — ARDETTA FLAVICOLLIS, Gould (1848), *B. of Aust.*, VI, pl. 65. — ARDETTA FLAVICOLLIS, A. BILINEATA et A. GOULDI, Bp. (1855), *Compt. rend. Ac. Sc.*, XL, *Tabl. des Hér.*, nos 104, 105 et 106, et (1857), *Consp. Av.*, II, 131 et 132. — ARDETTA FLAVICOLLIS, Gr. (1860), *P. Z. S.*, 364. — Swinh. (1862), *Ibis*, 258. — Jerd. (1864), *B. of Ind.*, II, 753. — ARDEA FLAVICOLLIS et A. FLAVICOLLIS AUSTRALIS, Schl. (1864), *Mus. des P. B.*, *Ardeæ*, 45 et 46. — ARDEA BILINEATA, v. Martens (1866), *J. f. O.*, 28. — ARDETTA FLAVICOLLIS, Swinh. (1871), *P. Z. S.*, 413. — Wald. (1875), *Trans. zool. Soc.*, IX. part. 2, p. 236.

Dimensions. Long. totale, 0m,60 ; queue, 0m,065 ; aile, 0m,205 ; tarse, 0m,055 ; bec, 0m,078 à partir du front.

Couleurs. Iris d'un roux tirant au rouge ; peau nue autour des yeux d'une teinte verdâtre ; bec brun, avec la base verdâtre ; pattes brunes ; ongles noirs. — Parties supérieures du corps, ailes et queue d'un gris ardoisé à reflets bleuâtres, passant au noir sur le vertex ; côtés du cou d'un jaune d'ocre vif ; menton blanc ; face antérieure du cou et partie supérieure de la poitrine marquées de taches noirâtres, ferrugineuses, rousses et blanches, qui dessinent des sortes d'écailles ; partie inférieure de la poitrine et abdomen d'un gris assez clair, avec quelques plumes tachées de roux. — Chez les jeunes, les teintes sont moins vives que chez les adultes et un certain nombre de plumes des parties supérieures sont bordées de roux.

Le Blongios noir ou Blongios à cou jaune est assez commun pendant l'été dans le centre et le midi de la Chine. Il vit isolé non-seulement dans les rizières et le long des cours d'eau, mais au milieu des montagnes ; je l'ai rencontré jusque dans le Chensi méridional. Il habite également l'Inde, les Moluques, les Philippines et l'Australie.

640. — ARDETTA CINNAMOMEA

CINNAMON HERON, Lath. (1781-90), *Gen. Syn.*, III, part. 1, p. 77, n° 43. — ARDEA CINNAMOMEA, Gm. (1788), *S. N.*, I, 643. — Gr. et Hardw. (1830), *Ill. Ind. Zool.*, I, pl. 66, f. 1. — ARDEOLA CINNAMOMEA, Bp. (1855), *Compt. rend. Ac. Sc.*, XL, *Tabl. des Hér.*, n° 107, et (1857), *Consp. Av.*, II, 132. — ARDETTA CINNAMOMEA, Swinh. (1860), *Ibis*, 65. — Jerd. (1864), *B. of Ind.*, II, 755. — ARDEA CINNAMOMEA, Schl. (1864), *Mus. des P. B.*, *Ardeæ*, 40. — v. Martens, (1866), *J. f. Orn.*, 154. — ARDETTA CINNAMOMEA, Wald. (1875), *Trans. zool. Soc.*, IX, part. 2, p. 237.

Dimensions. Long. totale, $0^m,56$; queue, composée de 10 pennes, $0^m,05$; tarse, $0^m,05$; bec, $0^m,05$.

Couleurs. Iris jaune ; bec et cire jaunes ; pattes d'un jaune verdâtre. — Parties supérieures d'un roux cannelle, teinté de gris sur la tête ; parties inférieures fauves, avec les plumes pectorales allongées d'un brun foncé.

Le Blongios cannelle, qui est fort répandu dans l'Inde et en Malaisie, vient passer l'été en Chine et s'avance jusqu'à la Mantchourie, l'Amourland et le Japon. Comme ses congénères, ce héron a des habitudes nocturnes et se tient pendant le jours caché dans les roseaux et les hautes herbes des marécages.

641. — ARDETTA EURYTHMA (Pl. 119)

ARDEOLA CINNAMOMEA, Schr. (1860), *Vög. d. Am. L.*, 447, pl. 13, f. 3. — Radde (1863), *Reis in S. O. Sib.*, II, 344. — Przew. (1867-69), *Voy.*, n° 144. — ARDETTA EURYTHMA, Swinh. (1873), *Ibis*, 73 et pl. 2. — ARDEOLA SINENSIS, Dyb. (1874), *J. f. O.*, 325 et 326. — ARDEOLA EURYTHMA, Dyb. (1875), *ibid.*, 256. — ARDETTA EURYTHMA, Swinh. (1875), *Ibis*, 132, et (1876), *ibid.*, 335.

Dimensions. Long. totale, $0^m,33$ à $0^m,36$ ($\male$) et $0^m,31$ ($\female$) ; queue, $0^m,042$; aile, $0^m,152$; tarse, $0^m,047$; bec, $0^m,053$.

Couleurs. Iris jaune ; peau nue autour de l'œil d'un rose verdâtre ; bec jaunâtre, avec le culmen brunâtre ; pattes et doigts verts. — Parties supérieures d'un brun marron, passant au brun foncé à reflets verts sur le vertex et le milieu du dos ; une large plaque d'un jaune olivâtre clair sur le milieu de l'aile ; pennes secondaires d'un gris brunâtre ; rémiges d'un gris noirâtre ; rectrices de la même teinte ; partie postérieure des joues et côtés de la mandibule inférieure d'un blanc pur ; gorge, poitrine et abdomen d'un roux plus ou moins glacé d'olivâtre, avec quelques taches noirâtres sur les plumes allongées du thorax, et une ligne foncée mal définie sur la ligne médiane, à partir du menton. — Chez le jeune et chez la femelle, le plumage est moucheté de blanc et taché de brun foncé et de noirâtre en dessus, principalement sur le dos et les ailes, et les côtés de la poitrine et de l'abdomen offrent des raies longitudinales brunes.

Ce bel oiseau, que von Schrenck avait observé sur les rives du fleuve Amour et qu'il avait confondu avec l'*Ardetta cinnamomea*, a été retrouvé plus tard par Dybowski sur l'Argun et à l'embouchure de l'Oussouri, par M. Swinhoe sur divers points de la Chine, à Amoy, à Changhaï, à Tchéfou, et par M. Blakiston à Hakodadi, dans le nord du Japon.

642. — ARDETTA SINENSIS

CHINESE HERON, Lath. (1781-90), *Gen. Syn.*, III, part. 1, p. 99, n° 73. — ARDEA SINENSIS, Gm. (1788), *S. N.*, I, 642. — ARDEA LEPIDA, Horsf. (1821), *Trans. L. Soc.*, XIII, 190. — ARDEA MELANOPTERA, Cuv., *Mus. Par.* — ARDEA MELANOPHIS (Cuv.), Less. (1831), *Trait. d'orn.*, 573 (*errore*). — ARDEA MELANOTIS (Cuv.), Gr. (1844), *Gen. of B.*, III, app. 25 (*errore*). — ARDETTA SINENSIS, Blyth (1849), *Cat.* 282, n° 1,653. — ARDEA MELANOPTERA ou A. SINENSIS, Puch. (1851), *Rev. et Mag. de zool.*, 375. — ARDEOLA SINENSIS, Bp. (1855), *Compt. rend. Ac. Sc.*, XL, *Tabl. des Hér.*, n° 108, et (1857), *Consp. Av.*, II, 135. — ARDETTA SINENSIS, Swinh. (1860), *Ibis*, 65. — Jerd. (1864), *B. of. Ind.*, II, 755.—ARDEA SINENSIS, Schl. (1864), *Mus. des P. B.*, *Ardeæ*, 40.—ARDETTA SINENSIS, Swinh. (1871), *P. Z. S.*, 414. — Wald. (1872), *Trans. zool. Soc.*, VIII, part. 2, p. 99, et (1875), *ibid.*, IX, part. 2, p. 237.

Dimensions. Long. totale, 0ᵐ,35 ; queue, composée de 10 pennes, 0ᵐ,045 ; aile, 0ᵐ,135 ; tarse, 0ᵐ,048 ; bec, 0,053 à partir du front.

Couleurs. Iris jaune ; bec d'un jaune pâle, avec le culmen brunâtre ; pattes d'un vert pâle. — Vertex noir (chez l'adulte) ; face postérieure du cou d'un roux cannelle ; dos et scapulaires d'un brun terreux pâle ; couvertures alaires d'une teinte isabelle pâle ; pennes tertiaires d'un roux grisâtre passant au brun pâle ; rémiges et rectrices noires ; menton blanc ; partie antérieure et côtés du cou fauves ; poitrine de la même couleur ; ventre d'un blanc jaunâtre ; côtés du thorax et de l'abdomen couverts de plumes largement marquées de brun noirâtre dans leur portion centrale. — Chez le jeune, le dessus du corps est d'un roux brunâtre, varié de jaunâtre, et l'occiput offre quelques plumes brunâtres.

Le Blongios chinois a la taille, les formes et les allures du Blongios commun de nos contrées (*Ardetta minuta*), mais s'en distingue par la coloration de sa région dorsale, qui est, non pas noire, mais d'un brun foncé. Il est répandu dans l'Inde et dans tout l'extrême Orient jusqu'aux Philippines, à Célèbes et au Japon, et est très-commun pendant l'été dans toutes les parties de l'empire chinois où se trouvent des marécages de quelque étendue. Il niche en grand nombre aux environs de Pékin, au milieu des roseaux qui bordent les canaux.

CICONIIDÉS

La famille des Cigognes, qui compte des représentants sur tous les points du globe, est fort peu nombreuse et ne comprend qu'une quinzaine d'espèces parmi lesquelles il y en a trois qui visitent le Céleste-Empire.

643. — LEPTOPTILOS JAVANICA

CICONIA JAVANICA, Horsf. (1821), *Trans. L. Soc.*, XIII, 188. — LEPTOPTILOS JAVANICA, Less. (1831), *Trait. d'orn.*, 584. — CICONIA CAPILLATA, Tem. (1838), *Pl. Col.* 312. — CICONIA NUDIFRONS et C. CRISTATA, Mc. Clell. (1838), *Ind. Rev.*, 512, f. 1. — ARGALA IMMIGRATORIA, Hodgs. (1838), *ibid.*, 563. — OSTEOROPHEA IMMIGRATORIA (Hodgs.), Gr. (1844), *Zool. Misc.*, 86. — LEPTOPTILOS JAVANICA, Blyth (1849), *Cat.* 277, n° 1,633. — Reich. (1850), *Syst. Av.*, pl. 166, f. 446. — ARGALA JAVANICA, Bp. (1855), *Compt. rend. Ac. Sc.*, XL, *Tabl. des Hér.*, n° 32, et (1857), *Consp. Av.*, II, 108. — LEPTOPTILOS JAVANICA, Swinh. (1870), *Ibis*, 364, et (1871), *P. Z. S.*, 411.

Dimensions. Long. totale, 1m,15 ; queue, 0m,32 ; aile, 0m,61 ; tarse, 0m,22 ; bec, 0m,21 à partir du front.

Couleurs. Iris blanchâtre ; bec d'un jaune brunâtre ; pattes noirâtres ; peau nue de la tête verdâtre, plus ou moins teintée de rose. — Parties supérieures du corps et plumes occipitales d'un noir foncé à reflets verts métalliques ; parties inférieures d'un blanc grisâtre, plus ou moins taché de brun ; plumes décomposées du cou d'un gris brunâtre.

La Cigogne adjudant de l'Indo-Chine et de la Chine est de taille un peu plus faible que l'Argala, qui est si commun dans les villes de l'Inde, et n'a pas du tout les mêmes mœurs : elle s'éloigne en effet des endroits habités et cherche dans les marais et les cours d'eau sa nourriture qui consiste en grenouilles, en poissons et en crustacés. Ses plumes sous-caudales, remarquables par leur légèreté, sont recherchées pour la toilette des dames et souvent confondues dans le commerce avec celles du Marabout d'Afrique. Cet oiseau gigantesque se trouve non-seulement dans l'Inde orientale, à Ceylan, en Cochinchine et en Malaisie, mais encore dans l'île de Haïnan où il a été signalé par M. Swinhoe et dans le Kiangsi où je l'ai rencontré au mois de juillet; je pense toutefois que ses apparitions dans la Chine centrale sont tout à fait accidentelles.

644. — CICONIA BOYCIANA

CICONIA ALBA, Schr. (1860), *Vög. d. Am. L.*, 454. — Przew. (1867-69), *Voy.*, n° 186. — A. Dav. (1871), *N. Arch. du Mus., Bull.* VII, *Cat.* n° 411. — CICONIA BOYCIANA, Swinh. (1873), *P. Z. S.*, 513. — Sclat. (1874), *ibid.*, 2, et 306, pl. 1, et (1874), *Ibis*, 175. — Dyb. (1875), *J. f. Orn.*, 256. — Tacz. (1876), *Bull. Soc. zool. Fr.*, I, 257.

Dimensions. Hauteur, 1^m,17 (♂) et 1^m,07 (♀); long. du bec, 0^m,880 environ.

Couleurs. Iris d'un blanc rosé, cerclé de noir; peau nue autour de l'œil rouge vermillon; bec brun, avec la base rougeâtre; pattes d'un rouge vermillon. — Plumage d'un blanc pur, avec les rémiges d'un brun noirâtre, bordées de grisâtre en dedans et de noir en dehors, et les pennes secondaires et tertiaires noires à reflets pourprés.

Le *Ciconia boyciana*, que M. Swinhoe a fait connaître récemment et dont il a envoyé deux individus pris au Japon au Jardin zoologique de Londres, diffère du *Ciconia alba* de nos contrées et du *Ciconia maguari* de l'Amérique par sa taille plus forte et par la coloration de son bec, de ses ailes et de l'espace dénudé qui s'étend, sous la forme d'une bande étroite, du milieu du lorum jusqu'au delà de l'œil. D'après M. Taczanowski, c'est à cette espèce japonaise qu'appartiennent les cigognes observées par le D^r von Schrenck et par M. Dybowski dans la Sibérie orientale et par le lieutenant-colonel Przewalski dans la Mongolie, et c'est probablement à la même forme que se rapportent des oiseaux que j'ai vus à deux reprises dans la Chine septentrionale. J'ai appris également que de nombreuses cigognes blanches séjournent et nichent sur divers points du royaume de Corée.

645. — CICONIA NIGRA

CICONIA NIGRA, Belon (1555), *Hist. de la nat. des Oyseaux*, 145. — CICONIA FUSCA, Briss. (1760), *Ornith.*, V, 362. — ARDEA NIGRA, L. (1766), *S. N.*, I, 235. — LA CIGOGNE

BRUNE, Buff. (1770), *Pl. Enl.* 399. — ARDEA FUSCA, Gm. (1788), *S. N.*, I, 623. — CICONIA NIGRA, Pall. (1811), *Zoogr.*, II, 114. — Gould (1832), *B. of Eur.*, pl. 284. — MELANOPELARGUS NIGER, Reich. (1850), *Syst. Av.*, pl. 165, fig. 453 et 454. — Bp. (1855), *Compt. rend. Ac. Sc.*, XL, *Tabl. des Hér.*, n° 23, et (1857), *Consp. Av.*, II, 105. — CICONIA NIGRA, Schr. (1860), *Vög. d. Am. L.*, 453. — Radde (1863), *Reis. in S. O. Sib.*, II, 345. — Swinh. (1863), *P. Z. S.*, 319. — Jerd. (1864). *B. of Ind.*, II, 735. — Degl. et Gerbe (1867), *Orn. eur.*, 2° éd., II, 318. — Przew. (1867-69), *Voy.*, n° 187. — Dyb. (1863), *J. f. Orn.*, 338. — A. Dav. (1871), *N. Arch. du Mus.*, *Bull.* VII, *Cat.* n° 412. — Swinh. (1871), *P. Z. S.*, 411. — Severtz. (1873), *Turk. Jevotn.*, 68. — Dress. (1876), *Ibis*, 324. — Tacz. (1876), *Bull. Soc. zool. Fr.*, I, 257.

Dimensions. Long. totale, 1ᵐ environ ; tarse, 0ᵐ,20 ; bec, 0ᵐ,20.

Couleurs. Iris brun foncé ; bec et pattes rouges. — Plumage brun, glacé de violet, de pourpre et de vert, avec le ventre blanc.

La Cigogne noire, qui habite le midi de l'Europe et le nord de l'Afrique, se trouve aussi dans une grande partie de l'Asie, dans le Turkestan, dans l'Inde, dans la Sibérie orientale et dans les montagnes de la Chine septentrionale et de la Mongolie. Je l'ai rencontrée également dans le Setchuan et dans le Kiangsi, mais plus rarement que dans le Petchely. C'est un oiseau très-farouche, qui fuit le voisinage de l'homme, qui vit solitaire le long des torrents poissonneux, et qui fait son nid sur les rochers les plus escarpés. Les Pékinois le désignent sous le nom de *Lao-yu-kouen* (vieux mandarin des poissons), qui ailleurs est appliqué souvent à d'autres espèces d'oiseaux pêcheurs.

PLATALÉIDÉS

Sur les 7 espèces de Spatules qui sont admises par les auteurs, une seule a été rencontrée dans l'empire chinois.

646. — PLATALEA MAJOR

PLATALEA MAJOR, Tem. et Schleg. (1850), *Faun. Jap. Aves*, 119, pl. 75. — Bp. (1855), *Compt. rend. Ac. Sc.*, XL, *Tabl. des Hér.*, n° 148, et (1857), *Consp. Av.*, II, 147. — PLATALEA LEUCORODIA, Swinh. (1860), *Ibis*, 65. — Radde (1863), *Reis. in S. O. Sib.*, II, 345. — PLATALEA MAJOR, Swinh. (1863), *Ibis*, 417. — PLATALEA LEUCORODIA, Przew. (1867-69), *Voy.*, n° 188. — PLATALEA MAJOR, A. Dav. (1871), *N. Arch. du Mus.*, *Bull.* VII, *Cat.* n° 411. — Swinh. (1871), *P. Z. S.*, 411. — Tacz. (1876), *Bull. Soc. zool. Fr.*, I, 258.

Cette spatule ressemble complétement à la Spatule blanche de nos contrées par la couleur de son plumage, mais s'en distingue par ses pattes plus longues, son bec plus développé et l'espace dénudé de sa gorge moins étendu. Signalée d'abord au Japon, elle a été rencontrée plus récemment dans la Daourie, dans l'Amourland, en Mantchourie et dans la Chine proprement dite où elle semble toutefois assez rare. M. Swinhoe s'est procuré quelques individus de cette espèce à Formose et aux environs de Canton, et j'ai gardé longtemps le bec d'un de ces oiseaux très-adulte qui avait été tué sur les bords du Yangho, près de Suen-hoa-fou.

TANTALIDÉS

On connaît aujourd'hni plus de 30 espèces de Tantales et d'Ibis qui habitent les régions tempérées et tropicales des deux mondes, et dont 6 font partie de la faune ornithologique de la Chine.

647. — TANTALUS LEUCOCEPHALUS

TANTALUS LEUCOCEPHALUS, Gm. (1788), *S. N.*, I, 649. — Penn. (1790), *Ind. zool.*, 47, et pl. 11. — TANTALUS INDICUS, Cuv., *Mus. Par.* — TANTALUS LEUCOCEPHALUS, Vieill, (1820), *Gal. des Ois.*, pl. 247. — Less. (1831), *Trait. d'orn.*, 582. — Blyth (1849), *Cat.* 275, n° 1,623. — Bp. (1855), *Compt. rend. Ac. Sc.*, XL, *Tabl. des Hér.*, n° 156, et (1857), *Consp. Av.*, II, 150. — Gould (1862), *B. of Ass.*, livr. XIV, pl. — Jerd. (1864), *B. of Ind.*, II, 761. — TANTALUS LONGIMEMBRIS, Swinh. (1867), *Ibis*, 227 et 232. — A. Dav. (1871), *N. Arch. du Mus.*, *Bull.* VII, *Cat.* n° 410. — TANTALUS LEUCOCEPHALUS, Swinh. (1871), *P. Z. S.*, 411.

Dimensions. Long. totale, 1^m,06 ; queue, 0^m,18 ; aile, 0^m,31 ; tarse, 0^m,20 ; bec, 0^m,25.

Couleurs. Iris d'un brun jaunâtre pâle ; peau nue autour des yeux jaune ; bec jaune avec la pointe verdâtre ; pattes rouges. — Plumage blanc, avec les rémiges et les rectrices noires à reflets verts métalliques, et les plumes tertiaires allongées d'un blanc rosé.

Le Tantale à tête blanche est très-abondamment répandu dans l'Inde, à Ceylan et dans l'Indo-Chine, et s'avance en été le long des côtes de la Chine jusqu'au nord du Petchely. On le rencontre quelquefois en petites troupes vers l'embouchure du Péyho et du Lanho ; M. Swinhoe l'a observé également aux environs d'Amoy.

648. — IBIS MELANOCEPHALA

TANTALUS MELANOCEPHALUS, Lath. (1790), *Ind. Orn.*, II, 709. — IBIS MACEI, Wagl. (1826), *Syst. Av.*, *Ibis.* — IBIS BENGALA, Cuv., *Mus. Par.* — IBIS LEUCON, Tem. (1838), *Pl. Col.* 481. — THRESKIORNIS MELANOCEPHALUS, Blyth (1849), *Cat.* 275, n° 1,622. —

IBIS MELANOCEPHALUS, Bp. (1855), *Compt. rend. Ac. Sc.*, XL, *Tabl. des Hér.*, nᵒ 160, et (1857), *Consp. Av.*, 151. — IBIS MELANOCEPHALA, Schleg. (1863), *Mus. des P. B.*, livr. 4, *Ibis*, 15. — THESKIORNIS MELANOCEPHALUS, Jerd. (1864), *B. of Ind.*, II, 768 (excl. syn.) — IBIS PROPINQUA, Swinh. (1870), *Ibis*, 428, et (1871), *P. Z. S.*, 411.

Dimensions. Long. totale, 0ᵐ,86 ; queue, 0ᵐ,13 ; aile, 0ᵐ,40 ; tarse, 0ᵐ,105 ; bec, 0ᵐ,185.

Couleurs. Iris rouge ou brun rouge ; bec et pattes noirs ; portion dénudée de la tête et du cou d'un noir terne. — Plumage blanc, à l'exception des barbes flottantes des pennes secondaires, qui sont d'un gris noirâtre. — Chez les jeunes, le sommet de la tête et la nuque sont couverts de plumes noirâtres et *les rémiges sont marquées de brun noirâtre à l'extrémité.*

Comme le fait remarquer Temminck dans la description de son *Ibis leucon*, cette espèce indienne se distingue de l'Ibis sacré d'Égypte par la coloration blanche des rémiges chez l'adulte, ces mêmes parties étant à l'extrémité d'un brun noirâtre chez le jeune, mais toujours d'une teinte moins foncée que chez l'*Ibis religiosa*. C'est ce qu'il est facile de constater non-seulement sur les types de l'*Ibis bengala* (Cuv.) et *Macei* (Wagl.) conservés au Musée de Paris, mais encore sur les spécimens rapportés de Cochinchine par MM. Bocourt et R. Germain. Malheureusement, dans sa description du *Threskiornis melanocephalus*, Jerdon a indiqué par erreur les rémiges comme étant *noires à reflets verts* chez l'oiseau adulte, et c'est ce qui a conduit M. Swinhoe, qui n'avait pu sans doute se rapporter à la description fort exacte publiée antérieurement par Temminck, à créer pour certains ibis des environs de Canton une espèce particulière, *Ibis propinqua*, à laquelle il assignait pour caractère cette couleur blanche des grandes pennes alaires qui est précisément le caractère distinctif de l'*Ibis leucon* ou *melanocephala*.

L'Ibis à tête noire habite les Moluques, l'Inde et l'Indo-Chine et se montre chaque année en petit nombre dans le nord de la Chine, près de l'embouchure des fleuves ; il est probable même qu'il s'avance jusque sur les grands marécages de la Mantchourie.

649. — IBIS NIPPON (Pl. 116)

IBIS NIPPON, Tem. (1838), *Pl. Col.* 551. — GERONTICUS NIPPON, G.-R. Gr. (1844), *List B. Brit. Mus.*, III, 91. — IBIS NIPPON, Tem. et Schl. (1850), *Faun. Jap., Aves*, 117, pl. 71. — NIPPONIA TEMMINCKII, Reich. (1850), *Syst. Av.*, pl. 141, f. 538. — NIP-

PONIA NIPPON, Bp. (1855), *Compt. rend. Ac. Sc.*, XL, *Tabl. des Hérons*, n° 162, et (1857), *Consp. Av.*, II, 152. — IBIS NIPPON, Schl. (1863), *Mus. des P. B.*, livr. 4, *Ibis*, 9. — Swinh. (1863), *P. Z. S.*, 318, et *Ibis*, 416. — A. Dav. (1871), *N. Arch. du Mus.*, *Bull.* VII, *Cat.* n° 409. — Swinh. (1871), *P. Z. S.*, 411; (1873), *Ibis*, 249, et (1875), *Ibis*, 455.

Dimensions. Long. totale, 0^m,82 (♂ tué près de Pékin), 0^m,78 (♂♂ tués au Chensi) et 0^m,74 (♀♀); queue, 0^m,15; tarse, 0^m,79; bec, 0^m,18 (♂) et 0^m,15 (♀); touffe occipitale, 0^m,11.

Couleurs. Iris d'un rouge orangé; bec noir, avec la pointe rouge; pattes et ongles d'un rouge tirant au rose; peau nue de la face d'un rouge vermillon. — Plumage d'un blanc plus ou moins teinté de rose, principalement sur la queue et sur les pennes des ailes dont la tige est d'un jaune aurore. — Chez les jeunes individus, l'extrémité des grandes rémiges est brunâtre.

Cet ibis si remarquable par les teintes délicates de son plumage a été signalé d'abord au Japon; mais il habite aussi la Corée, la Mantchourie et une grande partie de la Chine. On ne le trouve aux environs de Pékin que dans la région montagneuse, le long des torrents poissonneux et seulement pendant l'hiver. C'est aussi dans cette saison que je l'ai rencontré assez communément par paires ou en petites bandes dans les rizières du Chensi méridional, où il cherchait dans la vase les petits animaux aquatiques qui constituent sa nourriture. L'*Ibis nippon* est un oiseau méfiant, au vol élevé et soutenu, qui se perche volontiers sur les arbres élevés et qui fait entendre un cri rauque et monosyllabique rappelant un peu celui de notre Corbeau. D'après les renseignements que j'ai pu recueillir, cette espèce ne nicherait point en Chine et les oiseaux qui hivernent dans certaines parties de l'Empire viendraient de la Mantchourie et de la Corée.

650. — IBIS NIPPON, var. SINENSIS (Pl. 117)

IBIS NIPPON, Przew. (1867-69), *Voy.*, n° 180. — IBIS SINENSIS, A. Dav. (1872), *Compt. rend. Ac. Sc.*, LXXV, 64. — IBIS NIPPON, var. SINENSIS, Oust. (1872), *N. Arch. du Mus.*, *Bull.* VIII, 129. — IBIS NIPPON, Swinh. (1873), *Ibis*, 249. — IBIS SINENSIS, A. Dav. (1874), *Ann. des Sc. nat.*, 5° sér., XIX, art. n° 9. — IBIS NIPPON, Dyb. (1875), *J. f. Orn.*, 256. — NIPPONIA NIPPON, Tacz. (1876), *Bull. Soc. zool. Fr.*, I, 258.

Dimensions et Couleurs. Taille, proportions et formes générales de l'*Ibis nippon*; plumage d'un gris cendré sur la huppe, le cou, le dos, les ailes et la partie supérieure de la poitrine, d'un blanc plus ou moins nuancé de rose, comme dans l'espèce précédente, sur l'abdomen et les grandes pennes des ailes et de la queue.

La description qui précède est prise sur deux mâles très-adultes et complétement dépourvus de taches brunes à l'extrémité des rémiges, que j'ai tués sur leurs petits, dans le S.-O. du Tchékiang. Mais ces deux individus ne sont pas les seuls que j'ai vus au printemps dans cette localité : pendant mon séjour, j'ai pu observer un assez grand nombre de ces oiseaux que l'on m'a dit être sédentaires dans le pays, et j'ai constaté que tous étaient revêtus de cette même livrée grise, la seule qui soit connue des chasseurs indigènes. J'ai rencontré, dans le district de Kiou-tchéou, les Ibis cendrés nichant sur les grands arbres qui entourent les sépultures ; ils avaient toujours deux petits, et les parents étaient obligés de veiller à tour de rôle sur eux pour les défendre contre la rapacité des milans et des corbeaux, si répandus dans toutes les parties de la Chine.

651. — IBIS FALCINELLUS

Ibis falcinellus, L. (1766), *S. N.*, I, 241. — Numenius viridis et N. igneus, S. Gmel. (1770), *Reis.*, I, 166 et 167. — Le Courlis d'Italie, Buff. (1770), *Pl. Enl.* 819. — Tantalus falcinellus, T. igneus et T. viridis, Gm. (1788), *S. N.*, I, 648 et 649. — Ibis falcinellus, Vieill. (1817), *N. Dict.*, XVI, 23. — Tem. (1820), *Man. d'orn.*, 2e éd., II, 598. — Tantalides falcinellus, Wagl. (1832), *Isis*, 1,232. — Ibis falcinellus, Gould (1832), *B. of Eur.*, pl. 311. — Falcinellus igneus, Gould (1848), *B. of Aust.*, VI, pl. 47. —Blyth (1849), *Cat.* 274, n° 1,620.—Plegadis falcinellus, Bp. (1855), *Compt. rend. Ac. Sc.*, XL, *Tabl. des Hér.*, n° 180. — Falcinellus igneus, Bp. (1857), *Consp. Av.*, II, 158. — Jerd. (1864), *B. of Ind.*, II, 770. — Degl. et Gerbe (1867), *Orn. eur.*, 2e éd., II, 329. — Ibis falcinellus, Swinh. (1871), *P. Z. S.*, 411. — Severtz. (1873), *Turk. Jevotn.*, 68. — Dress. (1876), *Ibis*, 326.

Dimensions. Long. totale, 0m,56 ; bec, 0m,15.

Couleurs. Iris brun ; peau nue autour des yeux d'un ver pâle ; bec verdâtre ; pattes d'un vert noirâtre. — Plumage d'un brun marron vif, avec des reflets pourprés et bronzés sur les parties supérieures.

L'Ibis falcinelle, qui habite l'Europe méridionale, l'Afrique, Madagascar, l'Asie centrale, l'Inde et l'Australie, a été admis par M. Swinhoe dans la faune ornithologique de la Chine sur la foi de quelques chasseurs qui prétendent avoir aperçu cet oiseau sur les plages qui s'étendent entre le Tchékiang et Changhaï. La présence sur les côtes du Céleste-Empire de cette espèce qui est abondamment répandue dans l'Inde n'aurait certes rien d'étonnant, mais elle n'a été constatée jusqu'ici *de visu* par aucun naturaliste.

SCOLOPACIDÉS

Cette famille nombreuse, dont les 120 espèces sont réparties sur toute la surface du globe, compte 36 représentants dans l'empire chinois.

652. — IBIDORHYNCHUS STRUTHERSII (Pl. 118)

IBIDORHYNCHA STRUTHERSII, Vigors (1831), *P. Z. S.*, 174. — Gould (1832), *Cent. of Him. B.*, pl. 19. — IBIDORHYNCHUS STRUTHERSII, Gr. (1846), *Cat. Hodgs.*, 138. — Blyth (1849), *Cat.* 265, n° 1,577. — IBIDORHYNCHA STRUTHERSII, Gould (1856), *B. of As.*, livr. VIII, pl. — ARDEA? Swinh. (1861), *Ibis*, 344. — IBIDORHYNCHUS STRU-THERSII, Jerd. (1864), *B. of Ind.*, II, 685. — NUMENIUS STRUTHERSII, Schl. (1865), *Mus. des P. B.*, *Scolopaces*, 102. — IBIDORHYNCHA STRUTHERSI, A. Dav. (1871), *N. Arch. du Mus.*, *Bull.* VII, *Cat.* n° 406. — IBIDORHYNCHUS STRUTHERSI, Swinh. (1871), *P. Z. S.*, 411. — FALCIROSTRA KAUFFMANNI, Severtz. (1873), *Turk. Jevotn.*, 69 et 146, pl. 10, fig. 1 et 2. — IBIDORHYNCHUS STRUTHERSI, Dress. (1876), *Ibis*, 329.

Dimensions. Long. totale, $0^m,42$; queue, $0^m,12$; aile, $0^m,25$; tarse, $0^m,043$; bec, arqué, $0^m,085$ à partir du front.

Couleurs. Iris, bec et pattes rouges (dans les sujets adultes). — Face couverte d'un masque d'un noir brunâtre qui descend sur la gorge et qui s'avance en pointe jusque sur la nuque ; reste de la tête et cou d'un gris cendré, de même que le croupion ; parties supérieures du corps d'un gris plus franc, moins nuancé de bleu ; grandes sus-caudales noires ; queue ondée de brun, terminée de noir et marquée de noir et de blanc sur les côtés ; un demi-collier noir sur le haut de la poitrine ; partie inférieure du thorax, ventre et sous-caudales d'un blanc pur ; dernières rémiges et pre-mières pennes secondaires marquées de blanc.

Ce type si remarquable, qui rappelle les Ibis par son bec recourbé et qui se rapproche des Pluviers par ses pattes à trois doigts, appartient par ses mœurs au groupe des Chevaliers et des Bécasses. Découvert dans l'Himalaya par le Dr Struthers, il a été retrouvé depuis lors dans le Turkestan et dans la Chine, où je l'ai rencontré, partout en petit nombre, dans les montagnes du nord et de l'ouest de l'Empire, jusqu'à Moupin. Il vit en cou-ples sur les plages sablonneuses et pierreuses, au bord des ruisseaux et des rivières qui ne gèlent point, et se nourrit de mol-lusques, de petits poissons et de larves d'insectes aquatiques. Il n'émigre point et fait son nid au milieu des galets, à la manière des *Charadrius*. D'un naturel timide, il prend la fuite à la moindre apparence de danger en poussant un cri qui ressemble à celui de certains bécasseaux.

653. — NUMENIUS PHÆOPUS

Scolopax phæopus, L. (1766), S. N., I, 245. — Le Corlieu ou Petit Courlis, Buff. (1770), Pl. Col. 842. — Le Courly tacheté de l'isle de Luçon, Sonn. (1776), Voy. N.-Guin., 85, pl. 48. — Tantalus variegatus, Scop. (1786), Del. Fl. et Faun. Insubr., II, 92. — Scolopax luzoniensis et Sc. phæopus, Gm. (1788), S. N., I, 656 et 657. — Numenius phæopus, Pall. (1811), Zoogr., II, 169. — Numenius atricapillus, Vieill. (1817), N. Dict., VIII, 303. — Numenius uropygialis, Gould (1840), P. Z. S., 175, et (1848), B. of Austr., VI, pl. 43. — Numenius phæopus, Blyth (1849), Cat. 268, nᵒ 1,591. — Numenius phæopus, N. luzoniensis et N. uropygialis, Bp. (1856), Compt. rend. Ac. Sc., XLIII, Tabl.- des Éch., nᵒˢ 269, 276 et 277. — Numenius phæopus, Swinh. (1863), P. Z. S., 317. — Numenius uropygialis, Swinh. (1863), Ibis, 409. — Numenius phæopus, Radde (1863), Reis. in S. O. Sib., II, 340. — Jerd. (1864), B. of Ind., II, 684. — Schleg. (1864), Mus des P. B., Scolop., 93 (part.). — Degl. et Gerbe (1867), Ornith. eur., 2ᵉ éd., II, 162. — Dyb. (1868), J. f. Orn., 337. — Numenius uropygialis, A. Dav. (1871), N. Arch. du Mus., Bull. VII, Cat. nᵒ 408. — Numenius phæopus et N. luzoniensis, Swinh. (1871), P. Z. S., 410. — Numenius phæopus, Dress. (1873), B. of Eur., livr. XVII, pl. — Wald. (1875), Trans. zool. Soc., IX, part. 2, p. 230. — Tacz. (1876), Bull. Soc. zool. Fr., I, 254.

Dimensions. Long. totale, 0ᵐ,45 (mâle tué du mois de mai).

Le Courlis Corlieu se montre assez communément en Chine aux mêmes époques que dans nos contrées, et se trouve en vente sur le marché de Changhaï aux mois d'avril et de mai, ainsi qu'en automne.

A la suite du *Numenius phæopus*, M. Swinhoe cite une autre espèce, le *N. luzoniensis* (Gm.) ou *N. uropygialis* (Gould), qui se distinguerait de la précédente par son croupion brun rayé de blanc et qui visiterait régulièrement le sud de la Chine et l'île de Formose ; mais dès 1864 M. Schlegel, et plus récemment M. Dresser, en examinant comparativement des courlis provenant les uns d'Europe, les autres des Philippines (*N. luzoniensis*), les autres d'Australie (*N. uropygialis*), ont reconnu qu'ils appartenaient tous à une seule et même espèce, le *N. phæopus* des anciens auteurs.

654. — NUMENIUS LINEATUS

Numenius arquata, Pall. (1811), Zoogr., II, 168 (part.). — Numenius lineatus, Cuv. (1829), Règne animal, 2ᵉ éd., I, 52, note 2. — Less. (1831), Trait. d'orn., I, 565. — Bp. (1856), Compt. rend. Ac. Sc., XLIII, Tabl. des Échass., nᵒ 274. — Numenius major, Swinh. (1860), Ibis, 66 (nec Temm. et Schleg.). — Numenius arcuatus, Swinh. (1863), Ibis, 410. — Numenius cassini, Swinh. (1863), P. Z. S., 317, et (1867), Ibis, 398. — Numenius arquatus, Dyb. (1868), J. f. Orn., 337. — Numenius lineatus, Swinh. (1871), P. Z. S., 410. — Dyb. (1873), J. f. Orn., 103. — Numenius major, Swinh. (1876), Ibis, 334. — Numenius lineatus, Tacz. (1876), Bull. Soc. zool. Fr., I, 255.

Ce grand courlis, qui se distingue du *Numenius arcuatus* d'Europe par ses plumes axillaires blanches sans taches, paraît étendre ses migrations du N.-E. de l'Asie au S. de l'Afrique, et touche dans ses voyages à la Sibérie orientale, au Japon, à la Mongolie et à la Chine. En hiver, M. Swinhoe a rencontré sur les côtes méridionales de l'Empire des individus de cette espèce ayant le bec allongé comme le *Numenius major* de Temminck et de Schlegel, mélangés avec d'autres ayant le bec sensiblement plus court, comme le *N. arcuatus;* d'après lui, les premiers de ces oiseaux sont des femelles, tandis que les autres sont des mâles.

655. — NUMENIUS TAHITIENSIS

SCOLOPAX TAHITIENSIS, Gm. (1788), *S. N.*, I, 656 (ex Lath.) — NUMENIUS CYANOPUS, Vieill. (1818), *N. Dict. d'H. N.*, 2ᵉ éd., VIII, 306. — NUMENIUS AUSTRALIS, Gould (1837), *P. Z. S.*, 155, et (1848), *B. of Aust.*, VI, pl. 42. — NUMENIUS FEMORALIS, Peale (1848), *Un. St. Expl.*, 233, pl. 56, f. 1. — NUMENIUS MAJOR, Tem. et Schl. (1850), *Faun. Jap.*, *Aves*, 110, pl. 66 (part.). — NUMENIUS FEMORALIS, Hartl. (1852), *Wiegm. Arch. f. Naturgesch.*, 120. — NUMENIUS TAHITIENSIS et N. CYANOPUS, Bp. (1856), *Compt. rend. Ac. Sc.*, XLIII, *Tabl. des Éch.*, nᵒˢ 275 et 279. — NUMENIUS FEMORALIS, Cass. (1858), *Un. St. Expl. Exped., Birds*, 317, pl. 37. — NUMENIUS AUSTRALIS, Schr. (1860), *Vög. d. Am. L.*, 426. — NUMENIUS MAJOR, Swinh. (1861), *Ibis*, 343. — NUMENIUS RUFESCENS, Gould (1862), *P. Z. S.*, 286, et (1864), *B. of As.*, livr. XVI, pl. — Swinh. (1863), *Ibis*, 410, et *P. Z. S.*, 318. — NUMENIUS AUSTRALIS, Swinh. (1863), *Ibis*, 97, et *P. Z. S.*, 318. — Radde (1863), *Reis. in S. O. Sib.*, II, 338. — NUMENIUS TAHITIENSIS, Swinh. (1863), *P. Z. S.*, 318. — NUMENIUS MAJOR, N. AUSTRALIS et N. PHÆOPUS, Schl. (1864), *Mus. des P. B., Scolop.*, 89, 90 et 93 (part.). — NUMENIUS FEMORALIS, Finsch et Hartl. (1867), *Beitr. Faun. Centralpolyn.*, 175. — NUMENIUS TAHITIENSIS, Swinh. (1871), *P. Z. S.*, 410. — Dyb. (1873), *J. f. O.*, 336. — Tacz. (1876), *Bull. Soc. zool. Fr.*, I, 254.

Ce grand courlis, de la taille du *N. arcuatus* d'Europe, s'en distingue par la couleur rousse de son croupion et de ses sus-caudales et par les tons généralement roussâtres de son plumage. Il niche dans la Sibérie orientale, et descend en hiver jusqu'en Australie et en Tasmanie; dans ses migrations, il visite le Japon, les Moluques et les îles de la Société, et se trouve en grand nombre en Chine pendant la belle saison.

656. — NUMENIUS MINUTUS

NUMENIUS MINUTUS, Gould (1840), *P. Z. S.*, 176, et (1848), *B. of Aust.*, VI, pl. 44. — NUMENIUS MINOR, S. Müll., *Verh. Nat. Geselsch.*, 110. — Tem. et Schl. (1850), *Faun. Jap.*, *Aves*, 110, pl. 67. — NUMENIUS MINUTUS, Bp. (1856), *Compt. rend. Ac. Sc.*, XLIII, *Tabl. des Éch.*, nᵒ 280. — NUMENIUS MINOR, Swinh. (1861), *Ibis*, 411. — NUMEnius minutus, Swinh. (1863), *P. Z. S.*, 317. — Schleg. (1864), *Mus. des P. B., Scolop.*, 110, et (1866), *Nederl. Tijdschr. Dierk.*, 348. — Swinh. (1871), *P. Z. S.*, 409. — Wald. (1872), *Trans. zool. Soc.*, VIII, part. 2, p. 96. — Dyb. (1873), *J. f. Orn.*, 103. — Swinh. (1873), *Ibis,* 426, et (1875), *ibid.*, 132. — Tacz. (1876), *Bull. Soc. zool. Fr.*, I, 254.

Dimensions. Long. totale, 0ᵐ,30.

Couleurs. Plumage presque semblable à celui du *N. phæopus*.

Ce courlis, l'un des plus petits du genre, voyage de la Sibérie orientale à l'Océanie et passe régulièrement deux fois par an sur les côtes de la Chine et du Japon. Je l'ai rencontré en Mongolie pendant l'été et je l'ai vu en vente sur le marché de Changhaï, avec d'autre gibier aquatique, aux mois d'avril et de mai.

657. — LIMOSA BAUERI

Limosa Baueri, Naum. (1836), *Deutschl. Vög.*, VIII, 429. — Limosa lapponica, var. Novæ-Zelandiæ, G.-R. Gr. (1846), *Voy. Ereb. and Terr., Birds*, 13, et (1847), *Gen. of B.*, III, 570. — Limosa Foxii, Peale (1848), *Un. St. Expl.*, 231, pl. 65. — Limosa uropygialis, Gould (1848), *P. Z. S.*, 38 et *B. of Aust.*, VI, pl. 29. — Limosa rufa, Tem. et Schl. (1850), *Faun. Jap., Aves*, 114. — Limosa Foxii, Hartl. (1852), *Wiegm. Arch. f. Naturg.*, 120. — Limosa rufa, Midd. (1853), *Sib. Reis.*, II, 217. — Limosa Novæ-Zelandiæ et L. uropygialis, Bp. (1856), *Compt. rend. Ac. Sc.*, XLIII, *Tabl. des Éch.*, nᵒˢ 261 et 262. — Limosa Baueri, v. Pelz. (1860), *Sitz. Wien. Ac.*, 327. — Limosa lapponica, seu rufa, Swinh. (1861), *Ibis*, 410. — Limosa uropygialis, Swinh. (1863), *Ibis*, 409. — Schl. (1864), *Mus. des P. B., Scolop.*, 25. — Finsch et Hartl. (1867), *Beitr. Faun. Centralpolyn.*, 177, pl. 13, fig. 1 et 2. — Swinh. (1871), *P. Z. S.*, 406. — A. Dav. (1871), *N. Arch. du Mus., Bull.* VII, *Cat.* nᵒ 391. — Wald. (1872), *Trans. zool. Soc.*, VIII, part. 2, p. 97. — Limosa Baueri, Bull. (1873), *B. of N. Zeal.*, 199. — Limosa uropygialis, Tacz. (1876), *Bull. Soc. zool. Fr.*, I, 255.

Dimensions. Long. totale, 0ᵐ,45 ; queue, 0ᵐ,085 ; aile, 0ᵐ,23 ; tarse, 0ᵐ,056 ; bec, 0ᵐ,095 à partir du front.

Couleurs. Iris brun foncé ; bec brun, avec la base jaunâtre ; pattes noires. — Parties supérieures, y compris les sus-caudales, tachées et rayées de brun sur un fond d'un blanc grisâtre légèrement nuancé de jaunâtre ; couvertures alaires bordées de blanchâtre ; rémiges brunes, avec les barbes internes plus pâles, surtout à la base, et la tige blanche ; rectrices ornées de barres transversales brunes ; menton blanc, de même qu'un sourcil mal défini au-dessus de l'œil ; gorge d'un gris isabelle faiblement rayé de brun ; abdomen et sous-caudales d'un blanc légèrement jaunâtre, avec quelques stries latérales brunâtres.

Cette barge à queue rayée, qui remplace dans l'extrème Orient le *Limosa rufa* et le *Limosa lapponica* d'Europe, visite l'Australie, la Nouvelle-Zélande, la Nouvelle-Calédonie, les îles Viti, les Nouvelles-Hébrides, Timor, Java, Célèbes, la

Chine, la Mongolie, la Sibérie orientale et le Japon. Je l'ai prise au mois de mai dans le pays des Ortous et au mois de novembre à Takou, et je l'ai vue en avril à Changhaï. Quelques individus de cette espèce séjournent même dans la Chine méridionale pendant tout l'hiver.

658. — LIMOSA BREVIPES

LIMOSA ÆGOCEPHALA, Pall. (1811), *Zoogr.*, II, 178. — LIMOSA BREVIPES, Gr. (1844), *List B. Brit. Mus.*, *Grallæ*, 95. — LIMOSA MELANUROÏDES, Gould (1846), 84, et (1848), *B. of Aust.*, VI, pl. 28. — LIMOSA MELANURA, T. et Schl. (1850), *Faun. Jap.*, *Aves*, 113. — LIMOSA ÆGOCEPHALA, Midd. (1853), *Sib. Reis.*, II, 218. — L. MELANUROÏDES, Bp. (1856), *Compt. rend. Ac. Sc.*, XLIII, *Tabl. des Échass.*, nº 260. — LIMOSA ÆGOCEPHALA, Radde (1863), *Reis. in S. O. Sib.*, II, 331. — LIMOSA MELANURA, Swinh. (1863), *P. Z. S.*, 313. — LIMOSA BREVIPES, Schl. (1864), *Mus. des P. B.*, *Scolop.*, 21. — A. Dav. (1871), *N. Arch. du Mus.*, *Bull.* VII, *Cat.* nº 392. — Swinh. (1871), *P. Z. S.*, 406, et (1873), *Ibis*, 369 et 427. — LIMOSA MELANUROÏDES, Dyb. (1873), *J. f. Orn.*, 104. — Tacz. (1876), *Bull. Soc. zool. Fr.*, I, 255.

Dimensions. Long. totale, 0ᵐ,42 (♀ tué en mai) ; queue, 0ᵐ,075 ; aile, 0ᵐ,19 ; tarse, 0ᵐ,074 ; bec, 0ᵐ,075.

Couleurs. Iris brun ; bec brun, avec la base jaunâtre ; pattes noires. — Parties supérieures du corps d'un gris brunâtre, assez clair vers le front, plus foncé et offrant des reflets bleuâtres sur le dos où l'on remarque des taches et des stries longitudinales d'un brun noirâtre ; rémiges d'un brun foncé, avec la tige et la portion basilaire des barbes externes blanches ; couvertures des ailes et pennes secondaires lisérées de blanc roussâtre ; sus-caudales d'un blanc pur ; rectrices noires, à l'exception des quatre externes qui sont largement marquées de blanc à la base et en dehors ; menton blanc ; côtés de la tête, poitrine et partie supérieure de l'abdomen d'une teinte isabelle ; bas-ventre et sous-caudales d'un blanc plus ou moins tacheté de brunâtre, ou parfois d'un blanc pur.

Comme son nom l'indique, le *Limosa brevipes* se distingue du *Limosa ægocephala* de nos contrées par ses pattes un peu plus courtes ; elle est d'ailleurs de taille sensiblement plus faible que cette dernière espèce.

659. — TEREKIA CINEREA

SCOLOPAX CINEREA, Güldenst. (1774-75), *Nov. Comm. Petrop.*, XIX, 473, pl. 19. — Gm. (1788), *S. N.*, I, 657. — SCOLOPAX TEREK, Lath. (1790), *Ind. Orn.*, II, 724. — LIMOSA RECURVIROSTRA, Pall. (1811), *Zoogr.*, II, 181. — TOTANUS JAVANICUS, Horsf. (1821), *Zool. Research.* — LIMICULA TEREK, Vieill. (1825), *Faun. franc.*, 306. — XENUS CINEREUS, Kaup (1829), *Nat. Syst.*, 115. — LIMOSA INDICA, Less. (1831), *Trait. d'orn.*, 554. — TEREKIA CINEREA, Bp. (1838), *B. of Eur.*, 52. — LIMOSA TEREK, Tem. (1840), *Man. d'orn.*, 2º éd., IV, 426. — TEREKIA CINEREA, Gould (1848), *B. of Aust.*, VI, pl. 34. — Blyth (1849), *Cat.* 267, nº 1587. — LIMOSA CINEREA, Midd. (1853), *Sib. Reis.*, II,

216. — Terekia cinerea, Bp. (1856), *Compt. rend. Ac. Sc.*, XLIII, *Tabl. des Éch.*, nᵒ 265. — Limosa cinerea, Schr. (1860), *Vög. d. Am. L.*, 419. — Terekia javanica, Swinh. (1862), *P. Z. S.*, 319. — Limosa cinerea, Radde (1863), *Reis. in S. O. Sib.*, II, 330. — Terekia cinerea, Swinh. (1863), *Ibis*, 97. — Jerd. (1864), *B. of Ind.*, II, 682. — Degl. et Gerbe (1867), *Orn. eur.*, 2ᵉ éd., II, 171. — Limosa recurvirostra, Przew. (1867-69), *Voy.*, nᵒ 166. — Terekia cinerea, Dyb. (1868), *J. f. Orn.*, 337. — Swinh. (1871), *P. Z. S.* 406. — Tacz. (1876), *Bull. Soc. zool. Fr.*, I, 250.

Dimensions. Long. totale, 0ᵐ,26 ; queue, 0ᵐ,055 ; aile, 0ᵐ,13 ; tarse, 0ᵐ,028 ; bec, grêle et légèrement retroussé, 0ᵐ,05.

Couleurs. Iris brun ; bec d'un brun verdâtre ; pattes d'un jaune roussâtre. — Parties supérieures d'un brun cendré rayé de noir, avec les scapulaires noires, dessinant une sorte de V sur la région dorsale ; front, côtés de la tête, cou et gorge d'un blanc tacheté de brun cendré ; poitrine, ventre et sous-caudales d'un blanc pur, avec quelques raies brunes minces et allongées sur les flancs ; rémiges brunes ; pennes secondaires terminées par des taches blanches dont l'ensemble forme une raie transversale sur l'aile.

Le *Terekia cinerea* se trouve non-seulement dans l'Europe orientale, mais dans l'Inde, dans la Sibérie orientale, et sur les côtes de la Chine et de l'Australie ; on le porte en grand nombre au marché de Changhaï en avril et mai.

660. — RECURVIROSTRA AVOCETTA

Recurvirostra avocetta, L. (1766), *S. N.*, I, 256. — L'Avocette, Buff. (1766), *Pl. Enl.* 353. — Recurvirostra avocetta, Gm. (1788), *S. N.*, I, 693. — Pall. (1811), *Zoog.*, II, 60. — Recurvirostra europæa, Dum. (1816), *Dict. des Sc. nat.*, III, 339. — Recurvirostra avocetta, Tem. (1820), *Man. d'orn.*, 2ᵉ éd., II, 590. — Recurvirostra tephroleuca, Vieill. (1823), *Enc. méth.*, 360. — Recurvirostra avocetta, Gould (1832), *B. of Eur.*, pl. 289. — Gr. (1846), *Cat. Hodgs. Coll.* 138. — Blyth (1849), *Cat.* 265, nᵒ 1,575. — Bp. (1856), *Compt. rend. Ac. Sc.*, XLIII, *Tabl. des Éch.*, nᵒ 154. — Swinh. (1860), *Ibis*, 66. — Radde (1863), *Reis. in S. O. Sib.*, II, 326. — Jerd. (1864), *B. of Ind.*, II, 706. — Schl. (1864). *Mus. des P. B.*, *Scolop.*, 103. — Degl. et Gerbe (1867), *Orn. eur.*, 2ᵉ éd., II, 243. — Recurvirostra sinensis, Swinh. (1867), *Ibis*, 401. — Recurvirostra avocetta, A. Dav. (1871), *N. Arch. du Mus.*, *Bull.* VII, *Cat.* nᵒ 382. — Swinh. (1871), *P. Z. S.*, 405. — Severtz. (1873), *Turk. Jevotn.*, 69. — J.-E. Harting (1874), *Ibis*, 244. — Dress. (1876), *Ibis*, 329. — Tacz. (1876), *Bull. Soc. zool. Fr.*, I, 249.

L'Avocette vulgaire, ce curieux échassier aux doigts palmés, au bec grêle et retroussé, auquel M. J.-C. Harting a consacré récemment un article fort complet (*Ibis*, 1874, p. 244), habite l'Europe méridionale, l'Afrique tempérée et équatoriale, l'Inde, le Turkestan, la Sibérie orientale, et visite pendant l'été l'embouchure des fleuves de la Chine septentrionale. Pendant la même saison, on la rencontre également en Mongolie, sur les rives limoneuses du Hoangho, où quelques couples nichent chaque année.

661. — HIMANTOPUS CANDIDUS

? Charadrius autumnalis, Hasselq. (1757), *It.*, 253, n° 29. — Charadrius himantopus, L. (1766), *S. N.*, I, 255. — L'Échasse, Buff. (1770), *Pl. Enl.* 878. — Charadrius himantopus, Gm. (1788), *S. N.*, I, 690. — Himantopus candidus, Bonnat. (1791), *Tabl. Encycl. ornith.*, 24. — Himantopus albicollis, Vieill. (1817), *Nouv. Dict.*, X, 4. — Himantopus melanopterus, Tem. (1820), *Man. d'orn.*, 2ᵉ éd., II, 528. — Himantopus candidus, Blyth (1849), *Cat.* 264, n° 1,572. — Bp. (1856), *Compt. rend. Ac. Sc.*, XLIII, *Tabl. des Échass.*, n° 148. — Jerd. (1864), *B. of Ind.*, II, 704. — Degl. et Gerbe (1867), *Ornith. eur.*, 2ᵉ éd., II, 246. — A. Dav. (1871), *N. Arch. du Mus.*, *Bull.* VII, *Cat.* n° 383. — Swinh. (1871), *P. Z. S.*, 405. — Hipsibates himantopus, Severtz. (1873), *Turk. Jevotn.*, 69. — Himantopus candidus, Dress. (1876), *Ibis*, 329.

L'Échasse blanche ou commune d'Europe, gracieux oiseau blanc aux ailes noires, aux pattes rouges démesurément allongées, se trouve communément en hiver dans l'Inde et en été dans le Turkestan, mais doit être fort rare dans l'empire chinois, car je n'en ai vu qu'un seul exemplaire tué près de Pékin sur le Houn-ho, et M. Swinhoe n'a jamais rencontré cette espèce.

662. — TOTANUS GLOTTIS

Scolopax glottis, L. (1746), *Faun. Suec.*, 171. — Limosa grisea, Briss. (1760), *Orn.*, V, 267. — La Barge grise, Buff. (1770), *Pl. Enl.* 876. — Scolopax glottis, Gm. (1788), *S. N.*, I, 664. — Totanus glottis, Tem. (1820), *Man. d'orn.*, 2ᵉ éd., II, 659. — Totanus glottoïdes, Vig. (1831), *P. Z. S.*, 173. — Gould (1832), *Cent. Him. B.*, 76. — Totanus nivigula (Hodgs.), Gr. (1844), *Zool. Misc.*, 36. — Glottis Vigorsi et Gl. nivigula, Gr. (1846), *Cat. Hodgs. Coll.* 138. — Totanus glottis, Blyth (1849), *Cat.* 265, n° 1,578. — Midd. (1853), *Sib. Reis.*, II, 213. — Glottis canescens, Bp. (1856), *Compt. rend. Ac. Sc.*, XLIII, *Tabl. des Éch.*, n° 227. — Totanus glottis, Schr. (1860), *Vög. d. Am. L.*, 414. — Totanus glottoïdes, Swinh. (1860), *Ibis*, 66. — Totanus glottis, Swinh. (1862), *Ibis*, 254, et (1863), *ibid.*, 406. — Radde (1863), *Reis. in S. O. Sib.*, II, 427. — Jerd. (1864), *B. of Ind.*, II, 700. — Schl. (1864), *Mus. des P. B.*, *Scolop.*, 61. — Totanus griseus, Degl. et Gerbe (1867), *Ornith. eur.*, 2ᵉ éd., II, 215 (excl. syn.) — Totanus glottis, Przew. (1867), *Voy.*, n° 161. — Dyb. (1868), *J. f. Orn.*, 337. — A. Dav. (1871), *N. Arch. du Mus.*, *Bull.* VII, *Cat.* n° 384. — Swinh. (1871), *P. Z. S.*, 405. — Wald. (1875), *Trans. zool. Soc.*, IX, part. 2, p. 234. — Tacz. (1876), *Bull. Soc. zool. Fr.*, I, 250.

Le Chevalier aboyeur ou Barge grise d'Europe, reconnaissable à sa forte taille, à son bec légèrement retroussé, à ses pattes vertes et à ses plumes sous-caudales d'un blanc pur, a été rencontré non-seulement dans la Sibérie orientale, mais jusques aux Philippines. En Chine, il est aussi commun que dans les pays d'Occident, au bord des lacs, des marais et des fleuves et sur les rivages de la mer, et dénote de fort loin sa présence par son cri retentissant (*kio-kio*). Au printemps, il passe en nombre considérable sur les côtes, et les Chinois le prennent au filet en même temps que d'autres chevaliers, des bécasseaux et des pluviers.

663. — TOTANUS STAGNATILIS

SCOLOPAX TOTANUS, L. (1766), *S. N.*, I, 245 (nec Gm.). — TOTANUS STAGNATILIS, Bechst. (1809), *Nat. Deutsch.*, IV, 261. — LIMOSA TOTANUS, Pall. (1811), *Zoogr.*, II, 183. — GLOTTIS STAGNATILIS, Koch (1816), *Baier. Zool.*, 306. — TOTANUS STAGNATILIS, Tem. (1820), *Man. d'orn.*, II, 647. — TRINGA TENUIROSTRIS, Horsf. (1821), *Trans. L. Soc.*, XIII, 192 (nec Swinh.). — TOTANUS LATHAMI, Gr. et Hardw. (1830-34), *Ill. Ind. Zool.*, pl. 51, f. 3. — TOTANUS STAGNATILIS, Gould (1848), *B. of Aust.*, VI, pl. 37. — Blyth (1849), *Cat.* 266, n° 1,579. — Midd. (1853), *Sib. Reis.*, II, 214. — Bp. (1856), *Compt. rend. Ac. Sc.*, XLIII, *Tabl. des Éch.*, n° 229. — Swinh. (1862), *Ibis*, 254. — Radde (1863), *Reis. in S. O. Sib.*, II, 328. — Schl. (1864), *Mus. des P. B.*, *Scolop.*, 68. — Degl. et Gerbe (1867), *Orn. eur.*, 2ᵉ éd., II, 221. — Przew. (1867-69), *Voy.*, n° 159. — Swinh. (1871), *P. Z. S.*, 405. — Severtz. (1873), *Turk. Jevotn.*, 69. — Dyb. (1874), *J. f. O.*, 325 et 336. — Dress. (1876), *Ibis*, 412. — Tacz. (1876), *Bull. Soc. zool. Fr.*, I, 250.

Le Chevalier stagnatile, au bec très-grêle et de couleur noire, aux pattes d'un noir rougeâtre, marquées de vert aux articulations, se trouve dans l'Europe orientale, dans le Turkestan, dans l'Inde, à Ceylan, en Australie, et vient nicher dans les steppes de la Sibérie orientale; mais on ne l'a observé que rarement dans la Chine proprement dite et en Mantchourie.

664. — TOTANUS FUSCUS

LIMOSA FUSCA, Briss. (1760), *Orn.*, V, 276, et pl. 23, f. 2. — SCOLOPAX FUSCA, L. (1766), *S. N.*, I, 243. — LA BARGE BRUNE, Buff. (1770), *Pl. Enl.* 875. — SCOLOPAX TOTANUS, SC. FUSCA, SC. CURONICA et TRINGA ATRA, Gm. (1788), *S. N.*, 657, 665, 669 et 673. — TRINGA ATRA, Lath. (1790), *Ind. orn.*, II, 738. — LIMOSA FUSCA, Pall. (1811), *Zoog.*, II, 187. — TOTANUS FUSCUS, Tem. (1820), *Man. d'orn.*, 2ᵉ éd., II, 639. — Gr. et Hardw. (1830-34), *Ill. Ind. Zool.*, II, 53, fig. 1 et 2. — Gould (1832), *B. of Eur.*, pl. 309. — Blyth (1849), *Cat.* 216, n° 1,581. — Midd. (1853), *Sib. Reis.*, II, 214. — Bp. (1856), *Compt. rend. Ac. Sc.*, XLIII, *Tabl. des Éch.*, n° 231. — Swinh. (1862), *Ibis*, 254, et *P. Z. S.*, 319. — Radde (1863), *Reis. in S. O. Sib.*, II, 327. — Jerd. (1864), *B. of Ind.*, II, 702. — Schleg. (1864), *Mus. des P. B.*, *Scolop.*, 64. — Degl. et Gerbe (1867), *Ornith. eur.*, 2ᵉ éd., II, 217. — Przew. (1867-69), *Voy.*, n° 160. — Dyb. (1868), *J. f. Orn.*, 337. — A. Dav. (1871), *N. Arch. du Mus.*, *Bull.* VII, *Cat.* n° 385. — Swinh. (1871), *P. Z. S.*, 406. — Severtz. (1873), *Turk. Jevotn.*, 69. — Swinh. (1875), *Ibis*, 453. — Dress. (1876), *Ibis*, 411. — Tacz. (1876), *Bull. Soc. zool. Fr.*, I, 250.

Le Chevalier arlequin ou Barge brune de Buffon se distingue facilement des autres espèces du même genre par son plumage qui est d'un gris brunâtre ou noirâtre en été, par son bec de couleur foncée, avec la pointe orangée, et par ses pattes d'un rouge tirant plus ou moins vers le brun. Très-commun en été dans le nord de l'Europe, il passe en Belgique, en Hollande, en Allemagne, en France, en Italie, et visite en hiver l'Algérie, l'Inde, le Turkestan; pendant la saison chaude, on le voit dans la Sibérie orientale, le Japon, la Chine et la Mongolie où je l'ai rencontré assez fréquemment; M. Swinhoe l'a trouvé également aux environs de Canton.

665. — TOTANUS CALIDRIS

TOTANUS STRIATUS et T. NÆVIUS, Briss. (1760), *Ornith.*, V, 190 et 200. — SCOLOPAX CALIDRIS, L. (1766), *S. Nat.*, I, 245. — LE CHEVALIER RAYÉ et LE CHEVALIER GAMBETTE, Buff. (1770), *Pl. Enl.* 827 et 845. — SCOLOPAX CALIDRIS, TRINGA GAMBETTA et T. STRIATA, Gm. (1788), *S. N.*, I, 664, 671 et 672. — TOTANUS CALIDRIS, Bechst. (1809), *Naturg. Deutsch.*, IV, 216. — LIMOSA CALIDRIS, Pall. (1811), *Zoogr.*, II, 182. — TOTANUS CALIDRIS, Tem. (1820), *Man. d'orn.*, 2ᵉ éd., II, 643. — GAMBETTA CALIDRIS, Kaup (1829), *Nat. Syst.*, 54. — TOTANUS CALIDRIS, Gr. (1846), *Cat. Hodgs. Coll.* 139. — Blyth (1849), *Cat.* 266, nᵒ 1,582. — Midd. (1853), *Sib. Reis.*, II, 215. — GAMBETTA CALIDRIS, Bp. (1856), *Compt. rend. Ac. Sc.*, XLIII, *Tabl. des Éch.*, nᵒ 233. — TOTANUS CALIDRIS, Swinh. (1861), *Ibis*, 342. — Radde (1863), *Reis. in S. O. Sib.*, II, 328. — Jerd. (1864), *B. of Ind.*, II, 702. — Schleg. (1864), *Mus. des P. B.*, *Scolop.*, 65. — TOTANUS FUSCUS, Swinh. (1866), *Ibis*, 295. — TOTANUS CALIDRIS, Degl. et Gerbe (1867), *Orn. eur.*, 2ᵉ éd., II, 218. — A. Dav. (1871), *N. Arch. du Mus.*, *Bull.* VII, *Cat.* nᵒ 386. — Swinh. (1871), *P. Z. S.*, 406. — Severtz. (1873), *Turk. Jevotn.*, 69. — Wald. (1875), *Ibis*, 147, et *Trans. zool. Soc.*, IX, part. 2, p. 234. — Dress. (1876), *Ibis*, 412. — Tacz. (1876), *Bull. Soc. zool. Fr.*, I, 251.

Le Chevalier gambette, aux pattes d'un rouge vermillon, au bec noir à l'extrémité et rouge dans sa portion basilaire, se reproduit dans les régions froides de l'Ancien-Continent et s'avance dans ses migrations d'une part jusque dans l'Afrique équatoriale, de l'autre jusqu'aux Philippines, à Ceylan et aux îles Andaman. Il se montre en troupes nombreuses dans l'Inde pendant l'hiver, et n'est pas moins commun en Chine que dans nos contrées aux deux époques des passages. On peut même dire que de tous les chevaliers c'est l'espèce la plus répandue dans l'empire chinois, en même temps que la moins méfiante et la plus sociable.

666. — TOTANUS GLAREOLA

TRINGA GLAREOLA, L. (1766), *S. N.*, I, 250. — Gm. (1788), *S. N.*, I, 677. — TRINGA LITTOREA, Pall. (1811), *Zoogr.*, II, 195. — TOTANUS GLAREOLA, Tem. (1820), *Man. d'orn.*,

2º éd., II, 654. — Totanus affinis, Horsf. (1821), *Trans. L. Soc.*, XIII, 191. — Rhyacophilus glareola, Kaup (1829), *Nat. Syst.*, 140. — Gr. et Hardw. (1830-34), *Ill. Ind. Zool.*, II, pl. 51, fig. 2. — Totanus glareola, Gould (1832), *B. of Eur.*, pl. 315, fig. 2. — Totanus glareola et T. glareoloïdes (Hodgs.), Gr. (1844), *Zool. Misc.*, 86. — Totanus glareola, Gr. (1846), *Cat. Hodgs. Coll.* 139. — Blyth (1849), *Cat.* 267, nº 1,583. — Midd. (1853), *Sib. Reis.*, II, 215. — Rhynchophilus glareola et Rh. affinis, Bp. (1856), *Compt. rend. Ac. Sc.*, XLIII, *Tabl. des Éch.*, nos 244 et 245. — Totanus glareola, Schr. (1860), *Vög. d. Am. L.*, 416. — Swinh. (1860), *Ibis*, 66. — Radde (1863), *Reis. in S. O. Sib.*, II, 324. — Totanus affinis, Swinh. (1863), *P. Z. S.*, 312. — Totanus glareola, Schl. (1864), *Mus. des P. B.*, *Scolop.*, 70. — Actitis glareola, Jerd. (1864), *B. of Ind.*, II, 697. — Totanus affinis, Swinh. (1866), *Ibis*, 294. — Totanus glareola, Degl. et Gerbe (1867), *Orn. eur.*, 2º éd., II, 223. — Przew. (1867-69), *Voy.*, nº 162. — Dyb. (1868), *J. f. Orn.*, 337. — A. Dav. (1871), *N. Arch. du Mus.*, *Bull.* VII, *Cat.* nº 387. — Swinh. (1871), *P. Z. S.*, 406, et (1874), *Ibis*, 163. — Wald. (1875), *Trans. zool. Soc.*, IX, part. 2, p. 233. — Tacz. (1876), *Bull. Soc. zool. Fr.*, I, 251.

Le Chevalier sylvain est ainsi nommé en France parce qu'il aime à courir au milieu des bruyères, qu'il se perche de temps en temps sur les arbres et qu'il dépose parfois ses œufs dans des nids abandonnés, à une certaine hauteur au-dessus du sol. Il voyage depuis le nord de l'Europe et de l'Asie jusqu'à la pointe méridionale de l'Afrique, à la Malaisie et aux Philippines, et est très-commun pendant l'hiver sur le continent indien. Il passe en grand nombre à travers la Chine et s'arrête souvent pour nicher dans les provinces septentrionales de l'Empire, au bord des étangs et des rivières. Les chasseurs le reconnaissent facilement à sa petite taille, à sa queue ornée de nombreuses raies transversales, à son bec noir, taché de vert à la base, et à ses pattes d'un jaune verdâtre.

667. — TOTANUS OCHROPUS

Tringa ochropus, L. (1766), *S. N.*, I, 250. — Le Bécasseau ou Cul-Blanc, Buff. (1770), *Pl. Enl.* 843. — Tringa ochropus, Gm. (1788), *S. N.*, I, 676. — Pall. (1811), *Zoogr.*, II, 192. — Totanus ochropus, Tem. (1820), *Man. d'orn.*, 2º éd., II, 651. — Totanus leucurus, Gr. et Hardw. (1830-34), *Ill. Ind. Zool.*, II, pl. 51, f. 1. — Totanus ochropus, Gould (1832), *B. of Eur.*, pl. 315, f. 1. — Gr. (1846), *Cat. Hodgs. Coll.* 139. — Actitis ochropus, Blyth (1849), *Cat.* 267, nº 1,584. — Totanus ochropus, Midd. (1853), *Sib. Reis.*, II, 215. — Helodromos ochropus et H. leucurus, Bp. (1856), *Compt. rend. Ac. Sc.*, XLIII, *Tabl. des Éch.*, nos 242 et 243. — Schr. (1860), *Vög. d. Am. L.*, 416. — Swinh. (1860), *Ibis*, 66. — Radde (1863), *Reis. in S. O. Sib.*, II, 330. — Schl. (1864), *Mus. des P. B.*, *Scolop.*, 70. — Actitis ochropus, Jerd. (1864), *B. of Ind.*, II, 698. — Totanus ochropus, Degl. et Gerbe (1867), *Ornith. eur.*, 2º éd., II, 235. — Przew. (1867-69), *Voy.*, nº 158. — A. Dav. (1871), *N. Arch. du Mus.*, *Bull.* VII, *Cat.* nº 389. — Swinh. (1871), *P. Z. S.*, 406. — Dyb. (1873), *J. f. Orn.*, 102. — Swinh. (1875), *Ibis*, 453. — Tacz. (1876), *Bull. Soc. zool. Fr.*, I, 251.

Le Chevalier cul-blanc est, comme chacun sait, un échassier de taille moyenne (0^m,24), aux pattes d'un vert brunâtre, au bec brun, marqué de gris verdâtre à la base, à la queue blanche, ornée de quatre bandes noires sur les rectrices centrales. Il niche dans les régions froides et tempérées de l'Europe et de l'Asie, en Scandinavie, dans la Sibérie orientale, au Japon, et, suivant le professeur Schlegel, dépose aussi parfois ses œufs sur les arbres, dans les nids abandonnés du *Turdus musicus*. Dans ses voyages, il visite l'Afrique équatoriale, l'île de Ceylan et le continent indien, où il est très-répandu pendant l'hiver. En Chine, on le rencontre en toutes saisons, isolé ou par paires, au bord des cours d'eau et dans les rizières.

668. — TOTANUS INCANUS

SCOLOPAX INCANA, Gm. (1788), S. N., I, 658. — TRINGA GLAREOLA, Pall. (1811), *Zoog.*, II, 194, pl. 60 (nec Linn.). — TOTANUS INCANUS et T. BREVIPES, Vieill. (1816), *N. Dict. d'H. Nat.*, VI, 400 et 410, et (1823), *Encycl. méth.*, 1,098 et 1,106. — TOTANUS PEDESTRIS, Less. (1831), *Trait. d'orn.*, 552. — TOTANUS PULVERULENTUS, S. Müll. (1840), *Verh. Land en Volkenk.*, 152. — TOTANUS FULIGINOSUS, Gould (1841), *Voy. Beagle*, 130. — SCOLOPAX ONDULATA et SC. PACIFICA, Forst. ed. Licht. (1844), *Descr. an.*, 173 et 174. — TOTANUS OCEANICUS, Less. (1847), *Descr. mam. et ois.*, 244. — TOTANUS POLYNESIÆ, Peale (1848), *Un. St. Expl. Exp.*, 237, pl. 65, f. 1. — TOTANUS GRISEOPYGIUS, Gould (1848), *P. Z. S.*, 39, et *B. of Aust.*, VI, 38. — ACTITIS BREVIPES, Blyth (1849), *Cat.* 267, n° 1,585. — TOTANUS PULVERULENTUS, Tem. et Schleg. (1850), *Faun. Jap.*, *Aves*, 109, pl. 65. — TOTANUS BREVIPES, Puch. (1851), *Rev. et Mag. de zool.*, 370 et 570. — TOTANUS POLYNESIÆ, Hartl. (1852), *Wiegm. Arch. f. Naturg.*, 121. — TOTANUS PULVERULENTUS, Midd. (1853), *Sib. Reis.*, II, 214. — GAMBETTA OCEANICA, PULVERULENTA, GRISEOPYGIA et BREVIPES, Bp. (1856), *Compt. rend. Ac. Sc.*, XLIII, *Tabl. des Éch.*, n°s 235, 236, 237 et 238. — HETEROSCELIS BREVIPES, Sp. Baird (1858), *B. N. Am.*, 734, et pl. 88. — TOTANUS UNDULATUS, J. Verr. (1860), *Rev. et Mag. de zool.*, 437. — TOTANUS GRISEOPYGIUS, Gr. (1860), *P. Z. S.*, 364. — TOTANUS PULVERULENTUS, Swinh. (1860), *Ibis*, 132 et 359. — TOTANUS BREVIPES, Swinh. (1863), *Ibis*, 407, et *P. Z. S.*, 312. — TOTANUS PULVERULENTUS, Radde (1863), *Reis. in S. O. Sib.*, II, 326. — TOTANUS INCANUS, Schleg. (1864), *Mus. des P. B.*, *Scolop.*, 74. — ACTITIS INCANUS, Finsch et Hartl. (1867), *Beitr. Faun. Centralpolyn.*, 182. — TOTANUS PULVERULENTUS, Dyb. (1868), *J. f. Orn.*, 337. — TOTANUS BREVIPES, A. Dav. (1871), *N. Arch. du Mus.*, *Bull.* VII, *Cat.* n° 388. — TOTANUS INCANUS, Swinh. (1871), *P. Z. S.*, 406. — ACTITIS PULVERULENTUS, Tacz. (1876), *Bull. Soc. zool. Fr.*, I, 250. — ACTITIS INCANUS, Lay. (1876), *Ibis*, 393.

Dimensions. Long. totale, 0^m,28 ; queue, égale, 0^m,07 ; aile, 0^m,17 ; tarse, 0^m,03 ; bec, robuste, 0^m,038 à partir du front.

Couleurs. Iris brun ; bec brun, avec la base de la mandibule inférieure d'un jaune d'ocre ; pattes verdâtres. — Parties supérieures du corps d'un brun grisâtre, avec le front et les sourcils d'un blanc moucheté de brun grisâtre ; une raie brune s'étendant de l'œil à la base du bec ; côtés et devant du cou tachetés de brun grisâtre ; menton et milieu de l'abdomen d'un blanc pur ; poitrine, flancs et sous-caudales ornés de nombreuses bandes arquées, d'un brun tirant au gris ; queue grisâtre ; rémiges brunes. (Mâle tué au mois de mai.)

Le Chevalier cendré niche dans la Sibérie orientale, dans les îles Aléoutiennes, dans l'Amérique russe et au Japon, et visite dans ses migrations la Chine et l'île de Formose, une grande partie de la Micronésie, et entre autres les îles Mariannes et Carolines, l'Australie, Timor, les Nouvelles-Hébrides, les îles Viti et la Nouvelle-Calédonie. Il passe en assez grand nombre sur les côtes de la Chine et s'y montre même pendant l'hiver, au moins sur certains points. J'ai tué des mâles de cette espèce en livrée d'été, au mois de mai, près de Changhaï.

669. — TRINGOÏDES HYPOLEUCUS

TRINGA HYPOLEUCOS, L. (1766), *S. N.*, I, 250. — LA PETITE ALOUETTE DE MER, Buff. (1770), *Pl. Enl.* 850. — TRINGA HYPOLEUCOS, Gm. (1788), *S. N.*, I, 678. — TRINGA LEUCOPTERA, Pall. (1811), *Zoogr.*, II, 196. — TOTANUS HYPOLEUCOS, Tem. (1820), *Man. d'orn.*, 2e éd., II, 657. — ACTITIS HYPOLEUCOS, Boie (1822), *Isis*, 649. — Gould (1832), *B. of Eur.*, pl. 318. — TOTANUS HYPOLEUCOS, Gr. (1846), *Cat. Hodgs. Coll.* 139. — ACTITIS HYPOLEUCOS, Blyth (1849), *Cat.* 267, n° 1,586. — Midd. (1853), *Sib. Reis.*, II, 215. — RHYNCHOPHILUS HYPOLEUCOS, Bp. (1856), *Compt. rend. Ac. Sc.*, XLIII, *Tabl. des Éch.*, n° 250 (excl. syn.). — TRINGOÏDES HYPOLEUCUS, Swinh. (1860), *Ibis*, 66. — ACTITIS HYPOLEUCOS, Schr. (1860), *Vög. d. Am. L.*, 417. — Radde (1863), *Reis. in S. O. Sib.*, II, 330. — Jerd. (1864), *B. of Ind.*, II, 699. — Schl. (1864), *Mus. des P. B.*, *Scolop.*, 60. — Przew. (1867), *Journ. f. Orn.*, 337. — Degl. et Gerbe (1867), *Ornith. eur.*, 2e éd., II, 227. — Dyb. (1868), *J. f. Orn.*, 337. — TOTANUS HYPOLEUCUS, A. Dav. (1871), *N. Arch. du Mus., Bull.* VII, *Cat.* n° 390. — TRINGOÏDES HYPOLEUCUS, Swinh. (1871), *P. Z. S.*, 406, et (1874), *Ibis*, 163. — Wald. (1875), *Trans. zool. Soc.*, IX, part. 2, p. 234. — Tacz. (1876), *Bull. Soc. zool. Fr.*, I, 250.

La Guignette vulgaire, facilement reconnaissable à ses jambes courtes, à sa queue ample et arrondie, a été signalée en Europe, en Afrique, en Australie, aux Moluques, aux Philippines, à la Nouvelle-Guinée, aux îles Pelew, au Japon, à Bornéo, dans l'Inde, dans la Sibérie orientale et dans l'empire chinois, où elle est sédentaire et très-abondamment répandue au bord de tous les cours d'eau.

670. — CALIDRIS ARENARIA

TRINGA ARENARIA et CHARADRIUS CALIDRIS, L. (1766), *S. N.*, I, 251 et 255. — TRINGA ARENARIA, CHARADRIUS CALIDRIS et CH. RUBIDUS, Gm. (1788), *S. N.*, I, 680, 688 et 689. — TRYNGA TRIDACTYLA et TR. CALIDRIS, Pall. (1811), *Zoog.*, II, 198 et 202. — CALIDRIS

ARENARIA, Illig. (1811), *Prodr.*, 249. — CHARADRIUS CALIDRIS et CH. RUBIDUS, Wils., (1813), *Am. Orn.*, VII, 68 et 129, pl. 59, f. 4, et pl. 58, f. 3. — ARENARIA VULGARIS, Tem. (1815), *Man. d'orn.*, II, 334. — CALIDRIS RUBIDUS, Vieill. (1819), *N. Dict.*, XXX, 127. — CALIDRIS ARENARIA, Tem. (1820), *Man. d'orn.*, 2e éd., II, 524. — Sw. et Rich. (1831), *Faun. Bor. Am.*, 366. — Gould (1832), *B. of Eur.*, pl. 335. — CALIDRIS TRINGOÏDES, Vieill. (1834), *Gal. des Ois.*, II, 95, pl. 234. — TRINGA ARENARIA, Aud. (1835), *Orn. biog.*, III, 231; (1839), V, 582, pl. 230 et 285, et (1842), *B. Am.*, V, 287, pl. 338. — CALIDRIS ARENARIA, Blyth (1849), *Cat.* 270, nᵒ 1,600. — TRINGA ARENARIA, Midd. (1853), *Sib. Reis.*, II, 219. — CALIDRIS ARENARIA, Bp. (1856), *Compt. rend. Ac. Sc.*, XLIII, *Tabl. des Éch.*, nᵒ 206. — Swinh. (1860), *Ibis*, 359. — Jerd. (1864), *B. of Ind.*, II, 694. — TRINGA ARENARIA, Schleg. (1864), *Mus. des P. B., Scolop.*, 55. — CALIDRIS ARENARIA, Degl. et Gerbe (1867), *Trait. d'orn.*, 2e éd., II, 188. — Przew. (1867-69), *Voy.*, nᵒ 168. — Dyb. (1868), *J. f. Orn.*, 338. — Swinh. (1871), *P. Z. S.*, 408. — Elliott Coues (1874), *B. of the N. W. Am.*, 492. — Tacz. (1876), *Bull. Soc. zool. Fr.*, I, 249.

Le Sanderling ou Bécasseau à trois doigts, qui se distingue par ses pattes privées de pouce, par sa taille moyenne, par son bec droit et dilaté à l'extrémité, et par le plumage de ses parties supérieures qui est grisâtre en hiver et varié de noir et de roux en été, est un oiseau commun sur les côtes d'une grande partie du monde. En Chine aussi, il se trouve abondamment sur les bords de la mer, aux époques du passage et pendant l'hiver; mais jamais je ne l'ai rencontré dans l'intérieur des terres ni sur les lacs de Mongolie.

671. — TRINGA CRASSIROSTRIS

TRINGA CRASSIROSTRIS, Tem. et Schleg. (1846-50), *Faun. Jap., Aves*, 107, pl. 64. — SCHOENICLUS MAGNUS, Gould (1848), *P. Z. S.*, 39, et *B. of Aust.*, VI, pl. 33. — TRINGA CRASSIROSTRIS, Midd. (1853), *Sib. Reis.*, II, 219. — TRINGA MAGNA, Bp. (1856), *Compt. rend. Ac. Sc.*, XLIII, *Tabl. des Éch.*, nᵒ 211. — TRINGA CRASSIROSTRIS. Schr. (1860), *Vög. d. Am. L.*, 420. — TRINGA TENUIROSTRIS, Swinh. (1863), *P. Z. S.*, 315 (nec Horsf.). — TRINGA CRASSIROSTRIS, Schleg. (1864), *Mus. des P. B., Scolop.*, 28. — TRINGA TENUIROSTRIS, Gould (1865), *Handb. B. Aust.*, II, 260 (nec Horsf.). — Swinh. (1871), *P. Z. S.*, 408. — TRINGA CRASSIROSTRIS, Wald. (1874), *Ibis*, 147. — Dyb. (1876), *J. f. Orn.*, 201. — Tacz. (1876), *Bull. Soc. zool. Fr.*, I, 252.

Dimensions. Long. totale, 0ᵐ,29; queue, égale, 0ᵐ,07; aile, 0ᵐ,19; tarse, 0ᵐ,033; bec, 0ᵐ,044 à partir du front.

Couleurs. Iris brun; bec noir, avec la base de la mandibule inférieure d'un rouge brunâtre; pattes d'un brun verdâtre. — Tête et cou d'un blanc jaunâtre, largement rayé de noir; plumes du dos noires, frangées de gris et marquées d'une double tache d'un roux vif; plumes du croupion brunes, bordées de gris; sus-caudales blanches, avec une tache noirâtre vers l'extrémité; gorge blanche, marquetée de petites taches noires arrondies qui vont en s'élargissant vers le bas et qui couvrent une grande partie de la poitrine; ventre blanc, avec quelques taches anguleuses noires sur les flancs et les sous-caudales; rectrices d'un brun grisâtre; rémiges brunes

(Mâle au mois de mai.) — Dans le plumage d'hiver, le dos et la poitrine sont à peine tachés de noir et n'offrent point de teintes rousses.

Ce grand bécasseau, dont les migrations s'étendent du nord de la Sibérie orientale et du Japon jusqu'à l'Australie, est fort répandu sur les côtes de la Chine aux époques des deux passages. En automne, cette espèce est commune à Takou, et au mois de mai je m'en suis procuré à Changhaï plusieurs individus revêtus de leur livrée d'été. Comme l'ont fait observer le professeur Schlegel, M. Harting et lord Walden, marquis de Tweeddale, c'est à tort que M. Gould, M. Swinhoe et M. Gray ont assimilé au *Tringa crassirostris* Tem. et Schleg. le *Tringa tenuirostris* Horsf. qui n'est autre que le *Totanus stagnatilis* Bechst.

672. — TRINGA CANUTUS

TRINGA CANUTUS et TR. CALIDRIS, L. (1766), *S. N.*, I, 251 et 253. — LA MAUBÈCHE TACHETÉE et LA MAUBÈCHE GRISE, Buff. (1770), *Pl. Enl.* 365 et 366. — TRINGA CINEREA, TR. CANUTUS, TR. CALIDRIS, TR. NÆVIA, TR. GRISEA et TR. ISLANDICA, Gm. (1788), *S. N.*, I, 673, 679, 681 et 682. — TRINGA CANUTUS, Pall. (1811), *Zoog.*, II, 197. — TRINGA RUFA, Wils. (1813), *Am. Orn.*, VII, 43, pl. 57, fig. 5. — TRINGA CANUTUS, Vieill. (1819), *N. Dict.*, XXXIV. — Tem. (1820), *Man. d'orn.*, 2e éd., II, 627. — Gould (1832), *B. of Eur.*, pl. 324. — Bp. (1838), *Comp. List*, 49. — TRINGA ISLANDICA, Aud. (1838), *Orn. biog.*, IV, 130, pl. 315, et (1842), *B. Am.*, V, 254, pl. 328. — TRINGA CANUTUS, de Kay (1844), *N. Y. Zool.*, II, 243, pl. 85, fig. 194, et pl. 97, fig. 218. — Blyth (1849), *Cat.* 268, no 1,592. — Midd. (1853), *Sib. Reis.*, II, 219. — Bp. (1856), *Compt. rend. Ac. Sc.*, XLIII, *Tabl. des Éch.*, no 209. — Schr. (1860), *Vög. d. Am. L.*, 420. — Swinh. (1863), *P. Z. S.*, 315. — Jerd. (1864), *B. of Ind.*, II, 688. — Schleg. (1864), *Mus. des P. B.*, Scolop., 29. — Degl. et Gerbe (1867), *Ornith. eur.*, 2e éd., II, 190. — TRINGA CANUTA, A. Dav. (1871), *N. Arch. du Mus.*, *Bull.* VII, *Cat.* no 400. — TRINGA CANUTUS, Swinh. (1871), *P. Z. S.*, 408. — Dyb. (1873), *J. f. Orn.*, 103. — Salv. (1874), *Ibis*, 319. — Elliott Coues (1874), *B. of the N. W. Am.*, 490. — Tacz. (1876), *Bull. Soc. Zool. Fr.*, I, 252.

La Maubèche grise ou Bécasseau canut, dont le plumage d'hiver est d'un gris uniforme en dessus et d'un blanc légèrement rayé de gris en dessous, offre dans son plumage d'été des teintes noires mêlées de roux dans les parties supérieures et une couleur d'un roux marron sur les parties inférieures de son corps. Des régions boréales des deux mondes, il descend chaque année dans l'Afrique tropicale, dans l'Inde, aux Moluques, en Australie, dans les États-Unis, dans l'Amérique centrale, et jusque sur les côtes du Brésil. Il est cependant fort rare dans

la Sibérie orientale et sur le continent indien, et ne se montre
qu'accidentellement sur les côtes de la Chine : je l'ai eu une
seule fois à Takou, à l'embouchure du Peyho.

673. — TRINGA ACUMINATA

Totanus acuminatus, Horsf. (1821), *Trans. L. Soc.*, XIII, 192. — Tringa australis,
Jerd. et Selb. (1837), *Ill. Orn.*, pl. 91. — Schoeniclus australis, Gould (1848), *B. of
Aust.*, VI, pl. 30. — Totanus rufescens, Midd. (1853), *Sib. Reis.*, II, 221 (nec Vieill.).
— Tringa ....? Swinh. (1861), *Ibis*, 342. — Tringa pectoralis, Swinh. (1863), *Ibis*,
97. — Tringa acuminata, Swinh. (1863), *Ibis*, 412, et *P. Z. S.*, 316. — Schleg. (1864),
Mus. des P. B., *Scolop.*, 38 (excl. syn.). — H. Whitely (1867), *Ibis*, 205. — Finsch
et Hartl. (1868), *P. Z. S.*, 4, 8 et 118. — Swinh. (1871), *P. Z. S.*, 409, et (1873), *Ibis*,
455. — Finsch et Hartl. (1872), *P. Z. S.*, 106. — Tringa crassirostris, Dyb. (1873),
J. f. Orn., 103. — Tringa acuminata, Dyb. (1874), *J. f. Orn.*, 332 et 336. — Tacz.
1876), *Bull. Soc. zool. Fr.*, I, 252.

Dimensions. Long. totale, $0^m,23$; queue, un peu étagée, $0^m,06$; aile,
$0^m,14$; tarse, $0^m,029$; bec, $0^m,025$ à partir du front.

Couleurs. Iris brun ; bec rougeâtre, avec le bout brun ; pattes verdâtres. — Vertex d'un roux vif, avec une raie noire au centre de chaque
plume ; cou, dos et ailes d'un roux plus clair, mais rayés comme le sommet
de la tête ; plumes du croupion et sus-caudales médianes noires bordées de
roux ; sus-caudales latérales blanches, avec une tache angulaire noirâtre ;
face, sourcils et gorge blancs, mouchetés de noir ; partie antérieure du cou
et poitrine rousses ornées de taches noires qui deviennent angulaires sur le
bas de la poitrine et sur les flancs ; milieu de l'abdomen blanc ; sous-caudales de la même couleur, avec une raie brune étroite le long de la tige ;
rectrices d'un brun clair, les latérales lisérées de blanc, les centrales lisérées de roux ; rémiges noirâtres.

Ce joli bécasseau, signalé d'abord en Australie, a été retrouvé
également aux Moluques, aux îles Pelew, dans la Chine, la
Sibérie orientale et au Japon. Au printemps, il passe en grand
nombre sur les côtes du Céleste-Empire et est fort répandu
vers la fin de l'été dans les endroits marécageux, aux environs
de Pékin.

674. — TRINGA PLATYRHYNCHA

Limicola gygmæa, Koch (1816), *Baier. Zool.*, I, 315 (nec Lath., nec Bechst.). —
Tringa elorioïdes, Vieill. (1819), *N. Dict.*, XXXIV, 465. — Tringa platyrhyncha,
Tem. (1820), *Man. d'orn.*, 2e éd., II, 616. — Gould (1832), *B. of Eur.*, pl. 331. —
Pelidna platyrhyncha, Bp. (1838), *Comp. List B. Eur. and Am.*, 50. — Tringa pla-
tyrhyncha, Blyth (1849), *Cat.* 269, nᵒ 1,596. — Tringa pygmæa, Midd. (1855), *Sib.
Reis.*, II, 223. — Limicola pygmæa, Bp. (1856), *Compt. rend. Ac. Sc.*, XLIII, *Tabl.
des Éch.*, nᵒ 208 (excl. syn.). — Tringa platyrhyncha, Swinh. (1862), *Ibis*, 255. —
Schleg. (1864), *Mus. des P. B.*, *Scolop.*, 49. — Jerd. (1864), *B. of Ind.*, II, 692. —

Pelidna platyrhyncha, Degl. et Gerbe (1867). *Ornith. eur.*, 2e éd., II; 206. — Tringa platyrhyncha, Swinh. (1871), *P. Z. S.*, 408. — Limicola platyrhyncha, Dyb. (1873), *J. f. Orn.*, 103. — Tacz. (1876), *Bull. Soc. zool. Fr.*, I, 254.

Dimensions. Long. totale, 0^m,16 ; queue, 0^m,043 ; aile, 0^m,095 ; tarse, 0^m,19 ; bec, un peu arqué et très-élargi, 0^m,027 à partir du front.

Le Bécasseau platyrhinque, qui se distingue, comme son nom l'indique, par son bec large et légèrement recourbé, habite les régions marécageuses du nord de l'Europe et de l'Asie et se montre en grandes bandes sur les bords de la mer d'Ochotsk ; de là il émigre chaque hiver vers les régions méridionales ; il est assez répandu pendant cette saison dans l'Inde septentrionale et dans l'île de Formose, mais ne passe qu'en petit nombre sur les côtes de la Chine ; j'ai vu cependant quelques individus de cette espèce en vente sur le marché de Changhaï aux mois d'avril et de mai.

675. — TRINGA CINCLUS

Tringa alpina et Tr. cinclus, L. (1766), *S. N.*, I, 249 et 251. — Gm. (1788), *S. N.*, I, 676 et 680. — Numenius variabilis, Bechst. (1809), *Nat. Deutsch.*, IV, 141. — Tringa variabilis, Mey. et Wolf (1810), *Tasch. Deutsch.*, II, 397. — Scolopax alpina, Pall. (1811), *Zoogr.*, II, 177 (part.). — Tringa alpina, Wils. (1813), *Am. Orn.*, VII, 25, pl. 56, f. 2. — Gould (1832), *B. of Eur.*, pl. 329. — Pelidna cinclus, Bp. (1838), *Comp. List B. Eur.*, 50. — Tringa cinclus, Blyth (1849), *Cat.* 269, n° 1,595. — Tringa variabilis, Tem. et Schleg. (1850), *Faun. Jap.*, *Aves*, 108. — Tringa cinclus, Midd. (1853), *Sib. Reis.*, II, 220. — Pelidna cinclus, Bp. (1856), *Compt. rend. Ac. Sc.*, XLIII, *Tabl. des Éch.*, n° 214 (excl. syn.). — Tringa (Schoeniclus) alpina, var. americana, Baird et Cass. (1858), *B. N. Am.*, 719. — Tringa cinclus, Schr. (1860), *Vög. d. Am. L.*, 421. — Swinh. (1860), *Ibis*, 66. — Tringa subarquata, Swinh. (1861), *Ibis*, 342. — Tringa chinensis, Swinh. (1862), *Ibis*, 255. — Tringa cinclus, Jerd. (1864), *B. of Ind.*, II, 690. — Schleg. (1864), *Mus. des P. B.*, *Scolop.*, 32. — Pelidna cinclus, Degl. et Gerbe (1867), *Ornith. eur.*, 2e éd., II, 197. — Tringa cinclus, var. chinensis, Swinh. (1871), *P. Z. S.*, 408. — Tringa variabilis, Severtz. (1873), *Turk. Jevotn.*, 69. — Tringa alpina, Dress. (1876), *Ibis*, 411. — Tringa cinclus, Tacz. (1876), *Bull. Soc. zool. Fr.*, I, 253.

Le Bécasseau cincle ou Bécasseau brunette qui, en livrée de noces, a toujours le milieu de l'abdomen orné d'une large plaque noire, et dont le bec assez long est un peu arqué au bout, est très-commun dans les régions septentrionales des deux mondes en été et se répand de là dans l'Europe tempérée, la Sibérie orientale, la Chine, le Japon, le Turkestan, l'Inde, les îles de Bornéo, de Java et de Formose, ainsi que dans les États-Unis et dans une partie du continent africain. Dès le commencement du printemps et jusqu'aux jours des grands froids, on voit des volées nombreuses de ces oiseaux sur les plages de Takou, et sur beaucoup d'autres points des côtes de l'empire chinois.

676. — TRINGA RUFICOLLIS

TRINGA RUFICOLLIS, Pall. (1776), *Reis.*, III, 700, et *Voy.*, éd. franc., in-8°, VIII, app. 47. — Gm. (1788), *S. N.*, I, 680. — TRINGA SALINA, Pall. (1811), *Zoogr.*, II, 199, pl. 61. — TOTANUS DAMACENSIS, Horsf. (1821), *Trans. L. Soc.*, XIII, 192. — TRINGA ALBESCENS, Tem. (1823), *Pl. Col.* 41, fig. 2. — CALIDRIS AUSTRALIS, Cuv., *Mus. de Paris.* — Less. (1831), *Trait. d'orn.*, 558. — SCHOENICLUS ALBESCENS, Gould (1848), *B. of Aust.*, VI, pl. 31. — TRINGA SUBMINUTA, Midd. (1853), *Sib. Reis.*, 222, pl. 19, fig. 6. — ACTODROMUS MINUTUS BREVIROSTRIS, ACT. ALBESCENS et ACT. AUSTRALIS, Bp. (1856), *Compt. rend. Ac. Sc.*, XLIII, *Tabl. des Éch.*, n°s 217 a, 220 et 221. — TRINGA MINUTA, Swinh. (1860), *Ibis*, 342 et 358. — TRINGA SUBMINUTA, Swinh. (1862), *Ibis*, 255. — TRINGA DAMACENSIS et TR. ALBESCENS, Swinh. (1863), *Ibis*, 413, et *P. Z. S.*, 316. — TRINGA DAMACENSIS, Schleg. (1864), *Mus. des P. B.*, *Scolop.*, 48. — TRINGA SALINA, Dyb. (1868), *J. f. Orn.*, 337. — TRINGA DAMACENSIS, Swinh. (1871), *P. Z. S.*, 409. — TRINGA DAMACENSIS, Wald. (1872), *Trans. zool. Soc.*, VIII, part. 2, p. 97. — TRINGA SALINA, Swinh. (1873), *Ibis*, 231. — TRINGA ALBESCENS, Wald. (1873), *Ibis*, 317. — TRINGA DAMACENSIS, Swinh. (1875), *Ibis*, 455. — TRINGA RUFICOLLIS, Wald. (1875), *Trans. zool. Soc.*, IX, part. 2, p. 234. — TRINGA SALINA, TR. SUBMINUTA et TR. DAMACENSIS, Tacz. (1876), *Bull. Soc. zool. Fr.*, I, 253.

Le Bécasseau à col roux, dont la queue offre une double échancrure, diffère du Bécasseau mignon ou Petite Alouette de mer de nos contrées par ses pattes noires plus allongées et par ses rémiges qui ont toutes, à l'exception de la première, la tige de couleur brune. Il passe régulièrement deux fois par an sur les côtes de la Chine lorsqu'il émigre de l'Inde à la Sibérie orientale et *vice versa*. La même espèce a été signalée au Japon, aux Philippines, à Célèbes, aux îles Andaman, aux îles Pelew, et jusqu'en Australie et en Tasmanie.

Le véritable *Tringa minuta* (Leisl.,) qui a été pris dans le Turkestan et sur les bords du lac Baïkal, pourrait fort bien être rencontré quelque jour dans l'empire chinois.

677. — TRINGA SUBARCUATA

L'ALOUETTE DE MER, Buff. (1770), *Pl. Enl.* 851. — SCOLOPAX SUBARCUATA, Güldenst. (1774), *Nov. Com. Petrop.*, XIX, 471, pl. 13. — SCOLOPAX AFRICANA et SC. SUBARQUATA, Gm. (1788), *S. N.*, I, 655 et 658. — NUMÉNIUS AFRICANUS, Lath. (1790), *Ind.*, II, 712. — TRINGA FALCINELLA et TR. ARQUATELLA, Pall. (1811), *Zoogr.*, II, 188 et 190. — TRINGA SUBARQUATA, Tem. (1815), *Man.*, 393. — EROLIA VARIEGATA, Vieill. (1816), *Anal.*, 55. — FALCINELLUS PYGMÆUS, Cuv. (1817), *Règn. an.*, I, 486. — TRINGA SUBAR-

QUATA, Vieill. (1819), *N. Dict.*, XXXIV, 454. — Tem. (1820), *Man. d'orn.*, 2ᵉ éd., II, 609. — EROLIA VARIEGATA, Less. (1829), *Man.*, II, 302. — ANCYLOCHEILUS SUBARQUATA, Kaup (1829), *Nat. Syst.*, 50. — EROLIA VARIA, Vieill. (1834), *Gal. des Ois.*, II, 89, pl. 231. — TRINGA SUBARQUATA, Aud. (1835), *Ornith. biog.*, 444. — (1839), *Syn.*, 234. — (1842), *B. N. Am.*, V, 269, pl. 333. — PELIDNA SUBARQUATA, Bp. (1838), *Consp. List B. Eur. and Am.*, 50. — TRINGA SUBARQUATA, Schleg. (1844), *Rev. crit.*, 97. — Blyth (1849), *Cat.* 269, n° 1594. — Midd. (1853), *Sib. Reis.*, II, 220. — ANCYLOCHEILUS SUBARQUATUS, Bp. (1856), *Compt. rend. Ac. Sc.*, XLIII, *Tabl. des Éch.*, n° 213. — TRINGA SUBARQUATA. Hartl. (1857), *Syst. Ornith. Westafr.*, 237. — Schr. (1860), *Vög. d. Am. L.*, 421. — TRINGA SUBARCUATA, Swinh. (1862), *P. Z. S.*, 319. — TRINGA SUBARQUATA, Radde (1863), *Reis. in S. O. Sib.*, II, 333. — Schl. (1864), *Mus. des P. B., Scolop.*, 31. — Jerd. (1864), *B. of Ind.*, II, 689. — PELIDNA SUBARQUATA, Degl. et Gerbe (1867), *Ornith. eur.*, 2ᵉ éd., II, 195. — Przew. (1867-69), *Voy.*, n° 169. — Dyb. (1868), *J. f. Orn.*, 337. — TRINGA SUBARQUATA, Swinh. (1871), *P. Z. S.*, 409. — TRINGA SUBARQUATA, Severtz. (1873), *Turk. Jevotn.*, 69. — Wald. (1874), *Ibis*, 147. — Elliott Coues (1875), *B. N. W. Am.*, 495. — Dress. (1876), *Ibis*, 411. — Tacz. (1876), *Bull. Soc. zool. Fr.*, I, 252.

Le Bécasseau cocorli, de taille un peu plus forte que le Bécasseau cincle (0ᵐ,21), se reconnaît facilement à son bec plus long et plus recourbé et à son plumage roux en été dans presque toutes les parties inférieures du corps. Je l'ai vu passer en grand nombre sur les côtes de la Chine, et je l'ai rencontré également en Mongolie en livrée complète d'été. D'autres voyageurs ont constaté sa présence dans l'Afrique septentrionale et occidentale, dans l'Amérique du Nord, dans l'Inde, à Java, à Ceylan et aux îles Andaman.

678 — TRINGA TEMMINCKII

TRINGA TEMMINCKII, Leisl. (1811), *Nachtr. zu Bechst. Nat. Deutsch.*, I, 65. — Tem. (1820), *Man. d'orn.*, II, 622. — PELIDNA TEMMINCKII, Boie (1822), *Isis*, 979. — TRINGA TEMMINCKII, Tem. (1823), *Pl. Col.* 41, f. 2. — LIMONITES TEMMINCKII, Kaup. (1829), *Nat. Syst.*, 37. — TRINGA TEMMINCKII, Less. (1831), *Trait. d'orn.*, 558. — Gr. (1846), *Cat. Hodgs. Coll.*, 140. — Blyth (1849), *Cat.* 270, n° 1598. — Midd. (1853), *Sib. Reis.*, II, 221. — ACTODROMUS TEMMINCKII, Bp. (1856), *Compt. rend. Ac. Sc.*, XLIII, *Tabl. des Éch.*, n° 219. — TRINGA TEMMINCKII, Swinh. (1860), *Ibis*, 66. — Schr. (1860), *Vög. d. Am. L.*, 442. — Radde (1863), *Reis. in S. O. Sib.*, II, 332. — Schleg. (1864), *Mus. des P. B., Scolop.*, 47. — Jerd. (1864), *B. of Ind.*, II, 691. — PELIDNA TEMMINCKII, Degl. et Gerbe (1867), *Ornith. eur.*, 2ᵉ éd., II, 205. — TRINGA TEMMINCKII, Przew. (1867), *Voy.*, n° 171. — Dyb. (1868), *J. f. Orn.*, 171. — A Dav. (1871), *N. Arch. du Mus.*, *Bull.* VII, *Cat.* n° 404. — Swinh. (1871), *P. Z. S.*, 409. — TRINGA TEMMINCKII, Sharpe et Dress. (1871), *B. of Eur.*, livr. VII. — Severtz. (1873), *Turk. Jevotn.*, 69. — Dress. (1876), *Ibis*, 411. — TRINGA TEMMINCKII, Tacz. (1876), *Bull. Soc. zool. Fr.*, I.

Le Bécasseau Temmia d'Europe, dont les pattes sont verdâtres et dont la taille (0ᵐ,16) dépasse un peu celle du Bécasseau mignon et du Bécasseau à col roux, passe en troupes nombreuses à travers la Chine et s'arrête même en hiver dans les provinces

méridionales. Il m'a paru également fort commun en Mongolie
sur le bord des fleuves et des lacs. D'après M. Severtzoff, il niche
dans certains districts du Turkestan, et suivant MM. Blyth,
Jerdon et Taczanowski il se rencontre aussi, mais en petit
nombre, dans l'Inde et dans la Sibérie orientale.

679. — EURYNORHYNCHUS PYGMÆUS

Platalea Pygmæa, L. (1764), *Mus. Ad. Frid.*, II, *Prodr.*, 26, et (1766), *S. N.*, I,
231. — Gm. (1788), *S. N.*, I, 615. — Lath. (1790), *Ind. Orn.*, II, 669. — Thunb.
(1816), *K. Vet. Ac. Handl. Holm.*, 194, pl. 6.—Eurinorhynchus griseus, Nils. (1821),
Orn. Succ., II, 29. — Cuv. (1829), *Règn. an.*, I, 528. — Less. (1831), *Trait. d'orn.*,
562 (ex av. fict.). — Eurynorhynchus pygmæus, Pearson (1836), *J. A. S. B.*, V, 129, et
As. Res., XIX, 69, pl. 9. — Hartl. (1842), *Rev. zool.*, 5 et 36. — Lafr. (1842), *ibid.*,
402, et pl. 2, fig. 1.—Gr. et Mitch. (1844), *Gen. of B.*, III, 580, pl. 152 et 156, fig. 6.
— Eurynorhynchus orientalis, Blyth (1844), *Ann. and Mag. N. H.*, XIII, 178. —
Eurynorhynchus et Eurynorhynchus pygmæus, Blyth (1849), *Cat.* 270, nº 1599.—
Bp. (1856), *Compt. rend. Ac. Sc.*, XLIII, *Tabl. des Éch.*, nº 207. — Hartl. (1859),
J. f. Orn., 325. — Sclat. (1859), *P. Z. S.*, 201. — Eurynorhynchus griseus, Jerd.
(1864), *B. of Ind.*, II, 692. — Blyth. (1867), *Ibis*, 214. — Eurynorhynchus pygmæus,
J.-E. Harting (1869), *Ibis*, 427 et pl. 12. — Swinh. (1871), *P. Z. S.*, 409. — (1873),
Ibis, 425. — (1875), *ibid.*, 455.

Malgré la forme étrange de son bec dont l'extrémité se
dilate en forme de spatule, ce petit échassier, de 0^m,17 de long,
appartient au groupe des Bécasseaux par les formes générales
de son corps, ses couleurs et ses mœurs. On le rencontre, mais
toujours en petit nombre, à l'embouchure des grands fleuves
de l'Inde, et, suivant quelques auteurs, sur les bords du détroit
de Béhring et au Japon. M. Swinhoe n'a pu se procurer qu'une
seule fois cette espèce intéressante dans la Chine méridionale,
à Amoy, et je n'en ai trouvé au mois de mai, sur le marché
de Changhaï, qu'un seul individu qui était malheureusement
dans un état de décomposition trop avancé pour pouvoir être
conservé.

680. — PSEUDOSCOLOPAX SEMIPALMATUS (Pl. 121)

Macrorhamphus semipalmatus (Jerd.), Blyth (1848), *J. A. S. B.*, XVII, 252, et
(1849), *Cat.* 271, nº 1,604. — Micropalama taczanowskia, J. Verr. (1860), *Rev. et
Mag. de zool.*, 206, pl. 14. — Pseudoscolopax semipalmatus, Swinh. 1863), *P. Z. S.*,
313. — Blyth (1867), *Ibis*, 167. — Swinh. (1871), *P. Z. S.*, 407. — Dyb. (1873),
J. f. Orn., 104. — Tacz. (1876), *Bull. Soc. zool. Fr.*, I, 255.

Dimensions. Long. totale, 0^m,36 ; queue, 0^m,07 ; aile, 0^m,18 ; tarse,
0^m,045 ; bec, 0^m,082 à partir du front.

Couleurs. Parties supérieures d'un roux vif, avec des raies brunes sur le milieu du vertex, sur les lores et le long de la nuque, et de larges taches de même couleur sur les plumes dorsales ; parties inférieures d'un roux plus uniforme, avec un peu de blanc au bord des plumes de l'abdomen et quelques raies irrégulières brunes sur les plumes des flancs et sur les sous-caudales ; couvertures des ailes, pennes secondaires et tertiaires d'un brun grisâtre, liséré de blanc ; rémiges brunes, avec la tige blanche ; rectrices rayées transversalement de blanc sur fond brun (plumage de noces). — Dans la livrée d'hiver, la teinte rousse des parties supérieures est remplacée par du gris brunâtre, des raies irrégulières foncées couvrent la gorge et la poitrine, mais tendent à s'effacer sur le bas-ventre et sur les sous-caudales qui sont de couleur blanche.

Le *Pseudoscolopax semipalmatus* rappelle à la fois les Bécasses par la forme de son bec et les Barges par les teintes de son plumage. Découvert dans l'Inde par le Dr Jerdon et signalé par M. Blyth, il a été décrit de nouveau, d'après un individu en plumage de noces pris en Daourie, sous le nom de *Micropalama Taczanowskia*, par feu J. Verreaux. Depuis lors, il a été retrouvé sur d'autres points de la Sibérie orientale et en Mongolie ainsi que dans la Chine où il passe quelquefois l'hiver, mais où il est toujours peu répandu.

681. — SCOLOPAX RUSTICULA

Scolopax rusticula, L. (1766), S. N., I, 243. — La Bécasse, Buff. (1770), Pl. Enl. 885. — Scolopax rusticola, Gm. (1788), S. N., I, 660. — Pall. (1811), Zoogr.. II, 171. — Rusticola vulgaris, Vieill. (1816), N. Dict., III, 348. — Tem. (1820), Man. d'orn., 2° éd., II, 673. — Scolopax europæa, Less. (1831), Trait. d'orn., 555. — Scolopax rusticola, Gould (1832), B. of Eur., pl. 319. — Scolopax indicus, Hodgs. (1837), J. A. S. B., VI, 490. — Scolopax rusticola, Gr. (1846), Cat. Hodgs. Coll. 141. — Blyth (1849), Cat. 271, n° 1,605. — Midd. (1853), Sib. Reis., II, 223. — Bp. (1856), Compt. rend. Ac. Sc., XLIII, Tabl. des Éch., n° 166. — Scolopax rusticula, Swinh. (1860), Ibis, 66. — Scolopax rusticola, Radde (1863), Reis. in S. O. Sib., II, 333. — Jerd. (1864), B. of Ind., II, 670. — Scolopax rusticola, Schleg. (1864), Mus. des P. B., Scolop., 2. — Degl. et Gerbe (1867), Ornith. eur., 2° éd., II, 177. — Scolopax rusticola, Przew. (1867-69), Voy., n° 173. — A. Dav. (1871), N. Arch. du Mus., Bull. VII, Cat. n° 393. — Scolopax rusticula, Swinh. (1871), P. Z. S., 407. — Holdsw (1872), P. Z. S., 472. — Scolopax rusticola, Severtz. (1873), Turk. Jevotn., 69. — Dyb. (1873), J. f. Orn., 256. — Scolopax rusticula, Swinh. (1875), Ibis, 131. — Scolopax rusticola, Dress. (1876), Ibis, 330. — Tacz. (1876), Bull. Soc. zool. Fr., I, 256.

Contrairement à ce que dit M. Swinhoe, je crois que dans l'empire chinois la Bécasse vulgaire est un oiseau plutôt rare que commun, au moins dans les provinces septentrionales où les forêts marécageuses manquent presque complétement. J'ai trouvé cette espèce établie pour nicher dans l'Ourato, en Mongolie, au Sichan près de Pékin et dans la principauté de Moupin. Les quatre ou cinq spécimens que j'ai pu me procurer se faisaient tous remarquer par leur petite taille. Plusieurs naturalistes ont également constaté la présence de bécasses semblables à celles de nos contrées dans la Sibérie orientale, dans le Turkestan, dans les régions montagneuses de l'Inde et dans l'Afrique orientale.

682. — GALLINAGO SOLITARIA (Pl. 122)

SCOLOPAX SOLITARIA, Hodgs. (1836), *P. Z. S.*, 8, et (1837), *J. A. S. B.*, VI, 491. — GALLINAGO SOLITARIA, Gr. (1846), *Cat. Hodgs. Coll.* 141. — Blyth (1849), *Cat.* 272, n° 1,607. — SPILURA SOLITARIA, Bp. (1856), *Compt. rend. Ac. Sc.*, XLIII, *Tabl. des Éch.*, n° 197. — GALLINAGO SOLITARIA, Swinh. (1865), *P. Z. S.*, 313. — Jerd. (1864), *B. of Ind.*, II, 673. — Schleg. (1864), *Mus. des P. B., Scolop.*, 15. — A. Dav. (1871), *N. Arch. du Mus., Bull.* VII, *Cat.* n° 394. — Swinh. (1871), *P. Z. S.*, 407, et (1873), *Ibis*, 363.

Dimensions. Long. totale, 0ᵐ,33 (♂) et 0ᵐ,34 (♀); queue, arrondie, composée de 20 rectrices dont les trois paires externes sont très-acuminées et les suivantes fort étroites ; aile, 0ᵐ,17 ; tarse, 0ᵐ,034 ; doigt médian, 0ᵐ,038 ; bec, 0ᵐ,078.

Couleurs. Iris brun ; bec et pattes d'un gris verdâtre. — Vertex brun, tacheté de jaunâtre, avec trois raies blanchâtres mouchetées de brun ; une raie brune, mélangée de roux, allant des narines à l'œil ; une raie semblable sur le milieu des couvertures auriculaires ; gorge blanche ; joues blanches, tachetées de brun ; tour du cou et poitrine d'un gris olivâtre parsemé de taches blanches et nuancé de brun sur les côtés ; milieu de l'abdomen d'un blanc grisâtre ; reste des parties inférieures d'un blanc sale, avec de nombreuses bandes transversales d'un brun pâle ; dos noirâtre, orné de raies ondulées d'un roux jaunâtre et marqué de deux grandes taches concentriques en forme de V, dessinées par les bords externes des plumes qui sont de couleur blanche ; face supérieure des ailes variée de jaune olivâtre, de brun et de blanc ; sus-caudales d'un brun olivâtre, avec le bout d'un gris cendré et les bords marqués de blanc et de brun ; rectrices noires en dessus, avec un liséré blanc à l'extrémité et une bande subterminale rousse, suivie d'une bande noire ; rémiges brunes, lisérées et mouchetées de blanc sur le bord externe (mâle au printemps).

Cette grande bécassine aux teintes pâles et grisâtres se trouve en hiver dans l'Himalaya, à une altitude de 1,000 à 2,000 mètres. En Chine, elle se tient également sur les hautes montagnes, au bord des torrents et dans les forêts. Je ne l'ai jamais rencontrée ni dans les marais ni dans les rizières, mais bien le long des ruisseaux et en automne je l'ai tuée dans la ville même de Pékin, sous les arbres de notre jardin. Dans l'Ourato, en Mongolie, dans le Tsinling, au Chensi, et à Moupin, j'ai pu constater également la présence de cet oiseau qui n'est nulle part très-répandu et qui vit toujours isolé ou par couples. M. Bogdanoff, qui a eu l'occasion de comparer au Musée de Berlin des bécassines provenant de la Sibérie orientale avec d'autres originaires de l'Inde, a cru pouvoir affirmer à M. Taczanowski que les oiseaux désignés sous le nom de *Gallinago solitaria* par Middendorf, Radde, Przewalski et Dybowski doivent être considérés comme distincts et rapportés au *Gallinago hyemalis* (Eversm.). M. Severtzoff affirme également la légitimité de cette dernière espèce qui représenterait le *Gallinago solitaria* dans le Turkestan.

683. — GALLINAGO MEGALA

GALLINAGO SOLITARIA? Swinh. (1860), *Ibis*, 66. — GALLINAGO MEGALA, Swinh. (1861), *Ibis*, 340. — GALLINAGO STENURA, Radde (1863), *Reis. in S. O. Sib.*, 334, et pl. 13, fig. 1 à 3. — GALLINAGO MEGALA, Schleg. (1864), *Mus. des P. B.*, *Scolop.*, 12. — GALLINAGO HETERURA, Cab. (1866), *J. f. Orn.*, 28. — GALLINAGO HETEROCERCA, Cab. (1870), *J. f. Orn.*, 235, et (1872), *ibid.*, 317. — GALLINAGO MEGALA, A. Dav. (1871), *N. Arch. du Mus.*, *Bull.* VII, *Cat.* n° 396. — Swinh. (1871), *P. Z. S.*, 407. — Wald. (1872), *Trans. zool. Soc.*, VIII, part. 2, p. 98. — GALLINAGO HETEROCERCA, Dyb. (1873), *J. f. Orn.*, 104. — GALLINAGO MEGALA, Swinh. (1873), *Ibis*, 324 et 426. — (1874), *ibid.*, 424. — (1875), *ibid.*, 131. — GALLINAGO HETEROCERCA, Tacz. (1876), *Bull. Soc. zool. Fr.*, I, 256.

Dimensions. Long. totale, 0m,30 ; queue, 0m,055, presque égale, composée de 20 rectrices dont les trois paires externes sont fortement acuminées, les trois paires suivantes étroites et les quatre paires centrales assez larges, ne dépassant les latérales que de 0m,005 ; aile, 0m,15 ; tarse, 0m,032 ; doigt médian, 0m,038 ; bec, 0m,066 à partir du front.

Couleurs. Parties supérieures du corps variées de noir et de gris roussâtre et parsemées de quelques taches rousses ; croupion d'un brun uniforme ; sus-caudales tachées de noir, d'olive et de gris ; gorge, poitrine et sous-caudales d'un gris terreux tacheté de brun ; abdomen blanc, avec des barres noirâtres sur les flancs ; rectrices des six paires latérales brunes, bordées et terminées de blanc ; rectrices centrales rousses, avec une bande subterminale tricolore, rousse, noire et blanche (mâle tué à Pékin au mois de mai).

Cette double-bécassine se trouve aux environs de Pékin, dans les rizières et les endroits marécageux, aux mois de mai, d'août et de septembre. Elle a été rencontrée également à Gilolo, à Batchian, à Célèbes, aux Philippines, dans l'île de Formose et dans la Sibérie orientale, sur les bords de l'Amour et de l'Oussouri. Au Japon, elle est remplacée par le *Gallinago australis*.

684. — GALLINAGO STENURA

GALLINAGO STENURA (Kuhl), Bp. (1830), *Ann. di St. nat. Bologn.*, III, fasc. 14, et (1833), *Isis*, 1,077. — GALLINAGO HORSFIELDII, Gr. et Hardw. (1830-34), *Ill. Ind. Zool.*, II, pl. 54. — GALLINAGO HETERURA, Hogds. (1836), *P. Z. S.*, 8. — GALLINAGO BICLAVATUS, Hodgs. (1837), *J. A. S. B.*, VI, 491. — GALLINAGO HORSFIELDI, Gr. (1844), *Zool. Misc.*, 21. — GALLINAGO STENURA, Blyth (1849), *Cat.* 272, n° 1,609. — Swinh. (1860)) *Ibis*, 66. — Jerd. (1864), *B. of Ind.*, II, 674. — Schleg. (1864), *Mus. des P. B.*, *Scolop.*, 13. — Beav. (1867), *Ibis*, 392. — Dyb. (1868), *J. f. Orn.*, 338. — A. Dav. (1871), *N. Arch. du Mus.*, *Bull.* VII, *Cat.* n° 397. — GALLINAGO HORSFIELDI, Swinh. (1871), *P. Z. S.*, 407. — Dyb. (1873), *J. f. Orn.*, 105. — GALLINAGO STENURA, Wald. (1873), *Ibis*, 318. — GALLINAGO HORSFIELDI, Swinh. (1873), *Ibis*, 426. — (1874), *ibid.*, 425. — (1875), *ibid.*, 131. — Tacz. (1876), *Bull. Soc. zool. Fr.*, I, 256.

Dimensions. Long. totale, 0^m,28 ; queue, 0^m,045, composée de 26 rectrices dont les huit paires latérales sont presque linéaires et les cinq paires centrales larges, de 0^m,015 plus longues que les pennes latérales ; aile, 0^m,14 ; tarse, 0^m,028 ; doigt médian, 0^m,034 ; bec, 0^m,058 à partir du front. (Mâle tué à Pékin au mois de septembre.)

Couleurs. Plumage presque semblable à celui du *Gallinago megala*, mais offrant des teintes rousses plus accusées sur les parties supérieures et les sous-caudales.

Cette double-bécassine, qui diffère de la précédente par ses rectrices latérales plus courtes, plus étroites et plus nombreuses, ainsi que par son bec et ses tarses plus courts, passe en assez grand nombre à travers la Chine entière et de là se répand, en été, jusque sur les rives du lac Baïkal et, en hiver, dans l'Inde, à Timor et dans les îles Andaman. Au commencement et à la fin de la belle saison, on la rencontre fréquemment dans les endroits marécageux, aux environs de Pékin.

685. — GALLINAGO SCOLOPACINA

SCOLOPAX GALLINAGO, L. (1766), *S. N.*, I, 244. — LA BÉCASSINE, Buff. (1770), *Pl. Enl.* 883. — SCOLOPAX GALLINAGO et SC. GALLINARIA, Gm. (1788), *S. N.*, I, 662. — SCOLOPAX GALLINAGO, Pall. (1811), *Zoogr.*, II, 174. — Tem. (1820), *Man. d'orn.*, 2e éd., II, 676. — Gould (1832), *B. of Eur.*, pl. 321, f. 2. — GALLINAGO SCOLOPACINA, Bp. (1838), *Comp. List*, 52. — GALLINAGO SCOLOPACINUS, Blyth (1849), *Cat.* 272, n° 1,610. — SCOLOPAX GALLINAGO, Midd. (1853), *Sib. Reis.*, II, 224. — GALLINAGO SCOLOPACINA, Bp. (1856), *Compt. rend. Ac. Sc.*, XLIII, *Tabl. des Éch.*, n° 171. — SCOLOPAX GALLI-

NAGO, Schr. (1860), *Vög. d. Am. L.*, 426. — GALLINAGO UNICLAVA, Swinh. (1860), *Ibis*, 66. — SCOLOPAX GALLINAGO, Radde (1863), *Reis. in S. O. Sib.*, II, 337. — GALLINAGO BURKA et G. SCOLOPACINA, Swinh. (1863), *P. Z. S.*, 314. — GALLINAGO SCOLOPACINUS, Jerd. (1864), *B. of Ind.*, II, 674. — GALLINAGO SCOLOPACINA, Schleg. (1864), *Mus. des P. B., Scolop.*, 4. — GALLINAGO MEDIA, Swinh. (1866), *Ibis*, 294. — GALLINAGO SCOLOPACINUS, Degl. et Gerbe (1867), *Ornith. eur.*, 2e éd., II, 185. — SCOLOPAX GALLINAGO, Przew. (1867), *Voy.*, no 174. — Dyb. (1868), *J. f. Orn.*, 338. — GALLINAGO SCOLOPACINA, A. Dav. (1871), *N. Arch. du Mus., Bull.* VII, *Cat.* no 395. — Swinh. (1871), *P. Z. S.*, 407. — Dyb. (1873), *J. f. Orn.*, 106. — SCOLOPAX GALLINAGO, Severtz. (1873), *Turk. Jevotn.*, 69. — GALLINAGO SCOLOPACINA, Swinh. (1873), *Ibis*, 364 et 426, et (1874), *ibid.*, 163. — Tacz. (1876), *Bull. Soc. zool. Fr.*, I, 257. — SCOLOPAX GALLINAGO, Dress. (1876), *Ibis*, 330.

La Bécassine vulgaire est aussi commune en Chine qu'en Europe et se trouve en abondance sur les canaux et dans les rizières des environs de Pékin, au printemps et en automne. Pendant l'hiver, elle est également fort répandue au Bengale, aux Philippines, à Ceylan et dans quelques îles voisines du continent indien, tandis que pendant l'été elle visite le Turkestan, la Sibérie orientale et le Japon.

686. — GALLINAGO GALLINULA

SCOLOPAX GALLINULA, L. (1766), *S. N.*, I, 245. — LA PETITE BÉCASSINE, Buff. (1770), *Pl. Enl.* 884. — SCOLOPAX GALLINULA, Gm. (1788), *S. N.*, I, 662. — Pall. (1811), *Zoogr.*, II, 175. — SCOLOPAX MINIMA, Leach (1816), *Syst. Cat. M. and B. Brit. Mus.*, 31. — SCOLOPAX GALLINULA, Tem. (1820), *Man. d'orn.*, II, 678. — SCOLOPAX STAGNATILIS et SC. MINOR, Bechst. (1831), *Hand. Nat. Vög. Deutschl.*, 623 et 624. — GALLINAGO GALLINULA, Gould (1832), *B. of Eur.*, pl. 322. — Gr. (1846), *Cat. Hogds. Coll.* 141. — Blyth (1849), *Cat.* 272, no 1,611. — SCOLOPAX GALLINULA, Midd. (1853), *Sib. Reis.*, II, 224. — LIMNOCRYPTES GALLINULA, Bp. (1856), *Compt. rend. Ac. Sc.*, XLIII, *Tabl. des Éch.*, no 199. — SCOLOPAX GALLINULA, Radde (1863), *Reis. in S. O. Sib.*, II, 338. — GALLINAGO GALLINULA, Swinh. (1863), *P. Z. S.*, 314. — Schl. (1864), *Mus. des P. B., Scolop.*, 14. — Jerd. (1864), *B. of Ind.*, II, 676. — Degl. et Gerbe (1867), *Ornith. eur.*, 2e éd., II, 185. — LIMNOCRYPTES GALLINULA, Swinh. (1871), *P. Z. S.*, 407. — SCOLOPAX GALLINULA, Severtz. (1873), *Turk. Jevotn.*, 69. — Dress. (1876), *Ibis*, 330. — ASCALOPAX GALLINULA, Tacz. (1876), *Bull. Soc. zool. Fr.*, I, 257.

La Petite Bécassine ou Bécassine sourde de nos contrées, dont la présence a été signalée dans l'Inde, dans le Turkestan et dans la Sibérie orientale, n'a jamais, à notre connaissance, été rencontrée en Chine par aucun naturaliste; M. Swinhoe admet néanmoins l'existence de cette espèce à Formose, sur la foi d'un chasseur de ses amis. Des Européens m'ont également soutenu qu'ils avaient tué la véritable Bécassine sourde soit à Canton, soit aux environs de Pékin : cela n'aurait évidemment rien d'étonnant, puisque cette espèce est abondamment répandue dans l'Inde.

687. — RYNCHÆA CAPENSIS

Scolopax capensis, L. (1766), S. N., I, 246. — La Bécassine de la Chine, Buff. (1770), Pl. Enl. 881. — Scolopax chinensis, Radde (1783), Tabl. des Pl. Enl., 53. — Scolopax capensis et Sc. maderaspatana, Gm. (1788), S. N., I, 666 et 667. — Rhynchæa capensis, Less. (1831), Trait. d'orn. et Atlas, pl. 102, fig. 1.— Rhynchæa variegata, Vieill. (1834), Gal. des Ois., 240 (ex Sonnerat). — Rhynchæa australis, Gould (1837), P. Z. S., 155, et (1848), B. of Aust., VI, pl. 41. — Rhynchæa bengalensis, Blyth (1849), Cat. 273, nº 1,612. — Rynchæa maderaspatana, Tem. et Schleg. (1850), F. Jap. Aves, 113. — Rhynchæa bengalensis, Rh. capensis et Rh. australis, Bp. (1856), Compt. rend. Ac. Sc., XLIII, Tabl. des Éch., nᵒˢ 162, 163 et 164. — Rhynchæa sinensis, Swinh. (1861), Ibis, 267. — Rhynchæa bengalensis, Swinh. (1863), P. Z. S., 314. — Jerd. 1864, B. of Ind., II, 677. — Rhynchæa variegata, Schleg. (1864), Mus. des P. B., Scolop., 16. — Rhynchæa bengalensis, Swinh. (1871), P. Z. S., 408. — A. Dav. (1871), N. Arch. du Mus., Bull. VII, Cat. nº 398. — Rhynchæa capensis, Wald. (1875), Trans. zool. Soc., IX, part. 2, p. 235. — Hartl. (1877), Vög. Madag., 335.

Dimensions. Long. totale, 0ᵐ,265 (♀); queue, 0ᵐ,048; aile, 0ᵐ,140; tarse, 0ᵐ,044; bec, 0ᵐ,05.

Couleurs. Iris brun; bec verdâtre à la base, blanc au milieu et rouge à l'extrémité; pattes d'un vert bleuâtre. — Vertex d'un brun olivâtre, à reflets soyeux, avec quelques stries transversales jaunâtres à peine distinctes et une bande d'un blanc jaunâtre bien marquée le long de la ligne médiane; une zone blanche entourant l'œil et se prolongeant de chaque côté jusque vers la nuque; dos d'une teinte olivâtre, varié de gris et de vert métallique, avec des raies en zigzags d'un brun foncé et de larges taches jaunâtres, bordées de noir, qui sur les scapulaires et les couvertures alaires deviennent plus nombreuses et dessinent des bandes obliques; menton blanchâtre; côtés du cou et gorge d'un brun olivâtre taché de blanc et de brun noirâtre, cette teinte étant limitée sur les côtés par deux raies semi-circulaires blanches qui rejoignent inférieurement la teinte blanche de l'abdomen et des sous-caudales; sus-caudales variées de gris et de roux, avec des stries transversales brunes très-fines; rectrices d'une teinte analogue, avec des taches d'un roux vif et de forme arrondie sur les barbes externes; rémiges d'un gris vermiculé de brun sur les barbes internes et d'un brun verdâtre sur les barbes externes, avec une série d'ocelles d'un roux vif. — Chez la femelle qui, par une singularité curieuse, porte une livrée plus riche que le mâle, les teintes sont plus vives et plus tranchées : la tête est d'un brun verdâtre foncé; la nuque et les côtés du cou sont d'un rouge brique, le dos, les scapulaires et les couvertures alaires fortement glacés de vert métallique et presque complétement dépourvus de bandes fauves; enfin la poitrine est ornée dans sa partie supérieure d'une large bande noirâtre qui tranche vivement sur la teinte blanche de l'abdomen et des côtés du thorax.

Cette bécassine aux couleurs si brillantes a été trouvée dans

les régions chaudes de l'Afrique et de l'Asie, en Égypte, au
Gabon, au Sénégal, au Cap, dans le pays de Mozambique, à
Madagascar, à Ceylan, dans l'Inde, aux Philippines, dans les
îles de la Sonde, en Australie, en Chine et même au Japon :
elle présente suivant les localités des différences légères dans
la coloration du plumage; aussi quelques naturalistes se sont-ils
crus autorisés à admettre parmi les Rhynchées de l'Ancien-
Monde et de l'Australie l'existence de trois espèces ou plutôt
de trois races (*Rhynchæa capensis*, *Rh. bengalensis* et *Rh. australis*) qui nous semblent fort mal caractérisées.

Le *Rhynchæa capensis* arrive en Chine au printemps, mais
toujours en petit nombre. Chaque année cependant on voit
quelques-uns de ces oiseaux dans les rizières des environs de
Pékin.

PHALAROPODIDÉS

Des 3 espèces qui composent cette petite famille, propre aux
régions boréales des deux mondes, 2 ont été signalées dans la Chine
septentrionale.

688. — PHALAROPUS FULICARIUS

Phalaropus rufescens, Briss. (1760), *Ornith.*, VI, 20. — Tringa fulicaria, L.
(1776), *S. N.*, I, 249. — Tringa hyperborea, var. fulicaria, Gm. (1788), *S. N.*, I, 676,
— Phalaropus rufus, Bechst. (1809), *Nat. Deutsch.*, IV, 381. — Pall. (1811), *Zoog.*,
II, 205, pl. 63. — Crymophylus rufus, Vieill. (1817), *N. Dict.*, VIII, 521. — Phala-
ropus platyrhynchus, Tem. (1820), *Man. d'orn.*, 2º éd., II, 712. — Phalaropus fuli-
carius, Bp. (1825), *J. Ac. Philad.*, IV, 232. — Sw. et Rich. (1831), *Faun. Bor. Am.*,
II, 407. — Gould (1832), *B. of Eur.*, pl. 337. — Aud. (1835), *Ornith. biog.*, III, 404,
pl. 255. — Bp. (1838), *Comp. List*, 54. — Aud. (1842), *B. Am.*, V, 291, pl. 339. —
Blyth (1849), *Cat.* 271, nº 1,603. — Phalaropus rufescens, Midd. (1853), *Sib. Reis.*,
II, 216. — Phalaropus fulicarius, Bp. (1856), *Compt. rend. Ac. Sc.*, XLIII, *Tabl. des
Éch.*, nº 158. — Jerd. (1864), *B. of Ind.*, II, 698. — Schleg. (1864), *Mus. des P. B.*,
Scolop., 58. — J.-E. Harting (1871), *P. Z. S.*, 113. — Elliott Coues (1874), *B. of
the N. W. Amer.*, 471. — Phalaropus rufescens, Tacz. (1876), *Bull. Soc. zool. Fr.*,
I, 251.

Dimensions. Long. totale, 0ᵐ,23; queue, plus courte que les sous-
caudales, 0ᵐ,07; aile, 0ᵐ,134; tarse, 0ᵐ,21; bec élargi et aplati près du
bout qui se termine en pointe, 0ᵐ,025.

Couleurs. Iris d'un brun châtain; bec brun; pattes d'un gris verdâtre.
— Dos et côtés de la poitrine d'un gris bleuâtre; face, devant du cou et
parties inférieures d'un blanc pur; sur la nuque, une raie brune qui se bifur-
que au niveau des yeux; une autre raie brune en arrière de chaque œil, et une
tache de même couleur en avant; couvertures alaires brunes, avec une bordure

blanche qui acquiert une grande largeur sur les plus grandes de ces plumes ; face inférieure de l'aile d'un blanc nuancé de gris ; plumes du croupion d'un brun cendré, bordé de blanc ; dernières sus-caudales et rectrices centrales d'une teinte analogue, mais bordées de roux ; quelques longues mèches d'un gris cendré sur les flancs (femelle adulte en plumage d'hiver tuée à Takou au mois de novembre). — Chez le mâle, en été, le bec est noir avec la base jaune et les pieds sont d'un noir tirant au verdâtre ; le vertex, le milieu de la nuque, le dos et les sus-caudales sont noirs, chaque plume étant largement bordée de jaunâtre ; le front et la'gorge sont noirs comme le vertex, les côtés du cou, la poitrine, l'abdomen et les sous-caudales d'un rouge brique, les couvertures alaires noires avec le bout blanc, les rémiges noires avec la tige blanche, les deux rectrices médianes noires, les autres d'un gris brunâtre, bordé de roux. — Chez la femelle en plumage de noces, les couleurs sont encore plus vives que chez le mâle, et le roux de la poitrine offre des reflets vineux.

Le Phalarope à bec plat qui niche dans les régions arctiques des deux continents avait déjà été signalé dans la Sibérie orientale et dans l'Inde : la capture que j'ai faite d'une femelle adulte à Takou, au mois de novembre, prouve que cette espèce visite aussi la Chine pendant l'hiver. Grâce à ses tarses allongés terminés par des doigts lobés, le *Phalaropus fulicarius* nage aussi bien que les Sternes, auxquelles il ressemble un peu dans sa livrée d'hiver, et court au bord des salines avec autant d'agilité que les Bécasseaux, dont il se rapproche complétement par les allures et par les mœurs.

689. — LOBIPES HYPERBOREUS

PHALAROPUS FUSCUS et PH. CINEREUS, Briss. (1760), *Ornith.*, VI, 15 et 18. — TRINGA HYPERBOREA et TR. LOBATA, L. (1766), *S. N.*, I, 249. — LE PHALAROPE DE SIBÉRIE, Buff. (1770), *Pl. Enl.* 766. — TRINGA FUSCA et TR. HYPERBOREA, Gm. (1788), *S. N.*, I, 675. — PHALAROPUS HYPERBOREUS, Lath. (1790), *Ind. Orn.*, II, 775. — PHALAROPUS RUFICOLLIS et PH. CINERASCENS, Pall. (1811), *Zoogr.*, II, 203 et 204, pl. 62. — PHALAROPUS HYPERBOREUS, Tem. (1820), *Man.*, 2e éd., II, 709. — LOBIPES HYPERBOREUS (Steph.), Shaw (1824), *Gen. Zool.*, XII, 169. — Cuv. (1829), *Règn. an.*, I, 532. — PHALAROPUS HYPERBOREUS, Aud. (1835), *Orn. biog.*, III, 118, et (1839), *ibid.*, V, 595, pl. 215. — LOBIPES HYPERBOREUS, Bp. (1838), *Comp. List*, 54. — Aud. (1839), *Syn.*, 240, et (1842), *B. Am.*, V, 295, pl. 340. — PHALAROPUS CINEREUS, Midd. (1853), *Sib. Reis.*, II, 215. — LOBIPES HYPERBOREUS, Bp. (1856), *Compt. rend. Ac. Sc.*, XLIII, Tabl. des *Éch.*, no 160. — PHALAROPUS CINEREUS, Schr. (1860), *Vög. d. Am. L.*, 418. — PHALAROPUS HYPERBOREUS, Jerd. (1864), *B. of Ind.*, II, 696. — Schleg. (1864), *Mus. des P. B., Scolop.*, 58. — Dyb. (1868), *J. f. Orn.*, 338. — A. Dav. (1871), *N. Arch. du Mus., Bull.* VII, *Cat.* no 405. — LOBIPES HYPERBOREUS, Wald. (1871), *P. Z. S.*, 113. — Wald. (1872), *Trans. zool. Soc.*, VIII, part. 2, p. 97. — PHALAROPUS ANGUSTIROSTRIS, Severtz. (1873), *Turk. Jevotn.*, 69. — PHALAROPUS HYPERBOREUS, Dress. (1876), *Ibis*, 411. — Tacz. (1876), *Bull. Soc. zool. Fr.*, I, 251.

Le *Lobipes hyperboreus*, qui se distingue du *Phalaropus fulicarius* par son bec grêle et assez allongé, se trouve aussi dans
les régions boréales des deux continents ; il niche dans la Sibérie
orientale, jusque sur les côtes de la mer d'Ochotsk, dans l'Amérique arctique, en Scandinavie, en Islande, au Groënland, et
visite en hiver les Moluques, l'Inde et la Chine. Dans cette
dernière contrée, il est moins rare que l'espèce précédente et
séjourne jusque bien avant dans le printemps.

RALLIDÉS

Les différents genres qui constituent le groupe des Râles et des
Poules d'eau comprennent près de 180 espèces, sur lesquelles 11 seulement ont été observées dans l'empire chinois.

690. — HYDROPHASIANUS CHIRURGUS

Le Chirurgien de l'isle de Luçon, Sonnerat (1776), *Voy. N.-Guin.*, 81, pl. 45.
— Tringa chirurgus, Scop. (1786), *Del. Fl. et Faun. Insubr.*, II, 92. — Parra luzo-
niensis et Parra sinensis, Gm. (1788), *S. N.*, I, 709. — Hydrophasianus sinensis, Wagl.
(1832), *Isis*, 279. — Gould (1832), *Cent. Him. B.*, pl. 77. — Hydrophasianus chirurgus,
Blyth (1849), *Cat.* 273, n° 1,604. — Hydrophasianus sinensis, Gould · (1855), *B. of
As.*, livr. VII, pl. — Bp. (1856), *Comp. rend. Ac. Sc.*, XLIII, *Tabl. des Éch.*, n° 300.
— Swinh. (1863), *P. Z. S.*, 321. — Hydrophasianus chirurgus, Jerd. (1864), *B. of
Ind.*, II, 709. — Swinh. (1865), *Ibis*, 541. — Parra sinensis, Schleg. (1869), *Mus. des
P. B.*, *Ralli*, 72. — Hydrophasianus sinensis, A. Dav. (1871), *N. Arch. du Mus.*,
Bull. VII, *Cat.* n° 423. — Hydrophasianus chirurgus, Swinh. (1871), *P. Z. S.*, 414
— Wald. (1875), *Trans. zool. Soc.*, IX, part. 2, p. 232.

Dimensions. Long. totale, 0^m,46 (♂) et 0^m,60 (♀) ; queue, très-étagée,
0^m,25 ; aile, avec les trois premières rémiges terminées par un appendice
spatuliforme, 0^m,18 ; tarse, 0^m,052 ; ongle postérieur, en alène, 0^m,036 ; bec,
0^m,026.

Couleurs. Iris brun ; bec bleuâtre, avec la pointe verte ; pattes d'un
vert pâle. — Face, tête et devant du cou d'un blanc pur, cette teinte étant
encadrée par une raie noire qui s'élargit sur la nuque ; dessus du cou d'un
beau jaune soyeux ; face supérieure des ailes d'un blanc teinté de jaune ;
reste du corps d'un brun chocolat, mat en dessous, et brillant en dessus de
reflets verts ou violets (plumage d'été). — En automne, les longues pennes
de la queue tombent et les couleurs du plumage se modifient profondément.

Le Chirurgien ou Parra de la Chine est un magnifique oiseau
qui est répandu dans l'Inde, à Ceylan, à Java, aux Philippines,
et· qui vient en assez grand nombre passer l'été dans les

provinces méridionales de l'empire chinois : il vit alors sur les grands lacs, dont il fait le plus bel ornement et où on le voit tantôt nageant avec grâce, tantôt courant sur les plantes aquatiques à la recherche des petits mollusques, Limnées et Paludines, qui constituent sa nourriture. Son vol est droit et soutenu, et sa voix sonore et fort étrange. Quand il est blessé ou seulement serré de près, il plonge et reste sous l'eau pendant un quart d'heure peut-être. Il pond six ou sept œufs verdâtres dans un grand nid qui est tantôt flottant, tantôt caché au milieu des tiges de riz.

691. — PORPHYRIO COELESTIS

PORPHYRIO SP., Swinh. (1866), *Ibis*, 298. — PORPHYRIO COELESTIS, Swinh. (1868), *Ibis*, 59. — (1870), *P. Z. S.*, 428. — (1871), *ibid.*, 414.

Couleurs. Iris rouge ; bec d'un rouge plus ou moins taché de brun ; casque et pattes rouges. — Tête d'un gris foncé ; nuque, côtés du cou, flancs et abdomen d'un beau bleu pourpré ; dos d'un noir à reflets tantôt pourprés, tantôt olivâtres ; gorge et poitrine d'un bleu turquoise ; croupion blanc ; une tache blanche à l'articulation scapulaire (d'après M. Swinhoe).

Le Porphyrion ou Talève céleste, qui se distingue, paraît-il, du Porphyrion poliocéphale de l'Inde par sa taille un peu plus faible et ses couleurs un peu différentes, n'a été encore pris que deux fois dans le sud de la Chine, près d'Amoy et aux environs de Canton.

692. — GALLICREX CINEREA

FULICA CINEREA, Gm. (1788), *S. N.*, I, 702. — GALLINULA CRISTATA, Lath. (1790), *Ind. orn.*, II, 773. — GALLINULA PLUMBEA, Vieill. (1817), *N. Dict.*, XII, 404. — GALLINULA LUGUBRIS et G. GULARIS, Horsf. (1820), *Trans. L. Soc.*, XIII, 195. — GALLINULA NÆVIA et G. PORPHYRIOÏDES, Less. (1831), *Trait. d'orn.*, 534. — RALLUS RUFESCENS, Jerd. (1840), *Madr. Journ.*, XII, 205 (♀). — GALLICREX CRISTATUS, Blyth (1849), *Cat.* 283, n° 1,660. — GALLINULA PORPHYRIOÏDES et G. NÆVIA ou GALLICREX CRISTATIS, Puch. (1851), *Rev. et Mag. de zool.*, 569. — GALLICREX CRISTATUS, Bp. (1856), *Compt. rend. Ac. Sc.*, XLIII, *Tabl. des Éch.*, n° 400. — GALLICREX CRISTATA, Swinh. (1861), *Ibis*, 56, 257 et 411. — GALLICREX CRISTATUS, Jerd. (1864), *B. of Ind.*, II, 716. — GALLINULA CRISTATA, Schleg. (1865), *Mus. des P. B.*, Ralli, 39. — Gr. (1871), *A. Fasc. B. Chin.*, pl. 10. — GALLICREX CRISTATUS, A. Dav. (1871), *N. Arch. du Mus.*, *Bull.* VII, *Cat.* n° 424. — GALLICREX CRISTATA, Swinh. (1871), *P. Z. S.*, 414. — GALLICREX CINEREUS, Wald. (1874), *Ibis*, 317. — GALLICREX CRISTATA, Swinh. (1875), *Ibis*, 134. — GALLICREX CINEREA, Wald. (1875), *Trans. zool. Soc.*, IX, part. 2, p. 229.

Dimensions. Long. totale, 0^m,41 ; queue, composée de 10 rectrices

0ᵐ,084 ; aile, 0ᵐ,11 ; tarse, 0ᵐ,075 ; doigt médian, 0ᵐ,09 ; bec, 0ᵐ,03 ; plaque charnue, s'étendant de la base du bec au sommet de la tête, 0ᵐ,03.

Couleurs. Iris roux ; bec d'un jaune verdâtre ; pattes verdâtres ; plaque frontale rouge. — Plumage noir, mélangé de brun en dessus ; cou, le bord de l'aile blanc; ; rémiges d'un brun foncé, la première ayant la tige blanche ; rectrices noirâtres, les externes bordées de brun clair en dehors. — Chez la femelle, qui est notablement plus petite que le mâle, le dessus du corps est d'un brun varié de fauve, le bord de l'aile est blanc, la gorge blanchâtre, le reste des parties inférieures d'un fauve clair, barré de brun. Le jeune mâle porte à peu près la même livrée que la femelle.

Cette grande poule d'eau a le front orné d'une plaque cornée, comme le Foulque ; mais pour le chasseur elle se distinguera toujours facilement de cette dernière espèce, grâce à son plumage dont les teintes sont assez différentes et à ses doigts qui ne sont jamais garnis d'une membrane festonnée. Elle est répandue dans l'Inde, à Ceylan, aux îles Andaman, aux Philippines et dans l'Indo-Chine, et se rencontre aussi, pendant l'été, dans la Chine méridionale, jusqu'au bassin du Yangtzé et à Moupin. D'ordinaire elle se tient cachée dans les plantations de riz, parmi les herbes aquatiques ou dans les buissons les plus touffus, et ne révèle sa présence que par son cri sonore et lugubre (*houhou-hou*), qui se fait entendre vers le soir ou même pendant la nuit.

693. — GALLINULA CHLOROPUS

Fulica chloropus, L. (1766), *S. N.*, I, 258. — La Poule d'eau, Buff. (1770), *Pl. Enl.* 877. — Fulica fusca, F. chloropus, F. maculata, F. flavipes et F. fistulans, Gm. (1788), *S. N.*, I, 697, 698, 701 et 702. — Gallinula chloropus, Lath. (1790), *Ind. Orn.*, II, 770. — Blyth (1849), *Cat.* 286, nº 1,675. — Bp. (1856), *Compt. rend. Ac. Sc.*, XLIII, *Tabl. des Éch.*, nº 395. — Swinh. (1861), *Ibis*, 56. — Jerd. (1864), *B. of Ind.*, II, 718. — Schleg. (1865), *Mus. des P. B.*, *Ralli*, 45. — Degl. et Gerbe (1867), *Ornith. eur.*, 2º éd., II, 262. — Dyb. (1868), *J. f. Orn.*, 338. — A. Dav. (1871), *N. Arch. du Mus.*, *Bull.* VII, *Cat.* nº 425. — Swinh. (1871), *P. Z. S.*, 414. — Severtz. (1873), *Turk. Jevotn.*, 69. — Swinh. (1875), *Ibis*, 134. — Wald. (1875), *Trans. zool. Soc.*, IX, part. 2, p. 229. — Dress. (1876), *Ibis*, 413. — Tacz. (1876), *Bull. Soc. zool. Fr.*, I, 260.

La Poule d'eau vulgaire, aux pattes vertes, cerclées de rouge au-dessus du talon, au bec rouge avec l'extrémité jaune, au front garni d'une plaque charnue, au plumage d'un brun olivâtre en dessus, d'un cendré bleuâtre en dessous, avec des raies blanches sur les flancs, habite non-seulement l'Europe centrale et méridionale et la plus grande partie de l'Afrique, mais encore l'Inde, le Turkestan, les Philippines, l'île de Formose et le sud de la Chine où elle est assez commune en toutes saisons. Elle vient en grand nombre passer l'été sur les marais et les canaux des environs de Pékin, où les chasseurs européens la tuent fréquemment. De là elle s'avance jusqu'au Japon et vient nicher parfois dans la Sibérie orientale. Dans cette espèce, la femelle est constamment plus grande que le mâle.

694. — ERYTHRA PHOENICURA

LA POULE SULTANE DE LA CHINE, Buff. (1770), *Pl. Enl.* 896. — RALLUS PHOENICURUS, Forster (1781), *Ind. Zool.*, 19, pl. 19. — FULICA CHINENSIS, Bodd. (1786), *Tabl. des Pl. Enl.*, nº 896. — RALLUS PHOENICURUS, Gm. (1788), *S. N.*, I, 715. — Lath. (1790), *Ind. Orn.*, II, 770. — GALLINULA PHOENICURUS, Penn. (1790), *Ind. Zool.*, 49, pl. 12. — ZAPORNIA THERMOPHILA (Hodgs.), Gr. (1844), *Zool. Misc.*, 86. — GALLINULA PHOENICURA, Gr. (1846), *Cat. Hodgs. Coll.* 143. — PORZANA PHOENICURA, Blyth (1849), *Cat.* 284, nº 1,661. — ERYTHRA PHOENICURA, Bp. (1856), *Compt. rend. Ac. Sc.*, XLIII, *Tabl. des Éch.*, nº 403. — PORZANA PHOENICURA, Swinh. (1860), *Ibis*, 67. — GALLINULA PHOENICURA, Swinh. (1863), *P. Z. S.*, 321. — Jerd. (1864), *B. of Ind.*, II, 720. — Schleg. (1865), *Mus. des P. B.*, Ralli, 41. — A. Dav. (1871), *N. Arch. du Mus.*, Bull. VII, Cat. nº 426. — Swinh. (1871), *P. Z. S.*, 414. — Gould (1872), *B. of As.*, livr. XXIV, pl. — ERYTHRA PHOENICURA, Wald. (1872), *Trans. zool. Soc.*, VIII, part. 2. p, 94. — (1874), *Ibis*, 147. — (1875), *Trans. zool. Soc.*, IX, part. 2, p. 229.

Dimensions. Long. totale, 0ᵐ,33 ; queue, 0ᵐ,07 ; aile, 0ᵐ,16 ; tarse, 0ᵐ,055 ; bec, 0ᵐ,038.

Couleurs. Iris rouge ; bec jaunâtre ; pattes vertes. — Parties supérieures d'un noir à reflets verdâtres ; front, côtés de la tête, gorge, milieu de la poitrine et de l'abdomen d'un blanc pur ; flancs fortement tachés de noir ; bas-ventre et sous-caudales d'un rouge brique.

La Poule d'eau à poitrine blanche est commune dans l'Inde, dans l'Indo-Chine, dans la péninsule malaise, à Ceylan, aux îles Andaman, à Célèbes, aux Philippines ; pendant l'été, elle se montre aussi dans les provinces méridionales de la Chine, où elle pénètre jusque dans les jardins, en se cachant dans les haies et sous les buissons. Cet oiseau monte volontiers sur les arbres, et c'est surtout quand il est perché, vers le soir, qu'il fait entendre son cri sonore et monotone.

695. — PORZANA ERYTHROTHORAX

GALLINULA ERYTHROTHORAX, Tem. et Schleg. (1850), *Faun. Jap., Aves*, 121, pl. 78. — EURYZONA ERYTHROTHORAX, Bp. (1856), *Compt. rend. Ac. Sc.*, XLIII, *Tabl. des Éch.*, n° 344. — PORZANA ERYTHROTHORAX, Swinh. (1861), *Ibis*, 57 et 411. — PORZANA FUSCA, Swinh. (1863), *Ibis*, 426, et *P. Z. S.*, 321. — RALLINA ERYTHROTHORAX, Radde (1863), *Reis. in S. O. Sib.*, II, 309. — Schleg. (1865), *Mus. des P. B., Ralli*, 21. — Przew. (1867-69), *Voy.*, n° 144. — GALLINULA FUSCA, A. Dav. (1871), *N. Arch. du Mus., Bull.* VII, *Cat.* n° 427. — PORZANA ERYTHROTHORAX, Swinh. (1871), *P. Z. S.*, 414. — (1874), *Ibis*, 163. — (1875), *Ibis*, 134 et 455. — Dyb. (1876), *J. f. Orn.*, 202. — Tacz. (1876), *Bull. Soc. zool. Fr.*, I, 260.

Dimensions. Long. totale, 0ᵐ,20; queue, 0ᵐ,045; aile, 0ᵐ,105; tarse, 0ᵐ,036; bec, 0ᵐ,02.

Couleurs. Iris rouge; bec et pattes verdâtres. — Partie supérieure du cou, du corps, des ailes et de la queue d'un brun olivâtre, sans taches; gorge blanchâtre; vertex, côtés de la tête et du cou, poitrine et abdomen d'un roux vineux, avec les flancs olivâtres; cuisses et bas-ventre d'un brun cendré, avec des barres blanchâtres; sous-caudales noirâtres, avec une ou deux raies transversales blanches.

Cette Poule d'eau ou Porzane aux couleurs obscures peut être considérée comme une race de forte taille du *Porzana fusca* de l'Inde et des Philippines. Elle n'habite pas seulement le Japon, où elle a été découverte il y a une trentaine d'années, et se trouve, au moins pendant l'été, dans l'Amourland et dans la Chine entière. M. Berthemy, ministre de France en Chine, l'a tuée aux environs de Pékin, où elle est peu répandue, tandis qu'elle est commune en toutes saisons dans l'île de Formose.

696. — PORZANA PYGMÆA

RALLUS BAILLONII, Vieill. (1819), *N. Dict.*, XXVIII, 548. — GALLINULA BAILLONII, Tem. (1820), *Man. d'orn.*, 2ᵉ éd., II, 692. — PHALARIDION PYGMÆA, Kaup (1829), *Nat. Syst.*, 173. — ZAPORNIA BAILLONII, Gould (1832-37), *B. of Eur.*, pl. 344. — CREX PYGMÆA, Naum. (1838), *Nat. Vög. Deutsch.*, IX, 567, et *Vög.*, pl. 239. — PORZANA PYGMÆA, Bp. (1842), *Ucc. eur.*, 64. — ZAPORNIA PUSILLA, var. BAILLONI (Hodgs.), Gr. (1844), *Zool. Misc.*, 86. — ORTYGOMETRA PYGMÆA, Gr. (1846), *Cat. Hodgs. Coll.* 142. — PORZANA PYGMÆA, Blyth (1849), *Cat.* 284, n° 1,664. — ZAPORNIA PYGMÆA, Bp. (1856), *Compt. rend. Ac. Sc.*, XLIII, *Tabl. des Éch.*, n° 361. — PORZANA BAILLONI, Swinh. (1862), *P. Z. S.*, 320. — PORZANA PYGMÆA, Swinh. (1863), *P. Z. S.*, 321. — ORTYGOMETRA MINUTA, Radde (1863), *Reis. in S. O. Sib.*, II, 311. — PORZANA PYGMÆA, Jerd. (1864), *B. of Ind.*, II, 723. — Schleg. (1865), *Mus. des P. B., Ralli*, 30. — PORZANA BAILLONII, Degl. et Gerbe (1867), *Ornith. eur.*, 2ᵉ éd., II, 258. — PORZANA BAILLONI, Dyb. (1868), *J. f. Orn.*, 338. — GALLINULA BAILLONII, A. Dav. (1871), *N. Arch. du Mus., Bull.* VII, *Cat.* n° 428. — PORZANA PYGMÆA, Swinh. (1871), *P. Z. S.*, 414. — Dyb. (1873), *J. f. Orn.*, 106. — Severtz. (1873), *Turk. Jevotn.*, 69. — Swinh. (1875), *Ibis*, 134. — Tacz. (1876), *Bull. Soc. zool. Fr.*, I, 259. — PORZANA BAILLONII, Dress. (1876), *Ibis*, 413.

Dimensions. Long. totale, 0ᵐ,18 (♂ et ♀ adultes, tués à Pékin).

La Porzane pygmée ou Porzane de Baillon, que les chasseurs

distinguent de la Porzane poussin par son dos fortement taché
de blanc, est aussi commune dans l'extrême Orient que dans
nos contrées. On la trouve dans l'Inde, dans le Turkestan, dans
la Sibérie orientale et aux Philippines, et chaque année elle
vient en grand nombre nicher dans la Chine septentrionale, en
particulier aux environs de Pékin sur les étangs et les canaux
bordés de roseaux et de grandes herbes aquatiques.

697. — RALLINA MANDARINA (Pl. 123)

RALLINA MANDARINA, Swinh. (1870), *Ann. and. Mag. of Nat. Hist.*, 173, et *P. Z. S.*,
427. — (1871), *P. Z. S.*, 415. — (1875), *Ibis*, 136.

Dimensions. Long. totale, $0^m,25$; queue, $0^m,06$; aile, $0^m,135$; tarse,
$0^m,035$; bec, $0^m,025$.

Couleurs. Iris rouge ; bec et pattes verdâtres. — Parties supérieures
d'un brun olivâtre, passant au roux sur le front ; gorge blanche ; face et
côtés de la tête roux ; poitrine et milieu de l'abdomen d'une teinte analogue ; bas-ventre et sous-caudales noirs barrés de blanc.

M. Swinhoe n'avait pu d'abord se procurer, de cette espèce
de Poule d'eau, qu'un seul individu pris sur la rivière de
Canton ; mais tout récemment il a eu entre les mains plusieurs
autres spécimens tués au mois de mai, aux environs de Tchéfou,
et, par conséquent, il faut admettre que cette espèce aussi se
répand dans la Chine entière pendant l'été.

698. — HYPOTÆNIDIA STRIATA

RALLUS PHILIPPENSIS STRIATUS, Briss. (1760), *Ornith.*, V, 167, pl. 24, f. 2. — RALLUS
STRIATUS, L. (1766), *S. N.*, I, 262. — Gm. (1788), *S. N.*, I, 714. — RALLUS GULARIS,
Horsf. (1821), *Trans. L. Soc.*, XIII, 196. — RALLUS STRIATUS, Blyth (1849), *Cat.* 285,
n° 1,671. — HYPOTÆNIDIA STRIATA, Bp. (1856), *Compt. rend. Ac. Sc.*, XLIII, *Tabl. des
Éch.*, n° 333. — RALLUS STRIATUS, Swinh. (1863), *Ibis*, 427, et *P. Z. S.*, 321. — Jerd.
(1864), *B. of Ind.*, II, 726. — HYPOTÆNIDIA STRIATA, Schleg. (1865), *Mus. des P. B.*,
Ralli, 24. — Swinh. (1871), *P. Z. S.*, 415. — Wald. (1872), *Trans. zool. Soc.*, VIII,
part. 2, p. 95. — v. Pelzeln (1873), *Ibis*, 40. — Wald. (1875), *Trans. zool. Soc.*, IX,
part. 2, p. 232.

Dimensions. Long. totale, $0^m,27$; queue, $0^m,04$; aile, $0^m,13$; tarse,
$0^m,038$; bec, $0^m,037$ à partir du front.

Couleurs. Iris brun noisette ; bec rouge à la base et verdâtre dans le
reste de son étendue ; pattes d'un gris verdâtre. — Dessus de la tête et du
cou d'un brun marron clair ; reste des parties supérieures d'un brun olivâtre
barré de blanc ; gorge blanchâtre ; poitrine d'un gris bleuâtre ; bas-ventre
et sous-caudales d'un brun olive foncé, avec des barres blanches.

Le Râle strié, qui est abondamment répandu dans l'Inde, dans l'Indo-Chine, à Java, à Sumatra, à Célèbes et aux Philippines, se trouve également dans l'île de Formose et dans la Chine méridionale, dans les marais et parmi les herbes qui croissent au bord des cours d'eau.

699. — RALLUS INDICUS

RALLUS INDICUS, Blyth (1849), *J. A. S. Beng.*, XVIII, 820, et *Cat.* 286, n° 1,673. — RALLUS AQUATICUS, T. et Schleg. (1850), *F. Jap.*, *Aves*, 122. — RALLUS AQUATICUS, var. INDICUS, Bp. (1856), *Compt. rend. Ac. Sc.*, XLIII, *Tabl. des Éch.*, n° 318. — RALLUS INDICUS, Swinh. (1862), *P. Z. S.*, 320, et (1863), *Ibis*, 97. — RALLUS AQUATICUS, Radde (1863), *Reis. in S. O. Sib.*, II, 311. — Swinh. (1863), *P. Z. S.*, 322. — RALLUS INDICUS, Jerd. (1864), *B. of Ind.*, II, 726. — RALLUS AQUATICUS, Schleg. (1865), *Mus. des P. B.*, *Ralli*, 11. — RALLUS INDICUS, Blyth (1867), *Ibis*, 172. — RALLUS AQUATICUS, A. Dav. (1871), *N. Arch. du Mus.*, *Bull. VII, Cat.* n° 429. — RALLUS INDICUS, Swinh. (1871), *P. Z. S.*, 415. — Dyb. (1873), *J. f. Orn.*, 106. — Swinh. (1874), *Ibis*, 31 et 163. — Tacz. (1876), *Bull. Soc. zool. Fr.*, I, 259.

Le Râle indien se retrouve au Japon et dans le pays de l'Oussouri, et dans l'empire chinois; on le prend même assez fréquemment aux environs de Pékin. Il ne diffère guère de l'espèce européenne que par sa taille un peu plus forte (0^m,28), par son bec et ses tarses plus robustes et par la tache foncée qui s'étend entre son bec et ses oreilles et qui est un peu plus marquée. Son plumage est du reste absolument le même que celui du *Rallus aquaticus*, le dessus du corps étant d'un brun olivâtre flamméché de noir, la gorge blanchâtre, la poitrine d'un gris bleuâtre, le bas-ventre d'un brun roussâtre, les flancs bordés de blanc, les sous-caudales variées de noir et de roux.

700. — FULICA ATRA

FULICA ATRA et F. ATERRIMA, L. (1766), *S. N.*, I, 257. — LA FOULQUE OU MORELLE, Buff. (1770), *Pl. Enl.* 197. — FULICA LEUCORYX et F. ÆTHIOPS, Sparm. (1786-89), *Mus. Carls.*, pl. 12 et 13. — FULICA ATRA, F. ATERRIMA, F. LEUCORYX et F. ÆTHIOPS, Gm. (1788). *S. N.*, I, 702, 703 et 704. — FULICA ATRATA, Pall. (1811), *Zoog.*, II, 158. — FULICA ATRATA, Tem. (1820), *Man. d'orn.*, 2° éd., II, 706. — Gould (1832-37), *B. of Eur.*, pl. 338. — Gr. (1846), *Cat. Hodgs. Coll.* 143. — Blyth (1849), *Cat.* 286, n° 1,677. — FULICA ATRA JAPONICA, Schleg. (1850), *F. Jap.*, *Aves*, 120, pl. 77. — FULICA ATRA, Bp. (1856), *Compt. rend. Ac. Sc.*, XLIII, *Tabl. des Éch.*, n° 425. — Schr. (1850), *Vög. d. Am. L.*, 406. — Swinh. (1861), *Ibis*, 344. — Radde (1863), *Reis. in S. O. Sib.*, II, 312. — Jerd. (1864), *B. of Ind.*, II, 715. — Schleg. (1865), *Mus. des P. B.*, *Ralli*, 65. — Degl. et Gerbe (1867), *Ornith. eur.*, 2° éd., II, 268. — Przew. (1867-69), *Voy.*, n° 145. — Dyb. (1868), *J. f. Orn.*, 338. — A. Dav. (1871), *N. Arch. du Mus.*, *Bull.* VII, Cat. n° 430.

— Swinh. (1871), *P. Z. S.*, 415. — Severtz. (1873), *Turk. Jevotn.*, 69. — Swinh. (1875), *Ibis*, 134. — Dress. (1876), *Ibis*, 413. — Tacz. (1876), *Bull. Soc. zool. Fr.*, I, 260.

Dimensions. Long. totale, 0ᵐ,41 (♀) et 0ᵐ,35 (♂). (Oiseaux tués à Pékin.)

La Foulque noire d'Europe, que dans la France méridionale on désigne souvent aussi sous les noms de Macroule ou de Macreuse, est facile à reconnaître à sa plaque frontale et à son bec blancs et à ses longs doigts garnis de membranes festonnées. Elle se trouve également en Égypte, dans l'Inde, dans le Turkestan, au Japon et dans la Sibérie orientale, et est très-commune pendant l'été dans tout le centre et le nord de la Chine, jusqu'en Mantchourie, se tenant de préférence au bord des lacs et des étangs.

ANATIDÉS

Cette famille, qui compte des représentants sur toute la surface du globe, comprend environ 200 espèces, parmi lesquelles 37 ont été signalées dans le Céleste-Empire.

701. — ANSER (CHENALOPEX) ÆGYPTIATICUS

ANSER ÆGYPTIATICUS, Briss. (1760), *Ornith.*, VI, 284. — ANAS ÆGYPTIATICA, L. (1766), *S. N.*, I, 197. — L'OIE D'ÉGYPTE, Buff. (1770), *Pl. Enl.* 379. — ANAS ÆGYPTIACA, Gm. (1788), *S. N.*, I, 512. — ANAS VARIA, Bechst. (1802-12), *Orn. Tasch.*, II, 454. — ANSER ÆGYPTIATICUS, Naum. (1822-60), *Vög. Deutschl.*, XI, 410, pl. 294. — CHENALOPEX ÆGYPTIACA (Steph.), Shaw. (1824), *Gen. Zool.*, XII, 43. — TADORNA ÆGYPTIACA, Boie (1826), *Isis*, 81. — CHENALOPEX ÆGYPTIACA, Gould (1832-37), *B. of Eur.*, pl. 353. — CHENALOPEX ÆGYPTIATICUS, Tem. (1820), *Man. d'orn.*, 2ᵉ éd., IV, 523. — ANSER ÆGYPTIACUS, Schleg. (1866), *Mus. des P. B.*, Anseres, 94. — CHENALOPEX ÆGYPTIACUS, Degl. et Gerbe (1867), *Orn. eur.*, 2ᵉ éd., II, 495. — Finsch et Hartl. (1870), *Deck. Reis. Vög. Ost. Afr.*, 803.

L'Oie d'Égypte, que l'on élève fréquemment dans nos basses-cours comme oiseau d'ornement, diffère de toutes les espèces du même groupe par son bec plus court que la tête, ses pattes élevées, ses ailes armées d'un tubercule à l'angle antérieur. Elle habite principalement le nord-est et le sud de l'Afrique ; mais il paraît qu'elle s'égare parfois jusque dans l'extrême Orient, puisque, en mai 1866, une femelle adulte de cette espèce fut tuée aux environs de Pékin par M. Berthemy, ministre de France à

Pékin. Ce spécimen, le seul qui ait été trouvé dans l'empire chinois, est conservé dans la collection d'oiseaux de chasse de M. Berthemy, au château de Barbey, près de Montereau.

702. — ANSER SEGETUM

? Anser sylvestris, Briss. (1760), *Orn.*, VI, 265. — L'Oie sauvage, Buff. (1770), *Pl. Enl.* 985. — Anas segetum, Gm. (1788), *S. N.*, I, 512. — Anser segetum, Mey. et Wolf (1810), *Tasch. Deutsch.*, II, 554. — Tem. (1820), *Man.*, II, 820. — Gould (1832-37), *B. of Eur.*, pl. 348. — Midd. (1853), *Sib. Reis.*, II, 225. — Schr. (1860), *Vög. d. Am. L.*, 463. — Swinh. (1860), *Ibis*, 67. — Anser serrirostris, Gould (1862), *ms.* — Anser segetum, Radde (1863), *Reis. in S. O. Sib.*, II, 356. — Schleg. (1866), *Mus. des P. B.*, *Anseres*, 112. — Anser sylvestris, Degl. et Gerbe (1867), *Ornith. eur.*, 2ᵉ éd., II, 481. — Anser segetum, Dyb. (1868), *J. f. Orn.*, 338. — A. Dav. (1871), *N. Arch. du Mus.*, *Bull.* VII, *Cat.* nº 440. — Anser segetum, var. serrirostris, Swinh. (1871), *P. Z. S.*, 417. — Dyb. (1873), *J. f. Orn.*, 108. — Anser segetum, Severtz. (1873), *Turk. Jevotn.*, 70. — Swinh. (1875), *Ibis*, 456. — Dress. (1876), *Ibis*, 418. — Anser segetum, var. serrirostris, Tacz. (1877), *Bull. Soc. zool. Fr.*, II, 42.

L'Oie sauvage d'Europe, ou Oie des moissons, reconnaissable à son bec noir et jaune et à son croupion d'un brun noirâtre, est fort commune dans l'Inde, dans la Sibérie orientale et au Japon, et vient en grand nombre passer l'hiver dans l'empire chinois. Elle s'établit dans le voisinage des lacs et de là se répand dans les champs pour dévorer les jeunes feuilles de blé ; souvent même, lorsqu'elle est de passage au printemps, elle s'abat dans l'intérieur de la ville de Pékin. Cette espèce est plus commune à elle seule que toutes les autres réunies qui visitent la Chine.

703. — ANSER CINEREUS

Anas anser, Gm. (1788), *S. N.*, I, 510. — Anser cinereus, Mey. et Wolf (1810), *Tasch. Deutschl.*, II, 552. — Anser vulgaris, Pall. (1811), *Zoogr.*, II, 222. — Anas anser ferus, Tem. (1820), *Man. d'orn.*, 2º éd., II, 818. — Anser ferus, Gould (1832-37), *B. of Eur.*, pl. 347. — Anser cinereus, Blyth (1849), *Cat.* 300, nº 1,755. — Schr. (1860), *Vög. d. Am. L.*, 465. — Anser ferus, Swinh. (1861), *Ibis*, 344. — Anser cinereus, Radde (1863), *Reis. in S. O. Sib.*, II, 358. — Jerd. (1864), *B. of Ind.*, II, 779. — Schleg. (1866), *Mus. des P. B.*, *Anseres*, 109. — Degl. et Gerbe (1867), *Ornith. eur.*, 2º éd., II, 479. — Dyb. (1863), *J. f. Orn.*, 338. — Anser cinereus, var. rubrirostris, Swinh. (1871), *P. Z. S.*, 416. — Dyb. (1873), *J. f. Orn.*, 108. — Anser cinereus, Severtz. (1873), *Turk. Jevotn.*, 70. — Dress. (1876), *Ibis*, 418. — Anser rubrirostris, Tacz. (1877), *Bull. de la Soc. zool. de Fr.*, II, 41.

L'Oie cendrée vulgaire, souche de l'Oie domestique d'Europe, que les chasseurs distingueront facilement de l'Oie sauvage à son bec rouge dans toute son étendue et à son croupion d'un gris cendré (de même que l'angle antérieur de l'aile), niche dans l'Europe septentrionale et dans la Sibérie orientale et passe régulièrement sur les côtes de la Chine. Je ne l'ai jamais tuée à Pékin ni dans le centre de l'Empire, mais on la prend aux environs de Changhaï et dans les localités situées plus au sud. Il paraît que cette espèce est fort commune dans l'Inde pendant l'hiver.

704. — ANSER ALBIFRONS

ANAS ALBIFRONS, Gm. (1788), S. N., I, 509 (excl. syn.). — ANSER ALBIFRONS, Bechst. (1809), Nat. Deutschl., IV, 898. — Tem. (1820), Man. d'orn., 2e éd., II, 822. — Gould (1832-37), B. of Eur., pl. 289. — Midd. (1853), Sib. Reis., II, 227. — Swinh. (1861), Ibis, 344. — Radde (1863), Reis. in S. O. Sib., II, 358. — Jerd. (1864), B. of Ind., II, 780. — ANSER ERYTHROPUS, Schleg. (1866), Mus. des P. B., Anseres, 110. — ANSER ALBIFRONS, Degl. et Gerbe (1867), Ornith. eur., 2e éd., II, 483. — A. Dav. (1871), N. Arch. du Mus., Bull. VII, Cat. no 441. — Swinh. (1871), P. Z. S., 416. — Severtz. (1873), Turk. Jevotn., 70. — Dyb. (1873), J. f. Orn., 108. — Swinh. (1875), Ibis, 456. — Dress. (1876), Ibis, 418. — Tacz. (1877), Bull. Soc. zool. Fr., II, 42.

L'Oie à front blanc, ou Oie rieuse, qui habite le nord de l'Europe, la Sibérie orientale et le Japon, et qui est représentée dans l'Amérique du Nord par une forme très-voisine (Anser Gambelli, Hartl.), passe en grand nombre, comme l'espèce précédente, sur les côtes de la Chine. Elle est assez rare néanmoins pendant l'hiver sur le marché de Pékin, tandis qu'elle abonde, à la même saison, sur le marché de Changhaï.

705. — ANSER ERYTHROPUS

ANAS ERYTHROPUS, L. (1746), Faun. Suec., 116 (nec Gm.). — ANSER TEMMINCKII, Boie (1822), Isis, 882. — ANSER MEDIUS, Tem. (1840), Man. d'orn., 2e éd., IV, 519. — ANSER MINUTUS, Naum. (1842), Vög. Deutschl., III, 364, pl. 291. — ANSER TEMMINCKII, Midd. (1853), Sib. Reis., II, 228. — ANSER ERYTHROPUS, Newt. (1860), Ann. of N. Sc., 3e sér., VI, 453, et Ibis, 404. — ANSER TEMMINCKII, Radde (1863), Sib. Reis., II, 358. — ANSER ERYTHROPUS, Jerd. (1864), B. of Ind., II, 781. — ANSER MINUTUS, Schleg. (1866), Mus. des P. B., Anseres, 110. — ANSER ERYTHROPUS, Degl. et Gerbe (1867), Ornith. eur., 2e éd., II, 486. — Swinh. (1871), P. Z. S., 416. — ANSER MINUTUS, Dyb. (1873), J. f. Orn., 108. — ANSER ERYTHROPUS, Swinh. (1875), Ibis, 456. — ANSER MINUTUS, Tacz. (1877), Bull. Soc. zool. Fr., II, 43.

L'Oie naine d'Europe se distingue de l'Oie rieuse : 1° par sa taille notablement plus faible ; 2° par son bec plus court ; 3° par son cercle frontal plus étendu ; 4° par ses couleurs plus foncées, particulièrement sur le croupion. Elle se trouve également dans la Sibérie orientale et au Japon et passe régulièrement à travers la Chine. De grandes bandes de ces oiseaux se montrent sur les lacs des provinces orientales, et principalement du Kiangsi, aux mois de février et de mars, époques où la même espèce est mise en vente sur le marché de Changhaï.

706. — ANSER CYGNOÏDES

ANAS CYGNOÏDES, L. (1746), *Faun. Suec.*, 108. — L'OIE DE GUINÉE, Buff. (1770), *Pl. Enl.* 347. — ANAS CYGNOÏDES, Gm. (1788), *S. N.*, I, 502. — ANSER CYGNOÏDES, Pall. (1811), *Zoogr.*, II, 218. — Less. (1831), *Trait. d'orn.*, 628. — Blyth (1849), *Cat.* 300, n° 1,754. — ANSER CYGNOÏDES FERUS, Tem. et Schleg. (1850), *Faun. Jap., Aves*, 125, pl. 81. — CYGNOPSIS CYGNOÏDES, Bp. (1856), *Consp. Ans. Syst.*, 22. — Schr. (1860), *Vög. d. Am. L.*, 457. — ANSER CYGNOÏDES, Swinh. (1861), *Ibis*, 344. — Radde (1863), *Reis. in S. O. Sib.*, II, 350. — Schleg. (1866), *Mus. des P. B., Anseres*, 107. — A. Dav. (1871), *N. Arch. du Mus., Bull.* VII, *Cat.* n° 439. — Swinh. (1871), *P. Z. S.*, 416. — Severtz. (1873), *Turk. Jevotn.*, 70. — CYGNOPSIS CYGNOÏDES, Dyb. (1873), *J. f. Orn.*, 108. — ANSER CYGNOÏDES, Dress. (1876), *Ibis*, 418. — CYGNOPSIS CYCNOÏDES, Tacz. (1877), *Bull. Soc. zool. Fr.*, II, 43.

L'Oie cygnoïde, souche des oies domestiques de la Chine, est caractérisée par la présence chez le mâle d'un tubercule corné sur la région frontale. Elle vient en bandes nombreuses passer l'hiver dans le Céleste-Empire, et dans cette saison les chasseurs indigènes approvisionnent largement de ces oiseaux les marchés de Changhaï et de Tientsin. Cette espèce retourne de fort bonne heure vers le nord, en faisant retentir les airs de son cri bien plus sonore que celui de l'Oie vulgaire. Elle est également fort commune dans la Sibérie orientale, aux Kouriles et dans le nord du Japon.

707. — CYGNUS FERUS

CYGNUS FERUS, Ray (1713), *Aves*, 136. — Briss. (1760), *Orn.*, VI, 292. — ANAS CYGNUS, L. (1766), *S. N.*, I, 194. — Gm. (1788), *S. N.*, I, 501. — CYGNUS MUSICUS, Bechst. (1803), *Nat. Deutschl.*, VI, 830. — CYGNUS MELANORHYNCHUS, Mey. et Wolf (1810), *Tasch. Deutschl.*, II, 498. — CYGNUS OLOR, Pall. (1811), *Zoogr.*, II, 211. — ANAS CYGNUS, Tem. (1820), *Man. d'orn.*, 2e éd., II, 828. — OLOR MUSICUS, Wagl. (1832), *Isis*, 1,234. — CYGNUS FERUS, Gould (1832-37), *B. of Eur.*, pl. 355. — CYGNUS MUSICUS, Tem. et Schleg. (1850), *Faun. Jap., Aves*, 125. — Midd. (1853), *Sib. Reis.*, II, 224. — Schrenck (1860), *Vög. d. Am. L.*, 455. — Swinh. (1862), *Ibis*, 254. — Radde (1863), *Reis. in S. O. Sib.*, II, 348. — Schleg. (1866), *Mus. des P. B., Anseres*, 81. — CYGNUS FERUS, Degl. et Gerbe (1867), *Ornith. eur.*, 2e éd., II, 473. — CYGNUS MUSICUS, Przew. (1867-69), *Voy.*, n° 189. — Dyb. (1868), *J. f. Orn.*, 338. — A. Dav. (1871), *N. Arch. du Mus., Bull.* VII, *Cat.* n° 436. — Swinh. (1871), *P. Z. S.*, 416. — CYGNUS FERUS, Gould (1872), *B. of Gr. Brit.*, livr. XXI, pl. — CYGNUS MUSICUS, Severtz. (1873), *Turk. Jevotn.*, 70. — Swinh. (1875), *Ibis*, 456. — Dress. (1876), *Ibis*, 416. — Tacz. (1877), *Bull. Soc. zool. Fr.*, II, 44.

Dimensions. Long. totale, 1^m,57 ; queue, 0^m,33 ; aile 0^m,62 ; tarse,
0^m,11 ; bec, 0^m,12. (Mâle tué en Chine par M. Fontanier.)

Le Cygne sauvage d'Europe a le front dépourvu de tubercules et les lores et la base du bec colorés en jaune pâle, cette teinte se prolongeant en angle aigu jusqu'au bord antérieur des narines et aux plumes frontales. Il est commun dans toute la Sibérie orientale où M. de Middendorf l'a rencontré jusqu'au 74ᵉ degré et demi de lat. N., et passe en grand nombre au-dessus de Pékin aux mois d'avril et d'octobre ; parfois même il s'abat dans l'intérieur de la capitale sur les pièces d'eau qui entourent le palais impérial. On voit fréquemment quelques-uns de ces oiseaux séjourner pendant tout l'hiver sur les lacs et les fleuves de l'empire chinois.

708. — CYGNUS MINOR

CYGNUS OLOR, B. MINOR, Pall. (1811), *Zoogr.*, II, 214. — CYGNUS BEWICKII, Yarr. (1833), *Trans. L. Soc.*, XVI, 445. — Gould (1832-37), *B. of Eur.*, pl. 356. — CYGNUS MINOR, Keys. et Blas. (1840), *Wirbelth.*, 82. — CYGNUS MUSICUS MINOR, Schleg. (1844), *Rev. crit.*, 112. — CYGNUS BEWICKII, Midd. (1853), *Sib. Reis.*, II, 224. — OLOR MINOR, Bp. (1856), *Cat. Parzud.*, 15. — CYGNUS BEWICKII, Schr. (1850), *Vög. d. Am. L.*, 456. —CYGNUS MINOR, Swinh. (1860), *Zoolog.*, 6,924, et (1861), *Ibis*, 344. — CYGNUS BEWICKII, Radde (1863), *Reis. in S. O. Sib.*, II, 394. — CYGNUS MINOR, Schleg. (1866), *Mus. des P. B.*, *Anseres*, 82. — Degl. et Gerbe (1867), *Ornith. eur.*, 2ᵉ éd., II, 474. — CYGNUS BEWICKII, Swinh. (1867), *Ibis*, 398. — Dyb. (1868), *J. f. Orn.*, 338. — CYGNUS MINOR, A. Dav. (1871), *N. Arch. du Mus.*, *Bull.* VII, *Cat.* n° 437. — Swinh. (1871), *P. Z. S.*, 416. — Gould (1872), *B. of Gr. Brit.*, livr. XXI, pl. — Dyb. (1873), *J. f. Orn.*, 108. — Tacz. (1877), *Bull. Soc. zool. Fr.*, II, 44.

Le Cygne de Bewick, qui habite les régions boréales des deux mondes, se reconnaît facilement à sa taille relativement faible (1^m,20), à son front dépourvu de tubercules et garni de plumes qui dessinent un angle obtus, et à son bec qui est coloré en jaune dans sa portion basilaire seulement, cette teinte n'arrivant pas jusqu'aux narines. Pendant l'hiver, il est encore plus répandu dans l'empire chinois que le Cygne sauvage, et traverse régulièrement, comme ce dernier, les provinces septentrionales. Les Chinois confondent les deux espèces sous le nom de *Tién-ngo.*

709. — CYGNUS DAVIDI

? CYGNUS SIBILUS, Pall. (1811), *Zoogr.*, II, 215. — ? CYGNUS OLOR, Radde (1863), *Reis. in S. O. Sib.*, II, 350. — Przew. (1867), *Voy.*, n° 190. — CYGNUS DAVIDI, Swinh.

(1870), *P. Z. S.*, 430, et (1871), *ibid.*, 416. — Cygnus (Koskoroba) Davidi, A Dav. (1871), *N. Arch. du Mus., Bull.* VII, *Cat.* n° 438. — ? Cygnus olor, Tacz. (1877), *Bull. Soc. zool. Fr.*, II, 44.

Dimensions et **Couleurs**. Taille un peu plus faible que celle du *Cygnus Bewickii*. Bec et pattes d'un rouge orangé ; lores garnis de petites plumes ; plumage blanc, avec la nuque jaunâtre.

Ce Cygne, que les habitants de Pékin distinguent sous le nom de *Hong-touy-ngo* (*Cygne aux pattes rouges*), est considéré par M. Swinhoe comme différent spécifiquement du *Cygnus koskoroba* de l'Amérique méridionale : malheureusement le seul et unique individu que j'aie pu me procurer à Tientsin était en fort mauvais état et avait les rémiges arrachées, de sorte que nous ignorons la couleur des grandes pennes alaires. Ce qu'il y a de certain, c'est que la forme du bec, la nature emplumée des lores et la coloration rouge des pattes ne permettent de confondre cet oiseau avec aucun des cygnes qui vivent dans les régions boréales de l'ancien continent, tandis que sa taille beaucoup plus faible, ses mandibules moins aplaties et la nuance différente de ses pattes semblent la distinguer suffisamment du *Cygnus koskoroba*. M. Taczanowski se demande si cette espèce ne serait pas celle qui a été appelée à tort *Cygnus olor* par Radde et Przewalski et que Pallas a indiquée précédemment, en termes fort vagues, sous le nom de *Cygnus sibilus*.

D'après les chasseurs chinois et mongols, le *Cygnus Davidi* traverserait le Céleste-Empire aussi régulièrement que les deux espèces précédentes ; cependant, malgré les recherches les plus actives, il m'a été impossible de m'en procurer d'autre spécimen que l'individu cité plus haut, individu qui est resté à Pékin, dans la collection ornithologique que j'avais commencé à réunir.

710. — ANAS BOSCHAS

Anas boschas, L. (1766), *S. N.*, I, 205. — Le Canard sauvage, Buff. (1770), *Pl. Enl.* 776 et 777. — Anas boschas, Gm. (1788), *S. N.*, I, 538. — Pall. (1811), *Zoogr.*, II, 255. — Wils. (1814), *Am. Orn.*, VIII, 112, pl. 70, f. 7. — Tem. (1820), *Man. d'orn.*, 2° éd., II, 835. — Anas (Boschas) domestica, Sw. et Rich. (1831), *F. Bor. Am.*, II, 442. — Anas boschas, Gould (1832-37), *B. of Eur.*, pl. 361. — Aud. (1835), *Orn. Biogr.*, III, 164, pl. 221, et (1843), *B. Amer.*, VI, 326, pl. 385. — Gr. (1846), *Cat. Hodgs. Coll.* 145. — Blyth (1849), *Cat.* 303, n° 1,771. — Tem. et Schleg. (1850),

Faun. Jap., Aves, 126. — Midd. (1853), *Sib. Reis.*, II, 229. — Schr. (1860), *Vög. d*, *Am. L.*, 472. — Swinh. (1861), *Ibis*, 344. — Radde (1863), *Reis. in S. O. Sib.*, II 363. — Schleg. (1866), *Mus. des P. B.*, *Anseres*, 40. — Degl. et Gerbe (1867), *Orn.* *eur.*, 2ᵉ éd., II, 506. — Przew. (1867-69), *Voy.*, nᵒ 197. — Dyb. (1868), *J. f. Orn.*, 383. — A. Dav. (1871), *N. Arch. du Mus.*, *Bull. Cat.* nᵒ 445. — Swinh. (1871), *P. Z . S,* 417. — Severtz. (1873), *Turk. Jevotn.*, 70. — Elliott Coues (1874), *B. of the N. W. Am.* 559. — Dress. (1876), *Ibis*, 409. — Tacz. (1877), *Bull. Soc. zool. Fr.*, II, 45.

Le Canard sauvage ou Colvert, souche de nos Canards domestiques, habite les régions boréales des deux mondes et de là émigre chaque année d'une part jusque dans le nord de l'Afrique et dans l'Inde et de l'autre jusqu'à la Jamaïque, est fort abondant pendant l'hiver dans le Céleste-Empire. D'un autre côté, les Chinois élèvent en grand nombre des Canards musqués et des Canards domestiques provenant d'œufs qu'ils ont fait éclore dans des couvoirs artificiels, et parfois c'est par milliers qu'il faut compter les troupes de jeunes canards qu'un seul homme fait pâturer dans les rizières. Quoique plus gros que l'espèce ordinaire, le Canard musqué se vend meilleur marché, sa chair étant moins estimée des Chinois.

711. — ANAS ZONORHYNCHA

ANAS POECILORHYNCHA, Tem. et Schl. (1850), *Faun. Jap.*, *Aves*, 126, pl. 82 (nec Jerd.). — Radde (1863), *Reis. in S. O. Sib.*, II, 364. — Schleg. (1866), *Mus. des P. B.*, *Anseres*, 43 (part.). — ANAS ZONORHYNCHA, Swinh. (1866), *Ibis*, 394. — ANAS POECILO-RYNCHA, Przew. (1867-69), *Voy.* nᵒ 198. — A. Dav. (1871), *N. Arch. du Mus.*, *Bull.* VII, *Cat.* nᵒ 446. — ANAS ZONORHYNCHA, Swinh. (1871), *P. Z. S.*, 417. — ANAS POECILO-RHYNCHA, Dyb. (1873), *J. f. Orn.*, 109. — ANAS ZONORHYNCHA, Swinh. (1873), *Ibis*, 367, et (1874), *ibid.*, 164. — Tacz. (1877), *Bull. Soc. zool. Fr.*, II, 45.

Le Canard à bec zoné, qui a la taille et la forme du Canard sauvage, et le plumage de couleurs sombres, avec un miroir bleu sur l'aile, a été pendant longtemps confondu avec le Canard à bec tacheté (*Anas pœcilorhyncha*) de l'Inde. Il diffère cependant de cette dernière espèce par la coloration de son bec, la pointe offrant une bande plus étroite et la base étant dépourvue de tache jaune. On le rencontre en Chine en toutes saisons, mais toujours en petit nombre, quelques couples seulement s'établissant en été dans les grands marécages. Je l'ai trouvé nichant également au pays des Ordos, en Mongolie. On le rencontre aussi au Japon, et c'est un individu de cette région qui a été figuré par MM. Temminck et Schlegel comme un hybride entre le Canard domestique et le Canard à bec tacheté.

712. — TADORNA BELONII

TADORNA BELONII, Ray (1713), *Syn. Av.*, 140. — ANAS TADORNA, L. (1766), *S. N.*, I, 195. — LE TADORNE, Buff. (1770), *Pl. Enl.* 53. — ANAS CORNUTA, S.-G. Gm. (1774-84), *Reis.*, II, 185, pl. 19. — ANAS TADORNA, Gm. (1788), *S. N.*, I, 506. — Pall. (1811), *Zoogr.*, II, 239. — Tem. (1820), *Man. d'orn.*, 2e éd., II, 833. — TADORNA VULPANSER, Flem. (1828), *Hist. Brit. Anim.*, 122. — ANAS TADORNA, Gould (1832-37), *B. of Eur.*, pl. 357. — TADORNA VULPANSER, Gr. (1846), *Cat. Hodgs. Coll.* 144. — Blyth (1849), *Cat.* 303, n° 1,769. — ANAS TADORNA, Tem. et Schleg. (1850), *Faun. Jap., Aves*, 128. — TADORNA VULPANSER, Swinh. (1861), *Ibis*, 344. — ANAS TADORNA, Radde (1863), *Reis. in S. O. Sib.*, II, 360. — TADORNA VULPANSER, Jerd. (1864), *B. of Ind.*, II, 794. — Schleg. (1866), *Mus. des P. B., Anseres*, 67. — TADORNA BELONII, Degl. et Gerbe (1867), *Ornith. eur.*, 2e éd., II, 499. — ANAS VULPANSER, A. Dav. (1871), *N. Arch. du Mus., Bull.* VII, *Cat.* n° 444. — TADORNA CORNUTA, Swinh. (1871), *P. Z. S.*, 418. — ANAS TADORNA, Severtz. (1873), *Turk. Jevotn.*, 70. — VULPANSER TADORNA, Dyb. (1874), *J. f. Orn.*, 326. — TADORNA CORNUTA, Dress. (1876), *Ibis*, 419. — VULPANSER TADORNA, Tacz. (1877), *Bull. Soc. zool. Fr.*, II, 44.

Le Tadorne d'Europe, dont la poitrine est ornée d'une large ceinture rousse et dont le bec d'un rouge de sang présente, en été, un tubercule charnu à la base de la mandibule inférieure, est également fort commun dans toute l'Asie tempérée, dans la Daourie méridionale, dans le Turkestan, dans l'Inde et au Japon. Il visite régulièrement la Chine chaque hiver, mais en nombre moins considérable que d'autres espèces. Dès la fin de l'automne, on peut voir néanmoins quelques-uns de ces oiseaux sur les rivages salés de Takou; j'en ai vu également à une date assez avancée dans le printemps, sur les plateaux sablonneux de la Mongolie, où je présume qu'il s'installe assez souvent pour nicher.

713. — CASARCA RUTILA

ANAS CASARCA, L. (1768), *S. N.*, III, app. 224. — ANAS RUTILA, Pall. (1769-70), *Nov. Comm. Petrop.*, XIV, 579, pl. 22, f. 1. — ANAS CASARCA, Gm. (1788), *S. N.*, I, 511. — ANAS RUTILA, Pall. (1811), *Zoogr.*, II, 242. — ANSER CASARCA, Vieill. (1818), *N. Dict.*, XXIII, 341. — ANAS RUTILA, Tem. (1820), *Man. d'orn.*, II, 832. — TADORNA RUTILA, Boie (1822), *Isis*, 563. — Gould (1832-37), *B. of Eur.*, pl. 358. — CASARCA RUTILA, Bp. (1838), *Comp. List*, 56. — Gr. (1846), *Cat. Hodgs. Coll.* 145. — Blyth (1849), *Cat.* 303, n° 1,768. — ANAS RUTILA, Tem. et Schleg. (1850), *Faun. Jap., Aves*, 128. — CASARCA RUTILA, Swinh. (1861), *Ibis*, 344. — ANAS RUTILA, Radde (1863), *Reis. in S. O. Sib.*, II, 361. — CASARCA RUTILA, Jerd. (1864), *B. of Ind.*, II, 791. — ANAS CASARCA, Schleg. (1866), *Mus. des P. B., Anseres*, 66. — TADORNA CASARCA, Degl. et Gerbe (1867), *Ornith. eur.*, 2e éd., II, 501. — CASARCA RUTILA, Dyb. (1868), *J. f. Orn.*, 338. — Swinh. (1871),

P. Z. S., 418. — Anas rutila, Severtz. (1873), *Turk. Jevotn.*, 70. — Tadorna rutila, Dress. (1876), *Ibis*, 419. — Casarca rutila, Tacz. (1877), *Bull. Soc. zool. Fr.*, II, 41.

Le Canard rouge ou Casarca, dont le cou est orné, chez le mâle, d'un anneau de couleur noire, visite assez fréquemment l'Europe orientale, mais a pour patrie d'origine l'Asie tempérée; il est très-abondamment répandu dans le Turkestan, la Sibérie méridionale, la Mongolie et le Japon, et, pendant l'hiver, il descend dans l'Inde et dans la Chine; on le rencontre très-communément alors soit par couples, soit en petites bandes. Il se tient dans les champs, comme les oies, et à la moindre apparence de danger fait retentir sa voix éclatante. En Mongolie, où il est l'objet d'un respect religieux de la part des lamas, il ne fuit nullement le voisinage de l'homme. Dans cette région, j'ai trouvé un jour un couple de ces oiseaux nichant dans une crevasse d'un rocher très-élevé.

714. — DAFILA ACUTA

Anas acuta, L. (1766), *S. N.*, I, 202. — Le Canard a longue queue, Buff. (1770), *Pl. Enl.* 954. — Anas acuta, Gm. (1788), *S. N.*, I, 528. — Anas caudacuta, Pall. (1811), *Zoogr.*, II, 280. — Anas acuta, Wils. (1814), *Am. Orn.*, VIII, pl. 68, f. 3. — Tem. (1815), *Man. d'orn.*, 540, et (1820), *ibid.*, 2e éd., II, 838. — Trachelonetta acuta, Kaup (1829), *Nat. Syst.*, 115. — Phasianurus acutus, Wagl. (1832), *Isis*, 1,235. — Dafila acuta, Eyt. (1836), *Rare Brit. B.*, 60. — Dafila caudacuta, Gould (1832-37), *B. of Eur.*, pl. 365. — Dafila acuta, Bp. (1838), *Comp. List*, 56. — Anas acuta, Aud. (1835), *Ornith. biog.*, III, 214. — (1839), *ibid.*, V, 615, pl. 227. — (1843), *B. Am.*, VI, 266, pl. 390. — Dafila acuta, Blyth (1849), *Cat.* 304, n° 1,775. — Anas acuta, Tem. et Schleg. (1850), *Faun. Jap., Aves*, 128. — Midd. (1853), *Sib. Reis.*, II, 233. — Schr. (1860), *Vög. d. Am. L.*, 481. — Dafila acuta, Swinh. (1861), *Ibis*, 345. — Anas acuta, Radde (1863), *Reis. in S. O. Sib.*, II, 371. — Dafila acuta, Jerd. (1864), *B. of Ind.*, II, 803. — Anas acuta, Schleg. (1866), *Mus. des P. B., Anseres*, 37. — Dafila acuta, Degl. et Gerbe (1867), *Ornith. eur.*, 2e éd., II, 515. — Anas acuta, Przew. (1867-69), *Voy.*, n° 204. — A. Dav. (1871), *N. Arch. du Mus., Bull.* VII, *Cat.* n° 448. — Dafila acuta, Swinh. (1871), *P. Z. S.*, 418. — Anas acuta, Severtz. (1873), *Turk. Jevotn.*, 70. — Dafila acuta, Dyb. (1873), *J. f. Orn.*, 109. — Elliott Coues (1874), *B. of the N. W. Am.*, 561. — Dress. (1876), *Ibis*, 420. — Tacz. (1877), *Bull. Soc. zool. Fr.*, II, 45.

Le Pilet vulgaire ou Canard à queue pointue, qui habite le nord de l'Europe, de l'Asie et de l'Amérique, est particulièrement abondant dans l'extrême Orient. Deux fois par an, un grand nombre d'oiseaux de cette espèce traversent la Chine, et beaucoup d'entre eux passent l'hiver dans les provinces centrales et méridionales de l'Empire.

715. — MARECA PENELOPE

ANAS PENELOPE, L. (1766), *S. N.*, I, 202. — LE CANARD SIFFLEUR, Buff. (1770), *Pl. Enl.* 825. — ANAS KAGOLKA, S.-G. Gm. (1770-71), *Nov. Comm. Petr.*, XV, 416, pl. 21. — ANAS PENELOPE et A. KAGOLKA, Gm. (1788), *S. N.*, I, 527. — ANAS PENELOPE, Pall. (1811), *Zoogr.*, II, 251. — Tem. (1820), *Man. d'orn.*, 2e éd., II, 840. — MARECA PENELOPE, Selby (1833), *Brit. Orn.*, II, 324. — Gould (1832-37), *B. of Eur.*, pl. 359. — Bp. (1838), *Comp. List*, 56. — Gr. (1846), *Cat. Hodgs. Coll.* 145. — Blyth (1849), *Cat.* 305, n° 1,778. — ANAS PENELOPE, Tem. et Schleg. (1850), *Faun. Jap.*, 127. — Midd. (1853), *Sib. Reis.*, II, 229. — Schr. (1860), *Vög. d. Am. L.*, 471. — MARECA PENELOPE, Swinh. (1861), *Ibis*, 345. — ANAS PENELOPE, Radde (1863), *Reis. in S. O. Sib.*, II, 363. — MARECA PENELOPE, Jerd. (1864), *B. of Ind.*, II, 804. — ANAS PENELOPE, Schleg. (1866), *Mus. des P. B.*, *Anseres*, 44. — MARECA PENELOPE, Degl. et Gerbe (1867), *Orn. eur.*, 2e éd., II, 512. — ANAS PENELOPE, Przew. (1867), *Voy.*, n° 199. — A. Dav. (1871), *N. Arch. du Mus.*, *Bull.* VII, *Cat.* n° 449. — MARECA PENELOPE, Swinh. (1871), *P. Z. S.*, 418. — Gould (1871), *B. of Gr. Brit.*, livr. XIX, pl. — Dyb. (1873), *J. f. Orn.*, 110. — ANAS PENELOPE, Severtz. (1873), *Turk. Jevotn.*, 70. — MARECA PENELOPE, Swinh. (1874), *Ibis*, 457. — Elliott Coues (1874), *B. of the N. W. Am.*, 564, note. — Dress. (1876), *Ibis*, 420. — Tacz. (1877), *Bull. Soc. zool. Fr.*, II, 46.

Le Canard siffleur, qui a le front blanc, la gorge noire, le devant et les côtés du cou d'un roux marron pointillé de noir et les sous-caudales noires, est répandu dans tout le nord de l'Europe et de l'Asie et se rencontre même, paraît-il, au moment du passage, sur les côtes atlantiques de l'Amérique septentrionale. En hiver, il visite l'Europe méridionale, l'Égypte, l'Abyssinie, l'Inde et le sud de la Chine, où il est assez commun dans cette saison. Je l'ai trouvé également apparié et complétement installé en Mongolie à la fin du printemps; aussi je suis porté à croire que quelques couples nichent chaque année dans cette région.

716. — CHAULELASMUS STREPERUS

ANAS STREPERA, L. (1766), *S. N.*, I, 200. — LE CHIPEAU, Buff. (1770), *Pl. Enl.* 758. — ANAS KEKUSCHKA, S.-G. Gm. (1774-84), *Reis.*, III, 249. — ANAS STREPERA et A. KEKUSCHKA, Gm. (1788), *S. N.*, I, 520 et 531. — ANAS STREPERA, Pall. (1811), *Zoogr.*, II, 254. — Wils. (1814), *Am. Orn.*, VIII, 120, pl. 71. — Tem. (1820), *Man. d'orn.*, 2e éd., II, 837. — CHAULIODES STREPERA, Gould (1832-37), *B. of Eur.*, pl. 366. — KTINORHYNCHUS STREPERA, Eyt. (1838), *Mon. Anat.*, 137. — CHAULELASMUS STREPERUS, Bp. (1838), *Comp. List*, 56. — ANAS STREPERA, Aud. (1838), *Orn. biogr.*, IV, 353, pl. 348, et (1843), *B. Am.*, VI, 254, pl. 388. — CHAULELASMUS STREPERUS, Gr. (1846), *Cat. Hodgs. Coll.* 145. — Blyth. (1849), *Cat.* 304, n° 1,777. — ANAS STREPERA, Tem. et Schleg. (1850), *Faun. Jap.*, *Aves*, 128. — Midd. (1853), *Sib. Reis.*, II, 232. — Radde (1863), *Reis. in S. O. Sib.*, II, 380. — CHAULELASMUS STREPERUS, Jerd. (1864), *B. of Ind.*, II, 802. — ANAS STREPERA, Schleg. (1866), *Mus. des P. B.*, *Anseres*, 48. — Przew. (1867), *Voy.*, n° 203. — CHAULELASMUS STREPERA, Degl. et Gerbe (1867), *Ornith. eur.*, 2e éd., II, 510. — CHAULELASMUS STREPERUS, Swinh. (1871), *P. Z. S.*, 418. — Dyb. (1873), *J. f. Orn.*, 110. — ANAS STREPERA, Severtz. (1873), *Turk. Jevotn.*, 70. — CHAULELASMUS STREPERUS,

Elliott Coues (1874), *B. of the N. W. Am.*, 563. — Dress. (1876), *Ibis*, 419. — Tacz. (1877), *Bull. Soc. zool. Fr.*, II, 46.

Le Canard chipeau ou Ridenne se distingue non-seulement par les teintes particulières de son plumage, mais encore par la disposition spéciale des lamelles longues et saillantes qui garnissent sa mandibule supérieure. On le trouve, au moins à certaines saisons, dans une grande partie de l'Europe et de l'Amérique septentrionale, dans toute l'Afrique, dans le Turkestan, dans la Sibérie orientale et au Japon. Pendant l'hiver, il est assez commun dans l'Inde ; mais il ne se montre que rarement dans l'empire chinois. Son cri, fort bruyant, ressemble à celui du Canard vulgaire.

717. — SPATULA CLYPEATA

ANAS CLYPEATA, L. (1766), *S. N.*, I, 200. — LE CANARD SOUCHET, Buff. (1770), *Pl. Enl.* 971 et 972. — ANAS CLYPEATA et A. RUBENS, Gm. (1788), *S. N.*, I, 518 et 519.— ANAS CLYPEATA, Pall. (1811), *Zoogr.*, II, 282. — Wils. (1814), *Am. Orn.*, 65, pl. 67, fig. 7.— Tem. (1820), *Man. d'orn.*, 2ᵉ éd., II, 842.— RHYNCHASPIS CLYPEATA (Steph.), Shaw (1824), *Gen. Zool.*, XII, 115. — SPATULA CLYPEATA Flem. (1828), *Brit. An.*, 123. — RHYNCHASPIS CLYPEATA, Gould (1832-37), *B. of Eur.*, pl. 360. — Bp. (1838), *Comp. List*, 38. — ANAS CLYPEATA, Aud. (1838), *Orn. biogr.*, IV, 241, pl. 327, et (1843), *B. Am.*, VI, 293, pl. 394. — SPATULA CLYPEATA, Gr. (1846), *Cat. Hodgs. Coll.*, 146. — Blyth (1849), *Cat.* 303, nº 1770. — ANAS CLYPEATA, Tem. et Schl. (1850), *Faun. Jap.*, *Aves*, 128. — Midd. (1853), *Sib. Reis.*, II, 233. — Schr. (1860), *Vög. d. Am. L.*, 481. — RHYNCHASPIS CLYPEATA, Swinh. (1861), *Ibis*, 57. — ANAS CLYPEATA, Radde (1863), *Reis. in S. O. Sib.*, II, 383.—SPATULA CLYPEATA, Jerd. (1864), *B. of Ind.*, II, 796. — ANAS CLYPEATA, Schleg. (1866), *Mus. des P. B.*, *Anseres*, 33. — Przew (1867), *Voy.*, nº 206. — SPATULA CLYPEATA, Degl. et Gerbe (1867), *Ornith. eur.*, 2ᵉ éd., II, 503. — A. Dav. (1871), *N. Arch. du Mus.*, *Bull.* VII, *Cat.* nº 447.— Swinh. (1871), *P. Z. S.*, 418. — Gould (1871), *B. of Gr. Brit.*, livr. XX, pl.—ANAS CLYPEATA, Severtz. (1873), *Turk. Jevotn.*, 70. — RHYNCHASPIS CLYPEATA, Dyb. (1873), *J. f. Orn.*, 110. — SPATULA CLYPEATA, Swinh. (1875), *Ibis*, 457. — Elliott Coues (1874), *B. of the N. W. Am.*, 570. — RHYNCHASPIS CLYPEATA, Dress. (1876), *Ibis*, 420. — Tacz. (1877), *Bull. Soc. zool. Fr.*, II, 46.

Le Canard souchet ou Rouget de rivière diffère complétement des autres canards de nos pays par son bec très-développé, fortement évasé vers le bout et garni de grandes lamelles latérales. Il habite les régions septentrionales de l'Europe, de l'Asie et de l'Amérique et visite dans ses migrations le midi de la France et l'Algérie, le Mexique et la Jamaïque, l'Inde et même l'Australie. Il est très-commun en Chine pendant l'hiver et aux deux époques des passages.

718. — NETTAPUS COROMANDELIANUS

La Sarcelle de Coromandel, Buff. (1770), *Pl. Enl.* 949 et 950. — Anas coromandeliana, Gm. (1788), *S. N.*, I, 522. — Nettapus coromandelianus, Gr. (1844), *List B. Brit. Mus.*, 129. — Blyth (1849), *Cat.* 302, n° 1,766. — Jerd. (1864), *B. of Ind.*, II, 786. — Schleg. (1866), *Mus. des P. B.*, *Anseres*, 76. — A. Dav. (1871), *N. Arch. du Mus., Bull.* VII, *Cat.* n° 442. — Wald. (1874), *Ibis*, 149. — Anders. (1874), *ibid.*, 220 et 221. — Wald. (1875), *Trans. zool. Soc.*, IX, part. 2, p. 243.

Dimensions. Long. totale, $0^m,32$ (δ) et $0^m,30$ ($\circ$); queue, $0^m,06$; aile, $0^m,16$; tarse, $0^m,022$; bec, $0^m,025$.

Couleurs. Iris rouge chez le mâle et brun chez la femelle; bec d'un brun plombé chez le mâle et d'un brun jaunâtre chez la femelle; pattes jaunâtres, marbrées de brun, avec la membrane interdigitale brune. — Plumage blanc, avec une calotte et un collier d'un brun noirâtre à reflets verts métalliques, le dos et les ailes d'un beau vert foncé, à reflets pourprés et dorés, une bande blanche sur les rémiges, les sous-caudales noirâtres et la queue d'un noir verdâtre. — Chez la femelle, les teintes vertes métalliques sont remplacées par un brun soyeux, et il n'y a point de collier, mais seulement des mouchetures brunes à la base du cou.

Ce joli palmipède, le plus petit de tous les Anatidés, qui ne peut, en raison de ses formes et de ses allures, être rangé ni parmi les Canards, ni parmi les Sarcelles, ni parmi les Oies, habite tout le continent indien ainsi que les îles de Ceylan, de Java et des Philippines, et vient en petit nombre passer l'été dans la Chine centrale. Il s'établit dans le voisinage des grandes pièces d'eau et des canaux qui traversent les rizières, et se perche fréquemment sur les toits des maisons et des pagodes. Souvent même il y fait son nid quand il n'a pas de troncs d'arbres à sa portée. Son vol est très-rapide et son cri tout particulier.

719. — AIX GALERICULATA

Anas galericulata, L. (1766), *S. N.*, I, 539. — La Sarcelle de la Chine, Buff. (1770), *Pl. Enl.* 805 et 806. — Anas galericulata, Gm. (1788), *S. N.*, I, 539. — Aix galericulata, Boie (1828), *Isis*, 330. — Anas galericulata, Tem. et Schl. (1850), *Faun. Jap., Aves*, 127. — Aix galericulata, Gould (1852), *B. of As.*, livr. IV, pl. — Schr. (1860), *Vög. d. Am. L.*, 466. — Radde (1863), *Reis. in S. O. Sib.*, II, 362. — Swinh. (1863), *P. Z. S.*, 324. — Anas galericulata, Schleg. (1866), *Mus. des P. B.*, *Anseres*, 70. — Aix galericulata, Przew. (1867), *Voy.*, n° 196. — Swinh. (1871), *P. Z. S.*, 418. — Anas galericulata, A. Dav. (1871), *N. Arch. du Mus., Bull.* VII, *Cat.* n° 452. — Aix galericulata, Dyb. (1875), *J. f. Orn.*, 256. Swinh. (1875), *Ibis*, 137 et 457. — Tacz. (1877), *Bull. Soc. zool. Fr.*, II, 45.

La Sarcelle de Chine, acclimatée depuis longtemps en Europe comme la plus belle espèce de toute la famille des Anatidés, ne se trouve dans sa patrie d'origine qu'à l'état sauvage et en petit nombre. Elle est sédentaire sur quelques lacs du centre et du midi de la Chine, et remonte en été jusqu'à l'Amourland. Au Japon, où elle est beaucoup plus commune, on l'élève fréquemment en domesticité, ce qui n'a jamais lieu dans le Céleste-Empire. Pendant toute la durée de mon séjour à Pékin, il n'a été pris dans cette localité qu'un seul oiseau de cette espèce, que je n'ai jamais rencontrée ni en Mongolie ni dans la Chine occidentale.

720. — QUERQUEDULA CIRCIA

ANAS QUERQUEDULA ET A. CIRCIA, L. (1766), S. N., I, 203 et 204.—LA SARCELLE D'ÉTÉ, Buff. (1770), Pl. Enl. 946. — ANAS QUERQUEDULA ET A. CIRCIA, Gm. (1788), S. N., I, 534 et 533. — ANAS QUERQUEDULA, Pall. (1811), Zoogr., II, 264. — Tem. (1820), Man. d'orn., 2e éd., II, 845. — QUERQUEDULA CIRCIA (Steph.), Shaw (1824), Gen. Zool., XII, 143. — Gould (1832-37), B. of Eur., pl. 364.—CYANOPTERUS CIRCIA, Eyt. (1838), Mon. Anat., 130. — Gr. (1846), Cat. Hodgs. Coll. 146. — QUERQUEDULA CIRCIA, Blyth (1849), Cat., 304, n° 1,781. — ANAS QUERQUEDULA, Midd. (1853), Sib. Reis., II, 299. — Radde (1863), Reis. in S. O. Sib., II, 371. — QUERQUEDULA CIRCIA, Swinh. (1863), Ibis, 434. — Jerd. (1864), B. of Ind., II, 807. — ANAS QUERQUEDULA, Schleg. (1866), Mus. des P. B., Anseres, 49. — Przew. (1867), Voy., n° 202. — Dyb. (1868), J. f. Orn., 339. — QUERQUEDULA CIRCIA, Swinh. (1871), P. Z. S., 418. — PTEROCYANEA QUERQUEDULA, Dyb. (1873), J. f. Orn., 110. — ANAS QUERQUEDULA, Severtz. (1873), Turk. Jevotn., 70. — QUERQUEDULA CIRCIA, Dyb. (1874), J. f. Orn., 337. — Wald. (1875), Trans. zool. Soc., IX, part. 2, p. 102. — Dress. (1876), Ibis, 419. — PTEROCYANEA QUERQUEDULA, Tacz. (1877), Bull. Soc. zool. Fr., II, 46.

La Sarcelle d'été, aux sourcils blancs, aux ailes ornées d'un miroir bleu, qui habite la plus grande partie de l'Europe et qui visite le nord de l'Afrique, est également fort répandue en Asie. On la trouve communément dans toute la Sibérie orientale, et, pendant l'hiver, au Japon, dans l'Inde, à Ceylan, à Java, aux Philippines et à Célèbes ; mais en Chine elle est beaucoup plus rare et ne se rencontre que dans les provinces méridionales et dans l'île de Formose.

721. — QUERQUEDULA CRECCA

ANAS CRECCA, L. (1746), Faun. suec., 45. — QUERQUEDULA MINOR, Briss. (1760), Ornith., VI, 436. — ANAS CRECCA, L. (1766), S. N., I, 204. — LA PETITE SARCELLE, Buff. (1770), Pl. Enl. 947. — ANAS CRECCA, Gm. (1788), S. N., I, 532. — Pall. (1811), Zoogr., II, 263. — Wils. (1814), Am. Orn., VIII, 101, pl. 70, f. 4. — Tem. (1820), Man. d'orn., 2e éd., II, 847.— QUERQUEDULA CRECCA (Steph.), Shaw (1824), Gen. Zool.,

XII, 146. — Gould (1832-37), *B. of Eur.*, pl. 362. — Bp. (1838), *Comp. List*, 57. — Gr. (1846), *Cat. Hodgs. Coll.* 146. — Blyth (1849), *Cat.*, 305, n° 1780. — ANAS CRECCA, Midd. (1853), *Sib. Reis.*, II, 230. — Schr. (1860), *Vög. d. Am. L.*, 474. — QUERQUEDULA CRECCA, Swinh. (1861), *Ibis.* 345. — Coues (1861), *Pr. Phil. Ac.*, 238.— ANAS CRECCA, Radde (1863), *Reis. in S. O. Sib.*, II, 367. — QUERQUEDULA CRECCA, Jerd. (1864), *B. of Ind.*, II, 806. — ANAS CRECCA, Schleg. (1866), *Mus. des P. B.*, *Anseres*, 52. — QUERQUEDULA CRECCA, Degl. et Gerbe (1867), *Ornith. eur.*, 2e éd., II, 521. — ANAS CRECCA, Przew. (1867-69), *Voy.*, n° 205. — Dyb. (1868), *J. f. Orn.*, 338. —QUERQUEDULA CRECCA, Swinh. (1871), *P. Z. S.*, 418.—Dyb. (1873), *J. f. Orn.*, 110.— ANAS CRECCA, Severtz. (1873), *J. f. Orn.*, 70. — QUERQUEDULA CRECCA, Elliott Coues (1874), *B. of the N. W. Amer.*, 566, note. — Dress. (1876), *Ibis*, 419. — Tacz. (1877), *Bull. Soc. zool. Fr.*, II, 46.

La Sarcelle d'été ou Sarcelline, dont les ailes sont ornées d'un miroir vert, niche dans les parties froides et tempérées de l'Europe, de l'Asie et de l'Amérique, et visite dans ses migrations d'une part l'Algérie, l'Égypte et l'Abyssinie, d'autre part le continent indien, d'autre part enfin les États-Unis et le Mexique. Elle est très-abondante en Chine à l'époque de ses deux passages et pendant l'hiver, et descend jusque dans l'île de Formose.

722. — EUNETTA FORMOSA

ANAS FORMOSA, Georgi (1775), *Reis.*, I, 168. — ANAS GLOCITANS, Pall. (1779), *Act. Holm.*, XL, pl. 33, fig. 1. — ANAS FORMOSA, Gm. (1788), *S. N.*, I, 523. — ANAS BAÏKAL, Bonnat. (1791), *Tabl. encycl.*, I, 158. — ANAS GLOCITANS, Pall. (1811), *Zoogr.*, II, 261 (nec Gmel.). — ANAS GLOCITANS, Tem. (1840), *Man. d'orn.*, IV, 533. — QUERQUEDULA (?) GLOCITANS, Blyth (1849), *Cat.* 305, n° 1,779. — ANAS FORMOSA, Tem. et Schleg. (1850), *Faun. Jap., Aves*, 127, pl. 82 B et C. — QUERQUEDULA FORMOSA, Bp. (1850), *Rev. crit.*, 103. — ANAS GLOCITANS, Midd. (1853), *Sib. Reis.*, II, 230. — EUNETTA FORMOSA, Bp. (1856), *Tabl. des Canards, Compt. rend. Ac. Sc.*, XLIII, 650. — ANAS GLOCITANS, Schr. (1860), *Vög. d. Am. L.*, 474. — Swinh. (1861), *Ibis*, 344. — Radde (1863), *Reis. in S. O. Sib.*, II, 368.—QUERQUEDULA GLOCITANS, Jerd. (1864), *B. of Ind.*, II, 808. — ANAS FORMOSA, Schleg. (1866), *Mus. des P. B., Anseres*, 54.— EUNETTA FORMOSA, Swinh. (1867), *Ibis*, 394.—QUERQUEDULA FORMOSA, Degl. et Gerbe (1867), *Ornith. eur.*, 2e éd., II, 523. — ANAS GLOCITANS, Przew. (1867-69), *Voy.*, n° 200. — A. Dav. (1871), *N. Arch. du Mus., Bull.* VII, *Cat.* n° 451. — EUNETTA FORMOSA, Swinh. (1871), *P. Z. S.*, 418. — QUERQUEDULA GLOCITANS, Dyb. (1873), *J. f. Orn.*, 109. — EUNETTA FORMOSA, Swinh. (1875), *Ibis*, 137. — QUERQUEDULA GLOCITANS, Tacz. (1877), *Bull. Soc. zool. Fr.*, II, 45.

La Sarcelle élégante, qui est notablement plus grande que les deux espèces précédentes et dont la joue est marquée, chez le mâle, d'une grande tache jaune, de forme arrondie, habite toute la partie de l'Asie qui s'étend au N.-O. du lac Baïkal. Elle se trouve dans toute la Sibérie orientale et au Japon, et est très-répandue en Chine pendant l'hiver et surtout à l'époque de son double passage. Au printemps, des bandes nombreuses de ces oiseaux animent les fleuves et les lacs en compagnie d'autres canards dont ils se distinguent facilement par leur plumage et par leur voix singulièrement retentissante. L'*Eunetta formosa* est très-rare au contraire dans l'Inde proprement dite.

723. — EUNETTA FALCATA

Anas falcata, Pall. (1776), *Reis.*, III, app. 301. — Anas falcaria, Gm. (1788), *S. N.*, I, 521. — Anas falcata, Pall. (1811), *Zoogr.*, II, 259. — Brandt (1836), *Icon. Av. Ross.*, pl. 3. — Querquedula falcaria, Eyt. (1838), *Mon. Anat.*, 126. — Querquedula falcata, Bp. (1850), *Rev. crit.*, 193. — Anas falcata, Midd. (1853), *Sib. Reis.*, II, 231. — Eunetta falcata, Bp. (1856), *Tabl. des Can., Compt. rend. Ac. Sc.*, XLIII, 650. — Querquedula multicolor, Swinh. (1860), *Ibis*, 67. — Anas falcata, Schr. (1860), *Vög. d. Am. L.*, 476. — Anas falcaria, Swinh. (1861), *Ibis*, 345. — Anas falcata, Radde (1863), *Reis. in S. O. Sib.*, II, 369. — Anas falcata, Schleg. (1866), *Mus. des P. B.*, *Anseres*, 72. — Querquedula falcata, Degl. et Gerbe (1867), *Ornith. eur.*, 2ᵉ éd., II, 526. — Anas falcata, Przew. (1867-69), *Voy.*, nº 201. — Dyb. (1868), *J. f. Orn.*, 338. — Anas falcaria, A. Dav. (1871), *N. Arch. du Mus., Bull.* VII, *Cat.* nº 450. — Eunetta falcata, Swinh. (1871), *P. Z. S.*, 419. — Querquedula falcata, Dyb. (1873), *J. f. Orn.*, 109. — Eunetta falcata, Swinh. (1874), *Ibis*, 164. — Querquedula falcata, Tacz. (1877), *Bull. Soc. zool. Fr.*, II, 45.

Cette magnifique sarcelle, qui atteint la taille du Canard siffleur, a la nuque ornée d'une belle touffe de plumes allongées et les pennes tertiaires relevées et contournées en faucille. On la voit apparaître accidentellement en Europe, mais sa véritable patrie est l'Asie septentrionale et orientale. Pendant l'hiver, elle est fort commune dans tout l'empire chinois et passe en foule aux environs de Pékin, surtout au printemps. A cette époque de l'année, un grand nombre de ces oiseaux sont tués par les chasseurs indigènes au moyen de grandes canardières chargées à mitraille.

724. — OIDEMIA FUSCA

Anas fusca, L. (1766), *S. N.*, I, 196. — La Grande Macreuse et le Canard brun, Buff. (1770), *Pl. Enl.* 956 et 1,007. — Anas fusca, Gm. (1788), *S. N.*, I, 507. — Anas carbo, Pall. (1811), *Zoogr.*, II, 244. — Anas fusca, Wils. (1814), *Am. Orn.*, VIII, 177, pl. 72. — Tem. (1820), *Man. d'orn.*, 2ᵉ éd., II, 854. — Oidemia fusca, Flem. (1822), *Phil. of Zool.*, II, 260. — Gould (1832-37), *B. of Eur.*, pl. 377. — Fuligula fusca, Aud. (1835), *Orn. biogr.*, III, 454, pl. 247, et (1843), *B. Am.*, VI, 332, pl. 401. — Oidemia velvetina, Cass. (1850), *Pr. Phil. Ac.*, V, 126. — Anas carbo, Midd. (1853), *Sib. Reis.*, II, 236. — Radde (1863), *Reis. in S. O. Sib.*, II, 373. — Fuligula fusca, Schleg. (1869), *Mus. des P. B.*, *Anseres*, 16. — Oidemia fusca, Degl. et Gerbe (1867), *Ornith., eur.*, 2ᵉ éd., II, 562. — OEdemia fusca, Swinh. (1871), *P. Z. S.*, 419, et (1873), *Ibis*, 367. — Dyb. (1873), *J. f. Orn.*, 110. — Fuligula fusca, Severtz. (1873), *Turk. Jevotn.*, 70. — OEdemia fusca, Swinh. (1874), *Ibis*, 424, et (1873), *ibid.*, 457. — Oidemia fusca, Elliott Coues (1874), *B. of the N. W. Am.*, 582. — OEdemia fusca, Dress. (1876), *Ibis*, 420. — Oidemia fusca, Tacz. (1877), *Bull. Soc. zool. Fr.*, II, 48.

La Double-Macreuse, qui est d'un noir profond avec une tache blanche sur la paupière inférieure et un miroir blanc sur l'aile, habite les régions boréales des deux mondes et n'offre sur le continent américain que des différences légères dans les dimensions et le plumage (*Oidemia fusca*, var. *velvetina*). Elle est très-répandue dans la Sibérie orientale et vient régulièrement en Chine pendant l'hiver : à cette époque de l'année, on la trouve en abondance sur le marché de Changhaï. Toutefois elle ne s'avance que rarement dans l'intérieur des terres, et je ne l'ai jamais vue aux environs de Pékin.

D'après une observation récente de M. Swinhoe (*Ibis*, 1875, p. 457), c'est probablement à cette espèce ou du moins à sa race américaine (var. *velvetina*), que se rapporte l'oiseau tué par M. Blakiston sur le Yangtzé et qui avait été d'abord rapporté à l'*Oidemia americana* (*Ibis*, 1863, p. 435. — *P. Z. S.*, 1863, p. 324. — *P. Z. S.*, 1871, p. 419). Quant à la Macreuse vulgaire d'Europe (*Oidemia nigra*), elle n'a pas été, jusqu'à ce jour, signalée dans l'empire chinois.

725. — BUCEPHALA CLANGULA

Anas clangula et A. glaucion, L. (1766), *S. N.*, I, 201. — Le Garrot, Buff. (1770), *Pl. Enl.*, 802. — Anas clangula et A. glaucion, Gm. (1788), *S. N.*, I, 523 et 525. — Anas glaucion, A. hyemalis et A. clangula, Pall. (1811), *Zoogr.*, II, 268, 270 et 271. — Anas clangula, Wils. (1814), *Am. Orn.*, VIII, 62, pl. 67, f. 6. — Anas clangula, Tem. (1820), *Man. d'orn.*, 2ᵉ éd., II, 870. — Glaucion clangula, Kaup (1829), *Nat. Syst.*, 53. — Clangula vulgaris, Gould (1832-37), *B. of Eur.*, pl. 379. — Fuligula clangula, Aud. (1838), *Orn. biogr.*, IV, 318, pl. 342, et (1843), *B. of Am.*, VI, 362, pl. 406 (part.). — Glaucion clangula, Blyth (1849), *Cat.* 307, nᵒ 1,794. — Anas clangula, Tem. et Schleg. (1850), *Faun. Jap.*, *Aves*, 128. — Midd. (1853), *Sib. Reis.*, II, 237. — Schr. (1860), *Vög. d. Am. L.*, 481. — Clangula glaucion, Swinh. (1861), *Ibis*, 345. — Anas clangula, Radde (1863), *Reis. in S. O. Sib.*, II, 374. — Fuligula clangula, Schleg. (1866), *Mus. des P. B.*, *Anseres*, 20. — Clangula glaucion, Degl. et Gerbe (1867), *Ornith. eur.*, 2ᵉ éd., II, 542. — Fuligula clangula, Przew. (1867), *Voy.*, nᵒ 207. — Clangula glaucion, Dyb. (1868), *J. f. Orn.*, 339. — Bucephala clangula, Svinh. (1871), *P. Z. S.*, 419, et (1873), *Ibis*, 367. — Glaucion clangula, Dyb. (1873), *J. f. Orn.*, 110. — Clangula glaucion, Severtz. (1873), *Turk. Jevotn.*, 70. — Glaucion clangula, Swinh. (1874), *Ibis*, 424. — Bucephala clangula, Elliott Coues (1874), *B. of the N. W. Am.*, 576. — Clangula glaucion, Dress. (1876), *Ibis*, 421. — Glaucion clangula, Tacz. (1877), *Bull. Soc. zool. Fr.*, II, 47.

Le Garrot vulgaire se reconnaît facilement à son bec court, plus haut que large, et à sa tête massive, qui dans le mâle est d'un vert foncé, avec une tache blanche arrondie sur la joue. Il a pour patrie les contrées boréales des deux mondes, et se répand en hiver dans toute l'Amérique septentrionale, dans l'Europe tempérée, dans le Turkestan, dans le sud de la Sibérie et dans la Chine. Pendant la mauvaise saison et aux époques des deux passages, les sujets adultes et les jeunes de cette espèce sont fort communs aux environs de Pékin.

726. — HARELDA GLACIALIS

ANAS GLACIALIS et A. HYEMALIS, L. (1766), *S. N.*, I, 203. — LA SARCELLE DE L'ILE DE FEROE et LE CANARD DE MICLON, Buff. (1770), *Pl. Enl.* 999 et 1,008. — ANAS HYEMALIS et A. GLACIALIS, Gm. (1788), *S. N.*, I, 529. — ANAS GLACIALIS, Pall. (1811), *Zoogr.*, II, 276. — Wils. (1814), *Am. Orn.*, VIII, 93 et 96, pl. 70. — Tem. (1820), *Man. d'orn.*, 2e éd., II, 860. — HARELDA GLACIALIS (Steph.), Shaw (1829), *Gen. Zool.*, XII, 175. — Gould (1832-37), *B. of Eur.*, pl. 382. — FULIGULA GLACIALIS, Aud. (1828), *Orn. biogr.*, IV, 403, pl. 312, et (1843), *B. Amer.*, VI, 379, pl. 410. — HARELDA GLACIALIS, Blyth (1849), *Cat.* 307, no 1,793. — ANAS GLACIALIS, Midd. (1853), *Sib. Reis.*, II, 236. — Radde (1863), *Reis. in S. O. Sib.*, II, 374. — FULIGULA GLACIALIS, Schleg. (1866), *Mus. des P. B.*, *Anseres*, 23. — HARELDA GLACIALIS, Degl. et Gerbe (1867), *Ornith. eur.*, 2e éd., II, 549. — FULIGULA GLACIALIS, A. Dav. (1871), *N. Arch. du Mus.*, *Bull.* VII, *Cat.* no 456. — HARELDA GLACIALIS, Swinh. (1871), *P. Z. S.*, 419. — Elliott Coues (1874), *B. of the N. W. Am.*, 579. — Dyb. (1876), *J. f. Orn.*, 202. — Tacz. (1877), *Bull. Soc. zool. Fr.*, II, 48.

Le Canard de Miquelon, qui a le bec beaucoup plus court que la tête, et la queue effilée comme le Pilet, descend en hiver des contrées polaires dans la région des grands lacs de l'Amérique du Nord, dans l'Europe septentrionale, dans la Sibérie orientale et dans la Chine. Ma collection de Pékin renferme un jeune oiseau de cette espèce qui a été tué à Takou par M. de La Tour-du-Pin, lieutenant de vaisseau ; c'est, à notre connaissance, le seul Canard de Miquelon dont la capture ait été opérée dans les limites de l'empire chinois.

727. — AYTHIA FERINA

ANAS FERINA, L. (1766), *S. N.*, I, 203. — LE MILLOUIN, Buff. (1770), *Pl. Enl.* 803. — ANAS RUFA et A. FERINA, Gm. (1788), *S. N.*, I, 515 et 530. — ANAS FERINA, Pall. (1811), *Zoogr.*, II, 250. — Tem. (1820), *Man. d'orn.*, 2e éd., II, 868. — AYTHIA FERINA, Boie (1822), *Isis*, 564. — FULIGULA FERINA (Steph.), Shaw (1829), *Gen. Zool.*, XII, 193. — Gould (1832-37), *B. of Eur.*, pl. 367. — Blyth (1849), *Cat.* 306, no 1,785. — ANAS FERINA, Radde (1863), *Reis. in S. O. Sib.*, II, 375. — AYTHIA FERINA, Jerd. (1864), *B. of Ind.*, II, 812. — FULIGULA FERINA, Schleg. (1866), *Mus. des P. B.*, *Anseres*, 23. — Degl. et Gerbe (1867), *Orn. eur.*, 2e éd., II, 538. — A. Dav. (1871), *N. Arch. du Mus.*, *Bull.* VII, *Cat.* no 455. — AYTHIA FERINA, Swinh. (1871), *P. Z. S.*, 419. — Dyb. (1873), *J. f. Orn.*, 110. — FULIGULA FERINA, Severtz. (1873), *Turk. Jevotn.*, 70. — Dress. (1876), *Ibis*, 420. — Tacz. (1877), *Bull. Soc. zool. Fr.*, II, 46.

Le Canard Milouin d'Europe, à la tête rousse, au dos d'un gris cendré, se trouve également, mais en petit nombre, dans l'Inde pendant la mauvaise saison ; il est aussi fort rare dans la Sibérie orientale, mais très-répandu, au contraire, dans la Chine, en hiver et aux deux époques des passages. En Amérique, il est représenté par une race particulière, *Aythia ferina*, var. *americana* (Ell. Coues).

728. — FULIX NYROCA

ANAS NYROCA, Güldenstaedt. (1769), *Nov. Comm. Petrop.*, XIV, 403. — LA SAR-CELLE d'ÉGYPTE, Buff. (1770), *Pl. Enl.* 1,000. — ANAS AFRICANA et A. FERRUGINEA, Gm. (1788), *S. N.*, 522 et 528. — ANAS LEUCOPHTHALMOS, Bechst. (1809), *Nat. Deutsch.*, IV, 1,009. — Tem. (1820), *Man. d'orn.*, 2e éd., II, 876. — AYTHIA NYROCA, Boie (1822), *Isis*, 564. — FULIGULA NYROCA (Steph.), Shaw (1824), *Gen. Zool.*, XII, 201. — FULIGULA LEUCOPHTHALMA, Gould (1832-37), *B. of Eur.*, pl. 368. — NYROCA LEUCOPHTHALMA, Gr. (1846), *Cat. Hodgs. Coll.* 147. — FULIGULA NYROCA, Blyth (1849), *Cat.* 306, n° 1,789. — Schleg. (1866), *Mus. des P. B.*, Anseres, 30. — Degl. et Gerbe (1867), *Ornith. eur.*, 2e éd., II, 540 (excl. syn.). — A. Dav. (1871), *N. Arch. du Mus.*, *Bull.* VII, *Cat.* n° 454. — FULIGULA LEUCOPHTHALMA, Severtz. (1873), *Turk. Jevotn.*, 70. — NYROCA FERRUGINEA, Dress. (1876), *Ibis*, 421.

Le Canard Nyroca ou Fuligule à iris blanc se distingue non-seulement, comme son nom l'indique, par la couleur blanche de ses yeux, mais encore par la teinte marron de sa tête et de son cou et la tache blanche qu'il porte sur le menton. Il voyage du nord de l'Europe et de l'Asie jusqu'à l'Afrique septentrionale et au Népaul, et vient en assez grand nombre passer l'hiver dans l'empire chinois. Au printemps, il est commun sur les lacs et les cours d'eau de la province de Pékin ; aussi sommes-nous étonnés que M. Swinhoe ne fasse pas mention de cette espèce dans sa liste des oiseaux de la Chine.

729. — FULIX MARILA

ANAS MARILA, L. (1766), *S. N.*, I, 509. — LE MILLOUINAN, Buff. (1770), *Pl. Enl.* 1,002. — ANAS FRENATA, Sparm. (1786-89), *Mus. Carls.*, pl. 38. — ANAS MARILA, Gm. (1788), *S. N.*, I, 509. — Tem. (1820), *Man. d'orn.*, 2e éd., II, 865. — FULIGULA MARILA (Steph.), Shaw (1824), *Gen. Zool.*, XII, 198. — Gould (1832-37), *B. of Eur.*, pl. 374. — Eyt. (1838), *Mon. Anat.*, 156. — Aud. (1843), *B. Amer.*, VI, 355, pl. 498. — Gr. (1846), *Cat. Hodgs. Coll.* 147. — Blyth (1849), *Cat.* 306, n° 1,787. — ANAS MARILA, Midd. (1853), *Sib. Reis.*, II, 238. — FULIX MARILA, Swinh. (1861), *Ibis*, 345. — ANAS MARILA, Radde (1863), *Reis. in S. O. Sib.*, II, 375. — FULIGULA MARILA, Jerd. (1864), *B. of Ind.*, II, 814. — Schleg. (1866), *Mus. des P. B.*, Anseres, 26. — Degl. et Gerbe (1867), *Ornith. eur.*, 2e éd., II, 536. — ANAS MARILA, Przew. (1867-69), *Voy.*, n° 210. — PLA-TYPUS MARILA, Dyb. (1868), *J. f. Orn.*, 339. — FULIX MARILA, Swinh. (1871), *P. Z. S.*,

419, et (1873), *Ibis*, 367. — Fuligula marila, Dyb. (1873), *J. f. Orn.*, 110. — Elliott Coues (1874), *B. of the N. W. Am.*, 573. — Fulix marila, Swinh. (1875), *Ibis*, 457. — Fuligula marila, Tacz. (1877), *Bull. Soc. zool. Fr.*, II, 47.

Le Canard Milouinan, qui est fort commun dans le nord de l'Amérique et de l'Europe et dans toute la Sibérie orientale, se montre beaucoup plus rarement que le Morillon à Pékin et sur les eaux douces de l'intérieur de l'Empire ; mais, d'après M. Swinhoe, il est très-nombreux en hiver sur les côtes maritimes.

730. — FULIX MARILOÏDES

Fulix mariloïdes, Richardson, ms. (nec Vig.). — Swinh. (1873), *P. Z. S.*, 411, et (1875), *Ibis*, 457.

Sous ce nom, M. Swinhoe désigne un canard qui se distinguerait à la fois du Milouinan par une taille sensiblement plus faible, le dos moins taché de blanc, les couvertures alaires à peine vermiculées de blanchâtre, et du *Fulix affinis* Eyt. (*Fulix mariloïdes* Vig.) de l'Amérique septentrionale par ses pennes alaires plus fortement marquées de blanc. Cette espèce, dont M. Swinhoe a envoyé des individus vivants en Angleterre, aurait été signalée pour la première fois par Richardson dans le détroit de Béhring ; elle visiterait en hiver les côtes du Japon et de la Chine et se trouverait parfois en vente sur le marché de Changhaï.

731. — FULIX CRISTATA

Anas fuligula, L. (1766), *S. N.*, I, 207. — Le Morillon, Buff. (1770), *Pl. Enl.* 1,001. — Anas scandiaca et A. fuligula, Gm. (1788), *S. N.*, I, 520 et 543. — Anas fuligula et A. colymbis, Pall. (1811), *Zoogr.*, II, 265 et 266. — Anas fuligula, Tem. (1820), *Man. d'orn.*, 2e éd., II, 873. — Fulix cristata (Steph.), Shaw (1824), *Gen. Zool.*, XII, 190. — Fuligula cristata, Gould (1832-37), *B. of Eur.*, pl. 370. — Bp. (1838), *Comp. List*, 58. — Fuligula cristatus et F. vulgaris (Hodgs.), Gr. (1844), *Zool. Misc.*, 86. — Fuligula cristata, Gr. (1844), *Cat. Hodgs. Coll.* 147. — Blyth. (1849), *Cat.* 306, n° 1,788. — Anas fuligula, Tem. et Schleg. (1850), *Faun. Jap., Aves*, 128. — Fulix cristata, Midd. (1853), *Sib. Reis.*, II, 237. — Schr. (1860), *Vög. d. Am. L.*, 484. — Swinh. (1861), *Ibis*, 345. — Radde (1863), *Reis. in S. O. Sib.*, II, 375. — Fuligula cristata, Jerd. (1864), *B. of Ind.*, II, 815. — Schleg. (1866), *Mus. des P. B., Anseres*, 28. — Fulix cristata, Degl. et Gerbe (1867), *Ornith. eur.*, 2e éd., II, 533. — Fuligula cristata, Przew. (1867), *Voy.*, n° 209. — Platypus cristatus, Dyb. (1868), *J. f. Orn.*, 339. — Fulix cristata, A. Dav. (1871), *N. Arch. du Mus., Bull.* VII, *Cat.* n° 453. — Swinh. (1871), *P. Z. S.*, 419, et (1873), *Ibis*, 367. — Fuligula cristata, Severtz. (1873), *Turk. Jevotn.*, 70. — Dyb. (1873), *J. f. Orn.*, 110. — Œdemia cristata, Dress. (1876), *Ibis*, 420. — Fuligula cristata, Tacz. (1877), *Bull. Soc. zool. Fr.*, II, 47.

Le Canard Morillon ou Fuligule huppée, qui a pour patrie les régions arctiques de l'Ancien-Monde et qui se répand en hiver dans l'Europe tempérée, est très-commun à la même saison dans la Sibérie orientale, dans le Turkestan, dans l'Inde, au Japon et dans la Chine, où on le rencontre, depuis le mois de novembre jusqu'au mois de mars, sur les lacs, les fleuves et les rivières et même au milieu des montagnes.

732. — FULIX BAERI (Pl. 124)

Fulix Baeri, Radde (1863), *Reis. in S. O. Sib.*, II, 376, pl. 15. — Przew. (1867), *Voy.*, nº 211. — Swinh. (1871), *P. Z. S.*, 419, et (1873), *Ibis*, 419. — Dyb. (1874), *J. f. Orn.*, 337. — Tacz. (1877), *Bull. Soc. zool. Fr.*, II, 47.

Dimensions. Long. totale, 0m,49; queue, 0m,06; aile, 0m,21; tarse, 0m,038; bec, 0m,038. (Mâle adulte.)

Couleurs. Iris jaune clair; bec plombé; pattes d'un gris plombé, avec les articulations brunes. — Tête et cou d'un noir à reflets verts métalliques; menton souvent marqué de blanc comme dans le *Nyroca*; parties supérieures du corps brunes, avec les grandes couvertures alaires blanches, terminées de brun; poitrine d'un brun marron; abdomen blanc, nuancé de brun; plumes des côtés du croupion d'un brun roux.

La Fuligule de Baer, découverte par Radde dans la Sibérie orientale, est une espèce constante et bien caractérisée, quoi qu'en aient dit certains ornithologistes. Elle visite la Chine régulièrement chaque hiver, et est particulièrement abondante aux mois de février et de mars. J'ai trouvé de ces oiseaux en vente sur les marchés de Kiou-kiang et de Changhaï. Ceux que j'ai déposés dans les galeries du Muséum sont sans doute les premiers que l'on ait vus en France et les seuls qui existent encore dans les musées de notre pays.

733. — MERGELLUS ALBELLUS

Mergus albellus et M. minutus, L. (1766), *S. N.*, I, 209. — Le Harle Piette et le Harle étoilé, Buff. (1770), *Pl. Enl.* 449 et 450. — Mergus asiaticus, S. Gmel. (1774-84), *Reis.*, II, 188. — Mergus albellus et M. minutus, Gm. (1788), *S. N.*, I, 547 et 548. — Mergus albellus, Pall. (1811), *Zoogr.*, II, 289. — Tem. (1820), *Man. d'orn.*, 2e éd., II, 887. — Mergellus albellus, Gould (1832-37), *B. of Eur.*, pl. 387. — Mergus albellus, Tem. et Schleg. (1850), *Faun. Jap.*, 129. — Midd. (1853), *Sib. Reis.*, II, 238. — Schr. (1860), *Vög. d. Am. L.*, 486. — Mergellus albellus, Swinh. (1861), *Ibis*, 244. — Mergus albellus, Radde (1863), *Reis. in S. O. Sib.*, II, 379. — Mergellus albellus, Jerd. (1864), *B. of Ind.*, II, 818 — Mergus albellus, Schleg. (1866), *Mus*.

des P. B., Anseres, 6. — Degl. et Gerbe (1867), Ornith. eur., 2ᵉ éd., II, 573. — Przew.
(1867), Voy., nº 214. — Dyb. (1868), J. f. Orn., 339. — A. Dav. (1811), N. Arch. du
Mus., Bull. VII, Cat. nº 433. — Mergellus albellus, Swinh. (1871), P. Z. S., 416.
Mergus albellus, Severtz. (1873), Turk. Jevotn., 70. — Dress. (1876), Ibis, 421. —
— Mergellus albellus, Tacz. (1877), Bull. Soc. zool. Fr., II, 49.

Le Harle Piette, qui est de la taille d'une forte sarcelle, niche
dans les régions boréales de l'Ancien-Continent et visite dans ses
migrations l'Europe, l'Algérie, le Turkestan, l'Inde septentrionale, la Sibérie orientale, le Japon et l'empire chinois. Il est fort
commun pendant l'hiver sur les fleuves et les lacs de la Chine
centrale et passe en grand nombre à Pékin à la fin de la saison
froide : on voit alors aux environs de la capitale beaucoup de
mâles adultes de cette espèce, reconnaissables à leur tête et à
leur cou blancs, et à leurs yeux entourés d'une large plaque d'un
noir verdâtre.

734. — MERGUS MERGANSER

Mergus merganser et M. castor, L. (1766), S. N., I, 209. — Le Harle, Buff. (1770),
Pl. Enl. 951 et 953. — Mergus merganser et M. castor, Gm. (1788), S. N., I, 544 et
545. — Mergus merganser, Pall. (1811), Zoogr., II, 286. — Wils. (1814), Am. Orn.,
VIII, 68, pl. 68. — Tem. (1820), Man. d'orn., 2ᵉ éd., II, 881. — Mergus merganser,
Gould (1832-37), B. of Eur., pl. 384. — Merganser castor, Bp. (1838), Comp. List,
59. — Mergus merganser, Aud. (1838), Orn. biog., IV, 261, pl. 331, et (1843), B. Amer.,
VI, 387, pl. 411. — Mergus orientalis, Gould (1845), P. Z. S., 86. — Gr. (1846),
Cat. Hogds. Coll. 147. — Mergus castor, Blyth (1849), Cat. 308, nº 1,798. — Mergus
merganser, Tem. et Schleg. (1850), Faun. Jap., Aves, 129. — Midd. (1853), Sib. Reis.,
II, 238. — Schr. (1860), Vög. d. Am. L., 485. — Swinh. (1860), Ibis, 67. — Radde
(1863), Reis. in S. O. Sib., II, 378. — Mergus castor, Swinh. (1863), P. Z. S., 323. —
Jerd. (1864), B. of Ind., II, 817. — Mergus merganser, Schleg. (1866), Mus. des P. B.,
Anseres, 2. — Degl. et Gerbe (1867), Ornith. eur., 2ᵉ éd., II, 569. — Przew. (1867-69),
Voy., nº 212. — A. Dav. (1871), N. Arch. du Mus., Bull. VII, Cat. nº 435. — Mergus
castor, Swinh. (1871), P. Z. S., 416. — Mergus merganser, Severtz. (1873), Turk.
Jevotn., 70. — Dyb. (1873), J. f. Orn., 110. — Mergus castor, Swinh. (1875), Ibis,
456. — Mergus merganser, Elliott Coues (1874), B. of the N. W. Am., 583. — Dress.
(1876), Ibis, 421, — Tacz. (1877), Bull. Soc. zool. Fr., II, 48.

Le Grand Harle ou Harle Bièvre, qui a la taille d'un gros
canard et dont le vertex est orné d'une touffe de plumes courtes
et serrées, descend des régions arctiques jusque dans les États-
Unis, l'Europe méridionale, l'Algérie, l'Asie centrale et la région
himalayenne, le Japon, la Sibérie orientale et la Chine où il est
très-répandu pendant l'hiver. On prend aux environs de Tientsin
et de Pékin un grand nombre de ces oiseaux et, parmi eux,
beaucoup de sujets adultes. Je crois néanmoins que le Harle

Bièvre, de même que ses congénères, ne se propage point dans l'empire chinois, car je ne l'ai jamais rencontré pendant l'été.

735. — MERGUS SQUAMATUS

MERGUS SQUAMATUS, Gould (1864), *P. Z. S.*, 184. — MERGUS MERGANSER, Schleg. (1866), *Mus. des P. B.*, *Anseres*, 2 (part.). — MERGUS SQUAMATUS, Swinh. (1871), *P. Z. S.*, 416.

Cette nouvelle espèce de Harle, qui n'a point été acceptée par le professeur Schlegel dans son *Catalogue du Musée des Pays-Bas*, a été décrite d'après un jeune individu provenant de Chine. D'après M. Gould, elle serait d'une taille intermédiaire entre celle des deux espèces précédentes et aurait pour caractère distinctif des taches en forme d'écailles sur les plumes des flancs.

736. — MERGUS SERRATOR

MERGUS SERRATOR, L. (1766), *S. N.*, I, 208. — LE HARLE HUPPÉ, Buff. (1770), *Pl. Enl.* 207. — MERGUS SERRATUS, Gm. (1788), *S. N.*, I, 546. — MERGUS SERRATOR, Pall. (1811), *Zoogr.*, II, 286. — Wils. (1814), *Am. Orn.*, VIII, 81, pl. 69. — Tem. (1820), *Man. d'orn.*, 2e éd., II, 848. — Gould (1832-37), *B. of Eur.*, pl. 385. — Aud. (1839), *Orn. biog.*, V, 92, pl. 401, et (1843), *B. Am.*, VI, 395, pl. 412. — Tem. et Schleg. (1850), *Faun. Jap.*, *Aves*, 129. — Midd. (1853), *Sib. Reis.*, II, 238. — Schr. (1860), *Vög. d. Am. L.*, 486. — MERGUS SERRATUS, Swinh. (1860), *Ibis*, 67. — MERGUS SERRATOR, Radde (1863), *Reis. in S. O. Sib.*, II, 379. — Swinh. (1863), *P. Z. S.*, 323. — Schleg. (1866), *Mus. des P. B.*, *Anseres*, 3. — Degl. et Gerbe (1867), *Ornith. eur.*, 2e éd., II, 570. — Przew. (1867-69), *Voy.*, no 213. — Dyb. (1868), *J. f. Orn.*, 339. — A. Dav. (1871), *N. Arch. du Mus.*, *Bull.* VII, *Cat.* no 434. — Swinh. (1871), *P. Z. S.*, 416, et (1875), *Ibis*, 456. — Elliott Coues (1874), *B. of the N. W. Amer.*, 456. — Tacz. (1877), *Bull. Soc. zool. Fr.*, II, 49.

Le Harle huppé, qui a la taille d'un canard ordinaire et dont la nuque est garnie de plumes effilées, habite les mêmes contrées que le Harle Bièvre, et effectue à peu près les mêmes migrations. On le rencontre aussi pendant l'hiver sur les eaux douces et sur les côtes de la Chine ; dans ce pays, toutefois, les mâles adultes paraissent assez rares, et jamais je n'ai pu m'en procurer à Pékin.

COLYMBIDÉS

On n'a rencontré jusqu'à ce jour dans l'empire chinois qu'une seule des 4 espèces qui composent ce petit groupe, propre aux régions boréales des deux mondes.

737. — COLYMBUS SEPTENTRIONALIS

COLYMBUS SEPTENTRIONALIS, L. (1766), *S. N.*, II, 220. — LE PLONGEON A GORGE ROUGE DE SIBÉRIE ET LE PLONGEON, Buff. (1870), *Pl. Enl.* 308 et 992. — COLYMBUS STRIATUS, C. SEPTENTRIONALIS ET C. STELLATUS, Gm. (1788), *S. N.*, I, 586. — CEPHUS SEPTENTRIONALIS, Pall. (1811), *Zoogr.*, II, 342. — Tem. (1820), *Man. d'orn.*, 2ᵉ éd., II, 917. — Aud. (1835). *Orn. biogr.*, III, 20, pl. 202.—Gould (1832-37), *B. of Eur.*, pl. 395. — Aud. (1844), *B. Am.*, VII, 299, pl. 478. — Blyth (1849), *Cat.*, 309, nᵒ 1802.—Midd. (1853), *Sib. Reis.*, II, 339. — Bp. (1856), *Compt. rend. Ac. Sc.*, XLI, *Tabl. des Pélag.*, nᵒ 33. — Schr. (1860), *Vög. d. Am. L.*, 496. — COLYMBUS GLACIALIS, Swinh. (1860), *Ibis*, 67. — COLYMBUS SEPTENTRIONALIS, Radde (1863), *Reis. in S. O. Sib.*, II, 382. — Swinh. (1863), *Ibis*, 433, et *P. Z. S.*, 322. — Radde (1863), *Reis. in S. O. Sib.*, II, 382. — Schleg. (1867), *Mus. des P. B.*, *Urinat.*, 32. — Degl. et Gerbe (1867), *Ornith. eur.*, 2ᵉ éd., II, 594. — Swinh. (1871), *P. Z. S.*, 415. — (1874), *Ibis*, 163. — (1875), *ibid.*, 456. — Elliott Coues (1875), *B. of the N. W. Am.*, 724. — Tacz. (1877), *Bull. Soc. zool. Fr.*, II, 50.

Le Plongeon Cat-Marin, dont le cou est orné d'une tache rousse en été, est sensiblement plus petit que les autres espèces du même genre, sa longueur totale ne dépassant pas 0ᵐ,62. Il a pour patrie le nord de l'Europe, de l'Asie et de l'Amérique, et visite dans ses migrations la Sibérie orientale, le Japon et la Chine, où il est assez commun en hiver le long des côtes. Je l'ai également rencontré une fois, dans l'intérieur des terres, dans la Chine occidentale.

PODICIPIDÉS

La famille des Grèbes ou Podicipidés comprend 33 espèces, qui sont réparties sur toute la surface du globe, et dont 4 font partie de la faune chinoise.

738. — PODICEPS PHILIPPENSIS

LE CASTAGNEUX DES PHILIPPINES, Buff. (1770), *Pl. Enl.* 945. — COLYMBUS MINOR, var. B., Gm. (1788), *S. N.*, I, 591. — COLYMBUS PHILIPPENSIS, Bonnat. (1823), *Encycl.*, I, 58, pl. 46, f. 3. — PODICEPS PHILIPPENSIS, Gr. (1846), *Cat. Hodgs. Coll.* 147. — Blyth (1849), *Cat.* 311, nᵒ 1,816. — TACHYBAPTUS PHILIPPENSIS, Bp. (1856), *Compt. rend. Ac. Sc.*, XLI, *Tabl. des Pélag.*, nᵒ 53. — PODICEPS PHILIPPENSIS, Swinh. (1860), *Ibis*, 67. — PODICEPS PHILIPINUS, Swinh. (1861), *ibid.*, 343. — PODICEPS MINOR, Swinh. (1863), *Ibis*, 433, et *P. Z. S.*, 322.—PODICEPS PHILIPPENSIS, Jerd. (1864), *B. of Ind.*, II, 822.— PODICEPS MINOR, Schleg. (1866), *Mus. des P. B.*, *Urinat.*, 143 (part.). — A. Dav. (1871), *N. Arch. du Mus.*, *Bull.* VII, *Cat.* nᵒ 431. — PODICEPS PHILIPPENSIS, Swinh. (1871), *P. Z. S.*, 415, et (1875), *Ibis*, 456. — Wald. (1875), *Trans. zool. Soc.*, IX, part. 2, p. 545.

Le Petit Grèbe des Philippines ou Castagneux de l'extrême Orient a la même taille (0ᵐ,24) et la même coloration générale que le Castagneux commun de nos contrées, et ne diffère de cette dernière espèce que par ses pennes secondaires plus largement marquées de blanc. On le trouve non-seulement aux Philippines, mais dans l'Inde, au Japon et en Chine, où il est très-commun sur les rivières et sur les lacs dont l'eau est transparente. Pendant la saison froide, il se retire quelquefois sur le bord de la mer et fréquente les eaux salées.

739. — PODICEPS NIGRICOLLIS

COLYMBUS AURITUS, var. β, L. (1766), S. N., I, 222. — Pall. (1811), Zoogr., II, 356. — Tem. (1820), Man. d'orn., II, 725 (part.), et Atlas du Man., pl. lith. — PODICEPS NIGRICOLLIS, Sund. (1848), Öfvers. Kong. Vetesnk. Akad., 210. — PODICEPS AURITUS, Tem. et Schleg. (1850), Faun. Jap., Aves, 123. — PODICEPS (DYTES) NIGRICOLLIS, Bp. (1856), Compt. Rend. Ac. Sc., XLI, Tabl. des Pélag., n° 46. — PODICEPS AURITUS, Swinh. (1860), Ibis, 67. — Schleg. (1867), Mus. des P. B., Urinat., 40 (part.). — PODICEPS NIGRICOLLIS, Degl. et Gerbe (1867), Ornith. eur., 2e éd., II, 585. — PODICEPS AURITUS, Swinh. (1871), P. Z. S., 415. — A. Dav. (1871), N. Arch. du Mus., Bull. VII, Cat. n° 432. — PODICEPS NIGRICOLLIS, Hume (1872), Ibis, 468. — PODICEPS AURITUS, Severtz. (1873), Turk. Jevotn., 69. — Dyb. (1874), J. f. Orn., 326. — PODICEPS NIGRI-COLLIS, Swinh. (1874), Ibis, 163, et (1875), ibid., 456. — Dress. (1876), ibid., 414. — PODICEPS AURITUS, Tacz. (1877), Bull. Soc. zool. Fr., II, 50.

Le Grèbe oreillard à col noir est notablement plus grand que le Castagneux, et mesure environ 0ᵐ,35 de longueur totale ; dans sa livrée d'été, il a la tête et le cou noirs, et la région parotique ornée de chaque côté d'un pinceau de plumes rousses. On le trouve communément dans l'Europe centrale et méridionale, et plus rarement dans la Sibérie orientale, au Japon et dans l'Inde. En Chine, il a été rencontré pendant l'hiver dans toutes les provinces septentrionales, jusqu'à Amoy, et je l'ai pris aux environs de Pékin, où il est cependant moins répandu que l'espèce précédente.

740. — PODICEPS CORNUTUS

COLYMBUS CORNUTUS, Gm. (1788), S. N., I, 591. — PODICEPS CORNUTUS, Lath. (1790), Ind. Orn., II, 783. — Tem. (1820), Man. d'orn., 2e éd., II, 721 (part.). — Aud. (1835), Orn. biogr., III, 429, pl. 259, et (1844), B. Am., VII, 316, pl. 481. — Blyth (1849), Cat. 311, n° 1814. — Midd. (1853), Sib. Reis., II, 238. — PODICEPS (DYTES) CORNUTUS, Bp. (1856), Compt. rend. Ac. Sc., XLI, Tabl. des Pélag., n° 44. — PODICEPS CORNUTUS, Schr. (1860), Vög. d. Am. L., 492. — Radde (1863), Reis. in S. O. Sib., II, 381. — Swinh. (1863), P. Z. S., 322. — Schleg. (1867), Mus. des P. B., Urinat., 36. — Swinh. (1871), P. Z. S., 415. — Dyb. (1873), J. f. Orn., 108. — Elliott Coues (1874), B. of the N. W. Amer., 731. — Swinh. (1875), Ibis, 456. — Tacz. (1877), Bull. Soc. zool. Fr., II, 49.

Le Grèbe cornu habite principalement l'Amérique septentrionale, mais il a été signalé également aux îles Orkney, en Hollande, sur les bords du lac Baïkal, au Japon et sur les côtes de la Chine. M. Swinhoe cite la capture faite à Amoy d'un mâle de cette espèce, facile à reconnaître à son iris rouge, cerclé de jaune, et à sa tête ornée de deux longues touffes de plumes rousses, formant des sortes de cornes au-dessus et en arrière des yeux.

741. — PODICEPS CRISTATUS

COLYMBUS CRISTATUS et C. URINATOR, L. (1766), *S. N.*, I, 222 et 223. — LE GRÈBE CORNU et LE GRÈBE HUPPÉ, Buff. (1770), *Pl. Enl.* 400, 941 et 944. — COLYMBUS CRISTATUS et C. URINATOR, Gm. (1788), *S. N.*, I, 589 et 593. — COLYMBUS CORNUTUS, Pall. (1811), *Zoogr.*, II, 253 (nec Gm.). — PODICEPS CRISTATUS, Tem. (1820), *Man. d'orn.*, 2ᵉ éd., II, 719. — LOPHAYTHIA CRISTATA, Kaup. (1829), *Nat. Syst.*, 72. — PODICEPS CRISTATUS, Aud. (1835), *Orn. biogr.*, III, 598, pl. 292, et (1844), *B. Am.*, VII, 308, pl. 479. — Gr. (1846), *Cat. Hodgs. Coll.*, 147. — Blyth (1849), *Cat.* 311, nᵒ 1812. — PODICEPS (LOPHAITHYA) CRISTATUS, Bp. (1856), *Compt. rend. Ac. Sc.*, XLI, *Tabl. des Pélag.*, nᵒ 34. — PODICEPS CRISTATUS, Swinh. (1860), *Ibis*, 67. — Jerd. (1864), *B. of Ind.*, II, 820. — Schleg. (1867), *Mus. des P. B.*, *Urinat.*, 34. — Degl. et Gerbe (1867), *Ornith. eur.*, 2ᵉ éd., II, 577. — Przew. (1867-69), *Voy.*, nᵒ 218. — Swinh. (1871), *P. Z. S.*, 415. — Severtz. (1873), *Turk. Jevotn.*, 70.— Elliott Coues (1874), *B. of the N. W. Amer.*, 729. — Dress. (1876), *Ibis*, 414. — Tacz. (1877), *Bull. Soc. zool. Fr.*, II, 49.

Le Grand Grèbe huppé, qui habite une grande partie de l'Europe, de l'Asie et de l'Amérique septentrionale, est un oiseau de grande taille, mesurant plus de 0ᵐ,50 de long, et ayant, en été, le cou garni d'une large fraise rousse et noire et la tête ornée de deux huppes aplaties d'un noir brillant. Il visite le Japon, le Bengale et le Turkestan, et, d'après M. Swinhoe, se montre en assez grand nombre sur les côtes de la Chine méridionale. Je ne l'ai point rencontré dans l'intérieur de l'Empire, et il paraît assez rare dans l'est de la Sibérie. En Australie, il est représenté par une race peu distincte, le *Podiceps australis* (Gould).

PROCELLARIDÉS

Plus de 100 espèces d'oiseaux, les uns de petite taille, les autres de grandes dimensions, rentrent dans cette famille cosmopolite. Sur ce nombre, 5 seulement ont été signalées jusqu'ici dans les eaux de la Chine.

742. — THALASSIDROMA MONORHIS

THALASSIDROMA MONORHIS, Swinh. (1867), *Ibis*, 386, et (1871), *P. Z. S.*, 422.

Dimensions. Long. totale, 0^m,182 ; queue, 0^m,07 ; aile, 0^m,153 ; tarse, 0^m,022.

Couleurs. Iris brun ; bec noir ; pattes noires, avec le côté interne du doigt interne et les deux côtés du doigt médian blanchâtres à la base. — Tête et cou d'un gris sombre qui s'éclaircit légèrement sur le front et autour du bec ; dos d'un brun fuligineux ; scapulaires et sus-caudales d'une teinte analogue, avec la tige noirâtre ; petites couvertures des ailes et rectrices d'un brun très-foncé ; rémiges de la même teinte, avec la base blanche ; grandes couvertures des ailes d'un gris brunâtre assez clair, et largement bordées de blanc ; dessous du corps d'une teinte enfumée qui passe au noirâtre sur les couvertures inférieures des ailes et les sous-caudales. (D'après M. Swinhoe.)

Ce petit pétrel, récemment décrit par M. Swinhoe, fréquente les mers de Chine et niche régulièrement sur les îlots déserts situés au N.-E. de Formose.

743. — PUFFINUS LEUCOMELAS

PUFFINUS LEUCOMELAS, Tem. (1838), *Pl. Col.* 587.— Tem. et Schleg. (1850), *Faun. Jap.*, *Aves*, 131, pl. 85.— THIELLUS LEUCOMELAS, Bp. (1856), *Compt. rend. Ac. Sc.*, XLI, *Tabl. des Pélag.*, n° 71. — PUFFINUS LEUCOMELAS, Bp. (1857), *Consp. Av.*, II, 203. — PROCELLARIA LEUCOMELAS, Schleg. (1863), *Mus. des P. B.*, *Procell.*, 24. — PUFFINUS LEUCOMELAS, A. Dav. (1871), *Nouv. Arch. du Mus.*, *Bull.* VII, Cat. n° 468.— Wald. (1875), *Trans. zool. Soc.*, IX, part. 2, p. 243.

Dimensions. Long. totale, 0^m,16.
Couleurs. Iris d'un brun olivâtre, cerclé de brun jaunâtre ; bec noirâtre, passant au blanc à la pointe et au rose sur les bords ; pattes et ongles roses. — Plumes de la tête et du cou blanches, striées de noir ; reste des parties supérieurs d'un brun fuligineux plus ou moins foncé ; parties inférieures du corps d'un blanc pur.

J'ai rencontré, au mois de juin 1868, sur les côtes du Chantong, un grand nombre de Puffins, au plumage d'un brun foncé en dessus et d'un blanc pur en dessous, que je crois devoir rapporter à l'espèce décrite par MM. Temminck et Schlegel dans la *Fauna japonica*. J'attribue également à la même forme des Procellariens que j'ai observés dans les mers du Tchékiang. Le

Puffinus leucomelas a été signalé du reste non-seulement au Japon, mais aux Philippines et sur divers points de l'océan Pacifique.

744. — DIOMEDEA ALBATRUS

L'ALBATROS DE LA CHINE, Buff. (1770), *Pl. Enl.* 963. — DIOMEDEA ALBATRUS, Pall. (1811), *Zoogr.*, II, 308. — DIOMEDEA BRACHYURA, Less. (1831), *Trait. d'orn.*, 609.— Tem. (1838), *Pl. Col.* 554. — Gould (1848), *B. of Aust.*, VII, pl. 39.—Tem. et Schleg. (1850), *Faun. Jap., Aves*, 132 (part., nec pl. 87). — Bp. (1856), *Compt. rend. Ac. Sc.*, XLI, *Tabl. des Pélag.*, n° 2 (part.), et (1857), *Consp. Av.*, II, 184 (part.). — Swinh. (1860), *Ibis*, 67. — Schleg. (1863), *Mus. des P. B., Procell.*, 32.— Swinh. (1864), *Ibis*, 423. — DIOMEDEA ALBATRUS, Swinh. (1864), *Ibis*, 423, et (1871), *P. Z. S.*, 422. — DIOMEDEA BRACHYURA, Dyb. (1876), *J. f. Orn.*, 202. — DIOMEDEA ALBATRUS, Tacz. (1877), *Bull. Soc. zool. Fr.*, II, 40.

Cette espèce, qui paraît être celle qui a été figurée dans les *Planches enluminées* sous le nom d'Albatros de la Chine, ressemble au Mouton du Cap (*Diomedea exulans*) par son bec large, d'un blanc jaunâtre, et par son plumage d'un blanc pur chez les adultes (avec les rémiges noires) et d'un brun fuligineux chez les jeunes ; mais il s'en distingue par sa taille plus faible, sa queue plus courte et ses pattes noirâtres. De même que les deux espèces suivantes, avec lesquelles il a été souvent confondu, l'Albatros à courte queue habite le nord de l'océan Pacifique, et se montre assez fréquemment sur les côtes de la Chine, du Japon et de la Sibérie orientale où il a été signalé jadis par Pallas et tout récemment par M. Dybowski.

745. — DIOMEDEA DEROGATA

DIOMEDEA BRACHYURA, Tem. et Schleg. (1850), *Faun. Jap., Aves*, 132 (part.), et pl. 87 (juv.). — DIOMEDEA DEROGATA, Swinh. (1873), *P. Z. S.*, 786, et *Ibis*, 165. — (1874), *Ibis*, 165. — (1875), *ibid.*, 140.

M. Swinhoe décrit comme nouvelle une espèce d'albatros de taille moyenne (0ᵐ,87, mâle), au plumage d'un brun fuligineux, dont il s'est procuré six individus mâles adultes à Tchefou, au mois de juin 1873, et qui a été retrouvée plus récemment au Japon par le capitaine Blakiston. D'après M. Swinhoe, le *Diomedea derogata*, tout en se rapprochant beaucoup du *Diomedea nigripes*, en diffère par une taille plus forte, un bec plus développé et d'un rose sale.

Je n'ai jamais pu me procurer d'Albatros pendant mon séjour sur le continent chinois ; mais en naviguant sur les mers de Chine j'ai vu plusieurs de ces oiseaux, les uns tout blancs, les autres bruns. C'est probablement au *Diomedea derogata* qu'appartenait un albatros brun que j'ai aperçu près du cap Chantong, au mois de juin 1868.

746. — DIOMEDEA NIGRIPES

DIOMEDEA NIGRIPES, Audubon (1839), *Ornith. biogr.*, V, 327, et (1842), *B. Am.*, VII, 198. — Cass. (1854), *Ill. B. Calif. and Tex.*, I, 210, pl. 35 (juv.). — Bp. (1856), *Compt. rend. Ac. Sc.*, XLI, *Tabl. des Pélag.*, n° 2 (part.), et (1857), *Consp. Av.*, II, 184 (part.). — Baird, Cass. et Lawr. (1858), *Rep. Expl. and Surv.*, IX, *Birds*, 822 (part.). — DIOMEDEA FULIGINOSA, Swinh. (1860), *Ibis*, 68. — DIOMEDEA NIGRIPES, Schleg. (1863), *Mus. des P. B.*, *Procell.*, 37. — Swinh. (1863), *Ibis*, 431, et *P. Z. S.*, 329. — (1871), *P. Z. S.*, 422. — Dyb. (1876), *J. f. Orn.*, 202. — Tacz. (1877), *Bull. Soc. zool. Fr.*, II, 40.

Cet albatros, de petite taille, a le plumage d'un brun cendré uniforme chez le mâle, taché de blanc autour du bec et sur le ventre chez la femelle, le bec très-court, robuste, et d'un brun noirâtre, de même que les pattes. Il se rencontre non-seulement sur les côtes de la Californie et de l'Amérique occidentale, où il a été signalé pour la première fois par Audubon, mais aussi sur les côtes de la Sibérie orientale, et dans les mers de la Chine et du Japon, où il paraît se propager sur quelques îlots déserts.

LARIDÉS

La famille des Laridés est fort nombreuse : elle ne compte pas moins de 160 espèces qui sont dispersées dans toutes les mers, et dont 24 ont été signalées jusqu'ici dans les eaux de la Chine.

747. — LARUS CANUS

LARUS CANUS, L. (1766), *S. N.*, I, 224. — LA GRANDE MOUETTE CENDRÉE, Buff. (1770), *Pl. Enl.* 977. — LARUS HYBERNUS et L. CANUS, Gm. (1788), *S. N.*, I, 596. — LARUS CANUS, Tem. (1815), *Man.*, 499. — Gould (1832-37), *B. of Eur.*, pl. 437. — GLAUCUS CANUS, Bruch (1853), *J. f. O.*, 102. — GAVINA CANA et G. HEINEI (part.), Bruch (1855), *J. f. O.*, 283 et 284. — LARUS CANUS et L. HYBERNUS, Bp. (1856), *Compt. rend. Ac. Sc.*, XLI, *Tabl. des Pélag.*, n°s 37 et 38, et (1857), *Consp. Av.*, II, 223 (part.). — LARUS CANUS, Schleg. (1863), *Mus. des P. B.*, *Lari*, 23. — Degl. et Gerbe (1867), *Ornith. eur.*, 2e éd., II, 424. — Swinh. (1871), *P. Z. S.*, 420. — Sharpe et Dress. (1873), *B. of Eur.*, livr. XVII. — Severtz. (1873), *T. Jevotn.*, 70. — Elliott Coues (1874), *B. of the N. W. Am.*, 638. — Dress. (1876), *Ibis*, 415.

Le Goëland cendré d'Europe, qui en été est d'un blanc pur, avec le manteau d'un gris perle, et qui en hiver a la tête et le cou parsemés de taches brunes, visite également les côtes de l'Asie et de l'Afrique, et présente parfois des différences assez sensibles dans la coloration du bec, des pattes et des rémiges et dans les proportions des diverses parties du corps. Aussi le prince Ch. Bonaparte avait-il cru devoir séparer cette espèce en deux autres, le *Larus canus* proprement dit et le *L. hybernus* : mais sa manière de voir n'a pas été adoptée par le professeur Schlegel ni par la plupart des auteurs récents. Pendant l'hiver, cette belle mouette est assez répandue sur les côtes de la Chine et les sujets adultes n'y sont point rares.

748. — LARUS NIVEUS

LARUS NIVEUS, Pall. (1811), *Zoogr.*, II, 320, pl. 76 (nec Brehm). — LARUS CANUS, var. MAJOR, Midd. (1853), *Sib. Reis.*, II, 213, pl. 24, f. 4. — LARUS HEINEI, v. Homey. (1853), *Nauman.*, 129. — GAVINA HEINEI, Bruch (1855), *J. f. O.*, 283 (part.). — LARUS CAMTSCHATSCHANSIS, Bp. (1856), *Compt. rend. Ac. Sc.*, XLI, *Tabl. des Pélag.*, nº 41 (part.). — LARUS NIVEUS, Bp. (1857), *Consp. Av.*, II, 224 (excl. syn.). — LARUS CANUS, Swinh. (1860), *Ibis*, 68. — Schr. (1860), *Vög. d. Am. L.*, 509. — Radde (1863), *Reis. in S. O. Sib.*, II, 387. — LARUS NIVEUS, Swinh. (1863), *Ibis*, 428, et *P. Z. S.*, 325. — LARUS CANUS, var. MAJOR, Schleg. (1863), *Mus. des P. B.*, *Lari*, 26. — Swinh. (1864), *P. Z. S.*, 272. — LARUS NIVEUS, Degl. et Gerbe (1867), *Orn. eur.*, 2e éd., II, 426. — LARUS CANUS, Przew. (1867-69), *Voy.*, nº 220. — LARUS NIVEUS, A. Dav. (1871), *N. Arch. du Mus.*, *Bull.* VII, *Cat.* nº 459. — Swinh. (1871), *P. Z. S.*, 420, et (1874), *Ibis*, 165. — LARUS CANUS, var. NIVEUS, Elliott Coues (1874), *B. of the N. W. Am.*, 638. — LARUS NIVEUS, Swinh. (1875), *Ibis*, 138. — Dyb. (1875), *J. f. O.*, 257. — Tacz. (1876), *Bull. Soc. zool. Fr.*, I, 263.

Dimensions. Long. totale, 1m,98.
Couleurs. Iris d'un gris jaunâtre ; bec d'un jaune verdâtre ; pattes d'un vert jaunâtre.

Ce goëland peut être considéré comme une race de forte taille du *Larus canus* proprement dit, dont il se distingue par une taille un peu plus forte, un bec plus robuste, des tarses et des doigts plus allongés. Du Kamtschatka et du nord de la Sibérie, il descend régulièrement chaque hiver sur les côtes du Japon et de la Chine, et dès la fin de l'automne on le voit apparaître à Takou, en compagnie de l'espèce suivante ; mais ce n'est qu'au fort de l'hiver qu'il visite les côtes méridionales de l'Empire.

749. — LARUS CRASSIROSTRIS

LARUS CRASSIROSTRIS, Vieill. (1784-1820), *Encycl. méthod.*, III, 576 (nec Vig.). — LARUS MELANURUS, Tem. (1838), *Pl. Col.* 459. — Tem. et Schleg. (1850), *Faun. Jap.*, *Aves*, 132, pl. 88. — ADELARUS MELANURUS, Bruch (1853), *J. f. Orn.*, 107, pl. 3, f. 6, et (1855), *ibid.*, 279 (excl. syn.). — BLASIPUS CRASSIROSTRIS, Bp. (1856), *Compt. rend. Ac. Sc.*, XLI, *Tabl. des Pélag.*, n° 9, et (1857), *Consp. Av.*, II, 212. — LARUS FUSCUS, Swinh. (1860), *Ibis*, 68. — LARUS MELANURUS, Swinh. (1863), *Ibis*, 133. — LARUS CRASSIROSTRIS, Schleg. (1863), *Mus. des P. B.*, *Lari*, 8. — Swinh. (1863), *Ibis*, 428, et *P. Z. S.*, 326. — A. Dav. (1871), *N. Arch. du Mus.*, *Bull.* VII, *Cat.* n° 458. — Swinh. (1871), *P. Z. S.*, 421. — (1874), *Ibis*, 164. — LARUS MELANURUS, Dyb. (1876), *J. f. Orn.*, 202. — Tacz. (1876), *Bull. Soc. zool. Fr.*, I, 264.

Dimensions. Long. totale, 0^m,43.

Ce goëland, de taille moyenne, au bec robuste zoné de noir et de rouge, et à la queue ornée, dans tous les âges, d'une large bande subterminale noire, est propre aux mers de la Chine et du Japon et peut être considéré comme une des espèces les plus répandues sur les côtes septentrionales du Céleste-Empire. Je l'ai également rencontré sur le lac Poyang et sur quelques-uns des grands fleuves de l'intérieur.

750. — LARUS CACHINNANS

LARUS CACHINNANS, Pall. (1811), *Zoogr.*, II, 318 (excl. syn.). — LARUS ARGENTATUS, Midd. (1853), *Sib. Reis.*, II, 242 (part.). — DOMINICANUS CACHINNANS, Bruch (1853), *J. f. Orn.*, 100, et (1855), *ibid.*, 282. — CLUPEILARUS CACHINNANS, Bp. (1856), *Compt. rend. Ac. Sc.*, XLI, *Tabl. des Pélag.*, n° 35, et (1857), *Consp. Av.*, II, 221. — LARUS ARGENTATUS, var. CACHINNANS, Schr. (1860), *Vög. d. Am. L.*, 504. — LARUS ARGENTATUS, Swinh. (1861), *Ibis*, 345. — Schleg. (1863), *Mus. des P. B.*, *Lari*, 16 (part.). — LARUS CACHINNANS, Swinh. (1863), *Ibis*, 428, et *P. Z. S.*, 327. — LARUS FUSCUS, Dyb. (1868), *J. f. Orn.*, 338 (juv.). — LARUS CACHINNANS, Swinh. (1871), *P. Z. S.*, 421. — A. Dav. (1871), *N. Arch. du Mus.*, *Bull.* VII, *Cat.* n° 457. — Severtz. (1873), *Turk. Jevotn.*, 70. — Dress. (1876), *Ibis*, 415. — Tacz. (1876), *Bull. Soc. zool. Fr.*, I, 263.

Dimensions. Long. totale, 0^m,58 à 0^m,60.

Le *Larus cachinnans* est à peu près de la taille de notre *L. argentatus*, mais s'en distingue par son manteau d'un gris plus foncé, tirant au brunâtre. Il est très-répandu dans la Sibérie orientale et se montre communément sur les côtes de la Chine depuis l'automne jusqu'au printemps. Je l'ai rencontré souvent aussi dans l'intérieur des terres, jusqu'en Mongolie.

751. — LARUS OCCIDENTALIS

LARUS OCCIDENTALIS, Audubon (1833), *Orn. biog.*, V, 320. — (1839), *Syn. B. of Am.*, 328. — (1844), *B. Am.*, VII, 161. — GLAUCUS OCCIDENTALIS. Bruch (1853), *J. f. Orn.*, 101, pl. 2, f. 20. — LAROÏDES OCCIDENTALIS, Bruch (1855), *ibid.*, 282. — Bp. (1856), *Compt. rend. Ac. Sc.*, XLI, *Tabl. des Pélag.*, n° 30. — LARUS OCCIDENTALIS, Schl. (1863), *Mus. des P. B.*, *Lari*, 15 (part.). — Elliot (1869), *N. B. of N. Am.*, pl. 52. — Swinh. (1871), *P. Z. S.*, 421, et (1875), *Ibis*, 140. — LARUS ARGENTATUS, var. OCCIDENTALIS, Elliott Coues (1874), *B. of the N. W. Am.*, 633.

Dimensions. Long. totale, $0^m,70$.

Le *Larus occidentalis* ne diffère du *L. argentatus* que par les teintes plus foncées de son manteau et par les proportions de son bec relativement plus court et plus épais. Il se trouve à la fois sur les côtes occidentales de l'Amérique du Nord et sur les côtes orientales de l'Asie et visite régulièrement en hiver les rivages de la Chine. M. Taczanowski ne le mentionne point dans son Catalogue des oiseaux de la Sibérie orientale, mais il cite en revanche (*Bull. Soc. zool. Fr.*, I, 203) le *Larus borealis*, autre race de forte taille du Goëland argenté, race dont les caractères sont également si peu tranchés qu'on l'a assimilée tour à tour au *L. occidentalis* et au *L. cachinnans*.

752. — CHROICOCEPHALUS RIDIBUNDUS

GAVIA RIDIBUNDA, Briss. (1760), *Ornith.*, VI, 192. — LARUS RIDIBUNDUS, L. (1766), *S. N.*, I, 225. — LA MOUETTE RIEUSE, Buff. (1770), *Pl. Enl.* 970. — LARUS CINERARIUS, L. ERYTHROPUS et L. RIDIBUNDUS, Gm. (1788), *S. N.*, I, 597 et 601. — LARUS ATRICILLA, Pall. (1811), *Zoogr.*, II, 324 (part.). — LARUS RIDIBUNDUS et L. CAPISTRATUS, Tem. (1820), *Man. d'orn.*, 2ᵉ éd., II, 780 et 785. — XEMA RIDIBUNDA, Boie (1822), *Isis*, 563. — XEMA CAPISTRATUM, Bp. (1832), *Faun. Ital.*, pl. — LARUS RIDIBUNDUS, Gould (1832-37), *B. of Eur.*, pl. 425. — XEMA CAPISTRATA (Boie), Brehm (1840), *Nat. Vög. Deutschl.*, 762. — XEMA RIDIBUNDA, Blyth (1849), *Cat.* 289, n° 1,695. — LARUS RIDIBUNDUS, Midd. (1853), *Sib. Reis.*, II, 244. — CHROICOCEPHALUS CAPISTRATUS, Bruch (1853), *J. f. Orn.*, 105. — CHROICOCEPHALUS RIDIBUNDUS OU CAPISTRATUS, Bruch (1855), *ibid.*, 290. — GAVIA RIDIBUNDA et G. CAPISTRATA, Bp. (1856), *Compt. rend. Ac. Sc.*, XLI, *Tabl. des Pélag.*, nᵒˢ 74 et 75. — LARUS RIDIBUNDUS, Schr. (1860), *Vög. d. Am. L.*, 510. — Radde (1863), *Reis. in S. O. Sib.*, II, 387. — Schleg. (1863), *Mus. des P. B.*, *Lari*, 37. — CHROICOCEPHALUS CAPISTRATUS, Swinh. (1863), *P. Z. S.*, 327. — XEMA RIDIBUNDA, Jerd. (1864), *B. of Ind.*, II, 832. — LARUS RIDIBUNDUS, Degl. et Gerbe (1867), *Ornith. eur.*, 2ᵉ éd., II, 435. — CHROICOCEPHALUS CAPISTRATUS, Dyb. (1868), *J. f. Orn.*, 338. — CHROICOCEPHALUS RIDIBUNDUS, Swinh. (1871), *P. Z. S.*, 421. — GAVIA RIDIBUNDA, Severtz. (1873), *Turk. Jevotn.*, 70. — CHROICOCEPHALUS RIDIBUNDUS, Swinh. (1874), *Ibis*, 165. — LARUS RIDIBUNDUS, Dress. (1876), *Ibis*, 415. — CHROICOCEPHALUS RIDIBUNDUS, Tacz. (1876), *Bull. Soc. zool. Fr.*. I, 264.

Dimensions. Long. totale, 0ᵐ,40 ; queue, 0ᵐ,125. (Mâle en livrée d'hiver tué à Kioukiang.)

Couleurs. Iris brun ; bec rouge, avec le bout noir ; pattes rouges.

La Mouette rieuse, qui habite une grande partie de l'Ancien-Monde, est très-commune en Chine pendant l'hiver, tant au bord de la mer que sur les fleuves et les lacs de l'intérieur, mais particulièrement dans les provinces septentrionales. Les spécimens provenant de cette région ne nous ont pas offert de différences appréciables avec les oiseaux que l'on tue sur nos côtes ; aussi croyons-nous inutile de faire revivre pour ces mouettes de l'extrême Orient le nom de *Larus (Chroicocephalus) capistratus*, qui a été donné primitivement par Temminck à une prétendue race septentrionale de *L. ridibundus*, appliqué plus tard à des individus à bec grêle provenant du midi de l'Europe, et définitivement rejeté par le professeur Schlegel et par d'autres ornithologistes compétents.

753. — CHROICOCEPHALUS BRUNNEICEPHALUS

. LARUS BRUNNEICEPHALUS, Jerd. (1840), *Madr. Journ.*, 225, et *Cat.* 406. — XEMA RIDIBUNDA ET X. PALLIDA (Hodgs.), Gr. (1844), *Zool. Misc.*, 86. — LARUS BRUNNICEPHA-LUS, Gr. (1846), *Cat. Hodgs. Coll.* 148. — Blyth (1849), *Cat.* 289, nº 1,696. — CHROICOCEPHALUS BRUNNEICEPHALUS, Bruch (1853), *J. f. Orn.*, 105. — CHROICOCEPHALUS BRUN-NICEPS, Bruch (1855), *ibid.*, 291. — CHROICOCEPHALUS BRUNNEICEPHALUS, Bp. (1855), *Rev. et Mag. de zool.*, 19. — CHROICOCEPHALUS BRUNNEICEPHALUS, Bp. (1856), *Compt. rend. Ac. Sc.*, XLI, *Tabl. des Pélag.*, nº 73. — LARUS BRUNNICEPHALUS, Schleg. (1863), *Mus. des P. B.*, *Lari*, 35. — XEMA BRUNNICEPHALA, Jerd. (1864), *B. of Ind.*, II, 832. — XEMA BRUNNEICEPHALUM, A. Dav. (1871), *N. Arch. du Mus.*, *Bull.* VII, *Cat.* nº 460. — CHROICOCEPHALUS BRUNNEICEPHALUS, Swinh. (1871), *P. Z. S.*, 421.

Dimensions. Long. totale, 0ᵐ,43.

La Mouette à tête brune, de taille un peu plus forte que notre Mouette rieuse, lui ressemble beaucoup comme plumage, mais s'en distingue par la nuance et par les dimensions de son capuchon qui dans la livrée d'été est d'un brun fuligineux et couvre toute la tête et la majeure partie du cou ; chez elle, en outre, l'iris est blanc, au moins dans les vieux individus, au lieu d'être brun comme dans l'espèce précédente. Elle remplace le *Larus ridibundus* dans certaines parties de l'Asie méridionale, et particulièrement dans l'Inde et à Ceylan, et remonte en été vers des régions plus septentrionales. Je l'ai rencontrée fréquemment soit en Chine, soit en Mongolie, et c'est de cette dernière région que proviennent les spécimens de cette espèce que j'ai envoyés au Muséum.

754. — CHROICOCEPHALUS SAUNDERSI

Gavia Kittlitzii, Swinh. (1860), *Ibis*, 68. — Larus Schimperi, Schleg. (1863), *Mus. des P. B.*, *Lari*, 40 (nec Bp.). — Croicocephalus Kittlitzii, Swinh. (1863), *Ibis*, 428, et *P. Z. S.*, 328. — Xema Kittlitzii, A. Dav. (1871), *N. Arch. du Mus.*, *Bull.* VII, *Cat.* n° 461.—Chroicocephalus Saundersi, Swinh. (1871), *P. Z. S.*, 273, et 421, pl. 22.

Dimensions. Long. totale, 0^m,35.

La Mouette de Saunders, décrite récemment par M. Swinhoe, est un peu plus petite que la Mouette rieuse, et se distingue de cette dernière : 1° par son bec court, robuste, noir en toutes saisons et prenant à peine une légère teinte rougeâtre en été ; 2° par son capuchon d'un noir bronzé et non d'un brun fuligineux ; 3° par ses yeux de couleur noire. C'est peut-être la plus commune de toutes les mouettes qui fréquentent les eaux douces de l'intérieur de la Chine. Je l'ai prise également en Mongolie, et j'en ai envoyé au Muséum quelques spécimens qui ont été rapportés primitivement au *Chroicocephalus Kittlitzii*.

755. — SYLOCHELIDON CASPIA

Sterna caspia, Pall. (1769-70), *Nov. Com. Petrop.*, XIV, 582. — Sterna tschegrava, Lepech. (1769-70), *ibid.*, 500. — Sterna caspia, Sparm. (1788), *Mus. Carls.*, II, fasc. 3, n° 7. — Sterna caspia, Gm. (1788), *S. N.*, I, 603. — Pall. (1811), *Zoogr.*, II, 322. — Thalasseus caspius, Boie (1822), *Isis*, 563.— Sylochelidon caspius, Brehm (1831), *Vög. Deutsch.*, 770. — Helopus caspius, Wagl. (1832), *ibid.*, 1224. — Sterna caspia, Gould (1832-37), *B. of Eur.*, pl. 414.— Thalasseus melanotis, Swains. (1837), *B. W. Afr.*, II, 253. — Sylochelidon strenuus, Gould (1846), *P. Z. S.*, 24, et (1848), *B. of Aust.*, VII, pl. 22. — Sylochelidon caspius, Blyth (1849), *Cat.* 290, n° 1,698. — Sylochelidon caspia et Syl. melanotis, Bp. (1856), *Compt. rend. Ac. Sc.*, XLI, 772, *Tabl. des Pélag.*, n°s 82 et 83. — Sterna melanotis, Hartl. (1857), *Ornith. W. Afr.*, 254. — Sterna caspia, Swinh. (1860), *Ibis*, 68. — Schleg. (1863), *Mus. des P. B.*, *Sternæ*, 13. — Radde (1863), *Reis. in S. O. Sib.*, II, 388. — Sylochelidon caspia, Swinh. (1863), *P. Z. S.*, 328. — Sylochelidon caspius, Jerd. (1864), *B. of Ind.*, II, 835. — Sterna caspia, Degl. et Gerbe (1867), *Ornith. eur.*, 2e éd., II, 448. — Thalasseus caspius, Elliot (1869), *N. B. of the N. Am.*, pl. 56. — Sylochelidon caspia, Swinh. (1871), *P. Z. S.*, 421. — Sterna caspia, Severtz. (1873), *Turk. Jevotn.*, 70. — Sterna (Thalasseus) caspia, Elliott Coues (1874), *B. of the N. W. Am.*, 667.—Sterna caspia, Dress. (1876), *Ibis*, 415. — H. Saunders (1876), *P. Z. S.*, 657.— Sylochelidon caspia, Tacz. (1876), *Bull. Soc. zool. Fr.*, I, 261.

Dimensions. Long totale, 0^m,55.

La Sterne caspienne ou Tschegrava se reconnaît facilement, non-seulement à sa taille qui dépasse celle de toutes les autres espèces, mais à son bec très-robuste, de couleur rouge, à ses pattes noires, à sa queue courte et à sa tête ornée d'une petite huppe formée par le développement des plumes occipitales, qui se terminent en pointe. On la rencontre depuis le nord de l'Europe jusque dans l'ouest de l'Afrique, dans l'Amérique boréale, dans les parages de l'Australie et de la Nouvelle-Zélande, dans l'Inde, dans l'Asie centrale, dans la Sibérie orientale et sur divers points de la Chine. Je l'ai trouvée souvent dans l'intérieur du pays, sur des lacs et des cours d'eau, mais toujours par couples et jamais en vols nombreux.

756. — THALASSEUS BERGII

STERNA BERGII, Lichtenstein (1823), *Verzeichn.*, 80. — STERNA CRISTATA (Steph.), Shaw. (1825), *Gen. Zool.*, I, 146 (nec Swains.). — STERNA PELECANOÏDES, King (1826), *Surv. Int. Aust.*, II, 422. — STERNA LONGIROSTRIS, Less. (1831), *Trait. d'orn.*, 621. — PELECANOPUS PELECANOÏDES, Wagl. (1832), *Isis*, 277 et 1,225. — THALASSEUS PELECANOÏDES et TH. POLIOCERCUS, Gould (1848), *B. of Aust.*, VII, pl. 23 et 24. — STERNA RECTIROSTRIS, Peale (1848), *Zool. U. St. Expl. Exped.*, 281. — STERNA NOVÆ-HOLLANDIÆ, M. P., Puch. (1850), *Rev. zool.*, 345. — STERNA LONGIROSTRIS ou ST. BERGII, Puch. (1850), *ibid.*, 635. — PELECANOPUS PELECANOÏDES, P. POLIOCERCUS, P. NIGRIPENNIS, P. VELOX ET P. BERGII, Bp. (1856), *Compt. rend. Ac. Sc.*, XLI, 772, nᵒˢ 90, 91, 92, 94 et 95. — STERNA CRISTATA, Swinh. (1860), *Ibis*, 68. — STERNA VELOX, Swinh. (1860), 429. — THALASSEUS CRISTATUS, Swinh. (1863), *P. Z. S.*, 329. — STERNA BERGII et ST. POLIOCERCA, Schleg. (1863), *Mus. des P. B.*, *Sternæ*, 11 et 12. — STERNA BERGII, Finsch. et Hartl. (1867), *Beitr. Faun. Centralpolyn.*, 216. — Degl. et Gerbe (1867), *Ornith. eur.*, 2ᵉ éd., II, 455. — THALASSEUS PELECANOÏDES, Swinh. (1871), *P. Z. S.*, 422. — STERNA BERGII, H. Saund. (1876), *P. Z. S.*, 657.

Dimensions. Long. totale, 0ᵐ,46 ; queue, très-fourchue, 0ᵐ,18 ; aile fermée, 0ᵐ,25 ; bec, 0ᵐ,063 à partir du front.

Couleurs. Iris noirâtre ; bec d'un jaune pâle ; pattes noires. — Vertex et huppe d'un noir luisant ; front et reste de la tête blancs ; dessus du corps d'un gris argenté ; parties inférieures d'un blanc pur.

Cette grande hirondelle de mer, aux doigts courts et complétement palmés, au bec allongé, mince et comprimé, est répandue sur une grande partie des côtes de l'Afrique, depuis le cap de Bonne-Espérance jusqu'à la mer Rouge, dans les mers de l'Inde et de la Chine et dans les parage de l'Australie, de la Nouvelle-Zélande, de la Nouvelle-Calédonie et des îles Fidji. Elle niche en grand nombre sur les îlots situés au nord de Formose, où M. Swinhoe a eu l'occasion de l'observer.

757. — HYDROCHELIDON HYBRIDA

STERNA HYBRIDA, Pall. (1811), *Zoogr.*, II, 338. — STERNA LEUCOPAREIA (Natterer), Tem. (1820), *Man. d'orn.*, 2ᵉ éd., II, 746. — STERNA JAVANICA et ST. GRISEA, Horsf. (1821), *Trans. L. Soc.*, XIII, 198 et 199. — VIRALVA INDICA et V. LEUCOPAREIA (Steph.), Shaw. (1825), *Gen. Zool.*, XIII, 169 et 171. — STERNA JAVANICA, Gr. et Hardw. (1830-34), *Ill. Ind. Zool.*, I, pl. 70, f. 2. — HYDROCHELIDON FLUVIATILIS, Gould (1842), *P. Z. S.*, 140, et (1848), *B. of Aust.*, VII, pl. 31. — HYDROCHELIDON INDICA, Blyth (1849), *Cat.* 290, n° 1,700. — HYDROCHELIDON HYBRIDA et H. DELALANDII, Bp. (1856), *Compt. rend. Ac. Sc.*, XLI, 773, *Tabl. des Pélag.*, n°ˢ 150 et 151. — STERNA HYBRIDA, Schleg. (1863), *Mus. des P. B.*, *Sternæ*, 33. — HYDROCHELIDON INDICA, Swinh. (1863), *Ibis*, 428, et *P. Z. S.*, 328. — Jerd. (1864), *B. of Ind.*, II, 837. — HYDROCHELIDON HYBRIDA, Degl. et Gerbe (1867), *Ornith. eur.*, 2ᵉ éd., II, 468.—STERNA INNOTATA, Beavan (1868), *Ibis*, 404. — HYDROCHELIDON HYBRIDA, Swinh. (1871), *P. Z. S.*, 421. — HYDROCHELIDON LEUCOPAREIA, Wald. (1872), *Trans. zool. Soc.*, VIII, part. 2, p. 103. — HYDROCHELIDON LEUCOPAREIUS, Severtz. (1873), *Turk. Jevotn.*, 70. — HYDROCHELIDON HYBRIDA, Dress. (1876), *Ibis*, 416. — H. Saund. (1876), *P. Z. S.*, 640.

Dimensions. Long. totale, 0ᵐ,26.

La Guifette hybride, aux yeux bruns, au bec et aux pieds rouges, au plumage d'un gris cendré en dessus, avec la tête et le cou noirs, et d'un gris passant au noirâtre sur l'abdomen, avec les joues, la gorge et les sous-caudales d'un blanc pur, se trouve dans une grande partie de l'Europe, dans l'Inde, en Australie et jusque dans l'Afrique australe. En Chine, on ne l'a observée jusqu'ici que dans l'île de Formose ; où elle paraît être sédentaire.

758. — HYDROCHELIDON LEUCOPTERA

STERNA FISSIPES et ST. NÆVIA, Pall. (1811), *Zoogr.*, II, 337 et 338 (nec Linné). — STERNA LEUCOPTERA, Meisn. et Schinz. (1815), *Vög. Schw.*, 264. — Tem. (1815), *Man.*, 483. — HYDROCHELIDON LEUCOPTERA, Boie (1822), *Isis*, 563. — VIRALVA LEUCOPTERA (Steph.), Shaw (1825), *Gen. Zool.*, XIII, 170. — HYDROCHELIDON LEUCOPTERA Bp. (1838), *Comp. List*, 61. — HYDROCHELIDON NIGRUM, Bp. (1856), *Compt. rend. Ac. Sc.*, XLI, 773, n° 147 (part.). — HYDROCHELIDON JAVANICA, Swinh. (1861), *Ibis*, 68 (nec Horsf.). — STERNA NIGRA, Schleg. (1863), *Mus. des P. B.*, *Sternæ*, 34. — STERNA LEUCOPTERA, Radde (1863), *Reis. in S. O. Sib.*, II, 389. — HYDROCHELIDON NIGRA, Swinh. (1863), *Ibis*, 97, et *P. Z. S.*, 28. — Degl. et Gerbe (1867), *Ornith. eur.*, 2ᵉ éd., II, 467 (part.). — STERNA LEUCOPTERA, Przew. (1867-69), *Voy.*, n° 224. — Dyb. (1868), *J. f. Orn.*, 338. — HYDROCHELIDON NIGRA, Swinh. (1871), *P. Z. S.*, 421. — HYDROCHELIDON NIGER, Severtz. (1873), *Turk. Jevotn.*, 70. — HYDROCHELIDON HYBRIDUS, Dyb. (1873), *J. f. Orn.*, 111. — HYDROCHELIDON NIGRA, Elliott Coues (1874), *B. of the N. W. Am.*, 709. — HYDROCHELIDON LEUCOPTERA, Dress. (1875), *B. of Eur.*, livr. XLV. — H. Saund. (1876), *P. Z. S.*, 644. — HYDROCHELIDON FISSIPES, Tacz. (1876), *Bull. Soc. zool. Fr.*, I, 262.

La Guifette leucoptère a le bec et les pattes rouges, la tête, le cou, la partie supérieure du dos, la poitrine et la plus grande partie de l'abdomen d'un noir profond, le bas-ventre, les sous-caudales et les rectrices blanches, et les rémiges d'un gris cendré, comme la Guifette noire (*Hydrochelidon nigra* L.), mais se distingue de cette dernière espèce par ses doigts plus grêles et plus allongés, ses membranes interdigitales plus fortement incisées et ses couvertures inférieures de l'aile *noires* chez l'adulte en plumage d'été. On la trouve dans le midi de l'Europe, dans le nord de l'Afrique et en Asie depuis le Kamtschatka jusqu'à Célèbes.

En Chine, on la voit communément soit sur les bords de la mer, soit sur les eaux douces de l'intérieur du pays. Je l'ai prise également en Mongolie, où elle passe en troupes nombreuses dès le mois d'août, se nourrissant d'insectes divers qu'elle chasse en voltigeant au-dessus des prairies qui bordent les eaux.

759. — STERNA FLUVIATILIS

Sterna hirundo, L. (1766), *S. N.*, I, 227 (part.). — Larus bicolor, L. sterna et L. columbinus, Scop. (1769), *Ann.*, I, *Hist. Nat.*, 82. — Sterna hirundo, Pall. (1811), *Zoogr.*, II, 333 (?). — Wils. (1813), *Am. Orn.*, VII, 76, pl. 60, fig. 1. — Sterna fluviatilis, Naum. (1819), *Isis*, 1,847. — Sterna hirundo, Tem. (1820), *Man. d'orn.*, 2e éd., II, 740. — Sterna senegalensis, Swains. (1837), *B. W. Afr.*, II, 250. — Sterna fluviatilis, Gould (1837), *B. of Eur.*, pl. 417. — Sterna Wilsoni, Bp. (1838), *Comp. List*, 61. — Sterna hirundo, Blyth (1849), *Cat.* 292, no 1,708. — Sterna fluviatilis, Bp. (1856), *Compt. rend. Ac. Sc.*, XLI, *Tabl. des Pélag.*, no 125. — Sterna senegalensis et St. hirundo, Schleg. (1863), *Mus. des P. B.*, *Sternæ*, 16 et 17. — Sterna hirundo, Swinh. (1863), *P. Z. S.*, 329. — Jerd. (1864), *B. of Ind.*, II, 839. — Degl. et Gerbe (1867), *Ornith. eur.*, 2e éd., II, 456. — Sterna hirundo, A. Dav. (1871), *N. Arch. du Mus.*, *Bull.* VII, *Cat.* no 464. — Swinh. (1871), *P. Z. S.*, 422. — Sterna fluviatilis, Sharpe et Dresser (1871), *B. of Eur.*, livr. VIII. — Sterna hirundo, Severtz. (1873), *Turk. Jevotn.*, 70. — Dyb. (1873), *J. f. Orn.*, 111. — Elliott Coues (1874), *B. of the N. W. Am.*, 680. — Sterna fluviatilis, Dress. (1876), *Ibis*, 415. — H. Saund. (1876), *P. Z. S.*, 649. — Sterna hirundo, Tacz. (1876), *Bull. Soc. zool. Fr.*, I, 261.

Dimensions. Long. totale, 0m,40 ; queue, profondément fourchue, 0m,115 ; aile, 0m,25 ; tarse, 0m,025 ; bec, 0m,03.

Couleurs. Iris brun ; bec rouge, marqué de brun noirâtre ; pattes rouges. — Vertex et nuque noirs ; dessus du corps d'un gris bleu ; sus-caudales blanches ; parties inférieures d'un blanc plus ou moins lavé de gris sur la poitrine (en été). — Dans le plumage d'hiver, le front est blanc et la nuque variée de noir et de blanc.

L'Hirondelle de mer vulgaire ou Pierre-Garin habite le nord de l'Europe, de l'Asie et de l'Amérique et dans ses migrations s'avance jusque dans l'Afrique australe. Je l'ai rencontrée fréquemment dans l'empire chinois, et plutôt sur les cours d'eau de l'intérieur que sur les rivages de la mer.

Il est possible que quelques-unes des Sternes de la Chine que l'on a rapportées jusqu'à présent au *Sterna fluviatilis* doivent être attribuées à l'espèce que M. H. Saunders a fait connaître récemment sous le nom de *Sterna tibetana*. Cette espèce nouvelle, qui a été rencontrée principalement au Tibet et sur les bords du lac Baïkal, se distingue, paraît-il, constamment du *Sterna fluviatilis* par son plumage plus foncé, d'un gris schisteux en dessus et d'un gris vineux sur la poitrine.

760. — STERNA LONGIPENNIS

STERNA LONGIPENNIS, Nordmann (1835), *Erman's Verzeichn.*, 17. — Midd. (1853), *Sib. Reis.*, II, 246, pl. 25, f. 4. — Schr. (1860), *Vög. d. Am. L.*, 512, pl. 16. fig. 6 et 7. — Radde (1863), *Reis. in S. O. Sib.*, II, 389. — Schleg. (1863), *Mus. des P. B.*, *Sternæ*, 23 (part.).—Przew. (1867-69), *Voy.*, nᵒ 223.—STERNA MACROURA, F. et Hartl. (1867), *Beitr. Faun. Centralpolyn.*, 220 (part.). — STERNA LONGIPENNIS, A. Dav. (1871), *N. Arch. du Mus., Bull.* VII, *Cat.* nᵒ 463. — Dyb. (1873), *J. f. Orn.*, 111. — H. Saund. (1876), *P. Z. S.*, 649. — Tacz. (1876), *Bull. Soc. zool. Fr.*, I, 261.

Dimensions. Long. totale, 0ᵐ,36 ; queue, profondément fourchue, 0ᵐ,165 ; aile, 0ᵐ,275 ; tarse, 0ᵐ,019 ; bec, 0ᵐ,035.
Couleurs. Iris brun ; bec noir ; bouche rouge ; pattes d'un rouge brunâtre.

La Sterne aux longues ailes diffère de l'espèce précédente par son bec entièrement noir et par ses rémiges très-développées. Signalée d'abord dans l'Amourland, elle a été retrouvée depuis dans la Sibérie orientale, au Japon et dans la Chine septentrionale. Elle est très-commune en particulier sur les torrents poissonneux des montagnes de l'Ourato pendant l'été.

761. — STERNA MELANAUCHEN

STERNA MELANAUCHEN, Tem. (1827), *Pl. Col.* 427. — Gould (1848), *B. of Aust.*, VII, pl. 28. — ONYCHOPRION MELANAUCHEN, Blyth (1849), *Cat.* 293, nᵒ 1,713. — STERNULA MELANAUCHEN, Bp. (1856), *Compt. rend. Ac. Sc.*, XLI, *Tabl. des Pélag.*, nᵒ 142. — STERNA MINUTA ? Swinh. (1860), *Ibis*, 429. — STERNA MELANAUCHEN, Schleg. (1863),

Mus. des P. B., Sternæ, 28. — ONYCHOPRION MELANAUCHEN, Jerd. (1864), B. of Ind., II, 844. — Swinh. (1867), Ibis, 230. — STERNA MELANAUCHEN, F. et Hartl. (1867), Beitr. Faun. Centralpolyn., 224. — ONYCHOPRION MELANAUCHEN, Swinh. (1871), P. Z. S., 422. — Wald. (1872), Trans. zool. Soc., VIII, part. 2, p. 104, et (1874), Ibis, 149. — STERNA MELANAUCHEN, H. Saund. (1876), P. Z. S., 661.

Dimensions. Long. totale, 0ᵐ,30 ; queue, légèrement fourchue, 0ᵐ,13 ; aile, 0ᵐ,28 ; tarse, 0ᵐ,02 ; bec, 0ᵐ,036.

Couleurs. Iris brun ; bec et pieds noirs. — Tête blanche, avec un trait noir partant du lorum de chaque côté et se prolongeant à travers l'œil jusque sur la nuque ; dessus du corps d'un gris perle ; dessous blanc.

La Sterne à nuque noire est répandue dans toutes les mers de l'Océanie et de la Malaisie, depuis les îles Andaman jusqu'à l'Australie et la Nouvelle-Calédonie, et vient régulièrement nicher en grand nombre sur les rochers déserts des côtes méridionales et orientales de la Chine.

762. — STERNULA SINENSIS

STERNULA SINENSIS, Gm. (1788), S. N., I, 608. — STERNA MINUTA, Horsf. (1821), Trans. L. Soc., XIII, 198 (nec L.). — Blyth (1849), Cat. 292, n° 1,712. — Swinh. (1860), Ibis, 68. — Radde (1863), Reis. in S. O. Sib., II, 388. — STERNULA SINENSIS, Swinh. (1863), Ibis, 430, et P. Z. S., 329. — STERNA MINUTA, Jerd. (1864), B. of Ind., II, 840. — STERNA SINENSIS et ST. MINUTA, A. Dav. (1871), N. Arch. du Mus., Bull. VII, Cat. nᵒˢ 466 et 467. — STERNULA PLACENS, Gould (1871), Ann. and Mag. N. H., 4° sér., VIII, 192, et (1876), B. N. Guin., III, pl. 7. — STERNA MINUTA, Tacz. (1876), Bull. Soc. zool. Fr., I, 261. — STERNA SINENSIS, H. Saund. (1876), P. Z. S., 662.

Dimensions. Long. totale, 0ᵐ,21 ; queue, légèrement fourchue, 0ᵐ,075 ; aile, 0ᵐ,185 ; tarse, 0ᵐ,015 ; bec, grêle, 0ᵐ,028.

Couleurs. Iris brun ; bec jaune, avec la pointe noire ; pattes d'un rouge orangé. — Vertex et nuque noirs ; front blanc ; dessus du corps d'un gris bleuâtre pâle ; dessous d'un blanc légèrement nuancé de gris perle. — Dans le plumage d'hiver, le noir du sommet de la tête est parsemé de taches blanches.

La petite Sterne de Chine, qui remplace dans l'extrême Orient notre *Sterna minuta*, se trouve depuis la Sibérie orientale jusqu'à Ceylan, la Nouvelle-Guinée et l'Australie, et est très-répandue dans toute la Chine, plutôt sur les eaux douces que sur les bords de la mer. Je l'ai prise également aux Ordos, en Mongolie.

763. — HALIPLANA ANÆSTHETA

L'HIRONDELLE DE MER DE L'ISLE DE PANAY, Sonn. (1776), *Voy. N. Guin.*, pl. 82. — STERNA ANÆTHETUS, Scop. (1786), *Del. Fl. et Faun. Insubr.*, I, 92. — STERNA PANAYENSIS, Gm. (1788), *S. N.*, I, 607. — STERNA OAHUENSIS, Bloxh. (1826), *Voy. Blonde*, 251. — STERNA ANTARCTICA (Cuv.), M. P. et Less. (1831), *Trait. d'orn.*, 621. — HALIPLANA PANAYENSIS, Wagl. (1832), *Isis*, 1,224. — STERNA MELANOPTERA, Swains. (1837), *B. W. Afr.*, 249. — ONYCHOPRION PANAYA, Gould (1848), *B. of Austr.*, VII, pl. 33. — ONYCHO-PRION ANASTHÆTUS, Blyth (1849), *Cat.* 293, n° 1,714. — STERNA ANTARCTICA ou ST. PANAYENSIS, Puch. (1851), *Rev. et Mag. de zool.*, 541. — STERNA PANAYENSIS, Schleg. (1863), *Mus. des P. B.*, *Sternæ*, 26.—ONYCHOPRION ANASTHÆTUS, Jerd. (1864), *B. of Ind.*, II, 845. — HALIPLANA DISCOLOR, Coues (1864), *Ibis*, 392. — STERNA PANAYA, F. et Hartl. (1867), *Beitr. Faun. Centralpolyn.*, 228. — HALIPLANA DISCOLOR, Elliot (1869), *N. B. N. Am.*, II, pl. 57. — ONYCHOPRION PANAYENSIS, Sclat. et Salv. (1871), *P. Z. S.*, 572. — HALIPLANA ANASTHÆTA, Swinh. (1871), *ibid.*, 422. — ONYCHOPRION ANÆSTHETUS, Wald. (1872), *Trans. zool. Soc.*, VIII, part. 2, p. 104, et (1874), *Ibis*, 149. — STERNA (HALISPLANA) ANÆSTHETA, Elliott Coues (1874), *B. of the N. W. Am.*, 701. — STERNA ANÆSTHETA, H. Saund. (1876), *P. Z. S.*, 664.

Dimensions. Long. totale, 0^m,36; queue, légèrement fourchue, 0^m,17; aile, 0^m,25 ; bec, 0^m,04.

Couleurs. Iris brun ; bec noir; pattes d'un rouge de corail. — Vertex noir ; front blanc ; dos d'un gris brunâtre, avec le bord des plumes blan-châtre ; cou et dessous du corps blanc ; ailes brunes.

Cette hirondelle de mer est abondamment répandue dans toutes les régions chaudes et habite en grand nombre les îlots épars le long des côtes méridionales et orientales de la Chine.

764. — HALIPLANA FULIGINOSA

STERNA FULIGINOSA, Gm. (1788), *S. N.*, I, 605. — Wils. (1814), *Am. Orn.*, VIII, 145, pl. 72. — STERNA INFUSCATA, Licht. (1823), *Verzeichn.*, 81. — ONYCHOPRION FULI-GINOSUS, PLANETIS GUTTATUS et HALIPLANA FULIGINOSA, Wagl. (1832), *Isis*, 277, 1,222 et 1,224. — STERNA FULIGINOSA, Aud. (1835), *Orn. biog.*, III, 263. — (1839), *ibid.*, V, 641, pl. 235. — (1844), *B. Am.*, VII, 90, pl. 432. — STERNA GUTTATA et ST. SERRATA, Forst. (1844), *Descr. anim., ed. Licht.*, 211 et 276. — ONYCHOPRION FULIGINOSUS, Gould (1848), *B. of Aust.*, VII, pl. 32. — STERNA FULIGINOSA, Tem. et Schleg. (1850), *Faun. Jap.*, *Aves*, 133, pl. 89. — Schleg. (1863), *Mus. des P. B.*, *Sternæ*, 25. — Finsch et Hartl. (1867), *Beitr. Faun. Centralpolyn.*, 225. — A. Dav. (1871), *N. Arch. du Mus.*, *Bull.* VII, *Cat.* n° 462. — ONYCHOPRION FULIGINOSUS, Sclat. et Salv. (1871), *P. Z. S.*, 572. — STERNA (HALIPLANA) FULIGINOSA, Elliott Coues (1874), *B. of the N. W. Am.*, 698. — STERNA FULIGINOSA, H. Saund. (1876), *P. Z. S.*, 666.

Dimensions. Long. totale, 0^m,40.

Couleurs. Iris brun ; bec noir ; pattes d'un noir rougeâtre. — Parties supérieures du corps brunes, avec le front blanc jusqu'au niveau du milieu de l'œil ; parties inférieures blanches.

L'Hirondelle de mer à manteau brun, ou Sterne fuligineuse, se trouve dans toutes les mers équatoriales et s'avance jusque sur les côtes du Japon. Elle visite aussi la Chine et pénètre même dans l'intérieur des terres, puisque j'ai rencontré, au mois de mars 1866, un vol nombreux d'oiseaux adultes de cette espèce qui se dirigeaient à l'ouest, sans doute vers les grands lacs de l'Asie centrale.

765. — GYGIS CANDIDA

? STERNA ALBA, Sparrm. (1786), *Mus. Carls.*, II, fasc. 1. — STERNA CANDIDA et ST. ALBA, Gm. (1788), *S. N.*, I, 607. — GYGIS CANDIDA, Wagl. (1832), *Isis*, 1,223. — GYGIS ALBA, Forst. (1844), *Descr. anim.*, ed. *Licht.*, 179. — GYGIS CANDIDA, Gould (1848), *B. of Aust.*, VII, pl. 30. — GYGIS ALBA et G. CANDIDA, Bp. (1856), *Compt. rend. Ac. Sc.*, XLI, *Tabl. des Pélag.*, nos 116 et 117. — STERNA CANDIDA, Swinh. (1864), *Ibis*, 423. — GYGIS ALBA, Finsch et Hartl. (1867), *Beitr. Faun. Centralpolyn.*, 232. — Swinh. (1871), *P. Z. S.*, 422. — GYGIS CANDIDA, H. Saund. (1876), *P. Z. S.*, 667.

Cette Sterne, facile à distinguer de toutes les autres par son plumage d'un blanc pur, ses pattes noires et son bec noir, droit ou même dirigé légèrement vers le haut, fréquente les mers chaudes de la Polynésie et de la Malaisie. Le marquis Doria l'a rapportée de Bornéo, et M. Swinhoe dit l'avoir observée sur les îlots situés le long des côtes méridionales de la Chine.

766. — ANOUS STOLIDUS

STERNA STOLIDA et ST. FUSCATA, L. (1766), *S. N.*, I, 227. — LE PETIT FOUQUET DES PHILIPPINES, Sonn. (1776), *Voy. N.-Guin.*, 125, pl. 85. — STERNA PILEATA, Scop. (1786), *Del. Fl. et Faun. Insubr.*, II, 92, n° 73. — STERNA STOLIDA et ST. FUSCATA, Gm. (1788), *S. N.*, I, 605. — STERNA SENEX, Leach (1818), *Tuck. Exped.*, 408. — ANOUS NIGER, A. FUSCATUS et A. SPADICEA (Steph.), Shaw (1825), *Gen. Zool.*, XIII, 140 et 143, pl. 17. — MEGALOPTERUS STOLIDUS, Boie (1826), *Isis*, 980. — STERNA UNICOLOR, Nordm. (1835), *Erm. Verz.*, 17. — STERNA STOLIDA, Aud. (1835), *Orn. biogr.*, III, 516. — (1839), *ibid.*, V, 642, pl. 275. — (1844), *B. Am.*, VII, 153, pl. 440. — ANOUS STOLIDUS, Gr. (1841), *List Gen. of B.*, 100. — Gould (1848), *B. of Aust.*, VII, pl. 33. — Blyth (1849), *Cat.* 293, n° 1,715. — ANOUS STOLIDUS, A. PILEATUS et A. SENEX, Bp. (1856), *Compt. rend. Ac. Sc.*, XLI, *Tabl. des Pélag.*, nos 157, 158 et 160. — ANOUS PILEATUS, Swinh. (1859), *N. Chin. As. Soc. Journ.*, n° de mai. — ANOUS ROUSSEAUI, Hartl. (1860), *Beitr. Ornith. Madag.*, 86. — ANOUS STOLIDUS, Swinh. (1860), *Ibis*, 429. — STERNA STOLIDA, Schleg. (1863), *Mus. des P. B., Sternæ*, 36. — ANOUS STOLIDUS, Jerd. (1864), *B. of Ind.*, II, 846. — Finsch et Hartl. (1867), *Beitr. Faun. Centralpolyn.*, 234. — Sclat et Salv. (1871), *P. Z. S.*, 566. — Swinh. (1871), *ibid.*, 422. — Elliott Coues (1874), *B. of the N. W. Am.*, 710. — Wald. (1875), *Trans. zool. Soc.*, IX, part. 2, p. 244. — H. Saund. (1876), *P. Z. S.*, 669. — Hartl. (1877), *Vög. Madag.*, 391.

Dimensions. Long. totale, 0m,38.

Le Noddi niais fait contraste avec l'espèce précédente par son plumage d'un brun fuligineux, passant au noirâtre sur les ailes, sur la queue et sur les lores, et au gris cendré sur le vertex et sur le front; il a les ailes très-allongées, la queue à peine fourchue, le bec et les pattes noirs, et les doigts entièrement palmés, le médian étant souvent pectiné. Il se trouve surtout dans les mers tropicales des deux mondes, et niche sur les côtes orientales de l'île de Formose. J'ai rencontré des milliers de ces oiseaux en pleine mer, non loin de Ceylan, en juillet 1870.

PÉLÉCANIDÉS

Les oiseaux qui rentrent dans cette famille et qui sont caractérisés par leurs quatre doigts réunis par une membrane ne constituent pas moins de 63 espèces, sur lesquelles il y en a 6 qui ont été rencontrées dans les mers de la Chine.

767. — DYSPORUS SULA

Sula et Sula fusca, Briss. (1760), *Ornith.*, VI, 495 et 499, pl. 43, f. 1. — Pelecanus fiber et P. sula, L. (1766), *S. N.*, I, 218. — Le Fou brun de Cayenne, Buff. (1770), *Pl. Enl.* 974.— Pelecanus sula et P. fiber, Gm. (1788), *S. N.*, I, 578 et 579.— Sula fulca (err.), Less. (1831), *Trait. d'orn.*, 601. — Sula fulca (err.), Vieill. (1834), *Gal. Ois.*, pl. 227. — Sula fusca, Aud. (1835), *Orn. biogr.*, III, 63, et (1844), *B. Am.*, VIII, 57. — Sula fusca, Gould (1848), *B. of Aust.*, pl. 78.— Sula fiber, Blyth (1849), *Cat.* 296, nº 1,738. — Sula fusca, Tem. et Schleg. (1850), *Faun. Jap.*, Aves, 131. — Dysporus sula, Licht. (1854), *Nom. Av.*, 103. — Sula brasiliensis, Burm. (1856), *Syst. Ueb.*, III, 458. — Dysporus fiber, Bp. (1856), *Compt. rend. Ac. Sc.*, XLI, *Tabl. des Pélag.*, nº 10. — Dysporus sula, Bp. (1857), *Consp. Av.*, II, 164. — Sula fusca, Swinh. (1863), *P. Z. S.*, 325. — Sula fiber, Schleg. (1863), *Mus. des P. B.*, *Pelec.*, 41. — Jerd. (1864), *B. of Ind.*, II, 851. — Sula sinicadvena, Swinh. (1865), *Ibis*, 109. — Dysporus sula, Finsch. et Hartl. (1867), *Beitr. Faun. Centralpolyn.*, 260. — Sula fiber, Swinh. (1871), *P. Z. S.*, 420. — Dysporus sula, Wald. (1872), *Trans. zool. Soc.*, VIII, part. 2, p. 106, et (1875), *ibid.*, IX, part. 2, p. 246.

Dimensions. Long. totale, 0ᵐ,72 environ.

Le Fou brun ou Petit Fou, qui, dans son plumage de noces, est d'un brun foncé, avec le ventre blanc, est très-répandu dans toutes les mers tropicales, et abonde en particulier sur les îlots épars dans la mer Rouge. On dit qu'il est également fort commun sur les côtes de la Chine et du Japon; toutefois je ne l'ai jamais observé plus au nord que Changhaï.

768. — PELECANUS MITRATUS

? PELECANUS JAVANICUS, Horsf. (1821), *Trans. Lin. Soc.*, XIII, 197. — PELECANUS MINOR, Rüpp. (1837), *Mus. Sencken.*, II, 185, et (1845), *Syst. Ueb. Vög. N. O. Afrik.*, 140, pl. 49. — PELECANUS MITRATUS, Licht. (1838), *Abh. Ak. Wiss. Berl.*, 436, pl. 3, f. 2. — ? PELECANUS JAVANICUS, Blyth (1849), *Cat.* 247, n° 1,741. — PELECANUS MITRATUS, Bp. (1856), *Compt. rend. Ac., Sc.*, XLI, *Tabl. des Pélag.*, n° 6. — PELECANUS RUFESCENS, Bp., (1857), *Consp. Av.*, II, 162 (part.). — PELECANUS MINOR, Bp. (1857), *ibid.*, 163. — PELECANUS ONOCROTALUS, Schleg. (1863), *Mus. des P. B., Pelec.*, 30 (part.). — Swinh. (1863), *P. Z. S.*, 325. — PELECANUS MITRATUS et ? PELECANUS JAVANICUS, Jerd. (1864), *B. of Ind.*, II, 856 et 857. — PELECANUS MITRATUS, Sclat. (1868), *P. Z. S.*, 266, f. 3. — PELECANUS MINOR et ? P. JAVANICUS, Elliot (1866), *P. Z. S.*, 580 et 581. — PELECANUS MINOR, Swinh. (1870), *P. Z. S.*, 428. — PELECANUS MITRATUS, Swinh. (1871), *P. Z. S.*, 420. — PELECANUS MITRATUS, SIVE MINOR, Sclat. (1871), *P. Z. S.*, 633.

Dimensions. Long. totale, 1^m,60 environ.

Comme l'Onocrotale, auquel le professeur Schlegel a cru devoir le réunir, le Pélican a les plumes du front s'avançant en angle aigu ; mais il est de taille plus faible, il a le plumage d'un blanc plus pur, et il porte sur la nuque une huppe allongée dont il n'existe aucune trace dans l'espèce vulgaire. Son aire d'habitat s'étend depuis la région du Danube, la Grèce, l'Égypte et l'Abyssinie jusqu'à l'Inde et à la Chine, et comprend probablement aussi l'île de Java, car il est probable, comme le dit M. Sclater, qu'il faut réunir à cette espèce le *Pelecanus javanicus* (Horsf.).

769. — PELECANUS PHILIPPENSIS

ONOCROTALUS PHILIPPENSIS, Briss. (1760), *Ornith.*, VI, 527, pl. 46. — LE PÉLICAN DES PHILIPPINES, Buff. (1770), *Pl. Enl.* 965. — LE PÉLICAN BRUN et LE PÉLICAN ROSE DE LUÇON, Sonn. (1776), *Voy. Nouv.-Guinée*, 91, pl. 53 et 54. — PELECANUS ROSEUS, P. MANILLENSIS et P. PHILIPPENSIS, Gm. (1788), *S. N.*, I, 570 et 571. — ? PELECANUS RUFESCENS, Gm. (1788), *ibid.*, 571. — ? Rüpp. (1826), *Atl.*, 31, pl. 21. — PELECANUS CRISTATUS, Less. (1831), *Trait. d'orn.*, 602. — PELECANUS CALORYNCHUS et P. GANGETICUS (Hodgs.), Gr. (1844), *Zool. Misc.*, 86. — PELECANUS PHILIPPENSIS, Gr. (1846), *Cat. Hodgs. Coll.*, 148. — Blyth (1849), *Cat.* 297, n° 1,742. — Bp. (1856), *Compt. rend. Ac. Sc.*, XLI, *Tabl. des Pélag.*, n° 4. — PELECANUS RUFESCENS (?) et P. PHILIPPENSIS, Bp. (1857), *Consp. Av.*, II, 162. — PELECANUS CRISPUS, Swinh. (1860), *Ibis*, 68. — PELECANUS PHILIPPENSIS, Schleg. (1863), *Mus. des P. B., Pelec.*, 33. — Swinh. (1863), *P. Z. S.*, 325. — Jerd. (1864), *B. of Ind.*, II, 859. — ? PELECANUS RUFESCENS, Sclat. (1868), *P. Z. S.*, 266, f. 4 et pl. 26. — PELECANUS RUFESCENS, Elliot (1869), *ibid.*, 583. — PELECANUS CRISPUS, A. Dav., (1871), *N. Arch. du Mus., Bull.* VII, *Cat.* n° 470. — PELECANUS PHILIPPENSIS, Swinh. (1871), *P. Z. S.*, 420. — Sclat. (1871), *ibid.*, 633, f. 2. — PELECANUS ROSEUS et P. PHILIPPENSIS, Wald. (1875), *Trans. zool. Soc.*, IX, part. 2, p. 245.

Dimensions. Long. totale, 1^m,60.

Le grand Pélican de Chine est allié du *Pelecanus crispus* de
nos contrées : il a comme lui les plumes du front se terminant
à la base du bec suivant une ligne droite ou même légèrement
concave ; les plumes de sa tête et de sa nuque sont également
ébouriffées, mais à un degré moindre que dans le Pélican frisé,
et sa coloration générale est un gris argenté plus ou moins
nuancé de rose, mélangé de brunâtre sur les ailes, et passant
au blanc rosé sur les parties inférieures du corps. Pour
M. D.-G. Elliot, qui dans sa *Monographie du genre Pelecanus*
(*P. Z. S.*, p. 571 et suiv.) assimile à cette espèce le *Pelecanus
rufescens* de Gmelin et de Rüppel, le *Pelecanus philippensis* aurait
une aire de dispersion très-considérable, depuis les Philippines
jusqu'à Madagascar, à la Nubie et même au Sénégal ; pour d'autres auteurs au contraire qui, avec M. Sclater, considèrent le
Pelecanus rufescens comme une espèce distincte, le *Pelecanus
philippensis* serait confiné dans l'Asie orientale. Quoi qu'il en soit,
c'est un oiseau très-commun dans l'empire chinois, non-seulement sur les côtes, mais encore sur les grands fleuves et sur les
lacs de l'intérieur. Je m'en suis procuré plusieurs spécimens à
Pékin, et je l'ai rencontré également en Mongolie. Les Pékinois
l'appellent *Thao-ho*.

770. — PHALACROCORAX CARBO

PELECANUS CARBO, L. (1766), *S. N.*, I, 216. — LE CORMORAN, Buff. (1770), *Pl. Enl.*
927. — PELECANUS CARBO, Gm. (1788), *S. N.*, I, 573. — PELECANUS SINENSIS, Shaw
(1790-1801), *Nat. Misc.*, 529. — CARBO CORMORANUS, Mey. et Wolf (1810), *Tasch.
Deutschl.*, II, 575. — PHALACROCORAX CARBO, Pall. (1811), *Zoogr.*, II, 297. — Leach
(1816), *Syst. Cat. M. and B.*, 34. — HYDROCORAX CARBO, Vieill. (1817), *N. Dict. d'Hist.
Nat.*, VIII, 83. — CARBO ¦CORMORANUS, Tem. (1820), *Man. d'orn.*, 2° éd., II, 894. —
GRACULUS LEUCOTIS, Less. (1831), *Trait. d'orn.* — PHALACROCORAX CARBO, Gould (1837),
B. of Eur., pl. 407. — CARBO LEUCOCEPHALA et C. RAPTENSIS (Hodgs.), Gr. (1844), *Zool.
Misc.*, 86. — GRACULUS SINENSIS, Gr. (1846), *Cat. Hodgs. Coll.*, 149. — CARBO CAPIL-
LATUS et C. FILAMENTOSUS, Tem. et Schleg. (1850), *Faun. Jap.*, Aves, 129, pl. 83 et
83 B. — PHALACROCORAX CAPILLATUS et PH. CARBO, Bp. (1856), *Compt. rend. Ac. Sc.*,
XLI, *Tabl. des Pélag.*, nⁿˢ 22 et 25, et (1857), *Consp. Av.*, II, 168 et 169. — PHALA-
CROCORAX CARBO, Schr. (1860), *Vög. d. Am. L.*, 488. — Swinh. (1860), *Ibis*, 68. —
PHALACROCORAX FILAMENTOSUS, Swinh. (1861), *Ibis*, 264 et 409. — PHALACROCORAX CAPIL-
LATUS, Swinh. (1863), *P. Z. S.*, 325. — PHALACROCORAX CAPILLATUS, Swinh. (1863),
P. Z. S., 325. — PHALACROCORAX CARBO, Radde (1863), *Reis. in S. O. Sib.*, II, 379. —
GRACULUS CARBO, Schleg. (1863), *Mus. des P. B., Pelec.*, 6. — GRACULUS CARBO et GR.
SINENSIS, Jerd. (1864), *B. of Ind.*, II, 861 et 862. — PHALACROCORAX CARBO, Dyb. (1868),
J. f. Orn., 339. — GRACULUS CARBO, A. Dav. (1871), *N. Arch. du Mus., Bull.* VII,
Cat. n° 469. — PHALACROCORAX CARBO, Swinh. (1871), *P. Z. S.*, 422. — PHALACROCORAX

CARBO, var. CONTINENTALIS, Severtz. (1873), *Turk. Jevotn.*, 70. — PHALACROCORAX CARBO, Dress. (1876), *Ibis*, 414. — ? PHALACROCORAX CAPILLATUS, Dyb. (1876), *J. f. Orn.*; 202. — PHALACROCORAX CARBO et ? PH. CAPILLATUS, Tacz. (1877), *Bull. Soc. zool. Fr.*, II, 41.

Dimensions. Long. totale, 0^m,89.

Le Cormoran d'Europe se retrouve, avec les mêmes caractères, dans une grande partie de l'Asie et ne paraît pas constituer, dans l'extrême Orient, une variété distincte (*Phalacrocorax sinensis*), comme l'ont admis certains ornithologistes. Il remonte vers le Nord jusque dans les parages du Kamtschatka, et se montre fort communément soit sur les côtes, soit sur les fleuves et les lacs de l'intérieur de la Chine et de la Mongolie. On sait que les Chinois dressent pour la pêche cet oiseau auquel ils donnent le nom de *Lou-sseu*, et qu'ils l'élèvent en domesticité, en faisant couver ses œufs par des poules.

771. — PHALACROCORAX PELAGICUS

PHALACROCORAX PELAGICUS, Pall. (1811), *Zoogr.*, II, 303, pl. 76. — CARBO BICRISTATUS, Tem. et Schleg. (1850), *Faun. Jap.*, *Aves*, 130 (part.), et pl. 84 B (?). — GRACULUS PELAGICUS, Bp. (1856), *Compt. rend. Ac. Sc.*, XLI, *Tabl. des Pélag.*, n° 32 (part.). — GRACULUS BICRISTATUS, Swinh. (1861), *Ibis*, 408. — PHALACROCORAX ÆOLUS, Swinh. (1867), *Ibis*, 305. — GRACULUS BICRISTATUS, Swinh. (1871), *P. Z. S.*, 420. — PHALACROCORAX PELAGICUS, Swinh. (1874), *Ibis*, 164, et (1875), *ibid.*, 138. — PHALACROCORAX BICRISTATUS, Dyb. (1876), *J. f. Orn.*, 203. — Tacz. (1877), *Bull. Soc. zool. Fr.*, II, 41.

Dimensions. Long. totale, 0^m,74 environ ; queue, 0^m,17 ; aile, 0^m,28 ; tarse, 0^m,05 ; bec, 0^m,08 jusqu'à la commissure.

Couleurs. Iris vert ; bec et pattes d'un brun noirâtre. Peau nue autour de l'œil papilleuse et d'un rouge foncé. — Plumage d'un noir foncé, à reflets pourprés sur la tête et le cou, bronzés sur le dos et l'abdomen, avec les ailes et la queue d'un brun pourpré un peu plus clair, et deux taches d'un blanc pur sur la région postérieure des flancs. Au printemps, quelques plumes blanches, effilées, sétiformes, sur le cou. Deux petites aigrettes d'un noir pourpré, l'une sur le sommet de la tête et l'autre sur la nuque. — Le jeune de l'année est d'un brun uniforme à reflets verdâtres, avec la tête grisâtre.

Le *Phalacrocorax pelagicus* ressemble au *Ph. bicristatus*, mais s'en distingue, suivant M. Swinhoe, non-seulement par la coloration de la peau nue qui entoure ses yeux et qui est d'un rouge foncé, au lieu d'être d'un jaune vif, mais encore par les proportions de ses rémiges : dans le *Phalacrocorax bicristatus*, en effet, la troisième rémige est la plus longue, tandis que dans le

Ph. pelagicus la deuxième, la troisième et la quatrième rémige sont égales entre elles et dépassent toutes les autres. A ces caractères s'en joignent d'autres tirés de la forme du bec qui est étroit, cylindrique et sillonné latéralement. On trouve le *Phalacrocorax pelagicus* au Japon, dans la Sibérie orientale et sur les côtes de la Chine, particulièrement aux environs de Tchéfou, où il niche sur de grands rochers qui surplombent la mer.

772. — ATTAGEN MINOR

FREGATA MINOR, Briss. (1760), *Ornith.*, VI, 509. — PELECANUS MINOR, Gm. (1788), *S. N.*, I, 572. — ATTAGEN ARIEL (Gould), Gr. (1845), *Gen. of B.*, III, 669, pl. 104. — Gould (1848), *B. of Austr.*, VII, pl. 72. — TACHYPETES AQUILUS, Bp. (1856), *Compt. rend. Ac. Sc.*, XLI, *Tabl. des Pélag.*, nº 19 (part.). — TACHYPETES MINOR, Bp. (1857), *Consp. Av.*, II, 167. — Swinh. (1868), *Ibis*, 56. — ATTAGEN MINOR, Swinh. (1871), *P. Z. S.*, 423. — FREGATA MINOR, Bull. (1873), *B. of N. Zeal.*, 342.

Dimensions. Long. totale, 0^m,92.

Couleurs. Iris noir ; bec d'un gris noirâtre ; pieds d'un rouge brunâtre ; peau nue sur la gorge d'un rouge vermillon. — Plumage noir, à reflets bleus métalliques, passant au vert et au pourpre sur les plumes lancéolées du dos et de la poitrine, et disparaissant plus ou moins sur les couvertures des ailes et les flancs qui sont brunâtres ; tiges des rectrices externes blanches.

La Petite Frégate, au bec long et crochu, à la gorge dénudée et d'un rouge vermillon, aux ailes très-amples, à la queue profondément fourchue, se distingue de la Grande Frégate non-seulement par sa taille plus faible, mais encore par sa gorge nue et son plumage aux teintes plus uniformes. Elle a pour domaine une partie des mers australes, et surtout les parages de l'Australie, de la Nouvelle-Zélande et de la Nouvelle-Calédonie, et s'avance parfois jusque sur les côtes de la Chine. M. Swinhoe a obtenu un individu de cette espèce qui avait été tué sur les écueils aux environs d'Amoy.

APPENDICE

Pendant que notre ouvrage était en cours d'impression, M. G. Dawson Rowley a fait paraître, dans ses *Ornithological Miscellany*, le commencement de la partie ornithologique du voyage du lieutenant-colonel N. Przewalski dans la Mongolie et le Tibet septentrional (*The Birds of Mongolia, the Tangut country and the solitudes of northern Tibet*). Comme la province du Kan-sou et les régions voisines explorées par le naturaliste russe appartiennent à la Chine, les oiseaux rencontrés par lui viennent naturellement se ranger dans la faune mongolo-chinoise et doivent être mentionnés dans notre Catalogue. Les livraisons de la publication de M. Dawson que nous avons sous les yeux (nᵒˢ VI, VII et VIII, janvier à mai 1877) renferment déjà 186 espèces, dont la plupart figurent dans notre ouvrage et dont il a été tenu compte dans notre synonymie; cependant il nous reste encore à citer une trentaine d'espèces, ou nouvelles pour la science ou non signalées précédemment dans les limites de la Chine : nous leur donnons des numéros d'ordre indiquant la place qu'elles doivent tenir dans notre Catalogue, suivant la méthode que nous avons adoptée.

A la suite des oiseaux mentionnés par le colonel Przewalski, nous décrivons un *Picus* rapporté par nous et omis par mégarde dans notre nomenclature, et deux autres oiseaux (dont un nouveau) que M. l'abbé Desgodins vient d'envoyer au Muséum, des frontières de la Chine et du Tibet.

73 *bis.* — PICUS LEUCONOTUS

Picus leuconotus, Bechst. (1802), *Orn. Tasch.*, 66, et (1805), *Nat. Vög. Deutsch.*, II, 190. — Picus cirris, Pall. (1811), *Zoogr.*, I, 412. — Picus leuconotus, Gould (1832), *B. of Eur.*, pl. 228.— Tem. (1840), *Man. d'orn.*, 2ᵉ éd., III, 282. — Bp. (1850), *Consp. Av.*, I, 135. — Midd. (1853), *Sib. Reis.*, II, 132. — Schr. (1860), *Vög. d. Am. L.*, 262. — Radde (1863), *Reis. in S. O. Sib.*, II, 139. — Degl. et Gerbe (1867), *Ornith. eur.*, 2ᵉ éd., I, 151. — Przew. (1867-69), *Voy.* nᵒ 31. — Dyb. (1868), *J. f. Orn.*, 336.

— Sharpe et Dress. (1871), *B. of Eur.*, livr. VII. — Swinh. (1875), *Ibis*, 451. —
Tacz. (1876), *Bull. Soc. zool. Fr.*, I, 329. — Przew. (1877), *Ornith. Misc.*, VI, 319;
B. of Mong., sp. 184.

Dimensions. Long. totale, 0m,28.

Couleurs. Iris orangé; bec d'un brun bleuâtre; pattes d'un brun grisâtre. — Vertex et nuque rouges; front, joues, dos et croupion blancs; des
moustaches noires s'étendant jusque sur le dos et sur les côtés de la poitrine; couvertures des ailes noires, rayées de blanc; rémiges noires, ornées
de petites taches blanches; gorge et milieu de la poitrine et de l'abdomen
blancs; flancs rayés de noir; région anale et sous-caudales d'un rouge vif;
rectrices médianes noires; rectrices latérales fortement tachées de blanc.
— Chez la femelle, il n'y a pas de rouge sur le sommet de la tête et les parties
inférieures sont marquées de raies longitudinales beaucoup plus nettes et
beaucoup plus nombreuses.

Ce pic, signalé d'abord dans les régions septentrionales de
l'Europe, a été retrouvé plus tard par M. Loche dans les Pyrénées, par M. Martin dans les monts Ourals, par les voyageurs
russes dans la Sibérie orientale, par le capitaine Blakiston à
Hakodadi (Japon) et par M. Przewalski sur les confins de la
Mongolie, sur le versant nord du Gu-bey-key.

104 *bis.* — CUCULUS CANORINUS

CUCULUS CANORUS, Midd. (1853), *Sib. Reis.*, II, 131.—Schr. (1860), *Vög. d. Am. L.*,
256. — Radde (1863), *Reis. in S. O. Sib.*, II, 133. — Przew. (1867-69), *Voy.*, nº 25.
— Dyb. (1868), *J. f. Orn.*, 336. — CUCULUS CANORINUS, Cab. (1872), *J. f. Orn.*, 235.
— Dyb. (1873), *ibid.*, 96. — Tacz. (1876), *Bull. Soc. zool. Fr.*, I, 237. — Przew. (1877),
Ornith. Misc., VIII, 319; *B. of Mong.*, sp. 186.

Dimensions et Couleurs. Taille du Coucou d'Europe. Plumage presque semblable, les bandes des parties inférieures du corps étant toutefois
plus étroites et plus nombreuses, les taches blanches des rectrices étant
plus petites et manquant complétement sur les pennes centrales, et les
stries des sous-caudales étant plus foncées que dans l'espèce européenne.

D'après M. Taczanowski, ce coucou est moins répandu que
l'espèce vulgaire dans la Sibérie orientale, tandis qu'il est assez
commun, suivant M. Przewalski, dans le S.-E. de la Mongolie,
l'Ala-chan et le Kan-sou.

109 *bis.* — CAPRIMULGUS PLUMIPES

CAPRIMULGUS PLUMIPES, Przewalski (1877), *Ornith. Misc.*, VI, 138; *B. of Mong.*,
sp. 26.

Dimensions. Long. totale, 0ᵐ,27 ; queue, 0ᵐ,13 ; aile, 0ᵐ,19 ; tarse, 0ᵐ,013 ; bec, 0ᵐ,025 à partir de la commissure.

Couleurs. Iris brun ; bec noir ; pattes d'un brun foncé, avec les tarses complétement emplumés. — Plumage d'un roux isabelle, strié et vermiculé de noir, avec les rémiges ornées de larges bandes transversales rousses, les tectrices alaires marquées de nombreuses lunules d'un fauve clair, les sous-alaires d'un roux pâle et les sous-caudales d'une teinte isabelle sans taches.

M. Przewalski n'a pris qu'un seul individu de cette espèce dans des buissons de tamaris, sur la rive septentrionale du fleuve Jaune. Cet engoulevent, dit-il, ressemble à la fois par sa coloration au *Caprimulgus arenicolor* (Severtz.) et au *C. isabellinus* (Tem.), mais se distingue de ces deux formes : 1° par sa tête et les parties supérieures de son corps marquées de longues stries noires analogues à celles qui existent chez le *Caprimulgus europæus*, mais plus étroites et moins nombreuses ; 2° par sa queue ornée de treize barres transversales, au lieu de onze comme chez le *C. arenicolor*.

144 *bis*. — COLLYRIO PALLIDIROSTRIS

LANIUS PALLIDIROSTRIS, Cass. (1851), *Pr. Ac. Sc. Philad.*, 244, et (1853), *Journ. Ac. Nat. Sc. Philad.*, 257, pl. 23. — ? LANIUS ASSIMILIS, Brehm (1854), *J. f. Orn.*, 146. — LANIUS PALLIDUS, Ant. (1865), *Cat. Coll. Ucc.*, 56. — COLLYRIO PALLIDIROSTRIS, Gr. (1869), *Handlist*, I, 391. — LANIUS PALLIDIROSTRIS, Finsch et Hartl. (1870), v. *Deck. Reis.; Vög. Ost-Afrik.*, 329. — V. Heugl. (1869-75), *Ornith. N. O. Afr.*, 485.— Sharpe et Dress. (1870), *P. Z. S.*, 598. — Severtz. (1873), *Turk. Jevotn.*, 67.— Dress. (1876), *Ibis*, 184. — Przew. (1877), *Ornith. Misc.*, VII, 273; *B. of Mong.*, sp. 123.

Dimensions. Long. totale, 0ᵐ,255 ; queue, 0ᵐ,105 ; aile 0ᵐ,110 ; tarse, 0ᵐ,026 ; bec, 0ᵐ,024. (D'après M. Przewalski.)

Couleurs. Bec d'un brun pâle ; tarses d'un brun plombé. — Tête et dos d'un gris blanchâtre, front et sourcils blancs ; lores d'un gris foncé ; plumes auriculaires noires ; scapulaires bordées de blanc ; couvertures des ailes noires, à l'exception des dernières qui sont grisâtres ; croupion et sus-caudales blanchâtres ; rémiges d'un brun foncé avec la portion basilaire, ce qui dessine une barre distincte ; rectrices centrales noires avec l'extrémité blanche ; rectrices latérales en majeure partie d'un blanc pur ; parties inférieures du corps blanches. (D'après MM. Dresser et Sharpe.)

Cette pie-grièche, très-voisine du *Lanius lahtora*, dont elle se distingue toutefois par les teintes plus claires de son plumage et la nuance très-pâle de son bec, a été décrite en 1851 par

M. Cassin d'après un spécimen provenant de l'Afrique orientale. Depuis lors elle a été rencontrée à diverses reprises dans la Nubie, l'Abyssinie, le Kordofan et le Sennaar ; mais, jusqu'à ces derniers temps, elle n'avait jamais été signalée en dehors du continent africain. Cependant, en 1873, M. Severtzoff a rapporté à ce *Lanius pallidirostris* certaines pies-grièches du Turkestan, et plus récemment encore M. Przewalski a attribué à la même espèce une femelle qui lui a paru semblable en général au type décrit par Cassin, tout en étant de taille un peu plus forte et en offrant quelques particularités dans la coloration des premières rémiges. Cet oiseau mentionné par M. Przewalski n'appartien-drait-il pas plutôt au véritable *Lanius lahtora*, espèce de l'Inde et de la Chine qui n'est pas comprise dans le catalogue du voyageur russe ?

153 *bis.* — LANIUS ARENARIUS

LANIUS ARENARIUS, Blyth (1846), *J. A. S. Beng.*, XV, 304. — LANIUS SUPERCILIOSUS, var. ARENARIUS, Blyth (1849), *Cat.* 152, n° 874. — Strickl. (1850), *P. Z. S.*, 217. — OTOMELA ARENARIA, Bp. (1853), *Rev. et Mag. de Zool.*, 437. — LANIUS ARENARIUS, Jerd. (1862), *B. of Ind.*, I, 407. — Wald. (1867), *Ibis*, 223. — Jerd. (1872), *ibid.*, 115. — J. Hayes Lloyd (1873), *ibid.*, 408. — Henders. et Hume (1873), *Lahore to Yarkand,* 183, pl. III. — Przew. (1877), *Ornith. Misc.*, VII, 274 ; *B. of Mong.*, sp. 126.

Dimensions. Long. totale, 0ᵐ,184 ; queue, 0ᵐ,088 ; aile, 0ᵐ,092 ; tarse, 0ᵐ,021 ; bec, 0ᵐ,013. (D'après M. Przewalski.)

Couleurs. Plumage en dessus d'un brun grisâtre clair, nuancé de roux sur le croupion ; lores et sourcils d'un roux très-pâle ; plumes auriculaires d'un brun assez foncé qui va en s'éclaircissant vers le bas ; ailes d'un brun clair, avec des lisérés roux très-étroits aux pennes primaires, beaucoup plus larges aux pennes secondaires et aux couvertures ; parties inférieures d'un blanc nuancé de fauve sur la poitrine et sur les flancs ; sous-caudales blanches ; rectrices médianes brunes ; rectrices latérales roussâtres.

Le *Lanius arenarius* que quelques ornithologistes ont voulu réunir au *L. isabellinus* (Hemp. et Ehr.) a été trouvé d'abord dans le Sindh et dans l'Afghanistan ; de là, comme le soupçonnait le Dʳ Jerdon, il s'étend dans l'Asie centrale, dans le pays des Ordos, dans la chaîne de l'Ala-chan et dans la vallée du Hoangho, où M. Przewalski l'a rencontré ; mais il ne s'avance pas plus loin vers l'est de la Chine proprement dite.

201 *bis.* — CHELIDON CASHMERIENSIS

CHELIDON CASHMERIENSIS, Gould (1858), *P. Z. S.*, 356. — A. Leith Adams (1858), *ibid.*, 494, et (1859), *ibid.*, 175. — CHELIDON CASHMIRIENSIS, Jerd. (1862), *B. of Ind.*, I 167. — CHELIDON CASHMERIENSIS, Przew. (1877), *Ornith. Misc.*, VI, 163 ; *B. of Mong.*, sp. 34.

Dimensions. Long. totale, $0^m,13$; queue, $0^m,05$; aile, $0^m,105$. (D'après M. Przewalski.)

Le *Chelidon cashmeriensis*, qui a été découvert dans le pays de Cachemire par M. Leith Adams, ne diffère du *Chelidon urbica* de nos contrées que par sa taille plus faible et ses plumes axillaires d'un brun noirâtre. C'est à cette espèce que M. Przewalski croit devoir rapporter des hirondelles qu'il a trouvées en grand nombre dans les montagnes de l'Ala-chan et du Kan-sou, à une altitude de 10 à 12,000 pieds, et qui font contre des parois de rocher des nids ressemblant pour la forme à ceux de l'*Hirundo gutturalis.* Il paraît toutefois que ces oiseaux différaient quelque peu de ceux qui ont été décrits par Gould, nonseulement par leurs dimensions plus considérables ($0^m,13$ au lieu de $0^m,12$ de longueur totale), mais par leur poitrine marquée de quelques taches noires analogues à celles que l'on remarque chez le *Chelidon Blakistoni* (Swinh.) du Japon.

228 *bis.* — HYDROBATA SORDIDA

CINCLUS SORDIDUS, Gould (1859), *P. Z. S.*, 494, et (1860), *B. of As.*, livr., XII, pl. — Jerd. (1860), *B. of Ind.*, I, 507. — O. Salv. (1867), *Ibis*, 118. — Przew. (1877), *Ornith. Misc.*, VI, 202 ; *B. of Mong.*, sp. 115.

Dimensions. Long. totale, $0^m,16$; queue, $0^m,05$; aile, $0^m,079$; tarse, $0^m,03$; bec, $0^m,022$.
Couleurs. Plumage d'un brun chocolat, passant au noirâtre sur le dos, l'abdomen, la queue et les ailes.

Cette espèce qui d'après M. O. Salvin doit occuper une place à part dans le genre *Hydrobata* ou *Cinclus*, rappelant à la fois le *Cinclus Pallasi* par son plumage sombre et le *Cinclus aquaticus* par son *facies*, a été découverte à Ladakh (Tibet) par le Dr Adams. Tout récemment M. Przewalski et son compagnon de voyage l'ont retrouvée plus au nord, dans les monts Burhan-Bulda (Tibet septentrional) et sur le fleuve Tetung-gol.

230 bis. — MERULA KESSLERI

MERULA KESSLERI, Przew. (1877), *Ornith. Misc.*, VI, 199 ; *B. of Mong.*, sp. 111.

Dimensions. Long. totale, $0^m,20$ (♀) et $0^m,30$ (♂) ; queue, $0^m,12$ et $0^m,13$; aile, $0^m,15$ et $0^m,16$; tarse, $0^m,36$; bec, $0^m,02$.

Couleurs. Iris brun foncé ; bec d'un jaune uniforme chez le mâle, taché de brun à la base chez la femelle ; pattes d'un brun foncé. — Tête, cou, ailes et queue d'un brun fuligineux tournant au noirâtre ; dos et poitrine grisâtres ; scapulaires, poitrine, flancs et croupion d'un roux terne ; sus-caudales grises ou noirâtres, largement bordées de brun pâle ; sous-caudales noires, bordées de roux. — Chez la femelle, les teintes du plumage sont plus pâles et la gorge est légèrement striée de noir. (D'après M. Przewalski.)

Ce merle au plumage bigarré a été découvert par M. Przewalski dans les districts boisés du Kan-sou. Il vit au milieu des buissons épais de genévrier et rappelle beaucoup notre *Merula Gouldi* par ses allures et par son chant.

255 bis. — SAXICOLA DESERTI

SAXICOLA DESERTI (Rüpp.) et SAXICOLA ISABELLINA, Tem. (1825-29), *Pl. Col.* 359, f. 2, et 472, fig. 1. — SAXICOLA ATROGULARIS, Blyth (1847), *J. A. S. Beng.*, XVI, 130. — SAXICOLA SALINA, Eversm. (1850), *Bull. Soc. Nat. Mosc.*, XXIII, part. 2, p. 567, pl. 8, f. 2. — SAXICOLA ATRIGULARIS, Bp. (1850), *Consp. Av.*, I, 304. — SAXICOLA GUTTURALIS, Licht. (1854), *Nom. Av.*, 35. — SAXICOLA HOMOCHROA, Tristr. (1859), *Ibis*, 59. — SAXICOLA DESERTI, Jerd. (1863), *B. of Ind.*, II, 132. — SAXICOLA MONTANA et S. ATROGULARIS, Gould (1865), *B. of Ind.*, livr. XVII, pl. — SAXICOLA ALBOMARGINATA, Salvad. (1870), *Att. Soc. Tor.*, 507. — SAXICOLA SALINA, Severtz. (1873), *Turk. Jevotn.*, 65. — SAXICOLA DESERTI, Blanf. et Dress. (1874), *P. Z. S.*, 224. — Dress. (1875), *Ibis*, 337. — SAXICOLA ATROGULARIS, Przew. (1877), *Ornith. Misc.*, VI, 183, *B. of Mong.*, sp. 76.

Dimensions. Long. totale, $0^m,134$; queue, $0^m,065$; aile, $0^m,09$; tarse, $0^m,028$; bec, $0^m,019$.

Couleurs. Front et sourcils d'un blanc sale ; vertex d'un roux nuancé de grisâtre ; reste des parties supérieures d'un roux isabelle très-clair ; croupion et sus-caudales d'un blanc pur ; rémiges noir, avec un liséré blanc très-étroit ; pennes secondaires d'un brun foncé, largement bordées de roux ; scapulaires et grandes couvertures de l'aile d'une teinte isabelle ; moyennes et petites couvertures noires, avec le bout blanc ; gorge, côtés de la tête et du cou d'un noir profond ; poitrine et abdomen blancs, avec les flancs nuancés de roux pâle ; sous-caudales d'un blanc jaunâtre ; rectrices noires, avec la base blanche ; plumes axillaires noires, terminées de blanc.

— Chez la femelle, le dessus du corps est d'une teinte moins pure, tournant au grisâtre, la ligne frontale et les sourcils sont à peine indiqués, le croupion et les sous-caudales sont jaunâtres, la gorge n'offre point de plastron noir et toutes les parties inférieures sont d'un roux pâle.

Le *Saxicola deserti* habite le N.-E. de l'Afrique, le midi de la Russie, le Turkestan, le Punjab, l'Afghanistan et la région de l'Ala-Chan, où il a été signalé récemment par M. Przewalski. Comme son nom l'indique, il se tient de préférence dans les contrées désertes.

258 *bis*. — RUTICILLA SCHISTICEPS

PHOENICURA SCHISTICEPS (Hodgson), Gr. (1844), *Zool. Misc.*, 83. — RUTICILLA SCHISTICEPS, Gr. (1846), *Cat. Hodgs. Coll.* 69. — F. Moore (1854), *P. Z. S.*, 29. — Jerd. (1863), *B. of Ind.*, II, 140. — Przew. (1877), *Ornith. Misc.*, VIII, 175, *B. of Mongol.*, sp. 61.

Dimensions. Long. totale, 0ᵐ,15 ; aile, 0ᵐ,08 ; tarse, 0ᵐ,022 ; bec, 0ᵐ,015 à partir de la commissure. (D'après J. Moore.)

Couleurs. Côtés de la tête, nuque, dos et queue noirs ; sommet de la tête d'un bleu ardoisé pâle ; gorge blanche ; une large tache blanche sur chacune des ailes qui sont noires ; partie inférieure de la poitrine et abdomen d'un roux marron. (D'après J. Moore.)

Le *Ruticilla schisticeps*, qui est rare dans le Népaul, est au contraire, d'après M. Przewalski, fort commun dans les vallées boisées du Kan-sou, au-dessous de la région alpine. Il fait son nid dans un creux de rocher, et le construit avec de la mousse ou de la laine tapissée intérieurement par des plumes de *Crossoptilon auritum*. Ses œufs sont d'une couleur de chair tantôt uniforme, tantôt parsemée de quelques points bruns.

261 *bis*. — RUTICILLA ALASCHANICA

RUTICILLA ALASCHANICA, Przew. (1877), *Ornith. Misc.*, VI, 75, pl. LIV, fig. 8, *B. of Mong.*, sp. 63.

Dimensions. Long. totale, 0ᵐ,18 (♂) et 0ᵐ,17 (♀) ; aile, 0ᵐ,089 ; queue, 0ᵐ,082 ; tarse, 0ᵐ,18 à 0ᵐ,19 ; bec, 0ᵐ,015 à partir du front.

Couleurs. Iris brun ; bec et pattes noirs. — Tête, joues, nuque et côtés du cou d'un bleu grisâtre ; dos, sus-caudales et rectrices latérales d'un roux orangé ; parties inférieures d'un roux vif, avec le milieu de l'abdomen blanc ; rémiges d'un brun foncé ; pennes tertiaires brunes, largement bordées de

blanc ; couvertures supérieures des ailes les unes noirâtres, les autres
blanches et dessinant une bande oblique sur l'aile ; couvertures inférieures
blanches ; rectrices de la paire médiane noires. — Chez la femelle, le dessus du corps est d'un brun grisâtre nuancé de rougeâtre, et le dessous
jaune, avec le milieu de l'abdomen blanc ; le croupion, les sus-caudales,
les sous-caudales et les rectrices latérales d'un roux vif, les deux rectrices
médianes noires, les ailes d'un brun foncé, avec les plumes tertiaires largement bordées de jaune et les grandes et moyennes couvertures blanches.

Cette jolie espèce habite les montagnes du Kan-sou et de
l'Ala-chan.

261 ter. — RUTICILLA ERYTHROGASTRA

Motacilla erythrogastra, Guldenst. (1774), *Nov. Comm. Petrop.*, XIX, 469,
pl. 16 et 17. — Gm. (1788), *S. N.*, I, 975. — Sylvia erythrogastra, Lath. (1790),
Ind. orn., I, 503. — Motacilla ceraunia, Pall. (1811), *Zoogr.*, I, 478. — Ruticilla
grandis, Gould (1849), *P. Z. S.*, 112. — Ruticilla erythrogastra, Bp. (1850), *Consp.
Av.*, I, 296. — Gould (1851), *B. of As.*, livr. III, pl. — Moore (1854), *P. Z. S.*, 27. —
Ruticilla Vigorsi, Moore (1854), *ibid.*, pl. 9 (♀). — Ruticilla erythrogastra, Jerd.
(1863), *B. of Ind.*, II, 139. — Radde (1863), *Reis. in S. O. Sib.*, II, 257. — Dyb.
(1868), *J. f. Orn.*, 334.—Henders. et Hume (1873), *Lahore to Yark.*, 210.— Severtz.
(1873), *Turk. Jevotn.*, 65.—Dress. (1876), *Ibis*, 77.—Tacz. (1876), *Bull. Soc. zool. Fr.*,
I, 143. — Przew. (1877), *Ornith. Misc.*, VI, 177, *B. of Mong.*, sp. 65.

Dimensions. Long. totale, $0^m,18$; queue, $0^m,075$; aile, $0^m,11$; tarse,
$0^m,025$; bec, $0^m,015$ à partir du front.

Couleurs. Bec et pieds noirs. — Front, lores, plumes auriculaires,
gorge, dos, couvertures alaires d'un noir profond ; vertex et nuque d'un
blanc argenté ; pennes primaires et secondaires blanches à la base et noires
à l'extrémité ; poitrine, abdomen, croupion, sus et sous-caudales et rectrices
d'un roux vif. Dans la femelle (*Ruticilla Vigorsi*, Moore), le plumage est
beaucoup plus terne, d'un gris brunâtre en dessus et d'un gris roussâtre
en dessous, avec les rémiges bordées de gris en dehors, les deux rectrices
médianes grises, et les rectrices latérales rousses.

Cette espèce de grande taille habite à une altitude de 3 à
3,500 mètres dans le Boutan, le Népaul, le Cachemire et le
Turkestan, et se montre accidentellement dans la Sibérie orientale. Tout récemment, M. Przewalski l'a trouvée également à
4,000 mètres d'altitude dans la chaîne du Kan-sou, où elle est
extrêmement rare.

272 bis. — ACCENTOR FULVESCENS

Accentor fulvescens, Severtz. (1873), *Turk. Jevotn.*, 66 et 132. — ? Accentor
montanellus, Dress. (1876), *Ibis*, 91. — Accentor fulvescens, Przew. (1877), *Ornith.
Misc.*, VI, 186 ; *B. of Mong.*, sp. 81.

Dimensions. Long. totale, 0ᵐ,145 à 0ᵐ,165 ; queue, 0ᵐ,07 ; aile, 0ᵐ,075 à 0ᵐ,077 ; tarse, 0ᵐ,02 ; bec, 0ᵐ,01.

Couleurs. Plumage ressemblant en général à celui de l'*Accentor montanellus*, mais en différant : 1° par l'absence de taches noires sur la poitrine ; 2° par la petitesse et la rareté des stries sur les flancs ; 3° par la nuance blanchâtre de la gorge et la couleur blanche des sourcils ; 4° par la teinte grisâtre des parties supérieures du corps, qui sont d'un brun roussâtre dans l'*A. montanellus*.

M. Przewalski a rencontré cette espèce, qui d'après lui est bien distincte de l'*Accentor montanellus*, dans toutes les régions qu'il a traversées, à l'exception du Kan-sou. Elle niche dans la région alpine de l'Ala-chan, et se trouve, même en hiver, dans le désert de Gobi et le Tibet septentrional.

273 *bis.* — ACCENTOR RUBECULOÏDES

Accentor rubeculoïdes (Hodgs.), Moore (1854), *P. Z. S.*, 118. — Gould (1855), *B. of As.*, livr. VII, pl. — Jerd. (1863), *B. of Ind.*, II, 288. — Przew. (1877), *Ornith. Misc.*, VIII, 187 ; *B. of Mong.*, sp. 83.

Dimensions. Long. totale, 0ᵐ,152 ; queue, 0ᵐ,065 ; aile, 0ᵐ,077 ; tarse, 0ᵐ,022 ; bec, 0ᵐ,01.

Couleurs. Bec noirâtre ; pattes rougeâtres. — Front, vertex, nuque, plumes auriculaires et menton bruns ; plumes infra-orbitaires terminées de blanc ; gorge, côtés du cou et épaules d'un brun grisâtre ; les plumes de la gorge offrant une teinte noirâtre à la base ; dos et croupion d'un roux ferrugineux, avec une raie foncée au centre de chaque plume ; ailes brunâtres, avec des liserés roux autour des pennes ; petites et grandes couvertures alaires terminées de blanc ; rectrices brunâtres, lisérées de roux pâle en dehors ; poitrine d'un roux ferrugineux ; flancs d'une teinte analogue avec des stries foncées ; abdomen blanc ; bas-ventre d'un roux ferrugineux ; sous-caudales brunâtres, bordées de roux. (D'après Moore.)

L'*Accentor rubeculoïdes*, découvert dans le Népaul par le major Hodgson, a été retrouvé sur les sommets du Kan-sou par M. Przewalski. Son chant offre, paraît-il, une certaine analogie avec celui du *Ruticilla aurorea*.

457 *bis.* — OTOCORYS NIGRIFRONS

Otocoris nigrifrons, Przew. (1877), *Ornith. Misc.*, VIII, 313 ; *B. of Mong.*, sp. 176.

Dimensions. Long. totale, 0ᵐ,19 ; queue, 0ᵐ,085 ; aile, 0ᵐ,115 ; tarse, 0ᵐ,018 ; doigt postérieur, 0ᵐ,012 ; bec, 0ᵐ,013 à partir du front.

Couleurs. Plumage semblable en général à celui de l'*Otocorys albigula*, Bp. (*Otocorys penicillata*, Gould), mais plus foncé ; sur le front, une bande noire suivie d'une bande blanche, et sur la nuque une large plaque noire.

L'*Otocorys nigrifrons* habite le Kan-sou, le Kokonoor, le Tsaidam et le Tibet septentrional ; d'après M. Przewalski, il est intermédiaire pour la taille et la longueur du bec entre les *Otocorys albigula* et *O. longirostris* (Gould), et se distingue, paraît-il, de l'*O. albigula* (Bp.) par ses dimensions plus fortes, son bec plus grêle et plus allongé. C'est donc une espèce assez mal caractérisée, et sur la valeur de laquelle il est assez difficile de se prononcer, surtout en présence de la confusion qui règne dans la synonymie des espèces du genre *Otocorys*. D'après M. Przewalski, cette forme plus ou moins douteuse remplace en Mongolie l'*Otocorys albigula* (Bp. nec Brandt), qui, d'après lui, diffère de l'*O. penicillata* (Gould), et qui nous semble être précisément l'espèce décrite ci-dessus (p. 316) sous le nom d'*Otocorys sibirica.*

459 *bis.* — CALANDRELLA KUKUNOORENSIS

ALAUDA KUKUNOORENSIS, Przew. (1877), *Ornith. Misc.*, VIII, 316 ; *B. of Mong.*, sp. 180.

Dimensions. Long. totale, 0m,18 ; queue, 0m,075 ; aile, 0m,012 ; tarse, 0m,02 ; bec, 0m,013 à partir de la commissure.

Couleurs. Plumage d'une teinte isabelle pâle, avec des taches et des stries brunes peu marquées ; angle interne de la deuxième rectrice blanc, bordé de brunâtre ; ongle du pouce assez court.

D'après M. Przewalski, auquel nous empruntons cette description, la *Calandrella kukunoorensis* ne diffère de la *C. cheleensis* que par une taille plus forte, un ongle moins développé au doigt postérieur, des taches moins marquées sur le plumage et quelques nuances dans la coloration des rectrices. Elle habite le Kokonoor, le Tsaidam et probablement aussi le Kan-sou.

461 *bis.* — MELANOCORYPHA MAXIMA

MELANOCORYPHA MAXIMA (Gould), *B. of As.*, livr. XIX, pl. — Przew. (1877), *Ornith. Misc.*, VIII, 317 ; *B. of Mong.*, sp. 182.

Dimensions. Long. totale, 0m,240 (♂) et 0m,215 (♀) ; queue, 0m,092 et

0^m,075 ; aile, 0^m,145 et 0^m,155; tarse, 0^m,03 environ ; ongle postérieur, 0^m,020 à 0^m,025 ; bec, 0^m,029 à 0^m,030 à partir de la commissure.

Couleurs. Iris brun ; bec couleur de chair, passant au brunâtre sur la mandibule inférieure ; pattes d'un brun clair ; ongles d'un brun foncé. — Parties supérieures du corps d'un brun foncé, avec toutes les plumes bordées de brun clair ; sourcils blancs, se continuant en arrière par une raie fauve qui se recourbe sur les côtés du cou et vient se fondre dans la teinte des flancs ; lores bruns ; plumes des joues et plumes auriculaires brunes, avec le milieu plus foncé ; de chaque côté, à partir de la mandibule inférieure, une petite moustache grisâtre recoupant la teinte brune des joues ; en avant de l'aile, quelques plumes d'un brun assez foncé, formant une épaulette moins marquée que celle qui existe dans la Calandre ; parties inférieures d'un blanc jaunâtre couleur crème ; rémiges brunes, lisérées de brunâtre, à l'exception de la première qui est bordée de blanc ; rectrices de la penne externe en majeure partie blanches ; rectrices centrales brunes, bordées et terminées de blanc. (D'après M. Gould.)

Cette espèce, la plus grande de toutes les alouettes, a été découverte dans l'Afghanistan et retrouvée tout récemment par M. Przewalski dans le Kokonoor et le Tibet septentrional.

463 *bis*. — UROCYNCHRAMUS PYLZOWI

UROCYNCHRAMUS PYLZOWI, Przew. (1877), *Ornith. Misc.*, VIII, 309, pl. LIV; *B. of Mong.*, sp. 173, pl. VII.

Dimensions. Long. totale, 0^m,175 à 0^m,180 ; queue, 0^m,085 à 0^m,090 (♂) et 0^m,080 à 0^m,082 (♀); aile, 0^m,072 à 0^m,078 (♂) et 0^m,070 à 0^m,075 (♀) ; tarse, 0^m,022 à 0^m,023 (♂) et 0^m,022 (♀); bec, 0^m,010 à partir du front.

Couleurs. Iris brun ; bec noirâtre, avec la mandibule inférieure jaunâtre ; pattes noires. — Vertex et dessus du corps d'un jaune grisâtre, avec des marques noires allongées au centre de chaque plume ; lores, sourcils, joues et parties inférieures, à l'exception du milieu de la poitrine, d'une teinte rosée, qui, en automne, est nuancée de gris, mais qui, au printemps, est entièrement pure ; couvertures des oreilles d'un brun clair ; côtés du cou d'un gris blanchâtre ; nuque à peu près de la même teinte ; flancs d'un jaune grisâtre ; rémiges d'un brun foncé, nuancé de rougeâtre, avec des lisérés d'un jaune rougeâtre ; plumes secondaires d'un brun très-pâle au sommet ; couvertures supérieures des ailes d'une teinte analogue à celle des rémiges, et bordées également de rougeâtre, les plus grandes étant en outre d'une teinte jaunâtre à l'extrémité, ce qui dessine une bande transversale sur l'aile ; couvertures inférieures d'un gris rosé ; angle du carpe rose ; rectrices des deux paires centrales d'un brun foncé, tirant au noirâtre, deux d'entre elles étant largement bordées de jaune au sommet, tandis que les deux autres sont nuancées de rose sur les barbes externes ; rectrices des paires latérales d'un rouge clair, terminées de blanc ; sous-caudales roses ;

sus-caudales d'un brun foncé nuancé de rougeâtre, avec de larges bordures jaunes. (Mâle en plumage d'automne.) — La femelle offre en dessus les mêmes couleurs que le mâle, mais le dessous de son corps est d'un blanc jaunâtre (parfois rosé) et strié de noir sur la gorge, la poitrine et les flancs ; en automne, ses rectrices externes sont orangées, celles des deux ou trois paires suivantes n'offrant qu'un liséré de la même teinte ; mais au printemps les quatre pennes latérales sont d'une couleur orangée uniforme et celles de la troisième paire nuancées d'orangé et de brun rougeâtre ; l'angle du carpe est également d'un rouge orangé. (D'après M. Przewalski.)

Cette jolie espèce, que M. Przewalski a dédiée à son compagnon de voyage, M. A. Pylzoff, forme pour le naturaliste le type d'un genre nouveau se rapprochant à la fois des *Emberiza* par son bec et des *Uragus* par sa queue longue et étagée. Elle a été découverte à la source de la rivière Tetunga, et retrouvée plus tard nichant dans les régions alpines des montagnes situées au nord de ce cours d'eau. Le Kan-sou paraît constituer la limite septentrionale de son aire d'habitat. On la trouve presque exclusivement au milieu des buissons de *Potentilla tenuifolia* (plante arborescente).

473 *bis*. — EMBERIZA GODLEWSKII

EMBERIZA GIGLIOLI, Dyb. (1873), *J. f. Orn.*, 88. — EMBERIZA GODLEWSKII, Tacz. (1874), *J. f. Orn.*, 330. — Tacz. (1876), *Bull. Soc. zool. Fr.*, I, 175. — Przew. (1877), *Ornith. Misc.*, VIII, 108 ; *B. of Mong.*, sp. 169.

Dimensions et **Couleurs.** Taille de l'*Emberiza cia*, avec le bec plus court ; plumage différant un peu de celui de cette dernière espèce, le cou et la poitrine étant d'un bleu cendré plus intense, la raie sourcilière offrant la même teinte que la poitrine, et les bandes du vertex et de la région parotique étant d'un roux ferrugineux au lieu d'être noires.

D'après M. Taczanowski, cette nouvelle espèce de bruant, très-voisine de l'*Emberiza cia*, se trouverait non-seulement dans la Daourie méridionale, mais encore dans le Turkestan où elle aurait été observée par M. Severtzoff. De son côté, M. Przewalski dit l'avoir rencontrée accidentellement dans le sud-est de la Mongolie, plus fréquemment dans l'Ala-chan et surtout dans le Kan-sou où elle remplace l'*Emberiza cioïdes* T. et Schleg. (*E. ciovsis* Bp.). Elle habite à la fois la montagne et la plaine. C'est sans doute l'*Emberiza cia* de notre Catalogue.

480 *bis*. — MONTIFRINGILLA ADAMSI

MONTIFRINGILLA ADAMSI (Moore), A. Leith Adams (1858), *P. Z. S.*, 482, et (1859), *ibid.*, 178, pl. CLVI. — Jerd. (1863), *B. of Ind.*, II, 413. — Gould (1867), *B. of As.*, livr. XIX, pl. — Henders. et Hume (1873), *Lahore to Yark.*, 262. — Przew. (1877), *Ornith. Misc.*, VIII, 289 ; *B. of Mong.*, sp. 145.

Dimensions. Long. totale, 0ᵐ,16 environ.

Couleurs. Iris châtain ; bec et pattes d'un brun foncé. — Tête et dos d'un gris cendré ; sus-caudales blanches ; couvertures alaires blanches, terminées de noir ; pennes primaires noires, secondaires blanches sur les barbes internes et au sommet, tertiaires grises : plumes batardes blanches, terminées de noir ; parties inférieures blanches, avec la gorge et le menton nuancés de gris ; axillaires d'un blanc pur ; rectrices de la paire médiane noires ; rectrices latérales blanches, avec une bande noire à l'extrémité.

Cette espèce, découverte dans les montagnes de Ladakh (Inde occidentale) par M. A. Leith Adams, habite aussi le Kan-sou et se montre en hiver dans le Tibet septentrional. Elle offre d'assez grands rapports avec le *Montifringilla Gebleri* de Sibérie, mais est constamment de taille plus forte. Sa voix, d'après M. Przewalski, ressemble complétement à celle de notre Moineau commun.

484 *bis*. — ÆGIOTHUS BREVIROSTRIS

LINOTA BREVIROSTRIS (Gould), Bp. (1838), *Comp. List*, 34. — Moore (1855), *P. Z. S.*, 217. — LINOTA SP., A. Leith Adams (1858), *P. Z. S.*, 483. — LINOTA BREVIROSTRIS, A. Leith Adams (1859), *ibid.*, 184. — Henders. et Hume (1873), *Lahore to Yarkand*, 260, pl. XXVI. — Przew. (1877), *Ornith. Misc.*, VIII, 306 ; *B. of Mong.*, sp. 163.

Dimensions. Long. totale, 0ᵐ,125 ; queue (pennes externes), 0ᵐ,068 ; aile, 0ᵐ,010 ; tarse, 0ᵐ,015 ; bec, 0ᵐ,007. (D'après Moore.)

Couleurs. Plumage semblable en général à celui de l'*Ægiothus flavirostris* L. (*Æg. montium*, Gm.), mais d'un ton plus clair ; croupion d'un rose assez pâle ; plumes axillaires, base des barbes internes et bord externe des pennes primaires et secondaires d'un blanc pur ; une large bordure de même couleur aux rectrices latérales.

La Linotte à bec court, signalée d'abord aux environs d'Erzeroum et dans l'Afghanistan, a été rencontrée récemment par M. Przewalski sur les pentes dénudées et dans les plaines du Kan-sou ; elle passe l'hiver sur les flancs méridionaux du Burhan-Bud, dans le Tibet septentrional, et émigre au printemps dans le Tsaidam.

487 *bis*. — ONYCHOSPIZA TACZANOWSKII .

ONYCHOSPIZA TACZANOWSKII, Przew. (1877), *Ornith. Misc.*, VIII, 290, pl. LIV,
B. of Mong., sp. 147, pl. III, fig. 1.

Dimensions. Long. totale, $0^m,17$ (σ) ; queue, $0^m,07$; aile, $0^m,102$;
tarse, $0^m,022$; bec, $0^m,013$ à partir de la commissure.

Couleurs. Bec plombé, avec la pointe noirâtre ; pattes noires. — Front,
sourcils, joues, côtés du cou et dessous du corps d'un blanc sale ; gorge,
milieu de la poitrine et croupion d'un blanc pur ; lores noirs, se prolongeant en une ligne d'un brun rougeâtre qui passe au-dessous de l'œil ;
plumes auriculaires et nuque d'un gris brunâtre ; vertex d'un brun rougeâtre
clair ; plumes dorsales d'un blanc sale sur les barbes externes et d'un brun
foncé sur les barbes internes, ce qui dessine quelques taches longitudinales ; ailes noirâtres, avec les rémiges bordées de blanc ou de jaune et les
pennes secondaires terminées de blanc et ornées d'une tache blanche à la
base, sur leurs barbes internes ; couvertures supérieures de l'aile d'un brun
foncé, bordées toutes de blanc, à l'exception des plus grandes qui sont d'un
brun noirâtre uniforme ; rectrices de la paire médiane d'un brun rougeâtre
foncé, largement bordées de jaunâtre ; rectrices latérales noires, avec une
bande terminale noire qui va en décroissant des pennes externes aux pennes
centrales ; sus-caudales d'un brun clair ; sous-caudales d'un blanc sale. —
Au printemps, par suite de l'usure, les bords des rémiges et des sus-caudales sont presque entièrement blancs. (D'après M. Przewalski.)

M. Przewalski a découvert cette espèce, dont il a fait le type
d'un genre nouveau, près des sources de la rivière Tetunga, et
l'a retrouvée communément répandue dans les steppes du
Kokonoor et du Tibet septentrional, sur les confins du Tsaidam.
Par ses allures, dit-il, l'*Onychospiza Taczanowskii* rappelle un
peu les traquets, ayant l'habitude de se tenir perché sur des
quartiers de roche en agitant les ailes et la queue. Il se retire
pendant la nuit dans les trous d'une espèce de *Lagomys*, qui sont
extrêmement nombreux dans les steppes, et y établit probablement
son nid ; quelquefois même il se creuse lui-même un terrier. On
le voit souvent en petites troupes, mais jamais en vols nombreux, comme d'autres oiseaux de la même famille.

488 *bis*. — PYRGILAUDA RUFICOLLIS

MONTIFRINGILLA RUFICOLLIS, Blanford (1871), *Proc. As. Soc. Beng.*, 227. — Gould
(1875), *B. of As.*, livr. XXVII, pl. — PYRGILAUDA RUFICOLLIS, Przew. (1877), *Ornith.
Misc.*, VIII, 293, pl. LIV ; *B. of Mong.*, sp. 149, pl. III, f. 2.

Dimensions. Long. totale, 0ᵐ,155 environ ; queue, 0ᵐ,055 à 0ᵐ,065 ; aile, 0ᵐ,090 à 0ᵐ,095 ; tarse, 0ᵐ,02 ; bec, 0ᵐ,017 à partir de la commissure.

Couleurs. Iris d'un brun rougeâtre ; bec et pattes noirs. — Front blanchâtre ; vertex d'une nuance terre d'ombre ; sourcils blancs ; lores noirs, se prolongeant en arrière de l'œil en une ligne qui passe au brun ferrugineux vers les oreilles ; dos d'une couleur terre d'ombre, avec le centre des plumes noirâtre ; croupion d'un roux ferrugineux ; ailes brunes, avec un liséré blanc au bord externe de la première rémige, des lisérés roux sur les rémiges suivantes, et une bande blanche, visible seulement quand les pennes sont étalées, formée par des taches blanches sur les barbes internes ; petites couvertures alaires en grande partie blanches ; angle de l'aile grisâtre ; suscaudales d'un brun nuancé de fauve pâle ; rectrices centrales et portion terminale des rectrices latérales d'un brun foncé ; portion basilaire de ces dernières pennes d'un gris pâle ; portion médiane blanche, le blanc augmentant d'étendue de dedans en dehors et occupant la totalité des barbes externes des deux pennes externes ; côtés de la tête blancs, avec une moustache noire partant de la mandibule inférieure ; menton et gorge d'un blanc pur ; plumes auriculaires d'un roux ferrugineux ; sur les côtés du cou, un collier d'un roux ferrugineux, interrompu en avant ; reste des parties inférieures d'un blanc légèrement nuancé de roux isabelle.

Cet oiseau, que M. Blanford a découvert dans le Sikkim et qu'il a placé dans le genre *Montifringilla*, doit, suivant M. Przewalski, être reporté à côté du *Pyrgilauda davidiana* (J. Verr.). Il se trouve dans le Kokonoor, le Tibet septentrional et le Tsaïdam, c'est-à-dire dans les mêmes localités que l'*Onychospiza Taczanowskii*, et a les mêmes mœurs, se retirant comme lui dans les trous creusés par les *Lagomys*.

491 *bis*. — PASSER AMMODENDRI

PASSER AMMODENDRI, Severtz. (1873), *Turk. Jevotn.*, 64 et 115. — PASSER STOLICZÆ, Hume (1874), *Stray Feathers*, 516. — PASSER AMMODENDRI, Dress. (1875), *Ibis*, 239. — Przew. (1877), *Ornith. Misc.*, VIII, 295 ; *B. of Mong.*, sp. 151.

Dimensions. Long. totale, 0ᵐ,155 ; queue, 0ᵐ,068 ; aile, 0ᵐ,08 ; tarse, 0ᵐ,023 ; bec, 0ᵐ,012 à partir du front.

Couleurs. Plumes du milieu du vertex et de la nuque noires, bordées de gris brunâtre ; sourcils, lores et gorge d'un noir pur ; plumes auriculaires noirâtres ; une bande rousse au-dessus et en arrière de l'œil ; joues, côtés du cou et flancs d'un blanc légèrement nuancé de grisâtre ; dos d'un gris brunâtre, avec des raies longitudinales noirâtres ; milieu de l'abdomen et sous-caudales blanches ; sus-caudales d'un gris isabelle ; rémiges noires, lisérées de blanc jaunâtre ; pennes secondaires et grandes couvertures alaires d'un gris isabelle, avec quelques taches noirâtres ; petites couvertures largement bordées de blanc ; rectrices noirâtres, lisérées de blanc jaunâtre. — Chez la femelle, toutes les teintes sont beaucoup plus pâles ; le dessus de la tête est, comme le dos, d'un gris brunâtre, avec quelques raies noirâtres ; la bande rousse au-dessus de l'œil est à peine indiquée, et les rectrices, de même que les rémiges, sont plutôt brunes que noires.

Ce joli moineau, qui a été découvert par M. Severtzoff dans le Turkestan, habite aussi l'Ala-chan et le pays des Ordos. Il se tient à l'écart des habitations, dans les déserts, où il se nourrit de graines. Il dépose le plus souvent ses œufs dans les nids de milans, lors même que ces nids ne sont pas encore abandonnés par leurs propriétaires, et ne se décide que rarement à faire un nid lui-même ; dans ce dernier cas, il le construit avec des branches d'*Agriophyllum* et le revêt à l'intérieur avec du poil de chameau et des plumes de *Grus virgo*. Ses œufs sont d'un blanc plus ou moins brunâtre et tachetés de brun rougeâtre, principalement au gros bout.

497 *bis*. — MYCEROBAS CARNEIPES

COCCOTHRAUSTES CARNIPES, Hodgs. (1836), *As. Res.*, XIX, 51, et (1844), *J. A. S. Beng.*, 950, pl., fig. 4. — Gr. (1846), *Cat. Hodgs. Coll.* 105. — Blyth (1849), *Cat.* 125, n° 686. — MYCEROBAS CARNIPES, Gould (1851), *B. of As.*, livr. III, pl. — Jerd. (1863), *B. of Ind.*, II, 387. — Przew. (1877), *Ornith. Misc.*, VIII, 296 ; *B. of Mong.*, sp. 152.

Dimensions. Long. totale, 0^m,222 ; queue, 0^m,090 à 0^m,100 ; aile, 0^m,118 ; bec, 0^m,018 à partir du front.

Couleurs. Iris brun ; bec et pattes d'un gris rosé. — Un capuchon d'un brun fuligineux couvrant la tête, le cou et le haut de la poitrine ; ailes et queue brunes, avec un miroir blanc et des lisérés jaunâtres aux rémiges ; dos, couvertures alaires et pennes tertiaires marqués de quelques taches et de stries d'un jaune olivâtre ; croupion et parties inférieures du corps d'un jaune verdâtre.

Le *Mycerobas carnipes*, qui habite le Népaul et une partie de l'Asie centrale, a été rencontré, mais en petit nombre, dans les montagnes de l'Ala-chan, du Kan-sou et du Kokonoor méridional par le lieutenant-colonel Przewalski. Les forêts de genévriers et de pins sont la retraite habituelle de cette espèce qui se nourrit, comme les *Coccothraustes*, de graines dures qu'elle brise facilement avec son bec robuste.

505 *bis*. — **CARPODACUS RUBICILLA**

Loxia rubicilla, Guldenst. (1774), *Nov. Act. Petrop.*, XIX, 464, pl. 12. — Gm. (1788), *S. N.*, I, 846. — ? Coccothraustes caucasicus, Pall. (1811), *Zoogr.*, II, 13. — Carpodacus rubicilla, Bp. et Schleg. (1850), *Mon. des Lox.*, 126, pl. 26. — Bp. (1850), *Consp. Av.*, I, 532. — Gould (1852), *B. of As.*, livr. IV, pl. — Midd. (1853), *Sib. Reis.*, II, 149. — Radde (1863), *Reis. in S. O. Sib.*, II, 185. — Jerd. (1863), *B. of Ind.*, II, 397. — Degl. et Gerbe (1867), *Ornith. eur.*, 2° éd., II, 254. — Henders. et Hume (1873), *Lahore to Yark.*, 258. — Carpodacus rubicillus, Severtz. (1873), *Turk. Jevotn.*, 64. — Dress. (1875), *Ibis*, 245. — Carpodacus rubicilla, Tacz. (1876), *Bull. Soc. zool. Fr.*, I, 182. — Przew. (1877), *Ornith. Misc.*, VIII, 298. ; *B. of Mong.*, sp. 155.

Dimensions. Long. totale, 0ᵐ,215 (♂); queue, 0ᵐ,095; aile, 0ᵐ,122; tarse, 0ᵐ,024; bec, 0,014. (D'après M. Przewalski.)

Couleurs. Iris brun; bec brun, avec la mandibule inférieure blanchâtre; pattes noires. — Vertex, joues, gorge et poitrine d'un rouge cramoisi, avec une petite tache blanche au centre de chaque plume; nuque et dos d'un gris nuancé de rose; croupion d'un rose assez vif; abdomen d'un rose clair, varié de blanc; rémiges brunes, lisérées de blanc rosé; rectrices externes d'un brun foncé, bordées de blanc en dehors; rectrices centrales également d'un brun noirâtre, mais bordées de rose. — Chez la femelle, le plumage est d'un gris plus ou moins roussâtre en dessus, et d'un gris pâle, tacheté de brun, en dessous.

Le Roselin rubicille habite le Caucase, les montagnes du Turkestan et la Sibérie orientale, et a été rencontré pendant l'hiver par M. Przewalski dans le Tsaidam et le Tibet septentrional.

505 *ter*. — **CARPODACUS RUBICILLOÏDES**

Carpodacus rubicilloïdes, Przew. (1877), *Ornith. Misc.*, VII, 299, pl. LIV; *B. of Mong.*, sp. 156, pl. IV.

Dimensions. Long. totale, 0ᵐ,25 (♂) et 0ᵐ,18 à 0ᵐ,19 (♀); queue, 0ᵐ,09 (♂) et 0ᵐ,08 (♀); aile, 0ᵐ,102 (♂) et 0ᵐ,096 (♀); tarse, 0ᵐ,025 (♂) et 0ᵐ,022 (♀); bec, 0ᵐ,013 environ.

Couleurs. Iris brun; bec d'un brun corné en dessus, d'un jaune terne en dessous; pattes brunâtres. — Front, vertex, joues, gorge et poitrine d'un rouge carmin, avec une strie argentée au centre de chaque plume; abdomen blanchâtre au milieu et d'un rose passant au vermillon sur les côtés et en arrière; flancs d'un gris rougeâtre, légèrement strié de noir; nuque, côtés du cou, épaules et dos d'un gris brunâtre, nuancé de rouge, avec une raie brune sur la tige de chaque plume; croupion d'un rose terne; pennes alaires et caudales d'un brun foncé, avec des lisérés roses ou jaunes qui vont en s'élargissant sur les pennes tertiaires et des taches d'un jaune pâle à l'extrémité des pennes secondaires; grandes couvertures supérieures de l'aile d'un jaune rougeâtre; petites et moyennes couvertures bordées de rose ; couvertures inférieures d'un brun pâle, bordées de rose ; sus-caudales brunes ; sous-caudales roses. — Chez la femelle, le dessus du corps est d'un gris brunâtre, qui va en s'éclaircissant vers le croupion, et qui est marqué de stries longitudinales noires ; le dessous est d'un blanc jaunâtre, strié de noir, et les pennes alaires et caudales sont brunes, avec des lisérés pâles. (D'après M. Przewalski.)

Cette espèce nouvelle a été découverte par M. Przewalski dans les montagnes situées au sud de la rivière Tetunga, dans le Kan-sou. Elle diffère du *Carpodacus rubicilla* par sa taille plus faible, son bec plus robuste, sa poitrine et sa tête marquées de stries argentées plus étroites.

513 *bis*. — PROPASSER DUBIUS

Carpodacus dubius, Przew. (1877), *Ornith. Misc.*, VIII, 301, pl. LIII; *B. of Mong.*, sp. 158, pl. V.

Dimensions. Long. totale, $0^m,165$; queue, $0^m,075$ à $0^m,082$; aile, $0^m,083$ environ ; tarse, $0^m,022$; bec, $0^m,014$ à partir de la commissure.

Couleurs. Iris brun ; bec noir en dessus et brun clair en dessous ; pattes brunes. — Plumage ressemblant à celui du *Propasser thura*, mais en différant par les caractères suivants : 1° joues entièrement d'un rouge écarlate, au lieu d'être brunes dans leur partie supérieure ; 2° milieu de la poitrine d'un blanc sale et non d'un rose clair ; 3° sourcils passant au blanc pur vers la nuque, au lieu d'être roses dans toute leur étendue comme dans le *Pr. thura*. — Chez la femelle, le croupion et les sourcils sont d'un jaune d'ocre, comme dans la femelle du *Pr. saturatus* Blanf. (D'après M. Przewalski.)

Le *Propasser dubius* habite les districts boisés de l'Ala-chan et du Kan-sou, et se tient de préférence dans les buissons au bord des cours d'eau. Son chant est faible et son cri de rappel bref et désagréable.

516 *bis*. — PYRRHOSPIZA LONGIROSTRIS

Pyrrhospiza longirostris, Przew. (1877), *Ornith. Misc*, VIII, 304, pl. LIV; *B. of Mong.*, sp. 162, pl. VI.

Dimensions. Long. totale, $0^m,215$ à $0^m,230$ (♂) ; queue, $0^m,09$ à $0^m,10$; aile, $0^m,115$ à $0^m,120$; tarse, $0^m,022$; bec, $0^m,019$ à partir du front.

Couleurs. Iris brun foncé ; bec d'un brun foncé, avec la mandibule inférieure jaune ; pattes d'un brun foncé. — Front, sourcils, joues et gorge d'un rouge de sang, avec quelques taches argentées peu distinctes ; poitrine et croupion d'un rouge écarlate ; plumes auriculaires, vertex, nuque, épaules et dos d'un brun terne, avec quelques taches noirâtres peu marquées au centre des plumes ; ventre d'un jaune sale ; flancs d'un gris jaunâtre, avec quelques raies noirâtres ; pennes alaires et caudales d'un brun foncé, avec des lisérés rouges à peine visibles et des taches blanches à la pointe des pennes secondaires ; couvertures supérieures des ailes brunes, bordées, les grandes de brun pâle, les petites de rouge ; sus-caudales brunes ; sous-caudales roses. — Chez la femelle, le dessus du corps est coloré comme chez le mâle, le front et le dessous du corps sont d'un blanc sale, tacheté de noirâtre, principalement sur la poitrine, et le croupion est jaunâtre. (D'après M. Przewalski.)

Le *Pyrrhospiza longirostris* rappelle le *Pyrrhospiza punicea* (Hodgs.) de l'Himalaya par les teintes de son plumage, mais est de taille plus forte et a le bec plus développé. M. Przewalski ne l'a rencontré que dans la région alpine du Kan-sou, où il vit au milieu des rochers. Dans cette région, l'espèce semble peu répandue, et se trouve par paires isolées qui occupent chacune un district particulier.

536 *bis*. — PODOCES HENDERSONI

PODOCES HENDERSONI, Hume (1871), *Ibis*, 408. — Henderson et Hume (1873), *Lahore to Yarkand*, 242, pl. XXII.—Gould (1875), *B. of As.*, livr. XXVII, pl.—Przew. (1877), *Ornith. Misc.*, VII, 275 ; *B. of Mong.*, sp. 128.

Dimensions. Long. totale, 0m,294 (♂) et 0m,272 (♀) ; queue, 0m,100 (♂) et 0m,102 (♀) ; aile, 0m,140 (♂) et 0m,135 (♀) ; tarse, 0m,040 (♂) et 0m,038 (♀) ; bec, 0m,046 (♂) et 0m,039 (♀) à partir de la commissure. (D'après M. Przewalski.)

Couleurs. Iris brun ; bec et pieds noirs. — Vertex et nuque d'un noir glacé de bleu, à reflets métalliques, et ponctué de blanc ; rémiges d'un noir à reflets bleus, offrant toutes, à l'exception de la première, une large bande d'un blanc roussâtre ; rectrices également d'un noir bleuâtre ; reste du corps d'un roux isabelle, passant au brun rougeâtre sur le dos et au blanchâtre sur la gorge, les joues et les sous-caudales. (D'après MM. Henderson et Hume.)

Le *Podoces Hendersoni*, découvert en 1850 dans le Tibet occidental, a été rencontré par M. Przewalski vers l'est de la même région, dans le pays des Ordos, dans l'Ala-chan, dans le Kan-sou, dans le Tsaidam et dans le désert de Gobi. Il vit en petites troupes dans les plaines désolées, et court sur le sol avec une très-grande agilité. Quand il est perché, il agite la queue à la manière des traquets. Les Mongols le connaissent sous le nom de *Holo-goro*. Son cri d'appel est tout à fait particulier.

536 *ter*. — PODOCES HUMILIS

PODOCES HUMILIS, Hume (1871), *Ibis*, 408. — Henderson et Hume (1873), *Lahore to Yarkand*, 247, pl. XXIII. — Gould (1875), *B. of As.*, livr. XXVII, pl. — Przew. (1877), *Ornith. Misc.*, VII, 276; *B. of Mong.*, sp. 129.

Dimensions. Long. totale, $0^m,178$ (♀) et $0^m,172$ (♂); queue, $0^m,066$ et $0^m,058$; aile, $0^m,09$ et $0^m,08$; tarse, $0^m,030$ et $0^m,029$; bec, $0^m,029$ et $0^m,024$ à partir de la commissure.

Couleurs. Iris brun; bec et pattes noirs. — Chez le jeune, le bec est d'un jaune verdâtre à la base et les pattes sont d'un brun noirâtre. (D'après M. Przewalski.) — Front, partie antérieure des lores et un sourcil peu distinct d'un blanc jaunâtre; en avant de l'œil, une raie noirâtre; vertex, nuque et côtés de la tête, scapulaires, dos et croupion d'un brun terreux, cette teinte étant interrompue à la base du cou par une large raie jaunâtre; joues, gorge et abdomen d'un fauve clair; plumes auriculaires d'un brun pâle et soyeux; rémiges brunes, avec les bords plus clairs; rectrices des deux paires centrales noirâtres, avec les bords et la pointe brunâtres; rectrices latérales d'un brun moins foncé, bordées et terminées de fauve. — Chez la femelle, les teintes rousses des parties supérieures sont plus accusées, et les rémiges, d'un brun foncé, sont distinctement lisérées de roussâtre. (D'après MM. Henderson et Hume.)

Du Yarkand, où elle a été signalée pour la première fois, cette espèce s'étend jusque dans le Kan-sou, le Tibet septentrional et le Kokonoor. Elle fréquente les steppes et les plateaux herbeux, et ne pénètre jamais dans l'intérieur des forêts. Souvent on la voit dans les pâturages, auprès des troupeaux ou dans le voisinage des habitations, courant rapidement sur le sol et fouillant la terre avec son bec.

Il y a deux ans, M. Allan Hume, auquel on devait déjà la découverte du *Podoces Hendersoni* et du *Podoces humilis*, a décrit dans ses *Stray Feathers* (1874, p. 503) une autre espèce, plus remarquable encore que les précédentes, le *Podoces Biddulphi*, provenant à peu près des mêmes régions. M. Gould s'est empressé de figurer dans ses *Oiseaux d'Asie* (livr. XXVII) ce nouveau *Podoces*, qui constitue la quatrième espèce du groupe, et qui se distingue de ses congénères par la coloration blanche de sa queue.

74 *bis.* — PICUS HIMALAYENSIS

Picus himalayensis, Jard. et Selb. (1837), *Ill. Orn.*, pl. 116. — Dendrocopus himalayanus, G.-T. Vigne (1841), *P. Z. S.*, 6. — Picus himalayanus, Blyth (1849), *Cat.* 62, n° 287. — Picus himalayensis, Bp. (1850), *Consp. Av.*, I, 136, et (1854), *Consp. Vol. Zygod.* — Picus himalayanus, Malh. (1861), *Mon. Pic.*, I, 67, et pl. 19, fig. 3, 4 et 5. — Jerd. (1862), *B. of Ind.*, I, 269, et (1872), *Ibis*, 6.

Dimensions. Long. totale, $0^m,225$; queue, $0^m,08$; aile, $0^m,125$; tarse, $0^m,024$; bec, $0^m,025$ à partir du front. (Mâle adulte.)

Couleurs. Iris brun ; bec brun avec la base de la mandibule inférieure jaunâtre ; pattes brunes. — Parties supérieures du corps d'un noir mat, avec du rouge vif au bout des plumes du vertex ; front, lores et plumes auriculaires d'un blanc nuancé de brunâtre, cette teinte se continuant en arrière par une bande blanche qui se recourbe sur les côtés du cou et descend vers les épaules ; rémiges brunes, terminées de blanc jaunâtre et marquées sur leurs barbes externes de trois ou quatre taches blanches qui dessinent quatre raies transversales, la dernière étant peu distincte ; pennes secondaires d'un noir assez brillant, avec trois rangs de taches blanches sur les barbes internes comme sur les externes ; les dernières d'un blanc pur, de même que l'extrémité des tertiaires, ce qui donne deux grandes taches blanches dans le voisinage de la région interscapulaire ; gorge d'un blanc roussâtre, limitée de chaque côté par une bande noire qui part de la mandibule inférieure, s'avance en arrière vers la nuque en interrompant légèrement la raie blanche issue des joues et descend en avant des ailes, dont elle est séparée par la raie blanchâtre déjà mentionnée ; poitrine tachetée de brun noirâtre sur fond roux ; abdomen d'un roux un peu plus foncé, avec des taches noirâtres peu distinctes ; sous-caudales rougeâtres ; rectrices médianes d'un brun foncé, noirâtre, celles des deux paires latérales d'un brun plus clair, avec les barbes externes en grande partie d'un blanc jaunâtre et de larges taches blanches sur les barbes internes.

L'oiseau qui a servi de type à notre description offre, principalement sur l'abdomen, des teintes plus enfumées que celui qui a été figuré par M. Malherbe dans sa *Monographie des Picidés*, et ressemble davantage à celui qui est représenté dans les *Illustrations ornithologiques* de Jardine et Selby ; il présente également dans la forme du bec des différences notables ; mais celles-ci paraissent être le résultat d'une anomalie individuelle. Quant aux nuances sombres du plumage, elles sont sans doute le résultat d'un régime spécial, plutôt que de l'âge de l'animal, car cet oiseau, tué à Moupin le 25 juin 1869, est indiqué comme étant un *mâle adulte.* En dépit des particularités que nous venons d'indiquer, nous croyons devoir rapporter, comme l'avait déjà fait J. Verreaux, ce spécimen au *Picus himalayensis*, espèce qui est alliée au *Picus major* d'Europe, et qui habite surtout la région N.-O. de l'Himalaya.

274 *bis*. — SIBIA DESGODINSI

Sibia Desgodinsi, A. Dav. et Oust. (1877), *Bull. de la Soc. philomat.*, 7° série, t. I, n° 3 (séance du 23 juin 1877).

Dimensions. Long. totale, 0ᵐ,21 ; queue, 0ᵐ,11 ; aile, 0ᵐ,10 ; tarse, 0ᵐ,032 ; bec, 0ᵐ,017 à partir du front.

Couleurs. Tête et nuque d'un noir profond, à reflets bleus, cette teinte descendant sur les joues jusqu'auprès du menton, et s'arrêtant brusquement sur les côtés de la gorge ; dos d'un gris légèrement nuancé de roux ; croupion et sus-caudales d'un gris plus franc ; rémiges et pennes secondaires à peu près de la même nuance que la tête, avec les barbes internes blanchâtres à la base ; une petite tache blanche sur le carpe ; rectrices médianes d'un noir à reflets bleus ou verdâtres, et largement bordées de gris cendré au sommet ; rectrices latérales d'un brun noirâtre, avec des bordures plus claires et plus larges que celles des rectrices médianes, le gris envahissant la majeure partie des pennes externes ; menton et sous-caudales d'un blanc pur ; parties inférieures d'un blanc légèrement roussâtre, lavé de gris sur les flancs.

Au premier abord, cette espèce ressemble beaucoup au *Sibia gracilis* (Mc. Clell.) qui a été rencontré récemment dans les monts Khasi (Assam) par le major Godwin-Austen ; mais elle peut en être distinguée par les caractères suivants : dans le *Sibia gracilis*, le capuchon est d'un noir moins brillant ; il ne descend que jusqu'à la commissure du bec et se fond en arrière dans la teinte du dos ; les dernières pennes secondaires sont grises, avec un liséré noir ; quelques-unes des couvertures sont blanches à la base, mais il n'y a pas de tache blanche au carpe ; les rectrices médianes sont grises sur la plus grande partie de leur longueur ; cette teinte grise, analogue à celle qui termine les rectrices, va en diminuant sur les pennes latérales, de sorte que la queue étalée paraît tricolore, le milieu, les bords et l'extrémité étant d'un gris cendré, et la région subterminale étant occupée par une bande d'un noir bleu, en forme de fer à cheval ; enfin le croupion est d'un jaune roussâtre assez vif. Dans le *Sibia Desgo-*

dinsi, au contraire, le capuchon céphalique est nettement délimité et plus étendu sur les côtés ; les pennes secondaires sont noires comme les rémiges ; il n'y a point de taches sur les couvertures alaires, mais il y a une tache blanche au carpe, et les rectrices médianes sont d'un noir profond jusque vers l'extrémité, la queue étalée paraissant noire avec un liséré gris blanchâtre. Enfin à ces différences dans les teintes du plumage s'en joignent d'autres dans les proportions des ailes, de la queue, des pattes et du bec, qui achèvent de séparer l'espèce que nous avons récemment signalée du *Sibia gracilis* dont le major Godwin-Austen a donné récemment deux spécimens au Muséum d'histoire naturelle. L'oiseau qui nous a servi de type a été pris à Yer-ka-lo, station située sur le Mé-kong, par 29°2′30″ de lat. N.

258 *ter.* — RUTICILLA NIGROGULARIS

RUTICILLA NIGROGULARIS, Moore (1854), *P. Z. S.*, 29 et pl. 61. — Jerd. (1863), *B. of Ind.*, II, 140.

Dimensions. Long. totale, $0^m,17$; queue, $0^m,075$; aile, $0^m,085$; tarse, $0^m,024$; bec, $0^m,008$.

Couleurs. Bec et pattes noirs. — Sommet de la tête d'un bleu cendré, qui va en s'éclaircissant vers le front et les sourcils ; lores, plumes auriculaires, nuque et dos d'un noir velouté ; gorge de la même teinte, *avec une tache blanche au milieu ;* poitrine, flancs et sus-caudales d'un brun marron riche ; milieu du ventre et sous-caudales nuancés de blanchâtre ; ailes brunes, avec les pennes secondaires lisérées de blanc ; plumes scapulaires d'un blanc pur ; rectrices médianes d'un brun très-foncé, uniforme ; rectrices latérales de la même teinte, avec la base marron.

La description qui précède est prise d'après deux spécimens qui ont été envoyé récemment de Yer-ka-lo par M. Desgodins, et qui se rapportent de tous points à la diagnose et à la figure du *Ruticilla nigrogularis* de Moore et de Jerdon, si ce n'est qu'ils ont la poitrine marquée d'une tache blanche. Cette particularité nous avait inspiré dans la détermination de ces spécimens quelques doutes qui ont été levés par la lecture du passage suivant de M. Hume (*Stray Feathers*) :

« J'en suis à me demander si le *Ruticilla nigrogularis* (Moore) est une bonne espèce. Sur huit mâles que j'ai sous les yeux, et qui appartiennent certainement tous à la même espèce, il y en a trois *qui ont une grande tache blanche sur la gorge*, et deux qui n'ont qu'une trace de blanc, et les autres étant intermédiaires. Sur cinq femelles, il y en a une qui porte une grande tache blanche, trois qui n'ont que de petites taches blanches et une qui n'offre aucune trace de blanc. Il paraît probable que la présence ou l'absence de la tache blanche, sur laquelle Moore s'est appuyé pour séparer le *nigrogularis* du *schisticeps* de Hodgson, dépend essentiellement de la saison. » Peut-être cependant M. Hume va-t-il trop loin; car, d'après les descriptions de Moore et de Jerdon, la gorge du *Ruticilla schisticeps* ne serait pas seulement marquée d'une tache blanche, elle serait entièrement blanche, ce qui constituerait une différence assez notable avec le *Ruticilla nigrogularis* typique, et même avec les spécimens envoyés par M. Desgodins des frontières du Tibet. Comme le *Ruticilla schisticeps*, du reste, le *Ruticilla nigrogularis* a été trouvé d'abord dans le Népaul.

581 *bis*. — ITHAGINIS CRUENTUS

PHASIANUS CRUENTUS, Hardw. (1821), *Trans. L. Soc.*, XIII, 237. — PERDIX CRUEN-TATUS, Tem. (1838), *Pl. Col.* 332. — ITHAGINIS CRUENTUS, Gr. (1846), *Cat. Hodgs. Coll.*, 126. — Blyth (1849), *Cat.* 241, n° 1455. — Gould (1851), *B. of As.*, livr. III, pl. — D.-G. Elliot (1871), *Monog. of Phas.*, livr. IV, pl.

L'*Ithaginis cruentus* n'était pas au nombre des oiseaux qui ont été envoyés au Muséum par M. Desgodins ; nous croyons néanmoins devoir comprendre cette espèce himalayenne dans notre Faune ornithologique de la Chine, l'un de nous en ayant vu un spécimen en mauvais état dans une collection qui a été formée à Yer-ka-lo par le même missionnaire et qui se trouvait dernièrement entre les mains d'un professeur de l'Université catholique de Paris.

FIN

ERRATA ET ADDENDA

Page 5, ligne 4. Au lieu de *Tenasserin*, lisez *Tenasserim*.

— 19, nº 27. *Buteo hemilasius*. — Ajoutez le renvoi (Pl. 9), l'oiseau figuré Pl. 9 étant bien, comme l'indique la légende, le *Buteo hemilasius*.

— 29, nº 42. Supprimez le renvoi (Pl. 9).

— 73, nº 119. *Eurystomus orientalis*. — D'après M. D.-G. Elliot, l'Eurystome qui se rencontre en Chine serait l'espèce papouane qu'il a décrite sous le nom d'*Eurystomus waigiouensis* (*Ibis*, 1871, p. 203) et non l'*Eurystomus orientalis* de l'Inde.

— 109, nº 168. *Buchanga Mouhoti*. — D'après M. Sharpe (*Cat. of B.*, 1877, III, *Coliomorph.*, p. 250), cette espèce est identique à l'*Edolius cineraceus*, Horsf. (*Trans. L. Soc.*, XIII, 145), de Java.

— 127, ligne 3. Au lieu de : les Alpes *et* la Sibérie, lisez : les Alpes *de* la Sibérie.

— 132, nº 203. *Oriolus cochinchinensis*. — Remplacez ce nom par celui d'*Oriolus diffusus* (Sharpe, *Cat. of B.*, 1877, III, 197) et supprimez de la synonymie de cette espèce : *Oriolus cochinchinensis*, Brisson, — *le Couliavan de la Cochinchine*, Buffon, — *Oriolus chinensis*, Boddaert, — *Oriolus chinensis*, Gmelin (*S. N.*, 383, *nec* 380), Brisson, Buffon, Boddaert et Gmelin ayant sans doute fait allusion à un oiseau différent (voy. Sharpe, *loc. cit.*, 203), originaire des Philippines et n'offrant pas de miroir sur les ailes.

— 144, nº 225. Au lieu de *Pitta moluccensis*, lisez *Pitta nympha* ; supprimez de la synonymie : *Turdus moluccensis*, Müll. — *Pitta cyanoptera*, Temm., et *Pitta moluccensis*, T. et Schl.

— 145, ligne 3. Au lieu de : Cette espèce qui, en dépit de son nom, ne paraît pas se trouver aux Môluques, habite l'Arracan, le Tenasserim, la presqu'île de Malacca, et s'égare jusqu'au Japon (Corée); elle a été rencontrée deux ou trois fois dans les provinces méridionales de la Chine..... lisez : Cette espèce, qui habite le Japon et la Corée, a été rencontrée deux ou trois fois dans les provinces méridionales de la Chine.

Et, plus bas, au lieu de : La *Pitta moluccensis* appartient.....
lisez : Le *Pitta nympha* appartient.....

(Il résulte, en effet, des observations récentes de M. Swinhoe,
que le *Pitta nympha* est une espèce bien caractérisée et parfaitement distincte du *Pitta moluccensis*.)

Page 189, n° 283. Au lieu de *Leucodoptron hoamy*, lisez *Leucodioptron hoamy*.

— 332, n° 478. Au lieu de *Emberiza aureola*, lisez *Euspiza aureola*.

— 375, n° 539. *Urocissa sinensis.* — Ajoutez à la synonymie : *Urocissa brevi-*
vexilla, Swinh. (1873), P. Z. S., 688.

— 392, n° 566. Ajoutez le renvoi (Pl. 115).

TABLE ALPHABÉTIQUE

FIN DE LA TABLE